Helmuth Hausen

Wärmeübertragung im Gegenstrom, Gleichstrom und Kreuzstrom

Zweite, neubearbeitete Auflage

Springer-Verlag Berlin Heidelberg GmbH 1976

Dr.-Ing. Dr.-Ing. E. h. Helmuth Hausen

em. Professor der Technischen Universität Hannover

Die erste Auflage dieses Buches erschien 1950 als Bd. 8
der Reihe „Technische Physik in Einzeldarstellungen"

Mit 215 Abbildungen

Library of Congress Cataloging in Publication Data. Hausen, Helmuth. Wärmeübertragung im Gegenstrom,
Gleichstrom und Kreuzstrom. Includes bibliographies and index. 1. Heat—Transmission. I. Title. QC320.H28.
1976.   536'.2.   76-26618.

ISBN 978-3-642-88687-4   ISBN 978-3-642-88686-7 (eBook)
DOI 10.1007/978-3-642-88686-7

Vorwort zur zweiten Auflage

Die im Jahre 1950 erschienene 1. Auflage dieses Buches ist schon seit mehr als 15 Jahren vergriffen. Seitdem wurde ich im In- und Ausland immer wieder nach dem Erscheinen einer neuen Auflage gefragt, und es war meine feste Absicht, möglichst bald die 2. Auflage zu bearbeiten. Zahlreiche andere Verpflichtungen haben mich jedoch bis zum Endes des Jahres 1972 daran gehindert. Da in den 26 Jahren seit Erscheinen der 1. Auflage außerordentlich viele Forschungsarbeiten veröffentlicht worden sind, mußte ich den Text des Buches erheblich umarbeiten. Dies betrifft vor allem den ersten Abschnitt des Buches, der den Gesetzen des Wärmeübergangs und des Druckabfalls in Rohren und Kanälen verschiedener Gestalt gewidmet ist. Etwas weniger wirkte sich dies im zweiten und dritten Abschnitt aus, in denen die Theorien der in den Wärmeaustauschern sich abspielenden Vorgänge und die daraus entwickelten Verfahren zur Berechnung der Wärmeaustauscher behandelt werden. Denn viele der dazu benötigten Erkenntnisse sind schon vor dem zweiten Weltkrieg gewonnen worden. Doch wurden in allen Abschnitten die neuen und neuesten Forschungsergebnisse nach Möglichkeit berücksichtigt, was indessen bei ihrer erdrückenden Anzahl nicht vollständig geschehen konnte. Auf die Darstellung mancher Einzelheiten konnte auch deshalb verzichtet werden, weil im Jahre 1974 die 2. Auflage des VDI-Wärmeatlas erschienen ist, worauf an einigen Stellen des vorliegenden Buches verwiesen wird.

Den Übergang zum internationalen Einheitensystem habe ich seiner unbestreitbaren Vorteile wegen gerne vollzogen. Insbesondere wurden hierdurch die Betrachtungen über die Anwendung der Ähnlichkeitstheorie auf den Wärmeübergang einfacher und klarer. In der Wahl der Bezeichnungen habe ich mich bemüht, mich den zur Zeit geltenden Normen anzuschließen, was mir indessen nicht restlos gelang. Auch konnte ich die verschiedenen Temperaturen durch Indizes und hochgestellte Striche nicht in derselben Weise unterscheiden wie im VDI-Wärmeatlas, was ich bedauere mit Rücksicht auf die Leser, die den Wärmeatlas und mein Buch gleichzeitig benutzen wollen. Die entgegenstehenden Schwierigkeiten habe ich in einer Bemerkung erläutert, die der Zusammenstellung der am häufigsten benutzten Bezeichnungen angefügt ist.

Wenn ich mir auch mancher Unvollkommenheit der vorliegenden Neubearbeitung meines Buches bewußt bin, so möchte ich doch hoffen, daß sie ebenso freundlich aufgenommen und als nützlich empfunden wird wie die 1. Auflage.

Hannover, im Juli 1976

H. Hausen

Inhaltsverzeichnis

Erster Abschnitt

Wärmeübergang und Druckabfall, vorwiegend in Rohren und Kanälen

I. Wärmeübergang durch Wärmeleitung und Konvektion sowie bei Verflüssigung und Verdampfung

Zweiter Abschnitt

Rekuperatoren

Dritter Abschnitt

Regeneratoren

Verzeichnis der am häufigsten benutzten Bezeichnungen

1. Längen und Flächen

x oder l	Länge eines Stückes eines Wärmeaustauschers, von der Stelle des Eintritts eines der Gase aus gerechnet
L	Gesamtlänge eines Wärmeaustauschers
d, d_i, d_a	Durchmesser eines Rohres
d_{gl}	gleichwertiger Durchmesser nach Gl. (14), S. 16
D_i	Innendurchmesser eines Mantelrohres
δ	Dicke einer Rohrwand oder einer ebenen Wand
f	Heizfläche, bezogen auf die Länge x des Austauschers
F	gesamte Heizfläche eines Wärmeaustauschers
s	Schichtdicke eines strahlenden Gases
a, b, l, x, y	bei Rippenrohren siehe Bild 105, S. 224

2. Zeit

t, t'	Zeit in s, bei Regeneratoren meist vom Beginn oder der Mitte einer Periode an gerechnet
T, T'	Dauer der Warm- oder Kaltperiode eines Regenerators

3. Strömungsgeschwindigkeit

w	mittlere Strömungsgeschwindigkeit in einem Querschnitt
$\dot{m}$	Mengenstrom

4. Stoffwerte

ϱ	Dichte
η	dynamische Zähigkeit
$\nu = \eta/\varrho$	kinematische Zähigkeit
λ	Wärmeleitfähigkeit eines strömenden Stoffes
λ_s	Wärmeleitfähigkeit eines festen Stoffes (Index s: solid oder Speichermasse)
$a = \lambda/\varrho c_p$	Temperaturleitzahl eines strömenden Stoffes

5. Temperaturen

ϑ, ϑ'	Temperaturen der strömenden Stoffe, meist Gase oder Flüssigkeiten
ϑ_1, ϑ'_1	Eintrittstemperaturen
ϑ_2, ϑ'_2	Austrittstemperaturen
$\Delta\vartheta = \vartheta - \vartheta'$	Temperaturunterschied zwischen beiden Stoffen an einer bestimmten Stelle x des Austauschers; bei Verdampfung Temperaturunterschied $\Theta_0 - \vartheta$ zwischen Oberfläche der Heizfläche und siedender Flüssigkeit

$\tau = \Delta\vartheta_a/\Delta\vartheta_b$	Verhältnis dieser Temperaturunterschiede an den Enden des Wärmeaustauschers
Θ	Temperatur der Wände oder der Speichermasse
$\overline{\vartheta}, \overline{\vartheta'}, \overline{\Theta}$	Zeitliche Mittelwerte der Temperaturen an einer bestimmten Stelle x
Θ_0, Θ_0'	Oberflächentemperatur der Wände oder der Speicherelemente
Θ_m	örtlicher Mittelwert der Temperatur der Wände oder Speichermasse an einer bestimmten Stelle x
$\vartheta_M, \vartheta_M, \Theta_M, \Delta\vartheta_M$	Mittelwerte im gesamten Wärmeaustauscher

6. Wärmemenge und Wärmekapazitäten

$\dot{q}$	Wärmemenge, die in der Zeiteinheit in einem Stück des Wärmeaustauschers von der Länge x übertragen wird; Wärmestromdichte (Heizflächenbelastung) bei Verdampfung (S. 72) und Strahlung (S. 102)
$\dot{Q}$	Wärmemenge, die in der Zeiteinheit im gesamten Wärmeaustauscher übertragen wird
c_p, c_p'	spezifische Wärmekapazitäten der strömenden Stoffe
c_s	spezifische Wärmekapazität der Speichermasse eines Regenerators
C, C'	Wärmekapazitäten der in der Zeiteinheit durch einen Regenerator strömenden Mengen
C_s	Wärmekapazität der Speichermasse eines Regenerators
r	Verdampfungsenthalpie der Masseneinheit

7. Wärme- und Stoffübertragung

α, α'	Wärmeübergangskoeffizienten der strömenden Stoffe
$\overline{\alpha}$	auf die mittlere Temperatur Θ_m der Speichermasse bezogener Wärmeübergangskoeffizient nach Gl. (521), S. 309
k	Wärmedurchgangskoeffizient
k_0	Wärmedurchgangskoeffizient, bezogen auf die nullte Eigenfunktion eines Regenerators, nach Gl. (457), S. 275
σ	Verdunstungskoeffizient, vgl. S. 409

8. Wärmestrahlung

$E, A, C, E_s, C_s, \lambda, A_\lambda, \varepsilon_g, \varepsilon_w, \overline{\varepsilon}_g, \overline{\varepsilon}_w, \alpha$	siehe § 18 bis § 20

9. Dimensionslose Größen

Re, Pr, Pe, Gr	Kenngrößen der Strömung und des Wärmeübergangs, siehe S. 15, 16 u. 32
ψ oder ζ	Kenngrößen des Druckabfalls, siehe S. 109 u. 116
ξ, η, Λ, Π	dimensionslose Länge und Zeit bei Regeneratoren, siehe S. 315
η	Wirkungsgrad von Rekuperatoren
η^*	Wirkungsgradfunktion, vgl. S. 151
η_{Reg}	Wirkungsgrad von Regeneratoren, vgl. S. 341
η_R	Wirkungsgrad von Rippen, vgl. S. 225

Bemerkung

In der Wahl der Bezeichnungen habe ich mich bemüht, mich so weit wie möglich den heutigen Normen anzupassen, und deshalb gegenüber der 1. Auflage einige Änderungen vorgenommen, insbesondere die Zeit mit t statt mit τ bezeichnet. Doch gelang die Anpassung nicht restlos. Ich sehe nach wie vor einen Vorteil darin, bei Längen, Flächen u. dergl. Teilbeträge durch kleine, Gesamtbeträge durch große Buchstaben zu kennzeichnen, was mehr in die Augen fällt als die Unterscheidung durch Indizes. Bei der Kennzeichnung der Zeit fügten sich die gewählten Buchstaben t und T ohne Zwang der Norm. Hingegen erschien es nicht möglich, meine früheren Bezeichnungen f für eine Teilfläche, F für die Gesamtfläche durch den Buchstaben a und den jetzt allein genormten Buchstaben A zu ersetzen, weil a die Temperaturleitfähigkeit bedeutet. Deshalb habe ich f und F beibehalten. Um ferner den Unterschied zwischen den Temperaturen der strömenden Stoffe und denen der festen Wände oder der Speicherelemente eines Regenerators deutlich hervorzuheben, habe ich die ersteren mit ϑ und ϑ', die letzteren mit Θ bezeichnet, obwohl Θ nur noch nach den ISO-Vereinbarungen, nicht mehr aber nach den DIN-Normen zulässig sein soll. Obwohl ich die große Bedeutung und Leistung der Normen nicht verkennen möchte, habe ich doch gerade bei diesen meinen Bemühungen den Eindruck gewonnen, daß die Normen gelegentlich etwas zu sehr einengen und daß es deshalb erwünscht wäre, daß mehr Ausweichbuchstaben zugelassen werden.

Besonders bedaure ich, daß ich mich in der Wahl der Indizes und Striche, die an dem Buchstaben ϑ für die Temperaturen anzubringen sind, nicht dem Gebrauch im VDI-Wärmeatlas anzuschließen vermochte. Dort dienen Indizes zur Unterscheidung der strömenden Stoffe, oben angefügte Striche aber zur Kennzeichnung der Stellen des Ein- und Austritts in und aus dem Wärmeaustauscher. Da aber im vorliegenden Buch, insbesondere bei der Behandlung der Regeneratoren, auch zahlreiche Stellen innerhalb eines Wärmeaustauschers betrachtet werden müssen, lassen sich solche Stellen nur durch Indizes befriedigend unterscheiden. Hieraus erklärt sich die gewählte Bezeichnungsweise, die indessen auch für die Praxis von Vorteil sein dürfte, z.B. wenn an einer mittleren Stelle eines Wärmeaustauschers ein Gas zugeführt oder entnommen wird.

Auch in der Bezeichnung der Temperatureinheit mit K oder °C habe ich mich den heute geltenden Bestimmungen angeschlossen. Obwohl ich mir der Schwierigkeit einer anderen generellen Regelung bewußt bin, möchte ich hierzu doch folgendes bemerken. Ich empfinde es als unbefriedigend, daß man für ein und dieselbe Temperatureinheit noch immer zwei verschiedene Buchstaben verwendet. 1°C stellt seit Einführung der Celsiusskala eindeutig die Temperatureinheit dar und man müßte sich nur wie bei anderen Einheiten dazu entschließen, sie von einem bestimmt festgelegten Nullpunkt zu befreien. Dies war zum Teil schon der Fall, als man °C auch für Temperaturdifferenzen benutzte. Eine Möglichkeit bestünde darin, die von einem Nullpunkt unabhängige Temperatureinheit mit C zu bezeichnen, während °C noch weiterhin die mit dem herkömmlichen Nullpunkt behaftete Temperatureinheit bedeuten könnte.

H. Hausen

Einleitung

§ 1. Zweck und technische Bedeutung der Wärmeaustauscher

Wärmeaustauscher dienen dem Zweck, die in einem strömenden Stoff enthaltene Wärme oder Kälte auf einen anderen strömenden Stoff tieferer oder höherer Ausgangstemperatur zu übertragen. Die in Wärmeaustausch tretenden Stoffe sind meist gasförmig oder flüssig. Grundsätzlich kann in einem Wärmeaustauscher auch zwischen mehr als zwei Stoffen Wärme übertragen werden[1].

Zahlreiche technische Anwendungen der Wärmeaustauscher beruhen auf folgender Überlegung. Verbrennungsvorgänge und viele andere chemische Reaktionen finden bei Temperaturen statt, die weit über der Umgebungstemperatur liegen. Hierbei verlassen die gasförmigen oder flüssigen Erzeugnisse den Ort des Vorganges häufig mit hoher Temperatur und enthalten daher noch große Wärmemengen, die bei wirtschaftlicher Betriebsweise nicht unausgenützt verloren gehen dürfen. Umgekehrt ist es vielfach erwünscht, die noch unverarbeiteten Ausgangsstoffe anzuwärmen, bevor sie dem Ort des Vorgangs zugeführt werden. Die in den Erzeugnissen enthaltene Wärme wird daher am besten ausgenützt, indem man sie in Wärmeaustauschern auf die Ausgangsstoffe überträgt. Bei chemischen Umsetzungen, z.B. bei der Verbrennung in technischen Öfen, ist ein solcher Wärmeaustausch häufig sogar unerläßlich, weil die Reaktions- oder Verbrennungswärme allein zur Aufrechterhaltung der erforderlichen hohen Temperaturen nicht ausreichen würde. Stets aber erhöht eine derartige Ausnutzung der in den Endstoffen enthaltenen Wärme die Wirtschaftlichkeit des Verfahrens. Eines der ältesten und bekanntesten Verfahren dieser Art ist die Vorwärmung der Luft und des Heizgases in den Regeneratoren des Siemens-Martin-Ofens durch die Wärme, die in den Verbrennungsabgasen enthalten ist.

Die Anwendung der Wärmeaustauscher ist aber keineswegs auf die beschriebenen Fälle beschränkt. So dienen z.B. in den Winderhitzern der Hochöfen nicht heiße Abgase, sondern die Wärme der eigens zu diesem Zweck verbrannten Gichtgase zur Vorwärmung des Hochofenwindes.

Von besonderer Bedeutung ist der Wärmeaustausch zwischen Gasen verschiedenen Druckes in der Tieftemperaturtechnik, z.B. bei der Verflüssigung und Zerlegung der Luft. Hier könnten die tiefen Temperaturen bis etwa $-200°$ C und gelegentlich darunter mit den bekannten technischen Mitteln zur Temperaturniedrigung weder erzeugt noch aufrecht erhalten werden, wenn nicht in Austauschern die in den zurückströmenden Gasen enthaltene Kälte an frisch zuströmende verdichtete Luft übertragen würde.

---

[1] Über gewisse Bedenken gegen die Benennung „Wärmeaustauscher" siehe § 4!

§ 2. Einteilung und Wirkung der Wärmeaustauscher

Beim Wärmeaustausch dürfen sich die strömenden Stoffe im allgemeinen nicht unmittelbar berühren, weil sie sich sonst vermischen würden und überdies der meist zwischen den Stoffen bestehende Druckunterschied nicht aufrecht erhalten werden könnte. Fälle, in denen z.B. zwei nicht mischbare Flüssigkeiten oder eine Flüssigkeit und ein Gas oder auch ein Gas und bewegtes festes Material durch unmittelbare Berührung Wärme austauschen, sind verhältnismäßig selten, sofern nicht etwa wie bei der Rektifikation oder bei der Verdunstungskühlung ein Stoffaustausch hinzukommt. Sieht man von solchen Fällen ab, dann dienen zur Wärmeübertragung von einen Stoff auf den anderen entweder wärmeleitende Zwischenwände oder wärmespeichernde Massen. Zwischenwände haben die doppelte Aufgabe, die strömenden Stoffe in *räumlich getrennten Bahnen* zu führen und gleichzeitg die Wärme auf möglichst kurzem Wege zu übertragen. Durch die Wärmeaustauscher mit Zwischenwänden strömen die Stoffe *gleichzeitig* und *stetig* hindurch. Derartige Wärmeaustauscher seien nach dem Sprachgebrauch der Hüttenindustrie „*Rekuperatoren*" genannt. Der Begriff der Rekuperatoren schließt jedoch auch den erwähnten Sonderfall ein, daß eine oder zwei nicht mischbare Flüssigkeiten am Wärmeaustausch beteiligt sind oder auch einer der strömenden Stoffe aus stückigem festen Material besteht. Hierbei übernimmt die Flüssigkeitsoberfläche oder die Oberfläche des festen Materials die Rolle der Zwischenwände.

Wärmeaustauscher, die eine wärmespeichernde Masse enthalten, heißen „*Regeneratoren*". Die meist gitterartig gestaltete oder poröse Speichermasse ist von zahlreichen mehr oder weniger zusammenhängenden Kanälen durchzogen, deren Wände den hindurchströmenden Stoffen eine große wärmeübertragende Oberfläche bieten. Die Regeneratoren werden in bestimmten, meist gleichbleibenden Zeitabständen *umgeschaltet*. Hierbei strömen in jedem Regenerator die Stoffe *abwechselnd durch dieselben Querschnitte* hindurch. Der Durchfluß der Stoffe, zwischen denen Wärme übertragen wird, erfolgt somit nicht räumlich, sondern *zeitlich getrennt*. Die Speichermasse nimmt die Wärme oder Kälte des einen Stoffes vorübergehend auf und gibt sie nach dem Umschalten an den anderen Stoff ab. Ein ununterbrochener Betrieb erfordert wenigstens zwei Regeneratoren, damit stets gleichzeitig der eine Stoff Wärme aufnehmen und der zweite Stoff im anderen Regenerator Wärme abgeben kann. Eine Ausnahme hiervon bilden Regeneratoren mit sich drehender Speichermasse; vgl. Bild 125.

Sowohl die Rekuperatoren wie auch die Regeneratoren können je nach der Strömungsrichtung der Stoffe im *Gleichstrom, Gegenstrom* oder auch *Kreuzstrom* betrieben werden. Bei Gleichstrom strömen beide Stoffe in derselben Richtung durch den Wärmeaustauscher. Der Gleichstrom gestattet in Rekuperatoren nur eine Annäherung der Temperaturen beider Stoffe an einen gemeinsamen mittleren Wert. Beim Gegenstrom hingegen, bei dem die Stoffe in entgegengesetzter Richtung durch den Wärmeaustauscher strömen, kann im theoretisch günstigsten Fall mindestens einer der beiden Stoffe auf die Anfangstemperatur des anderen gebracht werden. Der Gegenstrom ist somit dem Gleichstrom in der Übertragungsleistung weit überlegen. Er stellt auch bei Regeneratoren die günstigste Betriebsweise dar, die daher auch praktisch ausschließlich benutzt wird.

Bei *Kreuzstrom* endlich bilden die Strömungsrichtungen beider Stoffe meist einen rechten oder angenähert rechten Winkel. Kreuzstrom dürfte bisher nur bei

Rekuperatoren angewendet worden sein, obwohl er grundsätzlich auch bei Regeneratoren möglich ist. Reiner Kreuzstrom ist, gleiche Heizfläche und gleiche Wärmeübergangskoeffizienten vorausgesetzt, in der Wirkung dem Gleichstrom überlegen, dem Gegenstrom aber unterlegen. Indessen besteht ein besonderer Vorzug des Kreuzstromes darin, daß an der Außenseite von Rohren, auf die ein Gas senkrecht auftrifft, der stärkeren Durchwirbelung wegen eine höhere Wärmeübertragung erzielt wird, als wenn das Gas parallel zur Rohrachse strömt. Aus diesem Grunde verbindet man vielfach den Kreuzstrom mit dem an sich günstigsten Gegenstrom, z.B. bei der sogenannten „gemischten Schaltung" oder bei den Kreuzgegenströmern der Tieftemperaturtechnik (vgl. § 46).

Während des Wärmeaustausches zwischen strömenden Stoffen finden nicht selten Änderungen des Aggregatzustandes statt, indem z.B. Flüssigkeiten verdampfen oder Gase und Dämpfe sich verflüssigen. Zu den Wärmeaustauschern gehören daher auch die üblichen Verdampfer und Kondensatoren sowie auch Wärmeaustauscher, die auf der einen Seite der wärmeübertragenden Wände als Verdampfer, auf der anderen Seite als Verflüssiger wirken. Da aber Verdampfer und Kondensatoren ein vielfach behandeltes Sondergebiet darstellen, sollen die hiermit zusammenhängenden Fragen im folgenden nur kurz erörtert werden. Ferner ist zu beachten, daß besonders bei tiefen Temperaturen, und zwar meist als unerwünschte Begleiterscheinung, sich vielfach einzelne Bestandteile in flüssiger oder fester Form ausscheiden und auf den Wandungen der Wärmeaustauscher sich niederschlagen. Auch der umgekehrte Fall, daß während des Wärmeaustausches Flüssigkeiten in Gase hinein verdampfen, kann praktisch bedeutungsvoll sein, z.B. bei der Verdunstungskühlung, auf die jedoch im vorliegenden Buch nicht näher eingegangen werden soll.

Wie oben schon angedeutet, können gelegentlich auch feste Körper die Rolle eines strömenden Stoffes beim Wärmeaustausch übernehmen. So lassen sich z.B. Töpferwaren nach einem schon alten Verfahren vor dem Brennen durch die Abgase des Ofens im Gegenstrom vorwärmen, indem man diese Waren durch eine Fördereinrichtung den Abgasen entgegenführt. Geschichtlich stellen Verfahren dieser Art die ersten Anwendungen des Gegenstromes dar. Ein anderes Beispiel ist der in der Hüttenindustrie viel benutzte Stoßofen, in dem zu erhitzende Stahlblöcke langsam gegen einen heißen Gasstrom vorgeschoben werden. Neuerdings ist vorgeschlagen worden, die in einem Gas enthaltene Wärme an eine bewegte körnige Masse zu übertragen, die ihrerseits in einem zweiten Wärmeaustauscher die Wärme an ein anderes Gas abgibt; vgl. z.B. [G2, N205]. Hierbei kann die körnige Masse dem jeweiligen Gasstrom entgegen oder auch quer dazu geführt werden. Auch hier handelt es sich in der Regel um Rekuperatoren, bei denen einer der strömenden Stoffe fest ist.

§ 3. Grundlagen der Berechnung und Gestaltung der Wärmeaustauscher

Eine sichere Vorausberechnung der Wärmeaustauscher ist erst durch die Erforschung der Gesetze der Wärmeübertragung möglich geworden. Grundlegend sind hierfür vor allem die Arbeiten von Nußelt [N 4 bis 11], der die Ähnlichkeitstheorie auf den Wärmeübergang angewendet und dadurch die zahlreichen Versuchsergebnisse über den Wärmeübergang in eine übersichtliche und praktisch leicht anwendbare Form gebracht hat. Weitere Forschungsergebnisse gestatten es, auch den Einfluß der Wärmestrahlung, der bei hohen Temperaturen sehr erheblich sein kann, zu berücksichtigen.

Die Gesetze des Wärmeüberganges und des Druckabfalls fassen im wesentlichen in übersichtlicher Weise zusammen, was an experimentellen Unterlagen zur Berechnung der Wärmeaustauscher zur Verfügung steht. Diese Gesetze sollen im ersten Abschnitt dieses Buches geschildert werden. Es kann dies verhältnismäßig kurz geschehen, weil man nähere Einzelheiten hierüber aus bekannten Darstellungen [1 bis 19, bes. 1, 2 u. 3] entnehmen kann.

Hat man die Wärmeübergangskoeffizienten bestimmt, dann bedarf es noch einer gesonderten Rechnung, um die Übertragungsleistung eines gegebenen Wärmeaustauschers zu ermitteln oder die für eine bestimmte Leistung nötigen Abmessungen und die zweckmäßige Gestaltung festzulegen. Die hierzu nötigen Berechnungsverfahren lassen sich auf rein theoretischem Wege ableiten. Die Grundlage hierfür bildet die Verfolgung des Temperaturverlaufes in den Wärmeaustauschern. In Rekuperatoren hängt dieser Temperaturverlauf im wesentlichen nur von der Längskoordinate ab. Bei Regeneratoren spielen hingegen auch die zeitlichen Temperaturänderungen eine wichtige Rolle. Hierdurch gestalten sich die Betrachtungen bei den Regeneratoren meist wesentlich verwickelter als bei den Rekuperatoren. Trotzdem lassen sich auch hierfür in fast allen Fällen einfache Berechnungsverfahren angeben.

Wie schon im Vorwort erwähnt, ist es die Hauptaufgabe des vorliegenden Buches, die als Grundlage der Berechnung dienenden Theorien, die entsprechend der Vielgestaltigkeit der Wärmeaustauscher sehr zahlreich sind, im Zusammenhang darzustellen. Dies soll im zweiten und dritten Abschnitt geschehen.

§ 4. Benennungen und ihre Verdeutschung

Gegen die Benennung „Wärmeaustauscher" kann man einwenden, daß die Wärme nur in einer Richtung von dem einen Stoff auf den anderen übergeht; eine zweite Menge hingegen, die in der umgekehrten Richtung gegen diese Wärmemenge wirklich ausgetauscht würde, sei nicht vorhanden. Dem könnte man entgegenhalten, daß physikalisch, besonders kinetisch betrachtet, ein Austausch verschieden großer Wärmemengen, die sich in der entgegengesetzten Richtung bewegen, durchaus denkbar ist, bei der Wärmestrahlung sogar offen zutage tritt. Die Gründe, weshalb man von einem „Austausch" spricht, sind aber vermutlich anderer Art. Vielleicht rührt dies daher, daß man an einen Austausch von Wärme und Kälte denkt, was indessen physikalisch nicht richtig ist. Ein weiterer Grund kann sein, daß die beiden Stoffe bei gleicher Wärmekapazität unter den theoretisch günstigsten Verhältnissen ihre Temperaturen austauschen, indem nämlich im Grenzfall jeder der Stoffe als Endtemperatur die Anfangstemperatur des anderen Stoffes annimmt. Der sachlich treffende Ausdruck „Wärmeübertrager" hat sich trotz manch warmer Befürwortung nicht eingebürgert. Vielleicht befürchtet man eine Verwechslung mit den Wörtern „Wärmeträger" und „Wärmeübertragungsanlagen", die dann benutzt werden, wenn eine in Leitungen strömende Flüssigkeit, „Wärmeträger" genannt, Wärme an entfernte Stellen des Verbrauchs befördert. Die Benennungen „Wärmeaustausch" und „Wärmeaustauscher" sind überdies so gebräuchlich, auch im Ausland z.B. unter den englischen Bezeichnungen „heat-exchange" und „heat-exchanger", daß man sie trotz des erwähnten Bedenkens schwerlich vermeiden kann.

Da ferner der Gegenstrom seiner Überlegenheit wegen fast durchweg angewendet wird, kann man, einem Sprachgebrauch der Tieftemperaturtechnik folgend, statt „Wärmeaustauscher" auch „Gegenströmer" sagen. Meist versteht man darunter nur die Rekuperatoren; doch ist diese Benennung gelegentlich auch auf Regeneratoren angewendet worden.

Als Verdeutschung von „Rekuperator" und „Regenerator" könnte man die Worte „Trennwand-Wärmeaustauscher" und „Speicher-Wärmeaustauscher" vorschlagen, die zwar etwas lang sind, aber wohl das Wesen der Sache treffen. Etwas einfacher wäre „Trennwand-Gegenströmer" und „Speicher-Gegenströmer". Bei rohrförmiger Gestaltung der Rekuperatoren könnte man auch „Rohr-Wärmeaustauscher" oder „Rohr-Gegenströmer" sagen.

Die für „Regenerator" gelegentlich gebrauchte Verdeutschung „Wärmespeicher" (oder „Kältespeicher") ist mißverständlich, weil man bei einem Wärmespeicher in erster Linie an die Aufspeicherung von Überschußenergie für energiearme Zeiten denkt. Bei Wärmeaustauschern sollte man vielmehr die Benennung so bilden, daß die Speicherung nicht als Endzweck, sondern als Mittel zum Zweck erscheint.

Literaturangaben

Vorbemerkung

Literaturverzeichnisse befinden sich jeweils am Ende größerer Abschnitte.

Im sofort sich anschließenden Verzeichnis von Büchern und Zeitschriften über das Gesamtgebiet der Wärmeübertragung werden die Literaturstellen lediglich durch Nummern gekennzeichnet, in den späteren spezielleren Verzeichnissen durch die Anfangsbuchstaben der Verfasser und nachfolgende Nummern. Dabei beginnt das Literaturverzeichnis über

Wärmeübergang in Rohren und Kanälen (S. 37) mit Nr. 1,
Wärmeübergang im Kreuzstrom, an Rippenrohren und in Haufwerken (S. 63) mit Nr. 41,
Wärmeübergang bei Verflüssigung und Verdampfung (S. 78) mit Nr. 61,
Wärmeübergang durch Strahlung (S. 103) mit Nr. 101,
Druckabfall (S. 120) mit Nr. 151,
Rekuperatoren (S. 250) mit Nr. 201,
Regeneratoren (S. 421) mit Nr. 301.

Literatur zum Gesamtgebiet der Wärmeübertragung

Bücher

1 VDI-Wärmeatlas. Düsseldorf: VDI-Verlag 1953; Ergänzungen 1956—1963; 2. Auflage 1974.
2 Gröber, H.; Erk, S.: Die Grundgesetze der Wärmeübertragung. 1. Aufl. von Gröber, 1921; 3. Aufl. bearbeitet von U. Grigull. Berlin, Göttingen, Heidelberg: Springer 1955; Neudruck 1961.
3 Eckert, E.: Einführung in den Wärme- und Stoffaustausch. 1. Aufl. 1949; 3. Aufl. Berlin, Heidelberg, New York: Springer 1966.
4 Eckert, E. R. G.; Drake, R. M.: Heat and Mass Transfer. New York, Toronto, London 1959.
5 Schack, A.: Der industrielle Wärmeübergang. 7. Aufl. Düsseldorf: Verlag Stahleisen 1969.
6 Jakob, M.: Heat Transfer. New York: John Wiley, Bd. I 1949, Bd. II 1957.
7 McAdams, W. H.: Heat Transfer. 6. Aufl. London: Chapman & Hall, Bd. I 1958; Bd. II 1959 (erste Aufl. 1933 und 1942).
8 Fishenden, M.; Saunders, O.: An Introduction to Heat Transfer. Oxford: Clarendon Press 1950.
9 Giedt, W. H.: Heat Transfer. Toronto, New York, London: Nordstrand Comp. 1958.
10 Bird, R. B.; Steward, W. E.; Leighfoot, E. N.: Transport Phenomena. New York: John Wiley 1960.
11 Petuchov, B. S.: Experimentelle Untersuchung der Wärmeübertragung. Berlin: Verlag Technik 1958.
12 Chapman, A. J.: Heat Transfer, 2. Aufl. New York: The Macmillan Comp. 1967.
13 Luikov, A. V.; Mikhailov, Ju. A.: Theory of Energy and Mass Transfer. Revised English Edition. Oxford, London, Edinburgh, New York, Paris, Frankfurt: Pergamon Press 1965. 392 S.

14 Ibele, W.: Modern Developments in Heat Transfer (14 Aufsätze verschiedener Autoren). New York u. London: Academic Press 1963.

15 Haase, R.: Thermodynamik der irreversiblen Prozesse. Darmstadt: D. Steinkopf 1963.

16 Kays, W. M.: Convective Heat and Mass Transfer. New York: McGraw-Hill 1966.

17 Eckert, E. R. G.; Irvine, T. (Editors): Progress in Heat and Mass Transfer. Oxford, London, Edinburgh, New York, Paris, Frankfurt: Pergamon 1971.

18 Rohsenow, W. M.; Hartnett, J. P.: Handbook of Heat Transfer. New York: McGraw-Hill 1973.

19 Dwyer, O. E. (Editor): Progress in Heat and Mass Transfer. Oxford: Pergamon 1973.

Darstellung der Lehre von der Wärmeübertragung in Abschnitten von Büchern und Sammelwerken

20 Landolt-Börnstein: Zahlenwerte und Funktionen aus Physik, Chemie, Astronomie, Geophysik und Technik, 6. Auflage. Berlin, Göttingen, Heidelberg; insbes. Bd. II, 5 a, 1969 (Viscosität) und Bd. IV, 4: Wärmetechnik, Teil a, 1967: Thermodynamische Zustandsgrößen (einschließlich Dichte); Teil b, 1972 Transportgrößen (Wärmeleitfähigkeit) und Wärmeübertragung.

21 Schmidt, E.: Einführung in die technische Thermodynamik. 9. Aufl. Berlin, Göttingen, Heidelberg: Springer 1962, S. 347—408.

22 Nesselmann, K.: Angewandte Thermodynamik. Berlin, Göttingen, Heidelberg: Springer 1950, S. 254—301.

23 Hofmann, E.: Wärme- und Stoffübertragung. Handbuch der Kältetechnik herausgegeben von R. Plank, Bd. III. Berlin, Göttingen, Heidelberg: Springer 1959, S. 187—463.

24 Grassmann, P.: Physikalische Grundlagen der Chemie-Ingenieur-Technik. Aarau und Frankfurt: Verlag Sauerländer 1961, Kap. 9, S. 593—698: Impuls-, Wärme- und Stoffaustausch.

25 Hütte, Des Ingenieurs Taschenbuch, Bd. I, 28. Aufl. Berlin: Ernst u. Sohn 1955, S. 491—506.

26 Haselden, G. G.: Cryogenic Fundamentals. London u. New York 1971, S. 17—197; siehe besonders S. 92—197.

Zeitschriften
Spezialzeitschriften

Wärme- und Stoffübertragung	Journal of Heat Transfer
Int. Journal of Heat and Mass Transfer	Révue Génerale de Thermique

Auch zahlreiche andere Zeitschriften bringen Aufsätze über Wärmeübertragung. Als Beispiele seien nur folgende Zeitschriften angeführt:

Brennstoff — Wärme — Kraft	Stahl und Eisen
Chemie-Ingenieur-Technik	Verfahrenstechnik, Mainz
Kältetechnik — Klimatisierung	

Ferner erscheinen in manchen Zeitschriften regelmäßige Übersichten über neu erschienene Forschungsarbeiten; z.B.:

Eckert, E., u. Mitarbeiter: früher berichtet in Mechan. Engng., zuletzt in 83 (1961) 7, 34—42 und 8, 56, 57; seit 1964 in Int. J. Heat Mass Transfer, z.B. 17 (1974) 615—624.

Fortschritte der Verfahrenstechnik. Weinheim: Verlag Chemie, z.B. 7 (1967) 347—394, Übersicht über die Jahre 1964 u. 1965; 8 (1969) 328—389, Übersicht über die Jahre 1966 u. 1967.

Umfangreiches Material enthält der Bericht über die 5. Internationale Heat Transfer Conference in Tokio 1974.

Wärmeübergang und Druckabfall, vorwiegend in Rohren und Kanälen

I. Wärmeübergang durch Wärmeleitung und Konvektion sowie bei Verflüssigung und Verdampfung

§ 5. Begriff und Bedeutung des Wärmeübergangskoeffizienten

Die Gesetze des Wärmeüberganges und des Druckabfalles in Rohren und Kanälen sollen im vorliegenden Abschnitt kurz erörtert werden[1]. Hierbei möge eine einleitende Betrachtung zunächst die Begriffe des Wärmeübergangskoeffizienten sowie des Wärmedurchgangskoeffizienten in Erinnerung rufen.

Bei der am häufigsten vorkommenden Bauart der Wärmeaustauscher, den Rekuperatoren, durch die die Gase oder Flüssigkeiten ununterbrochen und gleichmäßig hindurchströmen, wird die Wärme durch ebene oder gekrümmte Wände hindurch übertragen. Zunächst wollen wir den Wärmeaustausch zwischen zwei Gasen (oder Flüssigkeiten) durch eine ebene Wand betrachten und hierbei zur Vereinfachung annehmen, daß die Gastemperaturen zeitlich unveränderlich sind. Bis nahe an die Wand habe Gas I (Bild 1, links) die überall gleiche Temperatur ϑ, Gas II (rechts) die überall gleiche Temperatur ϑ'. Die Wandtemperatur sei mit

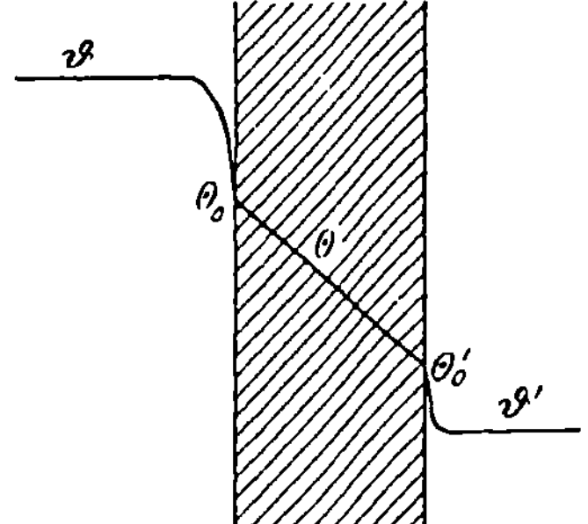

Bild 1. Wärmeübertragung durch eine ebene Wand.

---

[1] Nähere Einzelheiten lassen sich den vorstehend verzeichneten Büchern über Wärmeübertragung entnehmen.

Θ bezeichnet, ihre Werte an den beiden Oberflächen der Wand seien Θ_0 und Θ_0'.[2]

Ist $\vartheta > \vartheta'$, dann strömt durch die Wand senkrecht zu ihrer Oberfläche Wärme von Gas I nach Gas II. Im Beharrungszustand stellt sich in der Wand ein lineares Temperaturgefälle ein, falls die Wärmeleitfähigkeit des Baustoffs konstant ist. In jedem der Gase aber fällt die Temperatur innerhalb einer der Oberfläche unmittelbar anliegenden dünnen Grenzschicht steil ab, so daß sich die Oberflächentemperaturen Θ_0 und Θ_0' der Wand von den Temperaturen ϑ und ϑ' der Hauptmasse der Gase unterscheiden, vgl. Bild 1. Die von Gas I auf die linke Oberfläche F der Wand in der Zeiteinheit übergehende Wärmemenge $\dot{Q}$ ist dem Temperaturunterschied $\vartheta - \Theta_0$ sowie der Größe F der Oberfläche verhältnisgleich[3]. Sie errechnet sich daher nach der Gleichung

$$\dot{Q} = \alpha F (\vartheta - \Theta_0), \qquad (1)$$

worin α den *Wärmeübergangskoeffizienten* bedeutet. Der Wärmeübergangskoeffizient ist hiernach gleich der in der Zeiteinheit je Einheit der Oberfläche bei einem Temperaturunterschied von 1 K zwischen Gas und Wand übergehenden Wärmemenge. Im internationalen Einheitensystem wird α in $J/m^2\,s\,K = W/m^2 K$ gemessen.

Entsprechend Gl. (1) erhält man für die Wärmemenge, die durch die gegenüberliegende Oberfläche der Wand (Bild 1) in der Zeiteinheit an das Gas II mit dem Wärmeübergangskoeffizienten α' übergeht,

$$\dot{Q}' = \alpha' \cdot F (\Theta_0' - \vartheta'). \qquad (2)$$

Für die durch die Wand selbst in der Zeiteinheit strömende Wärmemenge gilt

$$\dot{Q}_w = \frac{\lambda_s}{\delta} F (\Theta_0 - \Theta_0'), \qquad (3)$$

worin λ_s die Wärmeleitfähigkeit des Baustoffes der Wand, δ die Dicke der Wand und F wie bisher die Oberfläche einer Seite der Wand bedeutet. Die Wärmeleitfähigkeit λ_s wird in $J/m\,s\,K = W/m\,K$ gemessen. Sie ist eine Stoffgröße, die im allgemeinen in geringem Maße von der Temperatur des Baustoffes abhängt.

Im Beharrungszustand ist die durch die Wand strömende Wärmemenge $\dot{Q}_w$ gleich den an den Oberflächen übergehenden Wärmemengen $\dot{Q}$ bzw. $\dot{Q}'$. Löst man daher Gl. (1) nach $\vartheta - \Theta_0$, Gl. (2) nach $\Theta_0' - \vartheta'$ und Gl. (3) nach $\Theta_0 - \Theta_0'$

---

[2] Die Temperaturen werden hier und im folgenden mit ϑ und Θ, die Zeit mit t bezeichnet. Die hierbei einheitlich durchgeführte Unterscheidung der Temperaturen der festen Wände oder der Speichermasse durch den Buchstaben Θ gegenüber den Temperaturen ϑ und ϑ' der strömenden Stoffe dient zur Erhöhung der Übersichtlichkeit. Denn bei der Unterscheidung durch Indizes könnten in den späteren Betrachtungen Buchstaben mit mehr als zwei Indizes nicht vermieden werden. Von dieser Festsetzung weichen wir nur vorübergehend in § 18 bis 20 ab, wo wir die absolute Temperatur eines Gases und einer Wand benötigen und hierfür keinen anderen Buchstaben als T (oder T_g und T_w) einführen wollen.

[3] Alle auf die Zeiteinheit bezogenen Größen sollen durch einen über dem betreffenden Buchstaben gesetzten Punkt gekennzeichnet werden. Denn sie können als Differentialquotienten nach der Zeit aufgefaßt werden, deren Werte sich allerdings vielfach zeitlich nicht ändern. So ist z.B. $\dot{Q} = dQ/dt$. Lediglich bei den Wärmekapazitäten C und C' der in der Zeiteinheit durch einen Wärmeaustauscher strömenden Gasmengen wird auf diese besondere Kennzeichnung verzichtet. Vgl. Fußnote *, S. 133.

auf, so erhält man durch Addition für den gesamten Temperaturunterschied zwischen beiden Gasen:

$$\vartheta - \vartheta' = \frac{\dot{Q}}{F}\left(\frac{1}{\alpha} + \frac{\delta}{\lambda_s} + \frac{1}{\alpha'}\right). \tag{4}$$

Den Wärmedurchgang durch eine Wand kann man daher auch durch den Ansatz

$$\dot{Q} = kF(\vartheta - \vartheta') \tag{5}$$

ausdrücken, worin der Beiwert k „*Wärmedurchgangskoeffizient*" genannt wird. Der Wärmedurchgangskoeffizient läßt sich hiernach definieren als die Wärmemenge, welche durch die Flächeneinheit einer Wand in der Zeiteinheit übertragen wird, wenn der Temperaturunterschied zwischen den im Wärmeaustausch stehenden Gasen oder Flüssigkeiten 1 K beträgt. Der Wärmedurchgangskoeffizient wird ebenso wie der Wärmeübergangskoeffizient in J/m^2 s K $= W/m^2$ K gemessen.

Löst man schließlich Gl. (5) nach $\vartheta - \vartheta'$ auf, dann erhält man durch Vergleich mit Gl. (4)

$$\frac{1}{k} = \frac{1}{\alpha} + \frac{\delta}{\lambda_s} + \frac{1}{\alpha'}. \tag{6}$$

Man kann hiernach den Wärmedurchgangskoeffizienten aus den Wärmeübergangskoeffizienten α und α', aus der Dicke δ der Wand und aus der Wärmeleitzahl λ_s ihres Baustoffes in einfacher Weise berechnen. Wie sich durch eine ähnliche Überlegung auch für gekrümmte Wände, insbesondere für Rohrwände, ein Wärmedurchgangskoeffizient festlegen läßt, wird in § 26 im zweiten Abschnitt dieses Buches gezeigt.

Bei der Anwendung der vorstehenden bekannten Überlegungen auf Wärmeaustauscher ist indessen zu beachten, daß die Temperaturen der an der wärmeübertragenden Wand entlang strömenden Stoffe sich infolge des Wärmeaustausches ändern. Man kann daher bei Wärmeaustauschern die Gln. (1), (2), (3) und (5) zunächst nur auf ein unendlich kleines Flächenelement beziehen. Die durch ein größeres Flächenstück übertragene Wärmemenge erhält man dann grundsätzlich durch entsprechende Integration (vgl. zweiten und dritten Abschnitt). Hierbei erweist es sich als wesentliche Erleichterung, daß die Wärmeübergangskoeffizienten und damit auch der Wärmedurchgangskoeffizient sich im allgemeinen über die Länge des Wärmeaustauschers nur wenig ändern, wenigstens, solange die Wärmestrahlung keine wesentliche Rolle spielt. Man kann daher die Werte von α, α' und k vielfach genau genug als unveränderlich betrachten.

Die Wärmeleitfähigkeit λ_s, die man zur Bestimmung der Wärmedurchgangszahl, z. B. nach Gl. (6) benötigt, läßt sich fast immer aus Zahlentafeln entnehmen, in denen die gemessenen Wärmeleitfähigkeiten zahlreicher Stoffe zusammengestellt sind. Die Ermittlung der Wärmeübergangskoeffizienten α und α' hingegen, die vor allem von den Strömungsgeschwindigkeiten, ferner von den physikalischen Eigenschaften der strömenden Gase oder Flüssigkeiten sowie in meist nur geringem Maße von der Beschaffenheit der Wandoberfläche abhängen, erfordert eine genaue Kenntnis der verwickelten Gesetze des Wärmeübergangs. Diese Gesetze sollen nachstehend erörtert werden.

§ 6. Die Grundvorgänge der Wärmeübertragung in Rohren und Kanälen

Ein Gas oder eine Flüssigkeit ströme durch ein Rohr. Hierbei sei die Temperatur des strömenden Stoffes von der Temperatur der Rohrwand verschieden. Die dann zwischen dem Gas oder der Flüssigkeit einerseits und der Rohrwand andererseits stattfindende Wärmeübertragung beruht im allgemeinen auf folgenden drei Grundvorgängen:

1. Wärmeleitung im strömenden Stoff in der Richtung des Temperaturgefälles,

2. Konvektion, d.h. Wärmetransport durch Strömung, und zwar meist durch eine ungeordnete Mischbewegung,

3. Wärmestrahlung.

Der Anteil der Konvektion am Wärmeaustausch hängt in hohem Maße vom Strömungszustand ab, der laminar oder turbulent sein kann.

Im rein *laminaren Strömungsbereich*, der sich auf kleine Werte der mittleren Strömungsgeschwindigkeit erstreckt, kann man sich die Strömung aus sehr dünnen, konzentrischen Schichten aufgebaut denken, die genau oder angenähert in achsialer Richtung aneinander vorbei gleiten. Bei dieser Strömungsart wird, abgesehen von der Strahlung, Wärme nur durch die *Wärmeleitung* des strömenden Stoffes, und zwar im wesentlichen quer zur Strömungsrichtung, übertragen. Von einer Konvektion kann man hierbei höchstens insoferne reden, als der strömende Stoff die durch Wärmeleitung aufgenommene Wärme mit fortnimmt und damit zur Aufrechterhaltung des für die Wärmeübertragung nötigen Temperaturgefälles beiträgt.

Bei *turbulenter Strömung* tritt hingegen die schon erwähnte Mischbewegung auf, die die Wärmeübertragung quer zur Hauptströmungsrichtung in der noch zu beschreibenden Weise erheblich steigert. Diese Mischbewegung setzt bei einer gewissen Mindestgeschwindigkeit, der sog. kritischen Geschwindigkeit, ein. Sie beeinflußt den Wärmeaustausch in doppelter Weise, was wir uns etwas vereinfacht wie folgt klar machen können. Unmittelbar an der Wandoberfläche verbleibt nach Prandtl eine sehr dünne laminare Grenzschicht, deren wandnahe Teilchen an der Oberfläche haften. Durch diese Grenzschicht wird die Wärme, wenn man wieder von der Strahlung absieht, allein durch Leitung, z.B. nach innen hin, übertragen. Der weitere Wärmetransport geschieht dann zum größten Teil durch die turbulente Mischbewegung, die die Wärme sehr rasch weiter ins Innere des strömenden Stoffes befördert. Denn die bewegten Stoffteilchen, „Turbulenzballen" genannt, nehmen von der Grenzschicht oder auch von anderen Teilchen, die schon selbst von der Grenzschicht Wärme empfangen haben, Wärme auf und geben sie an davon entfernte Stellen wieder ab. Durch diesen zweiten Vorgang ist der bei Turbulenz meist sehr erhebliche Anteil der Konvektion an der Wärmeübertragung gekennzeichnet[4].

Auf Grund dieser Vorstellung läßt sich auch der starke Einfluß der Strömungsgeschwindigkeit auf den Wärmeübergang bei turbulenter Strömung verstehen. Denn mit zunehmender mittlerer Strömungsgeschwindigkeit wird nicht nur die Grenzschicht dünner, sondern es erhöht sich auch die Intensität der turbulenten Mischbewegung. Durch die Grenzschicht wird aber um so mehr Wärme geleitet, je dünner sie ist [vgl. Gl. (3)]. Gleichzeitig nimmt auch der Wärmetransport durch die verstärkte Mischbewegung zu. Die Folge ist eine starke Zunahme des Wärmeübergangskoeffizienten mit wachsender Geschwindigkeit.

Der Übergang von der laminaren zur turbulenten Strömung erfolgt mit wachsender Strömungsgeschwindigkeit bei der kritischen Reynolds-Zahl Re_{kr}[5]. Ihr niedrigster Wert $Re_{kr} = 2320$ trifft bei unruhigem, stark gestörtem Einlauf zu, während in anderen Fällen größere Werte von Re_{kr}, häufig etwa zwischen 3000 und 4000, auftreten.

---

[4] Bei genauer Betrachtung erweist sich die Grenzschicht nicht als scharf von dem turbulenten Bereich geschieden. Es findet vielmehr ein allmählicher Übergang statt, wobei die Stärke der Turbulenz mit wachsender Entfernung von der Rohrwand stetig zunimmt.

[5] Über die Bedeutung der Reynolds-Zahl Re siehe § 8, über weitere Einzelheiten des Übergangs von der laminaren in die turbulente Strömung § 21.

Die Wärmeübertragung bei laminarer oder turbulenter Strömung läßt sich grundsätzlich durch die Differentialgleichungen der Strömung zäher Flüssigkeiten und der Wärmeleitung in strömenden Stoffen beschreiben. Eine strenge Lösung dieser Gleichungen wurde aber, wie in § 11 näher erörtert werden soll, bisher nur für Sonderfälle, insbesondere für die sogenannte „ausgebildete laminare" Strömung gefunden, wie sie sich in einem Rohr in genügender Entfernung vom Einlauf bei unterkritischer Geschwindigkeit einstellt. Die Wärmeübertragung bei turbulenter Strömung ist hingegen so verwickelt, daß eine strenge Lösung vorerst unmöglich erscheint. Unsere Kenntnisse über den Wärmeübergang und ebenso auch über den Druckabfall bei turbulenter Strömung verdanken wir daher, wie schon in § 3 angedeutet, im wesentlichen einer sehr großen Zahl experimenteller Untersuchungen, deren Ergebnisse sich dank der Ähnlichkeitstheorie durch verhältnismäßig einfache Gleichungen wiedergeben lassen. Doch gelang es, den Wärmeübergang bei turbulenter Strömung auch aus beobachteten Strömungsvorgängen mit guter Näherung zu berechnen (vgl. § 10).

§ 7. Messung des Wärmeübergangskoeffizienten

Die Einrichtungen zur Messung des Wärmeübergangskoeffizienten sind stets kleine Wärmeaustauscher, die möglichst einfach und so gestaltet sind, daß der zu beobachtende physikalische Vorgang sich ungestört abspielen und möglichst genau beobachtet werden kann. Den Grundgedanken eines Apparates zur Messung des Wärmeübergangskoeffizienten stellt Bild 2 dar.

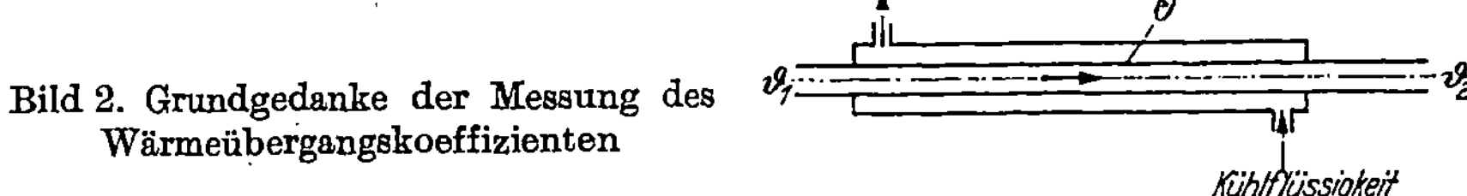

Bild 2. Grundgedanke der Messung des Wärmeübergangskoeffizienten

In dem inneren Rohr strömt meist der Stoff, dessen Wärmeübergangskoeffizient ermittelt werden soll, z. B. ein vorher erwärmtes Gas, von links nach rechts. Durch eine im Außenraum strömende Kühlflüssigkeit wird dem Gas Wärme entzogen. Beobachtet werden die Eintrittstemperatur ϑ_1, die Austrittstemperatur ϑ_2 und die Menge des in der Zeiteinheit hindurchgströmenden Gases sowie bei fast allen genaueren Messungen von α die Rohrwandtemperatur Θ. Aus Θ, das man z. B. durch in die Rohrwand eingelassene Thermoelemente messen kann, ergibt sich durch eine geringe Extrapolation auch die Temperatur Θ_0 der Oberfläche. Die vom Gas an die Rohrwand in der Zeiteinheit übergehende Wärmemenge Q ist durch die Temperatursenkung sowie durch die Menge und spezifische Wärmekapazität des Gases festgelegt. Man kann diese Wärmemenge aber auch aus entsprechenden Messungen an der Kühlflüssigkeit ermitteln. Bestimmt man schließlich noch die wärmeübertragende Fläche F und in später zu besprechender Weise (vgl. zweiter Abschnitt, § 29) den Mittelwert der Temperaturdifferenz $\vartheta - \Theta_0$ zwischen dem Gas und der Rohroberfläche, dann erhält man den Wärmeübergangskoeffizienten grundsätzlich als einzige Unbekannte aus Gl. (1).

Statt innerhalb des engeren Rohres kann man das Gas oder die Flüssigkeit, dessen Wärmeübergangskoeffizienten man kennenlernen will, auch im Ringraum zwischen dem inneren und äußeren Rohr strömen lassen. Ferner kann man die Kühlflüssigkeit mit einem Heizmittel vertauschen oder diese auch durch einen verdampfenden oder sich verflüssigenden Stoff ersetzen. Bei sinngemäßer Änderung der Anordnung läßt sich nach demselben Prinzip auch der Wärmeübergang im Kreuzstrom an glatten Rohren oder an Rippenrohren messen. Schließlich läßt sich in Regeneratoren, insbesondere in Regeneratoren verkleinerten Maßstabs der Wärmeübergang an verschieden gestalteten Füllmassen bestimmen; vgl. z.B. H. Glaser [G 42].

Zu derartigen Versuchen im Laboratorium kommen Beobachtungen an mittleren und großen Wärmeaustauschern, wie sie für den praktischen Betrieb gebaut werden. Solche Beobachtungen dienen zwar meist der Untersuchung des betrieblichen Verhaltens der Wärmeaustauscher. Doch sind viele solche Messungen auch von nicht zu unterschätzender Bedeutung für die Nachprüfung und Bestätigung der im Laboratorium gefundenen Wärmeübergangskoeffizienten.

Das Ergebnis aller Messungen an praktisch betriebenen Wärmeaustauschern läßt sich im wesentlichen dahin zusammenfassen, daß diese Messungen fast durchweg nicht nur die nachstehend entwickelten Theorien über Wärmeaustauscher bestätigt, sondern auch gezeigt haben, daß die an *Laboratoriumsapparaten* ermittelten Werte der *Wärmeübergangskoeffizienten* und des *Druckabfalls* sich *dank der Ähnlichkeitstheorie* in vollem Umfange auch auf die *größten Betriebsapparate übertragen* lassen.

§ 8. Die Ähnlichkeitstheorie und ihre Anwendung auf den Wärmeübergang

Infolge der zahlreichen Einflüsse, denen der Wärmeübergang unterliegt, ergab sich aus den Messungen des Wärmeübergangskoeffizienten zunächst ein recht unübersichtliches Bild. In diese Verhältnisse hat die Ähnlichkeitstheorie ordnend und sichtend eingegriffen. Auch hat sie weitgehend die Form der empirischen Gleichungen bestimmt, die die Versuchswerte wiedergeben. Der *Ähnlichkeitstheorie* ist es ferner zu *verdanken, daß die* vielfach nur *zwischen 0 und 100°C und bei etwa Atmosphärendruck gemessenen Werte* des Wärmeübergangskoeffizienten auf sehr hohe und sehr tiefe Temperaturen und auf sehr hohe Drücke übertragen werden können. Auch ermöglicht es die Ähnlichkeitstheorie, die Ergebnisse der zunächst nur an wenigen Stoffen wie Luft, Wasser und Ölen durchgeführten Messungen auch bei beliebigen anderen Stoffen als gültig zu betrachten. Vorausgesetzt ist hierbei nur, daß man bei den fraglichen Temperaturen und Drücken die Stoffwerte der strömenden Gase oder Flüssigkeiten wie Wärmeleitfähigkeit, spezifische Wärmekapazität, Viskosität u.dgl. genügend genau kennt.

Nußelt [N 4, 6] hat erstmals die Ähnlichkeitstheorie auf den Wärmeübergang angewendet, nachdem vorher schon Reynolds [R 5] ihre Bedeutung für die Darstellung der Gesetze des Druckabfalls erkannt hatte[6].

Die Ähnlichkeitstheorie beruht auf folgendem Grundgedanken. Geometrisch ähnliche Figuren, z.B. ähnliche Dreiecke, kann man bekanntlich dadurch ineinander überführen, daß man sämtliche Strecken, die in einer dieser Figuren vorkommen, in demselben Verhältnis vergrößert oder verkleinert. In sinngemäßer Erweiterung dieses Gedankens nennt man auch physikalische Vorgänge gleicher

---

[6] Die erste sehr allgemeine Formulierung des Ähnlichkeitsgesetzes stammt von Helmholtz [H 14].

Art einander ähnlich, wenn man sie lediglich durch geeignete Änderung der Maß-stäbe, in denen die beteiligten physikalischen Größen gemessen werden, zahlen-mäßig ineinander überführen kann.

Hierbei müssen aber im allgemeinen bei ungleichartigen physikalischen Größen die Maßstäbe verschieden geändert werden. Diese Änderungen sind nämlich nicht völlig unabhängig voneinander, sondern an eine Ähnlichkeitsbedingung gebunden. Eine solche Bedingung ist in einfacherer Form auch schon bei geometrischer Ähn-lichkeit vorhanden. Geometrische Figuren sind nämlich auch dann einander ähn-lich, wenn dimensionslose Größen wie Seitenverhältnisse oder Winkel in den zu vergleichenden Fällen dieselben Werte haben. Entsprechend setzt die Ähnlich-keit zweier physikalischer Vorgänge voraus, daß gewisse dimensionslose Größen, Kenngrößen genannt, bei beiden Vorgängen gleich groß sind. Diese Kenngrößen lassen sich aus allen an einem solchen Vorgang beteiligten Größen grundsätzlich durch geeignete Multiplikationen und Divisionen bilden. Trotz der Gleichheit der Kenngrößen können die einzelnen physikalischen Größen in beiden Fällen sehr verschieden sein.

Mit der genannten Bedingung kann man die in einem einzigen Fall gewonnenen Versuchsergebnisse durch eine einfache Umrechnung auf alle anderen Vorgänge übertragen, die dem untersuchten Fall physikalisch ähnlich sind.

Die allgemeinste Folgerung aus der Ähnlichkeitstheorie besteht aber darin, daß man mit ihrer Hilfe auch den zwischen einander nicht ähnlichen Fällen eines Vor-ganges bestehenden physikalischen Zusammenhang in die grundsätzlich einfachste und übersichtlichste Form zu bringen vermag. Hierauf beruht die wichtige Rolle, die die Ähnlichkeitstheorie bei der Auswertung von Versuchsreihen spielt. Wäh-rend nämlich das Ergebnis einer einzigen Messung nur die einander ähnlichen Fälle umfaßt, sucht man durch Vesuchsreihen im allgemeinen gerade auch zwi-schen den einander nicht ähnlichen Fällen einen Zusammenhang festzulegen. Es handelt sich dabei stets darum, die Abhängigkeit einer physikalischen Größe, z.B. des Wärmeübergangskoeffizienten, von allen anderen sie beeinflussenden Größen wie Strömungsgeschwindigkeit, Wärmeleitfähigkeit, Rohrdurchmesser u. dgl. zu ermitteln. Die Ähnlichleitstheorie führt nun in ihrer allgemeinsten Form zu der wichtigen Aussage, daß eine solche Abhängigkeit sich stets durch eine Be-ziehung zwischen denjenigen Kenngrößen darstellen läßt, die für den betreffenden Vorgang im Sinne der Ähnlichkeit maßgebend sind. Da die Zahl der Kenngrößen kleiner ist als die der ursprünglich gegebenen physikallischen Größen, läßt sich die zwischen den Kenngrößen bestehende Beziehung leichter ermitteln, als der zwischen den ursprünglichen Größen bestehende Zusammenhang. Die genannte Beziehung ist jedoch durch die Ähnlichkeitstheorie selbst nicht festgelegt, sie wird vielmehr meist durch Versuche bestimmt. In mathematisch lösbaren Fällen kann man sie auch berechnen.

Die Kenngrößen lassen sich, wie hier nicht näher auseinandergesetzt werden soll, entweder aus den Differentialgleichungen des betreffenden Vorgangs oder aus allgemeinen Dimensionsbetrachtungen[7] ableiten.

---

[7] Die Ähnlichkeitstheorie und die Verfahren zur Bestimmung der Kenngrößen werden in fast jedem Buch über Wärmeübertragung besprochen. Beispiele aus der übrigen sehr umfang-reichen Literatur über Ähnlichkeit sind die Veröffentlichungen [B 9, B 17, C 4, H 14, N 6, N 7].

Anwendung der Ähnlichkeitstheorie auf den Wärmeübergang

Um die Ähnlichkeitstheorie auf den Wärmeübergang anzuwenden, muß man zunächst die auftretenden physikalischen Größen und hieraus die dimensionslosen Kenngrößen ermitteln. Wir wollen hierbei von der Wärmestrahlung absehen, also nur den Wärmeaustausch durch Wärmeleitung und Konvektion betrachten.

Infolge der Wärmeleitung, die im wesentlichen in der Grenzschicht wirkt, hängt der Wärmeübergangskoeffizient α von der Wärmeleitfähigkeit λ des strömenden Stoffes ab; bestimmend ist aber auch die Viskosität η, da diese die Dicke der Grenzschicht beeinflußt. Die Konvektion hat zur Folge, daß α überdies eine Funktion der mittleren Strömungsgeschwindigkeit w sowie der Dichte ϱ und der spezifischen Wärmekapazität c_p des strömenden Stoffes ist. Auf die Strömungsvorgänge und damit auf den Wert von α hat ferner der Durchmesser d der Rohre oder eine gleichwertige Abmessung der Kanäle, in denen der Stoff strömt, einen wesentlichen Einfluß. Die Rohr- oder Kanallänge L spielt hingegen meist eine weniger wichtige, wenn auch grundsätzlich nicht zu vernachlässigende Rolle.

Es wurde die mittlere Strömungsgeschwindigkeit w eingeführt, weil die wahre Strömungsgeschwindigkeit von ihrem Höchstwert in der Rohrachse nach der Wand hin abnimmt, bis sie an der Wand selbst den Wert null erreicht. Hierbei soll derjenige Mittelwert zugrunde gelegt werden, der sich ergibt, wenn man das in der Zeiteinheit durch das Rohr strömende Volumen des Stoffes durch den Flächeninhalt des Strömungsquerschnittes dividiert.

In der Tabelle 1 sind die genannten Größen in der ersten Spalte zusammengestellt. Die zweite Spalte zeigt ihre Dimensionen, ausgedrückt durch die vier Grunddimensionen Länge (L), Zeit (Z), Masse (M) und Temperatur (T). Dabei ist zu berücksichtigen, daß die Wärmemenge ebenso wie eine Arbeit die Dimension ML^2/Z^2 hat[8]. Absichtlich werden nur die Dimensionen und nicht die entsprechenden Einheiten eingeführt, um zu zeigen, daß diese Betrachtungen vom gewählten Einheitensystem unabhängig sind[9].

Aus den erwähnten physikalischen Größen lassen sich, wie man leicht erkennt, folgende vier dimensionslose Ausdrücke:

$$\alpha\, d/\lambda, \quad \varrho w\, d/\eta, \quad c_p \eta/\lambda, \quad L/d \qquad\qquad (7)$$

ableiten[10]. Man könnte noch andere Kenngrößen bilden, z. B. $\varrho c_p w\, d/\lambda$. Diese Kenngröße würde aber nichts Neues bedeuten, weil sie von den vorhergehenden Kenngrößen nicht unabhängig ist, d. h., sich durch Multiplikation des zweiten und dritten Ausdruckes (7) ergibt. Die ersten drei Kenngrößen (7) sind bekannt unter den

---

[8] Statt der Dimension der Temperatur könnte man auch die Dimension der durch die Temperatur dividierten Wärmemenge einführen, weil beide Größen in α, λ und c_p nur in dieser Kombination auftreten. Vgl. S. 16 und 17 der 1. Auflage dieses Buches.

[9] Nur nebenbei werde darauf hingewiesen, daß man bei der Prüfung von Gleichungen vielfach von einem Dimensionsvergleich spricht, während es sich in Wirklichkeit um einen Einheitenvergleich handelt, was mehr bedeutet.

[10] Die Zahl der voneinander unabhängigen Kenngrößen (nämlich 4) ist nach Tabelle 1 gleich der Zahl der physikalischen Größen (8) vermindert um die Zahl der Grunddimensionen (4). Dies entspricht einem allgemeinen Gesetz, das sich aus den Dimensionsbetrachtungen ableiten läßt. Vgl. P. W. Bridgman und H. Holl [B 17].

Namen

$$Nu\ \text{ßelt-Zahl:}\quad Nu = \alpha\, d/\lambda,$$

Nußelt-Zahl: $Nu = \alpha\, d/\lambda$,

Reynolds-Zahl: $Re = w\, d/\nu$,   (8)

Prandtl-Zahl: $Pr = \nu/a$,

wobei noch zur Abkürzung die Temperaturleitzahl $a = \lambda/(\varrho c_p)$ und die kinematische Viskosität $\nu = \eta/\varrho$ eingeführt sind.

Tabelle 1. Physikalische Größen, die den Wärmeübergang zwischen einem strömenden Stoff und einer Rohrwand bestimmen

Größe	Dimension
Wärmeübergangskoeffizient α	$\dfrac{M}{Z^3 T}$
Wärmeleitfähigkeit λ	$\dfrac{ML}{Z^3 T}$
Strömungsgeschwindigkeit w	$\dfrac{L}{Z}$
Dichte ϱ	$\dfrac{M}{L^3}$
Spezifische Wärmekapazität c_p	$\dfrac{L^2}{Z^2 T}$
Viskosität η	$\dfrac{M}{LZ}$
Rohrdurchmesser d	L
Rohrlänge L	L

Diese Kenngrößen[11] kann man anschaulich als die Verhältnisse folgender geometrischer oder physikalischer Größen deuten. λ/α ist gleich der Dicke einer laminaren Grenzschicht, durch die bei linearem Temperaturgefälle und bei der Wärmeleitfähigkeit λ ebenso viel Wärme übertragen wird, wie sich bei gleich großem Temperaturunterschied mit Hilfe des Wärmeübergangskoeffizienten errechnet. Nu ist hiernach gleich dem Verhältnis des inneren Rohrdurchmessers zur Dicke dieser Grenzschicht.

Die Reynolds-Zahl kann man als das Verhältnis der Trägheitskräfte zu den Reibungskräften ansehen. Denn bei einem strömenden Teilchen vom Volumen V und der mit Ort und Zeit veränderlichen Geschwindigkeit u beträgt die Trägheitskraft (beschleunigende Kraft) $V\varrho\, \partial u/\partial t$ und die auf eine Fläche F wirkende Reibungskraft $F\eta\, \partial u/\partial y$, wobei y den Abstand von der Fläche bedeutet. In diesen Ausdrücken hat V/F die Dimension einer Länge, $\dfrac{\partial u}{\partial t}\Big/\dfrac{\partial u}{\partial y}$ die Dimension einer Geschwindigkeit. Setzt man für die genannte Länge d, für die Geschwindigkeit w ein, dann ergibt sich durch Division der Trägheitskraft durch die Reibungskraft unmittelbar die Reynoldszahl.

---

[11] Bezüglich weiterer Kenngrößen, die jedoch bei der erzwungenen Strömung in Rohren und Kanälen im allgemeinen keine Rolle spielen, siehe z. B. Gröber, Erk, Grigull: Die Grundgesetze der Wärmeübertragung [2] 3. Aufl., S. 419. Hingewiesen werde nur noch auf die für die freie Konvektion maßgebende Grashofsche Kenngröße. Ihr Einfluß auf die Wärmeübertragung in Rohren wird in § 12 behandelt.

In der Prandtl-Zahl Pr ist ν ein Maß für die Geschwindigkeit des zwischen den Molekülen stattfindenden Impulsaustausches, der die innere Reibung bewirkt, a ein entsprechendes Maß für den molekularen Energieaustausch, der die Wärmeleitung hervorruft. Pr kann also als das Verhältnis der Geschwindigkeiten dieser beiden Austauschvorgänge gedeutet werden.

Früher wurde neben Re und Pr vielfach die schon erwähnte Kennzahl $\varrho c_p w\, d/\lambda$, d.h. die

$$\text{Péclet-Zahl:}\quad Pe = w\, d/a = Re \cdot Pr \tag{9}$$

benutzt. Im laminaren Gebiet erweist sie sich auch heute noch als nützlich. Im turbulenten Bereich hingegen ist man von ihrem Gebrauch mehr und mehr abgekommen, und zwar wohl hauptsächlich im Interesse der Einheitlichkeit, weil Re auch für den Druckabfall die in erster Linie maßgebende Kenngröße ist (vgl. § 22).

Nach der Ähnlichkeitstheorie muß sich das Gesetz des Wärmeübergangs allgemein darstellen lassen durch eine Beziehung zwischen den vier Kenngrößen (7). Wir setzen daher unter Berücksichtigung der Gln. (8)

$$Nu = f[Re,\, Pr,\, L/d] \tag{10}$$

oder auch unter Benutzung des Ausdruckes (9):

$$Nu = F[Pe,\, Pr,\, L/d], \tag{11}$$

worin f und F beliebige Funktionen der in Klammer beigefügten unabhängigen Veränderlichen bedeuten. Diese Funktionen sind, wie erwähnt, für zahlreiche Fälle durch Versuche bestimmt worden. Nußelt [N 6] hat zur Wiedergabe der Versuchsergebnisse Potenzfunktionen vorgeschlagen, die sich auch nach den späteren Messungen in erstaunlich weiten Bereichen als brauchbar erwiesen haben. Die Gln. (10) und (11) werden daher vielfach in der Form benutzt:

$$Nu = \text{const} \cdot Re^{m_1}\, Pr^{m_2}\, (L/d)^{m_3} \tag{12}$$

oder auch

$$Nu = \text{const} \cdot Pe^{n_1}\, Pr^{n_2}\, (L/d)^{n_3}, \tag{13}$$

worin die Werte der Konstanten und der unveränderlichen Exponenten m_1, m_2, n_1 usw. aus den Messungen zu bestimmen sind.

Bei laminarer Strömung liegen die Exponenten m_1 und n_1 der Gln. (12) und (13) etwa zwischen null und $2/3$, bei turbulenter Strömung näher an 1. Hieraus folgt, daß der Wärmeübergangskoeffizient im laminaren Gebiet sich mit der Geschwindigkeit weniger ändert als im turbulenten Gebiet, wo infolge des in § 6 geschilderten Einflusses der Konvektion α nahezu proportional mit der Geschwindigkeit zunimmt.

In den vorhergehenden Gleichungen bedeutet d den inneren Rohrdurchmesser, wenn der betrachtete Stoff im Innern von Rohren strömt. Bei Strömung im Außenraum eines Rohrbündels oder durch einen anderen beliebig gestalteten Querschnitt kann grundsätzlich an Stelle von d irgendeine andere kennzeichnende Abmessung treten. Es hat sich in fast allen Fällen als zweckmäßig erwiesen, statt d den gleichwertigen („hydraulischen") Durchmesser

$$d_{gl} = 4F_q/U \tag{14}$$

einzuführen, wobei F_q den Flächeninhalt und U den gesamten Umfang des Strömungsquerschnittes bedeutet. Gleichung (14) liegt der Gedanke zugrunde, daß es für den Strömungszustand und damit auch für den Wärmeübergang im wesentlichen auf das Verhältnis des Strömungsquerschnittes zum Umfang ankommt. Der Ausdruck (14) ist überdies so gebildet, daß d_{gl} für den Kreisquerschnitt in den Kreisdurchmesser d übergeht.

Vielfach sind nur Teile der Kanalwände beheizt oder gekühlt. So nehmen z.B. im Außenraum eines Rohrbündels in der Regel nur die Rohrwände des Bündels, nicht aber das Mantelrohr an der Wärmeübertragung teil. In solchen Fällen wird, worauf schon Nußelt [N 6, 7] hingewiesen hat, ein Teil der Meßwerte besser wiedergegeben, wenn man nur den beheizten oder gekühlten Teil U^* des Querschnittsumfangs berücksichtigt und den damit gebildeten *thermischen* Durchmesser

$$d_{th} = 4F_q/U^* \tag{15}$$

in die Kenngrößen einführt.

Eine theoretische Untersuchung über die Wärmeübertragung in einseitig beheizten Spalten [H 9, 10] deutet darauf hin, daß bei kleinen Werten von Pr bis etwa 4 der thermische Durchmesser nach Gl. (15), bei größeren Werten von Pr der gleichwertige Durchmesser nach Gl. (14) vorzuziehen ist. Genauer erhält man nach derselben Veröffentlichung den Wärmedurchgangskoeffizienten α^* bei nur teilweise beheizten oder gekühlten Kanalwänden, indem man zunächst α mit Hilfe von Gl. (14) ermittelt und danach α^* nach der Gleichung

$$\frac{\alpha^*}{\alpha} = 1 - \frac{0,75}{1 + Pr}\left(1 - \frac{U^*}{U}\right) \tag{16}$$

berechnet.

Lorenz [L 6] hat vorgeschlagen, bei der Formulierung der Wärmeübergangsgleichung an Stelle von Nu den Ausdruck

$$\frac{Nu}{Re\,Pr} = \frac{\alpha}{w\varrho c_p} = \frac{\vartheta_1 - \vartheta_2}{(\vartheta - \Theta_0)_M}\frac{d}{4L} \;(= St) \tag{17}$$

zu bilden, wobei $\vartheta_1 - \vartheta_2$ die durch den Wärmeaustausch bewirkte Temperaturänderung des strömenden Stoffes, $(\vartheta - \Theta_0)_M$ den mittleren Unterschied zwischen der Temperatur ϑ dieses Stoffes und der Oberflächentemperatur Θ_0 der Rohrwand bedeutet. Der genannte Ausdruck wird dem englischen Schrifttum folgend, Stanton-Zahl genannt mit der Abkürzung St. Er hat den Vorzug der Anschaulichkeit, weil er durch das Verhältnis der zwei wesentlichen Temperaturunterschiede und durch das Verhältnis von Rohrdurchmesser und Rohrlänge bestimmt ist.

Für die praktische Berechnung von Wärmeaustauschern dürfte jedoch die Kenngröße St kaum einen Vorteil bieten, weil es hierfür erwünscht ist, den Wärmeübergangskoeffizienten kennen zu lernen, der sich am besten über Nu ermitteln läßt.

§ 9. Gleichungen für den Wärmeübergang in Rohren und Kanälen bei turbulenter Strömung

Von den zahlreichen bekannt gewordenen Gleichungen für den Wärmeübergangskoeffizienten in Rohren oder Kanälen sollen nur einige wenige angeführt werden, die experimentell gut begründet sind und sich bisher bewährt haben.

Wegen weiterer Beziehungen vergleiche man das Schrifttum, insbesondere die einschlägigen Lehrbücher [2 bis 26]. Zahlreiche Diagramme zur Bestimmung des Wärmeübergangskoeffizienten enthält der VDI-Wärmeatlas [1].

Wärmeübergangskoeffizienten turbulent strömender Gase und Dämpfe

Für den Wärmeübergang bei turbulenter Strömung von Gasen in Rohren hat Nußelt [N 7] folgende Beziehung angegeben:

$$Nu = 0,0362 \, (d/L)^{0,054} \, Pe^{0,786}. \tag{18}$$

Diese Gleichung gilt mit guter Näherung auch für überhitzten Wasserdampf. Sie hat sich bisher bei allen praktisch vorkommenden Werten von Re, zum mindesten oberhalb $Re = 10\,000$, bewährt. Da aber bei den ihr zugrunde liegenden Messungen, die an Luft und anderen Gasen unter Atmosphärendruck durchgeführt wurden, Pr wenig kleiner als 1 war, gilt Gl. (18) nur in der Nähe von $Pr = 1$. Bei hohen Gasdrücken können jedoch Werte von Pr bis über 5 vorkommen.

Nach Theorien und nach Messungen an Flüssigkeiten wird bis $Pr = 10$ der Einfluß von Pr recht gut durch die Potenz $Pr^{0,45}$ wiedergegeben. Ferner trifft für den Einfluß von d/L die Potenz $(d/L)^{0,054}$ in Gl. (18) nur bei mittleren Werten von L/d zu. Unterhalb etwa $L/d = 8$ ist eine stärkere Abhängigkeit von L/d und oberhalb $L/d = 200$ eine Annäherung an einen unveränderlichen Wert zu erwarten. Diese Forderungen kann man erfüllen, in dem man in Gl. (18) $0,663 \, [1 + (d/L)^{2/3}]$ an Stelle von $(d/L)^{0,054}$ einführt [H 7].

Unter Berücksichtigung dieser beiden Gesichtspunkte ergibt sich aus Gl. (18) folgende Wärmeübergangsgleichung für Gase und Dämpfe:

$$Nu = 0,024 \, [1 + (d/L)^{2/3}] \, Re^{0,786} \, Pr^{0,45}. \tag{19}$$

die für Werte von Pr zwischen 0,7 und 10 gilt.

Um aus einer derartigen Gleichung oder auch aus einer der anderen, zum Teil später erörterten Gleichungen der Form (10) oder (11) den Wert von Nu und daraus α rechnerisch zu ermitteln, setzt man zunächst L, d, w sowie die im allgemeinen von Druck und Temperatur abhängigen Stoffwerte in die Kenngrößen nach Gl. (8) ein. Die Wärmeübergangsgleichung, z.B. Gl. (19), liefert dann den Wert von Nu, aus dem man schließlich nach der ersten Gl. (8) sofort auch α erhält. Zahlreiche Stoffwerte findet man im VDI-Wärmeatlas [1]. Sie sind nach Nußelt auf die mittlere Grenzschichttemperatur zu beziehen, die mit genügender Näherung gleich dem Mittelwert zwischen der mittleren Gastemperatur und der Wandtemperatur gesetzt werden kann[12].

In Bild 3 ist der Wärmeübergangskoeffizient der Luft bei 0 °C und 1,0133 bar nach Gl. (19) abhängig von der Strömungsgeschwindigkeit für verschiedene Rohrdurchmesser d dargestellt, wobei $L = 6$ m gesetzt wurde. Als Abszisse ist die auf den Normzustand von 0 °C und 760 Torr $= 1,0133$ bar umgerechnete Strömungsgeschwindigkeit $w_0 = \varrho/\varrho_0 \, w$ aufgetragen. Hierbei ist auch die Dichte ϱ_0 auf den Normzustand bezogen, während ϱ die wirkliche Dichte bedeutet. Die Einführung dieser Normgeschwindigkeit hat den Vorteil, daß das Diagramm auch für höhere Gasdrücke bis zu etwa 10 bar gilt.

---

[12] Über die Festlegung der Bezugstemperatur für die Stoffwerte bei großen Temperaturunterschieden zwischen Gas und Wand vgl. W. Nußelt [N 7].

Bild 3 gilt auf 3% genau zwischen $L = 2$ und $L = 20$ m. Man erkennt aus ihm ebenso wie aus Gl. (18) und (19), daß α *nicht ganz proportional der Geschwindigkeit zunimmt und mit wachsendem Rohrdurchmesser langsam abnimmt.*

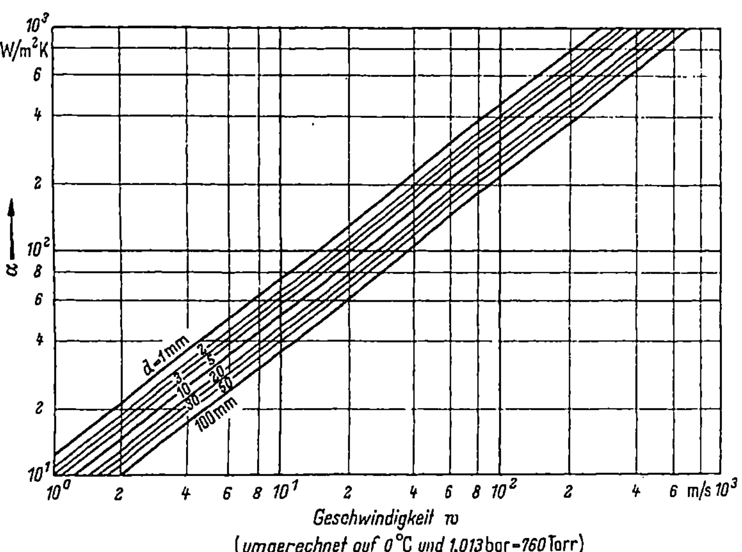

Bild 3. Wärmeübergangskoeffizient der Luft bei turbulenter Strömung nach der Gleichung von Nußelt.

Da in den Kenngrößen die Werte von λ, η und c_p sich im allgemeinen mit der Temperatur ändern, hängt nach den Gln. (18) und (19) auch der Wärmeübergangskoeffizient von der Temperatur ab. Diese Temperaturabhängigkeit kommt durch Bild 4 zum Ausdruck, in dem das Verhältnis des Wärmeübergangskoeffizienten α irgendeines Gases bei der fraglichen Temperatur zum Wärmeübergangskoeffizienten $\alpha_{0,\text{Luft}}$ von Luft bei 0 °C und bei derselben Strömungsgeschwindigkeit w_0 als Funktion der Temperatur aufgetragen ist[13]. Für ein beliebiges Gas kann man hiernach α in der Weise ermitteln, daß man für die gegebenen Werte von w_0, d und L zuerst $\alpha_{0,\text{Luft}}$ z. B. aus Bild 3 entnimmt und dann den erhaltenen Wert mit dem aus Bild 4 abgegriffenen Verhältnis $\alpha/\alpha_{0,\text{Luft}}$ multipliziert.

Der *Einfluß des Druckes auf den Wärmeübergang* ist, wenn man mit der Normgeschwindigkeit w_0 rechnet, nach Gl. (19) allein durch die Druckabhängigkeit von λ, η und c_p verursacht. Druckänderungen von λ, η und c_p treten aber nur etwa in demselben Maße auf wie die Abweichungen vom idealen Gaszustand, so daß bei niedrigen Drücken der Druckeinfluß kaum eine Rolle spielt. Daher gelten die zunächst nur für Atmosphärendruck entworfenen Bilder 3 und 4 mit guter Näherung auch bei mäßig hohen Drücken bis etwa 10 bar.

---

[13] Diese Werte wurden, ausgehend von Gl. (19), im Jahre 1975 vom Verfasser neu berechnet.

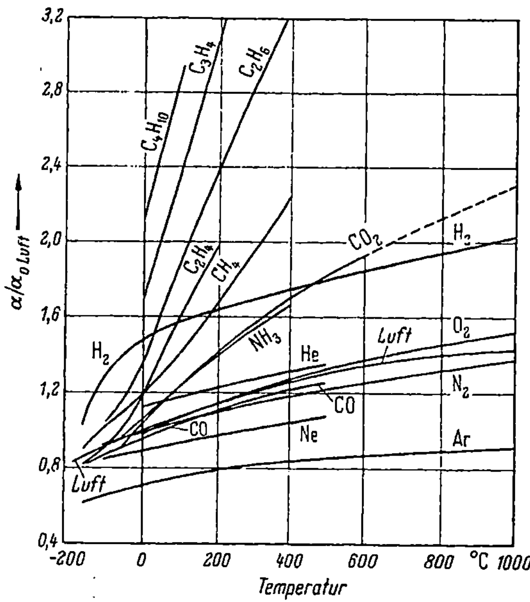

Bild 4. Wärmeübergangskoeffizient α von Gasen im Verhältnis zum Wärmeübergangskoeffizienten $\alpha_{0,\text{Luft}}$ der Luft bei 0°C.

Bei wesentlich höheren Drücken muß man aber auch den Druckeinfluß von λ, η und c_p berücksichtigen, indem man die für den betreffenden Druck geltenden Werte von λ, η und c_p in die Wärmeübergangsgleichung einsetzt. λ und η ändern sich mit Temperatur und Druck ähnlich, wie es in Bild 5 für die spezifische Wärmekapazität c_p gezeigt ist. Wie, beeinflußt durch diese Änderungen, der Wärmeübergangskoeffizient α von in Rohren strömender Luft nach Gl. (19) von Druck und Temperatur abhängt, zeigt Bild 6 nach einer schon älteren Näherungsrechnung.

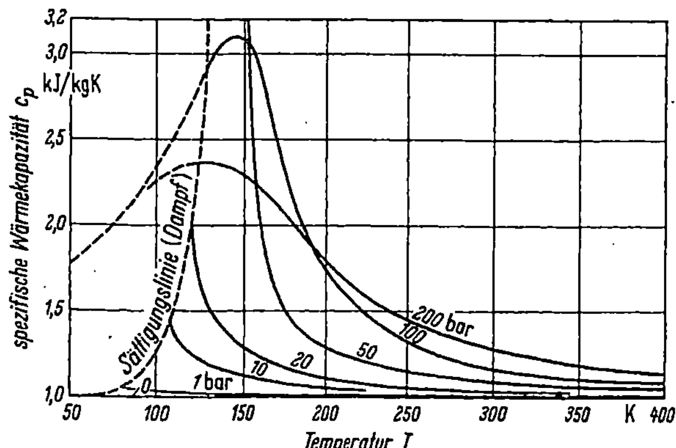

Bild 5. Spezifische Wärmekapazität c_p der Luft.

In Gl. (19) bringt endlich der Faktor $1 + (d/L)^{2/3}$ zum Ausdruck, daß bei gegebener Strömungsgeschwindigkeit w oder w_0 und gegebenem Rohrdurchmesser d der Wärmeübergangskoeffizient α mit wachsender Rohrlänge L abnimmt. Die

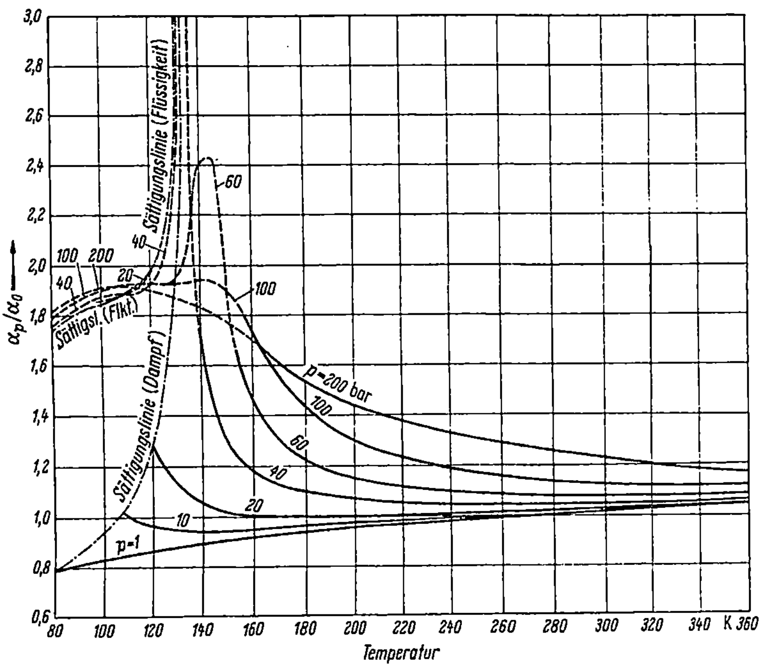

Bild 6. Wärmeübergangskoeffizient der Luft bei verschiedenen Drücken.
α_p Wärmeübergangskoeffizient beim Druck p und bei beliebiger Temperatur; α_0 Wärmeübergangskoeffizient bei 1 bar und 0 °C.

durch den genannten Faktor bestimmte Abhängigkeit des Wärmeübergangskoeffizenten von L/d wird durch die stark ausgezogene Linien in Bild 7 zum Ausdruck gebracht. Nach den sehr verschiedenen Rohrlängen L und Durchmessern d, die praktisch vorkommen, liegt L/d in der Regel etwa zwischen 50 und 5000, somit 0,024 $[1 + (d/L)^{2/3}]$ in Gl. (19) zwischen 0,026 und 0,024, so daß man hierfür recht gut den Mittelwet 0,025 einführen kann, wie er angenähert schon in Bild 3 zugrunde gelegt ist.

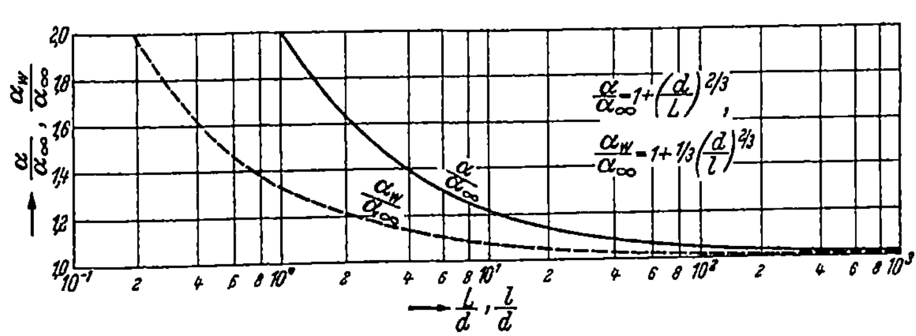

Bild 7. Abhängigkeit des Wärmeübergangskoeffizienten turbulent strömender Gase von der Rohrlänge.
α mittlerer Wärmeübergangskoeffizient im Rohr von der Länge L; α_w wahrer Wärmeübergangskoeffizient in der Entfernung l vom Eintritt; α_∞ Wärmeübergangskoeffizient in sehr großer Entfernung vom Eintritt.

Die bisher besprochenen Werte des Wärmeübergangskoeffizienten sind, wie schon erwähnt, stets die Mittelwerte in einem beheizten oder gekühlten Rohr von der Länge L. Aber auch der wahre Wärmeübergangskoeffizient α_w an einer bestimmten Stelle des Rohres, die vom Eintritt des Gases in das beheizte oder gekühlte Rohr um die Strecke l entfernt ist, kann man aus Gl. (19) berechnen, indem man lediglich den Faktor $1 + (d/L)^{2/3}$ durch $1 + 1/3(d/l)^{2/3}$ ersetzt. Hierbei ist vorausgesetzt, daß zwischen α und α_w die Beziehung

$$\alpha = \frac{1}{L} \int_0^L \alpha_w \, dl \qquad (20)$$

besteht, die einleuchtet, aber nur näherungsweise zutrifft[14]. Die untere gestrichelte Linie in Bild 7 zeigt den so ermittelten wahren Wärmedurchgangskoeffizienten, abhängig von der Entfernung l vom Eintritt. Im allgemeinen benötigt man nur den Mittelwert α des Wärmeübergangskoeffizienten.

Nach einer Untersuchung von G. Grass [G 8] kann α_w genau genug auch proportional $1 + c_0 \, d/l$ gesetzt werden, wobei c_0 eine empirisch zu bestimmende Konstante bedeutet. Schreibt man hierfür mit nur geringem Unterschied $1 + c_0 \, d/(l + 1)$, dann führt die Integration nach Gl. (20) zu Werten, die zahlenmäßig mit $1 + (d/l)^{2/3}$ sehr gut übereinstimmen, wenn man $c_0 = 0{,}85$ setzt.

Gl. (19) gilt für Gase, die in *glatten Rohren oder Kanälen* strömen. Daß hingegen in *rauhen Rohren und Kanälen* bei Gasen etwas höhere Wärmeübergangskoeffizienten zu erwarten sind, soll weiter unten in § 13 erörtert werden.

Zum Schluß werde noch darauf hingewiesen, daß die Gln. (18) und (19) ebenso wie die entsprechenden, noch zu erörternden Potenzgleichungen für Flüssigkeiten unterhalb $Re = 10000$ im Vergleich zu einer großen Zahl von experimentellen Ergebnissen zu hohe Werte liefern. Eine Gleichung, die sich solchen Ergebnissen im Bereich aller Reynolds-Zahlen bis herab zu $Re = 2320$ besser anpaßt (Gl. 27), wird weiter unten besprochen.

Wärmeübergangszahl turbulent strömender Flüssigkeiten

Im Mittel sind die Wärmeübergangskoeffizienten von Flüssigkeiten um ein mehrfaches höher als die von Gasen. Hiervon abgesehen unterscheiden sich die Flüssigkeiten von Gasen in erster Linie durch die meist wesentlich höheren Werte der Prandtl-Zahl [vgl. Gl. (8)]. Während bei Gasen unter Atmosphärendruck Pr etwa den Wert 1 hat, liegt Pr bei Wasser etwa zwischen 2 und 10 und kann bei zähen Ölen Werte von 300 und mehr, gelegentlich sogar über 5000, erreichen. Bei Flüssigkeiten ist es also besonders wichtig, daß die Wärmeübergangsgleichung die Abhängigkeit von der Prandtl-Zahl richtig zum Ausdruck bringt.

Ein weiterer wesentlicher Unterschied besteht darin, daß die Viskosität η bei Flüssigkeiten viel stärker veränderlich ist als bei Gasen. Während bei Gasen η mit der Temperatur verhältnismäßig langsam ansteigt, nimmt bei Flüssigkeiten η mit steigender Temperatur sehr rasch ab (vgl. Tab. 2). Bei turbulent strömenden Flüssigkeiten bewirkt dies, daß die Dicke der Grenzschicht, durch die, wie in § 6 auseinandergesetzt, Wärme im wesentlichen nur durch Leitung übertragen wird, auch von der Richtung des Wärmestromes abhängt. Denn bei gleicher mittlerer Flüssigkeitstemperatur ist die Temperatur der Grenzschicht und damit die in ihr herrschende Viskosität verschieden, je nachdem, ob die Flüssigkeit von der Wand her beheizt oder gekühlt wird. Im ersten Falle ist die Grenzschicht der geringeren Viskosität wegen dünner als im zweiten. Es ergeben sich daher auch merklich

---

[14] Nach § 36 ist nur die Integration über k exakt, sofern k allein von der Längskoordinate l oder f abhängt.

verschiedene Wärmeübergangskoeffizienten, und zwar sind bei gleicher mittlerer Flüssigkeitstemperatur die Wärmeübergangskoeffizienten für die Beheizung höher als für die Kühlung.

Tabelle 2. Viskosität von Wasser und Luft in kg/ms (= 10 Poise)

Temperatur	0 °C	20 °C	60 °C	100 °C	200 °C
Wasser: $10^8 \eta =$	1 798	1 003	462	278	133
Luft: $\quad 10^8 \eta =$	17,1	18,2	20,0	21,8	25,1

Schon Nußelt [N 7, 8] hat gezeigt, daß Potenzformeln nach Gl. (12) auch für Flüssigkeiten in einem weiten Bereich anwendbar sind. Später hat Kraußold [K 17] unter Verarbeitung aller bis dahin bekanntgewordenen Versuchsergebnisse [z.B. E1, S15, 19, 24, 26] sowie auf Grund eigener Messungen an zähen Ölen [K 15] folgende Gleichungen für den Wärmeübergang von Flüssigkeiten in Rohren aufgestellt:

$$Nu = 0,032 \, Re^{0,8} \, Pr^{0,37} \, (d/L)^{0,054} \text{ bei Beheizung der Flüssigkeit,} \qquad (21)$$

$$Nu = 0,032 \, Re^{0,8} \, Pr^{0,3} \, (d/L)^{0,054} \text{ bei Kühlung der Flüssigkeit.} \qquad (22)$$

Die in den Kenngrößen dieser Gleichungen auftretenden Stoffwerte sollen stets auf die mittlere Flüssigkeitstemperatur bezogen werden. Im praktisch wichtigsten Bereich, in dem L/d meist etwa zwischen 100 und 400 liegt, kann man in den Gln. (21) und (22) $0,032 \cdot (d/L)^{0,054}$ genau genug durch 0,024 ersetzen. Die Gleichungen gelten am genauesten, wenn der Unterschied zwischen der Rohrwandtemperatur und der mittleren Flüssigkeitstemperatur etwa 30° beträgt.

Bei $Pr = 100$ ergeben die Kraußoldschen Gleichungen in guter Übereinstimmung mit der Erfahrung für Heizung einen um 38% höheren Wärmedurchgangskoeffizienten als für Kühlung. Die Tatsache aber, daß die beiden Gleichungen bei sehr kleinen Temperaturunterschieden nicht ineinander übergehen, widerspricht dem, was man theoretisch erwarten sollte. Um einen stetigen Übergang zwischen den Wärmeübergangskoeffizienten bei Heizung und Kühlung zu erhalten, sind im wesentlichen zwei verschiedene Wege vorgeschlagen worden.

Erstens kann man nach Kaye und Furnas [K 4] mit einer von Eckert [E 2] stammenden kleinen Änderung

$$\frac{\alpha}{\alpha_{\text{isotherm}}} = \sqrt[4]{\frac{\nu_w}{\nu_{fl}}} \qquad (23)$$

setzen, wobei α den wirklichen Wärmeübergangskoeffizienten bei Heizung oder Kühlung, α_{isotherm} den Grenzwert von α bei isothermer Strömung und ν_w und ν_{fl} die kinematischen Viskositäten bei der Wandtemperatur bzw. bei der mittleren Flüssigkeitstemperatur bedeuten. Hierbei ist vorausgesetzt, daß man alle übrigen Stoffwerte der Wärmeübergangsgleichung auf die mittlere Temperatur der Grenzschicht, also etwa auf das arithmetische Mittel zwischen der Wandtemperatur und der mittleren Flüssigkeitstemperatur bezieht.

Sieder und Tate [S 17] schlugen hingegen vor, mit den Werten η_{fl} und η_w der dynamischen Viskosität

$$\frac{\alpha}{\alpha_{\text{isotherm}}} = \left(\frac{\eta_{fl}}{\eta_w}\right)^{0,14} \qquad (24)$$

zu setzen, wobei aber jetzt sämtliche Stoffwerte der Wärmeübergangsgleichung außer η_w auf die mittlere Flüssigkeitstemperatur bezogen werden sollen. Dies ist für die Auswertung bequemer. Nach dem zuletzt genannten Vorschlag könnte man die Faktoren $Pr^{0,3}$ und $Pr^{0,37}$ in den Gleichungen von Kraußold etwa durch $0,68 \cdot Pr^{0,42} \cdot (\eta_{fl}/\eta_w)^{0,14}$ ersetzen.

Weitere Möglichkeiten bestehen nicht nur darin, in den Gln. (23) und (24) andere Exponenten zu wählen, sondern auch statt der Stoffwertverhältnisse das Verhältnis der entsprechenden Werte von Pr einzuführen.

Verschiedene Versuchsergebnisse wie z. B. von Malina und Sparrow [M 1] deuten darauf hin, daß im Falle $\eta_{fl} > \eta_w$, d. h. bei Beheizung der Flüssigkeit, in Gl. (24) der Exponent kleiner als 0,14 gewählt werden sollte; Gnielinski [G 3] hat hierfür neuerdings den Wert 0,11 vorgeschlagen. Stärker ist hingegen der Einfluß des Viskositätsverhältnisses bei Kühlung der Flüssigkeit. Versuchswerte von Hackl und Gröll [H 1] bei $\eta_w > \eta_{fl}$ konnte der Verfasser [H 12] durch folgende bis $\eta_w/\eta_{fl} = 1000$ geltende Gleichung

$$\frac{Nu}{Nu_{\text{isotherm}}} = 0,645 \cdot \left(\frac{\eta_w}{\eta_{fl}}\right)^{-0,3} + 0,355 \qquad (25)$$

wiedergeben.

Da indessen die Versuchswerte nicht einheitlich sind, soll im folgenden der Faktor $(\eta_{fl}/\eta_w)^{0,14}$ beibehalten werden, im Bewußtsein der Tatsache, daß er später vermutlich durch einen genaueren Ausdruck ersetzt werden muß.

Eckert [3] hat in der 3. Auflage seines Buches hervorgehoben, daß man mindestens bei Gasen den Faktor $(\eta_{fl}/\eta_w)^{0,14}$ oder eine andere ihn ersetzende Funktion entbehren kann, wenn man sämtliche Stoffwerte statt auf die mittlere Flüssigkeitstemperatur auf die mittlere Grenzschichttemperatur und somit nur die Strömungsgeschwindigkeit auf die mittlere Flüssigkeitstemperatur bezieht.

Einfluß der Prandtl-Zahl auf den Wärmeübergangskoeffizienten

Die für die Flüssigkeiten sehr wichtige Abhängigkeit von der Prandtl-Zahl kommt in den Gln. (21) und (22) durch die Potenz $Pr^{0,37}$ bzw. $Pr^{0,3}$ zum Ausdruck, im Mittel also etwa durch die Potenz $P^{1/3}$. Eine solche Abhängigkeit wird in der doppelt-logarithmischen Auftragung von Bild 8 durch eine gerade Linie wiedergegeben. Aus den in § 10 erörterten Theorien von Prandtl [P 9], Hofmann [H 21], Kármán [K 1], Reichardt [R 2, 3] u. a., die auf der Analogie zwischen der Wärmeübertragung und der Impulsübertragung bei der Strömung beruhen, ergeben sich hingegen für die Abhängigkeit von Pr schwach gekrümmte Kurven. Dasselbe folgt aus einer auf denselben Überlegungen beruhenden neueren Gleichung von Petukhov [P 5]. Die durch sie bestimmte Abhängigkeit von Pr ist in Bild 8 dar-

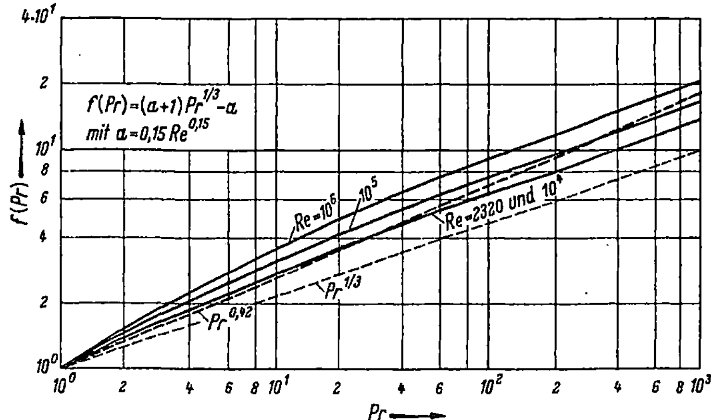

Bild 8. Wärmeübergang in Rohren.
Abhängigkeit der Nu-Zahl von Pr nach der Gleichung von Petukhov sowie nach den Potenzen $Pr^{1/3}$ und $Pr^{0,42}$.

gestellt. Der hierbei zum Ausdruck kommende geringe Einfluß von Re konnte bisher noch nicht experimentell bestätigt werden. Vielmehr hat der Verfasser [H 13] unter Auswertung älterer und neuerer Meßergebnisse [insbesondere A 4, E 1, I 1, H 23, 24, K 16, 18, S 31] an Gasen und Flüssigkeiten festgestellt, daß die Abhängigkeit von Pr durch eine einzige schwach gekrümmte Kurve wiedergegeben werden kann, die aus Bild 9 ersichtlich ist. Sie genügt der empirischen Gleichung

$$f(Pr) = 1{,}8Pr^{0,3} - 0{,}8. \tag{26}$$

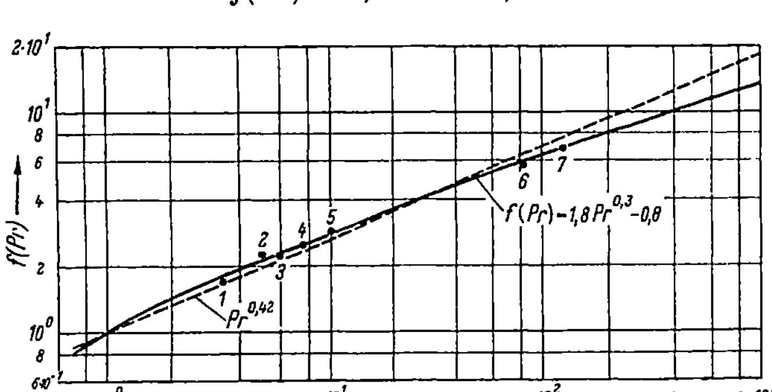

Bild 9. Wärmeübergang in Rohren bei turbulenter Strömung. Abhängigkeit von Pr. Mittel der Versuchswerte von *1* Hufschmidt und Burck; *2* Eagle und Ferguson; *3* Ivanovski; *4* Allen und Eckert; *5* Stones; *6* Kraußold; *7* Hufschmidt und Burck.

Dem Verlauf nach Petukhov in Bild 8 sowie der Kurve in Bild 9 kommt die in letzter Zeit viel benutzte Potenz $Pr^{0,42}$ nahe, die Friend und Metzner [F 1] auf Grund eigener Meßergebnisse vorgeschlagen haben. Die hierdurch sich ergebende Abhängigkeit von Pr ist in den Bildern 8 und 9 gestrichelt eingezeichnet.

*Wärmeübergangsgleichung von sehr großem Gültigkeitsbereich
bei turbulenter Strömung*

Kraußold hat selbst darauf hingewiesen, daß seine Gln. (21) und (22) bei Flüssigkeiten zwischen der kleinsten kritischen Reynoldsschen Zahl $Re_{kr} = 2320$ und $Re = 10000$ zu hohe Werte liefert. Er hat dies durch Vergleich mit Versuchswerten von Kiley und Mangsen [S 16] gezeigt [Bild 2 in K 17]. Einen weitergehenden Überblick über die Verhältnisse erhält man durch die Darstellung von Sieder und Tate [S 17] in Bild 10, in dem $\dfrac{Nu}{Pr^{1/3}(\eta_{fl}/\eta_w)^{0,14}}$ abhängig von Re aufgetragen ist. Dabei fällt, wenn man von der geringeren Aufspaltung der Kurve nach L/d absieht, auf, daß, vor allem zwischen $Re = 2320$ und etwa $Re = 10^4$, die Abhängigkeit von Re einem gekrümmten Kurvenverlauf entspricht. Nach der Gl. (18) oder (19) von Nußelt und nach den Gln. (21) und (22) von Kraußold würde sich hingegen in der gewählten logarithmischen Darstellung ein geradliniger Verlauf ergeben.

Schon im Jahre 1943 hat der Verfasser [H 7] gezeigt, daß man einen derartig gekrümmten Verlauf durch einen Ausdruck der Art

$$Re^m - K$$

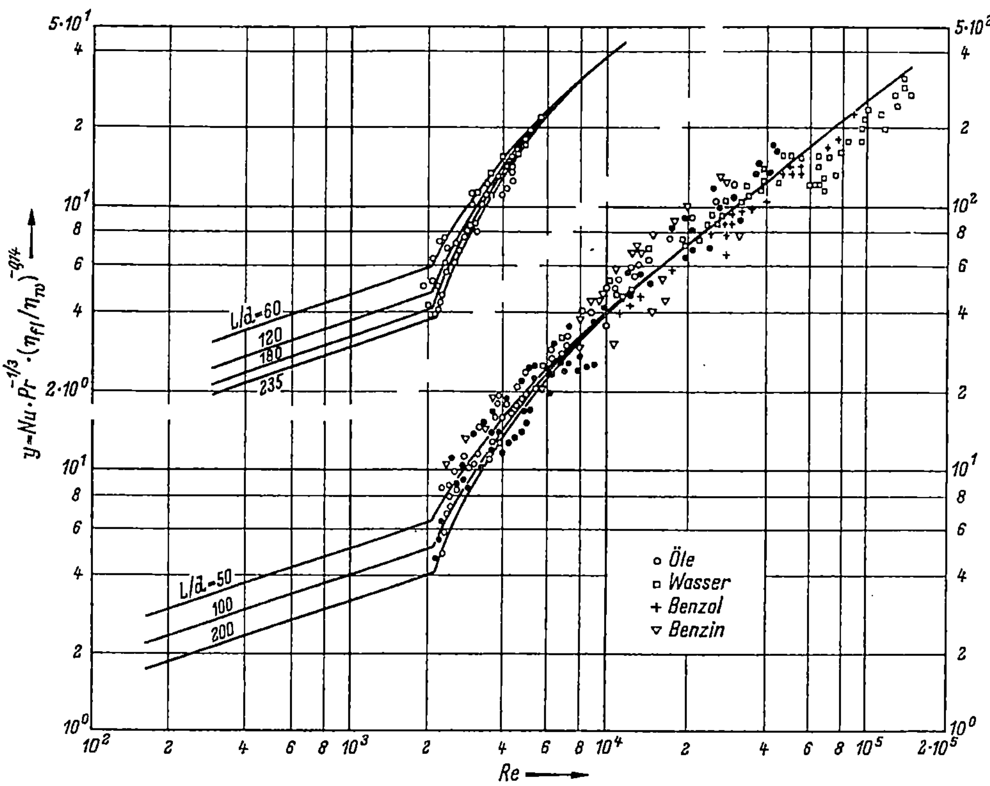

Bild 10. Wärmeübergangskoeffizient abhängig von Re nach der Darstellung von Sieder und Tate.

wiedergeben kann, wobei m und K empirisch festzulegende Konstanten sind. Während die ursprünglichen Werte von Sieder und Tate sich am besten mit $m = 2/3$ [H 7], die später mit dem Faktor $Pr^{0,42}$ umgerechneten Werte dieser Autoren sich mit $m = 0,75$ wiedergeben ließen [H 11], deuten neuere besonders zwischen $Re = 10^5$ und 10^6 gewonnene Meßwerte von Hufschmidt und Burck [H 23, 24] auf die Notwendigkeit hin, den Wert von m auf 0,8 zu erhöhen. Abgesehen davon, daß dies auch schon durch die Gln. (19) von Nußelt und (21) von Kraußold nahe gelegt war, hat auch Gnielinski [G 3] erneut hierauf hingewiesen. Unter Anpassung an möglichst viele Versuchsergebnisse auch neuesten Datums und unter Berücksichtigung der Pr-Abhängigkeit nach Gl. (26) hat der Verfasser [H 13] folgende für Gase und Flüssigkeiten geltende Wärmeübergangsgleichung aufgestellt:

$$Nu = 0,0235\,(Re^{0,8} - 230)\,(1,8Pr^{0,3} - 0,8)\left[1 + \left(\frac{d}{L}\right)^{2/3}\right]\left(\frac{\eta_{fl}}{\eta_w}\right)^{0,14}. \qquad (27)$$

Daß nach Gl. (27) Nu unterhalb $Re = 10^4$ mit sinkender Reynolds-Zahl verstärkt abnimmt, ist wie erwähnt, durch zahlreiche Messungen des Wärmeübergangs belegt. Doch liegen auch einige Meßreihen, vor allem an Gasen, mit höheren Werten von Nu vor, die sich mehr dem Verlauf nach der Gleichung von Nußelt nähern. Daß die Meßergebnisse zwischen $Re = 2320$ und 10^4 nicht durchweg übereinstimmen, dürfte daran liegen, daß dieser Reynolds-Bereich ein Übergangsgebiet zwischen laminarer und turbulenter Strömung darstellt und deshalb die Strömungsverhältnisse je nach den Einlaufbedingungen, der Rohrrauhigkeit und den Stoffeigenschaften der strömenden Stoffe stark voneinander abweichen können.

Die Tatsache, daß bei Flüssigkeiten der Übergang zur Turbulenz durch ihre größere Viskosität erschwert ist, dürfte verständlich machen, daß bei Flüssigkeiten der gekrümmte Kurvenverlauf bei weitem überwiegt. Im allgemeinen dürften es zur Sicherheit besser sein, mit den in Einzelfällen vielleicht zu kleinen Nu-Werten nach Gl. (27) zu rechnen als ohne zuverlässige Unterlagen höhere Werte anzunehmen.

Bei kleinen Werten von Re nur wenig oberhalb von 2320 besteht die Schwierigkeit, daß α nach einer Wärmeübergangsgleichung für laminare Strömung in Ausnahmefällen größer sein kann als nach Gl. (27) für die turbulente Strömung. Diese Schwierigkeit haben schon Sieder und Tate [S 17] erkannt. Sie bemühten sich, sie dadurch zu beheben, daß sie den Kurvenverlauf zwischen $Re = 2320$ und $Re = 10^4$ nach verschiedenen Werten von d/L aufspalteten (vgl. Bild 10). Wie der Verfasser in [H 8, S. 35] gezeigt hat, läßt sich diese Aufspaltung auch zahlenmäßig dadurch zum Ausdruck bringen, daß man die Konstante 125 der Gleichung vom Jahre 1943 [H 7] oder entsprechend die Konstante 230 von Gl. (27) durch eine einfache Funktion von d/L ersetzt. Auf diese Schwierigkeit haben neuerdings auch Schlünder [S 4] und Gnielinski [G 3] hingewiesen, indem sie feststellten, daß nach der für laminare Strömung geltenden Gleichung von Pohlhausen und Kroujiline [P 8]

$$Nu = 0{,}664 \, Pr^{1/3} \, (Re \, d/L)^{1/2} \tag{28}$$

sich oberhalb $Re = 2320$ zum Teil höhere Werte von Nu errechnen als nach der Gleichung von 1959 für turbulente Strömung [H 11] und damit auch nach Gl. (27). Dies trifft indessen nur für kurze Rohre zu, bei denen L/d meist kleiner als 10 ist. So kurze Rohre dürften für Wärmeaustauscher nur selten eine Rolle spielen. Es dürfte daher im allgemeinen nicht sinnvoll sein, an Gl. (27) etwas zu ändern. Indessen könnte man den Widerspruch zu Gl. (28) dadurch beseitigen, daß man die Konstante -230 in Gl. (27) durch $-266 + 510 \sqrt{\dfrac{d}{L}}$ ersetzt. In Sonderfällen kann es jedoch nützlich sein zu wissen, daß bei extrem kurzen Rohren Gl. (27) u. U. nicht mehr gilt, nämlich dann, wenn Gl. (28) höhere Werte liefert als Gl. (27).

Nach einer im Jahre 1970 im Institut für Thermodynamik der Technischen Universität Hannover von Reineke hauptsächlich an Gasen durchgeführten, aber noch nicht veröffentlichten Studienarbeit ist der Faktor $(\eta_{fl}/\eta_w)^{0,14}$ in Gl. (27) oder in einer der früher hierfür aufgestellten Gleichungen auch bei Gasen beizubehalten und zwar sogar mit einer etwas höheren Potenz, z. B. 0,25. Da die dynamische Viskosität von Gasen im Gegensatz zu den Flüssigkeiten mit der Temperatur zunimmt, hat bei den Gasen der η_{fl}/η_w enthaltende Faktor den umgekehrten Einfluß auf den Wärmeübergang. Bei gegebener mittlerer Gastemperatur ist der Wärmeübergangskoeffizient bei Beheizung des Gases geringer als bei Kühlung. Indessen ist bei Gasen dieser Unterschied nicht erheblich.

Wie schon erwähnt, hat Eckert [3] darauf hingewiesen, daß man den Faktor $(\eta_{fl}/\eta_w)^{0,14}$ vor allem bei Gasen entbehren kann, wenn man sämtliche Stoffwerte auf die mittlere Grenzschichttemperatur und somit nur die Strömungsgeschwindigkeit auf die mittlere Flüssigkeits- oder Gastemperatur bezieht. Reineke hat auch diese Ansicht in der erwähnten Studienarbeit geprüft und festgestellt, daß die stark streuenden Versuchswerte von Humble u. a. [H 26] sowie von Deissler [D 2] sehr nahe unter sich und auch mit der vom Verfasser [H 11] im Jahre 1959 aufgestellten Gleichung und daher auch mit Gl. (27) zusammenfallen, wenn man die Stoffwerte auf die mittlere Grenzschichttemperatur oder genauer gesagt, auf den Mittelwert zwischen der mittleren Fluidtemperatur und der Wandtemperatur bezieht.

§ 10. Theoretisch begründete Ansätze für den Wärmeübergang bei turbulenter Strömung

Die bisher besprochenen Potenzbeziehungen haben sich, wie erwähnt, als sehr fruchtbar erwiesen, sie sind aber, abgesehen von der Benutzung der Ähnlichkeitstheorie, rein empirischer Art. Für einen tieferen Einblick in die physikalischen Zusammenhänge ist es daher von Interesse, daß Prandtl [P 9] für den Wärmeübergang bei turbulenter Strömung in Rohren eine theoretisch begündete Näherungsgleichung abgeleitet hat. Zwar hatte schon wesentlich früher Reynolds [R 5] den Gedanken ausgesprochen, daß der turbulente Mechanismus der Wärmeübertragung der gleiche sei wie der Mechanismus der Impulsübertragung, der für die Geschwindigkeitsverteilung über den Rohrquerschnitt und für den Druckabfall in der Strömungsrichtung maßgebend ist. Aber erst Prandtl gelang es, diesen Gedanken erfolgreich durchzuführen, indem er die schon in § 6 erörterte Vorstellung hinzunahm, daß in einer dünnen Grenzschicht an der Rohrwand rein laminare Strömung, im übrigen Gebiet der Strömung, meist Kern genannt, hingegen eine turbulente Mischbewegung herrscht. Er gelangte so zu der Gleichung

$$Nu = \frac{0{,}0395 \, Re^{3/4} \cdot Pr}{1 + \varphi(Pr - 1)}, \tag{29}$$

worin φ das Verhältnis der Strömungsgeschwindigkeit an der Grenzfläche zwischen Grenzschicht und Kern zur mittleren Strömungsgeschwindigkeit im gesamten Rohrquerschnitt bedeutet. Aus der weiteren durch Versuche gestützten Annahme, daß die Strömungsgeschwindigkeit im Kern proportional der siebten Wurzel aus dem Abstand von der Rohrwand und das Temperaturfeld dem Geschwindigkeitsfeld ähnlich sei, bestimmte Prandtl [P 10] φ zu

$$\varphi = 2{,}26 \, (Re/2)^{-1/8}. \tag{30}$$

Durch eine etwas andere Wahl von φ konnten ten Bosch, Hofmann und andere [K 24] bei Flüsigkeiten eine teilweise recht befriedigende Übereinstimmung der Prandtlschen Gleichung mit den Versuchswerten bei turbulenter Strömung erreichen. Hofmann [H 21] setzte

$$\varphi = 1{,}5 Re^{-1/8} \, Pr^{-1/6} \tag{31}$$

und legte zur Bestimmung der Stoffwerte, die in den Kenngrößen der Gl. (29) und (31) auftreten, eine gemeinsame Bezugtemperatur ϑ_* fest. Diese Bezugstemperatur läßt sich aus der mittleren Flüssigkeitstemperatur ϑ_m und der Temperatur Θ_0 der Oberfläche der Rohrwand nach der empirischen Beziehung

$$\vartheta_* = \vartheta_m - \frac{0{,}1 Pr + 40}{Pr + 72} (\vartheta_m - \Theta_0) \tag{32}$$

berechnen. Hiermit gelten Gl. (29) und (31) in gleicher Weise für Heizung und Kühlung. Mit diesen Ansätzen gelang es Hofmann, die meisten bis 1973 an Flüssigkeiten in Rohren gemessenen Wärmeübergangszahlen sehr befriedigend wiederzugeben.

In späteren theoretischen Arbeiten, unter denen die von Kármán [K 1], von Hofmann [H 22], von Reichardt [R 2] und von Petukhov [P 3, 4, 5] hervorgehoben seien, wurde der von Prandtl beschrittene Weg noch weiter verfolgt. Hierbei wurde vor allem berücksichtigt, daß zwischen der laminaren Strömung in unmittelbarer Wandnähe und der ausgesprochenen turbulenten Kernströmung in Wirklichkeit ein allmählicher Übergang stattfindet. Dieser Tatsache wurde hauptsächlich durch Einfügen einer vermittelnden Zwischenschicht zwischen die rein laminare Grenzschicht und den turbulenten Kern Rechnung getragen. Diese verfeinerten Rechnungen ergaben eine noch bessere Übereinstimmung mit den Vesuchsergebnissen als die früheren Ansätze.

Als Ergänzung zu den vorstehenden Analogiebetrachtungen werde noch erwähnt, daß Steimle [S 25] aus Betrachtungen über die Dicke der hydrodynamischen und thermischen Grenzschicht sowie unter Benutzung empirischer Beziehungen für die Wärmeübertragung und die Geschwindigkeitsverteilung im Strömungsquerschnitt einen bemerkenswerten *Zusammenhang zwischen Wärmeübergang und Druckabfall* bei ausgebildeter *turbulenter* Strömung abgeleitet hat. Mit der in der Zeiteinheit durch das Rohr oder den Kanal strömenden Menge $\dot{m}$, der Temperaturleitfähigkeit a und der Rohr- oder Kanallänge L bildete Steimle folgende neuen Kerngrößen

$$Nu_{\dot{m}} = \frac{\alpha}{\lambda} \cdot \frac{\dot{m}}{\eta} \tag{33}$$

und die Strömungskenngröße

$$SK = \frac{\Delta p}{L} \cdot \frac{\dot{m}^3}{a \cdot \eta^4}. \tag{34}$$

Der genannte *Zusammenhang* kommt durch folgende einfache Gleichung

$$Nu_{\dot{m}} = \text{const} \cdot (SK)^{0,37} \tag{35}$$

zum Ausdruck, wobei die Konstante von Fall zu Fall verschieden sein kann. Durch Vergleich mit zahlreichen Meßergebnissen konnte Steimle zeigen, daß Gl. (35) nicht nur in geraden Rohren, sondern auch in Rohren mit Wirbeleinbauten und in Rohrwendeln, ferner für die Wärmeübertragung und den Druckabfall an quer angeströmten Bündeln von glatten und berippten Rohren sowie an Regeneratorspeichermassen mit guter Näherung zutrifft.

§ 11. Wärmeübergangskoeffizienten laminar strömender Gase und Flüssigkeiten

Laminare Strömung kommt bei Flüssigkeiten viel häufiger vor als bei Gasen. Dies rührt hauptsächlich daher, daß die größere Dichte der Flüssigkeit bei gleicher Strömungsgeschwindigkeit einen größeren Druckabfall zur Folge hat und man daher Flüssigkeiten meist wesentlich langsamer strömen läßt. Berücksichtigt man hierbei, daß die kinematische Viscosität $\nu = \eta/\varrho$ bei Flüssigkeiten und Gasen von derselben Größenordnung ist, dann ergeben sich nach Gl. (8) bei Flüssigkeiten auch kleinere Werte von Re. Daher wird der kritische Wert dieser Größe ($Re_{kr} \geqq$ 2 320) nicht selten unterschritten.

Wie schon in § 6 erwähnt, ist es bei ausgebildeter laminarer Strömung in einem geraden Rohr von kreisförmigem Querschnitt gelungen, den Wärmeübergangskoeffizienten von Flüssigkeiten und Gasen rein theoretisch zu berechnen. Diese Strömungsart, bei der die Strömungsgeschwindigkeiten parabolisch über den Rohrquerschnitt verteilt sind, stellt sich erst in einer gewissen Entfernung vom Einlauf, d. h. nach Zurücklegen der laminaren Anlaufstrecke, ein (vgl. § 21). Für den

Fall, daß die Flüssigkeit oder das Gas vor Eintritt in den beheizten oder gekühlten Teil des Rohres die hydrodynamische Einlaufstrecke schon durchströmt hat und die Rohrwandtemperatur konstant ist, haben Grätz [G 7] und später unabhängig hiervon Nußelt [N 5] eine exakte Lösung der Differentialgleichungen des Wärmeübergangs gefunden. Ihre Theorie wurde ergänzt durch Betrachtungen von Lérêque [L 2] sowie durch Rechnungen von Gröber [2 (1. Aufl., 1921, S. 181]). Hierdurch ist unter den genannten Voraussetzungen sowohl der örtliche wahre Wärmeübergangskoeffizient α_w für verschiedene Entfernungen l vom Eintritt in das beheizte oder gekühlte Rohr wie auch der Mittelwert α in einem Rohr der Länge L festgelegt worden. Die Werte beider Wärmeübergangskoeffizienten liegen ähnlich zu einander, wie dies in Bild 7 für die turbulente Strömung gezeigt worden ist.

In Bild 11 sind die auf den mittleren Wärmeübergangskoeffizienten α bezogenen Werte der Nußelt-Zahl abhängig von $\dfrac{L}{Pe\,d}$ dargestellt, wobei L die Rohr-

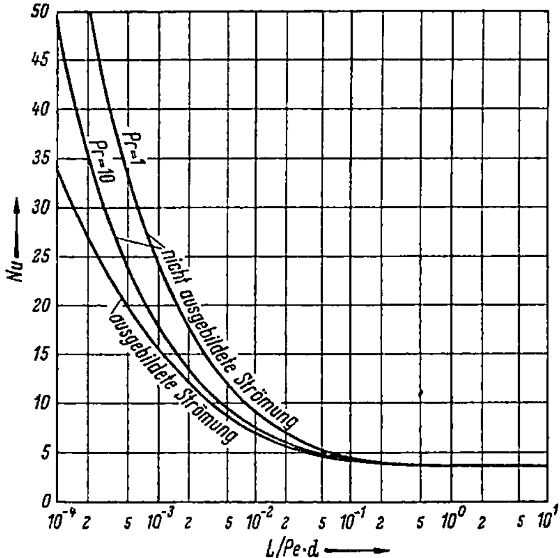

Bild 11. Wärmeübergang bei laminarer Strömung in Rohren.
Untere Kurve: Nu für hydrodynamisch ausgebildete Strömung nach Gl. (37); übrige Kurven: Nu für nicht ausgebildete Strömung, d.h. mit hydrodynamischer Anlaufstrecke, nach Gl. (37).

länge und Pe die Péclet-Zahl nach Gl. (9) bedeuten. Die untere Linie stimmt sehr nahe mit den Ergebnissen der Nußeltschen Theorie überein. Sie ist berechnet nach folgender vom Verfasser [H 7] entwickelten empirischen Wärmeübergangsgleichung für ausgebildete laminare Strömung

$$Nu = \left[3,66 + \frac{0,0668\,\dfrac{Pe\cdot d}{L}}{1 + 0,045\left(\dfrac{Pe\cdot d}{L}\right)^{2/3}} \right] \left(\frac{\eta_{fl}}{\eta_w}\right)^{0,14}, \qquad (36)$$

indem hierbei $\eta_{fl}/\eta_w = 1$ gesetzt wurde. Der Faktor $(\eta_{fl}/\eta_w)^{0,14}$ bringt entsprechend dem schon auf S. 23 erwähnten Vorschlag von Sieder und Tate [S 17] den Unterschied zwischen Beheizung und Kühlung der Flüssigkeit zum Ausdruck. In Gl. (36) sind alle Stoffwerte außer η_w auf die mittlere Flüssigkeitstemperatur, η_w auf die Wandtemperatur zu beziehen.

Die Konstante 3,66 in Gl. (36) stellt einen Grenzwert dar, dem Nu bei sehr langen Rohren zustrebt. Er wird praktisch nur selten erreicht. Er trifft auch nur bei konstanter Wandtemperatur zu. Für eine in Strömungsrichtung linear veränderliche Wandtemperatur hingegen beträgt der Grenzwert nach Eagle und Ferguson [E 1] 4,36 [15].

Durch geringe Änderung der Konstanten und Exponenten in Gl. (36) ließe sich nach [H 11] für sehr kurze Rohre eine noch bessere Übereinstimmung mit einer theoretischen Beziehung von Lévêque erzielen, jedoch unter Verschlechterung der Wiedergabe im praktisch wichtigen Bereich. Eine einfache Näherungsgleichung, die fast dieselben Werte liefert wie Gl. (36), haben Baehr und Hicken [B 4, Gl. (2) und (28)] angegeben.

Über den Wärmeübergang an laminar strömende Flüssigkeiten liegen auch zahlreiche Versuchsergebnisse vor. Einige dieser Ergebnisse, wie z.B. schon ältere Meßergebnisse von Kraußold [K 15, 18] sowie Böhm [B 12, 13] an Rizinusöl und Glykol bestätigen recht gut die Theorie von Nußelt und damit Gl. (36). Die meisten Versuchswerte, z.B. [D 5, S 17], liegen jedoch höher. Offensichtlich lich liegt dies in erster Linie daran, daß bei einem großen Teil der Versuche die Strömung am Eintritt in das beheizte Rohr noch nicht hydrodynamisch ausgebildet war, so daß das strömende Medium neben der thermischen zugleich noch die hydrodynamische Anlaufstrecke zurückzulegen hatte.

Die Vorgänge, die sich in diesem häufigeren Fall abspielen, hat Stephan [S 27] theoretisch untersucht. Zunächst hat er die Änderung der Geschwindigkeitsverteilung in aufeinander folgenden Querschnitten der Anlaufstrecke und dann die davon abhängigen Temperaturverteilungen möglichst genau berechnet. Die hieraus erhaltenen Werte des mittleren Wärmeübergangskoeffizienten α, die mit neueren Versuchswerten gut übereinstimmen, konnte er durch folgende empirische Gleichung wiedergeben

$$Nu = 3{,}66 + \frac{0{,}0677\,(Pr\,Re\,d/L)^{1,33}}{1 + 0{,}1\,Pr\,(Re\,d/L)^{0,83}}. \tag{37}$$

In dieser Gleichung tritt im Gegensatz zu Gl. (36) neben der Abhängigkeit von $Pe\,d/L = Pr\,Re\,d/L$ noch eine gesonderte, wenn auch nur geringe, Abhängigkeit von Pr auf. Die erwähnte Gl. (28) von Pohlhausen ist 38 Jahre älter.

In Bild 11 sind die Werte von Nu nach Gl. (37) für $Pr = 1$ und $Pr = 10$ durch die beiden oberen Linien dargestellt. Die Unterschiede gegenüber der bereits besprochenen unteren Kurve für die von Anfang an ausgebildete Strömung wirken sich praktisch nur wenig aus, weil sie nur in einem kurzen Stück des Rohres auftreten und rasch abklingen. Stephan [S 27] hat selbst darauf hingewiesen, daß bei $Pr = 10$ die Unterschiede vernachlässigt werden können.

---

[15] Über den Grenzwert in anderen Fällen siehe Gröber, Erk, Grigull [2], 3. Aufl., S. 184.

§ 12. Einfluß der freien Konvektion auf die Wärmeübertragung

Bei laminarer Strömung und im Übergangsgebiet zwischen laminarer und turbulenter Strömung wird der Wärmeübergang häufig durch überlagerte freie Konvektion erheblich gesteigert. Deshalb sollen die freie Konvektion und ihr Einfluß auf die Wärmeübertragung bei erzwungener Konvektion kurz erörtert werden.

Freie Konvektion, wie sie ganz ohne erzwungene Strömung vor allem an senkrechten heißen Wandflächen oder an der Außenseite heißer waagerechter Rohre auftritt, ist meist eine Aufwärtsströmung, die durch den Auftrieb der an der Oberfläche erwärmten Teile des Gases oder der Flüssigkeit verursacht ist. An einer kalten Wand stellt sich entsprechend eine abwärts gerichtete Strömung ein. Für die freie Konvektion an einem waagerechten Rohr ist als dimensionslose Kenngröße die Grashof-Zahl

$$Gr = d^3 g\beta(\Theta_0 - \vartheta)/\nu^2 \qquad (38)$$

maßgebend, in der d den Außendurchmesser des Rohres, g die Erdbeschleunigung, β den thermischen Ausdehnungskoeffizienten des Gases oder der Flüssigkeit, Θ_0 die Temperatur der äußeren Rohroberfläche, ϑ die Temperatur des Gases oder der Flüssigkeit außerhalb des schmalen Bereichs der freien Konvektion und ν die kinematische Viskosität des Gases oder der Flüssigkeit bedeuten. Die Kenngröße Gr bestimmt auch die freie Konvektion an einer senkrechten Wand. In diesem Falle ist jedoch in Gl. (38) sowie in dem durch nachstehende Gln. (40) bis (42) bestimmten Ausdruck für Nu an Stelle von d die Höhe der Wand einzusetzen.

Im englischen Schrifttum ist in diesem Zusammenhang weitgehend die Kenngröße

$$\text{Rayleigh number } Ra = Gr \cdot Pr \qquad (39)$$

in Gebrauch.

Für den Wärmeübergang bei freier Konvektion gilt eine Ähnlichkeitsbeziehung der Gestalt

$$Nu = f(Gr, Pr). \qquad (40)$$

Die Wärmeabgabe eines geheizten waagerechten Rohrs oder einer beheizten senkrechten Wand bei freier Konvektion an ein sonst ruhendes Gas oder eine ruhende Flüssigkeit kann nach der Gleichung

$$Nu = 0,53 \sqrt[4]{Gr\,Pr} \qquad (41)$$

berechnet werden. Der hierin von McAdams [7] gewählte Beiwert 0,53 trifft genau genug zu, solange $Gr \cdot Pr$ zwischen 10^3 und 10^9 liegt, d.h. in den meisten praktischen Fällen.

Die Ergebnisse zahlreicher Messungen des Wärmeübergangs bei freier Konvektion in einem sehr großen Bereich von $Gr \cdot Pr$ zeigt Bild 12. Oberhalb $Gr \cdot Pr = 10^9$ tritt in der Grenzschicht, in der die freie Konvektion herrscht, Turbulenz auf, weshalb die entsprechenden Versuchspunkte in Bild 12 verhältnismäßig hoch liegen. Die gestrichelte Gerade gibt Gl. (41) wieder. Zwischen $Gr \cdot Pr = 10^{-7}$ und $Gr \cdot Pr = 10^{12}$ gilt mit guter Näherung die Beziehung [H 11]

$$Nu = 0,11\,(Gr \cdot Pr)^{1/3} + (Gr \cdot Pr)^{0,1}, \qquad (42)$$

die in Bild 12 durch die ausgezogene Linie dargestellt ist.

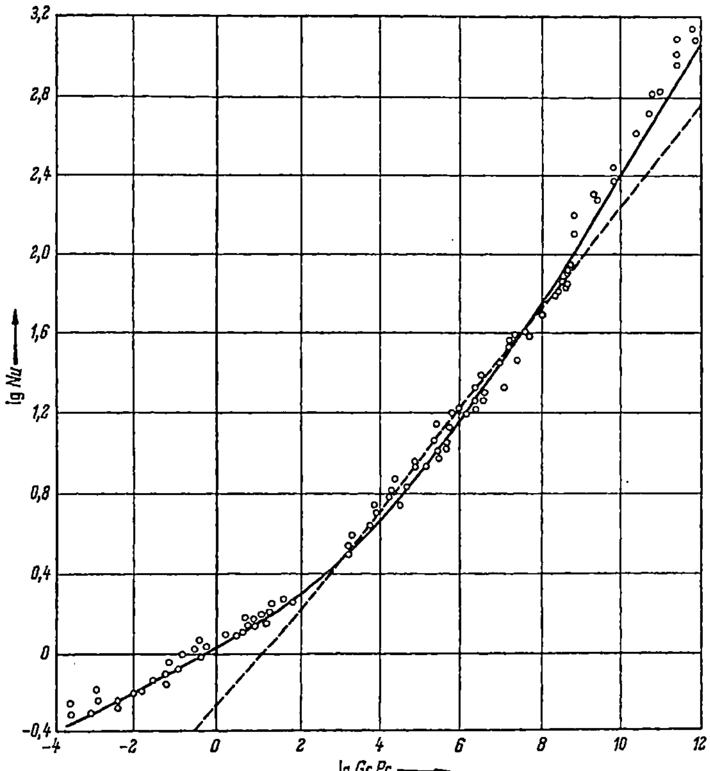

Bild 12. Wärmeübergang bei freier Konvektion.
— — — nach Gl. (41); ——— nach Gl. (42); ○ Versuchswerte.

Überlagerung freier und erzwungener Konvektion in Rohren

Damit, daß sich in Rohren einer laminaren oder schwach turbulenten Strömung freie Konvektion überlagert, ist überwiegend dann zu rechnen, wenn der innere Rohrdurchmesser größer als etwa 2 cm ist und große Temperaturdifferenzen zwischen der Rohrwand und dem strömenden Medium bestehen. Der damit verbundene oft erhebliche Anstieg des Wärmeübergangskoeffizienten kommt in den nachstehenden, auf Messungen beruhenden Gleichungen dadurch zum Ausdruck, daß in ihnen neben Re auch Gr auftritt. In allen Kenngrößen einschließlich Gr ist hierbei der innere Rohrdurchmesser d die kennzeichnende Länge.

Für den Wärmeübergang in *senkrechten Rohren*, in denen erzwungene und freie Strömung gleichgerichtet sind, gilt nach Watzinger und Johnson [W 3] zwischen $Re = 1\,600$ und $Re = 4\,600$

$$Nu = 0{,}255\ Gr^{0,25}\ Re^{0,07}\ Pr^{0,37}. \tag{43}$$

Oberhalb $Re = 4\,600$ ist der Einfluß der freien Konvektion vernachlässigbar klein.

Beobachtungen von Colburn und Hougen [C 5] in *senkrechten Rohren* und von Nusselt [N 4] in *waagerechten Rohren* hat Colburn [C 6] durch eine Gleichung wiedergegeben, die McAdams [7] in folgende, etwas geänderte Form gebracht hat:

$$Nu = 1{,}62\,(Re\,Pr\,d/L)^{1/3}\left(\frac{\eta_{fl}}{\eta_w}\right)^{1/3}(1 + 0{,}015\,Gr^{1/3}). \tag{44}$$

Für *waagerechte Rohre* sind auf Grund weiterer Messungen nachstehende Gleichungen aufgestellt worden:

von Kern und Othmer [K 8] bei großen Temperaturunterschieden zwischen der Rohrwand und dem strömenden Medium:

$$Nu = 1{,}86\,(Re\,Pr\,d/L)^{1/3}\,(\eta_{fl}/\eta_w)^{0{,}14}\,\frac{2{,}25(1 + 0{,}010\,Gr^{1/3})}{\log Re}, \tag{45}$$

von Métais [M 4] nach Beobachtung der Erwärmung oder Abkühlung von Wasser in einem Rohr von 50 mm innerem Durchmesser zwischen $Re = 500$ und $Re = 2500$:

$$Nu = 1{,}345\,Re^{0{,}34}\,Pr^{0{,}32}\,(Pr_{fl}/Pr_w)^{0{,}188}\,Gr^{0{,}06}. \tag{46}$$

Für *senkrechte Rohre* hat überdies Kirschbaum [K 10] die Gleichung

$$Nu = 0{,}032\,[Re + f(Gr/Re)]^{0{,}8}\cdot Pr^{0{,}37}\,(L/d)^{-0{,}054} \tag{47}$$

angegeben. Die Funktion $f(Gr/Re)$, die bei Auf- und Abwärtsströmung verschieden ist, kann nur indirekt einem Diagramm entnommen werden; vgl. Gröber-Erk-Grigull [2], 3. Aufl., Neudruck 1961, S. 214, Abb. 96.

§ 13. Wärmeübergang in rauhen und in gekrümmten Rohren

Wärmeübergang in rauhen Rohren

Alle bisher angeführten Gleichungen für den Wärmeübergang gelten zunächst für Gase und Flüssigkeiten, die in technisch glatten Rohren strömen.

Über den Einfluß der *Rauhigkeit der Rohr- oder Kanalwände auf den Wärmeübergang* liegen eine Reihe von Messungen vor, die sich hauptsächlich auf die turbulente Strömung beziehen. Nach Versuchen von Böhm [B 10] und Betrachtungen von Schefels [S 3] über den Wärmeübergang von Gasen in gemauerten Kanälen nimmt der Wärmeübergangskoeffizient mit wachsender Rauhigkeit zu. Bei der natürlichen Rauhigkeit eines Mauerwerks mit sorgfältig geglätteten Fugen ist hiernach der Wärmeübergangskoeffizient um etwa 10% höher als bei vollkommen glatten Kanalwänden. Bei künstlicher Erhöhung der Rauhigkeit durch vorspringende Kanten u. dgl. stellte Böhm eine noch weitere Steigerung des Wärmeübergangskoeffizienten bis um 60% bei laminarer Strömung und bis um 100% bei turbulenter Strömung fest.

Im Gegensatz hierzu hat Pohl [P 7] an Flüssigkeiten, die in verschieden rauhen Metallrohren strömen, eine Abnahme des Wärmeübergangskoeffizienten mit wachsender Rauhigkeit beobachtet. Jedoch ergaben auch schon ältere Versuche, z.B. von Stanton [S 24] und von Lorenz [L 6] bei Flüssigkeiten eine geringe Zunahme des Wärmeübergangskoeffizienten mit wachsender Rauhigkeit der Rohrwand.

Bei künstlichen Rauhigkeiten hat Numer [N 3] eine Zunahme des Wärmeübergangskoeffizienten bis auf den dreifachen Betrag des Wertes in glatten Rohren festgestellt. Ebenso wird in zahlreichen weiteren Forschungsarbeiten über eine

Steigerung der Wärmeübertragung durch die Rauhigkeiten berichtet, so in Veröffentlichungen von Brauer [B 16], Dipprey und Sabersky [D 4], Kolar [K 13], Sheriff und Gumley [S 13, 14], Gowen und Smith [G 5, 6] u. a.

Das wesentliche Ergebnis der neueren Messungen kommt durch nachstehendes Bild 13 zum Ausdruck, die der Arbeit von Dipprey und Sabersky [D 4] entnommen ist, sich aber in ähnlicher Art auch in der Veröffentlichung von Sheriff und Gumley

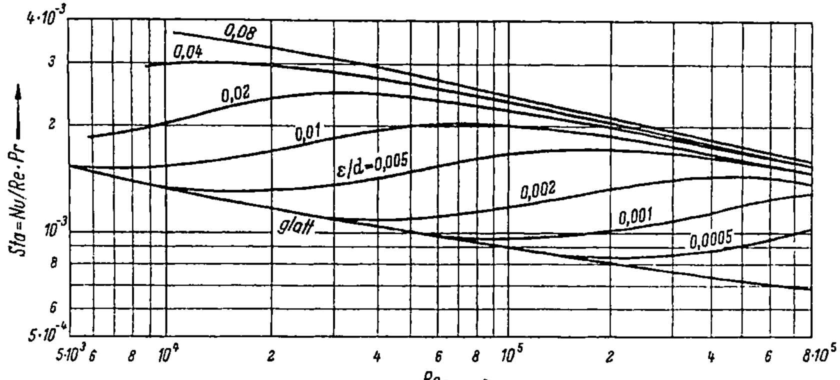

Bild 13. Wärmeübergang in rauhen Rohren.

[S 13, 14] befindet. In dieser Abbildung, in der $St = Nu/RePr$ abhängig von Re aufgetragen ist, stellt die untere gerade Linie den Wärmeübergang in einem glatten Rohr dar. Man erkennt, daß auch für rauhe Rohre bei kleinen Werten von Re die Kenngröße St und damit auch Nu denselben Wert hat wie für eine glatte Rohrwand. Je größer aber das Verhältnis der mittleren Rauhigkeitserhebung ε zum inneren Rohrdurchmesser d ist, bei einem um so kleineren Wert von Re beginnt die Kurve gegenüber dem Verlauf für das glatte Rohr anzusteigen. Nach Durchlaufen eines Maximums geht die Kurve in eine andere nahezu gerade Linie über. In demselben Verhältnis, in dem St und damit Nu gegenüber dem Wert für das glatte Rohr ansteigt, erhöht sich auch der Wärmeübergangskoeffizient infolge der Rauhigkeit.

Diese Abbildung steht in einem bemerkenswerten Zusammenhang mit dem von Nicuradse [N 153] in rauhen Rohren gemessenen Verlauf der Widerstandszahl ψ, wie er in Bild 47 S. 110 dargestellt ist. Hiernach zeigt auch jede bei einem bestimmten Wert von ε/d geltenden Kurve für ψ abhängig von Re einen S-förmigen Verlauf. Nach Durchlaufen eines Minimums geht ψ in einen horizontalen Verlauf über, der der „fully rough region" entspricht. Bei einem gegebenen Wert von ε/d liegt nach den beiden Abbildungen für St und für ψ der S-förmige Übergang in demselben Bereich von Re.

Vom Maximum der jeweiligen Kurve in Bild 13 an lassen sich die Ergebnisse von Dipprey und Sabersky angenähert wiedergeben durch folgende noch nicht veröffentlichte Gleichung des Verfassers

$$Nu_{\text{rauh}} = Nu_{\text{glatt}} \left[1{,}87 + 0{,}54 \lg \left(1000\,\varepsilon/d\right)\right]. \tag{48}$$

Wärmeübergang in gekrümmten Rohren

Wie später im Abschnitt über den Druckabfall bei der Strömung in Rohren näher gezeigt wird, treten in den Querschnitten von gekrümmten Rohren Doppelwirbel auf; vgl. Bild 50, S. 000. Da solche Wirbel die Dicke der Grenzschicht verringern, wird durch sie der Wärmeübergang im Vergleich zu dem Vorgang in geraden Rohren erhöht. Es ist zu erwarten, daß dieser Einfluß sich mit wachsender Reynolds-Zahl verhältnismäßig immer weniger auswirken wird, weil die Steigerung des Wärmeübergangs durch die zunehmende Turbulenz mehr und mehr überwiegt.

Der Einfluß der Rohrkrümmung auf die Wärmeübertragung ist vielfach gemessen worden. Daß die Versuchsergebnisse ziemlich stark voneinander abweichen, erklärt sich, abgesehen von der verschiedenen Rohrrauhigkeit, vermutlich zum Teil daraus, daß beim Biegen der Rohre der ursprünglich runde Querschnitt nicht immer im gleichen Maße erhalten geblieben ist und auf der nach dem Krümmungsmittelpunkt gerichteten Seite des Rohres vielleicht sogar kleine Faltungen aufgetreten sind. Trotzdem ergab sich aus den Messungen folgendes ziemlich eindeutige Bild.

Jeschke [J 2] hat nach Messungen an Gasen, die in gekrümmten Rohren strömten, die oberhalb $Re = 10^5$ gültige Gleichung

$$\alpha_{kr} = (1 + 3{,}54\, d/D)\, \alpha_{ger} \qquad (49)$$

aufgestellt, worin D den Krümmungsdurchmesser, α_{ger} den mittleren Wärmeübergangskoeffizienten im geraden, α_{kr} im gekrümmten Rohr mit demselben inneren Durchmesser d bedeutet. Nach Gl. (49) ist z.B. der Wärmeübergangskoeffizient im gekrümmten Rohr bei $D = 50d$ um 7%, bei $D = 20d$ um 18% größer als im geraden Rohr. Diese Gleichung wurde durch neuere Messungen grundsätzlich bestätigt, so von Rogers und Mayhew [R 9].

Die stark streuenden, bei niedrigen Reynolds-Zahlen gewonnenen Versuchswerte von Seban und McLaughlin [S 11] hingegen werden besser wiedergegeben, wenn man die Konstante in Gl. (49) von 3,5 auf 5 bis 6 erhöht. Nach Mori und Nakyama [M 6], die mehr theoretisch als experimentell gearbeitet haben, wäre sogar eine Erhöhung auf 8 bis 10 angebracht. Auch die offensichtlich recht genauen Versuchswerte von Woschni [W 11] lassen erkennen, daß der Zahlenwert in Gl. (49) mit sinkendem Re bis zur kritischen Reynolds-Zahl hin zunimmt.

Wie der Verfasser gefunden, aber noch nicht veröffentlicht hat, lassen sich die gemessenen Werte im gesamten turbulenten Gebiet im Mittel durch die Gleichung

$$\alpha_{kr} = (1 + 21/Re^{0{,}14} \cdot d/L) \cdot \alpha_{ger} \qquad (50)$$

zum Ausdruck bringen. Diese Gleichung stimmt oberhalb $Re = 10^5$ gut mit Gl. (49) von Jeschke überein. In der Nähe von Re_{kr} hingegen erreicht der Ausdruck $21/Re^{0{,}14}$ Werte von etwa 6.

Zu Werten derselben Größenordnung gelangen auch E. F. Schmidt [S 8] sowie Srinivasan. Naudapurkar und Holland [S 22], die im wesentlichen eine größere Zahl von Literaturwerten zusammengestellt haben. Die in beiden Veröffentlichungen angegebenen Werte werden durch eine Gleichung der Art (49) oder (50) besser wiedergegeben, wenn man d/D durch $(d/D)^n$ ersetzt, wobei n zwischen 0,5 und 0,75 liegen kann. Im einzelnen hat Schmidt einen größeren Einfluß der Krümmung auf den Wärmeübergang festgestellt als die zuletzt genannten Autoren.

Bei laminarer Strömung, die hier nicht behandelt werden soll, ist der Einfluß der Krümmung auf den Wärmeübergang noch erheblich größer; vgl. z.B. [S 11] und [W 11].

Bei gekrümmten Rohren ist ferner zu beachten, daß die kritische Reynolds-Zahl höher liegt als bei geraden Rohren; vgl. S. 110.

Literatur zum Wärmeübergang in Rohren und Kanälen

Vgl. Vorbemerkung S. 5.

A

1 Abbrecht, P. H.; Churchill, S. W.: The Thermal Entrance Region in Fully Developed Turbulent Flow. A. I. Ch. E. J. 6 (1960) 2, 268—273.

2 Abecassis, G.; Cornu, G.; Taccoen, L.: Contribution à l'étude des transferts thermiques unilatéraux en écoulement turbulent dans un espace annulaire lisse — Cas des métaux liquides. Rev. gén. Therm. 7 (1968) 83, 1219—1226.

3 Ackermann, G.: Wärmeübergang und molekulare Stoffübertragung im gleichen Feld bei großen Temperatur- und Partialdruckdifferenzen. VDI-Forschungsheft 382 Berlin (1937); siehe auch Z. VDI., Beiheft „Verfahrenstechnik" (1937) Nr. 1, S. 36—67.

4 Allen, R. W.; Eckert, E. R. G.: Friction and Heat-Transfer-Measurements to Turbulent Pipe Flow of Water (Pr = 7 and 8) at Uniform Wall Heat Flux. Trans. ASME, Ser. C 86 (1964) 3, 301—310 und J. Heat Transfer. (1964).

5 Altenkirch, E.: Eine allgemeine Gleichung für den Wärmeübergang im glatten Rohr. Kältetech. 5 (1953) 253—354.

6 Azer, N. Z.; Chao, B. T.: Turbulent Heat Transfer in Liquid Metalls—Fully Developed Pipe Flow with Constant Wall Temperature. Int. J. Heat Mass Transfer 3 (1961) 2, 77—83.

B

1 Back, L. H.; Cuffel, R. F.; Massier, P. F.: Laminar, Transition and Turbulant Boundary-Layer Heat-Transfer Measurements with Wall Cooling in Turbulent Airflow through a Tube. Trans. ASME, Ser. C 91 (1969) 4, 477—487.

2 Baehr, H. D.: Zur Darstellung des Wärmeübergangs bei freier Konvektion durch Potenzgesetze. Chem. Ing. Tech. 26 (1954) 269.

3 Baehr, H. D.: Gleichungen für den Wärmeübergang bei hydrodynamisch nicht ausgebildeter Laminarströmung in Rohren. Chem. Ing. Tech. 32 (1960) 2, 89 u. 90.

4 Baehr, H. D.; Hicken, E.: Neue Kennzahlen und Gleichungen für den Wärmeübergang in laminar durchströmten Kanälen. Kältetechn. Klimatisierung 21 (1969) 2, 34—38.

5 Bankston, C. A.; McEligot, D. M.: Turbulent and Laminar Heat Transfer to Gases with Varying Properties in the Entry Region of Circular Ducts. Int. J. Heat Mass Transfer 13 (1970) Febr., 319—344.

6 Barrow, H.; Humphreys, J. F.: The Effect of Velocity Distribution on Forced Convection Laminar Flow Heat Transfer in a Pipe at Constant Wall Temperature. Wärme- und Stoffübertragung 3 (1970) 227—231.

7 Barthels, H.: Darstellung des Wärmeüberganges in konzentrischen Ringspalten unter Benutzung der Analogie zwischen Impuls- und Wärmeaustausch. Diss. TH Aachen (1967).

8 Beck, F.: Wärmeübergang und Druckverlust in senkrechten konzentrischen und exzentrischen Ringspalten bei erzwungener Strömung und freier Konvektion. Chem. Ing. Tech. 35 (1963) 837—844.

9 Blasius, H.: Das Ähnlichkeitsgesetz bei Reibungsvorgängen in Flüssigkeiten. Phys. Z. 12 (1911) 1175, oder Forschungsarbeit Ing.-Wes., Heft 131 (1913).

10 Böhm, H.: Versuche zur Ermittlung der konvektiven Wärmeübergangszahlen an gemauerten engen Kanälen. Arch. Eisenhüttenwes. 6 (1932/33) 423—431.

11 Böhm, J.: Der Wärmeübergang bei zähen Flüssigkeiten. Wärme 65 (1942) 221—228
(Übersicht über eine Reihe von Arbeiten).

12 Böhm, J.: Messungen des Wärmeübergangs im laminaren Strömungsgebiet mit Rizinusöl.
Wärme 66 (1943) 144—152.

13 Böhm, J.: Der Wärmeübergang im Übergangsgebiet von laminarer zu turbulenter Strömung (Messungen an Äthylen-Glykol, Äthylenglykol-Wasser-Gemischen und Chlorkal-
zium-Wasser-Gemischen). Wärme 67 (1944) 3—11.

14 Boussinesq, J.: Calcul de la moindre longueur que doit avoir un tube ..., pour qu'un
régime sensiblement uniforme s'y établisse. u. Comptes Rendus 113 (1891) 9 u. 49.

15 Bradley, D.; Entwistle, A. G.; Developed Laminar Flow Heat Transfer from Air for
Variable Properties. Int. J. Heat Mass Transfer 8 (1956) 621—638. (Eingehende Theorie,
besonders Einfluß der Temperaturabhängigkeit der Stoffwerte und der freien Konvektion
auf die Temperaturprofile).

16 Brauer, H.: Strömungswiderstand und Wärmeübergang bei Ringspalten mit rauhen
Kernrohren. Atomkernenergie 6 (1961) 152—161 u. 207—211.

17 Bridgman, P. W.; Holl, H.: Theorie der physikalischen Dimensionen. Leipzig u. Berlin:
B. G. Teubner 1932.

18 Brown, W. G.; Grassmann, P.: Der Einfluß des Auftriebs auf Wärmeübergang und
Druckgefälle bei erzwungener Strömung in lotrechten Rohren. Forschg. Ing.-Wes. 25
(1959) 69—78.

19 Brown, M.: Heat and Mass Transfer in a Fluid in Laminar Flow in a Circular or Flat Tube.
Am. Inst. Chem. Engrs. J. 6 (1960) 179—183.

20 Burck, E.: Der Einfluß der Prandtl-Zahl auf den Wärmeübergang und Druckverlust
künstlich aufgerauhter Strömungskanäle. Wärme- und Stoffübertragung 2 (1969) 2,
87—98.

C

1 Cheesewright, R.: Turbulent Natural Convection from a Vertical Plane Surface. Trans.
Am. Soc. Mech. Engrs., Ser. C. 90 (1968) 1—8.

2 Chen, Sh. D.; Lee, L. P.: Fully Developed Forced Convection Turbulent Flow Heat
Transfer in Circular Pipes and Between Parallel Plates of Liquid Metals. Bull. College
Engng. nat. Taiwan Univ. 12 (1968) 79—96.

3 Chmiel, H.; Rautenbach, R.; Schümmer, P.: Zur Theorie des Wärmeübergangs in der
turbulenten Rohrströmung viscoelastischer Flüssigkeiten. Chem. Ing. Tech. 44 (1972)
543—545.

4 Colburn, A. P.; Drew, T. B.; Worthington, H.: Ind. Eng. Chem. 39 (1947) 958.

5 Colburn, A. P.; Hougan, O. A.: Studies in Heat Transmission III (Flow of Fluids at
Low Velocities). Ind. Eng. Chem. 22 (1930) 534—539.

6 Colburn, A. P.: A Method of Correlating Forced Convection Heat Transfer Data and a
Comparison with Fluid Friction. Trans. Am. Inst. Chem. Engrs. 29 (1933) 174—218.

7 Comings, E. W.; Clapp, J. T.; Taylor, J. F.: Air Turbulence and Transfer Processes. Ind.
Eng. Chem. 40 (1948) 1076—1082.

8 Cope, W. F.: The Friction and Heat Transmission Coefficients of Rough Pipes. Proc.
Inst. Mech. Engrs. 145 (1941) 99—105.

D

1 Davis, L. P.; Perona, J. J.: Development of Free Convection Flow of a Gas in a Heated
Vertical Open Tube. Int. J. Heat Mass Transfer 14 (1971) 7, 889.

2 Deissler, R. G.; Eian, G. C.: Analytical and Experimental Investigation of Heat Transfer
with Variable Fluid Properties. NACA TN 2629 (1952).

3 Depew, C. A.; August, S. E.: Heat Transfer due to Combined Free and Forced Convection
in a Horizontal and Isothermal Tube. Trans. Am. Soc. Mech. Engrs., Ser. C 93 (1971) 4,
380—384.

4 Dipprey, D. F.; Sabersky, R. H.: Heat and Momentum Transfer in Smooth and Rough Tubes at Various Prandtl Numbers. Int. J. Heat Mass Transfer 6 (1963) 5, 329—353.
5 Dittus, F. W.; Boelter, L. M. K.: Heat Transfer in Automobile Radiators of the Tubular Type. Univ. Cal. Publ. Engrg. 2 (1930) 443—461.
6 Drew, T. B.; Hogan, J. J.; McAdams, W. H.: Heat Transfer in Streamline Flow. Ind. Eng. Chem. 23 (1931) 936—945.

E

1 Eagle, A.; Ferguson, R. M.: On the Coefficient of Heat Transfer from the Internal Surface of Tube Walls. Proc. Roy. Soc. (A) 127 (1930) 540—566.
2 Eckert, E.: Der Wärmeübergang bei Kühlen und Heizen. Z. VDI 80 (1936) 137 u. 138.
3 Eckert, E.: Technische Strahlungsaustauschrechnungen. Berlin: VDI-Verlag 1937.
4 Eckert, E.: Wärmeübertragung bei turbulenter Strömung. Z. VDI 85 (1941) 581—583.
5 Eckert, E.: Die Berechnung des Wärmeübergangs in der laminaren Grenzschicht umströmter Körper. VDI-Forschungsheft 416, Berlin 1942.
6 Eckert, E. R. G.: Convective Heat Transfer for Mixed, Free and Forced Flow through Tubes. Trans. Am. Soc. Mech. Engrs. 46 (1954) 51.
7 Eckert, E. R. G.; Ervine, T. F. jun.: Simultaneous Turbulent and Laminar Flow in Ducts with Noncircular Cross Sections. J. Aeronautical Sc. 22 (1955) Nr. 1.
8 Eckman, V. W.: On the Change from Steady to Turbulent Motion of Liquids. Arkiv Mat., Astron. och Fysik, 6 (1911) 5.

F

1 Friend, W. L.; Metzner, A. B.: Turbulent Heat Transfer inside Tubes. J. Amer. Inst. Chem. Engrs. 4 (1958) 393—402.
2 Fujii, T.; Takeuchi, M.; Fujii, M.; Suzaki, K.; Uehara, H.: Experiments on Natural Convection Heat Transfer from the Outer Surface of a Vertical Cylinder to Liquids. Int. J. Heat Mass Transfer 13 (1970) 753—787.

G

1 Gersten, K.: Wärme- und Stoffübertragung bei großen Prandtl- bzw. Schmidt-Zahlen. Wärme- und Stoffübertragung 7 (1974) 65—70 (Keilströmung).
2 Glaser, H.: Regeneratoren mit bewegter Speichermasse. Forschung Ingenieurwes. (1951) 1, 9—15.
3 Gnielinski, V.: Eine Weiterentwicklung der Gleichung von H. Hausen für den Wärmeübergang im turbulent durchströmten Rohr unter Berücksichtigung neuerer Meßwerte bei hohen Reynolds-Zahlen. Vortrag in Bad Mergentheim am 2. IV. 1973 bei der Sitzung des Ausschusses „Wärme- u. Stoffübertragung" der Verfahrenstechnischen Gesellschaft (VDI). Veröffentlicht unter dem Titel: Neue Gleichungen für den Wärme- und Stoffübergang in turbulent durchströmten Rohren und Kanälen. Forschung Ingenieurwesen 41 (1975) Nr. 1.
4 Gnielinski, V.: Zur Neuauflage des VDI-Wärmeatlas. Neue Gleichungen für den Wärme- und Stoffübergang in turbulent durchströmten Rohren. Vortrag beim Jahrestreffen 1973 der Verfahrensingenieure in Berlin.
5 Gowen, R. A.; Smith, J. W.: The Effect of the Prandtl Number on Temperature Profiles for Heat Transfer in Turbulent Pipe Flow. Chem. Eng. Sci. 22 (1967) 12, 1701—1711.
6 Gowen, R. A.; Smith, J. W.: Turbulent Heat Mass Transfer from Smooth and Rough Surfaces. Int. J. Heat Mass Transfer 11 (1968) 1657—1674.
7 Grätz, L.: Über die Wärmeleitfähigkeit von Flüssigkeiten. Ann. Physik (N. F.), 18 (1883) 79—94 und 25 (1885) 337—357.
8 Grass, G.: Wärmeübergang an turbulent strömende Gase im Rohreinlauf. Allgemeine Wärmetechnik 7 (1956) 58—64.

9 Grass, G.: Der Einfluß von Störungen der Strömung im Einlauf auf den Wärmeübergang bei Flüssigkeiten in Rohren und Ringspalten. Atomenergie 3 (1958) Heft 10.

10 Grass, G.; Herkenrath, H.; Hufschmidt, W.: Anwendung des Prandtlschen Grenzschichtmodells auf den Wärmeübergang an Flüssigkeiten mit stark temperaturabhängigen Stoffeigenschaften bei erzwungener Strömung. Wärme- und Stoffübertragung 4 (1973) 113—119.

11 Grassmann, P.: Stoff- und Wärmeaustausch bei unmittelbarer Berührung beider Fluide. Chem. Ing. Tech. 44 (1972) 291—295.

12 Gregorig, R.; Trommer, H.: Verminderung des Wärmedurchgangs bei ungleichmäßiger Geschwindigkeitsverteilung und ungenauer Rohrteilung. Schweiz. Bauz. 70 (1952) 151—155 u. 174—176.

13 Gregorig, R.: Verallgemeinerter Ausdruck für den Einfluß temperaturabhängiger Stoffwerte auf den turbulenten Wärmeübergang. Wärme- und Stoffübertragung 3 (1970) 26—40.

14 Gregorig, R.: Ausgebildete turbulente Rohrströmung für sehr große Reynolds-Zahlen. Das Prinzip von Hamilton. Wärme- und Stoffübertragung 5 (1972) 73—80.

15 Gregorig, R.: Verallgemeinerter Ausdruck für den Einfluß temperaturabhängiger Stoffwerte auf den turbulenten Wärmeübergang. Wärme- und Stoffübertragung 3 (1970) 26—40.

16 Grigull, U.; Tratz, H.: Thermischer Einlauf in ausgebildeter laminarer Rohrströmung. Int. J. Heat Mass Transfer 8 (1965) 669—678.

17 Grigull, U.; Tratz, H.: Wärmeübergang an Quecksilber bei laminarer und turbulenter Rohrströmung. Wärme- und Stoffübertragung 1 (1968) 2, 61—71.

H

1 Hackl, A.; Gröll, W.: Zum Wärmeverhalten zähflüssiger Öle. Verfahrenstechnik 3 (1969) 141—145.

2 Hahnemann, H.: Neue experimentelle Untersuchungen über die Entstehung der turbulenten Rohrströmung. Forschung 8 (1937) 226—237.

3 Hahnemann, H. W.: Näherungstheorie für den Wärmeübergang in Spaltströmungen. Forsch. Ing.-Wes. 33 (1967) 1, 1—12.

4 Hahnemann, H. W.: Zur Theorie des Wärme- und Stoffübergangs in turbulenter Strömung. Forsch. Ing. Wes. 34 (1968) 3, 90.

5 Hanratty, T. J.; Rosen, E. M.; Kabel, R. L.: Effect of Heat Transfer on Flow Field at Low Reynolds numbers in Vertical Tubes. Ind. Eng. Chem. 50 (1958) 815—820.

6 Hartmann, H.: Wärmeübergang bei laminarer Strömung durch Ringspalte. Chem. Ing. Tech. 33 (1961) 1, 22—26.

7 Hausen, H.: Darstellung des Wärmeübergangs in Rohren durch verallgemeinerte Potenzbeziehungen. Z. VDI. Beihefte „Verfahrenstechnik" 1943, Heft 4, S. 91—98.

8 Hausen, H.: Wärmeübertragung im Gegenstrom, Gleichstrom und Kreuzstrom. Berlin, Göttingen, Heidelberg, München: Springer u. Bergmann 1. Aufl. 1950.

9 Hausen, H.: Zur Frage nach dem gleichwertigen Durchmesser bei der Wärmeübertragung in einseitig beheizten Spalten. Abhandlungen der Braunschweigischen Wissenschaftlichen Gesellschaft X (1958) 150—165.

10 Hausen, H.; Düwel, L.: Zur Frage nach dem gleichwertigen Durchmesser bei der Wärmeübertragung in einseitig beheizten Spalten. Kältetech. 11 (1959) 242—249.

11 Hausen, H.: Neue Gleichungen für die Wärmeübertragung bei freier und erzwungener Strömung. Allgem. Wärmetechnik 9 (1959) 75—79.

12 Hausen, H.: Bemerkungen zur Veröffentlichung von A. Hackl und W. Gröll: Zum Wärmeverhalten zähflüssiger Öle (vgl. [H 1]). Verfahrenstechnik 3 (1969) 8, 355 und 11, 480.

13 Hausen, H.: Erweiterte Gleichung für den Wärmeübergang bei turbulenter Strömung. Wärme- und Stoffübertragung 7 (1974) 222—225.

14 Helmholz, H.: Über ein Theorem, geometrisch ähnliche Bewegungen flüssiger Körper betreffend, nebst Anwendung auf das Problem, Luftballons zu lenken. Monatsber. d. K. Akad. d. Wissensch. zu Berlin vom 26. Juni 1873, S. 501—514.

15 Hicken, E.: Wärmeübergang bei ausgebildeter laminarer Kanalströmung für am Umfang veränderllche Randbedingungen. Dissertation Braunschweig 1966.

16 Hicken, E.: Wärmeübergangsmessungen in rechteckigen Kanälen bei nur teilweise beheiztem Umfang. Wärme- und Stoffübertragung 1 (1968) 3, 185—189.

17 Hicken, E.: Der Wärmeübergang im thermischen Anlauf rechteckiger Kanäle bei nur teilweise beheiztem Umfang. Wärme- und Stoffübertragung 5 (1972) 213—219.

18 Hermann, R.; Burbach, Th.: Strömungswiderstand und Wärmeübergang in Rohren. Diss. Leipzig 1930.

19 Hobler, T.; Koziol, K.: Wärmeübergang in beidseitig abwechselnd eingebuchteten Rohren. Angew. Chemie, Ser. B (Polen) (1965) 1, 3—43.

20 Hofmann, E.: Wärmedurchgangszahlen von Steilrohrverdampfern. Z. ges. Kälte-Ind. 44 (1934) 190—194.

21 Hofmann, E.: Der Wärmeübergang bei der Strömung im Rohr. Z. ges. Kälte-Ind. 44 (1937) 99—107.

22 Hofmann, E.: Über die Gesetzmäßigkeiten der Wärme- und Stoffübertragung auf Grund des Strömungsvorganges im Rohr. Forsch. Ing.-Wes. 11 (1940) 159—169.

23 Hufschmidt, W.; Burck, E.; Riebold, W.: Die Bestimmung örtlicher und mittlerer Wärmeübergangszahlen in Rohren bei hohen Wärmestromdichten. Int. J. Heat Mass Transfer 9 (1966) 539.

24 Hufschmidt, W.; Burck, E.: Der Einfluß temperaturabhängiger Stoffwerte auf den Wärmeübergang bei turbulenter Strömung von Flüssigkeiten in Rohren bei hohen Wärmestromdichten und Prandtl-Zahlen. Int. J. Heat Mass. Transfer 11 (1968) 6, 1041—1048.

25 Hull, T. A.; Tsao, P. H.: Proc. Roy. Soc. (London) A 191 (1947) 6.

26 Humble, L. V.; Lowdermilk, W. H.: Desmon, L. G. Measurements of Average Heat Transfer and Friction Coefficients for Subsonic Flow of Air in Smooth Tubes at High Surface and Fluid Temperatures. NACA Report 1020 (1951).

I

1 Ivanovski, M. N.: Rapid Method of Measuring the Average Heat Transfer Coefficient in a Tube. —TR— 4511, 90—103.

J

1 Jauernick, R.: Über den örtlichen Widerstandsbeiwert und die Wärmeübergangszahlen in Rohrbündeln bei hohen Reynoldschen Zahlen. Zeitschr. „Die Wärme" 61 (1938) 738—743 u. 751—756.

2 Jeschke, H.: Wärmeübergang und Druckverlust in Rohrschlangen. Beiheft „Technische Mechanik" zu Z. VDI. 69 (1925) 24—28.

3 Jodlbauer, K.: Das Temperatur- und Geschwindigkeitsfeld um ein geheiztes Rohr bei freier Konvektion. Forsch. Geb. Ing. Wes. 4 (1933) 157—172.

4 Johannsen, K.; Bartsch, G.: Bilateraler Wärmeübergang bei erzwungener turbulenter Strömung flüssiger Metalle zwischen parallelen Platten. Wärme 76 (1970) 1/2, 32—38.

5 Jones, A. S.: Extensions to the Solution of the Graetz Problem. Int. J. Heat Mass Transfer 14 (1971) 4, 619.

6 Jung, J.: Wärmeübergang und Reibungswiderstand bei Gasströmung in Rohren bei hohen Geschwindigkeiten. VDI-Forschungsheft 380 (1936).

K

1 Kármán, Th. v.: Analogy between Fluid Friction and Heat Transfer. Trans. Amer. Soc. mech. Engrs. 61 (1939) 705 u. 710, und Engineering 148 (1939) 210—213.

2 Kast, W.: Zur Frage der Analogie zwischen Wärme- und Stoffaustausch. Wärme- und Stoffübertragung 5 (1972) 15—21.

3 Kaul, V.; Kiss, M. v.: Forced Convection Heat Transfer and Pressure Drop in Artificially Roughened Flow Passages. Neue Technik 7 (1964) B 6, 297—309.

4 Kaye, W. A.; Furnas, C. C.: Heat Transfer Involving Turbulent Fluids. Ind. Eng. Chem. 26 (1934) 783—786.

5 Kays, W. M.; Nicoll, W. B.: Laminar Flow Heat Transfer to a Gas with Large Temperatur Differences. Trans. Am. Soc. Mech. Engrs. Ser. C 85 (1963) 4, 329—338.

6 Kays, W. M.; Leuna, E. Y.: Heat Transfer in Annular Passages — Hydrodynamically Developed Turbulent Flow with Arbitrarily Prescribed Heat Flux. Int. J. Heat Mass Transfer 6 (1963) 7, 537—557.

7 Keil, R. H.; Baird, H. I.: Enhancement of Heat Transfer by Flow Pulsation. Ind. Engng. Chem. Process Des. Devel. 10 (1971) 4, 473—478.

8 Kern, D. Q.; Othmer, D. F.: Effect of Free Convection on Viscous Heat Transfer in Horizontal Tubes. Trans. Am. Inst. Chem. Engrs. 39 (1943) 517—535.

9 Kirillov, V. V.; Malyugin, Yu. S.: Local Heat Transfer During the Flow of a Gas in a Pipe at High Temperature Differences. High Temperature 1 (1963) 2, 227—231.

10 Kirschbaum, E.: Neues zum Wärmeübergang mit und ohne Änderung des Aggregatzustandes. Chem. Ing. Tech. 24 (1952) 393—400.

11 Koch, B.: Turbulenter Wärmeaustausch im Rohr. Arch. ges. Wärmetechn. 1 (1950) 2—8.

12 Kokorev, L. S.; Ryaposov, V. N.: Turbulent Heat Transfer During the Flow of a Heating Medium of Small Prandtl Number along a Tube. Int. chem. Eng. 2 (1962) 4, 514—519.

13 Kolar, V.: Heat Transfer in Turbulent Flow of Fluids through Smooth and Rough Tubes. Int. J. Heat Mass Transfer 8 (1965) 639—653.

14 Kraus, W.: Temperatur- und Geschwindigkeitsfeld bei freier Konvektion um eine waagerechte quadratische Platte. Phys. Z. 41 (1940) 126—150.

15 Kraußold, H.: Die Wärmeübertragung bei zähen Flüssigkeiten in Rohren. VDI-Forschungsheft 351 (1931).

16 Kraußold, H.: Neue amerikanische Untersuchungen über den Wärmeübergang an Flüssigkeiten bei laminarer Strömung. Forschung 3 (1932) 21—24.

17 Kraußold, H.: Die Wärmeübertragung an Flüssigkeiten in Rohren bei turbulenter Strömung. Forschung Ing.-Wes. 4 (1933) 39—44.

18 Kraußold, H.: Der konvektive Wärmeübergang. Die Technik 3 (1948) 205—213 u. 257— 261. (Wichtigste Gleichungen.)

19 Krischer, O.: Wärmeaustausch in Ringspalten bei laminarer und turbulenter Strömung. Chem. Ing. Tech. 33 (1961) 1, 13—19.

20 Krischer, O.: Wärme- und Stoffaustausch bei umströmten oder durchströmten Körpern vershciedener Form. Chem. Ing. Tech. 33 (1961) 155—162. (Einheitliche Darstellung mit Hilfe einer charakteristischen Länge und anderer charakteristischer Größen.)

21 Kropholler, H. W.; Carr, A. D.: The Prediction of Heat and Mass Transfer Coefficients for Turbulent Flow in Pipes at all Values of the Prandtl or Schmidt Number. Int. J. Heat Mass Transfer 5 (1962) 1191—1205.

22 Kubair, V.; Kuloor, N. R.: Heat Transfer to Newtonian Fluids in Coiled Pipes in Laminar Flow. Int. J. Heat Mass Transfer 9 (1966) 63—75.

23 Kuiken, H. K.: Free Convection at Low Prandtl Numbers. J. Fluid Mech. 37 (1969) Pt. 4, 785—798.

24 Kuprianoff, J.: Neue Formen der Prandtlschen Gleichung für den Wärmeübergang. Z. tech. Phys. 16 (1935) 13.

25 Kutateladze, S. S.; Kirdyashkin, A. G.; Ivakin, V. P.: Turbulent Natural Convection on a Vertical Plate and in a Vertical Layer. Int. J. Heat Mass Transfer 15 (1972) I, 193— 202.

L

1 Lawn, C. J.: Turbulent Heat Transfer at Low Reynolds Numbers. Trans. ASME, Ser. C 91 (1969) 4, 532—536.

2 Lévêque, M. A.: Les lois de la transmission de la chaleur par convection. Ann. mines (12). 13 (1928) 201, 305 und 381.

3 Linke, W.: Hydraulische Durchmesser und Anlaufströmungen bei Wärmeaustauschern. Arch. ges. Wärmetech. 1 (1950) 161—169.

4 Linke W.; Kunze H.: Druckverlust und Wärmeübergang im Anlauf der turbulenten Rohrströmung. Allgemeine Wärmetechnik 4 (1953) 73—79.

5 Lloyd J. R.; Sparrow E. M.; Eckert, E. R. G.: Laminar Transition and Turbulent Natural Convection Adjacent to Inclined and Vertical Surfaces. Int. J. Heat Mass Transfer 15 (1972) 457—474.

6 Lorenz, H.: Wärmeabgabe und Widerstand von Kühlerelementen. Abhandl. Aerodyn. Inst. Aachen, Heft 13 (1933), 12; vgl. auch H. Lorenz, Beitrag zum Problem des Wärmeüberganges in turbulenter Strömung. Z. techn. Phys. 15 (1934) 155—162 und 201—206.

7 Lorenz, H. H.: Der Wärmeübergang von einer ebenen, senkrechten Platte an Öl bei natürlicher Konvektion. Z. tech. Phys. 15 (1934) 362—366.

8 Lyon, R. N.: Liquid Metal Heat-Transfer Coefficients. Chem. Eng. Progr. 47 (1951) 75—79.

M

1 Malina, I. A.; Sparrow, E. U.: Variable-Property, Constant Property and Entrance-Region Heat Transfer Results for Turbulent Flow of Water and Oil in a Circular Pipe. Chem. Engg. Sc. 19 (1964) 953—962.

2 Mattioli, G. D.: Theorie der Wärmeübertragung in glatten und rauhen Rohren. Forsch. Ing. Wes. 11 (1940) 149—158.

3 Meißner, W.; Schubert, G. U.: Kritische Reynoldssche Zahl und Entropieprinzip. Ann. Phys., 6. Folge. 3 (1948), 163—182.

4 Métais, B.: Wärmeübergang bei strömenden Flüssigkeiten im waagerechten Rohr mit Eigenkonvektion. Chem. Ing. Tech. 32 (1960) 535—539.

5 Morgan, A. I. jr.; Carlson, R. A.: Wall Temperature and Heat Flux Measurement in a Round Tube. Trans. ASME, Heat Transfer, Ser. C 83 (1961) 2, 105—110.

6 Mori, Y.; Nakayama, W.: Study on Forced Convective Heat Transfer in Curved Pipes. Int. J. Heat Mass Transfer 10 (1967) 1, 37—59 und 5, 681—695.

N

1 Nesselmann, K.: Wärmeübergang und Druckverlust in konzentrischen und exzentrischen Ringspalten bei erzwungener Strömung und freier Konvektion. VDI-Z. 104 (1962) 18, 824.

2 Novotny, J. L.; McComas, S. T.; Sparrow, E. M.; Eckert, E. R. G.: Heat Transfer for Turbulent Flow in Rectangular Ducts with Two Heated and Two Unheated Walls. A. I. Ch. E. J. 10 (1964) 4, 466—470.

3 Nunner, W.: Wärmeübergang und Druckabfall in rauhen Rohren. VDI-Forschungsheft 455 (1956) 5—39.

4 Nußelt, W.: Der Wärmeübergang in Rohrleitungen. Forsch. Arb. Ing. Wes. Heft 89, Berlin 1909, Habilitationsschrift, sowie Z. VDI. 63 (1909) 1750—1755 u. 1808—1812.

5 Nußelt, W.: Abhängigkeit der Wärmeübergangszahl von der Rohrlänge. Z. VDI. 54 (1910) 1154—1158.

6 Nußelt, W.: Das Grundgesetz des Wärmeüberganges. Gesundh. Ing. 38 (1915) 477—482 u. 490—496.

7 Nußelt, W.: Der Wärmeübergang im Rohr. Z. VDI. 61 (1917) 685—689.

8 Nußelt, W.: Die Wärmeübertragung an Wasser im Rohr, Festschrift zur Hundertjahrfeier der Techn. Hochschule Karlsruhe 1925.

9 Nußelt, W.: Der Einfluß der Gastemperatur auf den Wärmeübergang im Rohr. Techn. Mech. und Thermodynamik 1 (1930) 227—290.

10 Nußelt, W.: Wärmeübergang, Diffusion und Verdunstung. Z. ang. Math. Mech. 10 (1930) 105—121.

11 Nußelt, W.: Der Wärmeaustausch zwischen Wand und Wasser im Rohr. Forsch. Ing. Wes. 2 (1931) 309—313.

O

1 Owen, P. R.; Thomson, W. R.: Heat Transfer across Rough Surfaces. J. Fluid Mechanics 15 (1963) Pt. 3, 321—334.

P

1 Parknin, W.; Jahn, M.; Reineke, H. H.: Forced Convection Heat Transfer in the Transition from Laminar to Turbulent Flow in Closely Spaced Circular Tube Bundles. Vortrag auf der 5. Int. Heat Transfer Conference in Tokyo 1974.

2 Peterka, J. A.; Richardson, P. D.: Natural Convection from a Horizontal Cylinder at Moderate Grashof Numbers. Int. J. Heat Mass Transfer 12 (1969) 749—752.

3 Petukhov, B. S.; Popov, V. N.: The Theoretical Calculation of Heat Flux and Frictional Resistance in Laminar Flow in Tubes of an Incompressible Liquid with Variable Physical Properties. High Temperature 1 (1963) 2, 205—212.

4 Petukhov, B. S.; Kirillov, V. V.; Chu Tzu-Hsiang; Maidamik, V. N.: An Experimental Investigation of the Effect of the Temperature Factor on the Heat Exchange Occurring during the Turbulent Flow of Gas in Pipes. Teplofizika Vysokikh Temperature 3 (1965) 102—108, engl. Übersetzung: High Temperature 3 (1965) 1, 91—96.

5 Petukhov, B. S.: Heat Transfer and Friction in Turbulent Pipe Flow with Variable Properties. Advances in Heat Transfer. New York 1970.

6 Pitschmann, P.: Wärmeübergang von elektrisch beheizten horizontalen Drähten an Flüssigkeiten bei Sättigung und natürlicher Konvektion. Diss. TH München 1969.

7 Pohl, W.: Einfluß der Wandrauhigkeit auf den Wärmeübergang an Wasser. Forsch. Ing. Wes. 4 (1933) 230—237. Diskussionsbemerkung hierzu von L. Prandtl: Forsch. Ing. Wes. 5 (1934) 5.

8 Pohlhausen, E.: Der Wärmeaustausch zwischen festen Körpern und Flüssigkeiten mit kleiner Reibung und Wärmeleitung. Z. ang. Math. Mech. 1 (1921) 115—121.

9 Prandtl, L.: Eine Beziehung zwischen Wärmeaustausch und Strömungswiderstand der Flüssigkeiten. Phys. Zeitschrift, 11 (1910) 1072—1078. — Siehe auch Prandtl, L.: Führer durch die Strömungslehre, 3. Aufl. Braunschweig: Vieweg 1949, S. 372f.

10 Prandtl, L.: Bemerkungen über den Wärmeübergang im Rohr. Phys. Zeitschrift 29 (1928) 487.

11 Presser, K. H.; Pietralla, G.; Harth, R.: Wärmeübergang und Druckverlust an innenbeheizten Ringspalten bei Hochdruckgaskühlung. Atomkern-Energie 12 (1967) 1/2, 43—54.

12 Presser, K. H.: Experimentelle Prüfung der Analogie zwischen konvektiver Wärme- und Stoffübertragung an einem Pfeilrippenrohr. Chem. Ing. Tech. 41 (1969) 21, 1176.

Q

1 Quack, H.: Natürliche Konvektion innerhalb eines horizontalen Zylinders bei kleinen Grashof-Zahlen. Wärme- und Stoffübertragung 3 (1970) 134—138.

2 Quarmby, A.; Anand, R. K.: Turbulent Heat Transfer in Concentric Annuli with Constant Wall Temperatures. Trans. ASME, Ser. C 92 (1970) 1, 33—45.

R

1 Rauber, A.: Wärmeübergang bei unterkühltem Verdampfen an im Ringspalt aufwärts strömendes Wasser für höhere Systemdrücke und Heizflächenbelastungen. Dissertation Kalrsruhe 196:. VDI-Z. 107 (1965) 1228.

2 Reichardt, H.: Die Wärmeübertragung in turbulenten Reibungsschichten. Z. ang. Math. Mech. 20 (1940) 297—328 (besprochen von Eckert, E. in Z. VDI. 85 (1941) 581—583).

3 Reichardt, H.: Der Einfluß der wandnahen Strömung auf den turbulenten Wärmeübergang. Mitt. Max-Planck-Inst. Strömungsforschung Nr. 3, Göttingen 1950. — Die Grundlagen des turbulenten Wärmeüberganges. Arch. ges. Wärmetech. 2 (1951) 129—142.

4 Renz, U.; Vollmert, H.: Der Wärme- und Stoffaustausch im Übergangsgebiet laminar/turbulent. Int. J. Heat Mass Transfer 18 (1975) 1009—1014. (Rechnung und Messung stimmen gut überein.)

5 Reynolds, O.: An Experimental Investigation of the Circumstances which Determine whether the Motion of Water Shall be Direct or Sinuous, and the Law of Resistance in

Parallel Channels. Phil. Trans. Roy. Soc. London 1883 oder Scient. Papers II, S. 51. Siehe auch Proc. Manchester Lit. a. Phil. Soc. 8 (1874) 9.

6 Rieque, R.; Siboul, R.: Etude expérimentale de l'échange thermique à flux élevé avec l'eau en convection forcée à grande vitesse dans des tubes de petit diamètre avec et sans ébullition. Int. J. Heat Mass Transfer 15 (1972) I, 579—592.

7 Rieger, M.: Experimentelle Untersuchung des Wärmeübergangs in parallel durchströmten Rohrbündeln bei konstanter Wärmestromdichte im Bereich mittlerer Prandtl-Zahlen. Int. J. Heat Mass Transfer 12 (1969) 11, 1421—1447.

8 Rietschel, H.: Untersuchungen über Wärmeabgabe, Druckhöhenverlust und Oberflächentemperatur bei Heizkörpern unter Anwendung großer Luftgeschwindigkeiten. Mitt. Prüf.-Anst. f. Heizungs- u. Lüftungseinr. d. TH Berlin, 19, Heft 3.

9 Rogers, G. F. C.; Mayhew, Y. R.: Heat Transfer and Pressure Loss in Helically Coiled Tubes with Turbulent Flow. Int. J. Heat Mass Transfer 7 (1964) 1207—1216.

S

1 Sauer, H. J. jr.; Burford, L. W.: Heat Transfer Coefficients and Friction Factors for Longitudinally Grooved Tubes. Trans. ASME, Ser. C 91 (1969) 3, 455—457.

2 Schack, A.: Der Wärmeübergang in Rohren und an Rohrbündeln. Arch. Eisenhüttenwes. 13 (1939/40) 4, 155—169.

3 Schefels, G.: Reibungsverluste in gemauerten engen Kanälen und ihre Bedeutung für die Zusammenhänge zwischen Wärmeübergang und Druckverlust in Winderhitzern. Arch. Eisenhüttenwes. 6 (1932/33) 477—486.

4 Schlünder, E. U.: Über eine zusammenfassende Darstellung der Grundgesetze des konvektiven Wärmeübergangs. Verfahrenstechnik 4 (1970) 11—16.

5 Schmidt, B. H.: Luftdurchlässigkeit von Wasserröhrchenkühlern im Kreuzstrom. Z. VDI. 76 (1932) 273—276.

6 Schmidt, E.; Beckmann, W.: Das Temperatur- und Geschwindigkeitsfeld vor einer wärmeabgebenden senkrechten Platte bei natürlicher Konvektion. Tech. Mech. Thermodynamik 1 (1930) 341—349 u. 391—406.

7 Schmidt, E.; Wenner, K.: Wärmeabgabe über den Umfang eines angeblasenen geheizten Zylinders. Forschung 12 (1941) 65—73.

8 Schmidt, E. F.: Wärmeübergang und nicht-isothermer Druckverlust bei erzwungener Strömung in schraubenförmig gekrümmten Rohren. Diss. Braunschweig 1965.

9 Schumacher, K.: Großversuche an einer zu Studienzwecken gebauten Regenerativkammer. Arch. Eisenhüttenw. 4 (1930/31) 63—74.

10 Schwier, K.: Der Wärmeübergang im horizontalen Rohr bei laminarer Strömung und seine Beeinflussung durch freie Konvektion und durch die Temperaturabhängigkeit der Stoffwerte. Fortschr.-Ber. VDI-Z. R. 6, Nr. 6, 77 S.

11 Seban, R. A.; McLaughlin, E. F.: Heat Transfer in Tube Coils with Laminar and Turbulent Flow. Int. J. Heat Mass Transfer 7 (1963) 387—395.

12 Senftleben, H.: Wärmeabgabe von Körpern verschiedener Form in Flüssigkeiten und Gasen bei freier Strömung. Allgem. Wärmetech. 10 (1961) 10, 192—199.

13 Sheriff, N.; Gumley P.; France, J.: Heat Transfer Characteristics of Roughened Surfaces. Chem. Process Engng. 45 (1964) 624—629.

14 Sheriff, N.; Gumley, P.: Heat Transfer and Friction Properties of Surfaces with Discrete Roughnesses. Int. J. Heat Mass Transfer 9 (1966) 1297—1320.

15 Sherwood, T. K.; Petrie, J. M.: Heat Transmission to Liquids Flowing in Pipes. Ind. Eng. Chem. 24 (1932) 736—745.

16 Sherwood, T. K.; Kiley, D. D.; Mangsen, G. E.: Heat Transmission to Oil Flowing in Pipes. Ind. Eng. Chem. 24 (1932) 273—277.

17 Sieder, E. N.; Tate, G. E.: Heat Transfer and Pressure Drop of Liquids in Tubes. Ind. Eng. Chem. 28 (1936) 1429—1435. (Vgl. den Auszug von W. Wachendorf in Verfahrenstechnik 1937, S. 133 u. 134.)

18 Smithberg, E.; Landis, F.: Friction and Forced Convection Heat Transfer Characteristics in Tubes with Twisted Taps Swirl Generators. Trans. ASME, Ser. C 86 (1964) 1, 39—49.

19 Soenecken, A.: Der Wärmeübergang von Rohrwänden an strömendes Wasser. VDI-Forschungsheft 109 (1911).

20 Sparrow, E. M.; Chen, T. S.: Mutual Dependent Heat and Mass Transfer in Laminar Duct Flow. Am. Inst. Chem. Engrs. J. 15 (1963) 3, 434—441.

21 Sparrow, E. M.; Lloyd, J. R.; Hixon, C. W.: Experiments on Turbulent Heat Transfer in an Asymmetrically Heated Rectangular Duct. Trans. ASME, Ser. C 88 (1966) 2, 170—174.

22 Srinivasan, P. S.; Nandapurkar, S. S.; Holland, F. A.: Pressure Drop and Heat Transfer in Coils. Trans. Instn. chem. Engrs. (1968) 218, CE 113—CE 119.

23 Staniszewski, B.: Übersicht der Arbeiten aus dem Gebiet der Wärmeübertragung bei freier Konvektion. Luft- und Kältetechn. 3 (1967) 209—213.

24 Stanton, T. E.: On the Passage of Heat between Metal Surfaces and Liquids in Contact with them. Phil. Trans. Roy. Soc. Lond. (A), 190 (1897) 67. Vgl. auch: Stanton, T. E.: Friction. London: Longmans 1923.

25 Steimle, F.: Zusammenhang zwischen Wärmeübergang und Druckabfall turbulenter Strömungen. Kältetech.-Klimatisierung 23 (1971) 126—128; ausführlicher in: Abhandlungen des Deutschen Kältetechnischen Vereins Nr. 20, Karlsruhe 1970.

26 Stender, W.: Der Wärmeübergang an strömendes Wasser in vertikalen Rohren. Berlin 1924.

27 Stephan, K.: Wärmeübergang und Druckabfall bei nicht ausgebildeter Laminarströmung in Rohren und in ebenen Spalten. Chem. Ing. Tech. 31 (1959) 773—778.

28 Stephan, K.: Wärmeübertragung laminar strömender Stoffe in einseitig beheizten oder gekühlten Kanälen. Chem. Ing. Tech. 32 (1960) 6, 401—404.

29 Stephan, K.: Gleichungen für den Wärmeübergang laminar strömender Stoffe in ringförmigen Querschnitten. Chem. Ing. Tech. 33 (1961) 338—343.

30 Stephan, K.: Wärmeübergang bei turbulenter und bei laminarer Strömung in Ringspalten. Chem. Ing. Tech. 34 (1962) 207—212.

31 Stone, J. P.; Ewing, C. T.; Miller, P. R.: Heat Transfer Studies on some Stable Organic Fluids in a Forced Convection Loop. J. Chem. Engng. Data 7 (1962) 4, 519—525.

32 Subbotin, V. I.; Ušakov, P. A.; Gabrianovič, B. N.; Talanov, V. D.; Sviridenko, I. P.: Wärmeaustausch bei durch runde Rohre strömenden flüssigen Metallen. J. Ing.-Phys. (russ.) (1963) 4, 16—21.

33 Sugawara, S.; Michiyoshi, I.: Heat Transfer by Natural Convection in Laminar Boundary Layer on Vertical Flat Wall. Mem. Fac. Eng. Kyoto Univ. 13 (1951) 149—161.

T

1 Touloukian, Y. S.; Hawkins, G. A.; Jakob, M.: Heat Transfer by Free Convection from Heated Vertical Surfaces to Liquids. Trans. Am. Soc. mech. Engrs. 70 (1948) 13—18.

2 Tritton, D. J.: Transition to Turbulence in Free Convection Boundary Layers on an Inclined Heated Plate. J. Fluid Mechanics 16 (1963) Pt. 3, 417—435.

3 Tseng, C. M.; Besant, R. W.: Transient Heat and Mass Transfer in Fully Developed Laminar Tube Flows. Int. J. Heat Mass Transfer 15 (1972) I, 203—216.

U

1 Ulrichson, D. L.; Schmitz, R. A.: Laminar Flow Heat Transfer in the Entrance Region of Circular Tubes. Int. J. Heat Mass Transfer 8 (1965) 2, 253—258.

2 Upmalis, A.: Wärmeübergang und Wärmedurchgang bei Glasrohren. Wärme 74 (1968) 3, 76—79.

V

1 Vliet, G. C.: Natural Convection Local Heat Transfer on Constant-Heat-Flux Inclined Surfaces. Trans. Am. Soc. Mech. Engrs. Ser. C 91 (1969) 511—516.

W

1 Walker, R. A.; Bott, T. R.: Effect of Roughness on Heat Transfer in Exchanger Tubes. Chem. Engr. (1973) 271, 151—156.

2 Warner, Ch. Y.; Arpach, V. S.: An Experimental Investigation of Turbulent Natural Convection in Air at Low Pressure along a Vertical Heated Flat Plate. Int. J. Heat Mass Transfer 11 (1968) 397—406.

3 Watzinger, A.; Johnson, D. G.: Wärmeübertragung von Wasser an Rohrwand bei senkrechter Strömung im Übergangsgebiet zwischen laminarer und turbulenter Strömung. Forschg. Ing.-Wes. 9 (1938) 182—196; 10 (1939) 182—196.

4 Weder, E.: Messung des gleichzeitigen Wärme- und Stoffübergangs am horizontalen Zylinder bei freier Konvektion. Wärme- und Stoffübertragung 1 (1968) 10—14.

5 Weinbaum, S.: Natural Convection in a Horizontal Circular Cylinder. J. Fluid Mechanics 18 (1964) Pt. 3, 409—437.

6 Wilcox, W. R.: Simultaneous Heat and Mass Transfer in Free Convection. Chem. Eng. Sci. 13 (1961) 3, 113—119.

7 Williamson jr., K. D.; Bartlit, J. R.; Thurston, R. S.: Studies of Forced Convection Heat Transfer to Cryogenic Fluids. Chem. Eng. Progr. Sympos. Ser. 64 (1968) 87, 103—110.

8 Wilson, N. W.; Medwell, J. O.: An Analysis of Heat Transfer for Fully Developed Turbulent Flow in Concentric Annuli. Trans. ASME, Ser. C 90 (1968) 1, 43—50.

9 Winkler, K.: Wärmeübergang in Rohren bei hohen Reynoldsschen Zahlen. Forsch.-Ing.-Wes. 6 (1935) 261—268.

10 Wohl, M. H.: Heat Transfer in Laminar Flow. Chem. Eng. 75 (1968) 14, 81—86.

11 Woschni, G.: Untersuchung des Wärmeüberganges und des Druckverlustes in gekrümmten Rohren. Diss. Dresden 1959.

§ 14. Wärmeübergang bei Kreuzstrom

Wärmeaustauscher, die im Kreuzstrom betrieben werden, enthalten in der Regel Rohrbündel, auf deren Rohre das außen strömende Gas senkrecht oder nahezu senkrecht auftrifft. Diese Art der Strömung bewirkt bei gleicher Strömungsgeschwindigkeit eine Erhöhung der Turbulenz gegenüber dem Fall, daß das Gas parallel an den Rohren entlangströmt. Es ist daher verständlich, daß der Wärmeübergangskoeffizient an den äußeren Rohroberflächen bei Kreuzstrom höher ist als bei Parallelstrom.

Wärmeübergang von Gasen im Kreuzstrom

Die Überlegenheit des Wärmeübergangs bei Kreuzstrom gegenüber Parallelstrom haben zuerst Rietschel [R 44], Thoma [T 43] und Reiher [R 42, 43] durch Messungen an Luft und anderen Gasen festgestellt. Aus ihren Ergebnissen, die zum größten Teil an quer angeströmten Rohrbündeln gewonnen wurden, geht hervor, daß unter sonst gleichen Verhältnissen bei versetzter Rohranordnung mehr Wärme übertragen wird als bei fluchtender Anordnung (vgl. Bilder 14 und 15). Dieser Vorteil wird allerdings, wie in § 24 gezeigt werden soll, durch einen erhöhten Druckabfall aufgehoben.

Später haben vor allem Pierson [P 41] und Huge [H 50] ausgedehnte Versuche über die Wärmeübertragung von Luft im Kreuzstrom durchgeführt. Sie haben neben der Strömungsgeschwindigkeit die Rohrabstände in weiten Grenzen verändert und deren Einfluß auf den Wärmeübergang beobachtet. Die Ergebnisse ihrer Versuche hat Grimison [G 47] zusammenfassend durch eine Gleichung der

Form

$$Nu = K\,Re^m \tag{51}$$

wiedergegeben, wobei die Konstanten K und m in der noch zu erörternden Weise von den Rohrabständen abhängen. Hierbei ist sowohl in der Nußelt-Zahl wie auch in der Reynolds-Zahl als Durchmesser d der äußere Durchmesser der Rohre, in Re als w die höchste mittlere Geschwindigkeit in der Hauptströmungsrichtung einzusetzen, für die somit im allgemeinen der quer zur Strömungsrichtung gemessene engste freie Abstand der Rohre einer Rohrreihe maßgebend ist. Die Geschwindigkeit ist ebenso wie die Dichte auf die mittlere Temperatur des strömenden Gases, die Wärmeleitfähigkeit und die Viskosität hingegen sind auf den Mittelwert zwischen der Rohrwandtemperatur und der mittleren Gastemperatur zu beziehen. Der Einfluß der Rohrabstände läßt sich nach Grimison durch die „Teilungsverhältnisse" a und b zum Ausdruck bringen, die bestimmt sind durch das Verhältnis der Entfernung s der Mitten zweier benachbarter Rohre zum

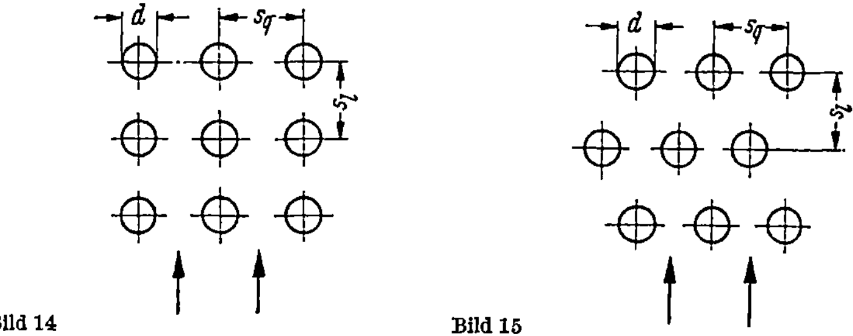

Bild 14. Kreuzstrom bei fluchtender Rohranordnung.

Bild 15. Kreuzstrom bei versetzter Rohranordnung.

Tabelle 3. Festwerte der Gleichungen für den Wärmeübergang im Kreuzstrom, nach Messungen von Pierson und Huge; zusammengestellt von Grimison

a und b Teilungsverhältnisse quer und längs zur Hauptströmung

$a =$	1,25		1,5		2		3	
	K	m	K	m	K	m	K	m
b	fluchtende Rohranordnung							
1,25	0,348	0,592	0,275	0,608	0,100	0,704	0,0633	0,752
1,5	0,367	0,586	0,250	0,620	0,101	0,702	0,0678	0,744
2	0,418	0,570	0,299	0,602	0,229	0,632	0,198	0,648
3	0,290	0,601	0,357	0,584	0,374	0,581	0,286	0,608
b	versetzte Rohranordnung							
0,6							0,213	0,636
0,9					0,446	0,571	0,401	0,581
1,0			0,497	0,558				
1,25	0,518	0,556	0,505	0,554	0,519	0,556	0,522	0,562
1,5	0,451	0,568	0,460	0,562	0,452	0,568	0,488	0,568
2	0,404	0,572	0,416	0,568	0,482	0,556	0,449	0,570
3	0,310	0,592	0,356	0,580	0,440	0,562	0,421	0,574

äußeren Rohrdurchmesser d. $a = s_q/d$ ist das Teilungsverhältnis in einer Rohrreihe quer zur Hauptströmung, $b = s_l/d$ das Teilungsverhältnis in der Richtung der Strömung (vgl. Bilder 14 und 15) In Tabelle 3 sind die Werte der Konstanten K und m für fluchtende und versetzte Rohranordnung und für verschiedene Teilungsverhältnisse a und b angegeben. Diese Werte gelten für Rohrbündel mit 10 oder mehr in der Strömungsrichtung hintereinander liegenden Rohrreihen. Einen Anhalt dafür, welche Änderungen des Wärmeübergangskoeffizienten unter sonst gleichbleibenden Verhältnissen bei einer Verringerung der Rohrreihenzahl zu erwarten sind, gibt Tabelle 4 nach Beobachtungen von Reiher [R 42] und von Scholz [S 54].

Tabelle 4. Verhältnis des Wärmeübergangs an Rohrbündeln bei geringer Rohrreihenzahl
zum Wärmeübergang bei 10 Rohrreihen (Mittelwerte)

Zahl der Rohrreihen	fluchtende Rohranordnung			versetzte Rohranordnung		
	nach Reiher	nach Scholz		nach Reiher	nach Scholz	
		$Re < 10^5$	$Re > 10^5$		$Re < 10^5$	$Re > 10^5$
2	0,91	1,05	0,87	0,68	0,80	0,69
5	0,97	1,0	1,0	0,90	1,05	1,06

Bei einer zweiten Art der Wiedergabe der Meßwerte von Person und Huge hat Grimison den Ansatz

$$Nu = 0{,}32 f_a \cdot Re^{0{,}61} \cdot Pr^{0{,}31} \tag{52}$$

gewählt und den hauptsächlich durch die Rohranordnung bestimmten Anordnungs-Faktor f_a für verschiedene Werte von Re abhängig von a und b graphisch dargestellt. Die dabei erhaltenen Kurven, zwischen den sich nur schwer interpolieren läßt, lassen sich unter geringer Abänderung von Gl. (52) darstellen durch folgende Beziehungen [H 45]

bei fluchtender Anordnung:

$$Nu = 0{,}34 \cdot f_a \cdot Re^{0{,}60} Pr^{0{,}31} \tag{53}$$

mit

$$f_a = 1 + \left(a + \frac{7{,}17}{a} - 6{,}52\right)\left(\frac{0{,}266}{(b - 0{,}8)^2} - 0{,}12\right)\sqrt{\frac{1000}{Re}}\; ; \tag{54}$$

bei versetzter Anordnung:

$$Nu = 0{,}35 f_a \cdot Re^{0{,}57} Pr^{0{,}31} \tag{55}$$

mit

$$f_a = 1 + 0{,}1a + 0{,}34/b. \tag{56}$$

Bei den Ausdrücken für f_a in den Gln. (54) und (56) ist vorausgesetzt, daß die Werte von a und b zwischen 1,25 und 3 liegen. Bei fluchtender Anordnung ist jedoch zu beachten, daß bei $a = 1{,}25$ dieselben Werte von f_a gelten wie sie sich aus Gl. (54) für $a = 1{,}5$ errechnen. Statt der Gln. (53) und (54) für die fluchtende Anordnung kann man einfacher, wenn auch weniger genau schreiben

$$Nu = \left[0{,}34\, Re^{0{,}60} + \left(a + \frac{7{,}17}{a} - 6{,}52\right)\left(\frac{5{,}75}{b - 1{,}12} - 4{,}77\right)\right] Pr^{0{,}31}. \tag{57}$$

Diese Gleichung weicht maximal um $\pm 3\%$ von den Gln. (53) und (54) ab und dürfte daher in vielen praktischen Fällen genügend genau sein.

Etwa zu derselben Zeit wie Pierson und Huge hat Glaser [G 42] in Regeneratoren den Wärmeübergang im Kreuzstrom an 7 mm dicken Eisenstangen gemessen, die in mehreren Lagen schraubenförmig gewunden und fluchtend angeordnet waren. Er fand dabei eine sehr gute Übereinstimmung mit den Ergebnissen von Pierson und Huge. Dies geht aus Bild 16 hervor, das zugleich erkennen läßt, daß in dem betrachteten Fall der Wärmeübergangskoeffizient bei Kreuzstrom zwei- bis dreimal so groß ist wie bei Parallelstrom. Über das Verfahren zur Messung des Wärmeübergangs in Regeneratoren siehe § 94 S. 405.

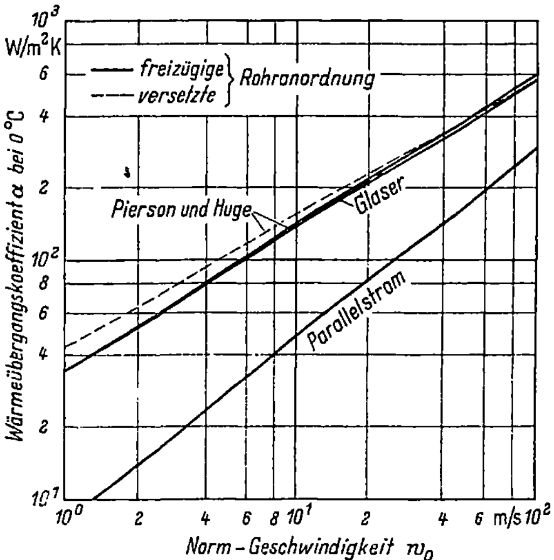

Bild 16. Wärmeübergang an Rohre bei Kreuzstrom und Parallelstrom.

Versuchswerte von Bressler [B 52] liegen bis um 10% tiefer, solche von Hammeke, Heinecke und Scholz [H 42] um einen ähnlichen Betrag höher als die Werte von Pierson und Huge und damit auch von Grimison. Diese Unterschiede sind wahrscheinlich auf einen verschiedenen Turbulenzgrad der die Rohre umströmenden Luft, auf ungleiche Rauhigkeiten der Rohroberfläche und auf kleine geometrische Abweichungen zurückzuführen. Ein Vergleich mit Versuchswerten von Benke [B 43] lehrt ferner, daß die Gln. (53), (54) und (57) für die fluchtende Anordnung über den von Grimison erfaßten Bereich hinaus gelten, nämlich bis $a = 5$ und $b = 22$. Bei Abstandsverhältnissen über $a = 3$ und $b = 3$ kann man sie auch auf die versetzte Anordnung anwenden, weil hier der Unterschied der Wärmeübertragung bei fluchtender und versetzter Anordnung verschwindet. Beschränkt man sich aber auf den Bereich bis $a = 3$ und $b = 3$, dann lassen sich die Gln. (53) bis (57) bis etwa $Re = 200000$ extrapolieren, ohne daß eine wesentliche Vergrößerung der Fehler zu erwarten ist.

Nach den schon erwähnten Versuchsergebnissen von Hammeke, Heinecke und Scholz [H 42] steigt der Wärmeübergangskoeffizient oberhalb $Re = 200000$ mit wachsender Reynolds-Zahl schneller an als darunter. Bei fluchtender Anordnung ist oberhalb $Re = 200000$ Nu proportional $Re^{0,82}$, bei versetzter Anordnung proportional $Re^{0,96}$ und schließlich bei „gekreuzt fluchtender" Anordnung, bei der die Rohre einer Rohrreihe jeweils senkrecht zu denen der vorangehenden Reihe gerichtet sind, proportional $Re^{0,85}$. Daß sich bei den zuletzt genannten kreuzgitterartigen Rohranordnungen das günstigste Verhältnis von Wärmeübergang und Druckverlust ergibt, hat Brauer [B 51] aus eigenen und fremden Messungen gefolgert.

Ferner haben Groehn und Scholz [G 48] den Wärmeübergang an einem aus Rohrwendeln aufgebauten Kreuzgegenströmer (vgl. § 46) gemessen, bei dem in bekannter Weise die Rohre der aufeinander folgenden Lagen abwechselnd rechts und linksgängig gewunden waren. Übereinstimmend mit dem Ergebnis von Glaser (Bild 16) haben sie festgestellt, daß die an Bündeln aus geraden Rohren beobachteten Werte des Wärmeübergangs und Druckabfalls unverändert auf Rohrwendeln der genannten Art übertragen werden können.

Nach einer weiteren Veröffentlichung von Groehn und Scholz [G 49] konnte durch axial angeordnete Stolperrippen von nur 0,5 bis 1 mm Höhe, die auf der Außenseite der quer angeströmten Rohre angebracht waren, der Wärmeübergang erheblich gesteigert werden, maximal bis um 50%.

Von den zahlreichen weiteren Untersuchungen über die Wärmeübertragung an quer angeströmten Rohrbündeln soll vor allem noch die Arbeit von Hirschberg [H 48] erwähnt werden, der aus eigenen Versuchsergebnissen ein bemerkenswertes Berechnungsverfahren entwickelt hat.

Neue Untersuchungen über den Wärmeübergang und Druckverlust an Rohren und Rohrbündeln im Kreuzstrom hat Niggeschmidt [N 42] durchgeführt. Die von ihm gemessenen Werte des Wärmeübergangs hat er durch die nachstehenden empirischen Gleichungen dargestellt. Dabei hat er in Re nicht wie üblich die Strömungsgeschwindigkeit im engsten Querschnitt zwischen benachbarten Rohren, sondern die Anströmgeschwindigkeit w_0 eingeführt. Die mit w_0 gebildete Reynolds-Zahl bezeichnete er mit Re_0.

Seine Messungen an einem Einzelrohr stimmen mit der von F. Brandt [B 47] angegebenen Gleichung

$$Nu = (1{,}506 + 0{,}158 Re_0^{0{,}4})^2 \quad \text{(Einzelrohr im Kreuzstrom)} \qquad (58)$$

überein.

Nach Niggeschmidt gilt für Rohrreihen dieselbe Gleichung, wenn man den Ausdruck auf der rechten Seite mit einem nur vom Querteilungsverhältnis a abhängigen Anordnungsfaktor multipliziert. Man erhält so für eine einzelne Rohrreihe:

$$Nu = (1{,}506 + 0{,}158 Re_0^{0{,}4})^2 \cdot \frac{a - \pi/8}{a - \pi/4} \quad \text{(einzelne Rohrreihe)}. \qquad (59)$$

Für Rohrbündel hingegen hat Niggeschmidt folgende Gleichungen neu entwickelt:

für Rohrbündel in fluchtender Anordnung

$$Nu = (1{,}517 + 0{,}205 Re_0^{0{,}38})^2 \cdot \frac{a}{a - \pi/4} \quad \text{(Rohrbündel fluchtend)}, \qquad (60)$$

für Rohrbündel in versetzter Anordnung

$$Nu = (1{,}878 + 0{,}256 Re_0^{0{,}36})^2 \cdot \frac{a}{a - \pi/4} \quad \text{(Rohrbündel verseztt)}. \qquad (61)$$

Die Meßergebnisse von Niggeschmidt stimmen mit den schon erwähnten Ergebnissen von Bressler gut überein. Niggeschmidt [N 42] hat überdies an Bündeln mit teilversetzten Rohren gemessen. Bemerkenswert ist, daß bei den soeben erörterten neuen Messungen die starke Abhängigkeit von den Teilungsverhältnissen a und b, wie sie Grimison festgestellt hatte [Gln. (54) und (56)], nicht mehr beobachtet wurde. Es ist vielmehr nur noch eine geringe Veränderung mit a vorhanden, die durch die letzten Faktoren in den Gln. (59), (60) und (61) zum Ausdruck kommt.

Wärmeübergang von Flüssigkeiten im Kreuzstrom

Den Wärmeübergang von Flüssigkeiten im Kreuzstrom hat Ulsamer [U 41] an einem Einzelrohr beobachtet. Die Ergebnisse seiner Versuche mit Luft, Wasser, Paraffin und Transformatorenöl hat er in die Gleichung

$$Nu = 0{,}6 \cdot Re^{0,5} \cdot Pr^{0,31} \tag{62}$$

zusammengefaßt.

Den Wärmeübergang an die Rohre eines Rohrbündels, auf die eine Flüssigkeit im Kreuzstrom auftritt, kann man dank der Ähnlichkeitstheorie nach den empirischen Beziehungen (53) bis (57) oder auch (58) bis (61) berechnen, sofern man die Abhängigkeit von Pr durch eine geeignete Potenz von Pr berücksichtigt.

§ 15. Wärmeübergang an Rippenrohren

Die Erhöhung des Wärmeübergangskoeffizienten, die der Kreuzstrom auf der Außenseite von Rohren bewirkt, ist vor allem dann von Bedeutung, wenn sich bei Parallelstrom innen eine hohe, außen aber ein niedriger Wärmeübergangskoeffizient ergäbe. Solche Unterschiede im Wärmeübergangskoeffizienten können durch die Strömungsverhältnisse, durch Unterschiede von Druck und Temperatur sowie vor allem durch die physikalischen Eigenschaften der strömenden Stoffe hervorgerufen sein. So z.B. kann bei Parallelstrom der Wärmeübergangskoeffizient im Innern zwei- bis dreimal so groß sein, wenn innen ein Gas unter hohem Druck, außen ein Gas unter niedrigem Druck strömt. Durch die Anordnung des Kreuzstromes oder besser des Kreuzgegenstromes (§ 46) kann man in diesem Falle die Unterschiede der inneren und äußeren Wärmeübergangskoeffizienten ungefähr ausgleichen.

Der Unterschied in den Wärmeübergangszahlen ist meist noch erheblich größer, wenn im Innern der Rohre eine Flüssigkeit, außen ein Gas strömt. Der Kreuzstrom oder Kreuzgegenstrom allein bewirkt dann eine ungenügende Angleichung der beiden Wärmeübergangskoeffizienten. Eine weitere Verbesserung kann man aber dadurch erzielen, daß man die Wirkung des Kreuzstromes durch Rippen, d.h durch eine künstliche Vergrößerung der äußeren Rohroberfläche verstärkt.

Die Rippen bestehen in der Regel aus ebenen kreisförmigen Blechscheiben, die in überall gleichen Abständen auf dem Rohr befestigt sind (Bild 17). Bei Rohren aus Gußeisen oder Gußstahl sind die Rippen angegossen. Häufig stellt man die Rippen auch aus Blechstreifen her, die in Form einer Schraubenfläche so um das Rohr gewunden sind, daß sie überall auf der Rohrwand senkrecht stehen (Bild 18)[16].

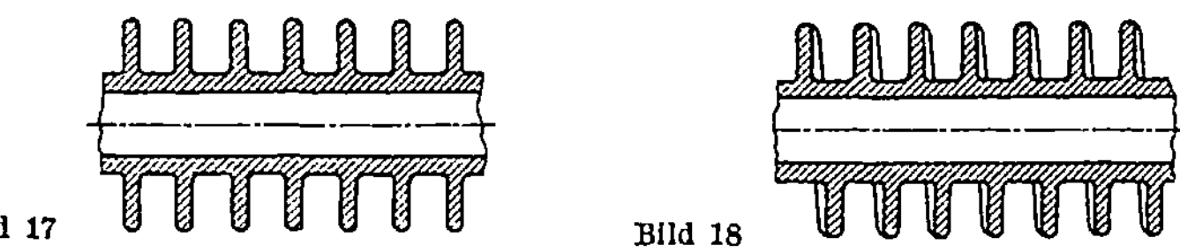

Bild 17   Bild 18

Bild 17. Rohr mit ebenen Rippen.

Bild 18. Rohr mit schraubenförmig gewundener Rippe.

---

[16] Rohre mit solchen Rippen werden oft fälschlich als „Spiralrippenrohre" bezeichnet; man sollte sie „Schraubenrippenrohre" oder „Wendelrippenrohre" nennen.

Gelegentlich bringt man Rippen auch auf der Innenseite von Rohren in axialer Richtung an. Ferner kommen Rippen auch auf ebenen Flächen vor, insbesondere auf der Außenseite senkrechter Wände von luftgekühlten Behältern oder von Raumheizkörpern. Im vorliegenden Paragraphen sollen jedoch nur Rohre mit außen angeordneten Rippen betrachtet werden.

Die Wärme, die eine Rippe an das sie umgebende Gas abgibt oder von ihm aufnimmt, muß zunächst von der Rohrwand durch den Rippenfluß und dann im Innern der Rippe strömen oder umgekehrt. Hierdurch entsteht ein radialer Temperaturabfall in der Rippe. Dieser hat zur Folge, daß die Oberfläche der Rippe im Mittel einen geringeren Temperaturunterschied gegen das umgebende Gas aufweist als der Rippenfuß und die Oberfläche des Rohres. Die Wärmeübertragung auf der Außenseite läßt sich daher nicht ganz in demselben Verhältnis steigern, in dem die äußere Oberfläche durch die Rippen vergrößert wird.

Das Verhältnis der im Mittel an der Rippenoberfläche verfügbaren Temperaturdifferenz zu der Temperaturdifferenz am Rippenfuß werde Rippenwirkungsgrad genannt. Dieser Rippenwirkungsgrad η_R läßt sich theoretisch berechnen, wenn man voraussetzt, daß die Gastemperatur konstant ist und der Wärmeübergangskoeffizient α_R an allen Stellen der Rippenoberfläche denselben Wert hat. Solche Rechnungen werden im 2. Teil dieses Buches in § 47 näher erörtert. Aus den dortigen Bildern kann man den Rippenwirkungsgrad für Rippen rechteckförmigen und dreieckförmigen Querschnitts bei verschiedenen Rippenabmessungen und bei verschiedenen Werten des Wärmeübergangskoefizienten ablesen.

Nimmt man weiterhin an, daß der Wärmeübergangskoeffizient auch an der Oberfläche F_{Rohr} des Rohres zwischen den Rippen α_R beträgt, dann läßt sich die vom Rippenrohr an das umgebende Gas in der Zeiteinheit übergehende Wärmemenge nach der Gleichung

$$\dot{Q} = \alpha_R(F_{\text{Rohr}} + \eta_R F_{\text{Rippe}})\,(\Theta_0 - \vartheta_a) \tag{63}$$

berechnen, worin $\Theta_0 - \vartheta_a$ die Temperaturdifferenz zwischen der Außenfläche der Rohrwand und dem Gas bedeutet. Θ_0 sei hierbei zugleich die Oberflächentemperatur am Rippenfuß.

Im folgenden soll gezeigt werden, wie man den Wärmeübergangskoeffizienten auf Grund von Meßergebnissen in einfacher Weise ermitteln kann. Zunächst ist festzustellen, daß der Wärmeübergangskoeffizient an der Rippenoberfläche, auch bei der in der Regel vorliegenden turbulenten Strömung, keineswegs konstant ist. Er nimmt vielmehr vom Wert am Rippenfuß bis etwa zum zwei- bis dreifachen Betrag am Rippenrand zu. Dies erklärt sich hauptsächlich daraus, daß am Rohr und am Rippenfuß die Grenzschicht dicker ist als am Rippenrand. Wie sich der Wärmeübergangskoeffizient über die Rippenoberfläche verteilt, zeigt für ein Beispiel Bild 19 nach Messungen von Krückels und Kottke [K 52].

Trotz dieser Verschiedenheiten ist es für praktische Berechnungen erwünscht, einen Mittelwert α_R zu kennen, den man unmittelbar in Gl. (63) einsetzen kann. Zur Ermittlung eines solchen Mittelwertes hat Th. E. Schmidt [S 52] aus Versuchsergebnissen, die 8 verschiedene Experimentatoren an Rohrbündeln gewonnen haben, folgende empirische Gleichung entwickelt:

$$Nu_d = C \cdot (Re_d)^{0,625}\,(F/F_0)^{-0,375} \cdot Pr^{1/3}, \tag{64}$$

worin C

bei fluchtender Anordnung   0,30,

bei versetzter Anordnung   0,45

beträgt. Durch den Index d ist angedeutet, daß in Nu und Re als kennzeichnende Länge der äußere Rohrdurchmesser d einzusetzen ist. Für Re ist die Strömungsgeschwindigkeit im engsten Querschnitt einer Rohrreihe maßgebend. F ist die gesamte äußere Oberfläche des Rippenrohres, F_0 die Oberfläche eines ebenso langen rippenfreien Rohres vom gleichen Außendurchmesser d. Gleichung (64) gibt die Versuchswerte im Mittel gut wieder und ist auch bei Anwendungen als zutreffend bestätigt worden[17].

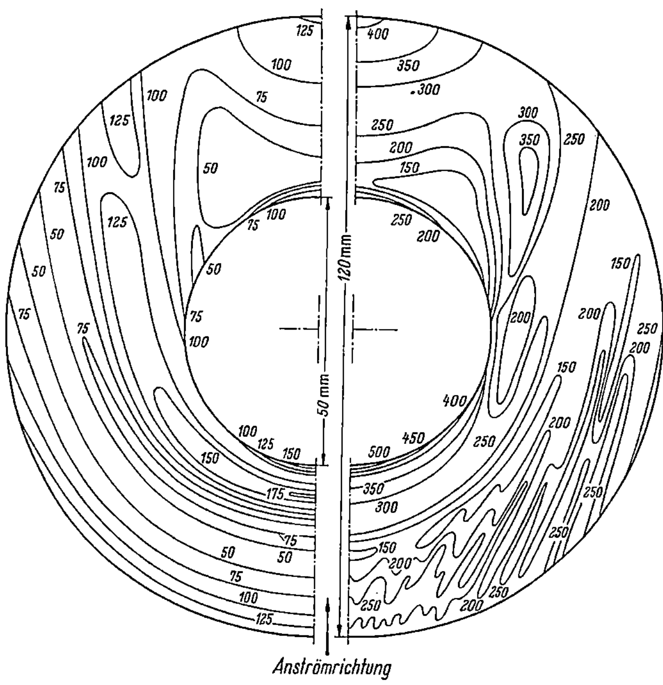

Bild 19a u. b. Verteilung des Wärmeübergangskoeffizienten α an einer runden Einzelrippe. Anströmgeschwindigkeit: links 2 m/s, rechts 10 m/s. α in kcal/m²hK; Werte in W/m²K um 16,3% höher.

§ 16. Wärmeübertragung in Haufwerken

Haufwerke sind technisch bedeutsam in Form von Feststoffbetten oder von Fließbetten. In Fließbetten, die auch Wirbelschichten, Fluidatbetten oder fluidized beds genannt werden, laufen dank der lebhaften Bewegung der kleinen festen Teilchen, vor allem chemische Vorgänge und Trocknungsprozesse, mit großer Geschwindigkeit ab. Obwohl dementsprechend in Fließbetten auch ungewöhnlich günstige Wärmeübertragungsverhältnisse vorliegen, spielen sie doch für die rein

---

[17] Nach einer persönlichen Mitteilung von Professor Dr. K. Stephan, Stuttgart.

technische Wärmeübertragung kaum eine Rolle. Hingegen werden Feststoffbetten in zahlreichen technischen Prozessen zur Wärmeübertragung benutzt, vor
allem als Füll- und Speichermassen in Regeneratoren. Als solche dienen sie z.B.
zur Vorwärmung der in Hochöfen, Siemens-Martin-Öfen und Glasöfen einzu-
blasenden Luft, ferner zur Wärmeübertragung in Gasturbinenanlagen sowie zur
Abkühlung von Luft und anderen Gasen in der Tieftemperaturtechnik. Auch im
Hochofen selbst wird Wärme von dem nach oben strömenden Gichtgas auf die
langsam nach unten wandernde körnige Masse aus Erz, Koks und Zuschlägen
übertragen.

Die Wirkungsweise der Regeneratoren und ihre Berechnung werden im dritten
Abschnitt dieses Buches ausführlich behandelt. Der Aufbau der in ihnen verwendeten Speichermasse hingegen und die Wärmeübergangskoeffizienten, die den
Wärmeaustausch mit dem hindurchströmenden Gas bestimmen, sollen im vorliegenden Paragraphen erörtert werden.

Gestaltung der Speichermasse von Regeneratoren

Die Speichermasse von Regeneratoren kann sehr verschieden gestaltet sein.
Typische Querschnittsformen zeigen die Bilder 20 und 21. Die einfachste Anordnung bilden glatte gemauerte Schächte. Hierbei wird vielfach der Strömungsquerschnitt durch eingesetzte Füllsteine wie Semmelsteine, Spiralsteine, Stoeckersteine
u. dgl. verkleinert, wodurch sowohl die Strömungsgeschwindigkeit wie auch die
Heizfläche und die Wärmekapazität der Speichermasse erhöht werden (vgl. Bild 20).

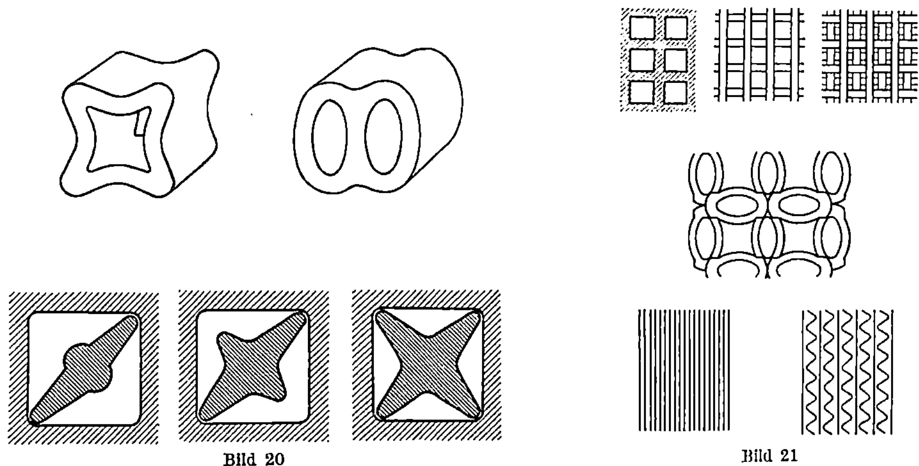

Bild 20. Füllsteine.

Bild 21. Querschnittsformen der Speichermasse von Regeneratoren.

Durch schrittweise Änderung der Größe oder Gestalt dieser Füllsteine kann man
auch bei gleichbliebendem Schachtquerschnitt erreichen, daß die Strömungsquerschnitte in Richtung steigender Temperatur zunehmen, was wegen des mit
der Temperatur rasch wachsenden Einflusses der Wärmestrahlung erwünscht ist.
Aus einfachen quaderförmigen Steinen lassen sich ferner Rostgitter (Bild 21 oben)
aufbauen, die fluchtend („freizügig") oder versetzt angeordnet sein können. Die

Gestalt der Rostgitter läßt sich durch Anwendung von Formsteinen in verschiedener Weise verändern (vgl. z. B. Bild 21 Mitte). Auch hier ermöglicht es die Wahl verschieden dicker Steine, den Strömungsquerschnitt in Richtung nach oben hin zu erweitern.

Bei nicht zu hohen und bei tiefen Temperaturen werden als Speichermasse vielfach Füllkörper wie Kugeln, Raschigringe, Kieselsteine und andere körnige Massen benutzt. Eine sehr feine Aufteilung und damit besonders günstige Wärmeübertragungsverhältnisse bei niedrigem Druckabfall erreicht man mit metallischen Speichermassen, die aus dünnen Blechen bestehen (vgl. Bild 21 unten). Solche Bleche können in geringen Abständen parallel zueinander angeordnet sein. Meistens sind sie, oder wenigstens ein Teil von ihnen, zur Erhöhung der Steifigkeit und auch des Wärmeübergangs gewellt, wie z. B. in den Verbrennungsluftvorwärmern nach Ljungström (Bild 125) oder in den Regeneratoren der Tieftemperaturtechnik (vgl. Bild 123 und 22). Die von M. Fränkl [F 41] vorgeschlagene und viele Jahre lang in der Tieftemperaturtechnik erfolgreich verwendete Form der Speichermasse ist in Bild 22 dargestellt. Sie ist aus schräg gewellten Blechstreifen, meist aus Aluminium oder aluminiertem Stahl derart aufgebaut, daß sich die Wellen der aufeinanderfolgenden Blechstreifen kreuzen. Etwa 200 Horden von je 2 cm Höhe, die aus solchen Blechstreifen gebildet sind, dienen als Füllung eines Regenerators. Sehr fein unterteilte Speichermassen lassen sich neuerdings auch aus glaskeramischen Stoffen hoher Festigkeit herstellen, wie Bild 23[18] am Beispiel der Speicher-

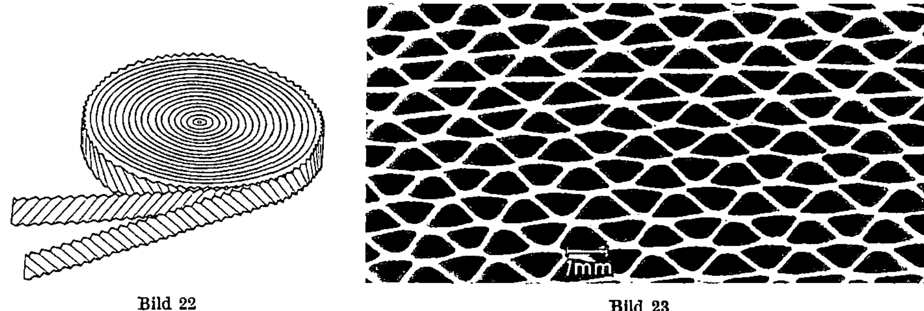

Bild 22   Bild 23

Bild 22. Speichermasse für tiefe Temperaturen aus gewellten Blechen nach Fränkl.

Bild 23. Keramische Speichermasse für hohe Temperaturen.

masse eines sich drehenden Regenerators für eine Gasturbinenanlage zeigt. Obwohl hierbei die Weite der kleinen Kanäle etwa 1 mm und weniger beträgt, vermögen solche Speichermassen nach Angaben der Hersteller Temperaturen bis zu 1100 °C standzuhalten. Extrem kleine Abmessungen haben die Regeneratoren der zur Erzeugung sehr tiefer Temperaturen entwickelten Philips-Gaskältemaschine, deren Speichermasse aus zusammengewickelten dünnen Kupferdrähten besteht.

---

[18] Dankenswerterweise von der Motoren- und Turbinen-Union GmbH in München zur Verfügung gestellt.

Messungen des Wärmeübergangs in Haufwerken

Der Wärmeübergang zwischen verschieden gestalteten Speichermassen und den durch sie hindurchströmenden Gasen ist vielfach gemessen worden. Wenn die Speichermasse nur glatte Schächte mit gleichbleibendem Querschnitt enthält, kann man den Wärmeübergang nach den in § 9 für Rohre und Kanäle angegebenen Gleichungen berechnen. Dies gilt auch dann, wenn der Schachtquerschnitt durch regelmäßige Füllsteine (vgl. Bild 20) verengt ist, sofern wenigstens streckenweise der Querschnitt sich nicht oder nur allmählich ändert. In gemauerten rechteckigen Schächten mit verschiedener Oberflächenrauhigkeit hat Böhm [B 10], in Modellschächten Yazicizade [Y 41] gemessen. Yazicizade hat überdies eine unterbrochene Schachtsetzweise sowie eine sog. Korbflechtweise untersucht, die beide sich von den einfachen Schächten dadurch unterscheiden, daß die Wände regelmäßig verteilte Öffnungen haben. Die Ergebnisse von Yazicizade sind durch die ausgezogenen Linien in Bild 24 dargestellt. Zum Vergleich geben die strichpunktierten

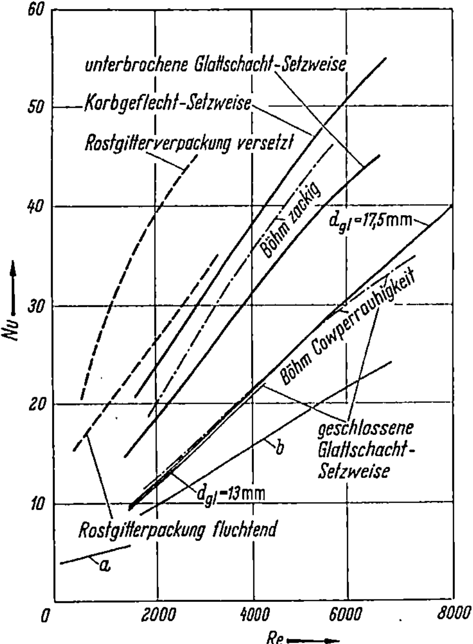

Bild 24. Wärmeübergang an verschieden gestalteten Regeneratorfüllungen nach Messungen von Yazicizade im Vergleich mit einigen Werten von Böhm ($—\cdot—\cdot—$) und Langhans ($———$). a, b Wärmeübergang in Rohren bei laminarer und turbulenter Strömung.

Linien die Versuchswerte von Böhm, die gestrichelten Linien einige Werte von Langhans [L 42] wieder, die dem noch zu besprechenden Bild 25 entnommen sind. In den Werten von Nu nach Yazicizade ist nicht der wahre Wärmeübergangskoeffizient α, sondern der um etwa 10 bis 20% kleinere Wärmeübergangskoeffizient $\bar{\alpha}$ enthalten, der nach Gl. (521) des dritten Teiles dieses Buches auf die mittlere Temperatur der Speichermasse bezogen ist. Die Werte der anderen Autoren stellen hingegen den wahren Wärmeübergangskoeffizienten α dar. Als Durch-

messer ist in Nu und Re ebenso wie bei den im folgenden Bild verzeichneten Meßwerten der gleichwertige Durchmesser eingesetzt, der in Verallgemeinerung von
Gl. (14) durch

$$d_{gl} = 4V/F \qquad (65)$$

bestimmt ist. Hierbei ist in einem gegebenen Raumteil der Füllung V das freie
Volumen zwischen den Speicherelementen und F die vom Gas bespülte Oberfläche
der Speichermasse.

Den Wärmeübergang an gitterförmig aufgebauten Speichermassen hat Kistner [K 44] gemessen. Später hat Langhans [L 42] in kleinen Versuchsregeneratoren Modellmessungen an solchen Speichermassen durchgeführt. Seine Ergebnisse,
die gut mit denen von Kistner übereinstimmen, sind in Bild 25 wiedergegeben.
Die Strömungsgeschwindigkeit w ist bei Langhans auf denjenigen Querschnitt
bezogen, durch den man hindurchsehen kann, wenn man zwei übereinander angeordnete Steinlagen in Strömungsrichtung betrachtet. Nu enthält auch in diesem
Falle den wahren Wärmeübergangskoeffizienten α.

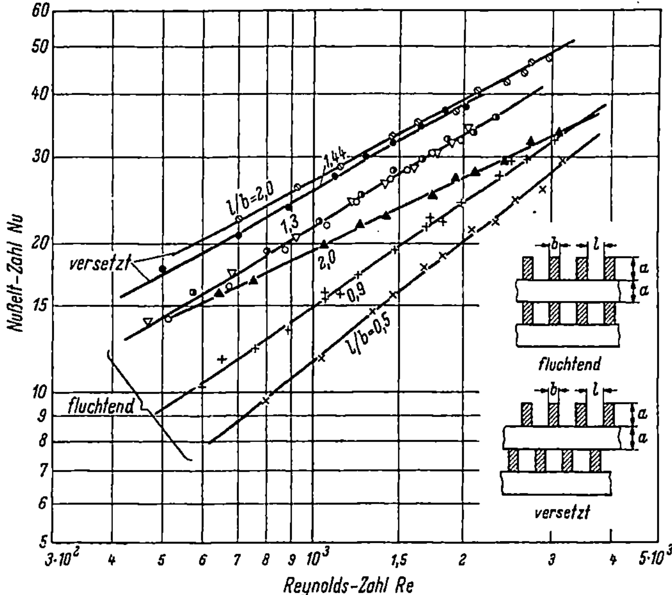

Bild 25. Wärmeübergang an gitterartigen Speichermassen nach Messungen von Langhans.

Die ersten Messungen an unregelmäßigen, meist gebrochenen Füllkörpern
stammen von Furnas [F 42]. Eine größere Zahl von weiteren Meßergebnissen dieser
Art hat Weishaupt [W 45] in Bild 26 zusammengestellt, in das überdies als Kurven a und b Meßwerte von Yazicizade [Y 41] an Kieselsteinen eingetragen sind.
In diesem Bild ist die stündlich in 1 m³ Schüttung bei 1° Temperaturdifferenz
übergehende Wärmemenge in J/m³ s K abhängig von $\dot{m}/d$ dargestellt, wobei $\dot{m}$
die stündlich durch 1 m² der Gesamtquerschnittsfläche der Schüttung strömende

Gasmenge in kg/m²s und d den mittleren Partikeldurchmesser in m bedeutet. An einer geheizten Kugel, die sich im Haufwerk von gleichgroßen nicht beheizten Kugeln befand, hat Polthier [P 42, 43] den Wärmeübergang gemessen.

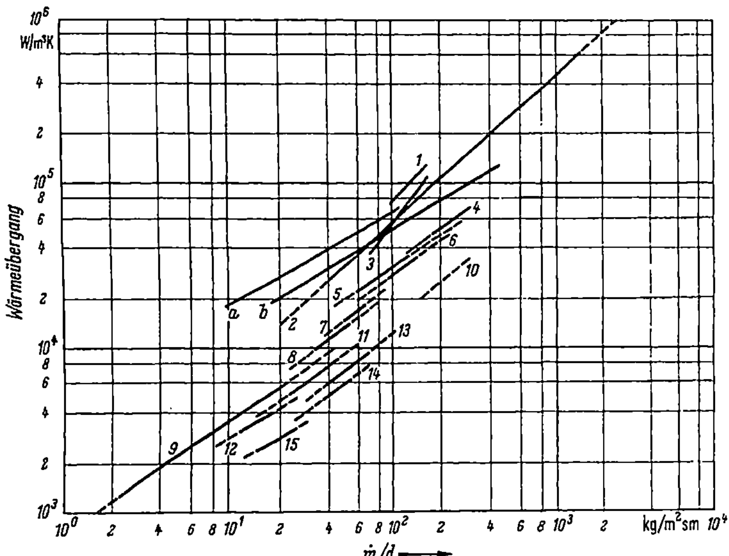

Bild 26. Wärmeübergang an verschiedenartigen Speichermassen nach einer Zusammenstellung von Weishaupt.

1 Basalt 10 mm; *2* Kugelschüttung 1,6 bis 6,3 mm; *3* Geröllkies 10 mm; *4* Eisenerz 8 mm; *5* Eisenerz 11 mm; *6* Stahlkugeln 19 mm; *7* Stahlkugeln 32 mm; *8* Eisenerz 38 mm; *9* Kieselsteine 8—33 mm; *10* Koks 8 mm; *11* Kalkstein 19 mm; *12* Kalkstein 41 mm; *13* Koks 19 mm; *14* Koks 19 mm; *15* Koks 70 mm; *a* Quarzitsplitt 11,5 mm; *b* Quarzitsplitt 9,1 mm.

Zahlreiche weitere Messungen sind an Kugelschüttungen durchgeführt worden. Die Ergebnisse von 244 Untersuchungen an Schüttungen aus Kugeln und aus anderen Füllkörpern verschiedener Gestalt an Barker [B 41] zusammengestellt. Aus seiner Veröffentlichung sind die Bilder 27 und 28 entnommen, in denen jeweils $Nu/Re\,Pr^{1/3}$ abhängig von Re aufgetragen ist. In die Kenngrößen ist als d der mittlere Partikeldurchmesser, als w die Geschwindigkeit im leer gedachten, d. h. von Füllkörpern freien Strömungskanal eingeführt. Im großen und ganzen ergibt sich eine Schar einigermaßen nahe aneinander liegender Kurven. Einzelne Kurven in Bild 28, die wesentlich tiefer liegen, entstammen wenig genauen Versuchen, die bei hohen Temperaturen und nicht im Beharrungszustand durchgeführt worden sind. Es wurde vielmehr nur die zeitlich veränderliche Austrittstemperatur eines Gases beobachtet, das durch die vorher erhitzte Speichermasse strömte; vgl. § 66 und Bild 158. Aus den übrigen Kurven hingegen kann man in vielen Fällen den zu erwartenden Wärmeübergangskoeffizienten abschätzen. Weitere, erst nach Erscheinen der Veröffentlichung von Barker erschienene Meßergebnisse fügen sich in die Kurvenscharen der Bilder 27 und 28 gut ein. Als Beispiel sind in Bild 27 Meßwerte von Malling und Thodos [M 42] als strichpunktierte Linie eingetragen.

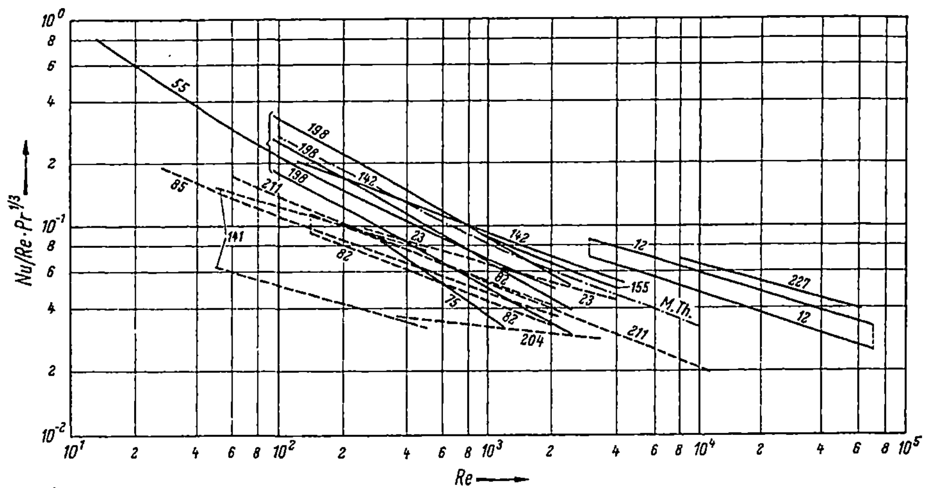

Bild 27. Wärmeübergang an Speichermassen von Regeneratoren.
——— Kugeln in meist regelmäßiger Anordnung; ——— Füllkörper anderer Gestalt; —·—·—
Werte nach Malling und Thodos.
Die Nummern beziehen sich auf die Tabelle und das Literaturverzeichnis von Barker [B 41].

Nummer nach Barker	Form der Füllkörper	Abmessungen mm	Temperaturbereich °C
12	Kugeln	49	116
55	Kugeln	16	12 bis 25
75	Kugeln	17	21
142	Kugeln	38	18 bis 60
155	Kugeln	10	25 bis 42
198	Kugeln	16	nahe Raumtemperatur
227	Kugeln	100	—
23	Zylinder Kugeln	4 bis 6 5 bis 9	21
82	Raschig-Ringe	5 bis 17	27 bis 100
85	Kugeln Würfel Zylinder	5 bis 8 6 bis 10 6 bis 10	21 bis 50
141	Kies	8 bis 33	38 bis 121
204	Granulat	2 bis 6	38 (?)
211	Raschig-Ringe Prym-Ringe Berl-Sättel	13 bis 30 56 6 bis 13	17 bis 42

Den Wärmeübergang und Druckabfall in den für die Tieftemperaturtechnik entwickelten Regeneratoreinsätzen nach Bild 22 hat Glaser [G 42] in Versuchsregeneratoren gemessen, durch die Luft oder Stickstoff strömte. Das von ihm sowie später auch von Langhans [L 42] und Yazicizade [Y 41] bei ihren schon erwähnten Untersuchungen verwendete Meßverfahren wird am Ende des dritten Teiles dieses Buches in § 94 erörtert. Die Ergebnisse der Wärmeübergangsmessungen von Glaser

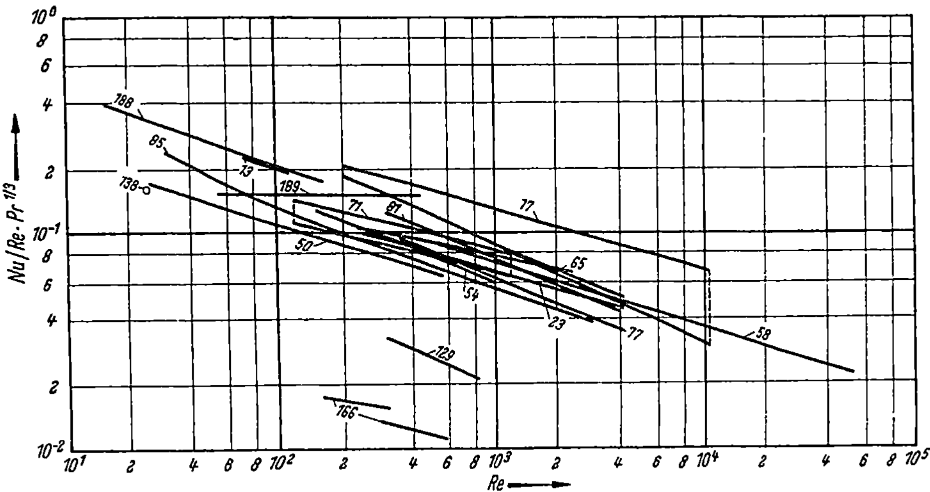

Bild 28. Wärmeübergang an unregelmäßig gepackten Kugeln.
Die Nummern beziehen sich auf die Tabelle und das Literaturverzeichnis von Barker [B 41]

Nummer nach Barker	Durchmesser mm	Temperaturbereich °C	Nummer nach Barker	Durchmesser mm	Temperaturbereich °C
13	4	60 bis 93	77	2,3 bis 12	15 bis 71
17	3, 4 und 6	32 bis 150	81	10 bis 52	27 bis 93 (?)
23	5	21	85	5, 6, 8	21 bis 65
50	2,1	21 bis 32	129	11	1200
54	3 bis 6	27 bis 50	138	0,7	38
58	—	—	166	8 und 13	38 bis 1150
65	9	21 bis 93	188	5	38 bis 480
71	19, 32, 49	38 bis 710	189	1,6, 3,6	16 bis 100

sind in Bild 29 dargestellt, das oben die unmittelbaren Meßwerte für feiner und gröber gewellte Bleche, unten ausgeglichene Kurven für eine Blechbreite b von 25 mm und ganze Werte des gleichwertigen Durchmessers d_{gl} nach Gl. (65) enthält. Hierbei ist der Wärmeübergangskoeffizient α abhängig von der auf 0°C und 1 bar umgerechneten Strömungsgeschwindigkeit w_0 aufgetragen. w_0 ist hierbei so ermittelt, als ströme das Gas parallel zur Regeneratorachse durch den freien Querschnitt, der nach Subtraktion des Metallquerschnittes vom gesamten Regeneratorquerschnitt verbleibt. Trotz der geringen Strömungsgeschwindigkeit, die im laminaren Gebiet liegt, hat α verhältnismäßig sehr hohe Werte. Ferner fällt auf, daß α um so größer ist, je kleiner b/d_{gl}, d.h. wegen der bei allen Versuchen fast gleichen Blechbreite b, je größer der gleichwertige Durchmesser d_{gl} der Riffelung ist. Beide Erscheinungen erklären sich daraus, daß wegen der Kürze der einzelnen Kanäle das Gas immer wieder auf neue Blechkanten auftrifft und sich dadurch der hauptsächlich laminaren Strömung ständig erneute wirbelartige Anlaufstörungen überlagern, die den Wärmeübergang erheblich steigern. In weiten Kanälchen klingen diese Störungen langsamer ab als in engen, was sich in einer Erhöhung von α mit wachsendem d_{gl} auswirkt.

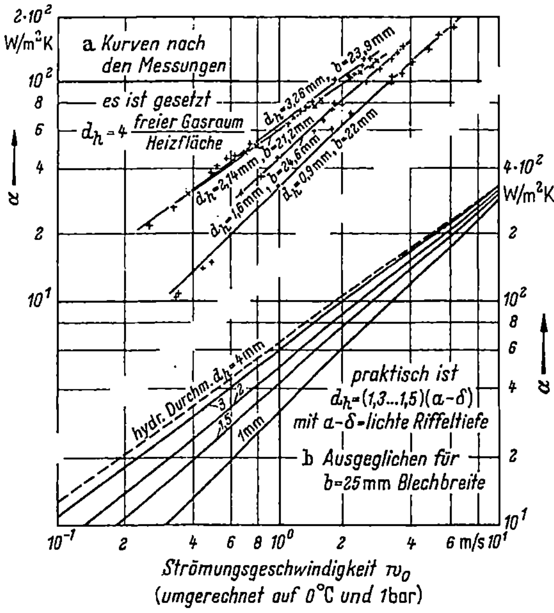

Bild 29. Wärmeübergang an Riffelblechen nach Bild 22; nach Messungen von Glaser.

Gleichungen für die Wärmeübertragung in Kugelhaufwerken

Zur Wiedergabe eigener und einer Reihe von fremden Meßwerten an Kugelhaufwerken hat Jeschar [J 42] folgende Gleichung aufgestellt

$$Nu' = 1,25 + Re'^{0,5} + 0,005 Re' \tag{66}$$

mit

$$Re' = \frac{1}{1-\varepsilon} \frac{w\,d}{\nu} = \frac{1}{1-\varepsilon} Re, \tag{67}$$

$$Nu' = \frac{\varepsilon}{1-\varepsilon} \frac{\alpha\,d}{\lambda} = \frac{\varepsilon}{1-\varepsilon} Nu, \tag{68}$$

wobei ε das relative Lückenvolumen, ferner wie oben w die Strömungsgeschwindigkeit im leer gedachten Kanal und d den Kugeldurchmesser bedeuten[19]. Nach diesen Gleichungen ist in Bild 30 $Nu/Re\,Pr^{1/3}$ abhängig von Re aufgetragen, was genau der Darstellung in den Diagrammen 27 und 28 von Barker entspricht. Man erkennt aus Bild 30 den erheblichen Einfluß des relativen Lückenvolumens, der vermutlich zum Teil auch die starke Streuung der in den Diagrammen von Barker dargestellten Versuchswerte verständlich werden läßt.

Zur Erklärung der Gln. (67) und (68) für Re und Nu werde darauf hingewiesen, daß die mittlere wahre Geschwindigkeit im Lückenraum w/ε beträgt und der gleichwertige Durchmesser sich nach Gl. (65) mit dem Kugeldurchmesser d zu

---

[19] In einem persönlichen Schreiben vom 23. III. 1973 hat Jeschar zum Ausdruck gebracht daß er die Konstante 1,25 in Gl. (66) dem ursprünglich hierfür gewählten Ausdruck $2\,\varepsilon/(1-\varepsilon)$ vorziehe. Jeschar selbst hat die Bezeichnungen Re' und Nu' im umgekehrten Sinne wie in den Gln. (66) bis (68) benutzt.

$2/3 \cdot \varepsilon/(1-\varepsilon) \cdot d$ errechnet. Setzt man dies in die üblichen Definitionsgleichungen von Re und Nu ein, dann ergeben sich unter Weglassung des Faktors $2/3$ die Ausdrücke (67) und (68).

Auf Grund eigener Messungen hat Jeschar seine Gl. (66) unter Verallgemeinerung des ursprünglichen ersten Ausdrucks auf der rechten Seite so erweitert, daß sie auch auf Mehrkornschüttungen anwendbar bleibt. Aus denselben Messungen hat Jeschar weiterhin gefolgert, daß es für den Wärmeübergang in einem Hochofen gleichgültig ist, ob man Koks und Erz abwechselnd übereinander schichtet oder miteinander vermischt.

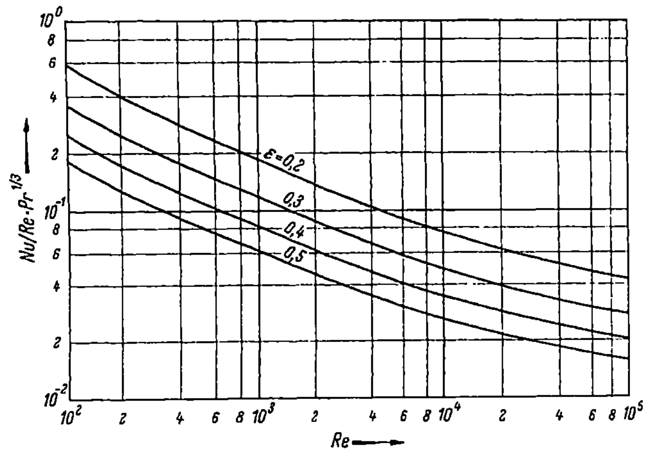

Bild 30. Wärmeübergang in Kugelhaufwerken nach der Gleichung von Jeschar bei $Pr = 0{,}73$. ε relatives Lückenvolumen.

Literatur zum Wärmeübergang im Kreuzstrom, an Rippenrohren und in Haufwerken

A

41 Agnew, J. B.; Potter, O. E.: Heat Transfer Properties of Packed Tubes of Small Diameter. Trans. Instn. chem. Engrs. 48 (1970) 1, T 15—T 20.

42 Arthur, J. R.; Linnet, J. W.: The Interchange of Heat between a Gas Stream and Solid Granules. J. Chem. Soc. (1947) 416.

43 Austin, A. A.; Beckmann, R. B.; Rothfus, R. R.; Kermode, R. I.: Convective Heat Transfer in Flow Normal to Banks of Tubes. Ind. Eng. Chem., Process Design Development 4 (1965) 4, 379—387.

B

41 Barker, J. J.: Heat Transfer in Packed Beds. Ind. Engng. Chem. 57 (1965) 43—51.

42 Barnett, P. G.: The Influence of Wall Thickness, Thermal Conductivity and Method of Heat Input in the Heat Transfer Performance of some Ribbed Surfaces. Int. J. Heat Mass Transfer 15 (1972) I, 1159—1170.

43 Benke, R.: Der Wärmeübergang von Rohrelementen an Luft im Kreuzstrom bei größeren Abstandsverhältnissen. Arch. Wärmewirtschaft 19 (1938) 287—291.

44 Beveridge, G. S. G.; Haughey, D. P.: Axial Heat Transfer in Packed Beds (between 20 and 650°C). Int. J. Heat Mass Transfer 15 (1972) I, 953—968.

45 Bowers, Th. G.; Reintjes, H.: A Review of Fluid-to-Particle Heat Transfer in Packed and Moving Beds. Chem. Eng. Progr. Sympos. Ser. Heat Transfer 57 (1961) 32, 69—74.

46 Bradshaw, A. V.; Johnson, A.; McLachlan, N. H.; Chiu,, Y. T.: Heat Transfer between Air and Nitrogen and Packed Beds of Non-Reacting Solids. Trans. Instn. chem. Engrs. 48 (1970) 3, T77—T84.

47 Brandt, F.: veröffentlicht in Schumacher, A.; Waldmann, H.: Wärme- und Strömungstechnik im Dampferzeugerbau. Grundlagen und Berechnungsverfahren. Essen: Vulkan-Verlag 1972; insbes. S. 32—39. Siehe auch [N 42] S. 98.

48 Brauer, H.: Spezialrippenrohre für Querstrom-Wärmeaustauscher. Kältetechnik 13 (1961) 8, 274—279.

49 Brauer, H.: Wärme- und strömungstechnische Untersuchungen an quer angeströmten Rippenrohrbündeln. Tl. 1 u. 2. Chem. Ing. Tech. 33 (1961) 5, 327—335; 6, 431—438.

50 Brauer, H.: Wärmeübergang und Strömungswiderstand bei fluchtend und versetzt angeordneten Rippenrohren. Dechema-Monogr. 40 (1962) 41—76 u. 616—671.

51 Brauer, H.: Strömungswiderstand und Wärmeübergang bei quer angeströmten Wärmeaustauschern mit kreuzgitterförmig angeordneten glatten und berippten Rohren. (Vortr. a. d. Jahrestreffen d. Verfahrensingenieure, 6.—8. 10. 1963, Hannover.) Chem. Ing. Tech. 36 (1964) 3, 247—260.

52 Bressler, R.: Wärmeübergang und Druckverlust bei Rohrbündel-Wärmeübertragern. Diss. München 1956. Auszug in Forschung Ing. Wes. 24 (1958) 90—103.

C

41 Chukhanov, Z. F.: Heat and Mass Transfer between Gas and Granular Material. Int. J. Heat Mass Transfer 6 (1963) 8, 691—701.

42 Chukhanov, Z. F.: Heat and Mass Transfer between Gas and Granular Material — Part II. Int. J. Heat Mass Transfer 13 (1970) 1805—1818.

43 Chukhanov, Z. F.: Heat and Mass Transfer between Gas and Granular Material — Part III. Int. J. Heat Mass Transfer 14 (1971) 3, 337.

44 Cler, M.; Swetchine, D.; Viannay, S.; Pirovano, A.: Essais comparatifs de faisceaux de tubes à ailettes extérieures hélicoidales. Echange thermique, Perte de pression. Rev. gén. Therm. 12 (1973) 133, 23—39.

F

41 Fränkl, M.: DRP 490878 und 492431.

42 Furnas, C. C.: Heat Transfer from a Gas Stream to a Bed of Broken Solids. Ind. Engng. Chem. 22 (1930) 26.

G

41 Gillespie, B. M.; Crandall, E. D.; Carberry, J. J.: Local and Average Interphase Heat Transfer Coefficients in a Randomly Packed Bed of Spheres. Amer. Inst. Chem. Engrs. J. 14 (1968) 3, 483—490.

42 Glaser, H.: Wärmeübergang in Regeneratoren. Z. VDI., Beiheft „Verfahrenstechnik" (1938) 112—125.

43 Glaser, H.: Instationäre Messung der Wärmeübertragung von Raschig-Ringschüttungen. Chem. Ing. Tech. 27 (1955) 637—643.

44 Glaser, H.: Messung des Wärmeüberganges an Kugelschüttungen nach zwei verschiedenen Verfahren. Dechema-Monogr. 40 (1962) 616—641, 77—96.

45 Glaser, H.: Wärmeübergang an Kugelschüttungen. Chem. Ing. Tech. 34 (1962) 7, 468—472.

46 Goppelsröder, H.: Wärmeübergang an quer angeströmten Glattrohrbündeln. Chemiker Ztg. 86 (1962) 10, 357—363.

47 Grimison, E. D.: Correlation and Utilization of New Data on Flow Resistance and Heat Transfer for Cross Flow of Gases over Tube Banks. Trans. Amer. Soc. mech. Eng. 59 (1937) 583—594.

48 Groehn, H. G.; Scholz, F.: Änderung von Wärmeübergang und Strömungswiderstand in querangeströmten Rohrbündeln unter dem Einfluß verschiedener Rauhigkeiten sowie Anmerkungen zur Wahl der Stoffwertbezugstemperaturen. Vortrag auf der 4. Int. Heat Transfer Conference in Versailles 1970.

49 Groehn, H. G.; Scholz, F.: Vorteile von Stolperrippenrohren in Wärmeaustauschern mit quer durchströmten Rohrbündeln. Brennstoff-Wärme-Kraft 23 (1971) 5 u. 6 (Längsrippen von 0,5—2 mm Höhe steigern den Wärmeübergangskoeffizienten bei fluchtender Anordnung bis um 50% ohne den Druckabfall zu erhöhen).

50 Groehn, H. G.; Scholz, F.: Investigations on Steam Generator Models of In-Line Tube Arrangement and Multistart Helices Design in Pressurized Air and Helium. Mitteilung der Kernforschungsanlage Jülich GmbH, Institut für Reaktorbauelemente. Conference on Component Design of High Temperature Reactors Using Helium as a Coolant. London Mai 1972. The Inst. of Mech. Eng.

51 Gupta, A. S.; Thodos, G.: Mass and Heat Transfer through Fixed and Fluidized Beds. Chem. Eng. Progr. 58 (1962) 7, 58—62.

52 Gupta, A. S.; Thodos, G.: Direct Analogy between Mass and Heat Transfer to Beds of Spheres. A. I. Ch. E. J. 9 (1963) 6, 751—754.

H

41 Hahne, E.: Conductive Heat Transfer on Finned Tubes and Three-Tube Arrangements. Vortrag bei der Sitzung der Commissionen B1, B2, E1 des Internationalen Kälteinstituts Sept. 1972 in Freudenstadt.

42 Hammeke, K.; Heinecke, E.; Scholz, F.: Wärmeübergangs- und Druckverlustmessungen an quer angeströmten Glattrohrbündeln, insbesondere bei hohen Reynolds-Zahlen. Int. J. Heat Mass Transfer 10 (1967) 427—446.

43 Handley, D.; Heggs, P. J.: Momentum and Heat Transfer Mechanisms in Regular Shaped Packings. Trans. Inst. chem. Engrs. 46 (1968) 9, T251—T264.

44 Hartmann, D.: Wärmeübergang und Druckverlust in Ringspalten mit berippten Innenrohren unter besonderer Berücksichtigung der Steigung schraubenlinienförmig verlaufender hoher Rippen. Diss. TH München (1965) 125 S.

45 Hausen, H.: Gleichungen zur Berechnung des Wärmeübergangs im Kreuzstrom an Rohrbündeln. Kältetechnik-Klimatisierung 23 (1971) 3, 86—89. Berichtigung hierzu 6, 196.

46 Hicken, E.: Ein einfaches Näherungsverfahren zur Ermittlung der Wärmeübertragung von Rippen bei temperaturabhängigen Randbedingungen. Wärme- und Stoffübertragung 1 (1968) 4, 254—256.

47 Hilpert, R.: Wärmeabgabe von geheizten Drähten und Rohren im Luftstrom. Forschung 4 (1933) 215.

48 Hirschberg, H. G.: Wärmeübergang und Druckverlust an quer angeströmten Rohrbündeln. Abh. Deutsch. Kältetechn. Verein Nr. 16, Karlsruhe: F. C. Müller 1961.

49 Hofmann, E.: Wärmeübergang und Druckverlust bei Querströmung durch Rohrbündel. Z. VDI. 84 (1940) 97—101.

50 Huge, E. C.: Experimental Investigation of Heat Transfer and Flow Resistance in Cross Flow of Gases over Tube Banks. Trans. Amer. Soc. mech. Eng. 59 (1937) 573—582.

J

41 Jaeschke, L.: Über den Wärme- und Stoffaustausch und das Trocknungsverhalten ruhender luftdurchströmter Haufwerke aus Körpern verschiedener geometrischer Form in geordneter und ungeordneter Verteilung. Diss. d. TH Darmstadt 1960.

42 Jeschar, R.: Wärmeübergang in Mehrkornschüttungen aus Kugeln. Arch. Eisenhüttenw. 35 (1964) 6, 517—526.

K

41 Kast, W.: Wärmeübergang an Rippenrohrbündeln. Chem. Ing. Tech. 34 (1962) 8, 546—551.

42 Kast, W.: Messung des Wärmeübergangs in Haufwerken mit Hilfe einer temperatur-modulierten Strömung. Allgem. Wärmetech. 12 (1965) 6—7, 119—125.

43 Kiss, M. von: Wärmeübergang und Druckverlustmessungen an Längsrippen. Neue Technik 6 (1964) B 6, 310—317.

44 Kistner: Bestimmung der Wärmeübergangszahlen und Druckverluste bei doppelt versetzter und nicht versetzter Rostpackung. Arch. Eisenhüttenwes. 3 (1929/30) 751—768.

45 Klemm, B.: Beitrag zur Frage des Druckverlustes und des Wärmeübergangs in gasdurchströmten Ringspalten mit drahtbewickelten Kernrohren. Diss. TH München (1964) 86 S. Wärme 71 (1964) 1, 1—12.

46 Klier, R.: Wärmeübergang und Druckverlust bei quer angeströmten, gekeuzten Rohrgittern. Int. J. Heat Mass Transfer 7 (1964) 7, 783—799.

47 Kling, G.: Das Wärmeleitvermögen eines von Gas durchströmten Kugelhaufwerks. Forschung 9 (1938) 82—90.

48 Klinkenberg, A.: Harmens, A.; Unsteady State Heat Transfer in Stationary Packed Beds. Chem. Eng. Sci. 11 (1960) 4, 260—266.

49 Klinkenberg, A.; Harmens, A.: Unsteady State Heat Transfer in Stationary Packed Beds. Chem. Eng. Sci. 16 (1961) 2, 133—134.

50 Klinkenberg, A.: Equations for Transient Heat Transfer in Packed Beds. A. I. Ch. E. J. 8 (1962) 5, 703—704.

51 Kremer, H.; Scholand, E.: Wärmeübergang von strömenden heißen Gasen an Rippenrohre. Chem. Ing. Tech. MS 031/74; Synopse in Chem. Ing. Tech. 46 (1974) Heft 5.

52 Krückels, W.; Kottke, V.: Untersuchung über die Verteilung des Wärmeübergangs an Rippen und Rippenrohr-Modellen. Chem. Ing. Tech. 42 (1970) 6, 355—362.

53 Krujilin, G.: Technical Physics of the USSR, 5 (1938) 289.

54 Kühl, H.: Probleme des Kreuzstrom-Wärmeaustauschers. Berlin, Göttingen, Heidelberg: Springer 1959.

55 Kühns, W.: Zur Bestimmung des Rippenwirkungsgrades von Kreisrippenrohren. CZ-Chemie-Techn. 2 (1973) 2, 63—66.

L

41 Landsberg, R.: Heat and Mass Transfer on the Outside of Cool Air Ducts. Bulletin Research Council of Israel 5 (1956) 147—150.

42 Langhans, W. U.: Wärmeübertragung und Druckverlust in Regeneratoren mit rostgitterartiger Speichermasse. Arch. Eisenhüttenwes. 33 (1962) 347—353 u. 441—451.

43 Littlefield, J. M.; Cox, J. E.: Optimization of Annular Fins on a Horizontal Tube. Wärme- und Stoffübertragung 7 (1974) 87—93. (Bei kleinstem Materialaufwand müssen nebeneinander angeordnete Rippen schmaler und dicker sein als eine alleinstehende Rippe).

44 Littman, H.; Barile, R. G.; Pulsifer, A. H.: Gas-Particle Heat Transfer Coefficients in Packed Beds at Low Reynolds Numbers. Ind. Eng. Chem., Fundamentals 7 (1968) 4, 554—561.

45 London, A. L.; Shah, R. K.: Offset Rectangular Plate-Fin Surfaces — Heat Transfer and Flow-Friction Characteristics. Trans. ASME, Ser. A 90 (1968) 3, 218—228.

46 London, A. L.; Young, M. B. O.; Stang, J. H.: Glass-Ceramic Surfaces, Straight Triangular Passages — Heat Transfer and Flow Friction Characteristics. Trans. ASME, Ser. A 92 (1970) 4, 381—389.

47 Lund, G.; Dodge, B. F.: Fränkl Regenerator Packings Heat Transfer and Pressure Drop Characteristics. Ind. Eng. Chem. 40 (1948) 1019—1032.

M

41 Maclaine-Cross, I. L.; Banks, P. J.: Coupled Heat and Mass Transfer in Regenerators-Prediction Using an Analogy with Heat Transfer. Int. J. Heat Mass Transfer 15 (1972) I, 1225—1242.

42 Malling, G. F.; Thodos, G.: Analogie between Mass and Heat Transfer in Beds of Spheres. Ind. J. Heat Mass Transfer 10 (1967) 489—498.

43 Mayer, E.: Verbesserung des Wärmeüberganges in Rohren durch Einbauten. Techn. Rdsch. Sulzer (1968) Forschungsh. 21—24.

44 Mayinger, F.; Schad, O.: Örtliche Wärmeübergangszahlen in querangeströmten Stabbündeln. Wärme- und Stoffübertragung 1 (1968) 1, 43—51.

N

41 Naegelin, R.; Cadelli, N.; Ciszewski, G.: Messung von Wärmeübergang und Druckabfall an Stäben mit Längsrippen. Neue Technik 7 (1964) B6, 321—331.

42 Niggeschmidt, W.: Druckverlust und Wärmeübergang bei fluchtenden, versetzten und teilversetzten querangeströmten Rohrbündeln. Dissertation Darmstadt 1975.

43 Nordon, P.; McMahon, G. B.: The Theory of Forced Convective Heat Transfer in Beds of Fine Fibres. Pt. 1 and 2. Int. J. Heat Mass Transfer 6 (1963) 6, 455—465 u. 467—474.

P

41 Pierson, O. L.: Experimentelle Untersuchung über den Einfluß der Rohranordnung auf den Konvektionsübergang und den Strömungswiderstand bei Strömung von Gasen senkrecht zu Rührbündeln. (Babcock u. Wilcox Co., New York), Trans. Amer. Soc. mech. Eng. 59 (1937) 563—572.

42 Polthier, K.: Druckverlust und Wärmeübergang in gleichmäßig durchströmten Schüttsäulen aus unregelmäßigen Teilchen. Arch. Eisenhüttenwes. 37 (1966) 5, 365—374.

43 Polthier, K.: Strömung und Wärmeübergang in Schüttungen mit rotationssymmetrischen Oberflächenprofilen und Kornverteilungen. Arch. Eisenhüttenwes. 37 (1966) 6, 453—462.

44 Presser, K. H.: Experimentelle Prüfung der Analogie zwischen konvektiver Wärme- und Stoffübertragung an einem Pfeilrippenrohr. Chem. Ing. Tech. 41 (1969) 21, 1176—1181.

45 Presser, K. H.: Stoffübergang und Druckverlust an parallel angeströmten Stabbündeln in einem großen Bereich von Reynolds-Zahlen und Teilungsverhältnissen. Int. J. Heat Mass. Transfer 14 (1971) 9, 1235.

46 Pruschek, R.: Der Transport von Wärme und Stoff in der turbulenten Strömung durch Füllkörperrohre. Tl. 1: Theorie und Versuche, Versuchsergebnisse, Tl. 2: Die Auswirkung des turbulenten Wärmetransports in einem Füllkörperrohr mit wärmeproduzierenden Füllkörpern (Kugelhaufenreaktor). Forsch. Ing.-Wes. 29 (1963) 1, 11—19; 2, 47—49.

47 Pulsifer, A. H.: Gas-Particle Heat Transfer Coefficients in Packed Beds. Diss. Syracuse Univ. (1965).

R

41 Radestock, J.; Jeschar, R.: Theoretische Untersuchung der gegenseitigen Beeinflussung von Temperatur- und Strömungsfeldern in Schüttungen. Chem. Ing. Tech. 43 (1971) 24, 1304—1310.

42 Reiher, H.: Wärmeübergang von strömender Luft an Rohre und Rohrbündel im Kreuzstrom. Forschungsarb. Ing.-Wes. Nr. 269, Berlin: VDI-Verlag 1925.

43 Reiher, H.; Neidhardt, G.: Temperaturen und Wärmeaustausch an einem gußeisernen Wärmeaustauscher. Arch. Wärmewirtsch. B 7 (1926) 153—157.

44 Rietschel, H.: Untersuchungen über Wärmeabgabe, Druckhöhenverlust und Oberflächentemperatur bei Heizkörpern unter Anwendung großer Luftgeschwindigkeiten. Mitt. Prüf-Anst. f. Heizungs- u. Lüftungseinr. d. TH Berlin, 19, Heft 3.

45 Roetzel, W.: Querangeströmte Rohrbündelwärmeaustauscher. Maschinenmarkt 76 (1970) 523—526.

S

41 Saunders, O. A.; Ford, H. J.: Heat Transfer in the Flow of Gas through a Bed of Solid Particles. J. Iron Steel Inst. London 141 (1940) 291.

42 Sawitzki, P.: Zweidimensionale Bestimmung des Wirkungsgrades gerader Rechteckrippen. Kältetech.-Klimatisierung 24 (1972) 315—317.

43 Sawitzki, P.: Zweidimensionale Temperaturfelder in geraden Rechteckrippen. Wärme- und Stoffübertragung 5 (1972) 253—256.

44 Schack, K. R.: Experimentelle und theoretische Untersuchung des turbulenten Wärme-übergangs an Rippen. Diss. Aachen 1958.

45 Schad, O.: Zum Wärmeübergang an elliptischen Rohren. Diss. TH Stuttgart 1967.

46 Schlünder, E. U.: Wärme- und Stoffübertragung in mit Schüttungen gefüllten Rohren. Chem. Ing. Tech. 38 (1966) 11, 1161—1168.

47 Schlünder, E. U.; Hennecke, F. W.: Wärmeübertragung zwischen gasdurchströmten Füllkörperschüttungen und darin eingebetteten Rohren. Chem. Ing. Tech. 40 (1968) 21—22, 1067—1071.

48 Schlünder, E. U.: Wärmeübergang an bewegte Kugelschüttungen bei kurzfristigem Kontakt. Chem. Ing. Tech. 43 (1971) 11, 651—654.

49 Schmidt, E.; Helweg, E.: Temperaturverteilung in den Blöcken im Stoßofen. Forsch. Ing. Wes. 4 (1933) 238—248.

50 Schmidt, E.; Wenner, K.: Wärmeabgabe über den Umfang eines angeblasenen geheizten Zylinders. Forschung Ing. Wes. 12 (1941) 65—73.

51 Schmidt, Th. E.: Die Wärmeleitung von berippten Oberflächen. Abh. Deutsch. Kälte-techn. Vereins, Nr. 4, Karlsruhe 1950.

52 Schmidt, Th. E.: Der Wärmeübergang an Rippenrohre und die Berechnung von Rohr-bündel-Wärmeaustauschern. Kältetechn. 15 (1963) 98—102 u. 370—378.

53 Schmidt, Th. E.: Verbesserte Methoden zur Bestimmung des Wärmeaustausches an berip-ten Flächen. Kältetechnik 18 (1966) 4, 135—138.

54 Scholz, F.: Einfluß der Rohrreihenzahl auf den Druckverlust und Wärmeübergang von Rohrbündeln bei hohen Reynolds-Zahlen. Chem. Eng. Ing. Tech. 40 (1968) 20, 988—995.

55 Schumacher, R.: Wärmeübergang an Gase in Füllkörper- und Kontaktrohren. Chem. Ing. Tech. 32 (1960) 9, 594—597.

56 Stachiewicz, J. W.: Effect of Variation of Local Film Coefficients on Fin Performance. Trans. ASME, Ser. C 91 (1969) 1, 21—26.

57 Stephan, K.: Wärmeleistung von Rippenrohren bei unvollkommener Befestigung der Rippen. Kältetechnik 18 (1966) 2, 41—48.

58 Straub, D.; Schaber, A.; Giesen, H.: Temperaturverteilung und Rippenwirkungsgrad bei veränderlicher Wärmeübergangszahl. Kältetechnik 18 (1966) 2, 48—51.

T

41 Theoclitus, G.: Heat-Transfer and Flow-Friction Characteristics of Nine-Pin-Fin Sur-faces. Trans. ASME, Ser. C 88 (1966) 4, 383—390.

42 Thomas, D.: Wärmeübergang, Druckverlust und wirtschaftliche Wärmeübertragung bei Drallströmungen. Chem. Ing. Tech. 42 (1970) 9/10, 680—686.

43 Thoma, H.: Hochleistungskessel. Berlin: Springer 1921.

44 Türk, R.: Modellversuche zur Ermittlung der Wärmeübergangsverhältnisse im Gitter-werk von Regenerativkammern. Radex-Rdsch. (1961) 1, 506—525.

U

41 Ulsamer, J.: Die Wärmeabgabe eines Drahtes oder Rohres an einen senkrecht zur Achse strömenden Gas- oder Flüssigkeitsstrom. Forschung 3 (1932) 94—98.

42 Upmalis, A.: Wärmedurchgang bei Verbundrippenrohren. Brennstoff-Wärme-Kraft 12 (1960) 1, 21—23.

W

41 Waldmann, H.: Druckabfall und Wärmeübergang von Mehrkornschüttungen aus unregelmäßigen Partikeln. Chem. Ing. Tech. 43 (1971) 1 u. 2, 37—41.

42 Walker, G.; Vasishta, V.: Heat-Transfer and Flow-Friction Characteristics of Dense-Mesh Wire-Screen Stirling-Cycle Regenerators. Advances Cryogenic Engng. 16 (1971) H-3, 324—332.

43 Walker, V.; White, L.; Burnett, P.: Forced Convection Heat Transfer for Parallel Flow through a Roughened Rod Cluster. Int. J. Heat Mass Transfer 15 (1972) I, 403—424.

44 Webb, R. L.; Eckert, E. R. G.; Goldstein, R. J.: Heat Transfer and Friction in Tubes with Repeated-Rib Surface. Int. J. Heat Mass Transfer 14 (1971) 4, 601.

45 Weishaupt, J.: Messungen an Regeneratoren von Groß-Sauerstoff-Anlagen. Kältetechnik 5 (1953) 99—103.

46 Weiss, S.: Wärmeübergang und Strömungswiderstand bei Rippenrohren im Längsstrom. Chem. Tech. 16 (1964) 1, 7—17.

47 Weyrauch, E.: Über die Verwendung niedrig berippter Rohre in der Kältetechnik. Kälte 15 (1962) 9, 471, 472, 474—476.

48 Weyrauch, E.: Der Einfluß der Rohranordnung auf den Wärmeüberang und Druckverlust bei Querstrom von Gasen durch Rippenrohrbündel. Kältetechnik 21 (1969) 3, 62—65.

49 Whitaker, St.: (Forced Convection Heat Transfer Correlations for Flow in Pipes, past Flat Plates, Single Cylinders, Single Spheres and for Flow in Packed Beds and Tube Bundles). A.I.Ch.E. J. 18 (1972) 2, 361—371.

50 Winding, C. C.; Chency, A. J.: Mass and Heat Transfer in Tube Banks. Ind. Eng. Chem. 40 (1948) 1087—1093.

Y

41 Yazicizade, A. Y.: Untersuchung der Wärmeübertragung und des Druckabfalls in Regeneratoren mit körniger oder schachtartig aufgebauter Speichermasse. Diss. Hannover 1965. Glastechnische Berichte 39 (1936) 203—217.

§ 17. Wärmeübergang bei Phasenänderung, insbesondere bei Verflüssigung und Verdampfung

Wenn einer der strömenden Stoffe beim Wärmeaustausch sich verflüssigt oder verdampft, sind die Wärmeübergangskoeffizienten in der Regel um ein Mehrfaches größer, als wenn keine Änderung des Aggregatzustandes eintritt.

Über den Wärmeübergang in beiden Fällen sind in den letzten Jahren außerordentlich viele Forschungsarbeiten erschienen. Es kann daher im folgenden nur das allerwichtigste hiervon behandelt werden.

Wärmeübergang bei Verflüssigung

Die Wärmeübergangskoeffizienten bei der Kondensation lassen sich weitgehend nach von Nußelt [N 65] theoretisch entwickelten Gleichungen berechnen, sofern „Filmkondensation" vorliegt, d. h. das Kondensat in Form eines dünnen laminaren Films an der Wand abläuft. Für die Kondensation ruhenden gesättigten Dampfes an einer senkrechten ebenen Wand von der Höhe h lautet die Gleichung von Nußelt für den mittleren Wärmeübergangskoeffizienten

$$Nu = 0{,}943 \sqrt[4]{\frac{g r \varrho^2 \lambda^3}{\eta h (\vartheta_s - \Theta_0)}}, \qquad (69)$$

worin r die Verdampfungsenthalpie, ϱ, λ und η die Dichte, Wärmeleitfähigkeit und Viskosität der Flüssigkeit, ϑ_s die Temperatur des gesättigten Dampfes und Θ_0 die Temperatur der Wandoberfläche bedeuten. Mit genügender Genauigkeit gilt Gl. (69) auch für die innere oder äußere Wandoberfläche eines nicht zu engen senkrecht stehenden Rohres. Für die Kondensation an einem waagerechten Rohr vom Außendurchmesser d fand Nußelt entsprechend die Beziehung

$$Nu = 0{,}725 \sqrt[4]{\frac{g r \varrho^2 \lambda^3}{\eta d (\vartheta_s - \Theta_0)}}. \qquad (70)$$

Für Wasserdampf ergeben sich nach diesen Gleichungen Wärmeübergangskoeffizienten in der Größenordnung vn 5000 bis 10 000 Watt/m² K. Im Mittel liegen die an Wasserdampf und an organischen Dämpfen gemessenen Wärmeübergangskoeffizienten höher als nach den Gln. (69) und (70). Die Meßwerte streuen indessen stark, so daß man mit Abweichungen bis zu etwa $+20\%$ und -10% von den Gleichungen rechnen muß.

Bei größeren kondensierenden Mengen, wie sie z.B. bei großen Temperaturunterschieden und bei hohen Wänden auftreten, kann der Flüssigkeitsfilm turbulent werden. Nach Berechnungen von Grigull [G 70] und Beobachtungen von Shea und Krase [S 75] wird hierdurch der Wärmeübergangskoeffizient um 25 bis 40% erhöht. Turbulenz ist zu erwarten, sobald die Kenngröße

$$\frac{\alpha \cdot (\vartheta_s - \Theta_0) \cdot h}{\eta \cdot r} \qquad (71)$$

mit α nach Gl. (69) etwa den Wert 300 überschreitet. Zur Wiedergabe der theoretischen und experimentellen Ergebnisse im Bereich des turbulenten Kondensatfilms hat Grigull die Beziehung

$$\alpha = 0{,}003 \sqrt{\frac{g \varrho^2 \lambda^3 (\vartheta_s - \Theta_0) \, h}{\eta^3 \cdot r}} \qquad (72)$$

vorgeschlagen [G 70, 71].

Noch höhere Wärmeübergangskoeffizienten bis zu 80 000 Watt/m² K und darüber erzielt man bei Tropfenkondensation, bei der sich das Kondensat in Gestalt sehr zahlreicher kleiner Tropfen niederschlägt. Das Auftreten der Tropfenkondensation hängt in erster Linie von der Oberflächenbeschaffenheit und dem Material der Wand ab. Trotz vieler Bemühungen, für die Tropfenkondensation günstige Voraussetzungen zu schaffen und sie durch Zusätze zum kondensierenden Dampf zu fördern, ist es noch nicht mit Sicherheit gelungen, die Tropfenkondensation dauernd aufrechtzuerhalten. Deshalb wird empfohlen, stets mit den für die Filmkondensation geltenden Wärmeübergangskoeffizienten zu rechnen.

Bei der Kondensation von Dämpfen anderer Flüssigkeiten als Wasser tritt in der Regel nur Filmkondensation auf. Ist der Film laminar, dann kann man auch hierbei die Gln. (69) und (70) mit der angegebenen Ungenauigkeit benutzen. Eine

Beziehung höherer Genauigkeit für den Wärmeübergang bei Kondensation haben kürzlich Gregorig, Kern und Turek [G 67] auf Grund eigener Messungen vorgeschlagen.

Eine gesonderte Betrachtung sei aber noch der praktisch vielfach bedeutsamen, schon in der Einleitung erwähnten Erscheinung gewidmet, daß auch in Wärmeaustauschern, in denen im wesentlichen nur Gase strömen, nicht selten gewisse Bestandteile eines Gasgemisches sich verflüssigen oder umgekehrt Flüssigkeiten in Gase hineinverdampfen. In solchen Fällen wird nicht nur für die Erwärmung und Abkühlung der Gase, sondern auch für die Kondensation oder Verdampfung Wärme übertragen. Nach früheren, mehr theoretischen Betrachtungen [J 71, N 65] über die hierbei stattfindenden Vorgänge hat Jaroschek [J 69] den Wärmedurchgangskoeffizienten von kondensierendem Wasserdampf in Gegenwart von Luft, Lüder [L 70] den Wärmeübergangskoeffizienten von kondensierendem Wasserdampf, Ammoniak und Methan in Gegenwart von Luft sowie den Wärmeübergangskoeffizienten von Wasserdampf in Gegenwart von Wasserstoff gemessen. In Bild 31 sind die Wärmeübergangskoeffizienten für Wasserdampf-Luft-Gemische

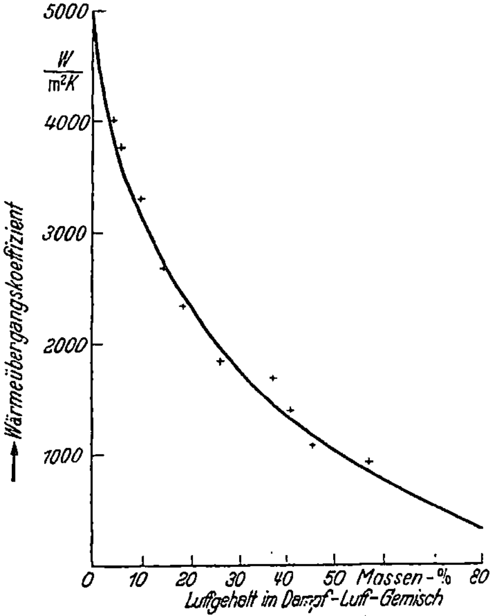

Bild 31. Wärmeübergangskoeffizient bei der Kühlung gesättigter Wasserdampf-Luft-Gemische.

dargestellt, wie sie sich angenähert aus den Messungen von Jaroschek [J 69] berechnen lassen. Grundsätzlich denselben Verlauf des Wärmeübergangskoeffizienten, abhängig von der Zusammensetzung, zeigen die Messungen von Lüder [L 70].

Die Werte in Bild 31 stimmen überdies mit Ergebnissen von Renker [R 62], der im Innern eines Rohres gemessen hat, bei einer Strömungsgeschwindigkeit von 5 m/s gut überein. Bei höherer Strömungsgeschwindigkeit ist α größer, nach Renker bei einem Luftgehalt von 50 Mol-% etwa 4mal so groß, wenn die Strömungsgeschwindigkeit 25 m/s beträgt. In derselben Größenordnung wie in Bild 31 liegen im Mittel auch Werte von Kirschbaum und Wetjen [K 70] sowie Stewart u.a. [S 94] nach Beobachtungen in einem Ringspalt. Werte, die Schrader [S 69] in einem Rohrbündel-Kondensator festgestellt hat, liegen etwas tiefer.

Man erkennt aus Bild 31, wie erheblich der Wärmedurchgangskoeffizient mit wachsendem Luftgehalt abnimmt. Alle Messungen bestätigen die Ansicht von Nußelt [N 65] und Ackermann [62, 63], daß der Dampf durch eine vor der Kondensationsfläche liegende Luft- oder Gasschicht hindurchdiffundieren muß, ehe er sich verflüssigt.

Wärmeübertragung bei Verdampfung

Bei der Verdampfung hängt die Wärmeübertragung und damit auch der Wärmeübergangskoeffizient stärker als bei anderen Vorgängen von der Temperaturdifferenz $\Delta\vartheta = \Theta_0 - \vartheta_f$ ab, die in diesem Falle zwischen der Oberfläche der Wand und der verdampfenden Flüssigkeit besteht. In Bild 32 ist als Funktion dieser

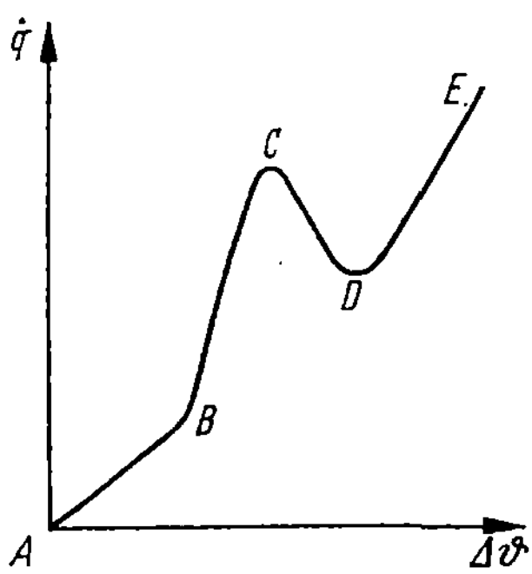

Bild 32. Wärmestromdichte $\dot{q}$ bei der Verdampfung von Flüssigkeiten, abhängig vom Temperaturunterschied zwischen Wandoberfläche und siedender Flüssigkeit.

Temperaturdifferenz $\Delta\vartheta$ die Wärmestromdichte $\dot{q}$ aufgetragen, die technisch „Heizflächenbelastung" genannt wird und gleich ist der in der Zeiteinheit von der Einheit der festen Oberfläche abgegebenen Wärmemenge. Man kann nach Bild 32 vier Bereiche unterscheiden. Zwischen A und B wird Wärme im wesentlichen durch freie oder erzwungene Konvektion übertragen.

Technisch bedeutsam ist der von B bis C sich erstreckende Bereich des Blasensiedens. An dafür bevorzugten Stellen der Heizfläche entstehen Dampfblasen, die schnell anwachsen und durch die Flüssigkeit aufsteigen. Mit wachsender Temperaturdifferenz erhöht sich die Zahl der Dampfblasen und damit die Durchrührung der Flüssigkeit, was die Wärmeübertragung erheblich steigert.

Von C über D nach E erstrecken sich die Bereiche der Filmverdampfung, in denen zwischen der Heizfläche und der Flüssigkeit Dampfpolster entstehen, die mehr und mehr zu einem geschlossenen Dampffilm zusammenwachsen. Wird die Heizflächentemperatur nicht zwangsweise konstant gehalten, dann sind die Zustände zwischen C und D insofern instabil, als z.B. bei $\dot{q} = $ const ein solcher Zustand auf einen Punkt zwischen D und E überspringen kann. Das hierbei, insbesondere vom Punkt C aus, stattfindende starke Ansteigen der Heizflächentemperatur hat häufig zur Folge, daß die Wand durchschmilzt oder durchbrennt. Deshalb wird der Zustand C im amerikanischen Schrifttum „burn out" genannt. Punkt D heißt Leidenfrost-Punkt.

Der Wärmeübergang im Bereich des Blasensiedens ist besonders eingehend erforscht worden. Einen Überblick über die Ergebnisse der wichtigsten bis 1963 erschienenen Arbeiten hat W. Fritz [F 68] gegeben. Hiernach stimmen die an ebenen Platten, in Gefäßen sowie an der Außenseite von waagerechten und senkrechten Rohren gemessenen Wärmeübergangskoeffizienten innerhalb der Streuung der Versuchswerte, die vielfach etwa 20% beträgt, überein.

Das Bemühen, die an verschiedenen verdampfenden Flüssigkeiten gemessenen Wärmeübergangszahlen durch allgemein gültige Ähnlichkeitsbeziehungen wiederzugeben, hat zu bemerkenswerten Ansätzen, wenn auch noch nicht zu einem voll befriedigenden Ergebnis geführt. Stephan [S 86] hat die maßgebenden Kenngrößen ermittelt und unter Anpassung an eigene und fremde Messungen an verschiedenen verdampfenden Flüssigkeiten nachstehende, für niedrige Drücke geltende Ähnlichkeitsbeziehung aufgestellt

$$\frac{\alpha \cdot d}{\lambda} = c \left[\frac{\dot{q} \cdot d}{\lambda T_S}\right]^{n_1} \cdot \left[\frac{d \cdot T_S \lambda}{v\sigma}\right]^{n_2} \cdot \left[\frac{R_p \varrho_d r}{d \cdot \varrho_f(f \cdot d)^2}\right]^{0,133}, \tag{73}$$

worin $\dot{q}$ die Wärmestromdichte, T_S die Siedetemperatur, λ, ϱ_f und v die Wärmeleitfähigkeit, Dichte und kinematische Viskosität der Flüssigkeit, ϱ_d die Dichte des Dampfes, r die Verdampfungsenthalpie, σ die Oberflächenspannung, R_p die Glättungstiefe nach DIN 4762 und schließlich d und f den Abreißdurchmesser und die Frequenz der Blasen bedeuten. Hierbei ist für die Verdampfung

an waagerechten ebenen Platten $c = 0,013$, $n_1 = 0,8$ und $n_2 = 0,4$,

an waagerechten Rohren $\qquad c = 0,071$, $n_1 = 0,7$ und $n_2 = 0,5$

zu setzen. Mit $c = 10^{-5}$, $n_1 = 0,7$ und $n_2 = 0,8$ konnte Fedders [F 61] durch Gl. (73) auch die Druckabhängigkeit der Wärmeübertragung bei der Verdampfung von Wasser an Rohren bis nahe an den kritischen Druck gut darstellen, wobei sich jedoch die Genauigkeit der Wiedergabe bei Atmosphärendruck verringerte. Diese nach Fedders berechenbare Druckabhängigkeit ist durch Messungen von Bier, Gorenflo und Wickenhäuser [B 71] auch für andere Flüssigkeiten bestätigt worden. Weitere Ähnlichleitsbeziehungen haben F. Müller [M 74], Vaihinger und Kaufmann [V 61] sowie andere Autoren angegeben.

Die praktische Anwendung solcher Gleichungen dürfte vielfach dadurch erschwert sein, daß sich manche der in ihr auftretenden Größen wie etwa R_p, d und f besonders bei weniger bekannten Flüssigkeiten nicht leicht bestimmen lassen. Deshalb sind für die Bedürfnisse der Praxis einfachere Gleichungen erwünscht, auch wenn sie weniger genau sind. In diesem Sinne erscheint die nachstehende einfache Gleichung als geeignet, die Fritz [F 68] im Jahre 1963 aufgestellt hat, um die bis dahin an verdampfendem Wasser bei niedrigen Drücken gewonnenen Meßwerte im Mittel möglichst gut wiederzugeben. Die Gleichung von Fritz lautet:

$$\alpha = A \cdot \left(\frac{\dot{q}}{\dot{q}_0}\right)^{0,72} \cdot \left(\frac{p}{p_0}\right)^{0,24}, \tag{74}$$

worin A für Wasser den Wert 1,95 W/m² K hat. $\dot{q}_0$ ist eine Heizflächenbelastung von 1 W/m² und p_0 ein Druck von 1 bar. Gl. (74) gilt recht gut auch für andere Flüssigkeiten, wenn man den Wert von A nach folgender Tabelle wählt [H 64].

Tabelle 5. Konstante A in Gl. (74) für verschiedene verdampfende Flüssigkeiten

Flüssigkeit	$\left(\dfrac{\alpha}{\alpha_{\text{Wasser}}}\right)_{\dot{q}}$	A W/m²K
Wasser	1,0	1,95
Wäßrige Lösungen		
24% NaCl	0,61	1,18
10% Na_2SO_4	0,94	1,83
20% Zucker	0,80 [20]	1,56 [20]
40% Zucker	0,53 [20]	1,03 [20]
60% Zucker	0,37 bis 0,42 [20]	0,72 bis 0,82 [20]
26% Glyzerin	0,83	1,62
55% Glyzerin	0,75	1,46
Anorganische Flüssigkeiten		
Ammoniak	1,15	2,24
Schwefeldioxid	0,78	1,52
Organische Flüssigkeiten (darunter Kältemittel)		
Paraffine	0,5 bis 0,7	0,9 bis 1,4
Propan	0,55	1,07
n-Butan	1,07	2,10
Methylalkohol	0,72	1,40
Äthylalkohol	0,63	1,24
Isopropanol	0,70	1,36
Höhere Alkohole	0 5 bis 0,8	0,9 bis 1,6
Aceton	0,69	1,35
Benzol	0,47	0,92
Toluol	0,41	0,80
Tetrachlorkohlenstoff	0,43	0,85
Methylchlorid	0,94	1,82
Methylenchlorid	0,62	1,19
R 11 (Freon 11)	0,88	1,72
R 12 (Freon 12)	0,58	1,13

Die meisten der in Tabelle 5 angegebenen Werte sind Diagrammen von Fritz [F 68] entnommen. Eines dieser Diagramme, das vornehmlich die Wärmeübergangskoeffizienten von Kältemitteln bei Blasenverdampfung wiedergibt, zeigt Bild 33.

Auch beim Blasensieden flüssiger Metalle, die durch ihre Verwendung zur Kühlung von Kernreaktoren Bedeutung erlangt haben, stimmen die Wärmeübergangskoeffizienten der Größenordnung nach mit Gl. (74) überein. Im einzelnen zeigen jedoch diese Wärmeübergangskoeffizienten ein ziemlich unregelmäßiges Verhalten, wie aus dem ebenfalls von W. Fritz [F 68] stammenden Bild 34 hervorgeht.

Bei siedenden Gemischen ist der Wärmeübergangskoeffizient geringer als bei reinen Flüssigkeiten. Sein Wert muß von Fall zu Fall durch Versuche bestimmt werden. Als Beispiel ist in Bild 35 der Wärmeübergangskoeffizient siedender Äthanol—Wasser-Gemische dargestellt [F 68].

---

[20] Werte nach Averin und Krushilin [A 68]. Ähnliche Werte sind nach F. Mayinger und E. Hollborn zu erwarten, die noch nicht veröffentlichte Messungen bei 60% Zucker durchgeführt haben.

Im Bereich der Tieftemperaturtechnik konnte durch Aufbringen einer sehr dünnen porösen Schicht auf die Heizfläche der Wärmeübergangskoeffizient der Verdampfung erheblich gesteigert werden [W 64].

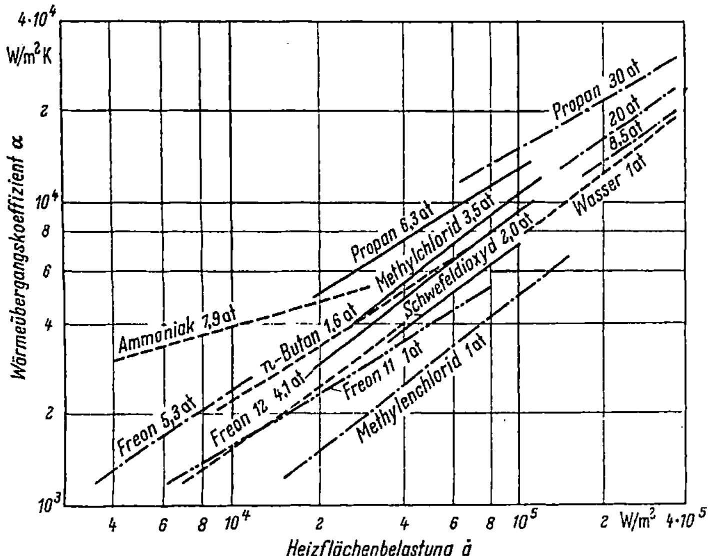

Bild 33. Wärmeübergang bei der Blasenverdampfung verschiedener Flüssigkeiten, insbesondere von Kältemitteln.

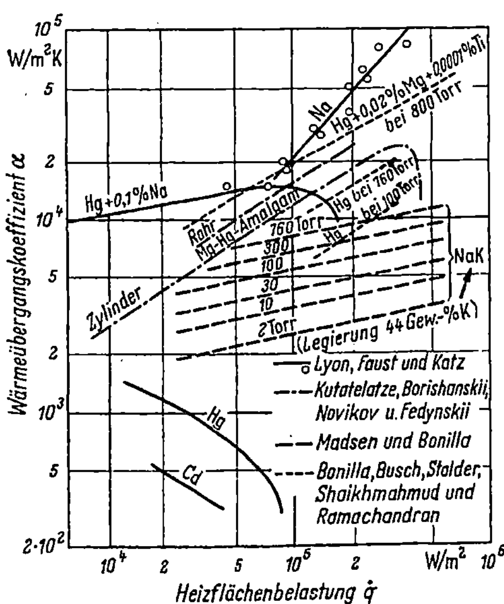

Bild 34. Wärmeübergang bei der
Blasenverdampfung flüssiger Metalle.

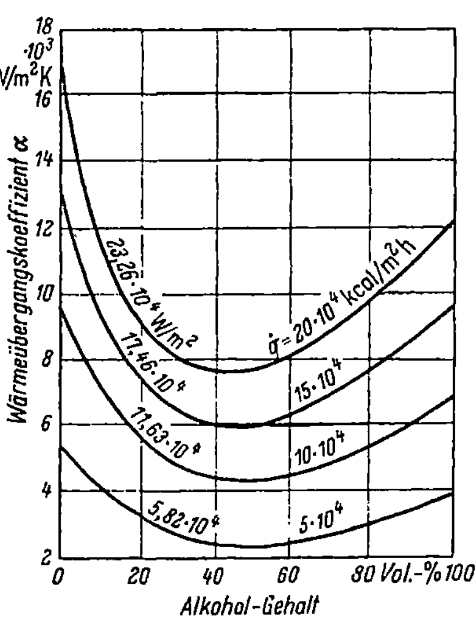

Bild 35. Wärmeübergang beim Sieden
flüssiger Äthanol-Wasser-Gemische.

Druckabhängigkeit der Wärmeübertragung bei Blasenverdampfung

Gleichung (73) mit den Konstanten von Fedders zeigt für verdampfendes Wasser bis zu einem Druck von 150 bar gute Übereinstimmung mit den gemessenen Werten. Gleichung (74) hingegen, die durch die untere ausgezogene Linie in Bild 36 dargestellt wird, gilt nur bis zu einem Druck, der etwa ein Zehntel des kritischen Druckes p_k beträgt. Bei höheren Drücken bis zu etwa $0{,}9p_k$ kann man nach [H 64] folgende erweiterte Gleichung benutzen:

$$\alpha = A\left[\left(\frac{\dot{q}}{\dot{q}_0}\right)^{0,72}\cdot\left(\frac{p}{p_0}\right)^{0,24} + f\left(\frac{p}{p_k}\right)\right] \tag{75}$$

mit

$$f\left(\frac{p}{p_k}\right) = 33\,200\,\frac{p}{p_k} + \frac{4\,260}{0{,}36 + p/p_k} - 11\,850. \tag{76}$$

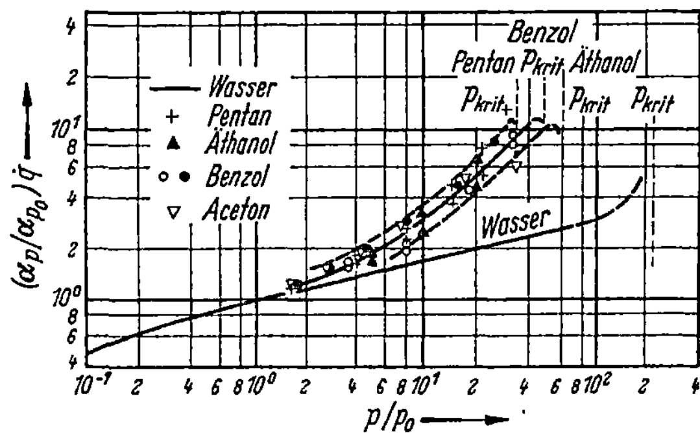

Bild 36. Druckabhängigkeit des Wärmeübergangskoeffizienten beim Blasenverdampfen von Wasser und organischen Flüssigkeiten.

Hiermit werden z.B. die gestrichelten Kurven für Benzol, Pentan und Äthanol in Bild 36 gut wiedergegeben, wenn die Wärmestromdichte $\dot{q}$ etwa $40\,000\,\text{W}/(\text{m}^2\,\text{K})$ beträgt.

Einfacher und für viele Fälle genau genug kann man $f(p/p_k)$ nach der Gleichung

$$f\left(\frac{p}{p_k}\right) = 25\,500\left(\frac{p}{p_k} - 0{,}1\right) \quad \text{für} \quad \frac{p}{p_k} > 0{,}1 \tag{77}$$

berechnen. Zwischen $p = 0$ und $p = 0{,}1p_k$ ist hierbei $f(p/p_k) = 0$ zu setzen.

Die angegebenen Gleichungen setzen technisch glatte Oberflächen voraus. Den Einfluß erhöhter Rauhigkeit, die im allgemeinen den Wärmeübergang begünstigt, haben u.a. Stephan [S 86] sowie Danoliva und Belskij [D 63] untersucht. Nach Gl. (73) ist α der Potenz $R_p^{0,133}$ der Glättungstiefe proportional.

Wenn die zur Verdampfung benötigte Wärme einem strömenden Medium entzogen wird, ist trotz konstanter Siedetemperatur die Wandtemperatur und damit auch der Temperaturunterschied $\Delta\vartheta$ zwischen Wand und verdampfender Flüssigkeit örtlich verschieden. Dann hängt auch der Wärmestrom $\dot{q}$ und damit der Wärmeübergangskoeffizient von der Stelle der Wand ab. Wie man bei ortsabhängigen Wärmeübergangskoeffizienten die wirksame mittlere Temperaturdifferenz und damit den gesamten Wärmeübergang berechnen kann, wird in Abschnitt II dieses

Buches, § 36, gezeigt. Im VDI-Wärmeatlas, 2. Auflage [1] sind auf Blatt A 25 die Unterschiede gegenüber der logarithmischen Temperaturdifferenz in Diagrammen dargestellt.

Aus einer Übersicht von Slipcevic [S 79] über die Verdampfung von Frigenen geht hervor, daß bei gleicher Verdampfungstemperatur eines Frigens und gleicher Wärmestromdichte an waagerechten Rohrbündeln höhere Wärmeübergangskoeffizienten auftreten als an waagerechten Einzelrohren. Die Übergangskoeffizienten nehmen von der untersten Rohrreihe bis zur obersten Rohrreihe hin zu und können auch schon bei der untersten Rohrreihe merklich größer sein als beim Einzelrohr. Diese Erscheinung ist auf freie Konvektion in der siedenden Flüssigkeit zurückzuführen. Im Gesamtmittel sind hierbei Steigerungen des Wärmeübergangskoeffizienten um etwa 20 bis 60% und mehr zu erwarten, und zwar in um so höherem Grade, je tiefer die Verdampfungstemperatur ist.

Maximale Heizflächenbelastung

Die maximale Heizflächenbelastung $\dot{q}_{max}$ in Punkt C von Bild 32 ist wegen ihrer Bedeutung für die Kühlung von Kernreaktoren bei der Verdampfung einer größeren Zahl von Flüssigkeiten gemessen worden. Einen Einblick in die Größenordnung zeigt folgende Tabelle 6, die ebenfalls einer Zusammenstellung von Fritz [F 68] entstammt.

Tabelle 6. *Maximale Heizflächenbelastung q_{max} siedender Flüssigkeiten im „burn out"-Punkt*

Flüssigkeit	Druck at abs.	Heizflächenbelastung $\dot{q}_{max}$ 10^4 Joule/m²s
Wasser	1	70 bis 140
	1	115
	10	185
	30	290
	50	395
	100	370
	200	185
Benzol	1	45 bis 70
Methylalkohol	1	50
Äthylalkohol	1	60
1-Butylalkohol	1	45
1-Propylalkohol	1	45
Äthylenglykol	1	70
Pentan	2	40
	12	60
1-Heptan	1	35
Azeton	1	45

Kutateladze [K 84] hat zur Berechnung der maximalen Heizflächenbelastung $\dot{q}_{max}$ folgende Gleichung entwickelt:

$$\dot{q}_{max} = \sqrt{K} \cdot r \cdot \sqrt{\varrho_d} \cdot \sqrt[4]{\sigma(\varrho_f - \varrho_d) \cdot g} \,, \tag{78}$$

worin $\sqrt{K}$ eine zwischen 0,13 und 0,19 liegende empirisch bestimmte Konstante mit dem Mittelwert 0,14, r die Verdampfungsenthalpie, ϱ_d und ϱ_f die Dichten von

Dampf und Flüssigkeit, σ die Oberflächenspannung und g die Erdbeschleunigung bedeuten. Mit dieser Gleichung stimmt weitgehend die ebenfalls zu einem großen Teil theoretisch gewonnene Gleichung von Zuber [Z 61] überein:

$$\dot{q}_{max} = \frac{\pi}{24} \sqrt{\frac{\varrho_f}{\varrho_f + \varrho_d}} \cdot r \cdot \sqrt{\varrho_d} \sqrt[4]{\sigma(\varrho_f - \varrho_d) \cdot g} . \qquad (79)$$

Eine kurze Begründung dieser Gleichungen findet man in [T 67].

Noch näher soll auf die Fragen der Wärmeübertragung bei Kondensation und Verdampfung nicht eingegangen werden, da, wie schon in der Einleitung bemerkt, Verdampfer und Kondensatoren ein vielfach behandeltes technisches Sondergebiet darstellen. Es sei nur grundsätzlich darauf hingewiesen, daß man mit den im vorliegenden Buch entwickelten Beziehungen auch Verdampfer und Kondensatoren ohne Schwierigkeiten berechnen kann, wenn man die dafür geltenden Wärmeübergangskoeffizienten einsetzt. Die Rechnung ist vielfach, d.h. solange nicht noch eine Erwärmung oder Abkühlung von Dampf oder Flüssigkeit hinzukommt, sogar einfacher als bei den nur mit Gasen betriebenen Wärmeaustauschern, weil sich die Temperatur des verdampfenden oder sich verflüssigenden Stoffes nicht oder nur sehr wenig ändert. Allerdings ist es in vielen Fällen, wie z.B. bei Dampfkesseln nötig, bei der Wärmeübertragung auch den Einfluß der Gasstrahlung (siehe § 18 ff.) zu berücksichtigen.

Literatur zum Wärmeübergang bei Phasenänderung, insbesondere bei Verflüssigung und Verdampfung

A

61 Ackermann, G.: Theorie der Verdunstungskühlung. Ing. Arch. 5 (1934) 124.

62 Ackermann, D.: Beitrag zur Berechnung des Wärmeübergangs bei Kondensation in Anwesenheit von Inertgas. Wärme- und Stoffübertragung 1 (1968) 4, 246—250.

63 Ackermann, D.: Wärme- und Stoffübergang bei der Kondensation eines turbulent strömenden Dampfes in Anwesenheit von Inertgas. Diss. Stuttgart 1972.

64 Ackermann, D.: Wärme- und Stoffübergangskoeffizienten bei der Abkühlung von Dampf-Gas-Gemischen in Oberflächenkondensatoren. Chem. Ing. Tech. 44 (1972) 274—280.

65 Alty, T.; Macky, C. A.: The Accomodation Coefficient and the Evaporation Coefficient of Water. Proc. Roy. Soc. (A) 149 (1935) 104—116; auch Proc. Roy. Soc. (A) 161 (1937) 68—79.

66 Anderès, G.: Einfluß der Oberflächenspannung auf den Stoffaustausch zwischen Dampfblasen und Flüssigkeit. Chem. Ing. Tech. 34 (1962) 597—602.

67 Auracher, H.: Wasserdampfdiffusion und Reifbildung in porösen Stoffen. VDI-Forschungsheft 566 (1974). Kurzer Auszug in Forschung Ing.-Wes. 40 (1974) 196.

68 Averin, E. K.; Krushilin, C. E.: Einfluß der Oberflächenspannung und der Viscosität auf die Wärmeübergangszahl beim Sieden von Wasser (russ.). Izvest. Acad. Nauk. SSSR Otdel. Tech. Nauk. (1950) Nr. 10, 131—137. Auszug in Chem. Ing. Tech. 28 (1956) 431 .

B

61 Bachner, D.; Koelzer, W.; Müller, D.: Untersuchungen über die Kondensation verschiedener Gase (CO_2, N_2, H_2, Xe). Forschungsber. Nordrhein-Westf. (1966) 1643, 37 S.

62 Bähr, A.: Bedeutung der von Dampfblasen erzeugten Mikrokonvektion für die Wärmeübertragung beim Sieden. Chem. Ing. Tech. 38 (1966) 9, 922—925.

63 Bandel, J.; Schlünder, E. U.: Druckverlust und Wärmeübergang bei der Verdampfung siedender Kältemittel im durchströmten Rohr. Chem. Ing. Tech. 45 (1973) 345—350.

64 Beer, H.; Durst, F.: Mechanismen der Wärmeübertragung bei Blasensieden und ihre Simulation. Chem. Ing. Tech. 40 (1968) 13, 632—638.

65 Beer, H.: Beitrag zur Wärmeübertragung beim Sieden. Progr. Heat and Mass Transfer. Vol. 2, Oxford 1969, S. 311—370. (Wärmeübertragung zur Dampfblase.)

66 Berenson, P. J.: Experiments on Pool-Boiling Heat Transfer. Int. J. Heat Mass Transfer 5 (1962) Okt. 985—999.

67 Bergles, A. E.; Rohsenow, W. M.: The Determination of Forced-Convection Surface-Boiling Heat Transfer. Trans. ASME, Ser. C 86 (1964) 3, 365—372.

68 Best, R.; Burow, P.; Beer, H.: Bubble Boiling Heat Transfer as a Result of Hydro-dynamic Effects. Vortrag bei der Tagung der Commissionen B1, B2, E1 des Internationalen Kälteinstituts in Freudenstadt 1972.

69 Bewilogua, L.; Knöner, R.; Wolf, G.: Heat Transfer in Boiling Hydrogen, Neon, Nitrogen and Argon. Cryogenics 6 (1966) 1, 36—39.

70 Bewilogua, L.; Knöner, R.: Contribution to the Problem of Heat Transfer in Low-Boiling Liquids. J. Amer. chem. Soc. 90 (1968) 12, 3086—3087.

71 Bier, K.; Gorenflo, D.; Wickenhäuser, G.: Zum Wärmeübergang beim Blasensieden in einem weiteren Druckbereich. Chem. Ing. Tech. 45 (1973) 935—942.

72 Blatt, T. A.; Adt, jr. R. R.: An Expeimental Investigation of Boiling Heat Transfer and Pressure-Drop Characteristics of Freon 11 and Freon 113 refrigerants. Am. Inst. Chem. Engrs. J 10 (1964) 369—373.

73 Bode, H.: Wärme- und Stoffübergang in der Umgebung wachsender Dampfblasen. Wärme- und Stoffübertragung 5 (1972) 134—140.

74 Bonilla, Ch. F.; Percy, Ch. W.: Wärmeübertragung auf kochende binäre Flüssigkeits-mischungen. Trans. Amer. Inst. chem. Engrs. 37 (1941) 685—706. (Phys. Ber. 1943, S. 1363.)

75 Borchmann, J.: Zur Kondensation schnell strömender Dämpfe in Ringspalten. Chem. Ing. Tech. 38 (1966) 8, 832—837.

76 Borchmann, J.: Zur Kondensation von R 11 und Wasserdampf bei hohen Dampf-geschwindigkeiten. Kältetechnik 19 (1967) 7, 208—213.

77 Bosnjaković, F.: Verdampfung und Flüssigkeitsüberhitzung. Tech. Mech. Thermodynam. 1 (1930) 358—362.

78 Brauer, H.: Berechnung des Wärmeüberganges bei ausgebildeter Blasenverdampfung. Chem. Ing. Tech. 35 (1963) 11, 764—774.

C

61 Cess, R. D.; Sparrow, E. M.: Film Boiling in a Forced-Convection Boundary-Layer Flow. J. Heat Transfer 83 (1961) 370—376.

62 Chawla, J. M.: Wärmeübergang und Druckabfall in waagerechten Rohren bei der Strömung von verdampfenden Kältemitteln. Forsch. Ing.-Wes. VDI-Forsch.-H. 523 (1967) 36 S. (Örtliche Wärmeübergangszahlen von verdampfendem Frigen 11.)

63 Chawla, J. M.: Wärmeübergang und Druckabfall in waagerechten Rohren bei der Strömung von verdampenden Kältemitteln. Kältetechnik 19 (1967) 8, 246—252.

64 Chawla, J. M.: Wärmeübergang und Druckverlust bei der Kältemittelverdampfung im waagerechten Strömungsrohr. Chem. Ing. Tech. 40 (1968) 5, 229—234.

65 Chawla, J. M.: Wärmeübertragung in durchströmten Kondensatorrohren. Chem. Ing. Tech. 43 (1971) 14, 838.

66 Chawla, J. M.: Impuls- und Wärmeübertragung bei der Strömung von Flüssigkeits-Dampf-Gemischen. Chem. Ing. Tech. 44 (1972) 118—120.

67 Chawla, J. M.: Wärmeübergang in durchströmten Kondensatorrohren. Kältetech.-Klimatisierung 24 (1972) 233—240.

68 Claassen, H.: Verdampfen und Verdampfer mit senkrechten Heizrohren. Magdeburg: Schallehn & Vollbrück 1938.

69 Colburn, A. P.; Drew, T. B.: The Condensation of Mixed Vapors. Trans. Am. Inst. Chem. Engrs. 33 (1937) 197—215.

70 Cole, R.; Shulman, H. L.: Bubble Growth Rates at High Jakob Numbers. Int. J. Heat Mass Transfer 9 (1966) 12, 1377—1390.
71 Cole, R.; Rohsenow, W. M.: Correlation of Bubble Departure Diameters for Boiling of Saturated Liquids. Chem. Eng. Progr. Sympos. Ser. 65 (1969) 92, 211—213.
72 Cryder, D. S.; Finalborgo, A. C.: Heat Transmission from Metal Surfaces to Boiling Liquids. Trans. Am. Inst. Chem. Engrs. 33 (1937) 346—361.

D

61 Dallmeyer, H.: Über die gleichzeitige Wärme- und Stoffübertragung bei der Kondensation eines Dampfes aus einem Gemisch mit einem nichtkondensierenden Gas in laminarer und turbulenter Strömungsgrenzschicht. Diss. TH Aachen 1968, 97 S.
62 Dallmeyer, H.: Stoff- und Wärmeübertragung bei der Kondensation eines Dampfes aus einem Gemisch mit einem nichtkondensierenden Gas in laminarer und turbulenter Strömungsgrenzschicht. VDI-Forschungsheft Nr. 539 (1970) 5—24.
63 Danoliva, G. N.; Belskij, V. K.: Die Wärmeabgabe beim Sieden von Freon 113 und 12 an Rohren mit verschieden rauher Oberfläche. Cholod. Technika 42 (1965) 4, 24—28 (russisch).
64 Denny, V. E.; Jusionis, V. J.: Effects of Noncondensible Gas and Forced Flow on Laminar Film Condensation. Int. J. Heat Mass Transfer 15 (1972) I, 315—326.
65 Dornieden, M.: Wärmeübergang bei der Kondensation von Dämpfen an Rohrbündeln unter Berücksichtigung des Druckverlustes. Chem. Ing. Tech. 44 (1972) 269—273.
66 Dornieden, M.: Zur Berechnung ein- und mehrgängiger Rohrbündel-Kondensatoren. Chem. Ing. Tech. 44 (1972) 618—622.

E

61 Emmerson, G. S.: Heat Transmission with Boiling. Nuclear Eng. 5 (1960) 54, 493—499.
62 Estrin, J.; Hayes, T. W.; Drew, T. B.: The Condensation of Mixed Vapors. A. I. Ch. E. J. 11 (1965) 5, 800—803.

F

61 Fedders, H.: Messung des Wärmeüberganges beim Blasensieden von Wasser an metallischen Rohren. Diss. Tech. Un. Berlin. Bericht Kernforschungsanlage Jülich Nr. 740-RB (1971).
62 Forster, H. K.; Zuber, N.: Dynamics of Vapor Bubbles and Boiling Heat Transfer. Am. Inst. Chem. Engrs. Journ. 1 (1955) 531—535.
63 Frank, A.: Wärme- und Stoffaustausch zwischen Dampfblase und Flüssigkeit bei Stickstoff/Sauerstoff-Gemischen. Chem. Ing. Tech. 23 (1960) 5, 330—335.
64 Frederking, T.: Wärmeübergang bei der Verdampfung der verflüssigten Gase Helium und Stickstoff. Forsch.-Ing.-Wes. 27 (1961) 1, 17—30; 2, 58—62.
65 Fritz, W.; Homann, F.: Über die Temperaturverteilung im siedenden Wasser. Phys. Z. 37 (1936) 873—878.
66 Fritz, W.: Film- und Tropfenkondensation von Wasserdampf. Z. VDI Beihefte Verfahrenstechnik Nr. 4 (1937) 127—132.
67 Fritz, W.: Verdampfen und Kondensieren. Verfahrenstechnik (1943) 1, 1—14.
68 Fritz, W.: Grundlagen der Wärmeübertragung beim Verdampfen von Flüssigkeiten. Chem. Ing. Tech. 35 (1963) 11, 753—764; auch zahlreiche Schrifttumsangaben.

G

61 Gorenflo, D.: Zum Wärmeübergang bei der Blasenverdampfung an Rippenrohren. Diss. TH Karlsruhe 1966.
62 Gorenflo, D.: Zur Druckabhängigkeit des Wärmeüberganges an siedende Kältemittel bei freier Konvektion. Chem. Ing. Tech. 40 (1968) 15, 757—762.

63 Grassmann, P.; Karagunis, A.; Kopp, J.; Frederking, F.: Wärmeübergang an flüssiges Helium bei Blasen- und stabiler Filmverdampfung. Kältetechnik 10 (1958) 206—208.

64 Gregorig, R.: Beitrag zur rechnerischen Erfassung der Analogie zwischen Tropfenkondensation und Verdampfung. Kältetechnik 6 (1954) 2—7.

65 Gregorig, R.: Einfluß der Heizwand-Eigenschaften auf den Mechanismus der Blasenverdampfung. Chem. Ing. Tech. 39 (1967) 1, 13—20.

66 Gregorig, R.: Zur Thermodynamik der existenzfähigen Dampfblase an einem aktiven Verdampfungskeim. Verfahrenstechnik 1 (1967) 9, 389—392.

67 Gregorig, R.; Kern, J.; Turek, K.: Improved Correlation of Film Condensation Data Based on a more Rigorous Application of Similarity Parameters. Wärme- u. Stoffübertragung 7 (1974) 1.—13.

68 Greitzer, E. M.; Abernathy, F. H.: Film Boiling on Vertical Surfaces. Int. J. Heat Mass Transfer 15 (1972) I, 475—492.

69 Griffith, P.: Bubble Growth Rates in Boiling. Trans. Am. Soc. Mech. Engrs. 80 (1958) 721—727.

70 Grigull, U.: Wärmeübergang bei der Kondensation mit turbulenter Wasserhaut. Forsch. Ing.-Wes. 13 (1942) 49—57; Z. VDI 86 (1942) 444—445.

71 Grigull, U.: Wärmeübergang bei Filmkondensation. Forsch. Ing-.Wes. 18 (1952) 10—12.

72 Grigull, U.; Abadzic, E.: Blasen- und Filmsieden von Kohlendioxid im kritischen Gebiet. Forschung Ing.-Wes. 31 (1965) 27—30.

73 Grigull, U.; Abadzic, E.: Heat Transfer from a Wire in the Critical Region. Proc. Inst. Mech. Engrs. 182 (1967/68) Pt. 3, I, 52—57.

H

61 Haffner, H.: Zum Wärmeübergang an Kältemittel bei hohen Drücken. Chem. Ing. Tech. 44 (1972) 286—291.

62 Hamburger, L. G.: On the Growth and Rise of Individual Vapour Bubbles in Nucleate Pool Boiling. Int. J. Heat Mass Transfer 8 (1965) 11, 1369—1386.

63 Hartmann, H.: Wärmeübergang bei der Kondensation strömender Sattdämpfe in senkrechten Rohren. Chem. Ing. Tech. 33 (1961) 5, 343—348.

64 Hausen, H.: Näherungsgleichung zur Berechnung der Wärmeübertragung bei Blasenverdampfung bis in die Nähe des kritischen Punktes. Wärme- und Stoffübertragung 3 (1970) 41—43.

65 Heimbach, P.: Zur Frage des Wärmeüberganges bei strömenden Wasserdampf-Luft-Gemischen mit großen Dampfanteilen. Linde-Ber. aus Techn. u. Wiss. (1960) 10, 39—43.

66 Heimbach, P.: Wärmeübergangskoeffizienten für die Verdampfung von R 22 und R 13 an einem überfluteten Rippenrohr-Bündel. Linde-Ber. Techn. u. Wissensch. Nr. 29 (1971) 33—42.

67 Heimbach, P.: Wärmeübergangskoeffizienten für die Verdampfung von Kältemittel-Öl-Gemischen an einem überfluteten Glattrohrbündel. Kältetech.-Klimatisierung 24 (1972) 287—295.

68 Heimbach, P., Sürth/Köln: Wärmeübergangskoeffizienten für die Verdampfung von Kältemittel-Öl-Gemischen an einem überfluteten Rippenrohr-Bündel. Linde-Ber. (1972) 32, 3—10.

69 Henrici, H.: Kondensation von Frigen 12 und Frigen 22 an glatten und berippten Rohren. Diss. TH Karlsruhe (1961) 1—110.

70 Henrici, H.: Kondensation von R 11, R 12 und R 22 an glatten und berippten Rohren. Kältetechnik 15 (1963) 8, 251—256.

71 Henrici, H.; Hesse, G.: Untersuchungen über den Wärmeübergang beim Verdampfen von R 114 und R 114-Öl-Gemischen an einem horizontalen Glattrohr. Kältetechn.-Klimatisierung 23 (1971) 54—58.

72 Hicken, E.; Garnjost, H.: Zur Kondensation an der Wand dampfdurchströmter Kanäle mit veränderlichem Querschnitt. Wärme- und Stoffübertragung 4 (1971) 60—68.

73 Hildebrandt, U.: Experimentelle Untersuchung des Wärmeüberganges an Helium I bei Blasenverdampfung in einem senkrechten Rohr. Wärme- und Stoffübertragung 4 (1973) 142—151.

74 Hofmann, E.: Wärmeübergangszahlen verdampfender Kältemittel. Kältetechnik 9 (1957) 7—12.

75 Hofmann, E.: Beitrag zur Berechnung von Flüssigkeitskühlern mit verdampfendem Kältemittel in Rohren. Kältetechnik-Klimatisierung 23 (1971) 90—96.

76 Hommann, G.: Der Wärmeübergang bei der Verdampfung von Kältemitteln in horizontalen glatten und berippten Rohren. Luft- und Kältetechn. 6 (1970) 2, 90—93.

I

61 Insinger, Th. H.; Bliss, H.: Transmission of Heat to Boiling Liquids. Trans. Am. Inst. Chem. Engrs. 36 (1940) 491—516. (Bericht hierüber in Chem. Fabr. 14 (1941) 407).

62 Ivey, H. J.: Relationships between Bubble Frequency, Departure Diameter and Rise Velocity in Nucleate Boiling. Int. J. Heat Mass Transfer 10 (1967) 8, 1023—1040.

J

61 Jakob, M.; Fritz, W.: Versuche über den Verdampfungsvorgang. Forsch. Ing.-Wes. 2 (1931) 435—447.

62 Jakob, M.; Erk, S.; Eck, H.: Der Wärmeübergang beim Kondensieren strömenden Dampfes in einem vertikalen Rohr. Forsch. Ing. Wes. 3 (1932) 161—170.

63 Jakob, M.; Linke, W.: Der Wärmeübergang von einer waagerechten Platte an siedendes Wasser. Forsch. Ing.-Wes. 4 (1933) 75—81.

64 Jakob, M.; Linke, W.: Der Wärmeübergang beim Verdampfen von Flüssigkeiten an senkrechten und waagerechten Flächen. Phys. Z. 36 (1935) 267—280.

65 Jakob, M.; Erk, S.; Eck, H.: Verbesserte Messungen und Berechnungen des Wärmeüberganges beim Kondensieren strömenden Dampfes in einem vertikalen Rohr. Phys. Z. 36 (1935) 73—84.

66 Jakob, M.: Heat Transfer in Evaporation and Condensation. Mech. Eng. 58 (1936) 643—660 u. 729—739.

67 Jakob, M.: The Influence of Pressure on Heat Transfer in Evaporation. Proc. 5. Intern. Congress Applied Mech. 1938 S. 561.

68 Jones, W. P.; Renz, U.: Condensation from a Turbulent Stream onto a Vertical Surface. Int. J. Heat Mass Transfer 17 (1974) 1019—1028.

69 Jaroschek, K.: Einfluß des Luftgehaltes im Heizdampf auf den Wärmeübergang in Wärmeaustauschern. Z. VDI Beiheft „Verfahrenstechnik" (1939) 5, 135—140.

70 Johnson, H. A.: Transient Boiling Heat Transfer to Water. Int. J. Heat Mass Transfer 14 (1971) 67—82.

71 Josse, E.: Versuche über Oberflächenkondensation, insbesondere für Dampfturbinen. Z. VDI 53 (1909) 322—330, 376—383 u. 406—412.

K

61 Kast, W.: Wärmeübergang bei Tropfenkondensation. Chem. Ing. Tech. 35 (1963) 163—168.

62 Kast, W.: Bedeutung der Keimbildung und der instationären Wärmeübertragung für den Wärmeübergang bei Blasenverdampfung und Tropfenkondensation. Chem. Ing. Tech. 36 (1964) 933—940.

63 Kast, W.: Probleme des Wärmeübergangs bei Blasenverdampfung und Tropfenkondensation. Chem. Tech. 16 (1964) 10, 601—604.

64 Kast, W.: Theoretische und experimentelle Untersuchung der Wärmeübertragung bei Tropfenkondensation. Fortschr. Ber. VDI-Z. R 3, Nr. 6 und VDI-Z. 107 (1965) 480.

65 Kindler, H.: Messung des örtlichen Wärmeübergangs bei der Kondensation von gesättigtem Wasserdampf in einem waagerechten Rohr. Diss. TU Braunschweig 1970.

66 Kiper, A. M.: Minimum Bubble Departure Diameter in Nucleate Pool Boiling. Int. J. Heat Mass Transfer 14 (1971) 7, 931.

67 Kirschbaum, E.: Heizwirkung von kondensierendem Heiß- und Sattdampf. Arch. Wärme-wirtsch. 12 (1931) 265—266.

68 Kirschbaum, E.; Kranz, B.; Starck, D.: Wärmeübergang am senkrechten Verdampfer-rohr. VDI-Forsch.-Heft Nr. 375, 1—8. Berlin 1935.

69 Kirschbaum, E.: Neues zum Wärmeübergang mit und ohne Änderung des Aggregatzu-standes. Chem. Ing. Tech. 24 (1952) 393—400.

70 Kirschbaum, E.; Wetjen, K.: Wärmeübergang bei Filmkondensation strömenden luft-haltigen Wasserdampfes am senkrechten Rohr. Chem. Ing. Tech. 25 (1959) 565—568.

71 Kirschbaum, E.: Der Wärmeübergang im senkrechten Verdampferrohr in dimensions-loser Darstellung. Chem. Ing. Tech. 27 (1955) 248—257.

72 Kirschbaum, E.: Der Verdampfungsvorgang bei Selbst-Umlauf im senkrechten Rohr. Dechema-Monogr. 40 (1962) 616—641, 121—147.

73 Koh, J. C. Y.; Sparrow, E. M.; Hartnett, J. P.: The Two Phase Boundary Layer in Laminar Film Condensation. Int. J. Heat Mass Transfer 2 (1961) 1/2, 69—82.

74 König, A.: Der Einfluß der thermischen Heizwandeigenschaften auf den Wärmeübergang bei Blasenverdampfung. Wärme- und Stoffübertragung 6 (1973) 38—44.

75 König, A.; Gregorig, R.: Über das Abreißen von Dampfblasen beim Behältersieden. Wärme- u. Stoffübertragung 6 (1973) 165—174.

76 Körner, M.: Messung des Wärmeübergangs bei der Verdampfung binärer Gemische. Wärme- und Stoffübertragung 2 (1969) 178—191.

77 Kollera, M.; Grigull, U.: Untersuchung der Kondensation von Quecksilberdampf. Wärme- und Stoffübertragung 4 (1971) 244—258.

78 Kopp, J. H.: Wärme- und Stoffaustausch bei Mischkondensation. Brennstoff-Wärme-Kraft 18 (1966) 3, 128 u. 129.

79 Kosky, P. G.; Lyon, D. N.: Pool Boiling Heat Transfer to Cryogenic Liquids. Am. Inst. Chem. Engrs. Journal 14 (1968) 372—387.

80 Kotake, S.: On the Mechanism of Nucleate Boiling. Int. J. Heat Mass Transfer 9 (1966) 8, 711—728.

81 Krischer, S.; Grigull, U.: Mikroskopische Untersuchung der Tropfenkondensation. Wärme- und Stoffübertragung 4 (1971) 48—59.

82 Kroger, D. G.; Rohsenow, W. M.: Condensation Heat Transfer in the Presence of a Non-Condensable Gas. Int. J. Heat Mass Transfer 11 (1968) 1, 15—26.

83 Kurihara, H. M.; Myers, J. E.: The Effects of Superheat and Surface Roughness on Boiling Coefficients. A. I. Ch. E. J. 6 (1960) 1, 83—91.

84 Kutateladze, S. S.: Heat Transfer in Condensation and Boiling. USAEC Report AEC-tr-3770 (1952).

85 Kutateladze, S. S.: Boiling Heat Transfer. Int. J. Heat Mass Transfer 4 (1961) Dez., 31—45.

L

61 Lee, J.: Turbulent Film Condensation. A. I. Ch. E. J. 10 (1964) 4, 540—544.

62 Le Fevre, E. J.; Rose, J. W.: Heat Transfer Measurements During Dropwise Condensation of Steam. Int. J. Heat Mass Transfer 7 (1964) 272 u. 273.

63 Le Fevre, E. J.; Rose, J. W.: An Experimental Study of Heat Transfer by Dropwise Condensation. Int. J. Heat Mass Transfer 8 (1965) 1117—1133.

64 Leniger, H. A.; Veldstra, J.: Wärmedurchgang in einem senkrechten Verdampferrohr bei natürlichem Umlauf. Chem. Ing. Tech. 34 (1962) 1, 21—26.

65 Leniger, H. A.; Veldstra, I.: Wärmedurchgang im senkrechten Verdampferrohr bei Zwangsumlauf und Entspannungsverdampfung. Chem. Ing. Tech. 34 (1962) 6, 417—422.

66 Linke, W.: Zum Wärmeübergang bei der Verdampfung von Flüssigkeitsfilmen. Kälte-technik 5 (1953) 275—279.

67 Lippert, T. E.; Dougall, R. S.: A Study of the Temperature Profiles Measured in the Thermal Sublayer of Water, Freon-113, and Methyl Alcohol During Pool Boiling. Trans. ASME, Ser. C 90 (1968) 3, 347—352.

68 Lotz, H.: Wärme- und Stoffaustauschvorgänge in bereifenden Lamellenrippen-Luft-kühlern im Zusammenhang mit deren Betriebsverhalten. Kältetech.-Klimatisierung 23 (1971) 208—217.

69 Lotz, H.: Programmierte Berechnung bereifender Rippenluftkühler. Kältetech. Klimatisierung 24 (1972) 275—285.

70 Lüder, H.: Wärmeübergang bei der Kondensation von Dämpfen aus Gasdampfgemischen. Vortrag auf der VDI-Hauptversammlung in Dresden 1939 (Vorbericht Z. VDI 83 (1939) 596).

71 Lyon, D. N.: Pool Boiling of Cryogenic Liquids. Chem. Eng. Progr. Sympos., Ser. 64 (1968) 87, 82—92.

M

61 Madejski, J.: Über die Wärmeübertragung bei der Kondensation von Dämpfen in Anwesenheit inerter Gase. Chem. Ing. Tech. 29 (1957) 801—813.

62 Marschall, E.: Wärmeübergang bei der Kondensation von Dämpfen aus Gemischen mit Gasen. Kältetechnik 19 (1967) 8, 241—245.

63 Marschall, E.: Wärmeübergang bei der Kondensation von Dämpfen aus Gemischen mit Gasen. Abh. dt. kältetechn. Ver. (1967) Nr. 19, 87 S.

64 Marschall, E.; Meyder, R.: Stoffübergang bei Kondensation in Anwenseheit nicht kondensierbarer Gase. Wärme- und Stoffübertragung 3 (1970) 191—196.

65 Marschall, E.; Hickmann, R. S.: Laminar Gravity-Flow Film Condensation of Binary Vapor Mixtures of Immiscible Liquids. Trans. ASME. J. Heat Transfer (1973) 1—5.

66 Marschall, E.; Meyder, R.: On the Condensation Mass Transfer in the Presence of Noncondensables. Wärme- und Stoffübertragung 3 (1973) 191—196.

67 Mayinger, F.; Lahrs, J.: Impuls- und Wärmetransport in konzentrischen und exzentrischen Ringspalten. Chem. Ing. Tech. 47 (1975) 197.

68 McFadden, P. W.; Grassmann, P.: The Relation between Bubble Frequency and Diameter during Nucleate Pool Boiling. Int. J. Heat Mass Transfer 5 (1962) 169—173.

69 Meisenburg, S. J.; Boarts, R. M.; Badger, W. L.: The Influence of Air in Steam on the Steam Film Coefficient of Heat Transfer. Trans. Am. Inst. Chem. Engrs. 31 (1934/35) 622—638.

70 Mikic, V. B.: On Mechanism of Dropwise Condensation. Int. J. Heat Mass Transfer 12 (1969) 1311—1323.

71 Mikic, B. B.; Rohsonow, W. M.: A New Correlation of Pool-Boiling Data Including the Effect of Heating Surface Characteristics. Trans. ASME, Ser. C 91 (1969) 2, 245—250.

72 Mills, A. F.; Seban, R. A.: The Condensation Coefficient of Water. Int. J. Heat Mass Transfer 10 (1967) 12, 1815—1827.

73 Müller, H.: Untersuchungen über den Wärmeübergang an siedendem Wasser in horizontalen Rohren. Wärme 68 (1961) 50—52.

74 Müller, F.: Wärmeübergang bei der Verdampfung unter hohen Drücken. VDI-Forschungsheft 522, Düsseldorf 1967.

75 Muthoo, H. K. K.: Boiling Heat Transfer. Chem. Process. Eng. 42 (1961) 8, 348—350.

N

61 Nagle, W. N.; Bays, G. S.; Blenderman, L. M.; Drew, T. B.: Heat Transfer Coefficients during Dropwise Condensation of Steam. Trans. Am. Inst. Chem. Engrs. 31 (1934/35) 593—604.

62 Nishikawa, K.; Yamagata, K.: On the Correlation of Nucleate Boiling Heat Transfer. Int. J. Heat Mass Transfer 1 (1960) 219—235.

63 Nishikawa, K.; Kusuda, H.; Yamasaki, K.: Growth and Collapse of Bubbles in Nucleate Boiling. Bull. JSME 8 (1965) 30, 205—210.

64 Nitschke, K.: Untersuchung der Intensität des Wärmeaustausches beim Verdampfen organischer Flüssigkeiten im Behälter und in Rohren. Chem. Tech. 18 (1966) 4, 223—229.

65 Nußelt, W.: Die Oberflächenkondensation des Wasserdampfes. Z. VDI 60 (1916) 541—546; 569—575.

O

61 Ouwerkerk, van H. J.: The Rapid Growth of a Vapour Bubble at a Liquid-Solid Interphase. Int. J. Heat Mass Transfer 14 (1971) 9, 1415.

P

61 Panitsidis, H.; Gresham, R. D.; Westwater, J. W.: Boiling of Liquids in a Compact Plate-Fin Heat Exchanger. Int. J. Heat Mass Transfer 18 (1975) 37—42.

62 Pitschmann, P.; Grigull, U.: Filmverdampfung an waagerechten Zylindern. Wärme- und Stoffübertragung 3 (1970) 75—84.

63 Ponter, A. B.; Diah, I. G.: Condensation of Vapors of Immiscible Binary Liquids on Horizontal Copper and Polytetrafluoraethylene-Coated Copper Tubes. Wärme- und Stoffübertragung 7 (1974) 94—106.

R

61 Rant, Z.: Verdampfen in Theorie und Praxis. Dresden und Leipzig: Steinkopf 1959.

62 Renker, W.: Der Wärmeübergang bei der Kondensation von Dämpfen in Anwesenheit nicht kondensierender Gase. Chem. Technik 7 (1955) 451—461.

63 Rettig, H.: Die Verdampfung von Tropfen an einer heißen Wand unter erhöhtem Druck. Diss. TH Stuttgart 1966.

64 Roetzel, W.: Heat Transfer in Laminar Film Condensation. Variable Viscosity and Subcooling. Wärme- und Stoffübertragung 6 (1973) 127—132.

65 Rohsenow, M. W.; Clark, J. A.: A Study of the Mechanism of Boiling Heat Transfer. Trans. Am. Soc. Mech. Engrs. 73 (1951) 609—620.

66 Rohsenow, H.: Nucleation at Heating Surfaces. Ind. Eng. Chem. 57 (1965) 5, 12—14.

67 Rose, J. W.: Condensation of a Vapour in the Presence of a Non-Condensing Gas. Int. J. Heat Mass Transfer 12 (1969) 2, 233—237.

S

61 Sallaly, M.: Die Wärmeübertragung bei der Blasenverdampfung von Flüssigkeiten an künstlichen Siedekeimen. Chem. Eng. Sci. 21 (1966) 4, 367—380.

62 Schlünder, E. U.; Chawla, J. M.: Örtlicher Wärmeübergang und Druckabfall bei der Strömung verdampfender Kältemittel in innenberippten, waagerechten Rohren. Kältetechnik 21 (1969) 5, 136—139.

63 Schlünder, E. U.: Über den Wärmeübergang beim Blasensieden. Verfahrenstechn. 4 (1970) 11, 493—497.

64 Schmidt, E.: Verdunstung und Wärmeübergang. Gesunhheitsingenieur 52 (1929) 525.

65 Schmidt, E.; Schurig, W.; Sellschopp, W.: Versuche über die Kondensation von Wasserdampf in Film- und Tropfenform. Tech. Mech. Thermodyn. 1 (1930) 53—63.

66 Schmidt, E.; Behringer, Ph.; Schurig, W.: Wasserumlauf in Dampfkesseln. VDI-Forsch.-Heft Nr. 365. Berlin 1934.

67 Schmidt, Th. E.: Der Wärmeübergang bei der Kondensation in Behältern und Rohren. Kältetechnik 3 (1951) 282—288.

68 Schneider, H. W.; Chawla, J. M.: Wärmeübergang und Druckabfall beim unterkühlten Sieden in senkrechten Rohren. Chem. Ing. Tech. 47 (1975) 207.

69 Schrader, H.: Einfluß von Inertgasen auf den Wärmeübergang bei der Kondensation von Dämpfen. Chem. Ing. Tech. 38 (1966) 1091—1094.

70 Schulenberg, F.: Wärmeübergang und Druckverlust bei der Kondensation im senkrechten Rohr. Chem. Ing. Tech. 41 (1969) 7, 443.

71 Schulenberg, F.: Wärmeübergang und Druckerlust bei der Kondensation von Kältemitteldämpfen in luftgekühlten Kondensatoren. Kältetech. Klimatisierung 22 (1970) 75—81.

72 Schwartz, F. L.; Siler, L. G.: Correlation of Sound Generation and Heat Transfer in Boiling. Trans. ASME, Ser. C 87 (1965) 4, 436—438.

73 Selin, G.: Kondensation von Wasserdampf in Tropfenform. Dechema-Monogr. 40 (1962) 149—154, 616—641.

74 Sernas, V.; Hooper, F. C.: The Initial Vapor Bubble Growth on a Heated Wall During Nucleate Boiling. Int. J. Heat Mass Transfer 12 (1969) 12, 1627—1639.

75 Shea, F. L.; Krase, N. W.: Dropwise and Film Condensation of Steam. Trans. Amer. Inst. Chem. Engrs. 36 (1940) 463—490.

76 Slipcevic, B.: Verdampfung und Verflüssigung in waagerechten glatten Rohren. Kälte 18 (1965) 9, 481—483.

77 Slipcevic, B.: Über die Verdampfung von Frigenen. Kälte 21 (1968) 9, 468—471.

78 Slipcevic, B.: Bemessung von Verdampfern und Kondensatoren unter Berücksichtigung örtlich veränderlicher Wärmedurchgangskoeffizienten. Kältetech. Klimatisierung 22 (1970) 424—429.

79 Slipcevic, B.: Wärmeübertragung bei der Verdampfung von Frigenen. Verfahrenstechnik 5 (1971) 29—35.

80 Slipcevic, B.: Wärmeübergang beim Sieden von R-Kältemitteln in horizontalen Rohren. Kältetech.-Klimatisierung 24 (1972) 345—351.

81 Sparrow, E. M.; Eckert, E. R. G.: Effects of Superheated Vapor and Noncondensible Gases on Laminar Film Condensation. Am. Inst. Chem. Engrs. Journal 7 (1961) 473—477.

82 Sparrow, E. M.; Lin, S. H.: Condensation Heat Transfer in the Presence of a Noncondensable Gas. Trans. ASME, Ser. C 86 (1964) 3, 430—436.

83 Sparrow, E. M.; Marschall, E.: Binary, Gravity Flow Film Condensation. J. of Heat Transfer, Mai 1969, 205—211.

84 Stender, W.: Der Wärmeübergang bei kondensierendem Heißdampf. Z. VDI 69 (1925) 905—909.

85 Stepánek, J.; Heyberger, A.; Vesely, V.: Wärmeübergung am waagerechten Rohr bei Kondensation gesättigter und überhitzter Dämpfe. Int. J. Heat Mass Transfer 12 (1969) 2, 137—146.

86 Stephan, K.: Mechanismus und Modellgesetz des Wärmeübergangs bei der Blasenverdampfung. Chem. Ing. Tech. 35 (1963) 11, 775—784.

87 Stephan, K.: Beitrag zur Thermodynamik des Wärmeübergangs beim Sieden. Abh. deutsch. Kältetech. Ver. Nr. 18 Karlsruhe 1964. Vgl. auch Chem. Ing. Tech. 35 (1963) 775—784.

88 Stephan, K.: Einfluß des Öls auf den Wärmeübergang von siedendem Frigen 12 und Frigen 22. Kältetechnik 16 (1964) 162—166.

89 Stephan, K.: Stabilität beim Sieden. Brennstoff-Wärme-Kraft 17 (1965) 12, 571—578.

90 Stephan, K.: Übertragung hoher Wärmestromdichten an siedende Flüssigkeiten. Chem. Ing. Tech. 38 (1966) 112—117.

91 Stephan, K.; Körner, M.: Berechnung des Wärmeübergangs verdampfender binärer Flüssigkeitsgemische. Chem. Ing. Tech. 41 (1969) 409—417.

92 Stephan, K.; Körner, M.: Blasenfrequenzen beim Verdampfen reiner Flüssigkeiten und binärer Flüsigkeitsgemische. Wärme- und Stoffübertragung 3 (1970) 185—190.

93 Stewart, J. K.; Cole, R.: Bubble Growth Rates during Nucleate Boiling at High Jakob Numbers. Int. J. Heat Mass Transfer 15 (1972) 655—664.

94 Stewart, P.; Clayton, J.; Loya, B.; Hurd, S.: Condensing Heat Transfer in Steam-Air Mixtures in Turbulent Flow. Ind. Engng. Chem., Proc. Design and Develop. 3 (1964) 48—54.

95 Struve, H.: Der Wärmeübergang an einen verdampfenden Rieselfilm. VDI-Forsch.-H. 534 (1969) 36 Seiten.

96 Struve, H.: Beitrag zur Bemessung von Rieselverdampfern. Kältetech.-Klimatisierung 24 (1972) 241—252.

T

61 Tamir, A.; Taitel, Y.; Schlünder, E. U.: Direct Contact Condensation of Binary Mixtures. Int. J. Heat Mass Transfer 17 (1974) 1253—1260.

62 Tanner, D. W.; Pope, D.; Potter, C. J.; West, D.: Heat Transfer in Dropwise Condensation at Low Steam Pressures in the Absence and Presence of Noncondensible Gas. Int. J. Heat Mass Transfer 11 (1968) 181—190.

63 Thomas, D.: Blasen- und Filmverdampfung bei Wasser unter atmosphärischem Druck und in der Nähe des kritischen Punktes. Brennstoff-Wärme-Kraft 19 (1967) 1, 14—19.

64 Thomas, D. G.: Einhancement of Film Condensation Heat Transfer Rates on Vertical Tubes by Vertical Wires. Ind. Eng. Chem. Fundamentals 6 (1967) 1, 97—103.

65 Thomas, D. G.: Enhancement of Film Condensation Rate on Vertical Tubes by Longitudinal Fins. A. I. Ch. E. J. 14 (1968) 4, 644—649.

66 Thomas, D. G.: Prospects for Further Improvement in Enhanced Heat Transfer Surfaces. (Verdampfung und Kondensation). Desalin 12 (1973) 2, 189—215.

67 Tong, L. S.: Boiling Heat Transfer and Two-Phase Flow. New York: John Wiley 1967.

68 Turek, K.: Wärmeübergang und Druckverluste bei der Filmkondensation strömenden Sattdampfes an horizontalen Rohrbündeln. Chem. Ing. Tech. 44 (1972) 280—285.

69 Turner, R. H.; Millsand, A. F.; Denny, V. E.: The Effect of Non-Condensible Gas on Laminar Film Condensation of Liquid Metals. Trans. ASME, J. Heat Transfer (1973) 6—11.

U

61 Umur, A.; Griffith, P.: Mechanism of Dropwise Condensation. Trans. Amer. Soc. Mech. Engrs. Ser. C 87 (1965) 275—282.

62 Upmalis, A.: Wärmeübergang an siedendes Wasser in rauhen Stahlrohren. Wärme- und Stoffübertragung 6 (1973) 160—164.

V

61 Vaihinger, D.; Kaufmann, W. D.: Zum Druckeinfluß auf den Wärmeübergang bei ausgebildeter Blasenverdampfung. Chem. Ing. Tech. 44 (1972) 921—927.

W

61 Wenzel, H.: Neue Wärmeübergangsmessungen bei Tropfenkondensation im Vergleich mit der Theorie. Brennstoff-Wärme-Kraft 18 (1966) 440—445.

62 Wenzel, H.: Erweiterte Theorie des Wärmeübergangs bei Tropfenkondensation. Wärme- und Stoffübertragung 2 (1969) 6—18.

63 Wenzel, H.: On the Condensation Coefficient of Water Estimated from Heat-Transfer Measurements during Dropwise Condensation. Int. J. Heat Mass Transfer 12 (1969) 125.

64 Wett, T.: High-Flux Heat Exchange Surface Allows Area to be Cut by over 80%. The Oil and Gas Journ. 27 (1971) Dez. 118—120.

65 Winkelsesser, G.: Die Wärmeabgabe von strömendem Heiß- und Sattdampf. Dechema-Monogr. 20 Nr. 244, Weinheim 1952.

66 Winterton, R. H. S.: Effect of Gas Bubbles on Liquid Metal Heat Transfer. Int. J. Heat Mass Transfer 16 (1973) 549—554.

Z

61 Zuber, N.: Hydrodynamic Aspects of Boiling Heat Transfer. Trans. ASME 80 (1958) 711—720.

II. Einfluß der Wärmestrahlung auf den Wärmeübergang

§ 18. Absorption und Emission von Strahlung

Die bisher angegebenen Gleichungen für den Wärmeübergang berücksichtigen nur die Wirkung der Wärmeleitung und Konvektion. Bei sehr hohen Temperaturen, wie sie z. B. in der Hüttenindustrie oder in Dampfkesselanlagen vorkommen, liefert indessen auch die Wärmestrahlung der strömenden Gase und der an sie grenzenden festen Wände einen erheblichen Beitrag zum Wärmeübergang. Mit dem Einfluß der Gasstrahlung auf den Wärmeübergang haben sich nach ersten Arbeiten von Nernst [N 101], Nußelt [N 102], Schack [S 101] und anderen Forschern vor allem E. Schmidt [S 107], Hottel und Mangelsdorf [H 105] sowie Eckert [E 102] befaßt.

Der Wärmeübergang durch Gasstrahlung beruht darauf, daß Wasserdampf und Kohlendioxid, die in den heißen Gasen fast stets enthalten sind, Strahlung sowohl auszusenden wie auch zu absorbieren vermögen. Die ein- und zweiatomigen Gase hingegen, wie Sauerstoff, Stickstoff, Wasserstoff usw., strahlen nicht und sind für die Wärmestrahlung nahezu vollkommen durchlässig; sie nehmen somit am Strahlungsaustausch nicht teil. Es strahlen zwar auch andere mehratomige Gase wie z. B. Kohlenwasserstoffe. Diese Gase sind jedoch in technischen Feuerungen bei den hohen Temperaturen schon so weitgehend verbrannt, daß sie zum Strahlungsaustausch nicht mehr merklich beitragen können.

Bei Verbrennungsgasen kann die Gasstrahlung grundsätzlich noch erhöht werden durch die Strahlung von glühenden, sehr kleinen Rußteilchen, die sich bei unvollkommener Verbrennung ausscheiden. Man spricht in diesem Falle von leuchtenden Flammen, eine Erscheinung, die auch künstlich durch Zugabe von Kohlenwasserstoffen zu den brennbaren Gasen (sog. „Karburierung") hervorgerufen werden kann. Diese Art der Strahlung, auch Flammenstrahlung genannt, ist bedeutsam bei den Feuerungen von Dampfkesseln und anderen technischen Feuerungen; sie dürfte aber bei Wärmeaustauschern kaum eine Rolle spielen, weil in diesen im allgemeinen eine Verbrennung nicht mehr stattfindet. Es soll daher auch hier nicht näher darauf eingegangen werden. Soweit ausnahmsweise auch in Wärmeaustauschern eine Berücksichtigung dieser Strahlung nötig erscheinen sollte, kann auf das einschlägige Schrifttum[1] verwiesen werden.

In Wärmeaustauschern wird die von den Gasen ausgesandte Strahlung von den festen Wänden der Kanäle, in denen sie strömen, durch Absorption aufgenommen. Umgekehrt beteiligen sich diese Wände auch durch eigene Ausstrahlung an der Wärmeübertragung. Im folgenden sollen zuerst die Gesetze der Strahlung fester Körper und danach die verwickelteren Gesetze der Gasstrahlung erörtert werden.

Strahlung der Oberflächen fester Körper

Die durch die Einheit der Begrenzungsfläche eines festen Körpers oder auch eines Gases in der Zeiteinheit ausgestrahlte Wärmemenge nennt man Emissionsvermögen.

---

[1] Vor allem seien die entsprechenden Abschnitte in den Büchern von Schack [5] und von Eckert [3] erwähnt, die auch zahlreiche Schrifttumsangaben enthalten.

Bei einer gegebenen Temperatur strahlt derjenige Körper den höchsten Betrag an Energie aus, der umgekehrt in der Lage ist, sämtliche auf ihn treffende Strahlungsenergie vollständig zu absorbieren. Ein solcher Körper wird „vollkommen schwarz" genannt. Die von einem vollkommenen schwarzen Körper je Einheit der Oberfläche und je Zeiteinheit ausgestrahlte Energie beträgt nach dem Stefan-Boltzmannschen Strahlungsgesetz

$$E_s = C_s(T/100)^4,\qquad(80)$$

worin T die absolute Temperatur und C_s die Strahlungszahl des vollkommen schwarzen Körpers bedeutet. C_s hat den Wert 5,77, wenn man E_s in W/m^2 mißt[2]. Die Energie E_s nach Gl. (80), die somit das Emissionsvermögen des vollkommenen schwarzen Körpers darstellt, wird nach allen Richtungen hin in den gesamten Halbraum ausgestrahlt. Die senkrecht zur Fläche ausgestrahlte Energie, bezogen auf den Raumwinkel 1, beträgt E_s/π.

Die Strahlung eines schwarzen Körpers besteht aus Strahlen sehr verschiedener Wellenlängen λ. Wie sich die Energie dieser Strahlung auf die verschiedenen Wellenlängenbereiche verteilt, d. h. die sog. spektrale Energieverteilung der schwarzen Strahlung, ist bestimmt durch das Plancksche Strahlungsgesetz:

$$dE_s = E_{s\lambda}\, d\lambda = 0{,}374 \cdot 10^{-15} \frac{\lambda^{-5}}{\exp\dfrac{0{,}01438}{\lambda T} - 1}\, d\lambda \quad [\text{in } W/m^2 \text{ bei } \lambda \text{ in m}],\qquad(81)$$

worin dE_s die bei der Temperatur T des schwarzen Körpers auf den kleinen Wellenlängenbereich zwischen λ und $\lambda + d\lambda$ entfallende Strahlungsenergie je Flächeneinheit und Zeiteinheit bedeutet. Der Betrag dE_s bezieht sich auf die unpolarisierte Strahlung, die in den gesamten Halbraum ausgesandt wird.

Bild 37, in der $E_{s\lambda}$ abhängig von λ aufgetragen ist, zeigt die Energieverteilung nach Gl. (81) für verschiedene Temperaturen T. Man erkennt, daß nicht nur die Absolutwerte der Energie mit wachsender Temperatur stark zunehmen, daß vielmehr auch die verhältnismäßige Verteilung der Energie auf die verschiedenen Wellenlängenbereiche sich mit der Temperatur ändert. Denn mit steigender Temperatur wächst die Strahlungsenergie in den Bereichen kleiner Wellenlängen erheblich rascher an als in den Bereichen großer Wellenlängen. Daher verschiebt sich auch der Höchstwert der Energie mit wachsender Temperatur in Richtung abnehmender Wellenlänge. Für die Wellenlänge λ_m, an der $E_{s\lambda}$ ein Maximum hat, gilt nach dem *Wienschen Verschiebungsgesetz*: $\lambda_m T = 0{,}002896 \text{ m} \cdot \text{K}$.

Ein *beliebiger* nicht schwarzer Körper absorbiert von der auffallenden Strahlung nur einen gewissen Bruchteil. Sieht man von Fällen ab, in denen ein Teil der Strahlung den Körper zu durchdringen vermag, dann wird der nicht absorbierte Rest der auffallenden Strahlung vollständig reflektiert. Das Verhältnis ε der absorbierten Strahlungsenergie zur auftreffenden Strahlungsenergie wird *Absorptionsverhältnis* (weniger treffend auch Absorptionsvermögen) genannt. Das Absorptionsverhältnis hängt von der Art des strahlenden Körpers und seiner Ober-

---

[2] Die Einheit von C_s ist $\dfrac{W}{m^2}\left(\dfrac{100}{K}\right)^4$. Multipliziert man nämlich diese Einheit mit $(K/100)^4$, der Einheit von $(T/100)^4$, dann erhält man die richtige Einheit von E_s.

flächenbeschaffenheit ab. Nur der vollkommen schwarze Körper hat das Absorptionsverhältnis 1.

Je weniger ein Körper zu absorbieren vermag, um so weniger vermag er auch zu strahlen. Diese Tatsache kommt im *Kirchhoffschen Gesetz* zum Ausdruck, wonach bei einer gegebenen Temperatur das Emissionsvermögen E eines beliebigen Körpers gleich ist dem Produkt aus seinem Absorptionsverhältnis ε und aus dem Emissionsvermögen E_s des vollkommen schwarzen Körpers. Aus diesem Grunde wird ε auch Emissionsverhältnis genannt.

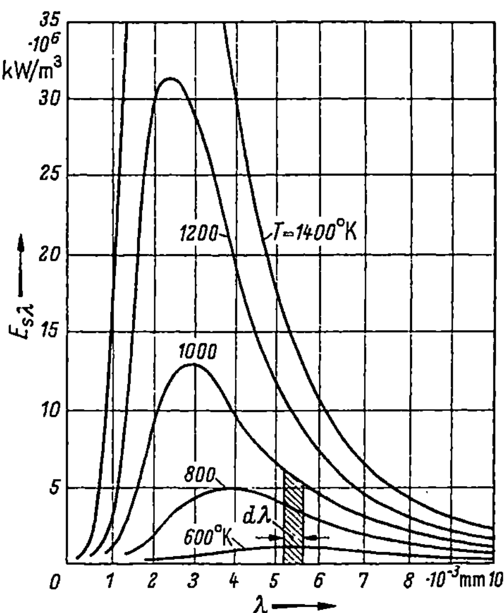

Bild 37. Energieverteilung der schwarzen Strahlung.

Ein beliebiger Körper strahlt hiernach in der Zeiteinheit je Einheit der Oberfläche unter Berücksichtigung von Gl. (80) die Wärmemenge

$$E = \varepsilon E_s = \varepsilon C_s (T/100)^4 \tag{82}$$

aus. Nennt man noch $C = \varepsilon C_s$ die Strahlungszahl des nicht schwarzen Körpers, dann kann man statt Gl. (82) auch schreiben

$$E = C(T/100)^4. \tag{83}$$

Untenstehende Tabelle enthält die Strahlungszahlen C und die Absorptionsverhältnisse ε verschiedener fester Stoffe.

Bei der Berechnung von Wärmeaustauschern genügt es im allgemeinen, das Absorptionsverhältnis ε als unabhängig von der Wellenlänge anzunehmen, d.h. den absorbierenden oder strahlenden Körper als „*grau*" zu betrachten. Hängt hingegen, was in Wirklichkeit fast immer zutrifft, ε von der Wellenlänge ab, wird seine Oberfläche „*farbig*" genannt. Wie stark ε von einem konstanten mittleren Wert u.U. abweichen kann, zeigen als Beispiele die beiden Bilder 38a und b für Aluminium, Schamotte, weiße Kacheln und Verputz.

Tabelle 7. Absorptionsverhältnisse ε und Strahlungszahlen $C = \varepsilon C_s$ fester Stoffe

Stoff und Oberflächenbeschaffenheit	t in °C	ε in %	C in $\dfrac{\mathrm{W}}{\mathrm{m}^2}\left(\dfrac{100}{\mathrm{K}}\right)^4$
Vollkommen schwarzer Körper		100	5,77
Aluminium, poliert	37,8	4,5	0,26
	538	7,8	0,45
Aluminium, oxidiert	37,8	8 bis 20	0,46 bis 1,15
	538	18 bis 33	1,04 bis 1,10
Kupfer, poliert	37,8	4	0,23
	538	4	0,23
Messing, poliert	37,8	7	0,40
	260	10	0,58
Messing, oxidiert	37,8	46	2,65
	538	67	3,87
Eisen, blank abgeschmirgelt	20	24	1,38
Eisen, Walzhaut	20	77	4,44
Eisen, Gußhaut	37,8	81	4,67
Eisen, rot angerostetet	37,8	69	3,98
Eisen, stark verrostet	20	85	4,90
Nickel, poliert	37,8	5	0,28
	538	10	0,58
Nickel, oxidiert	538	46 bis 66	2,65 bis 3,81
Zink	37,8	2	0,12
	538	4	0,23
Sandstein	37,8	83	4,79
	538	90	5,19
Keramische Stoffe	260	59	3,40
	538	36	2,08
Feuerfeste Steine	538	63 bis 84	3,64 bis 4,85
	1093	77 bis 91	4,44 bis 5,25
Holz	70	91	5,25
Papier	37,8	93	5,37
	538	76	4,39

Die nach Gl. (82) oder (83) sich errechnende Strahlungsenergie wird von der fraglichen Fläche in den gesamten vor der Fläche befindlichen Halbraum ausgestrahlt. Wie sich diese Energie auf die verschiedenen Strahlungsrichtungen verteilt, ist angenähert durch das *Lambertsche* Cos-Gesetz bestimmt. Strahlt in der Zeiteinheit eine Fläche in Richtung ihrer Normalen in den Raumwinkel $d\Omega$ die Energie $E_n\, d\Omega$ aus, dann beträgt nach diesem Gesetz ihre Ausstrahlung unter dem Winkel φ zur Normalen

$$E_n \cos\varphi \cdot d\Omega. \tag{84}$$

Auch von diesem Gesetz treten Abweichungen auf, und zwar im wesentlichen für Strahlen, deren Richtungen nahe der Oberfläche verlaufen, d. h. für sog. streifende Strahlen. In diesen Richtungen strahlen Metalle meist wesentlich mehr, Nichtmetalle wie Holz, Glas und Papier weniger als nach dem Lambertschen Gesetz. Dies zeigt Bild 39 für zwei Beispiele. In dieser Abbildung ist in jeder Richtung, gekennzeichnet durch den jeweiligen Winkel φ zur Flächennormalen, das Verhältnis zur Strahlung des vollkommen schwarzen Körpers, d. h. das Absorptions- oder

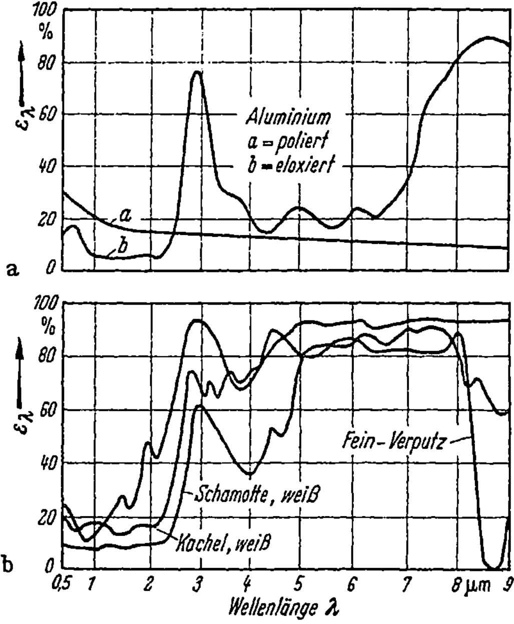

Bild 38a u. b. Absorptionsverhältnis ε_λ verschiedener fester Oberflächen, abhängig von der Wellenlänge λ.
a) Aluminium, poliert und eloxiert; b) nichtmetallische Oberflächen.

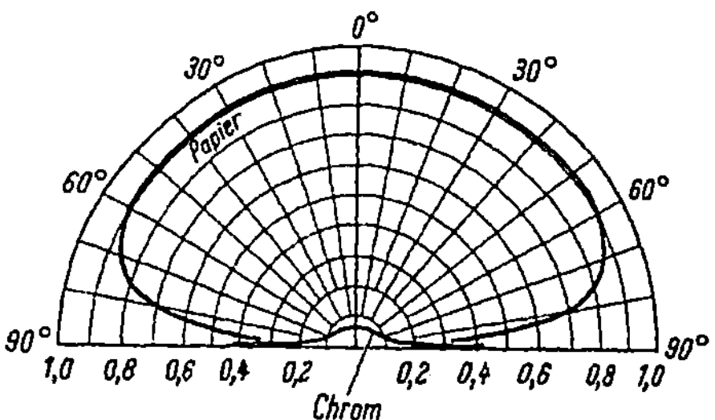

Bild 39. Richtungsverteilung der Wärmestrahlung eines Nichtleiters (Papier) und eines Metalls (Chrom).

Emissionsverhältnis ε_φ, aufgetragen. Bei exakter Gültigkeit des Lambertschen Cos-Gesetzes müßte sich hierbei entsprechend einem konstanten Absorptionsverhältnis ε_φ ein voller Halbkreis ergeben. Bei technischen Rechnungen wird in der Regel angenommen, daß das Lambertsche Gesetz erfüllt ist.

Strahlung von Wasserdampf und Kohlendioxid

Ein wichtiger Unterschied im Verhalten von Gasen gegenüber festen Körpern besteht darin, daß Gase Strahlen, die auf sie auftreffen und in sie eindringen, nur innerhalb beschränkter Wellenbereiche zu absorbieren vermögen. In allen anderen Wellenlängenbereichen sind die Gase für Strahlung nahezu vollkommen durchlässig. Wir wollen z.B. Strahlung innerhalb eines sehr kleinen Wellenlängenbereiches zwischen λ und $\lambda + d\lambda$ betrachten, die in Wasserdampf oder Kohlendioxid eindringt. Von dieser Strahlung werde ein Teil vom Gas absorbiert, während der Rest das Gas durchdringt und es danach wieder verläßt. Den Bruchteil der Energie der auffallenden Strahlung, den das Gas absorbiert, nennt man, als echten Bruch ausgedrückt, das Absorptionsverhältnis (auch „Absorptionsvermögen") ε_λ des Gases bei der Wellenlänge λ. ε_λ hat nur innerhalb der Wellenlängenbereiche, in denen das Gas absorbiert, endliche Werte; außerhalb dieser Bereiche ist ε_λ verschwindend klein. Die Bilder 40 und 41, in denen ε_λ abhängig von λ aufgetragen ist, zeigen die Absorptionsbereiche, auch „Absorptionsbanden" genannt, von Kohlendioxid und Wasserdampf. Feinere Einzelheiten sind der

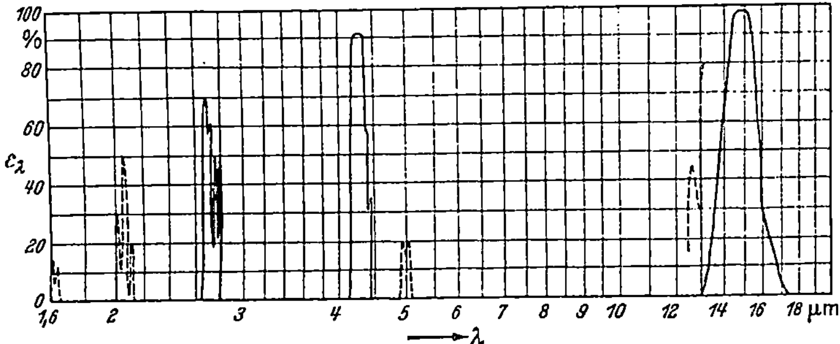

Bild 40. Absorptionsspektrum des Kohlendioxids.

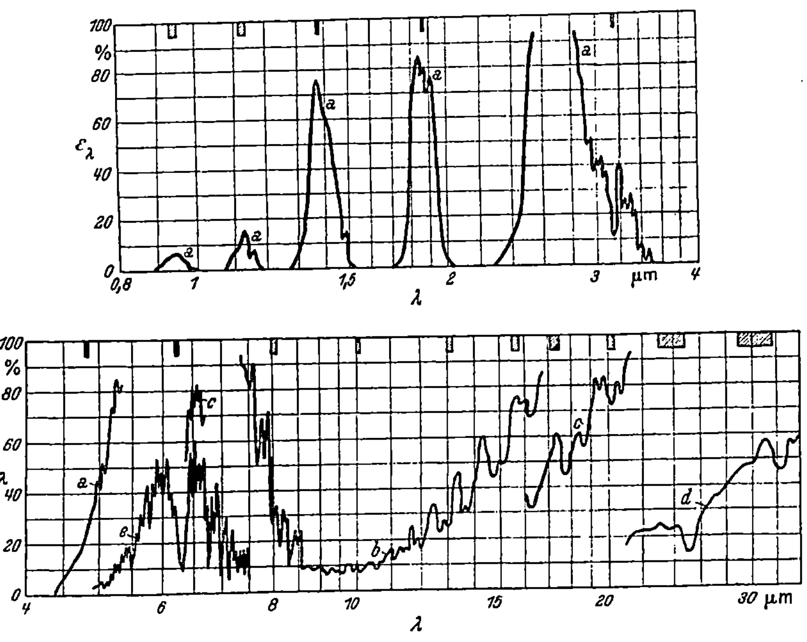

Bild 41. Absorptionsspektrum des Wasserdampfes.
a, b, c, d, e beziehen sich auf verschieden dicke Wasserdampfschichten oder verschiedene Temperaturen.

Deutlichkeit wegen unterdrückt. Kohlendioxid hat hiernach drei Hauptabsorptionsbanden, die etwa von 2,65 bis 2,8 μm, von 4,15 bis 4,45 μm und von 13 bis 17 μm reichen. Das ultrarote Spektrum des Wasserdampfes weist im wesentlichen vier Banden auf in den Wellenlängenbereichen von etwa 1,7 bis 2 μm, von 2,3 bis 3,4 μm, von 4,4 bis 8,5 μm und von 12 bis 30 μm. Kleinere Absorptionsbanden sind gestrichelt eingezeichnet.

Das in den Bildern 40 und 41 dargestellte Absorptionsverhältnis ε_λ gilt indessen jeweils nur für einen bestimmten Gasdruck und eine bestimmte Schichtdicke des Gases. Mit wachsendem Druck oder Teildruck p des absorbierenden Gases sowie mit wachsender Schichtdicke s des Gases nimmt ε_λ zu. Nach dem Gesetz von Beer soll ε_λ bei gegebenem T und λ nur von dem Produkt $p \cdot s$ aus Druck und Schichtdicke abhängen. Erniedrigt man z.B. den Partialdruck des Kohlendioxids auf die Hälfte, dann wird nach diesem Gesetz erst auf einem doppelt so langen Weg ebensoviel Strahlung absorbiert wie beim ursprünglichen Partialdruck. Es kommt also nach diesem Gesetz nur auf die durchstrahlte Menge des absorbierenden Gases an. Bei unveränderlichem Gesamtdruck gilt das *Beersche Gesetz* zwar gut für Kohlendioxid, nicht aber für Wasserdampf, d.h. zum mindesten nicht für Wasserdampf-Stickstoff-Gemische. Bei Steigerung des Gesamtdruckes treten auch bei Kohlendioxid Abweichungen vom Beerschen Gesetz auf; vgl. z.B. [M 101].

Bei Gültigkeit des Beerschen Gesetzes wird Strahlung von der Wellenlänge λ und der Anfangsenergie $J_{\lambda 0}$ beim Durchtritt durch ein Gas von der Schichtdicke s durch Absorption auf den Betrag

$$J_\lambda = J_{\lambda 0} \cdot \exp -a_\lambda p s \qquad (85)$$

geschwächt, worin a_λ Extinktionskoeffizient genannt wird. a_λ hängt unter Voraussetzung des genannten Gesetzes nur von λ, nicht aber von p und s ab. Doch kann man Gl. (85) auch allgemeiner anwenden, z.B. auf Wasserdampf-Stickstoff-Gemische, wenn man a_λ auch als abhängig von p (oder s) betrachtet. Da nach Gl. (85) der Betrag $J_{\lambda_0} - J_\lambda$ absorbiert wird, ergibt sich für das Absorptionsverhältnis die Beziehung

$$\varepsilon_\lambda = \frac{J_{\lambda 0} - J_\lambda}{J_{\lambda 0}} = 1 - \exp -a_\lambda p s . \qquad (86)$$

Zur Ermittlung der Gesamtwirkung der Gasstrahlung benötigt man das *Absorptionsverhältnis ε des Gases für die gesamte in das Gas eindringende Strahlung aller Wellenlängen.* Dieses Absorptionsverhältnis, das auch Schwärzegrad genannt wird, kann man grundsätzllch aus den Werten von ε_λ berechnen, indem man über die bei den verschiedenen Wellenlängen absorbierte Strahlungsenergie integriert und den Integralwert zur gesamten auftreffenden Strahlungsenergie ins Verhältnis setzt. Schack [S 101] hat solche Berechnungen durchgeführt und hierdurch erstmalig auf theoretischem Wege angenäherte Werte von ε ermittelt.

§ 19. Messungen der Gesamtstrahlung von Kohlendioxid und Wasserdampf

Schon vor den genannten Berechnungen von Schack hat W. Nußelt [N 102, 103] die Gesamtstrahlung von Verbrennungsgasen, die hauptsächlich aus gleichen Mengen von CO_2 und CO bestanden, bis zu einer Temperatur von 2 250° gemessen. Um aber auch für beliebige andere Gasgemische die Wärmeübertragung durch

Strahlung bestimmen zu können, haben in Deutschland E. Schmidt [S 107] und
E. Eckert [E 102, S 109], in Amerika Hottel und Mangelsdorf [H 105] sowie
M. McCaig [M 101] die Gesamtstrahlung von Wasserdampf und Kohlendioxid
sowie ihrer Gemische mit Stickstoff oder Luft in einem weiten Temperaturbereich
bis 1300° und bei verschiedenen Schichtdicken und Partialdrücken gemessen.
Hottel und Mangelsdorf haben zum Teil etwas abweichende Werte des Emissionsvermögens gefunden, doch sind sie im wesentlichen zu denselben Ergebnissen gelangt wie Schmidt und Eckert [S 109][3].

Es konnten daher die Ergebnisse der deutschen und amerikanischen Messungen
einheitlich durch die nachstehenden Bilder 42 und 43 dargestellt werden. In diesen
Abbildungen ist als Abszisse das Produkt $p \cdot s$ aus dem Gesamt- oder Partialdruck
p des strahlenden Gases und dem Strahlungsweg s in cm · bar, als Ordinate das
Emissionsverhältnis ε bei verschiedenen Temperaturen in °C aufgetragen.

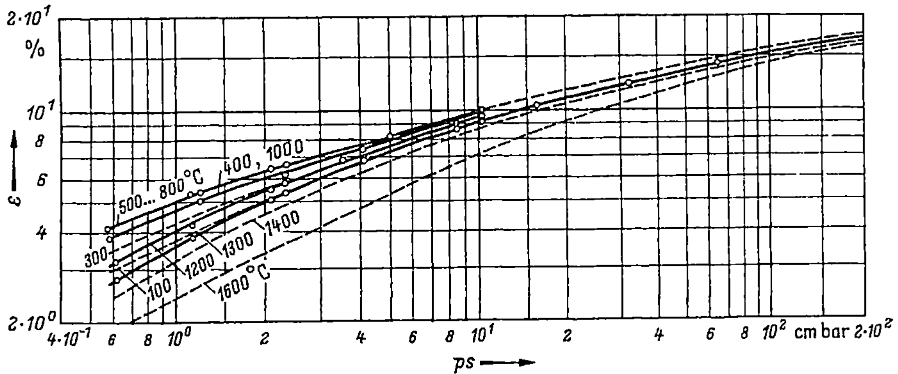

Bild 42. Emissionsverhältnis ε von Kohlendioxid; nach Eckert.

Da Kohlendioxid das Beersche Gesetz erfüllt, gilt Bild 42 auch für Gemische
des Kohlendioxids mit anderen nichtstrahlenden Gasen. Man hat hierbei lediglich
für p den Partialdruck des Kohlendioxids einzusetzen. Die Kurven im Hauptteil
von Bild 43 beziehen sich hingegen nur auf die Strahlung von *reinem* Wasserdampf.
In Gemischen mit Stickstoff ist die Strahlung des Wasserdampfes geringer, als es
dem Beerschen Gesetz entspricht. Für Gemische muß man daher den aus dem
Hauptteil von Bild 43 abgelesenen Wert von ε noch mit einem Berichtigungsfaktor f multiplizieren. Dieser Faktor kann den Kurven rechts unten entnommen
werden, die f abhängig von $p \cdot s$ für verschiedene Verhältnisse des Wasserdampf-
partialdruckes p zum Gesamtdruck P wiedergeben. Diese nach Messungen
von Hottel und Mangelsdorf [H 105] sowie von Eckert ermittelten Kurven vernachlässigen eine geringe, von Eckert [E 102] festgestellte Abhängigkeit von der

---

[3] Hottel und Mangelsdorf haben ihre Messungen in Gemischen mit Luft durchgeführt,
während bei den Messungen von Eckert reiner Stickstoff beigemischt war. Vielleicht kann der
Unterschied der Ergebnisse zum Teil dadurch erklärt werden, daß der Sauerstoff der Luft die
Strahlung von Kohlendioxid und Wasserdampf in anderer Weise beeinflußt als Stickstoff.
Die Abweichungen zwischen den verschiedenen Messungen sind auch behandelt von H. C. Hot-
tel und R. B. Egbert [H 106].

Temperatur. Im übrigen gelten die Bilder 42 und 43 für einen Gesamtdruck von 1 bar abs. und nicht zu stark davon abweichende Drücke. Bei höheren Drücken ist eine Zunahme der Strahlung zu erwarten.

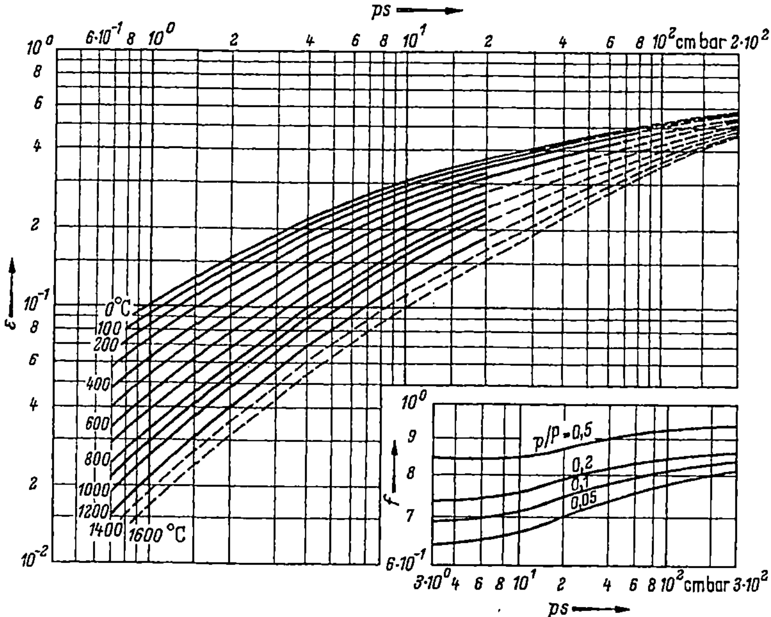

Bild 43. Emissionsverhältnis ε von Wasserdampf; nach E. Schmidt, Hottel und Eckert. p Teildruck des Wasserdampfes; P Gesamtdruck; s Schichtdicke; f Berichtigungsfaktor.

Strahlung von Kohlendioxid-Wasserdampf-Gemischen

Wenn in einem Gasgemisch Kohlendioxid und Wasserdampf gleichzeitig anwesend sind, können die Emissionsverhältnisse ε_{C_2O} und ε_{H_2O} nicht genau addiert werden. Das gemeinsame Emissions- oder Absorptionsverhältnis $\varepsilon_{CO_2+HO_2}$ ist viel mehr etwas kleiner als ihre Summe, weil die Banden sich teilweise überdecken und jeder der beiden strahlenden Bestandteile die Strahlung des anderen durch Absorption schwächt. Die Schwächung ist indessen so gering, daß Eckert sie in der 2. Auflage seines Buches [3] nicht mehr erörtert hat und auch Schack [5] eine entsprechende Korrektur für entbehrlich hält.

Einfluß der Gestalt der strahlenden Gasmasse

Um ε aus den Bildern 42 und 43 ablesen zu können, benötigt man die Kenntnis der maßgebenden Schichtdicke s. Die Schichtdicke läßt sich leicht bestimmen, wenn die Gasschicht für alle Strahlungsrichtungen gleich dick ist. Dies ist aber, wenn man ein sehr kleines bestrahltes Flächenelement df betrachtet, nur in dem Sonderfall möglich, daß die Gasmasse die Gestalt einer Halbkugel hat und das bestrahlte Flächenstück sich in der Mitte der Grundfläche dieser Halbkugel befindet; vgl. Bild 44a. Bei anderen Formen der Gasmasse, wie z.B. in Bild 44b, kann man sich die wirkliche Gestalt durch eine Halbkugel ersetzt denken, deren Gasinhalt in der Zeiteinheit nach dem betrachteten Flächenstück hin die gleiche

Strahlungsenergie aussendet. Der Halbmesser dieser Halbkugel stellt dann die maßgebende Schichtdicke des Gases dar. Auf Grund dieser Überlegung haben Nußelt [N 103], Jakob [J 101], E. Schmidt [S 108], Hottel [H 107] und Eckert [3, 3. Aufl., S. 239] durch Integration über alle Strahlungsrichtungen s für verschiedene Fälle berechnet. Ihre wichtigsten Ergebnisse sind in nachstehender Tabelle zusammengestellt.

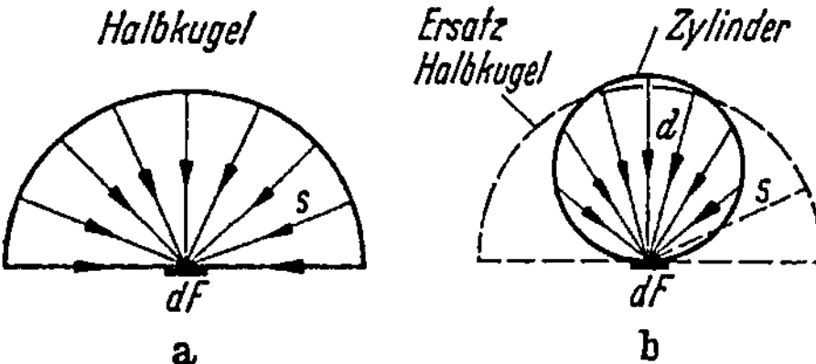

Bild 44a u. b. Bestrahlung eines Flächenelementes dF.
a) durch einen halbkugeligen Gaskörper vom Halbmesser s; b) durch einen zylindrischen Gaskörper vom Durchmesser d.

Für die Gasstrahlung maßgebende Schichtdicke s

a) Kanäle:

Kreisquerschnitt vom Durchmesser d		$s = 0{,}95d$
Spaltquerschnitt von der Breite a		$s = 1{,}8a$
Rohrbündel mit äußeren Rohrdurchmessern d und lichten Rohrabständen a:		
Dreiecksanordnung	$a = d$	$s = 3{,}0a$
	$a = 2d$	$s = 3{,}8a$
quadratische Anordnung	$a = d$	$s = 3{,}5a$

b) Gasräume, deren Abmessungen in allen Richtunen von derselben Größenordnung sind:

Kugel vom Durchmesser d	$s = 0{,}65d$
Würfel mit Seitenlänge a	$s = 0{,}66a$
Kreiszylinder geschlossen, Höhe $h = $ Durchmesser d	$s = 0{,}77d$

In allgemeineren Fällen kann s nach Port [P 105] und Hausen [H 103] wie folgt angenähert aus dem gleichwertigen Durchmesser d_{gl} ermittelt werden. Es gilt mit dem Kanal-Querschnitt F_q, dem Umfang u_q dieses Querschnitts, ferner dem Volumen V und der Oberfläche F des Gasraumes

a) für Kanäle

$$\text{mit } d_{gl} = \frac{4F_q}{u_q} \text{ im Mittel } s = 0{,}9\,d_{gl},$$

b) für Gasräume

$$\text{mit } d_{gl} = \frac{4V}{F} \text{ im Mittel } s = d_{gl}.$$

Hat man auf dem beschriebenen Wege die maßgebende Schichtdicke s festgelegt, dann kann man aus den Bildern 42 und 43 die Emissions- und Absorptionsverhältnisse von Kohlendioxid und Wasserdampf für beliebige Teildrücke und Temperaturen entnehmen. Hierbei sind für die Festlegung der maßgebenden Temperaturen folgende Überlegungen zu beachten.

Temperaturabhängigkeit des Absorptions- und Emissionsverhältnisses von Gasen

In den vorangehenden Betrachtungen über die Gesamtstrahlung von Kohlendioxid und Wasserdampf war stillschweigend vorausgesetzt worden, daß das Absorptionsverhältnis eines Gases gleich seinem Emissionsverhältnis ist, daß also auch für Gase das Kirchhoffsche Gesetz gilt. Dies trifft indessen nur dann genau zu, wenn der feste Körper, der von dem Gas Strahlung empfängt und selbst Strahlung in das Gas aussendet, dieselbe Temperatur wie das Gas hat. Daß in diesem Sonderfall das Kirchhoffsche Gesetz erfüllt sein muß, geht aus der Überlegung hervor, daß das Gas und der feste Körper bei Abwesenheit äußerer Einflüsse nur dann im Temperaturgleichgewicht stehen können, wenn das Gas vom festen Körper ebensoviel Strahlungsenergie empfängt wie es selbst ihm zustrahlt. Das Emissionsverhältnis des Gases ist hiernach in diesem Falle, abgesehen von $p \cdot s$, durch die Gastemperatur T_g bestimmt und soll daher mit ε_g bezeichnet werden. ε_g kann also unmittelbar für die Gastemperatur T_g aus den Bildern 42 und 43 abgelesen werden.

Bemerkenswert ist hingegen, daß bei Ungleichheit von T_g und der Wandtemperatur T_w das Absorptionsverhältnis des Gases nur verhältnismäßig wenig von T_g, aber stark von T_w abhängt. Die geringe Abhängigkeit von T_g entspricht der geringen Temperaturabhängigkeit der Absorptionsbanden in den Bildern 40 und 41. Die starke Abhängigkeit von T_w erklärt sich daraus, daß die spektrale Energieverteilung der Strahlung, die die feste Wand in das Gas hinein sendet, sich mit der Wandtemperatur T_w stark ändert, wie es für die schwarze Strahlung bereits an Hand von Bild 37 gezeigt wurde. Der Bruchteil der von der Wand ausgestrahlten Energie, der gerade auf die Wellenlängenbereiche entfällt, in denen das Gas absorbiert, ist daher je nach der Wandtemperatur verschieden groß. Auch das gegenseitige Verhältnis der in den verschiedenen Bereichen absorbierten Energiebeträge ändert sich mit T_w.

Man kann sich dies an einem Beispiel klar machen. Auf den in Bild 37 durch Schraffur hervorgehobenen Wellenlängenbereich entfallen bei 600 K rund 10%, bei 1 000 K hingegen nur etwa 5% der Energie der schwarzen Strahlung. Beträgt z.B. das Absorptionsverhältnis des Gases in diesem Wellenlängenbereich 60%, dann beläuft sich der absorbierte Bruchteil der gesamten Strahlungsenergie im ersten Fall auf 6%, im zweiten Fall auf 3%. Entsprechende Überlegungen gelten für die anderen Absorptionsbereiche. Um hervorzuheben, daß hiernach das Absorptionsverhältnis des Gases außer von T_g stark von T_w abhängt, soll dieses Verhältnis mit ε_{gw} bezeichnet werden.

Den Einfluß der beiden Temperaturen T_g und T_w auf das Absorptionsverhältnis ε_{gw} haben Hottel und Mangelsdorf [H 105] sowie Hottel und Egbert [H 106] gemessen. Nach ihren Beobachtungen kann man den Einfluß von T_g vernachlässigen, wenn $T_w < T_g$ oder T_w nur wenig höher als T_g ist. Das Absorptionsverhältnis des Gases hängt dann nur noch von der Wandtemperatur T_w ab, so daß man ε_w statt ε_{gw} schreiben kann. ε_w läßt sich dann ohne weiteres aus Bild 42 oder 43 für die Wandtemperatur T_w ablesen.

Für den Fall, daß T_w wesentlich größer als T_g ist, haben Hottel und die weiteren genannten Autoren [H 105, 106] ihre Ergebnisse durch nachstehende Gleichungen wiedergegeben. Es sei ε_w^* das Emissionsverhältnis des Gases bei der Wandtemperatur T_w, aber bei der Dichte, die das Gas bei der Temperatur T_g und dem tatsächlichen Partialdruck p_g hätte. Diese Dichte ist bei T_w vorhanden, wenn der Teildruck

$$p_w = p_g \cdot \frac{T_w}{T_g} \tag{87}$$

beträgt. Bestimmt man also ε_w^* für diesen Teildruck und für T_w aus den Bildern 42 und 43, dann errechnet sich nach den genannten Autoren das Absorptionsverhältnis ε_{gw}
von Kohlendioxid zu

$$\varepsilon_{gw} = \varepsilon_w^* \cdot \left(\frac{T_g}{T_w}\right)^{0,65}, \tag{88}$$

von Wasserdampf zu

$$\varepsilon_{gw} = \varepsilon_w^* \left(\frac{T_g}{T_w}\right)^{0,45}. \tag{89}$$

Diese Gleichungen zu benutzen, ist jedoch wie schon hervorgehoben, nur in den ziemlich seltenen Fällen erforderlich, in denen T_w erheblich größer als T_g ist.

§ 20. Strahlungsaustausch eines Gases mit einer festen Wand

Strahlungsaustausch mit einer schwarzen Wand

Das betrachtete Gas von der Temperatur T_g sei von einer schwarzen Wand der Temperatur T_w vollständig eingeschlossen. Bei örtlich konstanten Temperaturen T_g und T_w läßt sich nach Kenntnis des Emissionsverhältnisses ε_g und des Absorptionsverhältnisses ε_{gw} der Strahlungsaustausch zwischen dem Gas und der Wand wie folgt berechnen. Nach Gl. (82) strahlt das Gas in der Zeiteinheit nach der Flächeneinheit der Wand hin die Energie

$$E_g = \varepsilon_g \cdot C_s \cdot \left(\frac{T_g}{100}\right)^4, \tag{90}$$

aus. Hingegen absorbiert das Gas von der schwarzen Strahlung, die die Flächeneinheit der Wand aussendet, den Betrag

$$E_w = \varepsilon_{gw} \cdot C_s \left(\frac{T_w}{100}\right)^4. \tag{91}$$

Zwischen dem Gas und der gesamten es umschließenden Wand der Fläche F wird daher in der Zeiteinheit die Strahlungsenergie

$$\dot{Q}_s = F(E_g - E_w) = F \cdot C_s \left[\varepsilon_g \left(\frac{T_g}{100}\right)^4 - \varepsilon_{gw} \left(\frac{T_w}{100}\right)^4\right] \tag{92}$$

übertragen, wobei, wie erwähnt, ε_{gw} meistens durch ε_w ersetzt werden kann.

Strahlungsaustausch eines Gases mit einer grauen Wand beliebigen Absorptionsverhältnisses

Weicht das Absorptionsverhältnis $\varepsilon_{\text{wand}}$ der Wand nur wenig, d.h. um höchstens etwa 20% vom Absorptionsverhältnis der schwarzen Wand ab, dann kann man den Strahlungsaustausch vereinfacht wie folgt berechnen. Die Wand absorbiert von der vom Gas her auffallenden Strahlung nur den Bruchteil $\varepsilon_{\text{wand}}$ und die

Wand sendet in das Gas hinein in dem Verhältnis $\varepsilon_{\text{wand}}$ weniger Energie aus. Die beiden Beträge nach Gl. (90) und (91) verringern sich also im Verhältnis $\varepsilon_{\text{wand}}$. Der Strahlungsaustausch des Gases mit eine grauen Wand vom Absorptionsverhältnis $\varepsilon_{\text{wand}} > 0{,}8$ kann hiernach angenähert nach der Gleichung

$$\dot{Q}_s = F \cdot \varepsilon_{\text{wand}} \cdot C_s \left[\varepsilon_g \left(\frac{T_g}{100} \right)^4 - \varepsilon_{gw} \left(\frac{T_w}{100} \right)^4 \right] \text{ bei } \varepsilon_{\text{wand}} > 0{,}8 \qquad (93)$$

berechnet werden.

Erstrebt man hingegen eine höhere Genauigkeit oder ist $\varepsilon_{\text{wand}} < 0{,}8$, dann spielen die von der Wand reflektierten Strahlen und der nach der Absorption durch das Gas verbleibende Rest der Wandstrahlung eine nicht zu vernachlässigende Rolle. Denn auch diese Beträge nehmen noch am Strahlungsaustausch teil, indem ein Teil der reflektierten Strahlung vom Gas absorbiert und vom Gas nicht aufgenommene Strahlung von anderen Stellen der Wand teils absorbiert, teils reflektiert wird. Da auch hierbei nicht absorbierte Strahlung übrig bleibt, wiederholt sich der Vorgang in immer kleiner werdenden Beträgen, so daß schließlich die insgesamt durch Strahlung übertragene Energie durch eine unendliche Reihe dargestellt wird.

Die Summation der Glieder diser Reihe hat Elgeti [E 106] exakt durchgeführt. Aus seinen Ergebnissen hat er die zwei folgenden Näherungsverfahren abgeleitet, mit denen man den Strahlungsaustausch rasch und doch recht genau berechnen kann. Wie schon vorher Eckert [E 102] hat er für den Strahlungsaustausch mit einer grauen Wand an Stelle von Gl. (92) gesetzt

$$\dot{Q}_s = F C_s \left[\bar{\varepsilon}_g \left(\frac{T_g}{100} \right)^4 - \bar{\varepsilon}_{gw} \left(\frac{T_w}{100} \right)^4 \right], \qquad (94)$$

wobei also $\bar{\varepsilon}_g$ und $\bar{\varepsilon}_{gw}$ an die Stelle von ε_g und ε_{gw} bzw. ε_w in Gl. (92) treten. Die Unterschiede von $\bar{\varepsilon}_g$ und $\bar{\varepsilon}_{gw}$ gegenüber ε_g und ε_{gw} bzw. ε_w bringen hiernach den Einfluß der zusätzlichen Reflexionen und Absorptionen zum Ausdruck. Da die Umrechnung von ε_{gw} oder ε_w in $\bar{\varepsilon}_{gw}$ oder $\bar{\varepsilon}_w$ und die von ε_g in $\bar{\varepsilon}_g$ in gleicher Weise vorzunehmen ist, sollen zur Vereinfachung die Indizes g und w weggelassen werden. Für Gemische aus CO_2 und H_2O sei $\varepsilon_{CO_2+H_2O}$ durch einfache Addition von ε_{CO_2} und ε_{H_2O} bestimmt.

Nach dem ersten Umrechnungsverfahren von Elgeti bildet man mit dem aus den Bildern 42 oder 43 oder aus beiden Abbildungen erhaltenen Wert von ε das Verhältnis $\varepsilon/\varepsilon_\infty$, wobei ε_∞ das Absorptionsverhältnis einer unendlich dicken Gasschicht bedeutet. Für ε_∞ ist nach Elgeti [E 106] zu setzen

$$\text{bei } CO_2: \qquad \varepsilon_\infty = 0{,}23,$$

$$\text{bei } H_2O: \qquad \varepsilon_\infty = 0{,}90,$$

$$\text{bei } CO_2 + H_2O: \qquad \varepsilon_\infty = 0{,}98.$$

Aus Bild 45 kann dann bei bekanntem Absorptionsverhältnis der Wand $\varepsilon_{\text{wand}}$ das Verhältnis $\bar{\varepsilon}/\varepsilon_\infty$ als Ordinatenwert abgelesen werden. Multiplikation mit ε_∞ liefert schließlich den gesuchten Wert von $\bar{\varepsilon}$, d. h. $\bar{\varepsilon}_g$, $\bar{\varepsilon}_{gw}$ oder $\bar{\varepsilon}_w$.

Noch einfacher, aber etwas weniger genau ist es, den durch die Reflexionen und zusätzlichen Absorptionen vermehrten Strahlungsaustausch durch eine scheinbar vergrößerte Schichtdicke s^* zum Ausdruck zu bringen. Mit der wahren Schichtdicke s und dem Absorptionsverhältnis $\varepsilon_{\text{wand}}$ der Wand läßt sich s^* berechnen nach der Gleichung

$$s^* = s/\varepsilon_{\text{wand}}^{0,85}.\qquad(95)$$

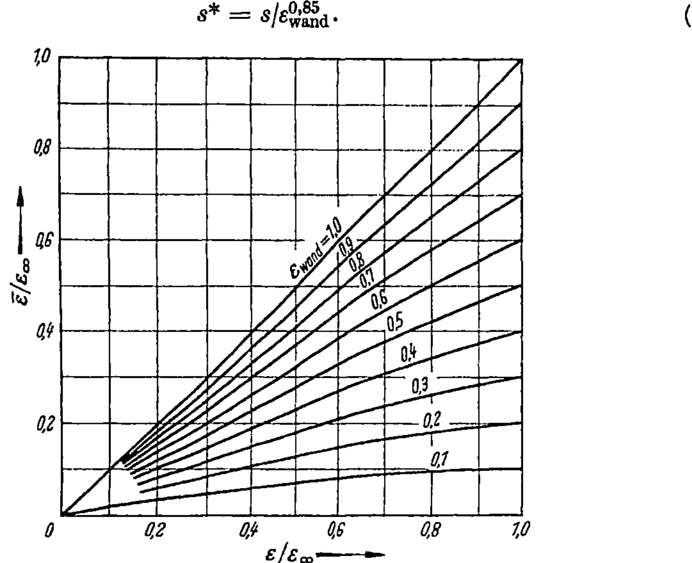

Bild 45. Diagramm zur Ermittlung der Werte von $\bar{\varepsilon}$ in Gl. (94) aus ε und ε_∞ bei bekanntem Emissionsverhältnis $\varepsilon_{\text{wand}}$.

Mit $p \cdot s^*$ liest man aus Bild 42 oder 43 für die fragliche Temperatur T_g oder T_w ein Emissions- oder Absorptionsverhältnis ε^* ab und erhält damit schließlich

$$\bar{\varepsilon} = \varepsilon_{\text{wand}} \cdot \varepsilon^*.\qquad(96)$$

Bei gleichzeitiger Strahlung von Kohlendioxid und Wasserdampf ist ε^* die Summe von $\varepsilon^*_{CO_2}$ und $\varepsilon^*_{H_2O}$. Elgeti [E 106] hat gezeigt, daß auch dieses Verfahren fast immer genau genug ist, vor allem schon deshalb weil die experimentell festgelegten Kurven in den Bildern 42 und 43 mit größeren Unsicherheiten behaftet sind.

Örtlich veränderliche Gas- und Wandtemperaturen

In einem Wärmeaustauscher ändert sich die Gastemperatur T_g und meist auch die Wandtemperatur T_w von Stelle zu Stelle, z. B. in der Längsrichtung eines Rohres. Deshalb ist auch die Intensität der Strahlung örtlich stark verschieden. Die gesamte übergehende Strahlungsenergie könnte man in solchen Fällen grundsätzlich durch Integration oder durch Summierung über viele kleine Strahlungsbeträge kurzer Rohrstücke erhalten. In Anlehnungen an die Gaußsche Integrationsmethode [G 101] haben indessen Hausen und Binder [H 104] gezeigt, daß es in den meisten Fällen genügt, die durch Strahlung übergehende Wärmemenge nur an zwei geeignet gewählten Stellen zu berechnen. Kühlt sich das Gas im Wärmeaustauscher von T_{g1} bis T_{g2} ab, dann sollen diese Stellen dadurch festgelegt werden, daß die Gastemperatur an ihnen folgende Werte hat:

$$T^*_{g1} = T_{g1} - 0{,}2(T_{g1} - T_{g2})\qquad(97)$$

und

$$T^*_{g2} = T_{g2} + 0{,}2(T_{g1} - T_{g2}).\qquad(98)$$

An diesen Stellen berechne man nach Gl. (94) die je Flächeneinheit übertragene Strahlungswärme $\dot{q}_{s1}^*$ und $\dot{q}_{s2}^*$. Hieraus bilde man den für die ganze Fläche geltenden Mittelwert $\dot{q}_{sm}$ nach der Gleichung

$$\frac{2}{\dot{q}_{sm}} = \frac{1}{\dot{q}_{s1}^*} + \frac{1}{\dot{q}_{s2}^*}. \tag{99}$$

Damit ergibt sich schließlich als gesamte in der Zeiteinheit übergehende Strahlungswärme

$$\dot{Q}_s = F \cdot \dot{q}_{sm}. \tag{100}$$

$\dot{Q}_s$ erhält man auf diesem Wege meist etwa auf 2% genau.

In den Gln. (97) und (98) ist der Zahlenfaktor absichtlich 0,2 statt des Wertes 0,2113 nach der Gaußschen Integrationsmethode gesetzt, weil sich im Vergleich zu exakten Berechnungen die Energie der Wärmestrahlung mit 0,2 im Mittel genauer wiedergeben läßt. Dies liegt daran, daß die Wärmestrahlung genau oder angenähert der 4. Potenz der absoluten Temperatur proportional ist, während das Gaußsche Verfahren mit nur zwei Stützstellen das Integral über eine Funktion 2. Grades exakt wiedergibt.

Roetzel [R 101] hat vorgeschlagen, für die Gaußsche Integration die Temperaturen T_{g1}^* und T_{g2}^* durch folgende Gleichungen logarithmisch festzulegen:

$$\lg (T_{g1}^* - T_w) = \lg (T_{g1} - T_w) - 0{,}211[\lg (T_{g1} - T_w) - \lg (T_{g2} - T_w)], \tag{101}$$

$$\lg (T_{g2}^* - T_w) = \lg (T_{g2} - T_w) + 0{,}211[\lg (T_{g1} - T_w) - \lg (T_{g2} - T_w)], \tag{102}$$

worin T_w die zunächst als konstant angenommene Wandtemperatur bedeutet. Bei örtlich veränderlicher Wandtemperatur sind für T_w jeweils die Werte an den fraglichen Stellen einzusetzen. Berechnet man bei den so festgelegten Temperaturen die durch Strahlung übergehenden Wärmemengen, dann erhält man den Gesamtbetrag der Wärmeübertragung durch Strahlung wiederum aus Gl.(99) und (100). In einem extremen Fall reiner Wärmestrahlung nach dem Stefan-Boltzmannschen Gesetz, wobei $T_{g1} = 1300$ K, $T_{g2} = 400$ K und die als konstant betrachtete Wandtemperatur $T_w = 300$ K gesetzt war, konnte Roetzel nach seinen Gleichungen eine merklich höhere Genauigkeit erzielen als nach den Gln. (97) und (98).

Nach den Gln. (97), (98) und (99) oder (101) und (102) kann man auch rechnen, wenn neben der Strahlung Konvektion an der Wärmeübertragung beteiligt ist. Man muß dann lediglich $\dot{q}_{s1}^*$ und $\dot{q}_{s2}^*$ durch die an den genannten Stellen insgesamt übertragenen Wärmemengen $\dot{q}_1^*$ und $\dot{q}_2^*$ ersetzen. Auch den gesamten Wärmedurchgang kann man entsprechend berechnen.

Bestimmung des Anteils α_s der Strahlung am Wärmeübergangskoeffizienten

Den bei hohen Temperaturen sehr starken Einfluß der Wärmestrahlung auf den Wärmeübergang kann man rechnerisch auch dadurch erfassen, daß man einen auf der Wärmestrahlung beruhenden Wärmeübergangskoeffizienten α_s einführt und dessen Wert zum Koeffizienten der Wärmeübertragung durch Konvektion hinzuaddiert. Mit α_s läßt sich die je Einheit der Oberfläche und je Zeiteinheit zwischen einem Gas und einer Wand durch Strahlung übergehende Wärmemenge ausdrücken durch

$$\dot{q}_s = \Delta\dot{Q}_s/\Delta T = \alpha_s(T_g - T_w). \tag{103}$$

Vergleicht man dies mit Gl. (94), dann erhält man

$$\alpha_s = \frac{C_s}{T_g - T_w}\left[\bar{\varepsilon}_g\left(\frac{T_g}{100}\right)^4 - \bar{\varepsilon}_w\left(\frac{T_w}{100}\right)^4\right]. \tag{104}$$

Bei kleinen Temperaturdifferenzen $T_g - T_w$ kann man $\bar{\varepsilon}_w = \bar{\varepsilon}_g$ und mit $T_m = \dfrac{T_g + T_w}{2}$ angenähert

$$\frac{T_g^4 - T_w^4}{T_g - T_w} = \left(\frac{dT^4}{dT}\right)_{T_m} = 4T_m^3 \ ^4$$

setzen. Hiermit geht Gl. (104) über in

$$\alpha_s = \frac{4C_s}{100} \cdot \bar{\varepsilon}_g \left(\frac{T_m}{100}\right)^3 . \tag{105}$$

Ist ferner α_k der auf Konvektion und Wärmeleitung beruhende Anteil am Wärmeübergangskoeffizienten dann ergibt sich der Gesamtwärmeübergangskoeffizient zu

$$\alpha = \alpha_k + \alpha_s . \tag{106}$$

Um die Größenordnung des Einflusses der Wärmestrahlung auf den gesamten Wärmeübergang zu erkennen, werde die Strahlung eines Gases betrachtet, das 70% Stickstoff, 15% Kohlendioxid und 15% Wasserdampf enthält. Dieses Gas ströme bei Atmosphärendruck durch ein Rohr von 100 mm Durchmesser mit dem Wand-Absorptionsverhältnis $\varepsilon_{\text{wand}} = 0{,}9$. Die Strömungsgeschwindigkeit betrage, umgerechnet auf 0°C, $w_0 = 2{,}5$ m/s. Dann errechnet sich, falls Gas- und Wandtemperatur nicht sehr verschieden sind, nach den obigen Beziehungen der Anteil der Wärmestrahlung am Wärmeübergang bei 0°C zu 6%, bei 400°C zu 39% und bei 1200°C zu 81%.

Literatur zur Wärmeübertragung durch Strahlung

B

101 Birkebak, R. C.; Eckert, E. R. G.: Effects of Roughness of Metal Surfaces on Angular Distribution of Monochromatic Reflected Radiation. Journ. Heat. Transfer 87 (1965) 85—94.
102 Beér, J. M.; Siddall, R. G.: Verfahren zur Voraussage der Wärmeübertragung durch Strahlung in Flammen. Chem. Ing. Tech. 46 (1974) 47—55.

C

101 Codegone, C.: Die Wärmestrahlung der Flammen in nicht isothermen Hohlräumen. Int. J. Heat Mass Transfer 5 (1962) 121—127.

E

101 Eckert, E.: Messung der Reflexion von Wärmestrahlen an technischen Oberflächen. Forsch. Ing. Wes. 7 (1936) 265—270.
102 Eckert, E.: Messung der Gesamtstrahlung von Wasserdampf und Kohlensäure in Mischung mit nichtstrahlenden Gasen bei Temperaturen bis zu 1300°C. VDI-Forschungsheft 387, Berlin 1937.

---

[4] Der Fehler dieser Gleichung beträgt zwischen $T_g/T_w = 0{,}9$ und $T_g/T_w = 1{,}1$ weniger als 1%. Dasselbe gilt für Gl. (105), falls nicht der Unterschied zwischen ε_g und ε_w eine größere Abweichung verursacht.

103 Eckert, E.: Technische Strqhlungsaustauschmessungen. Berlin: VDI-Verlag 1937.
104 Edwards, D. K.: Journ. Opt. Soc. Am. 50 (1960) 617—666. Journ. Heat Transfer 84 (1962) 1—11. (Strahlungseigenschaften der Gase nach monochromatischen Messungen.)
105 Edwards, D. K.: Radiative Transfer Characteristics of Materials. J. Heat Transfer 91 (1969) 1.
106 Elgeti, K.: Ein neues Verfahren zur Berechnung des Strahlungsaustausches zwischen einem Gas und einer grauen Wand. Brennstoff-Wärme-Kraft 14 (1962) 1—6.

G

101 Gaußsches Integrationsverfahren, siehe z. B. Hütte, Des Ingenieurs Taschenbuch, Bd. I, 28. Aufl. 1955, S. 502—504.
102 Günther, R.: Das Entwerfen von Flammen und Feuerräumen. Chem. Ing. Tech. 46 (1974) 56—62.

H

101 Habib, I. S.; Greif, R.: Heat Transfer to a Flowing Non-Gray Radiating Gas. Int. J. Heat Mass Transfer 13 (1970) 1571—1582.
102 Hahne, E.; Tratz, H.: Temperaturverlauf und Wärmeabgabe für einen Stab bei gleichzeitiger Wärmeleitung und Wärmestrahlung. Wärme- u. Stoffübertragung 1 (1968) 52.
103 Hausen, H.: Briefliche Mitteilung an Professor Eckert. Vgl. Eckert, E.: Einführung in den Wärme- und Stoffaustausch, 3. Aufl. Berlin, Göttingen, Heidelberg,: Springer 1966 S. 239.
104 Hausen, H.; Binder, J. A.: Vereinfachte Berechnung der Wärmeübertragung durch Strahlung von einem Gas an eine Wand. Int. J. Heat Mass Transfer 5 (1962) 317—327.
105 Hottel, H. C.; Mangelsdorf, G.: Heat Transmission by Radiation from Nonluminous Gases II. Experimental Study of Carbon Dioxyde and Water. Trans. Amer. Inst. Chem. Engrs. 31 (1935) 517—549.
106 Hottel, H. C.; Egbert, R. B.: Trans. Amer. Soc. mech. Engrs. 63 (1941) 293—307.
107 Hottel, H. C.; Egbert, R. B.: Radiant Heat Transmission from Water Vapor. Trans. Am. Inst. Chem. Engrs. 38 (1942) 531—568. (Wirksame Schichtdicke für verschiedene Anordnungen).
108 Howell, J. R.; Perlmutter, M.: Monte Carlo Solution of Thermal Transfer through Radiant Media between Gray Walls. J. Heat Transfer, C 86 (1964) 116—122.

J

101 Jakob, M.: In Eucken, A., und Jakob, M.: Der Chemie-Ingenieur: Bd. I, Teil 1, Leipzig. 1933, S. 300—303. (Ebene Schicht.)

K

101 Kast, W.: Die Erhöhung der Wärmeabgabe durch Strahlung bei mehrfachen Reflexionen zwischen strahlenden Flächen. Fortschr. Ber. VDI Z. Reihe 6, Nr. 5 (1965).
102 Koritnig, O. Th.: Die Wärmeübertragung in technischen Feuerungen durch Karburierung. Wärme 65 (1942) 281 u. 282.
103 Krinninger, H.: Messung des Emissionsvermögens austhenitischer Stähle für den schnellen natriumgekühlten Brutreaktor. Wärme- u. Stoffübertragung 3 (1970) 139—145.

L

101 Landfermann, C. A.: Über ein Verfahren zur Bestimmung der Gesamtstrahlung von Kohlensäure und Wasserdampf in technischen Feuerungen. Diss. TH Karlsruhe 1948 (Theoretisch).

102 Leckner, B.: Radiation from Flames and Gases in a Cold Wall Combustion Chamber. Int. J. Heat Mass Transfer 13 (1970) 185—197.

M

101 McCaig, M.: Ultraabsorption von Wasserdampf und Kohlensäure. London, Edinburgh, Dublin, Phil. Mag. J. Sci. 34 (7) (1943) 321—342.

N

101 Nernst, W.: Beitrag zur Strahlung der Gase. Phys. Zeitschr. (1904) 777.
102 Nußelt, W.: Der Wärmeübergang in der Verbrennungskraftmaschine. VDI-Forschungsheft 264 (1923) u. Z. VDI 67 (1923) 692—708.
103 Nußelt, W.: Die Gasstrahlung bei der Strömung im Rohr. Z. VDI. 70 (1926) 763—765.

P

101 Papula, L.: Verfahren zur Erzeugung leuchtender Flammen bei methanhaltigen Gasen durch Selbstkarburierung des Methans im Ofenraum. Z. VDI 91 (1949) 208.
102 Patat, F.: Wärmeübergang bei leuchtenden und nichtleuchtenden Flammen. Verfahrenstechnik 1942, Heft 3, 90 u. 91.
103 Penner, S. S.: Quantitative Molecular Spectroscopy and Gas Emissivities. Reading, Mass, Addison-Wesley Publ. 1959.
104 Pich, R.: Der Wärmeaustausch durch Strahlung zwischen zwei Flächen, von denen die größere die kleinere umschließt. Wärme 69 (1962) 28—31.
105 Port, F. J.: Heat Transmission by Radiation from Gases. Sci. D. Thesis, Massachusets Inst. of Techn. 1939. (Gleichwertige Schichtdicke.)

R

101 Roetzel, W.: Berücksichtigung veränderlicher Wärmeübergangskoeffizienten und Wärmekapazitäten bei der Bemessung der Wärmeaustauscher. Wärme- und Stoffübertragung .2 (1969) 163—170.

S

101 Schack, A.: Über die Strahlung der Feuergase und ihre praktische Berechnung. Z. techn. Phys. 5 (1924) 267—278, vgl. auch Schack, A.: Der industrielle Wärmeübergang. Düsseldorf: Verlag Stahleisen 1929, S. 206—225.
102 Schack, A.: Zur Extrapolation der Messungen der ultraroten Strahlung von Kohlensäure und Wasserdampf. Z. techn. Physik 22 (1941) 50—56.
103 Schack, A.: Die Strahlung der Feuergase. Arch. Eisenhüttenwesen Bd. 13 (1939/40) Nr. 6, 241/48. (Bericht hierüber in Z. VDI 85 (1941) 197).
104 Schack, K.: Berechnung der Strahlung von Wasserdampf und Kohlendioxid. Chem. Ing. Tech. 42 (1970) 53—58.
105 Schimmel, W. P.; Novotny, J. L.; Kast, S.: Effect of Surface Emittance and Approximate Kernels in Radiation-Conduction Interaction. Wärme- u. Stoffübertragung 3 (1970) 1—6.
106 Schmidt, E.: Wärmestrahlung technischer Oberflächen bei gewöhnlicher Temperatur. Beiheft z. Gesundh.-Ing. Reihe 1 Heft 20, München 1927.
107 Schmidt, E.: Messung der Gesamtstrahlung des Wasserdampfes bei Temperaturen bis 1000°C. Forschung 3 (1932) 57—70.
108 Schmidt, E.: Die Berechnung der Strahlung von Gasräumen. Z. VDI 77 (1933) 1162—1164.

109 Schmidt, E.; Eckert, E.: Die Wärmestrahlung von Wasserdampf in Mischung mit nicht-strahlenden Gasen. Forsch. Ing.-Wes. 8 (1937) 87—90.

110 Schwiedessen, H.: Anteil von Konvektion, Wand- und Gasstrahlung bei der Wärmeüber-tragung in Industrieöfen. Z. VDI 82 (1938) 404 u. 405.

111 Schwiedessen, H.: Die Strahlung von Kohlensäure und Wasserdampf mit besonderer Berücksichtigung hoher Temperaturen. Arch. Eisenhüttenw. 14 (1940/41) 9—14, 145—153 u. 207—210. (Diagramme der Gesamtstrahlung bis 2 100 °C)..

112 Sorofim, A. F.; Hottel, H. C.: Radiation Exchange among Non-Lambert Surfaces. Trans. Am. Soc. Mech. Engrs. Ser. C 88 (1966) 37—44.

113 Sparrow, E. M.: Heat Radiation between Simply Arranged Surfaces. Am. Inst. Chem. Engrs. J. 8 (1962) 12—18.

114 Sparrow, E. M.; Eckert, E. R. G.; Jonsson, V. K.: An Enclosure Theory for Radiative Exchange between Specularly and Diffusely Reflecting Surfaces. Trans. Am. Soc. Mech. Engrs. Ser. C 84 (1962) 294—300.

115 Splett, S.: Berechnung der Wärmestrahlung eines Gaskörpers an eine graue Wand. Brenn-stoff-Wärme-Kraft 17 (1965) 70 u. 71.

T

101 Tingwaldt, C.: Die Absorption von Kohlensäure zwischen 300 und 1100 °C. Phys. Z. 35 (1934) 715—720 u. 39 (1938) 1—6.

V

101 Vortmeyer, D.; Börner, C. J.: Die Strahlungsdurchlaßzahl in Schüttungen. Chem. Ing. Tech. 38 (1966) 1077—1079.

102 Vossebrecker, H.: Zur Berechnung des Wärmetransports durch Strahlung mit der Monte-Carlo-Methode. Wärme- u. Stoffübertragung 3 (1970) 146—152.

Z

101 Ziegler, A.: Der Einfluß der Karburierung und des Wasserdampfgehaltes von Heizgasen auf den Wärmeübergang im Siemens-Martin-Ofen. Ber. Stahlwerks-Aussch. d. Ver. d. Eisenhüttenl. Nr. 96 (1925).

III. Druckabfall beim Strömen durch Rohre und Kanäle

§ 21. Grundvorgänge bei der Strömung in Rohren und Kanälen

Die Strömungsgeschwindigkeiten der in einem Wärmeaustauscher strömenden Gase oder Flüssigkeiten lassen sich nicht über ein gewisses Maß hinaus steigern. Denn der hierdurch sich erhöhende Druckabfall bedeutet einen Energieverlust, der in der Regel aus wirtschaftlichen oder betrieblichen Gründen ein bestimmtes Höchstmaß nicht überschreiten darf. Es ist daher wichtig, neben der übertragenen Wärmemenge auch den Druckabfall in Wärmeaustauschern berechnen zu können.

Von den Gesetzmäßigkeiten des Druckabfalls soll jedoch nur das Wichtigste erörtert werden. Wegen Einzelheiten werde auf die Lehrbücher über Strömungs-lehre und die sonstigen einschlägigen Veröffentlichungen verwiesen, z.B. auf den VDI-Wärmeatlas [1], 2. Aufl. 1974, S. La1 bis Lm2.

Ebenso wie die Gesetze der Wärmeübertragung sind auch die Gesetze des Druckabfalls in Rohren oder Kanälen verschieden, je nachdem, ob die Strömung laminar
oder turbulent ist, vgl. § 6.

Übergang von der laminaren zur turbulenten Strömung

Wie ebenfalls schon in § 6 erwähnt, wird die Reynolds-Zahl, bei der die laminare in die turbulente Strömung umschlägt, kritische Reynolds-Zahl Re_{kr}[1] genannt. Bei unruhigem, stark gestörtem Einlauf der Flüssigkeit oder des Gases in
das Rohr beträgt die kritische Reynolds-Zahl 2 320, sofern in die Reynolds-Zahl
nach Gl. (8) der Innendurchmesser d des Rohres eingesetzt wird. Bei ruhigem
Einlauf, namentlich durch ein abgerundetes Einlaufstück, kann hingegen Re_{kr}
wesentlich höher liegen, und zwar bei sorgfältigster Vermeidung aller Störungen
Werte bis über 50 000 erreichen. Bei technischen Anwendungen kann man in der
Regel mit einer kritischen Reynolds-Zahl zwischen 3 000 und etwa 4 000 rechnen.

Mit der Frage, welche physikalischen Ursachen den Umschlag in die turbulente Strömungsart herbeiführen, haben sich zahlreiche theoretische und experimentelle Arbeiten beschäftigt.
Prandtl [P 151] und Tietjens [T 152] konnten zeigen, daß ein Anwachsen kleiner Störungen
dann zu erwarten ist, wenn das Geschwindigkeitsprofil Wendepunkte aufweist. Solche
Wendepunkte können z.B. durch Wirbel, die sich der Laminarbewegung überlagern, her-
vorgerufen werden. Weitere Beiträge zur Entwicklung der Theorie auf diesem Gebiet haben
Heisenberg [H 152], Tollmien [T 153], Küchemann [K 153] und andere geliefert; vgl. z.B
[P 151, 152, 153].

Meißner und Schubert [M 152] gelang es durch die Verbindung hydrodynamischer Betrachtungen mit thermodynamischen Überlegungen, die Entropie laminar und turbulent strömender Gase zu berechnen, wobei sich unterhalb $Re = 1900$ für die laminare, darüber für die
turbulente Strömung der höhere Wert der Entropie ergab. Daher ist auch nach dem zweiten
Hauptsatz der Thermodynamik oberhalb von $Re = 1900$ der Umschlag in die turbulente Strömung zu erwarten.

Einen grundlegenden experimentellen Beitrag zur Frage der Entstehung der Turbulenz
verdankt man Schiller und seinen Mitarbeitern [S 157]. Diese Forscher haben beobachtet,
wie sich Wasser unmittelbar nach dem Einströmen in ein Rohr verhält. Bei scharfer Einlaufkante erleidet die Flüssigkeit bekanntlich kurz nach dem Eintritt in das Rohr eine Einschnürung (Kontraktion). Schiller und Mitarbeiter konnten nachweisen, daß an der Stelle der Einschnürung Ringwirbel entstehen, die dann mit der Strömung der Wand entlang sich fort-
bewegen. Solche Ringwirbel treten schon bei verhältnismäßig geringen Strömungsgeschwindigkeiten weit unterhalb der kritischen Reynolds-Zahl auf. Die Energie der Ringwirbel klingt
aber, ohne die laminare Strömung weiter zu stören, infolge der inneren Reibung wieder ab,
solange die noch zu erklärende dimensionslose Zirkulation dieser Wirbel den Wert 2 340 nicht
überschreitet.

Unter Zirkulation eines Wirbels werde vereinfacht das für einen beliebigen Querschnitt des
Wirbels gebildete Produkt aus Umfang und Umfangsgeschwindigkeit des Wirbels verstanden[2]. Die dimensionslose Zirkulation Z/ν sei die Summe Z der Zirkulationen aller Wirbel, die
sich im zeitlichen Durchschnitt innerhalb eines Rohrstückes von der Länge eines Rohrdurchmessers d befinden, dividiert durch die kinematische Viskosität ν.

Wenn nun bei Erhöhung der Strömungsgeschwindigkeit die dimensionslose Zirkulation
den kritischen Wert 2 340 erreicht, wird die Strömung instabil, es setzt dann die turbulente
Mischbewegung ein. Wie Schiller und Mitarbeiter überdies zeigen konnten, wird dieser kritische
Wert der Zirkulation bei allen untersuchten Arten des Einlaufs gerade bei der kritischen

---

[1] Nach O. Reynolds [R 153].

[2] Allgemein ist die Zirkulation durch das längs einer geschlossenen Linie gebildete Integral $\oint w\,ds$ definiert (w = Geschwindigkeit, ds = Wegelement, beide als Vektoren betrachtet).

Reynolds-Zahl erreicht, und zwar unabhängig davon, welchen Wert die kritische Reynolds-Zahl selbst hat. Nur wenn Re_{kr} ganz wenig über 2320 liegt, erfordert der Umschlag in die Turbulenz wesentlich größere Werte von Z/ν als 2340, was auf eine große Stabilität der bis dahin vorhandenen laminaren Strömung hindeutet. Daß aber, von diesem Sonderfall abgesehen, der kritische Wert von Z/ν stets gleich 2340 ist, bringt auch Licht in die Vorgänge bei abgerundetem Einlaufstück und sehr ruhigem Einströmen der Flüssigkeit. Hier treten nämlich Wirbel mit merklicher Zirkulation erst bei wesentlich höheren Strömungsgeschwindigkeiten auf als bei scharfer Einlaufkante, so daß auch der Wert $Z/\nu = 2340$ erst bei größeren Reynolds-Zahlen erreicht wird.

Der Übergang von der laminaren zur turbulenten Strömung bei wachsender Geschwindigkeit geht im allgemeinen nicht plötzlich vor sich. Es muß vielmehr ein kleines Zwischengebiet durchschritten werden, innerhalb dessen laminare und turbulente Strömung angenähert periodisch wechseln. Hierbei kann der Umschlag von der einen zur andern Strömungsart unter Umständen öfter als einmal je Sekunde erfolgen.

Anlaufvorgang und ausgebildete Strömung

Sowohl bei der laminaren wie auch bei der turbulenten Strömung hat man zu unterscheiden zwischen dem Anlaufvorgang und der ausgebildeten Strömung, die sich erst von einer gewissen Entfernung vom Einlauf an einstellt. In das Rohr oder den Kanal tritt der strömende Stoff in der Regel mit einer über den ganzen Querschnitt gleichen Strömungsgeschwindigkeit ein. Hierauf legt der Stoff zunächst die Anlaufstrecke zurück. In dieser werden die nahe der Wand strömenden Teile durch die Wirkung der Reibung mehr und mehr verzögert. In den mittleren Teilen des Rohrquerschnitts hingegen nimmt die Strömungsgeschwindigkeit zu, da ja die mittlere Geschwindigkeit w ungeändert bleiben muß, wenn man von Dichteänderungen oder Querschnittsänderungen absieht. Das Geschwindigkeitsprofil, das man durch Auftragen der Geschwindigkeit über einen Rohrdurchmesser erhält, strebt schließlich einer bestimmten endgültigen Gestalt zu, die dem ausgebildeten Strömungszustand entspricht. Die Kurve, die die endgültige Geschwindigkeitsverteilung wiedergibt, ist bei der laminaren Strömung eine Parabel (Bild 46 links). Bei der turbulenten Strömung hingegen ist die Kurve infolge der ausglei-

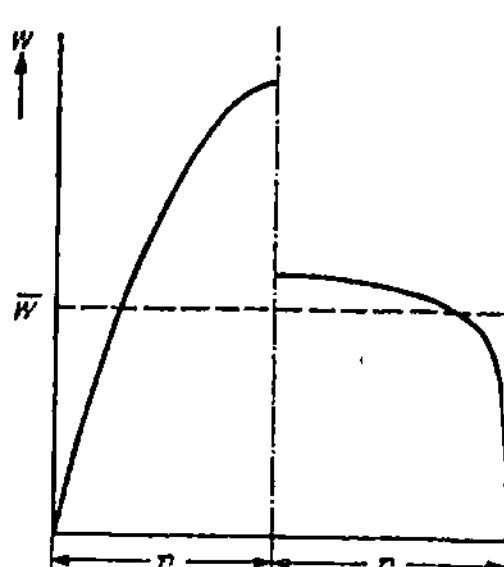

Bild 46. Geschwindigkeitsverteilung über einen Rohrquerschnitt. Links: ausgebildete laminare Strömung; rechts: turbulente Strömung; $\overline{w}$ mittlere Strömungsgeschwindigkeit.

chenden Wirkung der Mischbewegung in den mittleren Teilen des Rohres mehr abgeflacht, während nach der Wand hin, d.h., im wesentlichen innerhalb der Grenzschicht, die Geschwindigkeit sehr rasch abfällt (vgl. Bild 46 rechts).

Der Übergang in diese endgültige Geschwindigkeitsverteilung erfolgt streng genommen asymptotisch. Praktisch spricht man jedoch von ausgebildeter laminarer oder turbulenter Strömung, sobald in der Rohrmitte die wirkliche Geschwindigkeit von der der endgültigen Verteilung entsprechenden Geschwindigkeit nur noch um 1% abweicht. Die Entfernung zwischen dieser Stelle und dem Einlauf wird dann als Länge der Anlaufstrecke betrachtet. Der Druckverlust in der Anlaufstrecke wird am Ende von § 22 behandelt.

§ 22. Druckabfall in glatten Rohren oder Kanälen

Nur im Falle der ausgebildeten laminaren Strömung kann man den Druckabfall in den Rohrleitungen streng theoretisch berechnen. Für die laminare und turbulente Anlaufströmung sind Näherungslösungen bekannt. Im übrigen aber stammen unsere Kenntnisse über den Druckverlust, ähnlich wie die über den Wärmeübergangskoeffizienten, fast durchweg aus Messungen. Doch bestimmt ebenso wie bei der Wärmeübertragung auch im vorliegenden Falle die Ähnlichkeitstheorie weitgehend die Form der empirischen Gleichungen, die die Versuchsergebnisse wiedergeben.

Ähnlichkeitsbetrachtungen über den Druckabfall
bei ausgebildeter laminarer oder turbulenter Strömung

Da die mittlere Strömungsgeschwindigkeit w, die Dichte ϱ des strömenden Stoffes, seine Viskosität η und der Rohrdurchmesser d den Druckabfall maßgebend beeinflussen, spielt, ebenso wie bei der Wärmeübertragung, auch beim Druckabfall die Reynolds-Zahl (vgl. § 8, Gl. (8))

$$Re = \frac{\varrho w\, d}{\eta} = \frac{w\, d}{\nu} \quad \text{mit} \quad \nu = \frac{\eta}{\varrho}$$

eine grundlegende Rolle. Eine weitere dimensionslose Kenngröße ergibt sich, indem man den Druckabfall Δp durch die auf die Raumeinheit bezogene kinetische Energie $\varrho w^2/2$ des strömenden Stoffes, die gleich dem Staudruck ist, dividiert. Der halbe Wert dieser Kenngröße wird Euler-Zahl Eu genannt. Ferner muß auch das Verhältnis der Rohrlänge L zum Rohrdurchmesser d als Kenngröße auftreten. Nach den Überlegungen von § 8 besteht somit für den Druckabfall in glatten Rohren eine Ähnlichkeitsbeziehung der Gestalt

$$\frac{2\Delta p}{\varrho w^2} = \Phi\left(Re, \frac{L}{d}\right) = 2Eu, \tag{107}$$

worin Φ eine zunächst beliebige Funktion bedeutet. Benutzt man weiter die Erfahrungstatsache, daß Δp der Rohrlänge proportional ist, dann erhält man mit einer Funktion ψ, die nur noch von Re abhängt,

$$\Delta p = \psi(Re) \cdot \frac{\varrho w^2}{2} \cdot \frac{L}{d}. \tag{108}$$

In der Technik wird $\psi = \psi(Re)$ meist Widerstandszahl genannt. Ihre Werte abhängig von Re festzulegen, ist die Hauptaufgabe aller Messungen des Druckabfalls.

Ist der Strömungsquerschnitt nicht rund, dann ist es zweckmäßig und üblich, in die Reynolds-Zahl sowie in den letzten Faktor von Gl. (108) an Stelle des inneren Rohrdurchmessers d den gleichwertigen (hydraulischen) Durchmesser d_{gl} nach Gl. (14) einzuführen.

Verlauf der Widerstandszahl ψ abhängig von der Reynolds-Zahl

Für die ausgebildete laminare und turbulente Strömung in geraden Rohren von kreisförmigem Querschnitt ist $\psi(Re)$ in Bild 47 auf Grund bekannter Messungen [z.B. N 102, H 153, B 151, P 153] dargestellt. Der linke, bis $Re = 2320$ oder etwas darüber reichende Ast gilt für die laminare Strömung, die übrigen Kurven weiter rechts für die turbulente Strömung.

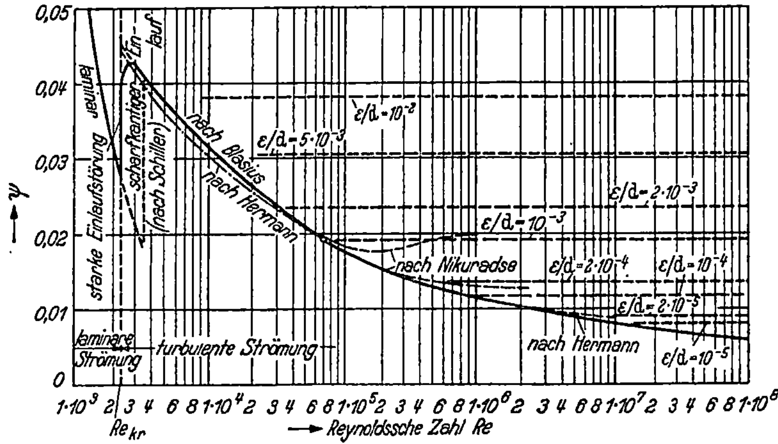

Bild 47. Widerstandszahl ψ für den Druckabfall in glatten und rauhen Rohren. ——— glatt; — — — rauh (reine Wandrauhigkeit).

Im Gebiet der ausgebildeten laminaren Strömung gilt, wie man auch theoretich nachweisen kann, allgemein für glatte Rohre oder Kanäle

$$\psi(Re) = \text{const}/Re. \tag{109}$$

Die Konstante in dieser Gleichung hängt von der Gestalt des Strömungsquerschnittes ab. In runden Rohren hat sie den Wert 64, womit sich das erste abfallende Kurvenstück im linken Teil von Bild 47 errechnet. Bei quadratischem Querschnitt mit der Seitenlänge a hat die Konstante den Wert 56,9, bei Strömung zwischen ebenen Platten mit dem Abstand a den Wert 96. In die Reynolds-Zahl und in Gl. (108) ist hierbei nach Gl. (14) bei quadratischem Querschnitt $d = d_{gl} = a$, für die Strömung zwischen den ebenen Platten $d = d_{gl} = 2a$ einzusetzen; vgl. z.B. [H 151].

Aus Gl. (108), (109) und Gl. (8) folgt wegen $v\varrho = \eta$

$$\Delta p = \frac{\text{const}}{2} \cdot \eta \cdot w \cdot \frac{L}{d^2}.$$

Bei ausgebildeter laminarer Strömung ist hiernach der Druckabfall der Viskosität η und der Geschwindigkeit w proportional.

Überschreitet die Reynolds-Zahl den kritischen Wert, der, wie erwähnt, in technischen Fällen meist zwischen 3000 und 4000 liegt, dann steigt mit dem Auftreten der Turbulenz die Funktion $\psi(Re)$ plötzlich an (senkrechte Linie in Bild 47). Mit weiter wachsender Reynoldsscher Zahl nimmt $\psi(Re)$ auch im *turbulenten Gebiet* wieder ab, aber langsamer als im laminaren Gebiet. Die untere ausgezogene Linie in Bild 27 zeigt dies für *glatte Rohre*. Zwischen der kritischen Reynoldsschen Zahl und etwa $Re = 100\,000$ wird bei glatten Rohren der Verlauf von ψ sehr angenähert wiedergegeben durch das von Blasius [B 153] aufgestellte Gesetz

$$\psi(Re) = \frac{0,3164}{\sqrt[4]{Re}} \cdot \qquad (110)$$

Bei größeren Reynolds-Zahlen nimmt $\psi(Re)$ noch langsamer ab als nach Gl. (110). Bis $Re = 2\,000\,000$ gilt dann für glatte Rohre sehr genau folgende Gleichung von Hermann [H 153]:

$$\psi = 0,00540 + 0,3964\,Re^{-0,300}. \qquad (111)$$

Im gesamten turbulenten Bereich kann man den Druckabfall in glatten Rohren auch darstellen durch folgende, von Prandtl [P 153] entwickelte Beziehung:

$$\frac{1}{\sqrt{\psi}} = 2\,\lg\left(Re\,\sqrt{\psi}\right) - 0,8 = 2\,\lg\frac{Re\,\sqrt{\psi}}{2,51}. \qquad (112)$$

Um nach diesen Erörterungen den Druckabfall in glatten Rohren zu berechnen, braucht man nach Festlegung der Reynolds-Zahl nur den Wert von ψ aus der ausgezogenen Kurve von Bild 47 oder nach einer der für ψ angegebenen Gln. (109) bis (112) zu bestimmen und in Gl. (108) einzusetzen.

Druckabfall in geraden Rohren unter Berücksichtigung des Anlaufvorganges

Bei laminarer Strömung beträgt die hydrodynamische Anlaufstrecke l_a nach theoretischen Überlegungen von Boussinesq [B 156]

$$l_a = 0,065 \cdot d \cdot Re, \qquad (113)$$

was mit Versuchsergebnissen gut übereinstimmt. Bei turbulenter Strömung ist die Anlaufstrecke meist kürzer und nicht oder nur wenig von der Reynolds-Zahl abhängig. Nach Messungen von Nikuradse [N 152] kann l_a bei turbulenter Strömung etwa gleich dem 50- bis 80fachen des inneren Rohrdurchmessers d gesetzt werden.

In der Anlaufstrecke ist sowohl nach Berechnungen wie auch nach Messungen der Druckabfall stets höher als bei ausgebildeter Strömung; vgl. z.B. [L 4]. Dies läßt sich, wenn man auch schon den Einlaufvorgang selbst berücksichtigt, theoretisch wie folgt begründen. Da die Geschwindigkeit unmittelbar nach Eintritt in das Rohr meist größer ist als die Geschwindigkeit in dem weiteren Raum vor dem Eintritt, muß der strömende Stoff beim Eintritt beschleunigt werden. Die hierzu aufzuwendende Beschleunigungsarbeit beträgt, bezogen auf die Raumeinheit, $\varrho w^2/2$, wenn man die meist nur geringe Strömungsenergie vor dem Eintritt vernachlässigt. Sodann ist, namentlich im laminaren Fall, die kinetische Energie der ausgebildeten Strömung größer als die Energie am Eintritt, wo an allen Stellen des Rohrquerschnittes die Geschwindigkeit gleich groß ist. Aus diesem Grunde muß auch in der Anlaufstrecke Beschleunigungsarbeit geleistet werden. Ferner erfordert in der Anlaufstrecke die Abbremsung der Geschwindigkeit in der Wandnähe Reibungsarbeit. Schließlich kommt bei scharfkantigem Einlauf in der Regel noch ein Kontraktionsverlust hinzu, der durch die in § 21 erwähnte Einschnürung der Strömung kurz nach dem Einlauf verursacht ist. Für den gesamten zusätzlichen

Druckverlust, den die beschriebenen Vorgänge am Einlauf und in der Anlaufstrecke hervorrufen, erhält man nach Berechnungen von Schiller [S 155] bei laminarer Strömung und bei abgerundetem Einlauf:

$$2{,}16 \cdot \varrho w^2/2 \,,$$

bei turbulenter Strömung und bei scharfkantigem Einlauf:

$$1{,}4 \cdot \varrho w^2/2 \,.$$

Bei laminarer Strömung erhöht sich der zusätzliche Druckverlust nach schon im Jahre 1839 veröffentlichten, aber zuverlässigen Messungen von Hagen auf $2{,}7\ w^2/2$, wenn man auch hier statt des abgerundeten einen scharfkantigen Einlauf wählt. Der Unterschied gegenüber dem abgerundeten Einlauf ist auf den erwähnten Kontraktionsverlust bei scharfkantigem Einlauf zurückzuführen.

Wenn wir auf Grund dieser Feststellungen den zusätzlichen Druckabfall beim Einlauf und Anlauf berücksichtigen wollen, müssen wir Gl. (108) für den gesamten Druckabfall bei scharfkantigem Einlauf wie folgt erweitern

$$\Delta p = \left[\psi(Re) \cdot \frac{L}{d} + 2{,}7\right] \frac{\varrho w^2}{2}\,, \tag{114}$$

bei turbulenter Strömung:

$$\Delta p = \left[\psi(Re) \cdot \frac{L}{d} + 1{,}4\right] \frac{\varrho w^2}{2}\,. \tag{115}$$

Die Zahlenwerte 2,7 und 1,4 der Zusatzglieder sind mit guter Näherung auch durch neuere Messungen bestätigt worden. Gregorig [G 212] gibt hierfür in der 1973 erschienenen 2. Auflage seines Buches die Werte 2,66 und 1,56 an. Bei gut abgerundetem Einlauf erniedrigen sie sich um etwa 0,44. Sie spielen indessen eine größere Rolle nur bei verhältnismäßig kurzen Rohren oder in dem Sonderfall, daß bei laminarer Strömung durch sorgfältig abgerundeten Einlauf und durch möglichste Vermeidung aller sonstigen Einlaufstörungen die Reynolds-Zahl den Wert 2320 merklich überschreitet, ohne daß der Umschlag in die turbulente Bewegung erfolgt. Andererseits setzen Gl. (114) und (115) voraus, daß die Rohre wenigstens angenähert die ganze Anlaufstrecke enthalten, also auch wieder nicht zu kurz sind. Bei Wärmeaustauschern wird es häufig genügen, den Druckabfall nach der einfacheren Gl. (108) und nach Bild 47 oder 49 oder auch mit Hilfe einer der Gln. (109) bis (112) zu berechnen.

Vergleicht man die nach Gl. (108), (114) oder (115) berechneten Werte des Druckabfalles mit dem in Wärmeaustauschern tatsächlich beobachteten Druckabfall, dann sind die gemessenen Werte häufig erheblich höher. Zum Teil läßt sich dies dadurch erklären, daß die Rechnung nur die Rohre eines Wärmeaustauschers berücksichtiget, während die Messung auch den Druckverlust in den Sammelstücken sowie in den zum Wärmeaustauscher gehörenden Zuführungs- und Abführungsstutzen mit einbezieht. Den Druckabfall in den Hauben von Wärmeaustauschern hat Linke [L 152], den Einfluß der Temperaturabhängigkeit der Stoffwerte Roetzel [R 154] untersucht.

Ein weiterer Grund für den höheren Druckabfall liegt vielfach darin, daß die Rohre nicht glatt sondern rauh sind. Über den Druckabfall in rauhen und gekrümmten Rohren handelt der folgende Paragraph.

§ 23. Druckabfall in rauhen und gekrümmten Rohren

Druckabfall in rauhen Rohren

Man könnte vielleicht vermuten, daß Rauhigkeiten der Rohrwand die Entstehung der Turbulenz begünstigen. Aber auch in rauhen Rohren kommt keine niedrigere kritische Reynoldssche Zahl als 2320 vor. Der Umschlag in die Turbulenz findet meist etwa bei derselben Reynolds-Zahl statt wie in glatten Rohren, sofern nur die Einlaufbedingungen dieselben sind [S 153]. In rauhen Rohren ist jedoch bei turbulenter Strömung der Druckabfall stets höher als in glatten Rohren, und zwar ist der Unterschied im allgemeinen um so größer, je höher die Reynolds-Zahl ist.

Nach Beobachtungen von Hopf [H 156] sowie von Schiller [S 156] und Fromm [F 153] hat man im wesentlichen zwei Arten von Rauhigkeiten zu unterscheiden:

1. kurzwellige Rauhigkeitserhebungen, kurz „Wandrauhigkeit" genannt, wie sie Bild 48 oben und Mitte in scharfkantiger und mehr abgerundeter Form zeigt,

2. sanft abgerundete langwellige Rauhigkeiten wie in Bild 48 unten, kurz „Wandwelligkeit" genannt.

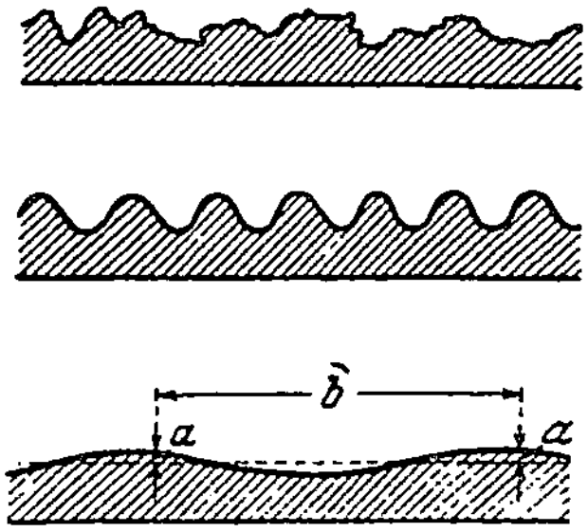

Bild 48. Zwei Arten von Rauhigkeiten in Strömungskanälen.
Oben und Mitte: kurzwellige Rauhigkeit; unten: langwellige Rauhigkeit.

Nach dieser Unterscheidung liegen die einzelnen Rauhigkeitselemente bei „Wandrauhigkeit" nahe beieinander, während sie bei „Wandwelligkeit" im Verhältnis zur Größe ihrer Erhebung vielfach weit voneinander entfernt sind.

Allgemein hängt bei rauhen Rohren die Widerstandszahl außer von der Reynolds-Zahl noch von der relativen Rauhigkeit ε/d ab, wobei ε die mittlere Höhe der Rauhigkeitserhebung und d wie bisher den inneren Rohrdurchmesser bedeutet.

Bei reiner Wandrauhigkeit und bei turbulenter Strömung verläuft die ψ-Kurve für einen bestimmten Wert von ε/d bei kleinen Reynolds-Zahlen zunächst nur unwesentlich über der Kurve für glatte Rohre. Von einer bestimmten Reynoldsschen Zahl an, die jedoch um so größer ist, je kleiner ε/d ist, geht die ψ-Kurve für die Wandrauhigkeit ziemlich rasch, wenn auch unter Umständen erst nach Durchlaufen eines schwachen Minimums[3] in einen vollkommen waagerechten Verlauf über. Solche waagerechte Linien sind in Bild 47 für verschiedene Werte von d/ε und damit für verschiedene relative Rauhigkeiten ε/d nach der Gleichung

---

[3] Eine derartige Schwankung zeigt z. B. nach Beobachtungen von Nikuradse bei Sandrauhigkeit die schwach gestrichelte Linie in Bild 47, die bei $\psi = 0,02$ von der Kurve für glatte Rohre ausgeht.

von Nikuradse [N 153]:

$$\psi = \frac{1}{(1{,}74 + 2 \lg d/2\varepsilon)^2} \quad \text{oder} \quad \frac{1}{\sqrt{\psi}} = 2 \lg \frac{3{,}72\,d}{\varepsilon} \tag{116}$$

eingezeichnet. In diesem Bereich ist also ψ nur eine Funktion von ε/d. Es herrscht hier somit für einen bestimmten Wert von ε/d nach Gl. (108) ein vollständig quadratisches Widerstandsgesetz, d.h. der Druckabfall ist genau dem Quadrat der Strömungsgeschwindigkeit proportional. Daß hierbei der Einfluß der Reynolds-Zahl und damit auch der Viskosität verschwindet, weist darauf hin, daß in diesem Falle die Reibungskräfte gegenüber den Trägheitskräften der turbulenten Mischbewegung vollständig zurücktreten.

Die waagerechten Linien in Bild 47 kann man angenähert auf handelsübliche gezogene Kupferrohre anwenden, wenn man berücksichtigt, daß bei solchen Rohren ε meist in der Größenordnung von 0,01 mm liegt. Die so erhaltenen Werte sind jedoch unsicher, weil bei Kupfer nicht genau reine Wandrauhigkeit vorliegt.

Bei „Wandwelligkeit" hingegen zeigt die ψ-Kurve für eine bestimmte relative Rauhigkeit ε/d im gesamten turbulenten Bereich einen ähnlichen Verlauf wie für glatte Rohre, nur liegt die ψ-Kurve im ganzen um so höher, je größer ε/d ist.

Zwischen diesen beiden Grenzfällen können alle erdenklichen Zwischenarten der Rauhigkeit auftreten. Wie hierbei die ψ-Kurven grundsätzlich verlaufen, haben Colebrook und White [C 153] an verschiedenen künstlich erzeugten, gut definierten Rauhigkeiten untersucht. Ihre Ergebnisse konnten sie unter Zusammenfassung der Gln. (112) und (116) von Prandtl und Nikuradse durch die Beziehung

$$\frac{1}{\sqrt{\psi}} = -2 \lg \left[\frac{2{,}51}{Re\,\sqrt{\psi}} + \frac{\varepsilon}{3{,}72\,d} \right] \tag{117}$$

gut wiedergeben. Zeichnerische Auftragungen von ψ-Werten nach dieser Gleichung, auch Gleichung von Prandtl-Colebrook genannt, finden sich z.B. in [R 151] S. 162 und 190 bis 198. Noch allgemeiner gilt eine Gleichung von Galavics [G151, R151].

Die meisten in der Technik verwendeten Rohre haben eine gemischte Art von Rauhigkeit. Inwieweit sich die Beschaffenheit ihrer inneren Oberfläche mehr dem Grenzfall der „Wandrauhigkeit" oder dem der „Wandwelligkeit" nähert, hängt hauptsächlich von dem Baustoff und der Beschaffenheit der Wand ab. Dem Grenzfall der Wandrauhigkeit liegen z.B. Rohre aus verrostetem Eisen oder Gußeisen nahe, während Kanalwände aus gehobeltem Holz oder asphaltiertem Eisenblech weit mehr zum anderen Grenzfall gehören.

Als praktisch besonders bedeutsam werde hier nur das Verhalten der gezogenen Stahlrohre erörtert, deren Oberflächenbeschaffenheit ebenfalls gemischter Art ist, aber mehr nach der Wandwelligkeit hinneigt. In Bild 49 sind für gerade Stahlrohre Werte von ψ nach Messungen von Fritzsche [F 151], Zimmermann [Z 152], Vuscović [V 151] sowie Kamner[4] aufgetragen. Sie sind so ausgeglichen, daß sie im Mittel die Ergebnisse der Versuche gut wiedergeben. Allerdings sind die Versuchswerte von Fritzsche, die offenbar an rauheren Rohren gewonnen wurden, bei

---

[4] W. Kamner hat schon vor 1950 in Höllriegelskreuth bei München im Laboratorium der Linde AG. den Druckabfall von Stickstoff in Stahlrohren von 10 mm lichtem Durchmesser zwischen $Re = 2300$ bis $Re = 20000$ gemessen. Seine Ergebnisse wurden nicht veröffentlicht.

Rohren von 26 mm Durchmesser um etwa 10%, bei Rohren von 39 mm Durchmesser um etwa 3% höher als die Werte nach den eingezeichneten ψ-Kurven. Die Versuchswerte von Kamner an Rohren von 10 mm Durchmesser liegen hingegen um etwa 7% unterhalb der entsprechenden Kurve in Bild 49.

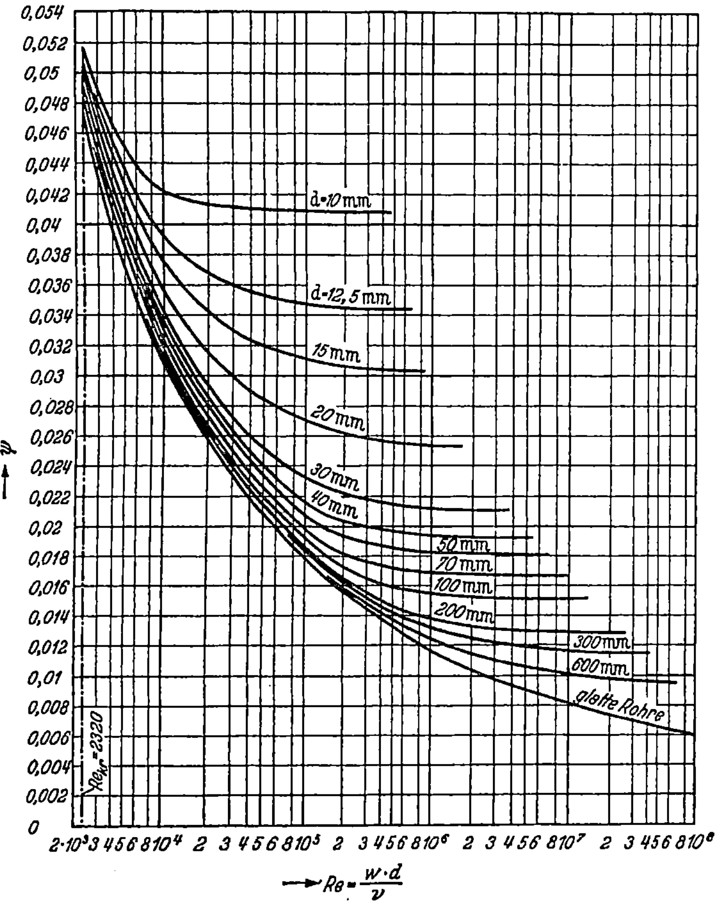

Bild 49. Druckabfall in gezogenen Stahlrohren.
ψ Widerstandszahl.

Bild 49 zeigt, daß bei geraden Stahlrohren die Kurven für ψ meist schon von der kritischen Reynolds-Zahl an etwas höher liegen als die Kurve für glatte Rohre, und daß die Krümmung dieser Kurven, ähnlich wie bei der Wandwelligkeit, sich nur allmählich ändert. Welchem Verlauf die Kurven für Stahlrohre bei sehr großen Werten von Re zustreben, läßt sich aus den bisherigen Versuchen nicht mit Sicherheit vorhersagen. In Bild 49 ist angenommen, daß sie allmählich in vollständig waagerechte Linien übergehen, ähnlich wie es der reinen Wandrauhigkeit entspricht. Nach Zimmermann steigen hingegen die Kurven nach Durchlaufen eines flachen Minimums wieder an. Vermutlich wird hierdurch der Übergang zu einer waagerechten Linie in Form einer flachen s-förmigen Kurve vorbereitet.

Druckabfall in gekrümmten Rohren

Die kritische Reynolds-Zahl für den Übergang von der laminaren in die turbulente Strömung liegt bei gekrümmten Rohren höher als bei geraden Rohren. Ist D der Krümmungsdurchmesser, d wie bisher der innere Durchmesser des Rohres, dann beträgt nach White [W 151] die kritische Reynolds-Zahl bei $D/d = 50$ etwa 6000, bei $D/d = 15$ etwa 9000; gegenüber dem Wert von 2320 bis etwa 4000 bei geraden Rohren. Von Taylor [T 151], Adler [A 152] und Woschni [W 11] gemessene Werte von Re_{kr} stimmen mit den genannten Werten von White überein. Nach E. F. Schmidt [S 161] läßt sich diese Abhängigkeit recht genau wiedergeben durch die Gleichung

$$Re_{kr} = 2300[1 + 8{,}6\,(d/D)^{0{,}45}]. \qquad (118)$$

Diese zunächst überraschend erscheinende Erhöhung der kritischen Reynolds-Zahl kann vielleicht daraus erklärt werden, daß in gekrümmten Rohren schon im Bereich der laminaren Strömung Querbewegungen in einer Art von Doppelwirbeln auftreten (vgl. Bild 50). Eingeleitet werden diese Doppelwirbel dadurch,

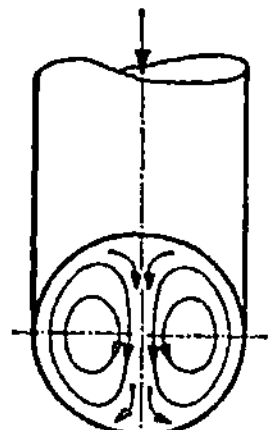

Bild 50. Doppelwirbel in einem gekrümmten Rohr.

daß die Flüssigkeitsteilchen, die zunächst in der Rohrmitte am raschesten strömen, im gekrümmten Rohr am meisten der Zentrifugalkraft unterliegen und dadurch nach der dem Krümmungsmittelpunkt entgegengesetzten Seite des Rohres gedrängt werden. Solche Querbewegungen vermögen vermutlich einen Teil der Energie der Strömungsstörungen aufzunehmen und daher den Umschlag in die Turbulenz zu verzögern.

Diese Doppelwirbel dürften auch der wesentliche Grund dafür sein, daß der Druckabfall in gekrümmten Rohren größer ist als in geraden Rohren.

Die bei laminarer Strömung durch die Rohrkrümmung erhöhte Widerstandszahl haben White [W 151] u.a. gemessen und durch eine empirische Gleichung wiedergegeben.

Für die turbulente Strömung in gekrümmten Rohren liegen zahlreiche Messungen bei Umlenkwirbeln von 90°, zum Teil aber auch bei kleineren und größeren Winkeln vor; siehe z.B. [W 151, F 152, H 154, Z 151]. Da die Unterschiede gegenüber dem Druckverlust gerader Rohrleitungen meist ziemlich gering sind, ist eine genaue Messung dieser Unterschiede, die überdies stark von der technischen Ausführung und von der Rauhigkeit der Rohre abhängt, schwierig. Die Meßwerte streuen daher stark und ergeben unterschiedliche Abhängigkeiten vom Krümmungsverhältnis D/d. Im Mittel kann man aber die Ergebnisse der Messungen etwa wie folgt zusammenfassen. Setzt man für den durch die Umlenkung verursachten zusätzlichen Druckverlust

$$\Delta p_u = \zeta_u \frac{\varrho w^2}{2}\left(= \psi_u \cdot \frac{\varrho w^2}{2}\,\frac{L}{d}\right), \qquad (119)$$

dann ergibt sich für einen Umlenkwinkel von 90° bei glatten Rohren im Mittel etwa $\zeta_u = 0{,}1$. Bei rauhen Rohren und demselben Umlenkwinkel liegt ζ_u zwischen 0,1 und 0,4, also im Mittel etwa bei 0,25. Bei einem Umlenkwinkel von 45° beträgt ζ_u etwa das 0,6fache, bei einem Umlenkwinkel von 180° etwa das 1,4 bis 1,5fache der angegebenen Beträge. Man erkennt hieraus, daß, wie vor allem Fritzsche und Richter [F 152] festgestellt haben, die ersten Teile der Krümmung verhältnismäßig mehr zusätzlichen Druckverlust erzeugen als die späteren. Vermutlich kann man dies damit erklären, daß es mehr Energie erfordert, die geschilderten Querbewegungen (Bild 50) einzuleiten als sie im weiteren Verlauf der Krümmung aufrecht zu erhalten. In dem Wert von ζ_u ist überdies berücksichtigt, daß auch in der an den Krümmer sich anschließenden geraden Rohrstrecke ein Stück weit noch ein erhöhter Druckverlust vorhanden ist, da ja hierin die Querbewegung erst abklingen muß. Es leuchtet ein, daß auch dieser Verlust bei kleinen Umlenkwinkeln von verhältnismäßig höherem Einfluß ist als bei großen.

Man kann hiernach erwarten, daß in Rohrschlangen mit mehreren schraubenförmigen Windungen der auf eine Umlenkung um je 90° im Mittel entfallende Druckverlust geringer ist, als wenn nur eine einzige Umlenkung von 90° vorhanden wäre. Dies bestätigen Versuche von Jeschke [J 2], der die Ergebnisse seiner Messungen an gewundenen gezogenen schmiedeeisernen Rohren bei Reynoldsschen Zahlen über 110 000 in die Gleichung

$$\psi_{kr} = 0{,}0238 + 0{,}0891\, d/D = 0{,}0238\,(1 + 3{,}74\, d/D) \tag{120}$$

zusammengefaßt hat. Hierin bedeutet ψ_{kr} die Gesamtwiderstandszahl im gekrümmten Rohr und D wieder den Krümmungsdurchmesser.

Daß nach Gl. (120) ψ_{kr} gemäß der obigen Behauptung kleiner ist, als den Messungen an 90°-Krümmern entspricht, läßt sich leicht nachweisen. Nimmt man nämlich an, daß das konstante Glied 0,0238 den Wert von ψ für das gerade Rohr darstellt, dann wird nach Gl. (120) unter Berücksichtigung von Gl. (119) mit der Windungszahl n

$$\zeta_u = \psi_u \frac{L}{d} = (\psi_{kr} - \psi)\frac{L}{d} = 0{,}0891\frac{d}{D} \cdot \frac{\pi D}{d} \cdot n = 0{,}0891\pi n.$$

Hieraus folgt für eine Krümmung um 90°, d.h. für $n = 1/4$, $\zeta_u = 0{,}070$. Dies ist aber weniger als $^1/_3$ des Betrages, der im Mittel in 90°-Krümmern bei rauher Rohrwandung gemessen wurde.

Woschni [W 11] hat auf Grund späterer Messungen die Gültigkeit von Gl. (120) mit guter Näherung bestätigt.

Nach Versuchen von Jeschke unterhalb $Re = 110\,000$ steigt ψ_{kr} mit abnehmender Reynolds-Zahl durch die Krümmung der Rohre viel stärker an, als man nach Gl. (120) erwarten sollte. So ist nach Jeschke $\psi_{kr} - \psi$ bei $Re = 20\,000$ rund 7mal, bei $Re = 40\,000$ rund 4mal und bei $Re = 80\,000$ rund 1,5mal so groß wie nach Gl. (120). Einen ähnlichen, wenn auch etwas geringeren Anstieg von $\psi_{kr} - \psi$ haben E. F. Schmidt [S 161] sowie Srinivasan, Nandapurkar und Holland [S 22] festgestellt. Nach Schmidt wird der Einfluß der Rohrkrümmung durch eine Gleichung der Art (120) noch besser wiedergegeben, wenn man darin mit einer entsprechend geänderten Konstanten d/D durch $(d/D)^{0{,}62}$ ersetzt. Zu einem ähnlichen Ergebnis gelangt man auch auf Grund der Veröffentlichung der unmittelbar vorher erwähnten Autoren [S 22].

Woschni hat überdies den Einfluß der Beheizung des strömenden Mediums auf den Druckabfall und die Wärmeübertragung gemessen und gefunden, daß dieser Einfluß besser durch den Faktor $(\eta_{fl}/\eta_w)^{0,27}$ oder $(\eta_{fl}/\eta_w)^{0,3}$ statt wie üblich durch $(\eta_{öl}/\eta_w)^{0,14}$ zum Ausdruck gebracht wird.

Bei laminarer Strömung ist, wie hier nicht näher erörtert werden soll, nach zahlreichen Autoren der Einfluß der Krümmung auf den Druckabfall erheblich größer als bei turbulenter Strömung.

§ 24. Druckabfall bei Kreuzstrom und in Haufwerken

Druckabfall an den Rohren eines quer angeströmten Bündels

Die meisten Forscher, die den Wärmeübergang bei Kreuzstrom untersuchten (vgl. § 14), haben auch den bei Kreuzstrom auftretenden Druckabfall gemessen. Ihre Ergebnisse haben sie in der Form

$$\varDelta p = n\psi \frac{\varrho w^2}{2} \tag{121}$$

dargestellt, worin n die Zahl der in der Strömungsrichtung hintereinanderliegenden Rohrreihen bedeutet. ψ ist wieder eine dimensionslose Größe, die in erster Linie von der Reynolds-Zahl, zum Teil auch von den Teilungsverhältnissen, d.h. von den Verhältnissen der Abstände der Rohrmitten zum äußeren Rohrdurchmesser abhängt. Wie in § 14 sei a das Querteilungsverhältnis, b das Längsteilungsverhältnis. Als Geschwindigkeit w ist in Gl. (121) und in der Reynolds-Zahl ebenso wie bei den entsprechenden Gleichungen für den Wärmeübergang die größte Geschwindigkeit zwischen den Rohren, als d der äußere Rohrdurchmesser einzuführen.

Die Druckabfallmessungen von Pierson [P 41] und Huge [H 50] lassen sich durch folgende Gleichungen von Jakob [J 151] wiedergeben;
bei fluchtender Anordnung

$$\psi = Re^{-0,15}\left[0,176 + \frac{0,32b}{(a-1)^{0,43+\frac{1,13}{b}}}\right]; \tag{122}$$

bei versetzter Anordnung

$$\psi = Re^{-0,16}\left[1 + \frac{0,47}{(a-1)^{1,08}}\right]. \tag{123}$$

Hierbei sind, falls zwischen dem strömenden Stoff und der Rohrwand größere Temperaturunterschiede bestehen, die in der Reynoldsschen Kenngröße sowie in Gl. (121) auftretenden Stoffwerte für eine wie folgt zu bestimmende Bezugstemperatur ϑ_* einzusetzen. ϑ_* errechnet sich aus der mittleren Temperatur ϑ_m des strömenden Stoffes und aus der Oberflächentemperatur Θ_0 der Wand bei fluchtender Anordnung zu

$$\vartheta_* = \vartheta_m - 0,1(\vartheta_m - \Theta_0),$$

bei versetzter Anordnung zu

$$\vartheta_* = \vartheta_m - 0,2(\vartheta_m - \Theta_0).$$

Die Gln. (122) und (123) gelten für 10 und mehr in der Strömungsrichtung hintereinanderliegende Rohrreihen. Bei nur 4 Rohrreihen ist ψ um etwa 8% größer[5].

---

[5] Weitere Gleichungen ähnlicher Art hat Hofmann [H 49] angegeben.

Mit den Versuchen von Pierson und Huge und den hierfür angegebenen Formeln (122) bis (123) stimmen im allgemeinen Verlauf auch Messungen von Jauernick [J 152] an Wasser überein, doch ergeben sich nach Jauernick höhere Werte.

Eine gute Übereinstimmung mit den Gln. (122) und (123) zeigen Messungen von Reiher [R 42] bei fluchtender Anordnung, während die Werte dieses Autors bei versetzter Anordnung um 50% und mehr größer sind. Die Meßwerte von Glaser [G 42] für fluchtende Anordnung liegen um 40 bis 50% höher. Hingegen haben Ter Linden [L 151] und Brandt [B 154] niedrigere Werte des Strömungswiderstandes als Pierson und Huge gemessen. Die Werte von Ter Linden liegen nur wenig, die Werte von Brandt bis um 50% tiefer.

Auch spätere Meßergebnisse wie z.B. von Bergelin [B 152], Kays [K 151], Dwyer [D 151], Bressler [B 52], Hammeke [H 42], Scholz [S 54], Groehn [G 152], Achenbach [A 151], London [L 153], Brauer [B 51], Klier [K 46], Samoshka [S 151] u.a. weichen bis um $\pm 30\%$ von den jeweiligen Mittelwerten ab. Die zum Teil ziemlich verwickelte Abhängigkeit des Widerstandsbeiwerts von Re und den Abstandsverhältnissen a und b hat W. Kast in der 2. Auflage des VDI-Wärmeatlas [1] S. Ld2 und Ld3 in zwei Diagrammen für die fluchtende und versetzte Anordnung dargestellt.

Bei rauhen Rohren muß man mit einem höheren Druckverlust als bei glatten Rohren rechnen. So hat z.B. Wiener [W 152] an stark verrosteten Eisenrohren einen 1,22mal so hohen Druckabfall gemessen wie an glatten Rohren.

Druckabfall in Haufwerken

Die Gestalt der Elemente eines Haufwerkes und die Rauhigkeit ihrer Oberfläche ist im allgemeinen derart verschieden, daß der Druckabfall eines durch ein Haufwerk strömenden Gases sehr unterschiedlich sein kann. Es ist daher zu erwarten, daß eine bestimmte Druckabfall-Gleichung nur für Füllkörper gleicher oder ähnlicher Art mit guter Genauigkeit gilt.

Für den Druckabfall in Schüttungen aus Kugeln oder aus kugelähnlich gestalteten Füllkörpern hat Brauer [B 155], in Fortführung einer Untersuchung von Ergun [E 151], folgende Gleichung aufgestellt:

$$\psi = \frac{160}{Re'} + \frac{3,1}{(Re')^{0,1}}, \tag{124}$$

womit sich der Druckabfall bei der Schütthöhe H nach der Beziehung

$$\Delta p = \psi \cdot \frac{1-\varepsilon}{\varepsilon^3} \cdot \varrho w^2 \cdot \frac{H}{d} \tag{125}$$

errechnet. Hierbei ist ε das relative Lückenvolumen, w die Strömungsgeschwindigkeit im leeren Kanal, d der Kugel- oder mittlere Partikeldurchmesser und

$$Re' = \frac{1}{1-\varepsilon} \cdot \frac{w\,d}{\nu} .$$

Literatur zum Druckabfall

A

151 Achenbach, E.: Influence of Surface Roughness on the Flow through a Staggered Tube Bank. Wärme- u. Stoffübertragung 4 (1971) 120—126. Vgl. auch 2 (1969) 47—52.

152 Adler, M.: Strömung in gekrümmten Rohren. Z. angew. Math. Mech. 14 (1934) 257—275.

B

151 Bauer, B.; Galavics, F.: Experimentelle und theoretische Untersuchungen über die Rohrreibung. Zürich 1936.

152 Bergelin, P. O.; Brown, G. A.; Doberstein, S. C.: Trans. ASME 74 (1952) 953—960.

153 Blasius, H.: Das Ähnlichkeitsgesetz bei Reibungsvorgängen in Flüssigkeiten. Phys. Z. 12 (1911) 1175, oder Forschungsarbeit Ing. Wes. Heft 131 (1913).

154 Brandt, H.; Dingler, J.: Wärme 59 (1936) 1—8; Brandt, H.: Über Druckverlust und Wärmeübertragung in Wärmeaustauschern. Diss. Techn. Hochschule Hannover 1934.

155 Brauer, H.: Druckverlust in Füllkörpersäulen bei Einphasenströmung. Chem. Ing. Tech. 29 (1957) 785—790.

156 Boussinesq, J.: Comptes Rendus 113 (1891) 9 u. 49.

C

151 Chawla, J. M.: Reibungsdruckabfall bei der Strömung von Flüssigkeits-Gas-Gemischen in waagerechten Rohren. Forsch. Ing. Wes. 34 (1968) 47—54.

152 Chawla, J. M.: Reibungsdruckabfall bei der Strömung von Flüssigkeits-Gas-Gemischen in waagerechten Rohren (Übersicht zum Stand des Wissens). Chem. Ing. Tech. 44 (1973) 58—63.

153 Colebroock, C. F.; White, C. M.: Experiments with Fluid Friction in Roughened Pipes. Proc. Roy. Soc. A 161 (1937) S. 367; vgl. den Auszug von Homann, Fr. in Z. VDI 82 (1938) 405 u. 406.

D

151 Dwyer, O. E.; Shehan, T. V.; Weismann, J.; Horn, F. L.; Schomer, R. T.: Ind. Eng. Chem. 48 (1956) 1836—1846.

E

151 Ergun, S.: Fluid Flow through Packed Columns. Chem. Engng. Progr. 48 (1952) 89—94.

F

151 Fritzsche, O.: Untersuchungen über den Strömungswiderstand der Gase in geraden zylindrischen Rohrleitungen. VDI-Forschungsheft 60 (1908).

152 Fritzsche, O.; Richter, H.: Beitrag zur Kenntnis des Strömungswiderstandes gekrümmter rauher Rohrleitungen. Forschung 4 (1933) 307—314.

153 Fromm, K.: Strömungswiderstand in rauhen Rohren. Z. ang. Math. Mech. 3 (1923) 339.

G

151 Galavics, F.: Die ... Rauhigkeitscharakteristik zur Ermittlung der Rohrreibung .... Schweiz. Arch. angew. Wiss. Tech. 55 (1939) 337—354. Vgl. Feuerungstech. 28 (1940) Nr. 6.

152 Groehn, H. G.; Heinecke, E.; Scholz, F.: Atomwirtschaft 14 (1969) 581—583.

H

151 Hahnemann, H.; Ehret, L.: Der Druckverlust der laminaren Strömung in der Anlaufstrecke von geraden ebenen Spalten. Jahrbuch der deutschen Luftfahrtforschung 1 (1941) 21—32 und (1942) 186—207.

152 Heisenberg, W.: Über Stabilität und Turbulenz von Flüssigkeitsströmen. Ann. d. Phys. (IV), 74 (1924) 597.

153 Hermann, R.: Burbach, Th.; Strömungswiderstand und Wärmeübergang in Rohren. Leipzig 1930.

154 Hofmann, A.: Der Druckverlust in 90°-Krümmern bei gleichbleibendem Kreisquerschnitt. Mitt. d. Hydr. Instituts der Techn. Hochschule München, Heft 3 (1929) 45—67.

155 Hofmann, A.: Druckverlust und Wärmeübergang in durchströmten Rohren mit innenliegenden Drahtwendeln. Linde-Ber. aus Techn. u. Wiss. (1962) 13, 25—31.

156 Hopf, L.: Die Messung der hydraulischen Rauhigkeit. Z. ang. Math. Mech. 3 (1923) 329.

J

151 Jakob, M.: Flow Resistance in Cross Flow of Gases over Tube Banks. Trans. Amer. Soc. Mech. Eng. 60 (1938) 384—386.

152 Jauernick, R.: Über den örtlichen Widerstandsbeiwert und die Wärmeübergangszahlen in Rohrbündeln bei hohen Reynoldsschen Zahlen. Die Wärme 61 (1938) 738—743 u. 751—756.

K

151 Kays, W. M.; London, A. L.; Lo, R. K.: Trans. ASME 76 (1954) 387—396.

152 Kirchbach, H.: Der Energieverlust in Kniestücken. Mitt. d. hydr. Inst. d. Techn. Hochsch. München, Heft 3 (1929) 68—97.

153 Küchemann, D.: Störungsbewegungen in einer Gasströmung mit Grenzschicht. Z. angew. Math. Mech. 18 (1938) 207—222.

L

151 Ter Linden, A. J.: Der Strömungswiderstand eines Rohrbündels. Wärme 62 (1939) 319—323 (vgl. auch Schack, A.: Arch. Eisenhüttenwes. 13 (1939) 169.)

152 Linke, W.; Dia, T.: Die Bemessung der Zu- und Abflußhauben von Wärmeaustauschern. Kältetechnik 15 (1963) 85—91.

153 London, A. L.; Mitchell, J. W.; Sutherland, W. A.: Trans. ASME Ser. C 82, Nr. 3 (1960) 199—213.

154 Lorenz, H.: Strömung und Turbulenz. Handbuch der phys. und techn. Mechanik von Auerbach und Hort, Bd. VII, 1931.

155 Lorenz, H.: Die Energieverluste in Rohrerweiterungen und Krümmern. Z. ges. Kälteind. (1929) 129.

M

151 Maurer, G. W.; Le Tourneau, B. W.: Friction Factors for Fully Developed Turbulent Flow in Ducts with and without Heat Transfer. Trans. Am. Soc. Mech. Engrs. Ser. D 86 (1964) 3, 627—636.

152 Meissner, W.; Schubert, G. U.: Kritische Reynoldssche Zahl und Entroepieprinzip. Ann. Phys. 6. Folge 3 (1948) 163—182.

153 Möbius, H.: Experimentelle Untersuchung des Widerstandes und der Geschwindigkeitsverteilung in Rohren mit regelmäßig angeordneten Rauhigkeiten bei turbulenter Strömung. Phys. Zeitschr. 41 (1940) 202—225.

N

151 Naegele, R.: Einfluß von Umlenkkammern auf Druckverlust und Wärmetransport von Rohrbündel-Wärmeübertragern. Verfahrenstechnik 5 (1971) 10, 401—405.

152 Nikuradse, J.: Gesetzmäßigkeiten der turbulenten Strömung in glatten Rohren. VDI-Forschungsheft 356 (1932).

153 Nikuradse, J.: Strömungsgesetze in rauhen Rohren. VDI-Forschungsheft 361 (1933).

154 Noether, F.: Das Turbulenzproblem. Z. ang. Math. Mech. 1 (1921) 125—138 u. 218, 219.

P

151 Prandtl, L.: Bemerkungen über die Entstehung der Turbulenz. Z. ang. Math. Mech. 1 (1921) 431—436.

152 Prandtl, L.; Tietjens, O.: Hydro- u. Aeromechanik, Bd. II. Berlin: Springer 1931, S. 15—60.

153 Prantdl, L.: Neuere Ergebnisse der Turbulenzforschung. Z. VDI 77 (1933) 104—114.

154 Prandtl, L.: Führer durch die Strömungslehre. 7. Aufl. Braunschweig: Vieweg 1969, S. 168—176. (Strömung in Rohren und Kanälen.)

R

151 Richter, H.: Rohrdynamik, 5. Aufl. Berlin, Heidelberg, New York: Springer-Verlag 1971.

152 Reynolds, O.: Proc. Manchester Lit. a. Phil. Soc. 8 (1874) 9.

153 Reynolds, O.: An Experimental Investigation of the Circumstances which Determine whether the Motion of Water Shall be Direct or Sinuous, and of the Law of Resistance in Parallel Channels. Phil. Trans. Roy. Soc. London 1883 oder Scient. Papers Bd. II S. 51.

154 Roetzel, W.: Calculation of Single Phase Pressure Drop in Heat Exchangers Considering the Change of Fluid Properties along the Flow Path. Wärme- u. Stoffübertragung 6 (1973) 3—13.

S

151 Samoshka, P. S.; Makaryavichyus, V. I.; Shlanchyauskas, A. A.; Zhyugzda, I. I.; Zhukanskas, A. A.: Int. Chem. Engng. 8 (1968) 388—392.

152 Schefels, G.: Reibungsverluste in gemauerten engen Kanälen. Arch. Eisenhüttenw. 6 (1932/33) 477—486.

153 Schiller, L.: Rauhigkeit und kritische Zahl. Ein experimenteller Beitrag zum Turbulenzproblem. Z. Phys. 3 (1920) 412.

154 Schiller, L.: Experimentelle Untersuchungen zum Turbulenzproblem. Z. ang. Math. Mech. 1 (1921) 436—444.

155 Schiller, L.: Die Entwickluug der laminaren Geschwindigkeit und ihre Bedeutung für die Zähigkeitsmessungen. Z. ang. Math. Mech. 2 (1922) 96—106 (besonders S. 102 u. 106).

156 Schiller, L.: Über den Strömungswiderstand von Rohren verschiedener Querschnitte und Rauhigkeitsgrades. Z. ang. Math. Mech. 3 (1923) 2.

157 Schiller, L.: Strömungsbilder zur Entstehung der turbulenten Rohrströmung. Verh. 3. intern. Kongr. f. techn. Mech., Teil I, Stockholm 1931, S. 226.

158 Schiller, L.: Strömung in Rohren. Handbuch der Experimentalphysik, herausgegeben von W. Wien und F. Harms. Leipzig: Akad. Verl.-Ges. 1932, S. 1—206, insbes. S. 175—201.

159 Schiller, L.: Wirbelphotographien als Mittel zur quantitativen Untersuchung der Turbulenzentstehung und des Widerstandes. Proc. 5th. Intern. Congr. Appl. Mech., New York 1938, S. 315.

160 Schiller, L.; Naumann, A.: Untersuchungen über den Mechanismus der turbulenten Rohrströmung. Ingenieurarchiv 11 (1940) 335—343.

161 Schmidt, E. F.: Wärmeübergang und nicht isothermer Druckverlust bei erzwungener Strömung in schraubenförmig gekrümmten Rohren. Diss. TH Braunschweig 1966, 100 S.
162 Sockel, H.: Turbulente Strömung in glatten Rohren mit Kreisquerschnitt. Österr. Ing. Z. 11 (1968) 12, 407—412.
163 Srinavasan; Nandapurkar; Holland: siehe [S 22].
164 Stanton, T. E.: Friction. London: Longmans 1923.

T

151 Taylor, G. J.: The Criterion for Turbulence in Curved Pipes. Proc. Roy. Soc. (A) 124 (1929) 243—249.
152 Tietjens, O.: Beiträge zur Entstehung der Turbulenz. Z. ang. Math. Mech. 5 (1925) 200—217. O. Tietjens: Ein allgemeines Kriterium der Instabilität laminarer Geschwindigkeitsverteilungen. Göttinger Nachrichten, Math.-Phys. Kl. I, 1 (1935) 79.
153 Tollmien, W.: Über die Entstehung der Turbulenzen. 1. Mitt. Göttinger Nachrichten. Math. phys. Klasse, 1929, S. 21, ferner Z. ang. Math. Mech. 25/27 (1947) 33 u. 70.

V

151 Vušcović, J.: Der Strömungswiderstand von geraden Gasrohren. Mitt. d. Hydr. Instituts d. Techn. Hochschule München, Heft 9 (1939) S. 35—50.

W

151 White, C. M.: Streamline Flow through Curved Pipes. Proc. Roy. Soc. (A) 123 (1929) 645.
152 Wiener, P.: Untersuchungen über den Zugwiderstand von Wasserrohrkesseln. Diss. Techn. Hochschule Aachen 1937.

Z

151 Zimmermann, E.: Der Druckabfall in 90°-Stahlrohrbögen. Arch. Wärmewirtschaft 19 (1938) 265.
152 Zimmermann, E.: Neue Ergebnisse der Druckabfallberechnungen für gerade Stahlrohrleitungen. Arch. Wärmewirtschaft 21 (1940) 6, 133—138.

Rekuperatoren

I. Temperaturverlauf und Wärmeübertragung
bei Gleichstrom und Gegenstrom

Vorbemerkung

Im zweiten und dritten Hauptabschnitt dieses Buches sollen die Theorien der Rekuperatoren und Regeneratoren ausführlich dargestellt werden. Hierbei seien, wie schon in der Einleitung erwähnt, unter Rekuperatoren Wärmeaustauscher verstanden, durch welche die am Wärmeaustausch beteiligten Stoffe ununterbrochen und stetig hindurchströmen, und in denen die Wärme in der Regel durch Trennwände hindurch übertragen wird. An die Stelle der Trennwände können jedoch gelegentlich auch die Trennflächen nicht mischbarer Medien, z.B. von ineinander nicht löslichen Flüssigkeiten, treten. Die Regeneratoren hingegen haben eine wärmespeichernde Masse und werden in bestimmten Zeitabständen umgeschaltet, sofern man von den sich drehenden Speichermassen absieht.

Entsprechend dem im Vorwort hervorgehobenen Sinn des Buches soll bei Erörterung der Theorien besonderer Wert darauf gelegt werden, die in den Wärmeaustauschern sich abspielenden Vorgänge physikalisch zu klären und zahlenmäßig zu erfassen. Zugleich aber ist es Ziel der Betrachtungen, Verfahren zu entwickeln, mit denen man in praktischen Fällen Wärmeaustauscher einfach und rasch berechnen kann.

Der vorliegende zweite Abschnitt ist den Rekuperatoren gewidmet. Zunächst soll die große und sehr wichtige Gruppe von Rekuperatoren betrachtet werden, in denen die in Wärmeaustausch tretenden Stoffe *parallel* zueinander strömen. Je nachdem, ob sich hierbei die beiden Stoffe in derselben oder in der entgegengesetzten Richtung bewegen, herrscht Gleichstrom oder Gegenstrom, In den weitaus meisten Fällen wird Gegenstrom angewendet, weil er, wie im folgenden begründet wird, dem Gleichstrom in der Austauschwirkung grundsätzlich überlegen ist.

Um die Ableitung der für Gleichstrom und Gegenstrom geltenden Beziehungen möglichst anschaulich zu gestalten, sollen als erstes einige kennzeichnende Bauformen von im Parallelstrom betriebenen Rekuperatoren beschrieben werden.

§ 25. Anordnungen zur Durchführung des Gleichstroms und Gegenstroms[1]

Für Gleichstrom und Gegenstrom sind grundsätzlich die gleichen Bauarten der Rekuperatoren geeignet. Denn die Unterschiede zwischen beiden Strömungsarten

---

[1] Über die Gestaltung der Wärmeaustauscher vgl. auch die Darstellungen von H. KrauBold in der Zeitschrift Verfahrenstechnik [K 215] und in Lueger, Lexikon der Verfahrenstechnik [K 216, L 208].

wirken sich im wesentlichen nur in der Bemessung der wärmeübertragenden Flächen (vgl. § 37 f.) oder in einem zahlenmäßig verschiedenen Ergebnis der Wärmeübertragung aus. Wenn daher im folgenden meist von Gegenstrom-Rekuperatoren die Rede sein wird, so gelten doch die zu besprechenden Ausführungsbeispiele ohne weiteres auch für Gleichstrom.

Den ersten Anstoß zum Bau besonderer Einrichtungen für den Wärmeaustausch haben vermutlich Erfahrungen an technischen Öfen gegeben. Der Gedanke des Gegenstromes ist hierbei wohl erstmalig bei Öfen zum Brennen keramischer Massen, wie von Ziegeln, Töpfereiwaren u.dgl. verwirklicht worden. Der Gegenstrom-Wärmeaustausch hat hier den Zweck, die noch nicht gebrannten Massen durch die aus der Verbrennungszone entweichenden heißen Abgase vorzuwärmen und vorzutrocknen. Bei einem auch heute noch viel benutzten Verfahren werden z. B. die auf Wagen gepackten keramischen Massen in einem sehr langen, kanalförmig gestalteten Ofen im Gegenstrom zu den sie bestreichenden Verbrennungsgasen langsam nach der Verbrennungszone geführt. Nach dem Brande bewegen sich die Massen meist weiter im Gegenstrom zur frisch zuströmenden Verbrennungsluft, wodurch nicht nur die Massen abgekühlt, sondern zugleich die Verbrennungsluft vorgewärmt wird. In beiden Fällen wird die Wärme durch die Oberfläche der festen Massen übertragen. Von Apparaten, die ausschließlich dem Zwecke des Wärmeaustausches zwischen zwei strömenden Stoffen dienen, kann indessen hierbei noch nicht die Rede sein.

Der erste ausgesprochene Wärmeaustauscher dürfte aus dem Gedanken entstanden sein, die in Verbrennungsabgasen enthaltene Wärme durch *Steinwände* hindurch auf Frischluft oder auf andere Gase zu übertragen. Eine sehr alte Anordnung besteht darin, das Abgas und die Luft durch nebeneinander liegende glatte Schächte zu leiten, wie sie sich aus einfachen Steinen leicht aufbauen lassen (vgl. Bild 75 oben). Rekuperatoren dieser Art werden auch heute noch vielfach bei Öfen für technische Zwecke, z. B. zum Glühen oder Vorwärmen von Metallblöcken (Stoßofen, Tiefofen) u.dgl., verwendet. Häufig werden die waagerechten oder senkrechten Schächte so angeordnet, daß sie, wie in Bild 51, die Gase zu einer Art

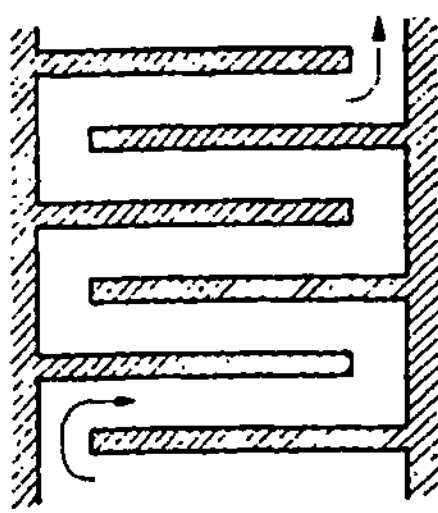

Bild 51. Steinerner Rekuperator mit schlangenförmiger
Führung des Gasstroms.

schlangenförmiger Bewegung zwingen. Vor und hinter der dargestellten Reihe von Kanälen befinden sich weitere ähnlich angeordnete Reihen von Schächten, und zwar abwechselnd für das eine und andere Gas. Liegen die Schächte für die verschiedenen Gase einander parallel, dann kann man auf diese Weise sowohl Gleichstrom wie auch Gegenstrom verwirklichen. Die hintereinander liegenden Schächte können sich aber auch kreuzen, so daß Kreuzstrom oder auch eine verwickeltere sogenannte gemischte Schaltung entsteht (vgl. § 46). Verschiedene andere Möglichkeiten der Gestaltung der Strömungsquerschnitte steinerner Rekuperatoren sollen in § 40 besprochen werden.

Wärmeaustauscher aus Metall, meist aus Stahl, werden in großem Umfang sowohl für Gase wie auch für Flüssigkeiten angewendet, solange nicht zu hohe Temperaturen auftreten, denen Metalle im allgemeinen nur beschränkt standzuhalten vermögen. Weitaus die meisten der aus Metall bestehenden Rekuperatoren sind aus Rohren aufgebaut. Sie haben gelegentlich die Gestalt von Doppelrohr-Wärmeaustauschern, in der überwiegenden Zahl der Fälle aber von Rohrbündel-Wärmeaustauschern.

Bei dem Doppelrohr-Wärmeaustauscher nach Bild 52 ist jedes gerade Stück des schlangenförmig gebogenen Innenrohres von je einem weiteren Außenrohr umgeben, das mit dem nächstfolgenden Außenrohr durch einen Rohrstutzen verbunden ist. Statt eines einzigen können auch mehrere Innenrohre in einem jeweils gemeinsamen Außenrohr angeordnet sein. Solche Wärmeaustauscher sind vor allem für nicht zu große Mengen von Flüssigkeiten oder von unter hohem Druck stehenden Gasen geeignet, bei denen wegen der meist hohen Wärmeübergangszahlen eine verhältnismäßig geringe Heizfläche genügt. Hingegen muß man bei großen Flüssigkeitsmengen sowie besonders bei größeren Gasmengen niedrigen Druckes viele Rohre parallel schalten. Man gelangt so zur Rohrbündel-Anordnung nach Bild 53. Die Rohre sind oben und unten in Rohrböden befestigt und ihrer Länge nach von einem gemeinsamen Mantelrohr umgeben, das zur Führung für das außen

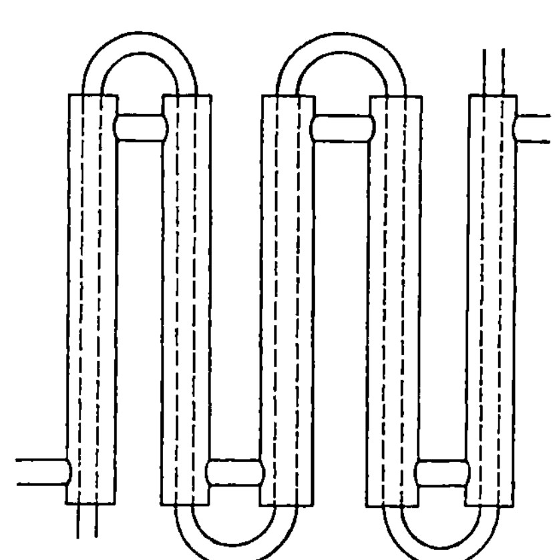

Bild 52. Doppelrohr-Wärmeaustauscher.

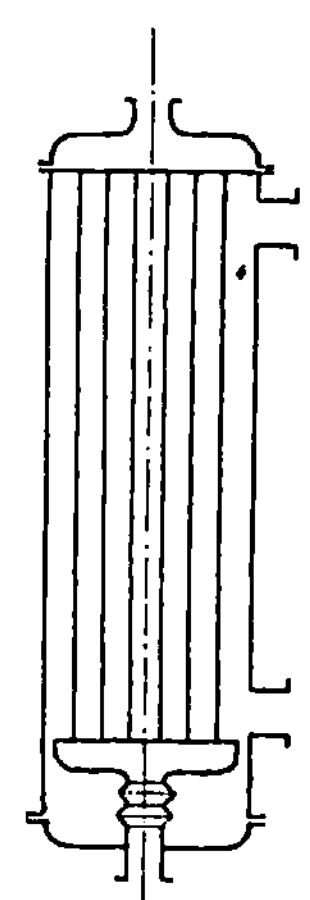

Bild 53. Rohrbündel-Wärmeaustauscher. Unterer Rohrboden bei Wärmeausdehnungen beweglich.

strömende Gas dient. Der untere Rohrboden ist, um Beschädigungen durch eine ungleiche Wärmedehnung von Rohrbündel und Mantel zu vermeiden, gelegentlich im Mantelrohr verschiebbar angeordnet. Das an diesen Rohrboden sich anschließende Sammelrohr muß dann entweder gewellt sein, um die Spannungen aufnehmen zu können, oder durch eine Stopfbüchse nach außen geführt werden. Vielfach sind am Rohrbündel noch Umlenkbleche angebracht (vgl. Bild 54), um angenähert Kreuzgegenstrom zu erzielen.

Statt aus Rohren kann man die wärmeübertragende Fläche auch aus ebenen oder gewellten Blechen aufbauen (vgl. Bild 55). Aus solchen Blechen bestehende Rekuperatoren werden vielfach im Kreuzstrom betrieben. Bemerkenswert ist eine

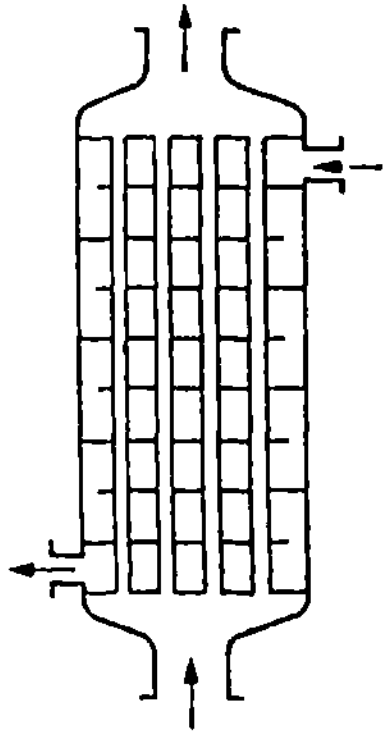

Bild 54. Gegenströmer mit Kreuzstromführung im Außenraum durch Umlenkbleche.

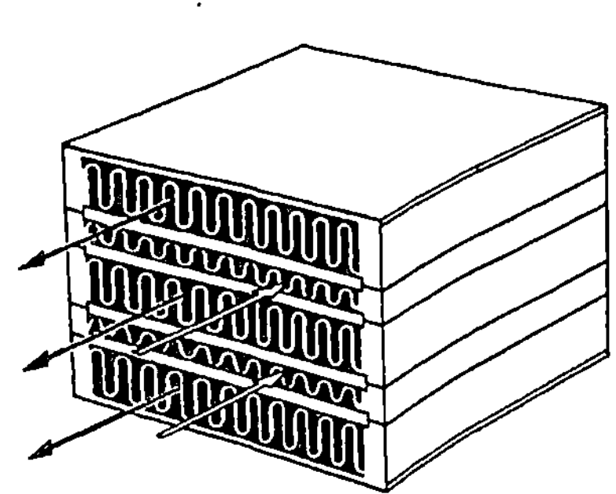

Bild 55. Aus glatten und gewellten Blechen aufgebauter Rekuperator, in der Tieftemperaturtechnik vielfach als „reversing exchanger" betrieben.

Sonderbauart, bei der dünne Bleche so gebogen und miteinander verbunden werden, daß viele sechseckige Querschnitte in wabenartiger Anordnung entstehen. Durch einen solchen Rekuperator können gleichzeitig mehr als zwei Gase teils in der gleichen, teils in der entgegengesetzten Richtung strömen. Eine andere Abart der Platten-Rekuperatoren ist der Spiralwärmeaustauscher, bei dem die wärmeübertragenden Wände aus spiralförmig gebogenen Blechen von geringem Abstand gebildet werden (Bild 56). Diese Spiralwärmeaustauscher können im Gleichstrom oder Gegenstrom betrieben werden. Sie haben sich beim Wärmeaustausch zwischen Flüssigkeiten sehr gut bewährt und haben den Vorteil, sich nach Abnahme der Vorder- und Rückwand leicht reinigen zu lassen.

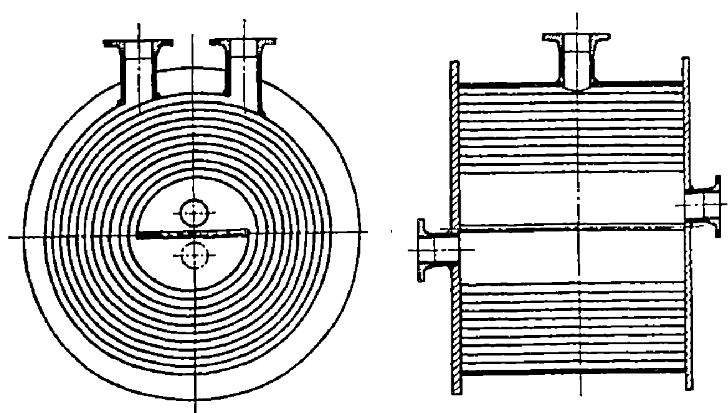

Bild 56. Spiral-Wärmeaustauscher.
(In Deutschland hergestellt von der Firma Alfa-Laval-Roca in Dühren.)

Norton [N 205] und andere haben Wärmeaustauscher für hohe Temperaturen beschrieben, bei denen nach unten sich bewegende Kieselsteine durch aufwärts strömende Verbrennungsabgase oder andere sehr heiße Gase erhitzt werden. Die Kieselsteine werden dann in einen zweiten Raum geschleust und geben hier ihre Wärme wieder im Gegenstrom an das anzuwärmende Gas oder auch Flüssigkeit ab. Schließlich werden sie wieder gehoben und in den ersten Raum zurückgeschleust, so daß ein geschlossener Kreislauf entsteht. Die Verwandtschaft dieser Anordnung mit den oben beschriebenen Öfen zum Brennen keramischer Massen ist offensichtlich[2].

Bemerkenswert sind ferner Wärmeaustauscher, die die Technik der Hochdrucksynthese für Temperaturen von etwa 200 bis 500 °C und höher und gleichzeitig für sehr hohe Drücke bis etwa 1 000 at entwickelt hat. Ältere, zum Teil ziemlich verwickelte Bauarten hat z.B. W. Klempt [K 213] beschrieben. Heute zieht man für chemische Reaktionen meist einfachere Bauarten in Rohrbündelanordnung vor, wie sie z.B. in Lueger, Lexikon der Verfahrenstechnik [L 208] S. 390, Bilder 7 und 8, dargestellt sind. Die Kontaktmasse, die die chemische Umsetzung katalytisch herbeiführt, befindet sich häufig mit im Gehäuse des Wärmeaustauschers.

Besonders wirksame Gegenstrom-Wärmeaustauscher hat die *Tieftemperaturtechnik* geschaffen, die bei Temperaturen bis — 200 °C und nicht selten weit darunter arbeitet. Diese Wärmeaustauscher, kurz „Gegenströmer" genannt, dienen dazu, die in kalten Gasen, z.B. in Sauerstoff und Stickstoff, enthaltene Kälte auf verdichtete Gase, z.B. Luft, zu übertragen.

Früher wurden sie als Rohrbündelgegenströmer ausgebildet und entsprachen daher mit gewissen Abweichungen Bild 53.

In großem Umfang werden Kreuzgegenströmer angewendet, bei denen das außen strömende Gas nahezu senkrecht auf die in mehreren Lagen schraubenförmig gewundenen Rohre auftrifft. Bei diesen in § 46 eingehend behandelten Wärmeaustauschern wird der Vorteil des durch den Kreuzstrom gesteigerten Wärmeübergangs ausgenutzt.

Etwa in den letzten dreißig Jahren haben überdies bei nicht zu hohen Drücken sogenannte Reversing Exchangers, die in gleichbleibenden Zeitabständen regelmäßig umgeschaltet werden, erhebliche Bedeutung erlangt. Beim Umschalten vertauschen z.B. Luft und Stickstoff ihre Strömungsquerschnitte. Diese Wärmeaustauscher werden in der Regel etwa wie in Bild 55 aus glatten und gewellten Blechen hergestellt. Mit den im 3. Teil dieses Buches behandelten Regeneratoren haben sie den Vorzug gemeinsam, daß die abzukühlenden Gase, meist Luft, vorher nicht von Wasserdampf und Kohlendioxid befreit werden müssen. Die hiervon im Reversing Exchanger niedergeschlagenen Mengen werden vielmehr durch das Umschalten selbsttätig wieder aus dem Wärmeaustauscher entfernt, wie dies in § 96 und 98 am Beispiel der Regeneratoren erläutert wird.

---

[2] Es handelt sich hiernach um zwei hintereinander geschaltete Gegenstromwärmeaustauscher, in denen einer der strömenden Stoffe fest ist und deshalb die Trennwände entbehrt werden können. In diesen „pebble heaters" finden somit im wesentlichen dieselben Vorgänge wie in Rekuperatoren statt, auch werden sie ebenso berechnet, vgl. z.B. H. Glaser [G 204 oder 303]. Trotzdem werden sie gelegentlich in nicht ganz zutreffender Weise zu den Regeneratoren gerechnet. Indessen gibt es verwickeltere Anordnungen, die mehr dem Regeneratorprinzip nahe kommen.

§ 26. Wärmedurchgang durch ebene und gekrümmte Wände

Nachstehend sollen die Beziehungen abgeleitet werden, die den Temperaturverlauf und den Wärmeübergang in Rekuperatoren mit paralleler Strömung der Gase oder Flüssigkeiten zu ermitteln gestatten. Hierdurch werden die Grundlagen für eine vollständige wärmetechnische Berechnung der Rekuperatoren gelegt.

Zur Vereinfachung der Ausdrucksweise wollen wir meist von Gasen statt von strömenden Stoffen sprechen, weil Wärmeaustauscher für Gase die größten Abmessungen haben und wohl auch am häufigsten vorkommen, sofern man von den hier nicht eingehender zu behandelnden Verdampfern und Kondensatoren absieht. Die Beziehungen, die wir erhalten werden, gelten jedoch ohne weiteres auch für die Wärmeübertragung zwischen zwei Flüssigkeiten oder zwischen einer Flüssigkeit und einem Gas.

Ferner sei vorausgesetzt, daß die Wärmeübergangskoeffizienten α und α' für die beiden Gase nach den im ersten Abschnitt besprochenen Gesetzen bereits bestimmt sind. Meist können wir hierbei, wenn wir von der Wärmestrahlung absehen, mit genügender Genauigkeit annehmen, daß diese Wärmeübergangszahlen an allen Stellen des Rekuperators dieselben Werte haben. Außerdem sei die Wärmeleitfähigkeit λ_s des Baustoffs sowie die Dicke der wärmeübertragenden Trennwand gegeben.

Mit diesen Unterlagen können wir, wie schon in § 5 des ersten Abschnitts angedeutet wurde, zunächst die Wärmeübertragung an einer einzelnen Stelle eines Wärmeaustauschers verfolgen.

Als einfachster Vorgang dieser Art wurde dort bereits der Wärmedurchgang durch eine ebene Wand von einem wärmeren Gas nach einem kälteren Gas betrachtet. Hiernach strömt durch die Fläche F der ebenen Wand in der Zeiteinheit die Wärmemenge

$$\dot{Q} = kF(\vartheta - \vartheta'), \tag{126}$$

wenn k den Wärmedurchgangskoeffizienten und $\vartheta - \vartheta'$ den Temperaturunterschied zwischen den beiden Gasen bedeutet [vgl. § 5, Gl. (5)]. k errechnet sich hierbei nach der Gleichung (6) von § 5:

$$\frac{1}{k} = \frac{1}{\alpha} + \frac{\delta}{\lambda_s} + \frac{1}{\alpha'}. \tag{127}$$

In den meisten Rekuperatoren findet jedoch der Wärmeaustausch durch gekrümmte Wände, insbesondere durch Rohrwände statt. An Stelle von Gl. (127), die nur für ebene Wände gilt, soll daher ein Ausdruck für den Wärmedurchgang durch Rohrwände von kreisringförmigem Querschnitt abgeleitet werden.

Betrachtet werde ein Bündel von z gleichen Rohren. α bedeute jetzt den Wärmeübergangskoeffizienten auf der Innenseite, α' auf der Außenseite der Rohre. d_i und d_a seien der Innen- und Außendurchmesser der Rohre, r_i und r_a die entsprechenden Radien, L die Rohrlänge. Für die Wärmeübertragung steht hiernach die innere Oberfläche der Rohre

$$F_i = z\,d_i\pi L \tag{128}$$

und die äußere Oberfläche

$$F_a = z\,d_a\pi L \tag{129}$$

zur Verfügung. Weiterhin habe das innerhalb der Rohre strömende Gas die Temperatur ϑ, das außen strömende Gas die Temperatur ϑ'. Betrachten wir diese Temperaturen zunächst als unveränderlich, dann gilt für die zwischen dem ersten Gas und der inneren Oberfläche in der Zeiteinheit übergehende Wärmemenge [vgl. Gl. (1) und (2)]:

$$\dot{Q} = \alpha F_i(\vartheta - \Theta_0) \tag{130}$$

und entsprechend für die Wärmeübertragung auf der Außenseite

$$\dot{Q} = \alpha' F_a(\Theta'_0 - \vartheta'), \tag{131}$$

worin wieder wie in § 5 Θ_0 und Θ'_0 die Oberflächentemperaturen der Rohrwände bedeuten[3].

Um auch den Wärmefluß durch die Rohrwände zu untersuchen, denken wir uns eine zylindrische Fläche vom Radius r innerhalb der Wand eines der Rohre koaxial zu seinen beiden Oberflächen gelegt (vgl. Bild 57). Der Inhalt dieser Fläche

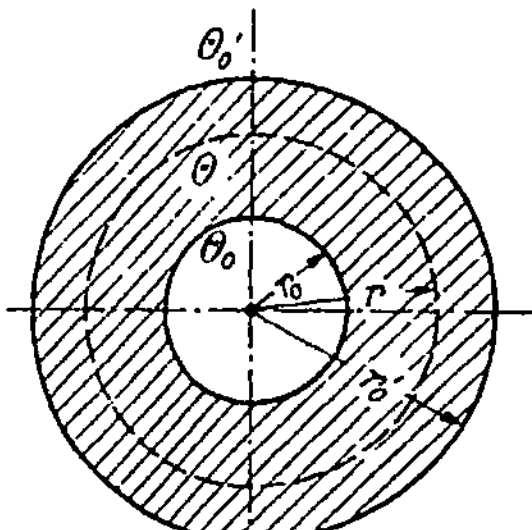

Bild 57. Temperaturabfall in einer Rohrwand.

beträgt, auf die ganze Länge des Rohres bezogen, $2r\pi L$. Setzen wir für die Wärmeströmung und für die Temperaturverteilung in der Rohrwand Zylindersymmetrie voraus, dann herrscht an allen Stellen der genannten Fläche dieselbe Temperatur Θ und in radialer Richtung dasselbe Temperaturgefälle $-d\Theta/dr$. Dieses Temperaturgefälle ist für die radiale Wärmeströmung maßgebend. Von der durch alle z Rohre in der Zeiteinheit übertragenen Wärmemenge $\dot{Q}$ strömt somit durch die betrachtete Fläche $2r\pi L$ des einen Rohres der Bruchteil

$$\frac{\dot{Q}}{z} = -\lambda_s \frac{d\Theta}{dr} 2r\pi L, \tag{132}$$

worin λ_s die Wärmeleitfähigkeit des Werkstoffes bedeutet.

Dieselbe Wärmemenge strömt aber im Beharrungszustand auch durch alle anderen koaxialen Flächen, die innerhalb derselben Rohrwand liegen, aber verschiedene Halbmesser r haben. Löst man daher Gl. (132) nach dr/r auf, und integriert man von r_i bis r_a bei $\dot{Q}/z = $ const, so ergibt sich

$$\ln \frac{r_a}{r_i} = \frac{\lambda_s z}{\dot{Q}} 2\pi L(\Theta_0 - \Theta'_0). \tag{133}$$

---

[3] Bezüglich der gewählten Bezeichnungen siehe Fußnoten 2 und 3, S. 8, sowie die Zusammenstellung der Bezeichnungen zu Beginn des Buches.

Löst man ferner Gl. (133) nach $\Theta_0 - \Theta_0'$, Gl. (130) nach $\vartheta - \Theta_0$ und Gl. (131) nach $\Theta_0' - \vartheta'$ auf, dann erhält man durch Addition

$$\vartheta - \vartheta' = \dot{Q}\left(\frac{1}{\alpha F_i} + \frac{1}{2\pi z L \lambda_s}\ln\frac{r_a}{r_i} + \frac{1}{\alpha' F_a}\right). \tag{134}$$

Weiterhin wollen wir eine Bezugs-Heizfläche F einführen, deren Wert zwischen F_i und F_a nach Gl. (128) und (129) willkürlich wählbar sei. Wir können sie uns ähnlich wie die in Bild 57 betrachtete Fläche innerhalb der Wandungen aller Rohre vorstellen und ihr einen bestimmten, zwischen d_i und d_a liegenden Bezugsdurchmesser d zuordnen. Mit einer solchen Bezugsfläche können wir ebenso wie für die ebene Wand nach Gl. (126) setzen:

$$\dot{Q} = kF(\vartheta - \vartheta'), \tag{135}$$

worin k wieder den Wärmedurchgangskoeffizienten bedeutet. Durch Einsetzen von Gl. (134) in die letzte Gleichung erhalten wir, da $r_a/r_i = F_a/F_i$ ist,

$$\frac{1}{kF} = \frac{1}{\alpha F_i} + \frac{1}{2\pi z L \lambda_s}\ln\frac{F_a}{F_i} + \frac{1}{\alpha' F_a}. \tag{136}$$

Diese Gleichung ist die gesuchte *Beziehung für den Wärmedurchgangskoeffizienten k durch Rohrwände von kreisringförmigem Querschnitt*. Man erhält aus ihr unmittelbar den Wert von kF, den man zum Einsetzen in Gl. (135) benötigt. Man kann jedoch keinen bestimmten Wert von k angeben, wenn man nicht vorschreibt, auf welche Fläche F sich k beziehen soll. Vielfach wird man F dem Wert von F_i oder F_a gleichsetzen, wobei man in der Regel die Fläche mit dem größeren Wärmeübertragungswiderstand bevorzugt. Wählt man z.B. $F = F_i$, dann geht Gl. (136) unter Berücksichtigung von Gl. (128) und (129) über in die *Fouriersche Gleichung der Wärmeübertragung durch eine Rohrwand*:

$$\frac{1}{k} = \frac{1}{\alpha} + \frac{d_i}{2\lambda_s}\ln\frac{d_a}{d_i} + \frac{1}{\alpha'}\frac{d_i}{d_a}. \tag{137}$$

Diese Beziehung ist für manche Zwecke bequemer als Gl. (136). Doch läßt sich besonders bei Metallrohren auch Gl. (136) mit Vorteil anwenden, da das Glied mit λ_s wegen der hohen Wärmeleitfähigkeit der Metalle vielfach vernachlässigt werden kann. In diesem Falle nimmt Gl. (136) die einfache Gestalt an

$$kF = \frac{\alpha F_i \cdot \alpha' F_a}{\alpha F_i + \alpha' F}. \tag{138}$$

Gl. (136) kann man, indem man F, F_i und F_a durch die ihnen proportionalen Durchmesser ersetzt, auch in der Form schreiben:

$$\frac{1}{kd} = \frac{1}{\alpha\,d_i} + \frac{1}{2\lambda_s}\ln\frac{d_a}{d_i} + \frac{1}{\alpha' d_a}. \tag{139}$$

Führt man ferner nach einem Vorschlag von Eckert [E 202] den logarithmischen Mittelwert der Durchmesser

$$d_m = \frac{d_a - d_i}{\ln d_a/d_i} = \frac{2\delta}{\ln d_a/d_i} \tag{140}$$

ein, wobei δ die Wanddicke bedeutet, dann ergibt sich in formaler Ähnlichkeit mit Gl. (6)

$$\frac{1}{kd} = \frac{1}{\alpha\,d_i} + \frac{\delta}{\lambda_s\,d_m} + \frac{1}{\alpha'd_a}. \tag{141}$$

Mit dem entsprechenden logarithmischen Mittelwert der Flächen

$$F_m = \frac{F_a - F_i}{\ln F_a/F_i} = z \cdot \pi \cdot L \cdot d_m \quad \text{(zylindrische Wände)} \tag{142}$$

läßt sich Gl. (136) unmittelbar in die sehr allgemein anwendbare Form bringen [H 210]:

$$\frac{1}{kF} = \frac{1}{\alpha\,F_i} + \frac{\delta}{\lambda_s F_m} + \frac{1}{\alpha'F_a}. \tag{143}$$

Diese Gleichung gilt auch für eine kugelförmige Wand, wenn man für F_m das geometrische Mittel

$$F_m = \sqrt{F_i \cdot F_a} = \pi \cdot d_i \cdot d_a \quad \text{(kugelförmige Wand)} \tag{144}$$

benutzt. Man kann Gl. (143) auch auf beliebig gekrümmte Wände anwenden, da sich auf Grund der Gln. (142) und (144) in allen Fällen ein geeigneter Mittelwert F_m leicht abschätzen läßt.

Anwendung auf Wärmeaustauscher

Mit den für k oder kF gefundenen Ausdrücken können wir Gl. (135) ganz allgemein als die *Grundgleichung des Wärmedurchgangs* ansehen. Bei der Anwendung auf einen Wärmeaustauscher muß man jedoch beachten, daß die Temperaturen ϑ und ϑ' der Gase und damit die Temperaturdifferenz $\vartheta - \vartheta'$ sich im allgemeinen in der Längsrichtung des Wärmeaustauschers ändern. Die Betrachtungen gelten in solchen Fällen, wie schon angedeutet, zunächst nur für sehr kleine Stücke des Rekuperators, über die dann integriert werden muß. Aber man kann die Form der Gl. (135) auch für den gesamten Rekuperator beibehalten, indem man eine mittlere Temperaturdifferenz $\Delta\vartheta_M = (\vartheta - \vartheta')_M$ einführt und hiermit statt Gl. (135) schreibt

$$\dot{Q} = kF\,\Delta\vartheta_M. \tag{145}$$

Die mittlere Temperaturdifferenz $\Delta\vartheta_M$, die durch Gl. (145) definiert sei, spielt in den folgenden Betrachtungen eine grundlegende Rolle. Für Ihre Ermittlung werden daher Berechnungsverfahren und Gleichungen abgeleitet, die sich aus Betrachtungen über den Temperaturverlauf in der Längsrichtung des Rekuperators ergeben werden.

§ 27. Temperaturverlauf und Wärmeübertragung in einem Rekuperator bei unveränderlicher Temperatur eines strömenden Stoffes

Die Berechnung des Temperaturverlaufs und der mittleren Temperaturdifferenz gestaltet sich besonders einfach, wenn die Temperatur eines der beiden an der Wärmeübertragung beteiligten Stoffe unveränderlich ist. Zu Wärmeaustauschern dieser Art gehören vor allem Verdampfer und Kondensatoren, bei denen auf einer Seite der wärmeübertragenden Wände eine Flüssigkeit verdampft oder ein Dampf sich verflüssigt. Während dieser Phasenänderungen bleibt die Temperatur konstant, sofern man die im allgemeinen nur sehr geringen Änderungen des Drukkes vernachlässigen kann. Angenähert liegt ein solcher Fall auch vor, wenn erwärmte Luft in einer Rohrschlange strömt, die von außen durch Wasser gekühlt wird, das sich in einem Behälter befindet. Wird das ständig zu- und abfließende Wasser z.B. durch Rühren durchmischt, dann stellt sich im Beharrungszustand eine nahezu konstante Temperatur des Wassers ein.

Um die weiteren Betrachtungen am zuletzt genannten Beispiel in einfacher Weise durchführen zu können, wollen wir uns die Rohrschlange durch ein gerades senkrechtes Rohr ersetzt denken, das zwischen den Stellen a und b in Bild 58 von Wasser mit der unveränderlichen Temperatur ϑ' umgeben sei. Die Luft trete oben mit der Anfangstemperatur ϑ_1 ein. Ist $\vartheta_1 > \vartheta'$, dann kühlt sich die Luft auf ihrem Weg nach unten durch die Wärmeabgabe an das Wasser ab. Da wir aber außer ϑ' auch die Wärmedurchgangszahl k als unveränderlich voraussetzen wollen, wird mit abnehmender Lufttemperatur ϑ nicht nur die Temperaturdifferenz $\vartheta - \vartheta'$, sondern nach Gl. (135) auch die je Flächeneinheit der Kanalwände übertragene Wärmemenge nach unten hin kleiner. Die Abkühlung der Luft erfolgt daher immer langsamer, so daß der Verlauf ihrer Temperatur ϑ längs des Kanals durch eine abfallende gekrümmte Kurve wie in Bild 59 dargestellt wird.

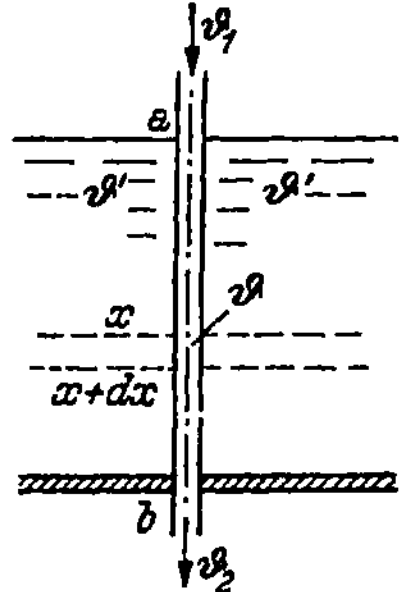

Bild 58. Vereinfachte Darstellung eines Luftkühlers mit konstanter Wassertemperatur ϑ'.

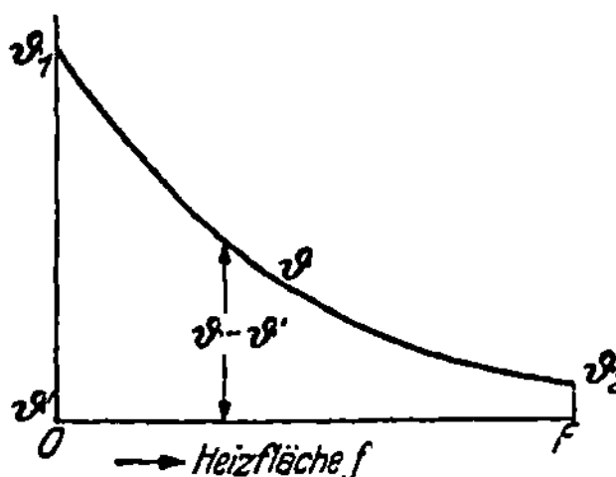

Bild 59. Temperaturverlauf im Luftkühler nach Bild 58.

Die Temperaturänderung der Luft und die mittlere Temperaturdifferenz $\varDelta\vartheta_M$ lassen sich wie folgt berechnen. Wir betrachten zunächst den Querschnitt des Kanals an einer Stelle in Bild 58, die um die Strecke x tiefer als die Wasseroberfläche liegt. Die Luft habe hier die Temperatur ϑ. Zwischen a und x habe das Rohr die wärmeübertragende Fläche f, zwischen x und $x + dx$ die Fläche df, wobei wir uns f und df als Teile der in § 26 besprochenen Bezugsheizfläche F vorstellen wollen. Ist k der zu diesen Flächen gehörende Wärmedurchgangskoeffizient, dann wird nach Gl. (135) durch df in der Zeiteinheit die Wärmemenge

$$d\dot{q} = k\,df(\vartheta - \vartheta') \tag{146}$$

übertragen. Diese Wärmemenge wird der Luft entzogen. Daher gilt auch, wenn C die Wärmekapazität der in der Zeiteinheit durch den Kanal strömenden Luftmenge *

---

* Es wäre grundsätzlich sinnvoll, die auf die Zeiteinheit bezogenen Wärmekapazitäten C und C' der Gase entsprechend $\dot{Q}$, $\dot{q}$ und $\dot{m}$ mit einem Punkt zu versehen. Es wurde hierauf verzichtet, weil dies in verwickelteren Gleichungen zu einer unbequemen Schreibweise führt. Vgl. Fußnote 3, S. 8.

und $-d\vartheta$ die Temperaturabnahme der Luft zwischen x und $x + dx$ bedeutet,

$$d\dot{q} = -C\, d\vartheta. \tag{147}$$

Durch die Gl. (146) und (147) kommt bereits zum Ausdruck, daß die Vorgänge in Wärmeaustauschern stets durch eine *Wärmedurchgangsgleichung* der Art von Gl. (146) und durch eine Wärmemengengleichung der Art von Gl. (147) beherrscht werden. In den später zu behandelnden allgemeineren Fällen wird dies noch deutlicher hervortreten. Setzt man die beiden in Gl. (146) und (147) für $d\dot{q}$ erhaltenen Ausdrücke einander gleich, so liefert die Integration von a bis x, wenn k und C als unveränderlich vorausgesetzt sind,

$$\int_a^x \frac{d\vartheta}{\vartheta - \vartheta'} = \ln \frac{\vartheta - \vartheta'}{\vartheta_1 - \vartheta'} = -\frac{kf}{C} \tag{148}$$

oder

$$\vartheta = \vartheta' + (\vartheta_1 - \vartheta') \exp\left(-\frac{kf}{C}\right). \tag{149}$$

Der durch diese letzte Gleichung bestimmte Temperaturverlauf ist in Bild 59 abhängig von f dargestellt.

Die mittlere Temperaturdifferenz $\Delta\vartheta_M$ erhält man, wenn man die Integration in Gl. (148) statt von a bis x von a bis b, d.h. über die gesamte gekühlte Rohrlänge, durchführt. Es ergibt sich so zunächst

$$\int_a^b \frac{d\vartheta}{\vartheta - \vartheta'} = \ln \frac{\vartheta_2 - \vartheta'}{\vartheta_1 - \vartheta'} = -\frac{kF}{C}, \tag{150}$$

wenn F die gesamte Bezugsheizfläche zwischen a und b und ϑ_2 die Temperatur der bei b austretenden Luft bedeutet. Ferner beträgt die gesamte in der Zeiteinheit übergehende Wärmemenge entsprechend Gl. (147)

$$\dot{Q} = C(\vartheta_1 - \vartheta_2). \tag{151}$$

$\Delta\vartheta_M$ wollen wir nun so bestimmen, daß Gl. (145) erfüllt wird. Durch Gleichsetzen von Gl. (145) und Gl. (151) folgt

$$kF = C\frac{\vartheta_1 - \vartheta_2}{\Delta\vartheta_M}$$

und hiermit durch Einsetzen in Gl. (150)

$$\Delta\vartheta_M = \frac{\vartheta_1 - \vartheta_2}{\ln \dfrac{\vartheta_1 - \vartheta'}{\vartheta_2 - \vartheta'}}. \tag{152}$$

Diese Gleichung für die mittlere Temperaturdifferenz ist nur ein Sonderfall einer später abzuleitenden allgemeineren Beziehung. Man erkennt aber schon aus Gl. (152), daß $\Delta\vartheta_M$ in einfachen Fällen sich allein aus den Temperaturen der strömenden Stoffe ohne Kenntnis von k und F ermitteln läßt.

§ 28. Temperaturverlauf bei Gleichstrom und Gegenstrom nach der Wärmemengengleichung

(Wärmekapazitäten C und C' der Gase unveränderlich)

Wenn wie in den meisten Fällen die Temperaturen *beider Stoffe* sich ändern, dann zeigen sich erhebliche Unterschiede im Temperaturverlauf, je nachdem ob Gleichstrom oder Gegenstrom vorliegt. Diese Unterschiede kann man sich schon auf Grund der folgenden einfachen Überlegungen weitgehend klarmachen.

Da bei Gleichstrom die Gase in derselben Richtung durch den Wärmeaustauscher strömen, besteht an der Stelle des Eintritts in den Wärmeaustauscher zwischen beiden Gasen meist eine große Temperaturdifferenz, die durch die Anfangstemperaturen der beiden Gase gegeben ist. Auf dem gleichgerichteten Weg durch den Wärmeaustauscher kühlt sich das wärmere Gas ab, während das kältere Gas sich erwärmt. Die Temperaturen beider Gase nähern sich also immer mehr einen gemeinsamen mittleren Wert. Die ständige Abnahme des Temperaturunterschiedes zwischen beiden Gasen bewirkt nach Gl. (146), daß je Flächeneinheit der übertragenden Wände immer weniger Wärme übertragen wird. Hieraus ergibt sich, wie später auch die Rechnung zeigen wird, eine immer langsamere Temperaturänderung der Gase und damit ein gekrümmter Temperaturverlauf in der Längsrichtung des Wärmeaustauschers.

Wenn hingegen die Gase in entgegengesetzter Richtung durch den Wärmeaustauscher strömen, dann tritt das wärmere Gas an derselben Stelle ein, an der das ursprünglich kältere Gas austritt und durch den Wärmeaustausch bereits seine höchste Temperatur erreicht hat. Am anderen Ende hingegen, wo das kalte Gas eintritt, hat das ursprünglich wärmere Gas schon seine tiefste Temperatur angenommen. Die Temperaturunterschiede können hiernach unter geeigneten Bedingungen an beiden Enden des Wärmeaustauschers sehr klein sein. Entsprechend sind dann auch an allen anderen Stellen des Wärmeaustauschers nur kleine Temperaturunterschiede zu erwarten. Sind z.B. die Temperaturdifferenzen an allen Stellen gleich groß, dann wird unter überall gleichen Bedingungen an allen Stellen des Wärmeaustauschers dieselbe Wärmemenge übertragen. Dann müssen aber auch die Temperaturen der Gase, falls ihre Wärmekapazitäten unveränderlich sind, sich überall gleich rasch ändern. Es ergibt sich somit ein geradliniger Temperaturverlauf in der Längsrichtung des Rekuperators. In diesem Sonderfall ist es bei entsprechend reichlicher Bemessung des Austauschers grundsätzlich möglich, die Endtemperatur jedes der Gase der Eintrittstemperatur des anderen Gases beliebig zu nähern.

Die geschilderten Unterschiede im Temperaturverlauf bei Gleichstrom und bei Gegenstrom gehen zahlenmäßig zu einem großen Teil bereits aus einer Wärmemengengleichung hervor, die aussagt, daß im Beharrungszustand das sich erwärmende Gas in einem beliebigen Stück des Wärmeaustauschers ebensoviel Wärme aufnimmt, wie das sich abkühlende Gas abgibt. Hierbei ist, wie zunächst stets im folgenden, vorausgesetzt, daß der Wärmeaustauscher keine Wärme an die Umgebung verliert oder von ihr empfängt, und auch die in der Längsrichtung von den Wandungen fortgeleitete Wärmemenge vernachlässigbar klein ist[4].

Zur Ableitung der Wärmemengengleichung werde der in Bild 60 dargestellte Wärmeaustauscher betrachtet. Er bestehe aus einem Bündel gerader paralleler Rohre, das von einem weiteren Außenrohr umgeben sei. Durch das Innere der Rohre ströme von oben nach unten stündlich die Menge $\dot{m}$ eines Gases mit der veränderlichen Temperatur ϑ, im Außenraum stündlich die Menge $\dot{m}'$ eines anderen Gases mit der ebenfalls veränderlichen Temperatur ϑ'. Ist die Strömung des

---

[4] Der Einfluß der hierdurch verursachten Verluste wird in § 42 und 43 gesondert behandelt.

zweiten Gases nach oben gerichtet (ausgezogene Pfeile), besteht Gegenstrom, ist sie nach unten gerichtet (gestrichelte Pfeile), besteht Gleichstrom.

Zwischen zwei unendlich benachbarten Querschnitten an der Stelle x kühle sich das eine Gas um $d\vartheta$ ab, das andere erwärme sich um $d\vartheta'$. C und C' seien die Wärmekapazitäten der in der Zeiteinheit hindurchströmenden Gasmengen. Wir wollen diese Wärmekapazitäten im folgenden zunächst als unveränderlich voraussetzen. Berücksichtigt man ferner, daß $d\vartheta$ negativ ist, dann ergibt sich für die zwischen diesen Querschnitten in der Zeiteinheit ausgetauschte Wärmemenge

$$d\dot{q} = -C\,d\vartheta = C'\,d\vartheta'. \tag{153}$$

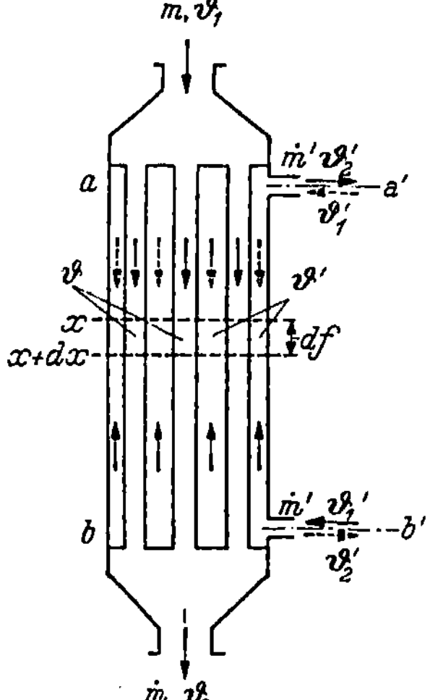

Bild 60. Rohrbündel-Wärmeaustauscher.

Hieraus erhält man, indem man jeweils in der Strömungsrichtung zwischen dem oberen Endquerschnitt a und der betrachteten Stelle x integriert, als gesamte zwischen a und x in der Zeiteinheit übertragene Wärmemenge:

$$\dot{q} = C(\vartheta_1 - \vartheta) = C'(\vartheta' - \vartheta_1') \quad \text{bei Gleichstrom,} \atop \qquad = C'(\vartheta_2' - \vartheta') \quad \text{bei Gegenstrom,} \tag{154}$$

worin wieder ϑ und ϑ' die Temperaturen im Querschnitt x, ϑ_1 und ϑ_1' hingegen die Eintrittstemperaturen und ϑ_2 und ϑ_2' die Austrittstemperaturen der Gase bedeuten.

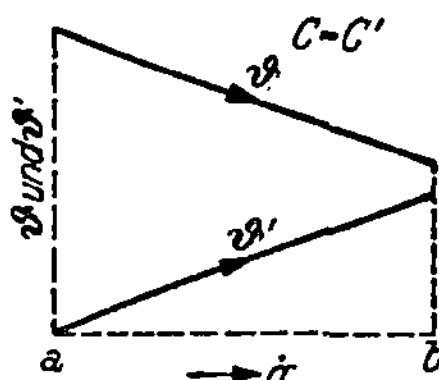

Bild 61. Temperaturen ϑ und ϑ' im Querschnitt x abhängig von der übertragenen Wärmemenge $\dot{q}$ bei Gleichstrom und $C = C'$.

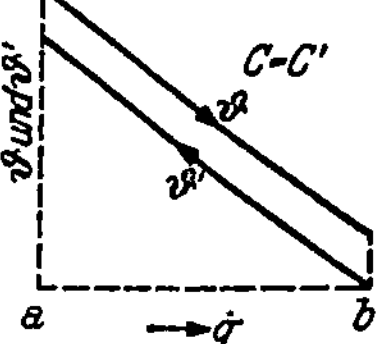

Bild 62. ϑ und ϑ' abhängig von $\dot{q}$ bei Gegenstrom und $C = C'$.

Denkt man sich nun die Stelle x und damit $\dot{q}$ veränderlich, dann kann man nach Gl. (154) ϑ und ϑ' als Funktion von $\dot{q}$ betrachten. Trägt man hiernach z.B. für den Fall $C = C'$ die Temperaturen ϑ und ϑ' abhängig von $\dot{q}$ auf, dann erhält man die Bilder 61 und 62. Man erkennt hieraus in Übereinstimmung mit den Erörterungen des vorhergehenden Paragraphen, daß bei Gleichstrom die Temperaturdifferenz $\vartheta - \vartheta'$ im Anfang groß ist und dann abnimmt, während bei Gegenstrom unter der Voraussetzung $C = C'$ durchweg eine verhältnismäßig kleine unveränderliche Temperaturdifferenz herrscht. Auch wird, wenn der Wärmeaustauscher reichlich bemessen ist, bei gleichen Anfangstemperaturen im Gegenstrom eine etwa doppelt so große Wärmemenge übertragen wie im Gleichstrom. Entsprechend werden auch nahezu doppelt so große Temperaturänderungen der Gase erzielt.

Die Bilder 63 und 64 zeigen den entsprechenden Temperaturverlauf bei $C = 1,1 C'$. Das Gas mit der höheren Wärmekapazität kühlt sich in diesem Falle weniger ab, als das andere Gas sich erwärmt. Die Temperaturdifferenz kann daher in diesem Falle auch bei Gegenstrom nicht ungeändert bleiben, sie muß vielmehr in Richtung nach dem kalten Ende des Austauschers hin wachsen.

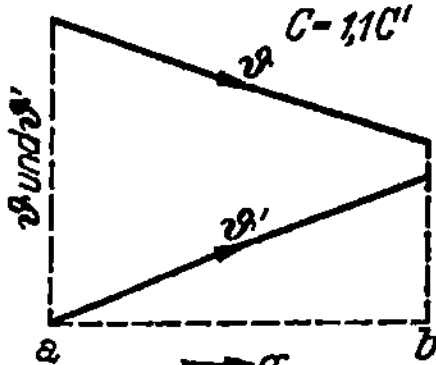

Bild 63. ϑ und ϑ' bei Gleichstrom
und $C = 1,1 C'$.

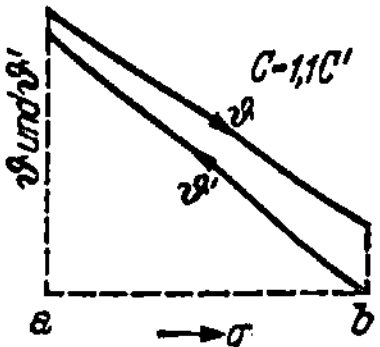

Bild 64. ϑ und ϑ' bei Gegenstrom
und $C = 1,1 C'$.

Aus Gl. (154) lassen sich ferner folgende bemerkenswerte Schlüsse ziehen. Läßt man $\dot{q}$ außer acht, dann besteht nach dieser Gleichung allein auf Grund der *Wärmemengengleichung* eine eindeutige *Beziehung zwischen ϑ und ϑ'*, soferne nur die Wärmekapazitäten beider Gase sowie ihre Temperaturen im Querschnitt a oder auch in einem beliebigen anderen Querschnitt des Wärmeaustauschers gegeben sind. Diese Beziehung ist für Gleichstrom und Gegenstrom verschieden.

Addiert man ferner $\pm C'(\vartheta_1 - \vartheta)$ zu dem mittleren und rechten Ausdruck der Gln. (154) hinzu, dann erhält man durch Auflösen nach der Temperaturdifferenz $\vartheta - \vartheta'$

$$
\left.\begin{aligned}
\vartheta - \vartheta' &= \vartheta_1 - \vartheta_1' - \frac{C' + C}{C'}(\vartheta_1 - \vartheta) \quad \text{bei Gleichstrom,} \\[2mm]
\vartheta - \vartheta' &= \vartheta_1 - \vartheta_2' - \frac{C' - C}{C'}(\vartheta_1 - \vartheta) \quad \text{bei Gegenstrom.}
\end{aligned}\right\} \tag{155}
$$

Hieraus folgt, daß durch die Wärmemengengleichung auch die Veränderlichkeit der *Temperaturdifferenz zwischen beiden Gasen abhängig von der Temperatur ϑ eines der Gase* eindeutig *festgelegt* ist. Ähnlich ließe sich $\vartheta - \vartheta'$ auch abhängig von ϑ' darstellen.

Wendet man schließlich Gl. (154) auf die Temperaturen im Endquerschnitt des Rekuperators (unterster Querschnitt in Bild 60) an, dann erhält man für die im gesamten Wärmeaustauscher in der Zeiteinheit übertragene Wärmemenge $\dot{Q}$

$$
\dot{Q} = C(\vartheta_1 - \vartheta_2) = C'(\vartheta_2' - \vartheta_1'). \tag{156}
$$

§ 29. Temperaturverlauf bei Gleichstrom und Gegenstrom
längs des Wärmeaustauschers

(Wärmekapazitäten C und C' der Gase und Wärmedurchgangskoeffizient k unveränderlich)

Nachstehend soll der Temperaturverlauf in der Längsrichtung des Wärmeaustauschers, d.h. abhängig von der Längskoordinate x, ermittelt werden. Hierbei ist es vielfach bequem, statt x die Heizfläche f einzuführen, die sich vom Anfangsquerschnitt a bis zur betrachteten Stelle erstreckt (vgl. Bilder 58 u. 60). f ist in der Regel dem Abstand zwischen diesen beiden Querschnitten verhältnisgleich. So ist z.B. bei einem Rohrbündel aus z Rohren von überall gleichem Querschnitt (Bild 60)

$$f = z \cdot d \cdot \pi \cdot x,$$

wenn d den zwischen d_i und d_a willkürlich gewählten Durchmesser bedeutet, auf den die Heizfläche bezogen ist (vgl. § 26). Man kann daher aus der Abhängigkeit des Temperaturverlaufs von f die Abhängigkeit von x stets leicht ermitteln.

Nach der Wärmedurchgangsgleichung (146) wird durch die Heizfläche df an der Stelle x in der Zeiteinheit die Wärmemenge

$$d\dot{q} = k\, df(\vartheta - \vartheta') \qquad (157)$$

übertragen. Indem wir beide Seiten von Gl. (157) durch $\vartheta - \vartheta'$ dividieren und vom Querschnitt a bis zum Querschnitt x integrieren, finden wir zunächst die sehr allgemeine Beziehung

$$\int_a^x \frac{d\dot{q}}{\vartheta - \vartheta'} = kf. \qquad (158)$$

Aus dieser Gleichung läßt sich der Temperaturverlauf abhängig von f bei Gleichstrom und Gegenstrom unter sehr verschiedenen Verhältnissen ermitteln. Dies soll im vorliegenden Paragraphen für alle Fälle gezeigt werden, in denen C, C' und k unveränderlich sind.

Sonderfall: $C = C'$ bei Gegenstrom

Am einfachsten, aber auch besonders wichtig ist der Fall *gleicher Wärmekapazitäten* $C = C'$ beider Gase bei *Gegenstrom*. Mit $C = C'$ folgt aus der zweiten Gl. (155)

$$\vartheta - \vartheta' = \vartheta_1 - \vartheta_2', \qquad (159)$$

d.h. der Temperaturunterschied $\vartheta - \vartheta'$ hat an allen Stellen des Rekuperators denselben Wert $\vartheta_1 - \vartheta_2'$ wie im Querschnitt a von Bild 60. Mit Gl. (159) und der Wärmemengengleichung $d\dot{q} = -C\, d\vartheta$ [vgl. Gl. (153)] erhalten wir für die linke Seite von Gl. (158)

$$\int_a^x \frac{d\dot{q}}{\vartheta - \vartheta'} = -C \int_a^x \frac{d\vartheta}{\vartheta_1 - \vartheta_2'} = C\,\frac{\vartheta_1 - \vartheta}{\vartheta_1 - \vartheta_2'}.$$

Setzen wir dies in Gl. (158) ein, dann folgt für den Temperaturverlauf

$$\vartheta_1 - \vartheta = (\vartheta_1 - \vartheta_2')\frac{kf}{C}. \qquad (160)$$

Die *Temperatur* ϑ des ursprünglich wärmeren Gases *nimmt* hiernach, wie schon oben besprochen, *linear mit f ab*. Mit der zweiten Gl. (154) und $C = C'$ erhalten wir aus Gl. (160) entsprechend für die Temperatur des kälteren Gases

$$\vartheta_2' - \vartheta' = (\vartheta_1 - \vartheta_2')\frac{kf}{C}, \tag{161}$$

also ebenfalls einen linearen Temperaturverlauf, wie er durch die ausgezogenen Linien in Bild 62 und 65 dargestellt ist.

Gln. (160) und (161) setzen voraus, daß man die Austrittstemperatur ϑ_2' des ursprünglich kälteren Gases bereits kennt. Vielfach werden aber nur die Eintrittstemperaturen ϑ_1 und ϑ_1' gegeben sein. Um in diesem Falle ϑ_2' zu bestimmen, wenden wir Gl. (160) und (161) zunächst auf die Gesamtlänge des Rekuperators an, indem wir f in die Gesamtheizfläche F übergehen lassen. Wir erhalten so

$$\vartheta_1 - \vartheta_2 = (\vartheta_1 - \vartheta_2')\frac{kF}{C} \tag{162}$$

und

$$\vartheta_2' - \vartheta_1' = (\vartheta_1 - \vartheta_2')\frac{kF}{C}. \tag{163}$$

Gl. (163) bringen wir, indem wir links ϑ_1 addieren und subtrahieren, in die Gestalt

$$\vartheta_1 - \vartheta_2' = \frac{\vartheta_1 - \vartheta_1'}{1 + \dfrac{kF}{C}}. \tag{164}$$

Hat man nach dieser Gleichung $\vartheta_1 - \vartheta_2'$ und damit auch ϑ_2' berechnet, dann ist nach Gl. (160) und (161) der Temperaturverlauf im Rekuperator festgelegt.

Zur unmittelbaren Ermittlung der Austrittstemperatur ϑ_2 des ursprünglich wärmeren Gases gewinnen wir ferner aus Gl. (162) durch Einsetzen von Gl. (164) die Beziehung

$$\vartheta_1 - \vartheta_2 = (\vartheta_1 - \vartheta_1')\frac{\dfrac{kF}{C}}{1 + \dfrac{kF}{C}}. \tag{165}$$

Gleichstrom und allgemeinere Fälle des Gegenstromes

Bei *Gleichstrom* sowie in den allgemeineren Fällen $C \neq C'$ *des Gegenstromes* läßt sich der Temperaturverlauf auf Grund derselben Überlegungen ermitteln, die in dem soeben erörterten einfachsten Fall zum Ziele geführt haben. Hierbei erscheint es zweckmäßig, Gleichstrom und Gegenstrom gemeinsam zu behandeln, weil die in beiden Fällen sich ergebenden Beziehungen sich nur durch einige Vorzeichen und durch Vertauschen der Ein- und Austrittstemperatur eines der Gase unterscheiden.

Durch Differentiation der Gln. (155) und Vergleich mit dem ersten Ausdruck für $d\dot{q}$ in Gl. (153) folgt

$$\left.\begin{aligned} d\dot{q} = -C\,d\vartheta &= -\frac{CC'}{C + C'}d(\vartheta - \vartheta') \quad \text{bei Gleichstrom,} \\ &= +\frac{CC'}{C - C'}d(\vartheta - \vartheta') \quad \text{bei Gegenstrom.} \end{aligned}\right\} \tag{166}$$

Mit diesen Ausdrücken für $d\dot{q}$ ergibt sich aus Gl. (158) durch Ausführung der Integration

$$
\left.
\begin{aligned}
\vartheta - \vartheta' &= (\vartheta_1 - \vartheta_1') \exp\left[-\left(\frac{1}{C'} + \frac{1}{C}\right) kf\right] && \text{bei Gleichstrom,} \\
\vartheta - \vartheta' &= (\vartheta_1 - \vartheta_2') \exp\left[\left(\frac{1}{C'} - \frac{1}{C}\right) kf\right] && \text{bei Gegenstrom.}
\end{aligned}
\right\} \quad (167)
$$

Hierdurch ist zunächst der Verlauf der Temperaturdifferenz $\vartheta - \vartheta'$ abhängig von f und damit auch von der Längskoordinate x bestimmt. Setzt man endlich diese Beziehungen in die Gln. (155) ein, so erhält man

$$
\left.
\begin{aligned}
\vartheta_1 - \vartheta &= (\vartheta_1 - \vartheta_1') \frac{C'}{C' + C} \left\{1 - \exp\left[-\left(\frac{1}{C'} + \frac{1}{C}\right) kf\right]\right\} && \text{bei Gleichstrom,} \\
\vartheta_1 - \vartheta &= (\vartheta_1 - \vartheta_2') \frac{C'}{C' - C} \left\{1 - \exp\left[\left(\frac{1}{C'} - \frac{1}{C}\right) kf\right]\right\} && \text{bei Gegenstrom.}
\end{aligned}
\right\} \quad (168)
$$

Mit Gl. (154) folgt hieraus entsprechend für das zweite Gas:

$$
\left.
\begin{aligned}
\vartheta' - \vartheta_1' &= (\vartheta_1 - \vartheta_1') \frac{C}{C' + C} \left\{1 - \exp\left[-\left(\frac{1}{C'} + \frac{1}{C}\right) kf\right]\right\} && \text{bei Gleichstrom,} \\
\vartheta_2' - \vartheta' &= (\vartheta_1 - \vartheta_2') \frac{C}{C' - C} \left\{1 - \exp\left[\left(\frac{1}{C'} - \frac{1}{C}\right) kf\right]\right\} && \text{bei Gegenstrom.}
\end{aligned}
\right\} \quad (169)
$$

Nach den Gln. (168) und (169) kann man also den *Verlauf der Temperaturen ϑ und ϑ' beider Gase abhängig von der Heizfläche f* und damit von der *Längskoordinate des Wärmeaustauschers* berechnen, wenn die Temperaturen ϑ_1 und ϑ_1' bzw. ϑ_1 und ϑ_2' im Querschnitt a (Bild 60) bekannt sind.

Sind aber nur die Eintrittstemperaturen der Gase gegeben, dann muß man bei Gegenstrom vor Anwendung der gewonnenen Gleichungen mindestens eine der beiden *Austrittstemperaturen ϑ_2 und ϑ_2'* ermitteln. Zur Berechnung der Austrittstemperaturen findet man aus Gl. (168) und (169), indem man f in die Gesamtheizfläche F übergehen läßt, folgende Beziehungen

$$
\left.
\begin{aligned}
\vartheta_1 - \vartheta_2 &= (\vartheta_1 - \vartheta_1') \frac{C'}{C' + C} \left\{1 - \exp\left[-\left(\frac{1}{C'} + \frac{1}{C}\right) kF\right]\right\} && \text{bei Gleichstrom,} \\
\vartheta_1 - \vartheta_2 &= (\vartheta_1 - \vartheta_2') \frac{C'}{C' - C} \left\{1 - \exp\left[\left(\frac{1}{C'} - \frac{1}{C}\right) kF\right]\right\} && \text{bei Gegenstrom.}
\end{aligned}
\right\} \quad (170)
$$

$$
\left.
\begin{aligned}
\vartheta_2' - \vartheta_1' &= (\vartheta_1 - \vartheta_1') \frac{C}{C' + C} \left\{1 - \exp\left[-\left(\frac{1}{C'} + \frac{1}{C}\right) kF\right]\right\} && \text{bei Gleichstrom,} \\
\vartheta_2' - \vartheta_1' &= (\vartheta_1 - \vartheta_2') \frac{C}{C' - C} \left\{1 - \exp\left[\left(\frac{1}{C'} - \frac{1}{C}\right) kF\right]\right\} && \text{bei Gegenstrom.}
\end{aligned}
\right\} \quad (171)
$$

Bei Gegenstrom kann man die Austrittstemperatur ϑ_2' aus Gl. (171) ermitteln, indem man diese Gleichung noch wie folgt umformt

$$\vartheta_1 - \vartheta_2' = (\vartheta_1 - \vartheta_1') \frac{1 - \dfrac{C}{C'}}{1 - \dfrac{C}{C'} \exp\left[\left(\dfrac{1}{C'} - \dfrac{1}{C}\right) kF\right]} \quad \text{bei Gegenstrom.} \quad (172)$$

Hat man ϑ_2' berechnet, so erhält man nach Gl. (168) und (169) den Temperaturverlauf im Wärmeaustauscher. Nach Gl. (170) oder (156) ist mit ϑ_2' auch die Endtemperatur ϑ_2 des ursprünglich warmen Gases bestimmt. ϑ_2 läßt sich aber auch unmittelbar berechnen, weil sich durch Einsetzen von Gl. (172) in Gl. (170) folgende Beziehung ergibt

$$\vartheta_1 - \vartheta_2 = (\vartheta_1 - \vartheta_1') \frac{1 - \exp\left[\left(\dfrac{1}{C'} - \dfrac{1}{C}\right) kF\right]}{1 - \dfrac{C}{C'} \exp\left[\left(\dfrac{1}{C'} - \dfrac{1}{C}\right) kF\right]} \quad \text{bei Gegenstrom.} \quad (173)$$

Daß es bei Gegenstrom vor Berechnung des Temperaturverlaufs nötig ist, ϑ_2' oder ϑ_2 zu ermitteln, hängt damit zusammen, daß bei gegebenen Werten von $\vartheta_1, \vartheta_1', C$ und C' der Temperaturverlauf bei Gleichstrom nur noch von k, bei Gegenstrom aber auch von der Größe der Gesamtheizfläche F abhängt. Diese Abhängigkeit kommt dadurch zum Ausdruck, daß Gl. (172) F im Nenner enthält.

Bilder 65 und 66 zeigen den nach den Gln. (168) bis (173) sowie auch (160) bis (165) errechneten Temperaturverlauf abhängig von f bei Gleichstrom und Gegenstrom. Wie in Bild 61 bis 64 sind wieder die beiden Fälle $C = C'$ und $C = 1{,}1C'$ dargestellt. In Bild 65 fällt auf, wie stark sich bei Gegenstrom der Temperatur-

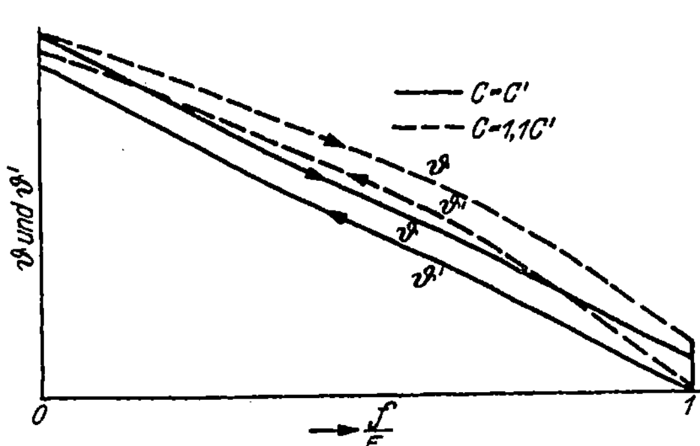

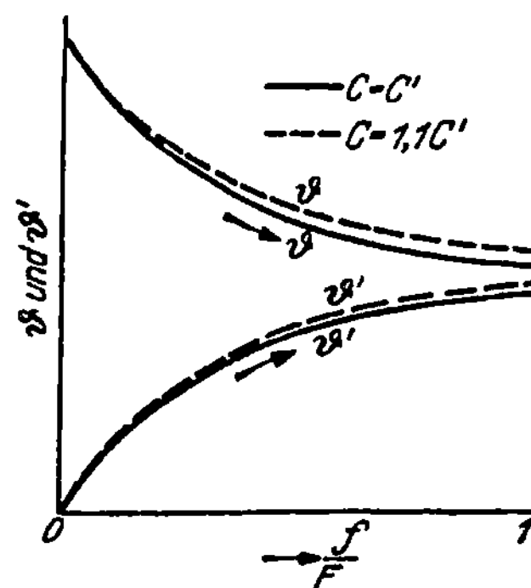

Bild 65. Temperaturverlauf im Rekuperator bei Gegenstrom.

Bild 66. Temperaturverlauf im Rekuperator bei Gleichstrom.

verlauf schon bei einer geringen Abweichung vom Verhältnis $C/C' = 1$ krümmt, wenn die Temperaturdifferenzen $\vartheta - \vartheta'$ klein sind. Diese Krümmung ist darin begründet, daß $\vartheta - \vartheta'$ mit wachsendem f verhältnismäßig rasch zunimmt und in demselben Maße sich nach Gl. (157) auch die Wärmeübertragung und die (Temperaturänderung der Gase verstärkt.

Grenzbetrachtung für den Sonderfall $C = C'$ bei Gegenstrom

Die oben für den Sonderfall $C = C'$ bei Gegenstrom abgeleiteten Beziehungen (160) bis (165) müssen sich grundsätzlich auch aus den allgemeineren Gleichungen (168) bis (173) für Gegenstrom ableiten lassen, wenn man in diesen Gleichungen $C = C'$ setzt. Hierdurch entstehen aber zunächst unbestimmte Ausdrücke der Form 0/0, weil der Exponent in den Gln. (168) bis (173) unendlich klein wird. Entwickelt man aber die in diesen Gleichungen auftretende e-Funktion in eine Potenzreihe und bricht man nach dem zweiten Glied ab, dann erhält man für $\lim C = C'$

$$1 - \exp\left[\left(\frac{1}{C'} - \frac{1}{C}\right) kf\right] = -\left(\frac{1}{C'} - \frac{1}{C}\right) k \cdot f = \frac{C' - C}{CC'} k \cdot f.$$

Hiermit lassen sich die Gln. (168) bis (173) ohne Schwierigkeit in die Gln. (160) bis (165) überführen.

§ 30. Temperaturverlauf in den wärmeübertragenden Wänden

Wenn der Verlauf der Gastemperaturen ϑ und ϑ' längs des Wärmeaustauschers bekannt ist [Gl. (168) und (169)], läßt sich auch der Temperaturverlauf in den wärmeübertragenden Wänden auf Grund einer einfachen Überlegung ermitteln. Wir wollen hierbei wie schon bisher von der Wärmeleitung der Wände in der Längsrichtung des Rekuperators absehen. Wendet man die Gln. (135), (130) und (131) auf eine bestimmte Stelle des Austauschers an, und setzt man für ein sehr kleines Stück der inneren und äußeren Rohroberfläche $df_i = \dfrac{F_i}{F} \, df$ bzw. $df_a = \dfrac{F_a}{F}$, so erhält man für die durch das Flächenelement df in der Zeiteinheit strömende Wärmemenge $d\dot{q}$ die Beziehungen

$$\left. \begin{aligned} d\dot{q} &= k(\vartheta - \vartheta') \, df, \\[4pt] d\dot{q} &= \alpha \, \frac{F_i}{F} \, (\vartheta - \Theta_0) \, df, \\[4pt] d\dot{q} &= \alpha' \, \frac{F_a}{F} \, (\Theta_0' - \vartheta') \, df. \end{aligned} \right\} \tag{174}$$

Aus der ersten und zweiten sowie aus der ersten und letzten dieser Gleichungen folgt für die Oberflächentemperaturen Θ_0 und Θ_0' der Wände

$$\Theta_0 = \vartheta - \frac{kF}{\alpha F_i} (\vartheta - \vartheta'), \tag{175}$$

$$\Theta_0' = \vartheta' + \frac{kF}{\alpha' F_a} (\vartheta - \vartheta'). \tag{176}$$

Die mittlere Wandtemperatur $\Theta_m = \dfrac{\Theta_0 + \Theta_0'}{2}$ ergibt sich hiernach zu

$$\Theta_m = \frac{1}{2}\left(1 - \frac{kF}{\alpha F_i} + \frac{kF}{\alpha' F_a}\right)\vartheta + \frac{1}{2}\left(1 - \frac{kF}{\alpha' F_a} + \frac{kF}{\alpha F_i}\right)\vartheta'. \tag{177}$$

Die gewonnenen Beziehungen für die Wandtemperaturen Θ_0, Θ_0' und Θ_m gelten in gleicher Weise für Gleichstrom und Gegenstrom.

Nach Gl. (177) liegt die mittlere Wandtemperatur näher an ϑ, wenn $\alpha F_i > \alpha' F_a$ ist, hingegen näher an ϑ', wenn $\alpha F_i < \alpha' F_a$. Bei $\alpha F_i = \alpha' F_a$ liegt Θ_m genau in der Mitte zwischen ϑ und ϑ'. In diesem Falle kann man sich den Verlauf von Θ_m

leicht klarmachen, indem man sich z. B. in Bild 65 und 66 die Mittellinien zwischen ϑ und ϑ' eingezeichnet denkt. Hierbei ergibt sich, daß bei Gleichstrom die Wandtemperatur Θ_m nicht oder nur wenig veränderlich ist. Bei Gegenstrom ändert sich hingegen die Wandtemperatur ungefähr ebenso stark wie die Temperaturen der Gase. Dies hat zunächst zur Folge, daß bei Gleichstrom in der Längsrichtung der Wandung keine oder nur sehr wenig Wärme fortgeleitet wird. Bei Gegenstrom kann jedoch die in der Längsrichtung fortgeleitete Wärmemenge unter Umständen merkliche Beträge annehmen, so daß Verluste entstehen können, die, wie schon erwähnt, in § 43 näher erörtert werden sollen.

Die fast unveränderliche Wandtemperatur Θ_m bei Gleichstrom kann ein Grund dafür sein, daß in Sonderfällen der Gleichstrom dem sonst weit überlegenen Gegenstrom vorgezogen wird. So kann man mit Gleichstrom z. B. erreichen, daß die Baustoffe des Wärmeaustauschers gewisse höchste Temperaturen nicht überschreiten, oberhalb deren die Festigkeit zu gering und die Korrosionsgefahr sehr groß wäre (vgl. § 41). Umgekehrt kann bei der Abkühlung von feuchten Gasen eine Unterschreitung der Wandtemperatur von 0 °C unerwünscht sein, weil ein Niederschlag von Eis auf den Wandungen vermieden werden soll.

§ 31. Mittlere Temperaturdifferenz $\Delta\vartheta_M$ bei Gleichstrom und Gegenstrom

(C, C' und k unveränderlich)

Um einen allgemeinen Ausdruck für $\Delta\vartheta_M$ zu finden, integrieren wir zunächst Gl. (157) vom Anfangsquerschnitt a bis zum Endquerschnitt b in Bild 60. Hierdurch ergibt sich entsprechend Gl. (158) bei $k = \text{const}$

$$\int_a^b \frac{d\dot{q}}{\vartheta - \vartheta'} = kF. \tag{178}$$

Vergleicht man dies mit Gl. (145), in der $\dot{Q}$ die gesamte im Wärmeaustauscher in der Zeiteinheit übertragene Wärmemenge darstellt, so erhält man für $\Delta\vartheta_M$ die allgemein gültige *Bestimmungsgleichung*

$$\frac{\dot{Q}}{\Delta\vartheta_M} = \int_a^b \frac{d\dot{q}}{\vartheta - \vartheta'}. \tag{179}$$

Um aus dieser Gleichung $\Delta\vartheta_M$ zu berechnen, muß man noch unter dem Integral $d\dot{q}$ durch die Temperaturen ausdrücken, was grundsätzlich mit Hilfe der Wärmemengengleichung (153) oder mit einer der aus ihr abgeleiteten Beziehungen möglich ist.

Bei *unveränderlichen Wärmekapazitäten C und C'* der in der Zeiteinheit durch den Wärmeaustauscher strömenden Gasmengen läßt sich Gl. (179) unter Berücksichtigung der Wärmemengengleichungen (153) und (156) zunächst in die Gestalt bringen

$$\frac{\vartheta_1 - \vartheta_2}{\Delta\vartheta_M} = \int_b^a \frac{d\vartheta}{\vartheta - \vartheta'}. \tag{180}$$

In das Integral dieser Gleichung führen wir ferner $\vartheta - \vartheta'$ aus Gl. (155) ein, wobei wir noch das in Gl. (155) auftretende Verhältnis C/C' durch den aus Gl. (156) folgenden Ausdruck ersetzen. Durch Ausführen der Integration erhalten wir schließlich

$$\Delta\vartheta_M = \frac{\Delta\vartheta_a - \Delta\vartheta_b}{\ln\dfrac{\Delta\vartheta_a}{\Delta\vartheta_b}}, \tag{181}$$

wobei $\Delta\vartheta_a$ und $\Delta\vartheta_b$ die Temperaturdifferenzen $\vartheta - \vartheta'$ im Anfangs- und Endquerschnitt a und b nach Bild 60 bedeuten. Hiernach ist also

$$\text{bei Gleichstrom}\quad \Delta\vartheta_a = \vartheta_1 - \vartheta_1' \quad\text{und}\quad \Delta\vartheta_b = \vartheta_2 - \vartheta_2',$$

$$\text{bei Gegenstrom}\quad \Delta\vartheta_a = \vartheta_1 - \vartheta_2' \quad\text{und}\quad \Delta\vartheta_b = \vartheta_2 - \vartheta_1'.$$

Die für die mittlere Temperaturdifferenz gefundene Gl. (181) *gilt sowohl bei Gleichstrom wie auch bei Gegenstrom für unveränderliche Werte von C und C'.* Die früher nur für einen einfachen Fall abgeleitete Gl. (152) stimmt mit Gl. (181) überein. Sind also außer den Eintrittstemperaturen der Gase auch die Austrittstemperaturen vorgegeben und damit auch die Temperaturdifferenzen $\Delta\vartheta_a$ und $\Delta\vartheta_b$ an den Enden des Wärmeaustauschers bekannt, dann kann man $\Delta\vartheta_M$ nach Gl. (181) sehr einfach berechnen.

Wenn $\Delta\vartheta_a$ und $\Delta\vartheta_b$ nur wenig voneinander abweichen, kann man für $\Delta\vartheta_M$ statt des Ausdrucks (181) mit guter Annäherung auch das arithmetische Mittel

$$\Delta\vartheta_M = \frac{\Delta\vartheta_a + \Delta\vartheta_b}{2} \tag{182}$$

benutzen. Diese Gleichung, die ohne weiteres einleuchtet, läßt sich aus Gl. (181) durch einen Grenzübergang für $\lim \Delta\vartheta_a = \Delta\vartheta_b$ unter Benutzung der Beziehung $\lim\limits_{x=0} \ln(1 + x) = x - \dfrac{x^2}{2}$ gewinnen. Gl. (182) gilt um so genauer, je geringer der Unterschied zwischen $\Delta\vartheta_a$ und $\Delta\vartheta_b$ ist. Bei $\Delta\vartheta_a = 2\Delta\vartheta_b$ oder $\Delta\vartheta_b = 2\Delta\vartheta_a$ ergibt sich $\Delta\vartheta_M$ nach Gl. (182) um 4% zu groß.

Aus Gl. (181) und (182) läßt sich noch die wichtige Folgerung ziehen, daß der Gegenstrom dem Gleichstrom auch dann stets überlegen ist, wenn die geforderten Endtemperaturen sich mit Gleichstrom erreichen lassen. Denn bei Gegenstrom ist bei gleichen Anfangs- und Endtemperaturen die mittlere Temperaturdifferenz $\Delta\vartheta_M$ stets größer als bei Gleichstrom, wie folgendes Beispiel zeigt. Die Anfangstemperaturen beider Gase seien $\vartheta_1 = 100°$, $\vartheta_1' = 0°$, die Endtemperaturen $\vartheta_2 = 52°$, $\vartheta_2' = 48°$. Dann errechnet sich bei Gleichstrom $\Delta\vartheta_a = 100°$, $\Delta\vartheta_b = 4°$ und hiermit nach Gl. (181) $\Delta\vartheta_M = 29{,}8°$, bei Gegenstrom hingegen $\Delta\vartheta_a = \Delta\vartheta_b = \Delta\vartheta_M = 52°$. Bei Gegenstrom läßt sich daher nach Gl. (145) die geforderte Leistung des Wärmeaustauschers mit einer wesentlich kleineren Heizfläche F oder mit einer wesentlich geringeren Wärmedurchgangszahl k erzielen als bei Gleichstrom.

Diagramme zur Ermittlung der mittleren Temperaturdifferenz $\Delta\vartheta_M$

Die Berechnung der mittleren Temperaturdifferenz $\Delta\vartheta_M$ nach Gl. (181) ist so einfach, daß man im allgemeinen, namentlich im Zeitalter der elektronischen Rechenanlagen, hierzu keinerlei weiterer Hilfsmittel bedarf. Da jedoch früher hierfür verschiedenartige Diagramme entworfen worden sind, sollen wenigstens zwei hiervon kurz erläutert werden.

Ein einfaches Diagramm zur Ermittlung von $\Delta\vartheta_M$ nach Gl. (181) zeigt Bild 67. Die Temperaturunterschiede $\Delta\vartheta_a$ und $\Delta\vartheta_b$ an den Enden des Rekuperators sind als Koordinaten aufgetragen, wobei jedoch der größere dieser Temperaturunter-

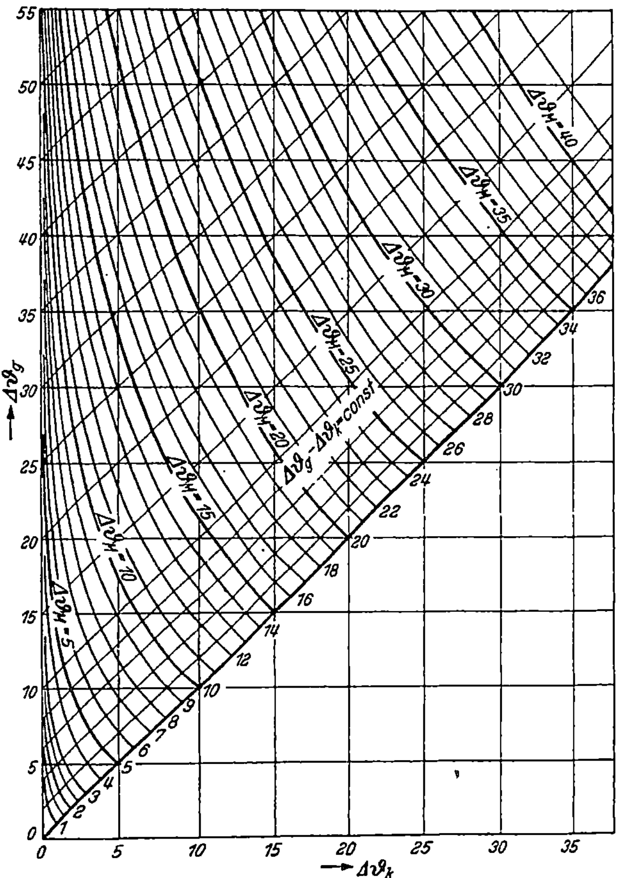

Bild 67. Diagramm zur Ermittlung der mittleren Temperaturdifferenz $\Delta\vartheta_M$ bei Gleichstrom und Gegenstrom aus dem größeren und kleineren Temperaturunterschied $\Delta\vartheta_g$ und $\Delta\vartheta_k$ an den Enden des Wärmeaustauschers.

schiede mit $\Delta\vartheta_g$, der kleinere mit $\Delta\vartheta_k$ bezeichnet ist. Der gesuchte Wert von $\Delta\vartheta_M$ kann durch Interpolation aus den eingezeichneten Kurven, die für unveränderliche Werte von $\Delta\vartheta_M$ gelten, abgelesen werden. Eine Abart dieser Darstellung besteht darin, $\Delta\vartheta_a$ und $\Delta\vartheta_b$ logarithmisch aufzutragen. Dies hat den Vorteil, daß man einen sehr großen Wertebereich von $\Delta\vartheta_a$, $\Delta\vartheta_b$ und $\Delta\vartheta_M$ bei fast überall gleicher Ablesegenauigkeit in einem einzigen Diagramm unterbringen kann.

Man kann schließlich Gl. (181) auch durch eine einzige Linie wiedergeben, indem man $\Delta\vartheta_M/\Delta\vartheta_a$ oder $\Delta\vartheta_M/\Delta\vartheta_b$ abhängig von $\Delta\vartheta_a/\Delta\vartheta_b$ aufträgt. In Bild 68 ist eine solche Linie, die gekrümmt ist, dargestellt. Als Abszisse ist $\Delta\vartheta_k/\Delta\vartheta_g$, als Ordinate $\Delta\vartheta_M/\Delta\vartheta_g$ aufgetragen, wobei wieder $\Delta\vartheta_k$ den kleineren, $\Delta\vartheta_g$ den größeren der beiden Temperaturunterschiede $\Delta\vartheta_a$ und $\Delta\vartheta_b$ bedeutet. Man kann aus diesem Diagramm, weil man nicht unterpolieren muß, den gesuchten Wert noch etwas genauer ablesen als aus Bild 67, doch wird hierbei gegenüber der unmittelbaren Anwendung von Gl. (181) an Rechenarbeit nur wenig erspart.

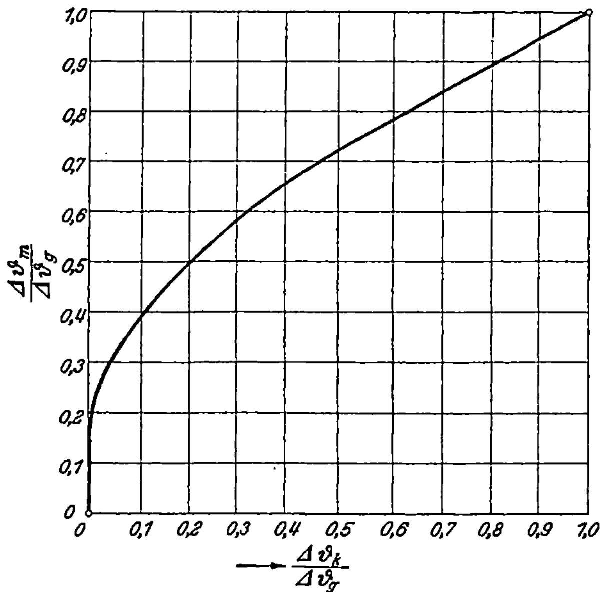

Bild 68. Kurve zur Ermittlung von $\varDelta\vartheta_M$ aus dem Verhältnis der Temperaturunterschiede $\varDelta\vartheta_k$ und $\varDelta\vartheta_g$.

Bedeutung des Integrals in Gl. (180)

Das Integral in Gl. (180) entspricht dem in der Rektifiziertechnik bekannten Integral $\int dy/(y - y^*)$, worin y die wirkliche Zusammensetzung des im betrachteten Querschnitt einer Rektifiziersäule aufsteigenden Dampfes, y^* hingegen die Zusammensetzung eines Dampfes bedeutet, der mit der durch denselben Querschnitt herabrieselnden Flüssigkeit im Gleichgewicht steht. Der Gleichgewichtsstörung $y - y^*$ entspricht hiernach die Temperaturdifferenz $\vartheta - \vartheta'$ in einem Wärmeaustauscher. Bei der Rektifikation wird das erwähnte Integral, das angenähert die theoretische Bodenzahl darstellt, Zahl der Übergangseinheiten genannt. Ebenso kann man das Integral in Gl. (180) als die Zahl der Übergangseinheiten bei der Wärmeübertragung auffassen. Eine Übergangseinheit liegt hiernach dann vor, wenn das nur für ein Stück des Wärmeaustauschers gebildete Integral den Wert 1 hat, d.h. die Temperaturänderung des betrachteten Gases gleich dem Mittelwert der Temperaturdifferenz $\vartheta - \vartheta'$ in dem betrachteten Stück des Wärmeaustauschers ist.

Ist C unveränderlich, dann folgt mit den Gln. (145) und (156), daß das Integral in Gl. (180) auch gleich kF/C gesetzt werden kann. Man kann dann auch kF/C als die Zahl der Übergangseinheiten ansehen. Da man aber für das zweite Gas meist eine andere Zahl kF/C' von Wärmeübergangseinheiten erhält und außerdem diese Betrachtung nur bei konstanten Werten von C und C' gilt, kann man im Zweifel sein, ob man die Einführung einer solchen an sich nicht notwendigen Benennung für kF/C und kF/C' empfehlen soll.

Über die Anwendung dieser Überlegungen auf die Rektifikation siehe z.B. [H 205] und [K 210].

§ 32. Die zwei Hauptaufgaben der Berechnung eines Wärmeaustauschers

Nach den bisherigen Überlegungen kann die mittlere Temperaturdifferenz $\varDelta\vartheta_M$ allein aus den Ein- und Austrittstemperaturen der strömenden Stoffe ermittelt werden. Wie in § 46 gezeigt werden soll, gilt dies auch bei Kreuzstrom.

Auch wenn C und C' von den Temperaturen ϑ und ϑ' abhängen, läßt sich $\varDelta\vartheta_M$ nach § 35 allein aus diesen Wärmekapazitäten und den genannten Temperaturen berechnen. Da schließlich auch die stündlich zu übertragende Wärmemenge $\dot{Q}$ nur von diesen Größen abhängt, ist auch der Ausdruck

$$\dot{Q}/\varDelta\vartheta_M$$

allein durch diese Größen bestimmt. Für diesen Ausdruck erhält man nach Gl. (145)

$$\dot{Q}/\varDelta\vartheta_M = kF. \tag{183}$$

(Forderung)   (Leistung)

Die linke Seite dieser Gleichung kann man als eine Zusammenfassung der an den Austauscher gestellten Forderungen betrachten, die in der Regel darin bestehen, daß bei gegebenen Anfangstemperaturen bestimmte Endtemperaturen erreicht und eine vorgeschriebene Wärmemenge $\dot{Q}$ übertragen werden soll. Die rechte Seite hingegen kann als Maß für die Leistung eines gegebenen Wärmeaustauschers angesehen werden, da diese Leistung allein von dem Wärmedurchgangskoeffizienten k und von der Heizfläche F abhängt. kF selbst ist, wie schon aus den bisherigen Betrachtungen hervorgeht und später noch näher gezeigt werden soll, hauptsächlich durch die Abmessungen des Wärmeaustauschers und durch die Strömungsgeschwindigkeiten der Gase bestimmt.

Gl. (183) kennzeichnet zugleich die beiden Hauptaufgaben der Berechnung von Wärmeaustauschern, wenn eine bestimmte *Austauschleistung verlangt* wird. Aus den vorgegebenen Temperaturen und den Wärmekapazitäten der Gase ermittelt man zunächst $\dot{Q}$ und $\varDelta\vartheta_M$ und damit $\dot{Q}/\varDelta\vartheta_M$. Nach Gl. (183) kennt man hiermit sofort auch den erforderlichen Wert von kF. Als 2. Hauptaufgabe (vgl. § 37 und folgende) ist dann zu untersuchen, mit welcher Konstruktion und Betriebsweise man diesen Wert von kF erreichen kann.

Die Reihenfolge der Berechnung ist umgekehrt, wenn gefragt ist, *welche Wärmemenge* in einem *vorgegebenen Wärmeaustauscher* in der Zeiteinheit übertragen werden kann und welche Endtemperaturen der Gase sich erzielen lassen. Dann muß man zunächst aus den Abmessungen des Wärmeaustauschers und den Strömungsgeschwindigkeiten der Gase kF berechnen. Aus dem hiermit nach Gl. (183) festgelegten Wert von $\dot{Q}/\varDelta\vartheta_M$ sind dann erst als 2. Rechnungsabschnitt die übergehende Wärmemenge $\dot{Q}$ und die Austrittstemperaturen der Gase zu ermitteln.

Da die Größe kF ein Maß für die Leistung eines Wärmeaustauschers darstellt, ist sie allgemein zur Beurteilung und zum Vergleich verschiedener Wärmeaustauscher geeignet. Aus diesem Grunde hat auch Kühne [K 219, 220] kF als maßgebende Vergleichsgröße sowohl für Garantieversuche wie auch für die Aufstellung von Leistungsregeln für Wärmeaustauscher vorgeschlagen.

§ 33. Berechnung von zwei der vier Ein- und Austrittstemperaturen

Wir schon mehrfach erwähnt, sind häufig bei gegebenen Werten von kF, C und C' zwei der vier Ein- und Austrittstemperaturen gesucht. Daß *zwei* der Temperaturen ermittelt werden können, ist mathematisch darin begründet, daß alle bisher besprochenen Beziehungen aus *zwei* grundlegenden Gleichungen, nämlich einer Wärmemengengleichung und einer Wärmedurchgangsgleichung, abgeleitet worden sind.

Falls wie bisher C und C' ebenso wie k und F als konstant betrachtet werden können, erhält man die gesuchten Endtemperaturen ϑ_2 und ϑ_2' bei Gleichstrom aus den Gln. (170) und (171), bei Gegenstrom aus den Gln. (172) und (173). Nimmt man auch für Gegenstrom die Gln. (170) und (171) hinzu, dann kann man jedes beliebige Paar unbekannter Werte aus den 4 Ein- und Austrittstemperaturen bestimmen. Hierbei ergeben sich im ganzen 6 verschiedene Fälle.

Ein anderer einfacher Weg, auf dem zwei beliebige unbekannte Temperaturen ermittelt werden können, besteht darin, aus k, F, C und C' zunächst das Verhältnis $\tau = \dfrac{\varDelta\vartheta_a}{\varDelta\vartheta_b}$ der Temperaturdifferenzen an den beiden Enden des Rekuperators zu berechnen[5]. Dieses Verhältnis beträgt nach Definition

$$\text{bei Gleichstrom} \qquad \tau = \frac{\vartheta_1 - \vartheta_1'}{\vartheta_2 - \vartheta_2'}, \tag{184}$$

$$\text{bei Gegenstrom} \qquad \tau = \frac{\vartheta_1 - \vartheta_2'}{\vartheta_2 - \vartheta_1'}. \tag{185}$$

Hierfür erhält man nach den Gln. (167)

$$\ln \tau = \left(\frac{1}{C} \pm \frac{1}{C'}\right) kF \tag{186}$$

oder

$$^{10}\lg \tau = 0{,}4343 \left(\frac{1}{C} \pm \frac{1}{C'}\right) kF, \tag{187}$$

wobei sich das obere Vorzeichen auf Gleichstrom, das untere auf Gegenstrom bezieht. Nach einer dieser Gleichungen läßt sich τ leicht rein rechnerisch ermitteln. Man kann τ aber auch aus Bild 69 abgreifen, was vielleicht etwas bequemer, aber weniger genau ist.

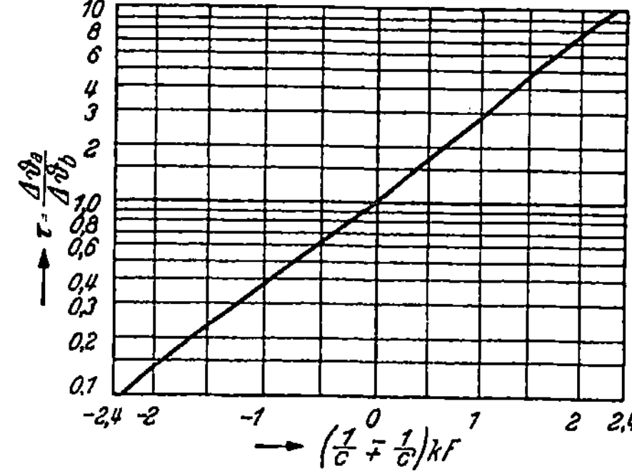

Bild 69. Verhältnis $\tau = \varDelta\vartheta_a/\varDelta\vartheta_b$ der Temperaturunterschiede an den Enden des Wärmeaustauschers abhängig von $\left(\dfrac{1}{C} - \dfrac{1}{C'}\right) kF$ bei Gegenstrom, von $\left(\dfrac{1}{C} + \dfrac{1}{C'}\right) kF$ bei Gleichstrom.

Die gesuchten Temperaturen sind schließlich durch den Wert von τ und die Wärmebilanz (156) bestimmt. Bei Gegenstrom ergeben sich durch Auflösen von Gl. (185) und Gl. (156) folgende Lösungen für die 6 möglichen Fragestellungen:

---

[5] In der 1. Auflage dieses Buches veröffentlichtes Verfahren des Verfassers.

1. Fall: ϑ_2 und ϑ_2' gesucht.

$$\text{Lösung: } \vartheta_2 = \vartheta_1' + \frac{\dfrac{C'}{C} - 1}{\tau\,\dfrac{C'}{C} - 1}\,(\vartheta_1 - \vartheta_1');\; \vartheta_2' = \vartheta_1' + \frac{C}{C'}\,(\vartheta_1 - \vartheta_2).$$

2. Fall: ϑ_1 und ϑ_1' gesucht.

$$\text{Lösung: } \vartheta_1 = \vartheta_2' + \tau\,\frac{\dfrac{C'}{C} - 1}{\dfrac{C'}{C} - \tau}\,(\vartheta_2 - \vartheta_2');\; \vartheta_1' = \vartheta_2' - \frac{C}{C'}\,(\vartheta_1 - \vartheta_2).$$

3. Fall: ϑ_1 und ϑ_2' gesucht.

$$\text{Lösung: } \vartheta_1 = \vartheta_1' + \frac{\tau\,\dfrac{C'}{C} - 1}{\dfrac{C'}{C} - 1}\,(\vartheta_2 - \vartheta_1');\; \vartheta_2' = \vartheta_1' + \frac{C}{C'}\,(\vartheta_1 - \vartheta_2).$$

4. Fall: ϑ_2 und ϑ_1' gesucht.

$$\text{Lösung: } \vartheta_2 = \vartheta_2' + \frac{1}{\tau}\,\frac{\dfrac{C'}{C} - \tau}{\dfrac{C'}{C} - 1}\,(\vartheta_1 - \vartheta_2');\; \vartheta_1' = \vartheta_2' - \frac{C}{C'}\,(\vartheta_1 - \vartheta_2).$$

5. Fall: ϑ_1 und ϑ_2 gesucht.

$$\text{Lösung: } \vartheta_1 = \vartheta_1' + \frac{\tau\,\dfrac{C'}{C} - 1}{\tau - 1}\,(\vartheta_2' - \vartheta_1');\; \vartheta_2 = \vartheta_1 - \frac{C'}{C}\,(\vartheta_2' - \vartheta_1').$$

6. Fall: ϑ_1' und ϑ_2' gesucht.

$$\text{Lösung: } \vartheta_1' = \vartheta_1 - \frac{\tau - \dfrac{C}{C'}}{\tau - 1}\,(\vartheta_1 - \vartheta_2);\; \vartheta_2' = \vartheta_1' + \frac{C}{C'}\,(\vartheta_1 - \vartheta_2).$$

Bei der Ableitung der angeführten Beziehungen wurde stets so vorgegangen, daß die erste der gesuchten Temperaturen unter Eliminierung der zweiten aus (156) und (185) ermittelt, die zweite aber aus der Wärmemengenbilanz (156) bestimmt wurde. Man kann aber auch die zweite Temperatur unter Eliminierung der ersten gewinnen, wodurch man z.B. für den ersten Fall erhält:

$$\vartheta_2' = \vartheta_1' + \frac{\tau - 1}{\tau\,\dfrac{C'}{C} - 1}\,(\vartheta_1 - \vartheta_1').$$

Eine solche Lösung ist vorzuziehen, wenn man nur diese eine Temperatur wissen will.

Für Gleichstrom ergeben sich auf demselben Wege etwas andere Gleichungen. Da man sie nur selten benötigt, sollen sie hier nicht näher erörtert werden.

Im folgenden Paragraphen soll gezeigt werden, daß man, ähnlich wie aus τ, die jeweils unbekannten Temperaturen auch aus dem Wirkungsgrad des Wärmeaustauschers bestimmen kann.

§ 34. Wirkungsgrad des Wärmeaustauschers bei Gleichstrom und Gegenstrom

(C, C' und k unveränderlich)

Der Wirkungsgrad eines Wärmeaustauschers läßt sich nicht nur verschieden definieren, man kann auch verschiedener Ansicht darüber sein, ob die Einführung dieses Begriffes überhaupt zweckmäßig ist. Einige Gesichtspunkte zur Beurteilung der Frage der Zweckmäßigkeit werden sich später von selbst ergeben, wenn wir festgestellt haben, was der Begriff des Wirkungsgrades zu leisten vermag und was nicht.

Zunächst werde diejenige Definition des Wirkungsgrades eingehender erörtert, die für die Berechnung von Wärmeaustauschern auf Grund der bisher abgeleiteten Gleichungen am geeignetsten erscheint. Man gelangt zu dieser Definiton, wenn man den Wirkungsgrad so festlegt, daß er z.B. mit dem üblichen Begriff des Wirkungsgrades eines Dampfkessels möglichst übereinstimmt. Bekanntlich ist der Wirkungsgrad eines Dampfkessels gegeben durch das Verhältnis der durch die Kesselheizfläche wirklich übergehenden Wärmemenge zu der gesamten Wärmemenge, die unmittelbar nach einer verlustfreien Verbrennung in den Rauchgasen enthalten ist. Denn die zuletzt genannte Wärmemenge müßte in einem verlustfreien Dampfkessel vollständig übertragen werden. Hiermit dem Grundgedanken nach übereinstimmend sei der Wirkungsgrad eines Wärmeaustauschers definiert als das Verhältnis der wirklich ausgetauschten Wärmemenge zu derjenigen Wärmemenge, die in einem noch näher zu erörternden vollkommenen Wärmeaustauscher übertragen würde. Vernachlässigt man wie bisher den Wärmeverlust des Wärmeaustauschers an die Umgebung, dann ist die in der Zeiteinheit wirklich ausgetauschte Wärmemenge nach Gl. (156) gegeben durch

$$\dot{Q} = C(\vartheta_1 - \vartheta_2) = C'(\vartheta_2' - \vartheta_1'). \tag{188}$$

Ein vollkommener Wärmeaustauscher sei dadurch gekennzeichnet, daß er im Gegenstrom betrieben wird, und daß bei ihm $kF = \infty$ ist. Hierbei kann man sich entweder k oder F oder auch beide als unendlich groß vorstellen. Auch in einem solchen Wärmeaustauscher kann in der Zeiteinheit nur eine endliche Wärmemenge übertragen werden, solange nur endliche Gasmengen mit endlichen Eintrittstemperaturen hindurchströmen. Nach Gl. (145) muß dann wegen $kF = \infty$ die mittlere Temperaturdifferenz $\varDelta\vartheta_M$ unendlich klein sein. Dies ist aber nur möglich, wenn wenigstens an einer Stelle die Temperaturdifferenz $\vartheta - \vartheta'$ zwischen beiden Gasen unendlich klein ist. Bei unveränderlichen Werten von C und C' und bei Gegenstrom wird nach Gl. (181) $\varDelta\vartheta_M = 0$, wenn entweder $\varDelta\vartheta_a = \vartheta_1 - \vartheta_2 = 0$ oder $\varDelta\vartheta_b = \vartheta_2 - \vartheta_1' = 0$ ist, wenn also die Temperaturdifferenz am einen oder anderen Ende des Wärmeaustauschers verschwindet. Dies bedeutet, daß in einem *vollkommenen Wärmeaustauscher das Gas mit der kleineren Wärmekapazität vollständig auf die Anfangstemperatur des anderen Gases erwärmt oder abgekühlt werden kann.* Die in der Zeiteinheit in einem vollkommenen Wärmeautauscher übertragene Wärmemenge beträgt daher

$$\dot{Q}_{\mathrm{max}} = C(\vartheta_1 - \vartheta_1') \quad \text{bei} \quad C \leqq C' \tag{189}$$

oder

$$\dot{Q}_{\mathrm{max}} = C'(\vartheta_1 - \vartheta_1') \quad \text{bei} \quad C \geqq C'. \tag{190}$$

Mit diesen Beziehungen und Gl. (156) ergibt sich der *Wirkungsgrad des Wärmeaustauschers* zu

$$\eta_w = \frac{\vartheta_1 - \vartheta_2}{\vartheta_1 - \vartheta_1'} \quad \text{bei} \quad C \leqq C' \tag{191}$$

oder

$$\eta_w' = \frac{C}{C'} \frac{\vartheta_1 - \vartheta_2}{\vartheta_1 - \vartheta_1'} \quad \text{bei} \quad C \geqq C'. \tag{192}$$

Bemerkenswert ist, daß hiernach der Wirkungsgrad η_w eines Wärmeaustauschers durch verschiedene Beziehungen dargestellt wird, je nachdem, ob C kleiner oder größer als C' ist.

Man kann aber den Wirkungsgrad η_w auf die einheitliche Funktion

$$\eta^* = \frac{\vartheta_1 - \vartheta_2}{\vartheta_1 - \vartheta_1'} \tag{193}$$

zurückführen, die wir „Wirkungsgradfunktion" nennen wollen. Es wird dann nach Gl. (191) und (192)

$$\eta_w = \eta^* \quad \text{bei} \quad C \leqq C', \tag{194}$$

$$\eta_w = \frac{C}{C'} \eta^* \quad \text{bei} \quad C \geqq C'. \tag{195}$$

Die Funktion η^* ist bereits durch die Gln. (170) bzw. (165) oder (173) bestimmt.

Die Bilder 70 und 71 stellen für Gleichstrom und für Gegenstrom die Wirkungsgradfunktion η^* abhängig von kF/C für verschiedene Verhältnisse C/C' dar. Man erhält aus diesen Abbildungen gemäß Gl. (191), (193) und (194) stets unmittelbar den Wirkungsgrad, wenn man die Temperaturänderung $\vartheta_1 - \vartheta_2$ auf das Gas mit der kleineren Wärmekapazität bezieht, so daß stets $C < C'$ wird. Aus Bild 70 erkennt man, daß bei Gleichstrom η^* mit wachsendem kF/C einem Grenz-

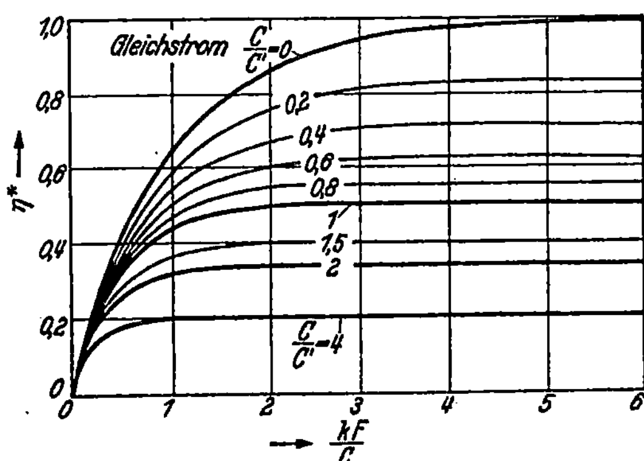

Bild 70. Wirkungsgradfunktion η^* bei Gleichstrom.

wert zustrebt, der kleiner als 1 ist und sich nach Gl. (156) wegen $\lim \vartheta_2' = \vartheta_2$ zu $\lim \eta^* = C'/(C + C')$ errechnet. Bei $C = C'$ ist dieser Grenzwert $\lim \eta^* = 0{,}5$, so daß in diesem Falle höchstens ein Wirkungsgrad von 50% erreicht werden kann. Bei Gegenstrom nähert sich η^* nach Bild 71 bei jedem Verhältnis von C/C' unbegrenzt dem Wert 1, wenn $C \leqq C'$, hingegen dem Wert C'/C, wenn $C > C'$ ist.

Der Wirkungsgrad selbst strebt jedoch nach Gl. (195) auch bei $C > C'$ dem Grenz-wert $\eta'_w = 1$ zu. Die schon mehrfach betonte Überlegenheit des Gegenstromes gegenüber dem Gleichstrom kommt hiernach auch in einem erheblich höheren Wert des Wirkungsgrades zum Ausdruck. Nur bei sehr kleinen Werten von kF/C, d.h. bei sehr kleinen Wärmeaustauschern, sind die Unterschiede zwischen Gleich-strom und Gegenstrom gering.

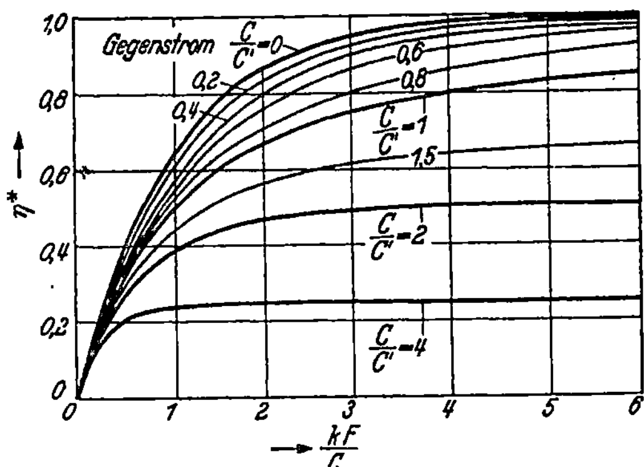

Bild 71. Wirkungsgradfunktion η^* bei Gegenstrom.

Die Bilder 70 und 71 lassen sich in folgender Weise auch unmittelbar zur *Be-rechnung* des für die Wärmeübertragung maßgebenden *Wertes von kF* benutzen. Sind z.B. außer C und C' sowohl die Eintrittstemperaturen ϑ_1 und ϑ'_1 wie auch die Austrittstemperaturen ϑ_2 und ϑ'_2 vorgegeben, so kann man nach Gl. (193) zunächst η^* berechnen. Mit dem erhaltenen Wert von η^* und dem gegebenen Verhältnis C/C' sucht man dann in dem einschlägigen η^*-Diagramm den Abszissenwert kF/C auf. Damit ist sofort auch kF bestimmt.

Sind umgekehrt außer C, C' und kF nur zwei der Temperaturen vorgegeben, die beiden anderen aber gesucht, dann liest man zunächst mit kF/C an der Kurve für das vorgegebene Verhältnis C/C' den Wert von η^* ab. Die beiden unbekannten Temperaturen findet man dann aus Gl. (156) und (193), indem man sie nach diesen Temperaturen auflöst.

Diese Art der Berechnung eines Rekuperators hat Bošnjaković [B 209] syste-matisch weiter verfolgt, wobei er statt Wirkungsgradfunktion die Benennung „Betriebscharakteristik" eingeführt hat. In seine ebenso wie Bild 70 und 71 auf-gebauten Diagramme hat er neben Kurven für C'/C eine zweite Kurvenschar für kF/C eingezeichnet, was manche Rechnungen weiter erleichtert. Entsprechende Darstellungen hat er überdies für verschiedene verwickelte Schaltungen von Wär-meaustauschern entworfen, einschließlich des später zu behandelnden Kreuz-stromes und der Rekuperatoren mit mehreren Durchgängen. Seine Art der Be-rechnung von Wärmeaustauschern wurde in den VDI-Wärmeatlas [1, 2. Aufl. S. N1—N12] aufgenommen.

Der durch die Gln. (191) und (193) energetisch definierte Wirkungsgrad hat für jeden Rekuperator bei gegebenen Betriebsbedingungen einen eindeutigen Wert, da ja stets nur einer der Fälle $C \geqq C'$ oder $C \leqq C'$ vorliegt. Es ist aber mehr gebräuchlich, die Gln. (191) und (192) lediglich als Verhältnisse von Temperatur-differenzen aufzufassen. Formt man Gl. (192) unter nochmaliger Berücksichtigung von Gl. (156) um, dann erhält man für die genannten Verhältnisse die Beziehungen

$$\eta_w = \frac{\vartheta_1 - \vartheta_2}{\vartheta_1 - \vartheta_1'}, \tag{196}$$

$$\eta_w' = \frac{\vartheta_2' - \vartheta_1'}{\vartheta_1 - \vartheta_1'}. \tag{197}$$

Für diese Verhältnisse hat man den Ausdruck „Temperatursteigerungsverhältnis" oder auch „Erwärmungsverhältnis" vorgeschlagen. Da man bei dieser Betrachtungsweise nur noch an die Temperaturen, nicht mehr an die Übertragung von Wärmeenergie denkt, hält man es vielfach für richtiger, das Wort „Wirkungsgrad" zu vermeiden.

Zur Frage der Bedeutung des Wirkungsgrades oder des Temperaturänderungsverhältnisses muß hervorgehoben werden, daß η_w oder η_w' höchstens dann als Vergleichsmaßstab für die Leistungsfähigkeit eines Wärmeaustauschers dienen kann, wenn man den Wert dieser Größe bei demselben Verhältnis C/C' vergleicht. Um einen Wirkungsgrad festzulegen, der allgemein als Vergleichsmaßstab geeignet ist, könnte man vorschreiben, daß man den jeweils ermittelten Wert von η_w oder η_w' auf das Verhältnis $C/C' = 1$ umrechnen soll. Hierbei erscheint es als sinnvoll, daß man die Summe der auf die Zeiteinheit bezogenen Wärmekapazitäten der beiden Gase ungeändert läßt. Dies trifft zu, wenn im Vergleichsfall jeder der beiden Gasströme die Wärmekapazität $0{,}5\,(C + C')$ hat. Diese Mengenänderung sei jedoch so gering, daß sich hierdurch k und damit kF nicht merklich ändert, eine Annahme, die stets zutreffen dürfte, wenn C und C' und auch α und α' sich von vorneherein nur wenig unterscheiden. Bei bekanntem kF findet man dann den Wirkungsgrad $\eta_w = \eta^*$ aus Bild 70 oder 71, indem man $2kF/(C + C')$ als Abszisse wählt und den entsprechenden Wert η^* aus der Kurve für $C/C' = 1$ abliest. Man erhält diesen Wert aber auch rein rechnerisch bei Gegenstrom aus folgender Beziehung, die sich unter Berücksichtigung von Gl. (193) aus Gl. (165) ergibt:

$$\eta^* = \frac{2kF/(C + C')}{1 + 2kF/(C + C')} = \frac{1}{1 + \dfrac{C + C'}{2kF}}. \tag{198}$$

Diese Überlegungen kann man sinngemäß auch anwenden, wenn kF nicht bekannt ist, sondern z. B. durch Versuche an einem Wärmeaustauscher bei gegebenen Werten von C und C' die Ein- und Austrittstemperaturen der beiden Gase gemessen worden sind. Denn mit den genannten Temperaturen erhält man aus Gl. (171) den dazugehörenden Wert von kF. Die weitere Rechnung zur Bestimmung des Vergleichswirkungsgrades kann dann ebenso wie oben beschrieben durchgeführt werden.

Kann man bei der Umrechnung kF nicht genau genug als unveränderlich betrachten, dann kann man grundsätzlich mit den im Verhältnis $0{,}5\,(C + C')$ zu C bzw. C' geänderten Strömungsgeschwindigkeit neue Werte von α und α' und damit auch einen neuen Wert von kF berechnen. Damit erhält man wieder in der beschriebenen Weise den gesuchten Vergleichswirkungsgrad aus Bild 70 oder 71 oder nach Gl. (198).[6]

Andere Definitionen des Wirkungsgrades

Zum Schluß werde noch auf andere mögliche Definitionen des Wirkungsgrades hingewiesen. Man kann z. B. den Wirkungsgrad so festlegen, daß man ihn als ein Maß für die erst später zu besprechenden Wärmeverluste des Wärmeaustauschers an die Umgebung benutzen kann (vgl. § 42). Diese Verluste bewirken, daß das ursprünglich kältere Gas weniger Wärme aufnimmt, als das ursprünglich wärmere Gas abgibt. Man kann daher das Verhältnis der auf-

---

[6] Betrachtungen verwandter Art hat auch H. Kühne [K 220] angestellt.

genommenen Wärmemenge zur abgegebenen Wärmemenge als Wirkungsgrad bezeichnen. Dieses Verhältnis wird vielfach auch „Umsetzungsgrad" oder „Ausnutzungsfaktor" genannt; vgl. [P 205].

Die dem üblichen Sprachgebrauch vielleicht am meisten angepaßte Definition erhält man, wenn man die in der Zeiteinheit übertragene Wärmemenge $\dot{Q}$ zu dem Arbeitsaufwand ins Verhältnis setzt, der in der gleichen Zeit zur Überwindung des Druckabfalles, in der Regel als vorhergehende Kompressionsarbeit, geleistet werden muß. Indessen ist die Ermittlung eines solchen Wirkungsgrades nicht einfach, weil die Verhältnisse auf beiden Seiten der Trennwände des Wärmeaustauschers berücksichtigt werden müssen. Um jedoch einen Schritt in dieser Richtung zu tun, hat Graßmann [G 205] zunächst nur die Vorgänge auf der einen Seite der Trennwände betrachtet und eine Beziehung zwischen dem Wärmeübergangskoeffizienten und dem Arbeitsaufwand für die Überwindung des Druckgefälles abgeleitet. Er ging hierbei von den üblichen Potenzbeziehungen für den Wärmeübergang und für den Druckverlust aus [vgl. Gl. (19) oder (21) von § 9 sowie Gl. (108) und (110) von § 22]. Hierdurch konnte er zeigen, daß bei turbulenter Strömung der Wärmeübergangskoeffizient α der Potenz $(A/F)^{0,291}$ proportional ist, in der A den genannten Arbeitsaufwand und F die Heizfläche bedeutet. Hierbei sind die Stoffwerte sowie der Rohrdurchmesser als unveränderlich angenommen.

Im Anschluß an diese Überlegungen vergleicht Graßmann [G 207] den Wärmeübergangskoeffizienten, der sich nach seiner Beziehung für glatte Rohre errechnet, mit dem in einem beliebigen Wärmeaustauscher bei gleichem A/F gemessenen Wärmeübergangskoeffizienten. Letzterer ist meist kleiner, weil in rauhen Rohren bei gleichem Druckverlust nur eine geringere Strömungsgeschwindigkeit angewendet werden kann und deren Erniedrigung auch den Wert von α herabsetzt. Ein etwaiger Belag auf den Rohrwänden kann den Wärmeübergangskoeffizienten noch weiter vermindern. Das Verhältnis der so gemessenen Wärmeübergangskoeffizienten zu den für glatte Rohre berechneten Wärmeübergangskoeffizienten nennt Graßmann „Güteziffer". Er weist darauf hin, daß eine entsprechende Güteziffer auch mit den gemessenen und berechneten Wärmedurchgangskoeffizienten k gebildet werden kann.

Graßmann [G 207] gibt überdies eine thermodynamische Definition des Wirkungsgrades mit Hilfe des Begriffes der Exergie $E = H - H_0 - T_0(S - S_0)$, wobei sich die Enthalpie H und die Entropie S auf den wirklichen Zustand des betrachteten Stoffes, H_0 und S_0 auf einen festgehaltenen Endzustand bei der Umgebungstemperatur T_0 beziehen. Durch den Wärmeaustausch mit einem anderen Stoff ändern sich H und S und damit E, so daß bei dem sich erwärmenden Stoff die Exergie zunimmt, bei dem sich abkühlenden abnimmt. Das Verhältnis der Zunahme zur Abnahme der Exergie ist dann nach Graßmann der Wirkungsgrad. Ihm selbst erscheint aber diese Definition für praktische Anwendungen weniger geeignet.

Glaser [G 203] hat eine „Leistungszahl" vorgeschlagen, die man erhält, indem man die spezifische Wärmeübertragung $\dot{Q}/\Delta\vartheta_M$, d.h. die je Einheit des mittleren Temperaturunterschiedes übertragene Wärmemenge, durch den Arbeitsaufwand A für den Druckabfall dividiert. Diese Leistungszahl hat er für verschiedene Rohranordnungen im Parallel- und Kreuzstrom sowie für Rohre mit Wirbeleinbauten berechnet und dadurch gezeigt, daß sie als Maß für die Beurteilung und den Vergleich von Wärmeaustauschern dienen kann. Th. E. Schmidt [S 212] hält es hingegen für zweckmäßiger, die „Verlustziffer" $\omega = A/\dot{Q}$ als Vergleichsgröße zu wählen. Indem er die Verlustziffer ω_{id} in einem Idealfall der laminaren Strömung durch die Verlustziffer des betrachteten Wärmeaustausches dividiert, erhält er einen „Gütegrad", der mit der Güteziffer von Graßmann verwandt ist, aber zahlenmäßig etwas andere Werte liefert.

Diese Vielzahl von Vorschlägen hängt damit zusammen, daß Wärmeaustauscher zu sehr verschiedenen Zwecken verwendet werden und je nach dem Anwendungsgebiet die Anforderungen an den Wärmeaustausch, an die Ersparnis von Druckverlustarbeit, an den Preis, die Betriebskosten, die Betriebssicherheit usw. stark voneinander abweichen. Daher erscheint bald die eine, bald die andere Definition als geeigneter, ohne daß man einer allein eindeutig den Vorzug zu geben vermöchte. Auf Grund dieser Erkenntnis ist Glaser [G 204] schließlich zu der Ansicht gekommen, daß man einen Wirkungsgrad oder Gütegrad kaum angeben könne, ohne daß gleichzeitig das ganze Arbeitsverfahren, in das der Wärmeaustauscher eingeschaltet ist, in Betracht gezogen wird. Daher schlägt er, z. B. im Falle eines Gasturbinenprozesses, vor, den Wirkungsgrad des Gesamtprozesses einmal mit verlustfreiem Wärmeaustauscher, das zweitemal unter Berücksichtigung aller Verluste dieses Austauschers zu ermitteln und das Verhältnis beider als Gütegrad des Austauschers zu betrachten.

Den geschilderten Schwierigkeiten, die der zweckmäßigen Definition eines Wirkungsgrades bis zu einem gewissen Grade entgegenstehen, kann man entgehen, indem man die erstrebte Wärmeübertragung und den zulässigen Druckverlust als zwei getrennte Forderungen betrachtet, die von einem Wärmeaustauscher gleichzeitig erfüllt werden müssen. Sind diese Forderungen präzis gestellt, dann kann man, wie in § 37f. näher gezeigt wird, auch ohne den Begriff des Wirkungsgrades oder Gütegrades verschiedene Konstruktionsmöglichkeiten durchrechnen und miteinander vergleichen. Vielfach wird man auf diesem Wege am einfachsten zu einem klaren Urteil gelangen.

§ 35. Temperaturverlauf, mittlere Temperaturdifferenz und Wirkungsgrad bei temperaturabhängigen Wärmekapazitäten C und C'

Nicht selten hängen die Wärmekapazitäten der Gase so stark von der Temperatur ab, daß die bisherigen Verfahren zur Berechnung des Temperaturverlaufs, der mittleren Temperaturdifferenz $\varDelta\vartheta_M$ und des Wirkungsgrades nach Gl. (191) zu ungenau werden. Eine starke Veränderlichkeit der spezifischen Wärmekapazität zeigt z.B. verdichtete Luft bei tiefen Temperaturen. Um diese Veränderlichkeit in den Integralen der Gln. (178) und (180) zu berücksichtigen, führt man die spezifischen Enthalpien h und h' der Gase auf Grund der Beziehung $C\,d\vartheta = \dot{m}\,dh$ und $C'\,d\vartheta' = \dot{m}'\,dh'$ ein, worin $\dot{m}$ und $\dot{m}'$ die Mengen der in der Zeiteinheit durch den Wärmeaustauscher strömenden Gase bedeuten. Mit h und h' kann man zunächst die Gln. (153), (154) und (156) in der Form schreiben

$$d\dot{q} = -\dot{m}\,dh = \dot{m}'\,dh', \tag{199}$$

$$\dot{q} = \dot{m}(h_1 - h) = \dot{m}'(h' - h_1') \quad \text{bei Gleichstrom} \tag{200}$$

$$= (h_2' - h') \quad \text{bei Gegenstrom}, \tag{201}$$

$$\dot{Q} = \dot{m}(h_1 - h_2) = \dot{m}'(h_2' - h_1'), \tag{202}$$

wenn mit h_1 und h_2 bzw. h_1' und h_2' die spezifischen Enthalpien bei den Temperaturen ϑ_1 und ϑ_2 bzw. ϑ_1' und ϑ_2' bezeichnet werden. Mit Gl. (199) nimmt Gl. (158) die Gestalt an:

$$\dot{m} \int_x^a \frac{dh}{\vartheta - \vartheta'} = kf. \tag{203}$$

Hierbei werde k wie bisher als konstant betrachtet.

Ferner geht mit Gl. (199) und (202) die Gl. (179) für die mittlere Temperaturdifferenz über in

$$\frac{h_1 - h_2}{\varDelta\vartheta_M} = \int_b^a \frac{dh}{\vartheta - \vartheta'}; \tag{204}$$

vgl. [H 204]. Man kann also nach Gl. (203) den Temperaturverlauf im Wärmeaustauscher und nach Gl. (204) die mittlere Temperaturdifferenz $\varDelta\vartheta_M$ berechnen, wenn man die Integrale über $\dfrac{dh}{\vartheta - \vartheta'}$ auswertet, was meistens nur näherungsweise möglich ist.

Stufenverfahren

Ein allgemein anwendbares *Stufenverfahren* ergibt sich aus folgender Überlegung. Man geht von den Differentialen dh zu endlichen Differenzen Δh über und setzt näherungsweise

$$\int_{x}^{a} \frac{dh}{\vartheta - \vartheta'} = \sum_{x}^{a} \frac{\Delta h}{\vartheta - \vartheta'} \quad \text{und} \quad \int_{b}^{a} \frac{dh}{\vartheta - \vartheta'} = \sum_{b}^{a} \frac{\Delta h}{\vartheta - \vartheta'}. \tag{205}$$

Wir setzen nun voraus, daß h abhängig von ϑ und h' abhängig von ϑ', z.B. aus Zustandsdiagrammen der betreffenden Gase, bekannt sind. Ferner seien außer den Eintrittstemperaturen ϑ_1 und ϑ_1' auch die Austrittstemperaturen ϑ_2 und ϑ_2' mit den zugehörenden Werten von h_2 und h_2' vorgegeben. Dann kann man die Summen in Gl. (205) zeichnerisch ermitteln, wie es in Bild 72 für den Fall des *Gegenstromes*

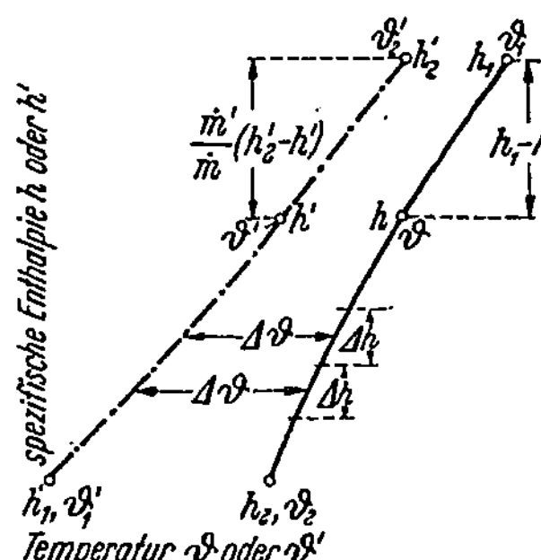

Bild 72. Ermittlung der mittleren Temperaturdifferenz bei Gegenstrom in allgemeineren Fällen durch Näherungsberechnung des Integrals
$$\int \frac{dh}{\Delta\vartheta} = \sum \frac{\Delta h}{\Delta\vartheta}.$$

gezeigt ist. Für das erste Gas sei h abhängig von ϑ aufgetragen (ausgezogene Linie). Für das zweite Gas zeichnet man wie folgt eine transformierte h', ϑ'-Kurve (strichpunktiert) ein, wobei man für ϑ' denselben Abszissenmaßstab wie für ϑ benutzt. Auf der Senkrechten ϑ_2' legt man zunächst als Ausgangswert h_2' in gleicher Höhenlage wie h_1 fest. Weitere Punkte für beliebige Zustände ϑ', h' des zweiten Gases erhält man, indem man jeweils von h_2' aus den Wert $\dfrac{\dot{m}'}{\dot{m}}\,(h_2' - h')$ nach unten abträgt und den Schnitt mit der Senkrechten für die entsprechende Temperatur ϑ' aufsucht. Der Endpunkt ϑ_1', h_1' der Kurve für das zweite Gas kommt dann nach Gl. (202) von selbst in die gleiche Höhe wie der Punkt ϑ_2, h_2 des ersten Gases zu liegen. Durch diese Art der Auftragung wird aber auch ganz allgemein erreicht, daß die Zustände beider Gase in einem beliebigen Querschnitt des Wärmeaustauschers stets durch gleich hoch liegende Punkte beider Kurven wiedergegeben werden. Denn für solche Punkte ist, wie man aus Bild 72 leicht erkennt, die Wärmemengengleichung (201) erfüllt. Die waagerechte Entfernung zwischen derartigen Punkten stellt daher die Temperaturdifferenz $\vartheta - \vartheta'$ in einem Querschnitt des Wärmeaustauschers dar. Das Einzeichnen der Kurve für das zweite Gas vereinfacht sich, wenn seine spezifische Wärmekapazität c_p' unveränderlich ist. Dann braucht man nur die Endpunkte der strichpunktierten Linie festzulegen und durch eine Gerade zu verbinden, worauf M. Rabes [R 201] hingewiesen hat.

Zur Auswertung der Summen in Gl. (205) teilt man in Bild 72 die Enthalpiekurve des ersten Gases in beliebige Schritte Δh und bestimmt in der mittleren

Höhe jedes Schrittes durch Abgreifen der waagerechten Entfernung bis zur anderen Kurve den Wert von $\vartheta - \vartheta'$. Auf diese Weise findet man für jeden Schritt den Betrag von $\dfrac{\Delta h}{\vartheta - \vartheta'}$. Wählt man hierbei die Schritte so, daß sich $\vartheta - \vartheta'$ von Schritt zu Schritt prozentual nur wenig ändert, dann erhält man durch Summieren aller Beträge von $\dfrac{\Delta h}{\vartheta - \vartheta'}$ die gesuchten Integrale der Gl. (205) mit großer Genauigkeit. Hierdurch ist also nach Gl. (203) und (204) ein allgemeines Verfahren zur Ermittlung des Temperaturverlaufs und der mittleren Temperaturdifferenz $\Delta\vartheta_M$ beschrieben.

Die Stufen kann man bei gleicher Genauigkeit erheblich größer wählen, wenn man jeweils die Temperaturdifferenzen an den beiden Enden einer Stufe aus Bild 72 abgreift und hieraus nach Gl. (181) den logarithmischen Mittelwert der Temperaturdifferenz für diese Stufe ausrechnet[7]. Dieser Mittelwert ist dann an Stelle von $\vartheta - \vartheta'$ in die Summen der Gln. (205) einzuführen.

Statt stufenweise kann man schließlich die Integrale in Gl. (203) und (204) auch in der Art auswerten, daß man nach Abgreifen von $\vartheta - \vartheta'$ aus Bild 72 die Kehrwerte $\dfrac{1}{\vartheta - \vartheta'}$ abhängig von h aufträgt und ausplanimetriert[8].

Berechnung von kF

Nach Ermittlung von $\Delta\vartheta_M$ nach Gl. (204) und von $\dot{Q}$ aus Gl. (202) erhält man kF sofort aus Gl. (145) oder (183).

Für manche Rechnungen ist es aber von Vorteil zu wissen, daß man, um kF zu finden, $\Delta\vartheta_M$ nicht vollständig auszurechnen braucht. Es genügt vielmehr, das Integral auf der rechten Seite von Gl. (204), z. B. nach dem an Bild 72 erörterten Stufenverfahren, zu ermitteln. Denn durch Anwendung von Gl. (203) auf die gesamte Heizfläche F des Rekuperators folgt unmittelbar

$$kF = \dot{m} \int_b^a \frac{dh}{\vartheta - \vartheta'}. \tag{206}$$

Diagramm zur Ermittlung von $\Delta\vartheta_M$ bei parabolischem Verlauf der Temperaturdifferenz $\vartheta - \vartheta'$

Eine geschlossene exakte Gleichung für $\Delta\vartheta_M$ läßt sich angeben, wenn die Temperaturdifferenz $\vartheta - \vartheta'$ als Funktion 2. Grades der spezifischen Enthalpie in der Form $\vartheta - \vartheta' = a + bh + ch^2$ bekannt ist. Dies bedeutet, daß, wie in Bild 73, der Verlauf von $\vartheta - \vartheta'$ abhängig von h oder h' durch einen Parabelbogen dargestellt werden kann. Aber auch in anderen Fällen wird man vielfach durch Annahme eines parabolischen Verlaufs von $\vartheta - \vartheta'$ die Temperaturabhängigkeit von C und C' mit genügender Näherung berücksichtigen können.

In Bild 73 seien wie früher $\Delta\vartheta_a$ und $\Delta\vartheta_b$ die Werte von $\vartheta - \vartheta'$ in den Endquerschnitten des Wärmeaustauschers. An diesen Stellen beträgt die Enthalpie eines der Gase h_a bzw. h_b. An der mittleren Stelle $1/2\,(h_a + h_b)$ habe $\vartheta - \vartheta'$ den Wert

---

[7] Nach einem Vorschlag von Johannes Wucherer in Höllriegelskreuth b. München.

[8] Diese letztere Art der Berechnung dürfte dem Grundgedanken nach erstmalig Altenkirch [A 201] beschrieben haben.

$\Delta\vartheta^*$. Man bestimme nun die Strecke

$$d = 2\Delta\vartheta^* - \frac{1}{2}(\Delta\vartheta_a + \Delta\vartheta_b).\tag{207}$$

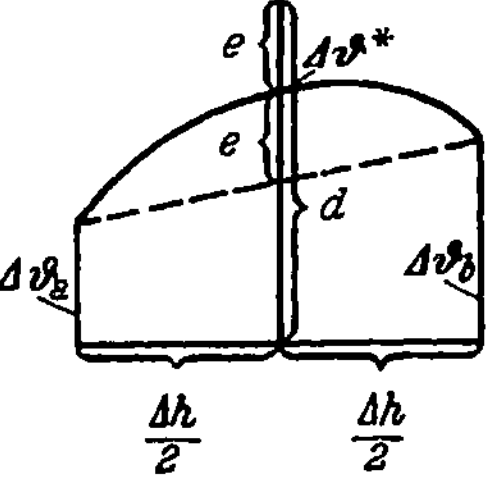

Bild 73. Zur Ermittlung der mittleren Temperaturdifferenz $\Delta\vartheta_M$ bei parabolischem Verlauf von $\Delta\vartheta = \vartheta - \vartheta'$.

Diese findet man zeichnerisch am einfachsten, indem man wie in Bild 73 die Strecke e zwischen der gekrümmten Linie und der geraden Verbindungslinie der oberen Eckpunkte noch einmal nach oben aufträgt. Mit d ergibt sich als Gleichung für den parabelförmigen Kurvenverlauf in Bild 73

$$\vartheta - \vartheta' = \Delta\vartheta_a + 2(d - \Delta\vartheta_a)\frac{h - h_a}{h_b - h_a} + (\Delta\vartheta_a + \Delta\vartheta_b - 2d)\left(\frac{h - h_a}{h_b - h_a}\right)^2.$$

Setzt man dies in Gl. (204) ein, dann erhält man für $\Delta\vartheta_M$ die Beziehungen[9]:

$$\frac{\Delta\vartheta_M}{d} = \frac{2\sqrt{1 - \dfrac{\Delta\vartheta_a \cdot \Delta\vartheta_b}{d^2}}}{\ln\dfrac{1 + \sqrt{1 - \dfrac{\Delta\vartheta_a \cdot \Delta\vartheta_b}{d^2}}}{1 - \sqrt{1 - \dfrac{\Delta\vartheta_a \cdot \Delta\vartheta_b}{d^2}}}}, \quad \text{wenn} \quad d^2 > \Delta\vartheta_a\,\Delta\vartheta_b \tag{208}$$

und[10]

$$\frac{\Delta\vartheta_M}{d} = \frac{\sqrt{\dfrac{\Delta\vartheta_a \cdot \Delta\vartheta_b}{d^2} - 1}}{\text{arc tan}\sqrt{\dfrac{\Delta\vartheta_a \cdot \Delta\vartheta_b}{d^2} - 1}}, \quad \text{wenn} \quad d^2 < \Delta\vartheta_a\,\Delta\vartheta_b. \tag{209}$$

$\Delta\vartheta_M/d$ hängt nach diesen Gleichungen nur von $\Delta\vartheta_a\,\Delta\vartheta_b/d^2$ ab. $\Delta\vartheta_M$ läßt sich daher sehr rasch ermitteln, wenn man Bild 74 benutzt, in dem nach Gl. (208) und (209) $\Delta\vartheta_M/d$ abhängig von $\Delta\vartheta_a\,\Delta\vartheta_b/d^2$ aufgetragen ist. Man braucht hiernach nur d in der angegebenen Weise und hiermit $\Delta\vartheta_a\,\Delta\vartheta_b/d^2$ zu berechnen und kann aus dem Diagramm unmittelbar $\Delta\vartheta_M/d$ ablesen. Hierdurch ist dann nach Multiplikation mit d sofort auch $\Delta\vartheta_M$ bestimmt. Zur Erhöhung der Genauigkeit bricht der waagerechte Maßstab in Bild 74 nach jeder Zehnerpotenz rechts ab und beginnt links wieder von neuem.

---

[9] Die erstmalige Ableitung findet man in [H 207].

[10] Den Nenner der rechten Seite von Gl. (209) erhält man zunächst in der Form arctan a — arctan b. Setzt man aber $a = \tan\alpha$ und $b = \tan\beta$, dann führt die bekannte Beziehung $\tan(\alpha - \beta) = \dfrac{\tan\alpha - \tan\beta}{1 + \tan\alpha\,\tan\beta}$ zu arctan α — arctan $b = $ arctan $\dfrac{a - b}{1 + ab}$ und damit nach einigen Umformungen zu Gl. (209).

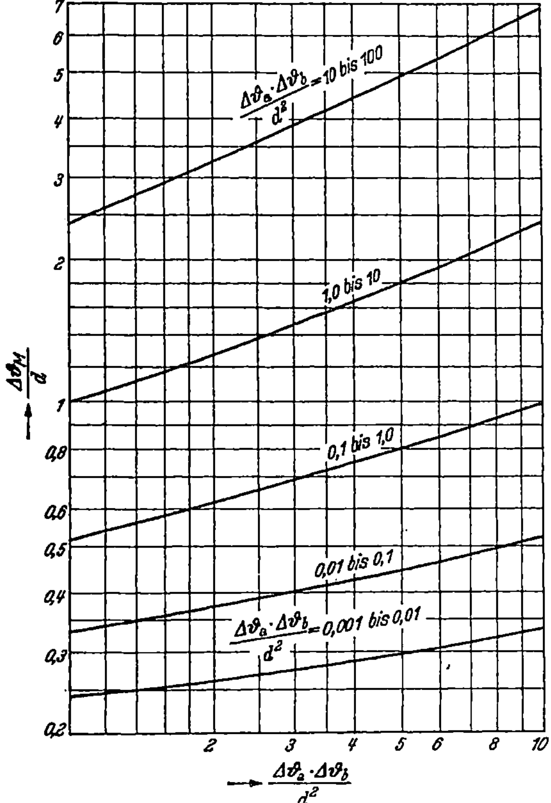

Bild 74. Diagramm zur Ermittlung der mittleren Temperaturdifferenz $\Delta\vartheta_M$ bei parabolischem Verlauf von $\Delta\vartheta = \vartheta - \vartheta'$.

Wenn in einem Wärmeaustauscher die Temperaturdifferenz $\vartheta - \vartheta'$ im gesamten Bereich sich nicht genau genug durch eine Parabel wiedergeben läßt, kann man sich die Länge des Wärmeaustauschers in zwei oder mehrere Stücke zerlegt denken, auf die man das soeben beschriebene Verfahren einzeln anwendet. Unabhängig davon, ob eine solche Unterteilung erforderlich ist oder nicht, dürfte bei diesem Verfahren es vielfach als Vorteil erscheinen, daß dabei auch die Temperaturdifferenzen an den beiden Enden des Wärmeaustauschers auftreten. Legt man aber hierauf keinen Wert, dann ist es empfehlenswert, das schon bei der Wärmestrahlung erörterte Verfahren zu benutzen, das auf der Gaußschen Integration beruht und bei gleicher Zahl der Unterteilungen eine höhere Genauigkeit zu erzielen gestattet; siehe § 20, S. 101 und 102.

Ermittlung von zwei gesuchten Temperaturen

Bei allen bisherigen Betrachtungen über den Fall temperaturabhängiger Wärmekapazitäten der Gase war vorausgesetzt, daß sowohl die Eintrittstemperaturen wie auch die Austrittstemperaturen der Gase bekannt sind. Sind hingegen bei gegebenem kF zwei der Temperaturen gesucht, dann kann man diese Temperaturen im allgemeinen nur durch Probieren ermitteln. Man nimmt zu diesem Zwecke zunächst die gesuchten Temperaturen unter Berücksichtigung von Gl. (202) willkürlich an und berechnet hiermit in der besprochenen Weise das Integral in Gl. (206). Je nach dem Ergebnis wiederholt man dann unter Änderung der angenomenen Werte diese Rechnung so oft, bis Gl. (206) hinreichend genau erfüllt wird.

Rascher kommt man zum Ziel, wenn man Bild 74 oder die angenäherte Gaußsche Integration benutzen kann. Mit den angenommenen Temperaturen bestimmt man in diesem Falle $\Delta\vartheta_M$ und prüft, inwieweit Gl. (145) oder (183) befriedigt wird.

Wirkungsgrad

Grundsätzlich läßt sich auch für veränderliche Wärmekapazität der Gase der Wirkungsgrad des Wärmeaustauschers $\eta_w = \dot{Q}/\dot{Q}_{max}$ berechnen. $\dot{Q}$ ist durch Gl. (202), $\dot{Q}_{max}$ dadurch bestimmt, daß bei vollkommenem Gegenstrom-Wärmeaustausch die Temperaturdifferenz $\vartheta - \vartheta'$ mindestens an einer Stelle des Wärmeaustauschers unendlich klein wird. Ist durchweg $C < C'$ oder $C > C'$, dann tritt der Wert $\vartheta - \vartheta' = 0$ an dem einen oder anderen Ende des Wärmeaustauschers auf. $\dot{Q}_{max}$ ist dann entweder bestimmt durch $\dot{Q}_{max} = \dot{m}(h_1 - h_{min})$ oder durch $\dot{Q}_{max} = \dot{m}(h'_{max} - h'_1)$, wenn h_{min} den Wert von h bei $\vartheta = \vartheta_1$ und h'_{max} den Wert von h' bei $\vartheta' = \vartheta_1$ bedeutet. Hierbei seien unter ϑ_1 und ϑ'_1 wieder die Eintrittstemperaturen der beiden Gase verstanden.

Nach diesen Überlegungen ergibt sich für den Wirkungsgrad

$$\eta_w = \frac{h_1 - h_2}{h_1 - h_{min}} \quad \text{bei} \quad C < C' \tag{210}$$

oder

$$\eta'_w = \frac{h'_2 - h'_1}{h'_{max} - h'_1} \quad \text{bei} \quad C > C'. \tag{211}$$

Ist aber z.B. in den wärmeren Teilen eines Gegenströmers $C < C'$, in den kälteren Teilen hingegen $C > C'$, dann kann die Temperaturdifferenz $\vartheta - \vartheta' = 0$ im Innern des vollkommenen Wärmeaustauschers auftreten. $\dot{Q}_{max}$ läßt sich in diesem Falle im allgemeinen nur durch Probieren ermitteln.

Die Bestimmung des Wirkungsgrades kann sich hiernach bei temperaturabhängigen Wärmekapazitäten der Gase mitunter recht unbequem gestalten. Auch dürfte unter so verwickelten Verhältnissen die Einführung des Wirkungsgrades an Stelle der mittleren Temperaturdifferenz $\Delta\vartheta_M$ oder des Integrales $\int\limits_{b}^{a} \dfrac{dh}{\vartheta - \vartheta'}$ für die Berechnung der Wärmeaustauscher keinerlei Vorteile bieten.

§ 36. Temperaturverlauf und mittlere Temperaturdifferenz bei veränderlichem Wärmedurchgangskoeffizienten *k*

Alle bisher entwickelten Verfahren zur Berechnung des Temperaturverlaufs, der mittleren Temperaturdifferenz $\Delta\vartheta_M$ usw. lassen sich mit einigen sinngemäßen Verallgemeinerungen auch dann anwenden, wenn der Wärmedurchgangskoeffizient *k* in der Längsrichtung des Rekuperators veränderlich ist.

Am einfachsten gestaltet sich die Rechnung, wenn *k* als *Funktion der Längskoordinate x* oder *f* gegeben ist. Dieser Fall liegt z.B. vor, wenn sich die Strömungsquerschnitte und damit die Strömungsgeschwindigkeiten in der Längsrichtung des Rekuperators ändern. Denn dann finden nach den Wärmeübergangsgleichungen in § 9 auch entsprechende Änderungen der Wärmeübergangskoeffizienten α und α' abhängig von x oder f statt. Vernachlässigt man hierbei eine etwaige Temperaturabhängigkeit von α und α', dann kann nach Gl. (127) oder (136) bis (143) auch k nur von x oder f abhängen. In diesem Falle kann man Gl. (157) wie folgt integrieren:

$$\int_a^x \frac{d\dot{q}}{\vartheta - \vartheta'} = \int_0^f k \cdot df \tag{212}$$

und

$$\int_a^b \frac{d\dot{q}}{\vartheta - \vartheta'} = \int_0^F k \cdot df. \tag{213}$$

Aus diesen Gleichungen, die an Stelle von Gl. (158) und (178) den Temperaturverlauf und den Wärmeaustausch bestimmen, erkennt man, daß alle bisherigen Berechnungsverfahren anwendbar bleiben, wenn man nur überall kf durch $\int_0^f k\,df$ und kF durch $\int_0^F k\,df$ ersetzt. Auch in den Gln. (167) bis (173), die sich für den Temperaturablauf bei unveränderlichen Wärmekapazitäten C und C' ergeben haben, sowie in den allgemeineren Gln. (203) und (206) sind diese Integrale einzuführen. Die Auswertung der Integrale $\int k\,df$ kann hierbei keine grundsätzlichen Schwierigkeiten bereiten. Vielfach wird es in erster Näherung genügen, k als linear abhängig von f anzunehmen.

Am weitaus häufigsten ist k eine *reine Temperaturfunktion*. Dies trifft vor allem zu, wenn in einem Wärmeaustauscher mit überall gleichen Strömungsquerschnitten große Temperaturänderungen der Gase erzielt werden. Dann hängen die Wärmeübergangskoeffizienten α und α', auch soweit sie nur auf Wärmeleitung und Konvektion beruhen, nach Bild 4 in § 9 von den Temperaturen ϑ und ϑ' der Gase ab. Noch größer wird diese Abhängigkeit, wenn auch die Wärmestrahlung einen wesentlichen Einfluß auf die Wärmeübertragung hat; vgl. z.B. Gl. (104) oder (105).

In solchen Fällen ist k zunächst eine Funktion der *beiden* Gastemperaturen ϑ und ϑ'. Setzen wir aber voraus, daß sowohl die Eintrittstemperaturen wie auch die Austrittstemperaturen der Gase bekannt sind, dann hängt ϑ' z.B. nach Gl. (154) eindeutig von ϑ ab. Wir können daher k als Funktion von ϑ allein auffassen. Da dies nach Gl. (155) auch für $\vartheta - \vartheta'$ zutrifft, läßt sich Gl. (157) in der Form integrieren:

$$\int_a^x \frac{d\dot{q}}{k(\vartheta - \vartheta')} = f \tag{214}$$

und

$$\int_a^b \frac{d\dot{q}}{k(\vartheta - \vartheta')} = F. \tag{215}$$

Entsprechend nehmen auch Gl. (203) und (206) die allgemeinere Form an

$$\dot{m} \int_x^a \frac{dh}{k(\vartheta - \vartheta')} = f \tag{216}$$

und

$$\dot{m} \int_b^a \frac{dh}{k(\vartheta - \vartheta')} = F. \tag{217}$$

Hierbei bestimmt Gl. (214) oder (216) wieder den Temperaturverlauf, Gl. (215) oder (217) die Wärmeübertragung im gesamten Rekuperator. Die Integrale in diesen Gleichungen wird man meist nur näherungsweise auswerten können. Besonders geeignet ist hierfür das an Bild 72 erörterte Stufenverfahren, das man nur dahin abzuändern braucht, daß man nicht $\sum \dfrac{\varDelta i}{\vartheta - \vartheta'}$; sondern die Summe $\sum \dfrac{\varDelta i}{k(\vartheta - \vartheta')}$ bildet[11].

Die mittlere Temperaturdifferenz $\varDelta\vartheta_M$ behält auch in diesem allgemeineren Falle ihren Sinn und kann, da sie von k grundsätzlich unabhängig ist, nach den früher besprochenen Verfahren ermittelt werden. Für die Berechnung eines Wärmeaustauschers bei temperaturabhängigem k ist es jedoch zweckmäßiger, statt $\varDelta\vartheta_M$ den Mittelwert $(k(\vartheta - \vartheta'))_M$ des Produktes $k(\vartheta - \vartheta')$ einzuführen, der durch folgende Gleichung definiert sei:

$$\frac{\dot{Q}}{(k(\vartheta - \vartheta'))_M} = \int\limits_a^b \frac{d\dot{q}}{k(\vartheta - \vartheta')} \tag{218}$$

oder auch durch

$$\frac{h_1 - h_2}{(k(\vartheta - \vartheta'))_M} = \int\limits_b^a \frac{dh}{k(\vartheta - \vartheta')} . \tag{219}$$

Wie der Vergleich von Gl. (215) und (218) zeigt, ist dann die in der Zeiteinheit im Rekuperator übertragene Wärmemenge durch

$$\dot{Q} = F(k(\vartheta - \vartheta'))_M \tag{220}$$

gegeben.

Die Rechnung vereinfacht sich wesentlich, wenn sich $k(\vartheta - \vartheta')$ in Abhängigkeit von h genügend genau durch einen Parabelbogen wiedergeben läßt. Dann kann man, wie ein Vergleich von Gl. (219) mit Gl. (204) lehrt, den Mittelwert $(k(\vartheta - \vartheta'))_M$ nach dem in Bild 73 und 74 dargestellten Verfahren ermitteln, indem man dieses Verfahren durchweg auf die Werte von $k(\vartheta - \vartheta')$ statt auf $\vartheta - \vartheta'$ anwendet.

Man kann aber auch hier die Genauigkeit erhöhen, indem man das in § 20 S. 101 erörterte angenäherte Gaußsche Integrationsverfahren anwendet. Entspricht $1/k(\vartheta - \vartheta')$ in der Abhängigkeit von h genau genug einer Parabel, dann genügt es an den durch

$$h_1^* = h_1 - 0{,}2(h_1 - h_2)$$

und

$$h_2^* = h_2 + 0{,}2(h_1 - h_2)$$

festgelegten Stellen des Wärmeaustauschers die Wärmestromdichten

$$(k(\vartheta - \vartheta_1'))_1^*$$

und

$$(k(\vartheta - \vartheta'))_2^*$$

genau zu berechnen. Damit erhält man für die mittlere Wärmestromdichte $(k(\vartheta - \vartheta'))_M$

$$\frac{2}{k(\vartheta - \vartheta')_M} = \frac{1}{(k(\vartheta - \vartheta'))_1^*} + \frac{1}{(k(\vartheta - \vartheta'))_2^*} . \tag{221}$$

[11] Auf denselben Überlegungen beruht ein von Altenkirch [A 201] schon im Jahre 1914 angegebenes Verfahren.

Die gesamte in der Zeiteinheit übergehende Wärmemenge ist schließlich durch
Gl.(220) bestimmt. Ist aber die Abweichung von der Parabel zu groß, dann erreicht
man die gewünschte Genauigkeit, indem man das Verfahren auf zwei oder mehrere
Stücke des Wärmeaustauschers anwendet. An Stelle einer solchen Unterteilung
könnte man aber auch auf eine erweiterte Form des Gaußschen Integrationsverfahrens zurückgreifen, bei der drei oder mehr Stützstellen benutzt werden; vgl.
Hütte I [25], 28. Aufl., S. 211.

Der allgemeinste Fall, daß k sowohl von f wie auch von ϑ und ϑ' abhängt, liegt
z.B. vor, wenn nicht nur die Strömungsquerschnitte veränderlich sind, sondern
auch stärkere Temperaturänderungen auftreten. Meist hängt k weniger von f als
von ϑ und ϑ' ab. In der Regel wird man k genau genug als Produkt von zwei Faktoren k_T uud k_f betrachten können, von den k_T nur von den Temperaturen, k_f
nur von der Längsrichtung des Rekuperators abhängt. Man kann dann die
Gl. (157) wie folgt integrieren:

$$\int_a^x \frac{d\dot{q}}{k_T(\vartheta - \vartheta')} = \int_0^f k_f \cdot df, \qquad (222)$$

$$\int_a^b \frac{d\dot{q}}{k_T(\vartheta - \vartheta')} = \int_0^F k_f \cdot df. \qquad (223)$$

Führt man hierin mit Gl. (199) noch die spezifische Enthalpie h ein, dann erhält
man Gleichungen, die entsprechend den Gln. (216) und (217) den Temperaturverlauf und die gesamte übergehende Wärmemenge bestimmen. Die Integrale
auf der linken Seite kann man in derselben Weise auswerten, wie es soeben für die
Integrale in den Gln. (214) und (215) beschrieben worden ist.

Ist die für die Wärmeübertragung erforderliche Fläche F gesucht, dann muß
man sie durch Probieren dadurch ermitteln, daß man als obere Grenze des Integrals in Gl. (223) einen Wert von F willkürlich oder nach Schätzung annimmt und
dann so lange verändert, bis das rechts stehende Integral gleich dem links stehenden geworden ist.

Etwas andere Verfahren zur Berücksichtigung veränderlicher Wärmeübergangskoeffizienten und Stoffwerte haben neuerdings Peters [P 203] und Roetzel
[R 206 und 210] entwickelt.

II. Bemessung und Gestaltung der im Gleichstrom
und Gegenstrom arbeitenden Rekuperatoren

Vorbemerkung

Nachstehend soll die vollständige Berechnung eines im Gleichstrom oder
Gegenstrom betriebenen Rekuperators in den wichtigsten Einzelschritten erörtert
werden. Im § 32 [Gl. (183)] wurde gezeigt, daß man die von einem Wärmeaustauscher
verlangte Wärmeübertragungsleistung einfach und kurz durch die Größe

$$\dot{Q}/\Delta\vartheta_M = kF \qquad (224)$$

oder in allgemeineren Fällen durch das entsprechende Integral $\int k\,df$ zum Ausdruck bringen kann. Hierbei bedeutet $\dot{Q}$ die in der Zeiteinheit übergehende Wärmemenge, $\varDelta\vartheta_M$ die mittlere Temperaturdifferenz zwischen beiden Gasen, k den Wärmedurchgangskoeffizienten und F die gesamte wärmeübertragende Fläche. f ist die jeweils bis zu einem bestimmten Querschnitt sich erstreckende Heizfläche.

Nach Bestimmung der erforderlichen Leistung erhebt sich die weitere Frage, wie man einen *Wärmeaustauscher gestalten und bemessen* muß, um diese *Leistung zu erzielen*. Auch mit dieser Aufgabe, die in § 32 als die zweite Hauptaufgabe der Berechnung eines Wärmeaustauschers gekennzeichnet worden ist, soll sich das vorliegende Kapitel eingehend beschäftigen. Man kann sie stets in mehrfacher Weise lösen, weil sich grundsätzlich dieselbe Leistung mit Wärmeaustauschern verschiedener Bauart und von verschiedenen Abmessungen erreichen läßt. So kann man z.B. einen Rekuperator, der wie in Bild 60 aus geraden parallelen Rohren besteht, das eine Mal aus wenigen sehr langen, das zweite Mal aus vielen kurzen Rohren aufbauen. Statt dessen sind aber auch zahlreiche andere Anordnungen möglich, z.B. mit Kreuzstrom oder mit einem vereinigten Kreuz- und Gegenstrom, oder auch mit Rippenrohren (vgl. § 46 und 47). Ferner kann die Frage gestellt sein, ob in einem bestimmten Fall etwa die regelmäßig umzuschaltenden Regeneratoren (vgl. den dritten Abschnitt dieses Buches) den stetig arbeitenden Rekuperatoren vorzuziehen sind.

Angesichts dieser Vielzahl von möglichen Lösungen besteht das allgemeine Verfahren der Festlegung der Abmessungen grundsätzlich darin, daß man für eine bestimmte Bauart des Wärmeaustauschers die Abmessungen zunächst schätzungsweise, und zwar möglichst unter Verwertung von Erfahrungen, annimmt und dann durch Rechnung prüft, ob sich hierbei der geforderte Wert von kF ergibt.

Dieses Probieren kann man vermeiden, wenn man bei der Wahl der Abmessungen eine dieser Abmessungen, z.B. die Länge L der Rohre offen läßt und die Rechnung zunächst nur für die Länge 1 durchführt, wodurch man kF/L erhält. Die gesuchte Länge des Wärmeaustauschers kann man dann leicht festlegen, indem man den geforderten Betrag von kF durch den gefundenen Wert von kF/L dividiert.

Es muß hiernach zunächst gezeigt werden, wie sich kF aus den gegebenen oder angenommenen Abmessungen sowie aus den Strömungsgeschwindigkeiten der Gase ermitteln läßt.

Für die Festlegung der Abmessungen und die Wahl der Baustoffe bestehen überdies eine Reihe praktischer Anforderungen, die zum Teil durch den Verwendungszweck, vor allem aber durch den Temperatur- und Druckbereich, in dem der Wärmeaustauscher arbeiten soll, gegeben sind. Denn Temperatur und Druck beeinflussen in hohem Maße die Wahl der Baustoffe und bestimmen damit innerhalb gewisser Grenzen auch die Gestalt und die Größenordnung der Strömungsquerschnitte. Ferner muß auch auf die Festigkeitseigenschaften der Baustoffe, auf die Gefahr der Korrosion und anderes mehr Rücksicht genommen werden.

§ 37. Ermittlung der Leistung oder der Abmessungen eines Gleichstrom- oder Gegenstrom-Rekuperators

Sowohl die Abmessungen des Wärmeaustauschers wie auch die in der Zeiteinheit durch ihn strömenden Gasmengen $\dot{m}$ und $\dot{m}'$ seien bekannt. Hieraus soll die

Größe kF oder $\int k\,df$, die die Wärmeübertragungsleistung des Wärmeaustauschers kennzeichnen, berechnet werden. Die wichtigsten Unterlagen für diese Berechnung können wir früheren Betrachtungen entnehmen.

Wärmeübertragende Fläche

Als Beispiel werde ein aus geraden parallelen Rohren aufgebauter Rekuperator zugrunde gelegt (vgl. Bild 60), der im Gegenstrom oder Gleichstrom betrieben wird. Ist wie früher (vgl. § 26) z die Zahl der Rohre, d_i und d_a ihr innerer und äußerer Durchmesser und L die am Wärmeaustausch beteiligte Rohrlänge, dann steht nach Gl. (128) und (129) für die Wärmeübertragung eine innere Heizfläche von

$$F_i = z\,d_i\pi L \qquad (225)$$

und eine äußere Heizfläche von

$$F_a = z\,d_a\pi L \qquad (226)$$

zur Verfügung.

Über die Frage, welche Strecke L als wirksame Rohrlänge zugrunde zu legen ist, besteht eine gewisse Unsicherheit. Nahe den Endquerschnitten a und b, wo die Rohre in Rohrböden oder in anderen, entsprechend gestalteten Apparateteilen befestigt sind, werden die äußeren Rohroberflächen vermutlich nur unvollkommen vom außen strömenden Gas bespült. Aus diesem Grunde wird bei praktischen Berechnungen vielfach nur die Entfernung zwischen der Mitte des Eintritts und der Mitte des Austritts des außen strömenden Gases (Strecke zwischen a' und b' in Bild 60) als wirksame Länge L betrachtet. Man kann jedoch auch die Ansicht vertreten, daß L gleich der ganzen Entfernung zwischen a und b zu setzen sei. Denn die Rohre werden an der Ein- und Austrittsstelle des außen strömenden Gases teilweise im Kreuzstrom bespült, wofür nach § 14 höhere Wärmeübergangszahlen zu erwarten sind als bei Parallelstrom. Es ist nicht ausgeschlossen, daß hierdurch der genannte ungünstige Einfluß der unvollkommenen Bespülung angenähert aufgehoben wird. Außerdem werden die Rohre vom innen strömenden Gas auf ihrer gesamten Länge bespült. Die erste Annahme hat jedoch den Vorzug größerer Sicherheit.

Strömungsgeschwindigkeiten der Gase

Neben F_i und F_a sind nach Gl. (136) oder (138) die Wärmeübergangskoeffizienten α und α' des innen und außen strömenden Gases die wichtigsten Größen zur Ermittlung von kF. Die Berechnung von α und α' setzt aber die Kenntnis der *Strömungsgeschwindigkeiten* w und w' voraus, die wir leicht wie folgt ermitteln können. Ist das aus den z Rohren bestehende Rohrbündel von einem weiteren Rohr mit dem Innendurchmesser D_i umgeben, dann erhalten wir als Flächeninhalt des inneren Strömungsquerschnittes

$$F_q = z\,d_i^2\,\frac{\pi}{4} \qquad (227)$$

und als Flächeninhalt des äußeren Strömungsquerschnittes:

$$F_q' = (D_i^2 - z\,d_a^2)\,\frac{\pi}{4}. \qquad (228)$$

Ferner seien ϱ und ϱ' die Dichten der beiden Gase bei den Temperaturen ϑ und ϑ' und bei den jeweils herrschenden Drücken. Aus den je Zeiteinheit durch den Wärmeaustauscher strömenden Gasmengen $\dot{m}$ und $\dot{m}'$ errechnen sich dann die Strömungsgeschwindigkeiten zu

$$w = \frac{\dot{m}}{\varrho \cdot F_q}, \qquad (229)$$

$$w' = \frac{\dot{m}'}{\varrho' F_q'}, \qquad (230)$$

worin F_q und F_q' durch Gl. (227) und (228) bestimmt sind. Sind z.B. $\dot{m}$ und $\dot{m}'$ in kg/s, F in m² und ϱ und ϱ' in kg/m³ gegeben, dann erhält man w und w' nach Gl. (229) und (230) in m/s.

Ermittlung der Wärmeübergangskoeffizienten α und α'

Neben den Strömungsgeschwindigkeiten und den Dichten ϱ nd ϱ' benötigt man zur Berechnung der Wärmeübergangskoeffizienten α und α' noch die Werte der Wärmeleitfähigkeit λ, der Viskosität η und der spezifischen Wärmekapazität c_p der strömenden Stoffe (vgl. § 8, 9 ff.). Diese Stoffwerte, durch die auch die kinematische Viskosität $\nu = \eta/\varrho$ und die Temperaturleitzahl $a = \lambda/\varrho c_p$ bestimmt sind, können aus physikalischen Sammelwerken wie den bekannten Tabellen von Landolt-Börnstein [20] oder aus dem VDI-Wärmeatlas [1] entnommen werden.

Der Durchmesser d, der in den Kenngrößen und auch sonst in den Gleichungen für den Wärmeübergangskoeffizienten auftritt, ist für das innen strömende Gas gleich dem Innendurchmesser d_i der wärmeübertragenden Rohre. Für das außen strömende Gas ist hingegen der gleichwertige Durchmesser d_{gl} nach Gl. (14) einzuführen:

$$d_{gl} = 4F_q'/U', \qquad (231)$$

worin F_q' den Flächeninhalt des Strömungsquerschnittes nach Gl. (228) und U' den gesamten Umfang des Strömungsquerschnittes bedeutet. Bei der betrachteten rohrförmigen Anordnung des Rekuperators (Bild 60) ergibt sich für U' mit dem Durchmesser D_i des Außenrohres

$$U' = (z\, d_a + D_i)\, \pi. \qquad (232)$$

Unter Umständen ist jedoch statt d_{gl} der thermische Durchmesser d_{th} nach Gl. (15) zu verwenden, in dem nur der an der Wärmeübertragung beteiligte Teil U des Umfanges als maßgebend zu betrachten ist. Noch besser ist es, einen von Pr abhängigen Zwischenwert zu wählen, der auf S. 17 näher erörtert und durch Gl. (16) näherungsweise festgelegt ist.

Als Rohrlänge L ist in der Regel die gesamte vom betreffenden Gas bespülte Länge des Rohres einzusetzen. Hierbei ist eine genaue Bestimmung von L nicht erforderlich, weil der Einfluß der Kenngröße L/d auf den Wärmeübergangskoeffizienten meist nur gering ist.

Nach diesen Vorbereitungen sind alle Größen bekannt, mit denen man nach den in § 9 f. angegebenen Gleichungen die Wärmeübergangskoeffizienten α und α' im Innen- und Außenraum berechnen kann.

Hierbei muß man darauf achten, daß man in die Kenngrößen die Stoffwerte für die richtige Bezugstemperatur einsetzt. Diese Bezugstemperatur ist bei den meisten der in § 9 ff. angeführten Gleichungen angegeben. Ferner muß man, wie ebenfalls schon in § 9 näher ausgeführt wurde, den Unterschied zwischen Beheizung und Kühlung berücksichtigen. Die in der Regel dimensionslose Wärmeübergangsgleichung liefert zunächst den Wert von Nu. Den Wärmeübergangskoeffizienten erhält man schließlich durch Auflösen der Definitionsgleichung (8) für Nu nach α.

Die in der bisher beschriebenen Weise ermittelten Wärmeübergangskoeffizienten α und α' berücksichtigen nur die Wärmeübertragung durch Leitung und Konvektion. Wenn außerdem die Wärmestrahlung einen merklichen Einfluß hat, sind nach den Gln. (103) bis (106) von § 20 noch entsprechende Beträge α_s und α_s' hinzuzufügen.

Berechnung von kF

Hat man F_i, F_a, α und α' ermittelt sowie die Wärmeleitfähigkeit λ_s des Baustoffes der Rohr- oder Kanalwände einer einschlägigen Tabelle entnommen, dann kann man für einen aus Rohren aufgebauten Rekuperator kF sofort nach Gl. (143) oder (136) oder auch nach einer anderen der in § 26 angegebenen Gleichungen berechnen.

Ist der Rekuperator aus ebenen oder nur schwach gekrümmten, parallel zueinander angeordneten Platten oder Blechen überall gleicher Dicke δ aufgebaut, dann kann man zur Festlegung von k die für ebene Wände geltende Gl. (127) benutzen.

Wie man zu verfahren hat, wenn α und α' sowie C und C' von der Temperatur abhängen oder auch aus anderen Gründen von Stelle zu Stelle im Rekuperator sich ändern, wurde in § 36 ausführlich erörtert. Hierbei kann man wegen der Veränderlichkeit von k nur einen mittleren Wert von kF angeben, auf den man aber bei dem in § 36 geschilderten Berechnungsverfahren verzichten kann. Will man ihn aber trotzdem z.B. zur Beurteilung der Übertragungsleistung des Wärmeaustauschers ermitteln, dann kann man einen mittleren Wert von k dadurch erhalten, daß man den nach Gl. (218) oder (219) oder nach einem entsprechenden Näherungsverfahren errechneten Wert von $(k(\vartheta - \vartheta'))_M$ durch $\Delta\vartheta_M$ dividiert. $\Delta\vartheta_M$ selbst ist in allgemeinener Fällen durch Gl. (204) oder ebenfalls durch ein Näherungsverfahren bestimmt.

Berechnung von zwei unbekannten Temperaturen der Gase

Nach dem Vorangehenden läßt sich auch folgende Aufgabe lösen. Es seien die Abmessungen eines Rekuperators sowie die in der Zeiteinheit durch ihn strömenden Gasmengen gegeben. Ferner seien zwei von den vier Ein- und Austrittstemperaturen der Gase bekannt. Welche Werte haben die beiden anderen Temperaturen, und welche Wärmemenge wird in einem solchen Rekuperator stündlich übertragen? Aus den Abmessungen des Rekuperators und den hierdurch bestimmten Strömungsgeschwindigkeiten berechnet man zuerst in der beschriebenen Weise kF. Sind ferner die Wärmekapazitäten C und C' der Gasmengen je Zeiteinheit unveränderlich, dann kann man die unbekannten Temperaturen durch Auflösen einer der Gln. (170) bis (173) und der Gl. (156) ermitteln. So erhält man z.B. bei Gegenstrom die beiden Austrittstemperaturen, indem man ϑ_2 aus Gl. (173) und damit ϑ_2' aus Gl. (156) berechnet. Die Aufgabe kann man aber allgemein auch mit Hilfe des durch Gl. (185) bestimmten Verhältnisses τ der Temperaturdifferenzen an den beiden Enden des Wärmeaustauschers oder über die Wirkungsgradfunktion η^* nach Gl. (193) lösen. Die hierzu benötigten Berechnungsverfahren wurden bereits in § 33 und 34 besprochen.

Nach Kenntnis der vier Ein- und Austrittstemperaturen ist nach Gl. (156) sofort auch die in der Zeiteinheit im Rekuperator übertragene Wärmemenge $\dot{Q}$ bestimmt.

§ 38. Einfluß des Druckabfalls auf die Wahl der Abmessungen und der Strömungsgeschwindigkeiten

Nach der wärmetechnischen Berechnung eines Rekuperators muß man vielfach noch prüfen, ob der in ihm zu erwartende Druckabfall der Gase nicht zu hoch wird. Denn jeder Druckabfall bedeutet, wie schon in § 21f. erörtert wurde, einen Energieverlust. Daher wird man unter verschiedenen Anordnungen, die den gleichen Wert von kF ergeben, im allgemeinen derjenigen mit dem geringsten Druckabfall den Vorzug geben, falls sie nicht zu teuer wird.

Gleichungen zur Berechnung des Druckabfalls wurden bereits in § 22 bis 24 mitgeteilt. Da der Rechnungsgang ähnlich dem bei der Ermittlung der Wärmeübergangskoeffizienten ist, sich aber überdies einfacher gestaltet, ist es nicht nötig, hierauf nochmals näher einzugehen.

Im folgenden sollen einige grundsätzliche Gesichtspunkte über die Bedeutung und den Einfluß des Druckabfalls auf die Gestaltung der Wärmeaustauscher erörtert werden. Hierbei genügt es, sich auf den Druckabfall in den Rohren selbst zu beschränken, also von den Zuschlägen abzusehen, die wegen der zusätzlichen Druckverluste bei der Zuleitung der Gase zu den Rohren und bei ihrem Abströmen anzubringen sind.

Vor allem ist bemerkenswert, daß der Druckabfall von Gasen bei höheren Drücken im allgemeinen eine geringere Rolle spielt als bei niedrigeren Drücken. Dies ergibt sich aus folgender Überlegung. Setzt man turbulente Strömung voraus, dann ist für den Druckabfall in erster Linie das Glied $\varrho w^2/2$ in Gl. (108) von § 22 maßgebend. Da nun die Dichte ϱ dem Druck verhältnisgleich, die Geschwindigkeit w aber bei gleicher in der Zeiteinheit strömender Gasmenge (gemessen in Masseneinheiten oder Molen) und bei gleichem Strömungsquerschnitt dem Druck umgekehrt proportional ist, wird ϱw^2 und damit der Druckabfall um so geringer, je höher der Druck ist. Andererseits sind aber gerade bei höheren Drücken meist höhere Werte des Druckabfalls zulässig, weil ein gleichgroßer Druckabfall bei höheren Drücken einen verhältnismäßig geringeren Energieverlust bedeutet als bei niedrigeren Drücken. Es folgt dies daraus, daß z.B. bei der umkehrbaren isothermen Verdichtung eines idealen Gases der Arbeitsaufwand dem Logarithmus des Verhältnisses von Anfangs- und Enddruck proportional ist. Hiernach wird die Arbeit, die bei der Verdichtung um je 1 bar theoretisch aufgewendet werden muß, bei einem Druckabfall in einem Rohr um 1 bar aber vernichtet wird, mit wachsendem Absolutwert des Druckes immer kleiner. Vielfach sieht man daher bei hohen Drücken verhältnismäßig kleinere Strömungsquerschnitte vor als bei niedrigeren Drücken.

Bei gleicher, in der Zeiteinheit strömender Menge und gleichem Strömungsquerschnitt hängt der Druckabfall überdies stark von der Temperatur ab, weil mit steigender Temperatur die Strömungsgeschwindigkeit und damit unter sonst gleichen Verhältnissen auch der Druckabfall zunimmt. Da aber bei hohen Temperaturen die auftretenden Drücke im allgemeinen niedriger, die zu verarbeitenden Mengen aber meist erheblich größer sind als bei tiefen Temperaturen, strebt man gerade bei hohen Temperaturen besonders niedrige Druckabfälle an. Dies ist neben anderen, in § 40 zu erörternden Gesichtspunkten ein Grund dafür, weshalb in der Regel die Strömungsquerschnitte um so größer gewählt werden, je höher die Temperatur ist.

Gegenseitige Beeinflussung von Wärmeübertragung und Druckabfall

Bei der Berechnung des Druckabfalles wird man vielfach feststellen, daß Maßnahmen, die den Wärmeaustausch verbessern, gleichzeitig auch den Druckabfall erhöhen. Steigert man z.B. die Strömungsgeschwindigkeiten w und w' bei festgehaltenen Rohrdurchmessern d_i und d_a, etwa indem man die Rohrzahl und den Durchmesser des Mantelrohres verkleinert, so bewirkt dies nach den Gleichungen in § 9 und 22 eine Erhöhung nicht nur der Wärmeübergangskoeffizienten α und α', sondern auch des Druckabfalles Δp. Hieraus kann man zunächst folgenden Schluß ziehen. Das Anwachsen von α und α' bedeutet wegen der hiermit verbundenen Vergrößerung von k, daß man den verlangten Wert von kF mit einer kleineren Heizfläche erreichen kann. Hiermit ist meist eine Verringerung des Baustoffaufwandes und damit der Baukosten verbunden. Man kann daher einen Wärmeaustauscher einer bestimmten Bauart und von einer vorgeschriebenen Leistung in der Regel um so billiger ausführen, einen je höheren Druckabfall man zuläßt.

Diesen Zusammenhang zwischen Wärmeübertragung und Druckabfall muß man vor allem beachten, wenn für eines der beiden Gase oder auch für jedes von ihnen ein bestimmter Höchstwert des Druckabfalles vorgeschrieben ist. Ein Verfahren zur Berechnung von Wärmeaustauschern, das außer von den verlangten Temperaturänderungen von vorneherein auch von den Höchstwerten der Druckabfälle ausgeht, hat Kühne [K 223] entwickelt. Er benutzt dabei ein Diagramm, das den Wärmeübergangswiderstand und die wärmeübertragende Fläche miteinander in Beziehung setzt und als Parameter der Kurven einen Ausdruck enthält, in den die vorgeschriebenen Werte der strömenden Mengen, der Eintrittstemperaturen sowie der Druckabfälle eingehen. E. Schmidt [S 211] hat ferner gezeigt, wie man aus dem geforderten Wärmeaustausch und aus dem durch die Druckabfälle bedingten Energieverlust die Abmessungen eines Wärmeaustauschers so berechnen kann, daß sich entweder das geringste Gewicht der wärmeübertragenden Rohre oder das kleinstmögliche Volumen des Wärmeaustauschers ergibt. Solche Berechnungen sind wichtig, wenn man Wärmeaustauscher mit möglichst geringem Aufwand an Werkstoffen und damit an Kosten oder mit möglichst geringem Raumbedarf, z.B. für die Unterbringung in Flugzeugen, herstellen will.

Da derartigen Verfahren ziemlich verwickelte Ableitungen zugrunde liegen und man sich daher erst in sie einarbeiten muß, wird man es vielfach vorziehen, die Wärmeübertragung und die Druckabfälle getrennt berechnen, wie es oben beschrieben worden ist. Allerdings kann man dann die gleichzeitige Forderung einer bestimmten Wärmeübertragung und bestimmter Druckabfälle im allgemeinen nur durch Probieren erfüllen. Man kann hierbei grundsätzlich wieder in der Weise verfahren, daß man zunächst nach Schätzung bestimmte Abmessungen annimmt und hierfür sowohl kF wie auch die zu erwartenden Werte von Δp berechnet. Nachträglich muß man dann die angenommenen Abmessungen so lange verändern, bis nach der Rechnung die beiden Forderungen gleichzeitig genau genug erfüllt werden. Um dieses unter Umständen recht zeitraubende und mühsame Probieren zu erleichtern, soll im folgenden gezeigt werden, welchen Einfluß Änderungen der Abmessungen auf die Wärmeübergangskoeffizienten und den Druckabfall haben, sofern man von der Strahlung absieht; vgl. auch [S 201].

Als Beispiel werde wieder die Rohrbündelanordnung betrachtet. Zur Vereinfachung werde das Verhältnis d_a/d_i des inneren und äußeren Rohrdurchmessers, das im allgemeinen durch die Festigkeitsbeanspruchung der Rohrwände festgelegt ist, als unveränderlich betrachtet. Ferner seien zunächst nur Fälle erörtert, in denen sich der äußere Strömungsquerschnitt F'_q im gleichen Verhältnis wie der innere Strömungsquerschnitt F_q ändert, so daß auch die Strömungsgeschwindigkeiten außen und innen stets in einem unveränderlichen Verhältnis stehen. Setzen wir weiterhin eine große Rohrzahl z voraus, wie dies bei Rekuperatoren großer Leistung zutrifft, dann kann man ohne großen Fehler auch den gleichwertigen Durchmesser d_{gl} des Außenraumes den Rohrdurchmessern d_a und d_i verhältnisgleich setzen. Man vernachlässigt hierbei den nur geringen Einfluß von D_i auf den Strömungsumfang U' nach Gl. (232). Die hiernach stets im gleichen Verhältnis bleibenden Größen d_i, d_a und d_{gl} wollen wir im folgenden einfach durch d kennzeichnen. Bei *unveränderlichen Gasmengen* müssen sich dann w und w' im umgekehrten Verhältnis von $z\,d^2$ ändern, während die Heizflächen F_i und F_a und damit auch F stets proportional $z\,d\cdot L$ sind. Ferner ergeben sich bei ausgebildeter turbulenter Gasströmung α und α' nach Gl. (18) von Abschnitt I proportional dem reziproken Wert von $L^{0,054}\,d^{1,732}\,z^{0,786}$. Vernachlässigt man weiterhin in Gl. (127) oder (136) für k das Glied mit λ_s, dann gilt die zuletzt gefundene Proportionalität auch für den Wärmedurchgangskoeffizienten k. Wir erhalten somit

$$kF = \text{const} \frac{L^{0,946}z^{0,214}}{d^{0,732}}. \tag{233}$$

Unter denselben Voraussetzungen soll gezeigt werden, wie Δp von L, d und z abhängt. Nach Bild 47 läßt sich im allgemeinen der Druckverlust Δp nicht in einem größeren Bereich der Reynolds-Zahl als Produkt oder Quotient reiner Potenzen von w und d mit unveränderlichen Epxonenten darstellen. Um aber den Einfluß abzuschätzen, benutzen wir die Näherungsgleichung

$$\Delta p = \text{const} \frac{w^{1,8}L}{d^{1,2}}, \tag{234}$$

die bei glatten Rohren für mittlere Werte der Reynolds-Zahl recht gut gilt und auch die Ähnlichkeitsbeziehung nach Gl. (108) erfüllt. Berücksichtigt man wieder, daß die Geschwindigkeit w umgekehrt proportional d^2z ist, so erhalten wir nach Gl. (234)

$$\Delta p = \text{const} \frac{L}{d^{4,8}z^{1,8}}. \tag{235}$$

Nach Gl. (233) lassen sich nun zur Erhöhung von kF folgende Mittel angeben, die gleichzeitig eine durch Gl. (235) bestimmte Änderung von Δp hervorrufen:

1. *Erhöhung der Rohrlänge L bei ungeänderten Werten von z und d.* kF nimmt nahezu im Verhältnis von L zu; gleichzeitig steigt auch der Druckverlust proportional zu L.

2. *Erhöhung der Rohrzahl z bei ungeänderten Werten von L und d.* In diesem Fall nimmt kF nur sehr langsam zu, während Δp sehr rasch abnimmt. Die Erhöhung der Rohrzahl ist also ein Mittel, den Druckabfall wesentlich zu erniedrigen, ohne daß der Wert von kF wesentlich geändert wird. Eine Verdopplung von z erniedrigt den Druckabfall auf das 0,287fache, während kF nur auf das 1,16fache steigt.

3. *Verkleinerung der Rohrdurchmesser d bei ungeänderten Werten von L und z.* Verkleinert man d auf die Hälfte, dann erhöht sich kF auf das 1,66fache, Δp hingegen infolge der Vervierfachung der Strömungsgeschwindigkeit auf das 27,8fache. Diese Art der Erhöhung von kF wird also durch eine ganz unverhältnismäßig starke Erhöhung des Druckabfalles erkauft. Sie kommt daher nur in Frage, wenn der anfängliche Druckabfall sehr klein ist, oder wenn der Druckabfall eine untergeordnete Rolle spielt, wie z. B. bei hohen Drücken.

Vielfach wird man aber kF erhöhen oder erniedrigen wollen, *ohne* gleichzeitig *den Druckabfall zu ändern*. Die hierfür geltenden Bedingungen findet man, indem man Δp in Gl. (235) konstant setzt. Zweckmäßig eliminiert man dann aus Gl. (233) und (235) jeweils eine der drei Größen L, d oder z. Hierdurch kann man z. B. nachweisen, daß sich eine Verdopplung von kF bei $\Delta p = $ const auf folgenden drei verschiedenen Wegen erreichen läßt:

a) bei $d = $ const muß L auf das 1,9fache erhöht, z auf das 1,4fache erhöht werden;

b) bei $L = $ const muß d auf das 0,6fache erniedrigt, z auf das 4,1fache erhöht werden;

c) bei $z = $ const muß L auf das 2,4fache erhöht, d auf das 1,2fache erhöht werden.

Welcher dieser drei Fälle am günstigsten ist, kann von verschiedenen Umständen abhängen, z. B. davon, ob die Raumverhältnisse oder die lieferbaren Längen der Rohre überhaupt eine Verlängerung des Wärmeaustauschers zulassen. Vielfach werden die Kosten für den Baustoffaufwand ausschlaggebend sein. Läßt man, wie angenommen, das Verhältnis d_i/d_a ungeändert, dann ist das Baustoffgewicht der Rohre proportional $z\,L\,d^2$. Der Baustoffaufwand steigt dann im Fall

a) auf das 2,7fache (2,7),

b) auf das 1,5fache (2,4),

c) auf das 3,4fache (2,9).

Der Fall b) mit ungeänderter Rohrlänge L scheint hiernach am günstigsten. Nicht wesentlich anders liegen die Verhältnisse, wenn, wie vielfach bei dünnen Rohren, nicht das Durchmesserverhältnis, sondern die Wandstärke ungeändert bleibt. Dann erhält man statt der oben angegebenen angenähert die in Klammern beigefügten Zahlenwerte.

Einfluß einer Änderung des äußeren Strömungsquerschnittes

Bei den bisherigen Betrachtungen wurde vorausgesetzt, daß nicht nur das Verhältnis der Durchmesser d_i, d_a und d_{gl}, sondern auch das Verhältnis des inneren und äußeren Strömungsquerschnittes ungeändert bleibt. Um den Einfluß einer Abweichung von der letzten Bedingung zu erkennen, soll noch untersucht werden, welche Änderungen der Wärmeaustausch und der Druckabfall erleiden, *wenn nur der äußere Strömungsquerschnitt F_q' und damit d_{gl} geändert wird.* Die Werte von z, d_i, d_a und L sollen also hierbei als unveränderlich betrachtet werden. Nehmen wir wie bisher an, daß die Rohrzahl z groß ist, dann können wir aus dem oben angegebenen Grunde nach Gl. (232) $U' = z\,d_a\pi$ setzen, d.h. auch U' als konstant betrachten, so daß nach Gl. (231) $d_{gl} = \text{const} \cdot F_q'$ wird. Hiermit erhalten wir nach Gl. (230) $w' = \text{const}/d_{gl}$. Nach Gl. (18) von § 9 wird somit α' umgekehrt proportional $d_{gl}^{0,946}$. Da ferner F_a ungeändert bleibt, ergibt sich

$$\alpha'F_a = \text{const}/d_{gl}^{0,946} = \text{const}/F_q'^{0,946}\,. \tag{236}$$

Entsprechend erhalten wir für Δp nach Gl. (234)

$$\Delta p = \text{const}/d_{gl}^3 = \text{const}/F_q'^3\,. \tag{237}$$

Erhöht man z.B. den äußeren Strömungsquerschnitt F_q' und damit den gleichwertigen Durchmesser d_{gl} auf das Doppelte, dann sinkt nach Gl. (236) und (237) $\alpha'F_a$ auf das 0,52fache, Δp auf $1/8$. Wie sich dies auf den Wert von kF auswirkt, hängt hauptsächlich von dem Verhältnis von αF_i zu $\alpha'F_a$ ab. Nach Gl. (136) ändert sich kF bei $\alpha F_i = \text{const}$ prozentual nur ungefähr halb so stark wie $\alpha'F_a$, wenn αF_i und $\alpha'F_a$ angenähert einander gleich sind. Aber auch in anderen Fällen ist der Einfluß einer Änderung von F_q' auf kF stets geringer als der auf $\alpha'F_a$. Man kann nach diesen Überlegungen den *Druckabfall im Außenraum schon durch eine verhältnismäßig geringe Erhöhung des Außenquerschnittes stark erniedrigen,* wobei kF nur wenig abnimmt. Diese Möglichkeit der Verringerung des Druckabfalles ist vor allem dann von Bedeutung, wenn z.B. im Innern der Rohre ein hoher, im Außenraum hingegen ein niedriger Gasdruck herrscht. Denn in diesem Falle stellt sich, wie schon erörtert, bei den üblichen Strömungsgeschwindigkeiten im Außenraum ein wesentlich höherer Druckabfall ein als innen, so daß es vielfach gerade darauf ankommt, den Druckabfall im Außenraum zu verringern. Ein ähnlicher Fall liegt vor, wenn innen eine Flüssigkeit und außen ein Gas strömt.

§ 39. Erschwerung der Wärmeübertragung und
Erhöhung des Druckabfalls durch flüssige oder feste Ablagerungen

Der Wärmeaustausch sowie vor allem der Druckabfall erleiden unter Umständen noch merkliche Änderungen, wenn Stoffe, die in den Gasen enthalten sind, sich flüssig oder fest auf den Rohrwandungen niederschlagen. Nicht selten sind solche Niederschläge erwünscht, vor allem wenn Wärmeaustauscher ausgesprochen dem Zweck dienen, aus Gasen bestimmte Bestandteile durch Abkühlung auszuscheiden. Hierzu gehört z.B. die Trocknung von Gasen durch Kälte. Meist sind aber die genannten Niederschläge eine störende Nebenerscheinung, da sie die Wärmeübertragung und besonders den Druckabfall ungünstig beeinflussen. Unerwünschte Niederschläge treten vor allem in der Tieftemperaturtechnik auf, weil die Luft und andere Gase, die auf sehr tiefe Temperaturen bis gegen $-200\,°C$ abgekühlt werden sollen, fast stets kleinere oder größere Mengen an Wasserdampf und Kohlendioxid enthalten. Abgesehen von einem etwaigen Austauen flüssigen Wassers oberhalb $0\,°C$ scheiden sich daher nicht nur der Wasserdampf, sondern auch das Kohlendioxid auf den Wandungen der Tieftemperatur-Gegenströmer in fester Form aus; vgl. z.B. [H 212, L 204, D 203, R 204]. Bei Anwendung der stetig arbeitenden Rekuperatoren sind zwar in der Regel Einrichtungen zur vorhergehenden Befreiung der Gase von Wasserdampf und Kohlendioxid vorhanden. Aber auch dann läßt sich bei längeren Betriebszeiten die Verstopfungsgefahr nicht immer vollständig vermeiden, weil trotz dieser Einrichtungen stets gewisse Reste von Wasserdampf und Kohlendioxid in den Gasen verbleiben.

Besonders häufig treten feste Ablagerungen bei der Verdampfung von Flüssigkeiten auf, wie z.B. die Verkrustung von Verdampferanlagen in der Zuckerindustrie u.dgl. zeigt; vgl. z.B. [K 208]. Feste Stoffe können grundsätzlich auch von vornherein in den Gasen enthalten sein, namentlich bei hohen Temperaturen als Flugasche oder Staub. Erhebliche Staubmengen kommen jedoch in den zu einem Wärmeaustauscher gelangenden Gasen heute nur noch selten vor, weil in größeren Industrieanlagen meist elektrische Entstaubungsanlagen eingebaut sind.

Die meist nachteilige Wirkung der beschriebenen Ablagerungen auf die Wärmeübertragung erkennt man aus folgenden Überlegungen. Vielfach bildet sich auf den Wänden ein lockerer Belag von geringer Wärmeleitfähigkeit, der den Durchtritt der Wärme erschwert. Hat z.B. eine ebene Wand von der Dicke δ auf der einen Seite einen Belag von der Dicke δ_0 und der Wärmeleitfähigkeit λ_0, dann erniedrigt sich die Wärmedurchgangszahl k gegenüber Gl. (127), die für die belagfreie Wand gilt, gemäß folgender Beziehung:

$$\frac{1}{k} = \frac{1}{\alpha} + \frac{\delta_0}{\lambda_0} + \frac{\delta}{\lambda_s} + \frac{1}{\alpha'}. \tag{238}$$

Entsprechend erhalten wir für Rohrwände mit einem Innenbelag von der Dicke δ_0 an Stelle von Gl. (143)

$$\frac{1}{kF} = \frac{1}{\alpha F_i} + \frac{\delta_0}{\lambda_0 F_i} + \frac{\delta}{\lambda_s F_m} + \frac{1}{\alpha' F_a}. \tag{239}$$

Hierbei ist vorausgesetzt, daß sich F_i durch den Belag nicht merklich ändert. Bei einem Belag auf der Außenseite der Rohre würde in Gl. (239) $\delta_0/\lambda_0 F_a$ an die Stelle von $\delta_0/\lambda_s F_i$ treten. Man kann also den Einfluß eines festen oder flüssigen Niederschlages auf den Wert von kF nach Gl. (238) oder (239) berechnen und damit auch bei der Wahl der Abmessungen des Rekuperators berücksichtigen. Hierbei muß man unter Umständen auch beachten, daß durch die eintretende Querschnittsverringerung sich die Strömungsgeschwindigkeit und damit auch der entsprechende in die Gleichung einzusetzende Wärmeübergangskoeffizient etwas erhöht.

Viel stärker als auf den Wärmeaustausch wirken sich die Ablagerungen meist auf den Druckabfall aus. Wenn nämlich durch unaufhörliche Ablagerung fester Stoffe die Schichtdicke wächst oder Teile abgelöster Schneeschichten sich an einer Stelle anhäufen, besteht die Gefahr, daß der Querschnitt sich immer mehr verengt. Hierdurch wächst nicht nur der Druckabfall, sondern es kann nach einer gewissen Zeit wenigstens an einer oder mehreren Stellen eine Verstopfung eintreten. Der Wärmeaustauscher muß dann außer Betrieb gesetzt und von den Ablagerungen befreit werden.

§ 40. Wahl der Baustoffe und ihr Einfluß auf die Gestaltung der Wärmeaustauscher

Wiederholt wurde darauf hingewiesen, daß sich die Abmessungen eines Wärmeaustauschers nicht allein durch Rechnung festlegen lassen. Bei gleicher Übertragungsleistung und auch im Bereich des zulässigen Druckabfalls bestehen vielmehr verschiedene Möglichkeiten der Gestaltung und Bemessung, zwischen den in der Regel auf Grund praktischer Erwägungen und Erfahrungen entschieden werden muß. Die wichtigsten hierbei maßgebenden Gesichtspunkte sollen nachstehend besprochen werden.

Zunächst soll gezeigt werden, wie die Wahl der Baustoffe von dem Temperatur- und Druckbereich, in dem der Wärmeaustauscher arbeitet, abhängt, und wie diese Wahl die Gestaltung beeinflußt.

Man kann drei Haupttemperaturbereiche unterscheiden. Ein mittleres Gebiet reicht von etwa —50 bis +500°C. Es umfaßt also die Erwärmung und Kühlung von Flüssigkeiten und Gasen auf mäßig hohe oder mäßig tiefe Temperaturen. Hierzu gehört z.B. die Ausnutzung der Abgaswärme von Dampfkesselanlagen zur Speisewasservorwärmung oder zur Erhitzung von Verbrennungsluft, oder die Luftkühlung in Kühlhäusern. Nach der einen Seite schließt sich das Gebiet der sehr hohen Temperaturen an, das sich z.B. in Hochofen- und Stahlwerksbetrieben bis über 1500°C erstreckt. Im Gegensatz hierzu steht die Tieftemperaturtechnik, in deren Bereich in industriellen Maßstab Temperaturen bis weit unter —200°C erzeugt werden.

Im allgemeinen ist die Druckbeanspruchung bei hohen Temperaturen erheblich geringer als bei tiefen Temperaturen. Denn in den Wärmeaustauschern der Hüttenindustrie treten Drücke über 1 oder 2 bar Überdruck nur selten auf, während in der Tieftemperaturtechnik Drücke bis etwa 50 bar und mehr gebräuchlich sind. In der chemischen Großindustrie werden aber häufig chemische Reaktionen bei hohen Drücken und hohen Temperaturen durchgeführt. Deshalb müssen die dazu erforderlichen Wärmeaustauscher gleichzeitig hohen Temperaturen und hohen Drücken standhalten. Sieht man hiervon ab, dann kann man sagen, daß es bei sehr hohen Temperaturen in erster Linie auf die Temperaturbeständigkeit der Baustoffe unter nur geringer Belastung, bei sehr tiefen Temperaturen vor allem auf die Widerstandsfähigkeit gegen hohe Drücke ankommt.

Diese Unterschiede in der Temperatur- und Druckbeanspruchung wirken sich in der Wahl der Baustoffe wie folgt aus. In dem zuerst erwähnten mittleren Temperaturbereich zwischen etwa —50 und +500°C kann man meist ohne Schwierigkeit allen gestellten Forderungen auf Festigkeit und Beständigkeit der Baustoffe genügen. Hier ist man daher weitgehend frei in der Wahl der Baustoffe. Neben Steinen werden hier in hohem Maße Metalle, insbesondere Gußeisen und Stahl, verwendet. Unter 0°C kommen im allgemeinen nur Metalle als Baustoffe in Frage.

Den hohen Temperaturen z.B. der Hüttenindustrie bis etwa 1500°C und mehr sind auch heute noch feuerfeste Steine am ehesten gewachsen. Daher werden oberhalb etwa 500°C Steine und keramische Stoffe in weitaus überwiegendem Maße benutzt, wenngleich man sich bemüht hat, bis zu etwa 1200°C hitzebeständige Sonderstähle als Baustoff einzuführen, siehe z.B. [J 203]. Die Eigenschaften feuerfester Baustoffe werden am Ende dieses Paragraphen noch etwas näher erörtert.

Daß man hingegen in der Tieftemperaturtechnik praktisch ausschließlich Metalle als Baustoffe verwendet, liegt vor allem an den hohen, meist zwischen 5 und 50 bar liegenden Drücken der verdichteten Gase, denen im allgemeinen nur Metalle ausreichenden Widerstand zu leisten vermögen. Mit Metallen lassen sich überdies engere Strömungsquerschnitte herstellen, was ebenso wie die hohe Wärmeleitfähigkeit der Metalle die Wärmeübertragung begünstigt. Außerdem bestünde bei Steinen oder keramischen Stoffen die Gefahr, daß sie bei den tiefen Temperaturen durch Feuchtigkeit, die in Poren oder Spalten eindringt und gefriert, zersprengt würden. Als Baustoffe kommen daher niedrig und höher legierte Stähle in Frage. Vor allem aber hat das Aluminium das früher in großem Umfang verwendete Kupfer sowie Bronze und Messing so gut wie vollständig verdrängt.

Wie die Wahl der Baustoffe auf die Gestalt der Strömungsquerschnitte zurückwirkt, zeigt Bild 75, in dem für Rekuperatoren einige kennzeichnende Querschnittsformen dargestellt sind. Die Verwendung der üblichen quaderförmigen Steine legt den Bau quadratischer oder rechteckiger Kanäle nahe (Bild 75 oben). Achteckige, runde, elliptische oder anders gestaltete Querschnitte lassen sich mit Formsteinen herstellen; auch kann man hierbei die Querschnitte von Rekuperatoren leicht so anordnen, daß die Strömungswege beider Gase sich kreuzen (Bild 75 Mitte).

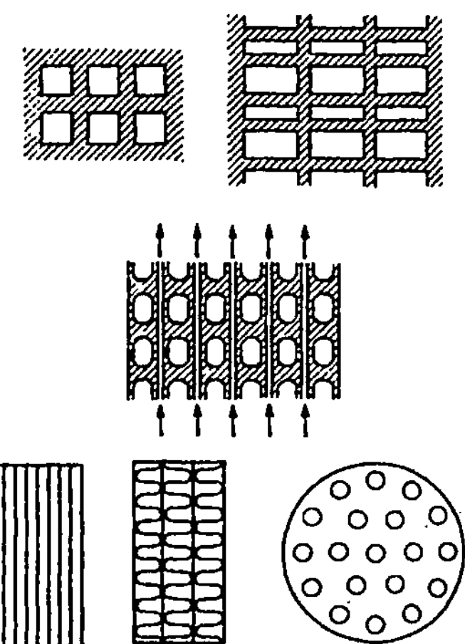

Bild 75. Verschieden gestaltete Strömungsquerschnitte von Rekuperatoren.

Wärmeaustauscher aus Metall haben, wie zum Teil auch schon aus den Erörterungen von § 25 hervorgeht, wesentlich andere Querschnittsformen; vgl. Bild 75 unten. *Rekuperatoren* kann man z.B. aus dünnen, ebenen oder gekrümmten Platten aufbauen, die nahe aneinander gestellt werden, so daß enge längliche Querschnitte entstehen. Hierbei werden der erste, dritte, fünfte Querschnitt usw. z.B. von warmen, die dazwischen liegenden Querschnitte vom kalten Gas durchströmt.

Zu dieser Gruppe von Rekuperatoren gehören auch Wärmeaustauscher, bei denen verschiedenartig gewellte Bleche oder gewellte und ebene Bleche an geeigneten Stellen aneinander gelötet werden (Bild 75 unten). Durch die zahlreichen hierdurch gebildeten engen Kanäle entsteht häufig ein wabenartiger Gesamtquerschnitt, durch den auch mehr als zwei Gase strömen können. In der Tieftemperaturtechnik haben, wie schon S. 127 besprochen, solche Wärmeaustauscher als sog. Reversing Exchangers große Bedeutung erlangt; vgl. auch Bild 55.

Weitverbreitet ist der aus Metallrohren aufgebaute Rekuperator, wie er schon mehrfach erwähnt worden ist[1]; siehe z.B. Bild 53 und 54. Eine Abart der Metallrohre als Baubestandteile der Wärmeaustauscher sind Rippenrohre, die, wie in

---

[1] Für besondere Zwecke der chemischen Industrie sind Rohre aus Graphit oder ähnlichen Baustoffen vorgeschlagen worden; vgl. z.B. [H 211] sowie [K 215, 216]. Ferner werden gelegentlich Wärmeaustauscher aus Porzellan hergestellt; vgl. [K 209].

§ 47 näher auseinandergesetzt werden soll, dann besonders günstig wirken, wenn innen eine Flüssigkeit, außen ein Gas strömt. Rippenrohre werden im allgemeinen nur in dem mittleren Temperaturbereich zwischen etwa $-50°C$ und $+500°C$ angewendet. Man stellt sie praktisch durchweg aus Metallen her. Doch kommen auch Sonderausführungen aus keramischen Stoffen vor, z.B. als Heizkörper für Warmwasserheizungen.

Aber nicht nur die Form, sondern auch die Abmessungen der Strömungsquerschnitte hängen vom Baustoff ab. Denn enge Querschnitte und dünne Wände lassen sich aus Metall leichter herstellen als aus Steinen. Daß man bei hohen Temperaturen, besonders in der Hüttenindustrie, weitere Querschnitte wählt als bei tiefen Temperaturen, ist aber nicht nur im Baustoff, sondern auch darin begründet, daß die auftretenden Drücke niedriger sind als z.B. in der Tieftemperaturtechnik und man daher auch nur geringere Druckverluste und damit auch geringere Strömungsgeschwindigkeiten zulassen kann. Überdies begünstigen bei sehr hohen Temperaturen weite Räume den Wärmeaustausch durch Strahlung.

Festigkeitseigenschaften und Temperaturbeständigkeit der Baustoffe
und ihr Widerstand gegen chemische Einflüsse

Die in den Wärmeaustauschern herrschenden Drücke beanspruchen die meisten oder alle Teile des Wärmeaustauschers auf Festigkeit. Denn die wärmeübertragenden Wände, das Mantelrohr und sonstige Teile des Wärmeaustauschers müssen dem Druckunterschied zwischen den beiden Gasen sowie einem etwaigen Druckunterschied zwischen dem außen strömenden Gas und der Umgebung standhalten. Hierzu kommt vielfach eine zusätzliche Beanspruchung durch Wärmespannungen, die insbesondere bei der Inbetriebsetzung dadurch auftreten, daß die inneren Teile eines Wärmeaustauschers sich rascher erwärmen oder abkühlen als z.B. das Mantelrohr, vgl. z.B. [K 206]. Die richtige Bemessung der Wärmeaustauscher verlangt daher *Festigkeitsberechnungen*, deren Durchführung jedoch als bekannt vorausgesetzt und deshalb hier nicht erörtert werden soll. Durch besondere konstruktive Maßnahmen ist ferner dafür zu sorgen, daß die verschiedenen Teile eines Wärmeaustauschers, vor allem an den Verbindungsstellen, gegenüber dem Druck der Gase oder Flüssigkeiten dichthalten.

Bei *sehr hohen Temperaturen* bereitet die Erzielung einer ausreichenden Festigkeit im allgemeinen größere Schwierigkeiten als bei tiefen Temperaturen. Dies ist darin begründet, daß bei den fraglichen Temperaturen fast alle Baustoffe eine nur sehr geringe Festigkeit aufweisen. Denn, wie schon angedeutet, nimmt im allgemeinen die Druck- und Zugfestigkeit mit wachsender Temperatur ab.

Schließlich müssen die Baustoffe gegen *Korrosion* und sonstige Schädigungen durch chemische Einwirkungen genügend widerstandsfähig sein. Gegen die Korrosion von Metallen kann man sich schützen, indem man entweder korrosionsbeständige Baustoffe, wie z.B. Sonderstähle, benutzt oder die Rohre mit einem Schutzüberzug versieht, z.B. Stahlrohre verzinkt oder verbleit; vgl. z.B. [K 207]. Wo es möglich ist, wird man auch durch Reinigen oder chemische Vorbehandlung der Gase oder Flüssigkeiten die Korrosion zu verhindern oder wenigstens auf ein praktisch unschädliches Maß herabzumindern suchen.

Bei hitzebeständigen, hochlegierten Stählen ist die obere Temperaturgrenze der Verwendbarkeit vielfach durch die Bildung von Zunder festgelegt, der durch Oxydation der Metalloberfläche entsteht. Gewisse Chromnickelstähle zeigen eine besonders hohe Zunderfestigkeit, weil sich auf ihrer Oberfläche unter der Einwirkung des Sauerstoffs eine schützende Oxydhaut bildet.

Zum Schluß sei auch noch auf die Möglichkeit rein *mechanischer Zerstörungen der Baustoffe* hingewiesen. Zu den Schädigungen durch zu hohe Druckbeanspruchung kommen unter Umständen noch Stöße und sonstige unsachgemäße Behandlung bei Transport und Montage. Es können aber auch mitgerissene feste Teilchen, die an bestimmten Stellen der Wandung reiben und schmirgeln, Baustoffe mechanisch angreifen. Staub, Asche, kleine Eisbrocken u. dgl. können in diesem Sinne wirken.

III. Wärme- und Kälteverluste von Rekuperatoren

§ 41. Schutz der Wärmeaustauscher gegen Wärme- oder Kälteverluste

Bei genauer Berechnung eines Rekuperators muß man sich grundsätzlich auch über den Einfluß Rechenschaft geben, den Wärme- oder Kälteverluste auf den Temperaturverlauf sowie auf die erforderlichen Abmessungen eines Wärmeaustauschers ausüben können. Allerdings wird sich im folgenden zeigen, daß dieser Einfluß vielfach so klein ist, daß man ihn ohne großen Fehler vernachlässigen kann.

Letzteres trifft indessen bei größeren Temperaturunterschieden gegen die Umgebung meist nur zu, wenn der Wärmeaustauscher zum Schutz gegen Wärme- oder Kälteverluste isoliert ist. Aus diesem Grunde soll der Berechnung der Verluste eine kurze Betrachtung über die Isolierung von Wärmeaustauschern vorausgeschickt werden. Einzelheiten hierüber findet man im Schrifttum sowie in zusammenfassenden Darstellungen über Wärme- und Kälteschutz.

Sowohl über die Frage, wann ein Wärmeaustauscher isoliert werden soll, wie auch für die Wahl der Isolierstoffe läßt sich kaum eine allgemein gültige Regel aufstellen. Denn neben der Größe der Verluste, die mit dem Temperaturunterschied gegen die Umgebung zunehmen (vgl. den folgenden Paragraphen), sind hierfür die an den Austauscher gestellten Anforderungen, ferner Rücksichten auf den Betrieb, Rückwirkungen auf andere Teile der Apparatur, das Verhältnis zwischen den Kosten der Isolierung und der erzielten Wärme- oder Kälteersparnis und anderes maßgebend.

Für die Beurteilung der Güte eines Wärmeschutzstoffes ist vor allem die Tatsache von Bedeutung, daß die Wärmeleitfähigkeit λ_w dieser Stoffe fast durchweg mit deren Rohdichte, d. h. der einschließlich der Poren gemessenen Dichte zunimmt. Daher weisen lockere Wärmeschutzstoffe von niedriger Rohdichte die günstigste Isolierungwirkung auf. Je niedriger aber die Rohdichte ist, um so weniger vermögen in der Regel die Wärmeschutzstoffe hohen Temperaturen standzuhalten. Bei hohen Temperaturen muß man daher ein verhältnismäßig dichtes Isoliermaterial anwenden. Die Isolierschicht muß dann entsprechend dick gewählt werden, falls man sich nicht mit einer geringeren Isolierwirkung begnügen will. Dies gilt um so mehr, als auch die Wärmeleitfähigkeit mit wachsender Temperatur zunimmt.

Einen Überblick über die Isolierwirkung einiger Wärme- und Kälteschutzstoffe geben folgende Tabellen, in denen die Wärmeleitfähigkeit λ_w in W/mK für verschiedene Rohdichten ϱ angegeben ist. Es handelt sich meist um mittlere Meßwerte, von denen in Einzelfällen erhebliche Abweichungen auftreten können[1].

---

[1] Ausführlichere Angaben findet man z. B. in Landolt-Börnstein: [L 201] Bd. IV/4b, S. 417—433 und S. 454—481 oder VDI-Wärmeatlas, 2. Aufl. [1] Seiten Da 1 bis Dc 27.

Die Angaben über Torfmull in Tabelle 8 weisen auf den starken Einfluß der Feuchtigkeit hin. Die Feuchtigkeit erhöht die Wärmeleitfähigkeit, verschlechtert also die Isolierwirkung. Nach Cammerer [C 201] nimmt die Wärmeleitfähigkeit von organischen Bau- und Dämmstoffen unabhängig von der Rohdichte um 1,25% zu, wenn man den Wassergehalt, bezogen auf die Dichte der Isolierung, um je 1% erhöht. Diese schädliche Wirkung der Feuchtigkeit macht sich vor allem bei

Tabelle 8. Wärmeschutzstoffe für Temperaturen bis etwa 120°C

Wärmeschutzstoff	Rohdichte ϱ kg/m³	λ_w in W/mK bei 20°C
Platten aus Kork, Torf oder Filz	150	0,042
	300	0,058
	450	0,076
Torfmull, stark wasseraufsaugend		
trocken	190	0,041
normal feucht	190	0,060

Tabelle 9. Wärmeschutzstoffe für Temperaturen bis etwa 600°C

Wärmeschutzstoff	ϱ kg/m³	λ_w in W/mK bei 100°C	300°C	500°C
Pulverförmige Kieselgur	300	0,067	0,085	0,103
Gebrannte Kieselgursteine	300	0,087	0,118	0,145
(Platten, Schalen, Formsteine)	400	0,097	0,127	0,157
	600	0,128	0,157	0,186
Schlackenwolle	250	0,050	0,079	0,125
Glasfaser, lose in Platten				
und als Glasgespinst, im Mittel	175	0,048	0,107	

Tabelle 10. Wärmeschutzstoffe für hohe Temperaturen bis über 1000°C

Wärmeschutzstoffe	λ_w in W/mK bei 500°C undbei einer Rohdichte ϱ von			
	700 kg/m³	1300 kg/m³	1900 kg/m³	2500 kg/m³
Silikatsteine	0,35	0,70	1,40	2,20
Schamottesteine	0,43	0,55	1,05	2,05

Kälteschutzisolierungen bemerkbar, bei denen die Luftfeuchtigkeit die Neigung hat, sich in den kältesten Teilen der Isolierung niederzuschlagen; vgl. z.B. [R 202, 203] und [M 205]. Man kann diese Gefahr weitgehend vermindern, indem man die Oberfläche der Isolierung durch einen dichten Abschluß gegen das Eindringen der Außenluft schützt. Nicht erforderlich ist eine solche Maßnahme bei Polystyrolschaum und Moltopren, weil diese Stoffe ihrer geschlossenen Poren wegen der Wasserdampfdiffusion einen hohen Widerstand entgegenstellen.

Tabelle 11 enthält die Wärmeleitfähigkeit von einigen Kälteschutzstoffen in lufttrockenem Zustand; vgl. z.B. [R 202, M 204] sowie die neuere Literatur in [L 201].

Die Zahl der Isolierstoffe ist so groß, daß nur einige wenige genannt werden konnten. Erwähnt aber werde noch Alfol [S 208], eine Isolierung, die aus Aluminiumfolien besteht. Diese Aluminiumfolien werden in mehreren Lagen von etwa je 1 cm Abstand parallel zur zu schützenden Fläche angeordnet. Die äquivalente Wärmeleitfähigkeit von Alfol beträgt bei 20°C etwa $\lambda = 0{,}03$, bei 200°C etwa $\lambda = 0{,}05$ W/mK. Die isolierende Wirkung des Alfols beruht auf der geringen Wärmeleitung mehrerer hintereinander liegender, ruhender Luftschichten sowie besonders bei hohen Temperaturen auf der Erniedrigung des Strahlungsaustausches, die durch die Unterteilung des Temperaturgefälles und durch die kleine Strahlungszahl des Aluminiums erzielt worden ist. An Stelle von glatten, parallelen Folien kann man auch Knitterfolien verwenden, bei denen die Knitterung den geeigneten mittleren gegenseitigen Abstand der Folien gewährleistet.

Tabelle 11. Kälteschutzstoffe[2]

Kälteschutzstoff	ϱ	λ_{10} in W/mK bei		
	kg/m³	—200°C	—100°C	0°C
Seide	100	0,022	0,032	0,043
Schlackenwolle	95	0,010	0,020	0,031
Korkschrot, expandiert, Korngröße etwa 3 mm	37	0,010	0,021	0,033
Polystyrol-Schaum (Styropor)	15		0,022	0,035
Moltoprene (Polyurethan)	40		0,022	0,032
Glasfaserplatte, kunstharzgebunden	100		0,023	0,033

Da die Wärmeaustauscher nach außen meist zylindrisch gestaltet sind, wird der größte Teil der Isolierung in der Regel in Gestalt einer zylindrischen Schicht auf dem Mantelrohr angebracht. Man kann hiernach den Wärmestrom durch die Isolierung weitgehend nach der für ein zylindrisches Rohr abgeleiteten Gl. (136) oder (137) berechnen. Auch die Beträge für die Isolierung an den Enden des Wärmeaustauschers kann man genügend genau nach Gl. (143) berechnen, wobei jedoch der Wert von F_m im allgemeinen zwischen dem logarithmischen und geometrischen Mittel der inneren und äußeren Begrenzungsfläche des betreffenden Teils der Isolierung liegen dürfte. Den so insgesamt erhaltenen Wert von kF wollen wir im folgenden, da die betrachtete Wärmemenge an die Umgebung abströmt, mit $k_u F_u$ bezeichnen. Bestimmt man ferner den mittleren Temperaturunterschied zwischen dem im Mantelrohr strömenden Gas und der Umgebungstemperatur ϑ_u, dann kann man nach Gl. (145) die Wärme- oder Kältemenge $\dot{Q}_u$, die in der Zeiteinheit durch die Isolierung an die Umgebung verloren geht, berechnen. Auch für einen nicht isolierten Wärmeaustauscher erhält man $\dot{Q}_u$ in entsprechender Weise.

Wie der errechnete Wärme- oder Kälteverlust $\dot{Q}_u$ den Temperaturverlauf im Wärmeaustauscher und damit die Wärmeübertragung beeinflußt, soll im folgenden Paragraphen erörtert werden.

---

[2] Vgl. Lueger, Lexikon der Verfahrenstechnik [L 208] Stichwort „Kälteschutzstoff" S. 239—241.

§ 42. Beeinflussung des Wärmeaustausches durch die Wärme- oder Kälteverluste an die Umgebung

Bei Wärmeaustauschern treten grundsätzlich drei Arten von Wärme- oder Kälteverlusten auf. Im Vergleich mit einem vollkommenen Austauscher bedeutet es zunächst einen Verlust, daß die Wärme nur unvollständig ausgetauscht, d. h. keines der Gase ganz auf die Eintrittstemperatur des anderen Gases erwärmt oder abgekühlt wird. Hierdurch tritt ein Teil der Wärme oder Kälte, die theoretisch übertragen werden könnte, mit dem Gas, das sie ursprünglich enthielt, unausgenützt aus dem Wärmeaustauscher wieder heraus. Dieser Austauschverlust wird in der Hüttenindustrie und Feuerungstechnik „Abgasverlust" genannt; er ist hier durch die Temperaturdifferenz zwischen beiden Gasen am kalten Ende des Wärmeaustauschers bestimmt. In der Tieftemperaturtechnik hingegen ist die Temperaturdifferenz am warmen Ende des Gegenströmers für den Austauschverlust maßgebend.

In allen Betrachtungen des ersten und zweiten Kapitels dieses Abschnittes ist der Austauschverlust bereits berücksichtigt. Er ist entweder durch die vorgegebenen Ein- und Austrittstemperaturen der Gase festgelegt oder kann aus kF ermittelt werden, indem man die Austrittstemperaturen nach den in § 33 entwickelten Verfahren berechnet.

Im vorhergehenden Paragraphen wurde schon erwähnt, daß ein weiterer Verlust dadurch entsteht, daß durch den Außenmantel und die Endstücke des Wärmeaustauschers Wärme oder Kälte an die Umgebung verloren geht. Dieser Verlust wird vielfach „Abstrahlungsverlust", in der Kältetechnik gelegentlich „Einstrahlungsverlust" genannt. Da er indessen, besonders bei isolierten Austauschern, hauptsächlich auf Wärmeleitung, teilweise vielleicht auch auf Konvektion, meist aber nur zu einem sehr geringen Teil auf Strahlung beruht, trifft eine solche Benennung kaum das Wesentliche.

Ein dritter Verlust ist auf die Wärmeleitung des Baustoffs in der Längsrichtung des Wärmeaustauschers zurückzuführen.

Die mathematische Verfolgung des Einflusses der beiden zuletzt genannten Verluste erfordert zunächst ziemlich verwickelte Betrachtungen. Es ist aber geglückt, hieraus als Endergebnis verhältnismäßig einfache Berechnungsverfahren zu entwickeln[3].

Genaue Berechnung der Beeinflussung des Wärmeaustausches
durch Wärmeverluste an die Umgebung nach Nesselmann

Nesselmann [N 203] hat Gleichungen abgeleitet, mit denen man exakt berechnen kann, wie *Wärme- oder Kälteverluste* an die *Umgebung* die Wärmeübertragung in Rekuperatoren beeinflussen. Seine Berechnungen beziehen sich auf Rekuperatoren, die im Gleichstrom oder Gegenstrom betrieben werden, und setzen unveränderliche Wärmekapazitäten C und C' der beiden in der Zeiteinheit strömenden Gasmengen voraus.

Der Grundgedanke der Überlegungen Nesselmanns werde für den Fall des Gegenstroms und unter der Annahme, daß die Temperaturen der Gase höher als die Umgebungstemperatur sind, kurz erläutert. F_u sei eine mittlere Fläche inner-

---

[3] In der 1. Auflage dieses Buches veröffentlichte Verfahren des Verfassers.

halb der Isolierung, durch die Wärme an die Umgebung von der Temperatur ϑ_u abgegeben wird. df_u sei ein unendlich kleines Stück von F_u, z.B. zwischen zwei benachbarten Querschnitten des Rekuperators an der Stelle x in Bild 60. k_u sei der für den Wärmeverlust maßgebende Wärmedurchgangskoeffizient. Der Wärmeverlust durch die Endstücke werde entweder als unbedeutend vernachlässigt oder dadurch berücksichtigt, daß man F_u etwas größer wählt als die wirkliche äußere Mantelfläche. Weiter wollen wir df_u stets dem zwischen denselben Querschnitten liegenden Element df der Fläche F (vgl. § 26) proportional setzen, die den erwünschten Wärmeaustausch zwischen den Gasen bewirkt. Es sei also stets $df_u = \dfrac{F_u}{F}\, df$.

Dann beträgt die Wärmeableitung durch df_u an die Umgebung je Zeiteinheit

$$d\dot{Q}_u = k_u F_u (\vartheta' - \vartheta_u)\frac{df}{F}, \tag{240}$$

wobei wieder wie früher angenommen ist, daß das Gas mit der Temperatur ϑ' im Außenraum strömt.

Der Einfluß dieses Verlustes auf die Wärmeübertragung läßt sich nun wie folgt berechnen. Das innen strömende Gas gibt nach den Gleichungen (153) und (157) durch die Fläche df in der Zeiteinheit die Wärmemenge

$$-C\, d\vartheta = k(\vartheta - \vartheta')\, df \tag{241}$$

an das außen strömende Gas ab. Da aber dieses zweite Gas die Wärmemenge $d\dot{Q}_u$ nach Gl. (240) an die Umgebung verliert, verbleibt zu seiner Erwärmung nur der Betrag

$$-C'\, d\vartheta' = k(\vartheta - \vartheta')\, df - \frac{k_u F_u}{F}(\vartheta' - \vartheta_u)\, df. \tag{242}$$

Hierbei ist durch das Minuszeichen auf der linken Seite der Gleichung berücksichtigt, daß nach Bild 60 bei Gegenstrom auch ϑ' mit wachsendem f abnimmt. Aus Gl. (241) und (242) gewinnt man für die unbekannten Temperaturunterschiede $\vartheta - \vartheta_u$ und $\vartheta' - \vartheta_u$ die Differentialgleichungen

$$\frac{d^2(\vartheta - \vartheta_u)}{df^2} + \left[\frac{k}{C} - \frac{k}{C'} - \frac{k_u F_u}{C'F}\right]\frac{d(\vartheta - \vartheta_u)}{df} - \frac{k}{C}\cdot\frac{k_u F_u}{C'F}(\vartheta - \vartheta_u) = 0, \tag{243}$$

$$\frac{d^2(\vartheta' - \vartheta_u)}{df^2} + \left[\frac{k}{C} - \frac{k}{C'} - \frac{k_u F_u}{C'F}\right]\frac{d(\vartheta' - \vartheta_u)}{df} - \frac{k}{C}\cdot\frac{k_u F_u}{C'F}(\vartheta' - \vartheta_u) = 0. \tag{244}$$

Durch diese Differentialgleichungen ist der Temperaturverlauf im Wärmeaustauscher unter Berücksichtigung des Wärmeverlustes festgelegt.

Die allgemeine Lösung dieser Gleichungen lautet

$$\vartheta - \vartheta_u = B\cdot\exp(\beta f) + G\cdot\exp(\gamma f), \tag{245}$$

$$\vartheta' - \vartheta_u = B'\cdot\exp(\beta f) + G'\cdot\exp(\gamma f), \tag{246}$$

worin B, G, B', G' noch zu bestimmende Konstanten bedeuten und β und γ gegeben sind durch

$$\beta F = -\frac{1}{2}\left(\frac{kF}{C} - \frac{kF}{C'} - \frac{k_u F_u}{C'}\right) + \sqrt{\frac{1}{4}\left(\frac{kF}{C} - \frac{kF}{C'} - \frac{k_u F_u}{C'}\right)^2 + \frac{kF}{C}\cdot\frac{k_u F_u}{C'}} \tag{247}$$

und

$$\gamma F = -\frac{1}{2}\left(\frac{kF}{C} - \frac{kF}{C'} - \frac{k_u F_u}{C'}\right) - \sqrt{\frac{1}{4}\left(\frac{kF}{C} - \frac{kF}{C'} - \frac{k_u F_u}{C'}\right)^2 + \frac{kF}{C}\cdot\frac{k_u F_u}{C'}}. \tag{248}$$

Aus den Grenzbedingungen, wonach $\vartheta = \vartheta_1$ bei $f = 0$ und $\vartheta' = \vartheta'_1$ bei $f = F$ sein muß (vgl. Bild 60), und durch Einsetzen von Gl. (245) und (246) in die Gln. (241) und (242), die man auf $f = 0$ anwendet, ergeben sich für die Unveränderlichen B, G, B' und G' die Beziehungen

$$B = \frac{(\vartheta_1 - \vartheta_u)\exp(\gamma F)\left(\beta F + \dfrac{kF}{C}\right) - (\vartheta'_1 - \vartheta_u)\dfrac{kF}{C}}{\exp(\gamma F)\left(\gamma F + \dfrac{kF}{C}\right) - \exp(\beta F)\left(\beta F + \dfrac{kF}{C}\right)}, \tag{249}$$

$$G = -\frac{(\vartheta_1 - \vartheta_u)\exp(\beta F)\left(\beta F + \dfrac{kF}{C}\right) - (\vartheta'_1 - \vartheta_u)\dfrac{kF}{C}}{\exp(\gamma F)\left(\gamma F + \dfrac{kF}{C}\right) - \exp(\beta F)\left(\beta F + \dfrac{kF}{C}\right)}, \tag{250}$$

$$B' = \frac{(\vartheta_1 - \vartheta_u)\exp(\gamma F)\cdot\dfrac{kF}{C} + (\vartheta'_1 - \vartheta_u)\left(\gamma F - \dfrac{kF}{C'} - \dfrac{k_u F_u}{C'}\right)}{\exp(\beta F)\left(\gamma F - \dfrac{kF}{C'} - \dfrac{k_u F_u}{C'}\right) - \exp(\gamma F)\left(\beta F - \dfrac{kF}{C'} - \dfrac{k_u F_u}{C'}\right)}. \tag{251}$$

$$G' = -\frac{(\vartheta_1 - \vartheta_u)\exp(\beta F)\cdot\dfrac{kF}{C} + (\vartheta'_1 - \vartheta_u)\left(\beta F - \dfrac{kF}{C'} - \dfrac{k_u F_u}{C'}\right)}{\exp(\beta F)\left(\gamma F - \dfrac{kF}{C'} - \dfrac{k_u F_u}{C'}\right) - \exp(\gamma F)\left(\beta F - \dfrac{kF}{C'} - \dfrac{k_u F_u}{C'}\right)}. \tag{252}$$

In diesen Gleichungen bringt die dimensionslose Größe $\dfrac{k_u F_u}{C'}$ den Einfluß des Wärme- oder Kälteverlustes an die Umgebung zum Ausdruck.

Bild 76 zeigt ein von Nesselmann nach den obigen Gleichungen berechnetes Beispiel, in dem $C = C'$; $kF/C = 10$; $k_u F_u/C' = 0{,}172$; $\vartheta_1 = 100°$; $\vartheta'_1 = 25°$; $\vartheta_u = 10°$ gesetzt ist. Die gestrichelten Linien stellen den Temperaturverlauf dar,

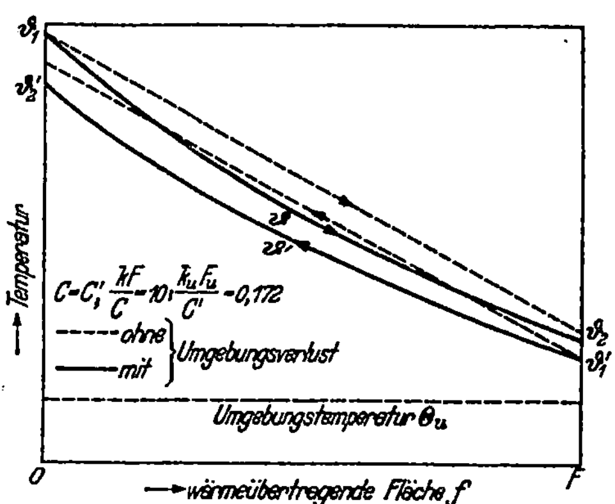

Bild 76. Temperaturverlauf in einem Gegenstromwärmeaustauscher mit Wärmeverlust an die Umgebung.

der sich ohne Wärmeverluste einstellen würde, die ausgezogenen Linien den Temperaturverlauf unter dem Einfluß des Wärmeverlustes. Der Wärmeverlust verursacht eine Durchbiegung der Kurven. Außerdem wird die Temperatursenkung und damit die Wärmeabgabe des ursprünglich warmen Gases vergrößert, die Temperaturerhöhung und Wärmeaufnahme des ursprünglich kalten Gases hingegen verkleinert. Der dadurch entstehende Unterschied zwischen Wärmeabgabe und Wärmeaufnahme ist gleich dem Wärmeverlust Q_u. Die Änderung der Austrittstemperaturen ϑ_2 und ϑ_2' bewirkt, daß der Temperaturunterschied zwischen beiden Gasen am warmen Ende des Austauschers vergrößert, am kalten Ende verkleinert wird.

Ableitung eines einfacheren Berechnungsverfahrens

In der Praxis sind die Wärmeverluste meist geringer als in dem an Bild 76 erörterten Beispiel, da bei Gefahr größerer Verluste die Austauscher in der Regel isoliert werden. Bei Winderhitzern der Hochöfen liegt z.B. die Kenngröße $k_u F_u/C'$ in der Größenordnung von 0,03 oder darunter. Bei großen Gegenströmern der Tieftemperaturtechnik, die in der Regel in die Isolierschicht der Gaszerlegungsapparate eingebettet sind, ist $k_u F_u/C'$ meist kleiner als 0,01. Für solche Fälle läßt sich aus den Gleichungen von Nesselmann auf folgendem Wege ein wesentlich einfacheres Verfahren zur Berechnung des Einflusses des Umgebungsverlustes ableiten. Hierbei sollen die Änderungen $\varDelta\vartheta_2$ und $\varDelta\vartheta_2'$ ermittelt werden, welche die Austrittstemperaturen infolge des Wärme- und Kälteverlustes bei festgehaltenen Eintrittstemperaturen ϑ_1 und ϑ_1' erleiden.

Bei kleinen Werten von $k_u F_u/C'$ kann man für die Veränderungen $\varDelta\vartheta_2$ und $\varDelta\vartheta_2'$ mit genügender Genauigkeit setzen

$$\varDelta\vartheta_2 = \left(\frac{d\vartheta_2}{d\,\dfrac{k_u F_u}{C'}}\right)_0 \cdot \frac{k_u F_u}{C'} \quad \text{und} \quad \varDelta\vartheta_2' = \left(\frac{d\vartheta_2'}{d\,\dfrac{k_u F_u}{C'}}\right)_0 \cdot \frac{k_u F_u}{C'}, \tag{253}$$

wobei die Differentialquotienten für den Grenzfall $k_u F_u/C' = 0$ gebildet sind. Für diese Differentialquotienten erhält man aus den Gln. (245) bis (252)

$$\left(\frac{d\vartheta_2}{d\,\dfrac{k_u F_u}{C'}}\right)_0 = -a(\vartheta_1 - \vartheta_u) - b(\vartheta_1' - \vartheta_u), \tag{254}$$

$$\left(\frac{d\vartheta_2'}{d\,\dfrac{k_u F_u}{C'}}\right)_0 = -a'(\vartheta_1 - \vartheta_u) - b'(\vartheta_1' - \vartheta_u), \tag{255}$$

wobei die Konstanten a, b, a' und b' bestimmt sind durch die Gleichungen

$$a = \frac{2\left\{1 - \exp\left[\left(\frac{C}{C'} - 1\right)\frac{kF}{C}\right]\right\} + \left(\frac{C}{C'} - 1\right)\frac{kF}{C}\left\{1 + \exp\left[\left(\frac{C}{C'} - 1\right)\frac{kF}{C}\right]\right\}}{\frac{kF}{C}\left(\frac{C}{C'} - 1\right)\left\{\frac{C}{C'}\exp\left[\left(\frac{C}{C'} - 1\right)\frac{kF}{C}\right] - 1\right\}^2} \cdot \frac{C}{C'}$$

$$\times \exp\left[\left(\frac{C}{C'} - 1\right)\frac{kF}{C}\right], \tag{256}$$

$$b = \frac{\frac{C}{C'}\exp\left[2\left(\frac{C}{C'} - 1\right)\frac{kF}{C}\right] - 1 - \left(\frac{C}{C'} - 1\right)\left[1 + \left(\frac{C}{C'} + 1\right)\frac{kF}{C}\right]\exp\left[\left(\frac{C}{C'} - 1\right)\frac{kF}{C}\right]}{\frac{kF}{C}\left(\frac{C}{C'} - 1\right)\left\{\frac{C}{C'}\exp\left[\left(\frac{C}{C'} - 1\right)\frac{kF}{C}\right] - 1\right\}^2}, \tag{257}$$

$$a' = \frac{\dfrac{C}{C'}\exp\left[2\left(\dfrac{C}{C'}-1\right)\dfrac{kF}{C}\right] - \left(\dfrac{C}{C'}-1\right)\left[\left(\dfrac{C}{C'}+1\right)\dfrac{kF}{C}+1\right]\exp\left[\left(\dfrac{C}{C'}-1\right)\dfrac{kF}{C}\right]-1}{\dfrac{kF}{C}\left(\dfrac{C}{C'}-1\right)\left\{\dfrac{C}{C'}\exp\left[\left(\dfrac{C}{C'}-1\right)\dfrac{kF}{C}\right]-1\right\}^2}\cdot\frac{C}{C'}\,,$$

$$\tag{258}$$

$$b' = \frac{\dfrac{C}{C'}\left[\left(\dfrac{C}{C'}-1\right)\dfrac{C}{C'}\cdot\dfrac{kF}{C}-2\right]\exp\left[\left(\dfrac{C}{C'}-1\right)\dfrac{kF}{C}\right]+\left(\dfrac{C}{C'}-1\right)\dfrac{kF}{C}+2\dfrac{C}{C'}}{\dfrac{kF}{C}\left(\dfrac{C}{C'}-1\right)\left\{\dfrac{C}{C'}\exp\left[\left(\dfrac{C}{C'}-1\right)\dfrac{kF}{C}\right]-1\right\}^2}\,. \tag{259}$$

a, b, a' und b' hängen hiernach nur von kF/C und C/C' ab.

Die Beziehungen für a, b, a' und b' erscheinen zunächst recht verwickelt. Um die Berechnung dieser Größen zu vereinfachen, führen wir die mittlere Temperatur

$$\vartheta'_M = \frac{1}{F}\int\limits_0^F \vartheta'\,df \tag{260}$$

des im Rekuperator außen strömenden Gases ein. Es genügt, diese für den durch den Wärmeverlust unbeeinflußten Temperaturverlauf zu berechnen. Durch Integration der zweiten Gl. (169) erhält man daher für ϑ'_M

$$\vartheta'_2 - \vartheta'_M = (\vartheta_1 - \vartheta'_2)\frac{C}{C'-C}\left\{1 - \frac{\exp\left[\left(\dfrac{1}{C'}-\dfrac{1}{C}\right)kF\right]-1}{\left(\dfrac{1}{C'}-\dfrac{1}{C}\right)kF}\right\}.$$

Um diese Gleichung noch umzuformen, benutzen wir das Verhältnis τ der Temperaturdifferenzen $\Delta\vartheta_a$ und $\Delta\vartheta_b$ an den beiden Enden des Wärmeaustauschers, wofür nach Gl. (167) gilt:

$$\tau = \frac{\Delta\vartheta_a}{\Delta\vartheta_b} = \frac{\vartheta_1-\vartheta'_2}{\vartheta_2-\vartheta'_1} = \exp\left[-\left(\frac{1}{C'}-\frac{1}{C}\right)kF\right]. \tag{261}$$

Hiermit kann man die letzte Gleichung für ϑ'_M wegen $\dfrac{C'}{C}=\dfrac{\vartheta_1-\vartheta_2}{\vartheta_2-\vartheta'_1}$ in die einfache Gestalt bringen:

$$\frac{\vartheta'_M - \vartheta'_1}{\vartheta'_2-\vartheta'_1} = \frac{1}{\ln\tau} - \frac{1}{\tau-1}. \tag{262}$$

Aus dieser Beziehung läßt sich also $\dfrac{\vartheta'_M-\vartheta'_1}{\vartheta'_2-\vartheta'_1}$ und damit ϑ_M sehr rasch ermitteln. Man kann hierzu aber auch die noch später zu besprechende zeichnerische Darstellung (oberste Kurve in Bild 77) benutzen.

Mit ϑ'_M ergibt sich der stündliche Wärmeverlust Q_u des gesamten Wärmeaustauschers zu

$$\dot{Q}_u = k_u F_u(\vartheta'_M - \vartheta_u). \tag{263}$$

Unter Berücksichtigung dieser Beziehung erhalten wir aus den Gln. (253), (254) und (255) für kleine Werte von $k_u F_u$

$$\frac{-C\,\Delta\vartheta_2}{\dot{Q}_u} = \frac{C}{C'}\left[a\,\frac{\vartheta_1-\vartheta_u}{\vartheta'_M-\vartheta_u} + b\,\frac{\vartheta'_1-\vartheta_u}{\vartheta'_M-\vartheta_u}\right], \tag{264}$$

$$\frac{-C'\,\Delta\vartheta'_2}{\dot{Q}_u} = a'\,\frac{\vartheta_1-\vartheta_u}{\vartheta'_M-\vartheta_u} + b'\,\frac{\vartheta'_1-\vartheta_u}{\vartheta'_M-\vartheta_u}. \tag{265}$$

Gl. (264) läßt sich auch in die Form bringen

$$\frac{-C'\,\Delta\vartheta_2}{\dot{Q}_u} = \frac{\vartheta'_2-\vartheta'_1}{\vartheta_1-\vartheta'_1}\left[\frac{C}{C'}(a+b)\,\frac{\vartheta_1-\vartheta'_1}{\vartheta'_2-\vartheta'_1} - E\,\frac{\vartheta'_2-\vartheta'_1}{\vartheta'_M-\vartheta_u}\right] \tag{266}$$

mit

$$E = \frac{\vartheta_1-\vartheta'_1}{\vartheta'_2-\vartheta'_1}\left[\frac{C}{C'}\,b\,\frac{\vartheta'_M-\vartheta'_1}{\vartheta'_2-\vartheta'_1} - \frac{C}{C'}\,a\left(\frac{\vartheta_1-\vartheta'_1}{\vartheta'_2-\vartheta'_1} - \frac{\vartheta'_M-\vartheta'_1}{\vartheta'_2-\vartheta'_1}\right)\right]. \tag{267}$$

Da endlich nach Gl. (171) und (261)

$$\frac{\vartheta_2' - \vartheta_1'}{\vartheta_1 - \vartheta_1'} = \frac{\tau - 1}{\dfrac{C'}{C}\,\tau - 1}\,, \tag{268}$$

so ergibt sich aus den Beziehungen (256) bis (259) unter Beachtung von Gl. (261) und (262)

$$\frac{C}{C'}\,(a + b)\,\frac{\vartheta_1 - \vartheta_1'}{\vartheta_2' - \vartheta_1'} = \frac{1}{\ln \tau} - \frac{1}{\tau - 1} = \frac{\vartheta_M' - \vartheta_1'}{\vartheta_2' - \vartheta_1'} \tag{269}$$

und

$$E = \frac{1}{(\ln \tau)^2} - \frac{\tau}{(\tau - 1)^2}\,. \tag{270}$$

Mit Gl. (269) kann man endlich statt Gl. (266) auch schreiben

$$\frac{-C\,\varDelta\vartheta_2}{\dot{Q}_u} = \frac{\vartheta_2' - \vartheta_1'}{\vartheta_1 - \vartheta_1'}\left[\frac{\vartheta_M' - \vartheta_1'}{\vartheta_2' - \vartheta_1'} - E\,\frac{\vartheta_2' - \vartheta_1'}{\vartheta_M' - \vartheta_u}\right]. \tag{271}$$

In entsprechender Weise läßt sich auch Gl. (265) umformen, wobei sich

$$\frac{-C'\,\varDelta\vartheta_2'}{\dot{Q}_u} = 1 - \frac{-C\,\varDelta\vartheta_2}{\dot{Q}_u} \tag{272}$$

ergibt. Letztere Bezeichnung erhält man auch sofort auf Grund der Überlegung, daß $-C\,\varDelta\vartheta_2$ und $-C'\,\varDelta\vartheta_2'$ die beiden Teile sind, in die sich der Wärmeverlust $\dot{Q}_u$ in seiner Wirkung aufspaltet. Denn $-C\,\varDelta\vartheta_2$ stellt die vermehrte Wärmeabgabe des wärmeren Gases, $-C'\,\varDelta\vartheta_2'$ die verringerte Wärmeaufnahme des kälteren Gases infolge des Wärmeverlustes an die Umgebung dar.

Aus den Gln. (262), (263), (270), (271) und (272) lassen sich die gesuchten Werte von $\varDelta\vartheta_2$ und $\varDelta\vartheta_2'$ verhältnismäßig einfach berechnen, wie nachstehend noch ausführlicher erörtert werden soll.

Anwendung des vereinfachten Verfahrens zur Berechnung
des Einflusses des Wärmeverlustes an die Umgebung

Wenn wir Sinn und Zweck der vorstehenden Ableitung nochmals kurz zusammenfassen, so können wir etwa wie folgt sagen: Nach Bild 76 hat ein Wärmeverlust an die Umgebung zur Folge, daß sich der Temperaturverlauf gegenüber dem im verlustfreien Wärmeaustauscher abkrümmt. Außerdem wird die Temperaturdifferenz zwischen beiden Gasen am warmen Ende des Austauschers vergrößert, am kalten Ende verkleinert. Dies ist gleichbedeutend mit einer Erniedrigung der Austrittstemperaturen ϑ_2 und ϑ_2' beider Gase um gewisse Beträge $-\varDelta\vartheta_2$ und $-\varDelta\vartheta_2'$. Hierbei ist angenommen, daß die Eintrittstemperaturen ϑ_1 und ϑ_1' ungeändert bleiben.

In fast allen praktischen Fällen genügt es, allein die genannten Änderungen $\varDelta\vartheta_2$ und $\varDelta\vartheta_2'$ der Austrittstemperaturen unter der Voraussetzung zu ermitteln, daß der Wärmeverlust an die Umgebung gering ist. Diese Änderungen kann man aus den vorstehend abgeleiteten Gln. (262), (263), (270), (271) und (272) in einfacher Weise wie folgt berechnen. Es seien außer den Eintrittstemperaturen ϑ_1 und ϑ_1' auch die Austrittstemperaturen ϑ_2 und ϑ_2', wie sie sich für einen *verlustfreien* Rekuperator errechnen, bekannt. Das Gas mit der Temperatur ϑ' ströme im Außenraum des Rekuperators. Zunächst werde die mittlere Temperatur ϑ_M' dieses Gases und der Wärmeverlust $\dot{Q}_u$ je Zeiteinheit festgelegt. Hierzu bestimmen wir das Verhältnis $\tau = \varDelta\vartheta_a/\varDelta\vartheta_b$ der Temperaturdifferenzen $\varDelta\vartheta_a = \vartheta_1 - \vartheta_2'$ und $\varDelta\vartheta_b = \vartheta_2 - \vartheta_1'$ an den Enden des Rekuperators. Mit dem gefundenen Wert von τ

liefert Gl. (262) das Verhältnis $\dfrac{\vartheta_M' - \vartheta_1'}{\vartheta_2' - \vartheta_1'}$, woraus man sofort ϑ_M' erhält. Die in der Zeiteinheit an die Umgebung übergehende Wärmemenge Q_u ergibt sich dann aus Gl. (263), in der ϑ_u die Umgebungstemperatur, F_u die mittlere Fläche der Isolierung, durch die die Verlustwärme Q_u abströmt, und k_u den hierfür maßgebenden Wärmedurchgangskoeffizienten bedeutet. Ermittelt man endlich mit Hilfe von τ die als Abkürzung für einen längeren Ausdruck eingeführte Größe E aus Gl. (270), dann lassen sich die gesuchten Werte $\varDelta\vartheta_2$ und $\varDelta\vartheta_2'$ aus Gl. (271) und (272) berechnen.

Die geschilderte Berechnung läßt sich noch abkürzen, wenn man $\dfrac{\vartheta_M' - \vartheta_1'}{\vartheta_2' - \vartheta_1'}$ und E aus den Bildern 77 und 78 abgreift, in denen diese Größen als oberste ausgezogene Linien abhängig von τ aufgetragen sind. Liegt, wie in den meisten Fällen, τ zwischen 0,1 und 10, dann kann man den ersten dieser beiden Ausdrücke auch

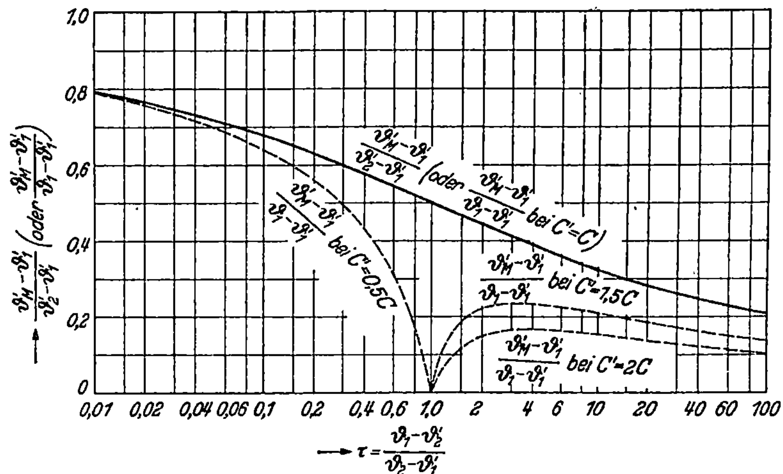

Bild 77. Diagramm zur Ermittlung der mittleren Temperatur ϑ_M' des in einem Wärmeaustauscher außen strömenden Gases.

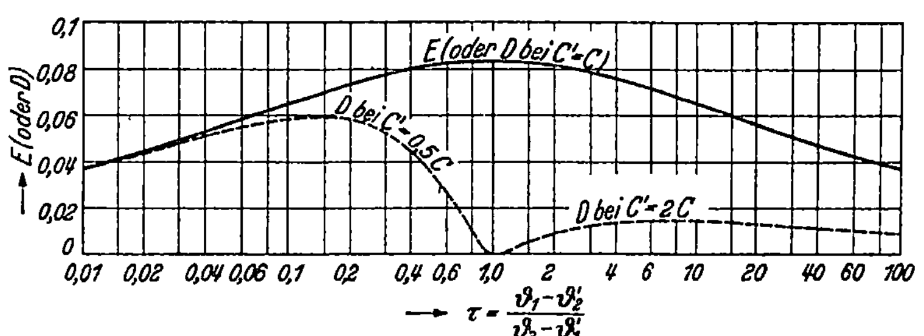

Bild 78. Hilfsgröße E oder D zur Ermittlung des Temperaturverlaufs in einem Wärmeaustauscher bei Wärmeverlust an die Umgebung.

nach der einfachen Gleichung

$$\frac{\vartheta'_M - \vartheta'_1}{\vartheta'_2 - \vartheta'_1} = 0{,}5 - 0{,}18 \lg \tau$$

berechnen.

Statt der Gln. (271) und (272) kann man auch folgende Darstellung benutzen. Mit der neuen Abkürzung

$$E \cdot \left(\frac{\vartheta_2 - \vartheta'_1}{\vartheta_1 - \vartheta'_1}\right)^2 = D \tag{273}$$

gehen Gl. (271) und (272) über in

$$\frac{-C\,\varDelta\vartheta_2}{\dot{Q}_u} = \frac{\vartheta'_M - \vartheta'_1}{\vartheta_1 - \vartheta'_1} - D\,\frac{\vartheta_1 - \vartheta'_1}{\vartheta'_M - \vartheta_u}, \tag{274}$$

$$\frac{-C'\,\varDelta\vartheta'_2}{\dot{Q}_u} = 1 - \frac{\vartheta'_M - \vartheta'_1}{\vartheta_1 - \vartheta'_1} + D\,\frac{\vartheta_1 - \vartheta'_1}{\vartheta'_M - \vartheta_u}. \tag{275}$$

Nach diesen Gleichungen ist die Berechnung von $\varDelta\vartheta_2$ und $\varDelta\vartheta'_2$ noch einfacher als nach den Gln. (271) und (272), soferne man Diagramme für $\dfrac{\vartheta'_M - \vartheta'_1}{\vartheta_1 - \vartheta'_1}$ und D abhängig von τ besitzt.

Ein Nachteil ist aber, daß in diesen Diagrammen noch C/C' als Parameter auftritt, so daß man statt der oben beschriebenen einfachen Linien Kurvenscharen erhält. Nur für $C = C'$ gelten dieselben Kurven wie bisher, d.h. die ausgezogenen Linien in Bild 77 und 78. Um eine Vorstellung über die vollständigen Diagramme für $\dfrac{\vartheta'_M - \vartheta_1}{\vartheta_1 - \vartheta_1}$ und D zu erhalten, sind in Bild 77 und 78 noch die Kurven für $C' = 2C$ und $C' = 0{,}5C$ sowie eine Kurve für $C' = 1{,}5C$ gestrichelt eingezeichnet.

Wendet man die geschilderten Berechnungsarten z.B. auf neuzeitliche Winderhitzer, an so ergeben sich für $\varDelta\vartheta_2$ und $\varDelta\vartheta'_2$ Beträge in der Größenordnung von $10°$. In der Tieftemperaturtechnik hingegen wird sowohl bei Regeneratoren wie auch bei größeren Rohrgegenströmern bei einer Isolierstärke von etwa 30 cm die Austrittstemperatur am warmen Ende durch die Kälteverluste um weniger als

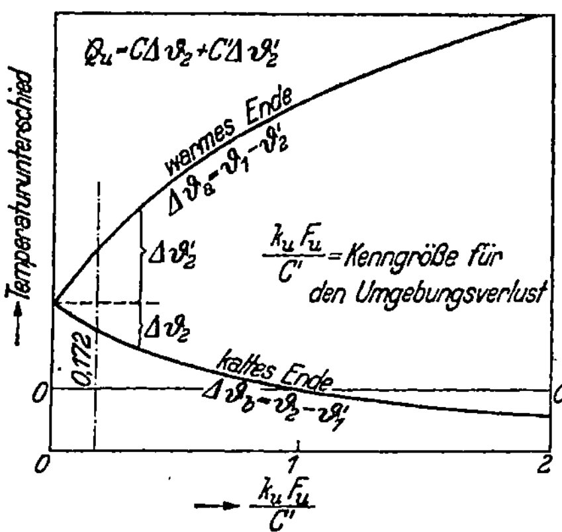

Bild 79. Temperaturunterschiede $\varDelta\vartheta_a$ und $\varDelta\vartheta_b$ an den Enden eines Gegenstromwärmeaustauschers abhängig von der Kenngröße $k_u F_u/C'$ für den Wärmeverlust an die Umgebung.

$0,1°$ erhöht. Bei diesen Berechnungen sind die oben (S. 183) angegebenen Werte von $k_u F_u/C'$ (0,03 bzw. 0,01) zugrunde gelegt. Die errechneten Änderungen von ϑ_2 und ϑ_2' liegen hiernach häufig innerhalb der Genauigkeit, mit der sich der Wärmeaustausch überhaupt berechnen läßt. Daher kann man von einer Berücksichtigung des Verlustes an die Umgebung vielfach absehen. Daß man aber in den meisten Fällen, in denen dieser Verlust nicht vernachlässigbar ist, mit Hilfe der Gln. (262), (263) und (270) bis (272) sowie der Diagramme 77 und 78 ihren Einfluß mit sehr guter Näherung ermitteln kann, zeigt Bild 79. In diese Abbildung sind die nach den Nesselmannschen Gleichungen (245) bis (252) genau berechnete Temperaturdifferenzen $\varDelta\vartheta_a = \vartheta_1 - \vartheta_2'$ und $\varDelta\vartheta_b = \vartheta_2 - \vartheta_1'$ an den Enden des Wärmeaustauschers durch die ausgezogenen Kurven abhängig von $k_u F_u/C'$ dargestellt. Hierbei sind wieder dieselben Verhältnisse wie in Bild 76 zugrunde gelegt; nur ist $k_u F_u/C'$ veränderlich angenommen und als Abszisse aufgetragen. $\varDelta\vartheta_2$ und $\varDelta\vartheta_2'$ sind gleich den Unterschieden zwischen den Ordinaten bei dem fraglichen Wert von $k_u F_u/C'$ und dem Ordinatenwert bei $k_u F_u/C' = 0$. Man erkennt, daß man die ausgezogenen genauen Kurven bis über $k_u F_u/C' = 0,1$ hinaus recht gut durch ihre Tangenten im Anfangspunkt ($k_u F_u/C' = 0$) ersetzen kann, wie es dem Grundgedanken des geschilderten Näherungsverfahrens entspricht.

Anwendung des vereinfachten Berechnungsverfahrens in allgemeineren Fällen

Es leuchtet ein, daß man die zuletzt beschriebenen Gleichungen und Diagramme meist mit genügender Näherung auch bei temperaturabhängigen Wärmekapazitäten der Gase anwenden kann, indem man für C und C' geeignete Mittelwerte wählt. Auch gilt das vereinfachte ebenso wie das genaue Berechnungsverfahren nicht nur für Rekuperatoren in Rohrbündelanordnung; es kann vielmehr sinngemäß auf alle Arten von Wärmeaustauschern, deren wesentliche Wirkung auf Gegenstrom beruht, insbesondere auch auf die später zu behandelnden Kreuzgegenströmer (siehe folgendes Kapitel) und Regeneratoren (siehe dritten Abschnitt) übertragen werden.

Ferner hängt der Einfluß des Wärmeverlustes an die Umgebung nur wenig davon ab, ob das wärmere oder kältere Gas außen strömt. Strömt das wärmere Gas außen, dann ist zwar der Wärmeverlust Q_u etwas größer als in dem bisher behandelten Fall, entsprechend dem größeren Unterschied zwischen der mittleren Temperatur ϑ_M dieses Gases und der Umgebungstemperatur ϑ_u. Der Einfluß auf den Wärmeaustausch wird aber umgekehrt wieder dadurch verringert, daß die Wärmemenge Q_u nicht unter zusätzlicher Belastung der Heizfläche F zuerst an das andere Gas übertragen werden muß, sondern unmittelbar an die Umgebung übergeht. Der Unterschied ist daher im ganzen so gering, daß man die bisher entwickelten Berechnungsverfahren genau genug auch anwenden kann, wenn das wärmere Gas außen strömt. Auch der Temperaturverlauf, wie er z.B. in Bild 76 dargestellt ist, bleibt fast genau derselbe.

Alle bisherigen Überlegungen und Berechnungsverfahren kann man ohne Schwierigkeit auch auf Wärmeaustauscher übertragen, die unterhalb der Umgebungstemperatur arbeiten.

Abschätzung des Temperaturverlaufs im Gegenstromrekuperator
unter dem Einfluß des Wärmeverlustes an die Umgebung

Den Temperaturverlauf, der sich in einem Gegenstromrekuperator unter dem Einfluß des Wärmeverlustes Q_u an die Umgebung einstellt, kann man nach den Gln. (245) bis (252) genau berechnen. Einfacher und rascher erhält man diesen Verlauf, sobald $\Delta\vartheta_2$ und $\Delta\vartheta_2'$ berechnet sind, nach folgendem Abschätzungsverfahren.

Wie erwähnt, wird bei einem solchen Wärmeverlust das ursprünglich wärmere Gas etwas stärker abgekühlt, das ursprünglich kältere Gas etwas weniger erwärmt, als dies ohne Verlust der Fall wäre (vgl. Bild 76). Dieselben Änderungen der Austrittstemperaturen kann man aber auch in einem verlustfreien Wärmeaustauscher erzielen, wenn man das Verhältnis C'/C der Wärmekapazitäten beider Gase entsprechend vergrößert. Welchen Wert dieses Verhältnis hierbei annehmen muß, findet man aus Gl. (156), indem man in diese Gleichung für ϑ_2 und ϑ_2' die Austrittstemperaturen einsetzt, wie sie sich unter Berücksichtigung des Wärmeverlustes nach einem der vorstehend beschriebenen Verfahren errechnen.

Es liegt hiernach die Vermutung nahe, daß der gesamte Temperaturverlauf im Rekuperator unter dem Einfluß des Wärmeverlustes Q_u angenähert derselbe ist wie im verlustfreien Wärmeaustauscher unter dem vergrößerten Verhältnis C'/C. Mit diesem Wert von C'/C wird man daher den gesuchten Temperaturverlauf mit guter Näherung nach Gl. (168) und (169) von § 29 berechnen können. Daß dieses Verfahren in fast allen praktischen Fällen hinreichend genau ist, kann man leicht nachweisen, indem man es z.B. auf die Verhältnisse in Bild 76 anwendet. Denn der so bestimmte Temperaturverlauf weicht nur sehr wenig von den genau berechneten Kurven in Bild 76 ab.

Beeinträchtigung der Austauschleistung eines Rekuperators
durch den Wärmeverlust an die Umgebung

Zum Schluß werde noch die Frage erörtert, inwieweit die in der Zeiteinheit an die Umgebung abgegebene Wärmemenge $\dot{Q}_u$ für den erstrebten Wärmeaustausch einen *wirklichen Verlust* bedeutet. Arbeitet der Wärmeaustauscher oberhalb der Umgebungstemperatur, dann dient er in der Regel dem Zweck, das ursprünglich kältere Gas auf eine bestimmte Endtemperatur ϑ_2' zu erwärmen. Wird nun infolge der Wärmeabgabe an die Umgebung nur eine um $\Delta\vartheta_2'$ niedrigere Endtemperatur erreicht, dann stellt die nicht aufgenommene Wärmemenge $-C'\,\Delta\vartheta_2'$ einen wirklichen Verlust dar, der Erwärmungsverlust genannt sei. $\dot{Q}_u$ besteht aber aus den beiden Teilbeträgen $-C'\,\Delta\vartheta_2'$ und $-C\,\Delta\vartheta_2$ (vgl. z.B. Gl. (271)). Der zweite Betrag rührt, wie man z.B. aus Bild 70 erkennt, daher, daß das ursprünglich wärmere Gas um $-C\vartheta_2$ stärker abgekühlt wird als bei verlustfreiem Austausch. $-C\,\Delta\vartheta_2$ bedeutet daher für den Wärmeaustausch keinen wirklichen Verlust.

§ 43. Einfluß der Wärmeleitung des Baustoffs in der Längsrichtung des Wärmeaustauschers

Wie schon erwähnt, tritt ein weiterer Wärmeverlust dadurch auf, daß der Baustoff, aus dem die Trennwände sowie auch das Mantelrohr des Wärmeaustauschers bestehen, Wärme in der Längsrichtung fortleiten. Zur Berechnung dieser Wärmemenge $\dot{Q}_\lambda$ muß man an allen Stellen der *wärmeübertragenden Wände* das *Temperaturgefälle in der Längsrichtung* kennen. Da auch dieser Wärmeleitungsverlust nur eine Berichtigungsgröße darstellt, genügt es, zur Ermittlung des Tem-

peraturgefälles von dem durch Verluste unbeeinflußten Temperaturverlauf auszugehen. Wir wollen uns auch hier wieder auf den Fall des Gegenstromes beschränken. Wir können dies um so mehr tun, als bei Gleichstrom wegen der fast überall
gleichen Rohrwandtemperatur der Längswärmeleitungsverlust in der Regel vernachlässigbar klein ist.

Nach Gl. (177) von § 30 gilt für die mittlere Wandtemperatur $\Theta_m = \dfrac{\Theta_0 + \Theta_0'}{2}$,
wenn wir zur Vereinfachung den Unterschied zwischen F_i, F_a und F vernachlässigen,

$$\Theta_m = \frac{1}{2}\left(1 - \frac{k}{\alpha} + \frac{k}{\alpha'}\right)\vartheta + \frac{1}{2}\left(1 - \frac{k}{\alpha'} + \frac{k}{\alpha}\right)\vartheta'. \tag{276}$$

Hieraus ergibt sich als Temperaturgefälle in der Längsrichtung

$$\frac{d\Theta_m}{dx} = \frac{1}{2}\left(1 - \frac{k}{\alpha} + \frac{k}{\alpha'}\right)\frac{d\vartheta}{df}\cdot\frac{df}{dx} + \frac{1}{2}\left(1 - \frac{k}{\alpha'} + \frac{k}{\alpha}\right)\frac{d\vartheta'}{df}\cdot\frac{df}{dx}, \tag{277}$$

worin x wieder wie in Bild 60 die Entfernung der betrachteten Stelle von der
Eintrittsstelle des wärmeren Gases bedeutet. x und f seien in Richtung abnehmender
Temperaturen ϑ und ϑ' positiv gezählt. Weiterhin erhält man aus Gl. (153) und
(157)

$$\frac{d\vartheta}{df} = -\frac{k}{C}(\vartheta - \vartheta'), \tag{278}$$

$$\frac{d\vartheta'}{df} = -\frac{k}{C'}(\vartheta - \vartheta'). \tag{279}$$

Setzt man dies in Gl. (277) ein, so folgt

$$\frac{d\Theta_m}{dx} = -\frac{uk}{2}(\vartheta - \vartheta')\left[\frac{1}{C} + \frac{1}{C'} - \left(\frac{k}{\alpha} - \frac{k}{\alpha'}\right)\left(\frac{1}{C} - \frac{1}{C'}\right)\right]. \tag{280}$$

Ist endlich λ_s die Wärmeleitfähigkeit des Baustoffes, δ die Dicke der wärmeübertragenden Wände, u der mittlere Umfang der Rohre, also $u \cdot \delta$ ihre Quer-
schnittsfläche, dann strömt in ihrer Längsrichtung an der Stelle x in der Zeiteinheit die Wärmemenge

$$(\dot{Q}_\lambda)_W = -\lambda_s \cdot \frac{d\Theta_m}{dx} \cdot u\,\delta, \tag{281}$$

worin $d\Theta_m/dx$ durch Gl. (280) bestimmt ist.

Hierzu kommt noch die Wärmemenge $(\dot{Q}_\lambda)_M$, die das Mantelrohr des Wärmeaustauschers in der Längsrichtung fortleitet. Ist das Mantelrohr isoliert, so kann
man bei Rekuperatoren in erster Näherung annehmen, daß es dieselbe Temperatur
ϑ' hat wie das außen strömende Gas. Das Temperaturgefälle im Außenmantel ist
dann nach Gl. (279) bestimmt durch

$$\frac{d\vartheta'}{dx} = \frac{d\vartheta'}{df}\cdot\frac{df}{dx} = -\frac{uk}{C'}(\vartheta - \vartheta'). \tag{282}$$

Ist endlich λ_M die Wärmeleitzahl, u_M der mittlere Umfang und δ_M die Wandstärke
des Mantelrohres, so beträgt die in seiner Längsrichtung in der Zeiteinheit strömende Wärmemenge

$$(\dot{Q}_\lambda)_M = -\lambda_M \frac{d\vartheta'}{dx} u_M\,\delta_M. \tag{283}$$

Für die gesamte in der Längsrichtung des Wärmeaustauschers strömende Wärmemenge $\dot{Q}_\lambda = (\dot{Q}_\lambda)_W + (\dot{Q}_\lambda)_M$ ergibt sich daher aus den Gln. (280) bis (283)

$$\dot{Q}_\lambda = \left[\lambda_s u\,\delta\,\frac{1}{2}\left\{\frac{1}{C} + \frac{1}{C'} - \left(\frac{k}{\alpha} - \frac{k}{\alpha'}\right)\left(\frac{1}{C} - \frac{1}{C'}\right)\right\} + \lambda_M u_M \delta_M \frac{1}{C'}\right]uk(\vartheta - \vartheta').$$
$$(284)$$

Der Vollständigkeit wegen wollen wir hier auch schon die entsprechende Gleichung für Regeneratoren anschreiben. Bei gut isolierten Regeneratoren hat, wie aus den Betrachtungen des dritten Abschnitts hervorgeht, das Mantelrohr im Mittel dieselbe Temperatur Θ_m wie die Speichermasse. In Gl. (283) ist daher $d\vartheta'/dx$ durch $d\Theta_m/dx$ zu ersetzen. Für *Regeneratoren* ergibt sich daher

$$\dot{Q}_\lambda = (\lambda_s u\,\delta + \lambda_M u_M \delta_M)\frac{1}{2}\left[\frac{1}{C} + \frac{1}{C'} - \left(\frac{k}{\alpha} - \frac{k}{\alpha'}\right)\left(\frac{1}{C} - \frac{1}{C'}\right)\right]uk(\vartheta - \vartheta'). \quad (285)$$

Ist, wie z.B. bei den Regeneratoren der Tieftemperaturtechnik, die Speichermasse in der Längsrichtung häufig unterbrochen, dann leitet sie nur wenig Wärme in dieser Richtung. Man kann dies in Gl. (285) berücksichtigen, indem man λ_s sehr klein wählt oder, mit meist ausreichender Genauigkeit, vernachlässigt.

Bemerkenswert ist, daß nach den sehr allgemein geltenden Gln. (284) und (285) der Wärmestrom $\dot{Q}_\lambda$ stets der Temperaturdifferenz $\vartheta - \vartheta'$ verhältnisgleich ist, die an der betrachteten Stelle des Austauschers herrscht. Allerdings kann der Proportionalitätsfaktor, wenn C, C', α, α', k, λ_B usw. veränderlich sind, noch selbst von der Stelle x oder f abhängen. Im allgemeinen wird aber diese Veränderlichkeit nur gering sein.

Ableitung einer einfachen Regel

Sind die genannten Größen unveränderlich, so daß auf den rechten Seiten der Gln. (284) und (285) nur ϑ und ϑ' veränderlich sind, dann läßt sich zur Berechnung von $\dot{Q}_\lambda$ eine einfache Regel ableiten.

Sind $(\Theta_m)_a$ und $(\Theta_m)_b$ die Werte der mittleren Wandtemperatur Θ_m bei $x = 0$ und $x = L$, d.h. nach Bild 60 an den Enden des Wärmeaustauschers, dann folgt zunächst aus Gl. (177) bei $F = F_i = F_a$

$$\frac{(\Theta_m)_b - (\Theta_m)_a}{L} = -\frac{F}{2L}\left[\left(1 - \frac{k}{\alpha} + \frac{k}{\alpha'}\right)\cdot\frac{\vartheta_1 - \vartheta_2}{F} + \left(1 - \frac{k}{\alpha'} + \frac{k}{\alpha}\right)\frac{\vartheta_2' - \vartheta_1'}{F}\right]. \quad (286)$$

Da ferner nach Gl. (145) und (156) mit der mittleren Temperaturdifferenz $\Delta\vartheta_M$ zwischen beiden Gasen

$$\frac{\vartheta_1 - \vartheta_2}{F} = \frac{k}{C}\Delta\vartheta_M \quad\text{und}\quad \frac{\vartheta_2' - \vartheta_1'}{F} = \frac{k}{C'}\Delta\vartheta_M,$$

geht Gl. (286) wegen $\dfrac{F}{L} = \dfrac{df}{dx} = u$ über in

$$\frac{(\Theta_m)_b - (\Theta_m)_a}{L} = -\frac{uk}{2}\Delta\vartheta_M\left[\frac{1}{C} + \frac{1}{C'} - \left(\frac{k}{\alpha} - \frac{k}{\alpha'}\right)\left(\frac{1}{C} - \frac{1}{C'}\right)\right]. \quad (287)$$

Verliefe nun die Temperatur zwischen $(\Theta_m)_a$ und $(\Theta_m)_b$ linear, dann betrüge die in den wärmeübertragenden Wänden je Zeiteinheit strömende Wärmemenge

$$(\dot{Q}_\lambda)_{W,lin} = -\lambda_s\frac{(\Theta_m)_b - (\Theta_m)_a}{L}u\,\delta. \quad (288)$$

Hiermit wird nach Gl. (281) unter Berücksichtigung von Gl. (280) und (287):

$$(\dot{Q}_\lambda)_W = (\dot{Q}_\lambda)_{W,lin} \cdot \frac{\vartheta - \vartheta'}{\varDelta\vartheta_M} \, . \tag{289}$$

Da sich die gleiche Überlegung auch für den Wärmestrom im Mantelrohr durchführen läßt, und man hierbei sowohl für Rekuperatoren wie auch für Regeneratoren eine der Gl. (289) entsprechende Beziehung erhält, muß auch für den gesamten Wärmestrom in der Längsrichtung des Wärmeaustauschers gelten

$$\dot{Q}_\lambda = (\dot{Q}_\lambda)_{lin} \cdot \frac{\vartheta - \vartheta'}{\varDelta\vartheta_M} \, . \tag{290}$$

Man gelangt hiernach für die Berechnung von $\dot{Q}_\lambda$ zu folgender einfachen *Regel*: Man berechnet zunächst die Wärmemenge $(\dot{Q}_\lambda)_{lin}$, die bei *linearem* Temperaturverlauf in den wärmeübertragenden Wänden und im Mantelrohr fortgeleitet würde. Den wirklichen Wärmestrom $\dot{Q}_\lambda$ an einer beliebigen Stelle x erhält man dann, indem man $(\dot{Q}_\lambda)_{lin}$ mit dem Verhältnis der Temperaturdifferenz $\vartheta - \vartheta'$ an der betrachteten Stelle zur mittleren Temperaturdifferenz $\varDelta\vartheta_M$ multipliziert. Wenngleich diese Regel streng nur bei unveränderlichen Werten von C, C', α, α', k, λ_B usw. gilt, so wird man sie doch auch in fast allen anderen Fällen mit genügender Genauigkeit anwenden können.

Einfluß der Längswärmeleitung auf den Temperaturverlauf

Der Einfluß der Wärmeleitung in der Längsrichtung des Wärmeaustauschers drückt sich aber nicht nur durch den Betrag $\dot{Q}_\lambda$ der in dieser Richtung fortgeleiteten Wärme, sondern auch dadurch aus, daß der Temperaturverlauf der Gase und damit auch ihre Austrittstemperaturen ϑ_2 und ϑ_2' geändert werden. Nimmt man nämlich an, daß die Temperaturdifferenz $\vartheta - \vartheta'$ zwischen beiden Gasen von Stelle zu Stelle des Rekuperators verschieden ist, dann trifft dasselbe nach Gl. (290) auch für die in den Wandungen fortgeleitete Wärme $\dot{Q}_\lambda$ zu. Es werde z.B. $\dot{Q}_\lambda$ mit wachsendem f größer, In einem sehr kleinen Stück des Wärmeaustauschers mit der wärmeübertragenden Fläche df dient dann ein kleiner Teil der vom wärmeren Gas abgegebenen Wärmemenge $d\dot{q}$ zur Erhöhung von $\dot{Q}_\lambda$, und nur der Rest $d\dot{q}' = d\dot{q} - d\dot{Q}_\lambda$ wird weiter auf das kalte Gas übertragen.

Für $d\dot{q}$ und $d\dot{q}'$ gelten, wenn wir auch hier wieder die Unterschiede zwischen F_i, F_a und F vernachlässigen, folgende Beziehungen:

$$d\dot{q} = \alpha(\vartheta - \Theta_0)\, df, \tag{291}$$

$$d\dot{q}' = \alpha'(\Theta_0' - \vartheta')\, df. \tag{292}$$

Für die quer durch die Wand strömende Wärmemenge kann man ferner im Mittel setzen

$$\frac{1}{2}(d\dot{q} + d\dot{q}') = \frac{\lambda_s}{\delta}(\Theta_0 - \Theta_0')\, df. \tag{293}$$

Löst man diese drei Gleichungen nach den Temperaturunterschieden $\vartheta - \Theta_0$ usw. auf, so erhält man durch Addition unter Berücksichtigung von Gl. (127)

$$\vartheta - \vartheta' = \frac{1}{k} \cdot \frac{d\dot{q}}{df} + \left(\frac{1}{\alpha'} + \frac{\delta}{2\lambda_s}\right)\frac{d\dot{q}' - d\dot{q}}{df} \, . \tag{294}$$

Da ferner mit der Abkürzung

$$\frac{(\dot{Q}_\lambda)_{lin}}{\varDelta\vartheta_M} = A \tag{295}$$

nach Gl. (290)

$$d\dot{q} - d\dot{q}' = d\dot{Q}_\lambda = A\, d(\vartheta - \vartheta')$$

wird, so ergibt sich aus Gl. (294)

$$\frac{d\dot{q}}{\vartheta - \vartheta'} - \left(\frac{k}{\alpha'} + \frac{k\,\delta}{2\lambda_s}\right) A \frac{d(\vartheta - \vartheta')}{\vartheta - \vartheta'} = k\,df. \tag{296}$$

Aus der Wärmemengengleichung

$$\dot{q} = C(\vartheta_1 - \vartheta) = C'(\vartheta_2' - \vartheta') + \dot{Q}_\lambda - \dot{Q}_{\lambda 0} = C'(\vartheta_2' - \vartheta') + A(\vartheta - \vartheta') - A(\vartheta_1 - \vartheta_2'), \tag{297}$$

worin $\dot{Q}_{\lambda 0}$ den Wert von $\dot{Q}_\lambda$ bei $x = 0$ bedeutet, folgt

$$\vartheta_1 - \vartheta = \frac{C' + A}{C - C'}[(\vartheta - \vartheta') - (\vartheta_1 - \vartheta_2')]. \tag{298}$$

Bildet man endlich hieraus $d\dot{q} = C\,d(\vartheta_1 - \vartheta)$, so erhält man durch Einsetzen in Gl. (296) und durch Integration

$$\vartheta - \vartheta' = (\vartheta_1 - \vartheta_2') \cdot \exp\left(\frac{kf}{\dfrac{C}{C - C'}(C' + A) - \left(\dfrac{k}{\alpha'} + \dfrac{k\,\delta}{2\lambda_s}\right)A}\right). \tag{299}$$

Gl. (298) geht hiermit über in

$$\vartheta_1 - \vartheta = (\vartheta_1 - \vartheta_2')\frac{C' + A}{C - C'}\left[\exp\left(\frac{kf}{\dfrac{C}{C - C'}(C' + A) - \left(\dfrac{k}{\alpha'} + \dfrac{k\,\delta}{2\lambda_s}\right)A}\right) - 1\right]. \tag{300}$$

Durch die Gln. (299) und (300) ist der *Temperaturverlauf im Wärmeaustauscher unter dem Einfluß der Längswärmeleitung* $\dot{Q}_\lambda$ *festgelegt*, soferne C, C', α, α', λ_s und k unveränderlich und die Eintrittstemperaturen ϑ_1 und ϑ_1' gegeben sind. Auch die unter diesem Einfluß sich einstellenden Austrittstemperaturen ϑ_2 und ϑ_2' der Gase sind durch die genannten Gleichungen bestimmt. Den Wert von ϑ_2 erhält man hierbei unmittelbar, wenn man die für $f = F$ aus den Gln. (299) und (300) folgende Beziehung benutzt:

$$\vartheta_2 - \vartheta_1' = (\vartheta_1 - \vartheta_1') \cdot \frac{\exp\left(\dfrac{kF}{\dfrac{C}{C - C'}(C' + A) - \left(\dfrac{k}{\alpha'} + \dfrac{k\,\delta}{2\lambda_s}\right)A}\right)}{\dfrac{C + A}{C - C'} \cdot \exp\left(\dfrac{kF}{\dfrac{C}{C - C'}(C' + A) - \left(\dfrac{k}{\alpha'} + \dfrac{k\,\delta}{2\lambda_s}\right)A}\right) - \dfrac{C' + A}{C - C'}}. \tag{301}$$

Es läßt sich zeigen, daß der durch $\dot{Q}_\lambda$ beeinflußte Temperaturverlauf nach Gl. (299) und (300) genau einem verlustfreien Fall mit unveränderlichen, aber etwas anders gewählten Werten von C und C' entspricht. Denn die Gln. (167) und (168) gehen in die Gln. (299) und (300) über, wenn man in Gl. (167) und (168) unter Berücksichtigung von Gl. (127)

$$C \ \text{durch} \ C + \frac{C' - C}{C' + A}\left(\frac{k}{\alpha'} + \frac{k\,\delta}{2\lambda_s}\right) A$$

und

$$C' \ \text{durch} \ C' - \frac{C' - C}{C + A}\left(\frac{k}{\alpha} + \frac{k\,\delta}{2\lambda_s}\right) A \tag{302}$$

ersetzt. Man ersieht hieraus, daß im Fall $C' > C$ die Wärmekapazität C des wärmeren Gases durch den Einfluß von $\dot{Q}_\lambda$ scheinbar vergrößert, die Wärmekapazität C' des kälteren Gases scheinbar verkleinert wird. Die hierdurch bewirkte Änderung des Verlaufs von ϑ und ϑ' ist in Bild 80 dargestellt, in der die gestrichelten Linien den ungestörten Temperaturverlauf, die ausgezogenen Linien den Temperaturverlauf unter dem Einfluß von $\dot{Q}_\lambda$ bedeuten. Man erkennt, daß in dem dargestellten Fall bei unveränderlichen Eintrittstemperaturen ϑ_1 und ϑ_1' die Temperaturen ϑ und ϑ' der Gase im weiteren Verlauf an allen Stellen des Wärmeaustauschers erhöht werden. Entsprechend muß auch die mittlere Temperatur Θ_m der Trennwände steigen. Diese Erscheinung läßt sich wie folgt erklären.

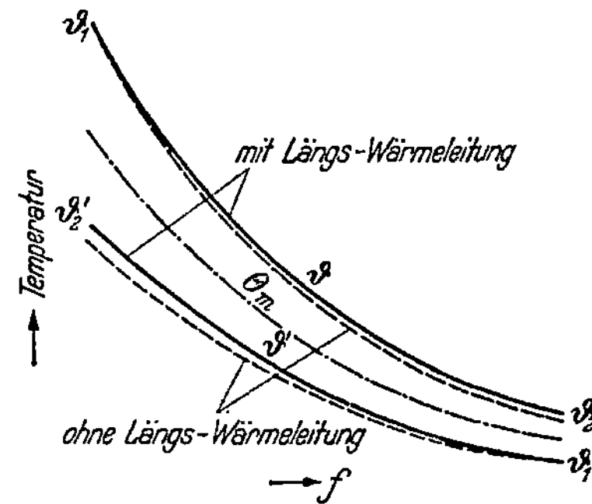

Bild 80. Temperaturverlauf in einem Gegenstromwärmeaustauscher bei $C' > C$ unter dem Einfluß der Wärmeleitung der Wände in der Längsrichtung.

Wir nehmen, wie wir es bei den bisherigen Ableitungen schon stillschweigend taten, an, daß die in der Längsrichtung fortgeleitete Wärme $\dot{Q}_\lambda$ an den Enden des Wärmeaustauschers ungehindert von außen zugeführt und nach außen abgeleitet werden kann. Dann nimmt in dem dargestellten Beispiel $\dot{Q}_\lambda$ mit wachsendem f stetig ab, weil in Bild 70 das Temperaturgefälle $-d\Theta_m/dx$ nach rechts hin immer kleiner wird. Bei $f = 0$ wird also dem Wärmeaustauscher eine wesentlich größere Wärmemenge $(\dot{Q}_\lambda)_0$ von außen zugeleitet als die Wärmemenge $(\dot{Q}_\lambda)_F$, die bei $f = F$ nach außen abgegeben wird. Ein Teil des Unterschiedes $(\dot{Q}_\lambda)_0 - (\dot{Q}_\lambda)_F$ wird auf das kältere Gas übertragen, das sich daher mehr erwärmt als bei ungestörtem Austausch. Der andere Teil beruht auf einer verringerten Wärmeabgabe des wärmeren Gases, so daß dieses sich im ganzen etwas weniger abkühlt. Entsprechend der Erhöhung der Temperaturen beider Gase nimmt auch die mittlere Temperatur Θ_m der Wärme übertragenden Wände etwas zu.

Erhöhung des Wärmeverlustes durch die Temperaturänderungen der Gase

Inwieweit die beschriebenen Temperaturänderungen einen Verlust bedeuten, erkennt man, wenn man sich in Bild 80 die linke Seite des Wärmeaustauschers mit einem Apparat verbunden denkt, in dem sich irgendein Vorgang, z.B. eine chemische Reaktion, bei hoher Temperatur vollzieht. Aus diesem Apparat stammt die Leitungswärme $(\dot{Q}_\lambda)_0$. Trotzdem geht aber nur der wesentlich kleinere Betrag $(\dot{Q}_\lambda)_F$ am kalten Ende des Rekuperators unmittelbar durch Leitung verloren. Hierzu kommt aber dadurch ein zusätzlicher Verlust, daß das ursprünglich wärmere Gas mit einer höheren Temperatur ϑ_2 austritt, also mehr Wärme mit herausträgt. Hierdurch wird der Austauschverlust vergrößert. Erhöht sich die Austrittstemperatur um $\Delta_\lambda\vartheta_2$, dann beträgt der genannte zusätzliche Verlust $C \cdot \Delta_\lambda\vartheta_2$.

Eine Ausnahme bildet der Sonderfall $C = C'$, in dem wegen des geradlinigen Temperaturverlaufs $\dot{Q}_\lambda = (\dot{Q}_\lambda)_0 = (\dot{Q}_\lambda)_F = $ const ist. Die Wärmemenge $\dot{Q}_\lambda$ strömt daher in der Längsrichtung der Trennwand, ohne den senkrecht zu den Wänden stattfindenden Wärmeaustausch zwischen den beiden Gasen zu beeinflussen. Die Austrittstemperaturen ϑ_2 und ϑ_2' bleiben hiernach ungeändert und $(\dot{Q}_\lambda)_F$ stellt den gesamten Verlust durch Wärmeleitung in der Längsrichtung dar. Der zusätzliche Wärmeverlust $C \cdot \Delta_\lambda \vartheta_2$ tritt hiernach nur bei gekrümmtem Temperaturverlauf auf.

Die Betrachtungen werden nur wenig geändert, wenn die Wärmemengen $(\dot{Q}_\lambda)_0$ und $(\dot{Q}_\lambda)_F$ nicht von außen zugeleitet bzw. nicht nach außen abgeleitet werden können. Nimmt man z.B. den extremen Fall an, daß die wärmeübertragenden Wände nach den Enden des Wärmeaustauschers hin vollkommen isoliert sind, dann bleibt doch in den Hauptzügen der Temperaturverlauf ähnlich wie in Bild 80. Nur der Verlauf von Θ_m wird an den Enden so abgekrümmt, daß bei $f = 0$ und $f = F$ das Temperaturgefälle $-d\Theta_m/dx = 0$ wird, daß also die Kurve für Θ_m auf beiden Seiten mit waagerechten Tangenten endet (vgl. Bild 81). Hierdurch wird bei $f = 0$ der Temperaturunterschied gegen das wärmere Gas und bei $f = F$ der Temperaturunterschied

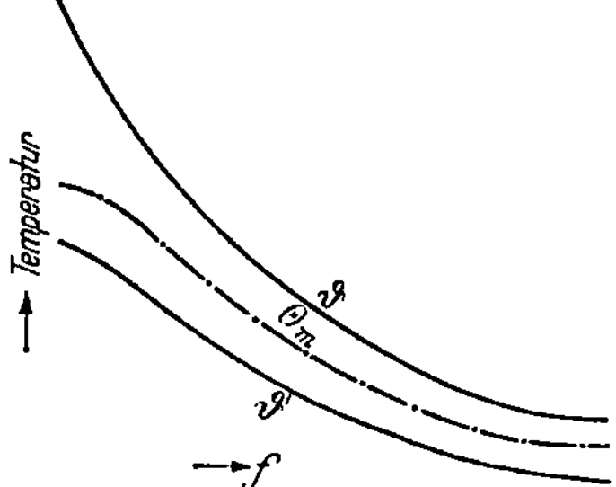

Bild 81. Temperaturverlauf in einem Gegenstrom-Wärmeaustauscher unter Einfluß der Längswärmeleitung, wobei die Rohrwände an den Enden isoliert sind.

gegen das kältere Gas vergrößert. Dies bewirkt im wesentlichen, daß die Trennwände am einen Ende die Wärmemenge $(\dot{Q}_\lambda)_0$ vom wärmeren Gas zusätzlich aufnehmen und schließlich am anderen Ende die Wärmemenge $(\dot{Q}_\lambda)_F$ zusätzlich an das kältere Gas abgeben. Beide Gase erleiden daher unmittelbar nach ihrem Eintritt eine etwas verstärkte Temperaturänderung, während umgekehrt die Temperaturänderung kurz vor dem Austritt etwas verlangsamt wird. In den mittleren Teilen haben daher die Temperaturen ϑ und ϑ' zunächst das Bestreben, sich gegenseitig etwas zu nähern. Ein ungeänderter Wert von $\Delta\vartheta_M$ kann aber nur erhalten bleiben, wenn als Ausgleich hierfür die Austrittstemperatur ϑ_2 gegenüber Bild 80 etwas erhöht, die Austrittstemperatur ϑ_2' etwas erniedrigt wird. Von einer genauen Berechnung dieses Temperaturverlaufs, die ziemlich verwickelt wäre, werde abgesehen. Da jedoch die Abweichungen gegenüber dem Temperaturverlauf in Bild 80 im allgemeinen nur gering sind, ist zu erwarten, daß der Gesamtverlust $(\dot{Q}_\lambda)_{ges}$ durch die Längswärmeleitung in beiden Fällen ungefähr gleich sein wird. Im einzelnen besteht allerdings noch folgender Unterschied. Während in dem zuerst besprochenen Falle (Bild 80) $(\dot{Q}_\lambda)_{ges}$ in $(\dot{Q}_\lambda)_F$ und $C \cdot \Delta\lambda\vartheta_2$ zerfällt, besteht im zweiten Falle (Bild 81) $(\dot{Q}_\lambda)_{ges}$ nur aus dem Austauschverlust $C \cdot \Delta_\lambda\vartheta_2$, wobei aber jetzt $\Delta_\lambda\vartheta_2$ entsprechend größer ist.

Die Gln. (290), (295) und (301) gestatten für den ersten Fall $(Q_\lambda)_F$ und $\Delta_\lambda\vartheta_2$ und damit $(\dot{Q}_\lambda)_{ges} = (\dot{Q}_\lambda)_F + C \cdot \Delta_\lambda\vartheta_2$ zu berechnen. $\Delta_\lambda\vartheta_2$ erhält man hierbei, indem man von dem nach Gl. (301) ermittelten Wert von ϑ_2 den Wert für $A = 0$ abzieht. Ist aber wie in fast allen praktischen Fällen der Längswärmeleitungsverlust klein, dann findet man $\Delta_\lambda\vartheta_2$ und damit auch $(\dot{Q}_\lambda)_{ges}$ wesentlich einfacher nach dem im folgenden entwickelten Verfahren.

Vereinfachte Berechnung des Einflusses der Längswärmeleitung
auf die Austrittstemperatur des wärmeren Gases

Wir setzen voraus, daß die in der Längsrichtung fortgeleitete Wärmemenge $\dot{Q}_\lambda$ und damit auch $A = (\dot{Q}_\lambda)_{lin}/\Delta\vartheta_M$ klein ist, und gehen daher von dem Grenzfall $A = 0$ aus. Differenziert man Gl. (301) nach A, und geht man nachträglich zur Grenze $A = 0$ über, dann erhält man zunächst

$$\left(\frac{d\vartheta_2}{dA}\right)_{A=0}$$

$$= (\vartheta_2 - \vartheta_1')\frac{1 - \left[1 + \left(\frac{1}{C'} - \frac{1}{C}\right)\left\{1 + \frac{C' - C}{C}\left(\frac{k}{\alpha'} + \frac{k\,\delta}{2\lambda_s}\right)\right\}kF\right]\exp\left[-\left(\frac{1}{C'} - \frac{1}{C}\right)kF\right]}{C' \cdot \exp\left[-\left(\frac{1}{C'} - \frac{1}{C}\right)kF\right] - C}.$$

$$(303)$$

Wegen des kleinen Wertes von A kann dieser Differentialquotient gleich $\Delta_\lambda\vartheta_2/A$ gesetzt werden. Da ferner nach Gl. (290) und (295) $(\dot{Q}_\lambda)_F = A(\vartheta_2 - \vartheta_1')$ ist, folgt mit Gl. (261)

$$\frac{C \cdot \Delta_\lambda\vartheta_2}{(\dot{Q}_\lambda)_F} = \frac{1 + \left[\left\{1 + \frac{C' - C}{C}\left(\frac{k}{\alpha'} + \frac{k\,\delta}{2\lambda_s}\right)\right\}\ln\tau - 1\right]\tau}{\frac{C'}{C}\tau - 1}.$$

$$(304)$$

Hiermit ergibt sich für den gesamten Wärmeleitungsverlust

$(\dot{Q}_\lambda)_{ges} = (\dot{Q}_\lambda)_F + C\,\Delta_\lambda\vartheta_2$:

$$\frac{(\dot{Q}_\lambda)_{ges}}{(\dot{Q}_\lambda)_F} = 1 + \frac{C \cdot \Delta_\lambda\vartheta_2}{(\dot{Q}_\lambda)_F} = \frac{\tau\left[\left\{1 + \frac{C' - C}{C}\left(\frac{k}{\alpha'} + \frac{k\,\delta}{2\lambda_s}\right)\right\}\ln\tau + \frac{C' - C}{C}\right]}{\frac{C'}{C}\tau - 1}.$$

$$(305)$$

Im Sonderfall $C = C'$ geht diese Gleichung wegen Gl. (261) und Gl. (181) in folgende bemerkenswert einfache Beziehung über

$$\frac{(\dot{Q}_\lambda)_{ges}}{(\dot{Q}_\lambda)_F} = \frac{\tau\ln\tau}{\tau - 1} = \frac{\vartheta_1 - \vartheta_2}{\Delta\vartheta_M} \qquad \text{(bei } C = C'\text{)}.$$

$$(306)$$

Berücksichtigt man ferner, daß nach Gl. (290)

$$(\dot{Q}_\lambda)_F = (\dot{Q}_\lambda)_{lin} \cdot \frac{\vartheta_2 - \vartheta_1'}{\Delta\vartheta_M} = (\dot{Q}_\lambda)_{lin} \cdot \frac{\ln\tau}{\tau - 1},$$

so erhält man aus den Gln. (305) und (306) als Endergebnis

$$\frac{(\dot{Q}_\lambda)_{ges}}{(\dot{Q}_\lambda)_{lin}} = \frac{\tau\ln\tau}{(\tau - 1)\left(\frac{C'}{C}\tau - 1\right)}\left[\left\{1 + \frac{C' - C}{C}\left(\frac{k}{\alpha'} + \frac{k\,\delta}{2\lambda_s}\right)\right\}\ln\tau + \frac{C' - C}{C}\right] \qquad (307)$$

und im Sonderfall $C = C'$

$$\frac{(\dot{Q}_\lambda)_{ges}}{(\dot{Q}_\lambda)_{lin}} = \frac{(\vartheta_1 - \vartheta_2')(\vartheta_2 - \vartheta_1')}{(\Delta\vartheta_M)^2} \qquad \text{(bei } C = C'\text{)}. \qquad (308)$$

Wollte man Gl. (308) im Sinne der Ableitung tatsächlich nur auf den Fall $C = C'$ anwenden, dann könnte man den Ausdruck auf der rechten Seite gleich 1 setzen, da ja in diesem Falle, endliches kF vorausgesetzt, die Temperaturunterschiede $\vartheta_1 - \vartheta_2'$, $\vartheta_2 - \vartheta_1'$ und $\Delta\vartheta_M$ einander gleich sind. Dies steht in Übereinstimmung mit der früheren Feststellung, daß bei $C = C'$

kein Verlust durch Temperaturänderungen der Gase auftritt und daher $(\dot{Q}_\lambda)_{ges} = (\dot{Q}_\lambda)_F = (\dot{Q}_\lambda)_0 = (\dot{Q}_\lambda)_{lin}$ ist. Die Bedeutung von Gl. (308) liegt aber darin, daß sie sich auch bei $C \neq C'$ als gute Näherungsbeziehung erweisen wird.

Diagramm und einfache Regel zur Ermittlung des Gesamtverlustes
durch die Längswärmeleitung

Die Ergebnisse der bisherigen Betrachtungen können wir wie folgt zusammenfassen. Der gesamte Wärmeverlust $(\dot{Q}_\lambda)_{ges}$ je Zeiteinheit, der durch die Längswärmeleitung der wärmeübertragenden Wände und des Mantelrohres verursacht ist, besteht nach dem Vorhergehenden nicht allein aus der Wärmemenge $(\dot{Q}_\lambda)_F$, die unmittelbar durch die Längswärmeleitung selbst aus dem Rekuperator herausgeschafft wird. Die Längswärmeleitung beeinflußt vielmehr auch den gesamten Temperaturverlauf im Rekuperator. Hierdurch kann ein erhöhter Austauschverlust entstehen, indem z.B. das ursprünglich wärmere Gas wie in Bild 80 mit höherer Temperatur aus dem Rekuperator austritt, als dies ohne die Wärmeleitung der Fall wäre. Dieser Austauschverlust kann allerdings auch negativ werden, wenn nämlich die Temperaturkurven wegen $C' < C$ umgekehrt gekrümmt sind wie in Bild 80. Dieser zusätzliche Verlust muß daher jeweils mit seinem Vorzeichen in dem Wert des Gesamtverlustes $(\dot{Q}_\lambda)_{ges}$ berücksichtigt werden.

Wie ebenfalls schon gezeigt wurde, berechnet man $(\dot{Q}_\lambda)_{ges}$ am einfachsten, indem man zunächst die Wärmemenge $(\dot{Q}_\lambda)_{lin}$ ermittelt, die bei *linearem Temperaturgefälle* zwischen den tatsächlich an den Enden des Rekuperators vorhandenen Temperaturen in der Längsrichtung fortgeleitet würde. Das Verhältnis $(\dot{Q}_\lambda)_{ges}/(\dot{Q}_\lambda)_{lin}$ ist dann durch Gl. (307) oder (308) bestimmt. Sein Wert hängt im wesentlichen nur von dem Verhältnis $\tau = \Delta\vartheta_a/\Delta\vartheta_b$ der Temperaturdifferenzen der Gase an den Enden des Wärmeaustauschers und dem Verhältnis C'/C der Wärmekapazitäten beider Gase ab. Der Einfluß von k, α', δ und λ_s in Gl. (307) ist hingegen nur gering.

Eine rasche Bestimmung von $(\dot{Q}_\lambda)_{ges}/(\dot{Q}_\lambda)_{lin}$ ermöglicht Bild 82, in dem dieses Verhältnis nach Gl. (307) abhängig von τ für verschiedene Werte von C'/C aufgetragen ist. Hierbei ist $\alpha = \alpha'$ gesetzt, so daß $\dfrac{k}{\alpha'} + \dfrac{k\,\delta}{2\lambda_B} = \dfrac{1}{2}$ wird. Auch ist $\tau > 1$ und $C'/C > 1$ angenommen. Für $\tau < 1$, wobei auch $C'/C < 1$, ergeben sich jedoch dieselben Kurven wie in Bild 82, wenn man als Abszisse $1/\tau$ und als Parameter C/C' wählt. Die Benutzung dieser Kurven ist also insofern sehr einfach, als man für die Abszisse und für den Parameter stets dasjenige Verhältnis der entsprechenden Größen zu wählen hat, das gleich oder größer als 1 ist. Aus den Kurven erkennt man, daß der Einfluß von C'/C nur gering ist. Er kann, da es sich bei $(\dot{Q}_\lambda)_{ges}$ nur um die Ermittlung einer Berichtigungsgröße handelt, meist vernachlässigt werden. Man kann somit fast immer $(\dot{Q}_\lambda)_{ges}/(\dot{Q}_\lambda)_{lin}$ näherungsweise nach der einfachen Gl. (308) berechnen, die der obersten Kurve in Bild 82 entspricht. Nach dieser Gleichung gilt für die *Berechnung des gesamten Verlustes* $(\dot{Q}_\lambda)_{ges}$ *durch die Längswärmeleitung* folgende einfache *Regel*. Man bestimmt zunächst die Wärmemenge $(\dot{Q}_\lambda)_{lin}$, die bei linearem Temperaturverlauf in der Längsrichtung des Wärmeaustauschers fortgeleitet würde. Den so erhaltenen Wert multipliziert man mit dem Produkt der beiden Temperaturunterschiede der Gase an den Enden des Wärmeaustauschers und dividiert schließlich durch das Quadrat der mittleren Temperaturdifferenz $\Delta\vartheta_M$.

In Bild 82 sind ferner $\dfrac{\vartheta_2 - \vartheta_1'}{\varDelta\vartheta_M}$ und $\dfrac{\varDelta\vartheta_M}{\vartheta_1 - \vartheta_2'}$ abhängig von τ aufgetragen. Die erste dieser Kurven kann nach Gl. (290) zur raschen Ermittlung des Wärmeverlustes $(\dot{Q}_\lambda)_F$, der unmittelbar durch die Längswärmeleitung selbst verursacht ist, die zweite zur Bestimmung der mittleren Temperaturdifferenz $\varDelta\vartheta_M$ aus den Endtemperaturunterschieden $\varDelta\vartheta_a$ und $\varDelta\vartheta_b$ benutzt werden (vgl. auch Bild 68). Der Quotient der durch diese beiden Kurven dargestellten Größen ergibt wieder den Ausdruck auf der rechten Seite von Gl. (308), der aber einfacher aus der obersten der zuerst besprochenen Linien abgelesen werden kann.

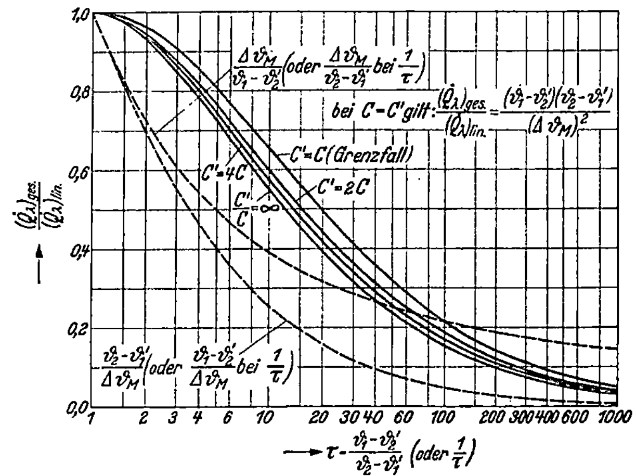

Bild 82. Gesamtverlust $(\dot{Q}_\lambda)_{ges}$ durch die Längswärmeleitung im Verhältnis zu $(\dot{Q}_\lambda)_{lin}$ abhängig von $\tau = \varDelta\vartheta_a/\varDelta\vartheta_b$ bei $\alpha = \alpha'$.

Größe der Verluste in der Tieftemperaturtechnik

Um einen Überblick über die Größe der Verluste durch die Wärme- oder Kälteabgabe an die Umgebung und durch die Längswärmeleitung zu erhalten, sollen nachstehend einige für die Gegenströmer der Tieftemperaturtechnik berechnete Werte mitgeteilt werden. Wie diese Verluste den Temperaturverlauf beeinflussen, erkennt man, wenn man sich die Bilder 76 und 80 gegen die Waagerechte für die Umgebungstemperatur ϑ_u gespiegelt denkt, so daß jetzt alle Temperaturen unterhalb ϑ_u liegen. Durch den Kälteverlust $\dot{Q}_u$ an die Umgebung wird dann nach Bild 76 das ursprünglich wärmere Gas etwas weniger stark abgekühlt, das ursprünglich kältere Gas etwas mehr erwärmt als ohne diesen Verlust. Die Längswärmeleitung bewirkt ferner nach Bild 80 eine Erhöhung der Temperaturdifferenz zwischen den Gasen am warmen Ende und damit des Austauschverlustes.

Nachstehende Tabelle enthält das Ergebnis einer schon älteren Berechnung der Kälteverluste von vier Gegenströmen, die möglichst verschieden voneinander gewählt sind. Zwei sind als Rekuperatoren, bestehend aus je einem Bündel gerader Rohre (vgl. Bild 60), einer als Regenerator (vgl. dritten Abschnitt) und einer als Kreuzgegenströmer (vgl. § 46) ausgeführt. Der Kreuzgegenströmer ist sehr kurz gebaut und hat ein starkwandiges Mantelrohr, weil auch im Außenraum ein hoher Druck herrscht.

Die dritte Spalte der oberen Teiltabelle zeigt, daß die für den Umgebungsverlust maßgebende Kenngröße $k_u F_u/C'$ sehr klein ist. $\dot{Q}_u$ ist die aus der Umgebung stündlich einströmende Wärmemenge. Von dieser stellt aber nach den früheren Erörterungen nur der Teilbetrag $C \cdot \varDelta\vartheta_2$ einen wirklichen Kälteverlust dar, wenn C die Wärmekapazität des ursprünglich wärmeren Gases je Zeiteinheit und $\varDelta\vartheta_2$ die durch den Umgebungsverlust verursachte Erhöhung der Austrittstemperatur ϑ_2 dieses Gases bedeutet. $\varDelta\vartheta_2$ ist in allen vier Fällen trotz der großen Verschiedenheit der Gegenströmer von derselben Größenordnung; es liegt meist zwischen 0,1 und 0,2° und nimmt im allgemeinen mit abnehmender Leistung zu.

Tabelle 12. Kälteverluste von Gegenströmern der Tieftemperaturtechnik

a) Umgebungsverlust

Bauart des Gegenströmers	Mittelwert der Gasmengen je Zeiteinheit kg/h	Kenngröße $k_u F_u/C'$	Aus der Umgebung einströmende Wärme $\dot{Q}_u$ W	Kälteverlust $C \cdot \varDelta\vartheta_2$ W	Erhöhung der Austrittstemperatur am kalten Ende $\varDelta\vartheta_2$
Gerades Rohrbündel	6000	0,0016	200	86	0,06°
Gerades Rohrbündel	32	0,0053	33	15	0,23°
Regenerator	3400	0,0020	180	120	0,13°
Kurzer Kreuz-Gegenströmer mit starkwandigem Mantelrohr	360	0,0033	41	28	0,18°

b) Verlust durch die Längswärmeleitung

Bauart des Gegenströmers	$(\dot{Q}_\lambda)_{lin}$ W	warmes Ende $(\dot{Q}_\lambda)_0$	$(\dot{Q}_\lambda)_{ges}$	$\varDelta\vartheta_2'$	$(\dot{Q}_\lambda)_{ges}/C'$
Gerades Rohrbündel	110	69	102	0,02°	0,06°
Gerades Rohrbündel	0,49	0,14	0,31	0,004°	0,007°
Regenerator	35	35	35	0,00°	0,04°
Kurzer Kreuz-Gegenströmer mit starkwandigem Mantelrohr	181	66	136	0,58°	1,13°

Die untere Zahlentafel zeigt für dieselben Gegenströmer den Einfluß des Verlustes durch die Längswärmeleitung. Die zweite Spalte gibt die im Baustoff der Wände und des Mantelrohres in der Längsrichtung strömende Wärmemenge $(\dot{Q}_\lambda)_{lin}$ an, wenn man einen linearen Temperaturverlauf voraussetzt. Bei den geraden Rohrbündeln und dem Regenerator steht $(\dot{Q}_\lambda)_{lin}$ ungefähr im Verhältnis der stündlich hindurchströmenden Gasmengen. Bei dem betrachteten Kreuzgegenströmer hingegen ist $(\dot{Q}_\lambda)_{lin}$ erheblich größer, weil er kurz ist und ein starkwandiges Mantelrohr aus Kupfer besitzt. $(\dot{Q}_\lambda)_0$ gibt die am warmen Ende der Gegenströmer (bei $f = 0$) durch die Längswärmeleitung wirklich einströmende Wärmemenge an. Außerdem bewirkt aber die Längswärmeleitung eine Erniedrigung der Austrittstemperatur ϑ_2' des ursprünglich kälteren Gases, wodurch zusätzlich Kälte heraustransportiert wird. $(\dot{Q}_\lambda)_{ges}$ in der folgenden Spalte ist der gesamte, auf den beiden genannten Beträgen beruhende Kälteverlust durch die Längswärmeleitung. Die vorletzte Spalte gibt die Erniedrigung $\varDelta\vartheta_2'$ der genannten Austrittstemperatur an. In der letzten Spalte ist in entsprechender Weise $(\dot{Q}_\lambda)_{ges}$ in eine Änderung der Austrittstemperatur umgerechnet.

Bei der Beurteilung des Einflusses der errechneten Verluste muß man berücksichtigen, daß der gesamte Temperaturunterschied am warmen Ende der behandelten Gegenströmer etwa 2 bis 5° beträgt.

IV. Im Kreuzstrom betriebene Rekuperatoren[1]

§ 44. Verschiedene Anordnungen zur Wärmeübertragung im Kreuzstrom

Bei Kreuzstrom kreuzen sich die Strömungsrichtungen der beiden Gase. Das eine Gas strömt z.B. wie in Bild 83 im Innern von Rohren, die zu einem Rohrbündel zusammengefaßt sind; das andere Gas trifft in der Regel senkrecht oder

---

[1] Vgl. auch die ausführliche Darstellung von Kühl [K 217].

angenähert senkrecht auf die Rohre auf und strömt in dieser Richtung an ihnen vorbei. Wenn die Rohre gerade sind und auch das außerhalb der Rohre strömende Gas, abgesehen von den kleinen Ablenkungen, die die Rohre selbst verursachen, einen geradlinigen Weg zurücklegt, liegt *reiner Kreuzstrom* vor.

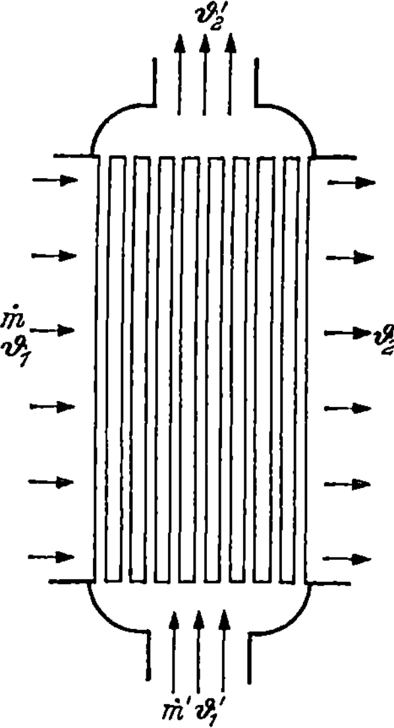

Bild 83. Reiner Kreuzstrom.

In dieser Art wird der Kreuzstrom nicht selten bei Speisewasservorwärmern von Dampfkesselanlagen angewendet, wobei z.B. das Wasser in senkrechten Rohren strömt und außen die Rauchgase in waagerechter Richtung sich vorbeibewegen.

Eine andere sehr bekannte Anordnung für reinen Kreuzstrom stellen die Luftröhrchenkühler von Kraftfahrzeugen (vgl. Bild 84) dar. Die Luft strömt hier durch zahlreiche parallele waagerechte Röhrchen, die am Ende erweitert, z.B. aufgedornt, und wabenartig miteinander verlötet sind. Durch den zwischen den Röhrchen verbleibenden engen Raum strömt das zu kühlende Wasser von oben nach unten. Aber auch durch die Wasserröhrchenkühler nach Bild 85 wird reiner Kreuzstrom verwirklicht. Das Wasser fließt hierbei durch senkrechte glatte oder zickzackförmig gebogene Röhrchen, während die Luft waagerecht durch die zwischen den Röhrchen verbleibenden Zwischenräume hindurchgetrieben wird.

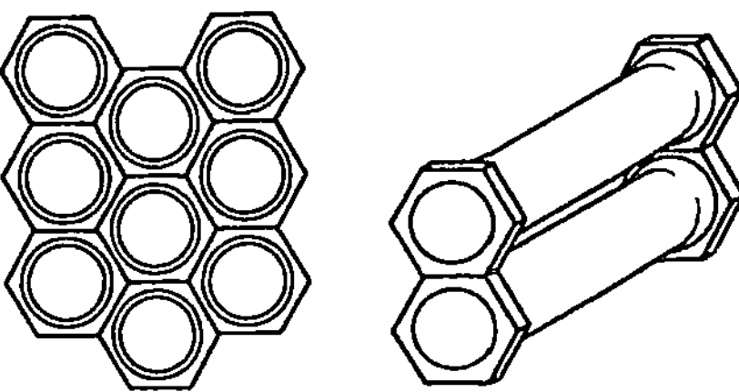

Bild 84. Luftröhrchenkühler für Automobile (Wabenkühler).

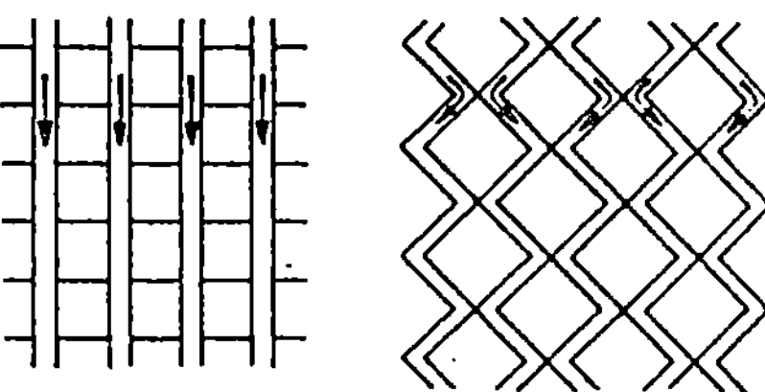

Bild 85.   Wasserröhrchenkühler   für Automobile.

Der reine Kreuzstrom läßt sich auch durch eine plattenförmige Anordnung wie in Bild 75 unten links verwirklichen, bei der die beiden Gase in sich kreuzenden Richtungen durch die Zwischenräume von parallelen Platten strömen. Hierbei steht der erste, dritte, fünfte Zwischenraum usw. dem einen Gas, der zweite, vierte, sechste usw. dem anderen Gas zur Verfügung. Aber auch Anordnungen wie in Bild 75 unten Mitte und in Bild 55 ermöglichen reinen Kreuzstrom.

Häufiger als in der beschriebenen reinen Gestalt tritt der *Kreuzstrom* mit *Gleichstrom* oder *Gegenstrom* verbunden auf. Hierdurch entstehen Anordnungen, die vielfach als *gemischte Schaltungen* bekannt sind. Eine solche Schaltung erhält man z. B., indem man wie in Bild 86 mehrere Plattenelemente nach Bild 75 unten links übereinander setzt. Während jedes einzelne Element nach wie vor im Kreuzstrom arbeitet, ist doch die Hauptbewegung der Luft von unten nach oben und damit der Strömung der Rauchgase entgegengerichtet, so daß in diesem Sinne Gegenstrom herrscht. Eine gemischte Schaltung grundsätzlich gleicher Art liegt vielfach bei Dampfkessel-Überhitzern und Speisewasservorwärmern vor, die etwa wie in Bild 87 angeordnet sind. Der Dampf oder das Wasser strömt in mehreren hinter-

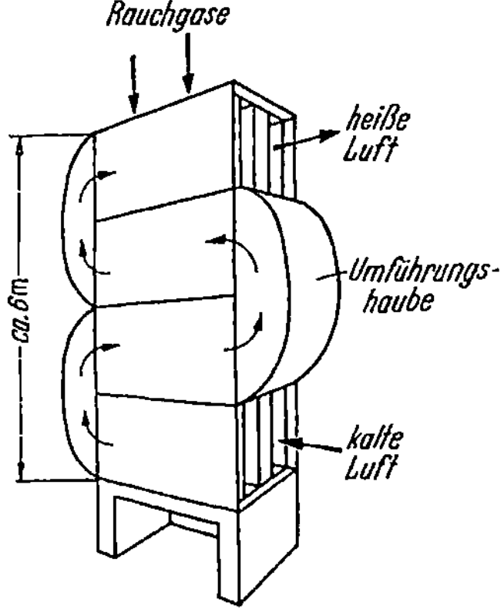

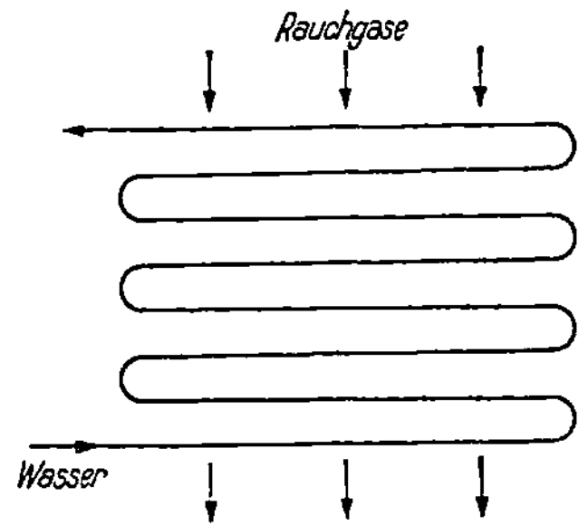

Bild 86. Plattenlufterhitzer in „gemischter Schaltung". Die einzelnen Elemente bestehen aus parallelen ebenen Platten.

Bild 87. Wasserführung in einem Speisewasservorwärmer.

einanderliegenden Rohrschlangen, die zum größten Teil aus waagerechten geraden Rohrstücken bestehen. Die Rauchgase treffen z. B. von oben rechtwinklig auf die Rohrstücke auf und bewegen sich trotzdem im Gegenstrom oder auch Gleichstrom parallel zur Hauptströmungsrichtung des Dampfes oder des Wassers. Vielfach kommen noch wesentlich verwickeltere Schaltungen vor, wie Bild 88 am Beispiel eines Überhitzers zeigt. Die durch die ausgezogenen Pfeile gekennzeichnete Strömungsrichtung der Verbrennungsgase ist der Hauptströmungsrichtung des Dampfes im oberen Teil entgegengerichtet, im unteren kleineren Teil hingegen, der den höchsten Temperaturen ausgesetzt ist, gleichgerichtet. Durch den Gleichstrom wird erreicht, daß die Überhitzerrohre keine zu hohen Temperaturen annehmen, die dem Baustoff der Rohre gefährlich werden könnten. Noch verwickelter wird die Schaltung, wenn der Außenraum durch eine senkrechte Wand unterteilt ist, so daß die Verbrennungsgase den in Bild 88 gestrichelten Weg zurücklegen müssen.

Schließlich stellt auch die Rohrbündelanordnung mit Führungsblechen in Bild 89 eine Vereinigung von Kreuzstrom und Gegenstrom dar. Denn auch hier wird das außen strömende Gas gegenüber dem geraden Rohrbündel im Kreuzstrom geführt, wobei der Richtungssinn des Kreuzstromes dauernd wechselt.

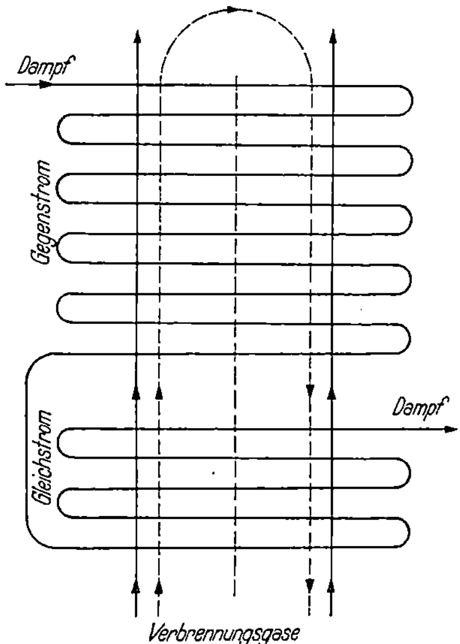

Bild 88. Überhitzer mit Gegenstrom- und Gleichstromführung des Dampfes und der Rauchgase unter Mitwirkung von Kreuzstrom.

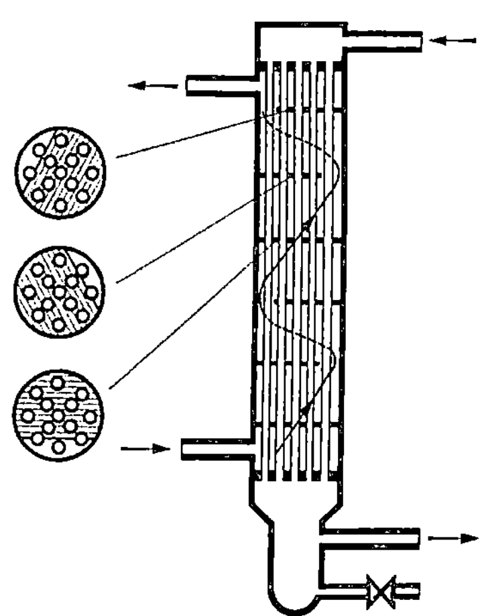

Bild 89. Gegenströmer mit Kreuzstromführung durch Umlenkbleche.

Nach diesem Prinzip ist z.B. der Stahlröhrenwinderhitzer aufgebaut, den Schack [S 202, J 203] zur Vorwärmung der in Hochöfen benötigten Luft an Stelle der sonst ausschließlich benutzten steinernen Winderhitzer entwickelt hat.

Die vollkommenste Vereinigung von Kreuzstrom und Gegenstrom dürfte der „Kreuzgegenströmer" darstellen, wie er in der Tieftemperaturtechnik entwickelt worden ist. Ein solcher Kreuzgegenströmer, wie ihn Bild 90 ohne Mantelrohr zeigt, besteht im wesentlichen aus zahlreichen schraubenförmig gewunenden Rohren, die in mehreren Lagen übereinander angeordnet sind. Die Rohre sind, von Lage zu Lage wechselnd, rechtsgängig und linksgängig gewunden. Dadurch, daß man mit wachsendem Durchmesser der Lagen auch die Zahl der Rohre vermehrt, läßt sich erreichen, daß alle Rohre angenähert gleich lang sind. Das außen in axialer Richtung strömende Gas trifft zwar nicht genau, aber doch angenähert senkrecht auf die Rohre auf.

Der Vorzug aller beschriebenen Anordnungen mit Kreuzstrom beruht, soweit Rohre als Bauelemente benutzt werden, darauf, daß bei Kreuzstrom der Wärmeübergangskoeffizient auf der Außenseite der Rohre wesentlich höher ist als bei reinem Parallelstrom. Bei Kreuzgegenstrom, d.h. bei den gemischten Schaltungen, ist dieser Vorzug mit den früher erörterten grundsätzlichen Vorteilen des Gegenstromes zu einer besonders günstigen Gesamtwirkung vereint (vgl. § 46).

Eine weitere Steigerung der Wärmeübertragung auf der Außenseite erreicht man durch *Rippenrohre*, die im allgemeinen ebenfalls voraussetzen, daß an jedem einzelnen Rohr Kreuzstrom herrscht. Rippenrohre lassen sich sowohl bei reinem Kreuzstrom, z.B. bei Anordnungen nach Bild 83 wie auch bei den gemischten, Schaltungen, wie sie vor allem an den Bildern 87 und 88 geschildert worden sind, anwenden.

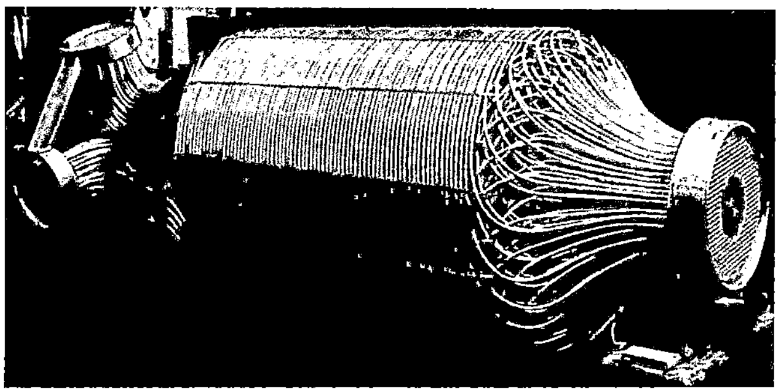

Bild 90. Kreuzgegenströmer für tiefe Temperaturen im Bau. (Werk-Photographie der Linde AG in Höllriegelskreuth bei München.)

§ 45. Temperaturverlauf und Wärmeübertragung bei reinem Kreuzstrom

Die Differentialgleichungen

Der bei reinem Kreuzstrom sich einstellende Verlauf der Gastemperaturen läßt sich nach einer erstmals von Nußelt [N 206] angegebenen Theorie berechnen. Um die hierfür geltenden Differentialgleichungen aufzustellen, sei wie in Bild 83 angenommen, daß das ursprünglich warme Gas von links nach rechts zwischen den senkrechten Rohren des Kreuzstrom-Rekuperators hindurchströmt, während das ursprünglich kalte Gas durch das Innere der Rohre von unten nach oben strömt. Zur Vereinfachung der Rechnung denken wir uns sämtliche Rohre der Länge nach aufgeschnitten, aufgebogen und zu einer ebenen Platte vereinigt (Bild 91), deren eine Oberfläche F gleich der Gesamtheizfläche aller Rohre sei. Vor der Platte ströme das eine Gas von links nach rechts, hinter der Platte das andere Gas von unten nach oben vorbei, so daß der reine Kreuzstrom erhalten bleibt. Eine bestimmte Stelle der Platte sei durch die Koordinaten x und x' gekennzeichnet, die Kantenlängen der Platte seien L und L' (Bild 91). Sind ϑ und ϑ' die Temperaturen der Gase an der Stelle x, x' dann wird durch ein an dieser Stelle befindliches Flächenelement $df = dx\,dx'$ in der Zeiteinheit die Wärmemenge

$$d\dot{q} = k\,dx\,dx'(\vartheta - \vartheta')$$

übertragen. Von Gas I strömt an df in der Zeiteinheit die Menge $\dot{m} \cdot \dfrac{dx'}{L'}$ vorüber und kühlt sich hierbei um $\dfrac{\partial \vartheta}{\partial x}dx$ ab, während gleichzeitig von Gas II die Menge

$\dot{m}' \dfrac{dx}{dL}$ vorbeiströmt und sich um $\dfrac{\partial \vartheta'}{\partial x'} dx'$ erwärmt. Hiernach kann, wenn C

und C' wieder die Wärmekapazitäten der gesamten Gasmengen je Zeiteinheit bedeuten, die durch df übergehende Wärmemenge auch ausgedrückt werden durch

$$d\dot{q} = -C \frac{dx'}{L'} \frac{\partial \vartheta}{\partial x} dx = C' \frac{dx}{L} \frac{\partial \vartheta'}{\partial x'} dx'.$$

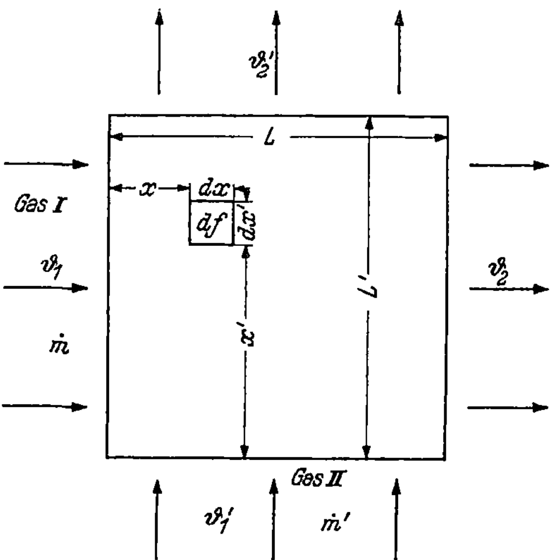

Bild 91. Kreuzstrom-Wärmeaustausch an einer ebenen Platte.

Durch Gleichsetzen mit dem vorhergehenden Ausdruck für $d\dot{q}$ erhält man die Differentialgleichungen

$$\frac{C}{kL'} \frac{\partial \vartheta}{\partial x} = \vartheta' - \vartheta, \tag{309}$$

$$\frac{C'}{kL} \frac{\partial \vartheta'}{\partial x'} = \vartheta - \vartheta'. \tag{310}$$

Führen wir ferner statt x und x' die dimensionslosen Veränderlichen

$$\xi = \frac{kL'}{C} x \quad \text{und} \quad \xi' = \frac{kL}{C'} x' \tag{311}$$

ein, so gehen die Gln. (309) und (310) über in

$$\partial\vartheta/\partial\xi = \vartheta' - \vartheta, \tag{312}$$

$$\partial\vartheta'/\partial\xi' = \vartheta - \vartheta'. \tag{313}$$

Diese Beziehungen sind die gesuchten Differentialgleichungen für reinen Kreuzstrom.

Bemerkenswert ist, daß die Gln. (312) und (313) mit den erst im dritten Abschnitt zu behandelnden Differentialgleichungen des Temperaturverlaufs in Regeneratoren (§ 65 Gl. (544) und (545)) übereinstimmen, sofern man ϑ' an die Stelle der Temperatur Θ der Speichermasse und ξ' an die Stelle der dort eingeführten reduzierten Zeit η treten läßt (vgl. § 65 (Gl. 542)). Die ziemlich verwickelte Auflösung dieser Differentialgleichungen wird im dritten Abschnitt ausführlich erörtert. Dort findet man daher auch die Lösungsverfahren, die sich für die Berechnung des reinen Kreuzstroms in Rekuperatoren eignen. Für den reinen Kreuzstrom gilt die in § 66 für die erste Erwärmung einer Speichermasse abgeleitete Lösung [Gl. (555) bis (557)], bei der angenommen ist, daß die Speichermasse ursprünglich eine überall gleiche Temperatur hat, und daß von einem bestimmten Augenblick an ein Gas mit einer höheren unveränderlichen Eintrittstemperatur durch sie hindurchströmt. Aber auch die in § 79 bis 86 des dritten Abschnitts entwickelten Näherungsverfahren eignen sich zur Auflösung der Differentialgleichungen (312) und (313) und damit zur Berechnung des Temperaturverlaufs bei reinem Kreuzstrom. Es ist daher nicht nötig, an dieser Stelle auf die Lösungen von Gl. (312) und (313) näher einzugehen.

Erwähnt werde nur noch eine an späterer Stelle nicht mehr erörterte Lösung von Nußelt [N 207], die mit Hilfe einer Integralgleichung abgeleitet ist und in etwas vereinfachter Schreibweise wie folgt lautet:

$$\frac{\vartheta - \vartheta_1'}{\vartheta_1 - \vartheta_1'} = 1 - e^{-(\xi + \xi')}\left[\xi + \frac{\xi^2}{2!}(1 + \xi') + \frac{\xi^3}{3!}\left(1 + \xi' + \frac{\xi'^2}{2!}\right) + \cdots \right.$$
$$\left. + \frac{\xi^n}{n!}\left(1 + \xi' + \frac{\xi'^2}{2!} + \cdots + \frac{\xi^{n-1}}{(n-1)!}\right) + \cdots \right], \tag{314}$$

$$\frac{\vartheta' - \vartheta_1'}{\vartheta_1 - \vartheta_1'} = 1 - e^{-(\xi + \xi')}\left[1 + \xi(1 + \xi') + \frac{\xi^2}{2!}\left(1 + \xi' + \frac{\xi'^2}{2!}\right) + \cdots \right.$$
$$\left. + \frac{\xi^n}{n!}\left(1 + \xi' + \frac{\xi'^2}{2!} + \cdots + \frac{\xi'^n}{n!}\right) + \cdots \right]. \tag{315}$$

Zu diesen Reihen gelangt man wesentlich einfacher unter Benutzung der Überlegungen von Anzelius [A 304], wie sie in § 66 erörtert werden.

Bemerkt werde noch, daß nach Gl. (311) wegen $LL' = F$

$$\xi \quad \text{bei} \quad x = L \quad \text{in} \quad kF/C \quad \text{und} \quad \xi' \quad \text{bei} \quad x' = L' \quad \text{in} \quad kF/C'$$

übergeht. Hiernach sind die Abmessungen der in Bild 91 gezeichneten Platte, die gedanklich die Rohrwandungen ersetzt, dimensionslos durch die Größen kF/C und kF/C' festgelegt. Diese beiden Größen lassen sich aber auch umgekehrt ohne Beschreitung des Umweges über die Platte für jeden im Kreuzstrom arbeitenden Rekuperator in der in § 37 erörterten Weise aus den Abmessungen und Strömungsgeschwindigkeiten berechnen. Hierbei muß man jedoch, falls es sich um Rohrbündel handelt, im Außenraum den für Kreuzstrom geltenden Wärmeübergangskoeffizienten zugrunde legen, wie man ihn aus den in § 14 angegebenen Gleichungen erhält.

Temperaturverlauf und Wärmeübertragung bei reinem Kreuzstrom

Bild 92 zeigt den Temperaturverlauf bei reinem Kreuzstrom, wie er nach einem der in § 84 bis 86 beschriebenen Näherungsverfahren berechnet worden ist. Hierbei wurde angenommen, daß beide Gase, bezogen auf die Zeiteinheit, gleiche Wärmekapazitäten $C = C'$ haben, und daß die die Wärmeübertragung bestimmenden Größen kF/C und $k'F/C' = 10$ betragen. Am einfachsten ist es sich vorzustellen, daß die Gase wie in Bild 91 an den beiden Seiten einer Platte vorbeiströmen.

Die dimensionslose Längskoordinate ξ ist nach rechts, ξ' nach hinten, die Temperaturen ϑ und ϑ' der Gase sind nach oben aufgetragen. Jede der mit den Pfeilen versehenen Linien stellt die Temperaturänderung eines bestimmten Gasteilchens auf seinem Weg durch den Wärmeaustauscher dar. Die Pfeile kennzeichnen die Strömungsrichtung. Hiernach strömt also Gas I von links nach rechts, Gas II von

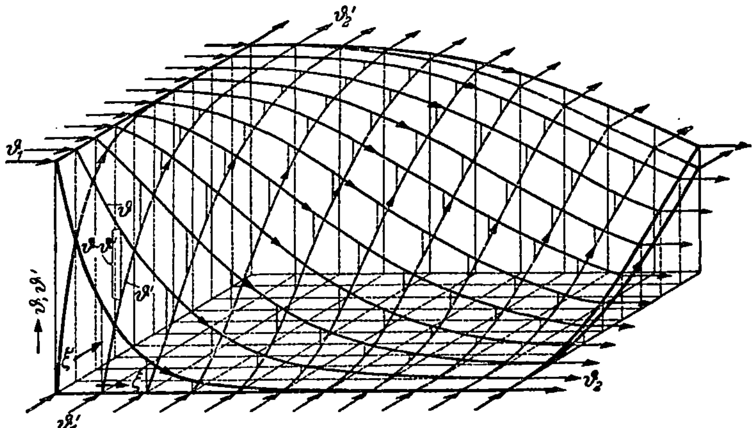

Bild 92. Temperaturverlauf bei reinem Kreuzstrom.

vorne nach hinten. Die Temperaturdifferenzen $\vartheta - \vartheta'$ sind als gestrichelte senkrechte Linien eingezeichnet. Aus dieser Abbildung treten die physikalischen Besonderheiten des Kreuzstromes deutlich hervor, wenn man folgendes berücksichtigt. Bei Gleichstrom und Gegenstrom erleiden bekanntlich alle Teilchen eines Gases auf ihren parallelen Wegen durch den Wärmeaustauscher grundsätzlich dieselben Temperaturänderungen. Im Gegensatz hierzu zeigt Bild 92, daß bei Kreuzstrom Teilchen des Gases II, die von verschiedenen Stellen der Vorderkante der Trennwand aus parallele Bahnen durchlaufen, unterschiedliche Temperaturen des Gases I vorfinden und daher auch verschieden rasch und verschieden stark sich erwärmen. Am stärksten wird das bei $\xi = 0$ strömende Teilchen erwärmt, das überall die hohe Eintrittstemperatur ϑ_1 des Gases I antrifft. Die geringste Temperaturänderung tritt rechts bei $\xi = kF/C = 10$ auf. Genau dieselben unterschiedlichen Temperaturänderungen, jedoch im Sinne einer Abkühlung, erleiden die einzelnen Teilchen von Gas I.

Wärmeübertragung und Wirkungsgrad bei Kreuzstrom

Man erkennt aus Bild 92, daß in dem dargestellten Fall mehr Wärme übertragen wird als bei Gleichstrom, weil der größte Teil von Gas I unter den Mittelwert $\dfrac{\vartheta_1 + \vartheta_1'}{2}$ der Anfangstemperaturen abgekühlt, der größte Teil von Gas II über diesen Mittelwert erwärmt wird. Bildet man aus den Austrittstemperaturen aller Teilmengen von Gas I oder Gas II die mittlere Endtemperatur ϑ_2 bzw. ϑ_2' nach den Gleichungen

$$\vartheta_2 = \frac{C'}{kF} \int\limits_0^{kF/C'} \vartheta \, d\xi' \quad \text{bei} \quad \xi = \frac{kF}{C} \quad \text{und} \quad \vartheta_2' = \frac{C}{kF} \int\limits_0^{kF/C} \vartheta' \, d\xi \quad \text{bei} \quad \xi' = \frac{kF}{C'},$$

so ist nach Gl. (156) die in der Zeiteinheit ausgetauschte Wärmemenge $\dot{Q}$ festgelegt. Diese Mittelbildung läßt sich durch einfache Integration über Gl. (314) oder (315) durchführen. Hat man aber wie in Bild 92 den Temperaturverlauf nach einem der in § 79 bis 86 des dritten Abschnittes beschriebenen Verfahren ermittelt, dann kann man die mittleren Endtemperaturen nur durch Näherungsintegration, z. B. mit Hilfe der Simpsonschen Regel, erhalten.

Für den Wirkungsgrad η_w des Wärmeaustausches im Kreuzstrom gelten unverändert die für Gleichstrom und Gegenstrom gefundenen Beziehungen (191) und (192), sofern, wie vorausgesetzt, C und C' unveränderlich sind. Man kann daher auch bei Kreuzstrom die Wirkungsgradfunktion

$$\eta^* = \frac{\vartheta_1 - \vartheta_2}{\vartheta_1 - \vartheta_1'} \tag{316}$$

ermitteln, so daß auch in diesem Falle gilt

$$\eta_w = \eta^* \qquad \text{bei} \quad C \leqq C', \tag{317}$$

$$\eta_w' = \frac{C}{C'}\,\eta^* \qquad \text{bei} \quad C \geqq C'. \tag{318}$$

In Bild 93 ist die Wirkungsgradfunktion η^* für Kreuzstrom bei verschiedenen Verhältnissen C/C' abhängig von kF/C aufgetragen. Dieses Diagramm kann man genau in derselben Weise zur Berechnung des Wärmeaustausches benutzen, wie es schon bei Bild 70 und 71 für Gleichstrom und Gegenstrom auseinandergesetzt wurde.

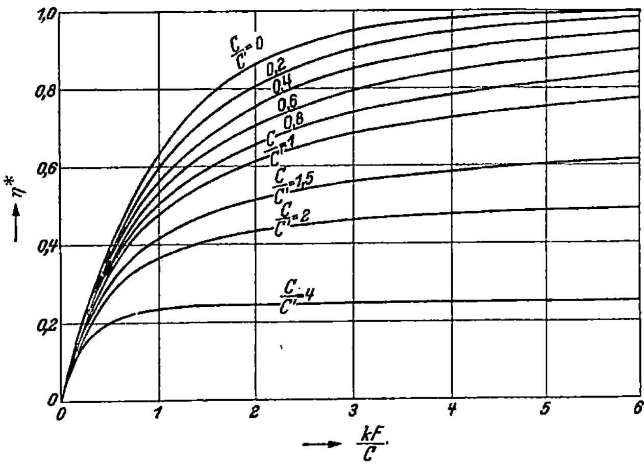

Bild 93. Wirkungsgradfunktion η^* bei reinem Kreuzstrom.

Die mittlere Temperaturdifferenz $\varDelta\vartheta_M$ kann man auch bei reinem Kreuzstrom so festlegen, daß die Gl. (145)

$$\dot{Q} = kF\,\varDelta\vartheta_M \tag{319}$$

erfüllt wird. Hingegen kann man im Gegensatz zum Gleichstrom und Gegenstrom $\varDelta\vartheta_M$ nicht allein aus $\varDelta\vartheta_a$ und $\varDelta\vartheta_b$ [vgl. Gl. (181)] berechnen, weil bei Kreuzstrom $\varDelta\vartheta_M$ auch von dem Unterschied $\vartheta_1 - \vartheta_1'$ der Eintrittstemperaturen abhängt. Da aber auf Grund der Gl. (319), (316) und (156) die Beziehung

$$\frac{\Delta\vartheta_M}{\vartheta_1 - \vartheta_1'} = \frac{\eta^*}{\dfrac{kF}{C}} \qquad (320)$$

unverändert für Kreuzstrom gilt, kann man Bild 93 zur Ermittlung der mittleren Temperaturdifferenz $\Delta\vartheta_M$ bei Kreuzstrom benutzen.

Ein Diagramm zur unmittelbaren Bestimmung von $\Delta\vartheta_M$ aus den Ein- und Austrittstemperaturen hat Kühne [K 219, 221] entworfen. Bild 94 zeigt dieses Diagramm nach einer genaueren Berechnung von Rötzel [R 207]. Hierin ist als Abszisse $\dfrac{\vartheta_2' - \vartheta_1'}{\vartheta_1 - \vartheta_1'}$, als Ordinate $\dfrac{\vartheta_1 - \vartheta_2}{\vartheta_1 - \vartheta_1'}$ aufgetragen, worin ϑ_2 und ϑ_2' die mittleren Austrittstemperaturen der Gase bedeuten und $C' \geqq C$ angenommen ist. Aus den Kurven kann man $\Delta\vartheta_M/(\vartheta_1 - \vartheta_1')$ ablesen und daraus $\Delta\vartheta_M$ leicht bestimmen.

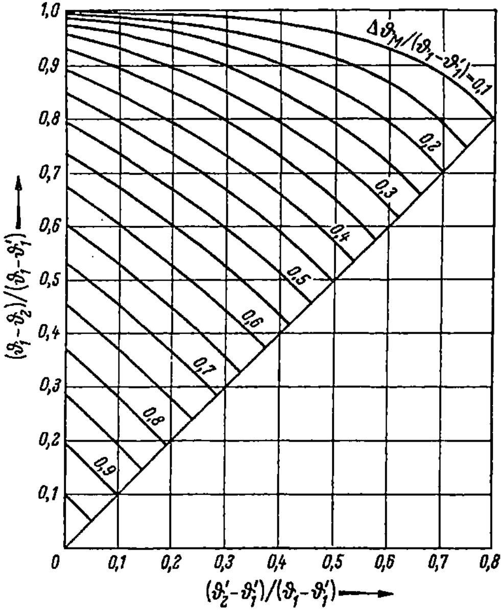

Bild 94. Diagramm nach Kühne zur Ermittlung der mittleren Temperaturdifferenz $\Delta\vartheta_M$ bei reinem Kreuzstrom, genauer berechnet von Roetzel.

Vergleich von Gleichstrom, Gegenstrom und reinem Kreuzstrom

Um die Wirkung des reinen Kreuzstromes mit der des Gleichstromes und Gegenstromes zu vergleichen, sind in Bild 95 die Wirkungsgrade η_w ($= \eta^*$) bei $C = C'$ für diese drei Strömungsarten abhängig von kF/C dargestellt. Man erkennt zunächst in Übereinstimmung mit früheren Erörterungen, daß bei einem gegebenen Wert von kF/C der Gegenstrom stets die günstigste Wärmeübertragung bewirkt. Aber auch der reine Kreuzstrom ist dem Gleichstrom überlegen: denn auch hier nähert sich der Wirkungsgrad mit wachsendem kF/C unbegrenzt dem Wert 1, wenn auch viel langsamer als bei Gegenstrom. Daß trotzdem auch zwischen Kreuzstrom und Gegenstrom ein erheblicher Unterschied besteht, erkennt man z.B.

daraus, daß für einen Wirkungsgrad von 90% nach Bild 95 der Wert von kF/C bei reinem Kreuzstrom etwa dreimal so groß ist wie bei Gegenstrom. Bei gegebenen Werten von k und C müßte daher die Heizfläche F bei Kreuzstrom etwa dreimal so groß ausgeführt werden. Der Unterschied ist indessen bei Rohrbündeln praktisch geringer, weil bei Kreuzstrom, wie schon erwähnt, sich an der Außenseite der Rohre höhere Wärmeübergangskoeffizienten ergeben als bei Parallelstrom.

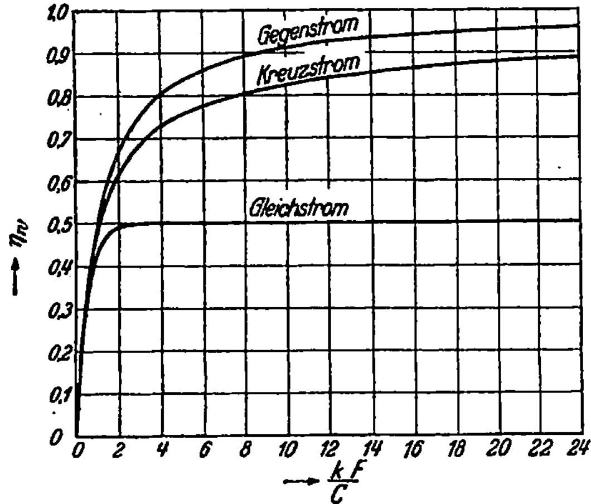

Bild 95. Wirkungsgrad η_w des Wärmeaustausches im Gegenstrom, Gleichstrom und Kreuzstrom bei $C = C'$.

§ 46. Kreuzstrom in Verbindung mit Parallelstrom im Kreuzgegenströmer[2]

Wie schon in § 44 auseinandergesetzt, treten Parallelstrom und Kreuzstrom vielfach gleichzeitig auf. Hierbei stellt entweder der Kreuzstrom den Hauptvorgang, der Parallelstrom den Einzelvorgang dar oder umgekehrt. In Bild 96 strömt das eine Gas durch eine Rohrschlange, die in der Hauptsache aus geraden Stücken

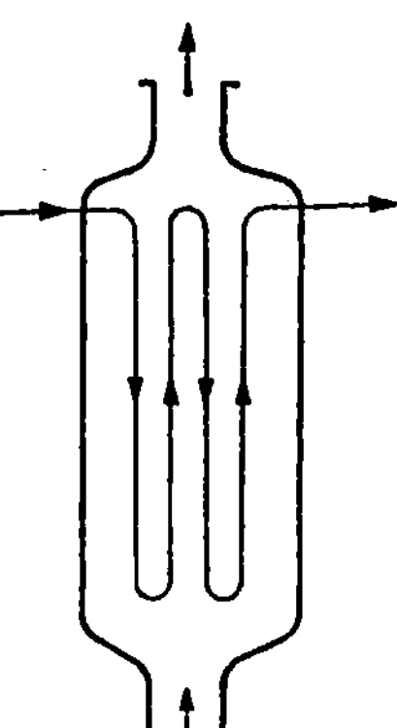

Bild 96. Kreuzstrom mit Parallelstrom als Einzelvorgang.

---

[2] In der 1. Auflage dieses Buches erstmals veröffentlichte Überlegungen und Berechnungen des Verfassers.

besteht. Diese Stücke liegen in der Richtung des außen strömenden Gases. Da alle
Einzelwege des innen strömenden Gases sich zu einem Gesamtweg von links nach
rechts addieren, entspricht die Hauptströmung der Gase reinem Kreuzstrom.
Trotzdem tritt in den einzelnen geraden Stücken der Rohrschlange Parallelstrom
auf, und zwar abwechselnd Gleichstrom und Gegenstrom. Der Wirkungsgrad einer
solchen Anordnung dürfte im allgemeinen zwischen dem des reinen Kreuzstromes
und des Gleichstromes liegen. Da Wärmeaustauscher dieser Art einen Grenzfall
der erst in § 48 zu behandelnden Rekuperatoren mit mehreren hintereinandergeschalteten Durchgängen darstellen, soll auch ihre Theorie erst dort (als Grenzfall
unendlich vieler Durchgänge) erörtert werden.

Kreuzgegenströmer

Am wirksamsten ist die Vereinigung von Kreuz- und Gegenstrom, wenn der
Einzelvorgang auf Kreuzstrom, der Hauptvorgang aber auf Gegenstrom beruht.
Dies trifft bei den meisten der in § 44 besprochenen gemischten Schaltungen zu.
Wenn solche Wärmeaustauscher aus Rohren aufgebaut sind, dann wirkt sich die
schon mehrfach erwähnte Steigerung des Wärmeübergangs auf der Außenseite der
Rohre besonders günstig aus. Zwei kennzeichnende Anordnungen zeigt Bild 97.

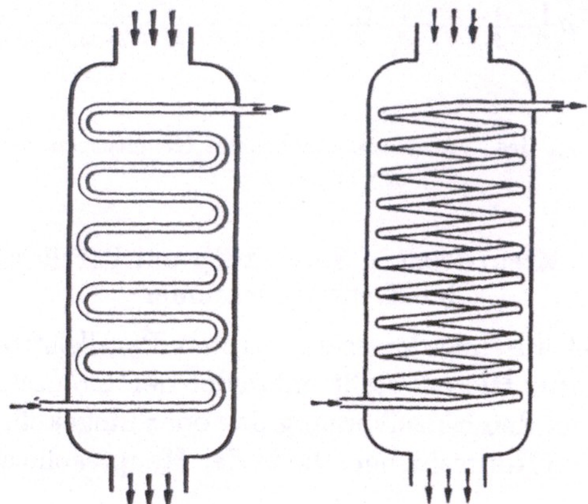

Bild 97a u. b. Gegenstrom mit Kreuzstrom als Einzelvorgang.
a) gegensinnige, b) gleichsinnige Führung.

Das innen strömende Gas bewegt sich z.B. in einer Rohrschlange, von der alle
Teile bis auf die Rohrkrümmer senkrecht oder fast senkrecht zur Richtung des
außen strömenden Gases liegen. Obwohl im wesentlichen an jeder einzelnen Stelle
Kreuzstrom besteht, ist die sich ergebende Gesamtbewegung des innen strömenden
Gases parallel und entgegengesetzt zur Strömungsrichtung des Gases im Außenraum gerichtet. Der Unterschied zwischen den beiden Anordnungen in Bild 97a
und 97b ergibt sich aus folgender Überlegung.

Gegensinnige und gleichsinnige Führung bei Kreuz-Gegenstrom

Sind wie in Bild 97a die geraden Teile der Rohrschlange in einer Ebene angeordnet, dann ändert das im Innern der Rohre strömende Gas seine Richtung von
Rohrstück zu Rohrstück. Es liegt dann „gegensinnige Führung" vor. Dies gilt

auch, wenn mehrere solche Rohrschlangen hintereinander liegen. Beispiele für die gegensinnige Führung zeigen die schon besprochenen Bilder 86, 87 und 88. In grundsätzlich ähnlicher Weise wirkt die Anordnung von Bild 89 mit Führungsblechen. Hier wird das außen strömende Gas gegenüber dem geraden Rohrbündel im Kreuzstrom geführt, wobei der Richtungssinn des Kreuzstromes dauernd wechselt. Sind jedoch wie bei der Anordnung in Bild 97b die einzelnen Rohrschlangen schraubenförmig gewunden, dann strömt in allen senkrecht übereinander liegenden Rohrstücken das Gas in derselben Richtung. Wir sprechen dann von einer „gleichsinnigen Führung". Das wichtigste und wohl auch vollkommenste Beispiel hierfür sind die Kreuzgegenströmer, wie sie vor allem in der Tieftemperaturtechnik verwendet werden; vgl. Bild 90.

Die besprochene Unterscheidung zwischen gleichsinniger und gegensinniger Führung entspricht der Unterscheidung zwischen gleichsinniger und gegensinniger Flüssigkeitsführung bei der Rektifikation. Denn in einer Rektifiziersäule besteht ebenfalls der Hauptvorgang in einer Gegenstromführung, der Einzelvorgang auf den Böden aber in einer Kreuzstromführung von Flüssigkeit und Dampf; vgl. [H 206].

Aus dem Folgenden wird hervorgehen, daß die gleichsinnige Führung der gegensinnigen Führung grundsätzlich überlegen ist, doch sind die Unterschiede vielfach nur gering.

Kreuzgegenströmer mit großer Windungszahl

Verfolgt man z. B. an Hand der Bildes 97 die Temperaturänderungen des außen strömenden Gases, das wir als das kältere annehmen wollen, so ergibt sich im wesentlichen folgendes Bild. Beim jedesmaligen Auftreffen dieses Gases auf ein Rohr ist seine Temperaturdifferenz gegen das innen strömende wärmere Gas am größten. Durch den nun einsetzenden Wärmeaustausch wird dann diese Temperaturdifferenz kleiner. Die Temperatur ϑ' des außen strömenden Gases nimmt daher beim Vorbeiströmen an einem Rohr zunächst rasch und dann langsamer zu[3]. Auf dem darauf folgenden kurzen Weg bis zum nächsten Rohrstück bleibt die Temperatur ϑ' ungeändert. Die Temperatur des innen strömenden Gases kann hingegen innerhalb eines Rohrquerschnittes genau genug als konstant betrachtet werden. Abhängig vom Strömungsweg aufgetragen, ergibt sich hiernach ein aus Stufen zusammengesetzter Temperaturverlauf, wie er grundsätzlich in Bild 98 dargestellt ist.

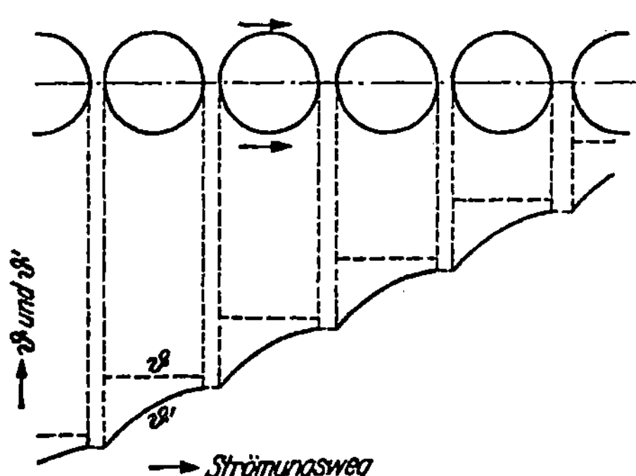

Bild 98. Verlauf der Temperatur ϑ' des in einem Kreuzgegenströmer außen strömenden Gases.

---

[3] Wenigstens, wenn α' überall gleich ist, was indessen nicht genau zutrifft.

Ist die Zahl der Rohrwindungen, auf die das außen strömende Gas auftrifft, groß, dann sind die einzelnen Stufen nur sehr klein. Man kann dann die Linien für ϑ' und ϑ in Bild 98 mit guter Näherung durch glatte Kurven wie bei Gleichstrom oder Gegenstrom (vgl. Bild 65 und 66) ersetzen. Es liegen dann praktisch dieselben Verhältnisse vor wie bei reinem Parallelstrom, und auch die Unterschiede zwischen gleichsinniger und gegensinniger Führung treten zurück. Kreuzgegenströmer mit einer großen Zahl von Rohrwindungen kann man daher im wesentlichen nach denselben Verfahren berechnen, wie sie im ersten und zweiten Kapitel dieses Abschnittes für reinen Gegenstrom entwickelt worden sind. Man muß lediglich berücksichtigen, daß für den Wärmeübergangskoeffizienten und den Druckabfall im Außenraum die in § 14 und 24 für Kreuzstrom angegebenen Beziehungen gelten.

Kreuzgegenströmer mit kleiner Windungszahl

Wenn die Zahl der Rohrwindungen verhältnismäßig gering ist, dann kann die Temperaturänderung des außen strömenden Gases an einer Rohrwindung von derselben Größenordnung werden wie die Temperaturdifferenz, die anfänglich zwischen den beiden Gasen an der betrachteten Stelle der Rohrwindung besteht. An der Stelle des Pfeiles in Bild 99 habe das außen strömende Gas vor Auftreffen

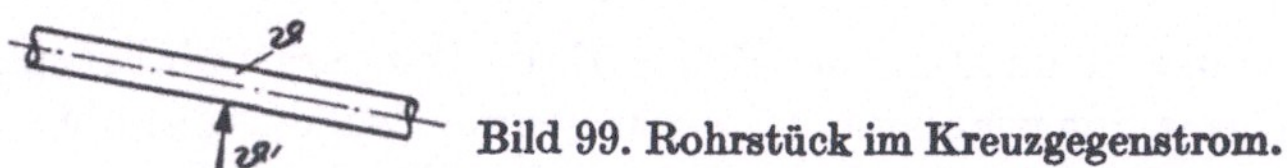

Bild 99. Rohrstück im Kreuzgegenstrom.

auf das Rohr wieder die Temperatur ϑ'. Wenn nun bei dem Vorbeiströmen an dem Rohr vollständiger Austausch erzielt würde, dann müßte das außen strömende Gas die Temperatur ϑ des innen strömenden Gases vollständig annehmen. Im theoretisch günstigsten Falle würde hiernach das außen strömende Gas die Temperaturerhöhung $\vartheta - \vartheta'$ erleiden. Dieser günstigste Austausch könnte jedoch nur erreicht werden, wenn entweder der Wärmedurchgangskoeffizient k unendlich groß wäre oder jede Rohrwindung eine unendlich große Heizfläche $\varDelta F$ besäße. Für dieselbe Temperaturänderung würde hingegen bei reinem Gegenstrom ein endlicher Wert von $k\,\varDelta F$ genügen. Grundsätzlich ist hiernach in dieser Hinsicht der Kreuzgegenstrom dem reinen Gegenstrom um so mehr unterlegen, je mehr sich die Temperaturänderung an einer Rohrwindung der Temperaturdifferenz $\vartheta - \vartheta'$ nähert.

Um diesen Unterschied zwischen Kreuzgegenstrom und reinem Gegenstrom zahlenmäßig zu verfolgen, soll zunächst der Temperaturverlauf in einer Rohrwindung des Kreuzgegenströmers berechnet werden.

Temperaturverlauf in einer Rohrwindung des Kreuzgegenströmers

Bild 100 stelle von oben gerechnet die n-te Windung dar, die im Falle schraubenförmiger Anordnung wie in Bild 97b in die Ebene aufgebogen gedacht ist. Auch wenn es sich wie in Bild 97a um gerade Rohrstücke handelt, soll zur Vereinheitlichung der Ausdrucksweise von „Rohrwindungen" gesprochen werden. Das ursprünglich warme Gas trete links mit der Temperatur ϑ_{n-1} in die Rohrwindung ein, rechts mit der Temperatur ϑ_n aus. Wir betrachten nun eine Stelle der Windung, die vom obersten Ende des gesamten gewundenen Rohres, längs dieses Rohres gemessen, um die Strecke s entfernt sei, wobei als Einheit für s die Länge einer Rohrwindung gewählt werde. Am linken Ende der in Bild 100 dargestellten

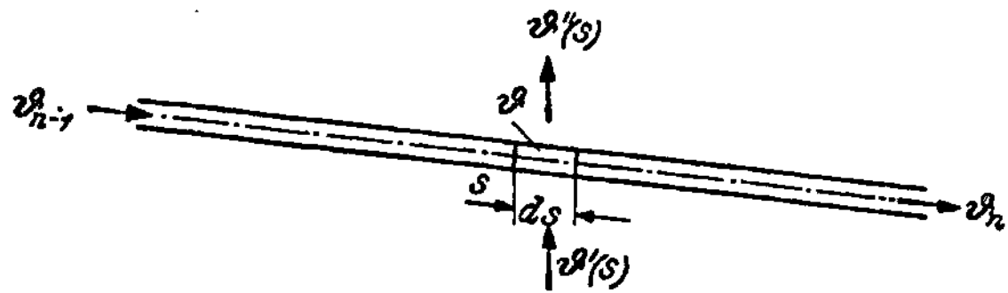

Bild 100. Wärmeübertragung an einer Rohrwindung im Kreuzgegenstrom.

Rohrwindung hat also s den Wert $n - 1$, am rechten Ende den Wert n. Auch die Temperatur ϑ' des außen strömenden Gases hängt im allgemeinen von s ab. Sie sei daher an der betrachteten Stelle s unterhalb der Windung mit $\vartheta'(s)$ bezeichnet.

Der Mittelwert aller Temperaturen $\vartheta'(s)$ unter der betrachteten Windung ist gleich der mittleren Temperatur der gesamten aufsteigenden Gasmenge unter dieser Windung. Diese mittlere Temperatur sei ϑ'_n. Somit ergibt sich

$$\int\limits_{n-1}^{n} \vartheta'(s)\, ds = \vartheta'_n. \tag{321}$$

Ist ferner wieder C' die Wärmekapazität der gesamten, in der Zeiteinheit außen an der Windung vorbei strömenden Gasmenge, dann beträgt die Wärmekapazität der zwischen s und $s + ds$ aufsteigenden Gasmenge $C'\, ds$. Diese Gasmenge mit der Anfangstemperatur $\vartheta'(s)$ nehme bei Beendigung ihres Austausches mit der Rohrwindung die Temperatur $\vartheta''(s)$ an. Das innen strömende Gas mit der Wärmekapazität C kühle sich hierbei um $d\vartheta$ ab. Hiernach gilt für die zwischen s und $s + ds$ in der Zeiteinheit übergehende Wärmemenge die Beziehung

$$C'\, ds[\vartheta''(s) - \vartheta'(s)] = -C\, d\vartheta. \tag{322}$$

Würde vollkommener Austausch erzielt, dann müßte das außen strömende Gas sich vollständig bis auf die Temperatur ϑ des innen strömenden Gases erwärmen. Das Verhältnis ε der wirklichen erzielten Temperaturänderung $\vartheta''(s) - \vartheta'(s)$ zu ihrem theoretischen Höchstwert $\vartheta - \vartheta'(s)$:

$$\varepsilon = \frac{\vartheta''(s) - \vartheta'(s)}{\vartheta - \vartheta'(s)} \tag{323}$$

sei Einzelwirkungsgrad des Austausches genannt. Der Wert von ε kann im allgemeinen für alle Stellen des Rohres als unveränderlich angesehen werden, sofern auch jeder der Wärmeübergangskoeffizienten α und α' auf der Innen- und Außenseite der Rohre überall denselben Wert hat. Setzt man $\vartheta''(s) - \vartheta'(s)$ aus (323) in die vorhergehende Gleichung ein, so erhält man *für die Temperatur ϑ des innen strömenden Gases folgende Differentialgleichung*

$$\frac{d\vartheta}{ds} + \frac{C'}{C}\, \varepsilon[\vartheta - \vartheta'(s)] = 0. \tag{324}$$

Grenzbedingung

Die Differentialgleichung (324) läßt sich nur lösen, wenn die Temperatur $\vartheta'(s)$ an alle Stellen s unter der betrachteten Rohrwindung bekannt ist. Für die unterste Rohrwindung ist $\vartheta'(s)$ überall gleich der Temperatur ϑ'_1, mit der das außen strömende Gas in den Wärmeaustauscher eintritt. Man erhält in diesem Fall die Lösung

$$\vartheta(s) - \vartheta_2 = (\vartheta_2 - \vartheta'_1)\left\{\exp\left[\varepsilon\frac{C'}{C}(n - s)\right] - 1\right\}, \tag{325}$$

wobei die mittlere Temperatur ϑ'_n des von außen aufsteigenden Gases gleich ϑ'_1 und die Endtemperatur ϑ_n des innen strömenden Gases gleich der Austrittstemperatur ϑ_2 gesetzt ist. n ist in diesem Falle gleich der Nummer der untersten Windung und damit gleich der Gesamtzahl N aller Windungen.

Bei den übrigen Windungen ist hingegen $\vartheta'(s)$ zunächst unbekannt und muß daher auf Grund einer besonderen Grenzbedingung ermittelt werden. Diese folgt aus der Überlegung, daß für jede Stelle einer Rohrwindung die Endtemperatur $\vartheta''(s)$ des außen strömenden Gases gleich der Anfangstemperatur für die nächst höhere Windung ist. Die hierdurch sich ergebende Beziehung ist verschieden, je nachdem ob das innen strömende Gas in den aufeinander folgenden Rohrwindungen gleichsinnig oder gegensinnig geführt wird. Denn wie man aus Bild 101 und 102 entnehmen kann, liegt über der Stelle s der n-ten Windung im ersten Falle die Stelle

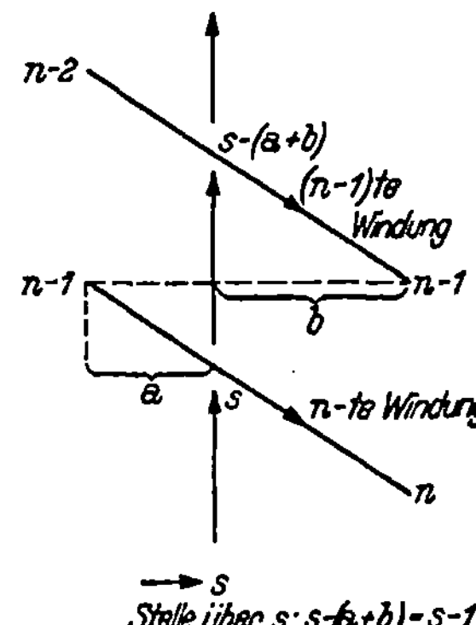

Bild 101. Zwei übereinanderliegende Rohrwindungen bei gleichsinniger Führung.

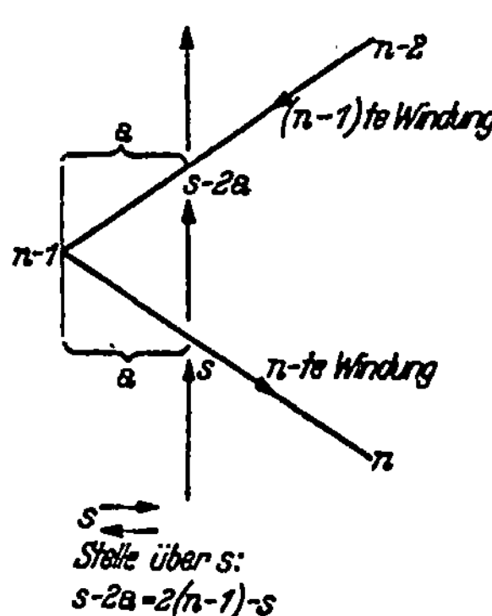

Bild 102. Zwei übereinanderliegende Rohrwindungen bei gegensinniger Führung.

$s - 1$, im zweiten Falle die Stelle $2(n - 1) - s$. Bezeichnet man daher die Temperatur, die das außen strömende Gas unmittelbar vor Auftreffen auf eine solche höhere Stelle hat, mit $\vartheta'(s - 1)$ bzw. $\vartheta'(2(n - 1) - s)$, dann lautet die genannte Bedingung

bei gleichsinniger Führung

$$\vartheta''(s) = \vartheta'(s - 1) \tag{326}$$

bei gegensinniger Führung

$$\vartheta''(s) = \vartheta'(2(n - 1) - s). \tag{327}$$

Mit Gl. (323) können wir diese *Grenzbedingungen* in folgende Gestalt bringen:
für die gleichsinnige Führung:

$$\vartheta'(s - 1) = \varepsilon\vartheta(s) + (1 - \varepsilon)\,\vartheta'(s), \tag{328}$$

für die gegensinnige Führung:

$$\vartheta'(2(n - 1) - s) = \varepsilon\vartheta(s) + (1 - \varepsilon)\,\vartheta'(s). \tag{329}$$

Lösungen der Differentialgleichungen

Man könnte den Temperaturverlauf in den verschiedenen Rohrwindungen des Kreuzgegenströmers grundsätzlich in der Weise berechnen, daß man mit der untersten Rohrwindung beginnend für jede Windung die entsprechende Lösung der Differentialgleichung (324) sucht und dann mit Hilfe der Bedingung (328) oder (329) zur nächst höheren Windung übergeht. Es würde sich hierbei zeigen, daß die von s unabhängige Temperatur ϑ'_1, die das außen strömende Gas unter der untersten Windung hat, zwar auch noch den Temperaturverlauf in den nächst höheren Windungen beeinflußt, daß aber dieser Einfluß rasch abklingt. Schon nach wenigen Windungen stellt sich daher ein gewissermaßen stabil gewordener Temperaturverlauf ein, der sich zwar im allgemeinen von Windung zu Windung noch ändert, der aber von der Temperaturverteilung unter der untersten Windung, d.h. von der Vorgeschichte, nicht mehr abhängt. Für diesen unbeeinflußten Temperaturverlauf kann man mit Hilfe der Bedingung (328) oder (329) unmittelbar eine Lösung der Differentialgleichung (324) finden[4]. Wir wollen im folgenden nur diese Lösung betrachten, weil sie allein nahezu das gesamte Verhalten des Kreuzgegenströmers kennzeichnet, während wir das hiervon etwas abweichende Verhalten der untersten Windungen als unwesentlich vernachlässigen können.

Wenn man sich den Temperaturverlauf in den höheren Windungen bei unveränderlichen Werten von C und C' z.B. zeichnerisch zu veranschaulichen sucht, so wird man bald zu der Vermutung gelangen, daß die Vorgänge auf den aufeinanderfolgenden Windungen einander ähnlich sind. Dies bedeutet, daß alle einander entsprechenden Temperaturunterschiede von zwei übereinander liegenden Windungen in einem bestimmten unveränderlichen Verhältnis stehen. Wir machen daher für die n-te Windung und die darüberliegende $(n-1)$-te Windung den Ansatz

$$\frac{\vartheta'(s-1) - \vartheta'_{n-1}}{\vartheta'(s) - \vartheta'_n} = \frac{\vartheta_{n-1} - \vartheta'_{n-1}}{\vartheta_n - \vartheta'_n} = 1 + \lambda, \tag{330}$$

worin der Zahlenwert λ als unveränderlich betrachtet werden soll und ϑ'_n und ϑ'_{n-1} wieder die mittleren Temperaturen des außen strömenden Gases unter der n-ten bzw. $(n-1)$-ten Windung bedeuten. Aus Gl. (330) erhalten wir

$$\vartheta'(s-1) = \vartheta'_{n-1} + (1 + \lambda)\,(\vartheta'(s) - \vartheta'_n). \tag{331}$$

Berücksichtigt man ferner die für die n-te Windung geltende Wärmemengengleichung

$$C'(\vartheta'_{n-1} - \vartheta'_n) = C(\vartheta_{n-1} - \vartheta_n), \tag{332}$$

dann kann man mit den Grenzbedingungen (328) und (339) und mit Gl. (331) und (332) die Differentialgleichung (324) wie folgt integrieren.

1. Gleichsinnige Führung

Ein Vergleich von Gl. (328) und (331) liefert zunächst

$$\vartheta'(s) = \frac{(1 + \lambda)\,\vartheta'_n - \vartheta'_{n-1} + \varepsilon\vartheta(s)}{\lambda + \varepsilon}. \tag{333}$$

Setzt man dies in die Differentialgleichung (324) ein, so erhält man durch Integration zwischen s und n bzw. zwischen $\vartheta = \vartheta(s)$ und ϑ_n die Lösung

$$\vartheta - \vartheta_n = (\vartheta_n - \vartheta'_n)\frac{C'}{C' - C}\left\{\exp\left[\frac{C'}{C} \cdot \frac{\lambda\varepsilon}{\lambda + \varepsilon}\,(n - s)\right] - 1\right\}. \tag{334}$$

λ kann man ermitteln, indem man diese Gleichung auf $s = n - 1$ und entsprechend auf $\vartheta = \vartheta_{n-1}$ anwendet. Unter Berücksichtigung der zweiten Beziehung (330) und von Gl. (332) findet man so für λ die Bedingungsgleichung

$$\frac{C'}{C} = \frac{\lambda + \varepsilon}{\lambda\varepsilon}\ln(1 + \lambda). \tag{335}$$

Zu dieser Beziehung gelangt man auch, wenn man Gl. (333) unter Berücksichtigung von Gl. (334) in Gl. (321) einsetzt. Hierdurch wird überdies die Richtigkeit des Ansatzes (330) bestätigt. Aus Gl. (335) läßt sich λ bei gegebenem ε und C/C' durch Probieren ermitteln. Mit dem Wert von λ ist dann nach Gl. (334) und (333) der Temperaturverlauf in und unmittelbar unter der n-ten Windung festgelegt.

2. Gegensinnige Führung

Ersetzt man in der Grenzbedingung (329) s durch $2n - 1 - s$, so folgt durch Vergleich mit Gl. (331)

$$\varepsilon\vartheta(2n - 1 - s) + (1 - \varepsilon)\,\vartheta'(2n - 1 - s) = \vartheta'_{n-1} + (1 + \lambda)\,(\vartheta'(s) - \vartheta'_n).$$

---

[4] Die Ableitung und die erhaltenen Beziehungen sind im wesentlichen dieselben wie für die Rektifikation bei linearer Gleichgewichtsstörung. Vgl. H. Hausen [H 206].

Ersetzt man hierin nochmals s durch $2n - 1 - s$, und eliminiert man aus der letzten und der neu erhaltenen Gleichung $\vartheta'(2n - 1 - s)$, so ergibt sich

$$\vartheta'(s) = \frac{\varepsilon\vartheta_n - \vartheta'_{n-1} + (1 + \lambda)\,\vartheta'_n}{\lambda + \varepsilon} + \frac{\varepsilon(1 - \varepsilon)}{(1 + \lambda)^2 - (1 - \varepsilon)^2}\,(\vartheta(s) - \vartheta_n) +$$

$$+ \frac{\varepsilon(1 + \lambda)}{(1 + \lambda)^2 - (1 - \varepsilon)^2}\,(\vartheta(2n - 1 - s) - \vartheta_n). \tag{336}$$

Hiermit geht die Differentialgleichung (324) über in

$$\frac{C}{C'}\,\frac{\lambda + \varepsilon}{\varepsilon}\,\frac{d(\vartheta(s) - \vartheta_n)}{ds} + \frac{C'\lambda}{C' - C}\,(\vartheta_n - \vartheta'_n) + \frac{(1 + \lambda)^2 - (1 - \varepsilon)}{2 + \lambda - \varepsilon}\,(\vartheta(s) - \vartheta_n) -$$

$$- \frac{(1 + \lambda)\,\varepsilon}{2 + \lambda - \varepsilon}\,(\vartheta(2n - 1 - s) - \vartheta_n) = 0. \tag{337}$$

Diese Gleichung läßt sich lösen durch den Ansatz

$$\vartheta(s) - \vartheta_n = A_1 \exp(rs) + A_2 \exp[r(2n - 1 - s)] + A_3,$$

worin A_1, A_2, A_3 und r Konstanten bedeuten. Hierfür kann man mit drei anderen Konstanten B_1, B_2 und B_3 nach einer kleinen Umformung auch schreiben

$$\vartheta(s) - \vartheta_n = B_1 \sinh r\left(s - n + \frac{1}{2}\right) + B_2 \cosh r\left(s - n + \frac{1}{2}\right) + B_3.$$

Man erhält hiernach als Lösung der Differentialgleichung (337)

$$\vartheta - \vartheta_n = (\vartheta_n - \vartheta'_n)\frac{C'}{C' - C}\left[\frac{\sinh r\left(s - n + \dfrac{1}{2}\right) - \dfrac{\lambda + \varepsilon}{\lambda\varepsilon}\,\dfrac{C}{C'}\,r \cosh r\left(s - n + \dfrac{1}{2}\right)}{\sinh \dfrac{r}{2} - \dfrac{\lambda + \varepsilon}{\lambda\varepsilon}\,\dfrac{C}{C'}\,r \cosh \dfrac{r}{2}} - 1\right] \tag{338}$$

mit

$$r = \pm \frac{C'}{C}\,\varepsilon\,\sqrt{\frac{(1 + \lambda)^2 - 1}{(1 + \lambda)^2 - (1 - \varepsilon)^2}}\,. \tag{339}$$

Die Integrationskonstante ist hierbei bereits so bestimmt, daß $\vartheta = \vartheta(s)$ bei $s = n$ in ϑ_n übergeht. Setzt man ferner in Gl. (338) $s = n - 1$ und $\vartheta = \vartheta_{n-1}$, so ergibt sich bei $C'/C > 1$ ($\lambda > 0$) für λ die Bedingungsgleichung

$$\frac{C'}{C} = \frac{\operatorname{artanh}\left(\dfrac{\lambda + \varepsilon}{\lambda + 2}\sqrt{\dfrac{(1 + \lambda)^2 - 1}{(1 + \lambda)^2 - (1 - \varepsilon)^2}}\right)}{\dfrac{\varepsilon}{2}\sqrt{\dfrac{(1 + \lambda)^2 - 1}{(1 + \lambda)^2 - (1 - \varepsilon)^2}}}\,. \tag{340}$$

Diese Beziehung läßt sich auch aus Gl. (321) ableiten. Aus Gl. (340) kann λ wieder nur durch Probieren ermittelt werden. Mit dem gefundenen Wert von λ stellen dann Gl. (338) und (336) den gesuchten Temperaturverlauf dar.

Bei $C'/C < 1$ ($\lambda < 0$) gelten dieselben Beziehungen, wenn man in Gl. (339) und (340) die imaginär werdende Wurzel durch ihren absoluten Betrag, in Gl. (338) sinh und cosh durch sin und cos und in Gl. (340) artanh durch arctan ersetzt.

Sonderfall $C = C'$

Ist $C = C'$, dann wird sowohl bei gleichsinniger wie auch bei gegensinniger Gasführung $\lambda = 0$. In diesem Fall vereinfachen sich, wie man am besten durch eine gesonderte Auflösung der Differentialgleichung (324) für $\lambda = 0$ zeigt, die angegebenen Gleichungen erheblich. Man erhält bei *gleichsinniger Führung* an Stelle von Gl. (334)

$$\vartheta - \vartheta_n = (\vartheta_n - \vartheta'_n)\frac{2\varepsilon}{2 - \varepsilon}\,(n - s) \tag{341}$$

und bei *gegensinniger Führung* an Stelle von Gl. (338)

$$\vartheta - \vartheta_n = (\vartheta_n - \vartheta_n') \frac{3}{2} \frac{\varepsilon}{1 + (1 - \varepsilon)(2 - \varepsilon)} (2(1 - \varepsilon)(n - s) + \varepsilon(n - s)^2). \qquad (342)$$

Die zu diesen Werten von ϑ gehörenden Werte von $\vartheta'(s)$ ergeben sich aus den Gl. (333) bzw. (336) mit $\lambda = 0$.

In Bild 103 ist für $C = C'$ und $\varepsilon = 1$ der Temperaturverlauf in mehreren übereinanderliegenden Rohrwindungen für die gleichsinnige und gegensinnige Führung abhängig von s dargestellt. Die Ordinate gibt nicht nur die Temperatur ϑ des

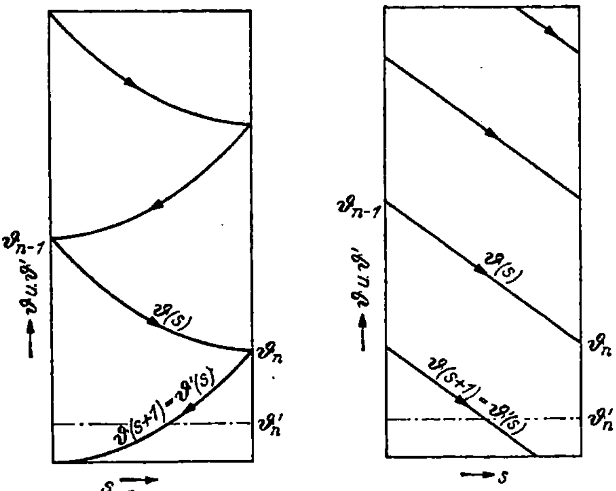

Bild 103. Temperaturverlauf in einem Kreuzgegenströmer bei $C = C'$ und $\varepsilon = 1$.
Links: gegensinnige Führung; rechts: gleichsinnige Führung.

innen strömenden Gases, sondern wegen $\varepsilon = 1$ auch die Temperatur $\vartheta''(s)$ an, die das außen strömende Gas nach dem Wärmeaustausch mit der betreffenden Rohrwindung annimmt. Bemerkenswert ist der geradlinige Verlauf bei der gleichsinnigen Führung, der jedoch bei $C \neq C'$ in einen gekrümmten Verlauf ähnlicher Art übergeht. Man erkennt, daß das innen strömende und damit auch das außen strömende Gas bei der gleichsinnigen Führung in bzw. an jeder Rohrwindung eine größere Temperaturänderung erfährt als bei der gegensinnigen Führung. Diese Überlegenheit der gleichsinnigen Führung beruht im wesentlichen darauf, daß bei dieser im Falle $C = C'$ der Temperaturunterschied zwischen zwei übereinanderliegenden Rohrwindungen überall gleich groß ist, während bei der gegensinnigen Führung der Unterschied teilweise kleiner ist und nach dem einen Ende der Windungen hin sogar bis zu null abnimmt. Es steht daher für die Wärmeübertragung bei der gegensinnigen Führung im Mittel eine kleinere Temperaturdifferenz zur Verfügung als bei der gleichsinnigen Führung.

Vergleich des Kreuzgegenstromes mit dem reinen Gegenstrom

Es wurde schon darauf hingewiesen, daß der reine Gegenstrom dem Kreuzgegenstrom grundsätzlich insoferne überlegen ist, als bei Gegenstrom in der Zeiteinheit eine bestimmte Wärmemenge ΔQ mit einem kleineren Wert von $k \Delta F$ übertragen werden kann als bei Kreuzgegenstrom. Dies können wir jetzt auf Grund der gewonnenen Beziehungen auch zahlenmäßig nachweisen. Zu diesem Zweck wollen wir den Wert von $(k\,\varDelta F)_K$ für eine Rohrwindung des Kreuzgegenströmers berechnen und ihn mit dem Wert von $(k\,\varDelta F)_G$ vergleichen, mit dem man bei reinem Gegenstrom unter sonst gleichen Verhältnissen dieselbe Wärmeübertragung erzielen kann.

An der zwischen s und $s + ds$ liegenden Stelle der Kreuzstromwindung in Bild 100 wird in der Zeiteinheit die Wärmemenge

$$C'\,ds[\vartheta''(s) - \vartheta'(s)] = (k\,\varDelta F)_K \cdot ds \cdot \varDelta\vartheta_M(s) \tag{343}$$

übertragen (vgl. auch Gl. (322)), wobei $(k\,\varDelta F)_K\,ds$ das Produkt aus Wärmedurchgangskoeffizient und Heizfläche für das Element ds der Rohrwindung und $\varDelta\vartheta_M(s)$ die mittlere Temperaturdifferenz zwischen beiden Gasen an der Stelle s im Temperaturbereich von $\vartheta'(s)$ bis $\vartheta''(s)$ bedeutet. Da die anfängliche Temperaturdifferenz an der betrachteten Stelle gleich $\vartheta - \vartheta'(s)$, die Temperaturdifferenz nach dem Austausch $\vartheta - \vartheta''(s)$ beträgt, erhält man als mittlere Temperaturdifferenz nach Gl. (181) an der Stelle s

$$\varDelta\vartheta_M(s) = \frac{\vartheta''(s) - \vartheta'(s)}{\ln\dfrac{\vartheta - \vartheta'(s)}{\vartheta - \vartheta''(s)}}. \tag{344}$$

Mit Gl. (323) kann man hierfür auch schreiben:

$$\varDelta\vartheta_M(s) = \frac{\vartheta''(s) - \vartheta'(s)}{-\ln(1 - \varepsilon)}.$$

Hiermit geht Gl. (343) über in

$$\frac{(k\,\varDelta F)_K}{C'} = -\ln(1 - \varepsilon). \tag{345}$$

Sind also ε, C und C' bei Kreuzgegenstrom gegeben, so kann man $(k\,\varDelta F)_K$ nach Gl. (345) ermitteln.

Wir wollen ferner den Wert $(k\,\varDelta F)_G$ für reinen Gegenstrom berechnen, der dieselbe Temperaturänderung $\vartheta'_{n-1} - \vartheta'_n$ wie die betrachtete Kreuzstromwindung bewirkt. Für den Austausch bei Gegenstrom gilt

$$C'(\vartheta'_{n-1} - \vartheta'_n) = (k\,\varDelta F)_G \cdot (\varDelta\vartheta_M)_n^{n-1}, \tag{346}$$

worin $(\varDelta\vartheta_M)_n^{n-1}$ die mittlere Temperaturdifferenz beider Gase zwischen den Temperaturen ϑ'_n und ϑ'_{n-1} bedeutet. Während bei Kreuzstrom ϑ'_n und ϑ'_{n-1} entsprechend Gl. (321) mittlere Temperaturen bedeuten, stellen sie bei Gegenstrom die Temperaturen der Gesamtmenge dar, weil in diesem Falle keine Temperaturunterschiede zwischen den Gasteilchen in demselben Querschnitt bestehen. Da nach Gl. (181)

$$(\varDelta\vartheta_M)_n^{n-1} = \frac{(\vartheta_n - \vartheta'_n) - (\vartheta_{n-1} - \vartheta'_{n-1})}{\ln\dfrac{\vartheta_n - \vartheta'_n}{\vartheta_{n-1} - \vartheta'_{n-1}}}, \tag{347}$$

folgt aus Gl. (346) unter Berücksichtigung von Gl. (330) und (332)

$$\frac{(k\,\varDelta F)_G}{C'} = \frac{\ln(1 + \lambda)}{\dfrac{C'}{C} - 1}. \tag{348}$$

Durch diese Bezeihung ist der gesuchte Wert von $(k\,\varDelta F)_G$ bestimmt.

Im *Sonderfall* $C = C'$ geht Gl. (348), da λ unendlich klein wird, unter nochmaliger Berücksichtigung von Gl. (330) und (332) über in

$$\frac{(k\,\varDelta F)_G}{C'} = \frac{\lambda}{\dfrac{C'}{C} - 1} = \frac{\vartheta_{n-1} - \vartheta_n}{\vartheta_n - \vartheta'_n}. \tag{349}$$

Berechnen wir das hierin auftretende Verhältnis von Temperaturdifferenzen nach Gl. (341) oder (342), so erhalten wir aus Gl. (349) bei gleichsinniger Führung

$$\frac{(k\,\Delta F)_G}{C'} = \frac{2\varepsilon}{2-\varepsilon}, \tag{350}$$

bei gegensinniger Führung

$$\frac{(k\,\Delta F)_G}{C'} = \frac{3}{2}\,\frac{\varepsilon(2-\varepsilon)}{1+(1-\varepsilon)(2-\varepsilon)} \quad \text{(bei } C = C'\text{)}. \tag{351}$$

Grenzfälle $\varepsilon = 0$ und $\varepsilon = 1$

Bei *unendlich kleinem* ε lassen sich die Gln. (335) und (340) nur erfüllen, wenn man auch λ unendlich klein annimmt. Beide Gleichungen gehen in diesem Fall über in

$$\frac{C'}{C} = \frac{\lambda + \varepsilon}{\varepsilon},$$

woraus folgt

$$\lambda = \varepsilon\left(\frac{C'}{C} - 1\right).$$

Durch Einsetzen in Gl. (348) erhalten wir hiernach bei unendlich kleinem ε wegen $\lim\limits_{\lambda=0} \ln(1+\lambda) = \lambda$

$$\frac{(k\,\Delta F)_G}{C'} = \varepsilon \quad \text{(für } \lim \varepsilon = 0\text{)}. \tag{352}$$

Aus Gl. (345) folgt entsprechend für unendlich kleines ε

$$\frac{(k\,\Delta F)_K}{C'} = \varepsilon \quad \text{(für } \lim \varepsilon = 0\text{)}. \tag{353}$$

Bei sehr kleinen Werten von ε sind also $(k\,\Delta F)_G$ und $(k\,\Delta F)_K$ einander gleich. Kreuzgegenstrom und reiner Gegenstrom sind hiernach einander gleichwertig, solange an jeder Stelle der Rohrwindung die Temperaturänderung des außen strömenden Gases klein gegen die Temperaturdifferenz zwischen beiden Gasen, die Windungszahl also sehr groß ist.

Im Grenzfall $\varepsilon = 1$ wird nach Gl. (345) $(k\,\Delta F)_K$ unendlich. Physikalisch bedeutet dies, daß man, wie ebenfalls schon erwähnt, in einer Windung des Kreuzgegenströmers nur eine endliche Temperaturänderung erreichen kann, selbst wenn man die Heizfläche der Windung oder den Wärmedurchgangskoeffizienten unendlich groß macht. Bei Gegenstrom läßt sich hingegen dieselbe Wärmeübertragung mit einem endlichen Wert von $(k\,\Delta F)_G$ erzielen.

Gütegrad des Kreuzgegenstromes

Um das Verhältnis zwischen Kreuzgegenstrom und reinem Gegenstrom auch in allgemeineren Fällen zahlenmäßig zu verfolgen, werde der Gütegrad des Kreuzgegenstromes

$$\eta_K = \frac{(k\,\Delta F)_G}{(k\Delta F)_K} \tag{354}$$

eingeführt. Aus dieser Gleichung folgt zunächst in Verbindung mit den Gln. (345) und (348), daß der Gütegrad bei unveränderlichen Werten von C, C' und ε und damit auch λ für alle Windungen gleich groß ist, soferne diese gleiche Wärmedurchgangskoeffizienten k und gleiche Heizfläche ΔF_K haben. Man kann ihn daher statt auf ΔF_K und ΔF_G auch auf die gesamte Heizfläche des Kreuzgegenströmers bzw. des gleichwertigen reinen Gegenströmers beziehen und somit schreiben

$$\eta_K = \frac{(kF)_G}{(kF)_K}. \tag{355}$$

Die praktische Bedeutung dieses Gütegrades liegt darin, daß man nach Kenntnis seines Wertes einen Kreuzgegenströmer zunächst ebenso berechnen kann wie einen reinen Gegenströmer und man lediglich am Schluß den erhaltenen Wert von $(kF)_G$ noch durch η_K zu dividieren braucht, um $(kF)_K$ für den Kreuzgegenströmer zu erhalten.

Den Gütegrad η_K kann man auf Grund folgender Überlegung auch noch etwas anders ausdrücken. Der Wärmeaustausch in einem reinen Gegenströmer ist durch Gl. (145) bestimmt. In dieser Gleichung wollen wir jetzt der Deutlichkeit für die mittlere Temperaturdifferenz im gesamten Wärmeaustauscher $(\varDelta_M)_G$ statt $\varDelta\vartheta_M$ schreiben. Entsprechend definieren wir für den Kreuzgegenströmer eine mittlere Temperaturdifferenz $(\varDelta\vartheta_M)_K$ durch den Ansatz

$$\dot{Q} = (kF)_K \cdot (\varDelta\vartheta_M)_K. \tag{356}$$

wobei $\dot{Q}$ denselben Wert wie bei reinem Gegenstrom haben soll. Mit Gl. (145) und Gl. (356) erhalten wir daher nach Gl. (355) auch

$$\eta_K = \frac{(\varDelta\vartheta_M)_K}{(\varDelta\vartheta_M)_G}. \tag{357}$$

Bei Kreuzgegenstrom ist hiernach die mittlere Temperaturdifferenz im Verhältnis des Gütegrades η_K kleiner als bei reinem Gegenstrom. Der größere Wert von $kF = (kF)_K$ bei Kreuzgegenstrom, wie er sich nach Gl. (355) errechnet, ist somit gerade dazu erforderlich, den kleineren Wert der mittleren Temperaturdifferenz auszugleichen.

Bei der Berechnung des Gütegrades η_K muß man vor allem beachten, daß nach Gl. (354) und den für $(k\varDelta F)_G$ und $(k\varDelta F)_K$ gewonnenen Beziehungen (345) und (348) η_K von ε (oder λ) und C'/C abhängt. Da man aber ε nicht ohne weiteres angeben kann, wollen wir statt ε eine Größe ψ einführen, die sich aus den Ein- und Austrittstemperaturen der Gase leicht ermitteln läßt. ψ sei das Verhältnis der an einer Windung des Kreuzgegenströmers erzielten Temperaturänderung $\vartheta'_{n-1} - \vartheta'_n$ des außen strömenden Gases zu der dort herrschenden mittleren Temperaturdifferenz $(\varDelta\vartheta_M)_n^{n-1}$, wobei diese Temperaturdifferenz wie bei Gegenstrom nach Gl. (347) berechnet werden soll. Es sei also

$$\psi = \frac{\vartheta'_{n-1} - \vartheta'_n}{(\varDelta\vartheta_M)_n^{n-1}}. \tag{358}$$

Hierfür erhalten wir nach Gl. (346)

$$\psi = \frac{(k\varDelta F)_G}{C'}. \tag{359}$$

Diesen Ausdruck wollen wir aber noch in eine für die Rechnung bequemere Gestalt bringen. Die Zahl aller übereinanderliegenden Rohrwindungen (Bild 97) sei N. Da wegen der angenommenen Gleichheit der Rohrwindungen für den gleichwertigen reinen Gegenströmer $kF = (kF)_G = N \cdot (k\varDelta F)_G$ ist, beträgt nach Gl. (145) und (156) die in der Zeiteinheit übertragene Wärmemenge

$$\dot{Q} = C'(\vartheta'_2 - \vartheta'_1) = N(k\varDelta F)_G \cdot (\varDelta\vartheta_M)_G. \tag{360}$$

Hiermit geht Gl. (359) über in

$$\psi = \frac{\vartheta'_2 - \vartheta'_1}{N(\varDelta\vartheta_M)_G}. \tag{361}$$

Nach dieser Gleichung kann man also ψ in einfacher Weise ermitteln, indem man die gesamte Temperaturänderung $\vartheta_2' - \vartheta_1'$ des außen strömenden Gases durch die im gesamten Wärme-austauscher nach Gl. (181) für Gegenstrom sich ergebende mittlere Temperaturdifferenz $(\varDelta\vartheta_M)_G$ sowie durch die Zahl N der übereinander liegenden Kreuzstromwindungen dividiert.

Um nun den Gütegrad η_K des Kreuzgegenströmers abhängig von ψ und C/C' darzustellen, beachten wir zunächst, daß nach Gl. (359) und (348) für ψ auch die Beziehung gilt:

$$\psi = \frac{\ln(1 + \lambda)}{\dfrac{C'}{C} - 1}. \tag{362}$$

Ersetzt man umgekehrt nach Gl. (359) $(k\,\varDelta F)_G$ durch $C'\psi$, so erhält man aus Gl. (354) unter Berücksichtigung von Gl. (345)

$$\eta_K = \frac{\psi}{\ln\dfrac{1}{1 - \varepsilon}}. \tag{363}$$

Aus den Gln. (362) und (363) kann man nun *für jedes Wertepaar von ψ und C/C' den Gütegrad des Kreuzgegenströmers berechnen.* Zu diesem Zweck löst man zunächst Gl. (362) nach λ auf, bestimmt hiermit aus Gl. (335) oder (340) den Wert von ε und setzt diesen schließlich in Gl. (363) ein.

Bei *gleichsinniger Führung* findet man auf diesem Wege folgenden geschlossenen Ausdruck für den Gütegrad η_K in Abhängigkeit von ψ und C'/C:

$$\frac{1}{\eta_K} = \frac{1}{\psi} \cdot \ln \frac{\dfrac{C'}{C} \exp\left[\left(\dfrac{C'}{C} - 1\right)\psi\right] - \left(\dfrac{C'}{C} - 1\right)\psi - \dfrac{C'}{C}}{\left[\dfrac{C'}{C} - \left(\dfrac{C'}{C} - 1\right)\psi\right] \exp\left[\left(\dfrac{C'}{C} - 1\right)\psi\right] - \dfrac{C'}{C}}. \tag{364}$$

Bei *gegensinniger Führung* läßt sich hingegen, abgesehen vom Sonderfall $C = C'$, ein entsprechender Ausdruck für η_K nicht angeben, weil man ε aus Gl. (340) nur durch Probieren ermitteln kann.

Im Sonderfall $C = C'$ gelten für ψ in Rücksicht auf Gl. (359) unmittelbar die Ausdrücke auf den rechten Seiten von Gl. (350) und (351). Löst man diese Beziehungen nach ε auf, so erhält man durch Einsetzen in Gl. (363)

bei gleichsinniger Führung

$$\frac{1}{\eta_K} = \frac{1}{\psi} \ln \frac{2 + \psi}{2 - \psi} \quad (C = C'), \tag{365}$$

bei gegensinniger Führung

$$\frac{1}{\eta_K} = \frac{1}{\psi} \ln \frac{3 + 2\psi}{\sqrt{9 - 3\psi^2} - \psi} \quad (C = C'). \tag{366}$$

Ergebnis der Berechnung

Das verhältnismäßig einfache Ergebnis der vorstehenden Ableitungen läßt sich kurz wie folgt zusammenfassen. Wird bei vorgegebenen Gastemperaturen eine bestimmte Wärmeübertragung Q in der Zeiteinheit gefordert, dann ist das Produkt $kF = (kF)_K$ bei einem Kreuzgegenströmer $1/\eta_K$ mal größer zu wählen als bei einem für die gleiche Leistung gebauten reinen Gegenströmer, wenn η_K den Güte-grad des Kreuzgegenströmers, bedeutet. η_K ist verschieden bei gleichsinniger und gegensinniger Führung. Ferner hängt η_K vom Verhältnis C'/C der Wärmekapazi-täten des außen und innen strömenden Gases sowie von dem oben besprochenen Temperaturverhältnis ψ ab, das durch Gl. (361) bestimmt ist. Der Wert von ψ kann hiernach aus der gesamten Temperaturänderung $\vartheta_2' - \vartheta_1'$ des außen strö-menden Gases, aus der Zahl N der in seiner Strömungsrichtung hintereinander liegenden Rohrwindungen oder Rohrstücke und aus der nach Gl. (181) für reinen Gegenstrom sich ergebenden mittleren Temperaturdifferenz $(\varDelta\vartheta_M)_G$ zwischen beiden Gasen leicht berechnet werden. Wie η_K von C'/C und ψ abhängt, ist durch die oben abgeleiteten Gln. (362) bis (366) sowie (335) und (340) festgelegt.

Die nach diesen Gleichungen berechneten Werte des Gütegrades η_K sind in Bild 104 abhängig von ψ für verschiedene Werte von C'/C aufgetragen. Die ausgezogenen Linien gelten bei gleichsinniger, die strichpunktierten Linien bei gegensinniger Führung. Aus einer derartigen Darstellung kann man also bei praktischen Rechnungen den Gütegrad η_K rasch ablesen.

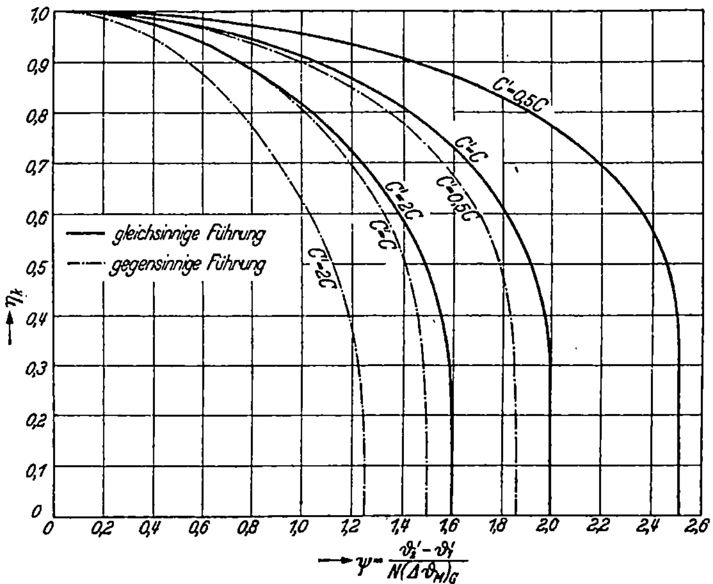

$\vartheta_2' - \vartheta_1'$ gesamte Temperaturänderung des außen strömenden Gases
$(\varDelta\vartheta_M)_G$ mittlere Temperaturdifferenz zwischen beiden Gasen, berechnet wie bei reinem Gegenstrom
N Windungszahl

Bild 104. Gütegrad η_k von Kreuzgegenströmern im Vergleich zu reinem Gegenstrom bei gleichsinniger und gegensinniger Führung.
$\vartheta_2' - \vartheta_1'$ gesamte Temperaturänderung des außen strömenden Gases.
$(\varDelta\vartheta_M)_G$ mittlere Temperaturdifferenz zwischen beiden Gasen berechnet wie bei reinem Gegenstrom; N Windungszahl.

Bei sehr kleinen Werten von ψ, wie so vor allem bei hoher Windungszahl N auftreten, ist nach Bild 104 der Gütegrad sehr nahe gleich 1. In diesen sehr häufig vorkommenden Fällen kann also ein Kreuzgegenströmer genau ebenso wie ein reiner Gegenströmer berechnet werden. Man hat hierbei nur zu berücksichtigen, daß sich auf der Außenseite der Rohre höhere Wärmeübergangskoeffizienten als bei Parallelstrom ergeben.

Mit wachsendem ψ nimmt η_K zunächst langsam und dann immer rascher ab. Bis etwa $\psi = 1$ ist die Abnahme bei gegensinniger Führung ungefähr doppelt so groß wie bei gleichsinniger Führung. Auch kann man bis etwa $\psi = 1$ folgende empirisch gefundene Näherungsgleichungen benutzen:

bei gleichsinniger Führung

$$\eta_K = 1 - \frac{C'}{C} \cdot \frac{\psi^2}{12},$$

bei gegensinniger Führung

$$\eta_K = 1 - \frac{C'}{C} \cdot \frac{\psi^2}{6}.$$

$$\text{bei } \psi < 1 \qquad (367)$$

$$(368)$$

Bei $\psi = 1$ und $C = C'$ betrüge nach Bild 100 bei gleichsinniger Führung $\eta_K = 0,91$, bei gegensinniger Führung $\eta_K = 0,81$. Die durch diese Zahlenwerte zum Ausdruck gebrachte Verschlechterung gegenüber dem reinen Gegenstrom erscheint verhältnismäßig gering, wenn man bedenkt, daß $\psi = 1$ bereits einen sehr ungünstigen, praktisch nur selten auftretenden Fall darstellt. Vor allem aber muß man berücksichtigen, daß der Kreuzstrom gegenüber Parallelstrom den Wärmeübergangkoeffizienten auf der Außenseite der Rohre in der Regel auf das Zwei- bis Dreifache erhöht. Die herdurch verursachte Zunahme von k übertrifft meist bei weitem den ungünstigen Einfluß von η_K.

§ 47. Wärmeübertragung durch Rippenrohre

Vielfach ist auf einer Seite einer wärmeübertragenden Wand der Wärmeübergangskoeffizient wesentlich geringer als auf der anderen Seite, z. B. wenn auf der zuerst genannten Seite ein Gas, auf der anderen Seite eine Flüssigkeit strömt. Der Unterschied kann zum Teil dadurch ausgeglichen werden, daß man wie in § 14 und 45 erörtert, auf der Außenseite von Rohren ein Gas im Kreuzstrom vorbeileitet. Noch wirksamer ist es, auf der benachteiligten Seite der wärmeübertragenden Wände Rippen anzubingen, weil hierdurch die Oberfläche auf dieser Seite erheblich vergrößert wird. Gerade Rippen kommen meist an senkrechten Flächen, z. B. an durch Luft zu kühlenden Behältern oder an gewissen Arten von Raumheizkörpern vor. Wesentlich bedeutsamer sind kreisförmige Rippen, die sich auf der Außenseite von Rohren in überall gleichen Abständen befinden.

Die Wärme, welche eine Rippe von dem sie umgebenden Gas aufnimmt, muß im Innern der Rippe und schließlich durch den Fuß der Rippe in die Rohrwand strömen oder umgekehrt. Infolge des dazu benötigten Temperaturgefälles innerhalb der Rippe weist ihre Oberfläche im Mittel einen geringeren Temperaturunterschied gegen das umgebende Gas auf als die Oberfläche am Rippenfuß. Das Verhältnis dieser beiden Temperaturunterschiede wird Rippenwirkungsgrad η_R genannt.

Im folgenden soll gezeigt werden, wie sich der Temperaturabfall in der Rippe und damit der Rippenwirkungsgrad berechnen läßt, wenn man einen konstanten Wärmeübergangskoeffizienten an der Rippenoberfläche voraussetzt. Inwieweit jedoch diese Voraussetzung zutrifft und welche Werte des Wärmeübergangskoeffizienten man auf Grund von experimentellen Untersuchungen zu erwarten hat, wurde bereits im 1. Teil dieses Buches in § 15 erörtert.

Differentialgleichung für den Temperaturverlauf in der Rippe

Die Differentialgleichung soll so allgemein abgeleitet werden, daß sie außer für Kreisrippen auch für gerade Rippen gilt. Schraubenförmig gewundene Rippen können wie Kreisrippen berechnet werden.

Bild 105 links stelle den Querschnitt einer Rippe dar, der der Deutlichkeit wegen breiter als in Wirklichkeit gezeichnet ist. x sei die Entfernung einer betrachteten Stelle vom Rippenfuß, y die halbe Stärke der Rippe an der Stelle x; b sei die Entfernung des äußeren Rippenrandes vom Rippenfuß, a der äußere Halbmesser des Rohres und damit auch die Entfernung des Rippenfußes von der Rohrachse. Unter der Länge l einer geraden Rippe sei ihre Abmessung in der zu dem betrachteten Querschnitt senkrechten Richtung (Bild 105 Mitte) verstanden. Bei kreis-

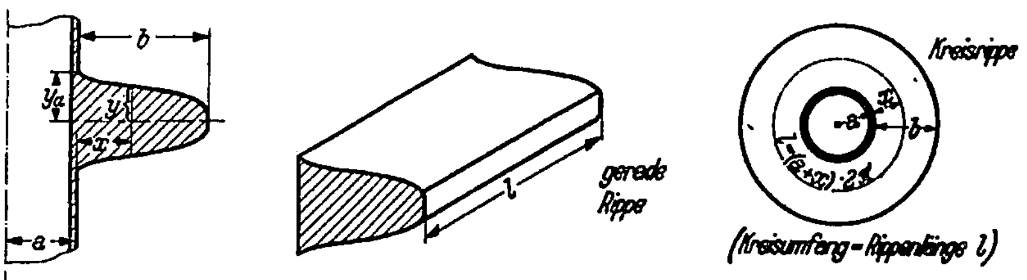

Bild 105. Querschnitte und Ansichten von Rippen.

förmigen Rippen soll entsprechend die Länge l durch den Umfang eines Kreises gemessen werden, der innerhalb der Rippe im Abstand x vom Rippenfuß konzentrisch zur Rohrachse gelegt ist (gestrichelt in Bild 105 rechts). Hiernach ist

$$l = 2\pi(a + x). \tag{369}$$

l hängt also bei Kreisrippen von x ab. Die bei Kreisrippen zylindrische Fläche $l \cdot y$ stellt dann nach Bild 105 links die Hälfte der zur x-Richtung senkrechten Fläche dar, durch die die Wärme innerhalb der Rippe im wesentlichen in radialer Richtung hindurchströmen muß. Ferner sei λ_s die Wärmeleitfähigkeit des Baustoffes der Rippe und Θ die Übertemperatur der Rippe an der Stelle x gegenüber dem außen befindlichen Gas, dessen Temperatur an allen Stellen den gleichen Wert habe. Dann strömt durch die Fläche ly in der Zeiteinheit die Wärmemenge

$$\dot{Q} = -\lambda_s l y \frac{d\Theta}{dx}. \tag{370}$$

Weiterhin berührt die betrachtete Rippenhälfte das Gas zwischen x und $x + dx$ sehr angenähert mit der Oberfläche $l \cdot dx$. Diese Fläche gibt nach außen die Wärmemenge

$$-d\dot{Q} = \alpha_R \Theta l \, dx \tag{371}$$

ab, wenn α_R den zwischen der Rippe und dem Gas wirksamen Wärmeübergangskoeffizienten bedeutet. Für die Rechnung sei α_R als unveränderlich oder als nur von x abhängig vorausgesetzt.

Differenzieren wir Gl. (370) nach x, so erhalten wir durch Einsetzen in Gl. (371) und unter Berücksichtigung von Gl. (369) folgende Differentialgleichung für den Temperaturverlauf in der Rippe:

$$\frac{d^2\Theta}{dx^2} + \left(\frac{1}{y}\frac{dy}{dx} + \frac{1}{a+x}\right)\frac{d\Theta}{dx} - \frac{\alpha_R}{\lambda_s y}\Theta = 0. \tag{372}$$

Bei geraden Rippen wird hierin $a = \infty$ und damit $\dfrac{1}{a + x} = 0$. Die Differentialgleichung für den Temperaturverlauf in Rippen hat erstmalig E. Schmidt [S 207]
aufgestellt, im Gegensatz zu vorstehender Gl. (372) jedoch getrennt für gerade
und kreisförmige Rippen.

Lösungen der Differentialgleichung nach E. Schmidt

Für die wichtigsten Sonderfälle bei $\alpha_R = $ const hat Schmidt [S 207] die nachstehenden geschlossenen Lösungen der Differentialgleichung abgeleitet. Es sei y_a
die halbe Stärke der Rippe am Rippenfuß und Θ_a die dort herrschende Übertemperatur. Ferner sei bei kreisförmigen Rippen r der Abstand der betrachteten Stelle
x von der Rohrachse und R der äußere Rippenhalbmesser, so daß $r = a + x$ und
$R = a + b$ wird. Führt man außerdem die Abkürzung

$$\mu = \sqrt{\frac{\alpha_R}{\lambda_s y_a}} \tag{373}$$

ein, dann lauten die Lösungen von Schmidt:

1. für die gerade Rippe von rechteckigem Querschnitt $(y = y_a = \text{const};$
vgl. Bild 107):

$$\frac{\Theta}{\Theta_a} = \frac{\cosh \mu(b - x)}{\cosh \mu b} \; ; \tag{374}$$

2. für die gerade Rippe von dreieckigem Querschnitt $(y = 0$ für $x = b$; vgl.
Bild 107):

$$\frac{\Theta}{\Theta_a} = \frac{J_0\left(2i\mu\sqrt{b(b - x)}\right)}{J_0(2i\mu b)} \; ; \; [5] \tag{375}$$

3. für die kreisförmige Rippe von rechteckigem Querschnitt (Bild 107 unten)

$$\frac{\Theta}{\Theta_a} = \frac{J_0(i\mu r)\,H_1(i\mu R) + iH_0(i\mu r)\cdot iJ_1(i\mu R)}{J_0(i\mu a)\,H_1(i\mu R) + iH_0(i\mu a)\cdot iJ_1(i\mu R)}, \tag{376}$$

worin J_0, J_1 und H_0, H_1' die Besselschen bzw. Hankelschen Funktionen nullter
und erster Ordnung bedeuten. Aus diesen Gleichungen erhält man die Übertemperatur t_b am Rippenrand, indem man $x = b$ bzw. $r = R$ setzt.

Durch folgende kleine Weiterführung der Betrachtungen von Schmidt läßt
sich sehr rasch ein Urteil über die Wirkung einer Rippe von gegebenen Abmessungen gewinnen; vgl. [H 209]. Man führt einen Rippenwirkungsgrad[6]

$$\eta_R = \dot{Q}/\dot{Q}_a \tag{377}$$

ein, der das Verhältnis der von der Rippenhälfte in der Zeiteinheit wirklich übertragenen Wärmemenge $\dot{Q}$ zu der Wärmemenge $\dot{Q}_a$ darstellt, die übertragen würde,
wenn die Rippe an allen Stellen dieselbe Übertemperatur Θ_a wie am Rippenfuß
hätte. Mit Hilfe von Gleichungen, die E. Schmidt [S 207] für Θ/Θ_a entwickelt hat,

---

[5] Neuerdings schreibt man statt $i^n \cdot J_n(ix)$ auch $I(x)$.

[6] Gelegentlich wird die Ansicht geäußert, daß es im vorliegenden Falle besser sei, von
einem „Gütegrad" statt von einem „Wirkungsgrad" zu sprechen.

gelangt man für den Rippenwirkungsgrad zu den nachstehenden Beziehungen:

1. für die gerade Rippe von rechteckigem Querschnitt

$$\eta_R = \frac{\tanh(\mu b)}{\mu b},$$ (378)

2. für die gerade Rippe von dreieckigem Querschnitt

$$\eta_R = \frac{-iJ_1(2i\mu b)}{\mu b J_0(2i\mu b)},$$ (379)

3. für die kreisförmige Rippe von rechteckigem Querschnitt

$$\eta_R = \frac{-2a}{i\mu(R^2 - a^2)} \cdot \frac{J_1(i\mu a)\,H_1(i\mu R) - H_1(i\mu a)\cdot J_1(i\mu R)}{J_0(i\mu a)\,H_1(i\mu R) - H_0(i\mu a)\,J_1(i\mu R)}.$$ (380)

Näherungsverfahren zur Berechnung von Rippen mit beliebigem Querschnitt

Für die Berechnung des Temperaturverlaufs in Rippen von beliebig gestaltetem Querschnitt eignet sich folgendes Näherungsverfahren [H 209]:

Wir denken uns die Rippe in der Richtung x in eine beliebige Zahl N von Abschnitten gleicher Breite Δx aufgeteilt, wobei die Schnitte vom Rippenfuß bis zum Rippenrand laufend mit 0, 1, 2, … bis N beziffert seien (vgl. Bild 106). An der Stelle n, die hiernach durch $x = n\,\Delta x$

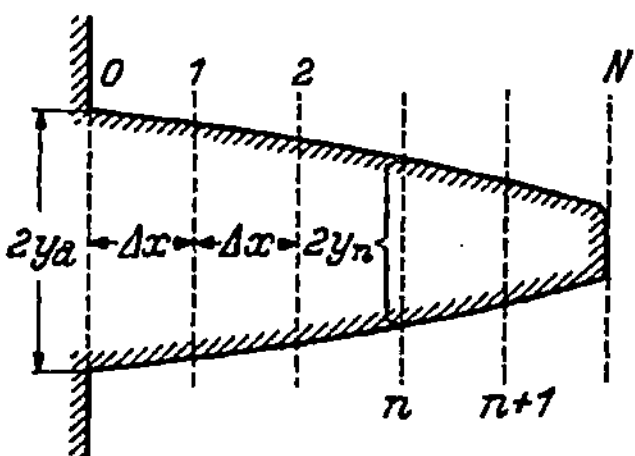

Bild 106. Aufteilung einer Rippe in N Abschnitte von der gleichen Breite Δx.

bestimmt ist, herrsche die Übertemperatur Θ_n, an den Stellen $n-1$ bzw. $n+1$ entsprechend die Übertemperaturen Θ_{n-1} bzw. Θ_{n+1}. Setzen wir ferner an der Stelle n angenähert

$$\frac{d\Theta}{dx} = \frac{\Theta_{n+1} - \Theta_{n-1}}{2\Delta x}$$ (381)

und

$$\frac{d^2\Theta}{dx^2} = \frac{1}{\Delta x}\left(\frac{\Theta_{n+1} - \Theta_n}{\Delta x} - \frac{\Theta_n - \Theta_{n-1}}{\Delta x}\right) = \frac{\Theta_{n-1} - 2\Theta_n + \Theta_{n+1}}{\Delta x^2},$$ (382)

dann geht die Differentialgleichung (372) in folgende Differenzengleichung

$$\frac{\Theta_{n-1}}{\Theta_b} = 2 \cdot \frac{2 + \dfrac{\alpha_{Rn}}{\lambda_{sn}y_n}\Delta x^2}{2 - \left(\dfrac{1}{y}\dfrac{dy}{dx} + \dfrac{1}{a+x}\right)_n \Delta x} \cdot \frac{\Theta_n}{\Theta_b} - \frac{2 + \left(\dfrac{1}{y}\dfrac{dy}{dx} + \dfrac{1}{a+x}\right)_n \Delta x}{2 - \left(\dfrac{1}{y}\dfrac{dy}{dx} + \dfrac{1}{a+x}\right)_n \Delta x} \cdot \frac{\Theta_{n+1}}{\Theta_b}$$ (383)

über, in der beide Seiten noch durch die Übertemperatur Θ_b am Rippenrand dividiert sind. α_{Rn}, λ_{sn}, y_n und $\left(\dfrac{1}{y}\dfrac{dy}{dx} + \dfrac{1}{a+x}\right)_n$ bedeuten die Werte der mit x veränderlich angenommenen Größen α_R, λ_R usw. an der Stelle n. Nach Gl. (383) kann man von Stufe zu Stufe in der Richtung vom Rippenrand zum Rippenfuß fortschreitend Θ_{n-1}/Θ_b berechnen.

Nur auf die äußerste Stufe am Rippenrand, bei dem die Rechnung mit $\Theta_N/\Theta_b = 1$ beginnen soll, läßt sich Gl. (383) nicht ohne weiteres anwenden. Wir machen daher für die Übertemperatur Θ in dieser Stufe folgenden besonderen Ansatz:

$$\Theta = \Theta_b + \left(\frac{d\Theta}{dx}\right)_b (x - b) + \frac{1}{2}\left(\frac{d^2\Theta}{dx^2}\right)_b (x - b)^2 . \tag{384}$$

Nach Gl. (372) ist an der Stelle $x = b$

$$\left(\frac{d^2\Theta}{dx^2}\right)_b = \frac{\alpha_{Rb}}{\lambda_{sb}y_b}\Theta_b - \left[\frac{1}{y_b}\left(\frac{dy}{dx}\right)_b + \frac{1}{a+b}\right]\left(\frac{d\Theta}{dx}\right)_b . \tag{385}$$

Man muß nun unterscheiden, ob, wie bei der Dreiecksrippe, $y_b = 0$ ist, oder ob $y_b > 0$ ist. Bei $y_b = 0$ erhält man aus Gl. (385), indem man beide Seiten dieser Gleichung mit y_b multipliziert,

$$\left(\frac{d\Theta}{dx}\right)_b = \frac{\alpha_{Rb}}{\lambda_{sb}} \cdot \frac{\Theta_b}{\left(\frac{dy}{dx}\right)_b} . \tag{386}$$

Der Wert von $\left(\frac{d^2\Theta}{dx^2}\right)_b$, der hierbei unbestimmt bleibt, kann, wie z. B. aus dem fast geradlinigen Verlauf der gestrichelten Linie in dem noch zu besprechenden Bild 107 hervorgeht, mit genügender Genauigkeit gleich 0 gesetzt werden. Man erhält dann durch Einsetzen von Gl. (386) in Gl. (384) für die Stelle $N - 1$

$$\frac{\Theta_{N-1}}{\Theta_b} = 1 - \frac{\alpha_{Rb}}{\lambda_{sb}} \cdot \frac{\Delta x}{\left(\frac{dy}{dx}\right)_b} \qquad (\text{bei } y_b = 0). \tag{387}$$

Ist hingegen y_b von Null verschieden, dann wird auch durch den schmalen zylindrischen Rippenrand Wärme übertragen. Da aber diese Wärmemenge verhältnismäßig sehr gering ist, kann man sie, wie es auch E. Schmidt [S 207] getan hat, genau genug vernachlässigen und daher $\left(\frac{d\Theta}{dx}\right)_b = 0$ setzen. Hiermit erhält man nach Gl. (384) und (385) für die Temperatur an der Stelle $N - 1$

$$\frac{\Theta_{N-1}}{\Theta_b} = 1 + \frac{\alpha_{Rb}}{\lambda_{sb}} \cdot \frac{(\Delta x)^2}{2y_b} \qquad \left(\text{bei } y_b > 0 \quad \text{und} \quad \left(\frac{d\Theta}{dx}\right)_b = 0\right). \tag{388}$$

Nach Gl. (387) oder (388) kann man nun, ohne Θ_b zu kennen, den Wert von Θ_{N-1}/Θ_b ermitteln. Die folgenden Werte Θ_{N-2}/Θ_b usw. können dann von Stufe zu Stufe fortschreitend nach Gl. (383) berechnet werden. Als letzten Wert erhält man Θ_a/Θ_b. Ist also die Temperatur Θ_a am Rippenfuß bekannt, so ist hierdurch nun auch Θ_b am Rippenrand und damit auf Grund der Stufenrechnung der gesamte Temperaturverlauf bestimmt. Wenn die Dicke $2y$ der Rippe nicht stark veränderlich ist, werden vielfach schon 4 bis 5 Stufen ein genügend genaues Ergebnis liefern.

Berechnung des Rippenwirkungsgrades nach dem Stufenverfahren

Hat man den Temperaturverlauf nach dem Stufenverfahren bestimmt, dann kann man durch eine einfache Rechnung auch die durch die Rippe übertragene Wärmemenge und damit den Rippenwirkungsgrad nach Gl. (377) ermitteln.

Da Θ die Übertemperatur gegenüber dem außen strömenden Gas bedeutet, ist die in der Zeiteinheit durch eine der Rippenoberfläche übergehenden Wärmemenge

$$\dot{Q} = \int_0^b \alpha_R \Theta l \, dx \tag{389}$$

mit l nach Gl. (369).

Dieses Integral läßt sich nach einem Näherungsverfahren, z.B. nach der Simpsonschen Regel, auswerten, sobald die Werte von Θ_a, Θ_1, Θ_2 usw. bis Θ_b aus der vorhergehenden Rechnung bekannt sind.

Die Wärmemenge $\dot{Q}_a$ hingegen, die übertragen würde, wenn die Oberfläche an allen Stellen die Übertemperatur Θ_a hätte, ergibt sich aus Gl. (389), wenn man $\Theta = \Theta_a = $ const setzt. Ist z.B. α_R unveränderlich, dann wird

$$\dot{Q}_a = \alpha_R(2a + b)\, b\pi\Theta_a\,. \tag{390}$$

Man erhält somit den Rippenwirkungsgrad, indem man Q nach Gl. (389) und $\dot{Q}_a$ nach Gl. (390) in Gl. (377) einsetzt.

Berechnung der Rippen bei veränderlicher Wärmeübergangszahl α_R

Auf den Fall, daß die Wärmeübergangszahl α_R von der Entfernung x vom Rippenfuß abhängt, läßt sich das beschriebene Stufenverfahren ohne weiteres anwenden. Aus den in § 15 beschriebenen Versuchsergebnissen (Bild 19) geht allerdings hervor, daß bei Kreisrippen α_R sich vielfach auch mit dem Winkel des betrachteten Rippenradius gegen die Anströmrichtung ändert. Dann kann man die Rippen derart in Sektoren unterteilen, daß man innerhalb jedes Sektors die Winkelabhängigkeit von α_R ohne großen Fehler vernachlässigen kann. Die Rechnung führt man dann für jeden Sektor getrennt durch. Diese Rechnung könnte man vielleicht noch weiter verbessern, wenn es gelänge, die Teilung nicht radial, sondern nach Wärmestromlinien vorzunehmen.

Ergebnis der Berechnungen

Die Bilder 107, 108 und 109 zeigen das Ergebnis von Berechnungen, die im wesentlichen nach den von E. Schmidt stammenden Gln. (374) bis (376) sowie nach den Gln. (378) bis (380) durchgeführt worden sind. Als Abszisse ist die dimensionslose Kenngröße μx oder μb gewählt, wobei μ durch Gl. (373) bestimmt und ebenso wie α_R und λ_s als unveränderlich angenommen ist.

In Bild 107 ist der Temperaturverlauf in Rippen von solcher Breite b dargestellt, daß $\mu b = 1$ ist. Hierbei ist das Verhältnis Θ/Θ_a der Übertemperatur Θ an der Stelle x zur Übertemperatur Θ_a am Rippenfuß abhängig von μx aufgetragen. Die ausgezogenen Linien gelten für Rippen von rechteckigem Querschnitt. Die obere dieser Kurven bezieht sich auf eine gerade Rippe[7], die untere Kurve auf eine Kreisrippe vom Halbmesserverhältnis $\varrho = R/a = 2$, wobei also der äußere Rippenhalbmesser R doppelt so groß ist wie der äußere Rohrhalbmesser a. Da der Wärmeübergang an den schmalen zylindrischen Randflächen vernachlässigt ist, haben beide Kurven am Rippenrand eine waagerechte Tangente. Gestrichelt ist ferner der Temperaturverlauf für eine gerade Rippe von dreieckigem Querschnitt eingezeichnet. Die Neigung der Temperaturkurve ist in diesem Falle bis an den Rippenrand hin nur wenig veränderlich, da für den geringeren Wärmefluß in den äußeren Rippenteilen ein fast im gleichen Maße verkleinerter Strömungsquerschnitt zur Verfügung steht.

---

[7] Auch Schraubenrippen, die am Rippenfuß gewellt sind, kann man nach Ansicht von E. Hofmann [H 215] wie gerade Rippen behandeln, weil die Rippenoberfläche und die Querschnitte für die innere Wärmeströmung in beiden Fällen gleich sind.

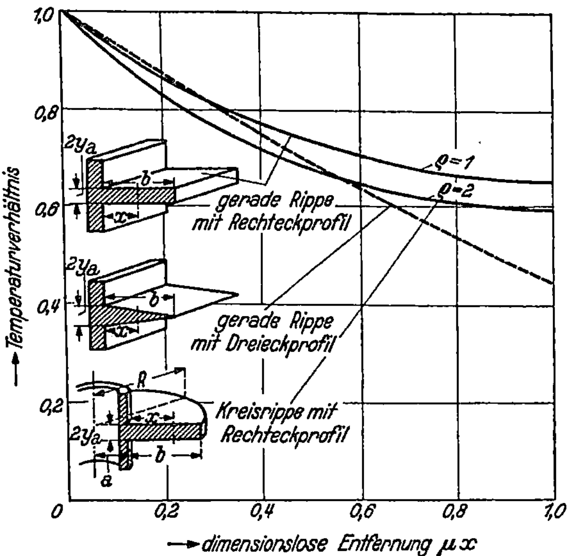

Bild 107. Temperaturverlauf in Rippen bei $\mu \cdot b = 1$

$$\mu = \sqrt{\frac{\alpha_R}{\lambda_s \cdot y_a}}.$$

In Bild 108 ist das Verhältnis Θ_b/Θ_a der Übertemperatur am Rippenrand zur Übertemperatur am Rippenfuß abhängig von μb aufgetragen. Die ausgezogenen Kurven gelten wieder für die Rippen mit rechteckigem, die gestrichelte Linie für die Rippe mit dreieckigem Querschnitt.

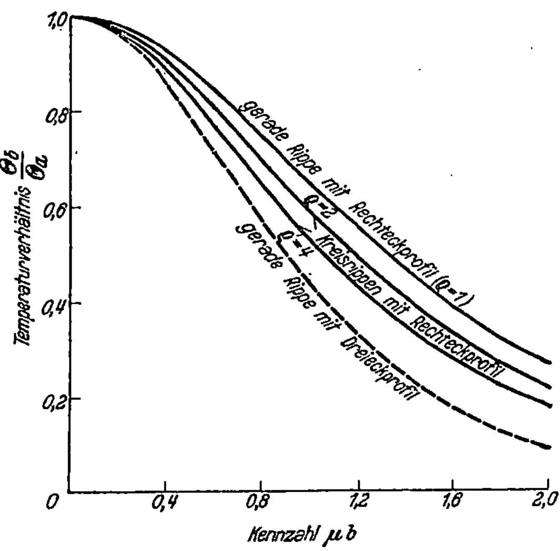

Bild 108. Temperatur Θ_b am Rippenrand.

Bild 109 und 110 zeigen für dieselben Rippen sowie für einige weitere Rippen von dreieckförmigem Querschnitt den Rippenwirkungsgrad η_R abhängig von μb. Kennt man also für eine Rippe die Abmessungen b, y_a und $\varrho = R/a$ (Bild 105) sowie die Werte von α_R und λ_s, dann kann man η_R aus Bild 109 oder 110 sofort abgreifen. Die Berechnung der Wärmeabgabe einer Rippe gestaltet sich hiernach sehr einfach, falls der Wärmeübergangskoeffizient α_R auf der ganzen Rippenoberfläche als unveränderlich angenommen werden kann. Benutzt man für α_R die in § 15 durch

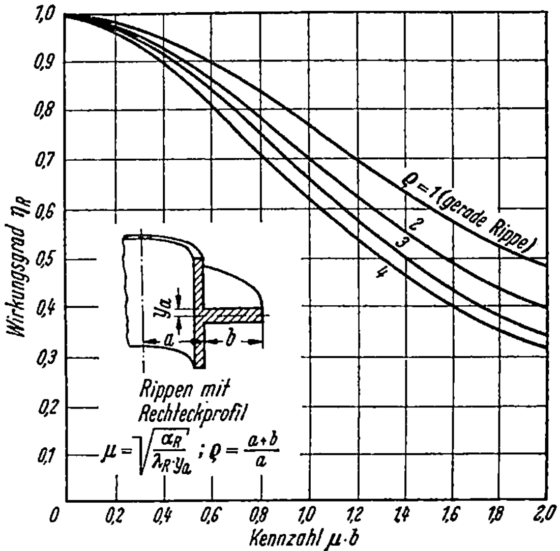

Bild 109. Wirkungsgrad η_R von Rippen mit Rechteckprofil.

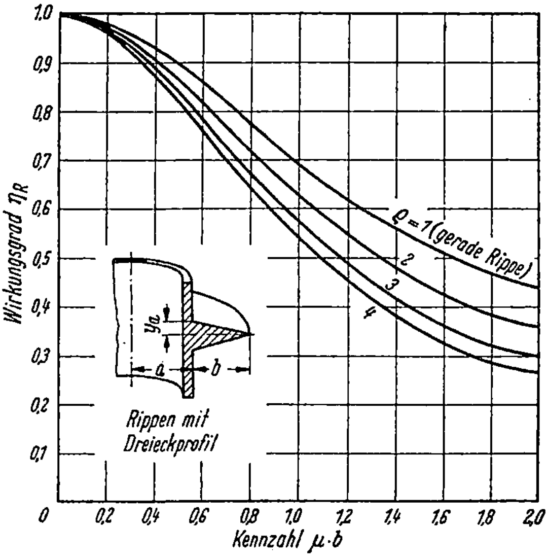

Bild 110. Wirkungsgrad η_R von Rippen mit Dreieckprofil.

die Gl. (64) nach Th. E. Schmidt festgelegten Werte, die auch für die zwischen den Rippen liegende Rohroberfläche gelten, dann erhält man die von einem Rippenrohr abgegebene oder aufgenommene Wärmemenge nach der ebenfalls in § 15 angegebenen Gl. (63).

V. Rekuperatoren mit mehreren Durchgängen

§ 48. Hintereinandergeschaltete Durchgänge

Bei aus Rohren aufgebauten Rekuperatoren ist das Rohrbündel vielfach in mehrere nebeneinander liegende Rohrgruppen unterteilt, die hintereinandergeschaltet werden (vgl. Bild 111). Es entsteht so eine Aneinanderreihung von inneren Durchgängen ,durch die das eine Gas unter mehrmaligem Richtungswechsel hindurchströmt, während das andere Gas sich im Außenraum bewegt.

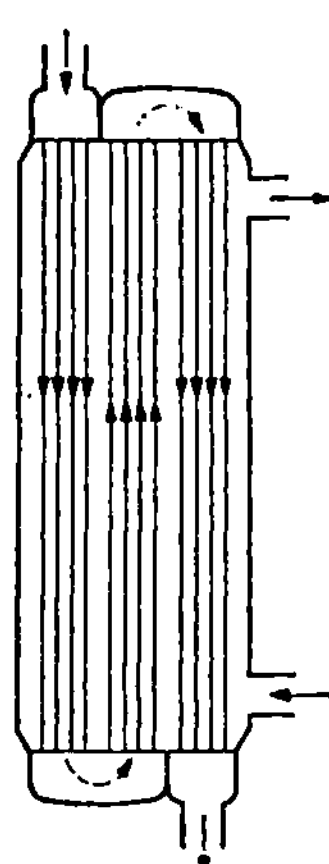

Bild 111. Rekuperator mit drei hintereinander geschalteten inneren Durchgängen.

Diese Art von Wärmeaustauschern wollen wir „mehrgängige" Wärmeaustauscher nennen[1]. Unter „Durchgang" wollen wir auch im folgenden, solange nichts anderes gesagt ist, jeweils den gesamten Innenraum aller Rohre einer Rohrgruppe verstehen.

Mehrgängige Wärmeaustauscher werden vor allem dann angewendet, wenn der Wärmeübergangskoeffizient im Außenraum höher ist als im Innern der Rohre. Dieser höhere Wärmeübergangskoeffizient kann z.B. durch eine außen strömende Flüssigkeit, durch die Kondensation eines Dampfes, bei einem außen strömenden Gas auch durch Leitbleche verursacht sein, die wie in Bild 54 Kreuzstrom erzwingen. Durch die Unterteilung der Rohre in mehrere Durchgänge wird die Strömungsgeschwindigkeit des innen strömenden Stoffes und damit sein Wärmeübergangskoeffizient erhöht.

Wenn die Zahl der Durchgänge gerade ist, z.B. zwei oder vier beträgt, dann bewegt sich das innen strömende Gas gegenüber dem außen strömenden Gas eben

---

[1] In Amerika werden diese Wärmeaustauscher „Multipass heat exchangers" genannt.

so oft im Gleichstrom wie im Gegenstrom. Bei ungleicher Zahl der Durchgänge wählt man zweckmäßig die Schaltung so, daß der Gegenstrom einmal öfter vorkommt als der Gleichstrom. Bild 111 zeigt als Beispiel einen in diesem Sinne geschalteten Rekuperator mit drei Durchgängen.

Gelegentlich wird zur weiteren Erhöhung des Wärmedurchgangs auch der Außenraum durch Zwischenwände unterteilt, die der Achse des Rekuperators parallel angeordnet sind. Die Wirkung ist hierbei, wie noch näher erörtert werden soll, im wesentlichen dieselbe wie die von mehreren hintereinandergeschalteten getrennten Rekuperatoren mit entsprechend geringerer Rohrzahl.

Zur Berechnung der mehrgängigen Wärmeaustauscher

Berechnungsverfahren für die beschriebene Art von Wärmeaustauschern haben Davis [D 201], Nagle [N 202], Underwood [U 202], Bowman [B 210] und Fischer [F 204] entwickelt [2]. Da bei der Ableitung dieser Verfahren stets angenommen wurde, daß das ursprünglich wärmere Gas außen strömt, wollen wir im folgenden im Gegensatz zu unserer bisherigen Gewohnheit die Temperatur des außen strömenden Gases mit ϑ, die des innen strömenden Gases mit ϑ' bezeichnen. ϑ habe jeweils an allen Stellen eines Querschnittes des Wärmeaustauschers denselben Wert.

Wir betrachten zunächst den Fall, daß der Außenraum nicht unterteilt und die Zahl der hintereinandergeschalteten inneren Durchgänge gerade ist. Hierfür fanden Davis [D 201] und Nagle [N 202], daß bei Voraussetzung gleicher Heizflächen, gleicher Wärmeübergangskoeffizienten usw. aller Rohrgruppen der Wärmeaustausch nahezu unabhängig davon ist, ob die Zahl der Durchgänge 2, 4, 6 oder beliebig mehr beträgt. Deutlicher gesagt heißt dies: Sind die Eintrittstemperaturen ϑ_1 und ϑ_1' und die Austrittstemperaturen ϑ_2 und ϑ_2' der beiden Gase vorgegeben, dann hat unter den genannten Bedingungen die durch Gl. (145) definierte mittlere Temperaturdifferenz $\Delta\vartheta_M$ des gesamten Rekuperators stets nahezu denselben Wert, gleichgültig wie groß die als gerade angenommene Zahl der Durchgänge ist. Es leuchtet ein, daß die Größe dieser mittleren Temperaturdifferenz zwischen den Werten für Gleichstrom und reinen Gegenstrom liegt, da ja an den einzelnen Rohrgruppen abwechselnd Gegenstrom und Gleichstrom herrscht.

Während Davis ohne nähere Begründung nur Kurven zur Bestimmung von $\Delta\vartheta_M$ angegeben hat und Nagle in seinen Ableitungen zu Gleichungen gelangte, die sich nur durch Probieren lösen lassen, hat Underwood [U 202] für die mittlere Temperaturdifferenz bei *zwei hintereinandergeschalteten Durchgängen* folgende geschlossene Gleichung entwickelt:

$$\Delta\vartheta_M = \frac{\sqrt{(\vartheta_1 - \vartheta_2)^2 + (\vartheta_2' - \vartheta_1')^2}}{\ln\dfrac{\vartheta_1 + \vartheta_2 - \vartheta_1' - \vartheta_2' + \sqrt{(\vartheta_1 - \vartheta_2)^2 + (\vartheta_2' - \vartheta_1')^2}}{\vartheta_1 + \vartheta_2 - \vartheta_1' - \vartheta_2' - \sqrt{(\vartheta_1 - \vartheta_2)^2 + (\vartheta_2' - \vartheta_1')^2}}} . \tag{391}$$

Diese Beziehung soll, um den Gang der zunächst mehr auf die Ergebnisse und die Anwendung der Theorie zugeschnittenen Betrachtungen nicht zu stören, erst weiter unten abgeleitet werden. Eine wesentlich verwickeltere Gleichung, die sich nur durch Probieren lösen läßt, hat Underwood [U 202] für vier hintereinander-

---

geschaltete Durchgänge erhalten. Eine entsprechende Berechnung für drei Durchgänge stammt von Fischer [F 204].

Ergebnisse der Berechnung

Ein Urteil über die Güte des Wärmeaustausches gewinnt man , wenn man die mittlere Temperaturdifferenz $\Delta\vartheta_M$ des mehrgängigen Wärmeaustauschers mit der mittleren Temperaturdifferenz $(\Delta\vartheta_M)_G$ eines reinen Gegenströmers nach Gl. (181) vergleicht. Das Verhältnis

$$\varphi = \frac{\Delta\vartheta_M}{(\Delta\vartheta_M)_G} \tag{392}$$

stellt einen Korrektionsfaktor dar, mit dem man $(\Delta\vartheta_M)_G$ multiplizieren muß, um die wahre mittlere Temperaturdifferenz $\Delta\vartheta_M$ des mehrgängigen Wärmeaustauschers zu erhalten[3].

Bild 112 zeigt diesen Korrektionsfaktor für Rekuperatoren mit 2, 4, 6 usw. Durchgängen bei verschiedenen Verhältnissen C'/C der Wärmekapazitäten des innen und außen strömenden Gases. Als Abszisse ist die dimensionslose Kenngröße

$$\psi = \frac{\vartheta_2' - \vartheta_1'}{\vartheta_1 - \vartheta_1'} \tag{393}$$

gewählt. Sie stellt das Verhältnis der Temperaturzunahme des innen strömenden Gases zu dem Unterschied zwischen den Eintrittstemperaturen beider Gase dar. Bei $C' \lessgtr C$ ist ψ nach Gl. (192) und (156) gleich dem Wirkungsgrad des Wärme-

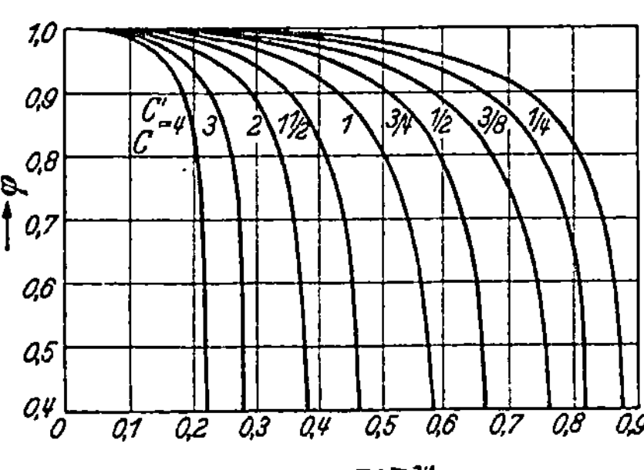

Bild 112. Korrektionsfaktor für 2-, 4-, 6- und mehrgängige Rekuperatoren.

austausches. Zur Berechnung von Bild 112 sind die an späterer Stelle für zwei Durchgänge abgeleiteten Gln. (415) und (416) benutzt worden. Die Kurven in Bild 112 gelten aber, wie schon angedeutet, mit ausreichender Genauigkeit auch bei 4, 6 usw. Durchgängen.

Bei Rekuperatoren mit drei hintereinandergeschalteten Durchgängen, wovon zwei im Gegenstrom, einer im Gleichstrom wirken (vgl. Bild 113), ergibt sich, entsprechend der höheren Annäherung an den reinen Gegenstrom, nach den Berechnungen von Fischer eine etwas größere mittlere Temperaturdifferenz $\Delta\vartheta_M$ als bei den Wärmeaustauschern mit einer geraden Anzahl von Durchgängen. Es muß

---

[3] Dieser Korrektionsfaktor entspricht dem Gütegrad η_K eines Kreuzgegenströmers [vgl. § 46, Gl. (357)].

daher auch, wie Bild 113 und 114 zeigen, der Korrektionsfaktor φ unter sonst gleichen Verhältnissen einen etwas höheren Wert haben.

Mit Hilfe der Bilder 112 und 114 läßt sich in der bereits angedeuteten Weise ein mehrgängiger Wärmeaustauscher fast ebenso einfach berechnen wie ein reiner Gegenstromrekuperator, falls die Ein- und Austrittstemperaturen ϑ_1, ϑ_1', ϑ_2 und

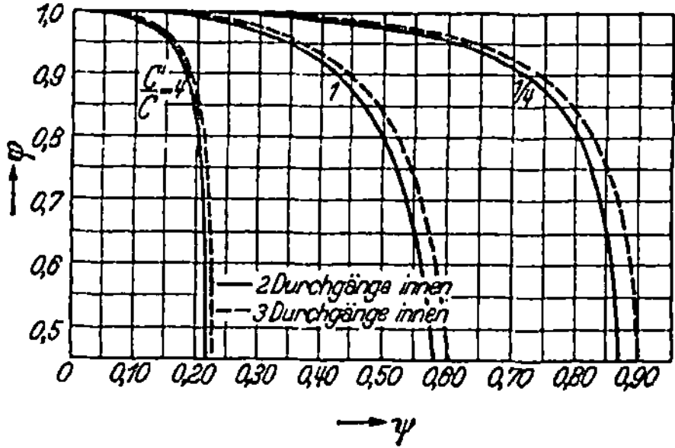

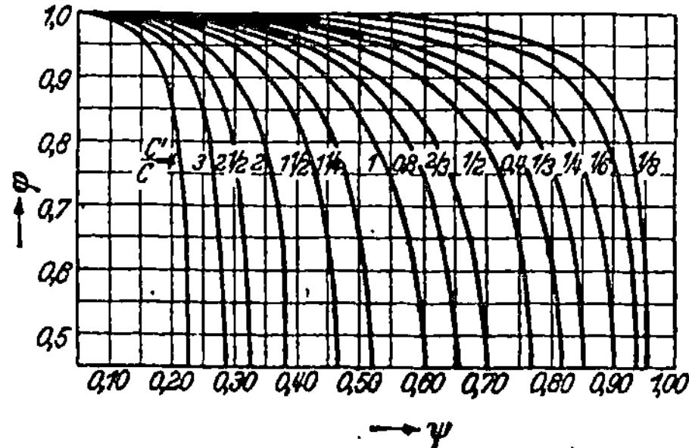

Bild 113. Vergleich von Rekuperatoren mit 2 und 3 inneren Durchgängen.   Bild 114. Korrektionsfaktor für dreigängige Rekuperatoren.

ϑ_2' sowie die Wärmekapazitäten C und C' der beiden Gase je Zeiteinheit gegeben sind. Aus den Temperaturen bestimmt man zunächst die mittlere Temperaturdifferenz $(\varDelta\vartheta_M)_G$ für reinen Gegenstrom sowie die Kenngröße ψ nach Gl. (393). Mit dem aus Bild 112 oder 114 abgegriffenen Korrektionsfaktor erhält man dann gemäß Gl. (392) die wahre mittlere Temperaturdifferenz $\varDelta\vartheta_M$ des mehrgängigen Wärmeaustauschers.

Rekuperatoren mit mehreren Außendurchgängen

Nagle [N 202], Bowman [B 210] und Fischer [F 204] haben auch Rekuperatoren rechnerisch behandelt, die auf der Außenseite mehrere Durchgänge haben (vgl. Bild 115). Auf jeden Außendurchgang treffen hierbei mehrere, meist zwei oder vier Innendurchgänge. Die Außendurchgänge sind ebenso wie sämtliche Innendurchgänge hintereinandergeschaltet. Solche Wärmeaustauscher haben vor allem den Zweck, eine höhere Annäherung an den reinen Gegenstrom und damit einen besseren Wärmeaustausch zu erreichen, als dies bei Wärmeaustauschern mit nur einem Außendurchgang möglich wäre. Hierzu kommt die Erhöhung der Wärmedurchgangszahl im Außenraum durch die Steigerung der Strömungsgeschwindigkeit.

Nagle, Bowman und Fischer nehmen bei ihren Berechnungen an, daß auf jeden Außendurchgang der gleiche Bruchteil der gesamten Heizfläche F, bei N solchen Durchgängen also auf jeden der Betrag F/N entfällt, und daß der Wärmedurchgangskoeffizient k bei allen Durchgängen denselben Wert hat. Sie kommen zu dem Ergebnis, daß der Korrektionsfaktor φ in diesem Falle für alle Außendurchgänge gleich groß ist und mit dem Korrektionsfaktor für den gesamten Wärmeaustauscher übereinstimmt. Sie leiten auf ziemlich umständlichem Wege die hierfür geltenden Gleichungen ab. Zu diesem Ergebnis gelangt man aber wesentlich einfacher auf Grund der folgenden Überlegung[4].

---

[4] Nach H. Hausen, in der 1. Auflage dieses Buches veröffentlicht.

Die Bilder 112 und 114 gelten auch für jeden einzelnen äußeren Durchgang, wenn man ψ aus den Temperaturen am Anfang und Ende des betreffenden Durchgangs bestimmt. Sind aber nur die Ein- und Austrittstemperaturen ϑ_1, ϑ_1' sowie ϑ_2 und ϑ_2' für den *gesamten* Wärmeaustauscher bekannt, dann kann man ψ für einen einzelnen Durchgang durch eine Umrechnung nachstehender Art festlegen.

Verfolgt man die hintereinandergeschalteten äußeren Durchgänge z. B. nach Bild 116 in der Bewegungsrichtung des außen strömenden Gases, das mit der Temperatur ϑ_1 eintritt, dann sei die Temperatur dieses Gases am Ende des ersten Durchganges mit ϑ_a, am Ende des zweiten Durchganges mit ϑ_b bezeichnet. Am Ende des letzten Durchganges erreicht das Gas die Aus-

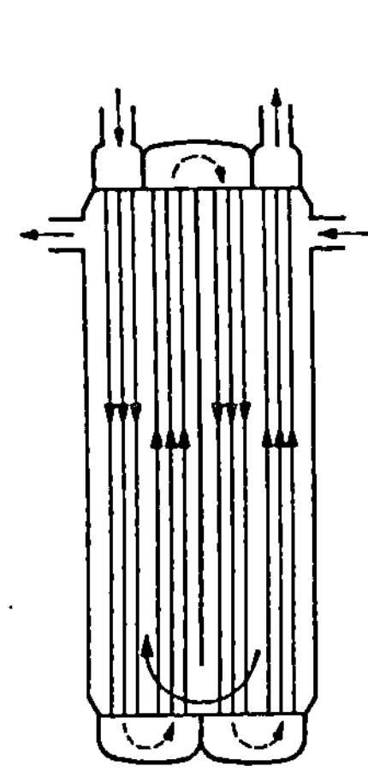

Bild 115. Rekuperator mit
4 inneren und 2 äußeren
Durchgängen.

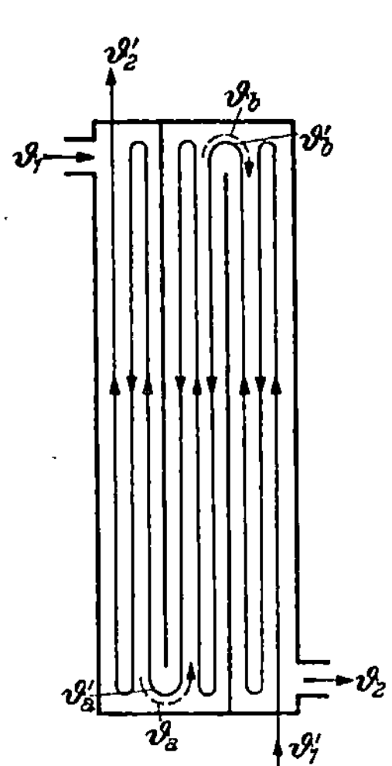

Bild 116. Temperaturen in
einem Rekuperator mit
mehreren Außendurchgän-
gen.

trittstemperatur ϑ_2. Entsprechend habe das innen strömende Gas beim Übergang vom zweiten zum ersten dieser Durchgänge die Temperatur ϑ_a', beim Übergang vom dritten zum zweiten die Temperatur ϑ_b' usw. Haben ferner, wie angenommen, F/N, k sowie auch C'/C in allen äußeren Durchgängen dieselben Werte, dann sind diese Durchgänge in dem Sinne einander gleichwertig, daß das Verhältnis der beiden Temperaturunterschiede an den Enden der einzelnen Außendurchgänge stets gleich groß ist. Wenn jeder Außendurchgang nur je einen Innendurchgang hat, folgt dies mit F/N statt F aus der zweiten Gl. (171). Es muß daher (vgl. Bild 116) gelten

$$\frac{\vartheta_a - \vartheta_a'}{\vartheta_1 - \vartheta_2'} = \frac{\vartheta_b - \vartheta_b'}{\vartheta_a - \vartheta_a'} = \frac{\vartheta_c - \vartheta_c'}{\vartheta_b - \vartheta_b'} \quad \text{usw.}$$

Hieraus folgt

$$\frac{\vartheta_b - \vartheta_b'}{\vartheta_1 - \vartheta_2'} = \left(\frac{\vartheta_a - \vartheta_a'}{\vartheta_1 - \vartheta_2'}\right)^2 ; \quad \frac{\vartheta_c - \vartheta_c'}{\vartheta_1 - \vartheta_2'} = \left(\frac{\vartheta_a - \vartheta_a'}{\vartheta_1 - \vartheta_2'}\right)^3 ,$$

und entsprechend unter Berücksichtigung von sämtlichen N äußeren Durchgängen:

$$\frac{\vartheta_2 - \vartheta_1'}{\vartheta_1 - \vartheta_2'} = \left(\frac{\vartheta_a - \vartheta_a'}{\vartheta_1 - \vartheta_2'}\right)^N$$

oder

$$\frac{\vartheta_a - \vartheta_a'}{\vartheta_1 - \vartheta_2'} = \sqrt[N]{\frac{\vartheta_2 - \vartheta_1'}{\vartheta_1 - \vartheta_2'}} . \tag{394}$$

Da ferner für den ersten äußeren Durchgang die Wärmemengengleichung

$$C(\vartheta_1 - \vartheta_a) = C'(\vartheta_2' - \vartheta_a') \tag{395}$$

besteht, so ergibt sich durch Einsetzen von ϑ_a aus Gl. (394) in Gl. (395):

$$\vartheta_2' - \vartheta_a' = (\vartheta_1 - \vartheta_2')\frac{C}{C' - C}\left[1 - \sqrt[N]{\frac{\vartheta_2 - \vartheta_1'}{\vartheta_1 - \vartheta_2'}}\right]. \tag{396}$$

Weiterhin gilt, wenn wir die Definition von ψ [vgl. Gl. (393)] auf den ersten äußeren Durchgang anwenden.

$$\psi = \frac{\vartheta_2' - \vartheta_a'}{\vartheta_1 - \vartheta_a'}. \tag{397}$$

Mit ϑ_a' aus Gl. (396) erhalten wir hiernach

$$\psi = \frac{1 - \sqrt[N]{\dfrac{\vartheta_2 - \vartheta_1'}{\vartheta_1 - \vartheta_2'}}}{\dfrac{C'}{C} - \sqrt[N]{\dfrac{\vartheta_2 - \vartheta_1'}{\vartheta_1 - \vartheta_2'}}}. \tag{398}$$

Dies ist die gesuchte Beziehung für ψ, in der also außer C und C' nur noch die Ein- und Austrittstemperaturen ϑ_1, ϑ_1', ϑ_2 und ϑ_2' der beiden Gase, bezogen auf den gesamten Wärmeaustauscher, auftreten. Wie man aus der genannten Gleichwertigkeit der äußeren Durchgänge oder auch aus einer gesonderten Ableitung für einen beliebigen anderen Durchgang schließen kann, gilt Gl. (398) in gleicher Weise für alle Durchgänge. Mit dem aus Gl. (398) berechneten Wert von ψ kann man daher aus Bild 112 oder 114 den Korrektionsfaktor φ für jeden beliebigen äußeren Durchgang und damit auch für den gesamten Wärmeaustauscher bestimmen.

Ableitung von Gl. (391) für zweigängige Wärmeaustauscher

Die bisher zurückgestellte Ableitung von Gl. (391) soll nun nachgeholt werden, wobei wir uns den Überlegungen von Underwood anschließen wollen. Wie erwähnt, hat Underwood [U 202] die Gl. (391) für den Fall entwickelt, daß zwei innere Durchgänge mit gleicher Rohrzahl und daher auch gleicher Heizfläche hintereinandergeschaltet sind, daß hingegen der Außenraum nicht unterteilt ist (Bild 117). C, C' und der Wärmedurchgangskoeffzient k sind

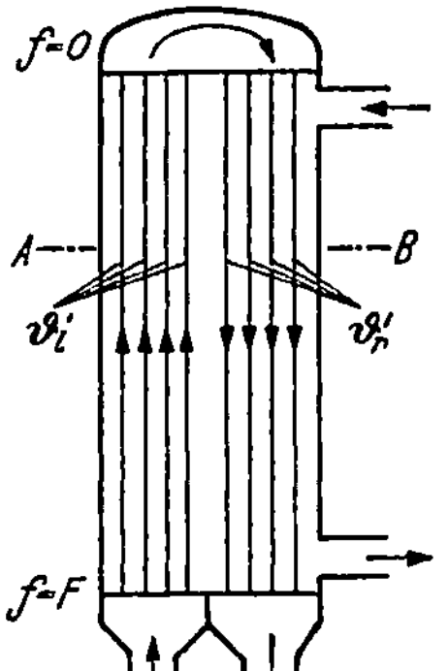

Bild 117. Rekuperator mit 2 inneren Durchgängen.

hierbei als unveränderlich vorausgesetzt. Ferner ist angenommen, daß die Temperatur ϑ in einem bestimmten Querschnitt des Außenraums überall denselben Wert hat, was bei Lenkblechen im Außenraum oder bei starker Durchmischung des Gases angenähert zutrifft. Die Längskoordinate f des Wärmeaustauschers sei in Richtung abnehmender Temperatur ϑ des außen strömenden Gases positiv gezählt, in Bild 117 also von oben nach unten. Das anzuwärmende Gas mit der Temperatur ϑ' ströme zunächst in der linken Hälfte des Rohrbündels nach oben und dann in der rechten Hälfte nach unten. In einem beliebig herausgegriffenen Querschnitt $A-B$ habe dieses Gas links die Temperatur ϑ'_l, rechts die Temperatur ϑ'_r. Zwischen diesem Querschnitt und einem unendlich nahe liegenden Querschnitt befindet sich, bezogen auf alle Rohre, die Heizfläche df. Durch diese Heizfläche wird in der Zeiteinheit die Wärmemenge

$$dq = -C\,d\vartheta = -C'\,d\vartheta'_l + C'\,d\vartheta'_r \tag{399}$$

übertragen. Die Vorzeichen berücksichtigen, daß ϑ und ϑ'_l in Richtung von wachsendem f abnehmen. Für den Wärmedurchgang durch die Heizfläche $df/2$ in jedem der beiden Durchgänge ergibt sich ferner

$$dq_l = -C'\,d\vartheta'_l = k\frac{df}{2}(\vartheta - \vartheta'_l), \tag{400}$$

$$dq_r = +C'\,d\vartheta'_r = k\frac{df}{2}(\vartheta - \vartheta'_r). \tag{401}$$

Wir erhalten somit für den Temperaturverlauf die drei simultanen Differentialgleichungen

$$-C\frac{d\vartheta}{df} = C'\left(-\frac{d\vartheta'_l}{df} + \frac{d\vartheta'_r}{df}\right), \tag{402}$$

$$-\frac{d\vartheta'_l}{df} = \frac{k}{2C'}(\vartheta - \vartheta'_l), \tag{403}$$

$$+\frac{d\vartheta'_r}{df} = \frac{k}{2C'}(\vartheta - \vartheta'_r). \tag{404}$$

Diese Gleichungen haben die Lösung

$$\vartheta = A + B\exp(\beta f) + D\exp(\gamma f), \tag{405}$$

$$\vartheta'_l = A + \frac{k}{k - 2C'\beta}B\exp(\beta f) + \frac{k}{k - 2C'\gamma}D\exp(\gamma f), \tag{406}$$

$$\vartheta'_r = A + \frac{k}{k + 2C'\beta}B\exp(\beta f) + \frac{k}{k + 2C'\gamma}D\exp(\gamma f), \tag{407}$$

worin A, B, und D, noch zu bestimmende Konstanten bedeuten und β und γ festgelegt sind durch

$$\beta = \frac{k}{2C}\left[-1 + \sqrt{1 + \left(\frac{C}{C'}\right)^2}\right], \tag{408}$$

$$\gamma = \frac{k}{2C}\left[-1 - \sqrt{1 + \left(\frac{C}{C'}\right)^2}\right]. \tag{409}$$

Die Bedingung $\vartheta'_l = \vartheta'_r$ bei $f = 0$ (vgl. Bild 117 oben) liefert

$$D = -B,$$

was man am einfachsten bestätigt findet, wenn man berücksichtigt, daß β und γ nach Gl. (408) und (409) die beiden Wurzeln der Gleichung

$$\frac{k}{k - 2C'x} - \frac{k}{k + 2C'x} = \frac{C}{C'}$$

mit der Unbekannten x sind. Aus den weiteren Bedingungen, daß $\vartheta = \vartheta_1$ bei $f = 0$ und $\vartheta = \vartheta_2$, $\vartheta'_l = \vartheta'_1$ und $\vartheta'_r = \vartheta'_2$ bei $f = F$ sein soll, erhält man

$$\vartheta_1 - \vartheta_2 = B\left[\exp(\gamma F) - \exp(\beta F)\right]$$

und

$$\vartheta_1 - \vartheta'_2 = B\left[\frac{k}{k + 2C'\gamma}\exp(\gamma F) - \frac{k}{k + 2C'\beta}\exp(\beta F)\right].$$

Eliminiert man aus diesen beiden Gleichungen B, so ergibt sich nach einer kleinen Umformung

$$\exp\left[(\beta - \gamma)\,F\right] = \frac{(\vartheta_1 - \vartheta_2)\dfrac{k}{k + 2C'\gamma} - (\vartheta_1 - \vartheta_2')}{(\vartheta_1 - \vartheta_2)\dfrac{k}{k + 2C'\beta} - (\vartheta_1 - \vartheta_2')}\,.$$

Mit Gl. (408) und (409) folgt hieraus

$$\frac{kF}{C}\sqrt{1 + \left(\frac{C}{C'}\right)^2} = \ln\frac{(\vartheta_1 - \vartheta_2)\left[1 - \dfrac{C'}{C} + \sqrt{1 + \left(\dfrac{C'}{C}\right)^2}\right] + 2\dfrac{C'}{C}(\vartheta_1 - \vartheta_2')}{(\vartheta_1 - \vartheta_2)\left[1 - \dfrac{C'}{C} - \sqrt{1 + \left(\dfrac{C'}{C}\right)^2}\right] + 2\dfrac{C'}{C}(\vartheta_1 - \vartheta_2')}\,. \qquad (410)$$

Diese Beziehung geht schließlich in die gesuchte Gln. (391) über, wenn man noch nach Gl. (145) und (156)

$$\frac{kF}{C} = \frac{\vartheta_1 - \vartheta_2}{\varDelta\vartheta_M} \qquad (411)$$

und nach Gl. (156)

$$\frac{C'}{C} = \frac{\vartheta_1 - \vartheta_2}{\vartheta_2' - \vartheta_1'} \qquad (412)$$

setzt.

Underwood [U 202] weist nach, daß Gl. (391) unverändert auch dann gilt, wenn bei zwei hintereinandergeschalteten inneren Durchgängen das innen strömende Gas zuerst im Gleichstrom und dann erst im Gegenstrom zu dem außen strömenden Gas sich bewegt.

Um φ abhängig von ψ zu erhalten (vgl. Bild 112, 113 und 114), formen wir Gl. (410) und (181) mit Hilfe von Gl. (411) und Gl. (393) noch wie folgt um

$$\frac{\vartheta_1 - \vartheta_2}{\varDelta\vartheta_M}\sqrt{1 + \left(\frac{C}{C'}\right)^2} = \ln\frac{2 - \psi\left(1 + \dfrac{C'}{C} - \sqrt{1 + \left(\dfrac{C'}{C}\right)^2}\right)}{2 - \psi\left(1 + \dfrac{C'}{C} + \sqrt{1 + \left(\dfrac{C'}{C}\right)^2}\right)}\,, \qquad (413)$$

$$(\varDelta\vartheta_M)_G = \frac{(\vartheta_1 - \vartheta_2)\left(1 - \dfrac{C}{C'}\right)}{\ln\dfrac{1 - \psi}{1 - \dfrac{C'}{C}\psi}}\,. \qquad (414)$$

Nach Gl. (392) ergibt sich daher:

$$\varphi = \frac{\varDelta\vartheta_M}{(\varDelta\vartheta_M)_G} = \frac{\sqrt{1 + \left(\dfrac{C'}{C}\right)^2}}{\dfrac{C'}{C} - 1}\cdot\frac{\ln\dfrac{1 - \psi}{1 - \dfrac{C'}{C}\psi}}{\ln\dfrac{2 - \psi\left(1 + \dfrac{C'}{C} - \sqrt{1 + \left(\dfrac{C'}{C}\right)^2}\right)}{2 - \psi\left(1 + \dfrac{C'}{C} + \sqrt{1 + \left(\dfrac{C'}{C}\right)^2}\right)}}\,. \qquad (415)$$

Bei $C = C'$ vereinfacht sich diese Gleichung durch einen Übergang zur Grenze $\lim\left(\dfrac{C'}{C} - 1\right) = 0$ zu

$$\varphi = \frac{\psi}{1 - \psi}\cdot\frac{\sqrt{2}}{\ln\dfrac{2 - \psi(2 - \sqrt{2})}{2 - \psi(2 + \sqrt{2})}}\,. \qquad (416)$$

Grenzfall unendlich vieler Durchgänge

Die von Underwood [U 202] und anderen angegebenen Berechnungsverfahren für mehr als zwei innere Durchgänge führen, wie schon eingangs erwähnt, zu sehr verwickelten und nur durch Probieren lösbaren Beziehungen. Auf die Wiedergabe dieser Beziehungen werde daher verzichtet. Da sich überdies herausgestellt hat, daß sich nur sehr geringe Unterschiede bei 2, 4, 6 oder mehr inneren Durchgängen ergeben, genügt es, noch den Grenzfall unendlich vieler innerer Durchgänge zu behandeln, was auf Grund folgender Überlegungen verhältnismäßig einfach möglich ist[5].

Ein Rekuperator mit unendlich vielen inneren Durchgängen entspricht der Anordnung in Bild 96, wenn man annimmt, daß die dort gezeichnete Rohrschlange aus unendlich vielen senkrechten Rohrstücken besteht. In einem einzelnen Durchgang oder Rohrstück ist dann die Änderung der Temperatur ϑ' des innen strömenden Gases nur unendlich klein. Die Temperatur dieses Gases ändert sich daher nur langsam mit der Zahl der bereits durchströmten Durchgänge und damit nach Bild 96 nur in waagerechter Richtung; sie hängt nicht von der in dieser Abbildung von oben nach unten gerichteten Längskoordinate f ab. Der gesamte Vorgang entspricht somit reinem Kreuzstrom wie in Bild 83 oder 91, jedoch mit folgendem Unterschied. Nimmt man wie bei allen bisher behandelten mehrgängigen Rekuperatoren an, daß das außen strömende Gas innerhalb jedes waagerechten Querschnittes von Bild 96 eine überall gleiche Temperatur hat, so verhält sich jedes der beiden Gase so, als ströme es nicht nur senkrecht zur Richtung des anderen Gases, sondern als wäre es hierbei in jedem Querschnitt senkrecht zu seiner eigenen Strömungsrichtung vollkommen durchmischt. Man kann diesen Fall exakt berechnen, indem man ähnlich wie in § 45 die Differentialgleichungen aufstellt und ihre Lösung sucht.

Wir ziehen folgenden einfacheren Weg vor. Es liegt die Vermutung nahe und läßt sich auch durch die genaue Rechnung nachweisen, daß die Temperatur jedes der beiden Gase sich so ändert, als hätte das andere Gas an allen Stellen des Wärmeaustauschers eine überall gleiche Temperatur, und als sei diese konstante Temperatur gleich dem Mittelwert ϑ_M bzw. ϑ_M' der Temperaturen, die das betreffende Gas wirklich durchläuft. Wir betrachten also zuerst den Austausch des außen strömenden Gases von der veränderlichen Temperatur ϑ mit einem innen strömendem Gas mit der unveränderlichen Temperatur ϑ_M', dann den Austausch des innen strömenden Gases von der veränderlichen Temperatur ϑ' mit einem außen strömenden Gas von der unveränderlichen Temperatur ϑ_M. Hierbei erhalten wir nach Gl. (152) für die mittlere Temperaturdifferenz $\Delta\vartheta_M$ zwischen beiden Gasen, die auch gleich $\vartheta_M - \vartheta_M'$ gesetzt werden kann[6],

$$\Delta\vartheta_M = \frac{\vartheta_1 - \vartheta_2}{\ln\dfrac{\vartheta_1 - \vartheta_M'}{\vartheta_2 - \vartheta_M'}} = \frac{\vartheta_2' - \vartheta_1'}{\ln\dfrac{\vartheta_M - \vartheta_1'}{\vartheta_M - \vartheta_2'}} = \vartheta_M - \vartheta_M'. \tag{417}$$

Führen wir weiter die Abkürzung

$$\chi = \frac{\vartheta_1 - \vartheta_M'}{\vartheta_2 - \vartheta_M'} \tag{418}$$

ein, so folgt aus dem ersten und zweiten Ausdruck von Gl. (417)

$$\Delta\vartheta_M = \frac{\vartheta_1 - \vartheta_2}{\ln\chi}. \tag{419}$$

---

[5] Verfahrens des Verfassers, veröffentlicht in der 1. Auflage dieses Buches.
[6] Gl. (417) läßt sich aus den Differentialgleichungen exakt ableiten.

Für φ ergibt sich daher nach Gl. (392) unter Berücksichtigung von Gl. (414)

$$\varphi = \frac{\Delta\vartheta_M}{(\Delta\vartheta_M)_G} = \frac{\ln\dfrac{1-\psi}{1-\dfrac{C'}{C}\,\psi}}{\left(1-\dfrac{C}{C'}\right)\ln\chi}. \tag{420}$$

Da φ allein von ψ und C'/C abhängt (vgl. Bild 112, 113 und 114), stört in Gl. (420) noch das Auftreten der dimensionslosen Größe χ. Um einen Zusammenhang zwischen ψ, C'/C und χ zu finden, berechnen wir zunächst $\vartheta_1 - \vartheta_1'$ auf folgendem Wege. Aus dem zweiten und dritten Ausdruck von Gl. (417) ergibt sich mit Gl. (412) und (418)

$$\ln\frac{\vartheta_M - \vartheta_1'}{\vartheta_M - \vartheta_2'} = \ln\frac{\vartheta_M - \vartheta_1'}{(\vartheta_M - \vartheta_1') - (\vartheta_2' - \vartheta_1')} = \frac{C}{C'}\ln\chi$$

und hieraus

$$\vartheta_M - \vartheta_1' = \frac{\vartheta_2' - \vartheta_1'}{1 - \chi^{-C/C'}}. \tag{421}$$

Aus Gl. (418) und (412) folgt ferner

$$\vartheta_1 - \vartheta_M = \frac{C'}{C}\,(\vartheta_2' - \vartheta_1')\frac{\chi}{\chi - 1}. \tag{422}$$

Endlich läßt sich Gl. (419) unter Berücksichtigung von Gl. (412) und (417) in der Gestalt schreiben

$$\vartheta_M - \vartheta_M' = \frac{C'}{C}\cdot\frac{\vartheta_2' - \vartheta_1'}{\ln\chi}. \tag{423}$$

Durch Addition von Gl. (421) und (422) und Subtraktion von Gl. (423) erhält man den gesuchten Ausdruck für $\vartheta_1 - \vartheta_1'$. Hiermit ergibt sich nach Gl. (393)

$$\frac{1}{\psi} = \frac{\vartheta_1 - \vartheta_1'}{\vartheta_2' - \vartheta_1'} = \frac{\chi^{C/C'}}{\chi^{C/C'} - 1} + \frac{C'}{C}\left(\frac{\chi}{\chi - 1} - \frac{1}{\ln\chi}\right). \tag{424}$$

Durch die Gln. (420) und (424) ist nun der gewünschte Zusammenhang von φ mit ψ und C/C' hergestellt. Man kann zwar den Parameter χ aus diesen Gleichungen nicht so eliminieren, daß man eine nach φ aufgelöste Beziehung erhält. Nimmt man aber einen Wert von χ willkürlich an, so erhält man bei gegebenem C'/C aus Gl. (420) und (424) zwei zusammengehörende Werte von φ und ψ. Für die Berechnung eines Diagrammes von der Art wie Bild 112, 113 und 114 bedeutet daher das Auftreten des Parameters kaum einen Nachteil. Aber auch in einem Einzelfall wird man rasch angenähert richtige Werte von ψ und φ erhalten, da man nach Gl. (418) durch Abschätzen von ϑ_M' leicht einen Näherungswert von χ festlegen kann.

Für $C = C'$ vereinfachen sich die Gln. (420) und (424), wie ein Übergang zur Grenze $\lim(C'/C - 1) = 0$ zeigt, zu

$$\varphi = \frac{\psi}{(1 - \psi)\ln\chi} \qquad \text{(bei } C = C'\text{)}, \tag{425}$$

$$\frac{1}{\psi} = 2\frac{\chi}{\chi - 1} - \frac{1}{\ln\chi} \qquad \text{(bei } C = C'\text{)}. \tag{426}$$

Hiermit sind nun alle Gleichungen gefunden, um den Korrektionsfaktor φ nach Gl. (392) für den Grenzfall unendlich vieler Durchgänge berechnen zu können.

Daß in der Tat, wie oben behauptet, die Werte von φ für Wärmeaustauscher mit zwei Durchgängen und mit unendlich vielen Durchgängen nur verhältnismäßig wenig voneinander abweichen, zeigt folgende für $C = C'$ nach Gl. (416) sowie nach Gl. (425) und (426) berechnete Tabelle.

Tabelle 13. Korrektionsfaktor $\varphi = \dfrac{\Delta\vartheta_M}{(\Delta\vartheta_M)_G}$ abhängig von $\psi = \dfrac{\vartheta_2' - \vartheta_1'}{\vartheta_1 - \vartheta_1'}$ bei $C = C'$
für Wärmeaustauscher mit zwei inneren Durchgängen,
mit unendlich vielen inneren Durchgängen und für reinen Gleichstrom

ψ	φ bei Wärmeaustauschern		
	mit zwei Durchgängen	mit unendlich vielen Durchgängen	Reiner Gleichstrom
0,3	0,969	0,970	0,935
0,4	0,921	0,922	0,828
0,5	0,802	0,795	0,000
0,55	0,661	0,626	

Die Werte von φ stimmen bei $\psi = 0,3$ und $\psi = 0,4$ innerhalb der Rechengenauigkeit überein. Bei größeren Werten von ψ ergibt sich φ für unendlich viele Durchgänge nur wenig kleiner als für zwei Durchgänge. Etwa dasselbe Bild erhält man, wenn man die Rechnung bei anderen Verhältnissen von C und C' durchführt, und zwar selbst noch bei so extremen Verhältnissen wie $C'/C = 4$ oder $C'/C = 1/4$.

Bemerkenswert ist, daß φ unabhängig davon ist, ob das innen strömende Gas wie in Bild 117 schon im ersten Durchgang oder erst im zweiten Durchgang sich in entgegengesetzter Richtung zum außen strömenden Gas bewegt. Im zweiten Fall tritt das innen strömende Gas ebenso wie das außen strömende Gas oben ein und nach Umkehr am unteren Gegenströmerende auch oben wieder aus. Für beide Fälle ist der Temperaturverlauf bei $\vartheta_1 = 100°$; $\vartheta_1' = 0°$; $\psi = 0,55$, $\varphi = 0,661$ (letzte Zeile in Tabelle 13), ferner bei $C = C' = 300$ W/K und $k = 100$ W/m²K in den Bildern 118 und 119 dargestellt. Im ersten Fall wird das innen strömende

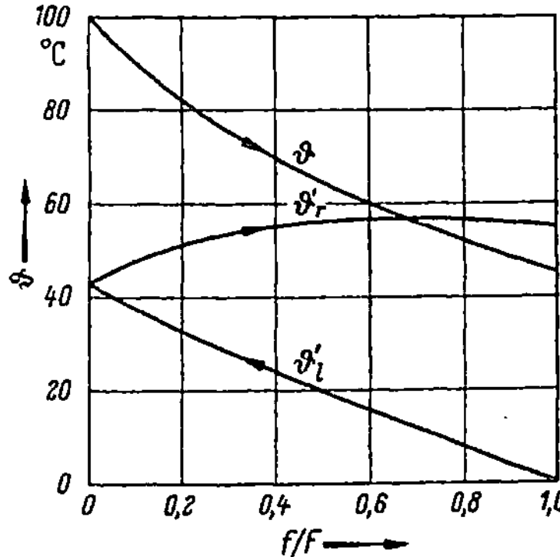

Bild 118. Rekuperator mit zwei inneren Durchgängen $\psi = 0,55$; $\varphi = 0,661$.
1. Durchgang im Gegenstrom,
2. Durchgang im Gleichstrom.

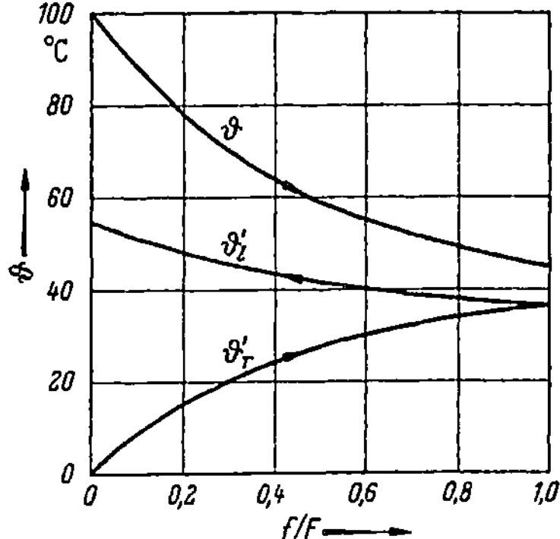

Bild 119. Rekuperator mit zwei inneren Durchgängen $\psi = 0,55$; $\varphi = 0,661$.
1. Durchgang im Gleichstrom,
2. Durchgang im Gegenstrom.

Gas vor Austritt aus dem Rekuperator nach Durchlaufen eines flachen Maximums der Temperatur wieder etwas abgekühlt, was durch Umkehr der Temperaturdifferenz gegenüber dem außen strömenden Gas verursacht ist.

Die letzte Spalte von Tabelle 13 ermöglicht einen Vergleich mit dem reinen Gleichstrom. Hierbei ist als φ das Verhältnis der mittleren Temperaturdifferenzen bei Gleichstrom und bei Gegenstrom eingetragen. Man erkennt hieraus eine gewisse Überlegenheit der zwei- und mehrgängigen Rekuperatoren gegenüber dem reinen Gleichstrom. Die erforderliche Wärmeübertragungsfläche ist φ umgekehrt proportional.

§ 49. Wärmeaustausch zwischen drei Stoffen

Nicht selten gibt ein Stoff Wärme oder Kälte gleichzeitig an zwei oder mehrere andere Stoffe ab. So kann z.B. die in den Abgasen eines Dampfkessels enthaltene Wärme gleichzeitig an Speisewasser und an vorzuwärmende Verbrennungsluft übertragen werden.

Ein solcher mehrfacher Wärmeaustausch läßt sich in einem einzigen Rekuperator in verschiedener Weise durchführen. Sehr übersichtlich ist die in Bild 120 gezeigte Rohrbündelanordnung. Als Beispiel ist ein Gegenströmer der Tieftemperaturtechnik gewählt, der zur Abkühlung eines zu zerlegenden Gasgemisches auf

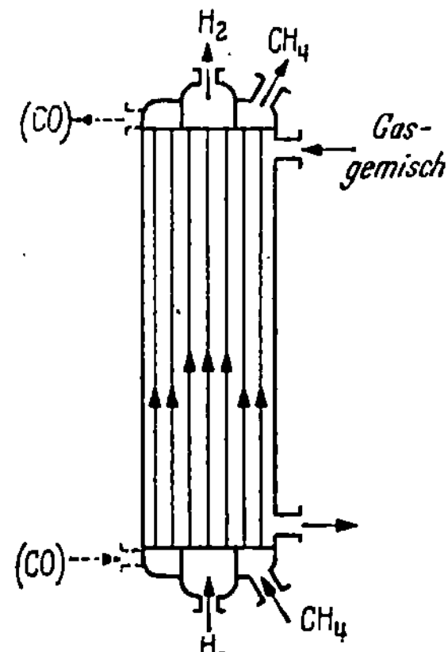

Bild 120. Rekuperator für gleichzeitige Wärmeübertragung von einem Gasgemisch an Wasserstoff und Methan.

sehr tiefe Temperaturen dient. Durch einen Teil der Rohre strömt z.B. Wasserstoff, durch einen zweiten Teil Methan und unter Umständen noch durch einen dritten Teil der Rohre Kohlenoxid. Im Außenraum der Rohre, die von einem gemeinsamen Mantelrohr umgeben sind, strömt das abzukühlende Gasgemisch. Die Rohre selbt sind entweder gerade und parallel angeordnet oder zur Erzielung eines Kreuzgegenstromes (vgl. § 46) schraubenförmig gewunden.

Häufig erleiden die Stoffe, die gleichzeitig erwärmt oder abgekühlt werden, angenähert gleiche Temperaturänderungen. Der Temperaturverlauf ist dann nicht wesentlich anders, als wenn für den Austausch mit jedem dieser Stoffe getrennte, parallel geschaltete Wärmeaustauscher vorhanden wären. Man kann daher jeden solchen Austausch genau genug für sich allein nach den bereits entwickelten Verfahren berechnen.

Wenn hingegen die Ein- und Austrittstemperaturen wesentlich voneinander abweichen oder die spezifischen Wärmekapazitäten der Gase in verschiedener Art von der Temperatur abhängen, wird der Wärmeaustausch jedes dieser Gase durch den gleichzeitigen Austausch der anderen Gase beeinflußt. Der Temperaturverlauf weicht dann merklich von dem in parallel geschalteten Wärmeaustauschern ab und kann nur durch eine gesonderte Art der Berechnung ermittelt werden.

Berechnung des Temperaturverlaufs
bei temperaturunabhängigen spezifischen Wärmekapazitäten

Für den Fall temperaturunabhängiger spezifischer Wärmekapazitäten hat Morley [M 207] den Wärmeaustausch eines Stoffes mit zwei anderen Stoffen berechnet. Sein Verfahren werde im folgenden in etwas geänderter Form dargestellt.

Außer den spezifischen Wärmekapazitäten seien auch die Wärmeübergangskoeffizienten sowie die wärmeübertragenden Flächen je Längeneinheit des Rekuperators als unveränderlich angenommen. Das Gas mit der Temperatur ϑ kühle sich ab, die beiden anderen, in der entgegengesetzten Richtung strömenden Gase mit den Temperaturen ϑ' und ϑ'' sollen sich erwärmen (vgl. Bild 121). Die Wärmekapazitäten der in der Zeiteinheit hindurchströmenden Gasmengen seien C, C'

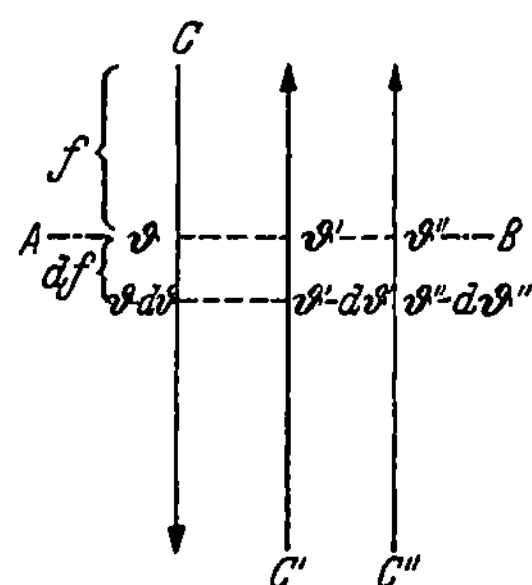

Bild 121. Wärmeaustausch zwischen drei
Stoffen.

und C''. Die gesamte wärmeübertragende Fläche des Rekuperators sei F; für den Wärmeaustausch mit dem Gas von der Temperatur ϑ' stehe die Fläche F', für den Wärmeaustausch mit dem Gas von der Temperatur ϑ'' die Fläche $F'' = F - F'$ zur Verfügung. Die entsprechenden Wärmeübergangskoeffizienten seien k' und k''. Die betrachtete Stelle im Rekuperator (Querschnitt A—B in Bild 121) sei durch die gesamte Heizfläche f zwischen dieser Stelle und der Eintrittsstelle des ursprünglich warmen Gases (Bild 120 oben) bestimmt.

In einem unendlich kurzen Stück des Rekuperators mit der Heizfläche df wird, da $d\vartheta$, $d\vartheta'$ und $d\vartheta''$ bei positivem df negativ sind, in der Zeiteinheit die Wärmemenge

$$d\dot{q} = -C\,d\vartheta = -(C'\,d\vartheta' + C''\,d\vartheta'') \qquad (427)$$

übertragen. Ferner gilt für den Wärmeaustausch mit den beiden anzuwärmenden Gasen

$$d\dot{q}' = -C'\,d\vartheta' = k'\,\frac{F'}{F}\,df(\vartheta - \vartheta'), \qquad (428)$$

$$d\dot{q}'' = -C''\,d\vartheta'' = k''\,\frac{F''}{F}\,df(\vartheta - \vartheta''). \qquad (429)$$

Wir erhalten somit für den Verlauf der Temperaturen ϑ, ϑ' und ϑ'' abhängig von f die drei simultanen Differentialgleichungen

$$C\frac{d\vartheta}{df} = C'\frac{d\vartheta'}{df} + C''\frac{d\vartheta''}{df}, \tag{430}$$

$$\frac{d\vartheta'}{df} = -K'(\vartheta - \vartheta'), \tag{431}$$

$$\frac{d\vartheta''}{df} = -K''(\vartheta - \vartheta''), \tag{432}$$

worin zur Abkürzung

$$\frac{k'F'}{C'F} = K' \quad \text{und} \quad \frac{k''F''}{C''F} = K'' \tag{433}$$

gesetzt ist. Diese Differentialgleichungen kann man lösen durch den Ansatz:

$$\left. \begin{aligned} \vartheta &= A + B\exp(\beta f) + D\exp(\gamma f), \\ \vartheta' &= A + B'\exp(\beta f) + D'\exp(\gamma f), \\ \vartheta'' &= A + B''\exp(\beta f) + D''\exp(\gamma f). \end{aligned} \right\} \tag{434}$$

Setzt man diese Gleichungen in die Differentialgleichungen (430), (431) und (432) ein, und berücksichtigt man, daß hierbei auf beiden Seiten die Koeffizienten sowohl von $e^{\beta f}$ wie auch von $e^{\gamma f}$ einander gleich werden müssen, so ergeben sich zwischen den Konstanten folgende Beziehungen:

$$\left. \begin{aligned} CB &= C'B' + C''B'', & CD &= C'D' + C''D'', \\ B'\beta &= -K'(B - B'), & D'\gamma &= -K'(D - D'), \\ B''\beta &= -K''(B - B''), & D''\gamma &= -K''(D - D''). \end{aligned} \right\} \tag{435}$$

Aus den beiden Gleichungen links unten folgt

$$B' = \frac{K'}{K' - \beta}B; \quad B'' = \frac{K''}{K'' - \beta}B \tag{436}$$

und durch Einsetzen in die obere linke Gleichung

$$\beta^2 - \left[\left(1 - \frac{C'}{C}\right)K' + \left(1 - \frac{C''}{C}\right)K''\right]\beta = \left(\frac{C' + C''}{C} - 1\right)K'K''. \tag{437}$$

Da sich dieselbe Gleichung auch für γ ergibt, sind β und γ die beiden Wurzeln von Gl. (437). Wir erhalten daher

$$\beta = \frac{1}{2}\left[\left(1 - \frac{C'}{C}\right)K' + \left(1 - \frac{C''}{C}\right)K''\right]$$
$$+ \sqrt{\left(\frac{C' + C''}{C} - 1\right)K'K'' + \frac{1}{4}\left[\left(1 - \frac{C'}{C}\right)K' + \left(1 - \frac{C''}{C}\right)K''\right]^2}, \tag{438}$$

$$\gamma = \frac{1}{2}\left[\left(1 - \frac{C'}{C}\right)K' + \left(1 - \frac{C''}{C}\right)K''\right]$$
$$- \sqrt{\left(\frac{C' + C''}{C} - 1\right)K'K'' + \frac{1}{4}\left[\left(1 - \frac{C'}{C}\right)K' + \left(1 - \frac{C''}{C}\right)K''\right]^2}. \tag{439}$$

Hiermit lauten die Lösungen der Differentialgleichungen unter Berücksichtigung von Gl. (436)

$$\vartheta = A + B \exp{(\beta f)} + D \exp{(\gamma f)}, \tag{440}$$

$$\vartheta' = A + \frac{K'}{K' - \beta} B \exp{(\beta f)} + \frac{K'}{K' - \gamma} D \exp{(\gamma f)}, \tag{441}$$

$$\vartheta'' = A + \frac{K''}{K'' - \beta} B \exp{(\beta f)} + \frac{K''}{K'' - \gamma} D \exp{(\gamma f)}. \tag{442}$$

In diesen Gleichungen bleiben die Konstanten A, B und D noch frei verfügbar. Sie können aus den Grenzbedingungen, z. B. aus den am einen Ende des Wärmeaustauschers herrschenden Temperaturen der drei Gase oder aus den drei vorgegebenen Eintrittstemperaturen ermittelt werden.

Sind z. B. bei $f = 0$ die Eintrittstemperatur $\vartheta = \vartheta_1$ und die Austrittstemperaturen $\vartheta' = \vartheta_2'$ und $\vartheta'' = \vartheta_2''$ bekannt, dann erhält man aus den Gln. (440), (441) und (442), indem man hierin $f = 0$ setzt:

$$B = \frac{(\gamma - K')(\vartheta_1 - \vartheta_2') - (\gamma - K'')(\vartheta_1 - \vartheta_2'')}{\beta\left(\dfrac{\gamma - K'}{\beta - K'} - \dfrac{\gamma - K''}{\beta - K''}\right)}, \tag{443}$$

$$D = \frac{(\beta - K')(\vartheta_1 - \vartheta_2') - (\beta - K'')(\vartheta_1 - \vartheta_2'')}{\gamma\left(\dfrac{\beta - K'}{\gamma - K'} - \dfrac{\beta - K''}{\gamma - K''}\right)}. \tag{444}$$

Sind hingegen die Eintrittstemperaturen aller Gase, nämlich ϑ_1 bei $f = 0$ sowie ϑ_1' und ϑ_1'' bei $f = F$ vorgegeben, dann ergibt sich:

$$B = \frac{\dfrac{\gamma - K'}{\gamma - K'[1 - \exp{(\gamma F)}]}(\vartheta_1 - \vartheta_1') - \dfrac{\gamma - K''}{\gamma - K''[1 - \exp{(\gamma F)}]}(\vartheta_1 - \vartheta_1'')}{\dfrac{\gamma - K'}{\beta - K'} \cdot \dfrac{\beta - K'[1 - \exp{(\beta F)}]}{\gamma - K'[1 - \exp{(\gamma F)}]} - \dfrac{\gamma - K''}{\beta - K''} \cdot \dfrac{\beta - K''[1 - \exp{(\beta F)}]}{\gamma - K''[1 - \exp{(\gamma F)}]}}, \tag{445}$$

$$D = \frac{\dfrac{\beta - K'}{\beta - K'[1 - \exp{(\beta F)}]}(\vartheta_1 - \vartheta_1') - \dfrac{\beta - K''}{\beta - K''[1 - \exp{(\beta F)}]}(\vartheta_1 - \vartheta_1'')}{\dfrac{\beta - K'}{\gamma - K'} \cdot \dfrac{\gamma - K'[1 - \exp{(\gamma F)}]}{\beta - K'[1 - \exp{(\beta F)}]} - \dfrac{\beta - K''}{\gamma - K''} \cdot \dfrac{\gamma - K''[1 - \exp{(\gamma F)}]}{\beta - K''[1 - \exp{(\beta F)}]}}. \tag{446}$$

Für A erhält man in beiden Fällen aus Gl. (440) mit $f = 0$:

$$A = \vartheta_1 - (B + D), \tag{447}$$

Hat man nach diesen Gleichungen die Werte von A, B und D bestimmt, dann kann man nach den Lösungen (440), (441) und (442) unter Berücksichtigung von Gl. (433), (438) und (439) den Temperaturverlauf der drei Gase vollständig berechnen. Die umgekehrte Aufgabe hingegen, F', F'' und damit $F = F' + F''$, aus den vorgegebenen Ein- und Austrittstemperaturen zu bestimmen, dürfte sich nur durch Probieren lösen lassen.

Näherungsverfahren zur Berechnung des Temperaturverlaufs
bei veränderlichen spezifischen Wärmen

Wenn die Wärmekapazitäten C, C' und C'' sich mit der Temperatur ändern oder auch k' und k'' und damit K' und K'' nach Gl. (433) nicht unveränderlich sind, dann kann man zwar vielfach, solange diese Änderungen nur gering sind, die obigen Gleichungen beibehalten, indem man für die genannten Größen geeignete Mittelwerte einsetzt. Bei größeren Änderungen wird man vielfach die Wärmekapazitäten wenigstens stückweise als unveränderlich betrachten können. Es ist dann zweckmäßig, die Temperaturunterschiede am einen Ende des Rekuperators als gegeben zu betrachten oder schätzungsweise anzunehmen und dann die Rechnung nacheinander für jedes Stück nach den Gln. (440) bis (444) durchzuführen.

Genauer kann man die Änderungen der Wärmekapazitäten durch ein Stufenverfahren berücksichtigen, zu dem man gelangt, wenn man in den Gln. (427), (428) und (429) die Temperaturen durch die entsprechenden Enthalpien ersetzt. Ein solches Verfahren wurde in der 1. Auflage dieses Buches S. 260 und 261 kurz beschrieben.

VI. Entropievermehrung in Wärmeaustauschern

§ 50. Entropievermehrung und Erhöhung des Energieaufwands durch die Nichtumkehrbarkeit der Wärmeübertragung

Die Vorgänge in einem Wärmeaustauscher sind im thermodynamischen Sinne *nicht umkehrbar*. Denn an jeder Stelle des Austauschers geht Wärme von dem Gas höherer Temperatur auf das Gas tieferer Temperatur über; ein Wärmeübergang in umgekehrten Sinne ist aber physikalisch nicht möglich. Nach dem zweiten Hauptsatz der Thermodynamik muß daher im Wärmeaustauscher, sofern er nicht Wärme an die Umgebung verliert, eine dauernde Entropievermehrung auftreten, die sich wie folgt ermitteln läßt.

Wenn von einem Körper der absoluten Temperatur T auf einen Körper der tieferen Temperatur T' eine Wärmemenge dq übergeht, nimmt die Entropie des ersten Körpers um dq/T ab, die des zweiten Körpers um dq/T' zu[1]. Die Entropievermehrung bei einem solchen Wärmeaustausch beträgt daher $dq(1/T' - 1/T)$. Diese Überlegung können wir auf jede einzelne Stelle eines Wärmeazustauschers anwenden, wenn wir unter T und T' die absoluten Temperaturen der beiden Gase verstehen. $dq = d\dot{q}$ sei die in der Zeiteinheit an der betrachteten Stelle durch die Heizfläche df übergehende Wärmemenge. Indem man über die Entropie vermehrungen an allen Stellen integriert, erhält man für die gesamte, im Wärmeaustauscher je Zeiteinheit auftretende Entropievermehrung mit $d\dot{q} = -\dot{m}\,dh = \dot{m}\,dh'$

$$\varDelta S = \dot{m}' \int_{\vartheta_1'}^{\vartheta_2'} \frac{dh'}{T'} - \dot{m} \int_{\vartheta_2}^{\vartheta_1} \frac{dh}{T}. \tag{448}$$

---

[1] Hierbei ist vorausgesetzt, daß jeder dieser Körper während des Austausches im wesentlichen nur eine umkehrbare Zustandsänderung erfährt, weil man sonst die nur für umkehrbare Zustandsänderungen gültige Entropiedefinition $ds = dq/T$ nicht anwenden könnte. Man kann sich z. B. vorstellen, daß der Temperaturabfall entweder nur in einer sehr dünnen Schicht an der Begrenzungsfläche beider Körper (z. B. Grenzschicht bei der Strömung in Rohren) oder in einer sehr dünnen Zwischenwand geringer Wärmeleitfähigkeit erfolgt, so daß die Entropie dieser Schicht oder Wand in der Entropiegleichung vernachlässigt werden kann. Bei einem im *Beharrungszustand* befindlichen Wärmeaustauscher geht auch der Temperaturabfall in dicken und schlecht leitenden Wänden aus folgendem Grunde nicht in die Berechnung der Entropievermehrung ein. An jeder Stelle innerhalb der Wände bleibt die Temperatur und damit der thermodynamische Zustand des Baustoffes ungeändert. Daher kann auch die Entropie jeder Stelle der Wand keine Änderung erfahren. Obwohl in solchen Fällen die Wände weitgehend Sitz der Nichtumkehrbarkeiten sind, tritt hiernach die zu berechnende Entropievermehrung allein in den strömenden Gasen auf.

Bei unveränderlichen Werten von C und C' folgt hieraus wegen $m\,dh = C\,dT$ und $m'\,dh' = C'\,dT'$

$$\Delta S = C' \ln\frac{T'_2}{T'_1} - C \ln\frac{T_1}{T_2}, \tag{449}$$

worin T_1 und T'_1 die absoluten Eintrittstemperaturen, T_2 und T'_2 die absoluten Austrittstemperaturen der Gase bedeuten. Hängen hingegen die spezifischen Wärmekapazitäten der Gase und damit C und C' von der Temperatur ab, dann bestimmt man ΔS am einfachsten, indem man die Entropiewerte s_1 und s'_1 für die Eintrittstemperaturen und ebenso die Entropiewerte s_2 und s'_2 für die Austrittstemperaturen aus T, s- oder h, s-Diagrammen für die betreffenden Stoffe abgreift oder aus einer entsprrechenden Zustandsgleichung ermittelt. Die gesamte Entropiezunahme je Zeiteinheit berechnet sich dann zu

$$\Delta S = \dot{m}'(s'_2 - s'_1) - \dot{m}(s_1 - s_2). \tag{450}$$

Die Feststellung, daß eine Entropievermehrung im Wärmeaustauscher auftritt und berechnet werden kann, ist nicht nur von theoretischem Interesse. Nach dem zweiten Hauptsatz der Thermodynamik bedeutet vielmehr jede durch die Nichtumkehrbarkeit (Irreversibilität) eines Vorgangs verursachte Entropievermehrung ΔS_{irr} einen Verlust, der sich praktisch als Energieverlust oder als erhöhter Aufwand von Wärme und Arbeit auswirken kann.

Verhältnismäßig einfach läßt sich dies bei Vorgängen übersehen, die unter Arbeitsaufwand verlaufen, und bei denen die beteiligten Stoffe — abgesehen von einem etwaigen inneren gegenseitigen Wärmeaustausch — nach außen hin Wärme nur mit Körpern von Umgebungstemperatur (z. B. Kühlwasser) austauschen. Als Beispiel denke man an die Luftverflüssigung oder an die Zerlegung eines Gasgemisches bei tiefen Temperaturen. Beide Verfahren erfordern vor der Abkühlung eine Verdichtung der Luft oder des zu zerlegenden Gasgemisches. Die hierbei auftretende Verdichtungswärme wird an Kühlwasser abgeführt. Aber auch die Kälteverluste des Verflüssigungs- oder Zerlegungsapparates bedeuten letzten Endes eine Wärmezufuhr aus der Umgebung, so daß tatsächlich nach außen nur mit der Umgebung Wärme ausgetauscht wird. Bei diesen Prozessen treten Entropievermehrungen durch die Unvollkommenheit der Kälteübertragung in den Gegenströmern, aber auch durch Druck- und Kälteverluste, durch die Drosselung in den Ventilen usw. auf. Diese Entropievermehrungen können nur durch vermehrten Arbeitsaufwand, d. h. dadurch ausgeglichen werden, daß man die Luft oder das Gas auf einen entsprechend höheren Druck verdichtet.

Unter den genannten Bedingungen, daß nach außen hin Wärme nur mit der Umgebung ausgetauscht wird, läßt sich aus dem zweiten Hauptsatz der Thermodynamik eine einfache Beziehung zwischen der durch die Nichtumkehrbarkeiten verursachten Entropievermehrung ΔS_{irr} und der zu ihrem Ausgleich mindestens erforderlichen Erhöhung $\Delta A'$ des Arbeitsaufwandes A' ableiten. Diese Beziehung, die nachstehend näher begründet werden soll, lautet:

$$\Delta A' = T_u \cdot \Delta S_{irr}, \tag{451}$$

worin T_u die absolute Temperatur der Umgebung bedeutet. Nach dieser Gleichung kann man also die durch die Nichtumkehrbarkeiten bewirkte Erhöhung der Verdichtungsarbeit für jeden Teilvorgang ebenso wie für den Gesamtprozeß angeben, sobald man die entsprechenden Entropiezunahmen ΔS_{irr} ermittelt hat.

Wenden wir Gl. (451) auf Wärmeaustauscher an, dann können wir sagen: Die Berechnung der Entropievermehrung erlaubt uns ein Urteil darüber, in welchem Maße die Unvollkommenheiten des Wärmeaustauschers den Gesamtprozeß, dem der Wärmeaustausch dient, beeinflussen. Insbesondere kann man durch eine solche Berechnung in vielen Fällen feststellen, inwieweit der Wärmeaustausch eine Erhöhung des Energieaufwandes zur Folge hat. Derartige Betrachtungen stehen in einem engen Zusammenhang mit der Exergie, worauf jedoch hier nicht näher eingegangen werden soll.

Nach den vorangegangenen Erörterungen könnte man vermuten, daß in einem vollkommenen Wärmeaustauscher, wie wir ihn in § 34 definiert haben (Gegenstrom bei $kF = \infty$), keine Entropiezunahme und damit auch keine entsprechende ungünstige Wirkung auf den Gesamtprozeß auftritt. Eine vollständig umkehrbare Wärmeübertragung ist indessen auch in einem vollkommenen Wärmeaustauscher nur möglich, wenn an allen Stellen die Temperaturdifferenz $\vartheta - \vartheta' = 0$ herrscht. Dies setzt aber voraus, daß die Wärmekapazitäten C und C' beider Gase einander gleich sind. Wenn jedoch C und C' verschieden sind, kann, wie schon auseinandergesetzt, selbst in einem vollkommenen Wärmeaustauscher $\vartheta - \vartheta'$ im allgemeinen nur an einer einzigen Stelle unendlich klein sein. Die endlichen Temperaturdifferenzen an allen anderen Stellen bewirken daher auch beim vollkommenen Wärmeaustauscher eine Nichtumkehrbarkeit und damit eine entsprechende Entropiezunahme ΔS_{irr}.

Aus dieser Überlegung könnte man weiter den unzutreffenden Schluß ziehen, daß auch in einem wirklichen Gegenströmer mit endlicher mittlerer Temperaturdifferenz $\Delta\vartheta_M$ die kleinste Entropievermehrung bei $C = C'$ auftritt, d.h. wenn die Temperaturdifferenzen $\vartheta - \vartheta'$ an allen Stellen gleich groß sind. Dies trifft aber, wie folgende Überlegung zeigt, um so weniger zu, je niedriger die absolute Temperatur ist. Da nämlich bei Übertragung einer kleinen Wärmemenge dq die Entropie um

$$dS = dq/T' - dq/T = dq\frac{T - T'}{TT'}$$

zunimmt, ist dS bei gleichem dq und gleichem $\vartheta - \vartheta' = T - T'$ um so größer, je niedriger die Temperaturen T und T' sind. Will man also in einem Gegenströmer die Entropievermehrung klein halten, dann muß man die Temperaturdifferenzen in den kälteren Teilen des Gegenströmers kleiner wählen als in den wärmeren Teilen.

Arbeitsaufwand, der erforderlich ist, um eine irreversible Entropievermehrung rückgängig zu machen [Begründung von Gl. (451)]

Unterhalb der Umgebungstemperatur T_u finde die im nebenstehenden T, S-Diagramm (Bild 122) dargestellte irreversible Entropievermehrung ΔS_{irr} von 1 nach 2 statt. Damit diese Entropievermehrung nur auf Irreversibilität beruht, sei vorausgesetzt, daß dem Arbeitsmedium, das aus einem oder mehreren Körpern bestehen kann, während des Prozesses weder Wärme noch Arbeit aus der Umgebung zugeführt oder entzogen wird. Eine solche Entropievermehrung läßt sich durch folgenden *umkehrbaren* Prozeß des Arbeitsmediums rückgängig machen:

1. Umkehrbar adiabate Verdichtung von 2 nach 2',
2. umkehrbare isotherme Verdichtung von 2' nach 1' mit Abgabe einer Wärmemenge Q an die Umgebung bei der Temperatur T_u,
3. umkehrbar adiabate Entspannung von 1' nach 1.

Schließt man den irreversiblen Prozeß von 1 nach 2 mit ein, dann entsteht ein Kreisprozeß. Der erste Hauptsatz liefert für diesen Kreisprozeß die Beziehung

$$-Q = \Delta H + \Delta A = 0 + \Delta A = -\Delta A',\qquad (452)$$

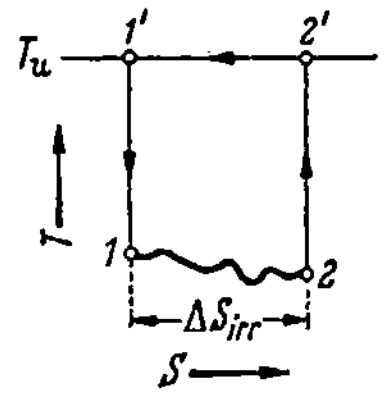

Bild 122. Irreversible Entropiezunahme und reversible Rückführung.

wobei $\Delta A'$ die dem Medium zugeführte Arbeit bedeutet. Die Änderung ΔH der Enthalpie des Arbeitsmediums ist null, weil am Ende jedes Kreisprozesses der Anfangszustand und damit auch der Ausgangswert von H wieder erreicht wird. Nach Voraussetzung wird hierbei Wärme nur an die Umgebung abgegeben. Diese Wärme ist als dem Kreisprozeß entzogen gleich $-Q$. Durch diese Wärmeabgabe wird gerade die Entropievermehrung ΔS_{irr} rückgängig gemacht, so daß $S_1' - S_2' = S_1 - S_2 = -\Delta S_{irr}$ wird. Da die Wärmeabgabe umkehrbar erfolgen soll, ist ist $S_1' - S_2' = -\Delta S_{irr} = -Q/T_u$ oder

$$Q = T_u \cdot \Delta S_{irr}.\qquad (453)$$

Da aber, wie oben gezeigt, nach dem ersten Hauptsatz auch

$$Q = \Delta A'$$

ist, folgt für den *Mindestarbeitsaufwand*, der benötigt wird, um die irreversible *Entropievermehrung rückgängig* zu machen, in Übereinstimmung mit Gl. (451)

$$\Delta A' = T_u \cdot \Delta S_{irr}.$$

Gegen diese Überlegung könnte man einwenden, daß im allgemeinen die irreversible Entropievermehrung nicht so isoliert auftritt, wie es in Bild 122 angenommen ist. Die irreversiblen Entropievermehrungen überlagern sich vielmehr grundsätzlich allen Teilen eines Prozesses, allerdings in verschiedenem Maße. Aber auch in derartigen allgemeineren Fällen bleibt die Gültigkeit von Gl. (451) erhalten, wie man durch Vergleich eines mit Nichtumkehrbarkeiten behafteten Kreisprozesses mit einem zu demselben Ergebnis führenden umkehrbaren Kreisprozeß nachweisen kann. Einen solchen Nachweis findet man in dem Buch von Fr. Bošnjakovič, Technische Thermodynamik, erster Teil [B 208] 1935, S. 89 und 90 sowie 5. Aufl. 1967, S. 107 bis 109. Hierbei wird auch gezeigt, daß bei Vorgängen, die *oberhalb* der *Umgebungstemperatur* stattfinden, die Irreversibilitäten einen *Arbeitsverlust* hervorrufen, der sich ebenfalls aus Gl. (451) berechnen läßt.

Die hier gegebene Ableitung von Gl. (451) ist indessen den Vorgängen in einem Wärmeaustauscher besonders gut angepaßt, wenn man von einem Wärmeaustausch mit der Umgebung absieht. Denn der betrachteten irreversiblen Zustandsänderung widerspricht es nicht, daß in dem Arbeitssystem intern Wärme übertragen wird und auch die Druckabfälle zur Entropievermehrung beitragen. Wie man hierfür die Entropiezunahme berechnet, wurde oben gezeigt.

Will man aber Gl. (451) auf einen Wärmeaustausch des Arbeitssystems mit der Umgebung anwenden, dann kann man entweder denjenigen Körper der Umgebung, aus dem die Wärme stammt, in das Arbeitssystem einbeziehen und die bisherigen Betrachtungen auf das so erweiterte System anwenden. Oder man kann einfacher davon ausgehen, daß Gl. (451) allgemein gilt. Auf beiden Wegen gelangt man zu folgender Überlegung.

Wird aus der Umgebung von der Temperatur T_u dem Arbeitssystem bei der Temperatur T eine Wärmemenge Q zugeführt, dann nimmt hierbei die Entropie um

$$\Delta S = Q\left(\frac{1}{T} - \frac{1}{T_u}\right)$$

zu. Die zusätzlich für den Gesamtprozeß aufzuwendende Arbeit beträgt daher nach Gl. (451)

$$\Delta A' = Q\frac{T_u - T}{T}\,.$$

Dies ist genau dieselbe Arbeit, die man benötigt, um mit einem umkehrbaren Carnotschen Kreisprozeß die Wärmemenge Q in die Umgebung zurückzubefördern.

Über den Zusammenhang der beschriebenen Art von Entropievermehrung mit dem Verlust an technischer Arbeitsfähigkeit, heute Exergie genannt, siehe P. Grassmann [G 208].

Literatur zum zweiten Abschnitt: Rekuperatoren

A

201 Altenkirch, E.: Graphische Ermittlung von Heiz- und Kühlflächen bei ungleichmäßiger Wärmeaufnahmefähigkeit der Wärmeträger. Z. ges. Kälte-Ind. (1914) 189—193.

B

201 Bahnke, G. D.; Howard, C. P.: The Effect of Longitudinal Heat Conduction on Periodic Flow Heat Exchanger Performance. ASME Paper Nr. 63-AHGT-16.

202 Bammert, K.; Kläukens, H.; Mukherjee, S. K.: Auslegung und Konstruktion von Wärme-austauschern für geschlossene Gasturbinenanlagen. Brennstoff-Wärme-Kraft 22 (1970) 275—279.

203 Becker, J.: Ausführungsbeispiele für Wärmeaustauscher in Chemieanlagen. Verf. Tech. 3 (1969) 8, 335—340.

204 Bender, E.: Zum regeltechnischen Verhalten von Kreuzstrom-Wärmeaustauschern. Chem. Ing. Tech. 45 (1973) 350—356.

204a Bentwich, M.: Multistream Countercurrent Heat Exchangers. Trans. ASME, J. Heat Transfer (1973) 458—463.

205 Billet, R.: Verdampfertechnik. Hochschultaschenbücher Nr. 85. Bibliographisches Institut Mannheim: 1965.

206 Boehm, J.: Zur Beurteilung der Wärmedurchgangszahlen bei veränderlichem Durchsatz und Heizflächenverschmutzung von Wärmeaustauschern. Gesundh. Ing. 72 (1951) 291—294.

207 Böhm, H.: Versuche zur Ermittlung der konvektiven Wärmeübergangszahlen an gemauer-ten engen Kanälen. Arch. Eisenhüttenw. 10 (1933) 423—431.

208 Bošnjaković, Fr.: Techn. Thermodynamik, 1. Teil. Dresden u. Leipzig: Steinkopff 1935 5. Aufl. Dresden 1967.

209 Bošnjaković, F.; Vilicić, M.; Slipcević, B.: Einheitliche Berechnung von Rekuperatoren. VDI-Forschungsheft Nr. 432.

210 Bowman, R. A.: Mean Temperature Difference Correction in Multipass Exchangers. Ind. Eng. Chem. 28 (1936), 541—544; ferner Bowman, R. A.; Mueller, A. C.; Nagle, W. M. Mean Temperature Difference in Design. Trans. Am. Soc. Mech. Engrs., 62 (1940) 283—294 (Bericht in Feuerungstechnik, 31 (1943) 159).

211 Browder, T. J.: Shell-Side Heat-Transfer Coefficient. Chem. Eng. 67 (1960) 21, 206 u. 207.

212 Burgmüller, P.; Roduner, H.: Der Rekuperator für einen schnellen Leistungsreaktor von 1000 MWe mit direktem Gasturbinenkreislauf. Brennstoff-Wärme-Kraft 21 (1969) 10, 527—531.

213 Buskies, U.: Wärmeaustauscher und Verdampfer (Achema 1970). Chem. Ing. Tech. 42 (1970) 23, 1411—1415.

C

201 Cammerer, I. S.: Die Berechnung des praktischen Wärmeschutzes der Baustoffe aus ihrer Wichte. Heizung und Lüftung (1943) 75—81. I. S. Cammerer, Der Wassergehalt organischer Dämmstoffe in Abhängigkeit von der Luftfeuchtigkeit. Z. ges. Kälteindustrie 51 (1944) 88—91.

202 Clayton, D. G.: New Concepts for Heat Exchanger Performance. (Wirkungsgrad, Gütegrad). Wärme- u. Stoffübertragung 7 (1974) 107—112.

203 Collins, S. C.; Keyes, F. G.: Gegenströmer der Tieftemperaturtechnik. J. Physik Chem. 43 (1939) 5.

204 Condamin, R.: Échangeurs compacts et miniaturisés (Températures inférieures à 200 °C). Journées de la transmission de la chaleur. Paris 1964, Vortrag Nr. 6.21.

205 Cox, B.: Jallouk, P. A.; Methods for Evaluating the Performances of Compact Heat Transfer Surfaces. (Wärmeübertragung, Energieaufwand, Kosten). Trans. ASME, J. Heat Transfer (1973) 464—469.

206 Cox, J. E.; Kumar, C. A.: Sizing of Heat Exchangers with Non-Uniform Coefficients. Wärme- und Stoffübertragung 6 (1973) 1 u. 2.

D

201 Davis, K. F.: Ross Heater and Mfg. Co. Bull. 350 (1931) 72.

202 Dia, T.: Experimentelle Untersuchungen zur Dimensionierung der Zu- und Abflußhauben von Wärmeaustauschern. Diss. Aachen 1958.

203 Dibbern, D.: Reif- und Schneebildung beim Abkühlen von Gas-Dampf-Gemischen in Gegenstrom-Wärmeaustauschern. Abh. d. Deutsch. Kältetechnischen Vereins 1963.

204 Dinglinger, G.: Die Wärmeübertragung im Kratzkühler. Diss. d. TH Karlsruhe (1963). Kältetechn. 16 (1964) 6, 170.

205 Doetsch, H.: Die Wärmeübertragung von Kühlrippen an strömende Luft. Abhandl. Aerod. Inst. Techn. Hochschule Aachen, Heft 14, S. 3—23. Berlin: Springer 1934.

206 Dolz, H.: Anwendungsbereiche und Entwicklungstendenzen von Wärmeübertragern der Kältetechnik. Luft- u. Kältetechn. (1968) 6, 274—279.

207 Dummet, G. A.: Plattenwärmeaustauscher. Dechema-Monogr. Nr. 26 (1956) 168—198.

208 Dupuy, M. R.: Échangeurs rationnels récents. Journées de la transmission de la chaleur, Paris 1964, Vortrag Nr. 6.20.

E

201 Ediss, B. G.: Graphic Aids for Heat Exchanger Computation. Chem. and Process Engineering 43 (1962) 8, 384—388.

202 Eckert, E. R. G.: Einführung in den Wärme- und Stoffaustausch. 1. Aufl. 1949, S. 16 u. 17; 3. Aufl. 1966, S. 27; vgl. [3].

F

201 Fekete, K.: Die Berechnung der Wärmeübergangszahl in Luftkühlern mit Berücksichtigung der Kondensation. Heizung-Lüftung-Haustech. 18 (1967) 3, 95—98.

202 Fischer, E.: Berechnung des Wärmedurchganges bei Gleich- und Gegenstrom für temperaturabhängige Wärmeübergangszahlen. Chem. Ing. Tech. 39 (1967) 7, 438—440.

203 Fischer, H.: Einfluß der Spalte zwischen Umlenkblechen und Rohren auf den Wärmeübergang bei Wärmeaustauschern. Chem. Ing. Tech. 40 (1968) 11, 525—528.

204 Fischer, K. F.: Mean Temperature Difference Correction in Multipass Exchangers. Ind. Eng. Chem. 30 (1938) 377.

205 Flaxbart, E. W.; Schirmer, D. E.: Economic Considerations in Shell and Tube Heat Exchanger Selection. Chem. Eng. Progr. 57 (1961) 98—105.

206 Fricke, L. H.; Morris, H. J.; Otto, R. E.; Williams, Th. J.: Process Dynamics and Analogue-Computer Simulation of Shell- and-Tube Heat Exchangers. Chem. Eng. Progr. Symp. Ser. 56 (1960) 31, 80—85; Advances in Computational and Mathematical Techniques in Chemical Engineering.

207 Fritzsche, A. F.: Allgemeine Bewertung von Rohrbündel-Wärmeübertragern der Längsstrom- und der Querstrombauart. VDI-Forschungsheft 450 (1955) 5—18.

208 Fukur, S.; Sakamoto, M.: Some Experimental Results on Heat Transfer Characteristic of Air Cooled Heat Exchangers for Air Conditioning Devices. Bull. JSME 11 (1968) 44, 303—311.

209 Funck, K.: Die Bedeutung von Wärmeübertragern für Verdichteranlagen. Allg. Wärmetech. 10 (1961) 6, 105—109.

G

201 Gardener, H. S.; Siller, J.: Shell Side Coefficients of Heat Transfer in a Baffled Heat Exchanger. Trans. Am. Soc. Mech. Engrs. 69 (1947) 687.

202 Gia, V. V.: Récupérateurs et régénérateurs de chaleur. Bucarest u. Paris 1970.

203 Glaser, H.: Bewertung von Wärmeaustauschsystemen mit Hilfe einer Leistungszahl. Angew. Chemie B, Bd. 20 (1948) 129—133.

204 Glaser, H.: Der Gütegrad von Wärmeaustauschern. Chemie-Ingenieur-Technik (Jahrg. 1949) 95—99.

205 Graßmann, P.: Über den Wirkungsgrad von Wärmeaustauschern. Ann. d. Physik, 5. Folge, 42 (1942) 203—210.

206 Grassmann, P.: Zur Berechnung der Ein- und Austrittstemperaturen von Wärmeaustauschern. Z. VDI-Beihefte Verfahrenstechnik 1943, Nr. 3, 87—90.

207 Graßmann, P.: Bewertung von Wärmeübergang und Druckverlust in Wärmeaustauschapparaten. Angew. Chemie B 20 (1948) 289—292.

208 Grassmann, P.: Zur allgemeinen Definition des Wirkungsgrades. Chem. Ing. Tech. 22 (1950) 77—96.

209 Gregorig, R.: Energieverluste der Wärmeaustauscher. Chem. Ing. Tech. 37 (1965) 108—116, 524—527, 956—962.

210 Gregorig, R.: Über ein Teilproblem der Optimierung beim Dimensionieren eines Wärmeaustauschers. Verfahrenstechnik 1 (1967) 19—22.

211 Gregorig, R.; Alvensleben, B.: Zur elementaren Optimierung von Rohrbündel-Wärmeaustauschern. Verfahrenstechnik 2 (1968) 2, 63—71.

212 Gregorig, R.: Wärmeaustausch und Wärmeaustauscher. 2. Aufl. Aarau u. Frankfurt: Sauerländer 1973.

213 Gumz, W.: Vorschlag zur Bewertung von Luftvorwärmern. Arch. Wärmewirtschaft 11 (1930) 195 u. 196.

H

201 Hackeschmidt, M.; Vogelsang, E.: Zur Berechnung von Verdunstungskühlern unter Berücksichtigung der Strömungsverhältnisse im Bereich der Stoff- und Wärmeübertragung. Luft- und Kältetech. 4 (1968) 3, 114—118.

202 Haddad, M. T.: Régime dynamique des échangeurs de chaleur. Traitement analytique-simulation-calcul iteratif. 2 Teile. Revue génerale de thermique 3 (1964) 34, 1251—1269; 35, 1431—1440.

203 Hahnemann, H. W.: Approximate Calculation of Thermal Ratios in Heat Exchangers, Including Heat Conduction in Direction of Flow. National Gas Turbine Establishment Memorandum Nr. M 36, 1948.

204 Hausen, H.: Über die Berechnung von Luftverflüssigungsanlagen auf Grund neuer Messungen des Thomson-Joule-Effektes. Z. Ges. Kälte-Ind. 32 (1925) 93—98 u. 114—122 (insbesondere im Anhang S. 121).

205 Hausen, H.: Materialtrennung durch Destillation und Rektifikation, in Eucken, A.; Jakob, M.: Der Chemie-Ingenieur. Leipzig Bd. I, 3. Teil, 1933, S. 70—169, insbesondere A. 117 u. 118.

206 Hausen, H.: Die Wirkung des Austausches von Rektifikationsböden. Z. ang. Math. Mech. 17 (1937) 25—37.

207 Hausen, H.: Graphisches Verfahren zur Berechnung der Wirkung von Rektifikationsböden. Z. ges. Kälte-Ind. 44 (1937) 59—65 (insbesondere S. 64 u. 65).

208 Hausen, H.: Gestaltung und Wirkung der Wärmeaustauscher für strömende Stoffe. Z. VDI, Beiheft „Verfahrenstechnik" (1940) Heft 1, 1—6.

209 Hausen, H.: Wärmeübertragung durch Rippenrohre. Z. VDI-Beiheft „Verfahrenstechnik" (1940) Nr. 2, 55—57.

210 Hausen, H.: Ein allgemeiner Ausdruck für den Wärmedurchgang durch ebene, zylindrische und kugelförmige Wände. Archiv gesamte Wärmetechnik 2 (1951) 123 u. 124.

211 Hatfield, M. R.; Ford, C. E.: Developement of „Karbate" Materials and their Applications. Trans. Am. Inst. chem. Engrs. 42 (1946) 121.

212 Hilz, R.: Verschiedene Arten des Ausfrierens einer Komponente aus binären strömenden Gasgemischen. Z. ges. Kälteind. 47 (1940) 34, 74 u. 88.

213 Hochgesand, G.: Wärmeaustauscher und Verdampfer, Apparate für die Rektifikation. Chem. Ing. Tech. 38 (1966) 7, 761 u. 762.

214 Hofmann, E.: Über die Berechnung von Kühlern für Gas-Dampf-Gemische. Z. ges. Kälteind. 49 (1942) 70 u. 79.

215 Hofmann, E.: Wärmedurchgangszahlen von Rippenrohren bei erzwungener Strömung. Z. ges. Kälte-Ind. 51 (1944) 84—88.

216 Huber, A.: Ein zusammengesetzter Wärmeaustauscher (Theorie). Österreichisches Ingenieur-Archiv 16 (1961) 174—178.

J

201 Jaroschek, K.: Einfluß der Wärmedurchgangszahl und der Wärmewirtschaft auf die Heizflächenbemessung von Wärmeaustauschern. Z. VDI. Beiheft „Verfahrenstechnik" (1943) Heft 2, 52—58.

202 Jaroschek, K.: Bedeutung der Heizflächenbemessung von Wärmeaustauschern, insbesondere in Kraftwerksbetrieben. Z. VDI 87 (1943) 210—213.

203 Johannsen, L. O.; Holschuh, A.: Stahlwinderhitzer für Hochöfen. Stahl und Eisen 57 (1937) 1142.

204 Jung, H.: Die Beanspruchung der Rohrböden von Wärmeaustauschern. Chem. Ing. Tech. 42 (1970) 7, 515—520.

K

201 Kämmerer, C.: Temperaturverlauf und Heizflächenbestimmung bei Gegenstrom-Wärmeaustauschern. Arch. Wärmewirtsch. 22 (1941) 153—156.

202 Kamman, D. T.; Koppel, L. B.: Dynamics of a Flowforced Heat Exchanger (experimentell). Ind. Eng. Chem. Fundamentals 5 (1966) 2, 208—211.

203 Kays, W. M.: The Basic Heat Transfer and Flow Friction Characteristics of Six Compact High-Performance Heat Transfer Surfaces. Trans. ASME Ser. A 82 (1960) 1, 27—34. (Aus Messungen erhaltene Berechnungsunterlagen. Die Anordnungen bestehen aus Platten mit aufgesetzten Rippen.)

204 Kays, W. M.; London, A. L.: Compact Heat Ecxhangers. 2. Aufl. New York: McGraw-Hill, 1964.

205 Kirschbaum, E.: Wirkung von Rektifizierböden und zweckmäßige Flüssigkeitsführung. Forschung Ing. Wes. 5 (1934) 245.

206 Kirschbaum, E.: Beanspruchungen infolge Wärmedehnung in Wärmeaustauschapparaten. Z. VDI-Beihefte Verfahrenstechnik (1940) 6, 167—170.

207 Kirschbaum, E.: Wärmedurchgang durch Rohre mit Schutzschichten. Z. VDI 86 (1942) 337 u. 338.

208 Kirschbaum, E.; Wachendorff, W.: Verkrustung der Heizflächen in Verdampfapparaten. Verfahrenstechnik (1942) 3, 61—71.

209 Kirschbaum, E.: Wärmeübertragung und Druckverlust in Wärmeaustauschern aus Porzellan. Z. VDI Beihefte „Verfahrenstechnik" (1944) 1, 6—12.

210 Kirschbaum, E.: Wärmeübertragung und Druckverlust in Wärmeaustauschern aus Porzellan. Z. VDI-Beihefte „Verahrenstechnik" (1944) 1, 6—12.

211 Kirschbaum, E.: Destillier- und Rektifiziertechnik. 4. Aufl. Berlin, Heidelberg, New York: Springer 1969, S. 185 und 456.

212 Kistner, H.: Bestimmung der Wärmeübergangszahlen und Druckverluste bei doppelt versetzter und nicht versetzter Rostpackung. Arch. Eisenhüttenw. 3 (1929/30) 751—768.

213 Klempt, W.: Kontaktöfen und Kontaktapparate in der chemischen Industrie. Z. VDI-Beihefte „Verfahrenstechnik" (1939) 122—127.

214 Klingen, B.; Eisen, W.: Verbesserung der Rohrform für Konvektionswärmeaustauscher in Gußausführung. Brennstoff-Wärme-Kraft 17 (1965) 9, 449—452.

215 Kraußold, H.: Wärmeaustauscher, ein Überblick über die Entwicklung der letzten Jahre. Verfahrenstechnik 2 (1968) 203—209.

216 Kraußold, H.: Wärmeaustauscher. Lueger, Lexikon der Verfahrenstechnik. Stuttgart: 1970, S. 562—566.

217 Kühl, H.: Probleme des Kreuzstrom-Wärmeaustauschers. Berlin, Göttingen, Heidelberg: Springer 1959.

218 Kühne, H.: Vorschläge zur genauen Festlegung und Prüfung der Leistungsgarantien von Kreislaufkühlern für Turbogeneratoren. Elektrotechn. Z. 50 (1929) 1543, Abb. 2.

219 Kühne, H.: Beitrag zur Frage der Aufstellung von Leistungsregeln für Wärmeaustauscher. Z. VDI-Beiheft „Verfahrenstechnik" (1943) 2, 37—46, Abb. 9.

220 Kühne, H.: Wirkungsgrad und Wirtschaftlichkeit von Wärmeaustauschern. Z. VDI-Beiheft „Verfahrenstechnik" (1944) 2, 47—53.

221 Kühne, H.: Schaubilder zur Ermittlung der Temperaturen von Kreuzstromwärmeaustauschern. Haustechnische Rundschau 49 (1944) 17/18, 161—164.

222 Kühne, H.: Winke für die Bestellung und Leistungsprüfung von Wärmeaustauschern. Halle: C. Marhold 1945 (28 Seiten); 2. Aufl. 1948.

223 Kühne, H.: Die Grundlagen der Berechnung von Oberflächen-Wärmeaustauschern. Göttingen 1949, Tafel 32, S. 192.

224 Kühne, H.: Die Bewertung von Wärmeaustauschflächen mittels einer energetischen Wärmeübergangsgleichung. Chemiker-Ztg. chem. Apparaturen 85 (1961) 20, 778—784.

225 Kühne, H.: Über die Bewertung von Wärmeaustauschern. Chem. Apparatur 87 (1963) 12, 441—452.

226 Kühne, H.: Wärmeaustauscher — Vorschläge zur Typisierung und Normung. Chem. Ing. Tech. 36 (1964) 972.

L

201 Landolt-Börnstein, Zahlenwerte und Funktionen. Bd. IV 4 b. Berlin, Heidelberg, New York: Springer 1972. S. 417—433 u. S. 454—481 (Wärme- und Kälteschutz).

202 Lienerth, A. J.: Auslegung von Gas/Gas-Röhrenwärmeaustauschern bei vorgeschriebenen Druckverlusten. Verfahrenstechnik 1 (1967) 6, 261—267.

203 Linde, R.: Die konstruktive Ausbildung von Anlagen zur Gaszerlegung und ihre Anpassung an die theoretischen Forderungen. Z. ges. Kälte-Ind. 41 (1934) 161—183. (Gegenströmer der Tieftemperaturtechnik.)

204 Linde, H.: Über das Ausfrieren von Dämpfen aus Gas-Dampf-Gemischen bei atmosphärischem Druck. Z. angew. Physik 2 (1950) 49—59.
205 Linke, W.: Untersuchungen über Rohrbündelwärmeübertrager. Chem. Ing. Tech. 27 (1955) 142—148.
206 Linke, W.; Dia, T.; Skupinski, E.: Die Durchflußleistung von Wärmeübertragern mit künstlicher Turbulenz. Allgem. Wärmetech. 11 (1961) 19—25.
207 Linke, W.; Dia, T.: Die Bemessung der Zu- und Abflußhauben von Wärmeaustauschern. Kältetechnik 15 (1963) 85—91.
208 Lueger,: Lexikon der Verfahrenstechnik, Stuttgart 1970. Stichwort Wärmeaustauscher, S. 562—566; Stichwort Reaktionsapparate, S. 388—391.

M

201 Matulla, H.; Orlicek, A. F.: Bestimmung der Wärmeübergangskoeffizienten in einem Doppelrohrwärmeaustauscher durch Frequenzganganalyse. Chem. Ing. Tech. 43 (1971) 20, 1127—1130.
202 McKillop, A. A.; Dunkley, W. L.: Heat Transfer Plate Heat Exchangers. Ind. Eng. Chem. 52 (1960) 9, 740—744.
203 Meißner, W.: Über die Vorgänge in den Gegenstromapparaten der Gasverflüssiger. Z. techn. Physik 7 (1926) 235.
204 Meißner, W.; Immler, R.: Über die Temperaturabhängigkeit der Wärmeleitfähigkeit einiger Baumaterialien zwischen —15 und +30°C. Wärme- u. Kältetechnik (1937) 10, 1.
205 Meißner, W.; Immler, R.: Einfluß des Wassergehaltes auf die Wärmeleitfähigkeit von Isolierstoffen. Wärme- und Kältetechnik 40 (1938) 9, 129; vgl. auch Wärme- und Kältetechnik 39 (1937) 10, 1.
206 Mollenhauer, J.: Wärmeübergang und Druckverlust in Plattenwärmeaustauschern. Diss. Berlin 1967. VDI-Z. 111 (1969) 8, 533.
207 Morley, T. B.: Exchange of Heat between Three Fluids. The Engineer 155 (1933) 134 (kurzer Auszug hier von in „Forschung" 4 (1933) 153).
208 Moussez, C.; Morin, R.: Étude sur un échangeur-bouilleur. Journées de la transmission de la chaleur, Paris 1964. Vortrag Nr. 6.33.

N

201 Nagel, O.: Zusammenhänge zwischen Wärmeübergang und Phasenänderung im Umlaufverdampfer. Chem. Ing. Tech. 35 (1963) 3, 179—185.
202 Nagle, W. M.: Mean Temperature Differences in Multipass Heat Exchangers. Ind. Eng. Chem. 25 (1933) 604—609.
203 Nesselmann, K.: Der Einfluß der Wärmeverluste auf Doppelrohrwärmeaustauscher. Z. ges. Kälteind. 35 (1928) 62 oder Wiss. Veröffentlichungen a. d. Siemens-Konzern 6 (1928) 174.
204 Neußel, E.: Gasströmung und Wärmeaufnahme bei Rippenrohr-Vorwärmern. (Definition des Wirkungsgrades). Arch. Wärmewirtsch. 13 (1932) 266—270.
205 Norton, C. L.: Pebble Heaters (Rekuperatoren mit bewegten Kieselsteinen). Chem. Eng. 53 (1946) 116.
206 Nußelt, W.: Der Wärmeübergang im Kreuzstrom. Z. VDI 55 (1911) 2021—2024.
207 Nußelt, W.: Eine neue Formel für den Wärmedurchgang im Kreuzstrom. Techn. Mech. u. Therm. 1 (1930) 417—422 (insbesondere Gl. (17) und (18)).

P

201 Palmor, Z.; Dayan, J.; Avriel, M.: Evaluating the Performance of Shell- and Tube Heat-Exchangers. Israel J. Tech. 11 (1973) 273.
202 Parisot, J.: Graphit als Werkstoff für Wärmeaustauscher. Technische Rundschau Nr. 54, Dez. 1956.

203 Peters, D. L.: Heat Exchanger Design with Transfer Coefficients Varying with Temperature of Length of Flow Path. Wärme- und Stoffübertragung 3 (1970) 220—226.

204 Peters, D. L.: Cost-Optimized Design of Heat Exchangers and Condensers, particularly Air-Cooled Fin-Tube Units. Chem. Engng. Group; Council for Scientific and Industrial Research. Pretoria 1970.

205 Poßner, L.: Die Gestaltung und Berechnung von Rauchgasvorwärmern. Berlin: Springer 1929.

R

201 Rabes, M.: Theorie der Luftverflüssigung. Z. ges. Kälteind. 37 (1930) 7—12, 26—29 u. 48—54 (insbesondere S. 8).

202 Raisch, E.; Weyh, W.: Die Wärmeleitfähigkeit von Isolierstoffen bei tiefen Temperaturen. Zeitschrift f. ges. Kälteindustrie 39 (1932) 123.

203 Raisch, E.: Untersuchungen der.Wärmeleitfähigkeit von Vollwänden in Abhängigkeit von Temperatur und Feuchtigkeit. Z. VDI 80 (1936) 1551.

204 Rische, E. A.: Untersuchungen über das Ausfrieren von Dämpfen aus Gas-Dampf-Gemischen. Diss. Hannover 1957. Chem. Ing. Tech. 29 (1957) 603—614.

205 Robin, M. G.: Quelques aspects de la technique des échangeurs de chaleur à métaux liquides utilisés dans les installations nucléaires. Journées de la transmission de la chaleur. Paris 1964, Vortrag Nr. 6.23.

206 Roetzel, W.: Berücksichtigung veränderlicher Wärmeübergangskoeffizienten und Wärmekapazitäten bei der Bemessung von Wärmeaustauschern. Wärme- u. Stoffübertragung 2 (1969) 163—170.

207 Roetzel, W.: Mittlere Temperaturdifferenz bei Kreuzstrom in einem Rohrbündel-Wärmeaustauscher. Brennstoff-Wärme-Kraft 21 (1969) 246—250.

208 Roetzel, W.: Thermal Design of Non-Isothermal Condensers. Wärme- u. Stoffübertragung 6 (1973) 228—234.

209 Roetzel, W.: Thermal Design of Condensers; the Limiting Case of Zero Mass Resistance. Wärme- u. Stoffübertragung 7 (1974) 60—64.

210 Roetzel, W.: Heat Exchanger Design with Variable Transfer Coefficients for Crossflow and Mixed Flow Arrangements. Int. J. Heat Mass Transfer 17 (1974) 1037—1049.

S

201 Schack, A.: Der physikalische und wirtschaftliche Zusammenhang von Wärmeübertragung und Druckverlust. Arch. Eisenhüttenw. 2 (1928/29) 613—624.

202 Schack, A.: Die Gas- und Luftvorwärmung durch Stahlrekuperatoren in der Großindustrie Z. kompr. und flüssige Gase 36 (1941) 101.

203 Schack, A.: Échangeurs de chaleur métalliques pour hautes températures. Journées de la transmission de la chaleur. Paris 1964. Vortrag Nr. 7.01.

204 Schack, A.: Der industrielle Wärmeübergang. 7. Aufl. 1969. S. 283.

205 Schack, K.: Zur Berechnung von Druckverlust und Wärmeübertragung in Wärmeaustauschern mit Umlenkblechen. Gas Wärme Int. 20 (1971) 237—270. Schack, K.: Entwicklung und heutiger Stand des Rekuperatorenbaus. Gas Wärme Int. 21 (1972) 345—347.

206 Schedwill, H.: Thermische Auslegung von Kreuzstromwärmeaustauschern. VDI-Z. 110 (1968) 28, 1245.

207 Schmidt, E.: Die Wärmeübertragung durch Rippen. Z. VDI 70 (1926) 885—889 u. 947—951.

208 Schmidt, E.: Wärmeschutz durch Aluminiumfolie. Z. VDI 71 (1927) 1395.

209 Schmidt, E.; Hindenburg, W.: Versuche über die Wärmeabgabe von Rippenrohren. Arch. Wärmewirtschaft 12 (1931) 327—333.

210 Schmidt, E.; Helweg, E.: Temperaturverteilung in den Blöcken im Stoßofen. Forsch. Ing. Wes. 4 (1933) 238—248.

211 Schmidt, E.: The Design of Contra-Flow Heat Exchangers. Proc. Inst. Mech. Engrs. 159 (1948) 351—356.

212 Schmidt, Th. E.: Vergleichszahlen zur Bewertung von Wärmeaustauschern. Kältetechnik 1 (1949) 81—86.
213 Schmidt, Th. E.: Wärmeaustauscher. Brennstoff-Wärme-Kraft 21 (1969) 4, 224—227 (Jahres-Literaturübersicht).
214 Schmidt, Th. E.: Zur kostengünstigen Bemessung von Wärmeübertragern mittels thermischer Kenngrößen und Progressionsfunktionen. VDI-Forschungsheft 549 (1972) 39—44.
215 Schneller, J.: Berechnung von Dreikomponenten-Wärmeaustauschsystemen. Chem. Ing. Techn. 42 (1970) 20, 1245—1251.
216 Schukin, V. K.: Verallgemeinerung von Versuchsdaten über die Wärmeabgabe von Schlangenvorwärmern. Teploenergetika (russ.) (1969) 2, 50—52.
217 Schulenburg, F.: Wahl der Bezugslänge zur Darstellung von Wärmeübergang und Druckverlust in Wärmeaustauschern. Chem. Ing. Tech. 37 (1965) 8, 799—810.
218 Söhngen, R.: Graphitwärmeaustauscher. Chem. Ing. Tech. 23 (1951) 4, 81—85.
219 Sonnenschein, H.: Kontinuierlicher Hochtemperatur-Wärmeaustausch mittels bewegter Speicherteilchen. Chem. Ing. Tech. 43 (1971) 5, 240—245.
220 Spalding, D. B.: Neue Wege zur Vorausberechnung der Wirksamkeit von Wärmeaustauschern. Chem. Ing. Tech. 46 (1974) 969—975 (Computer-Modelle).
221 Stary, F.: Berechnung von Gleich- und Gegenstrom-Wärmeübertragern bei temperaturabhängigen Stoffgrößen. Österr. Ing.-Archiv 16 (1962) 211—230.
222 Steinbach, A.: Die Korrosion in der Kältetechnik und ihre Bekämpfung. Gesundheitsingenieur 67 (1944) 67—72.
223 Stephan, K.: Wärmeaustauscher (Übersicht). Brennstoff-Wärme-Kraft 17 (1965) 221—214.
224 Stephan, K.: Wärmeaustauscher (Überblick mit 152 Literaturangaben). Brennstoff-Wärme-Kraft 18 (1966) 191—194.
225 Stephan, K.: Wärmeleitung und Strömungswiderstand von Spezialrohren für Wärmeaustauscher. Mannesmann-Forschungsber. (1966) Nr. 363.

T

201 Thiessen, W.: Schweißtechnische Konstruktion von Apparaten unter besonderer Berücktigung der Ausführung von Wärmeaustauschern. Chem. Ing. Tech. 42 (1970) 11, 751—756.
202 Traustel, S.: Über die Übertragungseinheiten und ein „Vierfelderdiagramm" zur Berechnung von Wärmeübertragern. Wärme- und Stoffübertragung 3 (1970) 153—155.
203 Trefny, E.: Wärmeaustausch bei beliebiger Stromart (mittleres Temperaturgefälle, Stufenrechnung). Chem. Ing. Tech. 37 (1965) 8, 835—842.
204 Trommelen, A. M.: Heat Transfer in a Scraped-Surface Heat Exchanger. Trans. Instn. chem. Engrs. 45 (1967) 5, T176—T178.
205 Trumpler, P. R.; Dodge, B. F.: The Design of Ribben-Packed Exchangers for Low Temperature Air Separation Plants. Trans. Am. Inst. chem. Engrs. 43 (1947) 75—84, sowie Chem. Eng. Progress 43 (1947) 75.

U

201 Ullmann, Fr.: Enzyklopädie der technischen Chemie, 2. Aufl., Bd. X (1932), S. 86; DIN 1062—1068.
202 Underwood, A. J. V.: J. Inst. Petroleum Tech. 20 (1934) S. 145.
203 Upmalis, A.: Wärmeleistung von Heizkörpern aus Drahtspiralrohren. Wärme 75 (1969) 1, 15—18.
204 Urbach, D.: Auslegung von Wärmeaustauschern in Klimaanlagen unter dem Gesichtspunkt guter Regelbarkeit. Heizung-Lüftung-Haustechnik 20 (1969) 167—172.

V

201 VDI-Richtlinien für Leistungsversuche an Wärmeaustauschern. Düsseldorf 1968.
202 VDI-Wärmeatlas, 2. Aufl. 1974, Abschnitt Stoffwerte.

203 Vollbrecht, H.; Oberstedt, H. W.: Röhrenwärmeaustauscher mit Verdrängerkörpern. Dechema-Monogr. Nr. 33 (1959) 217—228 und Chem. Ing. Tech. 33 (1961) 19—22.

204 Vollbrecht, H.: Betriebliche Vor- und Nachteile der Glattrohr-Wärmeaustauscher. Chemie-Anlagen und Verfahren (1971) 1, 35—38.

205 Vogelbusch, W.: Verkrustung der Wärmeaustauschflächen in Verdampfern, Vorwärmern und Kondensatoren. Z. VDI. Beihefte „Verfahrenstechnik" (1943) 3, 73.

W

201 Walger, O.: Zur Berechnung von Röhrenwärmeaustauschern. Z. VDI Beihefte „Verfahrenstechnik" (1941) 1, 11—13.

202 Weigand, W. A.: Optimal Control of a Plug-Flow Heat Exchanger with Control Produced by Wall Flux or Wall Temperature. Ind. Eng. Chem. Fundamentals 9 (1970) 4, 641—651 (theoretisch).

203 Wenning, H.: Optimierung von Rohrbündel-Wärmeaustauschern mit elektronischen Datenverarbeitungsanlagen. Chem. Ing. Tech. 39 (1967) 9/10, 614—621.

204 Wenzel, H.: Vorausbestimmung der Betriebszeit von Wärmeaustauschern bei Verlegung durch Wasser- und Kohlendioxideis. Kältetech. 20 (1968) 6, 187—191.

205 Whistler, A. M.: (Nachteilige Wirkung eines in der Längsrichtung angeordneten Umlenkbleches bei einem zweigängigen Wärmeaustauscher). Trans. Am. Soc. Mech. Engrs. 69 (1947) 683.

206 Whitt, F. R.: Heat-Transfer Coefficients in Chemical Plant Heat Exchangers. Brit. chem. Eng. 6 (1961) 6, 398—401.

Dritter Abschnitt

Regeneratoren

I. Übersicht über die Theorie der Regeneratoren

§ 51. Wirkung und Gestaltung der Regeneratoren

Wie schon mehrmals erwähnt, seien unter Regeneratoren umschaltbare Wärmeaustauscher verstanden, durch die die Gase abwechselnd hindurchströmen und bei
denen die übergehende Wärme in einer Füllmasse von großer Wärmekapazität
vorübergehend gespeichert wird. Ein ununterbrochener Betrieb erfordert wenigstens zwei Regeneratoren, damit gleichzeitig das eine Gas abgekühlt und das
andere erwärmt werden kann. Eine Ausnahme hiervon bilden Regeneratoren mit
sich drehender Speichermasse, die nur einmal vorhanden sein muß.

Als eindeutiges Kennzeichen zur Unterscheidung der Regeneratoren von den
Rekuperatoren kann man festlegen, daß die in den Regeneratoren stattfindenden
Vorgänge nicht nur vom Ort, sondern auch von der Zeit abhängen. Diese Zeit-
abhängigkeit muß bei genauer Berechnung der Wärmeübertragung entsprechend
der Theorie der Regeneratoren berücksichtigt werden. Das genannte Merkmal der
Regeneratoren trifft auch für jedes Element einer sich drehenden Speichermasse zu.

Die Wirkung der Regeneratoren werde an dem in Bild 123 dargestellten Regeneratorpaar erläutert. In den beiden Mänteln, die meist zylindrisch sind, befinde
sich je eine für Gase durchlässige, z. B. poröse oder von Kanälen durchzogene Speichermasse. Es sei angenommen, daß die Regeneratoren, wie praktisch immer, im
Gegenstrom betrieben werden. Das abzukühlende Gas ströme zunächst im rechten
Regenerator von oben nach unten, das zu erwärmende Gas im linken Regenerator
von unten nach oben. Nach dem Umschalten wird umgekehrt das ursprünglich
kältere Gas durch den rechten Regenerator aufwärts, das ursprünglich wärmere
Gas im linken Regenerator abwärts geleitet. Durch das regelmäßige Umschalten
wird also die Speichermasse jedes Regenerators abwechselnd vom wärmeren und
kälteren Gas bespült, so daß ihre Temperatur an jeder Stelle periodisch auf und ab
schwankt. Hierdurch ist die Speichermasse in der Lage, die zu übertragende Wärme
in der „Warmperiode" aufzunehmen und in der „Kaltperiode" an das kältere Gas
wieder abzugeben. Als Endergebnis tritt schließlich das ursprünglich wärmere Gas
mit tieferer Temperatur, das ursprünglich kältere Gas mit höherer Temperatur aus
dem Regenerator aus.

Ein gewisses *Vorbild eines Regenerators* hat uns die *Natur* in der Nase sowie in
der Luftröhre und in den Bronchien der Menschen und der höheren Tiere gegeben.
Im Winter wird dadurch, daß die verbrauchte Atemluft an die Wände dieser Atem-

wege Wärme abgibt, nicht nur eine zu starke Abkühlung der Nase und der Bronchien vermieden, sondern es wird auch während des Einatmens die Frischluft durch Wärmeaufnahme aus diesen Wänden vorgewärmt. Dieser regenerative Wärmeaustausch zwischen der Frischluft und der verbrauchten Atemluft beruht also auf einer gewissen Wärmespeicherfähigkeit der genannten Wände. Dieser Erscheinung überlagert sich allerdings sehr stark die dauernde Wärmezufuhr durch das in der Nase und den übrigen Atmungsorganen fließende Blut. Das Problem der Umschaltung des Regenerators hat die Natur ohne Ventile u.dgl. in geradezu idealer Weise durch Anschluß an den periodischen Vorgang der Atmung gelöst.

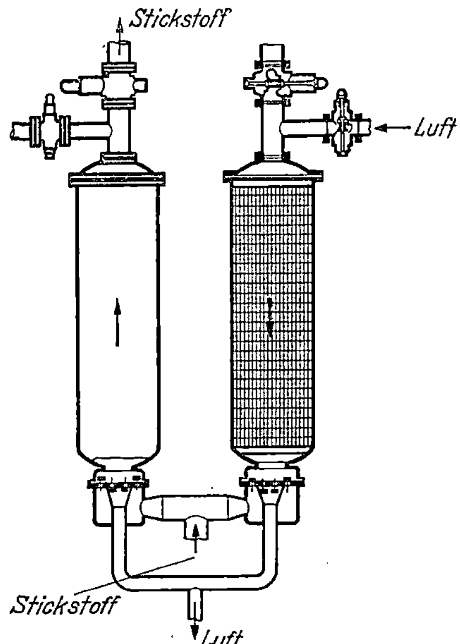

Bild 123. Regeneratoren.

Technische Regeneratoren bei hohen Temperaturen

Die Regeneratoren der Technik weisen besonders bemerkenswerte Bauarten im Gebiet der sehr hohen oder der sehr tiefen Temperaturen auf. Durch ihre Größe und Wärmeaustauscherleistung dürften auch heute noch die *Winderhitzer der Hochöfen* am meisten hervortreten. Bei einer Höhe bis zu 50 m und einem Durchmesser bis zu etwa 11 m vermögen zwei oder mehrere zusammenarbeitende Winderhitzer stündlich 500000 m³ Luft, in der Hüttenindustrie „Wind" genannt, auf etwa 1000 bis 1300°C zu erwärmen.

Die Winderhitzer arbeiten, soweit sie wie meist üblich aus Steinen aufgebaut sind, durchweg als Regeneratoren. Sie werden etwa halbstündlich bis stündlich umgeschaltet. Bild 124 stellt einen Längsschnitt durch einen steinernen Winderhitzer dar. Früher enthielt der Winderhitzer neben der meist gitterartigen Speichermasse aus feuerfesten Steinen in der Regel noch einen Brennschacht, wie er aus Bild 124 links ersichtlich ist. Heute wird der Brennschacht fast durchweg getrennt angeordnet. In diesem Schacht wird durch Verbrennen von Gichtgas oder dgl. die Wärme erzeugt, die übertragen werden soll. Die verbrannten Gase treten oben in den Winderhitzer ein und erwärmen auf ihrem Wege nach unten die Speichermasse, wobei sie sich selbst abkühlen. Nach dem Umschalten strömt umgekehrt die anzuwärmende Luft in dem Gitter nach oben. Die typischen Querschnittsformen der Speichermasse wurden bereits in § 16 erörtert.

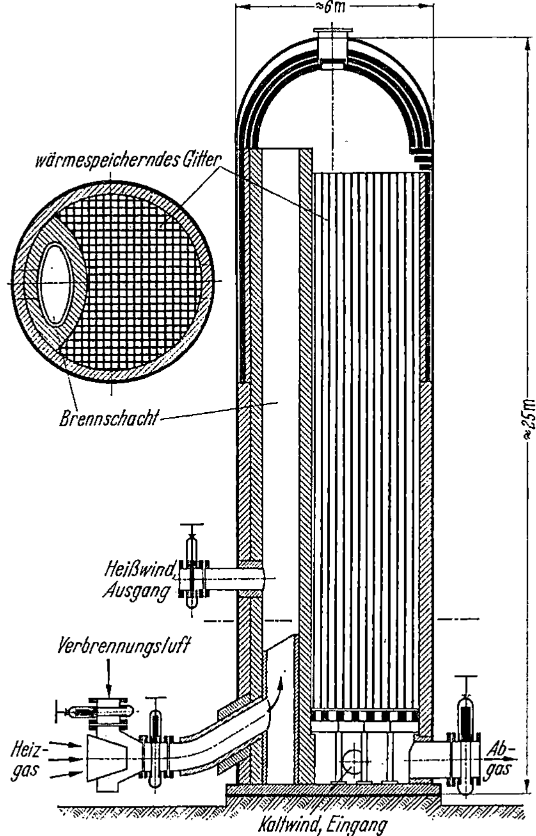

Bild 124. Längs- und Querschnitt durch einen Winderhitzer nach Cowper.

Ein anderes wichtiges Beispiel von Regeneratoren, die bei hohen Temperaturen arbeiten, sind die *Kammern eines Siemens-Martin-Ofens*, in denen brennbares Gas und Luft durch die Wärme der Verbrennungsabgase vorgewärmt werden. Die in diesen Kammern angeordnete Speichermasse ist im wesentlichen ebenso gestaltet wie die Speichermasse der Winderhitzer. Während jedoch die Winderhitzer wie fast alle sonstigen Regeneratoren in gleichbleibenden Zeitabständen umgeschaltet werden, nehmen die Zeitabstände beim Siemens-Martin-Ofen gegen Ende des Betriebszeit mehr und mehr ab.

Daß man bei sehr hohen Temperaturen meist Regeneratoren statt Rekuperatoren anwendet, dürfte hauptsächlich in den Eigenschaften der Baustoffe begründet sein. Wenn auch mit hitzebeständigen Stählen beachtenswerte Fortschritte erzielt worden sind (vgl. [S 306]), so halten doch in der Regel auch heute noch feuerfeste

Steine sehr hohe Temperaturen besser aus als Metalle. Aus diesem Grunde baut man im allgemeinen Wärmeaustauscher, die bei sehr hohen Temperaturen arbeiten, aus Steinen (vgl. zweiter Abschnitt, § 40). In Rekuperatoren vermögen aber aus Steinen gemauerte Zwischenwände dem Druckunterschied, der zwischen dem wärmeren und kälteren Gas besteht und der bei Winderhitzern etwa 1 bar beträgt, nur in beschränktem Maße standzuhalten. Denn solche Wände sind besonders bei sehr hohen Temperaturen nur wenig druckfest. Überdies läßt sich ein Überströmen kleiner Gasmengen durch undichte Stellen nicht ganz vermeiden. Bei Regeneratoren hingegen fallen diese Schwierigkeiten weg, weil hier die Speichermasse im wesentlichen keinen Druckunterschieden ausgesetzt ist. Allerdings läßt sich bei Regeneratoren während des Umschaltens ein gewisses Vermischen von Gasteilchen nicht vermeiden, was jedoch meist einen nur kleinen Nachteil bedeutet.

Regeneratoren bei mittleren und tiefen Temperaturen

Bei mäßig hohen Temperaturen werden vielfach metallische statt steinerne Speichermassen bevorzugt. Bei tiefen Temperaturen kamen ursprünglich nur Speichermassen aus Metall vor. Solche Speichermassen sind aus dünnen Blechen aufgebaut, wie ebenfalls schon in § 16 erörtert worden ist. Eine Speichermasse aus ebenen und gewellten Blechen enthält auch der in Bild 125 im Schnitt dargestellte Luftvorwärmer nach Ljungström.

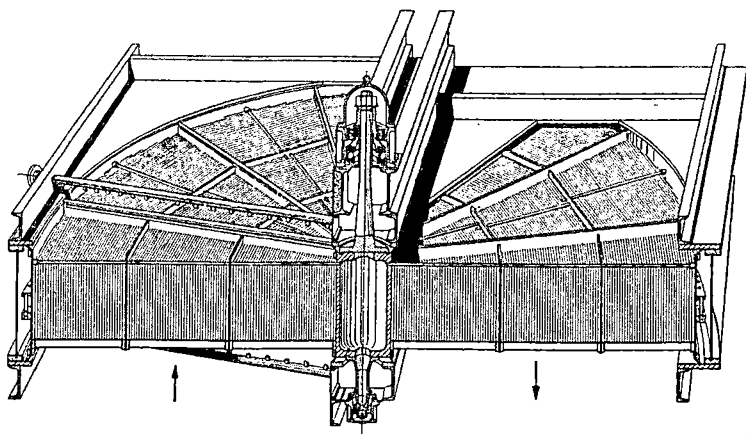

Bild 125. Ljungström-Luftvorwärmer.

Beim Ljungström-Vorwärmer dreht sich die Speichermasse langsam um eine senkrechte oder waagerechte Welle. Steht wie in Bild 125 die Welle senkrecht, dann strömen auch die beiden Gase in senkrechter Richtung, und zwar im Gegenstrom oder Gleichstrom, stetig durch getrennte Querschnitte der Speichermasse hindurch. Für jedes senkrecht herausgeschnittene sehr schmale Teilchen der Speichermasse hingegen ist der Vorgang unstetig, weil es jeweils plötzlich aus dem kalten in den warmen Gasstrom gelangt oder umgekehrt. Im weiteren Verlauf erleidet jedes dieser Teilchen genau dieselben Temperaturänderungen wie die Speichermasse eines in der üblichen Weise umgeschalteten Regenerators. Denn in beiden Fällen treten die Gase sowohl in der Warmperiode wie auch in der Kaltperiode mit gleichbleibender Temperatur in jedes Teilchen der Speichermasse ein. Hieraus folgt, daß die nachstehend für die üblichen Regeneratoren entwickelte Theorie unverändert auch auf die Ljungström-Vorwärmer angewendet werden kann.

In der Tieftemperaturtechnik, die bis etwa zum Jahre 1930 nur Rekuperatoren verwendete, haben sich Regeneratoren für Drücke bis etwa 5 bar, gelegentlich auch bis 10 bar erfolgreich durchgesetzt. Einen der wichtigsten Gründe für ihre Einführung bilden die nicht unerheblichen Druckunterschiede zwischen den in Wärmeaustausch tretenden verdichteten und entspannten Gasen. Denn während man bei den Rekuperatoren wegen der Beanspruchung durch den Druckunterschied weitgehend an die Rohrgestalt gebunden ist, bietet die im wesentlichen nur kleinen Druckunterschieden ausgesetzte Speichermasse metallischer Regeneratoren fast unbegrenzte Möglichkeiten zu einer günstigen Gestaltung der wärmeübertragenden Flächen. Die von M. Fränkl [F 301] vorgeschlagene Form einer metallischen Speichermasse wurde in § 16 besprochen. Heute verwendet man meist Kieselsteine, Basaltsplitt oder dgl. als Speichermasse, was die Anschaffungskosten herabsetzt. Das schon besprochene Bild 123 zeigt ein Regeneratorpaar der Tieftemperaturtechnik, in dem z.B. Stickstoff Kälte an Luft abgibt. Die Gasströme werden in Abständen von 2 bis 3 Minuten umgeschaltet. Die große wärmeübertragende Fläche und die günstige Strömungsform der Gase in den engen sich kreuzenden Kanälen oder zwischen den kleinen Steinen bewirken selbst bei geringer Strömungsgeschwindigkeit und daher niedrigem Druckverlust eine ausgezeichnete Wärmeübertragung (vgl.§ 16). Ein weiterer bedeutsamer Vorzug dieser Regeneratoren besteht darin, daß, wie schon erwähnt, das verdichtete Gas, z.B. Luft, nicht vorher von Wasserdampf und Kohlendioxid befreit werden muß. Diese Bestandteile werden vielmehr vorübergehend flüssig oder fest auf der Speichermasse niedergeschlagen und in der folgenden Periode nach Verdampfung oder Sublimation von den entspannten Gasen wieder mit herausgenommen (vgl. § 95 bis 98).

Vergleicht man die Regeneratoren der Tieftemperaturtechnik mit den steinernen Winderhitzern der Hochöfen, so ergibt sich folgendes Bild. Bei den Winderhitzern schwankt die Dicke der Steine zwischen etwa 30 und 200 mm. Die Füllung der Regeneratoren der Tieftemperaturtechnik bestand hingegen ursprünglich aus Blechen, deren Dicke unter 1 mm betrug, und auch der mittlere Durchmesser der heute in der Regel verwendeten Steine liegt unter 10 mm. Die Folge ist, daß man in einem Speicherraum von 1 m³ bei den üblichen Winderhitzern nur eine Heizfläche von etwa 20 bis 30 m², in den Regeneratoren der Tieftemperaturtechnik hingegen eine Heizfläche von 400 bis 2000 m², d.h. etwa das 20- bis 50fache, unterbringen kann. Bei den tiefen Temperaturen sind ferner wegen der sehr kleinen Abmessungen der einzelnen Kanäle die Wärmeübergangskoeffizienten wesentlich höher, obwohl kaum größere Strömungsgeschwindigkeiten angewendet werden. All dies bewirkt, daß in den Tieftemperaturregeneratoren bei nur 4 m Höhe ein Wirkungsgrad des Wärmeaustausches von 98 bis 99% erreicht wird. Bei den Winderhitzern der Hochöfen beträgt hingegen der Wirkungsgrad nur etwa 80 bis 90%. Daher genügt auch in der Tieftemperaturtechnik zur Wärmeübertragung eine mittlere Temperaturdifferenz zwischen beiden Gasen von nur 2 bis 3°, während bei den hohen Temperaturen eine bis zu 100mal so große Temperaturdifferenz erforderlich ist.

§ 52. Entwicklung der Theorie der Regeneratoren

Da sich die Temperaturen in den Regeneratoren nicht nur örtlich, sondern auch zeitlich ändern, ist eine genaue Berechnung der Regeneratoren wesentlich verwickelter als die der Rekuperatoren. Zwar lassen sich einige der für Rekuperatoren entwickelten Beziehungen wie die Wärmemengengleichungen sowie die Begriffe mittlere Temperaturdifferenz und Wirkungsgrad, ferner die Unterscheidung zwischen Gleichstrom, Gegenstrom und Kreuzstrom auch auf Regeneratoren anwenden. Im Temperaturverlauf längs des Wärmeaustauschers treten aber bei genauerer Betrachtung grundsätzliche Unterschiede gegenüber den Rekuperatoren auf. Bei Gegenstrom machen sich diese Unterschiede nur oder vorwiegend in der Nähe der Regeneratorenden bemerkbar. Bei Gleichstrom treten die Abweichungen viel stärker hervor.

Bei der mathematischen Behandlung der Vorgänge in Regeneratoren lassen sich im wesentlichen zwei Hauptrichtungen verfolgen. Die eine Richtung, die zunächst vornehmlich von Vertretern der Hüttenindustrie eingeschlagen wurde, geht von dem Bestreben aus, die für die Rekuperatoren entwickelten Berechnungsverfahren möglichst unverändert auf die Regeneratoren zu übertragen und lediglich einen entsprechend geänderten Ausdruck für den Wärmedurchgangskoeffizienten zu finden. Die Grundlage hierfür bildet die Untersuchung des Temperaturverlaufs in einem Querschnitt eines der Regeneratorsteine, wie sie besonders bei hohen Temperaturen als Speichermasse dienen. In der angedeuteten Richtung liegen, von älteren Veröffentlichungen [H 315] abgesehen, vor allem Arbeiten von Heligenstaedt [H 314], Rummel [R 304, 305, 306] und Schack [S 307] sowie von Hausen [H 307, 308] und Stuke [S 319].

Bei diesen Arbeiten, außer bei den beiden zuletzt genannten, wurde mehr oder weniger als selbstverständlich vorausgesetzt, daß die Temperaturen in der Längsrichtung eines Regenerators ebenso verlaufen wie in der Längsrichtung eines Rekuperators. Im Gegensatz hierzu hat sich die zweite Hauptrichtung der Theorie zur Aufgabe gestellt, gerade die Abweichungen von diesem Verlauf sowie ihren Zusammenhang mit den zeitlichen Temperaturänderungen näher zu untersuchen. Die örtlichen Temperaturunterschiede innerhalb eines Querscnittes der Speichermasse treten hingegen zunächst in den Hintergrund oder werden ganz vernachlässigt. Bei aus Steinen aufgebauten Regeneratoren kommt dies im wesentlichen darauf hinaus, daß man nicht die Einzelwerte der Steintemperatur, sondern nur ihre örtlichen Mittelwerte in jedem Querschnitt betrachtet. Wenn hingegen die Speichermasse aus dünnen Metallblechen besteht, treten innerhalb eines Querschnittes der Speichermasse überhaupt keine merklichen Temperaturunterschiede auf. Die in die zweite Gruppe fallenden Untersuchungen waren ursprünglich in besonderem Maße den Bedürfnissen der Tieftemperaturtechnik angepaßt und sind durch diese auch zu einem großen Teil angeregt worden.

Wie sich unter den zuletzt genannten Voraussetzungen die Speichermasse bei ununterbrochenem Hindurchströmen nur eines Gases erwärmt oder abkühlt, haben Anzelius [A 304] und Nußelt [N 303] gezeigt. Eine exakte Theorie des Beharrungszustandes von Regeneratoren, die in regelmäßigen Zeitabständen umgeschaltet werden, hat erstmalig der Verfasser [H 303] entwickelt, und zwar ebenfalls unter Vernachlässigung der Temperaturunterschiede innerhalb eines Querschnitts der

Speichermasse. Hierbei hat er die Bedingung für das Umschalten formuliert und die Vorgänge in den Regeneratoren als Temperaturschwingungen dargestellt. Unter Benutzung derselben Umschaltbedingung hat Nußelt [N 304] den Beharrungszustand durch eine Integralgleichung beschrieben und als Lösung eine unendliche Reihe von Integralen angegeben. Da aber beide Arten der Berechnung in der Anwendung sehr mühsam und zeitraubend sind, hat der Verfasser [H 304, 305] Näherungsverfahren entwickelt, die bei Zahlenrechnungen wesentlich einfacher und rascher zum Ziele führen. Stufenverfahren ähnlicher Art haben Saunders [S 302] und Allen [A 302], später Lambertson [L 301] sowie Willmott [W 303 bis 307] angegeben, der auch erstmalig Regeneratoren mit zeitlich veränderlichem Mengenstrom berechnet hat. Als Näherungsverfahren zur Lösung einer Integralgleichung können neben den in § 79 bis 81 erörterten Wärmepolverfahren einschließlich des Verfahrens von Iliffe [I 301] auch die neueren Verfahren von Nahavandi und Weinstein [N 301] sowie von Sandner [S 301] angesehen werden.

Im Sinne einer Zusammenfassung der beiden angedeuteten Richtungen liegen Arbeiten von Schmeidler [S 311], Ackermann [A 301] und Lowen [L 306]. Hierzu gehören ferner neuere Veröffentlichungen von Modest und Tien [M 304]. Durch Vereinigung der vom Verfasser selbst entwickelten Theorien gelangt man zu einem Verfahren [H 308], nach dem man Regeneratoren verhältnismäßig einfach und für praktische Bedürfnisse hinreichend genau berechnen kann.

Den Einfluß von Ablagerungen kondensierender Bestandteile auf den Temperaturverlauf in Regeneratoren kann man nach einem ebenfalls vom Verfasser [H 306] angegebenen Stufenverfahren berechnen.

§ 53. Übersicht über die Vorgänge in Regeneratoren

Der Darstellung der verwickelten Theorie der Regeneratoren soll eine Übersicht über die physikalischen Vorgänge, die sich in den Regeneratoren im Beharrungszustand abspielen, vorausgeschickt werden.

Wärmemengengleichungen

Einen ersten Anhaltspunkt über den Temperaturverlauf in Regeneratoren erhält man durch Wärmemengengleichungen. Im Beharrungszustand gelten dieselben Wärmemengengleichungen, wie sie in § 28 für Rekuperatoren abgeleitet worden sind. Man muß jedoch diese Gleichungen bei den Regeneratoren auf zeitliche Mittelwerte der Temperaturen beziehen. Die durch zwei aufeinanderfolgende Umschaltungen begrenzte Zeit T, in der das ursprünglich wärmere Gas durch den Regenerator strömt, werde „Warmperiode", die Zeitdauer T', in der das ursprünglich kältere Gas hindurchströmt, „Kaltperiode" genannt. Beim Betrieb von Winderhitzern sind hierfür die Benennungen „Gaszeit" und „Windzeit" eingeführt. Weiterhin seien ϑ und ϑ' die Temperaturen des ursprünglich wärmeren und des ursprünglich kälteren Gases in einem bestimmten Querschnitt des Regenerators und jeweils zu einer bestimmten Zeit. Von diesen im allgemeinen sich zeitlich ändernden Gastemperaturen denken wir uns, z.B. in dem in Bild 126 durch $A—B$ angedeuteten Querschnitt, die zeitlichen Mittelwerte $\bar{\vartheta}$ und $\bar{\vartheta}'$ während einer Warm- bzw. Kaltperiode gebildet. Das ursprünglich wärmere Gas trete mit gleichbleibender Temperatur ϑ_1 von oben in den Regenerator ein; das ursprünglich kältere Gas trete mit ebenfalls gleichbleibender Temperatur ϑ_1' ein, und zwar bei Gleichstrom von oben, bei Gegenstrom von unten. Die zeitlich veränderlichen Austrittstemperaturen sollen mit ϑ_2 und ϑ_2', ihre zeitlichen Mittelwerte entsprechend mit $\bar\vartheta_2$ und $\bar\vartheta_2'$ bezeichnet werden.

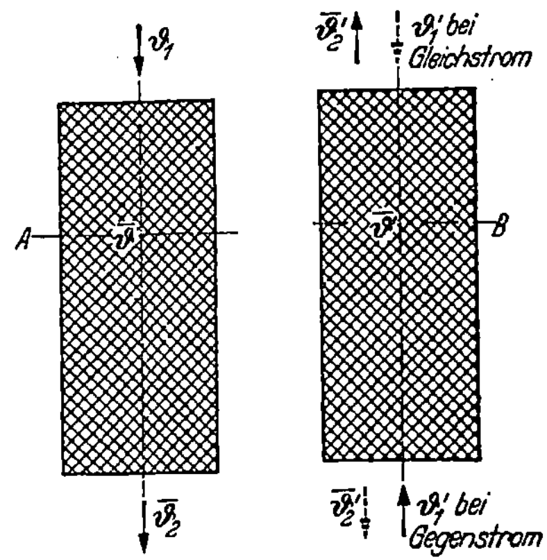

Bild 126. Temperaturen der Gase in Regeneratoren.

Ferner seien C und C' die Wärmekapazitäten der je Zeiteinheit durch den Regenerator strömenden Mengen beider Gase[1]. C und C' wollen wir zur Vereinfachung als unabhängig von der Temperatur betrachten. CT und $C'T'$ stellen dann die Wärmekapazitäten der während der Dauer einer Warmperiode oder Kaltperiode durch den Regenerator hindurchströmenden Gasmengen dar. Die Wärmemengengleichungen folgen nun aus der Überlegung, daß im Beharrungszustand in einem beliebigen Stück des Regenerators das wärmere Gas in der Warmperiode ebensoviel Wärme abgibt, wie das kältere Gas in der Kaltperiode aufnimmt. Hierdurch erhält man z.B. für das in Bild 126 oberhalb des Querschnittes AB liegende Regeneratorstück die Gleichungen

$$\begin{aligned}
CT(\vartheta_1 - \bar\vartheta) &= C'T'(\bar\vartheta' - \vartheta_1') \quad \text{bei Gleichstrom,} \\
CT(\vartheta_1 - \bar\vartheta) &= C'T'(\bar\vartheta_2' - \bar\vartheta') \quad \text{bei Gegenstrom.}
\end{aligned} \right\} \tag{454}$$

Diese Beziehungen stimmen mit den Wärmemengengleichungen (154) von § 28 überein, wenn man hierin ϑ und ϑ' durch $\bar\vartheta$ und $\bar\vartheta'$ und C und C' durch CT und $C'T'$ ersetzt. Entsprechend den Gln. (155) erhält man ferner aus den soeben angeschriebenen Gln. (454)

$$\begin{aligned}
\bar\vartheta - \bar\vartheta' &= \vartheta_1 - \vartheta_1' - \frac{C'T' + CT}{C'T'}(\vartheta_1 - \bar\vartheta) \quad \text{bei Gleichstrom,} \\
\bar\vartheta - \bar\vartheta' &= \vartheta_1 - \bar\vartheta_2' - \frac{C'T' - CT}{C'T'}(\vartheta_1 - \bar\vartheta) \quad \text{bei Gegenstrom.}
\end{aligned} \right\} \tag{455}$$

Die Gln. (454) und (455) haben folgende wichtige Bedeutung: Sind an einer einzigen Stelle des Regenerators die zeitlichen Mittelwerte der Temperaturen beider Gase, z.B. $\bar\vartheta_1$ und $\bar\vartheta_2'$ am oberen Ende eines Gegenstromregenerators (vgl. Bild 126) gege-

---

[1] Über die Schreibweise C und C' vgl. Fußnote 3, S. 8, und *, S. 133.

ben, dann ist nach Gl. (454) im ganzen Regenerator die mittlere Temperatur $\bar{\vartheta}'$ des kälteren Gases abhängig von der mittleren Temperatur $\bar{\vartheta}$ des wärmeren Gases eindeutig festgelegt und umgekehrt. Damit ist nach Gl. (455) auch bestimmt, wie der zeitliche Mittelwert $\bar{\vartheta} - \bar{\vartheta}'$ des Temperaturunterschiedes zwischen beiden Gasen von ϑ oder ϑ' abhängt. Wenn insonderheit bei Gegenstrom CT und $C'T'$ einander gleich sind, hat $\bar{\vartheta} - \bar{\vartheta}'$ nach Gl. (455) an allen Stellen des Regenerators denselben Wert.

Da also die Wärmemengengleichungen für Regeneratoren und Rekuperatoren im wesentlichen einander gleich sind, erscheint es sinnvoll, auch die mittlere Temperaturdifferenz $\varDelta\vartheta_M$ im gesamten Regenerator ebenso zu berechnen wie in einem Rekuperator, indem man lediglich in den früher hierfür entwickelten Beziehungen [Gl. (181) und § 35] statt ϑ_2 und ϑ_2' die zeitlichen Mittelwerte $\bar{\vartheta}_2$ und $\bar{\vartheta}_2'$ der Austrittstemperaturen der Gase einsetzt.

Weiterhin kann man die Gln. (454) und (455) dazu benutzen, um ähnlich, wie es früher bei den Rekuperatoren geschehen ist, den Verlauf der Temperaturen ϑ und ϑ' abhängig von der Wärmemenge q darzustellen, die in einem Regeneratorstück von veränderlich gedachter Länge in einer Warm- oder Kaltperiode übertragen wird. Bei dieser Art der Betrachtung erhält man in Regeneratoren genau denselben Temperaturverlauf wie in Rekuperatoren, so daß die hierfür entworfenen Bilder 61 bis 64 unverändert auf Regeneratoren angewendet werden können.

Betrachtet man aber den Temperaturverlauf abhängig von der Längskoordinate eines Regenerators, dann ergeben sich, wie schon angedeutet, gegenüber den Rekuperatoren grundsätzliche Unterschiede. Diese Unterschiede hängen mit den zeitlichen Änderungen der Temperaturen der Gase und der Speichermasse aufs engste zusammen.

Die zeitlichen Temperaturänderungen in einem Regeneratorstein

In allen folgenden Betrachtungen sollen die Wärmeübergangskoeffizienten, die den Wärmeübergang zwischen der Speichermasse und den hindurchströmenden Gasen bestimmen, als bekannt vorausgesetzt werden. Denn sie lassen sich auf Grund der Ergebnisse zahlreicher Messungen ermitteln, wie bereits in § 16 von Teil I dieses Buches erörtert wurde.

Um die Temperaturänderungen in einem der Regeneratorsteine zu verfolgen, werde der Stein zur Vereinfachung als ebene Platte betrachtet, deren Oberfläche zur Strömungsrichtung parallel sei. Ferner sei vorausgesetzt, daß streng periodischer Beharrungszustand herrscht und daß die auf die Periodendauern T und T' bezogenen Wärmekapazitäten CT und $C'T'$ beider Gase einander gleich sind. Innerhalb des Steines denken wir uns einen Querschnitt senkrecht zur Strömungsrichtung der Gase gelegt (Bild 127). Die augenblickliche Temperatur des Steins an irgendeiner Stelle dieses Querschnittes sei Θ[2]. Da die Steinoberfläche abwechselnd vom wärmeren und kälteren Gas bespült wird, schwankt die Steintemperatur Θ

---

[2] Die Verwendung des Buchstabens Θ für die Temperatur der Speichermasse im Gegensatz zu den Gastemperaturen ϑ und ϑ' schien dem Verfasser augenfälliger zu sein als die Unterscheidung durch Indizes. Außerdem wird hierdurch die Schreibweise der Gleichungen vereinfacht.

im Beharrungszustand periodisch zwischen zwei Grenzen Θ_{max} und Θ_{min} (Bild 127) auf und ab. Diese Schwankungen sind in der Nähe der Steinoberfläche größer als mehr im Innern der Steine.

Bild 128 zeigt die Abkühlung eines 40 mm dicken Steines während der Kaltperiode[3]. Hierbei sei vorausgesetzt, daß der betrachtete Steinquerschnitt sich in einem verhältnismäßig langen Regenerator befindet und keinem der Regeneratorenden zu nahe liegt. Die Dauer der Kaltperiode sowie der darauf folgenden Warmperiode ist zu 12,75 min angenommen.

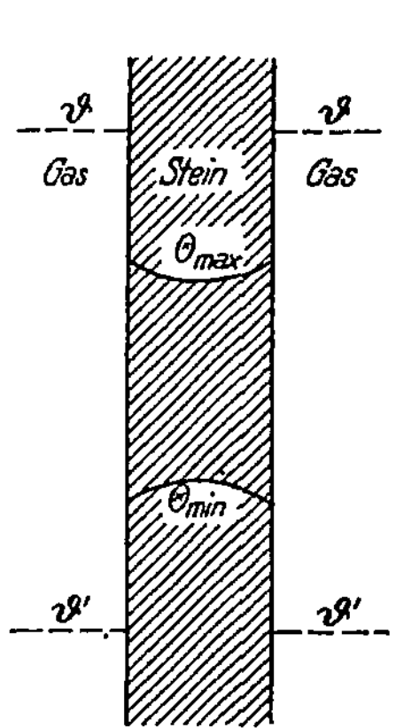

Bild 127. Schwankung der Temperatur im Querschnitt eines Steines.

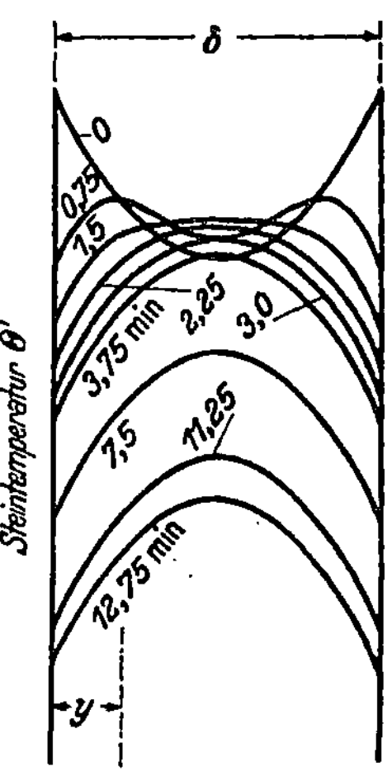

Bild 128. Örtlicher Temperaturverlauf im Stein zu verschiedenen Zeiten bei zeitlich veränderlicher Gastemperatur ϑ'.

Zu Beginn der Kaltperiode wird der Temperaturverlauf durch eine nach oben offene Parabel oder parabelähnliche Kurve dargestellt. Infolge der zunächst sehr raschen Abkühlung der äußeren Schichten des Steines verformt sich diese Kurve, nimmt aber nach etwa 3 Minuten die Gestalt einer nach unten offenen Parabel an, die im übrigen dieselbe Form wie die ursprüngliche Parabel hat. Von nun an verschiebt sich die Kurve bei unveränderter Gestalt mit gleichbleibender Geschwindigkeit nach unten. In der darauffolgenden Warmperiode vollziehen sich dieselben Temperaturänderungen in der umgekehrten Richtung.

Trägt man den in Bild 128 gezeigten Temperaturverlauf abhängig von der Zeit auf, und zwar für Kalt- und Warmperiode mit entgegengesetzt gerichteter Zeitkoordinate, so erhält man Bild 129. Die gestrichelten Linien stellen die Gastemperaturen ϑ und ϑ', die ausgezogene, in sich geschlossene Linie die Oberflächentemperaturen Θ_0 und Θ_0' des Steines in der Warm- und Kaltperiode dar. Auch an weiter innen liegenden Stellen des Steines durchlaufen die Temperaturen Θ und Θ' geschlossene Linien, wobei jedoch der gegenseitige Abstand dieser Linien geringer

---

[3] Dieser Temperaturverlauf ist zeichnerisch nach dem Differenzverfahren von Binder-Schmidt ermittelt, siehe [B 304, 305] und [S 312, 313].

ist als bei Θ_0 und Θ_0'. Unmittelbar nach dem Umschalten sind zunächst alle Temperaturkurven gekrümmt, sie streben jedoch bald einem zeitlich linaren Verlauf zu. Bildet man in jedem Augenblick den *örtlichen Mittelwert* Θ_m bzw. Θ_m' *der Steintemperatur* über die ganze Steindicke, dann gelangt man zu dem bemerkenswerten Ergebnis, daß der zeitliche Verlauf dieses Mittelwertes durch eine *einzige gerade Linie* in Bild 129 wiedergegeben wird. Diese Gerade wird in beiden Perioden in der entgegengesetzten Richtung durchlaufen.

Sind die Wärmekapazitäten der in der Warm- und Kaltperiode durch den Regenerator strömenden Gasmengen verschieden, dann geht die Gerade für den Verlauf der mittleren Steintemperaturen Θ_m und Θ_m' in zwei schwach gekrümmte Linien über, die aber fast genau zusammenfallen (vgl. § 62, Bild 151).

Grundsätzlich anders verlaufen die Temperaturen an und in der Nähe der Enden des Regenerators, was im wesentlichen durch die unveränderlichen Eintrittstemperaturen der beiden Gase verursacht ist. So ergibt sich z.B. am warmen Ende des Regenerators ein Temperaturverlauf wie in Bild 130. Die Zeiten sind

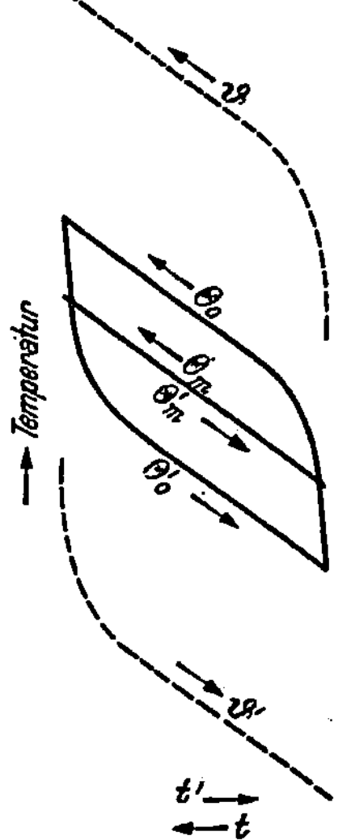

Bild 129. Zeitlicher Temperaturverlauf in einem Regeneratorquerschnitt.

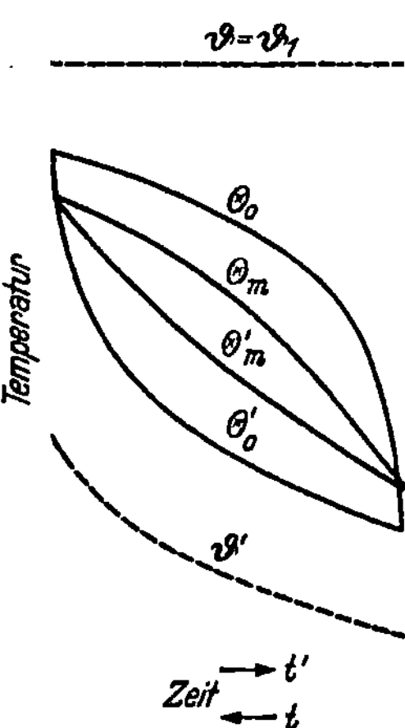

Bild 130. Zeitlicher Temperaturverlauf am warmen Regeneratorende.

wieder in der Warm- und Kaltperiode in entgegengesetzter Richtung aufgetragen. Die oberste Linie $\vartheta = \vartheta_1$ gibt die zeitlich unveränderliche Eintrittstemperatur des wärmeren Gases wieder. Die beiden oberen ausgezogenen Linien kennzeichnen den Verlauf der Oberflächentemperatur Θ_0 und der mittleren Temperatur Θ_m der Steine in der Warmperiode. ϑ', Θ_0' und Θ_m' sind die entsprechenden Temperaturen in der Kaltperiode. Die Temperatur $\vartheta' = \vartheta_2'$ des kälteren Gases, das hier austritt, ändert sich zeitlich weniger als in den inneren Teilen des Regenerators. Bemerkenswert ist vor allem, daß die Kurven für Θ_m und Θ_m' gekrümmt sind und nicht wie in Bild 129 zusammenfallen. Die Krümmung und der mittlere Abstand dieser

Kurven wird aber um so geringer, je mehr man sich von einem der Enden des Regenerators entfernt. Bei verhältnismäßig kurzen Regeneratoren verschwinden die Unterschiede zwischen Θ_m und Θ'_m auch in der Regeneratormitte nicht vollständig.

Temperaturverlauf in der Längsrichtung des Regenerators

Die geschilderten Unterschiede des zeitlichen Temperaturverlaufes in den inneren Teilen des Regenerators und in der Nähe der Regeneratorenden wirken sich unmittelbar auf den örtlichen Temperaturverlauf in der Längsrichtung des Regenerators aus. Um dies möglichst einfach zeigen zu können, wollen wir wieder voraussetzen, daß die Wärmekapazitäten CT und $C'T'$ der in der Warm- und Kaltperiode durch den Regenerator strömenden Gasmengen nicht nur einander gleich, sondern auch temperaturunabhängig sind. Auch alle übrigen Größen wie Steindicke, Temperaturleitfähigkeit der Steine, Wärmeübergangskoeffizienten usw. sollen an allen Stellen des Regenerators dieselben Werte haben. Ist nun der Regenerator genügend lang, so daß in einem größeren inneren Bereich die Steintemperaturen sich zeitlich wie in Bild 128 und 129 ändern, dann ist in diesem Bereich der Verlauf aller Gas- und Steintemperaturen in der Längsrichtung des Regenerators linear. Der zeitlich geradlinige Verlauf der mittleren Steintemperaturen Θ_m und Θ'_m in einem Querschnitt bildet sich also gewissermaßen in einem örtlich geradlinigen Verlauf in der Längsrichtung ab. Wo hingegen die zeitlichen Kurven für Θ_m und Θ'_m gekrümmt sind und sich mit Annäherung an die Regeneratorenden immer mehr voneinander entfernen (vgl. Bild 130), ist auch der Temperaturverlauf in der Längsrichtung des Regenerators gekrümmt. Man erkennt dies aus den Kurven in Bild 132 unten, die bald noch eingehender besprochen werden sollen, sowie aus den Bildern 166, 194 und 195, 199.

Grundschwingung und Oberschwingungen des Regenerators

Das geschilderte unterschiedliche Verhalten eines langen Regenerators in seinen inneren Teilen und an seinen Enden läßt sich physikalisch deuten, wenn man die periodischen Temperaturänderungen im Beharrungszustand als erzwungene Temperaturschwingung auffaßt und diese ähnlich wie die Schwingungen einer Saite in die Grundschwingung und die Oberschwingungen zerlegt (vgl. § 68).

Die Grundschwingung ist unter den obigen Voraussetzungen, d.h. bei $CT = C'T'$, bei unveränderlichen Wärmeübergangskoeffizienten usw. in doppeltem Sinne durch einen linearen Verlauf gekennzeichnet: durch den linearen Verlauf aller Temperaturen in der Längsrichtung des Regenerators und durch den zeitlichen linearen Verlauf der mittleren Steintemperaturen; vgl. Bild 132 oben.

Zum Verständnis der Oberschwingungen ist es zweckmäßig eine Speichermasse hoher Wärmeleitfähigkeit vorauszusetzen, so daß man von den örtlichen Temperaturunterschieden der Speichermasse innerhalb eines Regeneratorquerschnitts absehen kann. Bei einer Oberschwingung hat man sich dann vorzustellen, daß der Regenerator zunächst fast überall die gleiche Temperatur hat und daß in jeder Periode das Gas mit zeitlich immer stärker wechselnder Temperatur in den Regenerator eintritt. Die Eintrittstemperatur hat hiernach die Gestalt von zeitlichen

Schwingungen mit wachsender Amplitude. Dies zeigt Bild 131, in dem ξ, in einem später zu besprechenden reduzierten Maßstabe, die Entfernung des jeweils betrachteten Regeneratorquerschnittes von der Stelle des Gaseintritts, $\Lambda - \xi$ die Entfernung von der Stelle des Gasaustritts bedeutet. Die Temperaturschwingun-

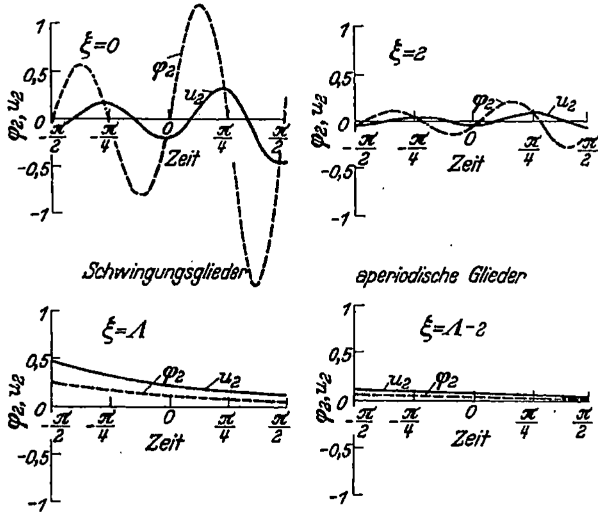

Bild 131. Oberschwingungen der Temperatur in einem Regenerator; Eigenfunktionen u_2 und φ_2 für $\varkappa = 2$.

gen des Gases sind gestrichelt gezeichnet, die der Speichermasse werden durch die ausgezogenen Linien wiedergegeben. Die Zahl dieser Schwingungen je Warm- oder Kaltperiode unterscheidet die verschiedenen Oberschwingungen; sie kann zwischen etwa 1 und ∞ liegen. Die Temperaturschwingungen des Gases regen auch die Temperatur der Speichermasse zum Mitschwingen an. Die Schwingungen werden aber hierdurch geschwächt und klingen daher nach dem Regeneratorinnern hin ab (Bild 131, unten links). In den inneren Teilen eines langen Regenerators hat dann das Gas praktisch dieselbe Temperatur wie die Speichermasse. Gelangt aber das Gas gegen das andere Ende des Regenerators, so ändert sich seine Temperatur nochmals in einer für die betrachtete Oberschwingung kennzeichnenden Weise. Dies erklärt sich daraus, daß von den in der vorhergehenden Periode hier stattgefundenen Temperaturschwingungen eine Störung in der Temperaturverteilung der Speichermasse zurückgeblieben ist. Das jetzt hier vorbeiströmende Gas sucht diese Störung zu beseitigen. Der Temperaturausschlag, den das Gas hierdurch erleidet, ist zeitlich aperiodisch (Bild 131, rechts); er ist ferner an der Austrittsstelle des Gases am größten und nimmt von hier nach dem Regeneratorinnern hin ab. Jede Oberschwingung besteht hiernach aus zwei Gliedern, die, wie beschrieben, an den Regeneratorenden ihre größten Werte haben und nach dem Regeneratorinnern hin exponentiell abklingen.

Addiert man zur Grundschwingung in geeigneter Weise die Oberschwingungen hinzu, dann ist es hierdurch möglich, die unveränderliche Eintrittstemperatur des in der betrachteten Periode durch den Regenerator strömenden Gases sowie den gesamten zeitlichen Temperaturverlauf am Regeneratorende, wie ihn grundsätzlich Bild 130 zeigt, darzustellen. Die Grundschwingung allein hingegen könnte eine zeitlich unveränderliche Temperatur nicht wiedergeben, weil sich nach ihr die Gastemperatur linear mit der Zeit ändert (vgl. Bild 132 oben und Bild 164). Wie das Hinzutreten der Oberschwingungen den Temperaturverlauf in der *Längsrichtung* des Regenerators beeinflußt, ist in Bild 132 an einem Beispiel gezeigt.

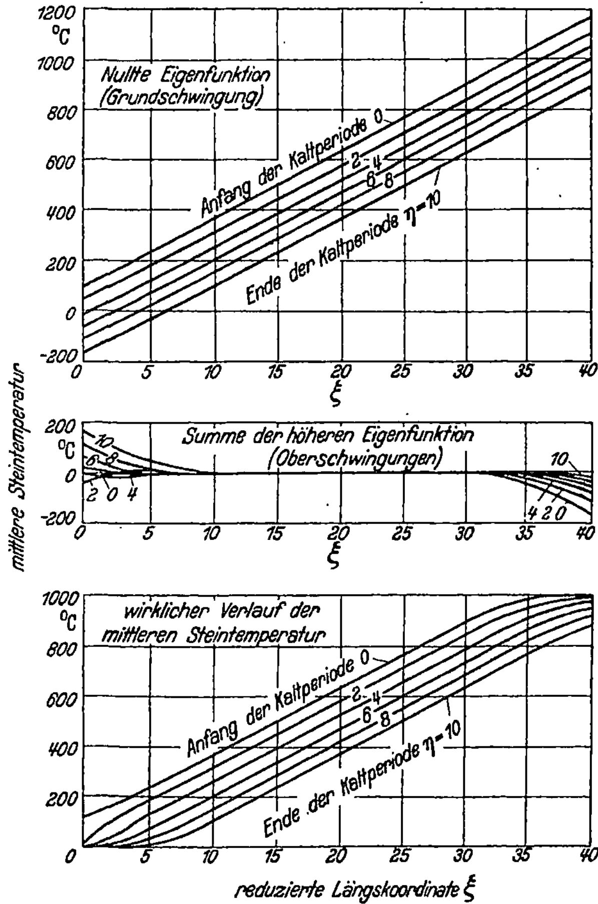

Bild 132. Aufbau des Temperaturverlaufes in der Längsrichtung eines Regenerators aus Grundschwingung und Oberschwingungen.

Der Deutlichkeit wegen ist nur der Verlauf der mittleren Steintemperatur Θ'_m während der Kaltperiode eingezeichnet. Oben ist der Temperaturverlauf dargestellt, wie er sich allein aus der Grundschwingung ergibt. Die einzelnen Linien entsprechen bestimmten Zeiten in der Kaltperiode, wobei die Zeit in einem reduzierten Maßstab η [vgl. Gl. (542) und (543)] angegeben ist. Man erkennt sowohl den linearen Temperaturverlauf in der Längsrichtung des Regenerators, wie auch die zeitlich lineare Abnahme der mittleren Steintemperatur. Der mittlere Teil des Bildes zeigt die Summe aller mit geeigneten Faktoren multiplizierten Oberschwingungen. Entsprechend den schon beschriebenen Eigenschaften der Oberschwingungen hat diese Summe ihre größten Werte an den Enden des Regenerators, während sie in einem größeren mittleren Bereich verschwindend klein ist. Unten ist der wirkliche Temperaturverlauf im Regenerator dargestellt, wie er sich ergibt, wenn man die Oberschwingungen zur Grundschwingung hinzuaddiert.

Das in Bild 132 behandelte Beispiel entspricht etwa den Verhältnissen in der Tieftemperaturtechnik. Bei den Regeneratoren der Hüttenindustrie hingegen erstrecken sich die Oberschwingungen vielfach so weit ins Innere des Regenerators, daß selbst in der Regeneratormitte die zeitlichen Kurven für Θ_m und Θ'_m nach der in Bild 129 und 130 gewählten Darstellung noch nicht genau zusammenfallen.

Mathematisch betrachtet sind die Grundschwingung und die Oberschwingungen Lösungen der in § 55 und 65 zu behandelnden Differentialgleichungen der Wärmeübertragung in Regeneratoren. Diese Lösungen, die eine durch das Umschalten gegebene Grenzbedingung erfüllen, werden *Eigenfunktionen* genannt und durch einen Eigenwert $\varkappa$ unterschieden, der alle ganzen reellen Werte zwischen 0 und ∞ durchläuft. Die nullte Eigenfunktion, die sich für $\varkappa = 0$ ergibt, stellt die Grundschwingung, die höheren Eigenfunktionen für $\varkappa \geqq 1$ die Oberschwingungen dar.

§ 54. Der Wärmedurchgangskoeffizient von Regeneratoren

Einfluß des gekrümmten Temperaturverlaufs an den Enden
eines Regenerators auf die Wärmeübertragung

Der im vorangehenden Paragraphen erörterte zeitliche und örtliche Temperaturverlauf wirkt sich wie folgt auf die Wärmeübertragung an den verschiedenen Stellen des Regenerators aus. Bild 130 zeigt, daß an den Enden des Regenerators die Kurven für die mittleren Temperaturen Θ_m und Θ'_m der Speichermasse nicht zusammenfallen, sondern eine Art Hystereseschleife bilden. Solche Hystereseschleifen treten an allen Stellen des Regenerators auf, an denen die Oberschwingungen merkliche Beträge haben. Die mittlere Höhe $\overline{\Theta}_m - \overline{\Theta}'_m$ [4] dieser Hystereseschleifen ist an den Enden am größten, sie nimmt nach dem Innern des Regenerators hin in ähnlichem Maße ab wie die Oberschwingungen selbst (vgl. Bild 133).

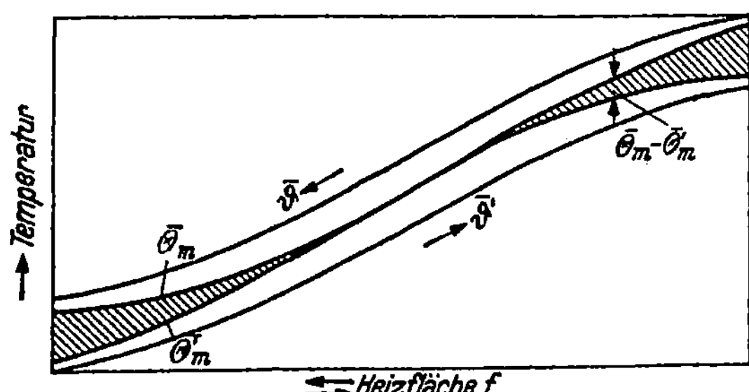

Bild 133. Zeitliche Mittelwerte der Temperaturen in einem Regenerator.

---

[4] Die überstrichenen Werte bedeuten die zeitlichen Mittelwerte in der Warm- oder Kaltperiode. Die Indizes m oder M hingegen kennzeichnen die örtliche Mittelbildung, und zwar m über einen Querschnitt, M über die Längsrichtung des Regenerators.

Diese Hystereseschleifen beeinflussen die Wärmeübertragung sehr wesentlich. Die an jeder Stelle des Regenerators in der Warmperiode übergehende Wärmemenge ist nämlich bei konstanten Wärmeübergangskoeffizienten dem zeitlichen Mittelwert $\bar{\vartheta} - \bar{\Theta}_m$ der Differenz $\vartheta - \Theta_m$ zwischen der Gastemperatur und der mittleren Steintemperatur proportional (vgl. § 63). Entsprechend ist für die Wärmeübertragung in der Kaltperiode der zeitliche Mittelwert $\bar{\Theta}'_m - \bar{\vartheta}'$ maßgebend. Die Wärmeübertragung in einer Vollperiode ist hiernach durch $(\bar{\vartheta} - \bar{\Theta}_m + (\bar{\Theta}'_m - \bar{\vartheta}')$ bestimmt. Berechnen wir diesen Wert zunächst für die Grundschwingung und beachten wir, daß für diese $\bar{\Theta}_m = \bar{\Theta}'_m$ ist (vgl. Bild 129), dann folgt

$$(\bar{\vartheta} - \bar{\Theta}_m) + (\bar{\Theta}'_m - \bar{\vartheta}') = \bar{\vartheta} - \bar{\vartheta}'.$$

Bei der Grundschwingung wird hiernach die gesamte mittlere Temperaturdifferenz zwischen beiden Gasen zur Wärmeübertragung ausgenützt. Wo hingegen die Oberschwingungen hervortreten, ist $(\bar{\vartheta} - \bar{\Theta}_m) + (\bar{\Theta}'_m - \bar{\vartheta}')$ kleiner als $\bar{\vartheta} - \bar{\vartheta}'$, und zwar um die mittlere Höhe $\bar{\Theta}_m - \bar{\Theta}'_m$ der Hystereseschleife. An solchen Stellen des Regenerators ist daher auch die Wärmeübertragung im entsprechenden Verhältnis verringert. Der *Einfluß der Oberschwingungen* und damit auch des von der Grundschwingung abweichenden Temperaturverlaufs an den Enden des Regenerators besteht hiernach durchweg in einer *Verschlechterung des Wärmeaustausches*. Der Betrag dieser Verschlechterung ist allerdings in seiner Gesamtwirkung vielfach nur gering; doch kann er bei genaueren Rechnungen meist nicht vernachlässigt werden.

Der Wärmedurchgangskoeffizient

Rummel [R 304] hat für den Beharrungszustand von Regeneratoren einen Wärmedurchgangskoeffizienten k nach folgender Definition vorgeschlagen. Es sei wieder T die Dauer der Warmperiode, T' die Dauer der Kaltperiode. Die Dauer $T + T'$ einer aufeinanderfolgenden Warm- und Kaltperiode sei Vollperiode genannt. Dann erhält man nach Rummel die Wärmedurchgangszahl k, indem man die in *einem* Regenerator in einer Vollperiode übertragene Wärmemenge Q_{Per} durch die Heizfläche F des Regenerators, durch die mittlere Temperaturdifferenz zwischen beiden Gasen und durch die Dauer $T + T'$ einer Vollperiode dividiert. Ist also $\Delta\vartheta_M = (\bar{\vartheta} - \bar{\vartheta}')_M$ der zeitliche und örtliche Mittelwert der Temperaturdifferenz zwischen beiden Gasen, dann beträgt die in einer Vollperiode in *einem* Regenerator übertragene Wärmemenge

$$Q_{Per} = kF(T + T')\,\Delta\vartheta_M. \tag{456}$$

Diese Wärmemenge wird also von der gesamten Speichermasse eines Regenerators in der Warmperiode aufgenommen und in der Kaltperiode wieder abgegeben. Hierbei ist wie auf S. 267 vorausgesetzt, daß man die mittlere Temperaturdifferenz $\Delta\vartheta_M$ unter Benutzung der Eintrittstemperaturen ϑ_1 und ϑ'_1 und der zeitlichen Mittelwerte $\bar{\vartheta}_2$ und $\bar{\vartheta}'_2$ der Austrittstemperaturen der Gase ebenso wie für einen Rekuperator nach Gl. (181) oder, falls die Temperaturabhängigkeit von C und C' berücksichtigt werden soll, nach einem der in § 35 angegebenen Näherungsverfahren berechnet.

Berechnung des Wärmeübergangskoeffizienten

Ein bei konstanten Stoffwerten und Wärmeübergangskoeffizienten recht genau geltendes und doch verhältnismäßig einfaches Verfahren zur Berechnung des Wärmedurchgangskoeffizeinten k hat der Verfasser [H 308] auf Grund der Regeneratortheorien, die in § 59 und § 68 erörtert werden sollen, entwickelt. Dieses Verfahren besteht aus zwei Hauptschritten, in denen der Einfluß der Grundschwingung und der Einfluß der Oberschwingungen auf die Wärmeübertragung getrennt berücksichtigt werden. Wir wollen dieses Verfahren, das von Gleichungen und Diagrammen Gebrauch macht, schon jetzt besprechen, damit man es auch ohne Durcharbeitung der ihm zugrunde liegenden Theorien benutzen kann.

Der aus der Grundschwingung allein sich ergebende Wärmedurchgangskoeffizient werde mit k_0 bezeichnet. α und α' seien wieder die Wärmeübergangskoeffizienten in der Warm- und Kaltperiode. Ferner sei δ die Dicke eines plattenförmigen Steines oder auch der Durchmesser eines zylindrischen oder kugelförmigen Füllsteines und λ_s die Wärmeleitfähigkeit des Steines. Mit einer noch zu erörternden Funktion Φ lautet dann die für k_0 aus der Theorie abgeleitete Beziehung

$$\frac{1}{k_0} = (T + T')\left[\frac{1}{\alpha T} + \frac{1}{\alpha' T'} + \left(\frac{1}{T} + \frac{1}{T'}\right)\frac{\delta}{\lambda_s}\Phi\right]. \tag{457}$$

Die Funktion Φ gibt den Einfluß der sehr raschen Temperaturänderungen wieder, die das Gas und die Steinoberfläche unmittelbar nach dem Umschalten erleiden (vgl. Bild 128 und 129). Der Wert von Φ hängt von der dimensionslosen Kenngröße $\dfrac{\delta^2}{2a}\left(\dfrac{1}{T} + \dfrac{1}{T'}\right)$ ab, worin $a = \lambda_s/\varrho c$ die Temperaturleitfähigkeit des Baustoffes der Speichermasse bedeutet; ϱ ist seine Dichte, c seine spezifische Wärmekapazität. Nach Berechnung der genannten Kenngröße, die bei gleicher Dauer $T = T'$ beider Perioden in δ^2/aT übergeht, kann man den Wert von Φ aus Bild 134 ablesen. Hierin gilt Kurve *I* für plattenförmige, Kurve *II* für zylindrische und Kurve *III* für kugelförmige Steine vom Durchmesser δ.

Hat die Speichermasse eine von diesen 3 Arten abweichende Gestalt, so wird man doch leicht abschätzen können, welcher Art sie am nächsten kommt. Man bestimmt dann durch Schätzung zunächst eine mittlere Plattendicke δ oder einen mittleren Durchmesser δ, außerdem das Volumen V und die Oberfläche F der Speichermasse und berechnet hiermit eine „gleichwertige" Plattendicke $\delta_{gl} = \delta/2 + V/F$.

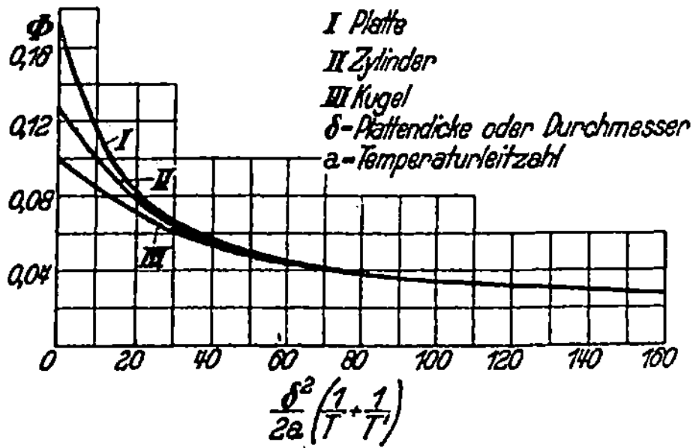

Bild 134. Hilfsfunktion Φ zur Berechnung des Wärmedurchgangskoeffizienten.

Zu diesem Ausdruck gelangt man auf Grund der Überlegung, daß für die Wärmespeicherung das Volumen, für die Wärmeübertragung die Oberfläche der Speichermasse maßgebend ist, und daß es daher nicht nur auf den wirklichen Durchmesser, sondern ebenso sehr auf das Verhältnis V/F ankommt. Mit der gleichwertigen Plattendicke $\delta = \delta_{gl}$ bestimmt man dann die Abszisse in Bild 134, liest Φ aus Kurve I ab und setzt $\delta = \delta_{gl}$ und Φ in Gl. (457) ein. Dieses Verfahren ist darin begründet, daß bei Benutzung von δ_{gl} die Kurven II und III sehr nahe mit Kurve I zusammenfallen (vgl. § 61 und Bild 150).

Die Oberschwingungen oder höheren Eigenfunktionen verringern, wie schon erörtert, den Wärmeübergang. Der wahre Wärmeübergangskoeffizient ist daher etwas kleiner als der Wärmedurchgangskoeffizient nach Gl. (457). Das Verhältnis k/k_0 hängt von den zwei dimensionslosen Kenngrößen

$$\left.\begin{array}{l} \Lambda = 4\dfrac{k_0(T + T')\,F}{CT + C'T'} = 2\dfrac{k_0(T + T')\,F}{C_{Per}} \\[2mm] \text{und} \\[2mm] \Pi = 2\dfrac{k_0(T + T')\,F}{C_s} \end{array}\right\} \qquad (458)$$

ab. Hierbei ist $C_{Per} = \dfrac{1}{2}\,(CT + C'T')$ der Mittelwert der Wärmekapazitäten der in der Warmperiode und in der Kaltperiode strömenden Gasmengen, C_s die Wärmekapazität und F die wärmeübertragende Oberfläche der Speichermasse. Betrachtet man k_0, C, C' sowie F/C_s als gegeben, dann ist Λ im wesentlichen der Heizfläche und damit der Regeneratorlänge, Π hingegen den Periodendauern T und T' proportional. Daher sei Λ „reduzierte Regeneratorlänge", Π „reduzierte

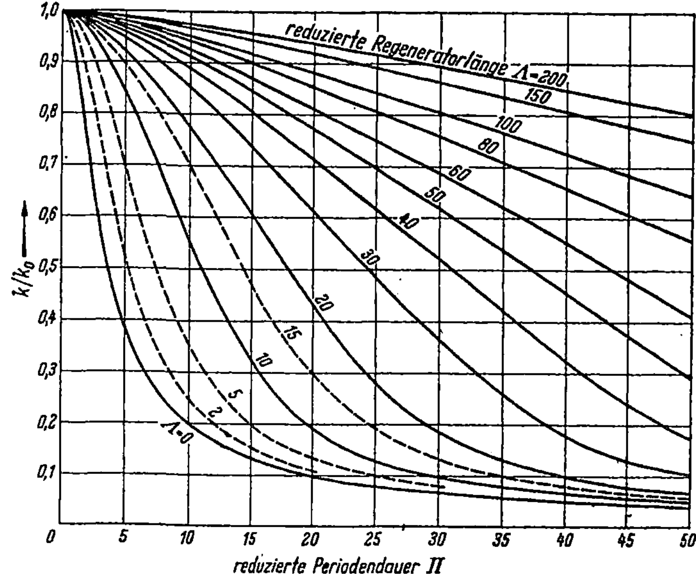

Bild 135. Verhältnis des wahren Wärmedurchgangskoeffizeinten k zum Wärmedurchgangskoeffizienten k_0 nach der Grundschwingung.

Periodendauer" genannt[5]. Nach Ermittlung der Werte von A und Π aus Gl. (458) erhält man k/k_0 aus Bild 135. Multipliziert man endlich den aus Gl. (457) berechneten Wert von k_0 mit k/k_0, so ist der gesuchte wahre Wärmedurchgangskoeffizient gefunden.

Erläuterungen und Umformungen

Das beschriebene Berechnungsverfahren gilt streng nur dann, wenn α, α', C, C', λ_s, ϱ und c nicht von der Temperatur abhängen und $CT = C'T'$ ist. Die Gln. (458) für die Kenngrößen A und Π sind jedoch so gewählt, daß das Verfahren in der Regel auch bei $CT \neq C'T'$ mit sehr guter Näherung angewendet werden kann (vgl. § 70).

Indem man mit dem Volumen V, der Dichte ϱ und der spezifischen Wärmekapazität C der Speichermasse für Platten, Zylinder und Kugeln $F/C_s = F/V\varrho c$ berechnet, kann man die zweite Gl. (458) überführen in

$$\Pi = 4m\,\frac{k_0(T + T')}{\varrho c\,\delta}\left\{\begin{array}{ll}\text{Platten:} & m = 1, \\ \text{Zylinder:} & m = 2, \\ \text{Kugeln:} & m = 3.\end{array}\right. \tag{459}$$

Gl. (458) hat jedoch den Vorzug, einheitlich für jede beliebig gestaltete Speichermasse zu gelten.

Daß man mit Hilfe der Kenngrößen die Werte von Φ und k/k_0 aus Diagrammen ablesen muß, wird man vielleicht als einen Nachteil des beschriebenen Verfahrens empfinden. Für Φ sind zwar genaue Gleichungen bekannt (vgl. § 60 und 61), doch sind diese für die praktische Anwendung zu verwickelt. Man kann aber in fast allen praktischen Fällen Φ genau genug nach folgenden Näherungsgleichungen berechnen:

$$\left.\begin{array}{ll}\text{Platte:} & \Phi = \dfrac{1}{6} - 0{,}00556\,\dfrac{\delta^2}{2a}\left(\dfrac{1}{T} + \dfrac{1}{T'}\right)\text{für }\dfrac{\delta^2}{2a}\left(\dfrac{1}{T} + \dfrac{1}{T'}\right) \leqq 10, \\[3mm] \text{Zylinder:} & \Phi = \dfrac{1}{8} - 0{,}00261\,\dfrac{\delta^2}{2a}\left(\dfrac{1}{T} + \dfrac{1}{T'}\right)\text{für }\dfrac{\delta^2}{2a}\left(\dfrac{1}{T} + \dfrac{1}{T'}\right) \leqq 15, \\[3mm] \text{Kugel:} & \Phi = \dfrac{1}{10} - 0{,}00143\,\dfrac{\delta^2}{2a}\left(\dfrac{1}{T} + \dfrac{1}{T'}\right)\text{für }\dfrac{\delta^2}{2a}\left(\dfrac{1}{T} + \dfrac{1}{T'}\right) \leqq 20\end{array}\right\} \tag{460}$$

und für alle größeren Werte von $\dfrac{\delta^2}{2a}\left(\dfrac{1}{T} + \dfrac{1}{T'}\right)$ nach der Beziehung

$$\Phi = \frac{0{,}357}{\sqrt{\varepsilon + \dfrac{\delta^2}{2a}\left(\dfrac{1}{T} + \dfrac{1}{T'}\right)}}\quad\text{mit}\quad\left\{\begin{array}{l}\varepsilon = 0{,}3 \text{ für Platten} \\ \varepsilon = 1{,}1 \text{ für Zylinder} \\ \varepsilon = 3{,}0 \text{ für Kugeln}\end{array}\right\}. \tag{461}$$

Die in Bild 135 aufgetragenen Werte von k/k_0 sind in den Jahren 1971 und 1972 nach den in § 83, 85, 86 und 76 beschriebenen Verfahren möglichst genau elektronisch berechnet worden[6]. Eine exakte geschlossene Gleichung für k/k_0 ist

---

[5] Der Sinn dieser Benennungen, die hier vielleicht etwas gekünstelt erscheinen, wird erst im dritten Kapitel dieses Abschnittes über Regeneratoren voll verständlich werden (S. 315 u. 316).

[6] Willmott (§ 85) und Schellmann (nach Verfahren § 86) haben mir ihre Werte persönlich zur Verfügung gestellt. Die Werte nach Lambertson (§ 83) und Sandner (§ 76) habe ich der Dissertation von Sandner [S 301] entnommen.

hingegen bisher nicht bekannt, abgesehen von den Grenzfällen $A = \infty$ und $A = 0$, für die gilt (vgl. § 67)

$$\frac{k}{k_0} = 1 \qquad \text{bei} \quad A = \infty,$$

$$\frac{k}{k_0} = \frac{2}{\Pi} \tanh\frac{\Pi}{2} \text{ bei} \quad A = 0. \tag{462}$$

Indessen kann man für k/k_0 folgende empirische Näherungsgleichung benutzen:

$$\frac{k}{k_0} = 1 - \frac{1}{A}(0,8\Pi - 3 \tanh (0,2\Pi)) \quad \text{für} \quad \frac{\Pi}{A} = \frac{C_{Per}}{C_s} < 0,5. \tag{463}$$

Bei nicht zu hohen Ansprüchen an die Genauigkeit kann man die *Berechnung des Wärmekoeffizientenübergangs* noch *wesentlich vereinfachen*, wenn man berücksichtigt, daß in vielen Anwendungsgebieten die Kenngrößen jeweils nur innerhalb gewisser Grenzen schwanken. So wird z.B. in der Hüttenindustrie vielfach $\frac{\delta^2}{2a}\left(\frac{1}{T}+\frac{1}{T'}\right)$ in der Nähe von 4, A zwischen 5 und 20 und das Verhältnis $\Pi/A = C_{Per}/C_s$ [vgl. Gl. (458)] zwischen 0,2 und 0,3 liegen. In diesen Grenzen kann man den wahren Wärmeübergangskoeffizienten k nach der Gleichung

$$\frac{1}{k} = \left[1 + \frac{F}{400}\left(\frac{\alpha}{C} + \frac{\alpha'}{C'}\right)\right](T + T')\left[\frac{1}{\alpha T} + \frac{1}{\alpha' T'} + \left(\frac{1}{T} + \frac{1}{T'}\right)\frac{\delta}{7\lambda_B}\right] \tag{464}$$

berechnen[7]. Diese Gleichung gilt in dem angegebenen Bereich mit einer Genauigkeit von etwa 2%. Noch einfacher wäre es, mit dem Mittelwert $k/k_0 = 0,93$ zu rechnen, wobei aber an den Grenzen des genannten Bereichs Fehler bis zu etwa 5% auftreten können.

Abhängigkeit des Wärmedurchgangskoeffizienten von der Periodendauer und der Steindicke

Wie der Wärmedurchgangskoeffizient k nach dem beschriebenen Berechnungsverfahren von der Periodendauer und der Dicke plattenförmiger Steine abhängt, zeigen die Bilder 136 und 137. Hierbei ist $CT = C'T'$, $\lambda_s = 1,163$ W/mK, $\varrho c = 2070$ kJ/m²K und $\alpha = \alpha' = 23,26$ W/m²K gesetzt. In Bild 136 ist die Steindicke zu $\delta = 0,03$ m $= 30$ mm angenommen und k für verschiedene Werte der reduzierten Regeneratorlänge A abhängig von der Periodendauer $T = T'$ in h aufgetragen. k nimmt hiernach um so rascher mit wachsender Periodendauer ab, je kleiner A, je kürzer also der Regenerator ist. Die oberste Kurve für $A = \infty$ stellt zugleich die Wärmedurchgangszahl k_0 dar, die der Grundschwingung allein entspricht. Der zunächst rasche Abfall von k_0 bei sehr kurzen Periodendauern ist dadurch verursacht, daß die Funktion Φ nach Bild 134 in diesem Bereich von 0 bis 1/6 anwächst. Physikalisch hängt dies damit zusammen, daß die raschen Temperaturveränderungen am Beginn jeder Periode mit wachsender Periodendauer eine verhältnismäßig immer geringere Rolle spielen. Denn während dieser anfänglichen

---

[7] Eine kurze Begründung dieser Gleichung findet sich S. 286 der 1. Auflage dieses Buches.

Temperaturänderungen, bei denen der Wärmestrom zunächst nur die äußeren Teile eines Steines erfaßt und deshalb nicht tief einzudringen braucht, sind die Verhältnisse für die Wärmeübertragung günstiger als später.

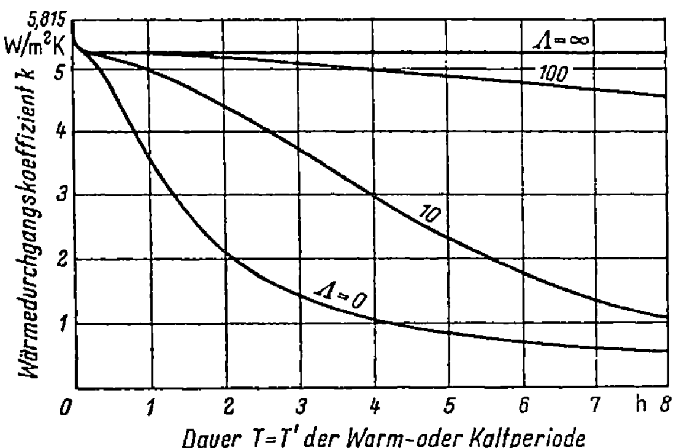

Bild 136. Wärmedurchgangskoeffizient k für verschiedene Werte der reduzierten Regeneratorlänge Λ, abhängig von der Periodendauer $T = T'$. Steindicke $\delta = 30$ mm.

In Bild 137 ist für eine unveränderliche Periodendauer von $T = T' = 1$ h der Wärmedurchgangskoeffizient k abhängig von der *Steindicke* δ aufgetragen. Die eingezeichneten Kurven gelten für unveränderliche Werte des Verhältnisses C_s/C_{Per}, wobei wie früher C_s die Wärmekapazität der gesamten Speichermasse des Regenerators, C_{Per} den Mittelwert der Wärmekapazitäten der in einer Warmperiode und der in einer Kaltperiode durch den Regenerator strömenden Gasmengen bedeuten. Die oberste Kurve $C_s/C_{Per} = \infty$ gilt, da nach Gl. (458) $C_s/C_{Per} = \Lambda/\Pi$

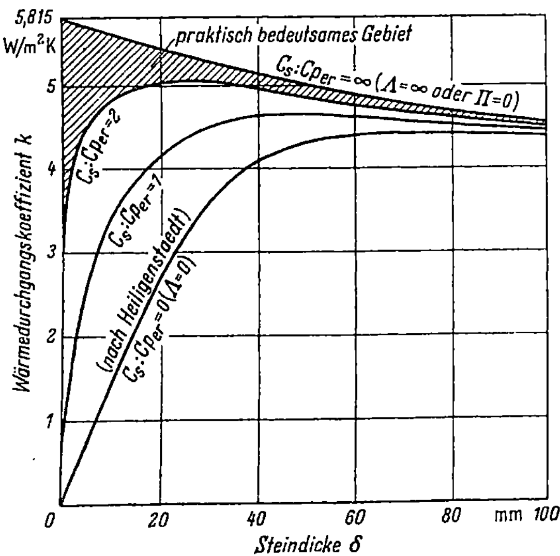

Bild 137. Wärmedurchgangskoeffizient k abhängig von der Steindicke δ für die Periodendauer $T = T' = 1$ h.

ist, entweder für $\Lambda = \infty$ oder für $\Pi = 0$, also im wesentlichen für unendlich lange Regeneratoren (genauer für $\alpha F = \infty$) oder für unendlich kurze Periodendauern. Die unterste Kurve entspricht dem Grenzfall des unendlich kurzen Regenerators, den auch Heiligenstaedt (vgl. § 56) behandelt hat. Bei den üblichen Betriebsbedingungen dürfte stets $C_s/C_{Per} > 2$ sein, weil sonst der Wirkungsgrad des Regenerators zu schlecht wird. Die schraffierte Fläche zwischen den Kurven für $C_s/C_{Per} = 2$ und $C_s/C_{Per} = \infty$ stellt somit den praktisch wichtigen Bereich dar.

Daß die Kurven in Bild 137, abgesehen von der Kurve für $C/_s C_{Per} = \infty$, zunächst ansteigen und dann wieder abfallen, um schließlich dem Grenzwert $k = 4,4$ zuzustreben, läßt sich wie folgt erklären. Die Abnahme, die auch bei der obersten Kurve stattfindet, beruht darauf, daß mit wachsender Dicke die inneren Teile der Steine sich immer weniger am Wärmeaustausch beteiligen; vgl. die späteren Bilder 141 und 143.

Das Ansteigen der Kurven, besonders bei kleinen Steindicken, erklärt sich aus den Hystereseschleifen, die die mittleren Steintemperaturen Θ_m und Θ'_m durchlaufen (vgl. Bild 130). Oben wurde bereits erörtert, daß das Verhältnis der mittleren Höhe dieser Hystereseschleifen zur mittleren Temperaturdifferenz zwischen beiden Gasen ein Maß für die Verschlechterung der Wärmeübertragung im Vergleich zur Grundschwingung ist. Dieses Verhältnis ist aber bei unveränderlicher Periodendauer im Mittel um so größer, je dünner der Stein und je kleiner das Verhältnis C_s/C_{Per} ist. Daher muß umgekehrt die übertragene Wärmemenge mit wachsendem δ und wachsendem C_s/C_{Per} zunehmen.

Berechnung von zwei oder mehreren zusammenarbeitenden Regeneratoren
und Vergleich mit einem Rekuperator

Nach Kenntnis des Wärmeübergangskoeffizienten k kann man einen Regenerator weitgehend ebenso berechnen wie einen Rekuperator nach den Beziehungen, die in § 28 ff. entwickelt worden sind. Es besteht jedoch in der Berechnung beider Arten von Wärmeaustauschern insofern ein Unterschied, als in beiden Fällen der Wärmeübergangskoeffizient etwas verschieden definiert ist. Während nämlich bei Rekuperatoren die Wärme durch zwei Heizflächen, z.B. durch die innere und die äußere Oberfläche von Rohren übertragen wird, berücksichtigt man bei Regeneratoren durch die Definition von Rummel nur die Wärmeübertragung durch *eine* Heizfläche, nämlich durch die Heizfläche *eines* Regenerators. Eine der Leistung eines Rekuperators gleichwertige Wärmeübertragung erhält man aber erst in zwei oder mehreren zusammenarbeitenden Regeneratoren. Von der gesamten Wärmeleistung dieser Regeneratoren muß man daher ausgehen, wenn man einen Wärmedurchgangskoeffizienten finden will, der dem eines Rekuperators voll entspricht.

Die Zahl der beteiligten Regeneratoren sei n. Meist ist $n = 2$ (vgl. Bild 123); doch wird gelegentlich, und zwar früher häufiger als heute z.B. bei den Winderhitzern der Hochöfen, ein Betrieb mit $n = 3$ oder $n = 4$ Regeneratoren unter zyklischer Vertauschung durchgeführt. Bei drei zusammenarbeitenden Regeneratoren läßt sich dies erreichen, indem man die Warmperiode doppelt so lange wählt wie die Kaltperiode. Es werden dann jeweils gleichzeitig zwei Regeneratoren vom ursprünglich warmen und einer vom ursprünglich kalten Gas durchströmt.

Die in n gleichen Regeneratoren in der Zeit $T + T'$ übertragene Wärmemenge erhält man, indem man den aus Gl. (456) sich ergebenden Wert von Q_{Per} mit n multipliziert. Bei einer genauen Berechnung muß man berücksichtigen, daß der Zeitbedarf T_{ges} für eine Vollperiode etwas größer ist als $T + T'$, weil in T und T' der Zeitaufwand für das Umschalten nicht mit eingeschlossen ist.

Zum Vergleich werde ein Rekuperator betrachtet, dessen gesamte Heizfläche, z.B. die Summe der inneren und äußeren Heizfläche von Rohren, ebenso groß ist wie die gesamte Heizfläche der n Regeneratoren, nämlich nF. Da es aber bei Rekuperatoren üblich ist, den Wärmedurchgangskoeffizienten nur auf *eine* Heizfläche zu beziehen, etwa auf den Mittelwert aus der inneren und äußeren Heizfläche, soll in diesem Sinne mit einer Rekuperatorheizfläche $\frac{n}{2} F$ gerechnet werden. In dem Vergleichsrekuperator soll überdies in der Zeit T_{ges} dieselbe Wärmemenge $n \cdot Q_{Per}$ wie in den n Regeneratoren übertragen werden. Deshalb ergibt sich entsprechend Gl. (145) mit dem Wärmedurchgangskoeffizenten k_{rek} und der Heizfläche $\frac{n}{2} F$ für den Rekuperator

$$n \cdot Q_{Per} = k_{rek} \cdot \frac{n}{2} F T_{ges} \varDelta \vartheta_M. \qquad (465)$$

Aus dem Vergleich mit Gl. (456) folgt

$$k_{rek} = 2k \cdot \frac{T + T'}{T_{ges}} \quad (= k_{reg}) \qquad (466)$$

oder, wenn man den Unterschied zwischen $T + T'$ und T_{ges} vernachlässigt,

$$k_{rek} = 2k \quad (= k_{reg}). \qquad (467)$$

Aus dem Vergleich ergeben sich somit: *n Regeneratoren, von denen jeder eine Heizfläche F hat, sind einem Rekuperator mit der mittleren Heizfläche nF/2 gleichwertig, wenn der Wärmeübergangskoeffizient des Rekuperators*

$$k_{rek} = 2k \frac{T + T'}{T_{ges}} \quad (= k_{reg}) \qquad (468)$$

oder angenähert $k_{rek} = 2k$ beträgt. Dabei ist k der nach Gl. (456) definierte Wärmeübergangskoeffizient von Regeneratoren. k_{rek} kann man aber auch als einen Wärmedurchgangskoeffizienten von Regeneratoren auffassen, der dem Sinne nach ebenso definiert ist wie der Wärmedurchgangskoeffizient von Rekuperatoren. In diesem Sinne soll, wie in den Gln. (466), (467) und (468) in Klammern beigefügt, statt k_{rek} auch k_{reg} geschrieben werden.

Hiernach müßte man, um für Regeneratoren einen Wärmedurchgangskoeffizient sinngemäß ebenso zu definieren wie für Rekuperatoren, ihn etwa doppelt so groß wählen wie nach der Definition von Rummel. Er müßte dann bei n Regeneratoren nicht auf die Fläche nF, sondern nur auf die Fläche $\frac{n}{2} F$ bezogen werden.

Man könnte dies grundsätzlich folgerichtig durchführen. Indessen ist die Definition von Rummel einfacher und bedarf keiner besonderen Überlegung.

II. Berechnung des Temperaturverlaufs und der Wärmeübertragung in Gegenstromregeneratoren aus den zeitlichen Temperaturänderungen in einem Steinquerschnitt

§ 55. Aufstellung der Differentialgleichungen und der Grenzbedingungen

In diesem Kapitel werden die Berechnungsverfahren erörtert, die von der Untersuchung des Temperaturverlaufs im Querschnitt eines Regeneratorsteines ausgehen und letzten Endes darauf abzielen, eine Gleichung zur Ermittlung des Wärmedurchgangskoeffizienten zu finden. Hierzu müssen zuerst die Differentialgleichungen und die zu erfüllenden Grenzbedingungen erörtert werden.

Die Differentialgleichungen

Die Speichermasse wollen wir uns zunächst aus ebenen Platten, z.B. Steinen überall gleicher Dicke δ, aufgebaut denken, die in unveränderlichem Abstand nebeneinander angeordnet sind, und zwischen denen das Gas mit überall gleicher und gleich gerichteter Geschwindigkeit hindurchströmt. Die Wärmeleitfähigkeit der Speichermasse kann gering sein, z.B. der von feuerfesten Steinen entsprechen. Die Wärmeleitung in der Strömungsrichtung, die meist keinen wesentlichen Einfluß hat, werde vernachlässigt[1].

In einem zur Strömungsrichtung senkrechten Querschnitt eines Steines werde eine Stelle ins Auge gefaßt, die von der in Bild 128 links gezeichneten Oberfläche den Abstand y hat. Ist Θ die Temperatur an dieser Stelle, dann gilt innerhalb des Steinquerschnitts die bekannte Gleichung der Wärmeleitung

$$\frac{\partial \Theta}{\partial t} = a\,\frac{\partial^2 \Theta}{\partial y^2}, \tag{469}$$

worin t die Zeit und $a = \lambda_s/\varrho c$ die Temperaturzleitzahl des Baustoffes bedeutet.

Die weiteren Differentialgleichungen ergeben sich aus der Wärmebilanz für ein unendlich kurzes Stück des gesamten Regenerators, das sich an der Stelle des betrachteten Steinquerschnittes befinden möge. Die Größe dieses Stückes sei durch die Oberfläche df seiner Speichermasse bestimmt. Seine Lage im Regenerator sei durch die Oberfläche f derjenigen Speichermasse gekennzeichnet, die zwischen der Stelle des Gaseintritts in den Regenerator und dem betrachteten Querschnitt liegt (vgl. Bild 138). Das Gas ströme in Richtung der positiven f-Achse, in Bild 138 also von oben nach unten. C sei die Wärmekapazität der in der Zeiteinheit durch den Regenerator strömenden Gasmenge. An der Stelle f trete dieses Gas mit der Temperatur ϑ in das betrachtete sehr kurze Stück des Regenerators ein, an der Stelle $f + df$ mit der Temperatur $\vartheta + (\partial\vartheta/\partial f)_t\,df$ aus. In der Warmperiode, in der das Gas auf seinem Weg durch den Regenerator sich abkühlt, ist $(\partial\vartheta/\partial f)_t$ negativ. Das Gas gibt daher in dem betrachteten Regeneratorstück in der Zeit dt die Wärmemenge

$$dQ = -C\,dt\left(\frac{\partial\vartheta}{\partial f}\right)_t df$$

---

[1] Wenn nötig, kann man ihren Einfluß nachträglich durch eine gesonderte Rechnung berücksichtigen; vgl. § 43.

ab[2]. Diese Wärmemenge wird an die Speichermasse übertragen. Ist α wieder der Wärmeübergangskoeffizient und Θ_0 die Oberflächentemperatur der Speichermasse, so daß zwischen dem Gas und der Oberfläche der Temperaturunterschied $\vartheta - \Theta_0$ besteht, dann beträgt die durch die Oberfläche df übergehende Wärmemenge

$$dQ = \alpha\, df(\vartheta - \Theta_0)\, dt. \tag{470}$$

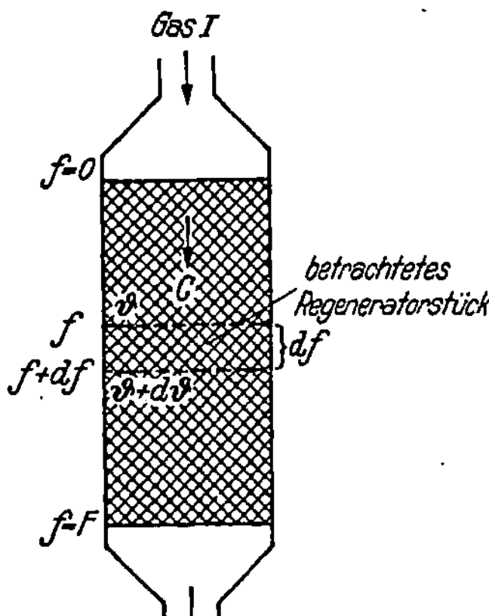

Bild 138. Regenerator und Stück eines Regenerators mit der Heizfläche df.

Durch Gleichsetzen beider Ausdrücke für dQ folgt

$$\left(\frac{\partial\vartheta}{\partial f}\right)_t = \frac{\alpha}{C}\,(\Theta_0 - \vartheta). \tag{471}$$

Die Wärmemenge dQ erwärmt die Speichermasse und erhöht damit ihren Wärmevorrat. Es muß daher auch

$$dQ = dC_s\left(\frac{\partial\Theta_m}{\partial t}\right)_f dt$$

sein, soferne dC_s die Wärmekapazität der Speichermasse in dem betrachteten sehr kurzen Regeneratorstück und Θ_m wie in § 53 den örtlichen Mittelwert der Temperatur der Speichermasse in dem betreffenden Querschnitt zur Zeit t bedeutet. Durch Gleichsetzen der beiden letzten für dQ erhaltenen Ausdrücke ergibt sich

$$\left(\frac{\partial\Theta_m}{\partial t}\right)_f = \frac{\alpha\, df}{dC_s}\,(\vartheta - \Theta_0). \tag{472}$$

---

[2] Streng genommen dürfte der Differentialquotient $\partial\vartheta/\partial f$ in dem Ausdruck für dQ nicht auf $t = $ const bezogen werden, da $d\vartheta$ die Temperaturänderung eines bestimmten Gasteilchens beim Vorbeiströmen an df darstellt, dieses Vorbeiströmen aber eine gewisse sehr kleine Zeit erfordert. Ferner kommt bei genauer Rechnung noch ein weiterer kleiner Wärmeverbrauch dadurch hinzu, daß sich im betrachteten Regeneratorstück zur Zeit $t + dt$ eine um $(\partial\vartheta/\partial t)\, dt$ wärmere Gasmenge befindet als zur Zeit t. Berücksichtigt man diese beiden Einflüsse (vgl. A. Anzelius [A 304] und H. Hausen [H 303]), dann tritt in den folgenden Differentialgleichungen $t - t_0$ an die Stelle von t, wobei t_0 die Zeit bedeutet, die das Gas braucht, um von der Eintrittsstelle $f = 0$ bis zur betrachteten Stelle f zu gelangen. Diese Zeit kann jedoch in der Regel vernachlässigt werden. Die Vorgänge beim Umschalten haben Willmott und Hinchcliffe [W 311] untersucht, allerdings ohne Berücksichtigung des Druckausgleichs.

Beschränkt man sich wieder auf plattenförmige Speicherelemente, dann beträgt das df zugeordnete Volumen $\delta \cdot df/2$, so daß

$$dC_s = \frac{\varrho c\,\delta}{2} \cdot df$$

wird. Gl. (472) nimmt dann folgende Gestalt an

$$\left(\frac{\partial \Theta_m}{\partial t}\right)_f = \frac{2\alpha}{\varrho c\,\delta}(\vartheta - \Theta_0)\; \begin{matrix}\text{(plattenförmige}\\ \text{Speichermasse)}\end{matrix} \cdot \tag{473}$$

Gleichung (469), (471) und (472) sind die gesuchten Differentialgleichungen, die mit den noch zu besprechenden zwei Grenzbedingungen den gesamten Temperaturverlauf im Regenerator bestimmen. Gleichung (471) und (472), die zunächst nur für die Warmperiode abgeleitet sind, gelten auch für die Kaltperiode, wenn man darin α und C durch die entsprechenden Werte α' und C' in der Kaltperiode ersetzt und berücksichtigt, daß auch in der Kaltperiode f in der Strömungsrichtung, jetzt also vom kalten Regeneratorende aus, positiv zu zählen ist.

Die Grenzbedingungen

Im Beharrungszustand ergibt sich eine wichtige Grenzbedingung aus der Überlegung, daß die Temperatur jeder Stelle der Speichermasse am Ende der Kaltperiode denselben Wert haben muß wie bei Beginn der Warmperiode und umgekehrt. Diese Grenzbedingung sei *Umschaltbedingung* genannt. Die meisten der im vorliegenden und zum Teil auch im folgenden Kapitel abgeleiteten Gleichungen erfüllen zunächst nur diese Umschaltbedingung.

Eine genauere und vollständige Berechnung der Vorgänge in den Regeneratoren, wie sie später durchgeführt wird, muß aber auch der zweiten Grenzbedingung genügen, die aussagt, daß die Gase mit einer vorgeschriebenen, in der Regel zeitlich unveränderlichen Temperatur in den Regenerator eintreten. Diese Bedingung heiße „*Eintrittsbedingung*". Man könnte noch die weitere Bedingung

$$\alpha(\vartheta - \Theta_0) = -\lambda_s\left(\frac{\partial \Theta}{\partial y}\right)_{y=0} \tag{474}$$

für die Oberfläche der Speichermasse hinzufügen. Diese Bedingung drückt aus, daß die Wärmemenge, die durch den Temperaturunterschied $\vartheta - \Theta_0$ vom Gas an die Oberfläche übertragen wird, durch ein entsprechendes Temperaturgefälle in der Speichermasse nach dem Innern der Speichermasse weitergeleitet werden muß. Dieser Bedingung ist aber durch Gl. (472) oder (473) bereits Genüge geleistet. Denn Gl. (472) oder (473) drückt schon aus, daß die durch das Temperaturgefälle $\vartheta - \Theta_0$ übergehende Wärmemenge dem durch Θ_m bestimmten Wärmevorrat der Speichermasse zugeführt wird. Wir werden jedoch Gl. (474) gelegentlich nützlich anwenden können.

§ 56. Berechnungsverfahren von Heiligenstaedt

Die ursprünglich bedeutungsvollen Verfahren von Heiligenstaedt [H 313, 314] und von Rummel [R 304, 305, 306] sollen nur in ihren Grundzügen erörtert werden, weil die schon in § 53 und 54 angedeutete Berechnungsart, die in den folgenden Paragraphen eingehend begründet werden soll, wesentlich genauere Ergebnisse von sehr großer Allgemeingültigkeit liefert. Nur in beschränkterem Umfang gilt auch das Berechnungsverfahren von Schack [S 305, 307], das indessen unter den in der Hüttenindustrie üblichen Verhältnissen recht brauchbare Werte liefert.

Das Verfahren von Heiligenstaedt beruht auf folgenden Überlegungen. Wie schon in § 53 und bei der Aufstellung der Grenzbedingungen in § 55 erwähnt, treten in der Regel beide Gase abwechselnd an den entgegengesetzten Regeneratorenden mit jeweils zeitlich unveränderlicher Temperatur (vgl. Bild 130) ein. An allen anderen Stellen des Regenerators hingegen hängen die Temperaturen der Gase von der Zeit ab (vgl. Bild 129). Heiligenstaedt nimmt aber zur Vereinfachung an, daß *auch in jedem anderen Regeneratorquerschnitt beide Gastemperaturen ϑ und ϑ' zeitlich unveränderlich seien.*

Um unter dieser Annahme den Verlauf der Steintemperatur Θ in einem Querschnitt zu berechnen, benutzt Heiligenstaedt folgende partikuläre Lösung der Differentialgleichung (469)

$$\Theta = A + B \exp(-\beta^2 at) \cdot \cos \beta \left(y - \frac{\delta}{2}\right), \tag{475}$$

worin t die Zeit und A, B und β zunächst frei wählbare Konstanten bedeuten. In dieser Lösung ist bereits berücksichtigt, daß die Temperaturverteilung stets symmetrisch zur Steinmitte $y = \dfrac{\delta}{2}$ sein muß. Setzt man diese Beziehung für Θ in die Randbedingung (474) ein, so erkennt man, daß die Annahme $\vartheta =$ const nur erfüllt wird, wenn man $A = \vartheta$ setzt und β der Beziehung genügt

$$\left(\beta \frac{\delta}{2}\right) \cdot \tan\left(\beta \frac{\delta}{2}\right) = \frac{\alpha}{\lambda_S} \frac{\delta}{2}. \tag{476}$$

Von den unendlich vielen Wurzeln dieser Gleichung werde nur die erste benutzt, die mit β_0 bezeichnet sei. Schreibt man entsprechend auch B_0 für B, dann geht Gl. (475) über in

$$\Theta = \vartheta + B_0 \exp(-\beta_0^2 at) \cdot \cos \beta_0 \left(y - \frac{\delta}{2}\right). \tag{477}$$

Diese Gleichung gelte für die Warmperiode. In ähnlicher Weise erhält man für die Kaltperiode

$$\Theta' = \vartheta' + B_0' \exp(-\beta_0'^2 at') \cdot \cos \beta_0' \left(y - \frac{\delta}{2}\right). \tag{478}$$

β_0' is bestimmt durch die erste Wurzel von Gl. (476), wenn man in dieser Gleichung α durch α' ersetzt. Heiligenstaedt teilt Tabellen mit, aus denen man β_0 und β_0' rasch bestimmen kann. Die Zeit t bzw. t' werde in Gl. (477) und (478) vom Beginn jeder Warm- und Kaltperiode an neu gezählt.

Um zum Beharrungszustand zu gelangen, verfolgt Heiligenstaedt grundsätzlich unendlich viele aufeinanderfolgende Warm- und Kaltperioden. Er geht hierbei von einer an allen Stellen des Querschnittes gleichen Steintemperatur aus und berechnet dann für jede neue Periode die Konstante B_0 oder B_0' aus der Temperaturverteilung am Ende der jeweils vorhergehenden Periode (vgl. Θ_{max} oder Θ_{min} in Bild 127). Die hierbei bestehende Bedingung, daß die Temperaturverteilung im betrachteten Steinquerschnitt sich durch das Umschalten selbst nicht ändert, daß vielmehr im Augenblick des Umschaltens überall $\Theta = \Theta'$ sein soll, läßt sich mit den einfachen Gln. (477) und (478) nicht im einzelnen erfüllen. Heiligenstaedt berechnet daher den neuen Wert von B_0 oder B_0' jeweils so, daß zwischen Θ und Θ' wenigstens im Mittel eine möglichst gute Übereinstimmung im Sinne der Methode der kleinsten Quadrate erzielt wird.

Die reichlich verwickelten Beziehungen, die Heiligenstaedt auf diesem Wege zur Berechnung von B_0 und B_0' für den Beharrungszustand erhalten hat, sollen hier nicht wiedergegeben werden. Auf kürzerem Wege gelangt man zu Gleichungen derselben Genauigkeit, aber von einfacherer Gestalt, wenn man die Umschaltbedingung nur auf die mittleren Steintemperaturen Θ_m und Θ_m' zu Anfang und Ende der Perioden anwendet. Es soll also nur gefordert werden, daß im Augenblick des Umschaltens lediglich die mittlere Steintemperatur ungeändert bleibt.

Aus Gl. (477) erhält man für die mittlere Steintemperatur zu einer beliebigen Zeit t in der Warmperiode

$$\Theta_m = \frac{1}{\delta} \int_0^\delta \Theta \, dy = \vartheta + B_0 \exp\left(-\beta_0^2 at\right) \cdot \frac{\sin \beta_0 \dfrac{\delta}{2}}{\beta_0 \dfrac{\delta}{2}}. \tag{479}$$

Eine entsprechende Beziehung für Θ_m' folgt aus Gl. (478) für die Kaltperiode. Aus den erhaltenen Ausdrücken berechnet man nun Θ_m und Θ_m' für Anfang und Ende jeder Periode. Durch Gleichsetzen der entsprechenden Werte beim Übergang von der Warm- zur Kaltperiode und von der Kalt- zur Warmperiode erhält man schließlich zwei Gleichungen, die B_0 und B_0' festlegen.

Nach Kenntnis von B_0 und B_0' kann man den Temperaturverlauf im betrachteten Steinquerschnitt nach den Gln. (477) und (478) für den Beharrungszustand berechnen. Das Ergebnis einer solchen Berechnung für die Kaltperiode zeigt Bild 139. Die Temperaturverteilung im Stein wird hierbei in jedem Zeitpunkt durch einen cos-Bogen dargestellt. Geht man von der Temperatur Θ_{max}, die am Ende der Warmperiode erreicht wird, zum Beginn der Kaltperiode über, dann klappt im Sinne der Rechnung von Heiligenstaedt der zunächst nach oben offene cos-Bogen plötzlich in einen stärker gekrümmten nach unten offenen Bogen um, der in gleicher mittlerer Höhe liegt. Die von ϑ' aus gemessenen Ordinaten dieses umgeklappten cos-Bogens klingen dann im Verlauf der Kaltperiode nach

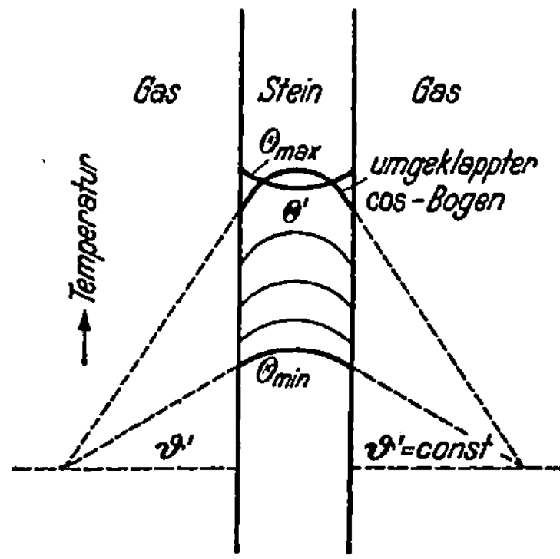

Bild 139. Verlauf der Steintemperatur in der Windperiode nach Heiligenstaedt.

Gl. (478) zeitlich exponentiell ab, wie es die für gleiche Zeitabstände in Bild 139 eingezeichneten Kurven erkennen lassen.

Heiligenstaedt hat aus dem von ihm berechneten Temperaturverlauf und mit Hilfe einer Gleichung, die grundsätzlich dasselbe leistet wie die erst in § 60 abzuleitende Gl. (501), erstmalig eine Beziehung für die Wärmeaustauschzahl $\varepsilon = k(T + T')$ abgeleitet. Die von ihm so erhaltene Beziehung ist wiederum reichlich verwickelt. Geht man hingegen von den Werten für B_0 und B_0' aus, die in der zuletzt beschriebenen Weise gewonnen wurden, dann ergibt mit Gl. (501) und (477) sich für den Wärmedurchgangskoeffizienten folgende erheblich einfachere Beziehung

$$k = \frac{\varrho c\, \delta}{2(T + T')} \cdot \frac{(1 - \psi)\,(1 - \psi')}{1 - \psi\psi'} \tag{480}$$

mit den Abkürzungen

$$\psi = \exp(-\beta_0^2 aT); \quad \psi' = \exp(-\beta_0'^2 aT'). \tag{481}$$

Die Annahme von Heiligenstaedt, daß die Gastemperatur in jeder Periode zeitlich konstant sei, trifft nach den später in § 59 und 61 durchgeführten Betrachtungen im allgemeinen nicht zu. Trotzdem bleibt die grundlegende Bedeutung der Arbeit von Heiligenstaedt bestehen. Denn er hat zum ersten Male gezeigt, wie man rein theoretisch die Vorgänge in erster Näherung berechnen und zu einer Wärmeaustauschzahl und damit auch zu einem Wärmedurchgangskoeffizienten gelangen kann.

§ 57. Verfahren von Rummel

Heiligenstaedt hat 1931 in seinem Buch [H 313] S. 169 selbst darauf hingewiesen, daß er die Annahme der zeitlich unveränderlichen Gastemperaturen nur zur Vereinfachung der Rechnung eingeführt hat, daß sie aber in Wirklichkeit nicht zutrifft. Um Abweichungen von dieser Annahme zu berücksichtigen und einen einfacheren Ausdruck für den Wärmedurchgangskoeffizienten als den von Heiligenstaedt zu finden, hat Rummel [R 304] einen mehr empirischen Weg eingeschlagen. Er suchte einen Ausdruck für den Wärmedurchgangskoeffizienten k, der ähnlich gestaltet ist wie die einfache Wärmedurchgangsgleichung (6) für ebene Wände. Er gelangte so zu der Beziehung

$$\frac{1}{k} = (T + T') \left(\frac{1}{\alpha T} + \frac{1}{\alpha' T'} + \frac{2}{\zeta \eta \varrho c\, \delta} \right), \tag{481}$$

worin η und ζ noch zu besprechende Funktionen bedeuten.

η ist der Ausnutzungsgrad der Steine, d.h. das Verhältnis der in einem Stück des Regenerators wirklich gespeicherten Wärmemenge zu der Wärmemenge, die bei demselben Verlauf der Oberflächentemperatur gespeichert werden könnte, wenn die Wärmeleitzahl λ_s der Steine unendlich groß wäre (Bild 140, links). Rummel berechnete η aus der Näherungsgleichung

$$\frac{1}{\eta} = 1 + \frac{\delta^2}{4a(T + T')} \quad \text{mit} \quad a = \frac{\lambda_s}{\varrho c}. \tag{482}$$

Die Verhältniszahl ζ ist allein durch den Verlauf der Oberflächentemperatur bestimmt, den man sich ähnlich wie in Bild 140 rechts vorstellen kann. Die zeitlichen Mittelwerte $\overline{\Theta}_0$ und $\overline{\Theta}_0'$ dieser Temperatur in beiden Perioden unterscheiden sich erheblich. Die größte Schwankung $\overline{\Theta}_{0max} - \overline{\Theta}_{0min}$ setzt Rummel ins Verhältnis zum Unterschied $\overline{\Theta}_0 - \overline{\Theta}_0'$ der zeitlichen Mittelwerte. Dieses Verhältnis bezeichnet er mit ζ, so daß

$$\zeta = \frac{\Theta_{0max} - \Theta_{0min}}{\overline{\Theta}_0 - \overline{\Theta}_0'} \tag{483}$$

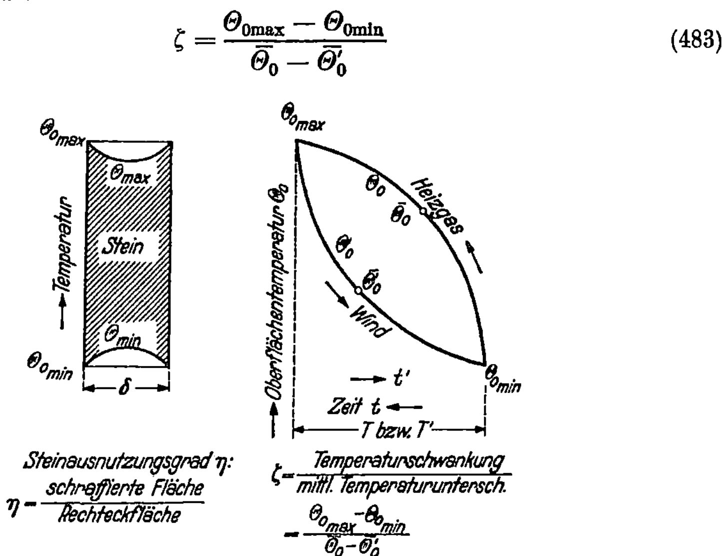

Bild 140. Zur Berechnung von Winderhitzern nach Rummel.

wird. ζ bestimmt Rummel aus Versuchen; er findet, daß ζ bei Winderhitzern nur wenig veränderlich ist und meist zwischen 2 und 3,5 liegt.

Kennt man ζ und η, dann ist die Berechnung von k nach Gl. (481) sehr einfach. Indessen konnte diese Gleichung vom theoretischen Standpunkt aus nicht ganz befriedigen, da sie die aus der Erfahrung zu bestimmende Verhältniszahl ζ enthält und auch η nur ungenau ermittelt werden kann.

Bemerkenswert ist, daß die vom Verfasser entwickelte Gl. (457) für k_0, d.h. für den aus der Grundschwingung abgeleiteten Wärmedurchgangskoeffizienten, eine ähnliche Form hat wie die Gl. (481) von Rummel.

§ 58. Verfahren von Schack

Wie schon erwähnt, hat Schack [S 307] ein Näherungsverfahren zur Berechnung von Regeneratoren veröffentlicht, dessen Ergebnisse mit unmittelbaren Messungen an einem Hochofenwinderhitzer gut übereinstimmen. Schack geht ebenso wie Heiligensteadt und zum Teil auch Rummel von Betrachtungen über den Temperaturverlauf in einem Steinquerschnitt aus. Für den zeitlichen Verlauf der mittleren Steintemperatur Θ_m, der Oberflächentemperatur Θ_0 und der Gastemperatur ϑ in einem solchen Querschnitt (vgl. Bild 129) macht Schack die empirischen Ansätze

$$\Theta_0 - \Theta_m = C_1 + C_2 \exp\left(n\,\frac{t}{T}\right) \tag{484}$$

und

$$\vartheta = C_3 + C_4 \exp\left(m\,\frac{t}{T}\right), \tag{485}$$

wobei C_1, C_2; C_3 und C_4, n und m Konstanten bedeuten. Die Werte von C_1, C_2, C_3 und C_4 ermittelt Schack unter Benutzung einer Beziehung von Gröber für den Steinausnützungsgrad η (vgl. § 57 und [S 303]) zum Teil aus der Bedingung, daß sich die Steintemperaturen Θ_0 und Θ_m beim Umschalten nicht unstetig ändern können, zum Teil aus einer Näherungsbetrachtung über die zeitlichen Schwankungen $\Delta\vartheta$ und $\Delta\vartheta'$ der Gastemperaturen während der Warm- und Kaltperiode. Ferner findet Schack durch Vergleich mit Versuchsergebnissen $n = -8$ und $m = 0{,}1$. Durch Einsetzen der so für $\Theta_0 - \Theta_m$ und ϑ erhaltenen Ausdrücke in Gl. (472) ergibt sich eine Differentialgleichung, die nur noch Θ_m als Unbekannte enthält und sich leicht integrieren läßt. Nach einigen weiteren Zwischenrechnungen gelangt Schack zu einer ziemlich verwickelten Gleichung für die Wärmeaustauschzahl $K = k(T + T')$, deren Auswertung durch Diagramme erleichtert wird.

Das Verfahren von Schack liefert die Wärmeaustauschzahl K und damit den Wärmedurchgangskoeffizienten k nur für eine bestimmte Stelle des Regenerators.

Bildet man daraus einen mittleren Wärmedurchgangskoeffizienten für den gesamten Regenerator und vergleicht man die so erhaltenen Werte von k mit den Werten, die das in § 54 beschriebene genaue Verfahren liefert, so gewinnt man folgenden Eindruck. Das Verfahren von Schack erweist sich bei den in der Hüttenindustrie üblichen Steinstärken und Periodendauern im allgemeinen als recht brauchbar und steht auch im Grenzfall sehr kurzer Regeneratoren mit der Theorie von Heiligensteadt sowie mit der des Verfassers in guter Übereinstimmung. Es wird hingegen mehr oder weniger unsicher bei sehr großer reduzierter Regeneratorlänge Λ (vgl. Gl. (546)) und bei sehr dünnwandiger Speichermasse, d.h. bei Verhältnissen, wie sie vor allem in der Tieftemperaturtechnik vorliegen.

§ 59. Grundschwingung eines Regenerators mit plattenförmiger Füllung bei gleichen Wärmekapazitäten beider Gasmengen je Periode

$$(CT = C'T')$$

Mit diesem Paragraphen beginnend, soll eine Theorie des Regenerators entwickelt werden, die von willkürlichen Annahmen praktisch frei ist[3] und daher das wirkliche Verhalten eines Regenerators sehr genau wiedergibt. Die wichtigsten Grundgedanken dieser Theorie wurden schon in § 53 erläutert. Sie bestehen vor allem darin, die Vorgänge im Beharrungszustand eines Regenerators als erzwungene Temperaturschwingungen aufzufassen und diese in die Grundschwingung und die Oberschwingungen zu zerlegen. Um die mathematischen Beziehungen zu erhalten, die die Grundschwingung und die Oberschwingungen wiedergeben, suchen wir diejenigen Lösungen der Differentialgleichungen (469), (471) und (472), die die Umschaltbedingung (vgl. § 55) erfüllen. Es gibt unendlich viele Lösungen dieser Art. Sie werden nach einer in der Theorie der partiellen Differentialgleichungen üblichen Bezeichnungsweise „Eigenfunktionen" genannt und durch einen „Eigenwert" $\varkappa$ unterschieden, der die Wertereihe aller ganzen reellen Zahlen von 0 bis ∞ durchläuft. Die Eigenfunktionen für $\varkappa = 0$ stellt, wie schon am Schluß von

---

[3] Nur bei der Berechnung der Oberschwingungen tritt eine kleine, praktisch aber unbedeutsame Ungenauigkeit dadurch auf, daß eine auf die mittlere Steintemperatur Θ_m bezogene Wärmedurchgangszahl $\bar{\alpha}$ eingeführt wird (vgl. § 63).

§ 53 erwähnt, die Grundschwingung dar, während die höheren Eigenfunktionen die Oberschwingungen wiedergeben.

Zunächst soll die nullte Eigenfunktion für den Fall abgeleitet werden, daß die Wärmekapazitäten der beiden durch den Regenerator strömenden Gase temperaturunabhängig und, bezogen auf die Dauer der Warm- bzw. Kaltperiode, einander gleich sind. Sind wie oben C und C' die Wärmekapazitäten der Gase je Zeiteinheit, T und T' die Dauer der Warm- und Kaltperiode, so bedeutet dies, daß $CT = C'T'$ sein soll. Die Steine werden vorerst wieder als Platten überall gleicher Dicke δ betrachtet.

Ableitung der nullten Eigenfunktion

In den meisten früheren Arbeiten über die Berechnung von steinernen Regeneratoren wurde als selbstverständlich angenommen, daß im Beharrungszustand die Temperaturen in der Längsrichtung eines Regenerators ebenso verlaufen wie in einem Rekuperator. Bei diesem Vergleich ist an den Temperaturverlauf des Regenerators in einem bestimmten Zeitpunkt oder auch im Zeitmittel einer Periode gedacht. Unter den genannten Lösungen der Differentialgleichungen läßt sich nun stets eine finden, die diesen einfachsten Temperaturverlauf in der Längsrichtung darstellt, und es läßt sich nachweisen, daß diese Lösung gerade die nullte Eigenfunktion ($\varkappa = 0$) ist, die der Grundschwingung entspricht[4]. Man kann daher auch die nullte Eigenfunktion dadurch definieren, daß sich nach ihr in der Längsrichtung derselbe Temperaturverlauf ergibt wie in einem Rekuperator.

In einem Rekuperator stellt sich ein linearer Temperaturverlauf ein, wenn $C = C'$ sowie α und α' unveränderlich sind. Daher muß auch die nullte Eigenfunktion für $CT = C'T'$ in jedem Augenblick einen linearen Temperaturverlauf in der Längsrichtung des Regenerators darstellen. Wir machen daher, da wir als Längskoordinate des Regenerators die bis zum betrachteten Querschnitt sich erstreckende Heizfläche f gewählt haben, sowohl für die Gastemperatur ϑ wie auch für die Steintemperatur Θ bei unveränderlicher Zeit t den Ansatz

$$\left(\frac{\partial \vartheta}{\partial f}\right)_t = \left(\frac{\partial \Theta}{\partial f}\right)_t = \left(\frac{\partial \Theta_m}{\partial f}\right)_t = \text{const.} \tag{486}$$

Wenn man außer α und C auch λ_s, ϱ, c und δ als unveränderlich voraussetzt, dann ergibt sich zunächst aus Gl. (471), daß $\Theta_0 - \vartheta = \text{const}$ ist. Der Temperaturunterschied zwischen der Steinoberfläche und dem Gas hat hiernach zu der gegebenen Zeit t an allen Stellen des Regenerators denselben Wert. Daher muß in einer gegebenen Zeitspanne an allen Stellen gleichviel Wärme übertragen werden, so daß die Temperaturen sich überall gleich schnell ändern. Die Geraden, die den Temperaturverlauf in der Längsrichtung des Regenerators darstellen, müssen sich hiernach parallel verschieben. Daher hängt die Konstante in Gl. (486) und damit auch $\Theta_0 - \vartheta$ nicht von der Zeit ab. Hiermit erhalten wir weiter aus Gl. (472)

$$\left(\frac{\partial \Theta_m}{\partial t}\right)_f = \text{const.} \tag{487}$$

---

[4] Der Nachweis kann erst in § 68 und § 70 gebracht werden.

Aus dem linearen Verlauf in der Längsrichtung ergibt sich also, daß die *mittlere Temperatur* Θ_m in jedem Steinquerschnitt *zeitlich linear verläuft*. Diese früher nur als sehr gute Näherung angesehene Regel[5] ist hiermit als eine *exakte Gesetzmäßigkeit der nullten Eigenfunktion* bei $CT = C'T'$ erwiesen.

Nach der Umschaltbedingung müssen die mittleren Steintemperaturen Θ_m und Θ_m' in der Warm- und Kaltperiode im Augenblick jedes Umschaltens einander gleich sein, da am Ende der Kaltperiode die mittlere Steintemperatur denselben Wert haben muß wie bei Beginn der Warmperiode und umgekehrt. Hieraus folgt mit Gl. (487), daß für jeden Regeneratorquerschnitt der Verlauf von Θ_m und Θ_m' durch *eine einzige gemeinsame gerade Linie* dargestellt wird, wenn man, wie in Bild 129, die Zeiten t und t' in der Warm- und Kaltperiode in entgegengesetzter Richtung als Abszisse und in solchem Maßstab aufträgt, daß hierbei T und T' als gleich große Strecken erscheinen. Θ_m und Θ_m' durchlaufen die genannte Gerade abwechselnd in entgegengesetztem Sinne, wie es schon an Bild 129 erörtert wurde. Nennt man ferner Zeitpunkte t und t' beider Perioden, denen in Bild 129 derselbe Abszissenwert zukommt, „einander entsprechende" Zeiten, so gilt für solche Zeiten

$$\Theta_m = \Theta_m'. \tag{488}$$

Auch diese Gleichung bringt eine wichtige Eigenschaft der nullten Eigenfunktion zum Ausdruck.

Nach diesen Erkenntnissen kommt den mittleren Steintemperaturen Θ_m und Θ_m' in den weiteren Betrachtungen eine grundlegende Bedeutung zu. Sie bilden in ihrem Verlauf gewissermaßen ein einfach gestaltetes Gerüst, auf dem sich der wesentlich verwickeltere Verlauf der einzelnen Steintemperaturen Θ und Θ' und der Gastemperaturen ϑ und ϑ' aufbaut.

Bild 128 und 129 geben bereits eine angenäherte Vorstellung, wie sich die Gastemperaturen und Steintemperaturen im Rahmen der nullten Eigenfunktion grundsätzlich verhalten. Um diesen Temperaturverlauf unter sehr verschiedenen Verhältnissen exakt zu berechnen, benützen wir folgende Lösung der Differentialgleichung (469):

$$\Theta = A + \left(\frac{\partial \Theta_m}{\partial t}\right)_f \cdot t - \frac{1}{2a}\left(\frac{\partial \Theta_m}{\partial t}\right)_f y(\delta - y) + \sum_{n=1}^{\infty} B_n \cdot \exp\left(-\beta_n^2 at\right) \cdot \cos \beta_n \left(y - \frac{\delta}{2}\right), \tag{489}$$

worin A, B_n und β_n zunächst willkürlich wählbare Konstanten bedeuten und $\left(\dfrac{\partial \Theta_m}{\partial t}\right)_f$ gemäß Gl. (487) unveränderlich ist. Der zunächst nur als Index auftretende Buchstabe n sei eine positive, reelle ganze Zahl, die also die Werte 0, 1, 2, 3 usw. annehmen kann. Das erste Glied nach A entspricht der Forderung, daß Θ_m zeitlich linear verlaufen soll. Das zweite Glied stellt den parabolischen Temperaturverlauf dar, wie er sich gegen Ende der Periode auszubilden strebt (vgl. Bild 128). Die Reihe mit den cos-Gliedern endlich gibt die Abweichungen vom parabolischen Verlauf wieder, die im wesentlichen unmittelbar nach dem Umschalten auftreten. Durch die Art, wie diese Glieder von y abhängen, ist berücksichtigt, daß die Lösung

---

[5] Vgl. H. Hausen [H 307].

symmetrisch zur Steinmitte $y = \delta/2$ sein muß[6]. Hierbei y ist wie in Bild 128 der Abstand der betrachteten Stelle im Stein von einer seiner beiden Oberflächen.

Um trotz des Hinzutretens der cos-Glieder den zeitlich linearen Verlauf von Θ_m zu wahren, bestimmen wir die Werte von β_n so, daß der über die gesamte Steindicke δ gebildete Mittelwert jedes cos-Gliedes verschwindet. Wir setzen daher

$$\frac{1}{\delta} \int_0^\delta \cos \beta_n \left(y - \frac{\delta}{2}\right) \cdot dy = 0$$

und erhalten hierdurch

$$\beta_n = \frac{2n\pi}{\delta}. \tag{490}$$

Ebenso verschwindet der Mittelwert des parabolischen Gliedes, wenn man $\delta^2/6$ von $y\,(\delta - y)$ subtrahiert. Da wir ferner über das Vorzeichen von B_n noch willkürlich verfügen dürfen, können wir statt Gl. (489) unter Berücksichtigung von Gl. (473) und (490) auch schreiben:

$$\Theta = \Theta_m - \frac{\alpha}{\lambda_s \delta} (\vartheta - \Theta_0) \left[y(\delta - y) - \frac{\delta^2}{6}\right]$$
$$+ \sum_{n=1}^\infty B_n \exp\left[-\left(\frac{2n\pi}{\delta}\right)^2 at\right] \cos\left(2n\pi\,\frac{y}{\delta}\right). \tag{491}$$

Beziehen wir diese Gleichung auf die Warmperiode, so erhalten wir entsprechend für die Kaltperiode

$$\Theta' = \Theta'_m - \frac{\alpha'}{\lambda_s \delta} (\vartheta' - \Theta'_0) \left[y(\delta - y) - \frac{\delta^2}{6}\right]$$
$$+ \sum_{n=1}^\infty B'_n \exp\left[-\left(\frac{2n\pi}{\delta}\right)^2 at'\right] \cos\left(2n\pi\,\frac{y}{\delta}\right). \tag{492}$$

Die letzte Gleichung können wir noch etwas umformen, wenn wir berücksichtigen, daß im Beharrungszustand je Einheit der Oberfläche in der Kaltperiode eine ebenso große Wärmemenge q_{Per} ausgetauscht wird wie in der Warmperiode, daß also gilt

$$q_{Per} = \alpha'(\Theta'_0 - \vartheta')\, T' = \alpha(\vartheta - \Theta_0)\, T. \tag{493}$$

Hiermit geht Gl. (492) über in

$$\Theta' = \Theta'_m + \frac{\alpha}{\lambda_s \delta} (\vartheta - \Theta_0) \frac{T}{T'} \left[y(\delta - y) - \frac{\delta^2}{6}\right]$$
$$+ \sum_{n=1}^\infty B'_n \exp\left[-\left(\frac{2n\pi}{\delta}\right)^2 at'\right] \cos\left(2n\pi\,\frac{y}{\delta}\right). \tag{494}$$

---

[6] Die beiden Glieder mit $\left(\dfrac{\partial \Theta_m}{\partial t}\right)_f$ in Gl. (489) bilden ein partikuläres Integral von Gl. (469) für den Sonderfall:

$$\left(\frac{\partial \Theta}{\partial t}\right)_f = \left(\frac{\partial \Theta_m}{\partial t}\right)_f = \text{const.}$$

Mathematisch ist bemerkenswert, daß diese beiden Glieder auch als nulltes Glied der cos-Reihe aufgefaßt werden können, wie sich durch einen Grenzübergang zu $\beta_n = 0$ mit unendlich groß werdendem B_n leicht zeigen läßt. Die genannten beiden Glieder sind in Gl. (489) vorweggenommen, weil man auf diese Weise von den besprochenen Eigenschaften der mittleren Steintemperaturen am einfachsten Gebrauch machen kann.

Die Zeit t bzw. t' soll in jeder Periode, mit dem Augenblick des Umschaltens beginnend, neu gezählt werden.

Die Werte von B_n und B_n' erhalten wir aus der *Umschaltbedingung*. Nach dieser soll an allen Stellen des betrachteten Querschnitts die Steintemperatur bei Beginn der Warmperiode denselben Wert haben wie am Ende der Kaltperiode und umgekehrt. Bestimmen wir somit aus Gl. (491) die Temperatur Θ am Anfang der Warmperiode ($t = 0$) und aus Gl. (494) die Temperatur Θ' am Ende der Kaltperiode ($t' = T'$), so erhalten wir durch Gleichsetzen unter Berücksichtigung von Gl. (488)

$$\sum_{n=1}^{\infty} \left\{ B_n - B_n' \exp\left[-\left(\frac{2n\pi}{\delta}\right)^2 aT' \right] \right\} \cos\left(2n\pi \frac{y}{\delta} \right)$$

$$= \frac{\alpha}{\lambda_s \delta} (\vartheta - \Theta_0)\left(1 + \frac{T}{T'} \right)\left[y(\delta - y) - \frac{\delta^2}{6} \right]. \tag{495}$$

Auf der linken Seite dieser Gleichung steht eine Fouriersche Reihe mit den noch zu bestimmenden Koeffizienten

$$B_n - B_n' \exp\left[-\left(\frac{2n\pi}{\delta}\right)^2 aT' \right].$$

Setzt man die rechte Seite von Gl. (495) gleich $f(y)$, so erhalten wir nach den bekannten Gleichungen zur Ermittlung der Fourier-Koeffizienten

$$B_n - B_n' \exp\left[-\left(\frac{2n\pi}{\delta}\right)^2 aT' \right] = \frac{2}{\delta} \int_0^\delta f(y) \cos\left(2n\pi \frac{y}{\delta} \right) \cdot dy$$

und nach Ausführung der Integration

$$B_n - B_n' \exp\left[-\left(\frac{2n\pi}{\delta}\right)^2 aT' \right] = -\frac{1}{(n\pi)^2} \frac{\alpha\,\delta}{\lambda_s} (\vartheta - \Theta_0) \frac{T + T'}{T'}. \tag{496}$$

Eine entsprechende Betrachtung für das Ende der Warmperiode und den Anfang der Kaltperiode ergibt:

$$B_n' - B_n \exp\left[-\left(\frac{2n\pi}{\delta}\right)^2 aT \right] = +\frac{1}{(n\pi)^2} \frac{\alpha\,\delta}{\lambda_s} (\vartheta - \Theta_0) \frac{T + T'}{T'}. \tag{497}$$

Löst man Gl. (496) und (497) nach B_n und B_n' auf, so erhält man durch Einsetzen des für B_n sich ergebenden Ausdrucks in Gl. (491) als *allgemeinste Form der nullten Eigenfunktion für $CT = C'T'$*:

$$\Theta = \Theta_m - \frac{\alpha\,\delta}{\lambda_s} (\vartheta - \Theta_0)\left[\frac{y}{\delta}\left(1 - \frac{y}{\delta} \right) - \frac{1}{6} \right.$$

$$+ \frac{T + T'}{T'} \sum_{n=1}^{\infty} \frac{1}{(n\pi)^2} \cdot \frac{1 - \exp\left[-\left(\frac{2n\pi}{\delta}\right)^2 aT' \right]}{1 - \exp\left[-\left(\frac{2n\pi}{\delta}\right)^2 a(T + T') \right]} \cdot \exp\left[-\left(\frac{2n\pi}{\delta}\right)^2 at \right]$$

$$\times \left. \cos\left(2n\pi \frac{y}{\delta} \right) \right]. \tag{498}$$

Hierin ist Θ_m unter Berücksichtigung von Gl. (473) gegeben durch

$$\Theta_m = (\Theta_m)_a + \left(\frac{\partial \Theta_m}{\partial t} \right)_f t = (\Theta_m)_a + \frac{2\alpha}{\varrho c\,\delta} (\vartheta - \Theta_0)\, t, \tag{499}$$

wenn $(\Theta_m)_a$ den Wert von Θ_m bei Beginn der Periode bedeutet. Nach Gl. (498) und (499) kann man den gesamten Temperaturverlauf in der betrachteten Periode und bei entsprechender Anwendung auch in der nächstfolgenden Periode berechnen. Die Gastemperatur ϑ erhält man, indem man aus Gl. (498) mit $y = 0$ die Oberflächentemperatur Θ_0 berechnet und den zeitlich unveränderten Wert $\vartheta - \Theta_0$ hinzuaddiert.

Ergebnisse der Berechnung

In Bild 141 ist für $CT = C'T'$ der nach Gl. (498) und (499) berechnete Temperaturverlauf in einem 80 mm dicken Stein dargestellt, wobei die Periodendauern

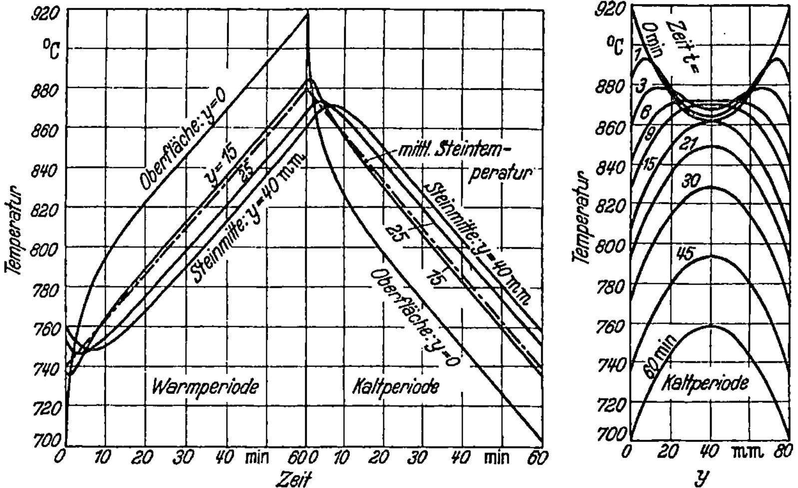

Bild 141. Gerechneter Temperaturverlauf in einem 80 mm dicken Regenerator-Stein.

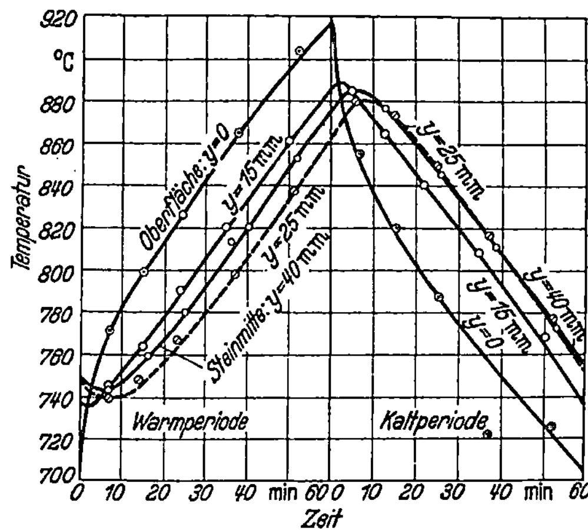

Bild 142. Zeitlicher Temperaturverlauf in einem Gitterstein nach Messungen von Schumacher.

zu $T = T' = 1\,h$ angenommen sind. Ferner wurde $\lambda_s = 1{,}163\ \mathrm{W/mK}$, $\varrho = 2\,000\ \mathrm{kg/m^3}$, $c = 1{,}047\ \mathrm{kJ/kgK}$ gesetzt. Die Kurven auf der linken Seite von Bild 141 geben den zeitlichen Temperaturverlauf in einem bestimmten Steinquerschnitt, und zwar an der Steinoberfläche ($y = 0$), 15 und 25 mm von der Oberfläche entfernt und in der Steinmitte selbst ($y = \delta/2 = 40\ \mathrm{mm}$) wieder. Der Temperaturverlauf ist hiernach an allen Stellen des Steines ähnlich wie in Bild 129 unmittelbar nach dem Umschalten gekrümmt und geht allmählich in eine zeitlich lineare Änderung über. Der vollständig geradlinige Verlauf der mittleren Steintemperaturen Θ_m und Θ_m' ist strichpunktiert eingezeichnet. Die rechte Seite zeigt ähnlich wie Bild 128 die Temperaturverteilung im Steinquerschnitt zu verschiedenen Zeiten t. Zum Vergleich enthält Bild 142 Meßergebnisse von Schumacher [S 317] an einem Versuchswinderhitzer, die sich auf dieselben Verhältnisse beziehen wie Abb. 141. Die Übereinstimmung zwischen Rechnung und Versuch erweist sich hiernach innerhalb der Meßgenauigkeit als sehr gut.

Das Bild des Temperaturverlaufs im Stein ändert sich, wenn man zu dickeren Steinen oder kürzeren Periodendauern übergeht. Je dicker der Stein ist, desto länger dauert der in Bild 128 und 141 (rechts) dargestellte Übergang der parabelförmigen oder parabelähnlichen Kurve aus der nach oben offenen in die nach unten offene Lage. Bei sehr dicken Steinen kann dies so viel Zeit beanspruchen, daß selbst am Ende der Periode die Parabelgestalt nicht vollständig erreicht wird. Die Abweichungen von dieser Gestalt bleiben ferner um so größer, je kürzer die Periode dauert. Bild 143 zeigt das Ergebnis einer Berechnung für einen 200 mm dicken Stein unter sonst gleichen Verhältnissen wie in Bild 141, wobei insbesondere auch die Periodendauer wieder zu 1 h angenommen ist. Man erkennt, daß die Steinmitte sich verhältnismäßig wenig an den Temperaturschwankungen und damit an der Wärmeübertragung beteiligt. Von einer bestimmten Steindicke an werden die Temperaturschwankungen in der Steinmitte, ungeänderte Periodendauer vorausgesetzt, praktisch ganz aufhören. Eine weitere Erhöhung der Steindicke kann dann den Wärmeaustausch nicht mehr beeinflussen. Daher muß dann auch die Wärmedurchgangszahl von der Steindicke unabhängig werden.

Bild 144 zeigt den für dieselben Fälle berechneten Verlauf der Gastemperaturen abhängig von der Zeit. Die drei oberen Kurven gelten für den 80 mm dicken Stein bei einer Periodendauer von $T = T' = 20$, 40 und 60 min, die untere Kurve gilt für den 200 mm dicken Stein bei $T = T' = 60$ min. Man erkennt auch hier, daß innerhalb jeder Periode die Temperaturen sich anfänglich rasch ändern und dann mehr und mehr einem linearen Verlauf zustreben.

Bei Regeneratoren, deren Speichermasse aus Metallblechen aufgebaut ist, ist δ/λ_s in der Regel so klein, daß man ohne merklichen Fehler $\delta/\lambda_s = 0$ setzen kann. Hiermit wird nach Gl. (498) $\Theta = \Theta_m$. Da dann auch $\Theta_0 = \Theta_m$, verläuft in diesem Falle nach der nullten Eigenfunktion nicht nur die Temperatur der Speichermasse, sondern wegen $\vartheta - \Theta_0 = $ const auch die Gastemperatur zeitlich vollkommen linear.

Diese Folgerungen werden durch Bild 145 bestätigt, das den zeitlichen Verlauf der Gastemperatur in der Mitte eines solchen Regenerators nach Messungen von Glaser [G 301] darstellt. An der Meßstelle waren die Bedingungen der nullten Eigenfunktion praktisch vollkommen erfüllt. Als Ordinate ist der Widerstand des jeder Temperaturänderung der Gase sofort folgenden elektrischen Widerstandthermometers aufgetragen. Da die Änderungen des Widerstandes in dem fraglichen Bereich den Tempeaturänderungen proportional sind, geht aus diesen Messungen der zeitlich lineare Temperaturverlauf deutlich hervor.

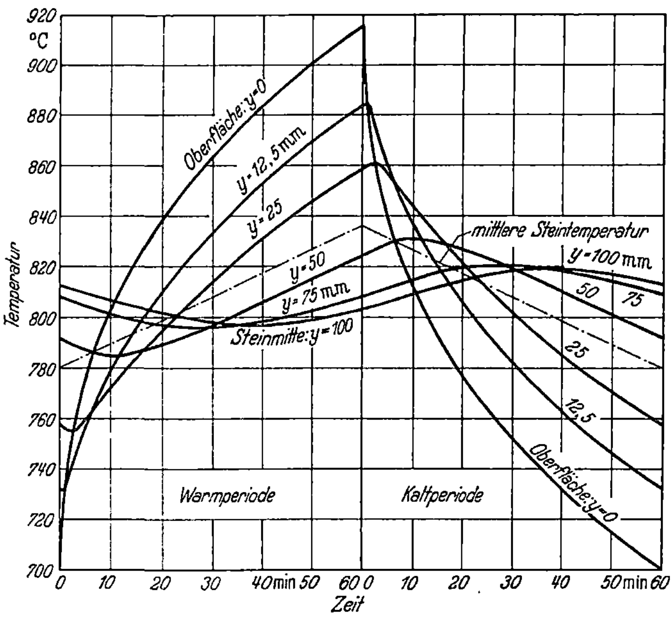

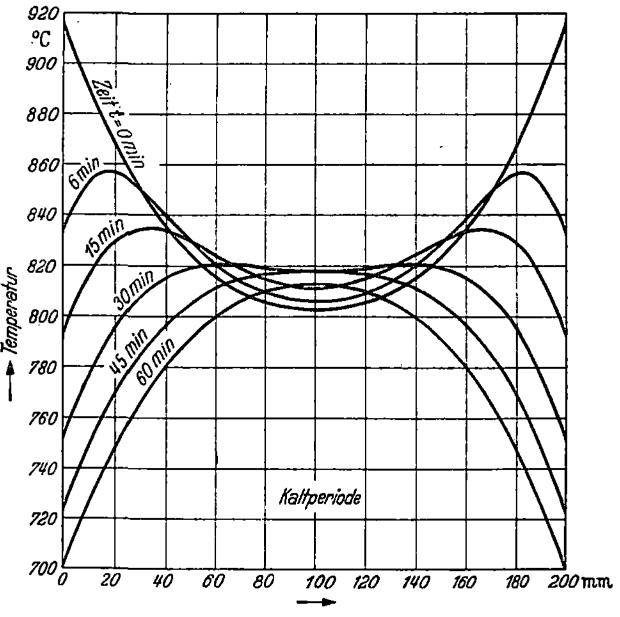

Bild 143. Temperaturverlauf in einem 200 mm dicken Stein.

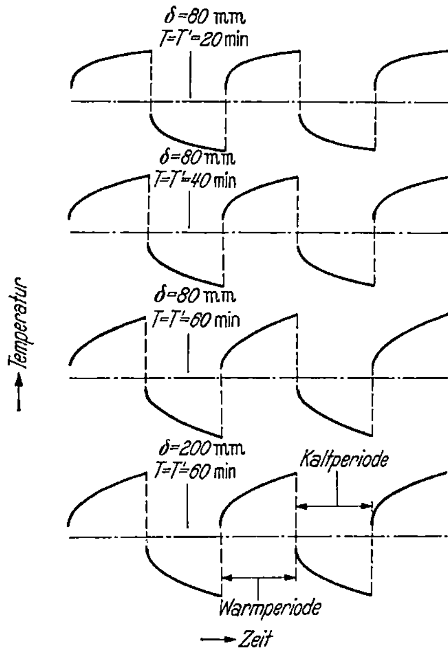

Bild 144. Berechneter Verlauf der Gastemperaturen abhängig von der Zeit.

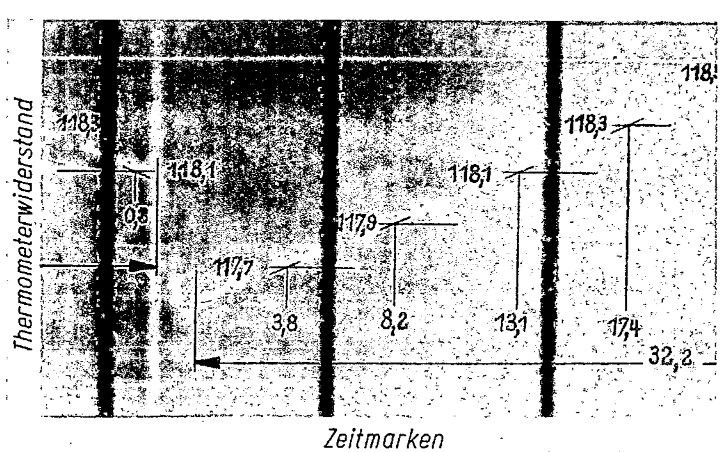

Bild 145. Zeitlich linearer Temperaturverlauf in einem Regenerator mit metallischer Speichermasse nach Messungen von Glaser.
Schräge helle Linien: Widerstand des Thermometers; waagerechte helle Linien: Vergleichs-
widerstände; senkrechte dunkle Linien: Zeitmarken.

§ 60. Allgemeine Beziehungen für den Wärmedurchgangskoeffizienten und Anwendung auf die nullte Eigenfunktion

Das Endziel der Berechnungen des örtlichen und zeitlichen Temperaturverlaufs in Regeneratoren besteht meist darin, einen Ausdruck für den Wärmedurchgangskoeffizienten k zu finden. Denn nach Kenntnis dieses Koeffizienten
lassen sich auf Grund von Gl. (456) die für den Bau und Betrieb von Regeneratoren

wichtigsten Daten ebenso einfach berechnen wie von Rekuperatoren. Hiermit kann man z.B. die in jeder Periode übertragene Wärmemenge Q_{Per} oder auch die beiden unbekannten mittleren Austrittstemperaturen $\bar{\vartheta}_2$ und $\bar{\vartheta}_2'$ ermitteln.

Zunächst sollen zwei allgemein geltende Beziehungen für den Wärmedurchgangskoeffizienten abgeleitet werden. Anschließend wird die Anwendung auf die im vorangehenden Paragraphen entwickelte nullte Eigenfunktion gezeigt.

In der Warmperiode beträgt die durch ein Element df der Heizfläche in der Zeit dt übertragene Wärmemenge dQ nach Gl. (470)

$$dQ = \alpha\, df\, dt(\vartheta - \Theta_0).$$

Hieraus erhält man, wenn man den Wärmeübergangskoeffizienten α im gesamten Regenerator als unveränderlich annimmt und den zeitlichen und örtlichen Mittelwert der Temperaturdifferenz $\vartheta - \Theta_0$ mit $(\bar{\vartheta} - \overline{\Theta}_0)_M$ bezeichnet, für die gesamte in der Warmperiode übertragene Wärmemenge

$$Q_{Per} = \alpha F T(\bar{\vartheta} - \overline{\Theta}_0)_M.$$

Durch Gleichsetzen dieser Beziehung für Q_{Per} mit Gl. (456) ergibt sich

$$k = \frac{\alpha T}{T + T'} \cdot \frac{(\bar{\vartheta} - \overline{\Theta}_0)_M}{\Delta\vartheta_M} \qquad \text{(Mittelwert im gesamten Regenerator).} \qquad (500)$$

Hiermit ist die gesuchte allgemeine Beziehung für k gefunden. Durch sie ist die Berechnung von k auf die Berechnung der mittleren Temperaturdifferenzen $(\bar{\vartheta} - \overline{\Theta}_0)_M$ und $\Delta\vartheta_M$ zurückgeführt, die aus den Lösungen der Differentialgleichungen ermittelt werden können.

Die nach Gl. (500) berechnete Wärmedurchgangszahl stellt einen Mittelwert für den gesamten Regenerator dar. Man kann aber nach Gl. (500) auch den Wärmedurchgangskoeffizienten k_ξ an einer bestimmten Stelle ξ des Regenerators berechnen, indem man statt $(\bar{\vartheta} - \overline{\Theta}_0)_M$ und $\Delta\vartheta_M$ nur die für den betrachteten Querschnitt geltenden zeitlichen Mittelwerte $\bar{\vartheta} - \overline{\Theta}_0$ und $\bar{\vartheta} - \bar{\vartheta}'$ einsetzt. Man erhält so

$$k_\xi = \frac{\alpha T}{T + T'} \frac{\bar{\vartheta} - \overline{\Theta}_0}{\bar{\vartheta} - \bar{\vartheta}'} \qquad \text{(für einen bestimmten Querschnitt des Regenerators).} \qquad (501)$$

Der durch Gl. (501) bestimmte Wärmedurchgangskoeffizient k ändert sich im allgemeinen in der Längsrichtung des Regenerators, und zwar auch dann, wenn α überall denselben Wert hat. Denn das Verhältnis der Temperaturunterschiede in Gl. (501) ist infolge des in § 54 erwähnten Einflusses der Hystereseschleifen namentlich in der Nähe der Enden des Regenerators von Stelle zu Stelle verschieden. Wir brauchen jedoch im vorliegenden und folgenden Kapitel, soweit wir nur die Grundschwingung des Regenerators behandeln, diese Veränderlichkeit noch nicht zu berücksichtigen. Wir können dann den Wärmedurchgangskoeffizienten stets nach der einfachen Gl. (501) berechnen und erhalten so trotzdem sofort den mittleren Wärmedurchgangskoeffizienten k, weil für die Grundschwingung Gl. (500) und (501) übereinstimmen.

Der Wärmedurchgangskoeffizient k_0 nach der nullten Eigenfunktion

Nachdem durch Gl. (498) und (499) der Temperaturverlauf bekannt ist, läßt sich mit Hilfe von Gl. (501) der Wärmedurchgangskoeffizient k_0 berechnen, der der nullten Eigenfunktion entspricht.

Wir bestimmen zunächst den zeitlichen Mittelwert der Oberflächentemperatur Θ_0 in der Warmperiode, indem wir in Gl. (498) $y = 0$ setzen und über die Zeit t von 0 bis T integrieren. Wir erhalten so

$$\overline{\Theta}_0 - \overline{\Theta}_m = \frac{\alpha \, \delta}{\lambda_s} (\vartheta - \Theta_0) \, \Phi, \tag{502}$$

worin $\overline{\Theta}_m$ das Zeitmittel von Θ_m bedeutet und Φ zur Abkürzung gesetzt ist für

$$\Phi = \frac{1}{6} - \frac{\delta^2}{4a} \left(\frac{1}{T} + \frac{1}{T'} \right)$$

$$\times \sum_{n=1}^{\infty} \frac{1}{(n\pi)^4} \cdot \frac{\left\{ 1 - \exp\left[-\left(\frac{2n\pi}{\delta}\right)^2 aT \right] \right\} \left\{ 1 - \exp\left[-\left(\frac{2n\pi}{\delta}\right)^2 aT' \right] \right\}}{1 - \exp\left[-\left(\frac{2n\pi}{\delta}\right)^2 a(T + T') \right]}. \tag{503}$$

In entsprechender Weise ergibt sich für die Kaltperiode unter Berücksichtigung von Gl. (493)

$$\overline{\Theta}'_m - \overline{\Theta}'_0 = \frac{\alpha \, \delta}{\lambda_s} (\vartheta - \Theta_0) \frac{T}{T'} \, \Phi. \tag{504}$$

Der zeitliche Mittelwert $\bar{\vartheta} - \bar{\vartheta}'$ des Unterschiedes der Gastemperaturen ist wegen $\vartheta - \Theta_0 = \text{const}, \Theta'_0 = \vartheta' - \text{const}$ und $\overline{\Theta}_m = \overline{\Theta}'_m$ [entsprechend Gl. (488)] bestimmt durch

$$\bar{\vartheta} - \bar{\vartheta}' = (\vartheta - \Theta_0) + (\overline{\Theta}_0 - \overline{\Theta}_m) + (\overline{\Theta}'_m - \overline{\Theta}'_0) + (\Theta'_0 - \vartheta'). \tag{505}$$

Man erhält durch Einsetzen von Gl. (502) und (504) in Gl. (505) unter Berücksichtigung von Gl. (493)

$$\bar{\vartheta} - \bar{\vartheta}' = (\vartheta - \Theta_0) \left[1 + \frac{\alpha T}{\alpha' T'} + \left(1 + \frac{T}{T'} \right) \frac{\alpha \, \delta}{\lambda_s} \, \Phi \right]. \tag{506}$$

Hiermit ergibt sich wegen $\vartheta - \Theta_0 = \text{const}$ und damit auch $\bar{\vartheta} - \bar{\vartheta}' = \text{const}$ nach Gl. (501) folgende Beziehung für den *Wärmedurchgangskoeffizienten k_0*

$$\frac{1}{k_0} = (T + T') \left[\frac{1}{\alpha T} + \frac{1}{\alpha' T'} + \left(\frac{1}{T} + \frac{1}{T'} \right) \frac{\delta}{\lambda_s} \, \Phi \right]. \tag{507}$$

Diese Gleichung, die schon in § 54 als Gl. (457) erwähnt wurde, gilt für die nullte Eigenfunktion bei beliebig dicken Steinen und bei beliebiger Dauer der Warm- und Kaltperiode. Obwohl sie nur unter der Annahme $CT = C'T'$ abgeleitet ist, läßt sie sich, wie im übernächsten Paragraphen gezeigt wird, auch in anderen Fällen mit sehr guter Näherung anwenden.

Weitere Beziehungen für die Funktion Φ

Der Faktor Φ im letzten Glied von Gl. (507) enthält nach Gl. (503) zunächst die vom parabolischen Temperaturverlauf herrührende Konstante 1/6. Die Reihe hingegen bringt den Einfluß der sehr raschen Temperaturänderungen zum Ausdruck, wie sie unmittelbar nach dem Umschalten z. B. nach Bild 129, 141 oder 143 auftreten. Diese verwickelte Funktion scheint die Berechnung von k_0 nach Gl. (507) nicht unwesentlich zu erschweren. Man kann aber Gl. (503) durch folgende sehr genau geltende Näherungsbeziehungen ersetzen:

$$\text{für} \quad \frac{\delta^2}{2a}\left(\frac{1}{T}+\frac{1}{T'}\right) \leqq 10: \quad \Phi = \frac{1}{6} - \frac{1}{180}\frac{\delta^2}{2a}\left(\frac{1}{T}+\frac{1}{T'}\right), \tag{508}$$

$$\text{für} \quad \frac{\delta^2}{2a}\left(\frac{1}{T}+\frac{1}{T'}\right) \geqq 10: \quad \Phi = \frac{0{,}357}{\sqrt{0{,}3 + \dfrac{\delta^2}{2a}\left(\dfrac{1}{T}+\dfrac{1}{T'}\right)}}. \tag{509}$$

Noch einfacher ist es, Φ aus Bild 146 abzugreifen, in dem Φ nach Gl. (503) abhängig von $\dfrac{\delta^2}{aT}$ (bei $T = T'$) oder allgemeiner von $\dfrac{\delta^2}{2a}\left(\dfrac{1}{T}+\dfrac{1}{T'}\right)$ aufgetragen ist. Die ausgezogene Kurve gilt für $T = T'$, die gestrichelten Kurven für $T = 2T'$

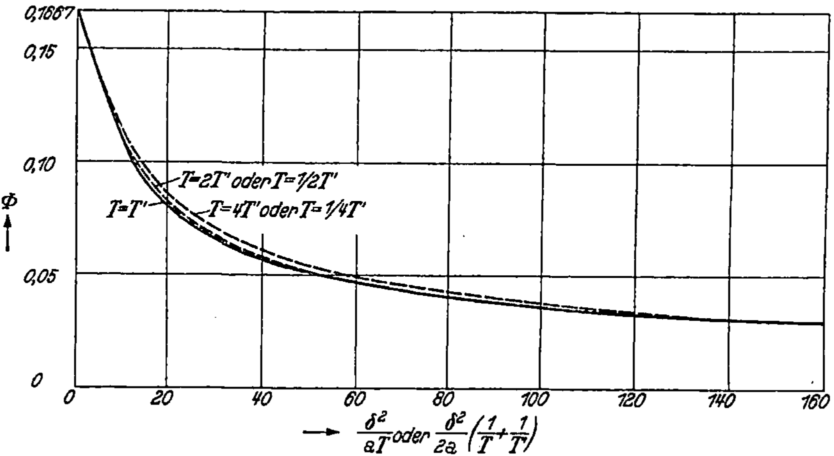

Bild 146. Hilfsfunktion Φ zur Berechnung des Wärmedurchgangskoeffizienten.

oder $T = \dfrac{1}{2}T'$ und für $T = 4T'$ oder $T = \dfrac{1}{4}T'$. Die gestrichelten Linien zeigen, daß selbst bei $T = 4T'$ oder $T = \dfrac{1}{4}T'$ die Abweichungen von den Werten für $T = T'$ sehr gering sind. In fast allen praktischen Fällen kann man daher Φ genau genug aus der ausgezogenen Kurve (vgl. auch Bild 134) abgreifen oder mit den einfachen, ihr sehr nahe entsprechenden Gln. (508) und (509) berechnen. Alle diese Betrachtungen gelten unter der Voraussetzung $CT = C'T'$.

Zur Vervollständigung und als Unterlage für theoretische Untersuchungen seien noch einige weitere, streng gültige Beziehungen für Φ mitgeteilt. Gl. (503) hat den Nachteil, daß die darin enthaltene Reihe sehr langsam konvergiert. Es ist daher zweckmäßig sie noch etwas umzuformen, indem man in jedem Glied der Reihe unter dem Summenzeichen $\dfrac{1}{(n\pi)^4}$ addiert und subtrahiert.

Da ferner $\sum\limits_{n=1}^{\infty} \dfrac{1}{(n\pi)^4} = \dfrac{1}{90}$, erhält man statt Gl. (503)

$$\Phi = \frac{1}{6} - \frac{1}{90}\frac{\delta^2}{4a}\left(\frac{1}{T} + \frac{1}{T'}\right) + \frac{1}{\pi^4}\frac{\delta^2}{4a}\left(\frac{1}{T} + \frac{1}{T'}\right)$$

$$\times \sum_{n=1}^{\infty} \frac{1}{n^4} \cdot \frac{\exp\left[-\left(\frac{2n\pi}{\delta}\right)^2 aT\right] + \exp\left[-\left(\frac{2n\pi}{\delta}\right)^2 aT'\right] - 2\exp\left[-\left(\frac{2n\pi}{\delta}\right)^2 a(T + T')\right]}{1 - \exp\left[-\left(\frac{2n\pi}{\delta}\right)^2 a(T + T')\right]}.$$

$$(510)$$

Die Summe in dieser Reihe konvergiert so rasch, daß man in den meisten praktischen Fällen die Summe entweder gar nicht $\left(\text{bis etwa } \dfrac{\delta^2}{2a}\left(\dfrac{1}{T} + \dfrac{1}{T'}\right) = 10\right)$ oder nur ihr erstes Glied zu berücksichtigen braucht. Bei vollständiger Vernachlässigung der Summe erhält man die Näherunsgleichung (508), die sich somit theoretisch begründen läßt.

Für $T = T'$ gehen Gl. (503) und (510) über in

$$\Phi = \frac{1}{6} - \sum_{n=1}^{\infty} \frac{1}{(n\pi)^2} \cdot \frac{\tanh\left(\left(\frac{n\pi}{\delta}\right)^2 2aT\right)}{\left(\frac{n\pi}{\delta}\right)^2 2aT} \tag{511}$$

und

$$\Phi = \frac{1}{6} - \frac{1}{90} \cdot \frac{\delta^2}{2aT} + \frac{1}{\pi^4}\frac{\delta^2}{2aT}\sum_{n=1}^{\infty} \frac{1}{n^4}\left[1 - \tanh\left(\left(\frac{n\pi}{\delta}\right)^2 2aT\right)\right]. \tag{512}$$

Auch hier konvergiert die Reihe in Gl. (512) erheblich rascher als die in Gl. (511).

Die Grenzfälle sehr dünner und sehr dicker Steine

Für sehr dünne Steine nähert sich $\dfrac{\delta^2}{aT}$ oder $\dfrac{\delta^2}{2a}\left(\dfrac{1}{T} + \dfrac{1}{T'}\right)$ dem Wert 0. Nach den für Φ angegebenen Gleichungen sowie nach Bild 146 wird dann $\Phi = 1/6$. Gleichung (507) nimmt hierdurch eine etwas einfachere Gestalt an. Diese einfachere Beziehung gilt hiernach im Rahmen der nullten Eigenfunktion um so genauer, je dünner die Steine sind, am genauesten aber für eine aus dünnen Blechen aufgebaute Speichermasse.

Sowohl Gl. (509) wie auch eine exakte Grenzwertbetrachtung [H 308] zeigen, daß Gl. (503) mit wachsender Steindicke dem Ausdruck

$$\Phi = \frac{0{,}357}{\delta}\sqrt{\frac{2a}{\dfrac{1}{T} + \dfrac{1}{T'}}} \qquad \text{(für sehr dicke Steine)} \tag{513}$$

zustrebt. Hiermit erhält Gl. (507) die Gestalt

$$\frac{1}{k_0} = (T + T')\left[\frac{1}{\alpha T} + \frac{1}{\alpha' T'} + \sqrt{\frac{1}{T} + \frac{1}{T'}} \cdot \frac{0{,}505}{\sqrt{\lambda_s\, c\varrho}}\right] \qquad \text{(für sehr dicke Steine)}. \tag{514}$$

In dieser Gleichung tritt die Steindicke δ nicht mehr auf. Damit ist die schon erwähnet Forderung erfüllt, daß bei sehr dicken Steinen k_0 von der Steindicke unabhängig sein soll. Die asymptotische Darstellung (513) ist so gut, daß man Gl. (514) meist schon von $\dfrac{\delta}{2a}\left(\dfrac{1}{T} + \dfrac{1}{T'}\right) = 10$ ab genau genug anwenden kann.

Vergleich der Wärmedurchgangsgleichung für Regeneratoren mit der Gleichung für Rekuperatoren

Betrachtet man zwei zusammenarbeitende Regeneratoren mit gleicher Dauer $T = T'$ der Warm- und Kaltperiode und mit der Gesamtperiodendauer $T_{ges} = T + T'$, dann erhält man im Rahmen der nullten Eigenfunktion nach Gl. (468) und Gl. (507) als einen sinngemäß wie bei Rekuperatoren definierten, auf beide Regeneratoren bezogenen Wärmedurchgangskoeffizienten

$$\frac{1}{(k_0)_{reg}} = \frac{1}{2k_0} = \frac{1}{\alpha} + \frac{1}{\alpha'} + \frac{\delta_{reg}}{\lambda_s} 2\Phi \quad \text{(bei } T = T'). \tag{515}$$

Vergleicht man diese Beziehung mit der für Rekuperatoren geltenden Gl. (6) oder (127)

$$\frac{1}{k} = \frac{1}{\alpha} + \frac{1}{\alpha'} + \frac{\delta_{rek}}{\lambda_s},$$

so erkennt man, daß man bei gegebenen Werten von α, α' und λ_s in einem Regeneratorpaar mit der Steinstärke δ_{reg} einen ebenso guten Austausch erzielt wie in einem Rekuperator mit der Steinstärke $\delta_{rek} = 2\delta_{Reg}\,\Phi \leqq \dfrac{\delta_{reg}}{3}$, da $\Phi \leqq \dfrac{1}{6}$ ist. Eine steinerne Trennwand in einem Rekuperator darf hiernach bei gleicher Wärmeübertragung höchstens 1/3 so dick sein wie plattenförmige Füllsteine desselben Materials in Regeneratoren. Der Regenerator ist also in dieser Hinsicht dem Rekuperator überlegen, sofern man nur die nullte Eigenfunktion betrachtet. Der Grund hierfür liegt in folgendem:

Die Steinstärke δ sei zur Vereinfachung in beiden Fällen gleich angenommen und verhältnismäßig gering, so daß nach Bild 146 nahe $\Phi = 1/6$ gesetzt werden kann. Während beim Rekuperator die Wärme vollständig durch den Stein hindurchströmen muß, dringt sie bei den Regeneratoren von beiden Seiten im Mittel nur etwa um 1/4 der Steinstärke nach innen und strömt dann in der umgekehrten Richtung wieder zurück. Denn die Wärme hat bei den Regeneratoren höchstens einen Weg von etwa der halben Steinstärke zurückzulegen (vgl. Bild 147). Hinzu kommt, daß der Wärmestrom nach dem Innern des Steines hin abnimmt

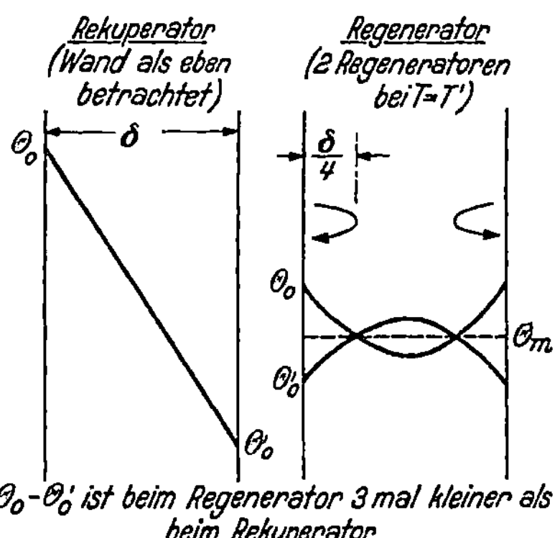

Bild 147. Vergleich der Temperaturverteilung in einem Stein bei Rekuperator und Regenerator.

und daher die Hauptlast des Wärmetransportes mehr nach der Steinoberfläche hin verschoben ist. Darüber hinaus wird das Temperaturgefälle noch durch das in Bild 147 rechts dargestellte eigenartige Überschneiden der Temperaturkurven Θ und Θ' verringert, das dadurch verursacht ist, daß nach Gl. (488) bei einander entsprechenden Zeiten beider Perioden $\Theta_m = \Theta_m'$ sein soll. So erklärt es sich, daß in den Regeneratorsteinen bei gegebener Steindicke δ eine bestimmte Wärmemenge mit einem mindestens dreimal kleineren Temperaturgefälle $\Theta_0 - \Theta_0'$ übertragen werden kann als in den Steinen des Rekuperators. Dies gilt jedoch nur, solange die Werkstoffe, aus denen die Speichermasse und die festen Wände des Rekuperators bestehen, dieselbe Wärmeleitfähigkeit λ_s haben. Die Trennwände von Rekuperatoren bestehen jedoch häufiger als die Speichermasse von Regeneratoren aus Metall, dessen Wärmeleitfähigkeit erheblich größer ist als die von Steinen.

Einfluß des Staubbelages

Der Einfluß des Staubbelages, der erstmalig von Schack [S 304] ermittelt wurde, läßt sich durch eine kleine Erweiterung der bisher entwickelten Theorie sehr einfach berechnen. Zu beiden Seiten des Steines von der Dicke δ befinde sich je eine Staubschicht von der Dicke δ_0 und der Wärmeleitzahl λ_0. Ist δ_0 so klein, daß die Wärmekapazität der Staubschicht gegenüber der Wärmekapazität des Steines vernachlässigt werden kann, dann muß die gesamte vom Gas an den Stein abgegebene Wärme die Staubschicht durchdringen. Die vom Gas an die Steinoberfläche gelangende Wärme hat also nicht nur den $1/\alpha$ proportionalen Wärmeübergangswiderstand, sondern auch den Widerstand der Staubschicht, der proportional δ_0/λ_0 ist, zu überwinden. Man muß daher in den bisherigen Gleichungen

$$\frac{1}{\alpha} \quad \text{durch} \quad \frac{1}{\alpha} + \frac{\delta_0}{\lambda_0}$$

und

$$\frac{1}{\alpha'} \quad \text{durch} \quad \frac{1}{\alpha'} + \frac{\delta_0}{\lambda_0}$$

ersetzen. Hierdurch geht Gl. (507) für den Wärmedurchgangskoeffizienten k_0 über in

$$\frac{1}{k_0} = (T + T') \left[\frac{1}{\alpha T} + \frac{1}{\alpha' T'} + \left(\frac{1}{T} + \frac{1}{T'} \right) \left(\frac{\delta}{\lambda_s} \Phi + \frac{\delta_0}{\lambda_0} \right) \right]. \tag{516}$$

Gegenüber Gl. (507) bringt hiernach im wesentlichen das Zusatzglied δ_0/λ_0 den Einfluß des Staubbelages zum Ausdruck. Es ist indessen zu berücksichtigen, daß auch die Wärmeübergangskoeffizienten α und α' beim Wärmeübergang an die Staubschicht etwas andere Werte haben können als beim Übergang an die staubfreie Steinoberfläche.

§ 61. Grundschwingung eines Regenerators mit zylindrischer oder kugelförmiger Füllung bei
$$CT = C'T'$$

Um die Frage zu klären, wie die Gestalt der Speichermasse die Wärmeübertragung beeinflußt, hat B. Stuke [S 319] die beiden Fälle behandelt, daß die Speichermasse aus zylindrischen oder kugelförmigen Steinen vom Durchmesser δ aufgebaut ist. Auch er hat gleiche Wärmekapazität $CT = C'T'$ der in Warm- und Kaltperiode strömenden Gasmengen angenommen. Der Gang der Rechnung ist grundsätzlich derselbe, wie er in § 59 für plattenförmige Steine entwickelt worden ist; die Unterschiede in den sich ergebenden Beziehungen beruhen darauf, daß zwei der Differentialgleichungen jetzt etwas anders lauten.

Berechnung des zeitlichen Temperaturverlaufs in einem Zylinder- oder Kugelquerschnitt

Für die Wärmeleitung im Stein tritt an Stelle von Gl. (469)[1]
a) bei Zylindersymmetrie die Differentialgleichung

$$\frac{\partial \Theta}{\partial t} = \frac{a}{r} \frac{\partial}{\partial r} \left(r \frac{\partial \Theta}{\partial r} \right), \tag{469a}$$

---

[1] Abgesehen von dem Zusatz a oder b sind die folgenden Gleichungen möglichst ebenso beziffert wie die entsprechenden Gleichungen von § 59.

b) bei Kugelsymmetrie

$$\frac{\partial \Theta}{\partial t} = \frac{a}{r^2} \frac{\partial}{\partial r} \left(r^2 \frac{\partial \Theta}{\partial r} \right),$$ (469b)

wobei r den Abstand der betrachteten Stelle im Stein vom Kreis- oder Kugelmittelpunkt bedeutet.

Gl. (471) bleibt ungeändert. Gl. (473) erhält die allgemeinere Gestalt

$$\left(\frac{\partial \Theta_m}{\partial t} \right)_f = m \cdot \frac{2\alpha}{\varrho c \, \delta} (\vartheta - \Theta_0) \begin{cases} \text{Platte:} & m = 1 \\ \text{Zylinder:} & m = 2 \\ \text{Kugel:} & m = 3. \end{cases}$$ (473a)

Auch in den beiden von Stuke behandelten Fällen ist im Rahmen der nullten Eigenfunktion $\left(\dfrac{\partial \Theta_m}{\partial t} \right)_f = \text{const bei } CT = C'T'$.

Unter Berücksichtigung von Gl. (473a) haben die Gln. (469a) und (469b) mit dem Zylinder- oder Kugelradius R die Lösungen
Zylinder:

$$\Theta = \Theta_m + \frac{\alpha}{2\lambda_s R} (\vartheta - \Theta_0) \left(r^2 - \frac{R^2}{2} \right) + \sum_{n=1}^{\infty} A_n \exp\left(-\omega_n^2 a t \right) J_0(\omega_n r),$$ (489a)

Kugel:

$$\Theta = \Theta_m + \frac{\alpha}{2\lambda_s R} (\vartheta - \Theta_0) \left(r^2 - \frac{3}{5} R^2 \right) + \sum_{n=1}^{\infty} \frac{B_n}{r} \exp\left(-\beta_n^2 a t \right) \sin(\beta_n r).$$ (489b)

In Gl. (489a) ist J_0 die Besselsche Funktion 1. Art nullter Ordnung. A_n, ω_n, B_n und β_n sind Konstanten, die nachstehend bestimmt werden. Bemerkenswert ist, daß wie bei den plattenförmigen Steinen das Glied nach Θ_m in Gl. (489a) und (489b) eine parabelförmige Temperaturverteilung darstellt. Die Konstante in diesem Glied ist bereits so gewählt, daß es zu Θ_m nichts beiträgt. Aus der Forderung, daß auch jedes der Summenglieder zu Θ_m nichts beitragen soll, erhält man für die Eigenwerte ω_n und β_n die Bestimmungsgleichungen

$$\text{Zylinder:} \qquad J_1(\omega_n R) = 0,$$ (490a)

$$\text{Kugel:} \qquad \tan(\beta_n R) = \beta_n R,$$ (490b)

wobei J_1 die Besselsche Funktion 1. Ordnung bedeutet.

Bezieht man die Gln. (489a) und (489b) auf die Warmperiode und schreibt man die entsprechenden Beziehungen auch für die Kaltperiode an, dann erhält man aus der Umschaltbedingung
Zylinder:

$$A_n = -\frac{2\alpha}{\lambda_s R} \cdot \frac{\vartheta - \Theta_0}{\omega_n^2 J_0(\omega_n R)} \cdot \frac{T + T'}{T'} \cdot \frac{1 - \exp\left(-\omega_n^2 a T' \right)}{1 - \exp\left[-\omega_n^2 a (T + T') \right]},$$ (496a)

Kugel:

$$B_n = -\frac{2\alpha}{\lambda_s} \cdot \frac{\vartheta - \Theta_0}{\beta_n^2 \sin(\beta_n R)} \cdot \frac{T + T'}{T'} \cdot \frac{1 - \exp\left(-\beta_n^2 a T' \right)}{1 - \exp\left[-\beta_n^2 a (T + T') \right]}.$$ (496b)

Durch die Gln. (489a, b), (490a, b) und (496a, b) ist der zeitliche Temperaturverlauf in einem zylindrischen oder kugelförmigen Stein eindeutig festgelegt.

Bild 148 zeigt den berechneten Temperaturverlauf in einem Zylinderquerschnitt, Bild 149 in einem Kugelquerschnitt. Der Zylinder- und Kugeldurchmesser ist ebenso wie die Dicke des plattenförmigen Steines in Bild 141 zu $\delta = 80$ mm

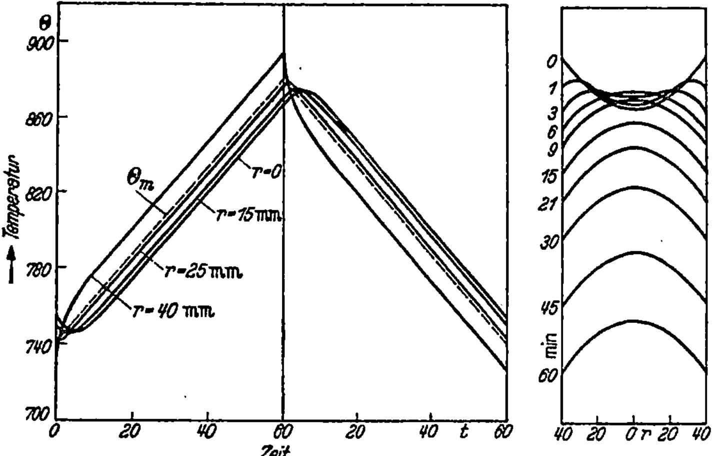

Bild 148. Temperaturverlauf bei zylindrischer Speichermasse. Zylinderdurchmesser = 80 mm.

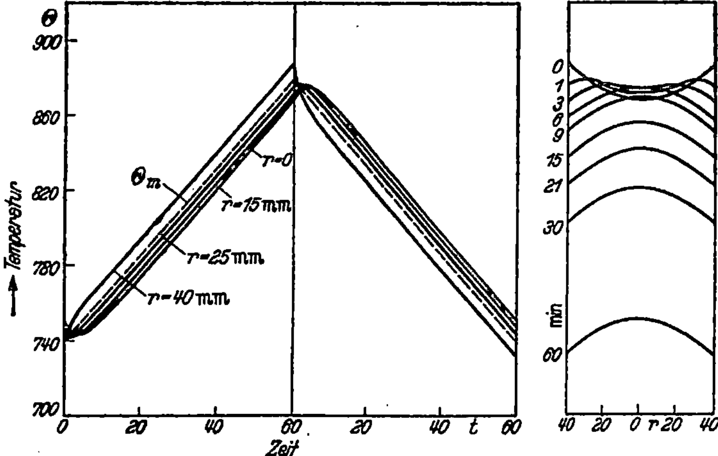

Bild 149. Temperaturverlauf bei kugelförmiger Speichermasse. Kugeldurchmesser = 80 mm.

angenommen. Auch sonst sind die gleichen Annahmen wie in Bild 141 zugrunde gelegt. In den wesentlichen Zügen ergibt sich in allen drei Fällen derselbe Temperaturverlauf. Doch sind in jedem Augenblick die Temperaturunterschiede zwischen der Oberfläche und den Stellen im Innern des Steines beim Zylinder und besonders bei der Kugel geringer als bei der Platte. Die inneren Teile des Zylinders und noch mehr die der Kugel nehmen hiernach an den Temperaturschwankungen stärker teil als die inneren Teile des plattenförmigen Steines. Dies erklärt sich daraus, daß bei gleichem Durchmesser oder Dicke δ auf die Einheit der Oberfläche beim Zylinder eine kleinere Masse als bei der Platte und bei der Kugel eine noch geringere Masse als beim Zylinder trifft. Es muß daher auch nur eine geringere Masse erwärmt oder abgekühlt werden.

Berechnung des Wärmedurchgangskoeffizienten k_0

Für den Wärmedurchgangskoeffizienten k_0 ergibt sich wie in § 60 die Beziehung

$$\frac{1}{k_0} = (T + T')\left[\frac{1}{\alpha T} + \frac{1}{\alpha' T'} + \left(\frac{1}{T} + \frac{1}{T'}\right)\frac{\delta}{\lambda_s}\,\Phi\right], \tag{507}$$

wobei jedoch die Funktion Φ für Zylinder und Kugel eine etwas andere Gestalt hat als für die ebene Platte. Für Φ gilt mit $\delta = 2R$

Zylinder:

$$\Phi = \frac{1}{8} - \frac{\delta^2}{4a}\left(\frac{1}{T} + \frac{1}{T'}\right)\sum_{n=1}^{\infty}\frac{[1 - \exp(-\omega_n^2 aT)]\,[1 - \exp(-\omega_n^2 aT')]}{\left(\omega_n^2\frac{\delta}{2}\right)^4\{1 - \exp[-\omega_n^2 a(T + T')]\}}. \tag{503a}$$

Kugel:

$$\Phi = \frac{1}{10} - \frac{\delta^2}{4a}\left(\frac{1}{T} + \frac{1}{T'}\right)\sum_{n=1}^{\infty}\frac{[1 - \exp(-\beta_n^2 aT)]\,[1 - \exp(-\beta_n^2 aT')]}{\left(\beta_n\frac{\delta}{2}\right)^4\{1 - \exp[-\beta_n^2 a(T + T')]\}}. \tag{503b}$$

Mit diesen Ausdrücen für Φ lassen sich dieselben Umformungen und Grenzbetrachtungen durchführen, wie sie in § 60 für plattenförmige Steine beschrieben wurden. Hierbei ergeben sich auch die schon in § 54 angegebenen Näherungsgleichungen (460) und (461).

Der Verlauf der Funktion Φ für Platte, Zylinder und Kugel, abhängig von $\frac{\delta^2}{2a}\left(\frac{1}{T} + \frac{1}{T'}\right)$ geht aus Bild 134 hervor. Die Kurven gelten streng nur für $T = T'$. Doch ist der Einfluß selbst starker Abweichungen von $T = T'$ praktisch stets vernachlässigbar; denn dieser Einfluß ist auch für zylindrische und kugelförmige Steine nicht größer, als Bild 146 für plattenförmige Steine zeigt.

Nach Bild 150 fallen die drei Kurven für Φ sehr nahe zusammen, wenn man in den Gln. (503), (503a) und (503b) für δ statt des Durchmessers die gleichwertige Plattendicke $\delta_{gl} = R + V/F$ einführt, wobei R wieder den Halbmesser, V das Volumen und F die Oberfläche eines zylindrischen oder kugelförmigen Steines oder auch einer größeren Zahl von Steinen bedeutet. Es ist daher zu erwarten, daß man auch für eine beliebig anders gestaltete Speichermasse unter Benutzung dieser gleichwertigen Plattendicke den Wert von Φ genügend genau aus Bild 150 ablesen kann. In § 54 wurde dies bereits näher besprochen.

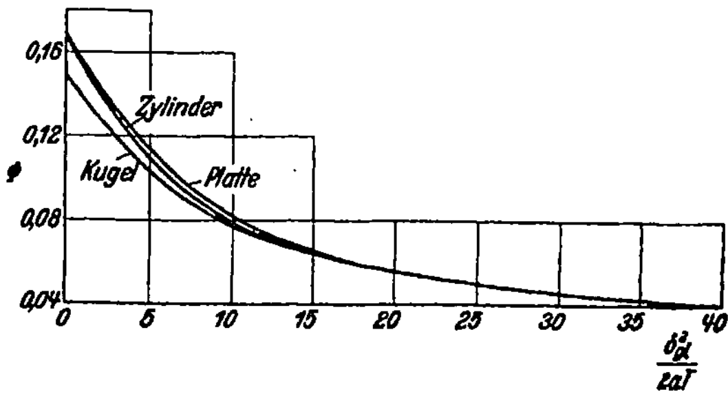

Bild 150. Hilfsfunktion Φ, abhängig von der gleichwertigen Plattendicke
$$\delta_{gl} = R + V/F = \delta/2 + V/F.$$

§ 62. Grundschwingung eines Regenerators
bei ungleichen Wärmekapazitäten beider Gasmengen je Periode
$$(CT \neq C'T')$$

Es wurde schon mehrmals angedeutet, daß sich die bisherigen Beziehungen, insbesondere die Gln. (507) und (516) für k_0 ohne merklichen Fehler auch dann anwenden lassen, wenn $CT \neq C'T'$ ist. Um dies zu beweisen und auch ein Urteil über die möglichen Abweichungen zu erhalten, hat der Verfasser in § 65 der 1. Auflage dieses Buches gezeigt, wie man die nullte Eigenfunktion für den allgemeineren Fall $CT \neq C'T'$ exakt berechnen kann. Dabei wurden C, C' sowie α und α' wie bisher als temperaturunabhängig betrachtet.

Da derselbe Fall unter geringen Vernachlässigungen in § 67 wesentlich einfacher behandelt wird, sollen hier nur die Grundgedanken des exakten Berechnungsverfahrens angedeutet werden. Wegen des weiteren Ganges der Ableitung muß auf die genannte Stelle in der ersten Auflage verwiesen werden.

Die Überlegungen gehen wieder davon aus, daß nach der nullten Eigenfunktion die Temperaturen in der Längsrichtung des Regenerators ebenso verlaufen wie in einem unter denselben Verhältnissen arbeitenden Rekuperator. In einem Rekuperator sind bei $C \neq C'$ nach Gl. (168) die Wandtemperaturen ebenso wie die Gastemperaturen bestimmt durch Gleichungen der Form

$$\Theta = D + A \cdot \exp{(bf)}, \tag{517}$$

worin A, b und D Konstanten und f wieder die als Längskoordinate dienende Heizfläche bedeuten. Die Forderung, daß auch die nullte Eigenfunktion des Regenerators in der durch Gl. (517) festgelegten Art von f abhängen soll, wird auf folgendem Wege erfüllt. An Stelle von Gl. (489) wird die noch etwas allgemeinere Lösung der Differentialgleichung (469)

$$\Theta = D + \sum_{n=0}^{\infty} B_n \exp{(-\beta_n^2 at)} \cos \beta_n \left(y - \frac{\delta}{2} \right), \tag{518}$$

benutzt, worin D und β_n Konstanten bedeuten, die Koeffizienten B_n aber von f abhängen. Gl. (518) geht in die Form der Gl. (517) über, wenn man

$$B_n = \mathrm{const} \cdot \exp{(bf)}$$

setzt.

Die Werte von β_n werden so festgelegt, daß Gl. (518) auch die Differentialgleichungen (471) und (472) befriedigt.

Betrachtet man Gl. (518) als gültig für die Warmperiode und bildet man einen entsprechenden Ausdruck für die Kaltperiode, dann erhält man schließlich mit Hilfe der Umschaltbedingung die Werte von B_n und B_n' für den betrachteten Querschnitt des Regenerators. Es ergeben sich auf diese Weise sehr verwickelte Ausdrücke für die Steintemperaturen Θ und Θ' und damit nach Gl. (472) auch für die Gastemperaturen ϑ und ϑ'. Hiermit kann man schließlich den gesamten zeitlichen Temperaturverlauf in einem Steinquerschnitt berechnen. Eine ähnlich verwickelte Gleichung läßt sich für den Wärmedurchgangskoeffizienten k_0 ableiten, der der nullten Eigenfunktion bei $CT = C'T'$ entspricht.

Bild 151 zeigt das Ergebnis einer genauen Berechnung für $C = 2C'$ und $T = T'$, wobei also $CT = 2C'T'$ ist. Im übrigen ist derselbe Fall wie in Bild 141 zugrunde gelegt. Der Verlauf der Oberflächentemperaturen Θ_0 und Θ_0' sowie der mittleren

Steintemperaturen Θ_m und Θ'_m ist abhängig von der Zeit dargestellt, wobei wieder wie früher (vgl. Bild 129) die Zeit in der Kaltperiode und in der Warmperiode in der entgegengesetzten Richtung aufgetragen ist. Im Vergleich zu Bild 141 zeigt der Temperaturverlauf im ganzen eine schwache Durchkrümmung nach unten. Die Werte von Θ_m und Θ'_m fallen in Bild 151 nicht zusammen, sondern bilden eine sehr schmale Hystereseschleife, wobei die Kurven sich überschneiden. Doch ist der Unterschied zwischen Θ_m und Θ'_m so gering, daß er in der Zeichnung fünffach vergrößert dargestellt wurde, um noch deutlich erkennbar zu sein. Überdies wechselt der Temperaturunterschied $\Theta_m - \Theta'_m$ durch die Überschneidung das Vorzeichen, so daß er sich im Zeitmittel weitgehend aufhebt. Auch durch die in § 67 erörterte vereinfachte Theorie der nullten Eigenfunktion kommt die erwähnte Durchkrümmung recht genau zum Ausdruck, wobei jedoch die sehr schmale Hystereseschleife ganz verschwindet; vgl. Bild 160.

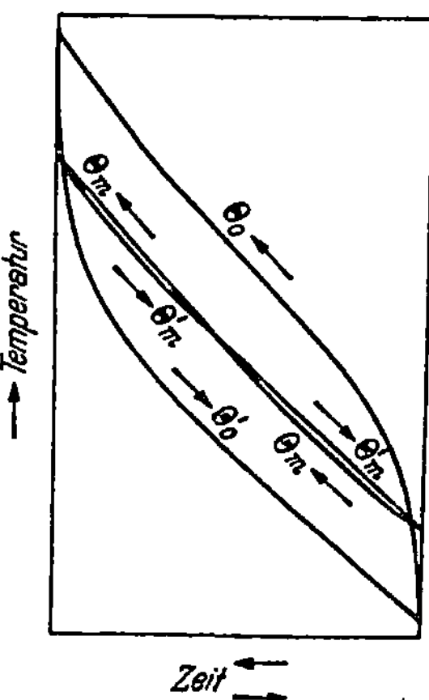

Bild 151. Zeitlicher Temperaturverlauf in einem Regenerator-Stein bei $CT = 2C'T'$.

Zahlenmäßig sind also nach Bild 151 und 141 die Unterschiede im Temperaturverlauf bei $CT = 2C'T'$ und bei $CT = C'T'$ nur gering. Insbesondere könnte man durch Rechnung nachweisen, daß die zeitlichen Mittelwerte der Temperaturunterschiede $\vartheta - \Theta_0$, $\Theta_0 - \Theta_m$ usw. in Bild 141 und 151 fast genau gleich groß sind. Da diese Temperaturunterschiede für die Wärmeübertragung maßgebend sind, kann auch der Wärmedurchgangskoeffizient k_0 in dem in Bild 151 behandelten Fall nicht merklich verschieden sein von dem Wert, der sich aus der früher für $CT = C'T'$ entwickelten Gl. (457) oder (507) errechnet.

III. Exakte Berechnung des vollständigen Temperaturverlaufs bis zu den Regeneratorenden bei sehr gut leitender Speichermasse

§ 63. Rückführung der bisher behandelten Fälle auf den Fall sehr gut leitender Speichermasse

Die im vorhergehenden Kapitel abgeleiteten Beziehungen für die nullte Eigenfunktion gestatten, die Grundschwingung eines Regenerators bei Gegenstrom zu berechnen. Sie vermitteln einen Einblick in die Temperaturänderungen, die sich in den mittleren Teilen langer Regeneratoren abspielen. Von diesem Temperaturverlauf weichen, wie schon in § 53 erörtert, die Erscheinungen an den Regeneratorenden infolge des Einflusses der höheren Eigenfunktionen (Oberschwingungen) erheblich ab (Bild 130). Es soll nun gezeigt werden, wie man auch diese Erscheinungen recht genau berechnen kann. Von einer vollkommen exakten Behandlung wollen wir hierbei nur in einem einzigen Punkte abweichen, indem wir nämlich einen auf die mittlere Steintemperatur bezogenen Wärmeübergangskoeffizienten einführen, was die Rechnung wesentlich erleichtert, das Ergebnis der Rechnung aber kaum merklich beeinflußt.

Auf die mittlere Steintemperatur Θ_m
bezogener Wärmeübergangskoeffizient $\bar{\alpha}$

Bei der vorangehenden Behandlung der nullten Eigenfunktion wurden die örtlichen Temperaturunterschiede innerhalb eines Steinquerschnittes und damit auch der Unterschied $\vartheta - \Theta_m$ zwischen der Temperatur des Gases und der mittleren Steintemperatur genau berechnet. Man kann daher auch den zeitlichen Mittelwert $\bar{\vartheta} - \bar{\Theta}_m$ von $\vartheta - \Theta_m$ während einer Periode bei $CT = C'T'$ leicht ermitteln. Denn der zeitliche Mittelwert von $\Theta_0 - \Theta_m$ ist bei der nullten Eigenfunktion durch Gl. (502) bestimmt. Überdies ist $\vartheta - \Theta_0$ unveränderlich. Addiert man daher auf beiden Seiten dieser Gleichung $\vartheta - \Theta_0 = \bar{\vartheta} - \bar{\Theta}_0$, so erhält man

$$\bar{\vartheta} - \bar{\Theta}_m = \left(\frac{1}{\alpha} + \frac{\delta}{\lambda_s}\,\Phi\right) \cdot \alpha(\vartheta - \Theta_0). \tag{519}$$

Ferner stellt $q_{Per} = \alpha(\vartheta - \Theta_0)\,T$ die während einer Periode je Flächeneinheit übertragene Wärmemenge dar. Hierfür kann man unter Berücksichtigung der vorhergehenden Gleichung auch schreiben

$$q_{Per} = \bar{\alpha}(\bar{\vartheta} - \bar{\Theta}_m)\,T, \tag{520}$$

wenn man zur Abkürzung

$$\frac{1}{\bar{\alpha}} = \frac{1}{\alpha} + \frac{\delta}{\lambda_s}\,\Phi \tag{521}$$

setzt. Wir können somit $\bar{\alpha}$ nach Gl. (520) als einen auf die mittlere Steintemperatur Θ_m bezogenen Wärmeübergangskoeffizienten betrachten.

Gleichung (520) und (521) gelten im Zeitmittel exakt für die nullte Eigenfunktion. Für die nachfolgenden Betrachtungen machen wir aber die noch zu begründende, vereinfachende Annahme, daß wir ganz allgemein, z. B. auch bei der Summe der höheren Eigenfunktionen, und überdies in jedem Zeitpunkt, mit dem auf Θ_m bezogenen Wärmeübergangskoeffizienten rechnen dürfen. Entsprechend Gl. (520) schreiben wir daher für eine in der kurzen Zeit dt je Flächeneinheit übergehende Wärmemenge

$$dq = \bar{\alpha}(\vartheta - \Theta_m)\,dt. \tag{522}$$

Hat man $\bar{\alpha}$ nach Gl. (521) ermittelt, so erhält man hiernach die übertragene Wärmemenge allein aus der Gastemperatur ϑ und der mittleren Steintemperatur Θ_m, ohne daß man die Oberflächentemperatur Θ_0 zu kennen braucht. Man errechnet hierbei gewissermaßen so, als hätte die Speichermasse in einem bestimmten Querschnitt und in einem gegebenen Augenblick an allen Stellen dieselbe Temperatur $\Theta = \Theta_m$ und als stünde entsprechend für die Wärmeübertragung auch an der Oberfläche die Temperaturdifferenz $\vartheta - \Theta_m$ zur Verfügung.

Die allgemeine Einführung von $\bar{\alpha}$ bedeutet hiernach für die Theorie eine wesentliche Erleichterung, weil man alle Fälle auf den Grenzfall $\Theta = \Theta_m = \Theta_0$ zurückführen kann und man daher nur diesen genau zu untersuchen braucht. In der Praxis nähert man sich diesem Grenzfall um so mehr, je dünner die Elemente der Speichermasse sind und je größer ihre Wärmeleitfähigkeit quer zur Strömungsrichtung der Gase ist.

Aber auch bei dicken Steinen erhält man durch die Rechnung mit $\bar{\alpha}$, wie im folgenden begründet wird, recht genau den örtlichen und zeitlichen Verlauf der mittleren Temperatur Θ_m und Θ'_m der Speichermasse. Hingegen werden die raschen zeitlichen Temperaturänderungen des Gases und der Oberfläche der Speichermasse, die nach den Bildern 141, 143 und 144 unmittelbar nach dem Umschalten auftreten, durch $\bar{\alpha}$ nur im Zeitmittel richtig erfaßt. Will man diese zeitlichen Änderungen auch im einzelnen genau ermitteln, dann benötigt man zusätzliche Betrachtungen, wie sie in § 64 durchgeführt werden.

Wärmedurchgangskoeffizient k_0, ausgedrückt durch $\bar{\alpha}$ und $\bar{\alpha}'$

Durch Einführung der auf Θ_m bzw. Θ'_m bezogenen Wärmeübergangskoeffizienten $\bar{\alpha}$ und $\bar{\alpha}'$ nach Gl. (521) geht die in § 60 für die nullte Eigenfunktion entwickelte Wärmeübergangsgleichung (507) in die einfache Gestalt

$$\frac{1}{k_0} = (T + T')\left[\frac{1}{\bar{\alpha}T} + \frac{1}{\bar{\alpha}'T'}\right] \tag{523}$$

über.

Fehler bei Benutzung des Wärmeübergangskoeffizienten $\bar{\alpha}$ nach Gl. (521).

Es soll gezeigt werden, daß die Fehler, die man bei Berechnung der mittleren Steintemperatur Θ_m und Θ'_m und der übergehenden Wärmemenge mit Hilfe der Gln. (521) und (522) begeht, für das Endergebnis der Rechnung nur eine sehr geringe Rolle spielen. Daß durch den Wert von Φ in Gl. (521) der Einfluß der sehr raschen Temperaturänderungen, die unmittelbar nach dem Umschalten auftreten, gewissermaßen gleichmäßig auf die Gesamtdauer der Periode verteilt wird, ist namentlich für die Berechnung des Wärmedurchgangskoeffizienten gemäß Gl. (523) unbedenklich. Hiervon abgesehen, treten bei den einzelnen höheren Eigenfunktionen zunächst zwar merkliche Fehler auf, weil nach diesen Eigenfunktionen die Temperaturen wesentlich anders verlaufen als nach der nullten Eigenfunktion. Es kann daher nicht erwartet werden, daß bei ihnen Gl. (522) durchweg mit guter Näherung erfüllt wird. Für die Genauigkeit des Endergebnisses ist aber nur maßgebend, wie groß der Fehler bei der in geeigneter Weise gebildeten, später noch näher zu erörternden Summe der höheren Eigenfunktionen ist (vgl. Bild 132 Mitte). Daß aber gerade dieser Fehler stets klein ist, lehrt folgende Überlegung.

Die größten Abweichungen von dem zeitlich linearen Verlauf der mittleren Steintemperatur, wie er bei Gegenstrom nach § 59 für die nullte Eigenfunktion kennzeichnend ist, treten an den Regeneratorenden zur Zeit des Gaseintritts auf (vgl. Bild 130). Da die Eintrittstemperatur des Gases $\vartheta = \vartheta_1$ als zeitlich unveränderlich angenommen ist, muß sich hier entsprechend der folgenden Gl. (538) Θ_m nach einer Exponentialfunktion ändern. Für diesen Fall soll zum Vergleich die übergehende Wärmemenge einmal genau und ein zweites Mal mit Hilfe von $\bar{\alpha}$ berechnet werden. Bei plattenförmigen Steinen lassen sich zur genauen Ermittlung von Θ_0, Θ_m und der in jedem Augenblick übergehenden Wärmemenge $dq = \alpha(\vartheta - \Theta_0)\,dt$ die von Heiligenstädt entwickelten Gln. (476), (477) und (479) heranziehen. Löst man für $\vartheta = \vartheta_1$ Gl. (477) bei $y = 0$ nach $\vartheta_1 - \Theta_0$, Gl. (479) nach $\vartheta_1 - \Theta_m$ auf, dann erhält man zunächst unter Berücksichtigung von Gl. (476)

$$\frac{\vartheta_1 - \Theta_m}{\vartheta_1 - \Theta_0} = \frac{2\alpha}{\beta_0^2 \lambda_s \delta} \, .$$

Daher ergibt sich aus Gl. (477) genau

$$dq = \alpha(\vartheta_1 - \Theta_0)\, dt = \beta_0^2 \lambda_s \frac{\delta}{2}(\vartheta_1 - \Theta_m)\, dt. \qquad (524)$$

Die Näherungsrechnung mit $\bar{\alpha}$ liefert hingegen

$$d\bar{q} = \bar{\alpha}(\vartheta_1 - \Theta_m)\, dt = \frac{\vartheta_1 - \Theta_m}{\dfrac{1}{\alpha} + \dfrac{\delta}{\lambda_s}\Phi}\, dt. \qquad (525)$$

Ebenso wie bei den Gleichungen von Heiligenstädt soll auch bei dieser zweiten Art der Rechnung von den raschen Temperaturänderungen der Steinoberfläche nach dem Umschalten abgesehen werden. Es wird dann $\Phi = 1/6$, weil in diesem Falle in Gl. (503) für Φ sämtliche Summenglieder verschwinden. Man erhält daher für das Verhältnis des Näherungswertes $d\bar{q}$ zum genauen Wert dq

$$\frac{d\bar{q}}{dq} = \frac{1}{\left(\beta_0 \dfrac{\delta}{2}\right)^2} \cdot \frac{\alpha}{\lambda_s}\frac{\delta}{2} \cdot \frac{1}{1 + \dfrac{1}{3}\dfrac{\alpha}{\lambda_s}\dfrac{\delta}{2}} \, . \qquad (526)$$

Nach dieser Gleichung läßt sich das gesuchte Verhältnis abhängig von $\dfrac{\alpha}{\lambda_s}\dfrac{\delta}{2}$ berechnen, indem man Werte von $\beta_0 \dfrac{\delta}{2}$ willkürlich annimmt und daraus $\dfrac{\alpha}{\lambda_s}\dfrac{\delta}{2}$ nach Gl. (476) ermittelt.

Bild 152 zeigt das Ergebnis einer solchen Berechnung. Als Abszisse ist $\dfrac{\alpha}{\lambda_s}\dfrac{\delta}{2}$ aufgetragen; die Ordinate gibt an, um wieviel Prozent die in jedem Augenblick übertragene Wärmemenge nach Gl. (522) zu groß berechnet wird. Die in der Hüttenindustrie praktisch vorkommenden Werte von $\dfrac{\alpha}{\lambda_s}\dfrac{\delta}{2}$ liegen durchschnittlich bei etwa 0,5 (z. B. $\alpha = 20$ W/m²K, $\delta = 0,05$ m und

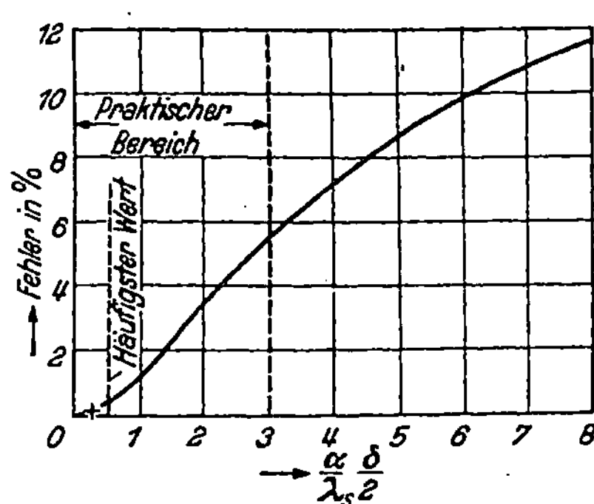

Bild 152. Größter Fehler in der Berechnung der bei $\vartheta = $ const übertragenen Wärmemenge, wenn als Wärmeübergangskoeffizient $\bar{\alpha}$ nach Gl. (521) benutzt wird.

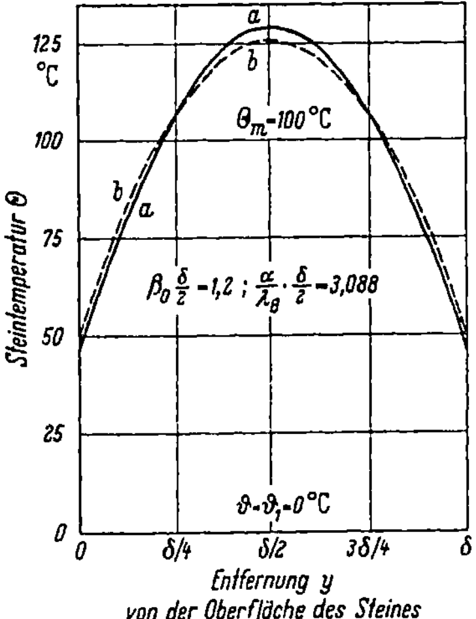

Bild 153. Temperaturverlauf in der Speichermasse.
a bei zeitlich exponentieller Änderung von Θ_m; b bei zeitlich linearer Änderung von Θ_m.

$\lambda_s = 1$ W/mK), in besonders ungünstigen Fällen schätzungsweise bei 3,0 (z. B. $\alpha = 60$; $\delta = 0,1$; $\lambda_s = 1$). Nach Bild 152 beträgt daher der Fehler im Mittel nur 0,4% und kann ausnahmsweise etwa 5 bis 6% erreichen. In demselben Verhältnis, in dem die übergehende Wärmemenge zu groß ist, ändert sich auch die mit $\bar{\alpha}$ berechnete mittlere Steintemperatur zu schnell. Die Fehler treten aber in dieser Größenordnung nur an den Regeneratorenden während des Gaseintritts auf; während des Gasaustritts sind sie wesentlich kleiner. Außerdem klingen die Fehler ähnlich wie die höheren Eigenfunktionen (vgl. § 53) nach dem Regeneratorinnern hin rasch ab. Der Einfluß dieser Fehler auf die Gesamtwärmeübertragung dürfte daher fast immer weit unter 1% liegen. Bei $\Phi < 1/_6$ sind eher noch kleinere Fehler als bei $\Phi = 1/_6$ zu erwarten, weil dann nach Gl. (502) der Temperaturunterschied $\Theta_0 - \Theta_m$ im Mittel kleiner ist und eine Ungenauigkeit seiner Berechnung entsprechend weniger ins Gewicht fällt.

Wie gering die zu erwartenden Fehler sind, erkennt man auch, wenn man die Temperaturverteilung innerhalb eines Steinquerschnitts in den beiden soeben erörterten Fällen des zeitlich exponentiellen Verlaufs von Θ_m und des linearen Verlaufs von Θ_m miteinander vergleicht. In Bild 153 ist, wieder nach Abklingen der raschen Temperaturänderungen nach dem Umschalten des Regenerators, durch die Kurve a der örtliche Temperaturverlauf im Stein für die exponentielle Zeitabhängigkeit von Θ_m unter der besonders ungünstigen Annahme dargestellt, daß $\alpha\,\delta/2\lambda_s = 3,088$ beträgt. Kurve b gibt bei demselben Wert von $\alpha\,\delta/2\lambda_s$ den parabolischen Temperaturverlauf bei der linearen Zeitabhängigkeit von Θ_m wieder. In fast allen praktischen Fällen sind auch hier wesentlich geringere Unterschiede zu erwarten.

§ 64. Berechnung der Gastemperatur ϑ aus dem zeitlichen Verlauf der mittleren Steintemperatur Θ_m

Mit Hilfe des auf die mittlere Steintemperatur $\Theta = \Theta_m$ bezogenen Wärmeübergangskoeffizienten $\bar{\alpha}$ kann man, wie soeben gezeigt wurde, den zeitlichen Verlauf von Θ_m an jeder Stelle des Regenerator recht genau berechnen. Hierfür geeignete Berechnungsverfahren werden in den Paragraphen 68, 79, 80, 85, 86 u. a. mitgeteilt. Sobald Θ_m bekannt ist, kann man unter nochmaliger Benutzung von $\bar{\alpha}$ nach der folgenden Gl. (538) oder (539) auch den zeitlichen Verlauf der Gastemperatur ermitteln. Das Ergebnis entspricht in Abhängigkeit von der Zeit etwa der Kurve a in nebenstehendem Bild. Die zeitliche Änderung von ϑ wird hierdurch jedoch nur im Zeitmittel richtig wiedergegeben. Die Kurve bringt nicht die raschen Temperaturänderungen des Gases unmittelbar nach dem Umschalten der Gasströme zum Ausdruck, wie sie z. B. aus Bild 144 und aus der Kurve b des Bildes 154 ersichtlich sind. Diesen genaueren zeitlichen Verlauf der Gastemperatur kann man bei bekanntem Verlauf von Θ_m wie folgt berechnen, indem man statt $\bar{\alpha}$ den wahren Wärmeübergangskoeffizienten α zugrunde legt [H 311].

Die Speichermasse bestehe aus ebenen Platten von der Dicke δ, der Dichte ϱ und der spezifischen Wärmekapazität c. Unter dieser Voraussetzung erhält man aus Gl. (473) als Differenz zwischen der Gastemperatur ϑ und der Oberflächentem-

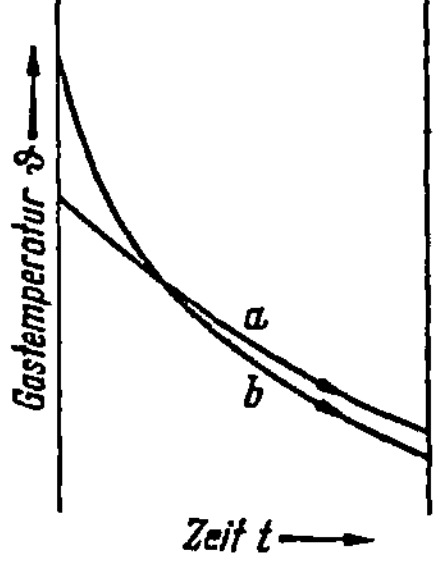

Bild 154. Zeitlicher Verlauf der Gastemperatur in der Kaltperiode (schematisch).
a berechnet mit $\bar{\alpha}$; b berechnet mit α.

peratur Θ_0 der Speichermasse

$$\vartheta - \Theta_0 = \frac{\varrho c\,\delta}{2\alpha}\,\frac{d\Theta_m}{dt}. \tag{527}$$

Diese Differenz kann man hiernach aus dem bekannten zeitlichen Verlauf von Θ_m berechnen.

Um hieraus ϑ selbst zu erhalten, muß man zuvor den zeitlichen Verlauf von Θ_0 ermitteln. Hierzu liefert die nullte Eigenfunktion einen wichtigen Anhaltspunkt. Denn bei linearem Verlauf von Θ_m ergibt sich aus Gl. (498) mit $y = 0$ für die Steinoberfläche

$$\Theta_0 = \Theta_m + \frac{\alpha\,\delta}{\lambda_s}\,(\vartheta - \Theta_0)\left(\frac{1}{6} - \psi\right) \tag{528}$$

mit der Zeitfunktion

$$\psi = \frac{T + T'}{T}\sum_{n=1}^{\infty}\frac{1}{(n\pi)^2}\,\frac{1 - \exp\left[-\left(\frac{2n\pi}{\delta}\right)^2 aT'\right]}{1 - \exp\left[-\left(\frac{2n\pi}{\delta}\right)^2 a(T + T')\right]}\exp\left[-\left(\frac{2n\pi}{\delta}\right)^2 at\right]. \tag{529}$$

Hierin bedeuten π das Kreisverhältnis, λ_s und a die Wärmeleitfähigkeit und die Temperaturleitfähigkeit des Speichermaterials. Aus diesen beiden Gleichungen läßt sich bei linearem Verlauf von Θ_m für jeden Zeitpunkt Θ_0 und damit ϑ berechnen, weil $\vartheta - \Theta_0$ bereits aus der vorangehenden Gl. (527) bekannt ist. Die durch die

Reihe in Gl. (529) dargestellte Funktion ψ gibt nach Multiplikation mit $\dfrac{\alpha\,\delta}{\lambda_s}\,(\vartheta - \Theta_0)$

die erwähnten raschen zeitlichen Änderungen von Θ_0 zu Beginn der jeweils betrachteten Periode wieder.

Die Gln. (528) und (529) lassen sich mit einer nur geringen Änderung auch bei nicht linearem zeitlichen Verlauf von Θ_m mit sehr guter Näherung anwenden. Dies beruht vor allem darauf, daß die Funktion ψ nach Gl. (529), multipliziert mit einer beliebigen Konstanten, eine exakte partikuläre Lösung der Differentialgleichung (469) darstellt. Diese Lösung ist unabhängig vom Verlauf von Θ_m.

ψ darf jedoch bei gekrümmtem Verlauf von Θ_m nicht mehr mit $\dfrac{\alpha\,\delta}{\lambda_s}\,(\vartheta - \Theta_0)$

multipliziert werden, weil $\vartheta - \Theta_0$ nach Gl. (527) jetzt zeitlich veränderlich ist. Stattdessen soll als neuer Faktor eine zunächst beliebige Konstante ε gewählt werden.

Der in Gl. (528) vor ψ stehende Ausdruck $\dfrac{\alpha\,\delta}{6\lambda_s}\,(\vartheta - \Theta_0)$ rührt von dem erwähnten parabolischen Temperaturverlauf in einem Steinquerschnitt her, wie er sich gegen Ende einer genügend langen Periode einstellt (vgl. Bild 128 oder 141). Dieser Verlauf bleibt nicht rein parabolisch, wenn die lineare Zeitbhängigkeit von Θ_m verlassen wird. Daß eine solche Verformung jedoch in den meisten praktischen Fällen vernachlässigbar gering ist, geht aus dem schon erörterten Bild 153 hervor.

Daher kann der Ausdruck $\dfrac{\alpha\,\delta}{6\lambda_s}\,(\vartheta - \Theta_0)$ in Gl. (528) auch bei nichtlinearer Zeit-

abhängigkeit von Θ stets mit genügender Näherung beibehalten werden. Doch muß man hierbei die zeitliche Änderung von $\vartheta - \Theta_0$ nach Gl. (527) berücksichtigen. Wir erhalten daher entsprechend Gl. (528) mit dem schon erwähnten Faktor ε bei beliebiger Zeitabhängigkeit von Θ_m

$$\Theta_0 = \Theta_m + \frac{\alpha\,\delta}{6\lambda_s}(\vartheta - \Theta_0) - \varepsilon\psi. \tag{530}$$

Diese Gleichung gelte für die Kaltperiode. Entsprechend kann man für die Warmperiode schreiben

$$\Theta_0' = \Theta_m' + \frac{\alpha'\,\delta}{6\lambda_s}(\vartheta' - \Theta_0') - \varepsilon'\psi', \tag{531}$$

worin ε' wiederum eine Konstante bedeutet und ψ' aus Gl. (529) durch Vertauschen von T und T' sowie t und t' hervorgeht.

Die Werte der Konstanten ε und ε' erhält man aus der Bedingung, daß der örtliche Temperaturverlauf im Querschnitt eines Steines zu Beginn einer Periode derselbe sein soll wie am Ende der vorhergehenden Periode. Diese Bedingung läßt sich, wie nach Bild 153 einleuchtet, genügend genau dadurch erfüllen, daß man im Augenblick des Umschaltens nicht nur $\Theta_m = \Theta_m'$, sondern auch $\Theta_0 = \Theta_0'$, also auch die Oberflächentemperaturen einander gleich setzt. Kennzeichnet man den Anfang einer Periode mit dem Index A, das Ende mit dem Index E, dann erhält man nach den soeben genannten Bedingungen für den Anfang der Kaltperiode

$$\frac{\alpha\,\delta}{6\lambda_s}(\vartheta - \Theta_0)_A - \varepsilon\cdot\psi_A = \frac{\alpha'\,\delta}{6\lambda_s}(\vartheta' - \Theta_0')_E - \varepsilon'\psi_E' \tag{532}$$

und für den Anfang der Warmperiode

$$\frac{\alpha\,\delta}{6\lambda_s}(\vartheta - \Theta_0)_E - \varepsilon\psi_E = \frac{\alpha'\,\delta}{6\lambda_s}(\vartheta' - \Theta_0')_A - \varepsilon'\psi_A'. \tag{533}$$

Setzt man zur Abkürzung

$$\left.\begin{array}{ll} \dfrac{\alpha\,\delta}{6\lambda_s}(\vartheta - \Theta_0)_A = A, & \dfrac{\alpha\,\delta}{6\lambda_s}(\vartheta - \Theta_0)_E = E, \\[2ex] \dfrac{\alpha'\,\delta}{6\lambda_s}(\vartheta' - \Theta_0')_A = A', & \dfrac{\alpha'\,\delta}{6\lambda_s}(\vartheta' - \Theta_0')_E = E', \end{array}\right\} \tag{534}$$

dann ergibt sich durch Auflösen der beiden Gln. (531) und (532)

$$\varepsilon = \frac{(A - E')\,\psi_A' + (A' - E)\,\psi_E'}{\psi_A\cdot\psi_{A'} - \psi_E\cdot\psi_{E'}} \tag{535}$$

und

$$\varepsilon' = \frac{(A' - E)\,\psi_A + (A - E')\,\psi_E}{\psi_A\cdot\psi_{A'} - \psi_E\cdot\psi_{E'}}. \tag{536}$$

Nach Ermittlung der Konstanten ε und ε' kann der zeitliche Verlauf der Gastemperatur ϑ bei beliebiger Zeitabhängigkeit von Θ_m aus den Gln. (529), (530), (531) und (527) berechnet werden. Auch die raschen Änderungen zu Beginn jeder Periode werden hierdurch mit einer praktisch stets ausreichenden Genauigkeit wiedergegeben.

Ist die Speichermasse aus zylindrischen oder kugelförmigen Elementen aufgebaut, dann kann man die Rechnung sinngemäß in derselben Weise durchführen, in dem man auf die Gln. (473a) und (489a) oder (489b) zurückgreift.

§ 65. Die Differentialgleichungen in dimensionsloser Darstellung

Wenn wir im folgenden die Temperaturunterschiede innerhalb des Querschnittes eines Elementes der Speichermasse nicht mehr im einzelnen, sondern nur noch durch Gl. (521) und (522) berücksichtigen wollen, dann vereinfachen sich die in § 55 abgeleiteten Differentialgleichungen wie folgt. Die Wärmeleitungsgleichung (469) entfällt. Da ferner die in der Zeit dt je Flächeneinheit übertragene Wärmemenge $dq = \alpha(\vartheta - \Theta_0)\, dt$ jetzt durch Gl. (522) ausgedrückt werden soll, müssen wir $\alpha(\vartheta - \Theta_0)$ durch $\bar{\alpha}(\vartheta - \Theta_m)$ ersetzen. Hiermit gehen die Differentialgleichungen (471) und (472) über in

$$\left(\frac{\partial \vartheta}{\partial f}\right)_t = \frac{\bar{\alpha}}{C}\,(\Theta_m - \vartheta), \tag{537}$$

$$\left(\frac{\partial \Theta_m}{\partial t}\right)_f = \frac{2\bar{\alpha}}{\varrho c\, \delta}\,(\vartheta - \Theta_m) \tag{538}$$

oder für beliebig gestaltete Speichermasse

$$\left(\frac{\partial \Theta_m}{\partial t}\right)_f = \frac{\bar{\alpha}\, df}{dC_s}\,(\vartheta - \Theta_m). \tag{539}$$

Gerade für die mathematische Auflösung dieser Gleichungen bedeutet es eine erhebliche Erleichterung, daß nunmehr durchweg Θ_m an die Stelle der von y abhängigen Steintemperatur Θ getreten ist. Zur Vereinfachung der Schreibweise wollen wir aber künftig bei Θ_m den Zeiger m fortlassen. Wir können dies tun, wenn wir uns stets vor Augen halten, daß dann Θ nur bei einer aus dünnen Blechen aufgebauten Speichermasse die wahre Temperatur darstellt, im allgemeinen aber den örtlichen Mittelwert der Temperatur im betrachteten Querschnitt bedeutet.

Wenn die Wärmeübergangskoeffizienten und die Stoffwerte nicht von der Temperatur abhängen, kann man die Gln. (537) und (538) in eine noch einfachere Gestalt bringen. Hierzu führen wir zwei dimensionslose Veränderliche ξ und η auf Grund folgender Definitionsgleichungen ein:

$$d\xi = \frac{\bar{\alpha}}{C}\, df \quad \text{und} \quad d\eta = \frac{2\bar{\alpha}}{\varrho c\delta}\, dt \tag{540}$$

oder allgemeiner

$$d\eta = \frac{\bar{\alpha}\, df}{dC_s}\, dt = \frac{\bar{\alpha} F}{C_s}\, dt. \tag{541}$$

Sind $\bar{\alpha}$, C und $\varrho c \delta$ unveränderlich, dann kann man hierfür auch schreiben

$$\xi = \frac{\bar{\alpha}}{C}\, f^1 \quad \text{und} \quad \eta = \frac{2\bar{\alpha}}{\varrho c\delta}\, t \tag{542}$$

oder allgemeiner

$$\eta = \frac{\bar{\alpha}\, df}{dC_s}\, t = \frac{\bar{\alpha} F}{C_s}\, t, \tag{543}$$

wenn df und dC_s Oberfläche und Wärmekapazität eines sehr kleinen Teils der Speichermasse bedeuten. Da ξ die als Längskoordinate benutzte Heizfläche f, η die

---

1 Man beachte, daß hier ξ etwas anders definiert wird als bei Rekuperatoren, bei denen k statt $\bar{\alpha}$ in ξ enthalten ist; vgl. § 45, Gl. (311).

Zeit t enthält, wollen wir ξ „reduzierte Längskoordinate", η „reduzierte Zeit" nennen. Mit Gl. (540) oder (542) und Θ statt Θ_m, gehen die Differentialgleichungen (537) und (538) über in

$$\left(\frac{\partial \vartheta}{\partial \xi}\right)_{\eta} = \Theta - \vartheta \qquad (544)$$

und

$$\left(\frac{\partial \Theta}{\partial \eta}\right)_{\xi} = \vartheta - \Theta. \qquad (545)$$

Infolge dieser Umformung treten also in den Differentialgleichungen neben ϑ und Θ an Stelle der sieben Größen $\bar{\alpha}, C, \varrho, c, \delta, f$ und t nur noch die unabhängigen Veränderlichen ξ und η auf.

Drücken wir auch die gesamte Heizfläche F und die Periodendauer T, z.B. bei der Warmperiode, in den reduzierten Größen aus, so erhalten wir bei $\bar{\alpha} =$ const, $C =$ const und $\varrho c\, \delta =$ const nach Gl. (542)

$$\text{als reduzierte Regeneratorlänge} \quad \varLambda = \frac{\bar{\alpha} F}{C}, \qquad (546)$$

$$\text{als reduzierte Periodendauer} \quad \varPi = \frac{2\bar{\alpha} T}{\varrho c\, \delta} = \frac{\bar{\alpha} F}{C_s}\, T. \qquad (547)$$

Bei veränderlichen Werten von $\bar{\alpha}$, C und $\varrho c\, \delta$ sind $\varLambda$ und $\varPi$ durch entsprechende Integrale zu definieren. In der nächstfolgenden Periode, z.B. Kaltperiode, haben die reduzierte Regeneratorlänge und die reduzierte Periodendauer meist andere Werte $\varLambda'$ und $\varPi'$, weil in der Regel $\bar{\alpha}'$, C' und T' von $\bar{\alpha}$, C und T verschieden sind.

Die Differentialgleichungen lassen sich ferner leicht so umformen, daß man eine Differentialgleichung mit nur *einer* Unbekannten, z.B. mit Θ erhält. Differenziert man nämlich Gl. (545) partiell nach ξ, und ersetzt man den hierbei auftretenden Differentialquotienten $\left(\dfrac{\partial \vartheta}{\partial \xi}\right)_{\eta}$ nach Gl. (544) und (545) durch $-\left(\dfrac{\partial \Theta}{\partial \eta}\right)_{\xi}$, so findet man folgende partielle Differentialgleichung für Θ:

$$\frac{\partial^2 \Theta}{\partial \xi\, \partial \eta} + \left(\frac{\partial \Theta}{\partial \xi}\right)_{\eta} + \left(\frac{\partial \Theta}{\partial \eta}\right)_{\xi} = 0. \qquad (548)$$

Ebensolche Gleichungen lassen sich auch für ϑ oder $\vartheta - \Theta$ ableiten. Für $\vartheta - \Theta$ ergibt sich, wenn man Gl. (544) partiell nach η, Gl. (545) partiell nach ξ differentiiert und dann beide Gleichungen voneinander subtrahiert:

$$\frac{\partial^2 (\vartheta - \Theta)}{\partial \xi\, \partial \eta} + \frac{\partial (\vartheta - \Theta)}{\partial \xi} + \frac{\partial (\vartheta - \Theta)}{\partial \eta} = 0. \qquad (549)$$

In den folgenden Paragraphen werden die exakten Lösungen der soeben abgeleiteten Differentialgleichungen erörtert. Zur leichteren Auswertung werden überdies in § 79ff. Näherungsverfahren besprochen, die bei einer genügend großen Zahl von Schritten grundsätzlich ebenfalls eine hohe Genauigkeit zu erreichen gestatten. Solche Verfahren haben überdies den Vorteil, daß man sie auch bei veränderlichen Stoffwerten und Wärmeübergangskoeffizienten anwenden kann.

§ 66. Lösung für die erste Erwärmung oder Abkühlung der Speichermasse

Die Speichermasse habe zu Beginn, d.h. zur Zeit $\eta = 0$, an allen Stellen die Temperatur $\Theta_1 = $ const. Das Gas trete von diesem Augenblick an bei $\xi = 0$ mit der zeitlich unveränderlichen Temperatur ϑ_1 ein und ströme in Richtung der positiven ξ-Achse durch den Regenerator. Zu einer späteren Zeit η verlaufe die Temperatur Θ der Speichermasse und die Temperatur ϑ des Gases abhängig von ξ etwa wie in Bild 155. Dieser Temperaturverlauf soll berechnet werden, wenn Θ_1 und ϑ_1 gegeben sind.

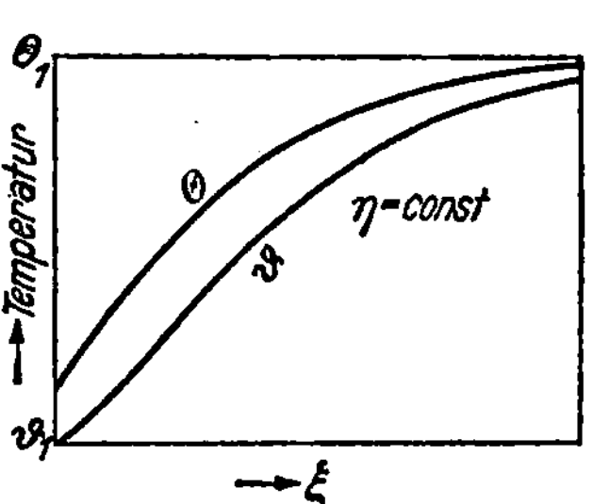

Bild 155. Temperaturverlauf in der Speichermasse (schematisch) zu einer bestimmten Zeit η während der ersten Abkühlung.

Diese Aufgabe hat erstmalig A. Anzelius [A 304] und unabhängig davon W. Nußelt [N 303] gelöst[2]. Das Lösungsverfahren von Anzelius werde in seinen Grundgedanken, aber in etwas geänderter Form erläutert.

Betrachtet man zunächst die Funktion

$$\Delta = \exp(\xi + \eta)(\vartheta - \Theta) \tag{550}$$

als die Unbekannte, so läßt sich für diese verhältnismäßig einfach eine geschlossene Lösung finden. Differentiiert man nämlich Gl. (550) partiell einmal nach ξ und dann noch einmal nach η, dann ergibt sich

$$\frac{\partial^2 \Delta}{\partial \xi\, \partial \eta} = \exp(\xi + \eta)\left[\frac{\partial^2(\vartheta - \Theta)}{\partial \xi\, \partial \eta} + \frac{\partial(\vartheta - \Theta)}{\partial \xi} + \frac{\partial(\vartheta - \Theta)}{\partial \eta}\right] + \exp(\xi + \eta)(\vartheta - \Theta).$$

Da der Klammerausdruck auf der rechten Seite nach Gl. (549) verschwindet, so erkennt man unter Berücksichtigung von Gl. (550), daß Δ der Differentialgleichung

$$\frac{\partial^2 \Delta}{\partial \xi\, \partial \eta} = \Delta \tag{551}$$

genügt. Versucht man nun den Ansatz[3]

$$\Delta = a_0 + a_1 \xi\eta + a_2(\xi\eta)^2 + a_3(\xi\eta)^3 + \cdots \quad a_n(\xi\eta)^n + \cdots,$$

so erhält man durch Einsetzen in (551) und Koeffizientenvergleich

$$a_1 = \frac{a_0}{1^2}, \quad a_2 = \frac{a_1}{2^2}, \cdots \quad a_n = \frac{a_{n-1}}{n^2}, \cdots$$

---

[2] Die Lösung von Nußelt gilt wesentlich allgemeiner als die von Anzelius, da sie auch bei beliebiger Anfangstemperaturverteilung anwendbar ist; vgl. § 73.

[3] Statt durch diesen Ansatz kann man auch nach der Riemannschen Integrationsmethode eine Lösung finden; vgl. hierüber z.B. Frank P.; v. Mises, R.: Die Differential- und Integralgleichungen der Mechanik und Physik, I. Teil. Braunschweig: Vieweg 1925, S. 605.

und hieraus

$$a_1 = \frac{a_0}{(1!)^2}, \quad a_2 = \frac{a_0}{(2!)^2}, \cdots \qquad a_n = \frac{a_0}{(n!)^2} \cdots.$$

Somit ergibt sich

$$\Delta = a_0 \sum_0^\infty \frac{(\xi\eta)^n}{(n!)^2}. \tag{552}$$

Die zunächst willkürliche Konstante a_0 läßt sich daraus ermitteln, daß bei $\xi = 0$ und $\eta = 0$ nach der Aufgabestellung $\vartheta = \vartheta_1$ und $\Theta = \Theta_1$ sein soll. Daher wird nach Gl. (552) und (550) $a_0 = \vartheta_1 - \Theta_1$. Da ferner die Besselsche Funktion erster Art und nullter Ordnung definiert ist durch die Gleichung

$$J_0(z) = \sum_0^\infty \frac{(-1)^n \left(\frac{z}{2}\right)^{2n}}{(n!)^2},$$

kann Gl. (552) auch in der Form

$$\Delta = (\vartheta_1 - \Theta_1) \cdot J_0\left(2i\sqrt{\xi\eta}\right) \tag{553}$$

geschrieben werden[4]. Hiermit findet man schließlich nach Gl. (550) als Lösung der Differentialgleichung (549)

$$\vartheta - \Theta = (\vartheta_1 - \Theta_1) \cdot \exp\left[-(\xi + \eta)\right] \cdot J_0\left(2i\sqrt{\xi\eta}\right). \tag{554}$$

Aus dieser Lösung lassen sich nach Gl. (544) und (545) auch ϑ und Θ durch Integration bestimmen. Die Randbedingungen

$$\Theta = \Theta_1 \quad \text{bei} \quad \eta = 0 \quad \text{und} \quad \vartheta = \vartheta_1 \quad \text{bei} \quad \xi = 0$$

kann man erfüllen, indem man wie folgt integriert:

$$\vartheta = \vartheta_1 - \int_0^\xi (\vartheta - \Theta)\, d\xi,$$

$$\Theta = \Theta_1 + \int_0^\eta (\vartheta - \Theta)\, d\eta.$$

Durch Einsetzen von $\vartheta - \Theta$ aus Gl. (554) ergibt sich

$$\vartheta = \vartheta_1 - (\vartheta_1 - \Theta_1) \int_0^\xi \exp\left[-(\xi + \eta)\right] J_0\left(2i\sqrt{\xi\eta}\right) d\xi, \tag{555}$$

$$\Theta = \Theta_1 + (\vartheta_1 - \Theta_1) \int_0^\eta \exp\left[-(\xi + \eta)\right] J_0\left(2i\sqrt{\xi\eta}\right) d\eta. \tag{556}$$

Dies sind die von Anzelius abgeleiteten Beziehungen. Will man aber Θ bei gegebenem η für verschiedene Werte von ξ berehnen, dann ist an Stelle von Gl. (556) eine Gleichung vorzuziehen, die man erhält, wenn man Gl. (554) von Gl. (555) subtrahiert. Da das Integral in Gl. (555) (mit dem positiven Vorzeichen) durch partielle Integration übergeht in

$$- \exp\left[-(\xi + \eta)\right] \cdot J_0\left(2i\sqrt{\xi\eta}\right) + \exp(-\eta) + \int_0^\xi \exp\left[-(\xi + \eta)\right]\frac{\partial J_0\left(2i\sqrt{\xi\eta}\right)}{\partial \xi}\, d\xi,$$

---

[4] Neuerdings wird vielfach $I_0(x), I_1(x)$ statt $J_0(ix), i^{-1}J_1(ix)$ usw. geschrieben, womit offensichtlich zum Ausdruck gebracht werden soll, daß es sich trotz der imaginären Form um eine reelle Funktion von x handelt. Der mathematische Zusammenhang tritt dann aber nicht mehr so deutlich hervor.

ergibt sich unter Berücksichtigung der Beziehung $\dfrac{\partial J_0(x)}{\partial x} = -J_1(x)$

$$\Theta = \vartheta_1 - (\vartheta_1 - \Theta_1)\exp(-\eta) + (\vartheta_1 - \Theta_1)\int_0^\xi \exp[-(\xi + \eta)]\sqrt{\frac{\eta}{\xi}}\,iJ_1\!\left(2i\sqrt{\xi\eta}\right)d\xi.$$

$$(557)$$

Die in diesen Lösungen auftretenden Integrale lassen sich im allgemeinen nur näherungsweise auswerten, z.B. nach der Simpsonschen Regel.

Bild 156 und 157 zeigen den nach Gl. (555) und (556) oder (557) sich ergebenden Verlauf der Temperatur des Gases und der Speichermasse für den Fall, daß die Speichermasse anfänglich überall die Temperatur $\Theta_1 = 1$ hat und das Gas bei $\xi = 0$ mit der Temperatur $\vartheta_1 = 0$ eintritt. Als Ordinaten sind ϑ und Θ, als Abszisse ist in beiden Fällen ξ aufgetragen. Die einzelnen Kurven zeigen den Temperaturverlauf zu bestimmten Zeiten η. Die Speichermasse wird durch das Gas mehr und mehr abgekühlt, so daß auch das Gas selbst sich später immer weniger erwärmen kann. Wesentlich genauer als in den Bildern 156 und 157 hat Schumann [S 318] den Temperaturverlauf durch Kurven dargestellt.

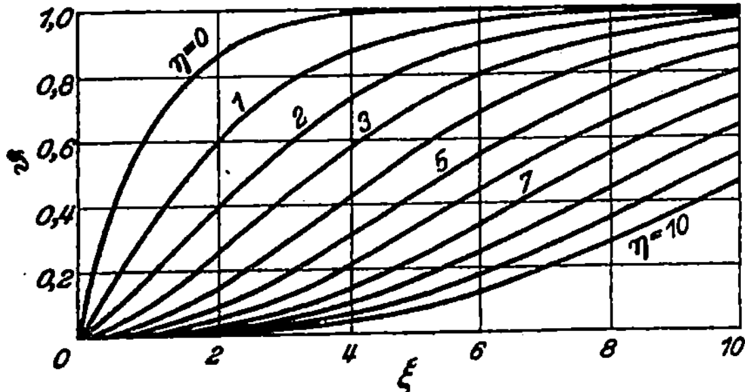

Bild 156. Temperatur des Gases während der ersten Abkühlung der Speichermasse.

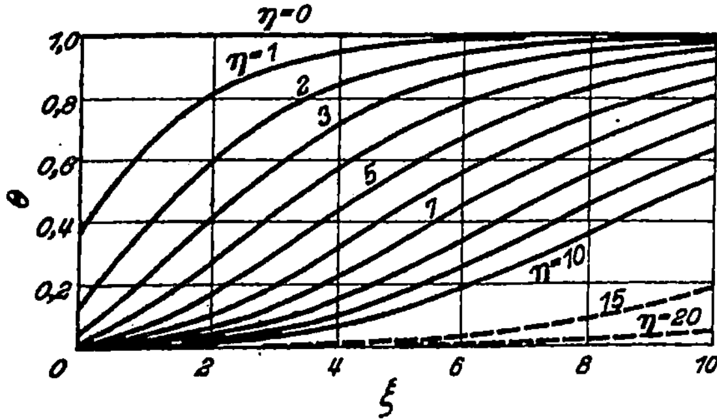

Bild 157. Temperatur der Speichermasse während der ersten Abkühlung.

Zum Schluß werde darauf hingewiesen, daß die Gln. (555) und (556) oder (557) bei entsprechend geänderter Bedeutung der Veränderlichen auch den Temperaturverlauf in einem Rekuperator darstellen, der im reinen Kreuzstrom betrieben wird (vgl. § 45). Dies beruht auf der formalen Übereinstimmung der in § 45 für Kreuzstrom abgeleiteten Differentialgleichungen (312) und (313) mit den vorstehenden Differentialgleichungen (544) und (545).

Exakt gelten die Beziehungen von Anzelius nur bei sehr gut leitender Speichermasse. Dank der Einführung von $\bar{\alpha}$ nach Gl. (521) kann man aber die Ergebnisse von Anzelius und damit die Kurven von Schumann auch auf den Fall anwenden, daß innerhalb eines Steinquerschnitts erhebliche Temperaturunterschiede auftreten, wobei allerdings die Werte von Φ nicht ganz so gut gelten wie im streng periodischen Beharrungszustand, für den die Funktion Φ entwickelt worden ist. Um den Unterschied im zeitlichen Temperaturverlauf bei sehr gut leitender und bei schlecht leitender Speichermasse klar zu machen, werde angenommen, daß der wahre Wärmeübergangskoeffizient α in beiden Fällen gleich groß ist. Im 1. Falle sei $\bar{\alpha} = \alpha$, im zweiten Falle aber $\bar{\alpha} = \dfrac{2}{3}\alpha$. Es soll der zeitliche Verlauf der Gastemperatur an der Stelle $\xi = \alpha f/C = 6$ ermittelt werden. Durch die Ablesung von ϑ bei $\xi = 6$ für verschiedene Zeiten η erhält man aus Bild 156 unmittelbar die Kurve für die sehr gut leitende Speichermasse, wie sie in Bild 158 für $\bar{\alpha} = \alpha$ eingetragen ist.

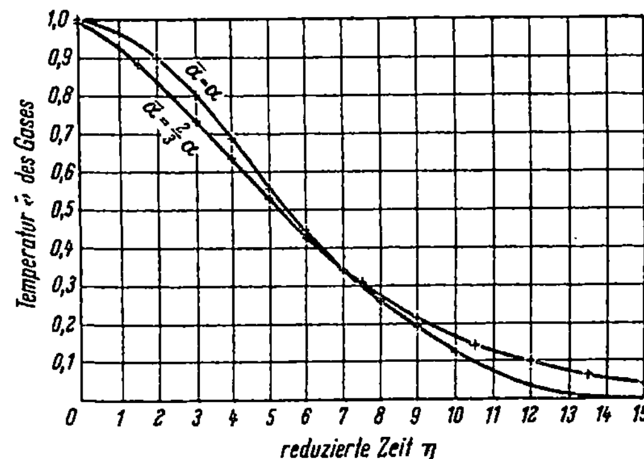

Bild 158. Zeitlicher Verlauf der Temperatur des Gases an der Stelle $\xi = 6$ bei konstanter Anfangstemperatur $\Theta_1 = 1$ der Speichermasse.
Sehr gut leitende Speichermasse: $\bar{\alpha} = \alpha$, schlecht leitende Speichermasse: $\bar{\alpha} = 2/3\alpha$.

Im zweiten Fall ist jedoch $\xi = \bar{\alpha}f/C$ nach Gl. (542) im Verhältnis $\bar{\alpha}/\alpha = 2/3$ kleiner zu wählen, obwohl es sich um denselben Regeneratorquerschnitt handelt. Man muß daher die Gastemperaturen ϑ für die verschiedenen Werte von η aus Bild 156 für $\xi = 2/3 \cdot 6 = 4$ ablesen. Da aber in diesem 2. Falle nicht nur ξ, sondern auch η nach Gl. (542) im Verhältnis $\bar{\alpha}/\alpha$ kleiner ist, muß man nachträglich ξ und alle Werte von η wieder mit 3/2 multiplizieren, um die Kurve in demselben Maßstab wie die erste Kurve darstellen zu können. Hierdurch ergibt sich die zweite in Bild 158 eingezeichnete Kurve, die für die schlecht leitende Speichermasse gilt.

Daß die Werte von Φ nach Gl. (460) oder (461) im vorliegenden Fall weniger genau zutreffen als im Beharrungszustand, ist in folgendem begründet. Während im Beharrungszustand unmittelbar nach dem Umschalten die ursprünglich nach oben offene parabelartige Kurve in eine ebenso geformte nach unten offene Kurve umschlägt (vgl. Bild 128), herrscht bei der ersten Abkühlung der Speichermasse im Anfang eine konstante Temperatur innerhalb jedes Steinquerschnittes. Es findet daher nur von dieser konstanten Temperatur aus ein Übergang in eine nach unten offene Kurve statt. Die anfänglichen raschen Temperaturänderungen, die jeweils durch das zweite Glied in den Gln. (503) zum Ausdruck kommen, sind also nur etwa halb so groß. Man würde also im vorliegenden Fall einen geeigneteren Wert von Φ erhalten, wenn man nur mit dem halben Wert des zweiten Gliedes dieser Gleichungen rechnet.

Genauer haben Handley und Heggs [H 301] diesen zeitlichen Temperaturverlauf bei verschieden gut leitender Speichermasse nach einem Stufenverfahren berechnet, das auch die Temperaturunterschiede in einem Steinquerschnitt genau erfaßt. Sie erhalten ebenfalls die aus

Bild 158 ersichtliche Verflachung der Kurve mit abnehmender Wärmeleitfähigkeit des Speichermaterials. Besonders weisen sie darauf hin, daß diese Erscheinung die Auswertung von Versuchen erschwert, bei denen man die zeitliche Temperaturänderung eines aus der Speichermasse austretenden Gases verfolgt und daraus auf die Größe des Wärmeübergangskoeffizienten schließt. Eine solche Auswertung geht grundsätzlich in der Weise vor sich, daß man die beobachtete Temperaturänderung mit den Kurven von Schumann (oder von Anzelius) vergleicht und diejenige Kurve auswählt, die der beobachteten am nächsten kommt. Aus der vorangehenden Betrachtung erkennt man, daß man durch einen solchen Vergleich nur $\bar{\alpha}$ gewinnen kann und den erhaltenen Wert von $\bar{\alpha}$ unter Benutzung von Gl. (521) noch umrechnen muß, wenn der wahre Wärmeübergangskoeffizient gesucht ist. Aber auch die richtige Bestimmung von Φ dürfte hierbei Schwierigkeiten bereiten.

§ 67. Einfachste Berechnungsverfahren für den Beharrungszustand bei Gegenstrom

(besonders unendlich kurzer Regenerator und nullte Eigenfunktion)

Abschätzungsverfahren von Tipler und Traustel

Zu einer raschen Abschätzung der Wärmeübertragung in Regeneratoren haben Tipler [T 301] und Traustel [T 302] stark vereinfachte Theorien entwickelt, die hier nur kurz erwähnt werden sollen. Tipler nimmt einen linearen Verlauf der Gastemperatur in der Längsrichtung des Regenerators an, wobei die Steigung der entsprechenden Geraden innerhalb jeder Periode zeitlich abnimmt. Die übergehende Wärmemenge berechnet Tipler lediglich aus den über die gesamte Regeneratorlänge gemittelten Temperaturen der Gase und der Speichermasse.

Traustel [302] hat unter der Vorraussetzung $CT = C'T'$ vorgeschlagen, im Temperaturmittel denselben linearen Temperaturverlauf wie in einem Rekuperator anzunehmen und deshalb einen Regenerator im wesentlichen ebenso zu berechnen wie einen Rekuperator. Die zeitliche Temperaturschwankung der Speichermasse soll nach Traustel in der Weise ermittelt werden, daß man die in einer Periode vom Gas an die Speichermasse abgegebene Wärmemenge durch die Wärmekapazität der Speichermasse dividiert.

Die Anwendung eines derartigen Abschätzungsverfahrens dürfte kaum einfacher, sicher aber weniger genau sein als die Berechnung von k nach Gl. (457) mit Mittelwerten von Φ und k/k_0, z. B. $\Phi = 1/7$ und $k/k_0 = 0,93$ (vgl. S. 278).

Einfachste Lösungen der Differentialgleichungen [5]

Bei den nachstehend erörteten Lösungen der Differentialgleichungen besteht die einzige Vereinfachung darin, daß entweder die Speichermasse als unendlich gut wärmeleitend betrachtet oder mit dem auf die mittlere Steintemperatur Θ_m bezogenen Wärmedurchgangskoeffizient $\bar{\alpha}$ nach Gl. (521) gerechnet wird. Durch Einführung von $\bar{\alpha}$ wurden die Differentialgleichung bereits auf die einfachste Form (544) und (545) gebracht. Die Vorzüge dieser vereinfachten Differentialgleichungen erkennt man besonders deutlich, wenn man sie auf Fälle anwendet, für die schon in den vorhergehenden Paragraphen eine genaue Theorie entwickelt worden ist. Wir wollen daher, ehe wir zu neuen Folgerungen weiterschreiten, den unendlich kurzen Regenerator und noch einmal die nullte Eigenfunktion bei beliebigem Verhältnis $CT:C'T'$ behandeln. In beiden Fällen wird sich trotz der erheblichen Ver-

---

[5] In der 1. Auflage dieses Buches veröffentlichte Berechnungsverfahren des Verfassers.

einfachung zeigen, daß sich, soweit es nicht auf Einzelheiten der Temperaturunterschiede innerhalb der Speichermasse ankommt, Ergebnisse von hoher Genauigkeit erzielen lassen.

Unendlich kurzer Regenerator

Wie aus Bild 137 hervorgeht, ist der unendlich kurze Regenerator nicht nur als theoretischer Grenzfall, sondern auch deshalb von Interesse, weil Heiligenstaedt, allerdings beschränkt auf diesen Grenzfall, erstmals eine exakte Regeneratortheorie entwickelt hat (§ 56). Unendlich kurz sei ein Regenerator genannt, dessen reduzierte Regeneratorlänge $\varLambda$ unendlich klein ist. Bei endlichen Wärmekapazitäten C und C' der in der Zeiteinheit durch den Regenerator strömenden Gasmengen und endlichen reduzierten Periodendauern $\varPi$ und $\varPi'$ bedeutet dies nach Gl. (546) und (547), daß F und C_s unendlich klein sind. Da in einem solchen Regenerator in endlicher Zeit auch bei starken Temperaturänderungen der Speichermasse nur eine unendlich kleine Wärmemenge übertragen werden kann, können sich auch die Temperaturen ϑ und ϑ' der Gase beim Hindurchströmen durch den Regenerator nur unendlich wenig ändern. Es muß daher gelten:

$$\vartheta = \vartheta_1 = \text{const} \quad \text{und} \quad \vartheta' = \vartheta_1' = \text{const},$$

wenn ϑ_1 und ϑ_1' wieder die als unabhängig von der Zeit vorausgesetzten Eintrittstemperaturen der Gase bedeuten. Hiermit und mit zwei Konstanten D und D' erhält man als Lösung der Differentialgleichung (545)

$$\left.\begin{aligned} \varTheta &= \vartheta_1 + D \cdot \exp\,(-\eta) \quad \text{(Warmperiode)},\\ \varTheta' &= \vartheta_1' + D' \cdot \exp\,(-\eta') \quad \text{(Kaltperiode)}. \end{aligned}\right\} \tag{558}$$

Wir wollen weiterhin annehmen, daß $\varPi$ und $\varPi'$ einander gleich sind, daß sich also die Warmperiode von $\eta = 0$ bis $\eta = \varPi$ und die Kaltperiode von $\eta' = 0$ bis $\eta' = \varPi$ erstreckt. Die Überlegung, daß sich die mittlere Steintemperatur $\varTheta$ bzw. $\varTheta'$ im Augenblick des Umschaltens nicht unstetig ändern kann, führt dann zu den Umschaltbedingungen

$$\varTheta(\eta = 0) = \varTheta'(\eta' = \varPi),$$
$$\varTheta(\eta = \varPi) = \varTheta'(\eta' = 0).$$

Mit diesen Bedingungen ergeben sich die Konstanten in den Gln. (558) zu

$$D = -D' = -(\vartheta_1 - \vartheta_1')\frac{1 - \exp\,(-\varPi)}{1 - \exp\,(-2\varPi)} = -\frac{\vartheta_1 - \vartheta_1'}{1 + \exp\,(-\varPi)}. \tag{559}$$

Nach Gl. (558) und (559) erhalten wir nun als Zunahme $\varDelta\varTheta = \varTheta(\varPi) - \varTheta(0)$ der Temperatur der Speichermasse während der Warmperiode

$$\varDelta\varTheta = (\vartheta_1 - \vartheta_1')\frac{1 - \exp\,(-\varPi)}{1 + \exp\,(-\varPi)} = (\vartheta_1 - \vartheta_1')\,\tanh\frac{\varPi}{2},$$

Da ferner bei plattenförmigen Steinen oder Blechen die Wärmekapazität der Speichermasse $C_s = \dfrac{\varrho c \delta}{2}\,F$ beträgt, errechnet sich die in einer Periode übertragene Wärmemenge zu

$$Q_{Per} = \varDelta\varTheta \cdot \frac{\varrho c\,\delta}{2} \cdot F = \frac{\varrho c\,\delta}{2}\,F(\vartheta_1 - \vartheta_1')\,\tanh\frac{\varPi}{2}.$$

Vergleicht man dies mit Gl. (456) und berücksichtigt man hierbei, daß beim unendlich kurzen Regenerator der mittlere Temperaturunterschied $\Delta\vartheta_M$ gleich dem Unterschied $\vartheta_1 - \vartheta_1'$ der Eintrittstemperaturen ist, dann erhält man als *Wärmedurchgangskoeffizienten des unendlich kurzen Regenerators*

$$k = \frac{\varrho c\,\delta}{2(T + T')}\tanh\frac{\Pi}{2} \qquad (\text{für } \Lambda = 0). \tag{560}$$

Diese Gleichung ist in der Tat einfacher als die in § 56 angegebenen Beziehungen (480) und (481). Noch mehr gilt dies im Vergleich zu der von Heiligenstaedt [H 314] selbst abgeleiteten Gleichung für k, die in der ersten Auflage dieses Buches S. 297 und 298 wiedergegeben ist. Trotzdem ist Gl. (560) innerhalb des Gültigkeitsbereiches der Gleichung von Heiligenstaedt fast ebenso genau so daß z.B. bei der untersten Kurve in Bild 137 bis etwa $\delta = 50$ mm zeichnerisch kein Unterschied zwischen den Werten nach beiden Gleichungen festgestellt werden kann. Mit Gl. (560) kann man für den unendlich kurzen Regenerator auch leicht das Verhältnis k/k_0 berechnen. Denn der Wärmedurchgangskoeffizient k_0, der der nullten Eigenfunktion und damit der Grundschwingung des Regenerators allein entspricht, ist nach Gl. (459) mit $m = 1$ oder nach Gl. (624) durch

$$k_0 = \frac{\varrho c\,\delta}{2(T + T')}\cdot\frac{\Pi}{2}$$

bestimmt. Wir erhalten hiermit nach Gl. (560)

$$\lim_{\Lambda=0}\frac{k}{k_0} = \frac{2}{\Pi}\tanh\frac{\Pi}{2}. \tag{561}$$

Diese schon als Gl. (462) erwähnte Beziehung wird durch die unterste Kurve in Bild 135 dargestellt.

Einfachste Form der nullten Eigenfunktion bei $CT \neq C'T$ und $CT = C'T$

Die nullte Eigenfunktion für $CT \neq C'T'$, d.h. für ungleiche Wärmekapazitäten der in der Warmperiode und in der Kaltperiode hindurchströmenden Gasmengen, wurde in § 65 der 1. Auflage dieses Buches unter genauer Berechnung der örtlichen Temperaturunterschiede in jedem Steinquerschnitt abgeleitet. In der vorliegenden 2. Auflage wurden in § 62 nur noch die Grundgedanken dieser Ableitung angedeutet. Die erhaltenen Beziehungen sind so verwickelt, daß sie sich bei praktischen Rechnungen nur schwer anwenden lassen. Verhältnismäßig einfache Gleichungen ergeben sich hingegen, wenn man die nullte Eigenfunktion aus den Differentialgleichungen (544) und (545) oder (548) ermittelt.

Wir gehen wieder wie früher von der Annahme aus, daß bei der nullten Eigenfunktion in einem gegebenen Augenblick die Temperaturen in der Längsrichtung des Regenerators ebenso verlaufen, wie in einem Rekuperator. Sind C und C' unveränderlich, CT aber von $C'T'$ verschieden, dann soll also wie in § 62 der Verlauf der Temperatur Θ der Speichermasse in der Längsrichtung des Regenerators dargestellt werden durch eine Gleichung der Form [vgl. Gl. (517)]:

$$\Theta = D + A\cdot\exp\,(b\xi),$$

worin D und b Konstanten bedeuten, A aber noch von der reduzierten Zeit η abhängt. ξ ist die durch Gl. (540) oder (542) festgelegte Längskoordinate. Durch Einsetzen dieses Ausdruckes für Θ in die Differentialgleichung (548) ergibt sich mit einer neuen Konstanten B

$$A = B \cdot \exp\left(-\frac{b}{1+b}\,\eta\right).$$

Somit lautet die Lösung der Differentialgleichung (548):

$$\Theta = D + B \exp\left(b\xi - \frac{b}{1+b}\,\eta\right). \tag{562}$$

Da wir im folgenden meist die Kaltperiode betrachten, soll sich diese *Lösung* auf die Kaltperiode beziehen[6]. Entsprechend ergibt sich für die Warmperiode:

$$\Theta' = D' + B' \exp\left(b'\xi' - \frac{b'}{1+b'}\,\eta'\right). \tag{563}$$

Die Werte von b und b' sowie die Beziehungen zwischen D und D' und zwischen B und B' lassen sich durch die *Umschaltbedingung* festlegen. Wir betrachten eine bestimmte Stelle des Regenerators, die um den Betrag ξ von der Eintrittsstelle des kalten Gases entfernt ist. Dieselbe Stelle wird in der Warmperiode durch den Abstand ξ' von der Eintrittsstelle des warmen Gases festgelegt. ξ und ξ' messen überdies die Entfernungen in verschiedenem Maßstab, nämlich im Verhältnis von $\varLambda$ und $\varLambda'$ [vgl. Gl. (546)], die im allgemeinen nicht gleich sind. Für eine *bestimmte Stelle im Regenerator* gilt daher

$$\frac{\xi}{\varLambda} = \frac{\varLambda' - \xi'}{\varLambda'}$$

oder

$$\xi' = \varLambda' - \frac{\varLambda'}{\varLambda}\,\xi. \tag{564}$$

Im Gegensatz zu den früheren Betrachtungen in § 56 bis 62 wollen wir ferner die reduzierten Zeiten η und η' jeweils in der Mitte der Warm- bzw. Kaltperiode gleich null setzen, so daß sich in der Kaltperiode η von $-\varPi/2$ bis $+\varPi/2$, in der Warmperiode η' von $-\varPi'/2$ bis $+\varPi'/2$ erstreckt. Für den Anfang der Kaltperiode gilt dann nach Gl. (562)

$$\Theta = \Theta_a = D + B \exp\left(b\xi + \frac{b}{1+b}\cdot\frac{\varPi}{2}\right) \tag{565}$$

und für das Ende der Warmperiode nach Gl. (563) und (564):

$$\Theta' = \Theta'_e = D' + B' \exp\left[b'\left(\varLambda' - \frac{\varLambda'}{\varLambda}\,\xi\right) - \frac{b'}{1+b'}\cdot\frac{\varPi'}{2}\right]. \tag{566}$$

Nach der Umschaltbedingung müssen Θ_a und Θ'_e für jede beliebige Stelle ξ einander gleich sein. Dies wird nach Gl. (565) und (566) erreicht, wenn man

$$D = D', \quad B = B' \exp(b'\varLambda'),$$

$$b = -\frac{\varLambda'}{\varLambda}\,b', \quad \frac{b}{1+b}\,\varPi = -\frac{b'}{1+b'}\,\varPi'$$

---

[6] Im Gegensatz zu der vorangehenden Gepflogenheit sollen also von nun an alle ungestrichenen Werte wie Θ, b usw. für die Kaltperiode, alle gestrichenen Werte wie Θ'_1, b' usw. für die Warmperiode gelten.

setzt. Mit den Werten von D' und B' aus den beiden ersten dieser Gleichungen sowie mit den Ausdrücken für b und b', die sich durch Auflösen der beiden letzten Gleichungen ergeben, gehen die Gln. (562) und (563) über in

$$\Theta = D + B \exp\left[\left(\frac{\Lambda'}{\Lambda} - \frac{\Pi'}{\Pi}\right)\left(\frac{\Pi}{\Pi + \Pi'}\xi - \frac{\Lambda}{\Lambda + \Lambda'}\eta\right)\right] \qquad (567)$$

$$\Theta' = D + B \exp\left[\left(\frac{\Lambda'}{\Lambda} - \frac{\Pi'}{\Pi}\right)\left(\frac{\Pi}{\Pi + \Pi'}\xi + \frac{\Lambda}{\Lambda + \Lambda'}\cdot\frac{\Pi}{\Pi'}\eta'\right)\right]. \qquad (568)$$

Hierbei ist in Gl. (568) der besseren Übersicht wegen ξ statt ξ' nach Gl. (564) eingeführt. Für die Gastemperatur ϑ in der Kaltperiode folgt aus Gl. (567) und aus der Differentialgleichung (545)

$$\vartheta = D + B\frac{\Lambda}{\Lambda + \Lambda'}\cdot\frac{\Pi + \Pi'}{\Pi}\exp\left[\left(\frac{\Lambda'}{\Lambda} - \frac{\Pi'}{\Pi}\right)\left(\frac{\Pi}{\Pi + \Pi'}\xi - \frac{\Lambda}{\Lambda + \Lambda'}\eta\right)\right]. \qquad (569)$$

Entsprechend erhält man für die Warmperiode

$$\vartheta' = D + B\frac{\Lambda'}{\Lambda + \Lambda'}\cdot\frac{\Pi + \Pi'}{\Pi'}\exp\left[\left(\frac{\Lambda'}{\Lambda} - \frac{\Pi'}{\Pi}\right)\left(\frac{\Pi}{\Pi + \Pi'}\xi + \frac{\Lambda}{\Lambda + \Lambda'}\cdot\frac{\Pi}{\Pi'}\eta'\right)\right]. \qquad (570)$$

Die Gln. (567) bis (570) stellen die gesuchte *nullte Eigenfunktion* dar.

Der nach diesen Gleichungen sich errechnende Temperaturverlauf zeigt einige bemerkenswerte Eigenschaften, die an Hand von Bild 159 erläutert werden sollen. Auf der linken Seite des Bildes ist der Verlauf der mittleren Temperatur Θ der Speichermasse nach Gl. (567) für verschiedene Zeiten η der Kaltperiode abhängig

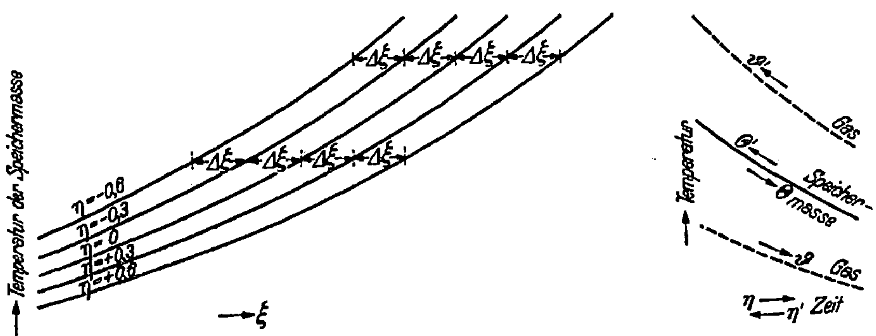

Bild 159. Temperaturverlauf in der Speichermasse nach der vereinfachten nullten Eigenfunktion bei $CT > C'T'$.

von ξ dargestellt. Die Kurven für zwei verschiedene Zeiten gehen auseinander durch waagerechtes Verschieben um eine überall gleiche Strecke $\Delta\xi$ hervor. Eine weitere Gesetzmäßigkeit erkennt man aus der rechten Seite des Bildes, das den zeitlichen Verlauf von Θ und Θ' sowie der Gastemperaturen ϑ und ϑ' für eine bestimmte Stelle ξ zeigt. Die Zeiten η und η' sind wieder in entgegengesetzter Richtung sowie im Maßstabverhältnis $\Pi':\Pi$ als Abszisse aufgetragen. Θ und Θ' durchlaufen ein und dieselbe Kurve in der entgegengesetzten Richtung. Ihre Werte fallen daher zu einander entsprechenden Zeiten beider Perioden, die im Bild derselben Senkrechten entsprechen, zusammen. Die in Bild 151 noch vorhandene sehr schmale Hystereseschleife verschwindet also hier vollkommen.

Die genannten Gesetzmäßigkeiten lassen sich auch unmittelbar aus den Gln. (567) und (568) ablesen. Nach Gl. (567) bleibt Θ bei einer Zunahme der Zeit um $\Delta\eta$ ungeändert, wenn man ξ um $\Delta\xi = \dfrac{\Pi + \Pi'}{\Pi} \cdot \dfrac{\Lambda}{\Lambda + \Lambda'} \cdot \Delta\eta$ vergrößert. Einer Änderung der Zeit um $\Delta\eta$ entspricht daher bei allen festgehaltenen Werten von Θ dieselbe Zunahme von ξ. Zum Beweis des Verschwindens der Hystereseschleife kann man sich aus Bild 159 rechts zunächst klar machen, daß für einander entsprechende Zeiten beider Perioden $\eta' = -\dfrac{\Pi'}{\Pi}\,\eta$ ist. Setzt man dies in Gl. (568) ein, so folgt durch Vergleich mit Gl. (567) für *einander entsprechende Zeiten*: $\Theta = \Theta'$. Dies stimmt mit der nur für $CT = C'T'$ abgeleiteten Gl. (488) überein, wenn man berücksichtigt, daß jetzt Θ und Θ' die mittleren Steintemperaturen bedeuten.

Aus den Gln. (567) bis (570) können wir nun auch den *Wärmedurchgangskoeffizienten* k_0 für die nullte Eigenfunktion berechnen. Für einander entsprechende Zeiten beider Perioden folgt mit $\eta' = -\dfrac{\Pi'}{\Pi}\,\eta$ aus Gl. (567), (569) und (570):

$$\frac{\vartheta - \Theta}{\vartheta - \vartheta'} = \frac{\dfrac{\Lambda}{\Pi} \cdot \dfrac{\Lambda + \Lambda'}{\Pi + \Pi'}}{\dfrac{\Lambda}{\Pi} - \dfrac{\Lambda'}{\Pi'}} \cdot$$

Da somit dieses Verhältnis unveränderlich ist, muß auch das Verhältnis der entsprechenden zeitlichen Mittelwerte $\bar{\vartheta} - \bar{\Theta}$ und $\bar{\vartheta} - \bar{\vartheta}'$ eben so groß sein. Hiernach wird, wenn wir noch Λ und Π nach Gl. (546) und (547) in die rechte Seite der letzten Gleichung einsetzen

$$\frac{\vartheta - \Theta}{\vartheta - \vartheta'} = \frac{\bar{\vartheta} - \bar{\Theta}}{\bar{\vartheta} - \bar{\vartheta}'} = \frac{\bar{\alpha}'T'}{\bar{\alpha}T + \bar{\alpha}'T'} \cdot \tag{571}$$

Berücksichtigt man ferner, daß die in der Kaltperiode je Flächeneinheit übertragene Wärmemenge $q_{Per} = \alpha(\bar{\vartheta} - \bar{\Theta}_0)\,T$ auch durch Gl. (520) ausgedrückt werden kann und daher mit $\Theta = \Theta_m$ auch gilt

$$\alpha(\bar{\vartheta} - \bar{\Theta}_0) = \bar{\alpha}(\bar{\vartheta} - \bar{\Theta}), \tag{572}$$

so erhalten wir nach Gl. (501) für k_0

$$k_0 = \frac{\bar{\alpha}T}{T + T'} \cdot \frac{\bar{\vartheta} - \bar{\Theta}}{\bar{\vartheta} - \bar{\vartheta}'} \cdot$$

Hieraus ergibt sich schließlich mit Gl. (571) als Ausdruck für die *Wärmedurchgangszahl nach der nullten Eigenfunktion*

$$\frac{1}{k_0} = (T + T')\left(\frac{1}{\bar{\alpha}T} + \frac{1}{\bar{\alpha}'T'}\right) \cdot \tag{573}$$

Diese Beziehung stimmt mit Gl. (523) und daher auch mit Gl. (507) vollkommen überein. Dieses Ergebnis ist aber deshalb besonders wichtig, weil die Beziehung

(573) im Gegensatz zu den zuletzt genannten Gleichungen bei ganz beliebigem Verhältnis CT zu $C'T'$ abgeleitet ist. Hiermit ist erneut bewiesen, daß Gl. (507) oder (457) auch bei $CT \neq CT'$ stets mit sehr guter Näherung gilt.

Mit Gl. (573) können wir die Gln. (567) bis (570) für den Temperaturverlauf noch in eine andere Gestalt bringen. Setzen wir hierbei Λ, Λ', Π, Π' sowie ξ, η und η' nach den Gln. (542), (546) und (547) ein, so ergibt sich

$$\Theta = D + B \exp\left[\left(\frac{1}{C'T'} - \frac{1}{CT}\right)(T + T')\,k_0 f - \frac{CT - C'T'}{\bar{\alpha}C' + \bar{\alpha}'C}\cdot\frac{2\bar{\alpha}\bar{\alpha}'}{\varrho c\,\delta}\frac{t}{T}\right], \tag{574}$$

$$\Theta' = D + B \exp\left[\left(\frac{1}{C'T'} - \frac{1}{CT}\right)(T + T')\,k_0 f + \frac{CT - C'T'}{\bar{\alpha}C' + \bar{\alpha}'C}\cdot\frac{2\bar{\alpha}\bar{\alpha}'}{\varrho c\,\delta}\frac{t'}{T'}\right], \tag{575}$$

$$\vartheta = D + B \frac{C'}{T}\cdot\frac{\bar{\alpha}T + \bar{\alpha}'T'}{\bar{\alpha}C' + \bar{\alpha}'C}\exp\left[\left(\frac{1}{C'T'} - \frac{1}{CT}\right)(T + T')\,k_0 f\right.$$
$$\left. - \frac{CT - C'T'}{\bar{\alpha}C' + \bar{\alpha}'C}\cdot\frac{2\bar{\alpha}\bar{\alpha}'}{\varrho c\,\delta}\frac{t}{T}\right], \tag{576}$$

$$\vartheta' = D + B \frac{C}{T'}\frac{\bar{\alpha}T + \bar{\alpha}'T''}{\bar{\alpha}C' + \bar{\alpha}'C}\exp\left[\left(\frac{1}{C'T'} - \frac{1}{CT}\right)(T + T')\,k_0 f\right.$$
$$\left. + \frac{CT - C'T'}{\bar{\alpha}C' + \bar{\alpha}'C}\cdot\frac{2\bar{\alpha}\bar{\alpha}'}{\varrho c\,\delta}\cdot\frac{t'}{T'}\right]. \tag{577}$$

Wieweit diese Beziehungen[7] mit der in § 62 angedeuteten genaueren Berechnungsweise, die auch die Temperaturunterschiede innerhalb eines Steinquerschnittes exakt berücksichtigt, übereinstimmen, zeigt Bild 160. In dieser Abbildung ist für die nullte Eigenfunktion ähnlich wie in Bild 151 der zeitliche Verlauf der Steintemperaturen $\Theta = \Theta_m$ und Θ_0 und der Gastemperatur ϑ in der Kaltperiode und entsprechend auch in der Warmperiode für $CT = 2C'T'$ dargestellt[8].

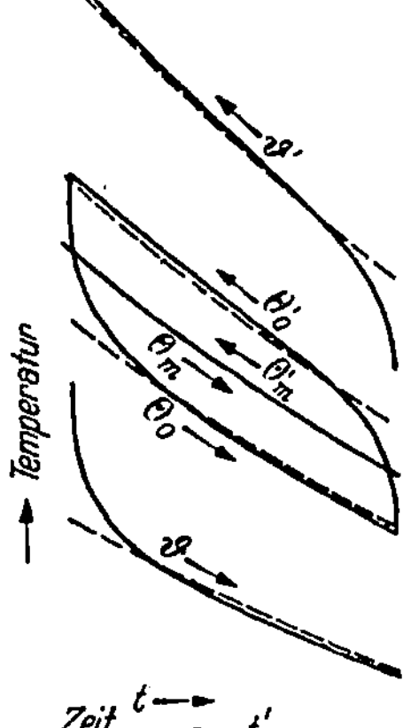

Bild 160. Zeitlicher Temperaturverlauf bei $CT = 2C'T'$ nach genauer Berechnung (ausgezogen) und nach der vereinfachten nullten Eigenfunktion (gestrichelt).

---

[7] Nußelt [N 303] gelangte grundsätzlich zu denselben Gleichungen, jedoch ohne das zeitliche Glied im Exponenten, indem er unendlich kurze Periodendauer annahm, also den Zeiteinfluß von vornherein vernachlässigte.

[8] Es werde daran erinnert, daß wir die mittlere Steintemperatur früher mit Θ_m, von § 65 an aber zur Vereinfachung mit Θ bezeichnet haben.

Die ausgezogenen Kurven sind nach dem genauen Verfahren, die gestrichelten Linien für ϑ und ϑ' nach den Gln. (576) und (577) berechnet. Die gestrichelten Linien für die Oberflächentemperaturen Θ_0 und Θ_0' wurden hierbei auf Grund der Überlegung ermittelt, daß nach Gl. (522) auch für jeden Zeitpunkt die der Gl. (572) entsprechende Beziehung

$$\alpha(\vartheta - \Theta_0) = \bar{\alpha}(\vartheta - \Theta_m)$$

gelten soll. Wendet man diese Beziehung auf die Kaltperiode an, so läßt sich bei bekannten ϑ und Θ_m der Wert von Θ_0 berechnen. Für Θ_m und Θ_m' ist nur eine einzige Linie eingezeichnet, weil die Unterschiede auch nach dem genauen Verfahren so gering sind, daß sie sich in dem gewählten Maßstab nicht darstellen lassen. Die gestrichelten Linien für ϑ, ϑ', Θ_0 und Θ_0' bringen zwar die raschen Temperaturänderungen bei Beginn der Periode nicht unmittelbar zum Ausdruck, sie berücksichtigen sie aber doch insofern, als sie im Mittel fast genau in gleicher Höhe wie die ausgezogenen Linien liegen. Nach Abklingen der raschen Temperaturänderungen zeigen überdies beide Gruppen von Linien grundsätzlich denselben Verlauf.

Man kann aber auch die anfänglich raschen Temperaturänderungen der Oberfläche der Speichermasse und der Gase in der Weise recht genau berechnen, daß man zunächst den zeitlichen Verlauf der mittleren Temperatur $\Theta = \Theta_m$ der Speichermasse nach den obigen Gln. (574) und (575) ermittelt und anschließend das in § 64 erörterte Verfahren anwendet.

Sonderfall CT = C'T'

Bei $CT = C'T'$ werden die Exponenten der Gln. (574) bis (577) unendlich klein. Dasselbe gilt auch für die Gln. (567) bis (570), weil bei $CT = C'T'$ nach Gl. (546) und (547) auch $\Lambda'/\Lambda = \Pi'/\Pi$ wird. Hierbei wird überdies $\dfrac{\Lambda}{\Lambda + \Lambda'} = \dfrac{\Pi}{\Pi + \Pi'}$. Wir entwickeln daher die Exponentialfunktion in Gl. (567) in eine Potenzreihe, wobei wir nach dem 2. Glied abbrechen, und die Konstanten D und B unendlich werden lassen. Hierdurch geht Gl. (567) über in

$$\Theta = D - B(\xi - \eta), \tag{578}$$

wobei jetzt D und B neue willkürliche Konstanten von endlicher Größe bedeuten. Für ϑ ergibt sich durch Einsetzen von Gl. (578) in Gl. (545)

$$\vartheta = D - B(\xi - \eta - 1). \tag{579}$$

Entsprechende Gleichungen erhält man für Θ' und ϑ'. Mit ξ und η nach Gl. (542) kann man die Gln. (578) und (579) auch in die Gestalt bringen

$$\Theta = D - B\left(\frac{\bar{\alpha}}{C} f - \frac{2\bar{\alpha}}{\varrho c\,\delta} t\right) \tag{580}$$

und

$$\vartheta = D - B\left(\frac{\bar{\alpha}}{C} f - \frac{2\bar{\alpha}}{\varrho c\,\delta} t - 1\right). \tag{581}$$

Ferner ergibt sich entsprechend Gl. (577), wenn man die Zeit $t = 0$ jeweils in die Mitte der Periode legt,

$$\vartheta' = D - B\left(\frac{\bar{\alpha}}{C} f + \frac{2\bar{\alpha}}{\varrho c\,\delta} \cdot \frac{C'}{C} \cdot t + \frac{\bar{\alpha}}{\bar{\alpha}'} \cdot \frac{C'}{C}\right). \tag{582}$$

In Übereinstimmung mit den Feststellungen von § 59 verläuft nach den Gln. (578) und (580) die mittlere Steintemperatur Θ bei $CT = C'T'$ nach der nullten Eigenfunktion örtlich und zeitlich linear. Abweichend von den Berechnungen in § 59 zeigt jetzt aber auch die Gastemperatur ϑ nach Gl. (579) oder (581) nicht nur örtlich, sondern auch zeitlich einen vollkommen linearen Verlauf. Dies ist darin begründet, daß durch $\bar{x}$ in Gl. (581) die raschen Temperaturänderungen unmittelbar nach dem Umschalten nicht in ihrem genauen Verlauf, sondern nur im Zeitmittel der Periode berücksichtigt werden.

Die Gln. (578) bis (581) spielen eine wichtige Rolle in dem noch fehlenden strengen Nachweis, daß die bisher für die nullte Eigenfunktion entwickelten Beziehungen auch wirklich die nullte Eigenfunktion darstellen. Dieser Nachweis wird im folgenden Paragraphen für die Gln. (578) bis (581) erbracht werden. Daß aber auch die für $CT \neq C'T'$ entwickelten Gleichungen der nullten Eigenfunktion entsprechen, folgt dann daraus, daß alle diese Gleichungen in die Gln. (578) bis (581) übergehen, wenn man $CT = C'T'$ setzt und $\bar{x}$ nach Gl. (521) einführt.

§ 68. Grundschwingung und Oberschwingungen
eines Gegenstromregenerators im Beharrungszustand bei

$$CT = C'T' \, {}^*)$$

Schon in § 53 wurde gezeigt, daß man den Temperaturverlauf im Beharrungszustand eines Regenerators einschließlich der Erscheinungen an den Regeneratorenden nur dann vollständig berechnen kann, wenn man neben der nullten Eigenfunktion (Grundschwingung) auch die höheren Eigenfunktionen (Oberschwingungen) berücksichtigt. Die für sämtliche Eigenfunktionen geltenden Gleichungen sollen daher im folgenden abgeleitet werden. Um nicht zu verwickelte Beziehungen zu erhalten, wollen wir uns auf den Fall beschränken, daß die Warm- und Kaltperiode gleich lang dauern ($T = T'$), daß die in beiden Perioden je Zeiteinheit hindurchströmenden Gasmengen gleiche Wärmekapazitäten $C = C'$ haben, und daß auch die Wärmeübergangszahlen $\bar{x}$ und $\bar{x}'$ in beiden Perioden einander gleich sind. Es ist dann $CT = C'T'$ und nach Gl. (546) und (547) auch $A = A'$ und $\Pi = \Pi'$. Ferner wollen wir ebenso wie bei den Differentialgleichungen (544), (545) usw. voraussetzen, daß die Wärmeleitung der Speichermasse in der Strömungsrichtung vernachlässigbar klein ist.

Gerade bei dieser vollständigen Behandlung des Beharrungszustandes eines Gegenstromregenerators wird es sich als nützlich erweisen, daß man infolge Einführung von $\bar{x}$ nach Gl. (521) nur noch auf die mittlere Temperatur Θ der Speichermasse, aber nicht mehr auf die örtlichen Temperaturunterschiede innerhalb eines Querschnittes der Speichermasse zu achten braucht. Denn nur hierdurch ist es möglich, für die höheren Eigenfunktionen Gleichungen zu finden, die sich noch einigermaßen übersehen lassen.

Umformung der Umschaltbedingung bei Gegenstrom

Die gesuchten Eigenfunktionen sind solche Lösungen der Differentialgleichungen (544) und (545), die die Umschaltbedingung erfüllen. Wie schon in § 55 er-

---

örtert, besagt die Umschaltbedingung, daß in jedem Regeneratorquerschnitt die Temperatur Θ und Θ' der Speichermasse am Ende der Kaltperiode denselben Wert haben muß wie bei Beginn der Warmperiode und umgekehrt. Unter der Voraussetzung $\Lambda = \Lambda'$ und $\Pi = \Pi'$ läßt sich diese Bedingung bei Gegenstrom in eine für die mathematische Behandlung geeignetere Gestalt bringen.

Die Längskoordinate ξ bzw. ξ' werde wie bisher von der jeweiligen Eintrittsstelle des Gases aus in der Strömungsrichtung positiv gezählt, so daß bei Gegenstrom $\xi = 0$ und $\xi' = 0$ die entgegengesetzten Regeneratorenden bedeuten. Als Nullpunkt der Zeit η bzw. η' sei ebenso wie im zweiten Teil des vorangegangenen Paragraphen jeweils die Mitte der Warm- oder Kaltperiode gewählt. Die eine Periode dauere daher von $\eta = -\Pi/2$ bis $\eta = +\Pi/2$, die andere Periode von $\eta' = -\Pi'/2$ bis $\eta' = +\Pi'/2$. Im Gegensatz zu früher werde ferner auch der Nullpunkt der Temperatur in die Mitte zwischen den Eintrittstemperaturen ϑ_1 und ϑ_1' beider Gase gelegt.

Wegen $\Lambda = \Lambda'$ und $\Pi = \Pi'$ muß im Beharrungszustand der Temperaturverlauf in der Warm- und Kaltperiode, für die eine Periode abhängig von ξ und η, für die andere abhängig von ξ' und η', abgesehen von den Vorzeichen genau gleich sein. ϑ und ϑ' und ebenso Θ und Θ' müssen entgegengesetzte Vorzeichen haben, weil bei dem gewählten Nullpunkt des Koordinatensystems $\vartheta_1 = -\vartheta_1'$ ist. Betrachtet man daher zwei Stellen ξ und ξ', die symmetrisch zur Regeneratormitte liegen, dann muß für die dort jeweils am Ende der beiden Perioden vorhandenen Temperatur der Speichermasse gelten

$$\Theta(\xi, \eta = +\Pi/2) = -\Theta'(\xi', \eta' = +\Pi'/2). \tag{583}$$

Die Stelle ξ' ist mit der Stelle $\Lambda - \xi$ identisch. Da sich ferner die Temperatur der Speichermasse beim Umschalten nicht ändern kann, muß die Temperatur Θ' $(\xi', \eta' = +\Pi'/2)$ am Ende der zuletzt betrachteten Periode gleich der Temperatur $\Theta(\Lambda - \xi, \eta = -\Pi/2)$ bei Beginn der darauf folgenden Periode sein. Nach der vorhergehenden Gleichung muß daher auch gelten

$$\Theta(\xi, +\Pi/2) = -\Theta(\Lambda - \xi, -\Pi/2). \tag{584}$$

In dieser Form besagt die Umschaltbedingung, daß die Temperaturen der Speichermasse am Anfang und Ende derselben Periode, abhängig von ξ aufgetragen, Kurven ergeben, die in bezug auf die Regeneratormitte und auf den gewählten Nullpunkt der Temperatur punktsymmetrisch liegen (vgl. Bild 161).

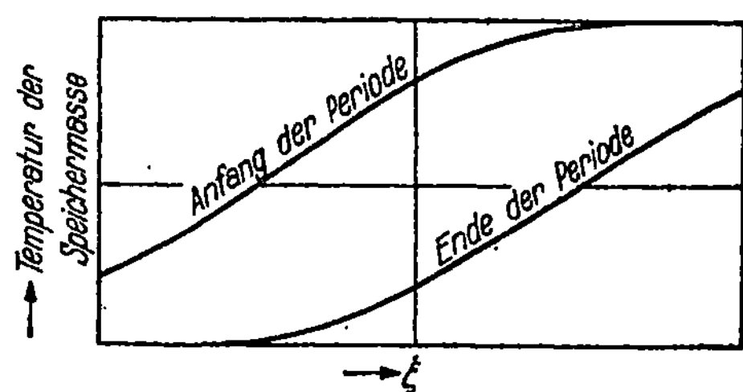

Bild 161. Punktsymmetrie des Temperaturverlaufs in der Speichermasse am Anfang und Ende einer Periode bei $\Lambda = \Lambda'$ und $\Pi = \Pi'$.

Ableitung der Eigenfunktionen

Wir suchen partikuläre Lösungen der Differentialgleichungen, die der Umschaltbedingung genügen. Setzen wir $\vartheta - \Theta$ versuchsweise als Produkt zweier Funktionen an, von denen die erste nur von ξ, die zweite nur von η abhängt, dann läßt sich leicht zeigen, daß die Differentialgleichung (549) partikuläre Integrale der Form

$$\vartheta - \Theta = \mathsf{A} \cdot \exp\left(-\frac{2\xi}{1+n} - \frac{2\eta}{1-n}\right) \tag{585}$$

hat, worin A eine Integrationskonstante und n eine beliebige reelle oder komplexe Zahl bedeutet. Durch Einsetzen in die Differentialgleichungen (544) und (545) folgt nach Integration

$$\vartheta = +\frac{1+n}{2}\,\mathsf{A} \cdot \exp\left(-\frac{2\xi}{1+n} - \frac{2\eta}{1-n}\right) \tag{586}$$

und

$$\Theta = -\frac{1-n}{2}\,\mathsf{A} \cdot \exp\left(-\frac{2\xi}{1+n} - \frac{2\eta}{1-n}\right), \tag{587}$$

Da n beliebige Werte annehmen kann, gibt es unendlich viele partikuläre Lösungen von der Form (586) und (587). Aber keine dieser Lösungen (außer $n = \infty$) erfüllt für sich allein die Umschaltbedingung (584).

Nur durch den Kunstgriff, zwei solche partikuläre Lösungen zu vereinigen, gelang es neue Lösungen zu finden, die der Umschaltbedingung genügen. Wir bilden daher entsprechend Gl. (587) den Ausdruck

$$\Theta = \mathsf{A}_1 \exp\left(-\frac{2\xi}{1+n_1} - \frac{2\eta}{1-n_1}\right) + \mathsf{A}_2 \cdot \exp\left(-\frac{2\xi}{1+n_2} - \frac{2\eta}{1-n_2}\right). \tag{588}$$

Dieser Ausdruck erfüllt die Umschaltbedingung (584), wenn man mit $i = \sqrt{-1}$ und mit einer beliebigen ganzen und reellen Zahl $\varkappa$, die also die Wertereihe 0, 1, 2, 3 usw. bis ∞ durchläuft,

$$n_1 = -1 + 2\sqrt{1 + i\frac{\Pi}{\varkappa\pi}}, \tag{589}$$

$$n_2 = -1 - 2\sqrt{1 + i\frac{\Pi}{\varkappa\pi}} \tag{590}$$

und

$$\mathsf{A}_2 = -(-1)^\varkappa \cdot \mathsf{A}_1 \tag{591}$$

setzt. Die auf diese Weise gewonnenen Lösungen der Differentialgleichungen sind komplex. Um reelle Lösungen zu erhalten, addieren wir zu Gl. (588) nochmals einen ebenso gebildeten Ausdruck hinzu, in dem jedoch $\varkappa$ durch $-\varkappa$ ersetzt ist. Auch A_1 nehmen wir in beiden Ausdrücken in geeigneter Weise verschieden an, wofür zwei Möglichkeiten bestehen, die hier nicht näher erörtert werden sollen. Nach ziemlich verwickelten Zwischenrechnungen[9] erhält man schließlich für die Temperatur Θ der Speichermasse folgende reelle Lösungen oder „*Eigenfunktionen*",

---

[9] Siehe die ausführliche Ableitung in [H 303].

die wir mit $u_\varkappa$ und $v_\varkappa$ bezeichnen wollen:

$$u_\varkappa = \sqrt{\frac{d_\varkappa}{Q_\varkappa}} \left\{ \exp\left(\frac{\eta}{2a_\varkappa} - c_\varkappa\xi\right) \sin\left[(1 + a_\varkappa)\frac{\varkappa\pi}{\Pi}\eta - d_\varkappa\xi - \arctan\frac{Q_\varkappa}{P_\varkappa}\right] \right.$$

$$- (-1)^\varkappa \cdot \exp\left[-\frac{\eta}{2a_\varkappa} - c_\varkappa(\Lambda - \xi)\right] \qquad (592)$$

$$\left. \times \sin\left[(1 - a_\varkappa)\frac{\varkappa\pi}{\Pi}\eta - d_\varkappa(\Lambda - \xi) - \arctan\frac{Q_\varkappa}{P_\varkappa}\right]\right\}$$

und

$$v_\varkappa = \sqrt{\frac{d_\varkappa}{Q_\varkappa}} \left\{ \exp\left(\frac{\eta}{2a_\varkappa} - c_\varkappa\xi\right) \cos\left[(1 + a_\varkappa)\frac{\varkappa\pi}{\Pi}\eta - d_\varkappa \cdot \xi - \arctan\frac{Q_\varkappa}{P_\varkappa}\right] \right.$$

$$- (-1)^\varkappa \cdot \exp\left[-\frac{\eta}{2a_\varkappa} - c_\varkappa(\Lambda - \xi)\right] \qquad (593)$$

$$\left. \times \cos\left[(1 - a_\varkappa)\frac{\varkappa\pi}{\Pi}\eta - d_\varkappa(\Lambda - \xi) - \arctan\frac{Q_\varkappa}{P_\varkappa}\right]\right\}.$$

Hierin bedeuten $a_\varkappa$, $b_\varkappa$ usw. Abkürzungen für folgende Ausdrücke

$$\left.\begin{aligned}
&a_\varkappa = \sqrt{\frac{1}{2}\left[\sqrt{1 + \left(\frac{\Pi}{\varkappa\pi}\right)^2} + 1\right]}, && b_\varkappa = \sqrt{\frac{1}{2}\left[\sqrt{1 + \left(\frac{\Pi}{\varkappa\pi}\right)^2} - 1\right]}, \\[2mm]
&c_\varkappa = \frac{a_\varkappa}{\sqrt{1 + \left(\frac{\Pi}{\varkappa\pi}\right)^2}}, && d_\varkappa = \frac{b_\varkappa}{\sqrt{1 + \left(\frac{\Pi}{\varkappa\pi}\right)^2}}, \\[2mm]
&P_\varkappa = 1 + \frac{1}{2a_\varkappa}, && Q_\varkappa = (1 + a_\varkappa)\frac{\varkappa\pi}{\Pi}.
\end{aligned}\right\} \qquad (594)$$

Entsprechend ergeben sich aus Gl. (545) nachstehende *Eigenfunktionen* für die *Gastemperatur* ϑ:

$$\varphi_\varkappa = \exp\left(\frac{\eta}{2a_\varkappa} - c_\varkappa\xi\right) \cdot \sin\left[(1 + a_\varkappa)\frac{\varkappa\pi}{\Pi}\eta - d_\varkappa\xi\right]$$

$$- (-1)^\varkappa \frac{b_\varkappa}{1 + a_\varkappa} \cdot \exp\left[-\frac{\eta}{2a_\varkappa} - c_\varkappa(\Lambda - \xi)\right] \qquad (595)$$

$$\times \sin\left[(1 - a_\varkappa)\frac{\varkappa\pi}{\Pi}\eta - d_\varkappa(\Lambda - \xi) - \arctan\frac{1}{b_\varkappa}\right]$$

und

$$\psi_\varkappa = \exp\left(\frac{\eta}{2a_\varkappa} - c_\varkappa\xi\right) \cdot \cos\left[(1 + a_\varkappa)\frac{\varkappa\pi}{\Pi}\eta - d_\varkappa\xi\right]$$

$$- (-1)^\varkappa \frac{b_\varkappa}{1 + a_\varkappa} \cdot \exp\left[-\frac{\eta}{2a_\varkappa} - c_\varkappa(\Lambda - \xi)\right] \qquad (596)$$

$$\times \cos\left[(1 - a_\varkappa)\frac{\varkappa\pi}{\Pi}\eta - d_\varkappa(\Lambda - \xi) - \arctan\frac{1}{b_\varkappa}\right].$$

Da der Eigenwert $\varkappa$ alle ganzen positiven und reellen Werte zwischen 0 und ∞ annehmen kann, so erhält man unendlich viele Eigenfunktionen von der Gestalt (592) und (593) bzw. (595) und (596).

Nullte Eigenfunktion ($\varkappa = 0$). Durch einen Grenzübergang für $\varkappa = 0$ läß sich zeigen, daß v_0 und ψ_0 verschwinden, daß aber u_0 und φ_0 folgende einfache Form annehmen:

$$u_0 = \eta - \xi + \frac{\Lambda}{2}, \tag{597}$$

$$\varphi_0 = \eta - \xi + 1 + \frac{\Lambda}{2}. \tag{598}$$

Diese Eigenfunktionen geben den schon mehrfach erwähnten örtlich und zeitlich linearen Temperaturverlauf wieder, wie er im Innern langer Regeneratoren bei $CT = C'T'$ auftritt. Bis auf die Konstanten stimmen Gl. (597) und (598) überdies mit den früher abgeleiteten Gln. (578) und (579) überein. Durch die Gln. (597) und (598) ist somit der bisher noch fehlende Beweis erbracht, daß sämtliche in § 59, § 61 und im zweiten Teil von § 67 für Θ und ϑ entwickelten Beziehungen nichts anderes als die nullten Eigenfunktionen sind.

Die Eigenfunktionen für $\varkappa > 0$. Die Eigenschaften der Eigenfunktionen für $\varkappa > 0$ lassen sich am besten übersehen, wenn man berücksichtigt, daß die Koeffizienten $a_\varkappa$, $b_\varkappa$, $c_\varkappa$ usw. mit wachsendem $\varkappa$ folgenden Grenzwerten zustreben

$$\left.\begin{aligned} \lim_{\varkappa=\infty} a_\varkappa &= \lim_{\varkappa=\infty} c_\varkappa = 1, \qquad \lim_{\varkappa=\infty} (1 - a_\varkappa) = -\frac{1}{8}\left(\frac{\Pi}{\varkappa\pi}\right)^2, \\ \lim_{\varkappa=\infty} b_\varkappa &= \lim_{\varkappa=\infty} d_\varkappa = \frac{\Pi}{2\varkappa\pi}, \\ \lim_{\varkappa=\infty} P_\varkappa &= 1{,}5, \qquad \lim_{\varkappa=\infty} Q_\varkappa = \frac{2\varkappa\pi}{\Pi}. \end{aligned}\right\} \tag{599}$$

Die Annäherung an diese Grenzwerte erfolgt um so rascher, je kleiner Π ist. So ist z.B. bei $\Pi = \pi = 3{,}1416$

$$a_1 = 1{,}0987, \qquad a_5 = 1{,}0049 \left(\text{statt } \lim_{\varkappa=\infty} a_\varkappa = 1\right)$$

hingegen bei $\Pi = 5\pi$:

$$a_1 = 1{,}7460, \quad a_5 = 1{,}0987.$$

Da hiernach die Annäherung an die gefundenen Grenzwerte auch bei kleinen Werten von $\varkappa$ schon ziemlich gut ist, so erhalten wir ein grundsätzlich richtiges Bild der Eigenfunktionen, wenn wir diese Grenzwerte in die Gln. (592), (593), (595) und (596) einsetzen. Wir finden auf diese Weise für *große Werte von* $\varkappa$:

$$u_\varkappa = \frac{\Pi}{2\varkappa\pi}\left\{\exp\left(\frac{\eta}{2} - \xi\right) \cdot \sin\left(\frac{2\varkappa\pi}{\Pi}\eta - \frac{\Pi}{2\varkappa\pi}\xi - \frac{\pi}{2}\right)\right. \tag{600}$$
$$\left. - (-1)^\varkappa \cdot \exp\left[-\frac{\eta}{2} - (\Lambda - \xi)\right] \cdot \sin\left[-\frac{\Pi}{8\varkappa\pi}\eta - \frac{\Pi}{2\varkappa\pi}(\Lambda - \xi) - \frac{\pi}{2}\right]\right\}.$$

$$v_\varkappa = \frac{\Pi}{2\varkappa\pi}\left\{\exp\left(\frac{\eta}{2} - \xi\right) \cdot \cos\left(\frac{2\varkappa\pi}{\Pi}\eta - \frac{\Pi}{2\varkappa\pi}\xi - \frac{\pi}{2}\right)\right. \tag{601}$$
$$\left. - (-1)^\varkappa \cdot \exp\left[-\frac{\eta}{2} - (\Lambda - \xi)\right] \cdot \cos\left[-\frac{\Pi}{8\varkappa\pi}\eta - \frac{\Pi}{2\varkappa\pi}(\Lambda - \xi) - \frac{\pi}{2}\right]\right\},$$

$$\varphi_\varkappa = \exp\left(\frac{\eta}{2} - \xi\right) \cdot \sin\left(\frac{2\varkappa\pi}{\Pi}\eta - \frac{\Pi}{2\varkappa\pi}\xi\right) \tag{602}$$

$$- (-1)^\varkappa \frac{\Pi}{4\varkappa\pi} \cdot \exp\left[-\frac{\eta}{2} - (\varLambda - \xi)\right] \cdot \sin\left[-\frac{\Pi}{8\varkappa\pi}\eta - \frac{\Pi}{2\varkappa\pi}(\varLambda - \xi) - \frac{\pi}{2}\right],$$

$$\psi_\varkappa = \exp\left(\frac{\eta}{2} - \xi\right) \cdot \cos\left(\frac{2\varkappa\pi}{\Pi}\eta - \frac{\Pi}{2\varkappa\pi}\xi\right) \tag{603}$$

$$- (-1)^\varkappa \frac{\Pi}{4\varkappa\pi} \cdot \exp\left[-\frac{\eta}{2} - (\varLambda - \xi)\right] \cdot \cos\left[-\frac{\Pi}{8\varkappa\pi}\eta - \frac{\Pi}{2\varkappa\pi}(\varLambda - \xi) - \frac{\pi}{2}\right].$$

Für eine bestimmte Stelle des Regenerators $\xi = $ const nehmen die ersten Glieder dieser Gleichungen, wenn man von der geringen Phasenverschiebung mit wachsendem ξ absieht, die Gestalt an:

$$\text{const} \cdot \exp\left(\frac{\eta}{2}\right) \cdot \frac{\sin}{\cos}\left(\frac{2\varkappa\pi}{\Pi}\eta\right).$$

Da sich während der Dauer Π einer Periode das Argument $\dfrac{2\varkappa\pi}{\Pi}\eta$ um $\varkappa \cdot 2\pi$ ändert, so stellen die ersten Glieder Schwingungen mit $\varkappa$ Schwingungsperioden während einer Regeneratorperiode dar. Die Schwingungsamplituden nehmen hierbei mit wachsendem η proportional $\exp\left(\dfrac{\eta}{2}\right)$ zu. Bei den zweiten Gliedern sind hingegen die sin- und cos-Funktionen bei großen Werten von $\varkappa$ von η und ξ fast unabhängig. Das zweite Glied nimmt somit bei konstantem ξ im wesentlichen mit $\exp\left(-\dfrac{\eta}{2}\right)$ aperiodisch ab.

Bemerkenswert ist die Abhängigkeit der beiden Glieder von ξ. Das erste Glied hat seine größten Werte bei $\xi = 0$, d.h. an dem Regeneratorende, an dem in der betrachteten Periode das Gas eintritt. Mit wachsender Entfernung ξ von dieser Stelle nimmt das erste Glied rasch ab. Bei $\xi = 6{,}9$ beträgt es nur noch $1^0/_{00}$ seines Wertes bei $\xi = 0$, soferne $\varkappa$ groß ist. Bei kleinen Werten von $\varkappa$ erfolgt die Abnahme langsamer.

Das zweite aperiodische Glied hängt hingegen nur von der Entfernung $\varLambda - \xi$ vom entgegengesetzten Regeneratorende ab. An diesem Ende, an dem das zweite Gas eintritt, hat das zweite Glied seinen Höchstwert. Es wird mit wachsendem Abstand von dieser Stelle nach demselben Gesetz kleiner wie das erste Glied von der Gaseintrittsstelle aus. Bei langen Regeneratoren haben die Eigenfunktionen für $\varkappa > 0$ nur in der Nähe der Enden merkliche Beträge, während sie in der Mitte in einem längeren Bereich praktisch gleich Null sind. Hiermit ist die tiefere Begründung dafür gegeben, daß in den mittleren Teilen von Regeneratoren der Temperaturverlauf vielfach durch die nullte Eigenfunktion allein dargestellt werden kann. Nur bei verhältnismäßig kurzen Regeneratoren haben die beiden Glieder der höheren Eigenfunktionen auch in der Regeneratormitte merkliche Beträge und addieren sich hier zur nullten Eigenfunktion hinzu. Solche Fälle kommen z.B. in der Hüttenindustrie vor, wo $\varLambda$ etwa 10 bis 20 beträgt, im allgemeinen aber nicht in der Tieftemperaturtechnik, wo $\varLambda$ fast stets mehr als 100 beträgt.

In Bild 162 und 163 sind die Eigenfunktionen für $\varkappa = 1$ bei $\Pi = \pi = 3{,}1416$ nach den genauen Gln. (592), (593), (595) und (596) dargestellt. Die Eigenfunktionen $u_\varkappa$ und $v_\varkappa$ für $\varkappa = 2$ zeigt Bild 131, das schon in § 53 besprochen wurde. In diesen Bildern sind links die Schwingungsglieder für unveränderliche Werte von ξ, rechts die aperiodischen Glieder für unveränderliche Werte von $\Lambda - \xi$ als Funktion der Zeit η aufgetragen. Die gestrichelten Linien gelten für die Gastemperatur, die ausgezogenen für die Temperatur der Speichermasse. Bei den Schwingungsgliedern

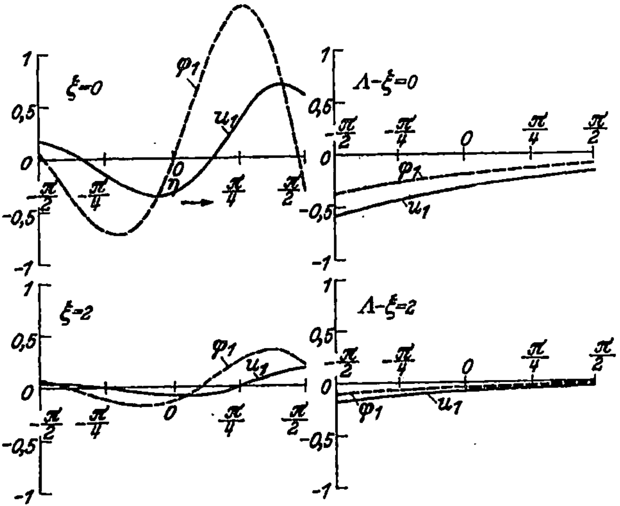

Bild 162. Die Eigenfunktionen u_1 und φ_1 für $\Pi = \pi$.

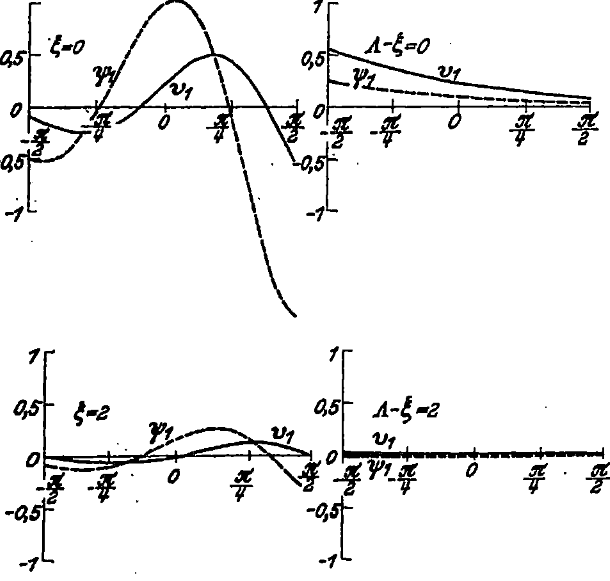

Bild 163. Die Eigenfunktionen v_1 und ψ_1 für $\Pi = \pi$.

hinkt die Temperatur der Speichermasse der Gastemperatur um eine Phasenverschiebung nach, die bei höheren Werten von $\varkappa$ bis auf den Grenzwert $\pi/2$ (90°) anwächst.

Die physikalische Deutung dieser höheren Eigenfunktionen, die, wie schon mehrfach erwähnt, die Oberschwingungen des Regenerators wiedergeben, wurde schon in § 53 erörtert. Hiernach stellen die ersten Glieder dieser Eigenfunktionen in Übereinstimmung mit unseren letzten Betrachtungen Schwingungen um eine Nullage der Temperatur dar. Die zweiten Glieder hingegen bringen den Ausgleich von Abweichungen aus der Nullage zum Ausdruck, die von den Schwingungen in der vorhergehenden Periode in der Nähe des anderen Regeneratorendes zurückgeblieben sind. Die ersten Glieder sollen daher kurz „Schwingungsglieder", die zweiten „Ausgleichsglieder" genannt werden.

§ 69. Aufbau des gesamten Temperaturverlaufs im Regenerator aus der Grundschwingung und den Oberschwingungen bei unveränderlichen Eintrittstemperaturen der Gase

Nachdem wir die Eigenfunktionen und damit die Grundschwingung und die Oberschwingungen berechnen können, sind wir nun auch in der Lage, den gesamten Temperaturverlauf im Beharrungszustand eines Gegenstromregenerators zu ermitteln. Zu diesem Zwecke müssen wir diese Schwingungen in jeweils geeigneter Intensität so zusammensetzen, daß die Bedingung der unveränderlichen Eintrittstemperatur des Gases während der betrachteten Periode erfüllt wird. Mathematisch ist eine solche Zusammenfügung der Eigenfunktionen grundsätzlich möglich, weil die Differentialgleichungen linear sind und daher jede lineare Kombination bereits gefundener Lösungen, wie sie die Eigenfunktionen darstellen, selbst wieder eine Lösung der Differentialgleichungen ist. Wir entwickeln daher unter Verwendung zunächst beliebiger Beiwerte $\alpha_\varkappa$ und $\beta_\varkappa$ die Gastemperatur ϑ und die Temperatur Θ der Speichermasse in folgende Reihen der Eigenfunktionen:

$$\vartheta = \alpha_0\varphi_0 + \alpha_1\varphi_1 + \alpha_2\varphi_2 + \alpha_3\varphi_3 + \cdots \qquad \alpha_\varkappa\varphi_\varkappa + \cdots$$
$$+ \beta_1\psi_1 + \beta_2\psi_2 + \beta_3\psi_3 + \cdots \qquad \beta_\varkappa\psi_\varkappa + \cdots, \tag{604}$$

$$\Theta = \alpha_0 u_0 + \alpha_1 u_1 + \alpha_2 u_2 + \alpha_3 u_3 + \cdots \qquad \alpha_\varkappa u_\varkappa + \cdots$$
$$+ \beta_1 v_1 + \beta_2 v_2 + \beta_3 v_3 + \cdots \qquad \beta_\varkappa v_\varkappa + \cdots. \tag{605}$$

Diese Reihen erfüllen die Umschaltbedingung, weil ihr jedes einzelne Glied genügt. Wir müssen also nur noch die Beiwerte $\alpha_1, \alpha_2, \ldots, \beta_1, \beta_2, \ldots$ usw. so bestimmen, daß die Reihe (604) an der Stelle $\xi = 0$ den unveränderlichen Wert $\vartheta = \vartheta_1$ ergibt. Diese Aufgabe ist indessen dadurch erschwert, daß das bei den Reihen aus harmonischen Funktionen, insbesondere bei der Fourierschen Reihe, übliche Verfahren der Koeffizientenbestimmung sich im vorliegenden Falle nicht ohne weiteres anwenden läßt.

Diese Schwierigkeit ist darin begründet, daß die Eigenfunktionen $\varphi_\varkappa$ und $\psi_\varkappa$ im Bereich $-\Pi/2 < \eta < +\Pi/2$ nicht orthogonal sind, d. h. für $\iota \neq \varkappa$ die sog. inneren Produkte

$$\int_{-\Pi/2}^{+\Pi/2} \varphi_\iota\varphi_\varkappa \, d\eta, \qquad \int_{-\Pi/2}^{+\Pi/2} \varphi_\iota\psi_\varkappa \, d\eta, \qquad \int_{-\Pi/2}^{+\Pi/2} \psi_\iota\psi_\varkappa \, d\eta$$

nicht verschwinden. Es ist zwar ein Verfahren bekannt, nach dem man jedes beliebige Funktionensystem in ein System orthogonaler Funktionen überführen kann; doch ist dieses in seiner Anwendung so umständlich, daß wir folgenden Weg vorziehen, der nur eine teilweise Orthogonalität ergibt. Wir wollen voraussetzen, daß A so groß ist, daß bei $\xi = 0$ die Ausgleichsglieder der Eigenfunktionen vernachlässigt werden können. Dann nehmen die Eigenfunktionen $\varphi_\varkappa$ und $\psi_\varkappa$ bei $\xi = 0$ für sehr große Werte von $\varkappa$ nach Gl. (602) und (603) folgende Gestalt an:

$$\varphi_\varkappa = \exp\left(\frac{\eta}{2}\right) \cdot \sin\left(\frac{2\varkappa\pi}{\Pi}\,\eta\right), \quad \psi_\varkappa = \exp\left(\frac{\eta}{2}\right) \cdot \cos\left(\frac{2\varkappa\pi}{\Pi}\,\eta\right).$$

Da die Funktionen $\sin\left(\dfrac{2\varkappa\pi}{\Pi}\,\eta\right)$ und $\cos\left(\dfrac{2\varkappa\pi}{\Pi}\,\eta\right)$ im Bereich $-\dfrac{\Pi}{2}$ bis $+\dfrac{\Pi}{2}$ orthogonal sind, nähern sich die Funktionen $\varPhi_\varkappa = \exp\left(-\dfrac{\eta}{2}\right)\varphi_\varkappa$ und $\varPsi_\varkappa = \exp\left(-\dfrac{\eta}{2}\right)\psi_\varkappa$ mit wachsendem $\varkappa$ immer mehr einem orthogonalen Verhalten. Wir können sie daher „asymptotisch orthogonal" nennen.

Dividieren wir die Gl. (604) durch $\exp\left(\dfrac{\eta}{2}\right)$, so erhalten wir für $\xi = 0$ die Reihe

$$\begin{aligned}
\exp\left(-\frac{\eta}{2}\right)\vartheta_1 = {} & \alpha_0\varPhi_0 + \alpha_1\varPhi_1 + \alpha_2\varPhi_2 + \alpha_3\varPhi_3 + \cdots + \alpha_\varkappa\varPhi_\varkappa + \cdots \\
& + \beta_1\varPsi_1 + \beta_2\varPsi_2 + \beta_3\varPsi_3 + \cdots + \beta_\varkappa\varPsi_\varkappa + \cdots,
\end{aligned} \qquad (606)$$

worin $\varPhi_\varkappa = \exp\left(-\dfrac{\eta}{2}\right)\psi_\varkappa$ und $\varPsi_\varkappa = \exp\left(-\dfrac{\eta}{2}\right)\psi_\varkappa$ die Werte dieser Funktionen an der Stelle $\xi = 0$ bedeuten sollen. Wir setzen die rechte Seite dieser Gleichung gleich S und wollen nun die Beiwerte $\alpha_\varkappa$ und $\beta_\varkappa$ so bestimmen, daß $\exp\left(-\dfrac{\eta}{2}\right)\vartheta_1$ mit $\vartheta_1 = \text{const}$ durch S im Sinne der Methode der kleinsten Quadrate möglichst gut wiedergegeben wird. Ist also $\varepsilon = \exp\left(-\dfrac{\eta}{2}\right)\vartheta_1 - S$, so soll $M = \displaystyle\int\limits_{-\Pi/2}^{+\Pi/2} \varepsilon^2\,d\eta$ ein Minimum werden. Da somit $\dfrac{\partial M}{\partial\alpha_\varkappa} = \int 2\varepsilon\dfrac{\partial\varepsilon}{\partial\alpha_\varkappa}\,d\eta = 0$ und entsprechend $\dfrac{\partial M}{\partial\beta_\varkappa} = \int 2\varepsilon\dfrac{\partial\varepsilon}{\partial\beta_\varkappa}\,d\eta = 0$ sein muß, folgt, indem man den durch Gl. (606) bestimmten Ausdruck für ε in die beiden letzten Integrale einsetzt:

$$\alpha_0\int\varPhi_0\varPhi_\varkappa\,d\eta + \alpha_1\int\varPhi_1\varPhi_\varkappa\,d\eta + \cdots \alpha_\varkappa\int\varPhi_\varkappa^2\,d\eta + \cdots \alpha_\iota\int\varPhi_\iota\varPhi_\varkappa\,d\eta + \cdots \qquad (607)$$

$$+ \beta_1\int\varPsi_1\varPhi_\varkappa\,d\eta + \cdots \beta_\varkappa\int\varPsi_\varkappa\varPhi_\varkappa\,d\eta + \cdots \beta_\iota\int\varPsi_\iota\varPhi_\varkappa\,d\eta + \cdots = \int\exp\left(-\frac{\eta}{2}\right)\vartheta_1\varPhi_\varkappa\,d\eta$$

und

$$\alpha_0\int\varPhi_0\varPsi_\varkappa\,d\eta + \alpha_1\int\varPhi_1\varPsi_\varkappa\,d\eta + \cdots \alpha_\varkappa\int\varPhi_\varkappa\varPsi_\varkappa\,d\eta + \cdots \alpha_\iota\int\varPhi_\iota\varPsi_\varkappa\,d\eta + \cdots \qquad (608)$$

$$+ \beta_1\int\varPsi_1\varPsi_\varkappa\,d\eta + \cdots \beta_\varkappa\int\varPsi_\varkappa^2\,d\eta + \cdots \beta_\iota\int\varPsi_\iota\varPsi_\varkappa\,d\eta + \cdots = \int\exp\left(-\frac{\eta}{2}\right)\vartheta_1\varPsi_\varkappa\,d\eta.$$

Infolge der asymptotischen Orthogonalität werden die inneren Produkte $\int\varPhi_\iota\varPhi_\varkappa\,d\eta$, $\int\varPsi_\iota\varPhi_\varkappa\,d\eta$ und $\int\varPsi_\iota\varPsi_\varkappa\,d\eta$ (abgesehen von $\int\varPhi_\varkappa^2\,d\eta$) und $\int\varPsi_\varkappa^2\,d\eta$) mit wachsendem ι und $\varkappa$ immer kleiner, so daß man sie von einer bestimmten endlichen Stelle an vernachlässigen kann. Wir wollen annehmen, daß alle inneren Produkte aus nicht gleichen Eigenfunktionen, soweit sie nicht $\varPhi_0$ enthalten, verschwinden, wenn ι oder $\varkappa$ größer als eine gewisse Größe K ist. Für $\varkappa = 1, 2, 3$ bis $\varkappa = K$ brechen dann die Gln. (607) und (608) nach α_K und β_K ab; man erhält hierdurch $2K$ Gleichungen mit $2K + 1$ Unbekannten. Für $\varkappa = 0$ behält hingegen Gl. (607) zunächst die Form einer unendlichen Reihe, während Gl. (608) für $\varkappa = 0$ nicht existiert. Aber auch diese unendliche Reihe kann man, wie nachstehend gezeigt wird, in eine endliche verwandeln.

Für $\varkappa > K$ folgt unter der für die inneren Produkte gemachten Annahme aus Gl. (607) und (608), wenn ν eine positive ganze Zahl zwischen 1 und ∞ bedeutet,

$$\alpha_{K+\nu} = \frac{\displaystyle\int\exp\left(-\frac{\eta}{2}\right)\vartheta_1\varPhi_{K+\nu}\,d\eta - \alpha_0\int\varPhi_0\varPhi_{K+\nu}\,d\eta}{\displaystyle\int\varPhi_{K+\nu}^2\,d\eta} \qquad (609)$$

und

$$\beta_{K+\nu} = \frac{\int \exp\left(-\frac{\eta}{2}\right) \vartheta_1 \Psi_{K+\nu}\, d\eta - \alpha_0 \int \Phi_0 \Psi_{K+\nu}\, d\eta}{\int \Psi_{K+\nu}^2\, d\eta}. \tag{610}$$

Setzt man (609) und (610) in die Gl. (607) für $\varkappa = 0$ ein, so treten auch im dieser nur noch die $2K + 1$ Unbekannten $\alpha_0, \alpha_1, \ldots, \alpha_K, \beta_1, \ldots, \beta_K$ auf. Diese Beiwerte kann man also berechnen, indem man die nunmehr erhaltenen $2K + 1$ linearen Gleichungen in bekannter Weise, z.B. mit Hilfe von Determinanten, auflöst. Die höheren Beiwerte ergeben sich dann, indem man den für α_0 erhaltenen Wert in Gl. (609) und (610) einsetzt. Praktisch kann man die Zahl der linearen Gleichungen noch unter $2K + 1$ herabmindern, da ein Teil der inneren Produkte schon früher vernachlässigt werden kann.

K ist bei gleicher Rechengenauigkeit um so größer zu wählen, je größer Π ist. Die Rechnung war vor Entwicklung der elektronischen Rechenanlagen schon bei $K > 2$ oder 3 recht mühsam. Heute kann man K erheblich höher wählen. Unter Umständen ist es zweckmäßiger, die Genauigkeit statt durch Erhöhung des Wertes von K dadurch zu steigern, daß man die Rechnung bei dem gewählten verhältnismäßig kleinen Wert von K wie folgt wiederholt. Man setzt die bei der ersten Berechnung erhaltenen Werte von $\alpha_{K+1}, \alpha_{K+2}, \ldots, \beta_{K+1}, \beta_{K+2}$ usw. in die Gln. (607) und (608) ein, wodurch man jetzt den Einfluß der vorher vernachlässigten inneren Produkte aus ungleichen Eigenfunktionen wenigstens näherungsweise berücksichtigt. Für alle Werte von $\varkappa$ zwischen 0 und K ergeben sich so wieder $2K + 1$ lineare Gleichungen, durch deren Auflösen man verbesserte Werte von α_0, α_1 bis α_K und β_1 bis β_K erhält. Neue Werte von α_{K+1} $\alpha_{K+2}, \ldots, \beta_{K+1}$ usw. findet man dann wieder nach den Gln. (609) und (610).

Anstatt die Methode der kleinsten Quadrate zu benutzen, könnte man auch wie folgt vorgehen. Es werde angenommen, daß man die Reihe in Gl. (604) nach einem bestimmten Wert von $\varkappa$ abbrechen will, z.B. nach $\varkappa = 4$, so daß $2\varkappa + 1 = 9$ Koeffizienten zu bestimmen sind, nämlich α_0 bis α_4 und β_1 bis β_4. Dann denke man sich die Periodendauer T in $2\varkappa$ gleich große Zeitintervalle unterteilt. Für jede der $2\varkappa + 1$ Intervallgrenzen kann man die Werte von φ_0 bis φ_K und ψ_1 bis ψ_K berechnen und ebenso wie den vorgegebenen Wert von $\vartheta = \vartheta_1$ in Gl. (604) einsetzen. Man erhält auf diese Weise $2\varkappa + 1$ lineare Gleichungen. Ihre Auflösung legt geeignete Werte von α_0 bis α_K und β_1 bis β_K fest. Man erreicht so zwar nur an den Intervallgrenzen eine exakte Wiedergabe von ϑ_1, doch sind die dazwischen zu erwartenden Abweichungen um so kleiner, je mehr Glieder der Reihe man berücksichtigt.

Nach Bestimmung der $\alpha_\varkappa$- und $\beta_\varkappa$-Werte läßt sich nun der gesamte Temperaturverlauf im Regenerator nach den Gln. (604) und (605) berechnen. Bild 164 zeigt die schrittweise Zusammensetzung der mit $\alpha_\varkappa$ und $\beta_\varkappa$ multiplizierten Eigenfunktionen $\varphi_\varkappa$ und $\psi_\varkappa$ für die Gastemperatur an der Stelle $\xi = 0$. Hierbei ist $\Lambda = 10$, $\Pi = \pi = 3{,}1416$ und $\vartheta_1 = 20\,°C$ gesetzt. Als Abszisse ist die reduzierte Zeit η, die sich von $-\pi/2$ bis $+\pi/2$ erstreckt, als Ordinate die Temperatur des Gases aufgetragen. Die mit 0 gekennzeichnete gerade Linie entspricht dem Ausdruck $\alpha_0\varphi_0$, Kurve 1 dem Ausdruck $\alpha_0\varphi_0 + \alpha_1\varphi_1 + \beta_1\psi_1$, bei Kurve 4 sind alle Eigenfunktionen von $\varkappa = 0$ bis $\varkappa = 4$ berücksichtigt. Man erkennt die mit der Zahl der Eigenfunktionen fortschreitende Annäherung an die konstante Eintrittstemperatur $\vartheta_1 = 20\,°C$.

Das Endergebnis der Berechnung des zeitlichen und örtlichen Temperaturverlaufs für das gewählte Beispiel ist aus Bild 165 und 166 ersichtlich. Bild 165 zeigt den zeitlichen Verlauf in beiden Perioden an den Stellen $\xi = 0, 2, 3$ und 5, wobei $\xi = 0$ dem kalten Regeneratorende, $\xi = 5$ wegen $\Lambda = 10$ der Regenera-

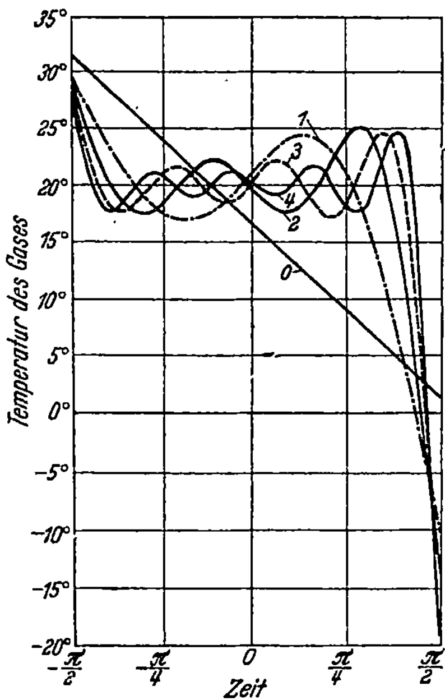

Bild 164. Oszillierende Annäherung an die unveränderliche Eintrittstemperatur $\vartheta = 20\,°\mathrm{C}$ bei $A = 10$ und $\Pi = \pi$.

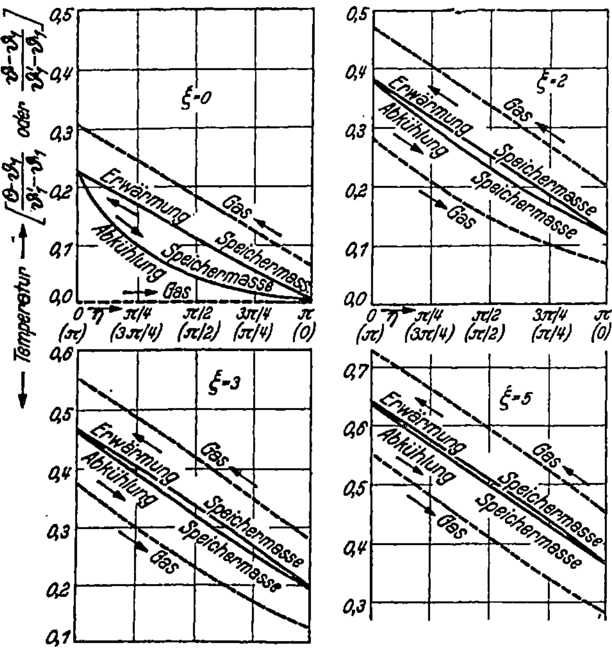

Bild 165. Zeitlicher Temperaturverlauf im Regenerator bei $A = 10$ und $\Pi = \pi$.

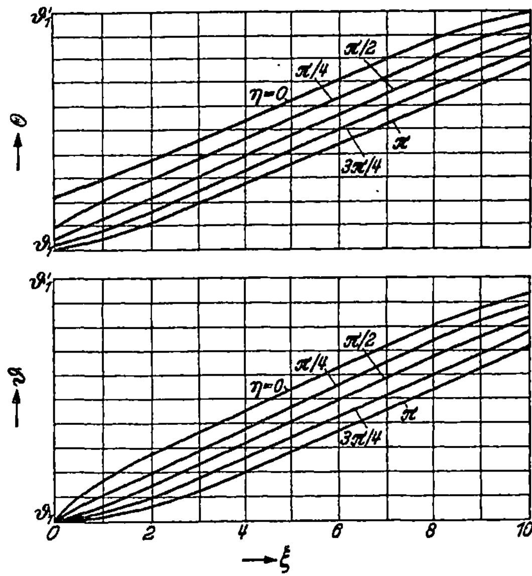

Bild 166. Örtlicher Temperaturverlauf im Regenerator bei $\varLambda = 10$ und $\varPi = \pi$.

tormitte entspricht. Die von der Temperatur $\varTheta$ der Speichermasse durchlaufene Hystereseschleife ist am Regeneratorende am größten, wird mit wachsendem ξ kleiner und geht in der Regeneratormitte nahezu in eine für beide Perioden gemeinsame gerade Linie über. Daß dies nicht vollkommen und nicht in einem längeren Stück des Regenerators der Fall ist, liegt daran, daß in dem gewählten Beispiel der Regenerator verhältnismäßig kurz ist und daher die Abweichungen von der nullten Eigenfunktion selbst bis gegen die Regeneratormitte hin noch verhältnismäßig groß sind. In Bild 166 ist der örtliche Verlauf der Gastemperatur ϑ und der Temperatur $\varTheta$ der Speichermasse in der Kaltperiode zu verschiedenen Zeiten η abhängig von ξ dargestellt.

Das behandelte Beispiel gibt Verhältnisse wieder, wie sie etwa in der Hüttenindustrie auftreten. Ein mehr der Tieftemperaturtechnik entsprechender Fall wurde schon in § 53 an Hand von Bild 132 erörtert. Weitere Beispiele bringen spätere Abschnitte, insbesondere § 93.

§ 70. Wirkungsgrad von Gegenstromregeneratoren und wahrer Wärmedurchgangskoeffizient

Da der Wirkungsgrad eines Wärmeaustauschers durch den Temperaturverlauf im Beharrungszustand eindeutig festgelegt ist, muß sich auch der Wirkungsgrad von Regeneratoren mit Hilfe der soeben besprochenen Beiwerte $\alpha_{\varkappa}$ und $\beta_{\varkappa}$ aus den Eigenfunktionen berechnen lassen. Der Wirkungsgrad sei ebenso wie bei Rekuperatoren (vgl. zweiter Abschnitt, § 34) definiert durch das Verhältnis der wirklich ausgetauschten Wärmemenge zu derjenigen Wärmemenge, die in einem vollkommenen Wärmeaustauscher übertragen würde. Im vorliegenden Falle, in dem die Wärmekapazitäten beider Gase je Periode gleich angenommen sind, d. h. $CT = C'T'$ ist, könnte in einem vollkommenen Wärmeaustauscher das mit der Temperatur

ϑ_1 eintretende Gas vollständig bis auf die Eintrittstemperatur ϑ_1' des am anderen Regeneratorende eintretenden Gases abgekühlt oder erwärmt werden. Der Regenerator übertrüge dann wegen $\vartheta_1' = -\vartheta_1$ in einer Periode die Wärmemenge

$$Q_{id} = \pm CT(\vartheta_1 - \vartheta_1') = \pm CT \cdot 2\vartheta_1 .$$

Im wirklichen Regenerator trete das Gas an der Stelle $\xi = \varLambda$ zur Zeit η mit der Temperatur ϑ_2 aus. Dann beträgt die mittlere Austrittstemperatur während der betrachteten Periode $\bar{\vartheta}_2 = \dfrac{1}{\varPi} \int\limits_{-\varPi/2}^{+\varPi/2} \vartheta_2 \, d\eta$. In dieser Periode tauscht daher das Gas mit der Speichermasse die Wärmemenge

$$Q_{Per} = \pm CT(\vartheta_1 - \bar{\vartheta}_2) \tag{611}$$

aus. Der Wirkungsgrad des Regenerators ergibt sich somit zu

$$\eta_{Reg} = \frac{Q_{Per}}{Q_{id}} = \frac{\vartheta_1 - \bar{\vartheta}_2}{\vartheta_1 - \vartheta_1'} = \frac{\vartheta_1 - \bar{\vartheta}_2}{2\vartheta_1} . \tag{612}$$

Der vorletzte Ausdruck dieser Gleichung gilt allgemein bei $CT = C'T'$, der letzte nur, wenn auch $\varLambda = \varLambda'$, d.h. nach Gl. (546) $\bar{\alpha}/C = \bar{\alpha}'/C'$ ist.

Indem man schließlich ϑ nach Gl. (604) über die ganze Periodendauer integriert, erhält man $\bar{\vartheta}_2$ und damit nach Gl. (612) den Wirkungsgrad η_{Reg}.

Bild 167 zeigt den in dieser Weise berechneten Wirkungsgrad[10]. η_{Reg} ist abhängig von der reduzierten Länge $\varLambda$ für verschiedene Periodendauern $\varPi$ dargestellt. Hierbei ist wie schon oben vorausgesetzt, daß $\varLambda = \varLambda'$ und $\varPi = \varPi'$ ist. Man erkennt, daß der Wirkungsgrad mit $\varLambda$ zunimmt, bei gegebenem $\varLambda$ aber mit wachsender Periodendauer $\varPi$ abnimmt. Die oberste Kurve entspricht der noch abzuleitenden Gl. (613).

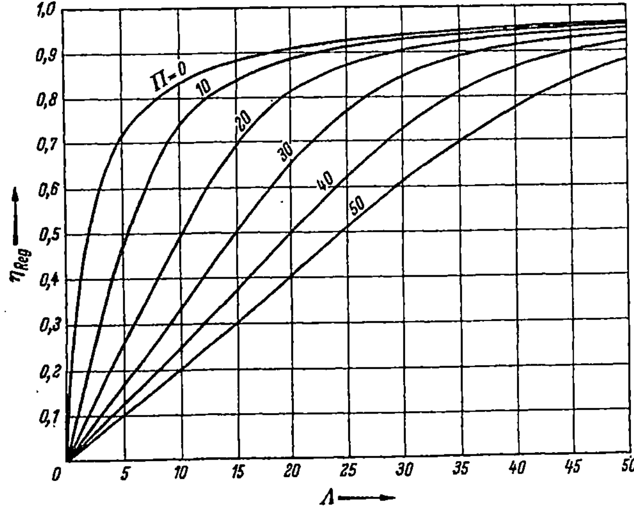

Bild 167. Wirkungsgrad von Gegenstrom-Regeneratoren bei $C = C'$ und $T = T'$.

---

[10] In Wirklichkeit wurde die Berechnung von Willmott, Schellmann und Sandner nach den in § 85, 86 sowie 76 und 83 beschriebenen Verfahren elektronisch durchgeführt. Vgl. Fußnote 6 auf S. 277.

Bei *unendlich kurzer Periodendauer* $\Pi = 0$ reichen die Eigenfunktionen u_0 und φ_0 allein zur genauen Darstellung des Temperaturverlaufs aus. Wir erhalten nämlich zunächst aus Gl. (598) und (604) bei Vernachlässigung aller höheren Eigenfunktionen

$$\vartheta = \alpha_0\left(\eta - \xi + 1 + \frac{\Lambda}{2}\right).$$

Da wegen $\Pi = 0$ auch $\eta = 0$ ist, kann man die Bedingung $\vartheta = \vartheta_1$ bei $\eta = 0$ erfüllen, indem man $\alpha_0 = \dfrac{2\vartheta_1}{2 + \Lambda}$ setzt. Hiermit ergibt sich für $\Pi = 0$ als mittlere Austrittstemperatur des Gases

$$\bar\vartheta_2 = \vartheta_2 = \vartheta_1 \frac{2 - \Lambda}{2 + \Lambda}.$$

Aus Gl. (612) folgt somit

$$\lim_{\Pi=0} \eta_{Reg} = \frac{\Lambda}{2 + \Lambda}. \tag{613}$$

Dieser Gleichung entspricht die oberste Kurve in Bild 167.

Gleichung (613) läßt einen aufschlußreichen Vergleich zwischen Regeneratoren und Rekuperatoren zu. Setzt man $\bar\alpha = \bar\alpha'$ und $T = T'$ und berücksichtigt man, daß bei $\Pi = 0$ nach Bild 135 $k = k_0$ ist, dann wird nach Gl. (523), (467) und (546) $\Lambda = 2k_{reg}F/C$, wobei $k_{reg} = 2k$ den Wärmedurchgangskoeffizienten von mindestens zwei zusammenarbeitenden Regeneratoren bedeutet. Dann kann man statt Gl. (613) auch schreiben

$$\lim_{\Pi=0} \eta_{Reg} = \frac{k_{reg}F/C}{1 + k_{reg}F/C}. \tag{614}$$

Diese Beziehung stimmt mit den Gl. (191) und (165) von § 34 und 29 für Rekuperatoren bei $C = C'$ überein, aus denen folgt

$$\eta_{Reg} = \frac{kF/C}{1 + kF/C},$$

wenn jetzt k den Wärmedurchgangskoeffizienten eines Rekuperators bedeutet. Bei unendlich kurzer Periodendauer haben hiernach Regeneratoren denselben Wirkungsgrad wie Rekuperatoren, wenn die dimensionslosen Größen $k_{reg} \cdot F/C$ und kF/C in beiden Fällen einander gleich sind.

Beziehung zwischen dem Wirkungsgrad η_{Reg}
und dem Wärmedurchgangskoeffizienten

Den schon in § 54 definierten wahren Wärmedurchgangskoeffizienten k des gesamten Regenerators und den örtlichen Wärmedurchgangskoeffizienten $k\xi$ kann man mit Hilfe der Eigenfunktionen und ihrer Beiwerte $\alpha_\varkappa$ und $\beta_\varkappa$ nach den Gln. (500) und (501) berechnen.

Eine Beziehung zwischen k und dem Wirkungsgrad η_{Reg} gewinnt man bei $CT = C'T'$ wie folgt. Wegen $\vartheta - \vartheta' = \bar\vartheta_2 - \vartheta_1' = \text{const}$ erhält man nach Gl. (456) für die in der betrachteten Periode übertragene Wärmemenge

$$Q_{Per} = k(T + T')\, F(\bar\vartheta_2 - \vartheta_1') = CT(\vartheta_1 - \bar\vartheta_2). \tag{615}$$

Hieraus folgt unter Berücksichtigung von Gl. (612):

$$k = \frac{C}{F}\,\frac{T}{T+T'}\,\frac{\eta_{reg}}{1-\eta_{Reg}}.$$ (616)

Aus dieser Gleichung kann man also den wahren Wärmedurchgangskoeffizienten k bei $CT = C'T'$ in einfacher Weise berechnen, wenn man η_{Reg} kennt, z.B. durch Abgreifen aus Bild 167.

Ferner kann man aus η_{Reg} das Verhältnis k/k_0 des wahren Wärmedurchgangskoeffizienten k, der alle Eigenfunktionen berücksichtigt, zum Wärmedurchgangskoeffizienten k_0, der der nullten Eigenfunktion allein entspricht, berechnen. Um dies zu zeigen, sollen Betrachtungen ähnlicher Art wie oben auf die *nullte Eigenfunktion* allein angewendet werden. Für diese Funktion sollen die Gln. (578) und (579) benutzt werden, die allgemeiner gelten als die Gln. (597) und (598), weil sie auch Fälle einschließen, in denen Λ und Λ' verschieden sind.

Ist $\bar{\vartheta}_{2,0}$ die mittlere Endtemperatur, die das Gas in der betrachteten Periode bei alleiniger Gültigkeit der nullten Eigenfunktion erreichen würde, dann folgt entsprechend Gl. (615) für die hierbei in dieser Periode übertragene Wärmemenge

$$Q_0 = k_0(T+T')\,F(\bar{\vartheta}_{2,0} - \vartheta_1') = CT(\vartheta_1 - \bar{\vartheta}_{2,0}),$$ (617)

wobei streng genommen auch ϑ_1 und ϑ_1' als zeitliche Mittelwerte anzusehen sind. Aus Gl. (579) erhalten wir, da sich der Regenerator von $\xi = 0$ bis $\xi = \Lambda$ erstreckt,

$$\vartheta_1 - \bar{\vartheta}_{2,0} = B\Lambda$$ (618)

und entsprechend für die nächstfolgende Periode

$$\vartheta_1' - \bar{\vartheta}_{2,0}' = -(\vartheta_1 - \bar{\vartheta}_{2,0}) = B'\Lambda'.$$

Aus diesen beiden Gleichungen folgt

$$B' = -\frac{\Lambda}{\Lambda'}\,B.$$ (619)

Ferner ergibt sich aus Gl. (578) und (579)

$$\vartheta - \Theta = B$$

und

$$\vartheta' - \Theta' = B'.$$

Da außerdem für einander entsprechende Zeiten beider Perioden bei der Grundschwingung $\Theta = \Theta'$ ist, wird nach den beiden letzten Gleichungen

$$\vartheta - \vartheta' = \bar{\vartheta}_{2,0} - \vartheta_1' = B - B'$$

oder unter Berücksichtigung von Gl. (619)

$$\bar{\vartheta}_{2,0} - \vartheta_1' = B\left(1 + \frac{\Lambda}{\Lambda'}\right).$$ (620)

Einsetzen von Gl. (618) und (620) in Gl. (617) liefert

$$k_0(T+T')\,F\left(\frac{1}{\Lambda} + \frac{1}{\Lambda'}\right) = CT$$ (621)

und hiermit endlich nach Gl. (616)

$$\frac{k}{k_0} = \left(\frac{1}{\Lambda} + \frac{1}{\Lambda'}\right)\frac{\eta_{Reg}}{1-\eta_{Reg}}.$$ (622)

Beschränken wir uns wieder auf den Fall $\Lambda = \Lambda'$, dann können wir statt Gl. (622) auch schreiben

$$\frac{k}{k_0} = \frac{2}{\Lambda} \cdot \frac{\eta_{Reg}}{1 - \eta_{Reg}}. \tag{623}$$

Nach dieser Gleichung kann man also auch das Verhältnis k/k_0 sehr einfach aus den Werten η_{Reg} des Wirkungsgrades berechnen, wie sie z.B. in Bild 167 enthalten sind. Die so ermittelten Werte von k/k_0 sind in Bild 135 dargestellt.

Um Bild 135 auch bei $CT \neq C'T'$ anwenden zu können, wurden in § 54 für die Kenngrößen Λ und Π an Stelle der Gln. (546) und (547) bereits die allgemeineren Beziehungen (458) oder auch (459) angegeben. Zu diesen Beziehungen gelangen wir auf folgendem Wege. Wir gehen von der sich später durch genaue Berechnungen bestätigenden Vermutung aus, daß man aus Bild 135 auch für $\Lambda' \neq \Lambda$ und $\Pi' \neq \Pi$ hinreichend genaue Werte für k/k_0 ablesen kann, sofernen man nur von diesen Kenngrößen geeignete Mittelwerte bildet und diese in Bild 135 einführt. Es erweist sich hierbei als zweckmäßig, das harmonische Mittel, d.h. das arithmetische Mittel aus den reziproken Werten zu bilden, wie es für Λ und Λ' bereits durch Gl. (622), für Π und Π' durch die spätere Gl. (694) nahegelegt ist. Wir erhalten so mit Gl. (546) und (547) als Mittelwerte

$$\frac{1}{\Lambda_m} = \frac{1}{2}\left(\frac{1}{\Lambda} + \frac{1}{\Lambda'}\right) = \frac{1}{2F}\left(\frac{CT}{\overline{\alpha}T} + \frac{C'T'}{\overline{\alpha}'T'}\right) \approx \frac{CT + C'T'}{4F}\left(\frac{1}{\overline{\alpha}T} + \frac{1}{\overline{\alpha}'T'}\right)$$

und

$$\frac{1}{\Pi_m} = \frac{\gamma c\,\delta}{4}\left(\frac{1}{\overline{\alpha}T} + \frac{1}{\overline{\alpha}'T'}\right).$$

Unter Berücksichtigung von Gl. (523) gehen diese Ausdrücke über in

$$\Lambda_m = 4\frac{k_0(T + T')\,F}{CT + C'T'} \quad \text{und} \quad \Pi_m = 4\frac{k_0(T + T')}{\varrho c\,\delta}. \tag{624}$$

Diese Beziehungen stimmen mit den erwähnten Gln. (458) und (459) überein; nur ist in den letzteren Gleichungen zur Vereinfachung Λ und Π statt Λ_m und Π_m für die Mittelwerte geschrieben und $\varrho c\delta/2$ durch den allgemeineren Ausdruck C_s/F ersetzt. Eine genaue Berechnung von k und k/k_0 bei $CT \neq C'T'$ soll in § 81 erörtert werden. Dort wird auch der Verlauf von k_ξ nach Gl. (501) in der Längsrichtung des Regenerators an einem Beispiel besprochen; vgl. Bild 183.

Zusammenhang zwischen den Hystereseschleifen und dem Wärmedurchgangskoeffizienten eines Regenerators

Der Zusammenhang, der zwischen den Hystereseschleifen und dem Wärmedurchgangskoeffizienten besteht, wurde dem Grundgedanken nach bereits in § 54 erörtert. Nachstehend soll noch gezeigt werden, daß sich dieser Zusammenhang bei $CT = C'T'$ durch eine Gleichung exakt ausdrücken läßt.

Die durch eine kleine Fläche df während der Dauer T der betrachteten Periode ausgetauschte Wärmemenge beträgt nach Gl. (522)

$$dQ_{Per} = \overline{\alpha}\,df \int_0^T (\vartheta - \Theta)\,dt = \overline{\alpha}\,df\,T(\overline{\vartheta} - \overline{\Theta}),$$

worin $\bar{\vartheta}$ und $\bar{\Theta}$ wieder die zeitlichen Mittelwerte bedeuten. Entsprechend gilt für die zweite Periode von der Dauer T'

$$dQ_{Per} = \bar{\alpha}' \, df \, T'(\bar{\Theta}' - \bar{\vartheta}').$$

Löst man beide Gleichungen nach den Temperaturdifferenzen auf, dann folgt durch Addition und mit Gl. (523)

$$dQ_{Per} = k_0(T + T') \, df[(\bar{\vartheta} - \bar{\vartheta}') - (\bar{\Theta} - \bar{\Theta}')].$$

Hierin ist, wie man z. B. aus Bild 165 erkennt, der Unterschied $\bar{\Theta} - \bar{\Theta}'$ zwischen den zeitlichen Mittelwerten der Temperaturen der Speichermasse gleich der mittleren Höhe der Hystereseschleife. Durch Integration über df erhält man, da $\bar{\vartheta} - \bar{\vartheta}'$ wegen $CT = C'T'$ unveränderlich ist, für die gesamte im Regenerator während der Zeit $T + T'$ übertragene Wärmemenge

$$Q_{Per} = k_0(T + T') \, F[(\bar{\vartheta} - \bar{\vartheta}') - H], \tag{625}$$

wobei man $H = \dfrac{1}{F} \displaystyle\int_0^F (\bar{\Theta} - \bar{\Theta}') \, df$ als Gesamtmittelwert der Höhen aller Hystereseschleifen auffassen kann. In Bild 133 ist H gleich der mittleren Höhe der schraffierten Flächenstreifen, bezogen auf die gesamte Länge des Regenerators.

Setzt man schließlich den nach Gl. (625) für Q_{Per} erhaltenen Ausdruck gleich dem Ausdruck nach Gl. (456), so gelangt man zu folgendem bemerkenswerten Ergebnis:

$$\frac{k}{k_0} = 1 - \frac{H}{\bar{\vartheta} - \bar{\vartheta}'}. \tag{626}$$

Man ersieht hieraus, daß das Gesamtmittel H aller Höhen der Hystereseschleifen im Verhältnis zur mittleren Temperaturdifferenz $\bar{\vartheta} - \bar{\vartheta}'$ zwischen beiden Gasen unmittelbar den Wert von k/k_0 bestimmt.

§ 71. Temperaturverlauf im Gleichstromregenerator

Im Falle des Gleichstromes gestaltet sich die exakte Berechnung des streng periodischen Beharrungszustandes wesentlich einfacher als bei entgegengesetzter Strömungsrichtung der Gase.

Dies ist im wesentlichen darin begründet, daß sich bei Gleichstrom die Bedingung der zeitlich unveränderlichen Eintrittstemperaturen der Gase in der Warm- und Kaltperiode auf dasselbe Regeneratorende bezieht. Vom rechnerischen Standpunkt aus ist es hierbei unwesentlich, daß in den beiden Perioden, die wieder gleich lang angenommen seien, Gase verschiedener Art durch den Regenerator strömen. Der Temperaturverlauf bleibt vielmehr derselbe, wenn wir annehmen, daß ein und dasselbe Gas bei $\xi = 0$ abwechselnd mit den unveränderlichen Temperaturen $\vartheta = \vartheta_1$ und $\vartheta = \vartheta_1' = -\vartheta_1$ eintritt. Wir erhalten also, wenn die eine Periode von $\eta = -\Pi$ bis $\eta = 0$, die zweite von $\eta = 0$ bis $\eta = \Pi$ dauert, für $\xi = 0$ die Grenzbedingung:

$$\vartheta = \vartheta_1 \text{ für } -\Pi < \eta < 0; \quad \vartheta = -\vartheta_1 \text{ für } 0 < \eta < \Pi. \tag{627}$$

Diese Grenzbedingung kann man für den Beharrungszustand bei $\Lambda = \Lambda'$ und $\Pi = \Pi'$ erfüllen durch Entwicklung nach Eigenfunktionen, die in bezug auf η rein periodisch sind und im Grundintervall 2Π eine ganze Zahl von Perioden durchlaufen. Die früher angegebenen Lösungen (586) und (587) werden in η rein periodisch, wenn man

$$\frac{2}{1 - n} = i \frac{\varkappa \pi}{\Pi} \tag{628}$$

setzt, worin i die imaginäre Einheit und $\varkappa$ eine reelle ganze Zahl bedeutet. Nach einigen hier übergangenen Zwischenrechnungen erhält man folgende reelle Eigenfunktionen für die Temperatur Θ der Speichermasse:

$$u_\varkappa = \sqrt{\frac{\Pi^2}{\Pi^2 + \varkappa^2\pi^2}} \cdot \exp\left(-\frac{\varkappa^2\pi^2}{\Pi^2 + \varkappa^2\pi^2}\xi\right) \sin\left\{\frac{\varkappa\pi}{\Pi}\eta - \frac{\Pi\varkappa\pi}{\Pi^2 + \varkappa^2\pi^2}\xi - \arctan\frac{\varkappa\pi}{\Pi}\right\}, \qquad (629)$$

$$v_\varkappa = \sqrt{\frac{\Pi^2}{\Pi^2 + \varkappa^2\pi^2}} \cdot \exp\left(-\frac{\varkappa^2\pi^2}{\Pi^2 + \varkappa^2\pi^2}\xi\right) \cos\left\{\frac{\varkappa\pi}{\Pi}\eta - \frac{\Pi\varkappa\pi}{\Pi^2 + \varkappa^2\pi^2}\xi - \arctan\frac{\varkappa\pi}{\Pi}\right\} \qquad (630)$$

und entsprechend für die Gastemperatur

$$\varphi_\varkappa = \exp\left(-\frac{\varkappa^2\pi^2}{\Pi^2 + \varkappa^2\pi^2}\xi\right) \sin\left\{\frac{\varkappa\pi}{\Pi}\eta - \frac{\Pi\varkappa\pi}{\Pi^2 + \varkappa^2\pi^2}\xi\right\}, \qquad (631)$$

$$\psi_\varkappa = \exp\left(-\frac{\varkappa^2\pi^2}{\Pi^2 + \varkappa^2\pi^2}\xi\right) \cos\left\{\frac{\varkappa\pi}{\Pi}\eta - \frac{\Pi\varkappa\pi}{\Pi^2 + \varkappa^2\pi^2}\xi\right\}. \qquad (632)$$

Für $\varkappa = 0$ ergibt sich $u_0 = \varphi_0 = 0$ und $v_0 = \psi_0 = 1$.

Die Temperaturfunktionen Θ und ϑ der Speichermasse und des Gases kann man wieder wie in den Gln. (604) und (605) als Reihen der Eigenfunktionen darstellen. Da die Eigenfunktionen (629) bis (632) im Gegensatz zum Fall des Gegenstroms orthogonal sind, lassen sich die Beiwerte $\alpha_0, \alpha_1, \ldots, \beta_1, \ldots$ usw. nach der üblichen Fourierschen Methode[11] leicht so bestimmen, daß die Grenzbedingung (627) erfüllt wird. Man erhält so als gesuchte Lösung:

$$\vartheta = -\frac{4}{\pi}\vartheta_1\left[\varphi_1 + \frac{1}{3}\varphi_3 + \frac{1}{5}\varphi_5 + \frac{1}{7}\varphi_7 + \cdots\right], \qquad (633)$$

$$\Theta = -\frac{4}{\pi}\vartheta_1\left[u_1 + \frac{1}{3}u_3 + \frac{1}{5}u_5 + \frac{1}{7}u_7 + \cdots\right]. \qquad (634)$$

Für den *Wirkungsgrad* gilt ebenso wie für Gegenstrom die Gl. (612). Die in diese Gleichung einzusetzende mittlere Austrittstemperatur $\bar\vartheta_2$ erhält man bei Gleichstrom, indem man Gl. (633) bei $\xi = \Lambda$ unter Berücksichtigung von Gl. (631) von $\eta = 0$ bis $\eta = \Pi$ über η integriert.

Die folgenden Abbildungen, die die Ergebnisse verschiedener Berechnungen eines Gleichstromregenerators für den Beharrungszustand bei $\Lambda = \Lambda'$ und $\Pi = \Pi'$ wiedergeben, zeigen, daß der Schwingungscharakter der periodischen Temperaturänderungen bei Gleichstrom viel deutlicher hervortritt als bei Gegenstrom. So wird z.B. nach Bild 168 die Temperaturverteilung in der Speichermasse bei Beginn der Kaltperiode durch eine mit wachsendem ξ abklingende Temperaturschwingung um die mittlere Temperatur $\Theta = 0$ dargestellt. Nur bei unendlich

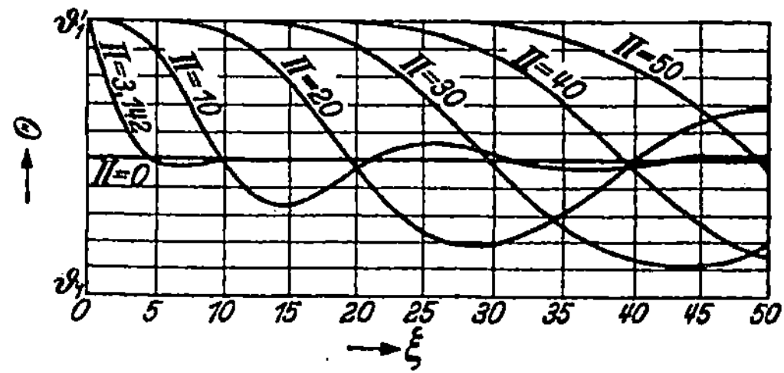

Bild 168. Temperatur der Speichermasse am Anfang der Kaltperiode bei Gleichstrom im Beharrungszustand.

---

[11] Vgl. z.B. Hütte, Bd. I, 28. Aufl., 1955, S. 107.

kurzer Periodendauer ($\varPi = 0$) sind die Schwingungsausschläge so klein, daß die Temperaturverteilung mit der Waagerechten $\Theta = 0$ vollständig zusammenfällt. Spiegelt man sämtliche Kurven gegen diese Waagerechte, dann erhält man für jeden der eingetragenen Werte von $\varPi$ den Temperaturverlauf am Ende der Kaltperiode. Im Gegensatz zum Gegenstromregenerator ist der Temperaturverlauf bei Gleichstrom unabhängig von $\varLambda$, d.h., man erhält z.B. den Temperaturverlauf bei $\varLambda = 20$, wenn man sich die Kurven in Bild 168 bei $\xi = 20$ abgebrochen denkt.

Bild 169 und 170 zeigen den Temperaturverlauf bei $\varLambda = 10$ und $\varPi = \pi$ zu verschiedenen Zeiten der Kaltperiode. Bild 169 stellt die Temperatur Θ der Speichermasse, Bild 170 die Temperatur ϑ des Gases dar. Bemerkenswert ist, daß das Gas auf seinem Weg durch den Regenerator sich zunächst über die mittlere Tem-

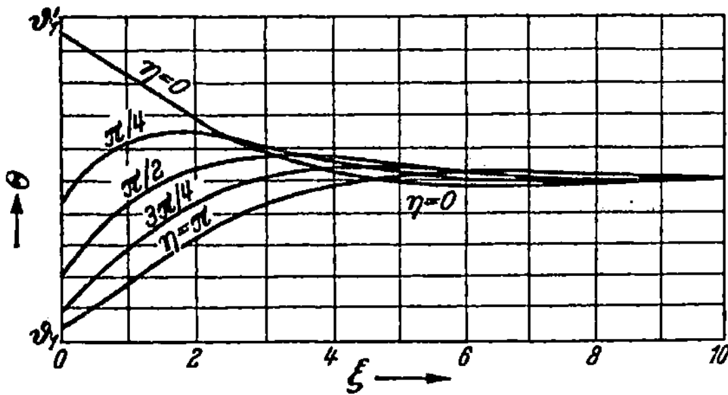

Bild 169. Verlauf der Temperatur Θ der Speichermasse während der Kaltperiode bei Gleichstrom und bei $\varPi = \pi$.

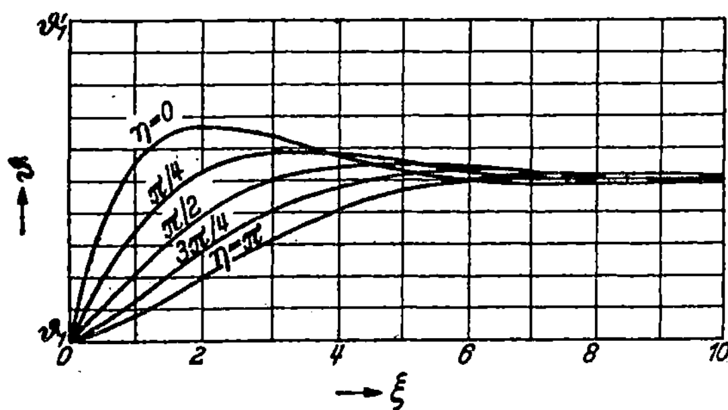

Bild 170. Verlauf der Temperatur des Gases während der Kaltperiode bei Gleichstrom.

peratur $\vartheta = 0$ erwärmt und dann wieder etwas abkühlt. Während dieser Abkühlung transportiert das Gas Wärme, die es aus der Speichermasse aufgenommen hat, in der Strömungsrichtung. Das Gas tritt bei $\xi = \varLambda$ auch größtenteils mit einer etwas höheren Temperatur als $1/2(\vartheta_1 + \vartheta_1')$ aus. Besonders ist dies der Fall, wenn man $\varLambda = 5$ wählt, also den Regenerator schon bei $\xi = 5$ abbricht. Hieraus folgt, daß bei Gleichstrom der Wirkungsgrad des Regenerators unter Umständen größer ist als der des Rekuperators, der unter den betrachteten Verhältnissen nicht mehr als 50% betragen kann.

In Bild 171 ist der Wirkungsgrad des Regenerators für verschiedene Werte von $\varPi$ abhängig von $\varLambda$ aufgetragen. Bei unendlich kurzer Periodendauer ($\varPi = 0$) ist der Wirkungsgrad ebenso groß wie beim Rekuperator; er nähert sich in diesem

Falle mit wachsendem Λ asymptotisch dem Wert 0,5, der praktisch bei etwa $\Lambda = 5$ erreicht wird. Bei größeren Werten von Π haben die Kurven die Gestalt einer abklingenden Schwingung um den Wert 0,5. Jede dieser Kurven besitzt einen ausgesprochenen Höchstwert, der den Wirkungsgrad des Rekuperators weit überschreitet und bei $\Pi = 40$ schon mehr als 80% beträgt. Wie aus der Abbildung zu

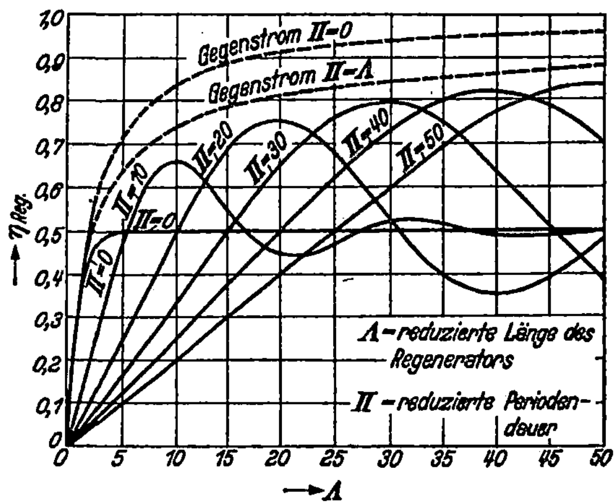

Bild 171. Wirkungsgrad des Gleichstrom-Regenerators.

ersehen ist, ist die Stelle des Höchstwertes dadurch ausgezeichnet, daß angenähert $\Pi = \Lambda$, d.h. nach Gl. (458) die Wärmekapazität $C_{P_{er}}$ der in der Warm- oder Kaltperiode hindurchströmenden Gasmenge gleich der Wärmekapazität C_s der gesamten Speichermasse ist.

Zum Vergleich sind in Bild 171 auch die Werte des Wirkungsgrades für den Gegenstrombetrieb bei $\Pi = \Lambda$ und $\Pi = 0$ eingezeichnet. Hiernach ist bei $\Pi = \Lambda$ der Unterschied zwischen Gleichstrom und Gegenstrom nicht sehr erheblich; doch kann bei gegebenem Λ der Wirkungsgrad des Gegenstromregenerators durch Verringerung von Π noch merklich erhöht werden. Rein wärmetechnisch ist daher der Gegenstrombetrieb dem Gleichstrombetrieb stets überlegen. Diese Überlegenheit geht z.B. daraus hervor, daß man einen Wirkungsgrad von 83% nach Bild 171 bei Gleichstrom nur erreichen kann, wenn man den Regenerator wenigstens dreimal so lange macht ($\Lambda = 40$) wie bei Gegenstrom (etwa $\Lambda = 12$ bei $\Pi = 4$).

§ 72. Erste Erwärmung oder Abkühlung der Speichermasse und Gleichstrombetrieb der Regeneratoren nach der Theorie von Lowan

Lowan [L 306] hat eine Theorie zur Berechnung des Temperaturverlaufs in Regeneratoren entwickelt, die alle Einzelheiten der Temperaturunterschiede innerhalb der Speichermasse genau berücksichtigt. Die *Gestalt der Speichermasse* nimmt Lowan jedoch nicht plattenförmig, sondern *zylindrisch* an. Das Gas strömt hierbei in achsialer Richtung an der Oberfläche der massiv gedachten Zylinder mit unveränderlichem Wärmeübergangskoeffizienten α oder α' vorbei. Lowan behandelt zunächst die *erste Erwärmung oder Abkühlung* der ursprünglich überall gleich warmen Speichermasse und verfolgt dann die hieran sich anschließenden

Temperaturänderungen, wenn bei *Gleichstrom* in gleichbleibenden Zeitabständen umgeschaltet wird. Als Endergebnis gelangt so Lowan zum Temperaturverlauf im Beharrungszustand eines im Gleichstrom betriebenen Regenerators.

In der ersten Auflage dieses Buches wurden die grundlegenden Überlegungen von Lowan kurz erörtert. Seine Theorie ist ziemlich verwickelt und auch dadurch erschwert, daß nicht orthogonale Funktionen auftreten. Da man nur durch das Studium der Originalarbeit in seine Gedanken ganz einzudringen vermag, werde hier auf die Wiedergabe verzichtet.

IV. Auf der Lösung einer Integralgleichung beruhende Verfahren zur Berechnung des Beharrungszustandes

Der Beharrungszustand eines Gegenstromregenerators bei gleichen Wärmekapazitäten beider Gase je Periode ($CT = C'T'$) wurde in § 68 und 69 mit Hilfe der Eigenfunktionen, die als Grundschwingung und Oberschwingungen gedeutet werden konnten, berechnet. Den Temperaturverlauf im Beharrungszustand kann man jedoch auch aus einer Integralgleichung ermitteln, die Nußelt [N 304] sowie der Verfasser [H 303] fast gleichzeitig, aber unabhängig voneinander aufgestellt haben[1].

Ein Teil der nachstehend wiedergegebenen Arbeiten befaßt sich mit der Lösung dieser Integralgleichung für den Fall einer quer zur Strömungsrichtung sehr gut leitenden Speichermasse. Hierzu gehören die Veröffentlichungen von Nußelt selbst, von Nahavandi und Weinstein sowie von Sandner. Auch eine vom Verfasser kürzlich vorgeschlagene Lösung mit Hilfe der Gaußschen Integrationsmethode ist hierzu zurechnen. Schmeidler und Ackermann haben allgemeiner geltende Integralgleichungen aufgestellt, die auch die Temperaturänderungen innerhalb der Steinquerschnitte in ihren Einzelheiten exakt erfassen, und sich um deren Lösung bemüht.

Auch das anschließend zu behandelnde Wärmepolverfahren kann insbesondere in seiner verfeinerten Form als eine Näherungslösung der Integralgleichung für den Fall sehr gut leitender Speichermasse angesehen werden.

§ 73. Verfahren von Nußelt für den Beharrungszustand eines Regenerators mit sehr gut leitender Speichermasse bei

$$C = C' \text{ und } T = T'$$

Die von Nußelt [N 304] angegebene Lösung der Integralgleichung soll nachstehend in etwas geänderter und zum Teil einfacherer Gestalt mitgeteilt werden. Hierbei sei wieder vorausgesetzt, daß die Speichermasse die Wärme quer zur Strömungsrichtung der Gase unendlich gut leitet. Doch kann man die Ergebnisse dieser Theorie durch Einführung des auf die mittlere Steintemperatur bezogenen Wärmeübergangskoeffizienten $\bar{\alpha}$ nach Gl. (521) mit sehr guter Näherung auch auf Regeneratoren mit weniger gut leitender Speichermasse übertragen.

---

[1] Die vom Verfasser gefundene Lösung, die ebenso wie die von Nußelt aus einer unendlichen Reihe von Integralen besteht, aber verwickelter ist, wurde nicht veröffentlicht.

Wir sehen zunächst vom Umschalten ab und nehmen an, daß das Gas von dem Zeitpunkt $\eta = 0$ an dauernd mit der unveränderlichen Temperatur $\vartheta = \vartheta_1$ an der Stelle $\xi = 0$ in den Regenerator eintritt. Die Speichermasse habe zur Zeit $\eta = 0$ die als Funktion von ξ beliebig vorgegebene Temperatur $\Theta = \vartheta_1 + f(\xi)$. $f(\xi)$ bedeutet hiernach die anfängliche Übertemperatur der Speichermasse gegenüber dem eintretenden Gas. Diesen Fall hat erstmals Nußelt [N 303] exakt behandelt. Wie in § 81 näher begründet werden soll, wie man aber auch durch nachträgliches Einsetzen in die Differentialgleichungen zeigen kann, haben in diesem Fall die Differentialgleichungen (544) und (545) folgende Lösung:

$$\vartheta = \vartheta_1 + \int_0^\xi f(\varepsilon)\, \exp[-(\xi - \varepsilon + \eta)] \cdot J_0\left(2i\sqrt{(\xi - \varepsilon)\,\eta}\right) d\varepsilon, \qquad (636)$$

$$\Theta = \vartheta_1 + f(\xi)\, \exp(-\eta) - \int_0^\xi f(\varepsilon)\, \exp[-(\xi - \varepsilon + \eta)] \sqrt{\frac{\eta}{\xi - \varepsilon}}$$

$$\times\; iJ_1\left(2i\sqrt{(\xi - \varepsilon)\,\eta}\right) d\varepsilon, \qquad (637)$$

in der J_0 und J_1 die Besselschen Funktionen erster Art und nullter bzw. erster Ordnung bedeuten[2] und ε eine Integrationsvariable darstellt. Man erkennt leicht, daß diese Lösung die genannten Bedingungen $\vartheta = \vartheta_1$ bei $\xi = 0$ und $t = \vartheta_1 + f(\xi)$ bei $\eta = 0$ erfüllt[3].

Um die Gln. (636) und (637) auf den *Beharrungszustand* eines in gleichbleibenden Zeitabständen umgeschalteten Gegenstrom-Regenerators anzuwenden, betrachten wir $\vartheta_1 + f(\xi)$ als die Temperaturverteilung in der Speichermasse bei Beginn der betrachteten Periode $(\eta = 0)$. Θ_e sei die Temperatur der Speichermasse am Ende dieser Periode $(\eta = \Pi)$. Dann können wir die Umschaltbedingung (584) für $\Lambda = \Lambda'$ und $\Pi = \Pi'$ bei beliebigem Nullpunkt des Temperaturmaßstabes auch in der Form schreiben

$$\Theta_e(\xi) = -f(\Lambda - \xi) + \vartheta_1'. \qquad (638)$$

Setzen wir in diese Gleichung für Θ_e den aus Gl. (637) mit $\eta = \Pi$ sich ergebenden Ausdruck ein, so erhalten wir die Integralgleichung

$$f(\xi)\, \exp(-\Pi) + f(\Lambda - \xi) - \int_0^\xi f(\varepsilon)\, \exp[-(\xi - \varepsilon + \Pi)] \sqrt{\frac{\Pi}{\xi - \varepsilon}}$$

$$\times\; iJ_1\left(2i\sqrt{(\xi - \varepsilon)\,\Pi}\right) d\varepsilon - (\vartheta_1' - \vartheta_1) = 0. \qquad (639)$$

Durch diese Integralgleichung ist die Temperaturverteilung in der Speichermasse bei Beginn der Periode bestimmt.

Um die Integralgleichung nach $f(\xi)$ aufzulösen, bringen wir sie zunächst mit der Abkürzung

$$-\exp[-(\xi - \varepsilon + \Pi)] \sqrt{\frac{\Pi}{\xi - \varepsilon}} \cdot iJ_1\left(2i\sqrt{(\xi - \varepsilon)\,\Pi}\right) = K(\xi - \varepsilon) \qquad (640)$$

---

[2] Über eine neuere Schreibweise der Besselschen Funktionen imaginären Arguments siehe Fußnote S. 318 in § 66.

[3] Die von Nußelt a. a. O. angegebenen Gleichungen, die er nach der Riemannschen Integrationsmethode gefunden hat, enthalten neben Integralen über ξ auch Integrale über η.

[4] Zur praktischen Berechnung von $K(\xi - \varepsilon)$ ist die Näherungsgleichung (679) in § 80 zu empfehlen.

und unter Beifügung eines Faktors λ, der später gleich 1 gesetzt werden soll, in die Gestalt

$$f(\xi)\exp(-\Pi) + f(\Lambda - \xi) + \lambda \int_0^\xi f(\varepsilon)\,K(\xi - \varepsilon)\,d\varepsilon = \vartheta_1' - \vartheta_1. \tag{641}$$

Für $f(\xi)$ macht Nußelt den Ansatz

$$f(\xi) = f_0(\xi) + \lambda f_1(\xi) + \lambda^2 f_2(\xi) + \lambda^3 f_3(\xi) + \cdots. \tag{642}$$

Setzt man diese unendliche Reihe in die Integralgleichung (641) ein, so kann man die Integralgleichung dadurch erfüllen, daß man jeweils die Summe aller Glieder mit gleichen Potenzen von λ gleich null setzt. Hierdurch erhält man

$$\left.\begin{aligned}
f_0(\xi)\exp(-\Pi) + f_0(\Lambda - \xi) &= \vartheta_1' - \vartheta_1, \\
f_1(\xi)\exp(-\Pi) + f_1(\Lambda - \xi) &= -\Phi_0(\xi), \\
f_2(\xi)\exp(-\Pi) + f_2(\Lambda - \xi) &= -\Phi_1(\xi), \\
f_n(\xi)\exp(-\Pi) + f_n(\Lambda - \xi) &= -\Phi_{n-1}(\xi),
\end{aligned}\right\} \tag{643}$$

worin die weiteren Abkürzungen

$$\left.\begin{aligned}
\int_0^\xi f_0(\varepsilon)\,K(\xi - \varepsilon)\,d\varepsilon &= \Phi_0(\xi), \\
\int_0^\xi f_1(\varepsilon)\,K(\xi - \varepsilon)\,d\varepsilon &= \Phi_1(\xi), \\
\int_0^\xi f_{n-1}(\varepsilon)\,K(\xi - \varepsilon)\,d\varepsilon &= \Phi_{n-1}(\xi)
\end{aligned}\right\} \tag{644}$$

eingeführt sind. Schreibt man ferner in den Gln. (643) $\Lambda - \xi$ statt ξ, so gehen sie nach Multiplikation mit $\exp(\Pi)$ über in

$$\left.\begin{aligned}
f_0(\Lambda - \xi) + f_0(\xi)\exp(\Pi) &= (\vartheta_1' - \vartheta_1)\exp(\Pi), \\
f_1(\Lambda - \xi) + f_1(\xi)\exp(\Pi) &= -\Phi_0(\Lambda - \xi)\exp(\Pi), \\
f_2(\Lambda - \xi) + f_2(\xi)\exp(\Pi) &= -\Phi_1(\Lambda - \xi)\exp(\Pi), \\
f_n(\Lambda - \xi) + f_n(\xi)\exp(\Pi) &= -\Phi_{n-1}(\Lambda - \xi)\exp(\Pi).
\end{aligned}\right\} \tag{645}$$

Aus den Gln. (643) und (645) lassen sich $f_0(\Lambda - \xi)$, $f_1(\Lambda - \xi)$ usw. leicht eliminieren. Hierdurch ergibt sich schließlich

$$\left.\begin{aligned}
f_0(\xi) &= \frac{1 - \exp(-\Pi)}{1 - \exp(-2\Pi)}\,(\vartheta_1' - \vartheta_1), \\
f_1(\xi) &= \frac{\exp(-\Pi)\,\Phi_0(\xi) - \Phi_0(\Lambda - \xi)}{1 - \exp(-2\Pi)}, \\
f_2(\xi) &= \frac{\exp(-\Pi)\,\Phi_1(\xi) - \Phi_1(\Lambda - \xi)}{1 - \exp(-2\Pi)}, \\
f_n(\xi) &= \frac{\exp(-\Pi)\,\Phi_{n-1}(\xi) - \Phi_{n-1}(\Lambda - \xi)}{1 - \exp(-2\Pi)}.
\end{aligned}\right\} \tag{646}$$

Nach diesen letzten Gleichungen kann man fortschreitend $f_0(\xi)$, $f_1(\xi)$ usw. berechnen, da nach den Gln. (644) nach Bestimmung von $f_0(\xi)$ auch $\Phi_0(\xi)$ und damit $\Phi_0(\Lambda - \xi)$, nach Bestimmung von $f_1(\xi)$ auch $\Phi_1(\xi)$ und damit $\Phi_1(\Lambda - \xi)$ usw. bekannt ist. Hiermit ist nach Gl. (642) die Lösung der Integralgleichung gefunden.

Sie lautet, wenn man nun in Gl. (642) $\lambda = 1$ setzt,

$$f(\xi) = f_0(\xi) + f_1(\xi) + f_2(\xi) + f_3(\xi) + \cdots. \tag{647}$$

Diese theoretisch bemerkenswerte Lösung hat für praktische Rechnungen leider den Nachteil, daß, abgesehen von $f_0(\xi)$, jedes Glied dieser Reihe nach den Gln. (644) und (646) Integrale enthält, die sich im allgemeinen nicht geschlossen, sondern nur nach einem Näherungsverfahren, z. B. nach der Simpsonschen Regel oder nach der Gaußschen Integrationsmethode, auswerten lassen. Für diese Auswertung ist überdies das in § 79 und 80 beschriebene Wärmepolverfahren geeignet, das mathematisch als ein Näherungsverfahren zur Berechnung von Integralen der Form

$$\int_0^\xi f(\varepsilon)\, K(\xi - \varepsilon)\, d\varepsilon$$ angesehen werden kann. Meist wird es allerdings erheblich einfacher sein, das Wärmepolverfahren in der später beschriebenen Weise unmittelbar zur Berechnung des Beharrungszustandes zu benutzen.

Sobald die Funktion $f(\xi)$ für den Beharrungszustand nach dem Nußeltschen Verfahren ermittelt ist, kann man nach den Überlegungen, wie sie später im Anschluß an die Besprechung der Näherungsverfahren (vgl. § 81) durchgeführt werden, auch den *Wirkungsgrad des Regenerators* und damit nach Gl. (623) auch k/k_0 berechnen.

§ 74. Verfahren von Nahavandi und Weinstein zur Lösung der Integralgleichung

Ein anderes Verfahren zur Lösung der für den Beharrungszustand bei $CT = C'T'$ geltenden Integralgleichung (639) oder (641) haben Nahavandi und Weinstein [N 301] angegeben. Sie setzen für die gesuchte Übertemperatur $\Theta - \vartheta_1 = f(\xi)$ zu Beginn der Kaltperiode

$$f(\xi) = \sum_{n=0}^{N} a_n \cdot \xi^n \quad \text{und entsprechend} \quad f(\varepsilon) = \sum_{n=0}^{N} a_n \varepsilon^n. \tag{648}$$

Um die $N + 1$ Koeffizienten a_n dieser Polynome zu bestimmen, schlagen die Verfasser folgenden Weg vor. Man setzt die Polynome (648) für $f(\xi)$ und $f(\varepsilon)$ in die Integralgleichung ein. Für einen bestimmten Werte von ξ ergibt sich auf diese Weise eine Gleichung, die neben den unbekannten Koeffizienten a_n nur Ausdrücke enthält, die sich von vornherein zahlenmäßig auswerten lassen. Wählt man nun $N + 1$ Werte von ξ zwischen $\xi = 0$ und $\xi = \varLambda$ willkürlich aus und führt man für jeden dieser Werte von ξ die angedeutete Rechnung durch, dann erhält man $N + 1$ lineare Gleichungen zur Bestimmung der Koeffizienten a_n.

Nahavandi und Weinstein sagen indessen nicht, wie sie das in der Integralgleichung enthaltene Integral für die verschiedenen Werte von ξ berechnen. Offensichtlich ermitteln sie zunächst jeweils für einen bestimmten Wert von n das Integral

$$\int_0^\xi \varepsilon^n \cdot K(\xi - \varepsilon)\, d\varepsilon \tag{649}$$

nach einem Näherungsverfahren, so daß das sich Integral

$$\int_0^\xi f(\varepsilon) \cdot K(\xi - \varepsilon)\, d\varepsilon = \sum_0^N a_n \int_0^\xi \varepsilon^n \cdot K(\xi - \varepsilon)\, d\varepsilon$$

durch Addition der mit a_n multiplizierten Einzelintegrale ergibt. Da dies für jeden Werte von ξ getrennt durchgeführt werden muß, sind insgesamt $N(N+1)$ Integrale der Art (649) auszuwerten. Hierbei ist berücksichtigt, daß sich unter den ausgewählten Werten von ξ auch der Wert $\xi = 0$ befinden dürfte und hierfür alle $N+1$ Integrale der Art (649) verschwinden.

Wie sich das Verfahren von Nahavandi und Weinstein bei praktischen Berechnungen bewährt, haben Willmott und Duggan [W 308, 309] in einem Bereich bis $\Lambda = 10$ und $\Pi = 10$ untersucht. Wertvoll ist ihr Hinweis, daß die Genauigkeit erhöht wird oder die Zahl der Potenzglieder sich erniedrigen läßt, wenn man die ξ-Stellen nicht gleichmäßig verteilt, sondern nahe den Regeneratorenden dichter anordnet als in den mittleren Teilen des Regenerators. Sie empfehlen hierfür die Verteilung von Chebychev, die bestimmt ist durch die Gleichung

$$\xi_i = \frac{\Lambda}{2}\left[1 - \cos\frac{i\pi}{N}\right] \quad \text{für} \quad i = 0,1,\,2,\,3,\,\text{usw. bis } N.$$

Für $N = 8$ ist diese Verteilung in Bild 172 dargestellt.

Eine Schwierigkeit, die nach Willmott und Duggan beim Verfahren von Nahavandi und Weinstein, noch mehr aber bei dem später zu erörternden Wärmepolverfahren, auftreten kann, wird in § 81 erörtert.

Ergänzend möge erwähnt werden, daß Nahavandi und Weisntein die Integralgleichung über die Laplace-Transformation abgeleitet haben.

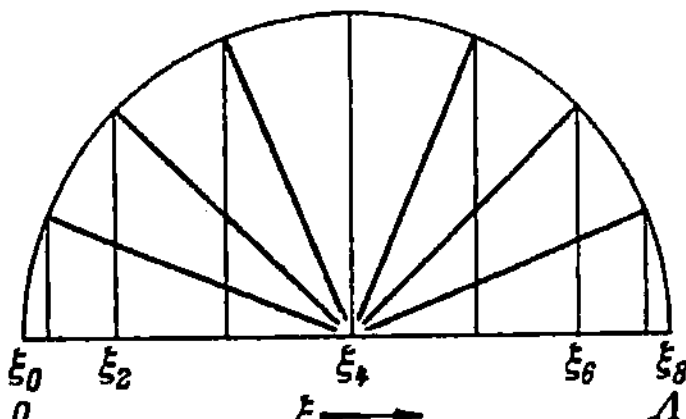

Bild 172. Verteilung nach Chebychew.

§ 75. Ansatz von H. Hausen zur Lösung der Differentialgleichung
(noch nicht veröffentlicht)

Bei der soebene besprochenen Lösung von Nahavandi und Weinstein wächst die Zahl der zu bestimmenden Konstanten um so mehr, je größer Λ ist. Der damit rasch wachsende Aufwand an Rechenzeit läßt sich grundsätzlich dadurch erheblich verringern, daß man für den Verlauf $f(\xi)$ der Temperatur zu Beginn einer Kaltperiode im Beharrungszustand einen Ansatz wählt, der dem wirklichen Verhalten eines Regenerators von vornherein mehr angepaßt ist als ein Polynom. Wie man z.B. aus Bild 132 unten erkennt, lassen sich zu Beginn der dort dargestellten Periode die Abweichungen vom geradlinigen Verlauf der nullten Eigenfunktion augenscheinlich durch Hyperbelstücke gut wiedergeben. Deshalb besteht der Vorschlag des Verfassers darin, bei $CT = C'T'$

$$f(\xi) = a + \frac{b}{c+\xi} + d\left[(\xi - e) - \sqrt{f + (\xi - e)^2}\right] \tag{650}$$

zu setzen. $a,\,b,\,c,\,d,\,e$ und f sind Konstanten. $\dfrac{b}{c+\xi}$ stellt als Gleichung einer Hyperbel die Abweichung von der nullten Eigenfunktion in der Nähe des Gaseintritts, der andere Ausdruck die nullte Eigenfunktion und die Abweichung hiervon in der Nähe des Gasaustritts dar. Dieser zweite Ausdruck gibt eine Hyperbel wieder, die einerseits die nullte Eigenfunktion, andererseits eine Horizontale in der Höhe a als Asymptote hat. Diese Horizontale fällt nahe mit der Isotherme $\vartheta = \vartheta_1'$ zusammen, d.h. a ist nahe gleich $\vartheta_1' - \vartheta_1$. e ist der Wert von ξ, bei dem die genannten Asymptoten sich schneiden. Von hieraus geht mit abnehmendem ξ der zweite Ausdruck allmählich in die nullte Eigenfunktion über. Er schließt somit die nullte Eigenfunktion mit ein.

Der Vorteil dieses Ansatzes liegt darin, daß er unabhängig davon, wie groß A ist, nur 6 Konstanten hat. Diese kann man grundsätzlich dadurch bestimmen, daß man Gl. (650) für 6 verschiedene Werte von ξ in die Integralgleichung einsetzt. Es ist aber erschwerend, daß die entstehenden sechs Bestimmungsgleichungen nicht linear sind. Man könnte so vorgehen, daß man aus schon durchgerechneten ähnlichen Fällen Näherungswerte von c, e und f durch Schätzung ermittelt und dann die erwähnten Bestimmungsgleichungen dadurch linearisiert, daß man sie getrennt nach diesen drei Konstanten partiell differenziert. Die Bestimmungsgleichungen enthalten neben a, b und d dann nur noch die vorzunehmenden Änderungen Δc, Δe und Δf. Wenn die verbesserten Werte von c, e und f die ursprünglichen Bestimmungsgleichungen noch nicht genau genug erfüllen, muß die angedeutete Art der Berechnung ein- oder mehrmals wiederholt werden.

In den Einzelheiten müßte dieses Verfahren noch ausgearbeitet werden, was wegen der auftretenden Integrale noch mancherlei zusätzlicher Überlegungen bedarf. Erst dann könnte man beurteilen, ob es gegenüber anderen Verfahren Vorteile zu bieten vermag *.

§ 76. Berechnungsverfahren von Sandner

Ebenso wie Nahavandi und Weinstein ist auch H. Sandner [S 301] über die Laplace-Transformation zu Gleichungen gelangt, die im wesentlichen mit den Gln. (636) und (637) übereinstimmen, die er aber, erneut die Laplace-Transformation benutzend, noch umgeformt hat. Er wählte aus der Gesamtlänge des Regenerators äquidistante Stellen $\xi = 0$, $\xi = \Delta\varepsilon$, $\xi = 2\Delta\varepsilon$ usw. aus, an denen die anfängliche Übertemperatur der Speichermasse gegenüber der Eintrittstemperatur des Gases $f(0)$, $f(\Delta\varepsilon)$, $f(2\Delta\varepsilon)$ usw. betrage. Für die Temperatur Θ der Speichermasse und ϑ des Gases an der Stelle ξ zur späteren Zeit η gewann er die Beziehungen:

$$\Theta(\xi, \eta) = \vartheta_1' - R_0(\xi, \eta)\,[(\vartheta_1' - \vartheta_1) - f(0)] + \frac{R_1(\xi, \eta)}{\Delta\varepsilon}\,(f(\Delta\varepsilon) - f(0))$$

$$+ \frac{1}{\Delta\varepsilon} \sum_{n=1}^{N-1} R_1(\xi - n\,\Delta\varepsilon, \eta)\,[f((n+1)\,\Delta\varepsilon) - 2f(n\,\Delta\varepsilon) + f((n-1)\,\Delta\varepsilon)],$$

$$(651)$$

---

* Die Herren Dr. Schellmann (vgl. [S 309]) und Dr. Müller in Leverkusen haben dankenswerterweise mit dem obigen Ansatz (650) im Bereich $A = 5$ bis 40 und $\Pi = 5$ bis 20 einige Rechnungen durchgeführt. Schellmann teilte dem Verfasser brieflich als Ergebnis mit, daß sich auf diese Weise der Beharrungszustand mit guter Genauigkeit wiedergeben lasse, daß es aber nicht leicht sei, die Konstanten in Gl. (650) zu bestimmen, wozu sie die Methode der kleinsten Quadrate benutzt haben.

$$\vartheta(\xi, \eta) = \vartheta_1' - R_0^*(\xi, \eta)\,[(\vartheta_1' - \vartheta_1) - f(0)] + R_1^*(\xi, \eta)\,(f(\varDelta\varepsilon) - f(0))$$

$$+ \frac{1}{\varDelta\varepsilon} \sum_{n=1}^{N-1} R_1^*(\xi - n\,\varDelta\varepsilon, \eta)\,[f((n+1)\,\varDelta\varepsilon) - 2f(n\,\varDelta\varepsilon) + f((n-1)\,\varDelta\varepsilon)],$$

$$(652)$$

worin R_0, R_1, R_0^* und R_1^* folgende Bedeutung haben:

$$R_0(\xi, \eta) = \exp\left[-(\xi + \eta)\right] J_0\left(2i\sqrt{\xi\eta}\right) + \exp\left(-\eta\right) \int_0^\xi \exp\left(-\xi'\right) J_0\left(2i\sqrt{\xi'\eta}\right) d\xi'$$

$$(653)$$

$$= 1 - \exp\left(-\xi\right) \int_0^\eta \exp\left(-\eta'\right) J_0\left(2i\sqrt{\xi\eta'}\right) d\eta' \; {}^{5} \qquad (654)$$

ist die Temperatur der Speichermasse $\Theta(\xi, \eta)$ an der Stelle ξ zur Zeit η unter der Voraussetzung, daß die Speichermasse zur Zeit $\eta = 0$ die konstante Temperatur $\Theta(\xi, 0) = \vartheta_1 + f(\xi) = \vartheta_1 + 1$ hat, so daß R_0 eine der Kurven in Bild 157 darstellt; $R_1(\xi, \eta) = \int_0^\xi R_0(\xi', \eta)\,d\xi'$ ist das Integral über R_0, also die Fläche unter der genannten Kurve in Bild 157; $R_0^*(\xi, \eta)$ und $R_1^*(\xi, \eta)$ sind die entsprechenden Ausdrücke für die Gastemperatur ϑ, so daß R_0^* eine der Kurven in Bild 156 und R_1^* die darunter liegende Fläche wiedergibt.

Um den Temperaturverlauf im Regenerator zur Zeit η zu ermitteln, hat sich Sandner darum bemüht, die Funktionen R_0, R_1, R_0^* und R_1^*, die durch Integrale definiert sind, in einem weiten Bereich möglichst genau durch Näherungsbeziehungen wiederzugeben. Diese Näherungsbeziehungen sind asymptotische Darstellungen, deren Genauigkeit grundsätzlich mit wachsendem ξ und η zunimmt, die aber auch bei den kleinsten Werten von ξ oder η, die in der Regel vorkommen, schon recht genau sind.

Er führt zunächst folgende Hilfsfunktionen T_1, T_2, T_3, T_4 ein:

$$T_1 = 1 - \frac{1}{2}\left[\operatorname{erf}\left(\sqrt{\eta} - \sqrt{\xi}\right) + \operatorname{erf}\left(\sqrt{\eta} + \sqrt{\xi}\right)\right], \qquad (655)$$

$$T_2 = \exp\left[-(\xi + \eta)\right] J_0\left(2i\sqrt{\xi\eta}\right), \qquad (656)$$

$$T_3 = \frac{1}{\sqrt{\pi\eta}} \exp\left[-(\xi + \eta)\right] \cosh\left(2\sqrt{\xi\eta}\right), \qquad (657)$$

$$T_4 = \frac{1}{\sqrt{\pi\xi}} \exp\left[-(\xi + \eta)\right] \sinh\left(2\sqrt{\xi\eta}\right), \qquad (658)$$

wobei erf die Fehlerfunktion $\operatorname{erf}(x) = \dfrac{2}{\sqrt{\pi}} \int_0^x \exp\left(-t^2\right) dt$ bedeutet. Mit Hilfe dieser Funktionen gelangt Sandner zu den sehr guten Näherungsgleichungen:

$$R_0(\xi, \eta) = T_1 + \frac{1}{2} T_2 - \frac{1}{8} T_3 + \frac{1}{8} T_4, \qquad (659)$$

$$R_0^*(\xi, \eta) = T_1 - \frac{1}{2} T_2 - \frac{1}{8} T_3 + \frac{1}{8} T_4, \qquad (660)$$

---

^{5} Sandner schreibt, einem neueren Vorschlag folgend, $I_0(x)$ statt $J_0(ix)$ und entsprechend $I_1(x)$ statt $-i \cdot J_1(ix)$; vgl. Fußnote S. 318 in § 66.

$$R_1(\xi, \eta) = (\xi - \eta)\, T_1 - \frac{1}{4}\, T_2 + \left(\eta + \frac{1}{16}\right) T_3 + \left(\xi + \frac{1}{16}\right) T_4, \qquad (661)$$

$$R_1^*(\xi, \eta) = (\xi - \eta - 1)\, T_1 + \frac{1}{4}\, T_2 + \left(\eta + \frac{3}{16}\right) T_3 + \left(\xi - \frac{1}{16}\right) T_4. \qquad (662)$$

Nach diesen Gleichungen kann man den Temperaturverlauf zu einer späteren Zeit η berechnen, wenn ein beliebiger Temperaturverlauf $f(\xi)$ zur Zeit $\eta = 0$ vorgegeben ist, und zwar an den Stellen $\xi = 0;\ \Delta\varepsilon,\ 2\Delta\varepsilon$ usw. bis $N\,\Delta\varepsilon.$ Zur weiteren Erhöhung der Genauigkeit schlug jedoch Sandner vor, in dieser Art die Berechnung nur für die Stellen $\xi = 0,\ 2\Delta\varepsilon,\ 4\Delta\varepsilon$ usw. vorzunehmen. Für die dazwischen liegenden Stellen $\xi = \Delta\varepsilon,\ 3\Delta\varepsilon$ usw. änderte er hingegen das Verfahren so ab, daß zwischen zwei benachbarten Stellen $\xi = n\,\Delta\varepsilon$ und $(n + 2)\,\Delta\varepsilon$, für die die Berechnung schon durchgeführt sei, die im Regenerator gespeicherte Wärmemenge möglichst genau wiedergegeben wird. Hierzu bildete er das Integral

$$\int\limits_{n\,\Delta\varepsilon}^{(n+2)\,\Delta\varepsilon} \Theta\, d\xi'$$

und setzte es nach der Simpsonschen Regel gleich

$$\frac{\Delta\varepsilon}{2}\,(\Theta_n + \Theta_{n+2} + 2\Theta_{n+1}),$$

d.h. gleich der Fläche unter den beiden Geraden in Bild 173. Damit wird die gesuchte Temperatur der Speichermasse an einer Zwischenstelle $\xi = (n + 1)\,\Delta\varepsilon$

$$\Theta_{n+1} = \frac{1}{\Delta\varepsilon} \int\limits_{n\,\Delta\varepsilon}^{(n+2)\,\Delta\varepsilon} \Theta\, d\xi' - \frac{1}{2}\,(\Theta_n + \Theta_{n+2})$$

$$= \frac{1}{\Delta\varepsilon}\left[\int\limits_{0}^{(n+2)\,\Delta\varepsilon} \Theta\, d\xi' - \int\limits_{0}^{n\,\Delta\varepsilon} \Theta\, d\xi' \right] - \frac{1}{2}\,(\Theta_n + \Theta_{n+2}). \qquad (663)$$

Für die hier auftretenden Integrale

$$\int\limits_{0}^{\xi} \Theta\, d\xi'$$

mit $\xi = (n + 2)\,\Delta\varepsilon$ oder $\xi = n\,\Delta\varepsilon$ fand Sandner die Beziehung

$$\int\limits_{0}^{\xi} \Theta\, d\xi' = \int\limits_{0}^{\xi} \Theta(\xi', \eta)\, d\xi' = \xi(\vartheta_1' - \vartheta_1) - R_1(\xi, \eta)\,[(\vartheta_1' - \vartheta_1) - f(0)]$$

$$+ \frac{1}{\Delta\varepsilon}\, R_2(\xi, \eta)\,(f(\Delta\varepsilon) - f(0))]$$

$$+ \frac{1}{\Delta\varepsilon} \sum_{n=1}^{N-1} R_2(\xi - n\,\Delta\varepsilon)\,[f(n + 1)\,\Delta\varepsilon) - 2f(n\,\Delta\varepsilon) + f((n - 1)\,\Delta\varepsilon)],$$

$$(664)$$

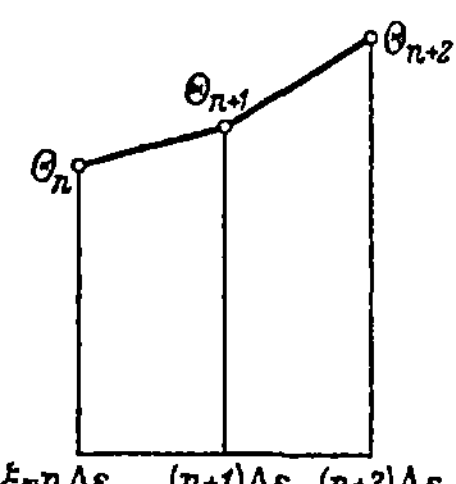

Bild 173. Zur Erläuterung des Berechnungsverfahrens von Sandner.

wobei für $R_2(\xi, \eta) = \int_0^\xi R_1(\xi', \eta)\, d\xi'$ folgende Näherungsbeziehung gilt:

$$R_2(\xi, \eta) = \left[\frac{\xi^2}{2} + \frac{\eta^2}{2} - \xi\eta + \eta\right] T_1 + \frac{1}{8} T_2$$

$$+ \frac{1}{2}\left[\xi\eta - \eta^2 - \frac{3}{2}\eta - \frac{1}{16}\right] T_3$$

$$+ \frac{1}{2}\left[\xi^2 - \xi\eta - \frac{\xi}{2} - \frac{1}{16}\right] T_4. \tag{665}$$

Die Berechnung des Temperaturverlaufs in der Speichermasse zur Zeit η geht hiernach in der Weise vor sich, daß man die Temperaturen $\Theta_0, \Theta_2, \Theta_4, \ldots, \Theta_n, \Theta_{n+2}$ usw. nach Gl. (651) und die dazwischen liegenden Temperaturen $\Theta_1, \Theta_3, \ldots, \Theta_{n+1}$ usw. nach den Gln. (663) bis (665) ermittelt.

Den Beharrungszustand des Regenerators erhält man, indem man zunächst bei noch unbestimmten Werten von $f(0)$, $f(\Delta\varepsilon)$, $f(2\Delta\varepsilon)$ usw. die Berechnung für das Ende der Periode $\eta = \Pi$ durchführt und dann die Umschaltbedingung (638) auf die ausgewählten Werte von ξ, d.h. auf $\xi = 0$, $\xi = \Delta\varepsilon$, $\xi = 2\Delta\varepsilon$ usw. bis $\xi = \Lambda$ anwendet. Man erhält so $N + 1$ Gleichungen zur Ermittlung von $f(0)$, $f(\Delta\varepsilon)$, $f(2\Delta\varepsilon)$ usw. bis $f(\Lambda)$. Durch ihre Lösung wird somit für den Beharrungszustand der Temperaturverlauf $f(\xi)$ zu Beginn der Periode festgelegt. Im allgemeineren Fall $\Lambda \neq \Lambda'$ und $\Pi \neq \Pi'$ findet man den Beharrungszustand durch Berechnung einer größeren Zahl von aufeinanderfolgenden Perioden.

Dieses Verfahren von Sandner ist wesentlich verwickelter als die später erörterten Näherungsverfahren, z.B. das Wärmepolverfahren (vgl. § 79). Wie aber Sandner selbst hervorhebt, sind die „asymptotischen" Näherungsgleichungen für T_1 bis T_4 und damit für R_0 bis R_2 und R_0^* bis R_2^* dem wahren Verlauf so genau angepaßt, daß man die Rechnung nur für wenige Stützstellen $\xi = 0$, $\xi = \Delta\varepsilon$, $\xi = 2\Delta\varepsilon$ usw. durchführen muß. So genügten 16 solche Stellen, um bis $\Lambda = 200$ und 32 Stellen, um bis $\Lambda = 1000$ den Regeneratorwirkungsgrad auf weniger als ein Promille genau zu berechnen.

§ 77. Berechnung von Regeneratoren nach der Gaußschen Integrationsmethode

Im folgenden soll gezeigt werden, daß auch die Gaußsche Integrationsmethode eine Möglichkeit zur Berechnung der Temperatur Θ der Speichermasse nach Gl. (637) sowie insbesondere zur Ermittlung des Beharrungszustandes nach der Integralgleichung (639) oder (641) bietet. Eine zusätzliche Komplikation wird sich hierbei allerdings, wie sich zeigen wird, nicht vermeiden lassen. Doch ist zu erwarten, daß diese Methode Ergebnisse hoher Genauigkeit liefern kann [H 312].

Die Gaußsche Integrationsmethode

Eine Funktion $y(\varepsilon)$ soll in einem vorgegebenen Bereich $\Delta\varepsilon$ der unabhängigen Variablen ε integriert werden. Nach Gauß genügt die Kenntnis der Werte dieser Funktion an einigen hervorgehobenen Stellen dieses Bereiches, um den Integralwert mit großer Genauigkeit angeben zu können. Im folgenden sollen nur zwei solche Funktionswerte y_a und y_b benutzt werden. Die Stellen a und b, an denen diese

Funktionswerte innerhalb des Bereiches $\Delta\varepsilon$ festzulegen sind, sollen von den Grenzen des Intervalles den Abstand $0{,}2113\,\Delta\varepsilon$ haben (vgl. Bild 174). Dann ergibt sich der Wert des Integrals aus der einfachen Beziehung

$$\int_{\varepsilon}^{\varepsilon+\Delta\varepsilon} y(\varepsilon)\,d\varepsilon = \frac{\Delta\varepsilon}{2}\,(y_a + y_b). \tag{666}$$

Diese Beziehung ist exakt, wenn die Funktion im Bereich $\Delta\varepsilon$ parabolisch verläuft. Sie gilt mit guter Näherung, wenn die Abweichungen vom parabolischen Verlauf nur gering sind.

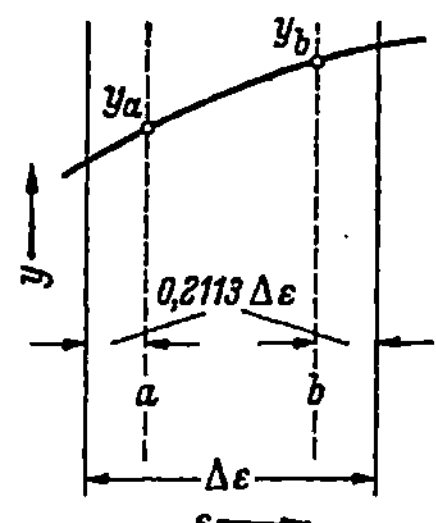

Bild 174. Erläuterung des Gaußschen Integrationsverfahrens.

Auswertung der Integrale in den Gln. (637), (639) oder (641) nach dem Gaußschen Verfahren

Die anfängliche Übertemperatur der Speichermasse gegenüber der Eintrittstemperatur ϑ_1, des kälteren Gases sei $f(\xi)$ und werde zur Integration mit $f(\varepsilon)$ bezeichnet. Zur Auswertung der Integrale in den Gln. (637), (639) oder (641) muß die Funktion $f(\varepsilon) \cdot K(\xi - \varepsilon)$ integriert werden, wobei für den Beharrungszustand $K(\xi - \varepsilon)$ durch Gl. (640) bestimmt ist. Ist hingegen wie in Gl. (637) die Temperatur der Speichermasse zu einer beliebigen Zeit η gesucht, dann ist in Gl. (640) Π durch η zu ersetzen.

Zur Anwendung der Gaußschen Integrationsmethode denke man sich ein Diagramm, in dem $f(\varepsilon)$ abhängig von ε über die ganze Regeneratorlänge Λ aufgetragen ist, in N Streifen gleicher Breite $\Delta\varepsilon$ unterteilt (Bild 175). Das Gaußsche Verfahren soll auf jeden dieser Streifen getrennt angewendet werden. Auch hier seien die hervorgehobenen Stellen a und b wie in Bild 174 dadurch bestimmt, daß sie von den Grenzen des betrachteten Streifens den Abstand $0{,}2113\,\Delta\varepsilon$ haben. Im n-ten Streifen seien die Anfangstemperaturen an diesen Stellen mit f_{na} und f_{nb},

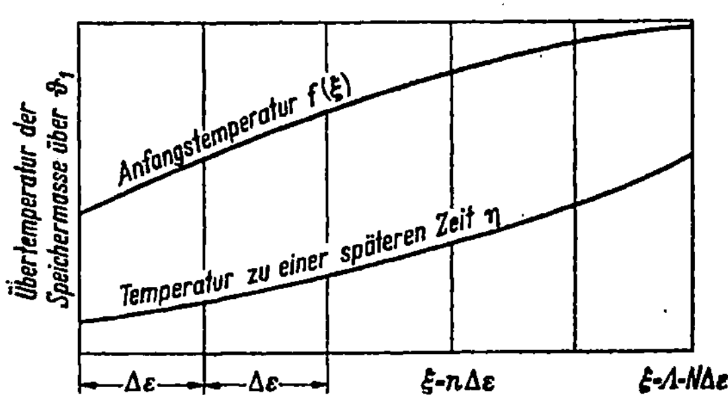

Bild 175. Aufteilung des Regenerators in N Streifen gleicher Breite.

die entsprechenden Werte der Funktion $K(\varepsilon)$ mit K_{na} und K_{nb} bezeichnet (Bild 176). Entsprechendes gelte für jeden anderen Streifen. Soll wie in den Gln. (637), (639) oder (641) von $\xi = 0$ bis $\xi = n\,\Delta\varepsilon$. also über n Streifen integriert werden, dann folgt durch sinngemäße Anwendung von Gl. (666)

$$\int_0^{\xi=n\,\Delta\varepsilon} f(\varepsilon)\,K(\xi-\varepsilon)\,d\varepsilon = \frac{\Delta\varepsilon}{2}\left[(f_{1a}K_{nb} + f_{1b}K_{na}) + (f_{2a}K_{n-1,b} + f_{2b}K_{n-1,a})\right.$$

$$\left. + \cdots + (f_{n-1,a}K_{2b} + f_{n-1,b}K_{2a}) + (f_{n,a}K_{1b} + f_{n,b}K_{1a})\right].$$

$$(667)$$

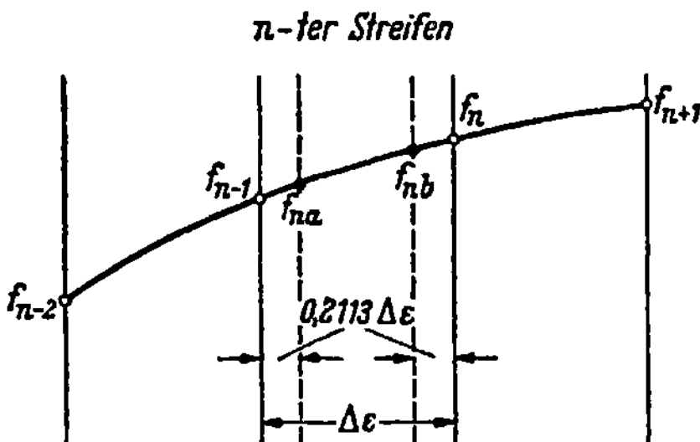

Bild 176. Anwendung der Gaußschen Integration auf den n-ten Streifen.

Eine solche Gleichung gilt für jeden Wert der oberen Integralgrenze $\xi = n\,\Delta\varepsilon$ mit $n = 1, 2, 3$ usw., während für $n = 0$ der Wert des Integrales verschwindet. Damit kann man bei gegebener Anfangstemperaturverteilung und daher auch bekannten Werten von f_{1a}, f_{1b}, f_{2a}, f_{2b}, f_{3a} usw. nach Gl. (637) die Endtemperaturen $\Theta(\xi)$ zu einer späteren Zeit η an den Intervallgrenzen $\xi = n\,\Delta\varepsilon$ berechnen.

Die Ermittlung des *Beharrungszustandes* bedarf zusätzlicher Überlegungen. Denn es besteht zunächst die Schwierigkeit, daß nach Gl. (667) im Integral nur die Temperaturen an den hervorgehobenen Stellen innerhalb der Streifen, in den beiden ersten Ausdrücken von Gl. (641) aber die Temperaturen $f(\xi)$ und $f(\Lambda - \xi)$ an den Intervallgrenzen auftreten. Die Zahl aller dieser Temperaturen, die vor Bestimmung des Beharrungszustandes unbekannt sind, ist etwa 3mal so groß wie die Zahl der Bestimmungsgleichungen, die in der beschriebenen Weise aus Gl. (641) unter Berücksichtigung von Gl. (667) gebildet werden können. Diese Schwierigkeit kann man nur dadurch beheben, daß man die innerhalb der Intervalle liegenden Temperaturen f_{1a}, f_{1b}, f_{2a} usw. durch die Temperaturen f_0, f_1, f_2 usw. bis f_N an den Grenzen der Intervalle ausdrückt. Dies kann mit sehr guter Näherung durch eine Interpolationsgleichung 3. Grades in folgender Weise geschehen.

Im n-ten Streifen (Bild 176) sollen die Temperaturen f_{na} und f_{nb} aus den Temperaturen f_{n-2}, f_{n-1}, f_n und f_{n+1} an den Intervallgrenzen ermittelt werden. Legt man nun die Konstanten einer Gleichung 3. Grades der Art $f\left(\dfrac{\varepsilon}{\Delta\varepsilon}\right) = a + b\,\dfrac{\varepsilon}{\Delta\varepsilon} +$

$+ c\left(\dfrac{\varepsilon}{\Delta\varepsilon}\right)^2 + d\left(\dfrac{\varepsilon}{\Delta\varepsilon}\right)^3$ so fest, daß sie die Temperaturen f_{n-2}, f_{n-1}, f_n und f_{n+1} wiedergibt (s. Bild 176), dann kann man aus dieser Gleichung auch f_{na} und f_{nb} berechnen. Dabei ist es zweckmäßig, den Nullpunkt in die Mitte des n-ten Streifens zu legen. Man erhält in dieser Weise:

$$f_{na} = -0,0497f_{n-2} + 0,8544f_{n-1} + 0,2289f_n - 0,0336f_{n+1}, \qquad (668)$$

$$f_{nb} = -0,0336f_{n-2} + 0,2289f_{n-1} + 0,8544f_n - 0,0497f_{n+1}. \qquad (669)$$

Für den 1. und letzten Streifen, die an den Enden des Regenerators liegen, muß man das Verfahren sinngemäß wie folgt abändern. Um f_{1a} und f_{1b} zu ermitteln, legt man die Kurve 3. Grades durch die vier Temperaturpunkte f_0, f_1, f_2 und f_3. Daraus erhält man für den 1. Streifen

$$f_{1a} = 0,6557f_0 + 0,5270f_1 - 0,2324f_2 + 0,0497f_3, \qquad (670)$$

$$f_{1b} = 0,0943f_0 + 1,0562f_1 - 0,1842f_2 + 0,0337f_3. \qquad (671)$$

Entsprechend ergibt sich für den letzten der N Streifen

$$f_{Na} = 0,0337f_{N-3} - 0,1842f_{N-2} + 1,0562f_{N-1} + 0,0943f_N, \qquad (672)$$

$$f_{Nb} = 0,0497f_{N-3} - 0,2324f_{N-2} + 0,5270f_{N-1} + 0,6557f_N. \qquad (673)$$

Durch Einsetzen all dieser Beziehungen (668) bis (673) in Gl. (667) für das Integral erhält man schließlich aus Gl. (641) $N + 1$ Gleichungen zur Bestimmung der unbekannten Temperaturen f_0, f_1, f_2 usw. bis f_N im Beharrungszustand.

Die sich schließlich ergebenden Beziehungen sind reichlich verwickelt. Bei der hohen Leistungsfähigkeit des Gaußschen Integrationsverfahrens ist indessen zu erwarten, daß man schon mit verhältmäßig wenigen Intervallen $\Delta \varepsilon$ eine hohe Genauigkeit erreichen wird.

§ 78. Allgemeinere Integralbeziehungen von Schmeidler und Ackermann Theorie von Larsen

In den bisher behandelten Integralgleichungen wurden die örtlichen Temperaturunterschiede in den Querschnitten der Regeneratorsteine, wie sie in den Bildern 128 und 141 dargestellt sind, nur summarisch durch Einführung des auf die mittlere Steintemperatur $\Theta = \Theta_m$ bezogenen Wärmeübergangskoeffizienten $\bar{\alpha}$ nach Gl. (521) berücksichtigt. Auf S. 311 wurde gezeigt, daß man auf diese Weise praktisch in allen Fällen der im Gegenstrom arbeitenden Regeneratoren eine stets ausreichende Genauigkeit der Rechnung erreicht. Trotzdem kann es für grundsätzliche Fragen und zur Nachprüfung der mit $\bar{\alpha}$ erhaltenen Ergebnisse bedeutsam sein, daß es Schmeidler [S 311] und Ackermann [A 301] gelungen ist, alle Feinheiten der örtlichen Temperaturunterschiede bis zu den Regeneratorenden hin in erweiterten Integralgleichungen oder in Integrale enthaltenden Gleichungen exakt zum Ausdruck zu bringen.

Die Grundgedanken der mathematischen Ableitungen von Schmeidler und Ackermann sowie die Form der von ihnen erhaltenen integralen Gleichungen wurden in der 1. Auflage dieses Buches erörtert. In Rücksicht auf die in der 2. Auflage erstrebte Kürze sollen jedoch hier nur noch die Bedingungen, unter denen diese Entwicklungen gelten, und die Art der gefundenen Lösungen kurz besprochen werden. Dies dürfte kaum ein Nachteil sein, weil man ohne Studium der Originalliteratur in die reichlich verwickelten Zusammenhänge nicht einzudringen vermag.

Integralgleichungen von Schmeidler für den Beharrungszustand

Schmeidler [S 311] hat zwei Integralgleichungen für den Beharrungszustand
bei $C = C'$, $T = T'$ und $\alpha = \alpha'$ abgeleitet. Seine Überlegungen gelten für einen
beliebigen, wenn auch an allen Stellen des Regenerators gleich gestalteten Querschnitt der Speichermasse. Deshalb rechnet er mit zwei Ortskoordinaten innerhalb
eines Steinquerschnitts. Die von ihm entwickelten Integralgleichungen gibt er in
solcher Form an, daß in ihnen die Temperaturen der beiden Gase im Beharrungszustand als Unbekannte auftreten. Durch Lösung der Integralgleichungen läßt
sich somit grundsätzlich der Verlauf dieser Temperaturen abhängig von Ort und
Zeit ermitteln. Schmeidler gibt jedoch nur eine Näherungslösung für die zeitlichen Mittelwerte der Gastemperaturen an, wobei überdies gewisse Verhältnis-
zahlen abgeschätzt werden müssen.

Verfahren von Ackermann

Das Berechnungsverfahren von Ackermann [A 301] ist ebenso allgemein wie die
Integralgleichungen von Schmeidler, wenn man von dem nicht sehr wesentlichen
Unterschied absieht, daß Ackermann die Speichermasse als ebene Platten von
überall gleicher Dicke behandelt. Das Verfahren von Ackermann gibt also ebenfalls alle Einzelheiten der Temperaturunterschiede in der Speichermasse wieder.
Es setzt jedoch eine Annahme über die Temperaturverteilung bei Beginn der Periode voraus, so daß man den Beharrungszustand in der Regel nur bestimmen
kann, indem man eine größere Zahl von aufeinanderfolgenden Perioden durchrechnet. Seine ein Integral enthaltende Gleichung zur Berechnung des Verlaufs der
Temperatur Θ der Speichermasse kann als Verallgemeinerung der Gl. (637) angesehen werden. Die von Ackermann in Form einer Reihe angegebene Lösung ist
vollkommen exakt und kann daher grundsätzlich, wenn auch sehr mühsam, in
praktischen Fällen beliebig genau zahlenmäßig ausgewertet werden. Ackermann
hat das Beispiel $\Lambda = 20$, $\Pi = 4$, $\Lambda' = 10$, $\Pi' = 2$ für den Beharrungszustand
durchgerechnet. Er konnte hierbei die Reihe größtenteils nach dem fünften Glied
abbrechen.
Bei Behandlung des Beharrungszustandes dürfte das Verfahren von Ackermann vor allem dadurch Bedeutung haben, daß man mit ihm die Genauigkeit
prüfen kann, die sich mit den in § 59 bis 69 geschilderten Verfahren sowie mit den
von § 79 an noch zu erörternden Näherungsverfahren erreichen läßt. Wenn nötig,
kann man damit die Genauigkeit auch steigern. Vor Anwendung des Verfahrens
von Ackermann wird es hierbei stets zweckmäßig sein, den Temperaturverlauf
in der Speichermasse am Anfang oder Ende einer Periode zunächst nach einem der
genannten einfacheren Verfahren zu ermitteln. Führt man dann von dieser Temperaturverteilung ausgehend die weitere Rechnung nach Ackermann durch, so
wird man in der Regel schon nach Durchrechnung von nur wenigen Perioden eine
sehr hohe Genauigkeit erzielen und ein Urteil erhalten über die vermutlich meist
nur geringen Fehler des vorher benutzten Verfahrens.

Theorie von Lowan

In § 72 wurde gezeigt, daß auch Lowan eine Theorie von ähnlicher Allgemeingültigkeit entwickelt, sie aber nur auf im Gleichstrom betriebene Regeneratoren angewendet hat.

Theorie von Larsen

Bemerkenswert ist überdies die Theorie von Larsen [L 302], der gezeigt hat, wie man den Temperaturverlauf in Regeneratoren nicht nur bei beliebiger Anfangstemperaturverteilung in der Speichermasse, sondern auch bei beliebiger zeitlicher Änderung der Eintrittstemperatur des Gases berechnen kann.

V. Berechnung des Temperaturverlaufs in der Speichermasse eines Regenerators nach dem Wärmepolverfahren

§ 79. Einfaches Wärmepolverfahren

Zu Beginn des vorhergehenden Abschnitts IV wurde bereits darauf hingewiesen, daß auch die Wärmepolverfahren als Näherungslösung der Integralgleichung (639) oder (641) für den Beharrungszustand eines Regenerators angesehen werden können. Besonders deutlich wird dies bei dem verfeinerten Wärmepolverfahren hervortreten.

Man wird zwar in vielen Fällen zur praktischen Berechnung von Regeneratoren die später in Abschnitt VI zu behandelnden Stufenverfahren bevorzugen. Doch haben auch die Wärmepolverfahren ihre Vorzüge, wie aus folgender Überlegung hervorgeht.

Ausgehend von einer vorgegebenen Temperaturverteilung in der Längsrichtung des Regenerators soll der Temperaturverlauf gesucht werden, der sich erst zu einer erheblich späteren Zeit einstellt. Mit einem Stufenverfahren läßt sich dieser Endtemperaturverlauf nur dadurch ermitteln, daß man in Zeitstufen $\Delta\eta$ vorgehend den Verlauf auch für eine größere Zahl von Zwischenzeiten berechnet. Vielfach ist diese Art der Berechnung erwünscht, weil man so in einem großem Bereich die gesamte Abhängigkeit des Temperaturverlaufs von ξ und η erhält.

Nach den Wärmepolverfahren erhält man hingegen den Temperaturverlauf auch zu einer beliebig späten Zeit unmittelbar, d.h. ohne Berechnung von Zwischenwerten. Vor allem aber kann man den Beharrungszustand sofort ermitteln, ohne daß man wie bei den Stufenverfahren eine größere Zahl von aufeinanderfolgenden Perioden durchzurechnen braucht.

Bei den Wärmepolverfahren soll, wie bei den meisten der vorangehenden Betrachtungen, eine quer zur Strömungsrichtung sehr gut leitende Speichermasse vorausgesetzt werden. Aber man kann auch wie früher durch Einführung eines auf die mittlere Steintemperatur Θ_m bezogenen Wärmeübergangskoeffizienten $\bar{\alpha}$ das Ergebnis nachträglich mit sehr guter Näherung auf Regeneratoren mit schlecht leitender Speichermasse übertragen.

Das *einfache Wärmepolverfahren* beruht auf folgender Überlegung: Da die Differentialgleichung (548) linear ist, darf man ihre partikulären Lösungen beliebig addieren. Man findet daher die Endtemperaturverteilung auch in der Weise, daß man die Anfangstemperatur in mehrere Teile zerlegt, für jeden dieser Teile die Endtemperatur einzeln bestimmt und nachträglich die Endergebnisse addiert. Wir führen die Teilung so durch, daß wir uns in einem Diagramm, in dem die Temperatur der Speichermasse als Funktion von ξ aufgetragen ist (vgl. Bild 177), die Regeneratorlänge Λ in eine beliebige Anzahl N gleicher Teile zerlegt denken. Hierdurch entstehen in dem Diagramm N Streifen gleicher Breite $\Delta\varepsilon$.

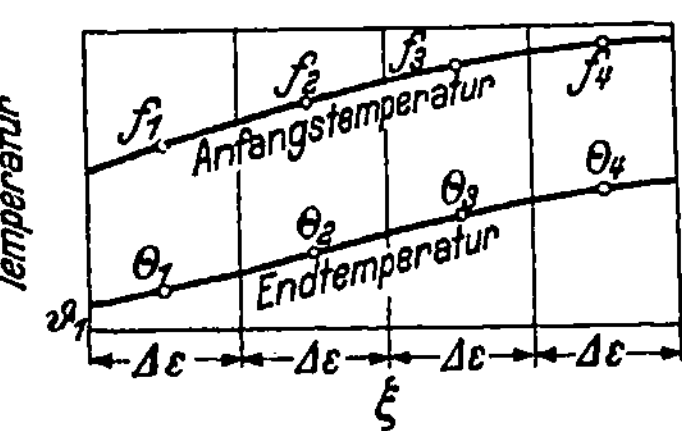

Bild 177. Aufteilung des Regenerators in Stücke gleicher Breite $\Delta\varepsilon$ mit mittleren Temperaturen $f_1, f_2, \ldots$ und Θ_1, Θ_2 usw.

Betrachtet werde die Kaltperiode. Hierbei ist es zweckmäßig, mit der Übertemperatur gegenüber der Temperatur ϑ_1 des eintretenden Gases zu rechnen. Die Mittelwerte der anfänglichen Übertemperatur im ersten, zweiten, dritten Streifen usw. seien $f_1, f_2, f_3, \ldots, f_N$.

Ein einzelner Streifen von der Höhe 1, dem also die anfängliche Übertemperatur $\Theta - \vartheta_1 = 1$ entspricht, und von der Breite $\Delta\varepsilon$ zwischen den Stellen $\xi = \varepsilon$ und $\xi = \varepsilon + \Delta\varepsilon$ sei Wärmepol genannt (Bild 178). Unter Wärmepol versteht man somit die Anhäufung von Wärme an einer eng begrenzten Stelle, während außerhalb dieser Stelle die Übertemperatur $\Theta - \vartheta_1 = 0$ beträgt.

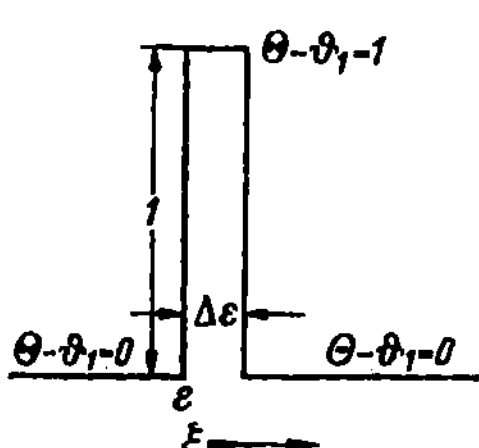

Bild 178. Wärmepol.

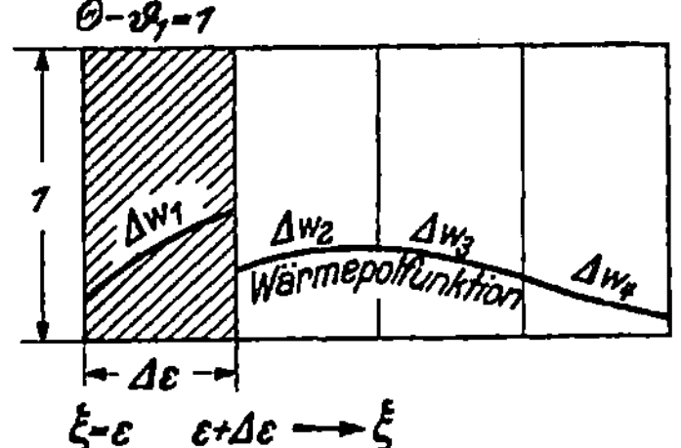

Bild 179. Wärmepolfunktion (schematisch).

Strömt nun das mit der Temperatur ϑ_1 eintretende Gas durch einen Regenerator mit der in Bild 178 dargestellten Temperaturverteilung hindurch, und zwar in Bild 178 von links nach rechts, so wird die Stelle mit dem Wärmepol allmählich abgekühlt und ihre vom Gas vorübergehend augenommene Wärme auf die rechts anschließende Regeneratormasse übertragen. Nach Verlauf einer gewissen Zeit η stellt sich in der Speichermasse eine Temperaturverteilung etwa wie in Bild 179 ein. Dieser Verlauf der Übertemperatur, dessen Berechnung später gezeigt wird, sei Wärmepolfunktion Δw zur Zeit η genannt. Δw hängt ab von der Polbreite $\Delta\varepsilon$, von der Entfernung $\xi - \varepsilon$ der betrachteten Stelle ξ vom Wärmepol und von der Zeit η. Δw_1 bis Δw_N seien die Mittelwerte dieser Funktion in den Streifen 1 bis N[1]. Es soll im folgenden nur mit diesen möglichst genau festgelegten Mittelwerten, nicht aber mit dem Verlauf der Wärmepolfunktion innerhalb jedes einzelnen Streifens gerechnet werden.

---

[1] Δw (außer Δw_1) wird für $\Delta\varepsilon = 0$ unendlich klein. Der Grenzwert $\lim (\Delta w/\Delta\varepsilon)$ stellt die in der Theorie der partiellen Differentialgleichungen benutzte Greensche Einflußfunktion dar.

Nach Kenntnis der Mittelwerte der Wärmepolfunktion kann man leicht angeben, welchen Einfluß jeder Streifen in Bild 177 auf die Endtemperaturverteilung hat. Da man z.B. in Streifen 1 die mittlere anfängliche Übertemperatur f_1 erhält, indem man einen dort angeordneten Wärmepol mit f_1 multipliziert, so ist der Einfluß dieses ersten Streifens auf die Endtemperatur der Speichermasse in den N-Streifen:

$$f_1 \cdot \Delta w_1, \quad f_1 \cdot \Delta w_2, \quad f_1 \cdot \Delta w_3, \dots \quad f_1 \cdot \Delta w_N.$$

Entsprechend ergibt sich als Einfluß des zweiten Streifens mit der mittleren Temperatur f_2 auf die Endtemperatur in den N Streifen:

$$0, \quad f_2 \cdot \Delta w_1, \quad f_2 \cdot \Delta w_2, \dots \quad f_2 \cdot \Delta w_{N-1}.$$

Bestimmt man in derselben Weise auch die Einflüsse der übrigen Streifen, so erhält man durch Addition aller Einflüsse folgende gesuchte Übertemperaturen zur Zeit η:

im 1. Streifen:

$$\Theta_1 - \vartheta_1 = f_1 \Delta w_1,$$

im 2. Streifen:

$$\Theta_2 - \vartheta_1 = f_1 \Delta w_2 + f_2 \Delta w_1,$$

im 3. Streifen:

$$\Theta_3 - \vartheta_1 = f_1 \Delta w_3 + f_2 \Delta w_2 + f_3 \Delta w_1,$$

im N-ten Streifen:

$$\Theta_N - \vartheta_1 = f_1 \Delta w_N + f_2 \Delta w_{N-1} + f_3 \Delta w_{N-2} + \cdots f_N \Delta w_1.$$

$$(674)$$

Mit der Wärmepolfunktion Δw kann man also nach Gl. (674) für jede beliebige Anfangsverteilung ziemlich rasch die Endtemperaturverteilung zur Zeit η berechnen. Man erhält so die Mittelwerte Θ_1, Θ_2 usw. der Endtemperatur in den einzelnen Streifen. Durch Erhöhung der Zahl der Wärmepole läßt sich hierbei grundsätzlich die Genauigkeit beliebig steigern.

Auch der Verlauf der Gastemperatur läßt sich in derselben Weise berechnen, wenn man eine entsprechende Wärmepolfunktion für die Gastemperatur ϑ zugrunde legt. Es ist jedoch einfacher, nur Θ nach dem Wärmepolverfahren zu ermitteln und danach ϑ nach dem noch zu erörterndem zeichnerischen Verfahren in Bild 186 oder nach einem entsprechenden rechnerischen Stufenverfahren, z.B. nach Gl. (707), zu bestimmen.

Berechnung der Wärmepolfunktion

Die Wärmepolfunktion läßt sich grundsätzlich aus der Anfangstemperaturverteilung des Wärmepoles (Bild 178) nach einem der in § 85 und 86 beschriebenen Stufenverfahren ermitteln. Man erhält so z.B. den in Bild 180 für $\Delta \varepsilon = 1$ dargestellten Verlauf von Δw abhängig von $\xi - \varepsilon$ für verschiedene Zeiten η.

Einfacher gewinnt man Δw wie folgt aus Bild 157, wobei man zweckmäßig $\vartheta_1 = 0$ setzt. Es entsteht ein Wärmepol zwischen $\xi = \varepsilon = 0$ und $\xi = \Delta \varepsilon$, wenn man von der bei $\xi = 0$ beginnenden unveränderlichen Anfangstemperatur $\Theta - \vartheta_1 = 1$ dieselbe um $\Delta \varepsilon$ nach rechts verschobene Anfangstemperatur, die also bis $\xi = \Delta \varepsilon$ den Wert $\Theta - \vartheta_1 = 0$ und erst von hier ab den Wert $\Theta - \vartheta_1 = 1$ hat, subtrahiert. Man erhält daher auch die Wärmepolfunktion für eine spätere Zeit η, indem man die aus Bild 157 für η sich ergebende und um $\varDelta\varepsilon$ nach rechts verschobene Temperaturkurve von derselben nicht verschobenen Temperaturkurve subtrahiert (vgl. Bild 181). Die Genauigkeit, mit der man die Wärmepolfunktion auf dem beschriebenen Wege erhält, hängt davon ab, wie genau die Kurven in Bild 157 ermittelt sind. Zu empfehlen sind für diesen Zweck vor allem die sehr genauen Kurven von Schumann [S 318].

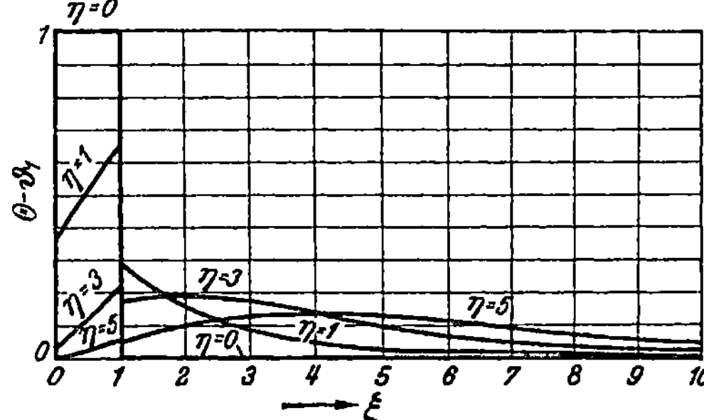

Bild 180. Wärmepolfunktion $\varDelta w$ für einen Wärmepol von der Breite $\varDelta\varepsilon = 1$.

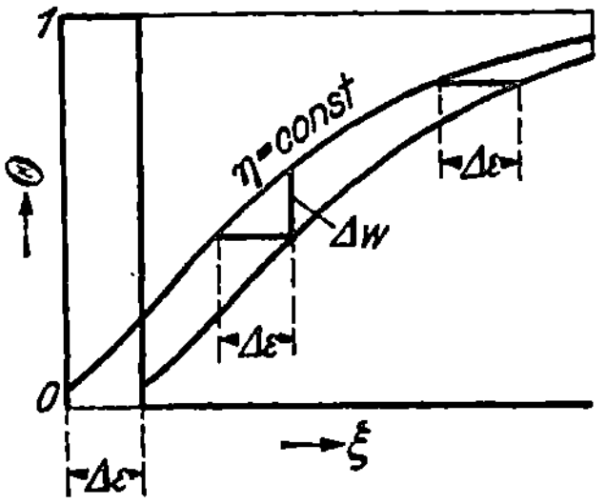

Bild 181. Gewinnung der Wärmepolfunktion durch Verschiebung der Temperaturkurve nach Bild 155 für die Zeit η um $\varDelta\varepsilon$.

Man kann jedoch die Wärmepolfunktion auch rein rechnerisch bestimmen, indem man von dem Integral in Gl. (557) mit der oberen Grenze ξ dasselbe Integral mit der oberen Grenze $\xi - \varDelta\varepsilon$ subtrahiert. Aus dem so erhaltenen Verlauf der Wärmepolfunktion muß man schließlich ebenso wie bei Benutzung der Bildes 157 die Mittelwerte $\varDelta w_n$ für die einzelnen Streifen bilden[2].

Berechnung des Temperaturverlaufs im Beharrungszustand

Das Wärmepolverfahren ist besonders geeignet, die Temperaturverteilung in der Speichermasse zu Beginn einer Periode im Beharrungszustand zu ermitteln. Dies werde zunächst für eine Kaltperiode bei $C = C'$ und $T = T'$ gezeigt. Die hierbei zu erfüllende Umschaltbedingung für Gegenstrom lautet, wenn wir in Gegensatz zu Gl. (584) den Nullpunkt des Temperaturmaßstabes beliebig voraussetzen,

$$\Theta\left(\xi, \frac{\Pi}{2}\right) - \vartheta_1 = \vartheta_1' - \Theta\left(\varLambda - \xi, -\frac{\Pi}{2}\right).$$

Hierfür können wir auch, wenn wir die anfängliche Übertemperatur der Speichermasse gegen ϑ_1 mit $f(\xi)$ und die Übertemperatur am Ende der Periode mit $g(\xi)$ bezeichnen [vgl. Gl. (638)], schreiben

$$g(\xi) = \vartheta_1' - \vartheta_1 - f(\varLambda - \xi). \tag{675}$$

---

[2] Weitere Angaben zu dieser Art der Ermittlung der Wärmepolfunktion finden sich in [H 305] S. 110 bis 112.

Führen wir ferner statt der wahren Temperaturen die Mittelwerte in den einzelnen Streifen ein, dann geht die Umschaltbedingung über in die N Gleichungen

$$\left.\begin{aligned} g_1 &= \vartheta_1' - \vartheta_1 - f_N, \\ g_2 &= \vartheta_1' - \vartheta_1 - f_{N-1}, \\ &\;\vdots \\ g_N &= \vartheta_1' - \vartheta_1 - f_1. \end{aligned}\right\} \qquad (676)$$

Setzt man in diese Gleichungen $g_1 = \Theta_1 - \vartheta_1$ bis $g_N = \Theta_N - \vartheta_1$ aus den Gln. (674) ein, in denen sich jetzt Δw_1 usw. ebenfalls auf das Ende der Kaltperiode beziehen sollen, dann erhält man

$$\left.\begin{aligned} \Delta w_1 f_1 & & + f_N &= \vartheta_1' - \vartheta_1, \\ \Delta w_2 f_1 + \Delta w_1 f_2 & & + f_{N-1} &= \vartheta_1' - \vartheta_1, \\ \Delta w_3 f_1 + \Delta w_2 f_2 + \Delta w_1 f_3 & & + f_{N-2} &= \vartheta_1' - \vartheta_1, \\ &\;\vdots \\ \Delta w_N f_1 + \Delta w_{N-1} f_2 + \cdots + \Delta w_1 f_N + f_1 & &&= \vartheta_1' - \vartheta_1. \end{aligned}\right\} \quad (677)$$

Die Auflösung dieser Gleichungen liefert die gesuchten Übertemperaturen f_1, f_2 usw. bis f_N bei Beginn der Periode. Die Auflösung beginnt man zweckmäßig damit, daß man f_N, f_{N-1} usw. aus der ersten Hälfte der Gln. (677) in die übrigen Gleichungen einsetzt, wodurch sich die Zahl der Gleichungen verhältnismäßig rasch auf die Hälfte erniedrigen läßt.

Auch auf *Gleichstrom* läßt sich das beschriebene Verfahren sinngemäß übertragen.

Die Wärmepolmethode kann man zur Berechnung des Beharrungszustandes auch dann anwenden, wenn die Werte von A und A' sowie Π und Π' in der Warm- und Kaltperiode verschieden sind. Man denke sich die Gln. (674) mit noch unbestimmten Anfangswerten f_1, f_2 usw. zunächst wieder auf die Kaltperiode bezogen. Die hierbei sich ergebenden Ausdrücke für die Endtemperaturen in der Kaltperiode betrachtet man dann als die Anfangstemperaturen in der Warmperiode. Hierauf wendet man die Gln. (674) sinngemäß nochmals an, wobei jedoch wegen der anderen Dauer der Warmperiode entsprechend geänderte Werte der Wärmepolfunktion zu wählen sind. Auch muß bei verschiedenen Werten von A und A' in der Warm- und Kaltperiode die Streifenbreite $\Delta\varepsilon$ verschieden sein, weil sich die Betrachtungen nur bei ungeänderter Zahl der Streifen ohne Schwierigkeiten durchführen lassen. Bei Gegenstrom ist ferner die Numerierung der Streifen, die stets in der Strömungsrichtung vorgenommen werden muß, mit Beginn der neuen Periode umzukehren. Setzt man schließlich die für die Endtemperaturen in der Warmperiode gewonnenen Ausdrücke den Anfangstemperaturen in der Kaltperiode gleich, dann ergeben sich die Bestimmungsgleichungen für den Beharrungszustand, aus denen die unbekannten Werte von f_1, f_2 usw. bis f_N berechnet werden können.

Auch die Änderungen der Anfangstemperatur von Periode zu Periode *vor Erreichung des Beharrungszustandes* lassen sich nach dem Wärmepolverfahren sehr einfach berechnen. Man geht hierbei von der Temperaturverteilung in der Speichermasse im Augenblick der Inbetriebsetzung aus und wendet die Gln. (674) abwechselnd auf die Warm- und Kaltperiode an. Nach Durchrechnung einer genügend großen Zahl von Perioden erreicht man schließlich auch auf diesem Wege den Beharrungszustand.

§ 80. Verfeinerung des Wärmepolverfahrens auf Grund seines Zusammenhangs mit einer Integralgleichung[3]

Die Berechnung der Anfangstemperatur im Beharrungszustand nach den Gln. (677) kann, wie schon angedeutet wurde und nun begründet werden soll, als ein Näherungsverfahren zur Auflösung einer Integralgleichung betrachtet werden. Man erhält diese Integralgleichung wie folgt durch den Übergang zu unendlich schmalen Wärmepolen.

Wir erwähnt, kann man die Wärmepolfunktion für einen Wärmepol zwischen $\xi = 0$ und $\xi = \Delta\varepsilon$ (vgl. Bild 181) aus Bild 157 berechnen, indem man in dieser Abbildung die Kurve für die fragliche Zeit η um die Streifenbreite $\Delta\varepsilon$ nach rechts verschiebt und die so erhaltenen Werte von denen der nicht verschobenen Kurve subtrahiert. Kennzeichnen wir die Temperatur nach Bild 157 zur Zeit η mit $\Theta^*(\xi)$, dann hat also die Wärmepolfunktion an jeder Stelle $\xi > \Delta\varepsilon$ den Wert

$$\Delta w = \Theta^*(\xi) - \Theta^*(\xi - \Delta\varepsilon).$$

Für $\xi < \Delta\varepsilon$, d.h. für den ersten Streifen (vgl. Bild 177), in dem die Subtraktion entfällt, erhalten wir hingegen

$$\Delta w_1 = \Theta^*(\xi).$$

Für einen Wärmepol zwischen ε und $\varepsilon + \Delta\varepsilon$ ergibt sich entsprechend

$$\Delta w = \Theta^*(\xi - \varepsilon) - \Theta^*(\xi - \varepsilon - \Delta\varepsilon) \quad \text{für} \quad \xi > \varepsilon + \Delta\varepsilon,$$

$$\Delta w_1 = \Theta^*(\xi - \varepsilon) \quad\quad\quad\quad \text{für} \quad \varepsilon \leq \xi < \varepsilon + \Delta\varepsilon.$$

Läßt man nun die Breite $\Delta\varepsilon$ des Wärmepoles unendlich klein werden, dann gehen die Ausdrücke für die Wärmepolfunktion über in

$$dw = \frac{\partial\Theta^*(\xi - \varepsilon)}{\partial(\xi - \varepsilon)} \cdot d\varepsilon \,^4 \quad \text{für} \quad \xi > \varepsilon,$$

$$\Delta w_1 = \Theta^*(0) \quad\quad\quad\quad \text{für} \quad \xi = \varepsilon.$$

Zur Abkürzung wollen wir in der vorletzten Gleichung $\dfrac{\partial\Theta^*(\xi - \varepsilon)}{\partial(\xi - \varepsilon)} = K(\xi - \varepsilon)$ setzen. Man kann diesen Ausdruck berechnen, indem man Gl. (554) unter Berücksichtigung von Gl. (544) partiell nach ξ differenziert. Hierdurch ergibt sich mit $\Theta_1 = 1$ und $\vartheta_1 = 0$ und, indem man nachträglich noch ξ durch $\xi - \varepsilon$ ersetzt,

$$K(\xi - \varepsilon) = \frac{\partial\Theta^*(\xi - \varepsilon)}{\partial(\xi - \varepsilon)} = -\exp\left[-(\xi - \varepsilon + \eta)\right]\sqrt{\frac{\eta}{\xi - \varepsilon}} \cdot iJ_1\left(2i\sqrt{(\xi - \varepsilon)\,\eta}\right), \quad (678)$$

worin i die imaginäre Einheit und J_1 die Besselsche Funktion 1. Ordnung bedeutet. Für größere Werte von $(\xi - \varepsilon)\,\eta$ kann man statt Gl. (678) unter Berücksichtigung der Reihenentwicklung

$$\lim_{x=\infty} J_1(ix) = i\frac{\exp(x)}{\sqrt{2\pi x}}\left(1 - \frac{3}{1!\,8x} - \frac{3\cdot 5}{2!\,(8x)^2}\cdots\right)$$

auch schreiben

$$K(\xi - \varepsilon) = \exp\left[-(\sqrt{\xi - \varepsilon} - \sqrt{\eta})^2\right] \cdot \frac{1}{\sqrt{4\pi}}\sqrt[4]{\frac{\eta}{(\xi - \varepsilon)^3}}\left(1 - \frac{0{,}188}{\sqrt{(\xi - \varepsilon)\,\eta}} - \frac{0{,}0293}{(\xi - \varepsilon)\,\eta}\right). \quad (679)$$

Bei $\sqrt{(\xi - \varepsilon)\,\eta} = 2$ ist der Fehler dieser Gleichung bereits kleiner als 2 v.T. und nimmt mit wachsendem $(\xi - \varepsilon)\,\eta$ rasch ab.

---

[3] Nur in der 1. Auflage dieses Buches veröffentlichtes, 1945 oder 1946 ausgearbeitetes Verfahren des Verfassers. Erst während der Korrektur der 1. Auflage ist mir die auf ganz ähnlichen Überlegungen beruhende Arbeit von Iliffe [I 301] bekannt geworden.

[4] Streng genommen sollte in diesem Ausdruck $d(\xi - \varepsilon)$ statt $d\varepsilon$ stehen, wobei dann die spätere Integration in Gl. (680) und (681) in Richtung von wachsendem $\xi - \varepsilon$ durchgeführt werden müßte. Es entspricht aber mehr der Anschauung und den bisherigen Überlegungen, $d\varepsilon$ zu schreiben. Man gelangt auch hierbei zum richtigen Ergebnis, sofern man in Gl. (680) und (681) in der Richtung von wachsendem ε integriert.

Für $\Theta^*(0)$ hingegen erhalten wir durch Integration der Differentialgleichung (545) bei $\xi = 0$, indem wir wieder $\vartheta = \vartheta_1 = 0$ und $\Theta_1 = 1$ setzen,

$$\Theta^*(0) = \exp(-\eta).$$

Hiernach wird also

$$dw = K(\xi - \varepsilon)\, d\varepsilon \quad \text{für} \quad \xi > \varepsilon,$$

$$\Delta w_1 = \exp(-\eta) \quad \text{für} \quad \xi = \varepsilon.$$

Ist nun $f(\xi)$ die anfängliche Übertemperatur der Speichermasse an der Stelle ξ, $f(\varepsilon)$ an der Stelle ε, dann erhalten wir beim Übergang zu unendlich vielen unendlich schmalen Wärmepolen aus den Gln. (674):

$$\Theta(\xi) - \vartheta_1 = \int_0^{\xi} f(\varepsilon)\, dw + f(\xi)\, \Delta w_1,$$

oder unter Berücksichtigung der zuletzt für dw und Δw_1 gefundenen Ausdrücke

$$\Theta(\xi) - \vartheta_1 = f(\xi) \exp(-\eta) + \int_0^{\xi} f(\varepsilon)\, K(\xi - \varepsilon)\, d\varepsilon. \qquad (680)$$

Hierin kann $K(\xi - \varepsilon)$ nach Gl. (678) oder (679) eingesetzt werden.

Wir betrachten weiterhin den Beharrungszustand im Falle $A = A'$ und $\Pi = \Pi'$. Aus der hierfür geltenden Umschaltbedingung (675) und aus Gl. (680) ergibt sich mit $\eta = \Pi$ durch Eliminieren von $g(\xi) = \Theta(\xi) - \vartheta_1$ folgende Integralgleichung:

$$f(\xi)\, e^{-\Pi} + f(A - \xi) + \int_0^{\xi} f(\varepsilon)\, K(\xi - \varepsilon)_{\eta = \Pi}\, d\varepsilon = \vartheta_1' - \vartheta_1. \qquad (681)$$

Diese Integralgleichung, durch deren Auflösung grundsätzlich die Temperaturverteilung $f(\xi)$ zu Beginn einer Periode im Beharrungszustand ermittelt werden kann, entspricht vollständig den Summengleichungen (677). Unter Berücksichtigung von Gl. (678) stimmt sie auch mit der in § 73 gefundenen Integralgleichung (639) überein. Aus der Art, wie wir Gl. (680) und (681) gefunden haben, geht also hervor, daß in der Tat, wie oben behauptet, die *Wärmepolmethode als ein Näherungsverfahren zur Auflösung der Integralgleichung* (639) oder (681) betrachtet werden kann. Bei praktischen Rechnungen dürfte das Wärmepolverfahren stets einfacher und rascher zum Ziele führen als die in § 73 erörterte exakte Lösung der Integralgleichung von Nußelt.

Wir können aber andererseits die Integraldarstellungen (680) und (681) zu einer *Verfeinerung der Wärmepolmethode* benutzen, wodurch sich bei fast ungeändertem Aufwand an Rechenarbeit eine wesentliche Erhöhung der Genauigkeit erzielen läßt.

Wir denken uns wieder die gesamte Regeneratorlänge A in N gleich lange Stücke $\Delta\varepsilon$ unterteilt, so daß wir auch wieder die in Bild 177 dargestellten Streifen gleicher Breite $\Delta\varepsilon$ erhalten. Wir betrachten aber jetzt nicht die Mittelwerte der Temperaturen in diesen Streifen, sondern die Werte an den Teilpunkten $\varepsilon = 0$, $\varepsilon = \Delta\varepsilon$, $\varepsilon = 2\Delta\varepsilon$ usw. bis $\varepsilon = N \cdot \Delta\varepsilon = A$. Die Anfangstemperatur der Speichermasse habe an diesen Stellen die Werte f_0, f_1, f_2 usw. bis f_N. Die Stelle ξ, deren Endtemperatur $\Theta(\xi)$ nach Gl. (680) oder deren Anfangstemperatur $f(\xi)$ nach Gl. (681) gesucht ist, liege an der Grenze zwischen dem n-ten und $(n + 1)$-ten Streifen, so daß $\xi = n \cdot \Delta\varepsilon$ und damit $\Theta(\xi) = \Theta_n$ und $f(\xi) = f_n$ wird. Die Werte von $K(\xi - \varepsilon)$ für $\xi - \varepsilon = 0$, $\xi - \varepsilon = \Delta\varepsilon$, $\xi - \varepsilon = 2\Delta\varepsilon$ usw. bis $\xi - \varepsilon = n\,\Delta\varepsilon$ seien mit K_0, K_1, K_2 usw. bis K_n bezeichnet. Da sich diese Werte nach Gl. (678) oder (679) genau berechnen lassen, können wir bei bekannten Werten von f_0, f_1 usw. bis f_N für alle Teilpunkte auch die Werte der Produkte $f(\varepsilon) \cdot K(\xi - \varepsilon)$ genau angeben.

Der Grundgedanke der zu beschreibenden Verfeinerung der Wärmepolmethode besteht nun darin, auf Grund dieser Werte das *Integral* in Gl. (680) oder (681) *mit Hilfe eines Näherungsverfahrens möglichst genau zu berechnen.* Hierzu ist die *Simp-*

sonsche Regel[5] geeignet, die von dem Gedanken ausgeht, durch je drei benachbarte Punkte der zu integrierenden Kurve einen Parabelbogen zu legen. Hierdurch wird in erster Näherung auch die Krümmung der Kurve im Ergebnis berücksichtigt und damit schon bei verhältnismäßig wenig Einzelwerten eine hohe Genauigkeit erreicht.

Ist die Zahl n der Streifen bis ξ eine gerade Zahl, dann erhält man nach der Simpsonschen Regel unmittelbar

$$\int_0^\xi f(\varepsilon)\, K(\xi - \varepsilon)\, d\varepsilon = \frac{\Delta\varepsilon}{3}[f_0 K_n + 4f_1 K_{n-1} + 2f_2 K_{n-2} + 4f_3 K_{n-3} + 2f_4 K_{n-4} + \cdots$$
$$+ 2f_{n-2} K_2 + 4f_{n-1} K_1 + f_n K_0] \quad (n \text{ gerade}). \tag{682}$$

Ist hingegen n ungerade, dann können wir zunächst für das Integral zwischen $\varepsilon = 0$ und $\varepsilon = (n-1)\Delta\varepsilon = \xi - \Delta\varepsilon$ schreiben:

$$\int_0^{\xi-\Delta\varepsilon} f(\varepsilon)\, K(\xi - \varepsilon)\, d\varepsilon = \frac{\Delta\varepsilon}{3}[f_0 K_n + 4f_1 K_{n-1} + 2f_2 K_{n-2} + \cdots$$
$$+ 2f_{n-3} K_3 + 4f_{n-2} K_2 + f_{n-1} K_1].$$

Um auch den Rest des Integrals möglichst genau zu ermitteln, denken wir uns zwischen $\varepsilon = (n-2)\Delta\varepsilon = \xi - 2\Delta\varepsilon$ und $\varepsilon = n\,\Delta\varepsilon = \xi$ eine quadratische Funktion $y = a + b\varepsilon + c\varepsilon^2$ derart festgelegt, daß y an den Stellen $(n-2)\Delta\varepsilon$, $(n-1)\Delta\varepsilon$ und $n\,\Delta\varepsilon$ mit den Werten von $f(\varepsilon) \cdot K(\xi - \varepsilon)$ genau übereinstimmt. Integriert man dann über y zwischen $\varepsilon = (n-1)\Delta\varepsilon$ und $\varepsilon = n\Delta\varepsilon$, und setzt man den hierbei sich ergebenden Wert dem gesuchten Rest des Integrals gleich, dann erhält man

$$\int_{\xi-\Delta\varepsilon}^\xi f(\varepsilon)\, K(\xi - \varepsilon)\, d\varepsilon = \frac{\Delta\varepsilon}{12}[-f_{n-2} K_2 + 8f_{n-1} K_1 + 5f_n K_0].$$

Daher ergibt sich für das gesamte Integral, indem man die beiden letzten Gleichungen addiert, bei ungeradem n

$$\int_0^\xi f(\varepsilon)\, K(\xi - \varepsilon_4)\, d\varepsilon = \frac{\Delta\varepsilon}{3}[f_0 K_n + 4f_1 K_{n-1} + 2f_2 K_{n-2} + 4f_3 K_{n-3} + 2f_4 K_{n-4} + \cdots$$
$$+ 2f_{n-3} K_3 + 3{,}75 f_{n-2} K_2 + 3f_{n-1} K_1 + 1{,}25 f_n K_0] \quad (n \text{ ungerade}). \tag{683}$$

Dabei ist zu beachten, daß für $\xi = \Delta\varepsilon$, d. h. für $n = 1$, an sich $f_{n-2} = f_{-1}$ nicht existiert. Man wählt dabei $f_{n-2} = f_{-1}$ zweckmäßig so, daß sein Wert auf der durch f_0, f_1 und f_2 festgelegten Kurve 2. Grades liegt. Setzt man hiernach $f_{-1} = 3f_0 - 3f_1 + f_2$, dann lauten die Gln. (682) und (683) im einzelnen für $n = 1, 2$ usw.:

$$\int_0^{\xi=\Delta\varepsilon} f(\varepsilon)\, K(\xi - \varepsilon)\, d\varepsilon = \frac{\Delta\varepsilon}{12}[f_0(8K_1 - 3K_2) + f_1(5K_0 + 3K_2) - f_2 K_2],$$

$$\int_0^{\xi=2\Delta\varepsilon} f(\varepsilon)\, K(\xi - \varepsilon)\, d\varepsilon = \frac{\Delta\varepsilon}{3}[f_0 K_2 + 4f_1 K_1 + f_2 K_0],$$

$$\int_0^{\xi=3\Delta\varepsilon} f(\varepsilon)\, K(\xi - \varepsilon)\, d\varepsilon = \frac{\Delta\varepsilon}{3}[f_0 K_3 + 3{,}75 f_1 K_2 + 3f_2 K_1 + 1{,}25 f_3 K_0],$$

$$\int_0^{\xi=4\Delta\varepsilon} f(\varepsilon)\, K(\xi - \varepsilon)\, d\varepsilon = \frac{\Delta\varepsilon}{3}[f_0 K_4 + 4f_1 K_3 + 2f_2 K_2 + 4f_3 K_1 + f_4 K_0],$$

$$\int_0^{\xi=5\Delta\varepsilon} f(\varepsilon)\, K(\xi - \varepsilon)\, d\varepsilon = \frac{\Delta\varepsilon}{3}[f_0 K_5 + 4f_1 K_4 + 2f_2 K_3 + 3{,}75 f_3 K_2$$
$$+ 3f_4 K_1 + 1{,}25 f_5 K_0]$$

usw. $\tag{684}$

---

[5] Vgl. z. B. Hütte, Des Ingenieurs Taschenbuch, Bd. I, 28. Aufl., 1955, S. 213 oder [Z 301] S. 231f.

Setzt man diese Ausdrücke nacheinander an Stelle des Integrals in Gl. (680) ein, so ergeben sich Gleichungen zur Bestimmung der Endtemperaturen Θ_0, Θ_1 usw. bis Θ_N an allen Teilstellen. In ähnlicher Weise erhält man durch Einsetzen in Gl. (681) $N + 1$ lineare Gleichungen, aus denen sich die unbekannten Anfangstemperaturen f_0, f_1 usw. bis f_N im Beharrungszustand des Regenerators berechnen lassen. In beiden Fällen muß man beachten, daß $f(\xi) = f_n$ bzw. $f(\Lambda - \xi) = f_{N-n}$ ist. Die erhaltenen Gleichungen entsprechen im wesentlichen den nach der einfachen Wärmepolmethode gefundenen Gln. (674) bzw. (677). Sie lassen sich, wenn man die Zahlenwerte von K_0, K_1 usw. einmal berechnet hat, ebenso leicht aufstellen wie diese älteren Gleichungen und auch in derselben Weise auswerten.

Iliffe [I 301], der, wie erwähnt, unabhängig vom Verfasser dasselbe Verfahren zur Auflösung der Integralgleichung (681) gefunden hat, machte den beachtenswerten Vorschlag, das Integral über das erste Intervall zwischen $\xi = 0$ und $\xi = \Delta \varepsilon$ statt mit f_{-1} mit dem Wert $f_{1/2}$ in der Mitte des Intervalls auszuwerten. Unter Benutzung der Simpsonschen Regel gelangte er statt zur ersten Gl. (684) zu folgender Beziehung

$$\int_0^{\xi=\Delta\varepsilon} f(\varepsilon) \cdot K(\xi - \varepsilon)\, d\varepsilon = \frac{\Delta\varepsilon}{6}[f_0 K_1 + 4f_{1/2} \cdot K_{1/2} + f_1 K_0], \tag{685}$$

wobei $K_{1/2}$ für $\xi - \varepsilon = 1/2$ nach Gl. (678) berechnet werden kann. Um aber bei Ermittlung des Beharrungszustands $f_{1/2}$ nicht als zusätzliche Unbekannte einführen zu müssen, hat Iliffe $f_{1/2}$ durch f_0, f_1, f_2 und f_3 ausgedrückt, indem er eine Potenzreihe 3. Grades ansetzte, die diesen vier Werten genügt. Er gewann hierdurch die Beziehung

$$f_{1/2} = \frac{1}{16}[5f_0 + 15f_1 - 5f_2 + f_3]. \tag{686}$$

Da indessen, wie aus den Bildern 194 bis 206 hervorgeht, im Beharrungszustand in der Nähe des Gaseintritts die Kurven für die Temperatur der Speichermasse bei Beginn einer Periode nur wenig gekrümmt sind, würde es meist genügen von einem Potenzansatz 2. Grades auszugehen. Man erhielte hierbei

$$f_{1/2} = \frac{1}{8}[3f_0 + 6f_1 - f_2]. \tag{687}$$

Durch Einsetzen der vorletzten oder letzten Beziehung in Gl. (685) findet man den Wert des Integrales zwischen $\xi = 0$ und $\xi = \Delta\varepsilon$.

Neuerdings haben Willmott und Duggen [W 308] sowohl mit dem in § 74 beschriebenen Verfahren von Nahavandi und Weinstein sowie auch mit dem verfeinerten Wärmepolverfahren in der Form von Iliffe praktische Rechnungen durchgeführt. Damit konnten sie in einem Bereich bis $\Lambda = 10$ und $\Pi = 10$ die Brauchbarkeit beider Verfahren bestätigen. Andererseits haben sie darauf hingewiesen, daß in der Bestimmung der Anfangswerte f_0, f_1 usw. bis f_N für den Beharrungszustand dadurch Schwierigkeiten entstehen können, daß die Determinante der Koeffizienten der linearen Bestimmungsgleichungen sehr klein wird. Solche Schwierigkeiten seien bei dem verfeinerten Wärmepolverfahren eher zu erwarten als beim Verfahren von Nahavandi und Weinstein. Vgl. auch die neueste Veröffentlichung über diese Frage von Willmott und Thomas [W 309].

§ 81. Berechnung des Wirkungsgrades und des Wärmedurchgangskoeffizienten nach dem Wärmepolverfahren

a) Berechnung nach dem einfachen Wärmepolverfahren

Für den Beharrungszustand seien nach dem Wärmepolverfahren in den N Streifen sowohl die Mittelwerte f_1, f_2 usw. bis f_N der anfänglichen Übertemperaturen wie auch die mittleren Übertemperaturen g_1, g_2 usw. bis g_N am Ende der Periode [vgl. Gl. (676)] berechnet. Dann kann man den Wirkungsgrad des Regenerators in einfacher Weise wie folgt ermitteln. Ist F die Heizfläche des gesamten Regenerators, dann hat das einem Streifen entsprechende Stück des Regenerators die Heizfläche F/N und die Wärmekapazität $F/N \cdot \varrho c \delta/2$, wenn δ wieder die Dicke eines plattenförmig gedachten Elementes der Speichermasse bedeutet. Die Speichermasse im n-ten Streifen gibt daher während der Kaltperiode folgende Wärmemenge ab:

$$\varDelta Q_{Per} = \frac{F \cdot \varrho c \delta}{2N}\,(f_n - g_n).$$

Die im ganzen Regenerator während einer Periode·übergehende Wärmemenge beträgt hiernach

$$Q_{Per} = \frac{F \cdot \varrho c \delta}{2N} \cdot \sum_{n=1}^{N} (f_n - g_n). \tag{688}$$

Im Idealfall des vollkommenen Wärmeaustausches würde sich das Gas, falls $CT \leqq C'T'$, im Regenerator von ϑ_1 bis ϑ_1' erwärmen. Es würde dann die Wärmemenge

$$Q_{id} = CT(\vartheta_1' - \vartheta_1)$$

übertragen. Als Wirkungsgrad des Regenerators ergibt sich somit unter Berücksichtigung von Gl. (546) und (547):

$$\eta_{Reg} = \frac{Q_{Per}}{Q_{id}} = \frac{\varLambda}{\varPi N} \sum_{n=1}^{N} \frac{f_n - g_n}{\vartheta_1' - \vartheta_1}. \tag{689}$$

Diese Gleichung gilt nicht nur bei Gegenstrom, sondern auch bei Gleichstrom für $CT \leqq C'T'$. Bei $CT > C'T'$ stellt hingegen der Ausdruck in Gl. (689) die „Wirkungsgradfunktion" im Sinne von Gl. (193) des zweiten Abschnitts dar.

Bei $CT = C'T'$ kann man Gl. (689) noch dadurch umgestalten, daß man mit Hilfe der Umschaltbedingung (676) g_n durch f_{N-n+1} ausdrückt. Man erhält auf diese Weise

$$\eta_{Reg} = \frac{\varLambda}{\varPi}\left[\frac{2}{N} \sum_{n=1}^{N} \frac{f_n}{\vartheta_1' - \vartheta_1} - 1\right] \quad (\text{bei } CT = C'T'). \tag{690}$$

b) Berechnung nach dem verfeinerten Wärmepolverfahren

Da $\varLambda/N = \varDelta\varepsilon = \varDelta\xi$ die Breite eines Wärmepoles darstellt, nimmt die für den Wirkungsgrad gefundene Gl. (689) bei Übergang zu unendlich schmalen Wärmepolen die Gestalt an

$$\eta_{Reg} = \frac{1}{\varPi(\vartheta_1' - \vartheta_1)} \int_0^{\varLambda} [f(\xi) - g(\xi)]\,d\xi. \tag{691}$$

Hat man für den Beharrungszustand die Werte von f_0, f_1 usw. bis f_N und g_0, g_1 usw. bis g_N an den Grenzen der Streifen nach dem verfeinerten Wärmepolverfahren berechnet, dann erhält man den Wert des Integrals z. B. nach der Simpsonschen Regel. Durch Gl. (691) ist dann der Wirkungsgrad bestimmt.

Berechnung des Wärmedurchgangskoeffizienten nach der Wärmepolmethode bei $CT = C'T'$

Sobald man nach Gl. (689), (690) oder (691) den Wirkungsgrad η_{Reg} ermittelt hat, kann man nach Gl. (623) von § 70 sofort auch das Verhältnis k/k_0 des wahren Wärmedurchgangskoeffizienten k zum Wärmedurchgangskoeffizienten k_0, der

der nullten Eigenfunktion entspricht, berechnen. Dieses Verfahren gilt gemäß der Ableitung von Gl. (623) für $CT = C'T'$.

Im Falle $CT \neq C'T'$ gelangt man zu wesentlich verwickelteren Beziehungen für k/k_0, die in der 1. Auflage dieses Buches S. 401 bis 403 abgeleitet und besprochen worden sind. Da aber k/k_0 nur wenig vom Verhältnis $CT:C'T'$ abhängt und überdies die bei $CT = C'T'$ hierfür ermittelten Werte mit Hilfe der Kenngrößen A und II nach Gl. (458) recht genau auch auf die allgemeineren Fälle $CT \neq C'T'$ übertragen werden können, soll hier auf die Wiedergabe der verallgemeinerten Betrachtungen verzichtet werden.

Wärmedurchgangskoeffizient an einer bestimmten Stelle ξ

Im allgemeinen benötigt man zur Berechnung des Wärmeaustausches in einem Regenerator nur den mittleren Wärmedurchgangskoeffizienten k. Doch kann, worauf schon in § 60 hingewiesen wurde, in Sonderfällen auch die Kenntnis des Wärmedurchgangskoeffizienten k_ξ an einer bestimmten Stelle des Regenerators erwünscht sein.

Hat man, z.B. nach einem der Wärmepolverfahren, den Temperaturverlauf $f(\xi)$ am Anfang und $g(\xi)$ am Ende der Periode für den Beharrungszustand berechnet, dann erhält man eine Gleichung für das Verhältnis k_ξ/k_0 wie folgt. In einem unendlich kurzen Stück des Regenerators an der Stelle ξ mit der Heizfläche df wird je Periode die Wärmemenge

$$dQ_{Per} = k_\xi(T + T')(\overline{\vartheta'} - \overline{\vartheta})\, df = \frac{\varrho c \delta}{2}\, df(f(\xi) - g(\xi))$$

übertragen. Aus dieser Beziehung folgt zunächst

$$k_\xi = \frac{\varrho c \delta}{2(T + T')} \cdot \frac{f(\xi) - g(\xi)}{\overline{\vartheta'} - \overline{\vartheta}}. \tag{692}$$

Andererseits gilt nach Gl. (523) für den Wärmedurchgangskoeffizienten k_0 nach der nullten Eigenfunktion

$$\frac{1}{k_0} = (T + T')\left[\frac{1}{\overline{\alpha}\,\overline{T}} + \frac{1}{\overline{\alpha'}\,\overline{T'}}\right].$$

Durch Multiplikation dieser beiden Gleichungen ergibt sich

$$\frac{k_\xi}{k_0} = \frac{\varrho c \delta}{2}\left[\frac{1}{\overline{\alpha}\,\overline{T}} + \frac{1}{\overline{\alpha'}\,\overline{T'}}\right] \cdot \frac{f(\xi) - g(\xi)}{\overline{\vartheta'} - \overline{\vartheta}}. \tag{693}$$

Schließlich läßt sich diese Beziehung mit Hilfe von Gl. (547) in folgende Gestalt bringen

$$\frac{k_\xi}{k_0} = \left(\frac{1}{II} + \frac{1}{II'}\right) \cdot \frac{f(\xi) - g(\xi)}{\overline{\vartheta'} - \overline{\vartheta}}. \tag{694}$$

Auch diese Gleichung wurde in der 1. Auflage dieses Buches durch Umformung in eine allgemein gültige Gestalt gebracht. Hier soll nur der Fall $CT = C'T'$ weiter erörtert werden. Hierfür läßt sich aus Gl. (694) eine Beziehung gewinnen, die sehr nützlich ist, wenn man η_{Reg} oder k/k_0 vorher ermittelt hat. Da $\overline{\vartheta'} - \overline{\vartheta}$ bei $CT = C'T'$ an allen Stellen des Regenerators denselben Wert hat, gilt auch

$$\overline{\vartheta'} - \overline{\vartheta} = \vartheta_1' - \overline{\vartheta}_2 = (\vartheta_1' - \vartheta_1)(1 - \eta_{Reg}) \quad (CT = C'T'). \tag{695}$$

Hiermit kann man k_ξ/k_0 bei bekanntem η_{Reg} nach Gl. (694) leicht berechnen. Drückt man schließlich noch mit Hilfe von Gl. (623) η_{Reg} durch k/k_0 aus, dann erhält man durch Einsetzen von Gl. (695) in Gl. (694) bei $\Pi = \Pi'$

$$\frac{k_\xi}{k_0} = \frac{1}{\Pi}\left(2 + \Lambda\,\frac{k}{k_0}\right)\frac{f(\xi) - g(\xi)}{\vartheta_1' - \vartheta_1} \quad (CT = C'T') . \tag{696}$$

Diese Gleichung dürfte zur praktischen Berechnung von k_ξ/k_0 besonders geeignet sein, da man k/k_0 aus Bild 135 ablesen kann. Vermutlich kann man Gl. (696) auch bei $CT \neq C'T'$ mit guter Näherung anwenden, sofern man Λ und Π aus den Gln. (458) oder (459) berechnet.

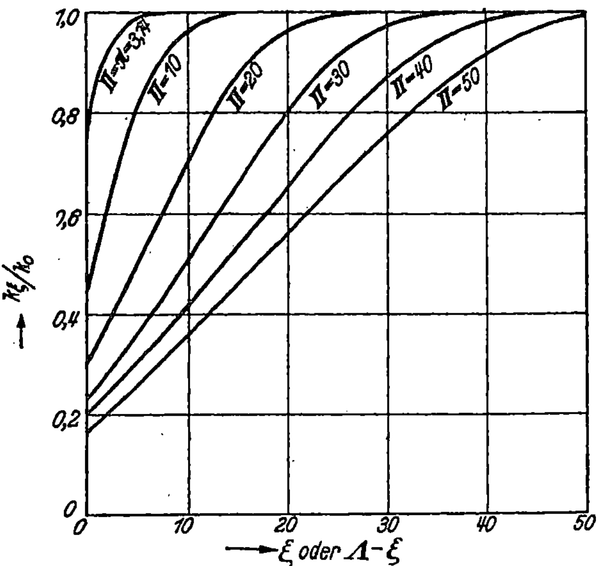

Bild 182. Wärmedurchgangskoeffizient k_ξ an einer bestimmten Stelle ξ oder $\Lambda - \xi$ des Regenerators bei verschiedenen reduzierten Periodendauern Π.
k_0 Wärmedurchgangskoeffizient nach der nullten Eigenfunktion.

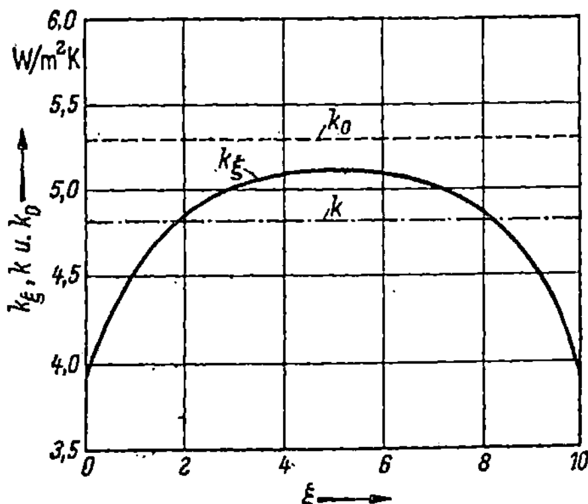

Bild 183. k_ξ abhängig von ξ bei $\Lambda = \Lambda' = 10$ und $\Pi = \Pi' = \pi$.
k mittlerer Wärmedurchgangskoeffizient.

Nach Gl. (696), ebenso wie auch nach den vorhergehenden Gleichungen, hängt k_ξ/k_0 im allgemeinen nicht nur von ξ, sondern auch von $\varLambda$ ab. Betrachtet man aber hinreichend lange Regeneratoren, in deren Mitte allein die nullte Eigenfunktion gilt, dann erweist sich k_ξ/k_0 zum mindesten bei $CT = C'T'$ als unabhängig von $\varLambda$. Man kann dann k_ξ/k_0 abhängig von ξ oder $\varLambda - \xi$ auftragen, wie dies in Bild 182 auf Grund allerdings nur mäßig genauer Berechnungen nach Gl. (696) geschehen ist.

Bild 183 zeigt als Beispiel eines kürzeren Regenerators, wie k_ξ von ξ abhängt, wenn, wie in Bild 165 und 166 $\varLambda = \varLambda' = 10$ und $\varPi = \varPi' = \pi = 3,14$ beträgt und überdies $\bar{\alpha} = \bar{\alpha}' = 23,3 \text{ W/m}^2\text{K}$, $\varrho c = 2070 \text{ kJ/m}^3\text{K}$, $\lambda_s = 1,163 \text{ W/mK}$ und $\delta = 0,03 \text{ m}$ gesetzt ist. Man erkennt, daß in diesem Fall selbst in der Regeneratormitte k_ξ den Wert von k_0 nicht ganz erreicht. Dies ist, wie aus den früheren Betrachtungen hervorgeht, darin begründet, daß der Einfluß der höheren Eigenfunktionen (Oberschwingungen) auch in der Regeneratormitte noch nicht völlig abgeklungen ist.

VI. Stufenverfahren zur Berechnung des Temperaturverlaufs in Regeneratoren

§ 82. Grundsätzliche Überlegungen zur Anwendung der Stufenverfahren

Die in § 78 besprochenen Berechnungsverfahren, die alle Einzelheiten der Temperaturunterschiede in den Querschnitten der Regeneratorsteine exakt erfassen, sind in der Anwendung äußerst mühsam und zeitraubend. Wesentlich rascher führen die bereits besprochenen Näherungsverfahren, insbesondere die Wärmepolverfahren zum Ziel, in denen die genannten Unterschiede durch Einführung des auf die mittlere Steintemperatur $\varTheta_m$ bezogenen Wärmeübergangskoeffizienten $\bar{\alpha}$ numerisch berücksichtigt werden. Noch einfacher dürften Stufenverfahren sein, die auf der Differenzenberechnung beruhen und bei genügend großer Stufenzahl ebenfalls eine recht hohe Genauigkeit zu erreichen gestatten.

Bis vor etwa 25 Jahren erschein es als wünschenswert, mit Hilfe der Differenzenrechnung zeichnerische Verfahren zu entwickeln. Heute, nachdem die digitalen elektronischen Rechenmaschinen einen unerwartet hohen Stand der Technik erreicht haben, sind Ausdrücke meist etwas allgemeinerer Art zur numerischen Berechnung von Interesse, die ebenfalls mit Hilfe der Differenzenrechnung gewonnen werden. Mit solchen Ausdrücken kann man die Vorgänge in jeder Stufe auch dann sehr genau berechnen, wenn die Wärmedübergangskoeffizienten und die Stoffeigenschaften von der Temperatur abhängen oder die Menge eines durch den Regenerator strömenden Gases sich zeitlich ändert.

Eine Erkenntnis bleibt aber auch beim Übergang zu solchen allgemeineren Ausdrücken bestehen, nämlich die, daß man mit der Differenzenrechnung bei erträglicher Stufenzahl nur dann eine hohe Genauigkeit erzielen kann, wenn man für alle in den Differentialgleichungen auftretenden veränderlichen Größen innerhalb jeder Stufe Mittelwerte einführt. Daher sind auch die Differenzenquotienten so zu bilden, daß sie gute Mittelwerte der Differentialquotienten darstellen.

Bei den meisten der nachstehend erörterten Stufenverahren wird zur Vereinfachung mit der mittleren Steintemperatur $\varTheta = \varTheta_m$ und dem hierauf bezogenen Wärmeübergangskoeffizienten $\bar{\alpha}$ gerechnet. Hierdurch ergibt sich bei genügend großer Stufenzahl der Verlauf der mittleren Steintemperatur mit recht hoher Genauigkeit, etwa ebenso wie bei den Wärmepolverfahren. Es muß aber hervorgehoben werden, daß hierdurch der Verlauf der Gastemperatur nur im Zeitmittel richtig wiedergegeben wird. Es wurde indessen in § 64, S. 312, bereits gezeigt, wie man nach Kenntnis von Θ_m auch den Verlauf der Gastemperatur einschließlich ihrer raschen Änderungen nach dem Umschalten recht genau ermitteln kann.

Zum Schlusse werden auch Stufenverfahren verwickelterer Art erörtert, die die Temperaturunterschiede innerhalb der Steinquerschnitte genau berücksichtigen.

Anfangsbedingungen

Bei allen Stufenverfahren muß man von einem bekannten oder angenommenen Verlauf der Temperatur der Speichermasse ausgehen. Dieser anfängliche Temperaturverlauf werde, wie bei der Wärmepolmethode mit $\Theta = \vartheta_1 + f(\xi)$ bezeichnet, so daß $f(\xi)$ die Übertemperatur gegenüber dem mit der konstanten Temperatur ϑ_1 eintretenden Gas bedeutet.

An der Stelle des Gaseintritts $\xi = 0$ oder $f = 0$ habe die Speichermasse im Anfang die Übertemperatur $f(0)$. Der zeitliche Verlauf der Temperatur der Speichermasse an dieser Stelle errechnet sich wegen $\vartheta_1 = \text{const}$ aus Gl. (545) zu

$$\Theta = \vartheta_1 + f(0) \cdot \exp\left(-\eta\right) = \vartheta_1 + f(0) \cdot \exp\left(-\frac{\overline{\alpha}\,df}{dC_s}t\right). \qquad (697)$$

Zu jeder beliebigen Zeit η oder t kann daher die Berechnung der Temperatur der Speichermasse mit einem bekannten Wert von Θ bei $\xi = 0$ oder $f = 0$ begonnen werden.

Ermittlung des Beharrungszustandes

Mit Hilfe der Stufenverfahren kann man den Beharrungszustand wie folgt ermitteln. Man geht von einer an sich willkürlichen Temperaturverteilung in der Speichermasse aus, die man jedoch zweckmäßigerweise nach Schätzung so wählt, daß sie dem Temperaturverlauf im Beharrungszustand schon möglichst nahe kommt. Danach rechnet man nach dem Stufenverfahren eine größere Zahl von aufeinanderfolgenden Perioden durch. Der hierbei am Ende jeder Periode erreichte Temperaturverlauf dient als Anfangstemperaturverteilung für die nächstfolgende Periode. In dieser Art fährt man so lange fort, bis die jeweils nach einer Vollperiode erhaltene Temperaturverteilung sich nicht mehr merklich ändert. Dieses Verfahren läßt sich dadurch abkürzen, daß man, sobald einige Perioden durchgerechnet sind, nach jeder Vollperiode die erhaltene Endtemperaturverteilung so berichtigt, daß man sich dem Beharrungszustand rascher nähert. Anhaltspunkte hierfür gewinnt man aus der Art, wie sich die Endtemperaturverteilung bei den vorangehenden Berechnungen von Periode zu Periode geändert hat. Ein hierauf beruhendes Verfahren zur Beschleunigung der Rechnung haben kürzlich Willmott und Kulakowski [W310] mitgeteilt.

Im Falle $A = A'$ und $\Pi = \Pi'$ kann man eine solche Berichtigung schon von Anfang an nach jeder Warm- und Kaltperiode anbringen. Man vergleicht zu diesem Zweck die bei Berechnung einer Periode erhaltene Endtemperaturverteilung mit dem Temperaturverlauf $g(\xi)$, den man nach der Umschaltbedingung (675) auf Grund der vorangehenden Anfangstemperaturverteilung $f(\xi)$ erwarten sollte. Wenn keine anderen Anhaltspunkte für die Berichtigung vorliegen, empfiehlt es sich, aus dem errechneten Endverlauf und aus $g(\xi)$ das Mittel zu bilden und mit diesem mittleren Verlauf die Berechnung der neuen Periode zu beginnen. Später wird man bald erkennen, wie man günstiger berichtigen kann. So könnte man z.B. den berichtigten Temperaturverlauf zu 2/3 aus dem berechneten Endverlauf und zu 1/3 aus $g(\xi)$ bilden.

Abschätzung des Temperaturverlaufs im Beharrungszustand

Um den Temperaturverlauf im Beharrungszustand schon vor Beginn einer Stufenrechnung abzuschätzen, kann man wie folgt von der nullten Eigenfunktion ausgehen. Mit dem aus Bild 135 abzugreifenden Wert von k/k_0 bestimme man zunächst aus der wahren Heizfläche F des Regenerators eine Heizfläche $F_0 = k/k_0 \, F$. Im Bereich von F_0 soll die nullte Eigenfunktion nach den Gln. (574) bis (577) oder (580), (581) und (582) zur Zeit $t = 0$ benutzt werden, wobei $t = 0$ die Mitte der Warm- oder Kaltperiode bedeutet. Die Konstanten D und B in diesen Gleichungen sind so festzulegen, daß $\vartheta = \vartheta_1$ bei $f = 0$ (Beginn der Heizfläche F_0) und $\vartheta' = \vartheta'_1$ bei $f = F_0$ wird. Im Falle $CT = C'T'$ ergibt sich für Θ eine gerade Linie, wie sie in Bild 184 eingezeichnet ist. Schließlich krümmt man die Linie an ihren Enden unter Beibehaltung der Endwerte Θ_1 und Θ'_1 in der im Bild angedeuteten Weise ab.

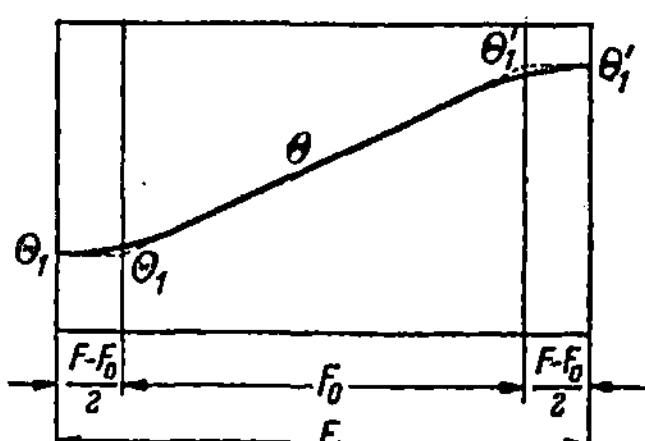

Bild 184. Angenäherter Verlauf der Temperatur der Speichermasse in der Mitte einer Warm- oder Kaltperiode bei $CT = C'T'$.

Den so erhaltenen Kurvenzug kann man nun in erster Näherung als den Verlauf der Temperatur der Speichermasse in der Mitte einer Warm- oder Kaltperiode auffassen. Von diesem Verlauf ausgehend kann man daher mit dem Stufenverfahren beginnen, indem man zunächst die zweite Hälfte einer Warm- oder Kaltperiode durchrechnet.

Berücksichtigung der Temperaturabhängigkeit der Wärmeübergangskoeffizienten und Stoffwerte

Wenn die Wärmeübergangskoeffizienten und die Stoffwerte nicht von der Temperatur abhängen, empfiehlt es sich, auch bei Anwendung der Stufenverfahren dimensionslos, d.h. mit den reduzierten unabhängigen Variablen ξ und η nach Gl. (542) und (543) zu rechnen. Die Stufenverfahren sollen aber im folgenden so allgemein dargestellt werden, daß man sie ohne Schwierigkeit auch benutzen kann, wenn die genannten Größen sich mit der Temperatur ändern. Insbesondere hängen die Wärmeübergangskoeffizienten bei hohen Temperaturen infolge der Wärmestrahlung stark von der Gastemperatur wie auch von der Temperatur der Speichermasse ab. Da sich aber in einem betrachteten Fall die Temperaturunterschiede zwischen Gas und Speichermasse von vorneherein abschätzen lassen, wird es stets gelingen, die Wärmeübergangskoeffizienten genau genug als Funktion der Temperatur der Speichermasse allein darzustellen. Außerdem wird die Temperaturabhängigkeit der Wärmeübergangskoeffizienten dadurch gemildert, daß sie in der Regel in der Form $\bar{\alpha}/C$ und $\bar{\alpha} \, df/dC_s$ auftreten, also durch Größen dividiert sind, die selbst mit der Temperatur zunehmen. Es dürfte daher stets genügen, in jeder Berechnungsstufe Mittelwerte dieser Ausdrücke zu benutzen, die dann von Stufe zu Stufe meist nur wenig zu ändern sind. Ebenso läßt sich auch eine etwaige Zeitabhängigkeit z. B. infolge einer zeitlichen Änderung des Mengenstromes berücksichtigen.

§ 83. Stufenverfahren von Lambertson

Besonders einfach ist das Verfahren von Lambertson [L 301]. Durch ein in Bild 185 angedeutetes Element der Speichermasse mit der Oberfläche Δf und der Wärmekapazität ΔC_s ströme während des Zeitintervalles Δt ein Gas mit der Wär-

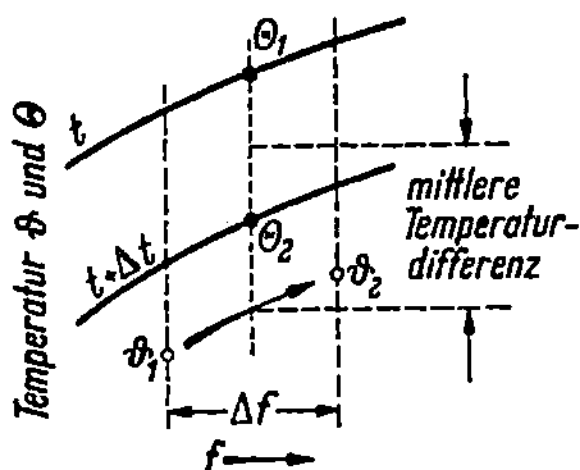

Bild 185. Zur Erläuterung des Verfahrens von Lambertson.

mekapazität $C \cdot \Delta t$. Dieses Gas trete im Mittel mit der Temperatur ϑ_1 in das Speicherelement ein und verlasse es nach Erwärmung mit der mittleren Temperatur ϑ_2; vgl. Bild 185. Die dazu benötigte Wärmemenge wird dem Speicherelement entzogen, das sich hierdurch von seiner mittleren Anfangstemperatur Θ_1 auf die mittlere Temperatur Θ_2 abkühlt. Hierbei ist zur Vereinfachung Θ_1 statt Θ_{m1}, Θ_2 statt Θ_{m2} gesetzt. Die beiden Anfangstemperaturen ϑ_1 und Θ_1 seien gegeben, die Endtemperaturen ϑ_2 und t_2 gesucht.

Das Gas nimmt bei diesem Vorgang die Wärmemenge

$$\Delta Q = C \Delta t(\vartheta_2 - \vartheta_1) \tag{698}$$

auf. Dieselbe Wärmemenge

$$\Delta Q = \Delta C_s(\Theta_1 - \Theta_2) \tag{699}$$

wird der Speichermasse entzogen. Die Übertragung der Wärme wird durch die zwischen Speichermasse und Gas bestehende mittlere Temperaturdifferenz

$$\frac{\Theta_1 + \Theta_2}{2} - \frac{\vartheta_1 + \vartheta_2}{2}$$

bewirkt. Es besteht daher für die übergehende Wärmemenge die weitere Beziehung

$$\Delta Q = \frac{\bar{\alpha}}{2} \cdot [(\Theta_1 + \Theta_2) - (\vartheta_1 + \vartheta_2)] \cdot \Delta f \Delta t. \tag{700}$$

Da alle Beträge von ΔQ nach den Gln. (698), (699) und (700) einander gleich sein müssen, erhält man zwei Gleichungen, die die beiden unbekannten Endtemperaturen ϑ_2 und Θ_2 bestimmen. Durch Auflösen dieser beiden Gleichungen ergibt sich:

$$\vartheta_2 = \vartheta_1 + \frac{\Theta_1 - \vartheta_1}{\frac{1}{2}\left(1 + \frac{C \Delta t}{\Delta C_s}\right) + \frac{C}{\bar{\alpha} \Delta f}}, \tag{701}$$

$$\Theta_2 = \Theta_1 - \frac{C \Delta t}{\Delta C_s} \cdot \frac{\Theta_1 - \vartheta_1}{\frac{1}{2}\left(1 + \frac{C \Delta t}{\Delta C_s}\right) + \frac{C}{\bar{\alpha} \Delta f}}. \tag{702}$$

Indem man die Gln. (701) und (702) von Stufe zu Stufe anwendet, kann man den gesamten Temperaturverlauf im Regenerator während einer Kaltperiode und entsprechend auch während einer Warmperiode berechnen. Es muß nur der Temperaturverlauf in der Speichermasse zu irgend einer Zeit gegeben oder nach Schätzung angenommen und auch die Temperatur des Gases bei Eintritt in den Regenerator bekannt sein. Hierbei ist es zweckmäßig, die Rechnung jeweils für festgehaltene Zeiten t und $t + \Delta t$ über die ganze Regeneratorlänge durchzuführen und erst dann um das nächste Zeitintervall weiterzuschreiten.

Daß man nach dem Verfahren von Lambertson bei einer genügend großen Zahl entsprechend klein gewählter Stufen eine hohe Genauigkeit erreichen kann, hat Sandner [S 301] gezeigt.

§ 84. Umformung der Differentialgleichungen in Differenzengleichungen und daraus abgeleitetes zeichnerisches Verfahren

Weitere Stufenverfahren, insbesondere ein zeichnerisches Verfahren und das Verfahren von Willmott (§ 85) beruhen darauf, daß man die Differentialgleichungen in Differenzengleichungen überführt und deren numerische Lösungen sucht. Zur Vereinfachung der Schreibweise werde wie schon beim Verfahren von Lambertson (§ 83) die mittlere Temperatur der Speichermasse mit Θ statt Θ_m bezeichnet. Damit erhält man die Differentialgleichungen (537) und (539) in der Form

$$\left(\frac{\partial \vartheta}{\partial f}\right)_t = \frac{\bar{\alpha}}{C}\,(\Theta - \vartheta) \tag{703}$$

und

$$\left(\frac{\partial \Theta}{\partial t}\right)_f = \frac{\bar{\alpha}\,df}{dC_s}\,(\vartheta - \Theta). \tag{704}$$

Diese Differentialgleichungen lassen sich, indem man die Differentiale durch endliche Differenzen ersetzt, in folgende Differenzengleichungen überführen:

$$\frac{\Delta \vartheta}{\Delta f} = \frac{\bar{\alpha}}{C}\,(\Theta^* - \vartheta^*) \tag{705}$$

und

$$\frac{\Delta \Theta}{\Delta t} = \frac{\bar{\alpha}\,df}{dC_s}\,(\vartheta^* - \Theta^*), \tag{706}$$

wobei Θ^* und ϑ^* die Mittelwerte von Θ und ϑ im Intervall Δf bzw. Δt bedeuten.

Die entsprechende Umformung einer Differentialgleichung, die nur die Temperatur der Speichermasse enthält, wird in § 86 erörtert.

Zeichnerisches Verfahren

H. Hausen [H 305] hat aus den Differenzengleichungen (705) und (706) zeichnerische Verfahren zur Berechnung von ϑ und Θ entwickelt. Obwohl zeichnerische Verfahren heute kaum mehr eine Rolle spielen, soll doch die zeichnerische Ermittlung von ϑ nach Gl. (705) kurz erläutert werden, weil hierdurch das Verständnis der später zu behandelnden rechnerischen Verfahren erleichtert wird.

Der Verlauf der Temperatur Θ der Speichermasse zur fraglichen Zeit t sei bekannt und abhängig von f aufgetragen, wie es in Bild 186 durch die ausgezogene Linie angedeutet ist. Die durch die gestrichelte Linie dargestellte Gastemperatur

ϑ sei hingegen nur bis zur Stelle $f = f_1$ gegeben, wo sie den Wert ϑ_1 hat. Ihr Wert ϑ_2 an der Stelle $f_2 = f_1 + \varDelta f$ sei gesucht. Um ϑ_2 zu finden, bestimmt man zunächst durch Halbieren von $\varDelta f$ den Mittelwert Θ^* der Temperatur der Speichermasse. Durch den so festgelegten Punkt zieht man eine Waagerechte bis zu dem im Abstand $C/\bar{x}$ gelegenen Punkt A und verbindet A mit ϑ_1. Der Schnittpunkt dieser Verbindungsgeraden mit der Senkrechten an der Stelle f_2 ergibt die gesuchte Temperatur ϑ_2. Daß diese Konstruktion Gl. (705) befriedigt, erkennt man aus der Ähnlichkeit der beiden umrandeten Dreiecke.

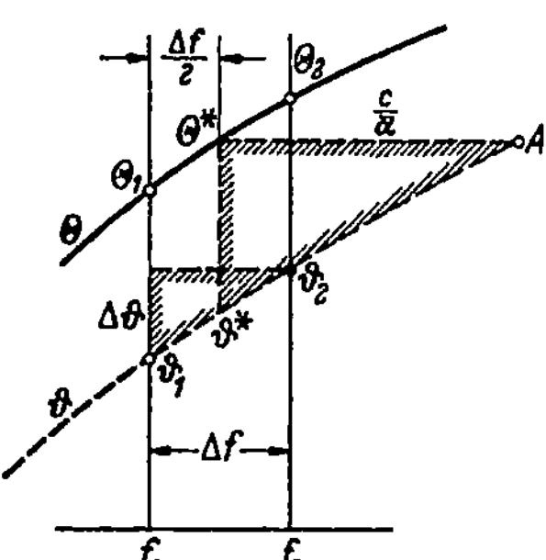

Bild 186. Zeichnerische Bestimmung der Gastemperatur ϑ bei bekanntem Verlauf der Speichermassentemperatur Θ.

Auch für die Berechnung der Temperatur der Speichermasse läßt sich ein dem Bild 186 entsprechendes Verfahren entwickeln, das Gl. (706) befriedigt. Indem man in geeigneter Weise bald dieses, bald das vorher besprochene Verfahren anwendet, kann man grundsätzlich den gesamten Temperaturverlauf der Speichermasse und des Gases bis zu beliebigen Zeiten t aufzeichnen, sofern die anfängliche Temperatur der Speichermasse und die Eintrittstemperatur des Gases gegeben sind. Bei den zeichnerischen Verfahren läßt sich indessen ein gewisses Probieren nicht vermeiden, wie es in [H 305] beschrieben ist.

§ 85. Verfahren von Willmott

Auf demselben Gedanken wie das beschriebene zeichnerische Verfahren beruht das numerische Verfahren von Willmott [W 304]. Nach ihm können die beiden jeweils unbekannten Temperaturen des Gases und der Speichermasse ohne Probieren mit Hilfe der Gln. (705) und (706) berechnet werden. In dem in Bild 187 dargestellten Verfahrensschritt seien zur Zeit t die Stein- und Gastemperaturen

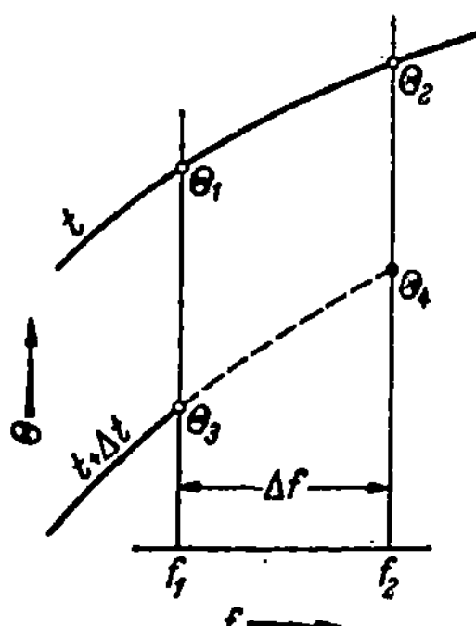

Bild 187. Zur rechnerischen Ermittlung der Temperaturen des Gases und der Speichermasse. Gastemperaturen nicht eingezeichnet.

Θ_1, ϑ_1 und Θ_2, ϑ_2, zur Zeit $t + \Delta t$ hingegen nur die Temperaturen Θ_3 und ϑ_3 an der Stelle f_1 bekannt. Die Gastemperaturen sind in Bild 187 nicht eingezeichnet. Die Temperaturen Θ_4 und ϑ_4 an der Stelle $f_2 = f_1 + \Delta f$ und zur Zeit $t + \Delta t$ seien gesucht.

Entsprechend Bild 186 kann für die Temperaturen ϑ_3 und ϑ_4 zur Zeit $t + \Delta t$ gesetzt werden

$$\Delta\vartheta = \vartheta_4 - \vartheta_3,$$

$$\Theta^* = \frac{1}{2}(\Theta_3 + \Theta_4),$$

$$\vartheta^* = \frac{1}{2}(\vartheta_3 + \vartheta_4).$$

Einsetzen in Gl. (705) liefert

$$\vartheta_4 = \vartheta_3 + \frac{\Theta_3 + \Theta_4 - 2\vartheta_3}{\dfrac{2C}{\overline{\alpha}\Delta f} + 1}. \tag{707}$$

Ähnlich erhält man aus Gl. (706), indem man für die Stelle f_2 und das Zeitinterval Δt

$$\Delta\Theta = \Theta_4 - \Theta_2,$$

$$\vartheta^* = \frac{1}{2}(\vartheta_2 + \vartheta_4),$$

$$\Theta^* = \frac{1}{2}(\Theta_2 + \Theta_4)$$

setzt,

$$\Theta_4 = \Theta_2 + \frac{\vartheta_2 + \vartheta_4 - 2\Theta_2}{\dfrac{2}{\overline{\alpha}\,\Delta t} \cdot \dfrac{dC_s}{df} + 1}. \tag{708}$$

Die beiden Gln. (707) und (708) bestimmen nach Willmott die unbekannten Temperaturen ϑ_4 und Θ_4. Eliminiert man aus ihnen ϑ_4, so ergibt sich für Θ_4 die Beziehung[1]

$$\Theta_4 = \frac{\left(\dfrac{2C}{\overline{\alpha}\,\Delta f} + 1\right)\left[\vartheta_2 + \left(\dfrac{2}{\overline{\alpha}\,\Delta t} \cdot \dfrac{dC_s}{df} - 1\right)\Theta_2\right] + \left(\dfrac{2C}{\overline{\alpha}\,\Delta f} - 1\right)\vartheta_3 + \Theta_3}{\left(\dfrac{2C}{\overline{\alpha}\,\Delta f} + 1\right)\left(\dfrac{2}{\overline{\alpha}\,\Delta t} \cdot \dfrac{dC_s}{df} + 1\right) - 1}. \tag{709}$$

Hat man nach dieser Gleichung für die fragliche Stufe die Steintemperatur Θ_4 berechnet, dann erhält man aus Gl. (707) sofort den dazu gehörenden Wert ϑ_4 der Gastemperatur. Daß man für jede Stufe diese beiden Temperaturen ermitteln muß, ist kennzeichnend für dieses Verfahren.

Weiterentwicklung des Verfahrens[1]

Eine weitere Besonderheit des Verfhrens von Willmott besteht darin, daß sich die beiden Berechnungsschritte nach den Gln. (707) und (708) auf den unteren und rechten Rand des im Bild 187 gezeichneten Intervalles beziehen. Auch die bei der Ableitung der Gleichungen benutzten Mittelwerte der Temperaturen und ihrer Ableitungen gelten für diese beiden Teile

---

[1] Noch nicht veröffentlichte Überlegungen des Verfassers.

des Randes. Hierbei wird der Einfluß der Temperaturen ϑ_1 und Θ_1 in Punkt 1 von Bid 187 nicht berücksichtigt. Es ist zu erwarten, daß man die Genauigkeit des Verfahrens dadurch erhöhen kann, daß man von allen Größen möglichst gute Mittelwerte innerhalb der gesamten Intervallflächen bildet. Mittelwerte, die alle vier Eckpunkte des Intervalles erfassen, sind

$$\Theta^* = \frac{1}{4}\,(\Theta_1 + \Theta_2 + \Theta_3 + \Theta_4),$$

$$\vartheta^* = \frac{1}{4}\,(\vartheta_1 + \vartheta_2 + \vartheta_3 + \vartheta_4),$$

ferner für die Richtung der f-Koordinate:

$$\Delta\vartheta = \frac{1}{2}\,[(\vartheta_2 + \vartheta_4) - (\vartheta_1 + \vartheta_3)]$$

und für die Richtung der t-Koordinate:

$$\Delta\Theta = \frac{1}{2}\,[(\Theta_3 + \Theta_4) - (\Theta_1 + \Theta_2)].$$

Durch Einsetzen in die Gln. (705) und (706) erhält man mit den Abkürzungen

$$\frac{\overline{\alpha}}{C}\,\Delta f = \Delta\xi \quad \text{und} \quad \frac{\overline{\alpha}\,df}{dC_s}\,\Delta t = \Delta\eta \quad \text{(vgl. Gln. (542) u. (543))}$$

$$\vartheta_4 = \frac{\Delta\xi}{2 + \Delta\xi}\,(\Theta_1 + \Theta_2 + \Theta_3 + \Theta_4) + \frac{2 - \Delta\xi}{2 + \Delta\xi}\,(\vartheta_1 + \vartheta_3) - \vartheta_2, \tag{707a}$$

$$\Theta_4 = \frac{\Delta\eta}{2 + \Delta\eta}\,(\vartheta_1 + \vartheta_2 + \vartheta_3 + \vartheta_4) + \frac{2 - \Delta\eta}{2 + \Delta\eta}\,(\Theta_1 + \Theta_2) - \Theta_3. \tag{708a}$$

Diese beiden Gleichungen können also an die Stelle der Gln. (707) und (708) treten. Aus ihnen kann man ebenso wie aus den Gln. (707) und (708) ϑ_4 und Θ_4 rein rechnerisch ermitteln. Man kann aber auch ϑ_4 aus den beiden Gleichungen eliminieren, wodurch man erhält

$$\Theta_4 = \frac{\dfrac{4}{2 + \Delta\xi}\cdot\dfrac{\Delta\eta}{2 + \Delta\eta}\,(\vartheta_1 + \vartheta_3) + \left[\dfrac{2 - \Delta\eta}{2 + \Delta\eta} + \dfrac{\Delta\xi}{2 + \Delta\xi}\cdot\dfrac{\Delta\eta}{2 + \Delta\eta}\right](\Theta_1 + \Theta_2)}{1 - \dfrac{\Delta\xi}{2 + \Delta\xi}\cdot\dfrac{\Delta\eta}{2 + \Delta\eta}} - \Theta_3. \tag{709a}$$

Zu wesentlich einfacheren Gleichungen von wahrscheinlich nur wenig verringerter Genauigkeit gelangt man auf Grund der Überlegungen, daß auch schon

$$\Theta^* = \frac{1}{2}\,(\Theta_2 + \Theta_3)$$

und

$$\vartheta^* = \frac{1}{2}\,(\vartheta_2 + \vartheta_3)$$

recht gute Mittelwerte der Temperaturen im gesamten Intervall darstellen. Setzt man diese Ausdrücke gemeinsam mit den zuletzt für $\Delta\vartheta$ und $\Delta\Theta$ erhaltenen Ausdrücken in die Differenzengleichungen (705) und (706) ein, dann ergibt sich

$$\vartheta_4 = \vartheta_1 - (1 + \Delta\xi)\,\vartheta_2 + (1 - \Delta\xi)\,\vartheta_3 + \Delta\xi\,(\Theta_2 + \Theta_3), \tag{707b}$$

$$\Theta_4 = \Theta_1 + (1 - \Delta\eta)\,\Theta_2 - (1 + \Delta\eta)\,\Theta_3 + \Delta\eta(\vartheta_2 + \vartheta_3). \tag{708b}$$

Diese Gleichungen bieten neben ihrer Einfachehit den Vorteil, daß sie sofort die Werte von ϑ_4 und Θ_4 liefern, ohne daß man nachträglich simultane Gleichungen auflösen oder eine der unbekannten Größen eliminieren muß.

Mit Hilfe des Verfahrens nach Gl. (707) und (708) haben neuerdings Willmott und Bruns [W 312] untersucht, wie sich Regeneratoren nach einer plötzlichen Änderung der Eintrittstemperatur eines der Gase verhalten.

§ 86. Alleinige Bestimmung der mittleren Temperatur der Speichermasse

Vielfach genügt es, zunächst allein den Verlauf der Temperatur der Speichermasse zu bestimmen, vor allem wenn man durch Berechnung einer größeren Zahl von aufeinander folgenden Perioden den Beharrungszustand ermitteln will. Hierzu eignet sich das nachstehend geschilderte Verfahren von Hausen [H 305], das nach eigener Erfahrung des Verfassers in sehr viel kürzerer Zeit zum Ziele führt als die an Hand von Bild 186 erörterte oder die von Willmott angegebene Methode. Denn es gestattet bei unverminderter Genauigkeit erheblich größere Schritte zu wählen, wie am Ende dieses Abschnittes begründet werden soll. Die Gastemperatur ermittelt man nachträglich nach Bild 186 oder Gl. (707) nur so weit, wie man sie im Endergebnis benötigt.

Das abzuleitende Stufenverfahren geht von der Differentialgleichung (548) aus, die nur noch die Temperatur der Speichermasse enthält. In dimensionsbehafteter Form lautet diese Gleichung, die sich auch aus den Gln. (537) und (538) gewinnen läßt,

$$\frac{\partial^2 \Theta}{\partial f\,\partial t} + \bar{\alpha}\frac{df}{dC_s}\cdot\frac{\partial\Theta}{\partial f} + \frac{\bar{\alpha}}{C}\cdot\frac{\partial\Theta}{\partial t} = 0. \tag{710}$$

$\Theta = \Theta_m$ bedeutet hierbei die über einen Querschnitt gemittelte Steintemperatur.

In der betrachteten Stufe sollen wie in Bild 187 zur Zeit t die Temperaturen Θ_1 und Θ_2, zur Zeit $t + \Delta t$ die Temperatur Θ_3 bekannt sein. Die Temperatur Θ_4 der Speichermasse an der Stelle f_2 zur Zeit $t + \Delta t$ sei gesucht. Um Θ_4 zu finden, führen wir die Differentialgleichung (710) in eine Differenzengleichung über, indem wir setzen

$$\frac{\partial\Theta}{\partial f} = \frac{1}{2}\left(\frac{\Theta_2 - \Theta_1}{\Delta f} + \frac{\Theta_4 - \Theta_3}{\Delta f}\right), \tag{711}$$

$$\frac{\partial\Theta}{\partial t} = \frac{1}{2}\left(\frac{\Theta_3 - \Theta_1}{\Delta t} + \frac{\Theta_4 - \Theta_2}{\Delta t}\right), \tag{712}$$

$$\frac{\partial^2\Theta}{\partial f\,\partial t} = \frac{1}{\Delta t}\left(\frac{\Theta_4 - \Theta_3}{\Delta f} - \frac{\Theta_2 - \Theta_1}{\Delta f}\right). \tag{713}$$

Setzt man diese Ausdrücke in Gl. (710) ein, erhält man

$$\Theta_4 = \Theta_1 + \frac{(\Theta_2 + \Theta_3 - 2\Theta_1) + \dfrac{\bar{\alpha}}{2}\left[\dfrac{\Delta f}{C} - \dfrac{df}{dC_s}\Delta t\right](\Theta_2 - \Theta_3)}{1 + \dfrac{\bar{\alpha}}{2}\left[\dfrac{\Delta f}{C} + \dfrac{df}{dC_s}\Delta t\right]}. \tag{714}$$

Diese Gleichung bestimmt die gesuchte Temperatur Θ_4. Die Schritte Δf und Δt jeder Rechenstufe können zwar grundsätzlich beliebig gewählt werden. Es empfiehlt sich aber, sowohl die Werte von Δf wie auch die von Δt weitgehend in allen Stufen gleich groß anzunehmen. Nur in der Nähe des Gaseintritts von $\xi = 0$ bis etwa

$$\xi = \frac{\bar{\alpha}}{C}f = 5$$ kann es zweckmäßig sein, nur etwa halb so große Stufen zu wählen,

weil in diesem Bereich die Temperaturkurven am stärksten gekrümmt sind.

Gl. (714) läßt sich auch dann mit guter Näherung anwenden, wenn $\bar{\alpha}/C$ und $\bar{\alpha}\,df/dC_s$ von der Temperatur und u. U. auch von der Zeit abhängen. Man wählt dann in jeder Stufe geeignete Mittelwerte, die innerhalb der Stufe als konstant zu betrachten, aber von Stufe zu Stufe zu ändern sind. Im allgemeinen eignen sich hierfür sehr gut die Werte von $\bar{\alpha}/C$ und $\bar{\alpha}\,df/dC_s$ bei der Temperatur Θ_1 (vgl. Bild 187), da Θ_1 und Θ_4 sich meist nur wenig unterscheiden. Im Zweifelsfall erhält man vermutlich noch bessere Mittelwerte, wenn man die Temperatur $1/2(\Theta_2 + \Theta_3)$ zugrunde legt.

Für den Fall, daß man bei konstanten Wärmeübergangskoeffizienten und Stoffwerten mit den dimensionslosen unabhängigen Variablen ξ und η rechnen will, kann man entsprechend den Gln. (542) und (543) mit

$$\frac{\bar{\alpha}}{C}\,\Delta f = \Delta\xi \quad \text{und} \quad \frac{\bar{\alpha}\,df}{dC_s}\,\Delta t = \Delta\eta \tag{715}$$

die Gl. (714) in die Gestalt

$$\Theta_4 = \Theta_1 + \frac{2(\Theta_2 + \Theta_3 - 2\Theta_1) + (\Delta\xi - \Delta\eta)(\Theta_2 - \Theta_3)}{2 + \Delta\xi + \Delta\eta} \tag{716}$$

bringen.

Das allgemeinere, auf Gl. (714) fußende Verfahren vereinfacht sich noch weiter, wenn man

$$\Delta t = \frac{dC_s}{C\,df}\cdot\Delta f \tag{717}$$

setzt. Damit geht Gl. (714) über in

$$\Theta_4 = \Theta_1 + \frac{\Theta_2 + \Theta_3 - 2\Theta_1}{1 + \dfrac{\bar{\alpha}}{C}\,\Delta f}. \tag{718}$$

Diese Gleichung läßt sich nicht nur rechnerisch, sondern auch durch ein *zeichnerisches Verfahren* erfüllen, wie es in § 95 an Hand von Bild 209 für den Sonderfall eines feuchten Regenerators beschrieben ist. Zur Wiedergabe der vorstehenden Gl. (718) ist hierbei lediglich $\varepsilon = 1$ und $d\varphi''/d\Theta = 0$ zu setzen und die Bedeutung von $\Delta\xi$ nach Gl. (542) zu beachten.

In dimensionsloser Darstellung ist Gl. (717) gleichbedeutend mit $\Delta\xi = \Delta\eta$. Diese Bedingung hatte der Verfasser [H 305] im Jahre 1931 eingeführt, um zu dem erwähnten zeichnerischen Verfahren entsprechend Bild 209 zu gelangen. Der Wegfall dieser Bedingung führt sofort zu Gl. (714) oder (716) [H 310]. Zu einer Beziehung, die im wesentlichen mit Gl. (716) identisch ist, gelangten auch Saunders und Smoleniec [S 302] sowie Allen [A 301].

Genauigkeit des Stufenverfahrens nach Gl. (714) und (718)

Der anfängliche Hinweis, daß das auf den Gln. (714) und (718) beruhende Stufenverfahren selbst bei verhältnismäßig großer Schrittweise die Temperatur der Speichermasse recht genau zu ermitteln gestattet, läßt sich durch folgende Überlegung bestätigen. Der Verlauf der Temperatur Θ der Speichermasse ist in dimensionslosen Koordinaten durch die Differentialgleichung (548) bestimmt. Die allgemeinste Lösung 2. Grades dieser Differentialgleichung lautet mit den willkürlich wählbaren Konstanten a, b und c

$$\Theta = c + a\xi + b\eta + \frac{a + b}{2}(\xi - \eta)^2. \tag{719}$$

Daß diese Gleichung tatsächlich die allgemeinste Lösung dieser Art darstellt, läßt sich leicht zeigen, indem man den Ansatz

$$\Theta = c + a\xi + b\eta + d\cdot\xi^2 + e\cdot\xi\eta + f\cdot\eta^2$$

in die Differentialgleichung (548) einsetzt.

Gl. (719) ermöglicht es, die Genauigkeit von Stufenverfahren zu prüfen. Denn man wird
dasjenige Verfahren für das beste erachten, das mit einer Stufe vorgegebener Größe den durch
Gl. (719) festgelegten Temperaturverlauf mit der geringsten Abweichung wiederzugeben vermag. Man gewinnt somit ein Urteil über ein bestimmtes Stufenverfahren, indem man ausge-
hend von beliebig vorgegebenen Temperaturen Θ_1, Θ_2 und Θ_3 die gesuchte Temperatur Θ_4
einmal nach dem Stufenverfahren und ein zweites Mal nach Gl. (719) berechnet. Dabei sollen
auch die Schritte $\Delta\xi$ und $\Delta\eta$ dieselben Werte haben.

Zur Vereinfachung der Rechnung werde für die betrachtete Stufe der Ursprung $\xi = 0$ und
$\eta = 0$ des Koordinatensystems in den Punkt 1 in Bild 187 mit der Temperatur Θ_1 gelegt.
Dann bestehen nach Gl. (719) für Θ_1, Θ_2 und Θ_3 folgende Zusammenhänge

$$\Theta_1 = c,$$

$$\Theta_2 = c + a\,\Delta\xi + \frac{a+b}{2}\,(\Delta\xi)^2,$$

$$\Theta_3 = c + b\,\Delta\eta + \frac{a+b}{2}\,(\Delta\eta)^2.$$

Setzt man diese Ausdrücke in Gl. (716) ein, dann ergibt sich eine durch das Stufenverfahren
festgelegte Beziehung für Θ_4. Aber auch Gl. (719) liefert für $\xi = \Delta\xi$ und $\eta = \Delta\eta$, d.h. für den
Endpunkt 4 des Intervalls eine Beziehung für Θ_4. Der Vergleich lehrt, daß beide Beziehungen
genau übereinstimmen. Die Lösung 2. Grades der Differentialgleichung wird hiernach durch
das zuletzt beschriebene Stufenverfahren exakt wiedergegeben, unabhängig von der Schritt-
weite $\Delta\xi$ und $\Delta\eta$.

Der Nachweis der Gleichheit der beiden Beziehungen ist mühsam, weil jede dieser Beziehungen reichlich verwickelt ist. Es empfiehlt sich, von beiden Ausdrücken die Differenz zu
bilden und zu zeigen, daß diese Differenz verschwindet.

Wendet man dieselben Überlegungen auf das in § 85 beschriebene Stufenverfahren von
Willmott an, dann verbleibt zwischen den entsprechenden beiden Ausdrücken für Θ_4 eine Differenz, die dem Produkt $\Delta\xi \cdot \Delta\eta$ proportional ist. Man kann daher mit diesem Verfahren nur
bei verhältnismäßig kleinen Schritten $\Delta\xi$ und $\Delta\eta$ und großer Zahl der Stufen eine hohe Genauigkeit erzielen. Am Ende von § 85 wurde bereits gezeigt, wie man durch Weiterentwicklung
des Verfahrens von Willmott die Genauigkeit erhöhen kann.

§ 87. Stufenverfahren mit genauer Berechnung der Steintemperatur

Willmott [W 307] und Schellmann [S 309] sowie später Manrique und Cardenas [M 302] haben unabhängig voneinander Verfahren entwickelt, die nicht nur
die Gastemperatur und die mittlere Steintemperatur, sondern gleichzeitig auch den
örtlichen Temperaturverlauf innerhalb eines Steinquerschnittes zu berechnen gestatten. Im Gegensatz zu den Bildern 128, 141, 143, 148 und 149 die diesen Temperaturverlauf für die nullte Eigenfunktion zeigen, gelten die Stufenverfahren von
Willmott und Schellmann unbeschränkt bis zu den Enden des Regenerators, wo
auch die höheren Eigenfunktionen einen erheblichen Einfluß haben. Auch der zeitliche Verlauf der Gastemperatur wird hierdurch zu allen Zeiten einer Periode richtig erhalten.

Die Wärmeübergangskoeffizienten α und α' und die Stoffwerte sollen als temperaturunabhängig und auch die Mengenströme als konstant betrachtet werden,
so daß man abgesehen von den Temperaturen selbst mit dimensionslosen Größen
rechnen kann. Als dimensionslose Größen sollen zunächst wieder entsprechend
Gl. (542) die reduzierte Längskoordinate ξ in Strömungsrichtung und die reduzierte
Zeit η benutzt werden, jedoch statt mit $\bar{\alpha}$ mit dem wahren Wärmeübergangskoeffizienten α. Die Speichermasse sei aus parallelen ebenen Platten von der
Dicke δ aufgebaut. In einem Querschnitt senkrecht zur Strömungsrichtung sei z

der Abstand eines Punktes innerhalb des Steines von dessen Oberfläche. Hierfür werde der dimensionslose Abstand ζ nach der Beziehung

$$\zeta = \sqrt{\frac{\alpha}{a} \cdot \frac{df}{dC_s}} \cdot z = \sqrt{\frac{2\alpha}{\lambda_s \delta}}\, z \tag{720}$$

eingeführt, wobei a die Temperaturleitfähigkeit und λ_s die Wärmeleitfähigkeit des Baustoffs der Speichermasse bedeutet. Mit diesen dimensionslosen Größen erhält man die Differentialgleichungen und die Randbedingungen in folgender Form.

Die Differentialgleichung für die Wärmeleitung im Stein

$$\frac{\partial \Theta}{\partial t} = a\,\frac{\partial^2 \Theta}{\partial z^2} \tag{721}$$

geht über in

$$\frac{\partial \Theta}{\partial \eta} = \frac{\partial^2 \Theta}{\partial \zeta^2}. \tag{722}$$

In der Mitte des Steins $z = \delta/2$ gilt aus Symmetriegründen

$$\frac{\partial \Theta}{\partial \zeta} = 0 \quad \text{bei} \quad \zeta = \sqrt{\frac{\alpha\,\delta}{2\lambda_s}} \;\left(z = \frac{\delta}{2}\right). \tag{723}$$

An der Steinoberfläche $\zeta = 0$ mit der Temperatur Θ_0 soll die Randbedingung

$$\frac{\partial \Theta}{\partial z} = \frac{\alpha}{\lambda_s}\,(\Theta_0 - \vartheta) \quad \text{bei} \quad z = 0 \tag{724}$$

erfüllt werden, die dimensionslos lautet

$$\frac{\partial \Theta}{\partial \zeta} = \sqrt{\frac{\alpha\,\delta}{2\lambda_s}}\,(\Theta_0 - \vartheta) \quad \text{bei} \quad \zeta = 0. \tag{725}$$

Die Gastemperatur ϑ ändert sich in Strömungsrichtung nach der Beziehung

$$\frac{\partial \vartheta}{\partial \xi} = \Theta_0 - \vartheta. \tag{726}$$

Zur Vereinfachung werde angenommen, daß die Gase in der Warm- und Kaltperiode mit folgenden Temperaturen in den Regenerator eintreten:

$$\vartheta(\xi = 0, \eta) = +1 \quad \text{für} \quad 0 \leqq \eta \leqq \Pi, \tag{727}$$

$$\vartheta'(\xi' = 0, \eta') = -1 \quad \text{für} \quad 0 \leqq \eta' \leqq \Pi'. \tag{728}$$

Es sollen sich also die gestrichenen Werte stets auf die Kaltperiode beziehen.

Die Größe der zu wählenden Schritte seien mit $\Delta\zeta$, $\Delta\xi$ und $\Delta\eta$ bezeichnet, so daß ein bestimmter Punkt im dreidimensionalen Raum des örtlichen und zeitlichen Geschehens durch $\zeta = i\,\Delta\zeta$, $\xi = j\,\Delta\xi$ und $\eta = k\,\Delta\eta$ bestimmt ist. Dieser Punkt soll im folgenden vereinfacht mit i, j, k bezeichnet werden. Zur Zeit $\eta = k \cdot \Delta\eta$ seien alle Temperaturen der Speichermasse und des Gases bekannt, zur Zeit $\eta + \Delta\eta = (k + 1)\,\Delta\eta$ nur bis zum Regeneratorquerschnitt $\xi = j \cdot \Delta\xi$. Durch die Rechnung sollen alle Temperaturen im Querschnitt $j + 1$ zur Zeit $k + 1$ ermittelt werden. Da sich also, von einer besonders gekennzeichneten Ausnahme abgesehen, alle Temperaturen auf den Querschnitt $j + 1$ beziehen sollen, wird der Index $j + 1$ weggelassen.

Um zunächst die Differentialgleichung (722) der Wärmeleitung in eine Differenzengleichung überzuführen, setzen wir

$$\left(\frac{\partial \Theta}{\partial \eta}\right)_{i,k+1/2} = \frac{\Delta \Theta}{\Delta \eta} = \frac{1}{\Delta \eta}(\Theta_{i,k+1} - \Theta_{i,k}), \tag{729}$$

$$\left(\frac{\partial \Theta}{\partial \zeta}\right)_{i+1/2,k} = \frac{1}{\Delta \zeta}(\Theta_{i+1,k} - \Theta_{i,k}),$$

$$\left(\frac{\partial \Theta}{\partial \zeta}\right)_{i-1/2,k} = \frac{1}{\Delta \zeta}(\Theta_{i,k} - \Theta_{i-1,k})$$

und hiermit

$$\left(\frac{\partial^2 \Theta}{\partial \zeta^2}\right)_{i,k} = \frac{1}{\Delta \zeta^2}(\Theta_{i+1,k} + \Theta_{i-1,k} - 2\Theta_{i,k}).$$

Einen entsprechenden Ausdruck erhält man für $k+1$. Bildet man aus beiden das Mittel, dann ergibt sich

$$\left(\frac{\partial^2 \Theta}{\partial \zeta^2}\right)_{i,k+1/2} = \frac{1}{2\Delta \zeta^2}[\Theta_{i+1,k+1} + \Theta_{i-1,k+1} - 2\Theta_{i,k+1} + \Theta_{i+1,k} + \Theta_{i-1,k} - 2\Theta_{i,k}]. \tag{730}$$

Dies ist nach der Differentialgleichung (722) dem Ausdruck (729) für $\left(\dfrac{\partial \Theta}{\partial \eta}\right)_{i,k+1/2}$ gleichzusetzen. Hierdurch ergibt sich mit $p = \dfrac{\Delta \eta}{\Delta \zeta^2}$

$$\begin{aligned} &p \cdot \Theta_{i+1,k+1} - (2p+2)\,\Theta_{i,k+1} + p \cdot \Theta_{i-1,k+1} \\ &+ p \cdot \Theta_{i+1,k} - (2p-2)\,\Theta_{i,k} + p \cdot \Theta_{i-1,k} = 0. \end{aligned} \tag{731}$$

Diese Gleichung haben Willmott und Schellmann unabhängig voneinander abgeleitet und darauf hingewiesen, daß sie schon 1947 von Crank und Nicolson [C 305] angegeben worden ist. Willmott hat ferner eine Feststellung von Mitchell und Pearce [M 303] erwähnt, wonach sich durch eine verhältnismäßig kleine Änderung der zuletzt genannten Gleichung mindestens in einem speziellen Fall eine extrem hohe Genauigkeit erreichen läßt. Doch geht aus demselben Zahlenbeispiel hervor, daß auch die Genauigkeit des Verfahrens von Crank und Nicolson sehr hoch ist und sicher in allen praktischen Fällen ausreicht.

Indem man auch die weiteren in Differentialform angegebenen Gln. (725) und (726) durch die entsprechenden Differenzengleichungen ersetzt, gelangt man zu den nachstehenden Beziehungen.

Mit m Stufen $\Delta \zeta$ werde von der Oberfläche des Steines aus gerade die Steinmitte $z = \delta/2$ erreicht. Gl. (723) läßt sich daher wiedergeben durch

$$\Theta_{m+1,k+1} = \Theta_{m-1,k+1} \tag{732}$$

Gl. (725) geht über in

$$\frac{\Theta_{1,k+1} - \Theta_{-1,k+1}}{2\Delta \zeta} = \sqrt{\frac{\alpha}{\lambda_s} \cdot \frac{\delta}{2}} \cdot (\Theta_{0,k+1} - \vartheta_{k+1}) \tag{733}$$

und Gl. (726), bei der, wie hervorzuheben, auch die Stelle $\xi = j \cdot \Delta \xi$ betrachtet wird, in

$$\frac{\vartheta_{j+1,k+1} - \vartheta_{j,k+1}}{\Delta \xi} = \frac{1}{2}[(\Theta_0)_{j+1,k+1} + (\Theta_0)_{j,k+1} - \vartheta_{j+1,k+1} - \vartheta_{j,k+1})]. \tag{734}$$

Die angegebenen linearen Gln. (731) bis (734) bestimmen an der Stelle $\xi = (j + 1) \Delta\xi$ zur Zeit $\eta = (k + 1) \Delta\eta$ die $m + 3$ unbekannten Temperaturen des Steines von $\Theta_{-1,k+1}$ bis $\Theta_{m+1,k+1}$ und die unbekannte Gastemperatur $\vartheta_{j+1,k+1}$, im ganzen also $m + 4$ Unbekannte. Die Zahl der Gleichungen ist ebenso groß. Denn die Gleichungen (731) lassen sich für alle Werte von $i = 0$ bis $i = m$ anschreiben, wodurch man $m + 1$ Gleichungen erhält. Dazu kommen die 3 weiteren Gln. (732), (733) und (734).

Diese simultanen linearen Gleichungen lassen sich nach bekannten Verfahren auflösen. Doch hat Willmott gezeigt, wie man sie vorher zweckmäßig noch etwas umgestalten kann.

Will man die hiermit erhaltenen Ergebnisse mit denen vergleichen, die man einfacher durch die Berechnung mit $\bar{\alpha}$ und $\bar{\alpha}'$ gewinnt, dann muß man beachten, daß man nach dem soeben beschriebenen Verfahren mit $f = F$ und $t = T$ die Ausdrücke $\dfrac{\alpha}{C} F$ und $\dfrac{2\alpha}{\varrho c \delta} \cdot T$ erhält und diese nicht gleich $\Lambda = \dfrac{\bar{\alpha}}{C} F$ und $\Pi = \dfrac{2\bar{\alpha}}{\varrho c \delta} T$ wie in Gln. (546) und (547) sind. Um die reduzierte Länge Λ und die reduzierte Periodendauer Π zu bekommen, muß man vielmehr noch die zuerst erhaltenen Ausdrücke mit $\bar{\alpha}/\alpha$ multiplizieren.

Vergleichsrechnungen, wie sie vor allem Schellmann durchgeführt hat, zeigen, daß die einfachere Methode nach § 86 den Verlauf der mittleren Steintemperatur abhängig von ξ und η recht genau liefert. Wie auf Grund solcher Ergebnisse auch der zeitliche Verlauf der Gastemperatur mit sehr guter Näherung bestimmt werden kann, wurde schon in § 64 gezeigt.

§ 88. Regeneratoren mit veränderlichem Mengenstrom

Beim üblichen Betrieb der Regeneratoren tritt innerhalb jeder Periode das Gas mit zeitlich veränderlicher Temperatur aus dem Regenerator aus. Für manche Zwecke, z.B. für Hochöfen, ist aber eine weitgehend konstante Tenperatur der im Regenerator erhitzten Luft oder eines anderen Gases erwünscht.

Vielfach erniedrigt man in neuzeitlichen Anlagen die Temperaturschwankung der in den Hochofen eintretenden erhitzten Luft etwa auf die Hälfte durch das sog. „gestaffelte Blasen" mit zwei Paaren von Winderhitzern. Hierbei werden die beiden Regeneratorpaare um eine halbe Windperiode gegeneinander versetzt umgeschaltet und die aus ihnen austretende Luft gemischt dem Hochofen zugeführt.

Nach einem anderen heute üblichen Verfahren sucht man die Forderung nach einer konstanten Temperatur dadurch zu erfüllen, daß man der aus einem Winderhitzer austretenden heißen Luft kalte Luft in veränderlicher Menge zumischt. Indem man in jedem Augenblick die Mengen der durch den Winderhitzer strömenden Luft und der beizumischenden Luft in geeigneter Weise regelt, läßt sich erreichen, daß in den Hochofen jederzeit „Wind" konstanter Menge und konstanter Temperatur eintritt. Wie die Vorgänge in einem Regenerator bei einem derart veränderlichen Mengenstrom berechnet werden können, soll nachstehend gezeigt werden.

Die Ermittlung der erforderlichen zeitlichen Mengenänderungen soll erst im folgenden Abschnitt erörtert werden. Zunächst werde vorausgesetzt, daß die zeitliche Änderung der durch den Regenerator strömenden Luftmenge bekannt sei. Bei dem bereits erörterten Stufenverfahren nach § 86, das den auf die mittlere Steintemperatur bezogenen Wärmeübergangskoeffizienten $\bar{\alpha}$ benutzt, kann man die Änderung des Mengenstromes dadurch berücksichtigen, daß man in jeder Stufe mit einem Mittelwert des Mengenstromes rechnet, den man von Zeitintervall zu Zeitintervall ändert. Man muß daher jeweils entsprechend der Strömungsgeschwindigkeit geänderte Werte von $\bar{\alpha}$ und C in Gl. (714) einsetzen.

Dieselbe Maßnahme ist grundsätzlich auch bei dem in § 85 geschilderten Verfahren von Willmott möglich, das hierfür entsprechend erweitert werden müßte. Willmott [W 305, 306] hat jedoch zu diesem Zweck ein besonderes Verfahren entwickelt, das indessen von den Grundlagen seines in § 85 erörterten Verfahrens ausgeht. Er rechnet nicht mit Mittelwerten von $\bar{\alpha}$ und C, sondern mit genauen Werten dieser Größen in den in Bild 187 dargestellten Punkten 2, 3 und 4, so, wie sie durch die dort herrschenden Strömungsgeschwindigkeiten und Stoffwerte bestimmt sind. Kennzeichnet man die diesen Punkten zugeordneten Ausdrücke mit den Indizes 2, 3 und 4, dann kann man die Gleichungen (537) und (539) in folgende Differenzengleichungen überführen:

$$\vartheta_4 = \vartheta_3 + \frac{\Delta f}{2}\left[\left(\frac{\bar{\alpha}}{C}\right)_3 (\Theta_3 - \vartheta_3) + \left(\frac{\bar{\alpha}}{C}\right)_4 (\Theta_4 - \vartheta_4)\right], \tag{735}$$

$$\Theta_4 = \Theta_2 + \frac{\Delta t}{2}\left[\left(\frac{\bar{\alpha}\,df}{dC_s}\right)_2 (\vartheta_2 - \Theta_2) + \left(\frac{\bar{\alpha}\,df}{dC_s}\right)_4 (\vartheta_4 - \Theta_4)\right]. \tag{736}$$

Mit den Abkürzungen

$$\left.\begin{array}{ll} \dfrac{\Delta f}{2}\cdot\left(\dfrac{\bar{\alpha}}{C}\right)_3 = A_3; & \dfrac{\Delta f}{2}\cdot\left(\dfrac{\bar{\alpha}}{C}\right)_4 = A_4, \\[3mm] \dfrac{\Delta t}{2}\cdot\left(\dfrac{\bar{\alpha}\,df}{dC_s}\right)_2 = B_2; & \dfrac{\Delta t}{2}\cdot\left(\dfrac{\bar{\alpha}\,df}{dC_s}\right)_4 = B_4 \end{array}\right\} \tag{737}$$

gehen die Gln. (735) und (736) über in

$$\vartheta_4 = \vartheta_3 + A_3(\Theta_3 - \vartheta_3) + A_4(\Theta_4 - \vartheta_4), \tag{738}$$

$$\Theta_4 = \Theta_2 + B_2(\vartheta_2 - \Theta_2) + B_4(\vartheta_4 - \Theta_4). \tag{739}$$

Durch Auflösen von Gl. (738) nach ϑ_4 und von Gl. (739) nach Θ_4 ergibt sich

$$\vartheta_4 = \frac{(1 - A_3)\,\vartheta_3 + A_3\Theta_3 + A_4\Theta_4}{1 + A_4}, \tag{740}$$

$$\Theta_4 = \frac{(1 - B_2)\,\Theta_2 + B_2\vartheta_2 + B_4\vartheta_4}{1 + B_4}. \tag{741}$$

Durch Einsetzen von (740) in (741) erhält man schließlich

$$\Theta_4 = \frac{(1 + A_4)\,[(1 - B_2)\,\Theta_2 + B_2\vartheta_2] + B_4[(1 - A_3)\,\vartheta_3 + A_3\Theta_3]}{1 + A_4 + B_4}. \tag{742}$$

Die Größen A_3 und B_2 lassen sich nach den Gln. (737) von vornherein berechnen. Zur Bestimmung von A_4 und B_4 muß man hingegen zunächst Θ_4 und ϑ_4 schätzen, z.B. indem man diese Temperaturen gleich Θ_1 und ϑ_1 oder besser gleich $1/2(\Theta_2 + \Theta_3)$ und $1/2(\vartheta_2 + \vartheta_3)$ setzt. Auch könnte man die Näherung $A_4 = 1/2(A_2 + A_3)$ und $B_4 = 1/2(B_2 + B_3)$ benutzen. Hiermit ist dann für die betrachtete Stufe Θ_4 durch Gl. (742) und ϑ_4 durch Gl. (740) festgelegt, falls nicht die durch Schätzung erhaltenen Werte von A_4 und B_4 noch korrigiert werden müssen.

An Stelle einer Schätzung hat Willmott [W 306], der die Gleichungen in verwickelterer Form abgeleitet hat, folgenden Weg vorgeschlagen. Nach einem einfacheren Stufenverfahren werden zunächst für einen konstanten Mengenstrom, der möglichst dem Mittelwert des in Wirklichkeit veränderlichen Mengenstroms entspricht, eine Reihe von Perioden durchgerechnet, bis für diesen Fall der streng periodische Beharrungszustand genügend genau erreicht ist. Der so ermittelte Temperaturverlauf kann als Ausgangspunkt der Berechnung für den veränderlichen Mengenstrom nach den Gln. (742) und (740) dienen. Denn durch diesen Temperaturverlauf sind Werte von A_3, A_4, B_2 und B_4 für jede Stufe festgelegt, die für die Berechnung der ersten der nun folgenden Perioden benutzt werden können. Für jede weitere Periode ergibt sich ein geänderter Temperaturverlauf mit neuen Werten von A_2 bis B_4, die der jeweils nächsten Periode zugrunde zu legen sind. Nach derartiger rechnerischer Verfolgung einer genügenden Zahl von Perioden erhält man schließlich den gesuchten Beharrungszustand bei dem vorgegebenen veränderlichen Mengenstrom.

Ermittlung der zeitlichen Abhängigkeit des veränderlichen Mengenstromes

Bei fast allen praktischen Anwendungen des soeben beschriebenen Verfahrens besteht eine weitere Schwierigkeit darin, daß nicht von vornherein bekannt ist, wie sich der Mengenstrom mit der Zeit ändert. Es wird vielmehr gefordert, daß der mit einer veränderlichen Temperatur ϑ_2 aus dem Regenerator austretenden Luft in jedem Augenblick gerade eine solche Menge kalter Luft zugemischt wird, daß ein konstanter Mengenstrom $\dot{m}^*$ von konstanter Temperatur ϑ^* entsteht. In der Regel werden die im Regenerator zu erwärmende Luft der Menge $\dot{m}$ und die danach beizumischende Luft der Menge $\dot{m}^* - \dot{m}$ aus demselben Luftstrom stammen und daher zu Beginn die gleiche Temperatur ϑ_1 haben. Deshalb läßt sich die genannte Forderung bei temperaturunabhängiger Wärmekapazität der Luft durch die Gleichung

$$\dot{m}(\vartheta_2 - \vartheta_1) = \dot{m}^*(\vartheta^* - \vartheta_1) \tag{743}$$

ausdrücken. Der Regenerator ist hiernach so zu berechnen, daß diese Gleichung jederzeit erfüllt wird. Außerdem soll zur Sicherheit am Ende der Periode ϑ_2 noch etwas höher bleiben als ϑ^*. Zur Festlegung des Endwertes von ϑ_2 kann man z.B. vorschreiben, daß am Ende der Periode noch 5% des Gesamtstromes $\dot{m}^*$ kalt zugemischt werden sollen, so daß $(\dot{m})_{\text{Ende}} = 0{,}95\dot{m}^*$ und damit $0{,}95(\vartheta_2 - \vartheta_1) = \vartheta^* - \vartheta_1$ wird.

Zur Ermittlung der zeitlichen Änderung des Mengenstromes kann man nach Willmott [W 306] wie folgt verfahren. Nach Durchrechnung mehrerer Perioden nach einem einfacheren Verfahren für konstanten Mengenstrom beginnt man die genauere Berechnung mit einer Annahme über den zeitlichen Verlauf des Mengenstromes, z.B. der Annahme, daß während der Kaltperiode $\dot{m}$ zeitlich linear von $0{,}75\dot{m}^*$ bis $0{,}95\,\dot{m}^*$ zunimmt. Die Durchrechnung einer Periode liefert dann eine bestimmte zeitliche Änderung der Austrittstemperatur ϑ_2. Nach Gl. (743) ist aber hiermit sofort auch ein etwas anderer zeitlicher Verlauf des Mengenstromes $\dot{m}$ festgelegt. Mit diesem Verlauf rechnet man eine neue Periode durch. In dieser

Weise von Periode zu Periode fortfahrend, erhält man nach jeder Periode einen genaueren Verlauf nicht nur der Temperatur, sondern auch des Mengenstromes. Die Rechnung ist beendet, sobald die Unterschiede im Temperaturverlauf am Ende von zwei aufeinander folgenden Perioden vernachlässigbar klein geworden sind.

§ 89. Einfachere Ermittlung der Zeitabhängigkeit eines veränderlichen Mengenstroms

Durch das in § 88 beschriebene Verfahren läßt sich der zeitliche Verlauf des veränderlichen Mengenstroms im Beharrungszustand des Regenerators mit hoher Genauigkeit ermitteln. Hausen [H 311] hat jedoch gezeigt, daß man die zeitliche Änderung des Mengenstromes und auch der Austrittstemperatur ϑ_2 wesentlich einfacher und rascher und doch recht genau bestimmen kann, indem man die bei konstantem Mengenstrom erhaltene Änderung der Austrittstemperatur in geeigneter Weise umrechnet. Eine an die folgende Erörterung anschließende Fehlerrechnung wird dies bestätigen. Sollte aber einmal die Genauigkeit nicht ausreichen, dann stellt das Ergebnis der Umrechnung zum mindesten einen guten Ausgangspunkt für eine genauere Berechnung nach einem der in § 88 beschriebenen Verfahren dar.

Die zu beschreibende Art der Umrechnung geht von einer näherungsweise geltenden Beziehung zwischen den zeitlichen Änderungen des Mengenstroms und den Änderungen des Wärmeübergangskoeffizienten aus. Es sei wieder $\bar{\alpha}$ der auf die mittlere Steintemperatur Θ bezogene Wärmeübergangskoeffizient und $\dot{m} = dm/dt$ der augenblickliche Mengenstrom im Regenerator. Ferner sei zu einer bestimmten Zeit $(\Theta - \vartheta)_M$ der Mittelwert von $\Theta - \vartheta$ über die gesamte Länge des Regenerators. Dann wird in einer sehr kurzen Zeit im Regenerator die Wärmemenge

$$dQ = \bar{\alpha}F(\Theta - \vartheta)_M \, dt = \dot{m}c_p(\vartheta_2 - \vartheta_1) \, dt \tag{744}$$

übertragen. Aus dieser Gleichung erkennt man, daß das Verhältnis der übergehenden Wärmemenge dQ zur strömenden Menge $\dot{m} \cdot dt$ bei gegebenen Temperaturen durch das Verhältnis $\bar{\alpha}/\dot{m}$ bestimmt ist.

Wie stark $\dot{m}$ selbst sich ändern kann, geht aus einem Bericht von Kessels [K 302] über Messungen an einer größeren Zahl von Winderhitzern und aus Rechnungsbeispielen von Willmott [W 305, 306] hervor. Hiernach betragen die am Anfang und am Ende der Windperiode zu erwartenden Abweichungen des Luftstromes von seinem Mittelwert M höchstens etwa $\pm 25\%$, meist liegen sie unter 10%. Der Wärmeübergangskoeffizient ist etwa der 0,7ten bis 0,8ten Potenz der Strömungsgeschwindigkeit und damit auch des Mengenstromes proportional. Rechnet man mit dem Exponenten 0,75, dann ändert sich $\bar{\alpha}/\dot{m}$ im Verhältnis $(\dot{m})^{-0,25}$. Durch eine Abweichung des Mengenstroms um 25% von seinem Mittelwert ändert sich hiernach $\bar{\alpha}/\dot{m}$ um 6 bis 7%. Eine Abweichung des Mengenstromes um 10% bewirkt eine Änderung in $\bar{\alpha}/\dot{m}$ um $2,5\%$.

Man begeht hiernach keinen großen Fehler, wenn man $\bar{\alpha}/\dot{m}$ als konstant betrachtet. Dabei ist zu berücksichtigen, daß die Abweichungen während des größten Teils der Zeit kleiner sind als am Anfang und Ende der Periode und überdies in der zweiten Hälfte der Periode das entgegengesetzte Vorzeichen haben wie in der ersten Hälfte. Außerdem gelten diese Betrachtungen streng genommen für den wahren Wärmeübergangskoeffizienten α, während $\bar{\alpha}$ noch etwas weniger von $\dot{m}$ abhängt.

Die Annahme $\bar{\alpha}/\dot{m} = \text{const}$ führt zu folgender Überlegung. Ist der Mengenstrom geringer als dem zeitlichen Mittel in der Periode entspricht, dann ist bei $\bar{\alpha}/\dot{m} = \text{const}$ auch der Wärmeübergangskoeffizient im gleichen Verhältnis kleiner. Das Verhältnis der übergehenden Wärmemenge zum Mengenstrom bleibt daher ungeändert. Aber der Vorgang braucht mehr Zeit, weil Strömung und Wärmeübertragung verlangsamt sind. Trotzdem entspricht einer gegebenen Teilmenge, die durch den Regenerator strömt, derselbe Betrag an übergehender Wärme und damit auch dieselbe Änderung von ϑ_2. ϑ_2 wird damit eine eindeutige Funktion der Menge m, die vom Beginn der Periode bis zum betrachteten Zeitpunkt durch den Regenerator strömt. Diese Funktion ist unabhängig davon, ob der Mengenstrom sich zeitlich ändert oder nicht. Ist sie für konstanten Mengenstrom bekannt, dann kann man sie unverändert auch auf den Fall zeitlich veränderlichen Mengenstromes übertragen.

Übergang vom konstanten zum zeitlich veränderlichen Mengenstrom

Für den Beharrungszustand bei einem *konstanten* Mengenstrom, der gleich dem zeitlichen Mittelwert $\dot{M}$ des veränderlichen Mengenstromes sei, soll die zeitliche Änderung von ϑ_2 bereits bekannt sein. Die dadurch festgelegte Abhängigkeit von der Zeit t werde durch eine Gleichung der Form

$$\vartheta_2 - \vartheta_1 = f(t) \tag{745}$$

wiedergegeben. Rechnet man t ebenso wie die strömende Menge m vom Beginn der Periode an, dann kann man bei konstantem Mengenstrom in jedem Zeitpunkt setzen

$$t = m/\dot{M}, \tag{746}$$

da ja in diesem Falle $\dot{M}$ gleich der in der Zeiteinheit strömenden Menge ist. Damit ergibt sich nach Gl. (745)

$$\vartheta_2 - \vartheta_1 = f(m/\dot{M}). \tag{747}$$

Nach den obigen Überlegungen gilt diese Gleichung auch bei zeitlich veränderlichem Mengenstrom, obwohl dann die Gln. (745) und (746) nicht mehr erfüllt sind.

Wie oben erörtert, soll der veränderliche Mengenstrom $\dot{m}$ nach Verlassen des Regenerators mit einem Strom kalter Luft von der Temperatur ϑ_1 derart gemischt werden, daß ein konstanter Mengenstrom $\dot{m}^*$ von einer vorgegebenen konstanten Temperatur ϑ^* entsteht. Hierfür wurde schon früher die Bedingung aufgestellt:

$$\dot{m}(\vartheta_2 - \vartheta_1) = \dot{m}^*(\vartheta^* - \vartheta_1). \tag{748}$$

Durch Einsetzen von Gl. (747) in (748) folgt

$$\dot{m} \cdot f(m/\dot{M}) = \dot{m}^*(\vartheta^* - \vartheta_1)$$

und wegen $\dot{m} = dm/dt$ durch Integration von 0 bis m bzw. 0 bis t

$$\int_0^m f\left(\frac{m}{\dot{M}}\right) dm = \dot{m}^*(\vartheta^* - \vartheta_1) \cdot t$$

oder

$$t = \frac{\dot{M}}{\dot{m}^*(\vartheta^* - \vartheta_1)} \int_0^m f\left(\frac{m}{\dot{M}}\right) d\left(\frac{m}{\dot{M}}\right). \tag{749}$$

Nach diesen Gleichungen kann man $\vartheta_2 - \vartheta_1$ und $\dot{m}$ abhängig von t berechnen, indem man Werte von $m/\dot{M}$ annimmt, und damit $(\vartheta_2 - \vartheta_1)$ aus Gl. (747), $\dot{m}$ aus Gl. (748) und t aus Gl. (749) berechnet. Durch eine solche Rechnung dürfte, wie die nachfolgende Fehlerabschätzung lehrt, die gesuchte zeitliche Änderung $\dot{m}$ des Mengenstromes für praktische Fälle genau genug festgelegt sein.

Hängt die Wärmekapazität des Gases von der Temperatur ab, dann läßt sich die Rechnung grundsätzlich in der gleichen Weise durchführen, indem man statt der Temperaturen ϑ_1, ϑ_2 und ϑ^* die entsprechenden Werte der Enthalpie einsetzt.

Abschätzung des bei der Umrechnung begangenen Fehlers

Es werde ein beliebiger Zeitpunkt betrachtet, für den nach der beschriebenen Umrechnung $\dot{m}$, ϑ_2 und wegen der Annahme $\bar{\alpha}/\dot{m} = $ const auch $\bar{\alpha}$ bekannt sei. Durch die vorangehende Berechnung bei konstantem Mengenstrom und die Umrechnung seien auch die entsprechenden Temperaturen Θ_1 und Θ_2 der Speichermasse in diesem Zeitpunkt festgelegt. Dann lassen sich die Fehler in der Bestimmung von $\dot{m}$ und ϑ_2 wie folgt abschätzen.

Setzt man in Gl. (744) zur Vereinfachung die mittlere Temperaturdifferenz $(\Theta - \vartheta)_M$ gleich dem arithmetischen Mittel der Temperaturdifferenzen an den beiden Enden des Regenerators, so geht diese Gleichung über in

$$\bar{\alpha}F[(\Theta_2 - \vartheta_2) + (\Theta_1 - \vartheta_1)] = 2\dot{m}c_p(\vartheta_2 - \vartheta_1). \tag{750}$$

Nachdem $\dot{m}$ durch die Umrechnung bekannt ist, kann man nach einer Wärmeübergangsgleichung entsprechend der geänderten Strömungsgeschwindigkeit einen genaueren Wert von $\bar{\alpha}$ berechnen, der mit $\bar{\alpha} + \Delta\bar{\alpha}$ bezeichnet werde. Hiermit ergibt sich eine geänderte Austrittstemperatur $\vartheta_2 + \Delta\vartheta_2$. Um sie angenähert zu bestimmen, setze man $\bar{\alpha} + \Delta\bar{\alpha}$ an Stelle von $\bar{\alpha}$ und $\vartheta_2 + \Delta\vartheta_2$ an Stelle von ϑ_2 in Gl. (750) ein. Eliminiert man schließlich aus der neuen Gleichung und der ursprünglichen Gl. (750) den Ausdruck $F/2\dot{m}c_p$, dann ergibt sich

$$\Delta\vartheta_2 = \frac{\dfrac{\Delta\bar{\alpha}}{\bar{\alpha}}(\Theta_2 + \Theta_1 - \vartheta_2 - \vartheta_1)}{\dfrac{\Delta\bar{\alpha}}{\bar{\alpha}} + \dfrac{\Theta_2 + \Theta_1 - 2\vartheta_1}{\vartheta_2 - \vartheta_1}}. \tag{751}$$

Nach dieser Gleichung kann man $\Delta\vartheta_2$ für verschiedene Zeitpunkte berechnen. Hierdurch gewinnt man ein Urteil über die Größe der mit der Umrechnung begangenen Fehler. Auch kann man gegebenenfalls ϑ_2 korrigieren, indem man $\Delta\vartheta_2$ hinzuaddiert. Mit diesen korrigierten Werten liefert dann Gl. (748) auch verbesserte Werte von $\dot{m}$.

Setzt man als Beispiel für die Anwendung von Gl. (751) am Anfang der Windperiode $\Theta_2 = 980°$, $\vartheta_2 = 900°$, $\Theta_1 = 110°$ und $\vartheta_1 = 50°C$ und nimmt man den oben erörterten ungünstigsten Fall an, daß $\Delta\bar{\alpha}$ 7% von $\bar{\alpha}$ beträgt, dann errechnet sich nach Gl. (751) $\Delta\vartheta_2 = 7{,}9°$. Hingegen erniedrigt sich nach Gl. (748) der Wert von $\dot{m}$ nur um 1%. Im Mittel sind die Fehler aus den erwähnten Gründen erheblich kleiner. Man erkennt hieraus, daß durch die beschriebene einfache Umrechnung der zeitliche Verlauf von $\dot{m}$ in allen praktischen Fällen recht genau erhalten wird.

Die Tatsache, daß in Gl. (750) das arithmetische Mittel statt des logarithmischen Mittels benutzt worden ist, dürfte Gl. (751) kaum verfälschen. Denn bei der zweiten Anwendung von Gl. (750) ist nahezu derselbe Fehler begangen worden, so daß sich der Fehler schließlich durch Subtraktion praktisch aufhebt. Mit ϑ_2 ändern sich auch Θ_1 und Θ_2 in geringem Maße, doch dürften diese Änderungen nach Gl. (751) den Wert von $\Delta\vartheta_2$ kaum beeinflussen.

§ 90. Abschätzung der zeitlichen Änderung der Austrittstemperatur ϑ_2 und des Mengenstromes $\dot{m}$, wenn nur der Mittelwert der Austrittstemperatur bekannt ist

Das beschriebene Verfahren der Umrechnung zur Ermittlung der Zeitabhängigkeit des Mengenstromes setzt voraus, daß zuvor der Beharrungszustand des Regenerators bei konstantem Mengenstrom ermittelt worden ist. Diese vorbereitende Rechnung erfordert viel Zeit, weil z.B. bei Verwendung eines Stufenverfahrens eine größere Zahl von Perioden durchgerechnet werden muß. Deshalb dürfte die in [H 311] und im folgenden erörterte Möglichkeit, den zeitlichen Verlauf von ϑ_2 bei konstantem Mengenstrom einfach und rasch abschätzen zu können, vielfach erwünscht sein.

In § 54 wurde gezeigt, wie man in einfacher Weise den Wärmedurchgangskoeffizienten k eines Regenerators und damit auch seinen Wirkungsgrad η_R berechnen kann. Durch eine solche Berechnung ist gemäß der Definition des Wirkungsgrades auch der zeitliche Mittelwert $\overline{\vartheta}_2$ der Austrittstemperatur des Gases festgelegt. Hiermit läßt sich aber der zeitliche Verlauf aller Temperaturen am warmen Ende des Regenerators in folgender Weise abschätzen. Wie diese Temperaturen grundsätzlich verlaufen, zeigt Bild 188. Als Abszisse ist die reduzierte

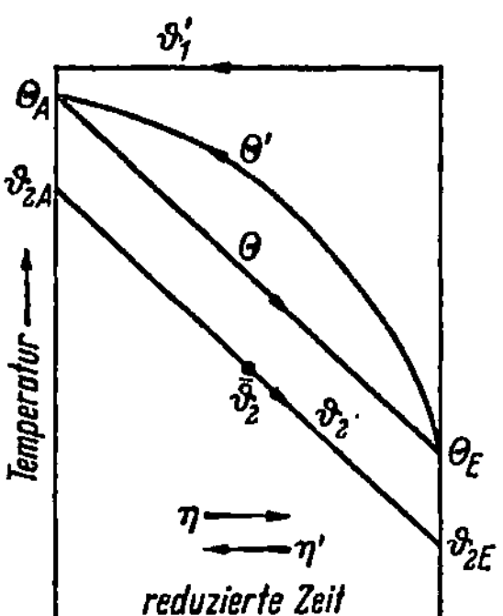

Bild 188. Abschätzung des zeitlichen Temperaturverlaufs am warmen Ende eines Regenerators, wenn außer der Eintrittstemperatur ϑ_1' des warmen Gases nur die mittlere Austrittstemperatur $\overline{\vartheta}_2$ des anderen Gases bekannt ist.

Zeit η bzw. η' nach Gl. (542) für die Kaltperiode nach rechts, für die Warmperiode nach links aufgetragen, und zwar, falls nötig, in unterschiedlichem Maßstab, damit beide Periodendauern Π und Π' durch gleich lange Strecken dargestellt werden. ϑ_1' ist die konstante Eintrittstemperatur, Θ' die Steintemperatur in der Warmperiode, während Θ und ϑ_2 die Temperaturen in der Kaltperiode bedeuten.

Zunächst soll das Verhältnis σ der Temperaturdifferenzen $\vartheta_1' - \Theta_E$ und $\vartheta_1' - \Theta_A$ bestimmt werden, wobei nach Bild 188 Θ_A und Θ_E die Steintemperaturen in den Augenblicken des Umschaltens, d.h. am Anfang und Ende der Kaltperiode darstellen. Bei $\vartheta_1' = $ const lautet die Lösung der Differentialgleichung (545) für die Warmperiode

$$\vartheta_1' - \Theta' = (\vartheta_1' - \Theta_E) \exp(-\eta').$$

Damit ergibt sich für das Ende der Warmperiode mit $\eta' = \Pi'$

$$\sigma = \frac{\vartheta_1' - \Theta_E}{\vartheta_1' - \Theta_A} = \exp{(+\Pi')}. \qquad (752)$$

Somit kann man σ für die weiteren Betrachtungen als bekannt voraussetzen.

Ergebnisse früherer Rechnungen (siehe z.B. Bild 165) lassen erkennen, daß unter den in Winderhitzern und in anderen Regeneratoren üblichen Bedingungen bei konstantem Mengenstrom die Temperaturen Θ und ϑ_2 am warmen Ende des Regenerators während der Kaltperiode fast geradlinig verlaufen, also in Bild 188 durch schwach gekrümmte Kurven dargestellt werden. Zur Vereinfachung wollen wir die Krümmung vernachlässigen und deshalb setzen:

$$\vartheta_1' - \vartheta_2 = (\vartheta_1' - \vartheta_{2A})\left(1 + \beta \cdot \frac{\eta}{\Pi}\right) \qquad (753)$$

mit der noch zu bestimmenden Konstanten β.

Für den entsprechenden zeitlichen Verlauf der Temperatur Θ der Speichermasse erhält man nach Gl. (545)

$$\vartheta_1' - \Theta = (\vartheta_1' - \vartheta_{2A})\left(1 + \beta \frac{\eta - 1}{\Pi}\right). \qquad (754)$$

Aus dieser Gleichung ergibt sich mit $\eta = 0$ ein Ausdruck für $\vartheta_1' - \Theta_A$ und mit $\eta = \Pi$ für $\vartheta_1' - \Theta_E$. Setzt man diese beiden Ausdrücke in Gl. (752) ein und löst man nach β auf, dann findet man für β die Beziehung

$$\beta = \frac{\sigma - 1}{1 + \dfrac{\sigma - 1}{\Pi}}. \qquad (755)$$

Zur Berechnung des Verlaufs der Austrittstemperatur ϑ_2 nach Gl. (753) fehlt jetzt nur noch die Kenntnis der Anfangstemperatur ϑ_{2A}. Sie ist dadurch bestimmt, daß die mittlere Austrittstemperatur $\bar{\vartheta}_2$ als bekannt vorausgesetzt ist. Wegen des linearen Verlaufs von ϑ_2 ist $\bar{\vartheta}_2$ gleich dem Wert von ϑ_2 in der Mitte der Periode, d.h. bei $\eta = \Pi/2$. Daher wird nach Gl. (753)

$$\vartheta_1' - \vartheta_{2A} = \frac{\vartheta_1' - \bar{\vartheta}_2}{1 + \dfrac{\beta}{2}}. \qquad (756)$$

Mit den Werten von β und ϑ_{2A} nach den Gln. (755) und (756) ist der zeitliche Verlauf der Austrittstemperatur ϑ_2 der im Regenerator erhitzten Luft unter der Voraussetzung festgelegt, daß der Mengenstrom zeitlich konstant ist. Mit Hilfe der in § 89 erörterten Umrechnung kann man damit sofort auch auf den Verlauf von ϑ_2 bei zeitlich veränderlichem Mengenstrom und damit auch auf die Änderung des Mengenstromes selbst schließen.

In der Originalarbeit [H 311] wurde eine auf denselben Gedanken beruhende Berechnung unter Berücksichtigung der Krümmung des zeitlichen Verlaufs von ϑ_2 durchgeführt. Hierbei wurde auch gezeigt, wie man die Krümmung auf Grund von theoretischen Überlegungen und von Erfahrungen angenähert bestimmen kann.

VII. Vereinfachung der Berechnung von Regeneratoren mit Hilfe der nullten Eigenfunktion

§ 91. Berechnung des Beharrungszustandes langer Regeneratoren unter Benutzung der nullten Eigenfunktion[1]

Bei der Berechnung des Beharrungszustandes sehr langer Regeneratoren erweist es sich als Erleichterung, daß man den Temperaturverlauf in den mittleren Teilen solcher Regeneratoren durch die nullte Eigenfunktion auszudrücken vermag. Denn man braucht dann eines der früher beschriebenen meist mühsamen Verfahren nur an den Enden des Regenerators in denjenigen Teilen anzuwenden, in denen der Temperaturverlauf von der nullten Eigenfunktion abweicht. Man führt daher die Rechnung zuerst an einem kürzeren Regenerator durch, in dem der mittlere Bereich, in dem die nullte Eigenfunktion allein gilt, nur klein ist. Aus dem an dem kürzeren Regenerator erhaltenen Ergebnis kann man dann, wie nachstehend gezeigt werden soll, unter Zuhilfenahme der nullten Eigenfunktion auf den Temperaturverlauf im längeren Regenerator schließen.

Wir betrachten zunächst den Fall $A = A'$ und $\Pi = \Pi'$, wobei auch $CT = C'T'$ ist. Unter dieser Annahme zeigt Bild 189 den Verlauf der Temperatur der Speichermasse in einem kürzeren Regenerator von der Länge A_1. Dieser Verlauf sei für dieselbe Periodendauer Π berechnet, für die der Temperaturverlauf im längeren Regenerator gesucht ist. In der Regeneratormitte sei nach Bild 189 der Temperaturverlauf nur ein kurzes Stück gerade, was man in der Regel genau genug erreicht, wenn man A_1 3- bis 4mal so groß wie Π wählt. In der linken Hälfte des kurzen Regenerators stelle f_1 den Verlauf der Übertemperatur gegen die Eintrittstemperatur ϑ_1 des Gases am Anfang der Periode, g_1 den am Ende der Periode dar. In der rechten Hälfte seien entsprechend die Übertemperaturen durch f^* bzw. g^* gekennzeichnet. Bild 190 zeigt den gesuchten Temperaturverlauf f_2 und g_2 in einem län-

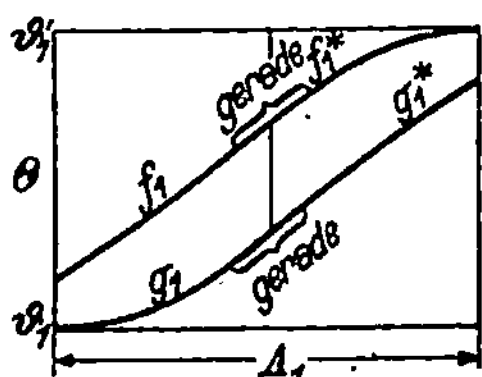

Bild 189. Kurzer Regenerator bei $C = C'$ und $T = T'$.

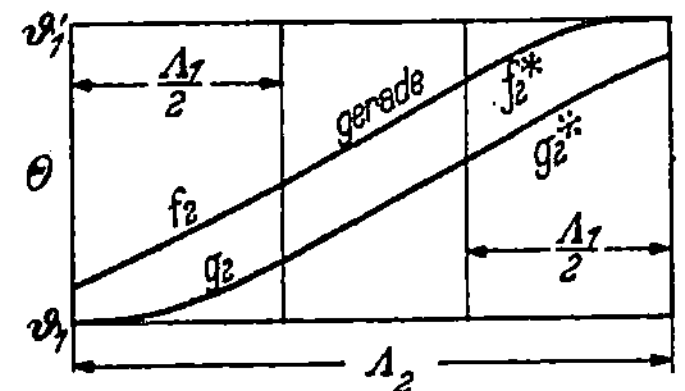

Bild 190. Langer Regenerator bei $C = C'$ und $T = T'$. Gegenüber Bild 189 ist in der Mitte ein gerades Stück eingefügt.

geren Regenerator von der Länge A_2. Man kann diesen Verlauf grundsätzlich in der Weise bestimmen, daß man in den äußeren Stücken von der Länge $A_1/2$ den für den kurzen Regenerator gefundenen Temperaturverlauf mit einem noch zu bestimmenden Faktor A multipliziert und in den mittleren Teilen den durch die nullte

---

[1] In der 1. Auflage dieses Buches veröffentlichtes Verfahren des Verfassers. Die Brauchbarkeit dieses Verfahrens wurde erst kürzlich von Willmott und Thomas untersucht und bestätigt [W 309].

Eigenfunktion dargestellten linearen Temperaturverlauf in geeigneter Weise einfügt.

Zwischen dem linken Ende des längeren Regenerators und der Stelle $\xi = \Lambda_1/2$ setzen wir hiernach

$$\left. \begin{aligned} f_2 &= A f_1, \\ g_2 &= A g_1. \end{aligned} \right\} \tag{757}$$

Im mittleren Teil des Regenerators gelte hingegen die nullte Eigenfunktion nach Gl. (578)

$$\Theta = \frac{\vartheta_1' - \vartheta_1}{2} + B\left(\xi - \eta - \frac{\Lambda_2 - \Pi}{2}\right), \tag{758}$$

worin B eine zunächst willkürliche Konstante bedeutet. Die Konstante D in Gl. (578) ist dadurch festgelegt, daß in der Mitte $\xi = \Lambda_2/2$ des längeren Regenerators und in der Mitte $\eta = \Pi/2$ der betrachteten Periode Θ genau in der Mitte zwischen den beiden Eintrittstemperaturen ϑ_1 und ϑ_1' liegt. A und B in den Gln. (757) und (758) bestimmen wir aus der Bedingung, daß an der Stelle $\xi = \Lambda_1/2$ die Übertemperaturen f_2 und g_2 nach Gl. (757) gleich sein müssen den Werten von Θ_0, die sich nach Gl. (758) für $\eta = 0$ und $\eta = \Pi$ errechnen. Nach Auflösung der sich hierdurch ergebenden Bedingungsgleichungen erhält man, da $f_1 + g_1 = \vartheta_1' - \vartheta_1$ bei $\xi = \Lambda_1/2$

$$\left. \begin{aligned} A &= \frac{\Pi(\vartheta_1' - \vartheta_1)}{\Pi(\vartheta_1' - \vartheta_1) + (\Lambda_2 - \Lambda_1)(f_1 - g_1)}, \\ B &= \frac{(f_1 - g_1)(\vartheta_1' - \vartheta_1)}{\Pi(\vartheta_1' - \vartheta_1) + (\Lambda_2 - \Lambda_1)(f_1 - g_1)}, \end{aligned} \right\} \tag{759}$$

worin für f_1 und g_1 die Werte an der Stelle $\xi = \Lambda_1/2$ einzusetzen sind. Mit A und B nach Gl. (759) ist also der Temperaturverlauf am linken Regeneratorende und im mittleren Bereich in einfacher Weise festgelegt. Den Temperaturverlauf am rechten Ende des Regenerators erhält man ebenfalls, indem man die entsprechenden Temperaturen in der rechten Hälfte des kürzeren Regenerators mit A multipliziert. Doch muß man hier mit den Übertemperaturen gegen die Temperatur ϑ_1' des von rechts eintretenden Gases rechnen. Für das rechte Regeneratorende gilt daher

$$\left. \begin{aligned} (\vartheta_1' - \vartheta_1) - f_2^* &= A[(\vartheta_1' - \vartheta_1) - f_1^*], \\ (\vartheta_1' - \vartheta_1) - g_2^* &= A[(\vartheta_1' - \vartheta_1) - g_1^*]. \end{aligned} \right\} \tag{760}$$

Dasselbe Verfahren läßt sich auch anwenden, wenn die reduzierten Regeneratorlängen Λ und Λ', sowie Π und Π' verschieden sind. Die Berechnung ist jedoch umständlicher, weil der Vorteil des punktsymmetrischen Temperturverlaufs wie in Bild 189 und 190 wegfällt und man daher im ganzen vier Konstanten zu berechnen hat. Bild 191 zeigt wieder den kurzen Regenerator von der Länge Λ_1, bei dem in der Regeneratormitte nur ein kurzes Stück des Temperaturverlaufs der nullten Eigenfunktion allein entspricht. In Bild 192, das den gesuchten Temperaturverlauf im längeren Regenerator darstellt, gelte hingegen die nullte Eigenfunktion mindestens innerhalb der Stellen $\xi = \Lambda_1/2$ und $\xi = \Lambda_3 - \Lambda_1/2$. In den äußeren Stücken des längeren Regenerators setzen wir, wie oben, mit zwei noch zu bestimmenden Konstanten A und A':

$$f_2 = A f_1 \quad | \quad (\vartheta_1' - \vartheta_1) - f_2^* = A'[(\vartheta_1' - \vartheta_1) - f_1^*],$$
$$g_2 = A g_1 \quad | \quad (\vartheta_1' - \vartheta_1) - g_2^* = A'[(\vartheta_1' - \vartheta_1) - g_1^*].$$

Die in den mittleren Teilen des Regenerators geltende nullte Eigenfunktion hat nach Gl. (562) mit zwei zunächst willkürlichen Konstanten B und D die Gestalt

$$\Theta = D + B \cdot \exp\left(b\xi - \frac{b}{1+b}\eta\right), \tag{761}$$

worin b nach Gl. (567) zur Abkürzung für

$$b = \left(\frac{\Lambda_2'}{\Lambda_2} - \frac{\Pi'}{\Pi}\right)\frac{\Pi}{\Pi + \Pi'}$$

geschrieben ist.

Da an den Stellen $\xi = \Lambda_1/2$ und $\xi = \Lambda_2 - \Lambda_1/2$ bei $\eta = 0$ und $\eta = \Pi$ die Werte von $\Theta - \vartheta_1$ nach Gl. (761) gleich den Werten von f_2, g_2 bzw. f_2^*, g_2^* nach den vorhergehenden Gleichungen sein müssen, ergeben sich vier Gleichungen zur Bestimmung von A, A', B und D

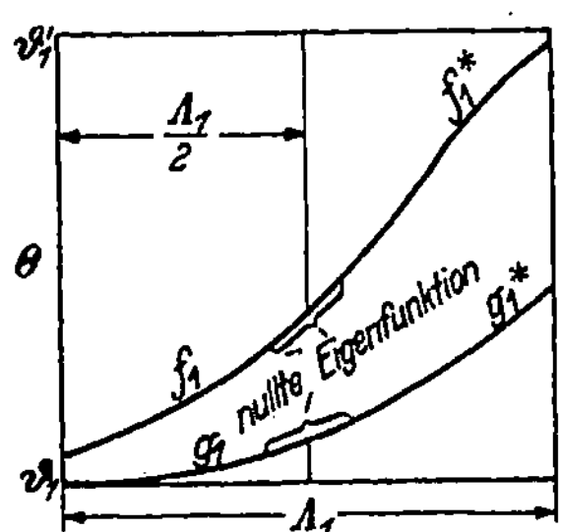

Bild 191. Kurzer Regenerator bei $CT > C'T'$.

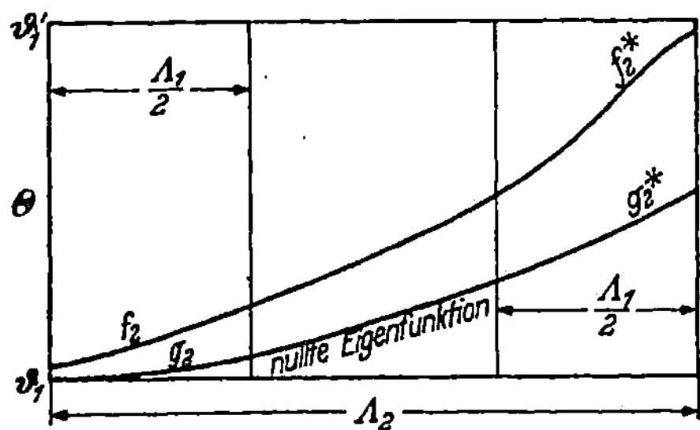

Bild 192. Langer Regenerator bei $CT > C'T'$.
Gegenüber Bild 191 ist in der Mitte ein Stück mit der nullten Eigenfunktion eingefügt.

Wirkungsgrad des längeren Regenerators

Kennt man im Falle $CT = C'T'$ den Wirkungsgrad $(\eta_{Reg})_{\Lambda_1}$ des kürzeren Regenerators und hat man A nach Gl. (759) berechnet, dann kann man daraus sehr einfach auch den Wirkungsgrad $(\eta_{Reg})_{\Lambda_2}$ des längeren Regenerators ermitteln. Am linken Ende des kürzeren Regenerators trete das wärmere Gas im Zeitmittel mit der Temperatur $(\vartheta_2')_{\Lambda_1}$, am linken Ende des längeren Regenerators mit der Temperatur $(\vartheta_2')_{\Lambda_2}$ aus. Dann gilt für die Wirkungsgrade nach Gl. (612)

$$(\eta_{Reg})_{\Lambda_1} = 1 - \frac{(\overline{\vartheta_2'})_{\Lambda_1} - \vartheta_1}{\vartheta_1' - \vartheta_1}, \tag{762}$$

$$(\eta_{Reg})_{\Lambda_2} = 1 - \frac{(\overline{\vartheta_2'})_{\Lambda_2} - \vartheta_1}{\vartheta_1' - \vartheta_1}. \tag{763}$$

Da sich beim Übergang vom kürzeren zum längeren Regenerator im linken Regeneratorteil alle Übertemperaturen gegen ϑ_1 im Verhältnis A verkleinern, muß dies auch für die Übertemperatur des austretenden warmen Gases gelten. Es muß daher auch

$$(\bar{\vartheta_2'})_{A_\mathbf{z}} - \vartheta_1 = A[(\bar{\vartheta_2'})_{A_\mathbf{1}} - \vartheta_1] \qquad (764)$$

sein. Durch Einsetzen in Gl. (763) und Eliminierung des Temperaturverhältnisses mit Hilfe von Gl. (762) ergibt sich schließlich

$$1 - (\eta_{Reg})_{A_\mathbf{z}} = A[1 - (\eta_{Reg})_{A_\mathbf{1}}]. \qquad (765)$$

Mit dem hierdurch festgelegten Wert von $(\eta_{Reg})_{A_\mathbf{z}}$ ist für den längeren Regenerator nach Gl. (623) auch k/k_0 bestimmt.

Allgemeinere Art der Berechnung des Wirkungsgrades
aus der nullten Eigenfunktion

Zum Schluß soll gezeigt werden, daß ganz allgemein, wenn bei $CT = C'T'$ die nullte Eigenfunktion allein den Temperaturverlauf in den inneren Teilen des Regenerators bestimmt, man hieraus den Wirkungsgrad der Wärmeübertragung sehr einfach berechnen kann.

Die mittlere Temperaturdifferenz zwischen beiden Gasen beträgt nach den Gln. (581) und (582)

$$\bar{\vartheta}' - \bar{\vartheta} = B\left(1 + \frac{\bar{\alpha}}{\bar{\alpha}'} \cdot \frac{C'}{C}\right), \qquad (766)$$

wobei zur Vereinfachung das Minuszeichen vor B weggelassen ist.

Da nach der Wärmemengengleichung (455) die mittlere Temperaturdifferenz bei $CT = C'T'$ auch an den Regeneratorenden denselben Wert hat, erleidet jedes der Gase im Zeitmittel die Temperaturänderung

$$\vartheta_1' - \vartheta_1 - B\left(1 + \frac{\bar{\alpha}}{\bar{\alpha}'} \cdot \frac{C'}{C}\right).$$

Da hingegen im vollkommenen Regenerator die Temperaturänderung $\vartheta_1' - \vartheta_1$ betrüge und die je Periode übertragenen Wärmemengen den Temperaturänderungen der Gase proportional sind, erhalten wir als Wirkungsgrad

$$\eta_{Reg} = 1 - \frac{B}{\vartheta_1' - \vartheta_1}\left(1 + \frac{\bar{\alpha}}{\bar{\alpha}'} \frac{C'}{C}\right). \qquad (767)$$

Diese Gleichung läßt an Einfachheit nichts zu wünschen übrig. Doch wird man bei sehr genauen Berechnungen des Wirkungsgrades früher entwickelten Beziehungen wie z.B. Gl. (691) den Vorzug geben.

§ 92. Weitere Gesichtspunkte zur Vereinfachung der Berechnung bei langer Periodendauer

In der ersten Auflage dieses Buches wurde S. 393 bis 396 ausführlich dargestellt, wie man namentlich bei sehr langen Periodendauern die Berechnung des Beharrungszustandes mit Hilfe der nachstehend beschriebenen Regel der *Parallelverschiebung der Temperaturkurven* erleichtern kann. Dabei wurde diese Regel mit der nullten Eigenfunktion und mit dem verfeinerten Wärmepolverfahren

(§ 80) in Verbindung gebracht. Ferner kann man auf den Temperaturverlauf in *kurzen Regeneratoren* schließen, indem man in dort näher erörterter Weise von den Ergebnissen der Berechnung längerer Regeneratoren Gebrauch macht. Da die in diesem Zusammenhang entwickelten Berechnungsverfahren heute nur noch von geringem Interesse sein dürften, soll an dieser Stelle auf ihre Wiedergabe verzichtet werden.

Zwei Gesichtspunkte jedoch, die sich bei diesen Verfahren als nützlich erwiesen haben, sollen kurz besprochen werden, nämlich die erwähnte Regel der Parallelverschiebung und eine erweiterte Gültigkeit der nullten Eigenfunktion bei sehr langer Periodendauer.

Die Regel der Parallelverschiebung gilt angenähert im größten Teil des Regenerators von etwa $\xi = 5$ ab bis zu dem Ende, an dem das Gas austritt, wenn die reduzierte Periodendauer Π größer als etwa 10 ist. Nach dieser Regel geht in den Bereichen, in denen die Temperaturkurven nicht oder nur wenig gekrümmt sind, der Temperaturverlauf zur Zeit η aus dem Temperaturverlauf zur Zeit $\eta = 0$ genau oder sehr angenähert dadurch hervor, daß man jeden Punkt der Kurve parallel zu ξ-Achse in der Strömungsrichtung um den Betrag $\varDelta \xi = \eta$ verschiebt. Für die nullte Eigenfunktion geht dies aus früheren Betrachtungen exakt hervor, vgl. Bild 132 oben und Bild 159. Daß aber auch an anderen Stellen des Regenerators, an denen der Temperaturverlauf schwach gekrümmt ist, dieses Gesetz der Parallelverschiebung sehr angenähert gilt, lehrt folgende Überlegung. Bei schwacher Krümmung kann man den sehr kleinen Wert des Differentialquotienten $\dfrac{\partial^2 \Theta}{\partial \xi\, \partial \eta}$ in Gl. (548) vernachlässigen, womit Gl. (548) übergeht in

$$\frac{\partial \Theta}{\partial \xi} = -\frac{\partial \Theta}{\partial \eta}.$$

Für $\Theta = $ const erhalten wir daher

$$d\Theta = \frac{\partial \Theta}{\partial \xi}\, d\xi + \frac{\partial \Theta}{\partial \eta}\, d\eta = \frac{\partial \Theta}{\partial \xi}(d\xi - d\eta) = 0$$

und hiernach

$$d(\xi - \eta) = 0 \quad \text{oder} \quad \xi = \text{const} + \eta.$$

Die hiermit erwiesene Regel der Parallelverschiebung gilt erfahrungsgemäß um so genauer, je größer Π und $\varLambda$ sind.

Ist bei langen Regeneratoren die Periodendauer noch wesentlich größer, z. B. $\Pi > 50$, dann läßt sich im Beharrungszustand die nullte Eigenfunktion in etwas erweiterten Umfang anwenden. Es sei wieder $\varLambda = \varLambda'$ und $\Pi = \Pi'$, so daß im größten Teil des Regeneratorinnern ein örtlich und zeitlich linearer Temperaturverlauf herrscht. Bei sehr großer Periodendauer verläuft dann erfahrungsgemäß die Temperatur am Ende der Periode bis zu demjenigen Regeneratorende hin fast genau geradlinig, an dem das Gas austritt. Dies läßt sich wie folgt begründen: Die Abweichung vom linearen Temperaturverlauf wird in der Nähe des genannten Regeneratorendes durch die Ausgleichsglieder der höheren Eigenfunktionen dargestellt (vgl. § 68 und Bild 132). Wie aber die Gln. (600) bis (603) zeigen, nehmen die Ausgleichsglieder angenähert proportional mit $\exp(-\eta/2)$ nach der Zeit ab. Sie werden also gegen das Ende der Periode um so kleiner, je größer die Periodendauer ist, so daß man sie von einer gewissen Größe der Periodendauer an vernachlässigen kann.

Da aber der Verlauf der Temperatur der Speichermasse am Ende einer Periode mit dem am Anfang der nächstfolgenden Periode übereinstimmt, muß entsprechend am Anfang einer Periode die Temperatur bis zu demjenigen Regeneratorende hin geradlinig verlaufen, an dem das Gas eintritt. Es ergibt sich somit ein Temperaturverlauf wie in Bild 193.

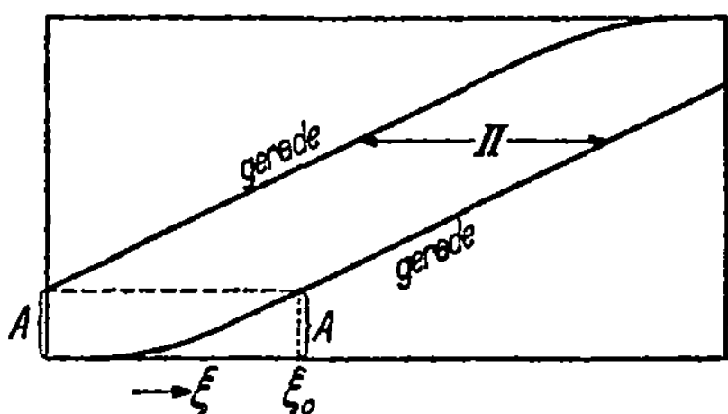

Bild 193. Regenerator mit
sehr langer Perioden-
dauer Π.

VIII. Weitere Folgerungen aus den bisherigen Überlegungen

§ 93. Ergebnisse der Berechnungen nach den Näherungsverfahren

Die Bilder 156 und 157 sowie 168 bis 171, die zur Erläuterung der exakten Theorie dienten, sind zum Teil bereits nach einem der Stufenverfahren (§ 86) oder nach der Wärmepolmethode (§ 79 und 80) berechnet worden. Weitere Ergebnisse von derartigen Näherungsrechnungen für Gegenstromregeneratoren sollen nachstehend besprochen werden.

Bild 194 und 195 zeigen den Beharrungszustand bei $\Lambda = \Lambda' = 10$ sowie $\Lambda = \Lambda' = 40$, und zwar für verschiedene Werte der reduzierten Periodendauer $\Pi = \Pi'$. Die Kurven geben den Temperaturverlauf in der Speichermasse zu Beginn und am Ende der Kaltperiode wieder. Bild 196 bezieht sich auf den Temperaturverlauf im Beharrungszustand bei ungleicher Dauer der Warm- und Kaltperiode; hierbei ist $\Lambda = \Lambda' = 10$, die Dauer der Kaltperiode zu $\Pi = 5$, die der Warmperiode zu $\Pi = \pi = 3,1416$ angenommen.

Aus den folgenden Bildern geht das Verhalten von Regeneratoren der Tieftempraturtechnik hervor, bei denen die reduzierte Regeneratorlänge stets sehr groß ist. Bei den zugrunde liegenden Berechnungen ist jedoch der Wasserdampf-

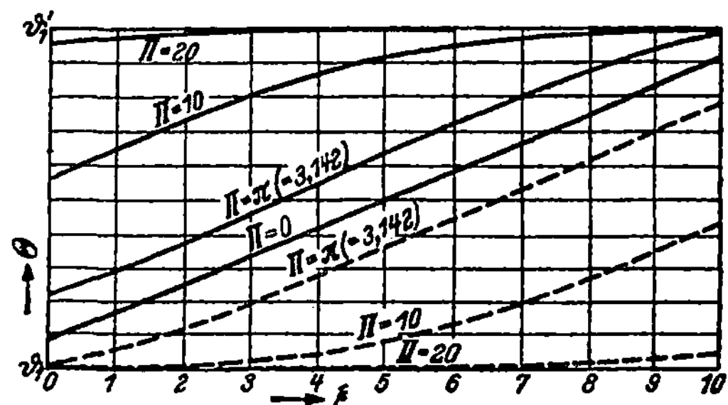

Bild 194. Temperaturverlauf im Beharrungszustand eines Gegenstromgenerators bei $\Lambda = \Lambda'$
$= 10$ und $\Pi = \Pi'$.

gehalt der Luft, der nach den Betrachtungen des folgenden Kapitels von erheblichem Einfluß ist, nicht berücksichtigt. Die Bilder gelten somit nur für den praktisch seltenen Fall vollkommen trockener Luft. In Bild 197, 198, 199 und 200 ist

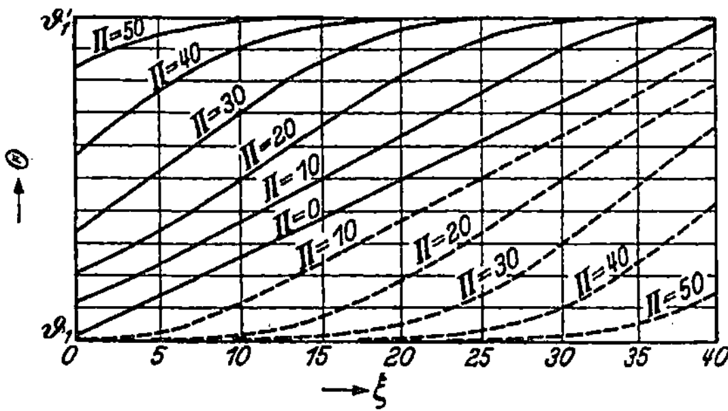

Bild 195. Temperaturverlauf im Beharrungszustand eines Regenerators bei $\Lambda = \Lambda' = 40$ und $\Pi = \Pi'$.

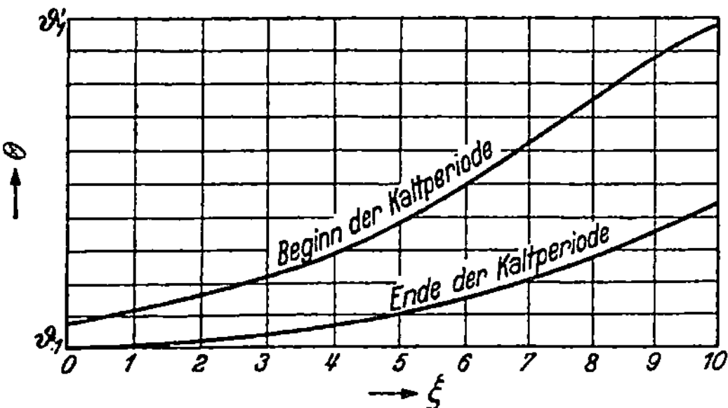

Bild 196. Beharrungszustand eines Regenerators bei $\Lambda = \Lambda' = 10$, $\Pi = 5$ und $\Pi' = \pi$.

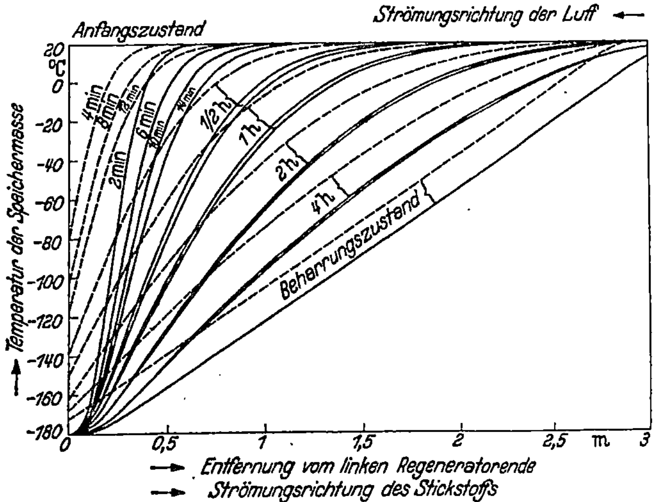

Bild 197. Inbetriebsetzung eines Regenerators für tiefe Temperaturen unter regelmäßigem Umschalten nach je 2 Minuten.

$A = A' = 120$ und $\Pi = \Pi' = 10$ angenommen. Von Beginn der Inbetriebsetzung an sollen durch den Regenerator abwechselnd gleiche Mengen von Luft und Stickstoff strömen, wobei in Abständen von je zwei Minuten umgeschaltet wird. Die Eintrittstemperatur der Luft beträgt 20 °C, die Eintrittstemperatur des Stickstoffs −180 °C. Im Anfang habe die Speichermasse eine überall gleiche Temperatur von 20 °C. Aus Bild 197 erkennt man, wie die Speichermasse unter dem dauernden Umschalten allmählich abgekühlt wird. Selbst nach vier Stunden ist der Beharrungszustand noch nicht erreicht. Läßt man hingegen, mit demselben Anfangszustand beginnend, ohne umzuschalten, dauernd kalten Stickstoff durch den Rege-

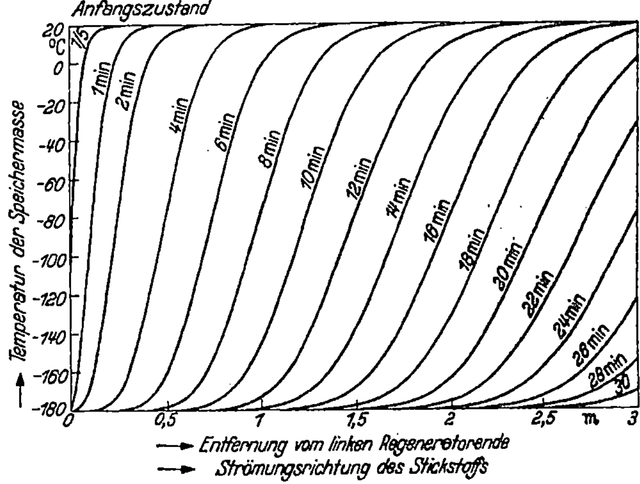

Bild 198. Abkühlung der Speichermasse eines Regenerators ohne Umschalten.

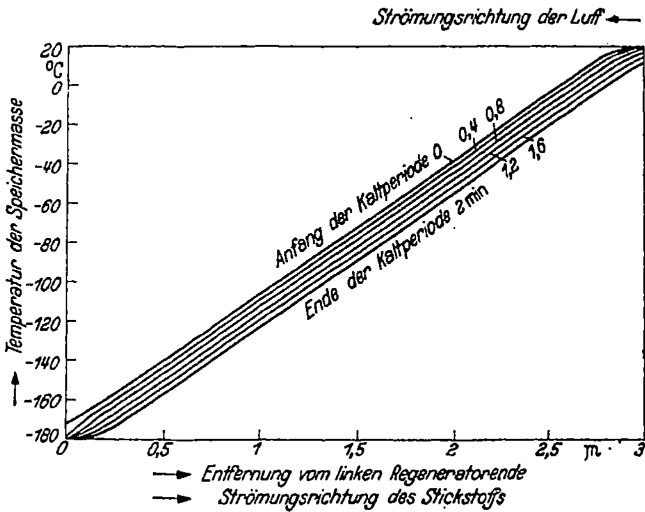

Bild 199. Beharrungszustand eines Regenerators für tiefe Temperaturen ohne Niederschlag von Wasserdampf und Kohlendioxid (vgl. Bild 210 bis 215).

nerator strömen, dann kühlt sich die Speichermasse ab, wie es grundsätzlich schon an Bild 157 erörtert wurde, und wie es für den vorliegenden Fall genauer in Bild 198 dargestellt ist. Der Temperaturverlauf, der bei regelmäßigem Umschalten wie in Bild 196 im Beharrungszustand erreicht wird, ist in Bild 199 abhängig von der Längskoordinate, in Bild 200 für die Regeneratormitte und für das kalte Regeneratorende abhängig von der Zeit aufgetragen. Aus Bild 201 erkennt man endlich, wie der Temperaturverlauf im Beharrungszustand sich ändert, wenn man die

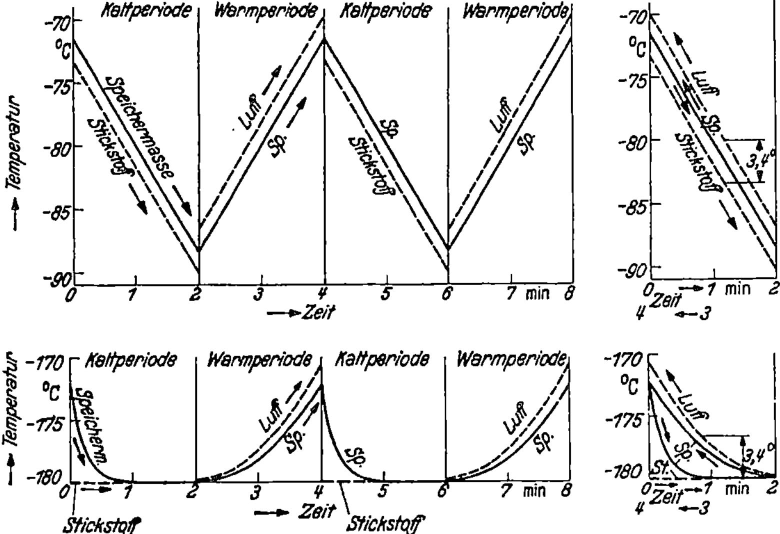

Bild 200. Zeitlicher Temperaturverlauf bei Beharrungszustand in der Mitte und am kalten Ende eines Regenerators.

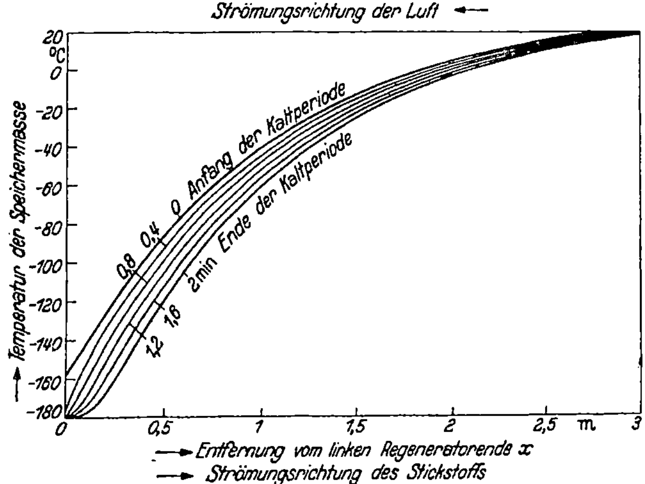

Bild 201. Beharrungszustand eines Regenerators bei ungleicher Wärmekapazität der durch ihn strömenden Gase.

Wärmekapazität der Luft um 5% größer wählt als die des Stickstoffs. In Bild 199 und 201 ist der Temperaturverlauf nur in der Nähe der Regeneratorenden nach dem Wärmepolverfahren berechnet, das große mittlere Stück hingegen ist, wie in § 91 beschrieben, nach der nullten Eigenfunktion eingefügt.

Als Gegenstück zu den Regeneratoren der Tieftemperaturtechnik ist aus Bild 202 der Beharrungszustand eines ungewöhnlich kurzen Regenerators mit $A = A' = 4$ bei $\Pi = \Pi' = 10$ ersichtlich. Die beiden linken Abbildungen zeigen den Temperaturverlauf der Speichermasse und des Gases in der Kaltperiode zu verschiedenen Zeiten η abhängig von der Längskoordinate ξ. Hiernach ist in diesem Falle der

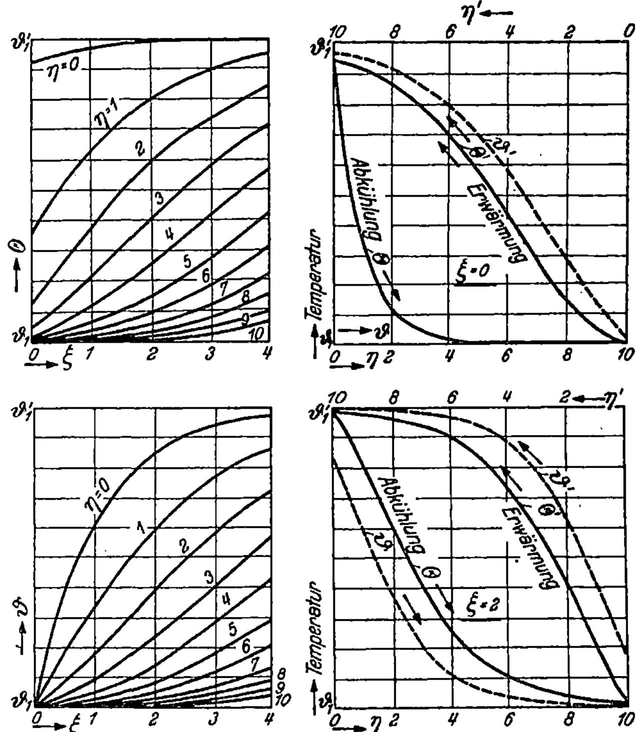

Bild 202. Beharrungszustand eines sehr kurzen Regenerators: $A = A' = 4$ und $\Pi = \Pi' = 10$.

geradlinige Temperaturverlauf nach der nullten Eigenfunktion vollständig unterdrückt durch den starken Einfluß der höheren Eigenfunktionen, die auch in der Regeneratormitte noch erhebliche Werte haben. Man erkennt dies auch aus den von der mittleren Steintemperatur Θ und Θ' gebildeten großen Hystereseschleifen, von denen die eine (rechts oben) für das kalte Regeneratorende, die andere (rechts unten) für die Regeneratormitte gezeichnet ist. Dem starken Übergewicht der höheren Eigenfunktionen entspricht es auch, daß im vorliegenden Fall das Verhältnis k/k_0 der Wärmedurchgangszahlen nach Bild 135 nur 0,31 beträgt.

Zum Schluß werde noch die Frage erörtert, wie sich der Temperaturverlauf ändert, wenn bei sonst ungeänderten Verhältnissen lediglich die Wärmeübergangszahlen α und α' oder auch $\bar{\alpha}$ und $\bar{\alpha}'$ zunehmen. Wir wollen hierbei $A = A'$,

$\Pi = \Pi'$, also auch $\bar{\alpha} = \bar{\alpha}'$ annehmen. Aus Gl. (546) und (547) folgt, daß das Verhältnis $\Lambda : \Pi$ ungeändert bleibt, und daß Λ und Π stets dem Wert von α proportional sind. Bild 203 zeigt den Temperaturverlauf bei $\Lambda = 10$, $\Pi = 5$, Bild 204 bei $\Lambda = 100$, $\Pi = 50$ und Bild 205 bei $\Lambda = 1000$, $\Pi = 500$. Im letzten Falle ist also die Wärmeübergangszahl 100mal so groß wie im ersten. Bei kleinen Wärmeübergangszahlen ist nach Bild 203 der Temperaturverlauf überall ziemlich gleichmäßig gekrümmt. Bei sehr großen Wärmeübergangszahlen besteht er hingegen im wesentlichen in einer Parallelverschiebung einer Geraden. An den Enden dieser Geraden treten aber um so schärfere Abkrümmungen auf, je größer $\bar{\alpha}$ ist. Bei unendlich großer Wärmeübergangszahl bleibt nur noch die zwischen ϑ_1 und ϑ_1' sich parallel verschiebende Gerade übrig (Bild 206).

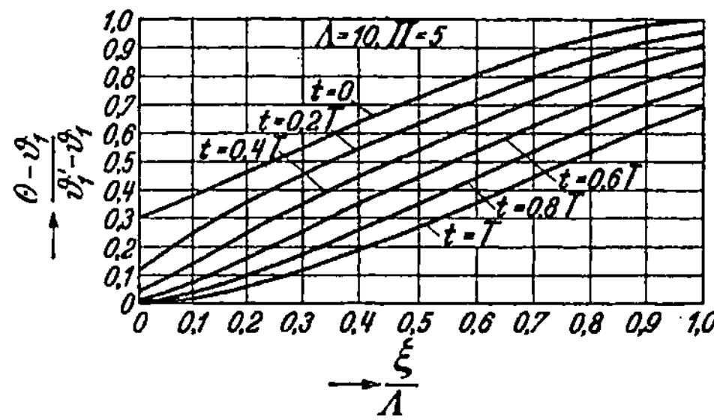

Bild 203. Temperaturverlauf bei $\Lambda = 10$ und $\Pi = 5$.

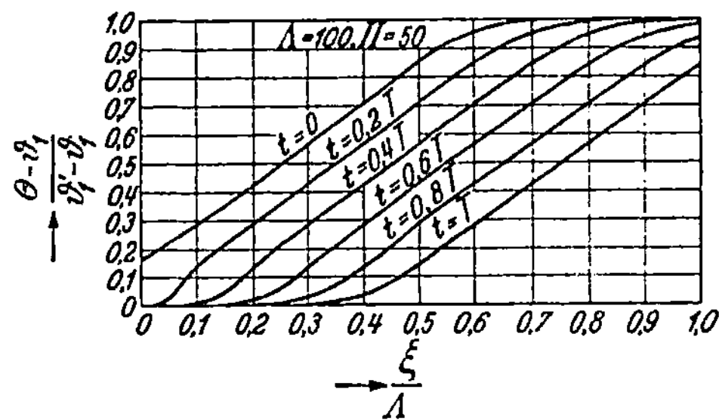

Bild 204. Temperaturverlauf bei $\Lambda = 100$ und $\Pi = 50$.

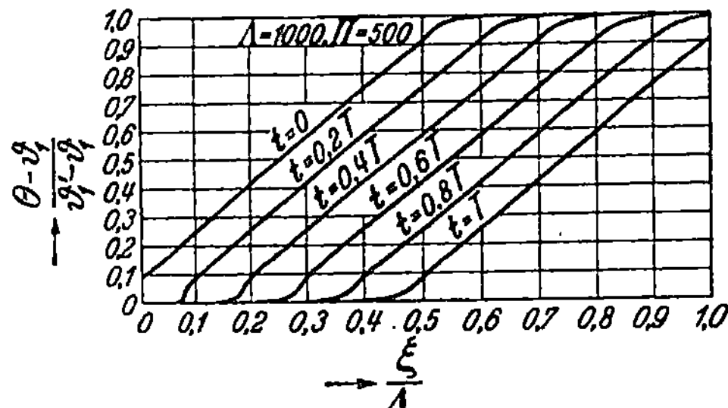

Bild 205. Temperaturverlauf bei $\Lambda = 1000$ und $\Pi = 500$.

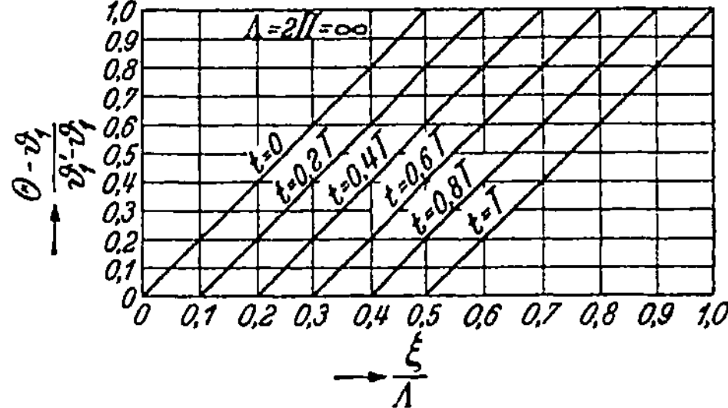

Bild 206. Temperaturverlauf bei $\Lambda = 2\Pi = \infty$, d.h. bei unendlich großem Wärmeübergangskoeffizienten oder unendlich großer Heizfläche.

§ 94. Nullte Eigenfunktion als Grundlage eines Verfahrens zur Messung des Wärmeübergangs an Speichermassen von Regeneratoren

Zur Messung des Wärmeübergangs zwischen den durch einen Regenerator strömenden Gasen und der Speichermasse hat der Verfasser dieses Buches vorgeschlagen, von dem einfachen Verhalten der nullten Eigenfunktion auszugehen. Wie mehrfach erörtert, verläuft diese Funktion bei $\Lambda = \Lambda'$ und $\Pi = \Pi'$ örtlich und zeitlich linear. In Verfolgung dieses Gedankens hat Glaser [G 301] ein Meßverfahren entwickelt, daß vor allem geeignet ist, wenn die Speichermasse aus dünnen Metallelementen aufgebaut ist. Diese Elemente leiten die Wärme quer zur

Strömungsrichtung sehr gut, während die Wärmeleitung in der Strömungsrichtung durch häufige Unterteilung weitgehend unterdrückt ist. Die Abmessungen der Speichermassen eines Paares kleiner Versuchsregeneratoren und die Periodendauer hat Glaser so gewählt, daß sich in den mittleren Teilen der Regeneratoren der genannte lineare Temperaturverlauf einstellte. In beiden Perioden strömte dasselbe Gas, praktisch Luft, in gleicher Menge, jedoch in entgegengesetzter Richtung hindurch. Wie Glaser erkannte, genügt es dann, an einer einzigen Stelle in der Mitte eines Regenerators lediglich den Verlauf der Gastemperaturen mit einem rasch folgenden Thermometer, z.B. einem Widerstandsthermometer aus einem sehr dünnen Platindraht, zu beobachten. Da dieser Verlauf zeitlich vollkommen linear ist, kann man daraus unmittelbar die mittlere Temperaturdifferenz $\varDelta\bar{\vartheta}$ zwischen dem wärmeren und kälteren Gas sowie die zeitliche Änderung der Gastemperatur in der Warm- und Kaltperiode entnehmen. Diese Änderung der Gastemperatur ist auch gleich der Schwankung $\varTheta_2 - \varTheta_1$ der Temperatur der Speichermase während einer Periode.

Aus diesen gemessenen Größen erhält man den Wärmeübergangskoeffizienten wie folgt. Die Wärmemenge, die durch die Oberfläche $\varDelta F$ eines Teiles der Speichermasse mit der Wärmekapazität $\varDelta C_s$ während der Dauer T einer Periode übertragen wird, beträgt bei $\alpha = \alpha'$

$$\varDelta C_s(\varTheta_2 - \varTheta_1) = \alpha\,\varDelta F(\vartheta - \varTheta)\cdot T = \alpha\,\varDelta F\frac{\varDelta\bar{\vartheta}}{2}\cdot T.$$

Hiernach errechnet sich der gesuchte Wärmeübergangskoeffizient zu

$$\alpha = \frac{2}{T}\cdot\frac{\varDelta C_s}{\varDelta F}\cdot\frac{\varTheta_2 - \varTheta_1}{\varDelta\bar{\vartheta}}.\tag{768}$$

Glaser hat dieses Verfahren zuerst dazu benutzt, den Wärmeübergang an den von Fränkl [F 301] für die Tieftemperaturtechnik vorgeschlagenen Speichereinsätzen aus dünnen gewellten Metallstreifen zu messen (vgl. Bild 22). Daß er hierbei tatsächlich einen zeitlich vollkommen linearen Verlauf beobachtete, geht aus Bild 145 S. 297 hervor.

In derselben Weise hat Glaser auch den Wärmeübergang an Rohren untersucht, die in mehreren Lagen schraubenförmig gewunden und in einem Regenerator untergebracht waren. Hierbei hat er praktisch den Kreuzstrom an Rohrbündeln verwirklicht. Die Ergebnisse dieser und anderer Messungen von Glaser wurden in § 14 erörtert.

Langhans [L 42] hat dieses Verfahren so erweitert, daß es auch auf dickere Speicherelemente geringer Wärmeleitfähigkeit angewendet werden kann. Die Abmessungen der Speichermasse und die Periodendauern müssen dann so gewählt werden, daß in den inneren Teilen des Regenerators nicht nur die nullte Eigenfunktion herrscht, sondern auch, daß trotz der raschen Temperaturänderungen nach dem Umschalten wenigstens ein Teil der beobachteten Kurven, die den zeitlichen Verlauf der Gastemperaturen darstellen, linear bleibt. Entsprechend der Auftragung in Bild 129 ergibt sich dann das nebenstehende Bild 207. Zur Auswertung verlängerte Langhans die geradlinigen Kurvenstücke bis zum jeweiligen Anfang der Periode. Aus dem so erhaltenen vollkommen geradlinigen Verlauf erhält man wie oben nach Gl. (768) einen Wärmeübergangskoeffizienten, der aber nicht α, sondern einen auf die mittlere Steintemperatur $\varTheta_m$ bezogenen Wärmeübergangskoeffizienten darstellt. Den wahren Wärmeübergangskoeffizienten α erhält man hieraus nach Gl. (521), wobei man $\Phi = 1/6$ zu setzen hat, weil die raschen Temperaturänderungen zu Beginn der Perioden bei der Auswertung nicht berücksichtigt worden sind.

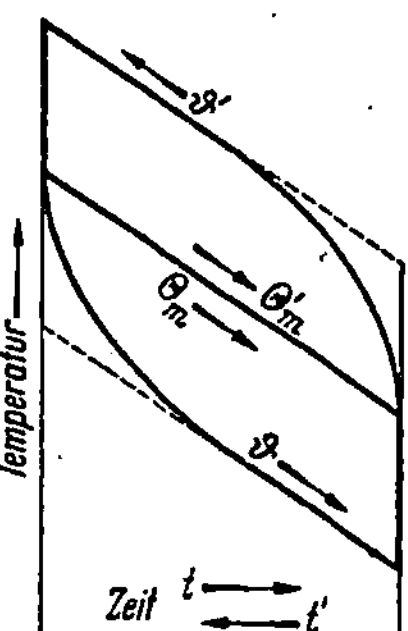

Bild 207. Zur Messung des Wärmeübergangs an einer Speichermasse geringer Wärmeleitfähigkeit.

Yasicizade [Y 41] beobachtete bei der Untersuchung schachtartig aufgebauter Speichermassen rasche Temperaturschwingungen, die sich dem glatten Kurvenverlauf wie in Bild 207 überlagern und die Genauigkeit der Auswertung stark beeinträchtigen. In diesem und in ähnlichen Fällen konnte er die Genauigkeit dadurch erhöhen, daß er an zwei Stellen des Regenerators gemessen hat.

Um auf den Wärmeübergang an Speichermassen aus quaderförmigen Steinen in verschiedenen praktisch üblichen Anordnungen schließen zu können, haben Langhans und Yasicizade geometrisch ähnlich verkleinerte Nachbildungen aus Hartpapier in die Versuchsregeneratoren eingebaut. Die damit gewonnenen Meßergebnisse können dank der Ähnlichkeitstheorie in dimensionsloser Darstellung auf die Großausführung übertragen werden.

IX. Feuchte Regeneratoren bei tiefen Temperaturen

§ 95. Rechnerisches und zeichnerisches Verfahren zur Ermittlung des Temperaturverlaufes[1]

Wie schon mehrfach erwähnt, bestand in der Tieftemperaturtechnik von Anfang an ein besonderer Vorzug der Regeneratoren gegenüber den Rohrgegenströmern darin, daß die verdichtete Luft oder ein anderes abzukühlendes Gas vor dem Eintritt in die Regeneratoren nicht von Wasserdampf und Kohlendioxid befreit werden muß. Diese Bestandteile der meist auf etwa 2 bis 6 bar absolut verdichteten Luft schlagen sich vielmehr in der Warmperiode unter Verflüssigen oder Gefrieren auf der Speichermasse nieder und werden in der Kaltperiode vom kälteren, annähert unter Atmosphärendruck zurückströmenden Gas durch Verdampfen oder Sublimieren wieder mit herausgenommen. Diese Erscheinung hat zwar infolge der Entwicklung der absorptiven Trocknungsverfahren heute nicht mehr die entscheidende Bedeutung wie früher. Doch ist sie immer noch ein wichtiger Gesichtspunkt für die Anwendung von Regeneratoren. Ihr Einfluß auf den Temperaturverlauf

---

[1] Nach H. Hausen [H 306].

soll daher erörtert werden, und zwar um so mehr, als dieselben Überlegungen auch für die Berechnung der Reversing exchangers von Bedeutung sind (vgl. Bild 55).

Obwohl die in einer Periode niedergeschlagenen Mengen von Wasserdampf und Kohlendioxid nur gering sind, beeinflussen sie doch den Temperaturverlauf im Regenerator erheblich, wie in § 98 an Hand der Bilder 210 bis 214 näher erörtert werden soll. Dieser Einfluß ist in erster Linie darauf zurückzuführen, daß infolge des erheblich größeren Volumens des entspannten Gases das Wasser und das Kohlendioxid viel rascher verdampfen oder sublimieren, als sie sich in der Warmperiode niedergeschlagen haben. Dadurch wird die Speichermasse, die die Verdampfungs- oder Sublimationswärme liefern muß, bei Beginn der Kaltperiode rasch abgekühlt. Es entstehen so auch in größerer Entfernung vom warmen Ende des Regenerators zeitliche Hystereseschleifen, wie sie grundsätzlich in Bild 208 dargestellt sind. In

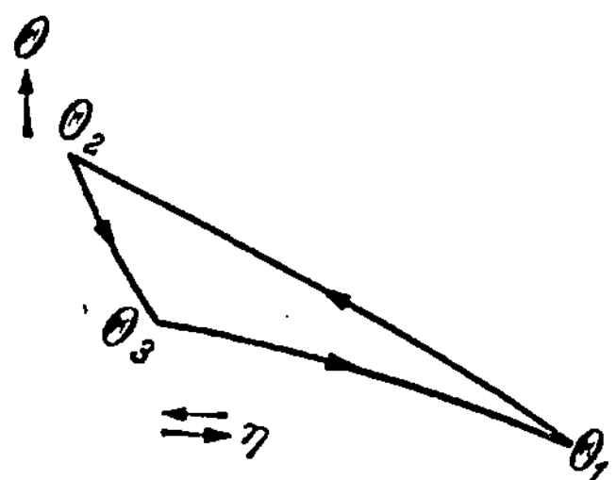

Bild 208. Zeitlicher Temperaturverlauf der Speichermasse im feuchten Regenerator.

dieser Abbildung ist für eine bestimmte Stelle des Regenerators der zeitliche Verlauf der Temperatur Θ der Speichermasse abhängig von der Zeit, und zwar für beide Perioden mit entgegengesetzt gerichteter Zeitkoordinate, aufgetragen. In der Warmperiode erwärmt sich die Speichermasse von Θ_1 bis Θ_2, im „feuchten" Teil der Kaltperiode wird sie zunächst rasch von Θ_2 bis Θ_3 und im „trockenen" Teil der Kaltperiode langsam von Θ_3 bis Θ_1 abgekühlt. Die hierbei durchlaufene Hystereseschleife erniedrigt die für den Wärmeaustausch wirksamen Temperaturunterschiede zwischen den Gasen und der Speichermasse und verringert hierdurch im Kondensations- und Verdampfungsbereich erheblich den Temperaturabfall in der Längsrichtung des Regenerators.

Um diese Temperaturänderungen zahlenmäßig verfolgen zu können, sollen ein rechnerisches und ein zeichnerisches Stufenverfahren besprochen werden, die beide eine Erweiterung des in § 86 für trockene Regeneratoren dargestellten Verfahrens bedeuten. Die Erörterungen sollen am Beispiel der Wasserdampf-Luftgemische durchgeführt werden; doch lassen sie sich ohne weiteres auch auf Gase übertragen, die Kohlendioxid oder sonstige kondensierbare Bestandteile enthalten. Dabei werde eine quer zur Strömungsrichtung sehr gut leitende Speichermasse angenommen.

Zur Vereinfachung der Darstellung soll im folgenden mit den dimensionslosen Längen- und Zeitkoordinaten ξ und η nach Gl. (542) gerechnet werden, was temperaturunabhängige Wärmeübergangskoeffizienten und Stoffwerte voraussetzt. Man kann sich aber von dieser Beschränkung jederzeit wieder befreien, indem man in die sich ergebenden Beziehungen die Veränderlichen f und t nach Gl. (542) einführt. Man kann dann die Temperaturabhängigkeit der genannten Größen dadurch berücksichtigen, daß man in jeder Stufe mit etwas anderen Mittelwerten dieser Größen rechnet.

Die Differentialgleichungen des feuchten Regenerators

Da in den Regeneratoren der Tieftemperaturtechnik die auf der Speichermasse niedergeschlagene Wasser- oder Eisschicht selten dicker als etwa $^1/_{100}$ mm ist, kann man mit guter Näherung die Temperatur dieser Schicht gleich der Temperatur Θ der Speichermasse setzen und ihre Wärmekapazität gegenüber der Wärmekapazität der Speichermasse vernachlässigen. Ebenso soll die Wärmekapazität des im Gas enthaltenen Wasserdampfes zur Vereinfachung unberücksichtigt bleiben. Es bedeute außer den schon früher benutzten Bezeichnungen

x den wirklichen Wasserdampfgehalt des Gases in kg je kg Gas,

x'' den Wasserdampfgehalt, den das Gas hätte, wenn es bei der Temperatur Θ gesättigt wäre,

r die Verdampfungsenthalpie (oder Sublimationsenthalpie) des Wassers in kJ/kg,

σ den Verdunstungskoeffizienten in kg/m²s,

t die Zeit seit dem letzten Umschalten in s,

m_w die je Oberflächeneinheit der Speichermasse in der Zeit t verdampfende Wassermenge in kg/m².

Für den Wasserdampfgehalt x gilt unter Voraussetzung des idealen Gasgesetzes die Beziehung

$$x = \frac{M}{M_G} \cdot \frac{p}{P - p}, \tag{769}$$

worin M die Molmasse und p den Teildruck des Wasserdampfes, M_G die Molmasse des Gases und P den Gesamtdruck bedeuten.

Die Differentialgleichungen für den Temperaturverlauf im feuchten Regenerator, dessen Speichermasse z.B. aus Blechen überall gleicher Dicke bestehen möge, erhält man wie folgt.

Da in der Kaltperiode die von der Speichermasse abgegebene Wärme zur Verdampfung des Wassers und zur Temperaturerhöhung des Gases verbraucht wird, ergibt sich für ein Stück des Regenerators mit der Speicheroberfläche df und der Wärmekapazität dC_s in der Zeit dt

$$dC_s \left(\frac{\partial \Theta}{\partial t}\right)_f \cdot dt + r \left(\frac{\partial m_w}{\partial t}\right)_f \cdot df \cdot dt + C \, dt \left(\frac{\partial \vartheta}{\partial f}\right)_t df = 0. \tag{770}$$

Ferner gilt für den Wärmeaustausch zwischen Gas und Speichermasse

$$C \, dt \left(\frac{\partial \vartheta}{\partial f}\right)_t df = \alpha \, df(\Theta - \vartheta) \, dt \,^2 \tag{771}$$

und für die Verdunstung des Wassers (vgl. z.B. [B 309])

$$\left(\frac{\partial m_w}{\partial t}\right)_f df \cdot dt = \sigma \, df(x'' - x) \, dt. \tag{772}$$

---

² In Gl. (771) ist vorausgesetzt, daß die Verdunstung des Wassers keine zusätzliche Heizfläche erfordert, obwohl hierfür der Speichermasse Wärme entzogen wird. Es wird also für diesen Teilvorgang $\alpha = \infty$ gesetzt. Es entspricht dies mit genügender Näherung der Tatsache, daß bei der Verdampfung der Wärmeübergangskoeffizient außerordentlich viel höher ist als bei der Wärmeabgabe an ein Gas.

Die Menge des im Gas enthaltenen Wasserdampfes nimmt um ebensoviel zu, wie
Wasser an der Speichermasse verdampft. Daher erhält man, indem man berücksichtigt, daß C/c_p die je Zeiteinheit durch den Regenerator strömende Gasmenge
darstellt,

$$\frac{C}{c_p}\,dt\left(\frac{\partial x}{\partial f}\right)_f df = \left(\frac{\partial m_w}{\partial t}\right)_f df \cdot dt. \tag{773}$$

Aus Gl. (771) folgt

$$\left(\frac{\partial \vartheta}{\partial f}\right)_t = \frac{\alpha}{C}\,(\Theta - \vartheta), \tag{774}$$

aus (772) und (773)

$$\left(\frac{\partial x}{\partial f}\right)_t = \frac{\sigma c_p}{C}\,(x'' - x). \tag{775}$$

Mit Gl. (771) und (772) ergibt sich aus Gl. (770)

$$\frac{dC_s}{df}\left(\frac{\partial \Theta}{\partial t}\right)_f + \alpha(\Theta - \vartheta) + \sigma \cdot r\,(x'' - x) = 0. \tag{776}$$

Wir setzen weiterhin mit einer Verhältniszahl ε

$$\sigma = \frac{1}{\varepsilon}\,\frac{\alpha}{c_p} \tag{777}$$

und führen den „reduzierten" Wasserdampfgehalt

$$\varphi = \frac{r}{c_p}\,x \tag{778}$$

ein. Hiermit sowie mit Gl. (540) oder (542), in denen im vorliegenden Fall $\bar{\alpha} = \alpha$
ist, gehen die Gln. (774), (775) und (776) über in

$$\left(\frac{\partial \vartheta}{\partial \xi}\right)_\eta = \Theta - \vartheta, \tag{779}$$

$$\left(\frac{\partial \varphi}{\partial \xi}\right)_\eta = \frac{1}{\varepsilon}\,(\varphi'' - \varphi), \tag{780}$$

$$\left(\frac{\partial \Theta}{\partial \eta}\right)_\xi = -\left[(\Theta - \vartheta) + \frac{1}{\varepsilon}\,(\varphi'' - \varphi)\right]. \tag{781}$$

Diese drei Differentialgleichungen bestimmen mit den weiter unten zu erörternden
Randbedingungen den Temperaturverlauf im feuchten Regenerator.

Um eine Differentialgleichung für Θ allein zu erhalten, eliminieren wir ϑ und
φ aus den Gln. (779) bis (781). Durch Benutzung der aus diesen Gleichungen folgenden Beziehung

$$\left(\frac{\partial(\vartheta + \varphi)}{\partial \xi}\right)_\eta = -\left(\frac{\partial \Theta}{\partial \eta}\right)_\xi$$

und durch Differentiation von Gl. (781) nach ξ ergibt sich

$$\varepsilon\,\frac{\partial^2 \Theta}{\partial \xi\,\partial \eta} = -\left(\frac{\partial \Theta}{\partial \eta}\right)_\xi + (\varepsilon - 1)\left(\frac{\partial \vartheta}{\partial \xi}\right)_\eta - \frac{d(\varepsilon\,\Theta + \varphi'')}{d\Theta}\left(\frac{\partial \Theta}{\partial \xi}\right)_\eta. \tag{782}$$

Beschränkt man sich auf Fälle mit großen Wärmeübergangskoeffizienten α und
daher kleinen Unterschieden von Θ und ϑ oder auf kleine Werte von $\varepsilon - 1$, dann

kann man in Gl. (782) ohne großen Fehler

$$(\varepsilon - 1)\left(\frac{\partial \vartheta}{\partial \xi}\right)_\eta = (\varepsilon - 1)\left(\frac{\partial \Theta}{\partial \xi}\right)_\eta$$

setzen[3]. Hiermit geht Gl. (782) über in

$$\varepsilon \frac{\partial^2 \Theta}{\partial \xi\, \partial \eta} + \left(\frac{\partial \Theta}{\partial \eta}\right)_\xi + \left(1 + \frac{d\varphi''}{d\Theta}\right)\left(\frac{\partial \Theta}{\partial \xi}\right)_\eta = 0. \tag{783}$$

Diese Differentialgleichung enthält als Unbekannte nur noch Θ. Denn $d\varphi''/d\Theta$ läßt sich als Funktion von Θ auf Grund von Gl. (778) und (769) aus der Dampfdruckkurve des Wassers berechnen, wenn man berücksichtigt, daß φ'' und x'' dem Zustand der Sättigung bei der Temperatur Θ entsprechen.

Die Zahl $\varepsilon = \alpha/\sigma c_p$ nach Gl. (777), die in die Differentialgleichung (783) einzusetzen ist, bringt das *Verhältnis der Geschwindigkeit der Wärmeübertragung zur Geschwindigkeit der Stoffübertragung* zum Ausdruck. Der Wert von ε hängt sowohl vom Strömungszustand wie auch von den Stoffen ab, die sich am Stoffaustausch beteiligen. Nimmt man an, daß bei der Wärme- und Stoffübertragung im wesentlichen nur der Widerstand einer laminaren Grenzschicht überwunden werden muß, dann leuchtet es ein, daß man ε mit guter Näherung gleich dem Verhältnis a/D der Temperaturleitzahl $a = \lambda/\varrho c_p$ zur Diffusionszahl D setzen kann. a/D hat für einige Stoffpaare folgende Werte:

bei Diffusion von Wasserdampf in Luft	$a/D = 0{,}853$
bei Diffusion von Kohlendioxid in Luft	$a/D = 1{,}32$
bei Diffusion von Benzol in Luft	$a/D = 2{,}41$
bei Diffusion von Wasserdampf in Wasserstoff	$a/D = 1{,}79$
bei Diffusion von Kohlendioxid in Wasserstoff	$a/D = 2{,}28$
bei Diffusion von Benzol in Wasserstoff	$a/D = 4{,}42$

Diese Werte von $\varepsilon = a/D$ dürften also hauptsächlich bei laminarer Strömung gelten. Mit zunehmender Turbulenz, wobei der Stoffaustausch nicht mehr allein auf Diffusion, sondern zu einem großen Teil auf Konvektion beruht, nähert sich ε vermutlich mehr dem Wert 1. Der Grenzfall $\varepsilon = 1$ wäre hiernach bei reiner Turbulenz erreicht; er entspricht dem Lewisschen Gesetz [L 303], wonach $\alpha = \sigma c_p$ sein soll. Praktisch wird man bei turbulenter Strömung etwa mit einem Mittelwert zwischen den oben angegebenen Werten von a/D und $\varepsilon = 1$ rechnen können; vgl. z. B. [H 309].

Rechnerisches Stufenverfahren

Gleichung (783) kann man mit sehr guter Näherung durch das nachstehend beschriebene Stufenverfahren lösen. Die Temperatur sei zur Zeit η vollständig oder wenigstens bis zur Stelle $\xi + \Delta\xi$, zur Zeit $\eta + \Delta\eta$ hingegen nur bis zur Stelle ξ vorgegeben, so daß wieder wie in Bild 187 die drei Punkte mit den Temperaturen Θ_1, Θ_2 und Θ_3 bekannt sind. Die Temperatur Θ_4 an der Stelle $\xi + \Delta\xi$ zur Zeit $\eta + \Delta\eta$ sei gesucht. Die Differentialquotienten in Gl. (783) ersetzen wir durch die

---

[3] Wollte man aus Gl. (779) bis (781) ϑ genau eliminieren, so ergäbe sich statt Gl. (783) eine Differentialgleichung 3. Ordnung, die für die Ableitung eines Stufenverfahrens sehr unbequem wäre.

Ausdrücke (711), (712) und (713). Dadurch ergibt sich die Beziehung

$$\Theta_4 = \Theta_1 + \frac{2\varepsilon[\Theta_2 + \Theta_3 - 2\Theta_1] + \left[\Delta\xi - \left(1 + \frac{d\varphi''}{d\Theta}\right)\Delta\eta\right](\Theta_2 - \Theta_3)}{2\varepsilon + \Delta\xi + \left(1 + \frac{d\varphi''}{d\Theta}\right)\Delta\eta}. \tag{784}$$

Nach dieser Gleichung läßt sich der Verlauf der Temperatur Θ der Speichermasse im feuchten Teil der Kaltperiode und in der Warmperiode stufenweise berechnen. Hierbei muß man in jeder Stufe einen Mittelwert von $d\varphi''/d\Theta$ einführen. Es empfiehlt sich, hierfür den Wert von $d\varphi''/d\Theta$ bei Θ_1 oder $1/2(\Theta_2 + \Theta_3)$ zu wählen.

Zeichnerisches Stufenverfahren

An Stelle von Gl. (784) läßt sich ein zeichnerisches Stufenverfahren entwickeln, indem man willkürlich

$$\Delta\xi = \left(1 + \frac{d\varphi''}{d\Theta}\right)\Delta\eta \tag{785}$$

setzt. Betrachtet man wieder $d\varphi''/d\Theta$ innerhalb einer Stufe genau genug als unveränderlich, dann geht Gl. (783) über in die Differenzengleichung

$$\Theta_4 - \frac{1}{2}(\Theta_2 + \Theta_3) = \frac{\Delta\xi - \varepsilon}{\Delta\xi + \varepsilon}\left[\Theta_1 - \frac{1}{2}(\Theta_2 + \Theta_3)\right]. \tag{786}$$

Gl. (786) wird durch das in Bild 209 dargestellte zeichnerische Verfahren erfüllt. Man verbindet die Punkte Θ_2 und Θ_3 durch eine Gerade. Ihr Schnittpunkt mit der Senkrechten $\xi + 1/2\Delta\xi$ bestimmt den Mittelwert $1/2(\Theta_2 + \Theta_3)$. Auf der

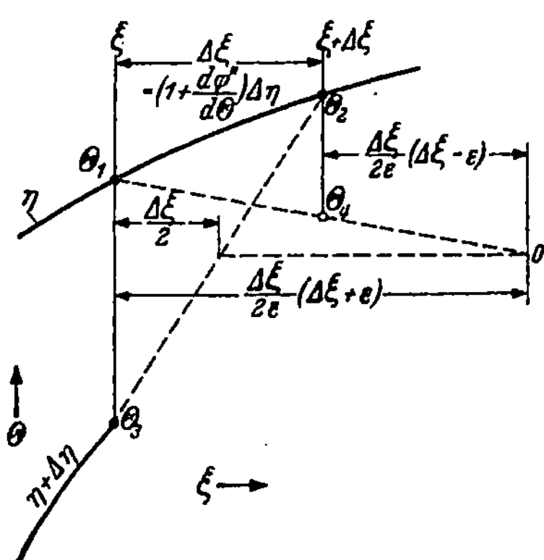

Bild 209. Zeichnerisches Stufenverfahren zur Ermittlung der Temperatur der Speichermasse eines feuchten Regenerators.

hierdurch festgelegten Waagerechten geht man von der Stelle ξ aus um die Strecke $\Delta\xi/2\varepsilon (\Delta\xi + \varepsilon)$ nach rechts, wodurch der Endpunkt 0 festgelegt wird. Verbindet man schließlich diesen Endpunkt 0 mit Θ_1, so schneidet die Verbindungslinie auf der Senkrechten $\xi + \Delta\xi$ den gesuchten Wert von Θ_4 aus. Aus der Ähnlichkeit der beiden rechtwinkligen Dreiecke, deren rechte Winkel durch die genannte Waagerechte und durch die Senkrechten bei ξ und $\xi + \varDelta\xi$ und deren andere Ecken durch Θ_1 bzw. Θ_4 und den gemeinsamen Punkt 0 gebildet werden, geht hervor, daß das angegebene Verfahren Gl. (786) befriedigt.

Dasselbe Verfahren gilt, wie schon in § 86 erwähnt wurde, auch für trockene Regeneratoren, wenn man $\varDelta\xi = \varDelta\eta$ und $\varepsilon = 1$ setzt. Dies trifft auch für den trockenen Teil der Kaltperiode eines feuchten Regenerators zu. Bei Anwendung auf den feuchten Teil der Kaltperiode und auf die Warmperiode ändert sich das Verhältnis von $\varDelta\xi$ und $\varDelta\eta$ von Stufe zu Stufe. Es empfiehlt sich, $\varDelta\eta$ konstant zu halten. Für das in § 98 erörterte Zahlenbeispiel, das nach diesem zeichnerischen Verfahren berechnet wurde, wurde je nach der Krümmung der Kurven $\varDelta\eta$ zwischen 1 und 5 gewählt. Hierbei wurde überdies zur Vereinfachung $\varepsilon = 1$ gesetzt, weil bei Wasserdampf-Luft-Gemischen unter einem gewissen Turbulenzeinfluß Werte von ε zwischen 0,853 und 1 zu erwarten sind.

Berechnung von ϑ und φ

Zu jeder für $\eta = $ const erhaltenen Θ-Kurve kann man auch den Verlauf der Gastemperatur ϑ sowie des nach Gl. (778) durch φ ausgedrückten Wasserdampfgehaltes bestimmen. Da Gl. (779) mit der Gl. (544) für den trockenen Regenerator identisch ist, gilt für ϑ unverändert das Stufenverfahren nach Bild 186 oder ein entsprechendes rechnerisches Verfahren.

Um auch φ abhängig von ξ zu finden, kann man zeichnerisch oder rechnerisch vorgehen.

Infolge der formalen Ähnlichkeit von Gl. (780) mit Gl. (703) kann man leicht geeignete Stufenverfahren entwickeln, die Bild 186 oder Gl. (707) entsprechen. Wie sich aus dem folgenden ergibt, kann man aber in der Regel auf die Berechnung von φ verzichten.

§ 96. Dauer der Wiederverdampfung und Sublimation der auf der Speichermasse niedergeschlagenen Wasser- und Eismengen[4]

Wir wollen im folgenden stets voraussetzen, daß die in der Warmperiode niedergeschlagenen Wasser- und Eismengen schon vor Beendigung der Kaltperiode vollständig verdampft oder sublimiert sind. Die Zeit, die zu dieser vollständigen Verdampfung oder Sublimierung nötig ist, legt die Dauer Π^* des feuchten Teiles der Kaltperiode (vgl. Bild 208) fest.

Der Wert von Π^* ergibt sich für jede Stelle ξ des Regenerators grundsätzlich aus der Bedingung, daß in der Kaltperiode an jeder Stelle des Regenerators ebenso viel Wasser verdampft und sublimiert, wie sich in der vorhergehenden Warmperiode niedergeschlagen hat. Dies gilt auch, wenn der Beharrungszustand noch nicht erreicht ist, oder wenn die Periodendauern Π und Π' verschieden lang sind. Es soll gezeigt werden, wie man diese Bedingung, die *Niederschlagsbedingung* genannt sei, bei der Berechnung eines Regenerators erfüllen kann.

An einer bestimmten Stelle ξ des Regenerators verdampft oder sublimiert je Flächeneinheit in einem sehr kleinen Zeitabschnitt dt der Kaltperiode die Wassermenge

$$dm_w = \frac{C}{c_p}\,dt\left(\frac{\partial x}{\partial f}\right)_\eta,\qquad(787)$$

---

[4] In der 1. Auflage dieses Buches veröffentlichtes Verfahren des Verfassers.

worin C/c_p die in der Zeiteinheit in der Kaltperiode hindurchströmende Gasmenge in kg/s und x wieder den Wasserdampfgehalt des Gases bedeutet. Integriert man Gl. (787) über die Zeitdauer des feuchten Teiles der Kaltperiode unter Berücksichtigung von Gl. (540) und (778), so erhält man als gesamte je Flächeneinheit verdampfende oder sublimierende Wasermenge:

$$m_w = \frac{C}{c_p} \int_{\Theta_2}^{\Theta_3} \left(\frac{\partial x}{\partial f}\right)_\eta dt = -\frac{1}{r}\frac{dC_s}{df} \int_{\Theta_2}^{\Theta_3} \left(\frac{\partial \varphi}{\partial \xi}\right)_\eta d\eta. \qquad (788)$$

Auf Grund derselben Überlegung ergibt sich für die Warmperiode:

$$m_w' = \frac{1}{r}\frac{dC_s}{df} \int_{\Theta_1}^{\Theta_2} \left(\frac{\partial \varphi}{\partial \xi}\right)_\eta d\eta. \qquad (789)$$

Da in der Warmperiode φ ebenso wie ϑ mit ξ, d.h. in der Strömungsrichtung, abnimmt, wird $\partial \varphi/\partial \xi$ und damit nach Gl. (789) auch m_w' negativ. Hierdurch kommt zum Ausdruck, daß die Wassermenge m_w' nicht verdampft oder sublimiert, sondern sich niederschlägt. Die genannte Bedingung, daß die verdampfende oder sublimierende Wassermenge gleich der niedergeschlagenen Wassermenge sein soll, lautet daher $m_w' = -m_w$. Hieraus folgt nach Gl. (788) und (789)

$$\int_{\Theta_2}^{\Theta_3} \left(\frac{\partial \varphi}{\partial \xi}\right)_\eta d\eta + \int_{\Theta_1}^{\Theta_2} \left(\frac{\partial \varphi}{\partial \xi}\right)_\eta d\eta = 0. \qquad (790)$$

Diese Niederschlagsbedingung könnte man bei der Berechnung des Temperaturverlaufs in einem feuchten Regenerator unmittelbar benutzen, um für eine bestimmte Stelle des Regenerators die Dauer des feuchten Teiles der Kaltperiode zu bestimmen. Man könnte hierzu zunächt φ für verschiedene Werte von η in der am Ende von § 95 angedeuteten Weise berechnen und abhängig von ξ aufzeichnen, dann $(\partial \varphi/\partial \xi)_\eta$ für die Stelle ξ aus der Neigung der erhaltenen Kurven ermitteln und schließlich die Integrale in Gl. (790) nach einem Näherungsverfahren auswerten. Schwieriger wäre es, die Werte der Integrale rein rechnerisch zu bestimmen.   Solche Verfahren wären indessen sehr mühsam. Wir wollen daher Gl. (790) noch umformen, indem wir berücksichtigen, daß nach Gl. (780) und (781)

$$\left(\frac{\partial \varphi}{\partial \xi}\right)_\eta = -\left(\frac{\partial \Theta}{\partial \eta}\right)_\xi - (\Theta - \vartheta)$$

ist. Wir erhalten dann als Niederschlagsbedingung[5]

$$\Theta_3 - \Theta_1 + \int_{\Theta_2}^{\Theta_3} (\Theta - \vartheta)\, d\eta = \int_{\Theta_1}^{\Theta_2} (\vartheta - \Theta)\, d\eta. \qquad (791)$$

Gl. (791) legt an jeder Stelle des Regenerators die Temperatur Θ_3 am Ende des feuchten Teiles der Kaltperiode sowie die Dauer dieses Teiles fest, wenn Θ_1 und Θ_2 aus der vorhergehenden Warmperiode bekannt sind. Man kann hiernach Θ_3 und Π^* in der Weise ermitteln, daß man nach Kenntnis von Θ auch Werte von ϑ z.B. nach Gl. (707) berechnet. Zuerst muß man nach einem Näherungsverfahren den Integralwert für die Warmperiode festlegen. Dann schreitet man für die Kaltperiode in η und Θ sowie auch in ϑ so lange fort, bis der erhaltene Wert von Θ_3 Gl. (791) erfüllt. Die Dauer Π^* des feuchten Teiles der Kaltperiode ist im allgemeinen von Stelle zu Stelle verschieden.

R. Schlatterer[5] hat gezeigt, daß man für $\xi > 5$ die Niederschlagsbedingung (791) vereinfacht wie folgt auswerten kann. Mit den Abkürzungen

$$\text{für die Warmperiode} \qquad 1 + \frac{d\varphi''}{d\Theta} = w(\Theta), \tag{792}$$

$$\begin{aligned}&\text{für den feuchten Teil}\\&\text{der Kaltperiode}\end{aligned} \qquad 1 + \frac{d\varphi''}{d\Theta} = k(\Theta) \tag{793}$$

und einigen hier übergangenen Zwischenrechnungen kann man Gl. (791) umformen in

$$\Theta_3 - \Theta_1 + \int_{\Theta_2}^{\Theta_3} \frac{d\Theta}{k(\Theta)_{\xi-\varepsilon}} = \int_{\Theta_1}^{\Theta_2} \frac{d\Theta}{w(\Theta)_{\xi-\varepsilon}} \qquad \text{(bei } \xi > 5). \tag{794}$$

In den Integralen dieser Gleichung sind hiernach $k(\Theta)$ und $w(\Theta)$ jeweils für die Werte von Θ an der Stelle $\xi - \varepsilon$ zu bestimmen, während sich $d\Theta$ und die Grenzen Θ_1, Θ_2 und Θ_3 auf die Stelle ξ selbst beziehen. Die Integrale lassen sich leicht auswerten, wenn man noch mit guter Näherung setzt

$$\int_{\Theta_2}^{\Theta_3} \frac{d\Theta}{k(\Theta)_{\xi-\varepsilon}} = \frac{(\Theta_2 - \Theta_3)_\xi}{(\Theta_2 - \Theta_3)_{\xi-\varepsilon}} \cdot \int_{\Theta_2(\xi-\varepsilon)}^{\Theta_3(\xi-\varepsilon)} \frac{d\Theta}{k(\Theta)} \tag{795}$$

und

$$\int_{\Theta_1}^{\Theta_2} \frac{d\Theta}{w(\Theta)_{\xi-\varepsilon}} = \frac{(\Theta_2 - \Theta_1)_\xi}{(\Theta_2 - \Theta_1)_{\xi-\varepsilon}} \cdot \int_{\Theta_1(\xi-\varepsilon)}^{\Theta_2(\xi-\varepsilon)} \frac{d\Theta}{w(\Theta)}. \tag{796}$$

Die Grenzen der neu erhaltenen Integrale sind bestimmt durch die Werte von Θ_1, Θ_2 und Θ_3 an den Stellen $\xi - \varepsilon$, die also jeweils in der Strömungsrichtung im Abstand ε vor der Stelle ξ liegen.

Mit Hilfe der Gln. (795) und (796) läßt sich die Niederschlagsbedingung (794) in einfacher Weise auswerten. Denn man kann die Integrale $\int_0^\Theta \frac{d\Theta}{k(\Theta)}$ und $\int_0^\Theta \frac{d\Theta}{w(\Theta)}$, die durch die Dampfdruckkurve und den jeweiligen Gasdruck bestimmt sind, von vornherein durch näherungsweise Integration berechnen und abhängig von Θ auftragen. Aus den gewonnenen Kurven erhält man dann die Integrale in Gl. (795) und (796) sehr einfach als Differenz zweier Werte, die man aus diesen Kurven abliest. In entsprechender Weise lassen sich die Integrale auch rein rechnerisch ermitteln.

§ 97. Angenäherte Ermittlung des Beharrungszustandes[5] feuchter Regeneratoren

Den Beharrungszustand kann man grundsätzlich in der Weise berechnen, daß man von einer geschätzten Temperaturverteilung in der Speichermasse ausgeht und eine genügende Zahl aufeinanderfolgender Warm- und Kaltperioden mit Hilfe eines der besprochenen Stufenverfahren und der Niederschlagsbedingung durchrechnet, bis sich keine merkliche Änderung des Temperaturverlaufs von Periode zu Periode mehr ergibt. Damit die Zahl der durchzurechnenden Perioden nicht zu groß wird, ist es erwünscht, den Temperaturverlauf schon von vornherein ab-

---

[5] Dieses in der 1. Auflage dieses Buches eingehend begründete Verfahren wurde nach einigen Vorarbeiten des Verfassers von R. Schlatterer, damals in Höllriegelskreuth bei München, entwickelt.

schätzen zu können. Dies ermöglicht eine Beziehung, nach der sich bei $CT = C'T'$ der zeitliche Mittelwert $\overline{\Theta}'$ der Temperatur der Speichermasse in der Warmperiode abhängig von ξ' in erster Näherung berechnen läßt.

Durch Gl. (760) S. 434 der 1. Auflage dieses Buches ist zunächst näherungsweise festgelegt, wie der zeitliche Mittelwert $\overline{\vartheta}'$ der Gastemperatur von ξ' abhängt. Diese Näherungsbeziehung, deren Ableitung hier nicht wiederholt werden soll, lautet:

$$\xi' = \text{const} - \left(1 + \frac{\Pi'}{\Pi}\right)\frac{\overline{\vartheta}'}{\varDelta\overline{\vartheta}} - \frac{\Pi'}{2\varDelta\overline{\vartheta}}\cdot\frac{P'-P}{P'}\,\varphi'', \qquad (\text{bei } CT = C'T'), \qquad (797)$$

worin die gestrichenen Größen ξ', Π' und P' sich auf die Warmperiode beziehen. P' ist der Druck in der Warmperiode P, in der Kaltperiode. $\varDelta\overline{\vartheta}$ ist der überall gleiche zeitliche Mittelwert des Temperaturunterschiedes zwischen beiden Gasen.

In Gl. (797) kann man $\overline{\vartheta}'$ gleich $\overline{\Theta}'$ setzen, weil, wie man aus Bild 214 rechts erkennt, nur geringe Unterschiede zwischen beiden Temperaturen zu erwarten sind Wendet man ferner diese Beziehung auf die Eintrittstemperatur $\overline{\vartheta}' = \vartheta_1'$ des wärmeren Gases bei $\xi' = 0$ ($\xi = \varLambda$) an, dann ergibt sich durch Subtraktion der erhaltenen Gleihungen

$$\xi' = \left(1 + \frac{\Pi'}{\Pi}\right)\frac{\vartheta_1' - \overline{\Theta}'}{\varDelta\overline{\vartheta}} + \frac{\Pi'}{2\varDelta\overline{\vartheta}}\cdot\frac{P'-P}{P'}\,(\varphi''(\vartheta_1') - \varphi''(\overline{\Theta}')), \qquad (798)$$

Im Rahmen der Ungenauigkeit dieser Näherungsgleichung kann man die durch sie festgelegte mittlere Speichertemperatur $\overline{\Theta}'$ auch als die Temperatur in der Mitte der Warmperiode auffassen und hiervon ausgehend die genauere Berechnung nach Gl. (784) beginnen.

Im allgemeinen wird man es aber vorziehen, den Anfang der Warmperiode als Ausgangspunkt für die genauere Rechnung zu wählen, und zwar vor allem deshalb, weil man dann schon am Ende der Warmperiode Werte der niedergeschlagenen Wassermenge erhält, die ihrerseits die Dauer des feuchten Teils der Kaltperiode bestimmen.

Aus Gl. (798) erhält man einen geschätzten Verlauf der Temperatur der Speichermasse zu *Beginn der Warmperiode*, indem man bei jedem Wert von $\Theta' = \text{const}$ ξ' um einen Betrag $\varDelta\xi'$ verändert, der der halben Periodendauer $\varDelta\eta' = -\Pi'/2$ entspricht. Die erforderliche Verschiebung in ξ' beträgt nach Gl. (785)

$$\varDelta\xi' = -\left(1 + \frac{d\varphi''}{d\Theta'}\right)\frac{\Pi'}{2}. \qquad (799)$$

Man erhält daher aus Gl. (798)

$$\xi' = \xi_A' = \left(1 + \frac{\Pi'}{\Pi}\right)\frac{\vartheta_1' - \Theta_A'}{\varDelta\overline{\vartheta}}$$

$$+ \frac{\Pi'}{2}\left[\frac{1}{\varDelta\overline{\vartheta}}\cdot\frac{P'-P}{P'}(\varphi''(\vartheta_1') - \varphi''(\Theta_A')) - \left(1 + \frac{d\varphi''}{d\Theta'}\right)_A\right], \qquad (800)$$

wobei der Index A die Werte am Anfang der Warmperiode kennzeichnet. Damit ist also in erster Näherung der Verlauf der Speichertemperatur $\Theta' = \Theta_A'$ zu Beginn der Warmperiode festgelegt.

§ 98. Ergebnisse der Berechnung

Der nach dem beschriebenen Verfahren sich errechnende Temperaturverlauf werde an einem Beispiel aus der Tieftemperaturtechnik erläutert[6]. Hierbei werde zunächst wieder nur die Kondensation von Wasserdampf, nicht aber die von Kohlendioxid oder etwaigen anderen Bestandteilen betrachtet. Die dimensionslose Regeneratorlänge sei $\Lambda = \Lambda' = 250$, die dimensionslose Periodendauer $\Pi = \Pi' = 50$. Diese Werte von Λ und Π entsprechen z. B. dem Fall, daß jeder von zwei zusamenarbeitenden Regeneratoren eine Speichermasse mit einer Wärmekapazität von 420 kJ/K und eine wärmeübertragende Fläche von 1 200 m² hat, daß der Wärmeübergangskoeffizient $\alpha = 58$ W/m²K beträgt, daß stündlich etwa 1 000 kg Luft und eine Stickstoffmenge gleicher Wärmekapazität $(C' = C = \text{const})$ hindurchströmen, und daß nach je 5 min umgeschaltet wird. Die Luft trete mit $+35\,°\mathrm{C}$ an Wasserdampf gesättigt, der Stickstoff vollkommen trocken mit $-180\,°\mathrm{C}$ in die Regeneratoren ein. Der Druck der Luft sei zu 5 bar abs., der des Stickstoffs zu 1,1 bar abs. angenommen.

Bild 210 zeigt zunächst den Temperaturverlauf während der Kaltperiode, wenn nur trockene Gase durch den Regenerator strömen. Die einzelnen Kurven stellen den Temperaturverlauf zu verschiedenen Zeiten η dar. Im Gebiet des linearen Temperaturverlaufs schwankt die Temperatur der Speichermasse um 50 °C auf und ab.

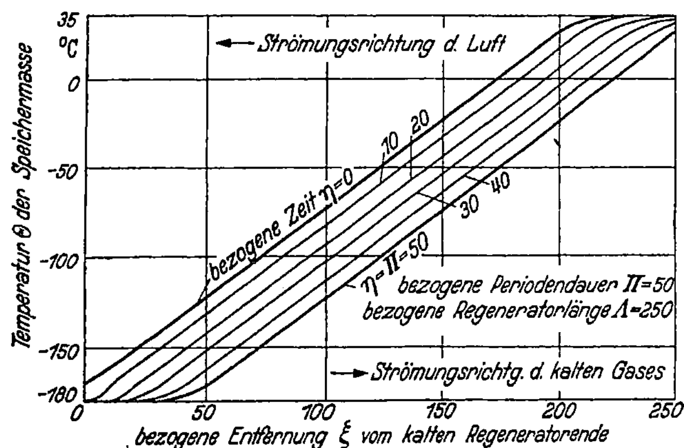

Bild 210. Temperaturverlauf in einem mit trockenen Gasen beschickten Regenerator. Kaltperiode im Beharrungszustand.

Beschickt man den bisher mit trockenen Gasen betriebenen Regenerator mit Luft, die bei 5 bar abs. und 35 °C an Wasserdampf gesättigt ist, so ändert sich der Temperaturverlauf plötzlich wie in Bild 211. Die Abbildung stellt die erste Warmperiode bei feuchtem Betrieb dar. Die Luft tritt hierbei von rechts in den Regenerator ein und wird unter Kondensation des Wasserdampfes abgekühlt. Die hierbei freiwerdende Verdampfungs- oder Sublimationswärme bewirkt, daß im Gebiet der Wasserdampfausscheidung, wie die Abkrümmung der Kurven nach oben zeigt,

---

[6] Nach H. Hausen [H 306].

die Speichermasse sich wesentlich rascher erwärmt, als wenn nur trockene Luft an ihr abgekühlt würde.

Dieser Temperaturverlauf kann jedoch nicht erhalten bleiben; denn hierbei würde die wegen $A = A'$, $\Pi = \Pi'$ und damit $CT = C'T'$ nach Gl. (455) bestehende Bedingung, daß im Beharrungszustand die mittlere Temperaturdifferenz $\overline{\Delta \vartheta}$ überall

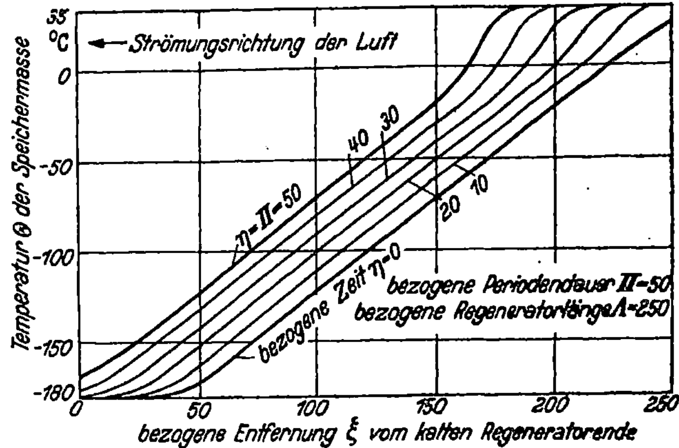

Bild 211. Umstellen des Regenerators von trockener auf feuchte Luft. Erste feuchte Warmperiode. Druck in der Warmperiode 5 bar, in der Kaltperiode 1,1 bar.

gleich sein soll, nicht erfüllt. Den Beharrungszustand im feuchten Betrieb zeigen die Bilder 212 und 213. In den kalten Teilen des Regenerators (links), in denen die Wasserablagerung unmerklich ist, ist der Temperaturverlauf zwar noch linear, aber merklich steiler als in Bild 210 und 211. Die Temperaturschwankung ist hier von 50° auf 80° gestiegen. Das Gebiet der Wasserdampfablagerung (rechts) ist hingegen stark in die Länge gezogen. Gerade in diesem Gebiet hat sich die Temperaturschwankung, die in Bild 211 besonders groß war, stark verringert. Der rechte Teil des Bildes 212 läßt erkennen, daß sich die Störung des linearen Temperaturverlaufs, die durch die unveränderliche Eintrittstemperatur der Luft verursacht ist, viel weiter in das Innere des Regenerators hinein fortpflanzt als bei trockenem Betrieb. In Bild 213, das den Temperaturverlauf in der Kaltperiode darstellt, gibt die strichpunktierte Linie an, bei welchen Temperaturen (Θ_3) an jeder Stelle des Regenerators die Wasserverdampfung gerade beendet ist. Besonders zwischen etwa $\xi = 120$ und $\xi = 180$ sieht man an den senkrechten Abständen der ausgezogenen Kurven deutlich, daß die Temperatur der Speichermasse im feuchten Teil der Kaltperiode wesentlich rascher sinkt als im trockenen Teil dieser Periode. Die Verdampfung des Wassers ist in diesem Bereich schon etwa nach dem ersten Fünftel der Kaltperiode beendet. Unterhalb $\xi = 120$ geht die Verdampfung oder Sublimation noch rascher vor sich. Oberhalb $\xi = 180$ ist hingegen die Zeit der Verdampfung im ganzen etwas verschoben und erreicht daher auch erst später ihr Ende. Sie setzt hier nämlich nicht sofort bei Beginn der Kaltperiode ein, weil in der allerersten Zeit dieser Periode Stickstoff an der Speichermasse vorbeiströmt, der schon vorher auf die höchste Temperatur von 35°C erwärmt wurde und daher bereits an Wasserdampf gesättigt ist.

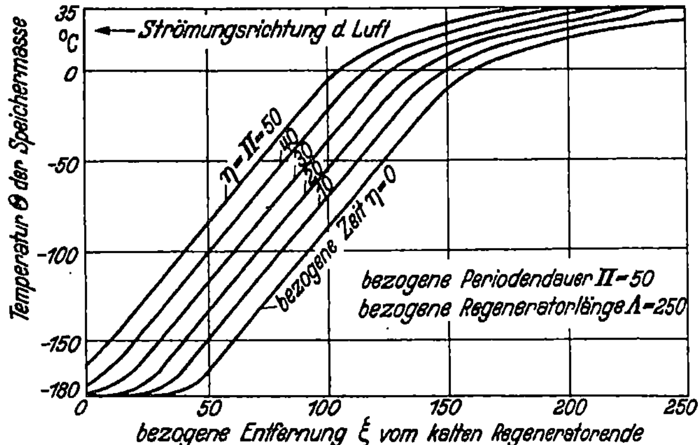

Bild 212. Regenerator bei Betrieb mit feuchter, bei 35 °C gesättigter Luft.
Warmperiode im Beharrungszustand.

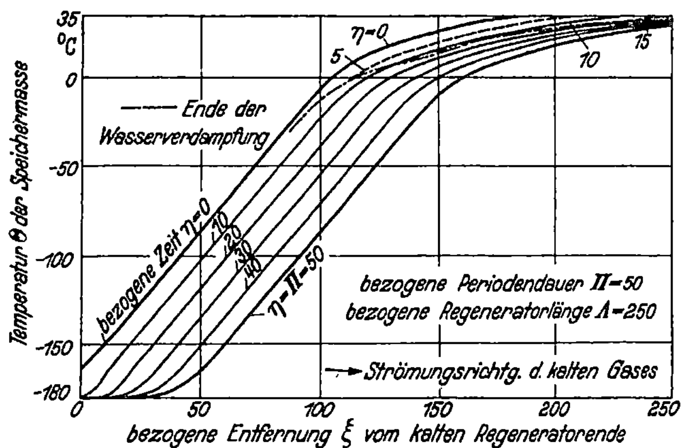

Bild 213. Regenerator bei Betrieb mit feuchter, bei 35 °C gesättigter Luft.
Kaltperiode im Beharrungszustand.

Die soeben geschilderten Vorgänge lassen sich an Hand von Bild 214, das den
zeitlichen Temperaturverlauf an verschiedenen Stellen des Regenerators darstellt,
noch etwas genauer verfolgen. Waagerecht ist die reduzierte Zeit η, und zwar für
die Warm- und Kaltperiode im entgegengesetzten Sinne, senkrecht die Temperatur
Θ der Speichermasse (ausgezogen) und die Gastemperatur ϑ (gestrichelt) aufgetragen. Auf der linkene Seite der Abbildung sieht man zunächst die bekannten zeitlichen Temperaturänderungen im trockenen Regenerator. Der mittlere Temperaturunterschied zwischen beiden Gasen ist hierbei an allen Stellen des Regenerators
$\Delta\bar{\vartheta} = 2°$. In der Mitte von Bild 214 ist der zeitliche Temperaturverlauf in der ersten
Warm- und Kaltperiode unmittelbar nach dem Umstellen vom trockenen auf den
feuchten Betrieb dargestellt (vgl. Bild 211). Den im Beharrungszustand sich einstellenden zeitlichen Temperaturverlauf zeigt die rechte Seite von Bild 214.
$\Delta\bar{\vartheta}$ ist auch in diesem Falle überall gleich groß, aber um 60% größer als beim trockenen Regenerator.

In dem geschilderten Temperaturverlauf kommt ein weitgehendes Anpassungsvermögen des Regenerators zum Ausdruck. Bliebe der Temperaturverlauf in der Längsrichtung des Regenerators bei feuchter Luft im wesentlichen derselbe wie bei trockenem Betrieb (Bild 210 und 211), dann müßte infolge der durch die Kondensation und Verdampfung vermehrten Temperaturschwankungen und der dadurch verursachten großen Hystereseschleifen das anzuwärmende Gas verhältnismäßig sehr kalt aus dem Regenerator austreten. Der Austauschverlust würde damit unerwünscht groß. Durch die Krümmung des Temperaturverlaufes nach Bild 212 und 213 stellt hingegen der Regenerator selbsttätig gerade dort mehr Spei-

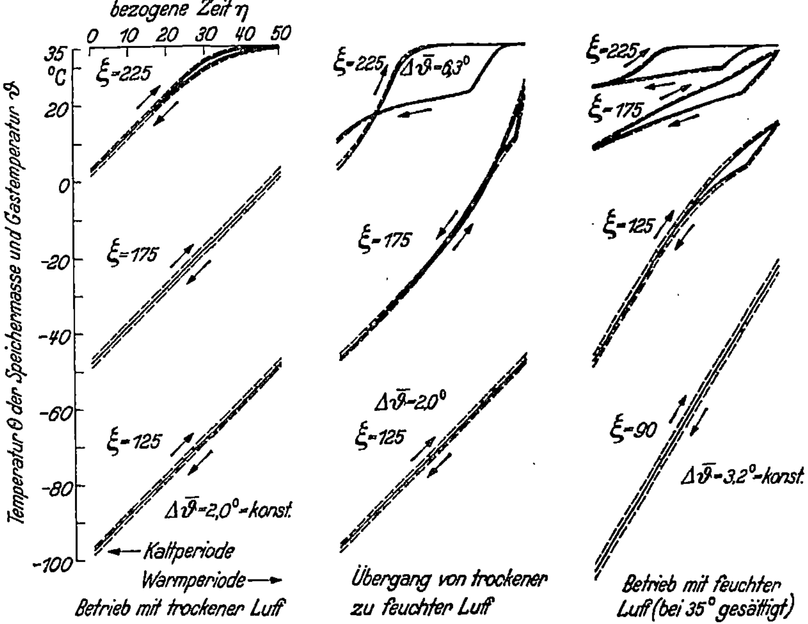

Bild 214. Zeitliche Temperaturänderungen an verschiedenen Stellen des Regenerators bei Betrieb mit trockener und feuchter Luft.

———— Temperatur der Speichermasse;

– – – – Temperatur der Luft und des Stickstoffs.

chermasse zur Verfügung, wo sie für die Kondensation und Wiederverdampfung zusätzlich benötigt wird. Umgekehrt wird in den kalten Teilen durch den steileren Temperaturansteig der Wärme- und Kälteaustausch vermehrt. Dies alles bewirkt, daß die durch die Feuchtigkeit der Luft erhöhte Beanspruchung des Regenerators auf seine ganze Länge gleichmäßig verteilt und so in der Gesamtwirkung die Güte des Austauschs nur verhältnismäßig wenig beeinträchtigt wird.

In Bild 215 ist für dasselbe Beispiel, das bisher besprochen wurde, der Temperaturverlauf unter zusätzlicher Berücksichtigung des Einflusses der Ablagerung und Sublimation des Kohlendioxids dargestellt. Der Temperaturverlauf ist hier bei sehr tiefen Temperaturen nochmals schwach, aber ähnlich abgekrümmt, wie es vorher im Gebiet der höheren Temperaturen unter dem Einfluß des Wasserdampfgehaltes der Luft festgestellt wurde.

Zum Schluß werde noch auf folgendes hingewiesen. In den behandelten Bei-
spielen ist die Wärmekapazität der in der Warm- und Kaltperiode strömenden Gase
gleich groß angenommen. Praktisch läßt man aber durch Regeneratoren, wie sie
z. B. in den Sauerstofferzeugungsanlagen angewendet werden, kalorisch 2 bis 3%
mehr Stickstoff als Luft strömen. Hierdurch erzielt man in den kältesten Teilen der
Regeneratoren sehr kleine Temperaturunterschiede, die die Sublimation des Kohlendioxids begünstigen und so sicher stellen, daß die Speichermasse gegen Ende
der Periode vollständig frei von Kohlendioxid wird. Hierbei vergrößert sich aber
der Temperaturunterschied am warmen Ende der Regeneratoren. Dies kann man
vermeiden, wenn man den Überschuß kalten Gases noch größer wählt, ihn aber
schon etwa in der Mitte der Regeneratoren wieder entnimmt. Dadurch vergrö-
ßern sich zwar etwas die Temperaturunterschiede in der Mitte der Regeneratoren,
doch werden sie an den warmen und kalten Enden um so kleiner. Dieser schon bei
Entwurf der ersten Tieftemperaturregeneratoren aufgetauchte, aber damals noch
nicht verwirklichte Gedanke ist später in Amerika ausgeführt und als „unbalance
system" bekannt geworden [L 304]. Die Anordnung entspricht im wesentlichen
dem in Bild 55 dargestellten „reversing exchanger". Hierin werden etwa 11% der
in dem Austauscher auf die tiefste Temperatur abgekühlten Luft in einem besonderen Strömungsquerschnitt etwa bis zur Mitte des Austauschers wieder zu-
rückgeleitet.

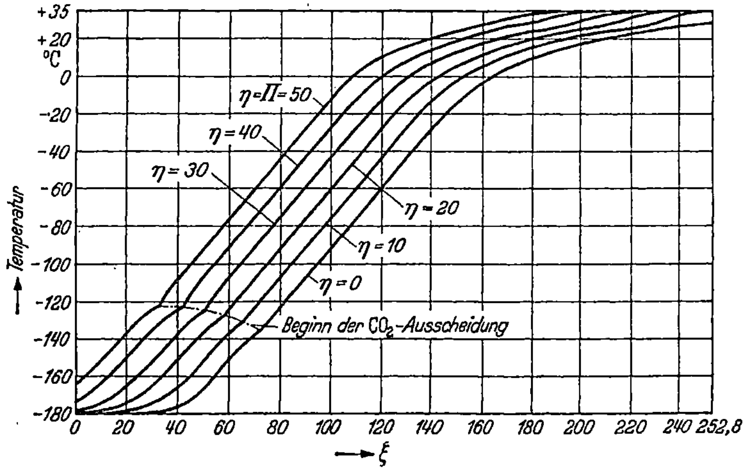

Bild 215. Feuchter Regenerator mit Kohlendioxid-Ablagerung, Warmperiode.

Literatur zum dritten Abschnitt: Regeneratoren

A

301 Ackermann, G.: Die Theorie der Wärmeaustauscher mit Wärmespeicherung. Z. angew.
Math. Mech. 11 (1931) 192.
302 Allen, D. N. de G.: The Calculation of the Efficiency of Heat Regenerators. Quarterly
J. Mech. Appl. Math. 5 (1952) 455—461.

303 Altenkirch, E.: Schnelläufige Regeneratoren. Wissenschaftliche Berichte, Folge 4 Maschinenbau, H. 1. Berlin: Verlag Technik 1952.
304 Anzelius, A.: Über Erwärmung vermittels durchströmender Medien. Z. angew. Math. Mech. 6 (1926) 291.

B

301 Bartsch, A.: Regeneratoren der Tieftemperaturtechnik. Berlin: Verlag Technik 1962.
302 Becker, R.: Anwendung von Regeneratoren in der Tieftemperaturtechnik, besonders zur Anreicherung von Äthylen aus Koksofengas. Linde-Berichte aus Wissensch. u. Technik (1958) 3, 25f.
303 Becker, R.: Regeneratorverfahren zur Koksgaszerlegung. Kältetech. 16 (1964) 239—241.
304 Binder, L.: Äußere Wärmeleitung und Erwärmung elektrischer Maschinen. Diss. München 1911.
305 Binder, L.: Über Wärmeübergang auf ruhige und bewegte Luft sowie Lüftung und Kühlung elektrischer Maschinen. Halle: W. Knapp 1912.
306 Blass, E.: Die Eignung von Drahtgeweben als Wärmespeichermassen. Brennstoff-Wärme-Kraft 16 (1964) 6, 267—272.
307 Bock, H.: Regeneratoren und Sorptiv-Regeneratoren. Forschg. Ing. Wes. 28 (1962) 37—46.
308 Boestad, G.: Die Wärmeübertragung im Ljungström-Luftvorwärmer. Feuerungstechnik 26 (1938) 9, 282—286.
309 Bošnjaković, Fr.: Technische Thermodynamik, 2. Teil. Dresden u. Leipzig: Th. Steinkopff, 4. Aufl. 1965, S. 22, Gln. (53) u. (54).
310 Buker, J. C.; Simcic, N. F.: Blast-Furnace Stove Analysis and Control. Instrum. Soc. Amer. Trans. 2 (1962) 2, 160—167.

C

301 Chase, jr., C. A.; Gidaspow, D.; Peck, R. E.: A Regenerator-Prediction of Nusselt Numbers. Int. J. Heat Mass Transfer 12 (1969) 6, 727—736.
302 Chase, C. A.; Gidaspow, D.; Peck, R. E.: Transient Heat and Mass Transfer in an Adiabatic Regenerator — a Green's Matrix Representation. Int. J. Heat Mass Transfer 13 (1970) May, 817—834.
303 Coppage, J. E.; London, A. L.: The Periodic-Flow Regenerator. A Summary of Design Theory. Trans. Am. Soc. Mech. Eng. 75 (1953) 5, 779—787.
304 Courant, R.; Hilpert, D.: Methoden der mathematischen Physik. Bd. I. Berlin: Springer 1924, S. 32ff.
305 Crank, J.; Nicolson, P.: A Practical Method for Numerical Evaluation of Solutions of Partial Differential Equations of the Heat Conduction Type. Proc. Camb. Phil. Soc. 34 (1947) 50—76.
306 Creswick, F. A.: A Digital Computer Solution of the Equations for Transient Heating of a Porous Solid including Effects of Longitudinal Conduction. Ind. Math. 8 (1957) 61.

E

301 Edwards, J. V.; Evans, R.; Probert, S. D.: Computation of Transient Temperatures in Regenerators. Int. J. Heat Mass Transfer 14 (1971) Aug., 1175—11202.

F

301 Fränkl, M.: DRP 490878 und 492431.

G

301 Glaser, H.: Der Wärmeübergang in Regeneratoren. Z. VDI Beiheft „Verfahrenstechnik"
(1938) 4, 112—125.
302 Glaser, H.: Der Regenerator als Hochleistungs-Wärmeaustauscher. Chem. Ing. Tech. 26
(1954) 1, 39—41.
303 Glaser, H.: Regeneratoren mit bewegter Speichermasse. Forschg. Ing.-wes. (1951) 1,
9—15.

H

301 Handley, D.; Heggs, P. J.: The Effect of Thermal Conductivity of the Packing Material
on Transient Heat Transfer in a Fixed Bed. Int. J. Heat Mass Transfer 12 (1969) 549—570.
302 Harper, D. B.; Rohsenow, W. M.: Effect of Rotary-Regenerator Performance on Gas-
Turbine-Plant Performance. Trans. ASME 75 (1953) 759—765.
303 Hausen, H.: Über die Theorie des Wärmeaustausches in Regeneratoren, Habilitationsschrift vom 21. 2. 1927 (erster Referent Prof. Nußelt), veröffentlicht in Z. angew. Math.
Mech. 9 (1929) 173—200; vgl. auch Hausen, H.: Wärmeaustausch in Regeneratoren.
Z. VDI 73 (1929) 431—433.
304 Hausen, H.: Über den Wärmeaustausch in Regeneratoren. Techn. Mech. Thermodyn. 1
(1930) 219 u. 250.
305 Hausen, H.: Näherungsverfahren zur Berechnung des Wärmeaustausches in Regeneratoren. Z. angew. Math. Mech. 11 (1931) 105—114.
306 Hausen, H.: Feuchtigkeitsablagerung in Regeneratoren. Z. VDI Beiheft „Verfahrenstechnik" 1937, Nr. 2, 62—67.
307 Hausen, H.: Berechnung der Steintemperatur in Winderhitzern. Arch. Eisenhüttenw. 12
(1938/39) 473—480.
308 Hausen, H.: Vervollständigte Berechnung des Wärmeaustausches in Regeneratoren.
VDI-Beiheft „Verfahrenstechnik" (1942) 2, 31—43.
309 Hausen, H.: Einfluß des Lewisschen Koeffizienten auf das Ausfrieren von Dämpfen aus
Gas-Dampf-Gemischen. Angew. Chemie (B), 20 (1948) 177—182.
310 Hausen, H.: Berechnung der Wärmeübertragung in Regeneratoren bei temperaturabhängigen Stoffwerten und Wärmeübergangszahlen. Int. J. Heat Mass Transfer 7 (1964)
112—123.
311 Hausen, H.: Berechnung der Wärmeübertragung in Regeneratoren bei zeitlich veränderlichem Mengenstrom. Int. J. Heat Mass Transfer 13 (1970) 1753—1766.
312 Hausen, H.: Berechnung von Regeneratoren nach der Gaußschen Integrationsmethode.
Int. J. Mass Heat Transfer 17 (1974) 1111—1113.
313 Heiligenstaedt, W.: Regeneratoren, Rekuperatoren, Winderhitzer. Leipzig: Spamer
1931, S. 169.
314 Heiligenstaedt, W.: Die Berechnung von Wärmespeichern. Arch. Eisenhüttenw. 2 (1928/
1929) 217—222; vgl. auch Heiligenstaedt. W.: Wärmetechnische Rechnungen für Industrieöfen. 2. Aufl. Düsseldorf: Stahleisen 1941.
315 Herzog, E.: Der heutige Stand unserer Kenntnisse vom Siemens-Martin-Ofen. S. 12 f.
Bericht Nr. 120 d. Ver. deutsch. Eisenhüttenl. Düsseldorf: Stahleisen 1927 (wichtigste
ältere Literatur über Regeneratoren).
316 Hlinka, J. W.; Puhr, F. S.; Paschkis, V.: AISE Manual for Thermal Design of Regenerators.
Iron Steel Engr. (1961) 59.
317 Hochgesand, C. P.: Das Linde-Fränkl-Verfahren zur Zerlegung von Gasgemischen. Mitt.
Forschanst. d. GHH-Konzerns 4 (1935) 1, 14—23.
318 Hofmann, E. E.; Kappelmayer, A.: Strömungstechnische Modellversuche an einem Winderhitzer mit außenstehendem Brennschacht und Vergleich der Ergebnisse mit Betriebs-
messungen. Arch. Eisenhüttenw. 40 (1969) 4, 311—322.
319 „Hütte", 28. Aufl., Bd. I, 1955, S. 107.

I

301 Iliffe, C. E.: Thermal Analysis of the Contra-Flow Regenerative Heat Exchanger. Proc. Inst. Mech. Engrs. 159 (1948) 363—371.

J

301 Jenne, O.; Schwarz v. Bergkampf, E.: Eine einfache Berechnung von Regeneratoren. Gaswärme 3 (1954) 240—246.
302 Johnson, J. E.: Regenerative Heat Exchangers for Gas-Turbines. Technical Report Nr. 2630 of the Aeronautical Research Council (1948) 1025—1094.

K

301 Kardas, A.: On a Problem in the Theory of the Unidirectional Regenerator. Int. J. Heat Mass Transfer 9 (1966) 567.
302 Kessels, K.: Ergebnisse der Untersuchung von Hochofenwinderhitzern. Stahl u. Eisen 75 (1955) 958—1119.
303 Knapp, H.: Umschalt-Wärmeaustauscher und Regeneratoren in Luftzerlegungsanlagen. Chem. Ing. Tech. 39 (1967) 5/6, 390—394.

L

301 Lambertson, T. J.: Performance Factors of a Periodic-Flow Heat Exchanger. Trans. Am. Soc. Mech. Eng. A 80 (1958) 586—592.
302 Larsen, F. W.: Rapid Calculation of Temperature in a Regenerative Heat Exchanger Having Arbitrary Initial Solid and Entering Fluid Temperatures. Int. J. Heat Mass Transfer 10 (1967) 149—168.
303 Lewis, W. K.: The Evaporation of a Liquid into a Gas. Mech. Engineering 44 (1922) 445. Vgl. auch Merkel, Fr.: Verdunstungskühlung, VDI-Forschungsheft 275 (1925).
304 Lobo, W. E.; Skaperdas, G. T.: Chem. Eng. Progress 43 (1947) 69.
305 Loske, K.; Wiezorke, B.: Ergebnisse bei der Anwendung eines mathematischen Winderhitzer-Modells. Arch. Eisenhüttenw. 39 (1968) 4, 265—272.
306 Lowan, A. N.: On the Problem of Heat Recuperator. Phil. Mag. (7), Bd. 17 (1934) S. 914—933 (Phys. Ber. 15, 2 (1934) 1289).
307 Lund, G.; Dodge, B. F.: Fränkl-Regenerator Packings. Heat Transfer and Pressure Drop Characteristics. Ind. Eng. Chem. 40 (1948) 6, 1019—1032.

M

301 MacLaine-Cross, I. L.; Banks, P. J.: Coupled Heat and Mass Transfer in Regenerators — Prediction Using an Analogy with Heat Transfer. Int. J. Heat Mass Transfer 15 (1972) 1225—1242.
302 Manzique, J. A.; Cardenas, R. S.: Digital Simulation of a Regenerator. 5. Int. Heat Transfer Conference Tokio, Sept. 1974. Preprints Vol. V, S. 190—194.
303 Mitchell, A. R.; Pearce, R. P.: High Accuracy Difference Formulae for the Numerical Solution of the Heat Conduction Equation. Computer J. 5 (1962) 142—146.
304 Modest, M. F.; Tien, C. L.: Thermal Analysis of Cyclic Cryogenic Regenerators (unter Berücksichtigung meist vernachlässigter Einflüsse wie innerer Energieaustausch des Fluids infolge der periodisch wechselnden Drücke und der Längswärmeleitung der Speichermasse). Int. J. Heat Mass Transfer 17 (1974) 37—49.

N

301 Nahavandi, A. H.; Weinstein, A. S.: A Solution to the Periodic Flow Regenerative Heat Exchanger Problem. Appl. Sci. Res. A, 10 (1961) 335—348.

302 Naumann, G.: Versuche an einem Winderhitzer. Mitt. Wärmestelle Düsseldorf VDEh Nr. 82 (1926).

303 Nußelt, W.: Die Theorie des Winderhitzers. Z. VDI 71 (1927) 85.

304 Nußelt, W.: Der Beharrungszustand im Winderhitzer. Z. VDI 72 (1928) 1052—1054.

P

301 Peiser, A. M.; Lehner, J.: Design Charts for Symmetric Regenerators. Ind. Eng. Chem. 45 (1953) 10, 2166—2170.

302 Price, C. B. A.: Heat and Momentum Transfer in Thermal Regenerators. University of London. Ph. D. Thesis 1964.

R

301 Razelos, P.; Lazaridis, A.: A Lumped Heat Transfer Coefficient for Periodically Heated Hollow Cylinders. Int. J. Heat Mass Transfer 10 (1967) 1373—1387.

302 Ridgion, J. M.; Willmott, A. J.; Thewlis, J. H.: An Analogue Computer Simulation of a Cowper Stove. Computer Jl. 7 (1964) 188—196.

303 Riedel, H.: Über regenerative Wärmeübertrager mit poröser Speichermasse. Forschg. Ing. Wes. 31 (1965) 6, 187—191.

304 Rummel, K.: Die Berechnung der Wärmespeicher auf Grund der Wärmedurchgangszahl. Stahl und Eisen 48 (1928) 1712—1715.

305 Rummel, K.; Schack, A.: Die Berechnung von Regeneratoren. Stahl und Eisen 49 (1929) 1300; Arch. Eisenhüttenwes. 2 (1928/29) 473.

306 Rummel, K.: Die Berechnung der Wärmespeicher. Arch. Eisenhüttenw. 4 (1930/31) 367.

S

301 Sandner, H.: Beitrag zur linearen Theorie des Regenerators. Diss. Techn. Univ. München 1971.

302 Saunders, O. A.; Smoleniec, S.: Heat Regenerators. VII. Int. Congr. Appl. Mech. 3 (1948), 91—105.

303 Schack, A.: Praktische Berechnung zeitlich veränderlicher Wärmeströmungen. Arch. Eisenhüttenw. 1 (1927/28) 357.

304 Schack, A.: Über den Einfluß des Staubbelages auf den Wirkungsgrad von Regeneratoren. Z. techn. Physik 9 (1928) 390—398; Arch. Eisenhüttenw. 2 (1928/29) 287—292.

305 Schack, A.: Die zeitliche Temperaturänderung im Regenerator. Arch. Eisenhüttenw. 2 (1928/29) 481.

306 Schack, A.: Die Gas- und Luftvorwärmung durch Stahlrekuperatoren in der Großindustrie. Z. kompr. u. flüssige Gase 36 (1941) 101.

307 Schack, A.: Die Berechnung der Regeneratoren. Arch. Eisenhüttenw. 17 (1943/44) 101—118.

308 Schefels, G.: Reibungsverluste in gemauerten engen Kanälen und ihre Bedeutung für die Zusammengänge zwischen Wärmeübergang und Druckverlust in Winderhitzern. Arch. Eisenhüttenw. 6 (1933) 477—486.

309 Schellmann, E.: Näherungsverfahren zur Berechnung der Wärmeübertragung in Regeneratoren unter Berücksichtigung der Wärmeverluste. Chem. Ing. Tech. 42 (1970) 22, 1358—1363.

310 Schlatterer, R.: vgl. S. 415.

311 Schmeidler, W.: Mathematische Theorie der Wärmespeicherung. Z. angew. Math. Mech. 8 (1928) 385—393.

312 Schmidt, E.: Über die Anwendung der Differenzenrechnung auf technische Anheiz- und

Abkühlungsprobleme. Beiträge zur technischen Mechanik und technischen Physik. Festschrift August Föppl zum 70. Geburtstag. Berlin: Springer 1924, S. 179—189.

313 Schmidt, E.: Das Differenzenverfahren zur Lösung von Differentialgleichungen der nicht stationären Wärmeleitung. Diffusion und Impulsausbreitung. Forschung Ing. Wes. 13 (1942) 177—185.

314 Schofield, J.; Butterfield, P.; Young, P. A.: Hot Blast Stoves. J. Iron Steel Inst. 199 (1961) 229—240.

315 Schultz, B. H.: Regenerators with Longitudinal Heat Conduction. IME-ASME General Discussion on Heat Transfer, London (1951) Sept. 440—443.

316 Schultz, B. H.: Approximative Formulae in the Theory of the Thermal Regenerators. Appl. Sc. Research (den Haag) Ser. A: Mechanics 3 (1953) 165—173.

317 Schumacher, K.: Großversuche an einer zu Studienzwecken gebauten Regenerativkammer. Arch. Eisenhüttenw. 4 (1930/31) 63—74.

318 Schumann, T. E. W.: Heat Transfer: A Liquid Flowing through a Porous Prism. J. Franklin Inst. 208 (1929) 405.

319 Stuke, B.: Berechnung des Wärmeaustausches in Regeneratoren mit zylindrischem oder kugelförmigem Füllmaterial. Angew. Chemie B 20 (1948) 262—268.

T

301 Tipler, W.: A Simple Theory of the Heat Regenerator. Shell Technical Report ICT 14 (1947); Proc. 7th Int. Congr. Appl. Mech. Section III, p. 196, London (1948).

302 Traustel, S.: Auslegung von Regeneratoren. Brennstoff-Wärme-Kraft 24 (1972) 14—16.

W

301 Wagner, C.: Über einen einfachen Sonderfall zur Berechnung der Temperaturverteilung in Wärmespeichern beim Wärmeaustausch mit strömenden Gasen. Ingenieurarchiv 14 (1943) 136—140.

302 Weishaupt, J.: Messungen an Regeneratoren von Groß-Sauerstoff-Anlagen. Kältetechnik 5 (1953) 4, 99—103.

303 Willmott, A. J.; Voice, E. W.: Development of Theoretical Methods for Calculating the Thermal Performance of the Hot Blast Stove. Troisièmes Journées Internationales de Sidérurgie, Luxemburg (1962) 473—482.

304 Willmott, A. J.: Digital Computer Simulation of a Thermal Regenerator. Int. J. Heat Mass Transfer 7 (1964) 1291—1302.

305 Willmott, A. J.: Operation of Cowper-Stoves under Conditions of Variable Flow. J. Iron Steel Inst. 206 (1968) 33—38.

306 Willmott, A. J.: Simulation of a Thermal Regenerator under Conditions of Variable Mass Flow. Int. J. Heat Mass Transfer 11 (1968) 7, 1105—1116.

307 Willmott, A. J.: The Regenerative Heat Exchanger Computer Representation. Int. J. Heat Mass Transfer 12 (1969) 997—1014.

308 Willmott, A. J.; Duggan, R. C.: Numerical Solutions to the Contra-Flow Thermal Regenerator Problem. (Privat erhaltenes Manuskript; die darin enthaltenen Ergebnisse sind in [W 309] veröffentlicht.)

309 Willmott, A. J.; Thomas, R. J.: Analysis of the Long Contra-Flow Regenerative Heat Exchanger. J. Inst. Maths. Applics 14 (1974) 267—280.

310 Willmott, A. J.; Kulakonski, B.: Accelerated Simulations of a Thermal Regenerator. Erscheint demnächst in Int. J. for Numerical Methods in Engineering.

311 Willmott, A. J.; Hinchcliffe, C.: The Effect of Gas Heat Storage upon the Performance of the Thermal Regenerators. Int. J. Heat Mass Transfer 19 (1976) 821—826.

312 Willmott, A. J.; Burns, A.: Transient Reponse of Periodic Flow Regenerators. Erscheint demnächst in Int. J. Heat Mass Transfer.

Z

301 Zurmühl, R.: Praktische Mathematik. Berlin, Heidelberg, New York: Springer 1965.

Sachverzeichnis[1]

---

[1] Bemerkung: Auf ein *Namenverzeichnis* wurde verzichtet, weil in den Literaturver-
zeichnissen, S. 37, 63, 78, 103, 120, 250 und 421, die Autorennamen alphabetisch geordnet
sind. Eine Ausnahme hiervon bilden lediglich die Namen der S. 5 und 6 verzeichneten
Autoren von Gesamtdarstellungen der Gesetze der Wärmestrahlung.

Wärme- und Stoffübertragung
Thermo- and Fluid Dynamics

Herausgeber: **E. R. G. Eckert, P. Grassmann, U. Grigull**

Wärme- und Stoffübertragung dient der Verbreitung neuer Erkenntnisse über die wissenschaftlichen Grundlagen der Transportvorgänge von Wärme und Stoff sowie der zugehörigen Materialeigenschaften und ihrer Messung durch Veröffentlichung von Originalarbeiten. Dadurch soll zugleich auch die Anwendung dieser Erkenntnisse in der Praxis gefördert werden.

Aus dem Inhalt
1976, Band 9, Nr. 1 u. 2

Sucker, D., und H. Brauer	Stationärer Stoff- und Wärmeübergang an stationär quer angeströmten Zylindern
Hauf, W., und U. Grigull	Wärmeübergangsmessungen am horizontalen, zylindrischen Behälter — Maßgebliche Parameter
Vortmeyer, D., und S. Le Mong	Anwendung des Äquivalenzprinzips zwischen Ein- und Zweiphasenmodellen auf die Lösung der Regeneratorgleichungen
Neiß, J., und E. R. F. Winter	Analyse der instationären Wärmeleitung zwischen den Wärmetauscherrohren einer Wärmepumpe und dem Erdreich
Nitsch, W., und K. D. Heck	Zur hydrodynamischen Stoffübergangshemmung durch Adsorptionsschichten an flüssig/flüssig-Phasengrenzen
Holzknecht, B., und K. Stephan	Wärme- und Stofftransport in Teflon-Schichten bei der Ablationskühlung
Hoffer, O.	Instationäre eindimensionale Wärmeleitung beim Erstarren einer Flüssigkeit mit konstanter Außentemperatur
Merker, G. P., P. Waas, J. Straub und U. Grigull	Einsetzen der Konvektion in einer von unten gekühlten Wasserschicht bei Temperatur unter 4 °C
Kasparek, G., und D. Vortmeyer	Wärmestrahlung in Schüttungen aus Kugeln mit vernachlässigbarem Wärmeleitwiderstand
Schütt Mogro, J., und Th. E. Schmidt	Die Trennung von Gas-Dampf-Gemischen durch Kondensation im senkrechten Rohr bei hohen Reynolds-Zahlen

Informationen über die Abonnementsbedingungen sowie ein Probeheft erhalten Sie auf Anfrage.

Springer-Verlag Berlin Heidelberg New York